Klima und Umweltpolitik

Ulrich Ranke

Klima und Umweltpolitik

Ulrich Ranke
Fakultät für Geowissenschaften und Geographie
Universität Göttingen
Göttingen, Deutschland

ISBN 978-3-662-56777-7   ISBN 978-3-662-56778-4 (eBook)
https://doi.org/10.1007/978-3-662-56778-4

Die Deutsche Nationalbibliothek verzeichnet diese Publikation in der Deutschen Nationalbibliografie; detaillierte bibliografische Daten sind im Internet über http://dnb.d-nb.de abrufbar.

Springer Spektrum
© Springer-Verlag GmbH Deutschland, ein Teil von Springer Nature 2019
Das Werk einschließlich aller seiner Teile ist urheberrechtlich geschützt. Jede Verwertung, die nicht ausdrücklich vom Urheberrechtsgesetz zugelassen ist, bedarf der vorherigen Zustimmung des Verlags. Das gilt insbesondere für Vervielfältigungen, Bearbeitungen, Übersetzungen, Mikroverfilmungen und die Einspeicherung und Verarbeitung in elektronischen Systemen.
Die Wiedergabe von Gebrauchsnamen, Handelsnamen, Warenbezeichnungen usw. in diesem Werk berechtigt auch ohne besondere Kennzeichnung nicht zu der Annahme, dass solche Namen im Sinne der Warenzeichen- und Markenschutz-Gesetzgebung als frei zu betrachten wären und daher von jedermann benutzt werden dürften.
Der Verlag, die Autoren und die Herausgeber gehen davon aus, dass die Angaben und Informationen in diesem Werk zum Zeitpunkt der Veröffentlichung vollständig und korrekt sind. Weder der Verlag, noch die Autoren oder die Herausgeber übernehmen, ausdrücklich oder implizit, Gewähr für den Inhalt des Werkes, etwaige Fehler oder Äußerungen. Der Verlag bleibt im Hinblick auf geografische Zuordnungen und Gebietsbezeichnungen in veröffentlichten Karten und Institutionsadressen neutral.

Springer Spektrum ist ein Imprint der eingetragenen Gesellschaft Springer-Verlag GmbH, DE und ist ein Teil von Springer Nature
Die Anschrift der Gesellschaft ist: Heidelberger Platz 3, 14197 Berlin, Germany

Vorwort

Der Klimawandel ist bereits eingetreten. Er ist längst eine Tatsache und nicht mehr allein Gegenstand wissenschaftlicher Erörterungen einer ausgewählten Gruppe von Klimaforschern. In den Industriegesellschaften breiten sich Befürchtungen aus, dass durch den Klimawandel die gewohnten gesellschaftlichen Modelle nicht mehr weiter aufrechterhalten werden können. Er ist auch kein Problem mehr, das sich nur woanders zeigt. Im Gegenteil: Er findet jetzt und bei uns statt.

Treibhausgasemissionen erhöhen den CO_2-Gehalt in der Atmosphäre, der wiederum dazu führt, dass sich die Erdoberfläche stetig erwärmt. Seit Mitte des 19. Jahrhunderts ist die Temperatur an der Erdoberfläche im Mittel um 0,8 °C angestiegen; seit Mitte der 1970er Jahre sogar um etwa 0,2 °C pro Dekade. Und dieser Trend setzt sich seitdem ungebremst fort, mit dem Resultat, dass mehr als zwei Drittel der Erwärmung der Atmosphäre des vergangenen Jahrhunderts seit 1975 stattgefunden haben. Auswirkungen dieser Temperaturerhöhung sind der weltweit feststellbare Anstieg des Meeresspiegels, die Ausbreitung der Wüsten und Starkregenereignisse selbst in gemäßigten Breiten: Anzeichen, die als Folgen des „Klimawandels" bezeichnet werden.

Das Klima bestimmt, unter welchen Bedingungen die Menschheit auf der Erde lebt. Dabei hat die Menschheit im Laufe ihrer Geschichte durchaus auch von einem sich verändernden Klima profitieren können (Ende der Eiszeit in Nordeuropa). Für den Menschen nachteilige Auswirkungen zeigen sich seit dem 19. Jahrhundert mit der einsetzenden Industrialisierung. Dennoch konnten auch erste Erfolge im Kampf gegen die Klimaerwärmung vermeldet werden. Lagen die CO_2-Emissionen im Jahr 1970 noch bei 7,9 t pro Kopf und Jahr, so hatte sich das Niveau auf 6,4 t p.c./a im Jahr 2012 reduziert, und das, obwohl in diesem Zeitraum die Weltbevölkerung sich fast verdoppelt und die Industrialisierung, vor allem in den Schwellenländern um ein Mehrfaches, zugenommen hat.

Die Zunahme der Treibhausgase in der Atmosphäre verändert das Klima mit heute schon gravierenden Folgen. Und die Klimaforscher können nachweisen, dass die Folgen noch dramatischer ausfallen werden, wenn wir nicht entschieden handeln, denn das Zeitfenster, um weiterreichende Schäden für Menschen und Ökosysteme zu verhindern, wird nur für kurze Zeit offen stehen. Der Klimawandel ist damit zu einer der größten Herausforderungen des 21. Jahrhunderts geworden. Und es steht zu befürchten, dass – selbst wenn es gelingt, die THG-Emissionen drastisch zu reduzieren – die Anpassung an den Klimawandel die Staatengemeinschaft vor bisher nicht da gewesene Herausforderungen stellen wird. Mit jedem Jahr, das wir ungenutzt verstreichen lassen, wird der Kampf gegen den Klimawandel schwieriger und teurer. Ein Einfaches „weiter so" ist keine Alternative. Ein besonderes Augenmerk liegt dabei auf den sogenannten „Kippelementen" des Klimasystems. „Kippelemente" stellen Regime und Prozesse dar, die besonders empfindlich auf Klimaveränderungen reagieren. Wenn durch den Klimawandel ein solches Element gestört wird, könnte das Klima in einen grundlegend anderen physikalischen Zustand „umkippen", das heißt, es könnte zu irreversiblen Schäden am Klimasystem kommen. Ein solches „Umkippen" wird von namhaften Klimaforschern bei einer Fortdauer des Anstiegs von 2–3 °C befürchtet. Sie fordern daher eine „Zwei-Grad-Leitplanke" für die Deckelung der THG-Emissionen, um den mittleren globalen Temperaturanstieg auf unter 2 °C gegenüber vorindustriellem Niveau zu begrenzen.

Es wird immer deutlicher, dass der Kampf gegen den Klimawandel, wie bei allen anderen grenzüberschreitenden Konflikten, nur durch eine Internationalisierung zu erreichen sein wird, in der alle Länder eingebunden sein müssen. Hierbei kommt es auf die Industrieländer an, mit „gutem" Beispiel voranzugehen. Ihre Innovationskraft und Finanzstärke ist aufgerufen, den Beweis zu führen, dass sich Wohlstand und Klimaschutz vereinbaren lassen. Gefunden werden muss ein Lösungsmodell, das einerseits den Schutz des Klimas und andererseits eine Anpassung an den Klimawandel ermöglicht. Nur so wird es möglich werden, sowohl die Ursachen des Klimawandels zu bekämpfen als auch sich besser auf die irreversiblen Folgen einzustellen. Erfolgreiche Ansätze bestehen, wie die Entkoppelung von Wachstum und Energieeinsatz, wie sie seit den 1970er Jahren in den Industrieländern praktiziert wurden. Diese gilt es auch weltweit umzusetzen. In den Entwicklungsländern müssen vor allem regenerative Energieressourcen genutzt, eine weitere Abholzung der Wälder verhindert, die natürlichen Ressourcen nachhaltiger genutzt und soziale Programme aufgelegt werden, die es den Menschen ermöglicht, in ihren traditionellen Lebensformen selbstbestimmt und sicher leben zu können.

Dabei ist anzumerken, dass viele Staaten angesichts ihrer sehr unterschiedlichen Beiträge zu der weltweiten Klimaerwärmung auch eine unterschiedliche Verantwortung zur Reduzierung der Emissionen der Treibhausgasemissionen (THGs) übernehmen müssen. Insbesondere die Tatsache, dass die Industrieländer ihre wirtschaftliche und soziale Entwicklung zu einem großen Teil der Nutzung fossiler Brennstoffe verdanken, weist ihnen – so die einhellige Auffassung der Entwicklungsländer – die zentrale Verantwortung beim Einhalt des Klimawandels zu. Insbesondere die Kleinen Inselstaaten haben auf allen Klimakonferenzen immer wieder mit Nachdruck darauf hingewiesen, dass sie die ersten Opfer des Meeresspiegelanstiegs sein werden – ja bereits sind – und das, obwohl sie nicht einmal 0,1 % der THG-Emissionen zu verantworten haben. Auch die großen „Verschmutzer" USA, Russland und Japan haben zuletzt noch einmal in Paris ihre Bereitschaft zur Reduzierung der THGs, im Sinne der von den Vereinten Nationen in der Rio-Deklaration niedergelegten *„common but differentiated responsibility",* bekräftigt. Schwellenländer wie China, Indien und Brasilien haben verbindliche Zusagen gemacht, ihre THG-Emissionen deutlich zu verringern. In Paris wurde vereinbart, den Ausstoß an THG weltweit auf 1 t CO_2 pro Kopf pro Jahr zu begrenzen, um so ein Niveau wie vor 150 Jahren aufrechtzuerhalten. Es wird gar nicht angestrebt, die CO_2-Gehalte in der Atmosphäre zu reduzieren, sondern bis zum Jahr 2050 erst einmal einen weiteren Anstieg zu verhindern. Eine Reduzierung i. e. S. könnte sich danach anschließen.

In der Diskussion taucht immer wieder der Begriff „Klimaschutz" auf, wobei allerdings noch kein Einvernehmen darüber besteht, welches „Klima geschützt" werden soll. Soll es ein Zurück geben, zu dem Klima der vorindustriellen Zeit, soll das Klima des Jahres 1900 wiederhergestellt werden, oder das des Jahres 2050 anvisiert werden. Das Problem besteht darin, dass jede Partei ihre Sichtweise auf die politische Agenda setzt: Ein Aushandlungsprozess, der schon mit der Umwelt-/Klimakonferenz 1992 in Stockholm begonnen wurde. Seit damals forderten die Entwicklungsländer das „Recht auf eine nachholende Entwicklung" ein. Von den Industrieländern wird der berechtigte Wunsch der Menschen in den Entwicklungsländern, einen höheren Lebensstandard zu erlangen, grundsätzlich anerkannt. Die Industrieländer argumentieren, dass nur sie durch ihren technologischen Fortschritt und ihre Finanzstärke in der Lage sein werden, Lösungsmodelle für die anstehenden Probleme anzubieten und finanzielle Beiträge zu leisten. Befürchtungen bestehen aufseiten der Industrieländer natürlich auch, die den erreichten Wohlstand nicht aufgeben wollen.

Wohlstand und Klimaschutz müssen keine Gegensätze sein. Klimaschutz, so hat Nikolas Stern eindrucksvoll nachweisen können, „rechnet sich". Auch weist er darauf hin, dass der dazu notwendige Umbau der Gesellschaften zu einer kohlenstoffärmeren Wirtschaft einen kontinuierlichen Umbau in allen Ländern erfordert, der eigentlich schon heute beginnen müsste und, dass dieser neben hohen Investitionsanstrengungen eben auch zu ökonomischen realisierbaren Gewinnen führen wird. Stern weist nach, dass es volkswirtschaftlich „billiger" wird, den Ausstoß an Treibhausgasen zu reduzieren, als die Kosten des Klimawandels zu tragen. Dies sei eine der Aufgaben der heutigen und der zukünftigen Generationen, zu denen es keine Alternative gäbe.

Die internationale Staatengemeinschaft hatte sich im Jahr 2015 in Paris in einem Abkommen verpflichtet, den globalen Ausstoß an Treibhausgasen so weit zu verringern, dass der Temperaturanstieg unter 2 °C gehalten werden kann: ein Wert, der für das Klima als kritischer Schwellenwert angesehen wird. Ein solches völkerrechtlich bindendes Abkommen wäre 30 Jahre zuvor – als die Serie an Klimakonferenzen Fahrt aufnahm – von vielen Beobachtern als Illusion abgetan worden. Der Erfolg von Paris macht hingegen deutlich, welche politischen Wirkungen von der Internalisierung des Kampfes gegen den Klimawandel ausgehen können. Denn keine der Vertragsparteien konnte und wollte es sich erlauben, als „Klimabremser" dazustehen; trotz aller zum Teil erheblichen Differenzen in der Sache – unterschiedlichen Anteilen am THG-Ausstoß, Unterschiede der wirtschaftlichen Leistungsfähigkeit oder des Entwicklungsbedarfs. Auch wenn alle Seiten ihre Verantwortung zum Schutz des Klimas beteuern, so ist klar, dass mit Paris der eigentliche Kampf gegen den Klimawandel erst begonnen hat.

Das wichtigste Regime in diesem Kampf ist die Klimarahmenkonvention (UNFCCC), die seit ihrer Gründung im Jahr 1992 als Folge der Weltkonferenz für Umwelt und Entwicklung (UNCED) bis zum Jahr 2015 insgesamt 21 Mal getagt hat. Die Konvention stellt damit in der Geschichte der Vereinten Nationen eines der wirkungsvollsten Foren für den Austausch von Ideen, Forderungen und Entscheidungen. Sie wirkt der in den 1990er Jahren einsetzenden Zersplitterung und Intransparenz der Umwelt- und Klimadiskussion entgegen.

Wenn man die Abfolge der Klimakonferenzen betrachtet, so ist als klares Signal die Bereitschaft der Staatengemeinschaft zu erkennen, den Klimaschutz schrittweise weiter auszugestalten. Naturgemäß treffen bei solchen fundamentalen Aushandlungsprozessen immer unterschiedliche Positionen aufeinander. Die Konferenzen waren daher gekennzeichnet durch große Fortschritte, aber auch durch ebenso viele Rückschläge. In den Medien gab es daher meist negative Kommentierungen, die sicher auch mit den in der Regel übersteigerten Erwartungen zu tun hatten. Diese Erwartungen wurden im Vorfeld zumeist von den Umwelt-Interessengruppen extra hoch angelegt, um Druck auf die Verhandlungsparteien auszuüben; nicht immer mit dem gewünschten Resultat. Folglich wurden später in den Medien die Konferenzen oftmals mit der Überschrift „Klimakonferenz gescheitert" abqualifiziert. Ein Problem stellten auch die Abschlusserklärungen der zum Teil nur sehr kurzzeitig an den Konferenzen teilnehmenden Politiker dar, die die Probleme eher beschönigten, als klare Positionen zu beziehen. Einer der negativen „Höhenpunkte" war die 15. Vertragsstaatenkonferenz 2009 in Kopenhagen. Die Konferenz war geprägt von erheblichen Differenzen, bei denen taktische Manöver oftmals sogar mit klaren Drohungen verknüpft wurden. Das Scheitern von Kopenhagen führte dazu, dass sich die Vertragsparteien im nächsten Jahr in Cancún aufeinander zubewegten und es gelang, das Thema des Nachfolgeabkommen für das 2012 auslaufende Kyoto-Protokoll noch einmal auf die Agenda setzten. Ein solches Scheitern hatte die Konvention schon einmal im Jahr 1999 erleben müssen. Auf der 6. Vertragsstaatenkonferenz in Den Haag sollten eigentlich weitere Details des Kyoto-Protokolls geklärt werden. So vor allem, in welchem Umfang Wälder auf die Reduktionsverpflichtungen von Kyoto angerechnet werden. Die Konferenz scheiterte vor allem an der massiven Blockadehaltung der sogenannten *umbrella group* (USA, Australien, Kanada, Japan, Russland). Schon während der Vorbereitungskonferenzen wurde klar, dass sich der Streit vor allem an dieser Frage festmachen würde. Erst ein Jahr später auf der „Nachfolgekonferenz" im Sommer 2001 in Bonn konnten die in Den Haag noch strittigen Fragen einvernehmlich geklärt werden. Wieder war es das „Scheitern eines Gipfels", das den Vertragsstaaten klar machte, dass nur ein Kompromiss in der Sache das Ende des Kyoto-Protokolls verhindern konnte. Mit dem „Bonner Beschluss" waren die Voraussetzungen für die Ratifikation und Umsetzung des Kyoto-Protokolls zu schaffen. Gleichzeitig gebührt der Bonner Klimakonferenz der Verdienst, dass sie den zuletzt stark in die Kritik geratenen internationalen Klimaverhandlungsprozess wiederbelebt hat.

Unbestritten positiver Höhepunkt in der Geschichte der Klimarahmenkonvention war die Konferenz im japanischen Kyoto im Dezember 1997. Dort konnte auf der 3. Vertragsstaatenkonferenz ein Protokoll unterzeichnet werden, das unter dem Namen „Kyoto-Protokoll" in die Geschichte eingegangen ist. 160 Staaten hatten in Japan erstmals den Schutz der Ozonschicht und eine Reduzierung der anthropogenen Treibhausgasemissionen als völkerrechtlich verbindliches Ziel festgehalten. Des Weiteren konnte man sich darauf verständigen, dass diese Verpflichtung nach dem Prinzip der „gemeinsamen, aber unterschiedlichen Verantwortlichkeiten aller Vertragsstaaten auszugestalten sei".

Die Umwelt- und Klimadiskussion war schon seit den 1970er-Jahren gekennzeichnet durch eine Vielzahl an Initiativen, die sowohl national als auch international in zahllosen Konferenzen, Veranstaltungen und Seminaren ihren Ausdruck fanden. Die große Fülle der Probleme und Themen, die seitdem aufgegriffen wurden, war sichtbares Zeichen für die Hoffnung in den Gesellschaften, den Planeten Erde auch in Zukunft in einem lebenswerten Zustand zu erhalten. Um diese Bestrebungen zusammenzuführen, haben die Vereinten Nationen dann 1992 mit der UNCED-Konferenz eine Serie an Konferenzen eingeleitet, in deren Folge es zur Gründung des *International Panel on Climate Change* (IPCC) als Instrument zur Ausarbeitung wissenschaftlicher Grundlagen gekommen war. Dessen Erkenntnisse konnten dann unter der Führung der Vereinten Nationen in internationale Umwelt- und Klimapolitikansätze übertragen werden. Hunderte von Konferenzen wurden seitdem abgehalten, die allesamt die politische Agenda nachhaltig geprägt haben. Mit der Klimarahmenkonvention, den Konventionen zur Desertifikation, zur biologischen Vielfalt und zum Schutz der Wüsten und verschiedenen Protokollen ist die Staatengemeinschaft die völkerrechtlich verbindliche Verpflichtung eingegangen, ihr soziales und wirtschaftliches Handeln dem Schutz der Erde unterzuordnen.

Dieses Buch möchte diesen Bestrebungen Anerkennung zollen, indem es ihre Ziele und den Weg zu den Abkommen nachzeichnet. Naturgemäß sind die mehr als hundert Konferenzen, die jeweils eine Vielzahl an Vorkonferenzen erforderten, im Einzelnen nicht zu dokumentieren. Es musste daher eine Auswahl getroffen werden, die sich auf die Konferenzen der Klimarahmenkonvention, die Wüstenkonvention, die Konvention zur biologischen Vielfalt, die UN-Habitat-Konferenzen sowie die Serie der Konferenzen zur nachhaltigen Entwicklung konzentriert. Die Konferenztabelle in ▶ Kap. 4 gibt dazu einen Überblick. Natürlich ist eine solche Auswahl durchaus subjektiv. Der Autor ist aber davon überzeugt, dass er mit dieser Auswahl dem Leser einen komprimierten Überblick über die internationalen Bestrebungen zum Kampf gegen Klimawandel und zur nachhaltigen Entwicklung geben kann. Anzumerken ist dabei, dass es für jede dieser Konferenzen im Vorfeld eine Serie an Vorkonferenzen gegeben hat, die aber im Einzelnen nicht vorgestellt werden. Anzumerken ist ferner, dass es im Nachhinein kaum zusammenfassende, die Ergebnisse bewertende Aufarbeitungen gibt. Das mag auch dem engen Zeittakt der Konferenzen (jedes Jahr bzw. alle 2 Jahre) geschuldet sein und, dass es sich bei den Teilnehmern oftmals um dieselben Akteure gehandelt hat. In der Tat sind alle Konferenzen in Tausenden von Seiten durch UNFCCC und die anderen Konventionen ausführlich dokumentiert worden; eine Informationsquelle, die aber nicht geeignet ist (schnell) einen Überblick über die Konferenzverläufe und -ergebnisse zu erhalten. Des Weiteren haben fast alle Umweltorganisationen vor, während und nach den Konferenzen Stellungnahmen abgegeben, die von großer Sachkenntnis geprägt waren, die aber berechtigterweise die Sichtweise der jeweiligen Organisation vertreten.

Das vorliegende Buch versucht, die ausgewählten Konferenzen unter einem „neutralen" Sichtwinkel zu beschreiben. Die vielen Tausenden an Dokumenten mussten daher einer verkürzenden Zusammenfassung unterzogen werden, mit dem Ziel, dem interessierten Leser die wesentlichen Aspekte vorzustellen. Da es dabei trotz allen Bemühens um Objektivität zu subjektiven Sichtweisen gekommen sein kann, wird schon im Vorfeld um Verständnis nachgesucht.

In den letzten Jahren wurde wiederholt Kritik an dem exzessiven „Konferenztourismus" zum Umwelt- und Klimaschutz geäußert. Eine Sichtweise, die sicher nicht unbegründet ist. Die Kritik richtet sich vor allen an den mit den Konferenzen und ihren Vorbereitungen verbundenem technischen und logistischen Aufwand. Über 20.000 Konferenzteilnehmer kamen zum Beispiel in Bali zusammen, um letztlich nur noch auf die Ministerentscheidungen zu warten, die dafür nur für 2–3 Tage angereist waren. Kritisiert wird auch, dass es tausender Wissenschaftler bedarf, um alle zwei Jahre für das IPCC einen Sachstandsbericht von mehr als 1000 Seiten zu erstellen. Vor allem wird beklagt, dass sich die auf den Konferenzen vorgenommenen Entscheidungen in der Regel in Absichtserklärungen erschöpfen und ohne verifizierbare Wirkungen bleiben. Auch sei der Kenntnisstand zum Klimawandel inzwischen so umfassend, dass er schon heute umfassende politische Umsetzungen rechtfertige. Im Prinzip war dies auch eine der Begründungen der Kommission für Nachhaltige Entwicklung im Jahr 2012, sich ersatzlos aufzulösen. Zudem halten manche Kritiker den Wissenschaftlern vor, durch das Aufstellen von Bedrohungsszenarien eine erhöhte Aufmerksamkeit zu erlangen, die sich zum Beispiel auch in der Höhe der Forschungsmittel ablesen lasse. Gelder, die besser für Umsetzungen in den Entwicklungsländern eingesetzt werden sollten.

Solche Kritiken sind sicher nicht unberechtigt. Aber, wie eingangs erwähnt, hätte ohne den „Konferenztourismus" und ohne das Engagement der Wissenschaftler und Umweltschützer der Klimaschutz nicht den Stellenwert erhalten, den er heute in der internationalen Politik hat. Durch die vielen Konferenzen wurden in der Tat Szenarien aufgebaut, denen sich die Politik nicht mehr verweigern konnte. Auch haben in der Folge viele führende Industrieunternehmen ihre Bereitschaft erklärt, ihre Unternehmensstrategien am Umwelt- und Klimaschutz auszurichten. Die Wissenschaft weist zu Recht darauf hin, dass immer noch keine umfassenden Kenntnisse über Ursache-Wirkung-Zusammenhänge im Klimageschehen im Einzelnen vorliegen. Ferner sollte anerkannt werden, dass wissenschaftliche Untersuchungen mitunter zu „nicht ganz richtigen" Aussagen führen. Die Aufgabe der Wissenschaft ist es, solche „Fehler" aufzudecken und diese dann einer kritischen Prüfung zu unterziehen, wie es der IPCC vor einiger Zeit vorgenommen hat. Auf jeden Fall sind sie nicht geeignet, die Klimaforschung als Ganzes infrage zu stellen. Das Buch plädiert dafür, einerseits den Kenntnisstand zum Klimageschehen konsequent zu erweitern, andererseits die Politik in Pflicht nehmen, ihre Verantwortung für den Schutz des Klimas wahrzunehmen, sowohl in den

Industrieländern als auch in den Entwicklungsländern.

Das Buch möchte den Leser mit dem Stand der Diskussion zum Thema „Klimaschutz" vertraut machen. Es stellt dazu im

- ▶ Kap. 1 das Themenfeld „Klimawirkungen" vor. Es beschreibt, welche Auswirkungen des Klimawandels heute schon auf der Welt abzulesen und wie die Gesellschaften davon betroffen sind.
- ▶ Kap. 2 stellt die wissenschaftlichen „Grundlagen des Klimageschehens" vor. Ein solch breites Thema kann im Rahmen dieses Buches nur zusammenfassend behandelt werden. Es möchte dazu auch keinen eigenen Diskussionsbeitrag leisten, sondern nur die Grundlagen für das Verständnis der in den nachfolgenden Kapiteln gegebenen Informationen zu den politischen Aushandlungsprozessen legen.
- ▶ Kap. 3 stellt politische, institutionelle und technische Instrumente vor, die derzeit in der Klimaschutzpolitik zur Diskussion zur stehen.
- ▶ Kap. 4 ist eine Dokumentation ausgewählter Konferenzen zur Klimarahmenkonvention, der Konventionen für Biodiversität und zum Wüstenschutz, zur nachhaltigen Entwicklung, dem Montrealer Protokoll, den UN-Habitat-Konferenzen und den zahlreichen Konferenzen der Vereinten Nationen zu Klima und Entwicklung. Die Daten stammen in erster Linie von den offiziellen Informationen der Vereinten Nationen oder von anderen frei zugänglichen Quellen, wobei das Buch aber immer das Originalzitat mitliefert. Die Dokumentation zeichnet sich dadurch aus, dass sie frei von eigenen Interessen aus einer „Feder" stammt; also die Tatbestände in einer einheitlichen Sprache beschreibt. Dabei bemüht sie sich um Objektivität und nimmt auch kontroverse Inhalte bewusst mit auf.

Es muss an dieser Stelle betont werden, dass für die Zielsetzung des Buches in allen genannten Themenfeldern und Sachdarstellungen eine Auswahl getroffen werden musste, die naturgemäß die Sichtweise des Autors wiedergibt. Der Autor hat dies in Kauf genommen, um so das schiere Ausmaß an Informationen für den Leser verkraftbar aufzubereiten. Alle Themenfelder sind durch eine Fülle an Originalzitaten belegt und geben so dem Leser die Möglichkeiten, seine Kenntnisse gezielt zu vertiefen. Das Buch soll andere Fachdarstellungen zu dem Thema „Klimaschutz" nicht ersetzen, sondern versteht sich als allgemein gehaltene Ergänzung.

Ulrich Ranke
Herbst 2018

Inhaltsverzeichnis

1	**Klima: Phänomene – Ursachen – Auswirkungen**	1
1.1	Sozioökonomische Auswirkungen	8
1.1.1	Europa	8
1.1.2	USA	19
1.1.3	Kleine Inselstaaten	22
	Literatur	26
2	**Elemente des Klimageschehens**	29
2.1	**Wetter und Klima**	30
2.2	**Treibhausgase**	31
2.2.1	Kohlendioxid	33
2.2.2	Methan	34
2.2.3	Distickstoffoxid	35
2.2.4	Fluorkohlenwasserstoffe	36
2.2.5	Ozon	37
2.2.6	Wasserdampf	37
2.2.7	Aerosole	38
2.2.8	Saharastaub	40
2.3	**Der Treibhauseffekt**	40
2.3.1	Der natürliche Treibhauseffekt	40
2.3.2	Der anthropogene Treibhauseffekt	42
2.4	**Erderwärmung**	44
2.4.1	Oberflächentemperatur	44
2.4.2	Kohlenstoff: Senken – Quellen	46
2.4.3	Globale Kohlenstoffbilanz	56
2.4.4	Klimasensitivität	57
2.4.5	Kipppunkte im Klimasystem	58
2.5	**Klimaentwicklung in der jüngsten Erdgeschichte**	62
2.5.1	Geologische Entwicklung	62
2.5.2	Entwicklung des Klimas in Europa	63
2.6	**Klimamodelle – Klimaszenarien**	65
2.6.1	Globale Klimamodelle	68
2.6.2	Regionale Klimamodelle	70
2.6.3	Klimaszenarien	75
	Literatur	81
3	**Instrumente, Methoden und Konventionen**	85
3.1	**Allgemeine Vorbemerkung**	86
3.1.1	Konzept der Nachhaltigkeit	87
3.1.2	Klima- und Armutsmigration	88
3.1.3	Ressourcen und Ressourcenschutz	90
3.1.4	Green Economy	94
3.2	**Nationale ordnungpolitische Instrumente**	96
3.2.1	Vorsorgender Umweltschutz	96
3.2.2	Nachsorgender Umweltschutz	101
3.3	**Ökonomische Anreizsysteme**	102
3.3.1	Umweltabgabe	102
3.3.2	Ökologischer Fußabdruck	103
3.4	**Internationale Organisationen**	106
3.4.1	Supranationale Organisationen	106
3.4.2	Internationale Finanzinstitutionen	109
3.4.3	Regionale Entwicklungsbanken	116

3.5	**Institutionelle Instrumente**	119
3.5.1	Internationaler Handel und Technologietransfer	119
3.5.2	Internationales Klimaschutzregime	120
3.5.3	Institutionelle Instrumente	134
3.5.4	Nationale Klimaschutzstrategien	144
3.6	**Technische Instrumente**	147
3.6.1	Risikotransfer	147
3.6.2	Geo-Engineering	151
3.6.3	Anpassung	160
	Literatur	162
4	**Konferenzen**	167
5	**Ausblick**	299
	Literatur	310

Klima: Phänomene – Ursachen – Auswirkungen

1.1 Sozioökonomische Auswirkungen – 8
1.1.1 Europa – 8
1.1.2 USA – 19
1.1.3 Kleine Inselstaaten – 22

Literatur – 26

© Springer-Verlag GmbH Deutschland, ein Teil von Springer Nature 2019
U. Ranke, *Klima und Umweltpolitik*, https://doi.org/10.1007/978-3-662-56778-4_1

Überschwemmungen in Bangladesch und Indien, langanhaltende Dürren im Mittleren Westen der USA, Starkregenfälle in den Alpen oder Sturmereignisse im Südwesten Deutschlands sind heute Teil der täglichen Nachrichten in Fernsehen, Radio und den Printmedien. Wir werden Zeugen, dass solche Klimakatastrophen immer häufiger auftreten, sie in ihren Auswirkungen immer stärker werden und immer mehr Menschen weltweit davon betroffen sind. Noch ist das Gros der Menschheit eher Zeuge als Betroffener, doch es mehren sich die Zeichen, dass in Zukunft auch Menschen von dem sich ändernden Klima betroffen sein werden, die sich bis heute in einem sicheren Lebensraum glauben.

Der Dezember des Jahres 2015 war der wärmste in der Geschichte der meteorologischen Beobachtungen. Die elf Jahre von 1995–2006 gehören zu den 12 wärmsten Jahren seit 1850. Seit 1900 ist die globale Lufttemperatur um 0,95 °C gestiegen und der 100-jährliche lineare Temperaturtrend liegt heute bei mehr als 0,7 °C; und ist heute mit im Mittel 0,13 °C/a doppelt so hoch, wie in den letzten 50 Jahren. Für Deutschland liegt dieser Wert bei +1,0 °C, für Österreich bei +1,1 °C und in der Schweiz +1,4 °C. Auch wurden im gleichen Zeitraum noch nie so viele heiße Tage und vor allem (!) Nächte gemessen.

Täglich werden wir Zeugen des Klimawandels. So nimmt die Gletscherbedeckung auf der Nordhalbkugel dramatisch ab, weil sich die durchschnittliche Oberflächentemperatur in der Arktis in den letzten 100 Jahren nahezu verdoppelt hat. Der Eiskörper ist um 3 % geschrumpft. Die Ausdehnung des arktischen Eiskörpers hat sich allein im Sommer 2012 auf die Hälfte der zu dieser Jahreszeit üblichen Bedeckung verringert. Messungen der Erdanziehungskräfte durch die neuesten Satellitengenerationen konnten nachweisen, dass allein Grönland in den Jahren von 2002 bis 2011 das Sechsfache seiner Eismasse verloren hat, als in der Dekade davor. Auch die Antarktis verliert kumulativ jährlich mehr Eis als durch Schneefälle hinzukommen, auch wenn die Inlandeisbedeckung der Antarktis in einigen Regionen sogar zugenommen hat. Das Abschmelzen der Eismassen in Grönland und in der Arktis hat zu einem Anstieg des Meeresspiegels im Zeitraum von 1961 bis 2003 von im Durchschnitt 1,8 mm/a geführt; allein im Zeitraum von 1993 bis 2003 aber ist es schon für einen Anstieg von >3 mm/a verantwortlich. Seit einigen Jahren ist die Nordwestpassage im Sommer für große Schiffe befahrbar; auch im Winter nimmt die Eisdicke regelmäßig stark ab. Während noch bei der letzten Eiszeit vor etwa 15.000 Jahren große Teile der Nordhalbkugel mit insgesamt 44 Mio. km^2 (mehr als 30 % der Landoberfläche) vergletschert waren, sind es heute nur noch etwa 15 Mio. km^2 (etwa 10 %). Der Temperaturanstieg ist nirgendwo auf der Erde so spürbar wie in der Arktis. Nach Angaben des Potsdam Instituts für Klimafolgenforschung (PIK) hat sie sich seit dem Jahr 2000 nachweislich doppelt so schnell erwärmt, wie der Rest der Erde. Einen wesentlichen Grund dafür sieht das PIK darin, dass sich durch das Abschmelzen des Eises die lokale Rückstrahlungskapazität der Erde, die sogenannte Albedo, stark verringert und die freigewordenen Flächen, da sie dunkler sind als zuvor, mehr Sonnenlicht aufnehmen und daher sich stärker erwärmen, was wiederum zu einer Erhöhung der Abschmelzrate führt.

Seit mehr als 20 Jahren ist weltweit eine deutliche Zunahme an „extremen" Hitzeereignissen festzustellen. Coumou et al. (2013) sehen in der Anzahl an „Rekordwerten" ein klares Indiz für den sich vollziehenden Klimawandel. Sie weisen nach, dass heute solche Hitzeereignisse im Mittel 5-mal ausgeprägter sind im Vergleich zu einem Klima ohne „Erwärmung", und erwarten daher, dass bis zum Jahr 2040 die Anzahl solcher Ereignisse global bis zu 12-mal höher sein kann. Die sich erwärmende Arktis bestimmt auch das Temperaturgeschehen auf der Nordhalbkugel (Nordamerika, Europa) maßgeblich mit. Die saisonale Erwärmung dort führt dazu, dass der in der Atmosphäre nach Westen driftende zonale Grundstrom nachlässt und dass im Zuge dessen sich zum Beispiel in Mitteleuropa sogenannte „Kaltlufttropfen" ausbilden. Eine solche zyklonale Nord- bis Nordwestlage führte dazu, dass sich im April 2015 noch einmal winterliches Wetter in ganz Deutschland ausbreitete; sogar im Allgäu fielen bis zu 35 cm Schnee. Ursache für den Kaltlufteinbruch war ein kräftiges Azorenhoch, das sich über dem Atlantik aufgebaut hatte, an dessen Ostflanke polare Kaltluft einströmen konnte. Erst als sich das Azorenhoch verstärkte und nach Südeuropa ausweitete, wurde die Kaltluft wieder nach Norden abgedrängt („antizyklonale Westwetterlage").

Doch nicht nur in den Polarregionen sind die Eismassen im Rückzug. Auch in den alpinen Regionen der Erde ist der Rückgang der Gletscher lokal schon weit fortgeschritten. Dies führt vielerorts zu Felsrutschungen und Steinschlägen, mit erheblichen Gefahren für den Bergtourismus. Viele traditionelle Bergrouten und Zustiege zu den Gipfeln mussten in den Alpen bereits gesperrt werden; manche dauerhaft, manche nur vorübergehend. Prominenteste Beispiele hierfür sind der Zustieg zur Goûter-Hütte am Mont Blanc sowie der Liongrat am Matterhorn. Der Rückgang der alpinen Gebirgsgletscher wird darüber hinaus zum Aussterben von spezifischen Pflanzen und Tieren führen. In vielen Teilen der Erde, so vor allem in der Himalaya-Region, wird das Abschmelzen der Hochgebirgsvereisungen zu einem stark einem veränderten Wasserhaushalt der Flüsse, zum Beispiel dem Ganges und dem Brahmaputra, führen, mit extrem verringerten Trinkwasserressourcen in Tibet und Dürren und Hungersnöten in Indien.

Ein erheblicher Teil der Schneeschmelze wird von Schneealgen beigesteuert. Deren Einfluss auf die Reduktion der Albedo ist noch weitgehend unerforscht. Dennoch haben Lutz et al. (2016) Beispiele finden können, wie sich dieser Beitrag auswirkt. Weiße Schnee- und Eisflächen strahlen das Sonnenlicht zurück. Schneealgen, die an der Schneeoberfläche bei ausreichender Sonneneinstrahlung gedeihen, verdunkeln mit ihrer roten Pigmentierung die Schneeoberfläche und erhöhen damit die Wärmeaufnahme. Zur Algenblüte kommt es insbesondere in wärmeren Frühlings- und Sommermonaten, wenn sich auf den Schnee- und Eisflächen in den alpinen Hochgebirgen oder der Arktis Schmelzwasserfilme bilden. Die Algenblüte bringt darüber hinaus noch einen selbstverstärkenden Effekt mit: Je mehr Schnee taut, desto mehr vermehren sich die Algen. Das wiederum führt zu einer Verdunklung der Oberfläche, die wiederum das Tauen beschleunigt. Großflächige rote Algenblüten, die aus den Alpen auch als „Blutschnee" bekannt sind, können die Albedo bis zu 13 % über die ganze Schmelzsaison gerechnet verringern. Die Autoren bezeichnen diesen Vorgang als „Bio-Albedo-Effekt", der ihrer Meinung nach noch in die Klimamodelle integriert werden muss.

Als eine weitere Folge des großflächigen Abschmelzens des Eisschilds an den Polkappen zeichnet sich eine Änderung in den globalen Meeresströmungen ab, wie zum Beispiel des Golfstroms oder des Humboldtstroms. Einige Klimamodelle weisen auf dramatische Auswirkungen für das globale Klima hin. Auch ist heute schon absehbar, dass die sonst das ganze Jahr gefrorenen Permafrostböden der Nordkontinente (insbesondere die von Nordkanada, Alaska, Grönland, Sibirien), in denen sich über Tausende von Jahren große Mengen an organischem Material gespeichert haben, auftauen können. Die Menge an im Permafrost der Nordhalbkugel gespeicherten Kohlenstoff wird auf etwa 1 Mrd. t geschätzt; etwa die Hälfte des weltweit in Böden gebundenen Kohlenstoffs (Zimov et al. 2006). Bei der Zersetzung werden dann Kohlendioxid und Methan freigesetzt und die Menge der klimaschädigenden Treibhausgase erhöht.

Mit dem Temperaturanstieg hat auch die Wassertemperatur der Weltmeere kontinuierlich zugenommen. Da die Weltmeere 80 % der globalen Erwärmung aufnehmen, dehnt sich der Wasserkörper thermokinetisch aus, mit der Folge, dass der Meeresspiegel auch dadurch zusätzlich ansteigt. Durch Abschmelzen und thermokinetische Expansion ist der Meeresspiegel heute schon kumulativ um 20 cm angestiegen. Und dieser Anstieg könnte noch Jahrhunderte so weitergehen, wenn die Treibhausemissionen so wie bisher weitergeführt werden. Dies würde bis zum Ende dieses Jahrhunderts zu einem Anstieg um 26–82 cm führen (IPCC-AR4 2007b). Doch nicht nur der bloße Anstieg des Meeresspiegels stellt für die Küstenregionen eine Überschwemmungsgefahr dar. Der Anstieg wird zu einer verstärkten Erosion an den Küsten und zu einem höheren Auflaufen von Sturmfluten führen sowie durch Eindringen von Meerwasser in die Küstensedimente zu einer Versalzung des küstennahen Grundwassers. Dabei sind gerade die flachen Küstenabschnitte mit ihren Sandküsten oder die Deltas der großen Flüsse weltweit die bevorzugten Siedlungsgebiete. Etwa 2/3 aller Menschen der Erde siedeln in diesen Räumen und 10 der größten Städte, wie z. B. Kalkutta, Jakarta, Mumbai, Shanghai, liegen hier. Zudem weisen diese Siedlungsräume Wachstumsraten der Bevölkerung auf, die doppelt so hoch liegen wie im globalen Durchschnitt.

Aber die Weltmeere sind noch einer weiteren Bedrohung ausgesetzt. Da vor allem das Treibhausgas Kohlendioxid vom Meerwasser („Kohlenstoffsenke") aufgenommen wird, führt die Zunahme an CO_2 dazu, dass mehr Kohlensäure gebildet wird. Der pH-Wert des Wassers sinkt ab und macht die Meere saurer. Meeresorganismen und hier vor allem die schützenden Korallenriffe werden dadurch behindert, ihre Kalkschalen zu bilden.

Auch noch andere anthropogene Treibhausgasemissionen stellen eine immer größer werdende Bedrohung für das Klima dar. Regelmäßig werden in Südostasien und Lateinamerika Regenwälder durch Brandrodung zu Palmöl- und Sojabohnen-Anbauflächen verwandelt. Im Jahr 2015 wurden auf der indonesischen Insel Sumatra wieder riesige Regenwaldflächen niedergebrannt: Allein von September bis November 2015 wurden dort 1,8 Mio. ha Regenwald vernichtet, auf einer Fläche, die etwa 16 % der deutschen Waldfläche entspricht. Dabei wurden 1500 Mio. t CO_2 emittiert, was der Jahresemission an CO_2 von Japan entspricht.

Seit 1970 wurde beobachtet, dass der Klimawandel sich in Form häufigerer und stärkerer Wetterextreme auswirkt. So treten in den Tropen und Subtropen nachweislich längere und intensivere Dürreperioden auf, während in den nördlichen Breiten eine Zunahme regionaler Starkregenereignisse festzustellen ist. Der Grund dafür ist, dass durch den Anstieg der Meerestemperatur auch der Gehalt an atmosphärischem Wasserdampf ansteigt. Dabei muss allerdings festgestellt werden, dass die Steuerungsfunktion des Wasserdampfes in der Atmosphäre für die Klimaentwicklung immer noch nicht umfassend bekannt ist; immer noch stellt der Wasserdampf das große „Rätsel" der Klimaforschung dar. Fest steht, dass der Wasserdampf sowohl durch seine Wolkenbildung einerseits die Albedo erhöht und so zu einem geringeren Strahlungsenergiefluss auf die Erde führt, während er gleichzeitig andererseits die Wärmerückstrahlung der Erde verringert. Wie viel Abkühlung durch die Albedo verursacht wird und wie viel Erwärmung durch die Wolken hinzukommt, hängt nach derzeitigem Kenntnisstand von der Wasserdampfzusammensetzung, der Wolkenverteilung sowie dem atmosphärischen Zirkulationsmuster ab, das gerade in der Region vorherrscht (Quante 2004).

Die auffälligsten Merkmale des Klimawandels sind aber nicht der Meeresspiegelanstieg oder die Zunahme der globalen Oberflächentemperatur, sondern Hochwasser und Sturmfluten, weil sie die Menschen direkt und unmittelbar bedrohen. Die Auswirkungen sind weltweit zu beobachten, stellen sie doch großflächige und regelmäßig wiederkehrende Ereignisse dar. Ursache dieser Überschwemmungen sind vor allem regionale Starkregenereignisse wie zum Beispiel Hurrikans, Tornados und Taifune in Amerika und Asien oder der tropische Monsun in Asien oder die durch Tiefdruckgebiete ausgelösten Regenfälle im Mittleren Westen der USA oder in Mitteleuropa. Nach Daten von der „International Disaster Database – CRED/Emdat" und der „MunichRe NatCat-Database" hat sich die Anzahl von Hochwasserereignissen weltweit von 1990 an jährlich von 60–70 auf heute jährlich mehr als 150 fast verdreifacht. Allein in den beiden Jahren 2010 und 2011 hat es weltweit mehr als 10 Hochwasserereignisse gegeben, von denen im Jahr 2010 knapp 200 Mio. Menschen betroffen waren und die Schäden von mehr als 40 Mrd. US$ verursachten. Hochwasser und Überschwemmungen sind weltweit für bis zu 30 % der ökonomischen Schäden und für mehr als 50 % der Todesopfer durch Naturkatastrophen verantwortlich. Aber nicht nur Entwicklungsländer wie Indien, China und Pakistan sind davon betroffen, im Vergleich zu anderen Naturkatastrophen stellt Hochwasser für die Industrieländer und hier in erster Linie für die USA, Australien und Europa eine zunehmende Gefahr dar. Dabei ist zu unterscheiden in Hochwasser entlang der großen Flusssysteme, Überschwemmungen von Küstenregionen durch Sturmfluten sowie durch Erdbeben ausgelöste Tsunamis.

Und trotz der globalen Erwärmung sind extreme Kältewellen wie im Winterhalbjahr 2005/2006 weiterhin möglich. Als Kältewelle bezeichnet man eine plötzliche starke Abkühlung der Lufttemperatur unter die normalen Werte. In Mitteleuropa entstehen Kältewellen besonders im Winter durch Heranführen von polarer Festlandsluft. Dabei kann über einer frischen Schneedecke die Lufttemperatur extrem niedrige Werte erreichen. Solches Wettergeschehen führt regelmäßig dazu, dass es in den USA zu extremen Kälteperioden kommt, während es in Mitteleuropa zur gleichen Zeit eher milde ist. Der Mechanismus, der dahinter steht, ist der Temperaturunterschied zwischen den warmen Subtropen und den kalten Regionen des Nordpols. Für die Wintertemperaturen Europas und den Großteil Nordamerikas relevant ist vor allem, wie stark das Tiefdruckgebiet in der Region um Island und das Hochdruckgebiet im Bereich der Azoren ausgeprägt ist. Dabei schleust ein kräftiges Islandtief über lange Zeiträume sehr milde Luftmassen nach Europa und hält so die sehr kalten Luftmassen Nordamerikas zurück. Eine Folge dieser Wetterlage sind darüber hinaus starke Stürme an den Küsten von Großbritannien, Frankreich und Nordspanien.

Der Kontinent, der weltweit am häufigsten und am stärksten von Winterstürmen und Kältewellen bedroht wird, ist Nordamerika. Dabei kommt das gleiche Wettergeschehen zum Tragen, wie es zuvor dargestellt wurde. Arktische Kaltluftvorstöße während des Winters unterbrechen die sonst vorherrschende Westwinddrift und können dadurch weit nach Süden vordringen. Durch Vermischung mit tropisch-maritimen Luftmassen führt dies zu äußerst ergiebigen Schneefällen. Ein solches Wettergeschehen wird als Blizzard bezeichnet. Diese blitzartigen Wetterumschwünge und der starke Schneefall haben immer wieder zu großen Schäden, insbesondere durch Stromausfälle, Verkehrsbehinderungen sowie Zerstörung von Waldbeständen und an der technischen Infrastruktur und Privatgebäuden geführt. So forderte der „Great Blizzard" 1993 fast 300 Todesopfer, brachte das öffentliche Leben im Osten der USA und in Kanada zum Erliegen und verursachte direkte Schäden bis zu 6 Mrd. US$. Weitere Kältegefahren auf dem nordamerikanischen Kontinent sind gefrierender Regen, der sogenannte „Northern", durch den der Verkehr regelmäßig zum Erliegen kommt, der aber auch Schäden an Überlandleitungen mit sich bringt. So verursachte er in den Jahren 1983 und 1985 jeweils wirtschaftliche Schäden von mehr als 3 Mrd. US$. Solche Blizzards können weit nach Süden bis nach Florida und Kalifornien reichen; 1985 vernichtete ein Blizzard zum Beispiel 40 % der Zitronenernte in Kalifornien. Auch in Kanada haben diese Wetterphänomene ein großes Schadenspotenzial. Im Durchschnitt sterben jährlich mehr Kanadier an den Folgen der Kälte als an jeder anderen Naturkatastrophe. Dabei verstärkt der eisige Wind in der Regel die Wirkungen der Kälte. Das als *wind chill* bezeichnete Phänomen lässt den Menschen die gemessene Temperatur sehr viel tiefer empfinden (Stichwort: „gefühlte Temperatur"). Dabei kann eine gemessene Temperatur von −10 °C schnell als eine von −20 °C wahrgenommen werden.

Ein Wetterphänomen, das regelmäßig und meist mit hohen Intensitäten in den USA und auch in tropischen Regionen Südostasiens eintritt, sind tropische Wirbelstürme, die je nach Region Zyklon, Hurrikan oder Taifun genannt werden. Sie entstehen in niedrigen Breiten im zentralen Atlantik, in der Karibik, im Pazifik oder im Indischen Ozean nördlich oder südlich des Äquators. Von dort ziehen Stürme westwärts entweder über den Atlantik zur nordamerikanischen Küste oder in die Region der Philippinen und Japan. Hurrikane entstehen, wenn sich ein Tiefdruckgebiet nördlich des Äquators ausgebildet hat, das große Mengen an Feuchtigkeit aus dem Meerwasser aufnimmt, wobei das Meerwasser mindestens 27 °C warm sein muss. In dem Wirbelsturm steigt die warme Luft nach oben, während gleichzeitig kalte Höhenluft nach unten fällt. Die Rotation der Erde und das Auf- und Absteigen führen zu einer Zirkulation der Luftmassen, die dabei immer stärker wird. Wenn die Luftmassen eine Geschwindigkeit von mehr als 118 km/h erreichen, spricht man von einem Hurrikan. Die Geschwindigkeit der Zirkulationsbewegung kann bis über 300 km/h erreichen. Wenn dazu noch keine das System scherenden Winde auftreten, dreht das System nach Norden ab. Bei Erreichen der Küste wird die gesamte Energie des Systems freigesetzt, mit hohen Windgeschwindigkeiten und extrem großen Regenmengen. Mit dem Auftreffen auf das Land wird der Hurrikan von seiner Energiezufuhr „abgeschnitten" und verliert rasch an Kraft. Dennoch können Hurrikane in den USA bis nach New York reichen.

Das Wettergeschehen in den USA ist reich an Hurrikanereignissen. Seit 1970 haben mehr als 12 Hurrikane der Kategorie 5 das Festland erreicht. In der Regel umfasst jede Hurrikansaison, die von Juni bis November reicht, mehr als 10 Hurrikane. Sie haben immer erhebliche Schäden angerichtet sowie zahlreiche Opfer unter der Bevölkerung gefordert. Der folgenreichste Hurrikan war der Hurrikan „Katrina", der im August 2005 die Golfküste der USA verwüstete und mehr als 1800 Tote forderte sowie Schäden von mehr als 100 Mrd. US$ anrichtete. Der Hurrikan „Sandy" im Jahr 2012 verursachte mehr als 75 Mrd. US$ an Sachschäden, hatte aber auf seinem Weg in der Karibik schon große Verwüstungen angerichtet, bevor er bei New York die USA erreichte. Mehr als 150 Menschen starben; allein in den USA mehr als 70 Menschen. Im Jahr 2015 bedrohte der Wirbelsturm Patricia die Westküste Mexikos. Mit bis zu 325 km/h über dem Pazifik war er der stärkste Sturm, der jemals über dem Ostpazifik oder dem Atlantik registriert wurde. Bei einem tropischen Zyklon im Golf von Bengalen starben im Oktober 1970 in Bangladesch etwa 300.000 Menschen. Durch den Taifun „Haiyan" wurden im Jahr 2013 auf den Philippinen mehr als 7300 Menschen durch die Fluten getötet.

Anlässlich des Hurrikans Katrina wurde die Frage gestellt, ob dieser und die anderen Hurrikane eine Folge des Klimawandels sein können. Rahmstorf et al. (2005) haben dies verneint. Sie konnten aus ihren Daten keinen Beleg für einen kausalen Zusammenhang zwischen den erhöhten Treibhausgaskonzentrationen in der Atmosphäre und der Hurrikanentstehung aufzeigen. Sie verweisen allerdings darauf, dass alle klimatischen Prozesse auf der Erde ein komplexes System darstellen und sehr wohl die Hurrikanintensität mit der Wassertemperatur in den geringen Breiten ursächlich zusammenhängt.

Im Jahr 2003 entwickelte sich in ganz Europa während der ersten Augusthälfte eine beispiellose Hitzewelle, die je nach Quellen zwischen 20.000 und 70.000 Todesfällen und zu materiellen Schäden in Höhe von mehr als 13 Mrd. € geführt hat. Die meisten Todesopfer forderte sie in Frankreich (14.000). Damit gehört die 2003-Hitzewelle zu den opferreichsten Naturkatastrophen der letzten 40 Jahre weltweit und ist eine der schwersten Naturkatastrophen seit Beginn der modernen europäischen Geschichte.

Verursacht wurde die Hitzewelle durch eine ausgeprägte „Omega-Wetterlage", bei der zwei Tiefdruckgebiete über dem Süden Westeuropas und über Südosteuropa ein sehr stabiles Hochdruckgebiet über Mitteleuropa flankieren. Besonders betroffen von der Hitzewelle waren die südlicheren Länder Europas (Schönwiese 2004). Im Süden Portugals wurde am 1. August 2003 eine maximale Temperatur von 47,3 °C gemessen. In Frankreich verzeichneten zwei Drittel der französischen Wetterstationen Temperaturen über 35 °C und in vielen Städten wurden Temperaturen von über 40 °C gemessen. In Paris wurden 39 °C überschritten und damit die bisherigen mittleren Temperaturhöchstwerte der Jahre 1922 und 1976 überboten. Von der Schweiz, Deutschland und Großbritannien waren vor allem die westlichen und südlichen Landesteile betroffen. Hier verzeichnete man Temperaturrekorde von fast 38 °C, in Dänemark immerhin noch 32 °C. In der Schweiz wurde mit 41,5 °C im Kanton Graubünden erstmals in der Geschichte des Landes eine Temperatur von über 40 °C gemessen. Für Deutschland stellte der August 2003 den Rekord des Jahres 1807 ein, mit 4,2 °C über dem langjährigen Jahresmittel.

Die ungewöhnlich hohe Anzahl an Todesopfern in Frankreich ist vor allem darauf zurückzuführen, dass die Krankenhäuser in der Urlaubszeit (der August ist der zentrale Urlaubsmonat in Frankreich) sowohl personell als auch operativ nicht in der Lage waren, die wachsende Zahl zumeist älterer, gebrechlicher und chronisch kranker Menschen zu bewältigen. Die Regierung hatte es trotz Warnungen des meteorologischen Dienstes versäumt, entsprechende Vorsorgemaßnahmen einzuleiten. Die Anzahl von Todesfällen in der Region Paris stieg dramatisch und erreichte das Vierfache der um diese Jahreszeit üblichen Zahl. Die meisten waren an Dehydrierung oder am Hitzschlag gestorben. Viele wurden zu spät ins Krankenhaus eingeliefert. Laut einer Schätzung waren über 80 % der Toten über 75 Jahre alt. In der Folge wurden die staatlichen Notfallpläne völlig überarbeitet.

Die starken Hitze- und Dürreperioden werden in Zukunft noch größere Auswirkungen auf die weltweite Ernährungssicherung haben. Als Folge des Klimawandels wird es mehr Hitzeereignisse geben. Schon heute ist absehbar, dass trockene Regionen, etwa rund ums Mittelmeer, bald noch trockener werden. Zum anderen muss eine wachsende Weltbevölkerung versorgt werden. In Bezug auf Hitze- und Dürreperioden haben agrarwirtschaftliche Untersuchungen ergeben, dass die Weltgetreideproduktion in Jahren mit hohen Temperaturen im Schnitt um 9–10 % zurückgeht; in Ländern mit großflächigen Monokulturen um mehr als 10 %, in den Entwicklungsländern mit ihren oftmals weniger intensiv bewirtschafteten Agrarflächen etwas weniger als 10 %. Agrarforscher wie Corey Lesk und seine Kollegen (Lesk et al. 2016) mahnen daher eine Anpassung an diese Entwicklungen als dringend erforderlich an. Insbesondere bei Weizen, Mais oder Reis haben Hitze und Dürren zu deutlichen Ernteeinbußen geführt, da sie, anders als Hochwasser, in den Sommermonaten ihre stärksten Wachstumsphasen haben. Auf noch etwas weisen die Agronomen hin. Wenn während extremer Hitze (lediglich) der Ertrag der Getreidesorten verringert wird, zerstören länger anhaltende Trockenphasen viele Pflanzen komplett und legen so ganze Anbauflächen lahm. Um die Landwirtschaft besser auf die Auswirkungen des Klimawandels vorzubereiten, sollte neben einem verbesserten Ressourcenmanagement auch ein Wechsel hin zu Getreidesorten in Betracht gezogen werden, die resistenter gegenüber Trockenheit und großer Hitze sind, oder die früher ausreifen.

Die ökologischen Auswirkungen der Hitzewelle 2003 sind schwer zu quantifizieren, da schon die Vegetation in diesen Ländern zuvor unter einem ungewöhnlichen Stress gestanden hatte. Zuerst gab es einen ziemlich milden Winteranfang, gefolgt von einem heftigen Temperatursturz Anfang Januar mit sehr niedrigen Temperaturen während des Frühlings. Dadurch war es regional zu erheblichem Wassermangel gekommen und der Grundwasserspiegel war auf sein niedrigstes Niveau abgesunken. Die Vegetation stand schon vor der Hitzewelle Anfang August vor dem Vertrocknen. Allein die französischen Landwirte beklagten wegen der Trockenheit Schäden von 4 Mrd. €. In manchen Gebieten erreichten die Ernteausfälle 50 %. Der Wassermangel führte in Südfrankreich, Spanien und Portugal dazu, dass speziell in Portugal 40 % der Waldfläche durch Waldbrände verwüstet wurden; in Spanien waren es 30.000 ha. Die französischen Wälder, die bereits 1999 durch die Winterstürme stark angegriffen waren, wurden durch die

Hitzewelle erneut geschädigt und danach herrschten, wie auch in Österreich und der Schweiz, ideale Bedingungen für eine Ausbreitung des Borkenkäfers.

Die USA werden beinahe jährlich von starken bis extremen Dürreperioden heimgesucht, die sich vor allem auf den Süden und den Mittleren Westen des Landes konzentrieren. Sechs Jahre lang, von 1999 bis 2005, überzog eine solche Dürre die westlichen USA, wobei der Höhepunkt im Juli 2002 lag, als etwa 50 % der Vereinigten Staaten davon betroffen waren. Auch von 2011 bis 2014 traten dort wieder extreme Dürrejahre auf. Die Dürreperiode in Kalifornien in den Jahren von 2012 bis 2014 ist nach Untersuchungen von Baumringen sogar die schlimmste Dürre, die Kalifornien in den letzten 1200 Jahren erfahren hat. Auch das neue Jahrtausend begann mit einer Reihe von schweren bis extremen Dürren, die mit Unterbrechungen bis zum Jahr 2015 anhielt. Die Folge waren große Probleme bei der Wasserversorgung, weil sich die Stauseen nicht wieder auffüllten und so die Grundwasserreserven überbeansprucht wurden. Erstmals in der Geschichte des Bundesstaates Kalifornien schränkte der Gouverneur 2014 den Wasserverbrauch für private Nutzer als auch für die Landwirtschaft ein. Damit konnte der Wasserverbrauch um 25 % gesenkt werden. Eine weitere Folge der Hitzewellen sind immer wieder aufflammende Waldbrände in Staaten wie Oregon, Arizona, Colorado und Kalifornien. Diese und andere Folgen zeigen die hohe Verletzlichkeit vor allem des Westens der USA durch Dürren. Im Zeitraum 1980–2003 machten ökonomische Schäden durch Dürren fast die Hälfte der Gesamtschäden durch Wetterextreme von zusammen 350 Mrd. US$ aus. Die Ursachen der Dürre ist vor allem die Ausbildung einer Hochdruckzelle über dem Golf von Alaska, die in Verbindung mit einem ausgedehnten Tief nördlich der Großen Seen steht und so sehr kalte Luft in den Mittleren Westen und den Nordosten der USA lenkt. Es scheint, dass oft schon wenige zehntel Grad Temperaturerhöhung in den Ozeanen ausreichen, um auf dem nordamerikanischen Kontinent dieses Wettermuster entstehen zu lassen. Nach Meinung namhafter Klimaforschern gibt es ausreichend Hinweise dafür, dass die gegenwärtige Erwärmung über dem Pazifik bereits Anzeichen der globalen Temperaturerhöhung ist. Auch gibt es Hinweise, dass diese Zirkulationsmuster vom Pazifik her angetrieben werden und einem „El Niño" um ein Jahr vorauseilen. Zudem verstärken die Großagrarbetriebe im Mittleren Westen die Dürren, indem sie Verdunstung erhöht.

Zur gleichen Zeit wie in den USA wurde auch Indien 2012 vor einer extremen Dürreperiode heimgesucht. Auf dem Subkontinent war der Monsun ausgeblieben und es gab nicht einmal die Hälfte des üblichen Regens. In Indien wird eine Dürre definiert, wenn weniger als 90 % der normalen Regenmenge fällt. Das Jahr 2012 war demzufolge schon die vierte Trockenperiode seit Beginn des Jahrtausends. Am schlimmsten waren die Reisprovinzen Punjab, Haryana und der Westen von Uttar Pradesh betroffen. Durch die Katastrophe hätten Millionen Kleinbauern ihre Existenz verlieren können, wenn Indien nicht genügend Vorräte angelegt hätte, viele renommierte Hilfsorganisationen hatten dagegen empfohlen, die überschüssigen Reisernten zum Ausgleich der Handelsbilanzdefizite zu exportieren. Da die Hälfte der indischen Bevölkerung von der Landwirtschaft lebt, sind die Folgen von Dürren für das Land immer existenziell. Neben der weitverbreiteten Subsistenzwirtschaft (viele Kleinbauern bewirtschaften gerade einmal 2 ha Land) hängen sie von Zusatzeinkünften ab, die sie mit dem Verkauf von Vieh generieren. Wird aber wegen einer Dürre das Viehfutter teurer, müssen Kleinbauern ihr Vieh zu fallenden Preisen verkaufen. In der Folge sind viele arme Kleinbauern gezwungen, sich in den überfüllten Millionenstädten als Tagelöhner durchschlagen. Neuerdings wird ein weiteres Wetterphänomen beobachtet. So wurde seit 1994 kein Monsun mehr registriert, der mehr Niederschlag als der Normalmonsun brachte. Wissenschaftler führen die nachlassenden Regenfälle vor allem auf zwei Entwicklungen zurück: Der Indische Ozean hat sich durch den Klimawandel rapide erwärmt und mit der Verringerung des Temperaturunterschieds zwischen Meer und Land verändern sich auch die Monsune. Zudem hängt stetig eine dicke Staubwolke über dem Land, die das Wetter mit beeinflusst.

China gehört zu den Ländern der Welt, die am stärksten von Wetterkatastrophen betroffen sind. Besonders seit den 1990er Jahren ist China regelmäßig von Dürren und Überschwemmungen heimgesucht worden, wobei jeweils starke ökonomische Verluste zu beklagen waren. Mit Ausnahme des Hochlands von Tibet können Hitzetage von mehr als 35 °C mit einer Dauer von 3 bis 5 Tagen überall in China auftreten, vor allem aber im Nordwesten und Südosten. Im Hitzejahr 2003 litten viele Provinzen in China unter Temperaturen von 38 °C bis lokal 40 °C. Schon im Jahr 2006 ereignete sich erneut eine Hitzewelle, bei der die Höchsttemperatur in Zentralchina sogar 43,4 °C erreichte. Während es im Zeitraum 1961–1994 durchschnittlich 10 Hitzetage pro Jahr gab, stieg dieser Wert 1996–2007 auf 17 an. Ursache für die Temperaturverteilung in China sind zum einen großräumige atmosphärische Zirkulationsmuster im Pazifik, durch die sich im Nordwesten des Landes stabile kontinentale Hochdruckgebiete ausbilden, sowie zum anderen der Einfluss von sich nach Westen ausdehnenden nordwestpazifischen Sommerhochdruckgebieten. Als Grund für die signifikante Zunahme von Hitzewellen sehen chinesische Klimaforscher den Anstieg der globalen Oberflächentemperaturen. Durch ihn ist es in China in den letzten ca. 50 Jahren zu einem Temperaturanstieg von im Jahresmittel um 1,2 °C gekommen. Weiterhin charakteristisch für Nordchina ist die oft lange Dauer der Dürren. Sie beginnen manchmal schon im Frühjahr und enden erst im Herbst. Dabei ist eine Steigerung der Häufigkeit von ernsthaften Dürren im 20. Jahrhundert festzustellen. Während bis etwa 1950 drei extreme Dürren pro Jahr vorkamen, waren es in der zweiten Hälfte des Jahrhunderts schon fast fünf – so viele wie nie zuvor in den letzten 500 Jahren. Als weiterer Grund hierfür wird eine geringere Verdunstung angegeben, die auf eine Abnahme der Windgeschwindigkeit und der solaren Einstrahlung zurückgeführt wird, als Folge der stärkeren Aerosolbelastung im Zuge der dynamischen Industrialisierung Chinas. Doch trotz immer wieder in China auftretender starken Dürren kommen chinesische Klimaforscher zu dem Ergebnis, dass seit 1986 vor allem der früher aride Nordwesten Chinas spürbar feuchter geworden ist (Chen und Yang 2013).

Am 18. Januar 2016 löste erstmals in der Geschichte der Bundesrepublik Deutschland eine deutsche Großstadt Feinstaubalarm aus. In der Europäischen Union ist Stuttgart nach der italienischen Hauptstadt Rom die Stadt mit der höchsten Feinstaubbelastung. An 64 Tagen im Jahr liegt die Belastung oberhalb dem von der EU vorgegebenen Grenzwert. Mit dem Feinstaubalarm appellierte die Stadtverwaltung – mit ihrem seit kurzer Zeit amtierenden, der Partei Bündnis 90/Die Grünen zugehörigen Bürgermeister – an die Bürger, in den kommenden Tagen freiwillig auf ihr Auto zu verzichten. Doch es zeigte sich, dass der Appell so gut wie keine Auswirkungen hatte: die Feinstaubkonzentration blieb weiter bei 89 $\mu g/m^3$; und lag damit mehr als doppelt so hoch wie der geltende Grenzwert. Doch ist Stuttgart im Vergleich zu anderen Großstädten der Welt noch eher ein „harmloser" Fall. Eine Analyse der Weltgesundheitsorganisation (WHO 2014) über die Luftqualität von 1600 Städten in 91 Ländern hat ergeben, dass sich im Vergleich zu 2001 die Luft in den Städten dramatisch verschlechtert hat. So leben mittlerweile nur noch etwa 10 % der Weltbevölkerung in Regionen, die dem von der WHO vorgegebenen Grenzwert entsprechen. 50 % der Menschen müssen demnach eine Luft atmen, deren Belastung 2,5-mal höher ist. Dies bedeutet, so prognostiziert die WHO, dass bis zu 7 Mio. Menschen pro Jahr – einer von acht Todesfällen weltweit – an den Folgen der Luftverschmutzung sterben (können); eine Zahl, die sich bis 2050 verdoppeln könnte. Regional betrachtet weisen die Länder mit niedrigem und mittlerem Einkommen wie vor allem die Städte Peking, Mumbai, Karachi und Mexico City die größte Luftverschmutzungsbelastung auf. Die Verschmutzung ist in erster Line auf den Autoverkehr und das Verbrennen von Kohle und Holz zurückzuführen. Der Befund der WHO belegt eindrucksvoll, dass heute Luftverschmutzung das weltweit größte umweltbedingte Gesundheitsrisiko darstellt. Eine signifikante Verringerung von Luftverschmutzung könnte ihrer Analyse zufolge Millionen Menschenleben retten. Die häufigsten durch Luftverschmutzung bedingten Todesursachen sind Schlaganfälle und Erkrankungen der Herzkranzgefäße, gefolgt von chronischen Lungenerkrankungen. Die WHO sieht die exzessive Luftverschmutzung als direkte Folge einer nicht nachhaltigen Politik in Sektoren wie Transport, Energiegewinnung, Abfallbeseitigung und Industrie. Daher plädiert sie, weltweit und nachhaltig Aerosol reduzierende Gesundheitsstrategien anzustreben. Die WHO verbindet damit das Ziel, einerseits eine ökonomische Dividende einzufahren, indem makroökonomische Aufwendungen im Gesundheitssystem gesenkt werden, und andererseits zusätzliche Gewinne zum Klimaschutz einzufahren.

Die Klimaforscher haben längst Gewissheit, dass der Klimawandel bereits eingetreten ist. Er wird hervorgerufen durch den Ausstoß von Kohlendioxid (CO_2) und anderen Treibhausgasen und ist eine Folge des weltweiten Wirtschaftswachstums und der Wohlstandsentwicklung der letzten 200 Jahre. Durch seine Aktivitäten hat der Mensch seit Beginn der industriellen Revolution vor etwas mehr als 150 Jahren die Atmosphäre und damit die „Schutzschicht der Erde dicker" gemacht (Grassl 2011). Aber nicht nur durch Verbrennen von fossilen Energierohstoffen wie Kohle, Erdöl und Erdgas wurde die Atmosphäre mit CO_2 angereichert, sondern auch durch das Abholzen der Wälder entweicht der in den Bäumen gespeicherte Kohlenstoff. Aber auch Ackerbau und Viehzucht (hier vor allem der exzessive Reisanbau in Asien) produzieren Methan (CH_4), Distickstoffoxid (N_2O) und andere Treibhausgase. Schätzungen zufolge gehen sieben von zehn Tonnen CO_2, die seit Beginn der industriellen Revolution in die Atmosphäre entlassen wurden, auf das Konto der Industrieländer. Da Treibhausgase eine zum Teil sehr lange Lebensdauer in der Atmosphäre haben, finden sich dort heute noch Gase, die etwa seit dem ausgehenden 19. Jahrhundert emittiert wurden. Grassl (2011) weist darauf hin dass, „wenn die Emissionen in demselben Maße wie bisher ansteigen, wird der Kohlendioxidanteil der Atmosphäre im 21. Jahrhundert aller Wahrscheinlichkeit nach doppelt so hoch sein, wie vor der Industrialisierung". Stern (2007) hat für diese Situation den Ausdruck „das größte Marktversagen" geprägt, ein Ausdruck, der inzwischen zu einem geflügelten Wort in der Klimapolitik geworden ist. Trotz jahrelanger Verhandlungen und schon im Kyoto-Protokoll festgelegter Zielvorgaben ist es bislang keinem Land gelungen, das wirtschaftliche Wachstum von der Zunahme des CO_2-Ausstoßes abzukoppeln. Im Kern lässt sich die internationale Klimafolgendiskussion auf die Frage reduzieren, ob die Industrieländer Einbußen ihres Wohlstandsniveaus hinnehmen müssen, um so den Schwellen- und Entwicklungsländern reale Chancen für eine nachholende Entwicklung einzuräumen. Es geht also nicht um die Bekämpfung des Klimawandels *per se*, sondern darum, das wirtschaftliche Wachstum zwischen den Nationen gerechter zu verteilen.

Für den Temperaturanstieg wird nach Expertenmeinung vor allem der ungebremste Ausstoß von Treibhausgasen verantwortlich gemacht. Und es wird davon ausgegangen, dass bei fortgesetzten Treibhausgasemissionen sich das Klima auf der Erde bis Ende des Jahrhunderts voraussichtlich um rund 3,7 °C erwärmen wird (IPCC-AR4 2007b).

Heute ist die Klimaforschung dank der in den letzten 50 Jahren extrem verbreiterten Datenbasis und eines interdisziplinären Forschungsansatzes in der Lage, die Temperatureinflüsse auf die natürliche Umwelt mit hoher Wahrscheinlichkeit vorherzusagen, und zwar in Szenarien in Verbindung mit unterschiedlichen Stabilisierungsniveaus von Treibhausgasen. Dabei weisen Schellnhuber et al. (2004) daraufhin, dass die Klimaforschung die Erde aber nur als „Ganzes" analysieren kann. Die unzähligen kausalen Abhängigkeiten, wie z. B. die Solarradiation auf die

Wolkenbildung und damit auf das Abschmelzen der Gletscher u. v. a., ergeben erst in ihrem Zusammenwirken die Kenntnisse über das Klimasystem. Die Analysen, Experimente und Erkenntnisse aber sind oftmals eher fachspezifisch ausgelegt und eignen sich daher (eigentlich) nicht dazu, den Klimawandel im moralischen Sinne als „richtig" oder „falsch" zu bewerten. Beruhen noch Mitte der 1970er-Jahre die Klimaprognosen im Wesentlichen auf einer Kalkulation der Effekte der CO_2-Emissionen aus Industrie und Haushalten, so wurde diese Datenbasis Mitte der 1980-er Jahre um die klimarelevanten Effekte der Landoberfläche, der Kryosphäre sowie der Wolkenverteilung ergänzt. Der erste IPCC-Klimabericht (IPCC-FA 1990) konnte erstmals den Einfluss der Ozeane aufzeigen, während der zweite Bericht (IPCC-SAR 1995) dem noch die Einflüsse vulkanischer Aktivität sowie die der Sulphatemissionen hinzufügte. Im dritten Bericht (IPCC-TAR 2001) wurden dann auch schon der Kohlenstoffkreislauf, der Einfluss der Aerosole, die Zirkulation der Weltmeere und der globale Oberflächenabfluss *(runoff)* berücksichtigt. Lagen im ersten Bericht die Temperaturprognosen noch im Bereich von plus 0,6–0,8 °C, so konnte der IPCC-SAR die Prognose auf 0,3–0,6 °C senken. Im dritten Bericht wurden die Aussagen noch einmal präzisiert und damit im Wesentlichen die Folgerungen des IPCC-SAR bestätigen. Im vierten Bericht (IPCC-AR4 2007b) sind dann noch die Einflüsse der Vegetation und die Chemie der Treibhausgase mit aufgenommen worden. Die Genauigkeit der Prognosen hat sich in dem Zeitraum von 30 Jahren dadurch erheblich verbessert. Lag die Auflösung der Prognosemodelle anfangs noch bei einem Gitternetz von 500 × 500 km (T21), so konnte dieses im 4. Sachstandsbericht schon auf eine Kantenlänge um 100 km (T106) reduziert werden. Der höchste Genauigkeitszuwachs wurde von den Klimaforschern aber erzielt, indem sie die zunächst rein auf atmosphärischen Zirkulationsmodellen basierende Prognose mit klimatischen Modellen koppelten. Grundlage hierfür waren erhebliche Fortschritte in den Rechnerleistungen.

Die Geschichte der Kenntnisse zur globalen Erwärmung ist eigentlich mehr als hundert Jahre alt. Schon im Jahr 1896 hatte der Schwede Svante Arrhenius (heute könnte man ihn als den ersten Klimaforscher bezeichnen) erste Überlegungen zum Einfluss von Kohlendioxid auf die Temperaturverteilung der Atmosphäre angestellt (Arrhenius 1896) und damit die „Wissenschaft über die globale Erwärmung" begründet. Auch wenn die Überlegungen auf einer im Vergleich zu heute eher schmalen Erkenntnisbasis beruhen, so hat sich doch an den zentralen Aussagen nichts Wesentliches geändert. Es stellt sich die Frage, warum die Erkenntnisse fast 80 Jahre wenig Aufsehen erregt haben. Wahrscheinlich lag es daran, dass die von Arrhenius angesprochenen Zeiträume sehr lang waren und die Menschen die Auswirkungen als für sie nicht relevant erachteten; das Thema daher als eher ein für die Forschung interessantes ansahen. Arrhenius stellt sich die Eingangsfrage: „Wird die mittlere Oberflächentemperatur der Erde in irgendeiner Weise durch die Existenz hitzeabsorbierender Gase in der Atmosphäre beeinflusst"? Seine grundlegende Überlegung fußte auf der Erkenntnis, dass die Gase Stickstoff und Sauerstoff (und mit ihnen Kohlendioxid und Wasserdampf) in der Lage sind, große Mengen an Hitze zu absorbieren, zumal diese beiden Gase die primären Bestandteile der Atmosphäre stellen. Er konnte erstmals die Absorptionskoeffizienten von CO_2 und Wasserdampf berechnen und zog daraus die Schlussfolgerung, dass die Erdatmosphäre in der Lage sei, sowohl eine bestimmte Menge an Hitze aufzunehmen als auch „durchzulassen". Je höher aber die CO_2-Konzentration sei, desto geringer sei ihre Durchlässigkeit, also desto mehr Hitze werde gespeichert. Eine Verdopplung des CO_2-Gehalts würde in Äquatornähe zu einer Temperaturerhöhung von mindestens 4,95 °C führen, und zu einem maximalen Wert von 6,05 °C an den Polen. Auch wenn Arrhenius die Verbrennung fossiler Energierohstoffe nicht explizit als die Quelle des CO_2-Anstiegs beschreibt, so kann doch darauf geschlossen werden, dass er diese als Ursache annahm. Die Ideen von Arrhenius wurden erst im Jahr 1957 mit Beginn des „Geophysikalischen Jahres" durch Charles Keeling vom Scripps Institute of Oceanography aufgegriffen, der auf dem Vulkan Mauna Loa auf Hawaii die erste permanente Messstation für CO_2 in der Atmosphäre errichtete. Durch ihn verfügen wir heute über kontinuierliche Aufzeichnungen der CO_2-Gehalte in der Luft, der berühmten „Keeling-Kurve". Nach dieser ist der CO_2-Gehalt von 320 ppm im Jahr 1960 bis auf 404 ppm im Jahr 2017 kontinuierlich angestiegen, mit einer jährlichen Zuwachsrate von 2 ppm.

1.1 Sozioökonomische Auswirkungen

Der globale Klimawandel, mit der Erderwärmung, mit Dürren, Starkregenereignissen und dem Anstieg des Meeresspiegels, hat schon heute existenzbedrohende Auswirkungen auf viele Regionen der Erde. An dieser Stelle sollen einige regionale Brennpunkte exemplarisch vorgestellt werden, die besonders von den Auswirkungen des Klimawandels betroffen sind und die in Zukunft noch stärker davon betroffen sein werden.

1.1.1 Europa

Der Klimawandel macht auch vor Europa keine Ausnahme. Auch wenn Europa im internationalen Vergleich eine Region ist, die eher „weniger stark" von Klimakatastrophen heimgesucht wird, sind die Anzeichen, dass der Klimawandel schon längst eingetreten ist, in den letzten 20 Jahren immer sichtbarer geworden. Vor allem die Hochwasser in Mitteleuropa in den Sommermonaten 2002, 2006, 2013 u. v. a., die Orkane und Winterstürme in Osteuropa und die Hitzeperiode 2003 in Westeuropa haben dagegen eindrücklich aufgezeigt, auch Europa wird zunehmend von dem Klimawandel und seinen Folgen bedroht.

Doch in der Öffentlichkeit werden die Folgewirkungen des Klimawandels in erster Linie als lokale Naturereignisse und vorrangig als solche mit kurzfristigen, meist geringen Intensitäten wahrgenommen. Dies umso mehr, als sich bislang vor allem eine Gefährdung der technisch-materiellen Infrastruktur denn eine der Bevölkerung ergeben hat. Dadurch ist vielerorts der Eindruck entstanden, es handele sich vorrangig um eine technische Herausforderung auf ein „Extremereignis" und nicht schon um den – in Umfragen sehr gefürchteten – Klimawandel. Durch die knapp 5000 Naturkatastrophen, die im Zeitraum von 1980 bis 2011 von der Europäischen Umweltagentur (EUA) gelistet wurden, waren 213 Todesopfer zu beklagen und Schäden von mehr als 450 Mrd. € entstanden; 12 % der weltweiten Schäden. 50 % der Schäden waren auf Hochwasserereignisse und noch einmal 30 % auf Sturmereignisse zurückzuführen.

Hochwasser – Sturm – Starkregen
Vergleicht man die Ursachen der Katastrophen, so wird eine generelle Übereinstimmung mit der weltweiten Katastrophenverteilung deutlich. Wie auch international ist auch in Europa über den Zeitraum 1980–2011 die Anzahl geologisch-tektonischer Naturkatastrophen in etwa gleich geblieben; mit im Mittel 20 Ereignissen pro Jahr. Seit Mitte der 1990er Jahre sind dagegen meteorologisch-klimatische Ereignisse signifikant häufiger vertreten, sodass insgesamt eine Zunahme an Katastrophenereignissen von um 100/a im Jahr 1980 auf heute mehr als 150/a zu verzeichnen ist. Auswirkungen dieser klimatischen Änderungen sind zum Beispiel die Starkregen- und Hochwasserereignisse in West- und Mitteleuropa. Zwischen 1970 und 2005 gab es insgesamt 222 Hochwasserereignisse in den EU-Staaten. Seit dem Jahr 2000 ist mit Ausnahme der Jahre 2004 und 2005 kein Jahr vergangen, in dem es nicht zu einer schweren Hochwasserkatastrophe in den großen Flusssystemen Themse, Rhein, Elbe, aber auch im Einzugsgebiet der Theiß in Ungarn gekommen ist. Jährlich belaufen sich die Hochwasserschäden auf deutlich mehr als 6 Mrd. €, wobei allein das Oderhochwasser des Jahres 1997, das in Polen, der Tschechischen Republik und in Deutschland 115 Todesopfer forderte, einen Sachschaden von 6 Mrd. € zur Folge hatte. Im Jahr darauf war in Süditalien durch Starkregenereignisse der Tod von 147 Menschen zu beklagen. Den Überschwemmungen des „Jahrhunderthochwassers" im August 2002 an der Elbe fielen in der Tschechischen Republik und in Deutschland 39 Menschen zum Opfer; der Sachschaden belief sich auf mehr als 10 Mrd. €. Mit insgesamt 20 Mrd. € Schaden war dieses Hochwasser, das nicht nur an der Elbe, sondern auch in Südosteuropa zu erheblichen Schäden geführt hat, das ökonomisch verlustreichste.

Meteorologische Aufzeichnungen belegen, dass sich in Westeuropa von 1970 an die Zahl der Orkantiefs, die über dem Atlantik entstanden sind, stetig erhöht hat; Gleiches trifft auf die Zahl der Westwetterlagen zu. Aus den Klimamodellen wird des Weiteren ersichtlich, dass bis zum Ende des 21. Jahrhunderts die winterlichen Sturmtiefwetterlagen und damit die Anzahl der schweren Stürme deutlich zunehmen werden. Dabei werden vor allem die Britischen Inseln, Nordfrankreich, die Beneluxstaaten, Dänemark und die Nordhälfte Deutschlands betroffen sein. Klimaforscher sagen vorher, dass sich dadurch allein in Deutschland die Sturmschäden bezogen auf die Referenzperiode 1960–1990 in der Zukunft um mehr als 10 % erhöhen können (MunichRe, Pressemitteilung vom 27. Dezember 2007; Jones und Moberg 2003).

Aus Sicht des Katastrophenrisikomanagements sind es nicht die „normalen" Niederschlagsereignisse, die eine Gefahr für die Städte und Gemeinden in Europa darstellen, sondern die sogenannten „Starkregen", bei denen in kurzer Zeit große Regenmengen anfallen. Dabei sind in der Regel auch solche Bereiche in den Kommunen betroffen, die eigentlich gar nicht im direkten Einzugsgebiet liegen. Überlaufende Kanalisationen, geflutete Kläranlagen oder über die Ufer tretende, normalerweise „harmlose", Bäche sind die Folge. Statistisch gesehen geht etwa die Hälfte aller Hochwasserschäden auf solche Starkregenereignisse zurück. Und die Klimaforscher prognostizieren eine noch weitere Zunahme dieser Gefahrensituationen. Sie weisen darauf hin, dass in Zukunft insbesondere in den Wintermonaten mit einer Zunahme von Starkregenereignissen gerechnet werden muss. So zum Beispiel für die Region der Kinzig (Baden-Württemberg), für die eine Studie des Deutschen Wetterdienstes (DWD) (KLIWA 2013) nachweisen konnte, dass es bezogen auf die Zeitreihe 1931–2010 im Gesamttrend zu einer Zunahme der mittleren Gebietsniederschlagshöhe im hydrologischen Winterhalbjahr von 7–28 % kommen wird. Im Gegensatz dazu zeigt der Trend für die Sommerhalbjahre keine eindeutige Entwicklung (−10 % bis +5 %). Für die Starkregenniederschläge wurde ein vergleichbarer Trend festgestellt, der jedoch regional deutlich uneinheitlicher ausfällt. So hat sich zum Beispiel in Sachsen die Anzahl der durch Starkregen ausgelösten Sommerhochwasser seit dem 19. Jahrhundert mehr als verdreifacht, wobei in den Jahren seit 1995 eine noch deutlichere Zunahme zu verzeichnen ist.

Auch in Zentraleuropa konnte dieser Trend nachgewiesen werden. Klimamodelle zeigen, dass sich infolge mitteleuropäischer Trogwetterlagen (Stichwort: „Vb"-Wetterlage) im nördlichen Mittelmeerraum weniger sommerliche Regentiefs ausbilden können, die Niederschlagsereignisse dafür aber intensiver werden, weil sich die Regenmengen auf weniger Ereignisse verteilen. Ein Klimamodell für den Bereich der Zentral- und Ostalpen zeigt, dass der von Juli bis September gemittelte Niederschlag gegenüber 1961–1990 deutlich zurückgehen wird; in Teilen Österreichs, Norditaliens und Tschechiens sowie in der Schweiz und der Slowakei um bis zu 20–30 %. Umgekehrt ergibt sich eine Zunahme bei den 1 % stärksten sommerlichen Fünftagesniederschlägen in Teilen Norditaliens und der nördlichen Schweiz sowie in einem Band, das Nordösterreich und weite Teile Tschechiens, Polens und den Osten Deutschlands umfasst.

Doch nicht nur Wasserspiegelanstieg kann zu einer Gefahr werden, sondern auch die damit einhergehende Bodenerosion. So geht die Bayerische Landesanstalt für Landwirtschaft davon aus, dass es dabei zu einem erhöhten

Bodenabtrag auf bayerischen Ackerflächen bis zum Jahr 2050 von im Durchschnitt 16 % kommen wird. Daneben beeinflusst eine geänderte Niederschlagscharakteristik auch noch andere Parameter, wie die Bodenfeuchte, Evapotranspiration, Infiltration, Pflanzenwachstum und Bodenbedeckung; allesamt Faktoren, die sich zudem noch negativ auf die Bodenerosion, das Pflanzenwachstum, die Bodenbedeckung auswirken und die so die Bodenbearbeitung im Jahresverlauf verändern werden (Sauer und Goldschmitt 2013).

Nach dem deutschen Wasserhaushaltsgesetz (WHG) in der Fassung vom 12.11.1996 und in Verbindung mit der DIN EN 752–2008 ist festgelegt, dass die Kommunen die Verantwortung für die Abwasserentsorgung tragen. Dabei ist zu bedenken, dass die meisten der deutschen Abwasserkanalsysteme im letzten Jahrhundert erbaut wurden und damit nicht mehr den Anforderungen an den Bedarf der gewachsenen Städte und noch dazu den wahrscheinlichen Auswirkungen aus dem Klimawandel gerecht werden. Sollte es aber infolge eines Starkregenereignisses zur Überflutung eines privaten Kellers kommen, hat der Hauseigentümer nach deutscher Rechtsprechung keinen Anspruch auf Schadensersatz (Landgericht Coburg/AZ:12 0207/02); auch dann nicht, wenn das örtliche Kanalnetz für ein solches Ereignis nicht ausgelegt ist.

Die Unterhaltung des öffentlichen Entwässerungssystems gehört zu den vornehmlichen Aufgaben der Kommunen. Es erfordert fachübergreifendes Risikomanagement, das administrative, organisatorische und städtebauliche Vorsorgemaßnahmen, insbesondere zum Ausbau der Fließwege, eine bessere Ausnutzung vorhandener oder die Schaffung neuer Speichervolumen umfassen kann und das dazu führt, dass Abflusssteuerung situationsangepasst erfolgt. Immer wieder wird im Nachgang zu einem städtischen Überflutungsereignis die Forderung erhoben, die Ableitungskapazität der Kanalsysteme zu erhöhen. Doch seitens der Ingenieure und Hydrologen wird dies als „weder nachhaltig oder wirtschaftlich ratsam" bezeichnet (Lippe-Verband 2016). Außerdem wäre es nur eine Teillösung, denn die „Abflüsse von Dächern und Straßen sind schon überlastet, bevor die Wassermassen den Kanal erreichen. Und größere Kanäle führen lediglich zu einer Verlagerung der Wassermassen in tieferliegende Stadtteile".

Daneben weisen auch die Winterstürme in Mitteleuropa ein hohes Schadenpotenzial auf. In den Wintermonaten kann ein einziges Sturmereignis sich von Nordwesteuropa bis nach Griechenland und sogar bis tief hinein in die Länder Osteuropas auswirken. Dabei können nach Angaben der Münchener Rückversicherung Kumulschäden von jährlich bis zu einem zweistelligen Milliarden-Euro-Betrag entstehen. Lokale Unwetter entstehen dagegen ganzjährig, am häufigsten jedoch im Sommer. Obwohl sie räumlich begrenzt auftreten, können auch diese Ereignisse aufgrund ihrer unterschiedlichen Ausprägung mit Blitzschlag, Starkniederschlägen, Hagelschlag und Tornados zu Schäden von mehreren Milliarden Euro führen.

Der schlimmste Wintersturm der letzten 50 Jahre war mit Sicherheit der im Winter 1978/1979, als das öffentliche Leben in Norddeutschland nahezu völlig zum Erliegen kam. Aber auch im März 1969 und im Januar 1987 gab es zum Teil erhebliche Schneeverwehungen und auch in anderen Jahren schnitt der Schneefall vielerorts ganze Ortschaften ab. Dennoch lagen die Temperaturen damals deutlich über denen des Jahres 1928/1929, als in Westeuropa das Thermometer im Februar stellenweise auf unter −30 °C fiel; dem kältesten Einzelmonat des 20. Jahrhunderts.

Die meisten Winterstürme in Europa ziehen von den Britischen Inseln über die Beneluxstaaten, Nordfrankreich, Deutschland bis nach Polen. Dabei wird das Schadenpotenzial nicht allein durch maximale Windgeschwindigkeiten definiert, sondern auch durch ihre Zugbahnen und die dazugehörigen Windfelder. In Deutschland weisen danach der Nordseeküstenraum sowie die Höhenlagen der Mittelgebirge von Schwarzwald, Westerwald, Thüringer Wald die größte Sturmexposition auf. Neuere Erkenntnisse aus den globalen Klimamodellen lassen Anzeichen erkennen, dass der Klimawandel die Laufbahnen auch der Winterstürme über Nordeuropa generell weiter polwärts verlagert (Bengtsson et al. 2006). Auch zeigen sie, dass die Anzahl leichter und mittlerer Sturmereignisse eher zurückgegangen ist, dagegen die Anzahl starker Wintersturmereignisse eher zunehmen wird (Lambert und Fyfe 2006). Ein Verschneiden der Daten über die meteorologischen Auswirkungen der Klimaänderungen, der wahrscheinlichen zukünftigen Zugbahnen und Windstärken ermöglicht es den Klimaforschern, der Versicherungswirtschaft, den regionalen Entwicklungsplanern sowie der Öffentlichkeit, sich über ihre jeweilige Schadenexposition zu orientieren.

Ein in den letzten Jahren in Europa häufiger auftretender Sturmtyp sind Tornados. Sie entstehen in sogenannten meteorologischen „Superzellen": Das sind Gewitterzellen mit intensiven Niederschlägen, in vielen Fällen begleitet durch Hagelschlag und Fallböen. Solche Tornados mit ihren vergleichsweise sehr geringen räumlichen Ausdehnungen sind ihrer physikalischen Natur nach den Tornados in Nordamerika vergleichbar. Der Durchmesser von Tornados kann am Boden von wenigen Zehnermetern bis zu mehreren Hundert Metern reichen; in Einzelfällen wurden sogar 1–2 km beobachtet. Tornados haben eine Lebensdauer von meist nur wenigen Minuten bis maximal einer Stunde; die Zuggeschwindigkeit beträgt in der Regel 50–100 km/h, während die Windgeschwindigkeiten im Innern des Tornados bis zu 500 km/h erreichen können. In Europa werden jährlich um 170 Tornados beobachtet, wobei die Wissenschaft von einer deutlich höheren Anzahl ausgeht (um 300). Die meisten Tornados sind von geringer bis mittlerer Intensität. Wie im Mittleren Westen der USA („Tornado-Alley") scheint es auch in Europa einen bevorzugten Korridor für Tornados zu geben, wie zum Beispiel während des Tornados am 27. Juli 2013 entlang der Linie Ruhrgebiet-Hannover-Wolfsburg. Schäden bei Tornados verursachen vor allem der Winddruck und umherfliegende

Trümmerteile. Ein plötzlicher starker Unterdruck innerhalb des Tornados kann sogar zur Implosion von Gebäuden führen, insbesondere solcher mit luftdicht versiegelten Glasflächen.

Europa und damit auch Deutschland hat in den letzten Jahrzehnten immer häufiger Schäden aus Hagelschlagereignissen zu beklagen. Hagel tritt von allem als eine Begleiterscheinung großer Gewitter auf und bezeichnet gefrorenen Niederschlag ab einer Korngröße von 5 mm; darunter wird der Niederschlag als Graupel bezeichnet. Ursache für die Hagelschläge sind schwere Gewitter, die in Westeuropa vorrangig dann ausgelöst werden, wenn im Verlauf einer „Vb"-Wetterlage sich der „Jetstream" trogartig weit nach Süden verschiebt, lagestabiler wird als in der Vergangenheit, und dabei subtropisch warme, feuchte Luft aus dem westlichen Mittelmeerraum nordostwärts nach Mitteleuropa führt. Das größte bisher weltweit dokumentierte Hagelkorn hatte etwa die Größe eines Handballs und wurde 2003 in Nebraska/USA gefunden. Bei einem Hagelsturm am 6. August 2013 wurde bei Undingen (Schwäbische Alb) ein Hagelkorn mit dem Rekorddurchmesser von 14 cm gefunden. Zerstörerisch bei Hagelkörnern ist vor allem ihre Aufschlaggeschwindigkeit, die mit der Quadratwurzel ihrer Durchmesser ansteigt. Liegt diese bei 1 cm Durchmesser bei etwa 50 km/h, erreicht sie bei einem Korndurchmesser von 14 cm bereits 170 km/h. Wird Hagel darüber hinaus noch von Sturmböen vertikal verschert, treten enorme Schäden an senkrechten Gebäudeflächen (Wände, Fenster) auf. Die Stürme mit Hagelschlägen des Jahres 2013 haben allein in Deutschland versicherte Schäden von mehr als 4 Mrd. € verursacht. Neben den Schäden an Gebäuden und zum Beispiel an Gewächshäusern, war es vor allem die Kraftfahrzeugindustrie, die hohe Schäden zu beklagen hatte, denn viele Fahrzeuge wurden auf Stellplätzen der Autohäuser und vor allem auf großen Lagerplätzen der großen Automobilhersteller beschädigt. Allein am 27. Juli 2013 wurden dabei in Wolfsburg mehr als 10.000 Fahrzeuge beschädigt. Ein besonders gravierender Schaden entstand Ende Juli 2013 in einem Autolager in Frankreich. Als Folge des Hagelschlags drang Regenwasser in die Fahrzeuge, beschädigte die Elektrik sowie die Innenausstattung, sodass an etwa 80 % der Kraftfahrzeuge ein Totalschaden entstand. Auch wenn Hagelschlagereignisse in Europa nicht spürbar zugenommen haben, so ergibt eine französische Studie, dass die Einschlagswirkungen des Hagels deutlich zugenommen haben. Belegt durch eine 20-jährige Messreihe mit einem sogenannten „Hagelimpaktor" konnte eine Zunahme bei der totalen kinetischen Energie pro Hagelschlag verzeichnet werden. Der signifikante Trend der Hagelintensität liegt in der Größenordnung von 70 % im Zeitraum 1989–2009 (Berthet et al. 2012).

In den EU-Mitgliedsstaaten hat es zwischen 1970 und 2005 mehr als 220 Hochwasserereignisse gegeben. Aus diesen Zahlen wird deutlich, dass eigentlich in jedem Jahr ein größeres Hochwasser zu verzeichnen war (Besselaar et al. 2013). Alle Klimamodelle zeigen, dass für den Westen und die Mitte Europas in den Sommermonaten mit weniger und geringer ausgeprägten sommerlichen Regentiefs gerechnet werden kann. Da sich die mitteleuropäischen Trogwetterlagen („Vb") im nördlichen Mittelmeerraum dagegen aber weiter verstärken werden, muss für den Spätsommer und Herbst jedoch mit erhöhter Gewitterneigung – mit den Gefahren Hagel, Starkböen/Tornado, Sturzflut und Blitzschlag – gerechnet werden. Die signifikante Zunahme von Westwindwetterlagen im Winterhalbjahr führte in den vergangenen Jahrzehnten in Europa zu einer Zunahme von Starkniederschlägen und Hochwasser um 20–30 %. Auch wenn daraus der Eindruck entstehen könnte, dass in den letzten 25 Jahren die Hochwasserereignisse zugenommen haben, so ist auch richtig, dass es auch in den Jahren bis 1970 zu starken Überschwemmungen gekommen ist. Insgesamt sind Italien und Spanien die am meisten betroffenen Länder in Europa, gefolgt von Frankreich und Deutschland.

Zu ähnlichen Ergebnissen kam eine Studie der Münchener Rückversicherung aus dem Jahr 2014 („Topics Geo-Schadensspiegel") für Norditalien. Hier wurde für den Zeitraum 1975–2009 für die totale kinetische Energie von extremen Ereignissen ebenfalls eine signifikante Zunahme festgestellt.

Der größte Sachschaden der letzten 25 Jahre entfiel mit über 20 Mrd. € auf das Elbe-/Oderhochwasser des Jahres 2002. Dabei waren Schäden nicht nur in Deutschland (ca. 10 Mrd. €) entstanden, sondern auch in Österreich, Italien, in Tschechien, der Slowakei und Rumänien. Jährlich verursachen Hochwasserereignisse in den 27 EU-Staaten Schäden von mehr als 6 Mrd. €. Pro Jahr sind in den EU-Ländern ca. 250.000 Menschen von Hochwasserereignissen betroffen. Und alleine den Überschwemmungen im August 2002 an Elbe und Oder waren 39 Menschen zum Opfer gefallen. Bei sehr heftigen Sturzfluten waren im Mai 1998 in Süditalien 147 Todesopfer zu beklagen und in Spanien 1996 während eines nur einstündigen Niederschlags 87 Menschenleben (Barredo 2007).

Hochwasser sind die Folge der Niederschläge in Form von Regen oder Schnee. Dabei geht man von der Grundregel aus, dass etwa ein Drittel der Niederschläge im Boden (je nach Beschaffenheit) versickert, ein Drittel verdunstet und ein Drittel oberflächig abläuft. Diese Grundregel wird aber durch eine Vielzahl an Faktoren beeinflusst. So ist nicht jeder Regen in seinen Wirkungen gleich. Ein Regenereignis kann stark, kurz und von lokaler Ausdehnung (starkes Gewitter, Sturzregen) oder lang anhaltend und großflächig sein (Dauerregen, Landregen). Der Niederschlag wird in l/m^2 angegeben, wobei ein Millimeter Regen einem Liter pro Quadratmeter entspricht. Für die Höhe und für den Verlauf eines Hochwassers ist es entscheidend, wie viele Prozent des Einzugsgebietes über welchen Zeitraum gleichzeitig vom Regen betroffen sind. Des Weiteren hängt der oberflächige Abfluss von der Größe und der Form des Wassereinzugsgebiets ab. Je größer es ist, desto mehr und desto länger fließt das Wasser ab. Im Wesentlichen wird zwischen zwei Typen von Einzugsgebieten unterschieden. Es gibt kompakte Einzugsgebiete, bei denen das Wasser vergleichsweise schnell zu dessen Zentrum abfließt. Dadurch entstehen kurzzeitig hohe Abflussspitzen. Langgestreckte Einzugsgebiete führen zu langanhaltenden, gedämpften Abflussspitzen und können daher, wie zum Beispiel der Rhein, so viel Wasser zusammenführen, dass die Gefahr von Hochwasser im Unterlauf deutlich zunimmt. Die Wasserabflussmenge („HQ") ist dabei für das Hochwassermanagement die entscheidende Bemessungsgrundlage. Der Abfluss wird als Wassermenge pro Zeiteinheit (m³/s) angegeben. Zentraler Bemessungswert dabei ist der sogenannte 100-jährliche Abfluss („Jährlichkeit"), ein Wert, der den höchsten Wasserstand in den letzten 100 Jahren angibt. Der Wert sagt nicht aus, das ein solcher Wasserstand nur alle hundert Jahre einmal erreicht werden kann, also nach einen 100-jährlichen Hochwasser für die nächsten hundert Jahre ein solches nicht wieder zu erwarten ist. Statistisch haben sich die Hochwasserereignisse in Zentraleuropa seit 1980 etwa verdoppelt (MunichRe, Pressemitteilung vom 9. Juli 2013).

In den Niederlanden leben die Menschen schon immer in einem Delta, das in weiten Teilen bis zu 2 m unter dem Meeresspiegel liegt, und waren schon immer Sturmfluten und großräumigen Überschwemmungen ausgesetzt. Seit dem Mittelalter schützen die Niederländer ihre Küsten gegen diese Katastrophen. Aber erst die große Sturmflut von 1953 mit fast 600 Deichbrüchen im Deltagebiet von Rhein, Maas und Schelde, bei der die Provinz Zeeland fast vollständig überflutet wurde und bei der fast 2000 Menschen den Tod fanden, veränderte die Küstenschutzpolitik fundamental. Nach dem Motto „so etwas darf nie wieder geschehen" wurde ein nationales Schutzkonzept („Deltaprojekt") aufgestellt und in einem Hochwasserschutzgesetz *(Flood Protection Act)* festgeschrieben. In der Folge errichteten die Holländer einer Serie von Sturmflutwehren mit einem Schutzniveau von mehr als 5 m über dem Pegel Amsterdam entlang der Schelde-/Rheinmündung. Hatten anfangs auch noch Landgewinnungsaspekte eine Rolle gespielt, so wurde dieser Aspekt in den letzten 50 Jahren immer mehr zugunsten eines nachhaltigen Umweltschutzes und eines umweltverträglichen Tourismus abgelöst. Heute verhindern drei große Sturmflutwehre ein Eindringen des Meereswassers in das Delta. Dabei regeln die riesigen Sperrwerke den gezeitengesteuerten Wasseraustausch zwischen Oosterschelde und offenem Meer. Nur zu Zeiten einer Sturmflut, etwa ein oder zweimal pro Jahr, werden sie geschlossen. Der Bau dieser Sperrwerke war eine extreme technische Herausforderung, denn niemals zuvor war auf der Welt ein Flussdelta mit so tiefen Strömungsrinnen abgedichtet worden. Seit der Fertigstellung ist es in den Niederlanden zu keiner nennenswerten Sturmflut mehr gekommen. Auch wenn das erreichte Schutzniveau derzeit in Holland so hoch ist, wie nie zuvor, hat das Land im Jahr 2008 begonnen, in Übereinstimmung mit der EU-Hochwasserrahmenrichtlinie das Schutzziel noch einmal zu erhöhen. Als größte Gefahrenquelle wurde eine Überschwemmung der von anderen Deichen umschlossenen Niederungen identifiziert. Aber auch durch Überschwemmungen aus dem Hinterland ist das Land extrem gefährdet (Jonkman et al. 2008).

Für Schäden durch Hochwasser sind die Menschen oft mit verantwortlich, wenn sie durch eine raumgreifende Siedlungsentwicklung in überflutungsgefährdeten Gebieten den Nutzungsanspruch an den Naturraum verstärken, sodass Niederschlagsextreme sich schnell zu Hochwasserereignissen ausweiten können, wie es zum Beispiel entlang von Elbe und Oder in den Jahren 2002 und 2013 geschehen ist. Das Hochwasser in Sachsen im Jahr 2013 war die Folge anhaltender Regenfälle von lokal bis zu 300 mm/m² (Jahresmittel in Deutschland 700 mm) im Ostalpenraum („VIb"), die zu einer Serie an aus Böhmen kommenden Flutwellen im Raum Dresden am Zusammenfluss der Elbe mit der sächsischen Weißeritz zu noch nie gemessenen Pegelständen von bis zu 9,40 m führten. Große Teile der Innenstadt Dresdens mit der berühmten Semperoper, dem Zwinger und dem Hauptbahnhof standen tagelang unter Wasser. In weiten Teilen Sachsens fiel die Stromversorgung aus und mit ihr die Kommunikationsinfrastruktur. Die Bewohner ganzer Ortschaften, wie zum Beispiel in der Stadt Grimma oder in der Sächsischen Schweiz nahe der Grenze nach Tschechien mussten evakuiert werden, als oberhalb der Ortschaft Glashütte der Damm eines Rückhaltebeckens brach. Der Ort wurde großräumig überflutet und beklagte Schäden in Millionenhöhe. Insgesamt musste in 17 der 29 sächsischen Landkreise und kreisfreien Städte der Katastrophenalarm ausgerufen worden. Am Ende war an mehr als 25.000 Wohngebäuden ein Schaden in Höhe von fast 2 Mrd. € entstanden, allein an 3 % aller Gebäude entstand Totalschaden und für noch einmal 6 % bestand Einsturzgefahr. Auch ökonomisch hatte die Flut verheerende Auswirkungen. So waren über 10.000 Unternehmen mit 100.000 Arbeitnehmern direkt vom Hochwasser betroffen. In der Land- und Forstwirtschaft entstand ein Gesamtschaden von 85 Mio. €.

Durch die Flut wurden fast 900 km Landesstraßen sowie mehr als 500 Brücken erheblich geschädigt oder total zerstört. 64 % der Schäden an der staatlichen Infrastruktur entstanden allein an den Hochwasserschutzeinrichtungen, wie zum Beispiel den 35 Talsperren, 185 km Elbdeichen und 630 km Gewässerläufen. Zeitweilig waren rund 100.000 Helfer von Feuerwehr, Landes- und Bundespolizei, der Bundeswehr, zahlreichen privaten Hilfsorganisationen sowie freiwillige Helfer im Einsatz. Auch flussabwärts in Sachsen-Anhalt waren die Städte und Gemeinden von den Fluten gefährdet. In der Stadt Dessau mussten fast 5000 Personen in Sicherheit gebracht werden, ebenso standen weite Teile der Stadt Bitterfeld nach einem Dammbruch unter Wasser. Hier war insbesondere das Industriegebiet Chemiepark Bitterfeld gefährdet, als der Fluss Mulde über die Ufer getreten war. Als aber oberhalb des Muldestausees der Deich brach, ergossen sich ca. 90 Mio. m³ Wasser in einen offenen Braunkohletagebau. Durch dieses Unglück („Abfluss") sowie durch Aufschütten eines Notdeiches zwischen Goitzsche und Bitterfeld konnte ein Überfluten des Chemieparks verhindert werden. Ebenso wurden die Bewohner der Stadt Magdeburg gerettet, als mit dem Öffnen des Elbhochwasserwehrs bei Pretzien das Wasser auf eine Retentionsfläche abgeführt und das Restwasser in den sogenannten Elbe-Umflutkanal geleitet wurde, was so zu einem Absenken des Hochwasserscheitels führte. Genauso kam die Stadt Wittenberge durch die Öffnung des Wehres Neuwerben und die daraus resultierende Senkung des Wasserstands noch recht glimpflich davon. Vom Hochwasser waren in Sachsen-Anhalt insgesamt knapp 100.000 Menschen in 88 Ortschaften betroffen. Im Laufe der Flut waren zwischenzeitlich 60.000 Personen und 46.000 Rinder, Schafe und Schweine evakuiert worden. Zeitweise waren 17.000 Hilfskräfte im Einsatz. Insgesamt wurden rund 40.000 ha landwirtschaftlich genutzte Fläche überschwemmt. 620 landwirtschaftliche Betriebe, 20 Gartenbaubetriebe und 1500 Betriebe der gewerblichen Wirtschaft trugen von 1 Mrd. € davon. Insgesamt starben in Deutschland 21 Menschen an der Flut und wurden mehr als 370.000 Menschen obdachlos oder anderweitig davon betroffen. Der Gesamtschaden belief sich auf mehr als 12 Mrd. € und war damit die mit „Abstand teuerste Naturkatastrophe Deutschlands" (UBA, Presseinformation, Nr.25/12; MunichRe Pressemitteilung, Juli 2013).

Aber dieses Hochwasser war nicht das einzige in der Region. Zuvor hatte es schon eine Reihe schwerer Hochwasser gegeben. So das von 2010, das allein in Sachsen und Brandenburg einen Schaden von fast 1 Mrd. € verursachte (UBA 2011). Das größte Hochwasser an der Elbe aber war das des Jahres 2002, das neben Schäden in Höhe von etwa 15 Mrd. € auch erhebliche organisatorische Defizite im Hochwasserrisikomanagement offenlegte (Kirchbach 2002). Dieses Starkregenereignis hatte auch in anderen Bundesländern zu erheblichen Schäden geführt und war der Ausgangspunkt für ein Umdenken in der bundesdeutschen Hochwasserschutzpolitik. Rückblickend haben die in den Folgejahren an allen Flusssystemen vorgenommen Bemühungen um einen verbesserten Hochwasserschutz dazu geführt, dass die Schäden aus den Hochwassern von 2010 und 2013 nicht noch dramatischer ausgefallen sind. Die Reorganisation umfasste klarere Verteilung der Zuständigkeiten zwischen den Landesregierungen und den Kommunalverwaltungen und den Hilfsorganisationen. Sie konnte auch in Bezug auf den technischen Hochwasserschutz erhebliche Verbesserungen erzielen. Bis dahin war die Diskussion um den Hochwasserschutz entlang der Elbe von dem Gegensatz zwischen den umweltpolitischen Interessen auf der einen und den wirtschaftlichen Forderungen nach einer ungehinderten Binnenschifffahrt auf der anderen Seite geprägt worden. Mit dem „Gesamtkonzept Elbe" gelang ein sinnvoller Interessenausgleich zwischen den vermeintlichen Gegensätzen „Ökologie" und „Ökonomie". Einen wesentlichen Beitrag zur Konsensbildung lieferte die umfassende Einbeziehung von Umweltschutzgruppen. Zur administrativen Vereinheitlichung des bundesdeutschen Hochwasserschutzes hatte die Bundesregierung am 15. September 2002 zu einer „Flusskonferenz" geladen, bei der man sich auf ein 5-Punkte-Programm einigte. Dieses Programm stellt die Grundlage für alle weiteren organisatorischen und technischen Abwehrmaßnahmen her und ist seitdem die „Messlatte" für den bundesweiten Hochwasserschutz. Das Programm beinhaltet dabei folgende Grundpositionen:

- Den Flüssen sollte mehr Raum gegeben werden. Die natürlichen Überschwemmungsflächen und Auen der Flüsse sollen freigehalten und die Landwirtschaft daran angepasst werden.
- Hochwasser muss dezentral reduziert werden. Dazu müssen Auenwälder zugunsten ihrer natürlichen Funktion erhalten und wenn möglich wiederhergestellt werden.
- Flussbegradigungen sollten, wo immer möglich, rückgängig gemacht und Uferbefestigungen abgetragen werden.
- Die Sickerungswirkung des Bodens sollte dort verbessert werden, wo der Niederschlag fällt, sodass an der Oberfläche abfließendes Wasser verhindert wird. Zu diesem Zweck sollte auch die Versiegelung der Flächen vermieden werden.

Aber nicht nur national, sondern auch über die europäischen Landesgrenzen hinweg wurden in den letzten 20 Jahren entscheidende Initiativen unternommen, um den Hochwasserschutz an den europäischen Flüssen nachhaltig zu verbessern. Mit dem EU-Vertrag von Maastricht (1992) wurde ein großer Schritt hin auf eine vertiefte europäische Integration unternommen, die auch eine Harmonisierung und Standardisierung des EU-weiten Hochwasserschutzes zum Ziel hatte. Folgerichtig wurde daher die EU-Wasserrahmenrichtlinie (EU-WRRL) aus dem Jahr 2000 um eine EU-Hochwasserschutzrichtlinie (EU-Directive, 2007/60/EC) ergänzt. Diese Richtlinie wurde im Jahr 2007 in Kraft gesetzt und seitdem in allen Mitgliedsländern in nationales Recht übernommen. Ziel der Richtlinie ist ein gemeinsames Management der europäischen Fluss-/Gewässersysteme. Sie legte damit die Grundlage für ein grenzüberschreitendes Verständnis über die Ursachen und Auswirkungen von Hochwasser und Sturmfluten. Hochwasser wird darin als das Ergebnis natürlicher Prozesse definiert, die man nicht verhindern kann, deren negative Auswirkungen auf das Leben der Menschen und die Umwelt gleichwohl verringert werden müssen und können. So fordert die EU einen Hochwasserschutz, der sowohl auf nationalem sowie auf transnationalem Ressourcenmanagement beruht und der Vorsorge und Bekämpfung umfasst (*„human security"/„livelihood resilience"*). Wesentlich dabei ist, dass die Richtlinie erstmals ein Wassereinzugsgebiet als Ganzes betrachtet und damit alle Anrainer zu einem gemeinsamen Handeln verpflichtet. Auch wird gefordert, alle ökologischen Bedingungen entlang der Gewässer in einem „guten Zustand" zu erhalten oder, wo nötig, wiederherzustellen. Der Erhalt der natürlichen Gegebenheiten soll auch die biologische Vielfalt garantieren, ohne dabei auch immer ökonomische Aktivitäten entlang der Flüsse auszuschließen. Regelmäßig sind nationale Berichte über den Zustand der Gewässer zu erstellen.

Erste Anfänge einer Harmonisierung des Hochwasser- und Umweltschutzes der Flüsse in Europa wurden bereits mit der im Jahr 1950 gegründeten Internationalen Kommission zum Schutz des Rheins (IKSR) unternommen. Unter dem Motto „Neun Staaten – ein Flussgebiet" wird seitdem mit der Kommission der Rhein und alle ihm zufließenden Gewässer gemeinsam umfassend nachhaltig entwickelt. Die Schwerpunkte der Arbeit lagen von Anbeginn an auf der Wiederherstellung eines „guten ökologischen Zustand" des Rheins, seiner Auen sowie aller Gewässer im Einzugsgebiet.

Mitglieder in der Kommission sind die Schweiz, Frankreich, Deutschland, Luxemburg, die Niederlande und die Europäische Kommission. Kooperationspartner sind darüber hinaus Österreich, Liechtenstein, Belgien und Italien. Die EU ist ebenfalls Vertragspartei und wirkt durch die Europäische Kommission mit. Seit Gründung verabschiedete das IKSR eine Serie an Empfehlungen für Maßnahmenprogramme, die national umgesetzt und finanziert wurden. Dabei fällt der IKSR die Aufgabe zu, die Arbeiten zu koordinieren und die erreichten Ergebnisse zu diskutieren. Die Kommission mit ihrem Sekretariat mit Sitz in Koblenz beteiligt sich auch umfassend an der Umsetzung europäischer Umweltschutzregelungen, wie der „Wasserrahmenrichtlinie" und der „Hochwasserrichtlinie" im Rheineinzugsgebiet. Die Arbeiten werden dabei immer in Absprache mit Vertretern interessierter Verbände, der Wirtschaft, der Gebietskörperschaften, deren Aktivitäten mit dem Fluss in Zusammenhang stehen, und anderen im Rheineinzugsgebiet tätigen internationalen Kommissionen durchgeführt. Prägte noch zwischen 1950 und 1970 der organisatorische Aufbau eines internationalen Überwachungssystems für den Rhein von der Schweiz bis in die Niederlande die Arbeiten der IKSR, so entwickelte sie in den Jahren 1970–1980 konkrete Vorgaben, um die damals immer größer werdende Rheinverschmutzung eindämmen zu können. In Bezug auf das Hochwassermanagement stellte die Kommission damals fest:

» Die Ursachen für großflächige Überschwemmungen liegen in einem deutlich verringerten Wasserrückhalt im Rheineinzugsgebiet und am Rheinstrom, den die Anrainer selbst zu verantworten haben.

Um dieses zu verbessern, vereinbarten die Rheinanrainer die durch Hochwasser verursachten Schäden bis 2020 im Rahmen der ganzheitlichen Hochwasservorsorge und des Hochwasserschutzes um 25 % zu verringern. Dies sollte erreicht werden, in dem unterhalb der staugeregelten Oberrheinstrecke auch extreme Hochwasserstände um bis zu 70 cm vermindert werden. Weitere Bemühungen im Rahmen des Hochwasserschutzes laufen darauf hinaus, die Zeiträume für die Vorhersage von Hochwasserereignissen deutlich zu verlängern, um mögliche Schäden zu vermindern. Sichtbares Zeichen ihrer Aktivitäten ist die Herausgabe eines umfangreichen Kartenwerks: Der „IKSR-Rheinatlas" im Jahr 2001 mit detaillierten Hochwasser-/Überflutungsszenarien. Der Atlas wird seitdem regelmäßig fortgeschrieben und ergänzt. Mit ihm können sich die Anrainer über ihre persönliche Gefährdung bei Extremhochwasser vom Alpenrhein bis zur Mündung in die Nordsee informieren. Im Atlas ist eine Vielzahl an vereinfachten und aggregierten Hochwassergefahren- und Hochwasserrisikokarten dargestellt sowie die damit einhergehenden Hochwasserrisiken für drei Hochwasserszenarien (hohe, mittlere und niedrige Hochwasser). Im Internet kann der Atlas aufgerufen werden und so kann jeder auf weitere hydrologische und ökologische, nationale Karten zugreifen. Im „Rheinatlas 2015" werden die für den Hauptstrom spezifischen Gefahrentypen sowie deren jeweiliger Gefährdungsgrad angegeben.

Um den Handlungsbedarf für die Zukunft festzulegen, wurde im Jahr 2001 ein neues Grundsatzprogramm mit dem Titel „Rhein 2020 – Programm zur nachhaltigen Entwicklung des Rheins" verabschiedet. In dem Programm wurde noch einmal das Ziel der IKSR bekräftigt, bis zum Jahr 2020 die transnationale Hochwasserpolitik entlang des Rheins zielführend fortzuentwickeln. Es wurde ferner die Erstellung eines kohärenten Bewirtschaftungsplans beschlossen. Darüber hinaus wurden interessierte Verbände aufgerufen, sich an der Gestaltung dieses Programms zu beteiligen. Auch erklärte die Schweiz sich bereit, die EU-Mitgliedstaaten bei den Koordinierungs- und Harmonisierungsarbeiten aktiv zu unterstützen. Das neue Grundsatzprogramm schafft ferner die organisatorischen Voraussetzungen für eine verstärkte Einbeziehung von Nichtregierungsorganisationen. Es dehnt den Geltungsbereich des früheren Rheinschutzabkommens aus und schafft die Grundlagen für den integrierten und nachhaltigen Ansatz der künftigen Rheinschutzpolitik. Als neue Zielsetzungen enthält es:

— Nachhaltige Entwicklung des Ökosystems Rhein.
— Ganzheitliche Hochwasservorsorge und Hochwasserschutz unter Berücksichtigung der ökologischen Erfordernisse.
— Erhalt, Verbesserung und Wiederherstellung möglichst natürlicher Lebensräume und der natürlichen Fließgewässerfunktion.
— Einbeziehung des Grundwassers, soweit es in Wechselwirkung mit dem Rhein steht.

Schon heute sind klare Erfolge aus der Kommissionsarbeit zu erkennen. So sind jetzt 96 % der Anrainer an Kläranlagen angeschlossen, die Wasserqualität und der biologische Zustand des Rheins und vieler seiner Nebengewässer haben sich deutlich verbessert. Die Anzahl der Tier- und Pflanzenarten hat zugenommen und der Lachs und andere Wanderfische sind wieder vor Straßburg gesehen worden. Auch kann das Wasser aus dem Rhein wieder für die Trinkwasseraufbereitung genutzt werden. Dennoch können immer noch nicht alle chemischen Verunreinigungen (z. B. durch Zink, Kupfer, Quecksilber, HCB) aus dem Rheinwasser eliminiert werden und die Wasserqualität entspricht damit noch nicht den IKSR-Vorgaben. Darüber hinaus müssen zur Minderung negativer Folgen von Hochwasserereignissen noch beträchtliche Anstrengungen unternommen worden, u. a. durch die Einrichtung zusätzlicher Hochwasserrückhalteräume.

1.1 · Sozioökonomische Auswirkungen

Ein vergleichbarer Ansatz zum Flussgebietsmanagement für das Einzugsgebiet der Elbe wurde 1990 zwischen den Ländern Tschechien und Deutschland vereinbart („Vereinbarung über die Internationale Kommission zum Schutz der Elbe"; IKSE). Als Beobachter der Kommissionsaktivitäten sind Nichtregierungsorganisationen und die Länder Österreich und Polen zugelassen. Die Kommission erarbeitet – genau wie die IKSR – Empfehlungen für die Vertragsparteien; ist aber selber nicht für die Umsetzung verantwortlich. In einer Vielzahl an wissenschaftlichen und technischen Arbeitsgruppen werden von den Delegierten von Bundes- und Landesbehörden sowie wissenschaftlichen Institutionen die Empfehlungen ausgearbeitet und die Umsetzung verifiziert. Das Sekretariat der IKSE hat seinen Sitz in Magdeburg.

Hauptziele der IKSE sind:
- Der Erhalt der Elbe als naturnahes Ökosystem mit einer gesunden Artenvielfalt.
- Eine Verbesserung des Zustandes der Elbe und ihrer Hauptnebenflüsse in physikalischer, chemischer und biologischer Hinsicht in den Komponenten Wasser, Schwebstoffe, Sediment und Organismen.
- Die Nutzungen der Elbe zur Gewinnung von Trink-/Brauchwasser aus Uferfiltrat.
- Die Belastung der Nordsee aus dem Elbeeinzugsgebiet nachhaltig zu verringern.
- Der Aufbau eines länderübergreifenden Hochwasservorhersagesystems.
- Die Modernisierung der technischen Ausrüstung der Hochwassermeldepegel und der meteorologischen Messnetze.
- Eine Verbesserung der Hochwasserabwehr und der Eigenvorsorge.
- Eine Verbesserung des Hochwasserbewusstseins in den Anrainerstaaten.

Um diese Ziele zu erreichen, wurde zunächst eine Bestandsaufnahme des vorhandenen Hochwasserschutzniveaus im Einzugsgebiet der Elbe vorgenommen, mit einer kritischen Analyse des Hochwassers vom August 2002. Auf der Basis dieser Erkenntnisse wurde der „Aktionsplan Hochwasserschutz Elbe" erarbeitet. Gefordert wurden ein neues länderübergreifendes Nutzungskonzept mit der Festsetzung neu einzurichtender Überschwemmungsgebiete und technische Maßnahmen zur Erhöhung der Retentionswirkung. Dazu sollen ehemalige Überschwemmungsflächen reaktiviert und an mindestens 15 Standorten durch Deichrückverlegungen 3000 ha zusätzlicher Retentionsflächen geschaffen werden. Des Weiteren sieht der Plan vor, an 16 Standorten steuerbare Flutpolder für die Aufnahme von 180 Mio. m^3 einzurichten. Ebenfalls soll das Rückhaltepotenzial der großen Talsperren an Moldau, Eger und der Saale auf den Hochwasserverlauf der Elbe verbessert werden. Die Hälfte der vorhandenen Deiche sollen bis 2015 auf 550 km mit einem finanziellen Aufwand von 560 Mio. € saniert werden.

Zehn Jahre nach dem Elbehochwasser 2002 konnte die IKSE feststellen, dass rund 650 Mio. € in den vorbeugenden technischen Hochwasserschutz investiert wurden; 450 Mio. € davon allein in Deutschland. Alle Maßnahmen für Schutz und Vorsorge im deutschen Einzugsgebiet der Elbe summieren sich auf 1 Mrd. €. Davon profitierten mittlerweile rund 250.000 Menschen in Deutschland und etwa 150.000 in Tschechien. Der Bericht listet unzählige Maßnahmen für einen besseren Schutz auf; angefangen von den verbesserten Warnsystemen, besser ausgebauten und gesteuerten Talsperren und Rückhaltebecken, über den Fortschritt beim Bau oder der Rückverlegung von Deichen bis hin zur länderübergreifenden Abstimmung der einzelnen Maßnahmen. Doch die Kommission konstatierte einen wachsenden Widerstand in der Bevölkerung. Nach wie vor sei die Sensibilisierung der Flussanrainer für Eigenvorsorge nicht ausreichend entwickelt. Des Weiteren müsse noch weiter in Deichrückverlegung, den Bau und die Sanierung von Deichen und Überschwemmungsflächen investiert werden. Gerade an größeren Gewässern gibt es heute aktuelle Hochwasservorhersagen (z. B. von den Hochwasservorhersagezentralen der Länder), um die Menschen über ein drohendes Hochwasser zu informieren. Der Vorhersagezeitraum richtet sich nach der Größe des Einzugsgebiets. Je kleiner das Einzugsgebiet, desto kürzer der Vorhersagezeitraum.

Hitzewellen – Kälteperioden

Ebenfalls eine Naturkatastrophe mit dem Potenzial für große regionale Ausdehnung stellen Hitzewellen dar. In Europa hat es in den letzten zwei Jahrzehnten eine Reihe solcher Ereignisse gegeben, von denen besonders die beiden der Jahre 2003 und 2010 das Ausmaß einer großen Katastrophe angenommen hatten. Der extrem heiße Sommer vom Jahr 2003 hat in Europa nach Einschätzung der Weltgesundheitsorganisation (WHO) in den betroffenen Ländern etwa 70.000 zusätzliche Todesopfer gekostet, die meisten davon in Frankreich und Italien. Aber auch in den Folgejahren gab es wieder solche Hitzewellen, so in Westeuropa 2006, in Nordeuropa 2008 und in Russland 2010. Im Jahrzehnt von 2001–2010 umfasste die von Hitzewellen betroffene Fläche mindestens 65 % von ganz Europa. Die Klimaforschung hat Belege dafür, dass die Sommertemperaturen bis zum Ende des 21. Jahrhunderts noch weiter steigen werden. Für Mittel- und Südeuropa bedeutet dies eine Zunahme von 2,5–3,5 °C gegenüber dem Mittel von 1961–1990. Ein Szenarium für Oberösterreich prognostiziert, dass Hitzeperioden von mindestens 20 Tagen mit Temperaturen über oder knapp unter 30 °C, die zurzeit im Schnitt etwa alle 20 Jahre vorkommen, in Zukunft etwa alle 2 Jahre auftreten werden.

Klimamodellierungen nach dem IPCC-Emissionsszenario A1B für Europa erwarten die stärkste Erwärmung im Mittelmeerraum mit bis zu 6 °C bis zum Ende des 21. Jahrhunderts. Gleichzeitig prognostiziert das Szenario eine Abnahme der relativen Feuchtigkeit um 10–15 %, mit der Folge, dass sich Frequenz und Intensität der Hitzewellen signifikant erhöhen. Hatte es noch im Mittelmeerraum von 1961–1990 jeweils (nur) einen Hitzetag (meteorologisch-klimatologische Bezeichnung für Tage, an denen die Tageshöchsttemperatur 30 °C erreicht oder übersteigt) in 3–5 Sommern gegeben, so wird es bis 2100 jeden Sommer 2–3 Hitzewellen geben, die zudem zwei- bis fünfmal länger dauern werden.

Hitzewellen wirken sich direkt auf die menschliche Gesundheit aus. Dabei sind es nicht so sehr die hohen Tagestemperaturen, die den Menschen zu schaffen machen, vielmehr sind es die vergleichsweise hohen Nachttemperaturen von über 20 °C. In solchen warmen Nächten ist es dem Organismus nicht möglich, sich von dem Temperaturstress des Tages zu erholen. So verdoppelte sich zum Beispiel in der Stadt Frankfurt die Mortalität nach Angaben des Stadtgesundheitsamtes im August 2003, als die Nachttemperaturen sich im Mittel um 10 °C erhöhten. Die bekannten Hitzeinseln wie der Oberrheingraben und Großstädte werden sich nach Auffassung der Klimaforscher in der Zukunft weiter ausdehnen und auch weiter nach Norden ausbreiten. Derzeit finden in Mitteleuropa heiße Tage in Kombination mit „tropischen" Nächten im Mittel nur alle zwei Jahre einmal statt. Modellsimulationen allerdings weisen nach, dass bis 2100 solche Ereignisse bis zu 5-mal pro Sommer auftreten können. Noch stärker werden die großen Ballungszentren am Mittelmeer wie Athen, Marseille, Neapel und Rom davon betroffen sein, da dort noch lokal städtebaulich bedingte Wärmeinseln einen Temperaturstau verursachen können. Die Folgen der Hitze und der schlechten Luftqualität zeigten sich auch bei der Vegetation. Die hohen Ozonwerte führten zu vermehrten Pflanzenschäden, während sich Hitze und Trockenheit je nach Pflanze und Höhenlage unterschiedlich auswirkten. In der Landwirtschaft erforderten die trockenen Bedingungen eine erhöhte Bewässerung landwirtschaftlicher Kulturen. Deutlich waren die Folgen des Hitzesommers 2003 auch in den Bergen. Die Häufung von Felsstürzen zeigte, dass das Auftauen gefrorener Böden in den Alpen eine sofortige Wirkung auf die Stabilität solcher Gebiete hat. Ähnlich sind die Folgen für die Gletscher, die sich bereits seit längerer Zeit in einer Rückzugsphase befinden: allein im Sommer 2003 verloren schweizer Gletscher 5–10 % ihres Volumens.

Ursache und Auswirkungen von Hitzewellen sollen hier am Beispiel der Hitzewelle des Sommers 2003 exemplarisch beschrieben werden. Diese Hitzewelle war ein extrem seltenes Ereignis, das statistisch höchstens alle 10.000 Jahre einmal vorkommt. Die mittleren Sommertemperaturen lagen in dem Jahr über weite Gebiete Europas um 3 °C über dem Mittel der Referenzperiode 1961–1990 und waren damit die höchsten Sommertemperaturen seit dem Jahr 1500. Die Zahl der Tage mit Temperaturen von über 36 °C lagen fast überall deutlich höher als jemals zuvor. An zahlreichen Stationen wurde sogar die 40-°C-Marke überschritten. Ursache war die Großwetterlage über Europa mit einem zentralen Hochdruckrücken über West- und Mitteleuropa. Dieser lenkte die vom Atlantik heranziehenden Tiefdruckgebiete in einem großen Bogen nach Osten hin ab, eine Wetterlage, die als „Omega-Wetterlage" bezeichnet wird. Hinzu kam, dass in den betroffenen Regionen zuvor schon eine längere Trockenperiode herrschte, die den Boden ausgetrocknet hatte. Feuchte Böden verdunsten mehr Wasser und begünstigen so die Wolkenbildung, was wiederum einen Abkühlungseffekt hat, da diese die Sonneneinstrahlung verringert. Ist der Boden dagegen durch eine längere Dürre ausgetrocknet, kann die Sonne ungehindert einstrahlen und den Boden weiter aufheizen.

Die beispiellose Hitzewelle in Europa hatte in Frankreich schnell ein epidemisches Ausmaß erreicht, mit mehr als 10.000 Todesfällen. Nachdem im Lande schon im Juni und Juli ungewöhnlich hohe Temperaturen herrschten, erreichte die Hitzewelle zwischen dem 6. und 11. August ihren Höhepunkt, als das Thermometer auf 40 °C stieg. Erschwerend kam hinzu, dass der Monat August traditionell der Ferienmonat ist und daher auch das staatliche Gesundheitssystem mit einer verminderten Zahl an medizinischem Personal betrieben wird. Die Vereinigung der französischen Notfallärzte hatte zuvor schon gewarnt, dass die Kürzungen bei Krankenhausbetten um 25–30 % während der Sommerferienmonate eine gefährliche Situation schaffen könne.

Ausschlaggebend für das Ausmaß der Katastrophe aber war, dass es in den großen Städten im Norden Frankreichs – hier vor allem in Paris – zu einem überproportionalen hohen Bevölkerungsanteil an der sogenannten Risikogruppe: >65 Jahre, armutsgefährdet, alleinstehend und oftmals schon krankheitsbedingt vorgeschädigt, gekommen war. Im Verlauf der Woche waren die Krankenhäuser in Paris nicht mehr in der Lage, die wachsende Patientenzahl zu bewältigen. Die Anzahl von Todesfällen in der Region Paris erreichte das Vierfache der um diese Jahreszeit üblichen Zahl. Die meisten waren an Austrocknung oder Hitzschlag gestorben. Viele wurden zu spät ins Krankenhaus eingeliefert. Laut einer Schätzung waren über 80 % der Toten über 75 Jahre alt. Die Krankenhäuser nahmen schließlich niemanden mehr auf, und den Menschen, die einen Krankenwagen bestellten, wurde gesagt, sie müssten an Ort und Stelle zurechtkommen. Infolgedessen starben die Menschen in Seniorenheimen, in Hotels oder in ihren Wohnungen. Obdachlose starben auf offener Straße.

Die Regierung hatte Warnungen des meteorologischen Amtes ignoriert und versäumt, vor den Konsequenzen der intensiven und langen Hitzewelle zu warnen. Gesundheitsexperten haben im Nachgang betont, dass ein großer Teil der Todesfälle hätte verhindert werden können. Schon am 7. August gab es Appelle, Notfallpläne auszuarbeiten, die aber ungehört verhallten. Dies führte zu einem offenen Konflikt zwischen verschiedenen Zweigen des Gesundheitswesens und der Regierung. Noch am 11. August bestand der Gesundheitsminister darauf, dass „die Schwierigkeiten dem früherer Jahre vergleichbar seien". Erst am 13. August wurden zusätzliche Ausrüstungen, Transportkapazitäten, Personal und Krankenhausbetten bereitgestellt. Rückblickend kann festgestellt werden, dass die Regierung zwar nicht für die Hitzeperiode verantwortlich gemacht werden kann, sie jedoch wegen der Budgetkürzungen im Gesundheitssystem wesentlich zur Verschärfung der Katastrophe bei der Risikogruppe >65 Jahre beigetragen hat. Das Beispiel der Stadt Marseille zeigt, dass man dort wesentlich besser auf die Auswirkungen von Hitze eingestellt ist, was an der vergleichsweise geringeren Todesrate abzulesen ist. Eine Risikoprävention wie im Süden des Landes hätte in Paris sicher viele Menschenleben gerettet.

Nach einem sehr kalten Winter erlebte Russland im Sommer 2010 eine extreme Hitzewelle. Als Ursache der Hitzewelle gilt eine „blockierende Wetterlage"; eine meteorologische Situation, bei der über einen Zeitraum von ein bis zwei Wochen die sogenannten planetarischen Wellen („Jetstream") eine stationäre Lage beibehalten. In der Regel bewegen diese sich in mittleren Breiten auf dem Globus von Westen nach Osten. Im Sommer 2010 blockierte dagegen eine Hochdruckwetterlage den normalen Jetstream, weil sich das Azorenhoch bis nach Mitteleuropa ausgedehnt hatte und von zwei Tiefdruckrinnen westlich und östlich eingerahmt wurde: eine Wetterlage, die ihrer Form wegen als „Omega-Wetterlage" bezeichnet wird. Die Folge: Hitzewellen auf der einen und Starkniederschläge auf der anderen Seite. Solche Wetterlagen sind zwar selten, haben aber, wenn sie sich mal etabliert haben, extreme Auswirkungen auf das Klima in Europa.

In Russland dauerte eine solche stationäre Wetterlage von Anfang Juli bis Mitte August und dauerte damit mindestens drei Mal so lange wie im Durchschnitt (Hoerling 2010). Hinzu kam, dass es zuvor kaum geregnet hatte, wodurch Pflanzen und Böden ausgetrocknet waren und eine Abkühlung durch Verdunstung ausblieb. Im Juli und August lagen die Temperaturen in vielen Städten in Westrussland über eine längere Periode bei 40 °C und damit um 10 °C über dem Mittel der früheren Sommertemperaturen. So waren die Moskauer Julitemperaturen die wärmsten seit 130 Jahren und waren vier Mal höher als sonst im Juli üblich. In der Folge wüteten zeitweilig allein in der Region südöstlich von Moskau über 700 Feuer. Insgesamt waren mehr als 50.000 Tote und zehntausende Verletzte und Obdachlose zu beklagen. Großflächige Wald- und Torfbrände zerstörten mindestens 25 Mio. ha Land und richteten Schäden bis zu 400 Mio. US$ an. Die Ernteverluste addierten sich auf ca. 25 % der Jahresernte, und insgesamt erreichten die wirtschaftlichen Verluste die Marke von 15 Mrd. US$ (MunichRe, NatCatService; Januar 2011).

Regelmäßig wird auch der Westen Europas von Kältewellen heimgesucht, bei denen weite Teile des Kontinents von Kälteperioden betroffen sind, bei denen sogar im Mittelmeerraum Schnee fällt und der Ärmelkanal zufrieren kann. Aber nicht nur in Europa hat es in den letzten Jahren überraschend kalte Winter gegeben; auch der Osten der USA und das nördliche Sibirien waren immer wieder betroffen, auch wenn die Klimamodelle eigentlich eine stärkere Erwärmung auf der Nordhalbkugel in den Wintermonaten vorhersagen. In der Tat aber sind die Winter, obwohl sich die Erdatmosphäre auf der Nordhalbkugel in den letzten 2 Jahrzehnten stetig erwärmt hat, eher kälter und schneereicher geworden. Dies trifft insbesondere für den Osten der USA und auf große Teile des nördlichen Eurasien zu.

Eine extreme Kältewelle war die des Jahres 2011/2012, die in weiten Teilen Europas zu einer lang anhaltenden Frostperiode führte. Infolge der Kältewelle starben mehr als 600 Menschen. Darüber hinaus führte sie zu schweren Schneefällen im Mittelmeerraum. Die Ursache der Kältewelle war ein stabiles Hochdruckgebiet über Zentralrussland mit Namen Cooper, mit einem extremen Kerndruck von 1055 hPa, das von zwei Tiefdrucksystemen über dem Nordatlantik und dem Mittelmeer umschlossen war. Diese Konstellation führte großräumig polare Kaltluft nach Mittel- und Osteuropa. In Schweden wurde dadurch am 3. Februar −43 °C gemessen und im Böhmerwald zur gleichen Zeit fast −40 °C. Die absolut tiefste Temperatur Europas wurde in der Schweiz mit −45 °C gemessen. In Westeuropa dagegen werden bei solchen Wetterlagen in der Regel vergleichsweise milde Temperaturen gemessen. Weiter nördlich auf der Insel Spitzbergen (Svalbard) wurde am 8. Februar 2011 mit (plus) 7 °C die höchste Februartemperatur seit Beginn der Aufzeichnungen registriert werden, was die Insel im Nordatlantik damals zum wärmsten Ort Norwegens machte. Parallel mit dem Einströmen kam es damals zu einer Verlagerung des polaren Jetstreams, der statt in West-Ost-Richtung zu verlaufen, nunmehr in einer Schleife von Nordskandinavien über die Britischen Inseln und Nordspanien nach Libyen Kaltluft rund um Europa herumführte. Ende Januar erreichte die Kältewelle den Süden Frankreichs und auf Korsika fielen 40 cm Schnee. In Deutschland war die Elbe an Magdeburg abwärts nicht mehr befahrbar; teilweise auch der Main-Donau-Kanal. Die Insel Spiekeroog musste zum zweiten Mal in ihrer Geschichte aus der Luft versorgt werden. Und auf dem Bodensee wurde der Bootsverkehr am 7. Februar wegen Vereisung eingestellt.

Immer wieder waren solche Wetterlagen ausschlaggebend für die Wintertemperaturen. So kamen fast 300 Menschen zwischen November und Dezember 1998 in verschiedenen Teilen Europas während einer Kältewelle ums Leben. Besonders betroffen war Polen. Dort erfroren bei Temperaturen von bis zu −26 °C mehr als 140 Menschen. Dramatische Szenen spielten sich im Süden und Osten Rumäniens ab. Soldaten mussten die Insassen von rund 1700 Autos befreien, die unter den Schneemassen begraben waren. In rund 300 Dörfern brach die Elektrizitätsversorgung zusammen. Bei Durchschnittstemperaturen von −10 °C fielen in zahlreichen Schulen die Heizungen aus.

Ein weiterer kalter Winter war der des Jahreswechsels 2005/2006. Besonders mit Beginn des Jahres 2006 litt ganz Europa unter extremen Minusgraden. Im Zeitraum vom 16. Januar bis 5. Februar 2006 fielen in Europa 790 Menschen der Kälte zum Opfer und in keinem anderen Jahr seit 1980 waren die Folgen der Kälte so heftig (Münchener Rückversicherung, Topics Geo 2006). In Moskau wurde am 19. Januar 2006 mit −31 °C die niedrigste Temperatur an diesem Tag seit 1927 gemessen. Innerhalb von 24 h erfroren 7 Menschen. In rund zwei Wochen kamen weit über hundert Menschen in der russischen Hauptstadt ums Leben. In der nördlichen Region Jamalo-Nenezkij wurde mit −61 °C ein russischer Kälterekord gemessen. In den skandinavischen Ländern führten Temperaturen von bis zu 42,6 °C unter Null zu erheblichen Behinderungen im Flug-, Schiffs- und Bahnverkehr. In Norwegen wurden bei schweren Stürmen rund 700 Gebäude beschädigt. Rund 30.000 Haushalte waren im Januar 2006 zeitweise ohne Strom. Auch in Deutschland fiel der Winter landesweit kälter aus als im langjährigen Mittel. Besonders kalt war es im Süden und Osten des Landes, dort wurde das Klimamittel (1961–1990) um bis zu 3 °C unterschritten. Damit gehört der Januar 2006 nach 1987 und 1996 zu den drei kältesten Januarmonaten der letzten 20 Jahre. Auf den Flüssen bildeten sich Eisschollen, viele Binnengewässer froren zu. Polen erlebte den härtesten Winter seit Jahrzehnten mit Temperaturen von teilweise −30 °C. Bis zum 19. Januar 2006 starben 122 Menschen wegen der extremen Kälte. Sogar die Schwarzmeerregion und die Türkei waren von der Kälte besonders hart betroffen. Dort waren insgesamt 3600 Dörfer von der Außenwelt abgeschnitten.

Die Winter der letzten 20 Jahre erscheinen vielen Menschen in Europa als außergewöhnlich kalt. Tatsächlich lagen z. B. die Januartemperaturen 2010 in Deutschland um 3,2 °C unter dem langjährigen Mittelwert und die des Winters 2009/2010 um 1,5 °C. Als starke Winter wurde vor allem die lang andauernde Schneebedeckung empfunden, der allein im Winter 2009/10 zwei Monate anhielt. Auch der Winter 2010/2011 setzte schon sehr früh ein, sodass es überall in Deutschland erstmals seit 1981 ein weißes Weihnachtsfest gab. Anfang 2013 verwandelte sich sogar der Frühlingsmonat März in einen kalten und schneereichen Wintermonat, mit Kälterekorden um −20 °C und einer Abweichung gegenüber der Vergleichsperiode 1981–2010 um 4,1 °C. Doch, so konnten Guirguis et al. (2011) nachweisen, haben die kalten Winter der Jahre 2009–2013 nichts mit einem globalen Trend zu tun, sondern sind eher ein regional begrenztes Phänomen, das sich auf Teile von Europa, Russlands und der USA beschränkt. Einer Studie des PIK in Potsdam (Petoukhov und Semenov 2010) zufolge könnte die Erderwärmung in Europa kalte Winter zur Folge haben. Dadurch, dass in der östlichen Arktis die Eisbedeckung auf dem Meer schrumpft, werden hier örtlich die unteren Luftschichten aufgeheizt, was zu einer Abkühlung der nördlichen Kontinente führen kann. „Diese Störungen könnten die Wahrscheinlichkeit des Auftretens extrem kalter Winter in Europa und Nordasien verdreifachen. Die Studie sagt ferner: Die harten „Winter, wie der vergangenen Jahres oder jener 2005/06, nicht dem Bild globaler Erwärmung widersprechen, sondern es eher vervollständigen." Es wird ferner darauf hingewiesen, dass eine Abschwächung des Golfstroms wegen starken Schmelzwassereintrags des abschmelzenden Grönlandeises eine Rolle spielen könnte. Des Weiteren könnte auch eine abgeschwächte Sonnenaktivität als Ursachen für die kalten Winter angenommen werden.

Die Klimaforscher gegen davon aus, dass bis zum Ende des 21. Jahrhunderts die bodennahe Temperatur im Winter in der Nordhälfte Deutschlands um 3–4 °C gegenüber 1961–1990 steigen wird. In der Südhälfte Deutschlands, der Schweiz, Österreich, der Tschechischen Republik, der Slowakei, Ungarn sowie in Norditalien werden sich die Temperaturen sogar um mehr als 4 °C erhöhen. Intensität und Häufigkeit winterlicher Starkniederschläge werden substanziell zunehmen, wobei der Niederschlag eher als Regen denn als Schnee fallen wird. Damit steigt die Hochwassergefahr und die (sonst) schneesicheren Gebiete im Alpenraum werden sich um bis zu 40 % verkleinern.

In Gebieten, in denen die Temperaturen über mehrere Jahre unter 0 °C liegen, bildet sich dauerhaft gefrorener Boden, der sogenannte Permafrost. Das gesamte von Permafrost eingenommene Gebiet auf der Nordhalbkugel beträgt etwa 23 Mio. km^2 und entspricht damit ein Viertel der Landfläche nördlich des Äquators. Die Bildung von Permafrost wird wesentlich durch die Kontinentalität des Klimas begünstigt. Große Teile Russlands, Kanadas, Alaskas und Teile Chinas sind durchgehend gefroren. In Sibirien haben jahrelange geringe Winterniederschläge den Erdboden bis in Tiefen von mehreren Hundert Metern gefrieren lassen; in einigen Teilen Nordostsibiriens erreicht der Permafrost sogar eine extreme Mächtigkeit von bis zu 1,5 km (Nelson und Brigham 2003) saisonal ändert sich nur die Temperatur der obersten Bodenschicht bis 25 m, sodass es im Sommer zum teilweisen Auftauen des Permafrostes kommt (UBA 2008). Darunter nimmt mit zunehmender Tiefe die Bodentemperatur aufgrund der Erdwärme wieder zu. Mit dem Auftauen der oberen Bodenschichten im Frühjahr tritt eine Vernässung des Bodens ein. Es sammelt sich das Schmelzwasser in Tümpeln, und in den ausgedehnten Feuchtgebieten nehmen die Pflanzen über Photosynthese Kohlendioxid aus der Atmosphäre auf („Kohlenstoff-Senke"). Nach dem Absterben der Pflanzen wird über einen langen Zeitraum das organische Material von Mikroorganismen zersetzt und der eingelagerte Kohlenstoff gelangt teilweise als Gas zurück in die Atmosphäre. Steht Sauerstoff zur Verfügung, wird die organische Substanz von Bakterien zu Kohlendioxid oxidiert. Mikroorganismen bewirken, dass in den Sommermonaten aus dem organischen Material der aufgetauten oberen Schichten des Permafrostes Methan (CH_4) und Kohlendioxid (CO_2) in die Atmosphäre freigesetzt werden. Mit zunehmender Klimaerwärmung könnte eine verstärkte Freisetzung von Treibhausgasen aus diesem Speicher erfolgen. Permafrostböden hoher Breitengrade enthalten 455 Gt Kohlenstoff, das entspricht ca. 25 % des weltweiten Bodenkohlenstoffs (IPCC-3AR 2001).

In Europa kommt Permafrost ausschließlich in Hochgebirgen vor. Während die untere Permafrostgrenze in Skandinavien bei etwa 1500 m liegt, steigt sie in den Alpen auf über 2500 m. In Deutschland ist die Zugspitze die einzige Region mit Permafrost. Ein besonderes Problem stellt die Auflösung des Permafrosts in den Hochgebirgen dar. Hier leidet vor allem die Stabilität der Gesteinsformation, sodass es im Hitzesommer 2003 in den Alpen zu signifikant erhöhter Steinschlag- und Felssturz-Aktivität kam. Im Zuge des Sommers mussten viele Bergwanderwege in den Alpen für den Tourismus gesperrt werden, so auch die Hauptroute auf den Hörnligrat am Matterhorn (Nötzli und Gruber 2005). Die Stabilität der Gesteinsformationen nimmt mit steigender Eis- bzw. Felstemperatur deutlich ab. So hat man in den Schweizer Alpen festgestellt, dass im Juli/August 2003 die Auftautiefe um einen halben Meter tiefer reichte als in den vorhergegangenen 20 Jahren. Die steigende Oberflächenerwärmung in den Permafrostregionen in den höheren Breiten wird weitreichende Folgen auch für das alpine Ökosystem haben. Hinzu kommt in den höheren Breiten, dass das im Permafrost gespeicherte Methan und Kohlenstoff innerhalb weniger Jahrzehnte freigesetzt werden kann, das über Jahrtausende angereichert wurde. Dadurch können positive Rückkopplungen ausgelöst werden, durch die regionale und globale Erwärmung verstärkt werden.

Meeresspiegelanstieg

Neben den Orkanen und Stürmen wird auch der Meeresspiegelanstieg in weiten Teilen der Küstenregionen zu mehr Überschwemmungen führen. Die durch den Meeresspiegelanstieg am stärksten gefährdeten europäischen Küstengebiete liegen an den Nordseeküsten Großbritanniens, der Niederlande, Belgiens, Deutschlands und Dänemarks. Darüber hinaus auch noch an der Pomündung Italiens. Aber auch an der Ostseeküste sind zahlreiche Anrainerstaaten (hier vor allem Polen) bedroht. Im Jahr 2011 lebten knapp 50 % der EU-Bürger in den Küstenregionen; auf etwa 40 % des EU-Territoriums. Auch haben die EU-Staaten mit der größten Küstenregion im Vergleich zu ihrem Territorium die größte Küstenbevölkerung. Die meisten Küstenregionen Europas mit ihren Häfen Rotterdam, Hamburg, Genua, Athen usw. weisen nach eine größere Wirtschaftskraft aus, als ihre jeweiligen Binnenländer, so erwirtschaften z. B. die Küstenregionen Irlands pro Kopf ein Bruttosozialprodukt (BSP) von mehr als 32.000 €, im Vergleich zu dem Inlandregionen mit etwa 21.000 €. Ähnliche Verhältnisse gelten auch für Belgien und Finnland. Der Vollständigkeit halber sei angemerkt, dass es daneben auch EU-Staaten gibt, in denen im Inland ein größeres BSP erwirtschaftet wird als an den Küsten: Frankreich und Italien.

Rechnet man eine 100 km breite Zone entlang der Küsten als Küstenregion, so leben in diesem Raum in Europa etwas mehr als 10 Mio. Menschen. Bei einem Meeresspiegelanstieg von 1 m würden etwa 50 % des niederländischen Staatsgebietes überflutet, knapp 10 % Dänemarks und 4 % von Deutschland. Bei einem Anstieg von 5 m dagegen würden mehr als 60 % der Niederlande unter Wasser stehen, knapp 20 % Dänemarks, 10 % Belgiens und etwas mehr als 5 % von Deutschland (WBGU 2006). 15 Mio. Menschen wären davon betroffen.

1.1.2 USA

Hurrikan

Die Erfahrungen der Vereinigten Staaten von Amerika mit tropischen Wirbelstürmen sind lang und reich an Opfern. Dabei stellt der Hurrikan Katrina vom 29. August 2005 noch eine extreme Ausnahme dar. Mit mehr als 1500 Toten und Schäden in einer Höhe von mehr als 125 Mrd. US$ wird er seitdem als der Jahrhundertsturm der USA bezeichnet (DHS 2006). Vor allem das Schicksal der meterhoch überfluteten Stadt New Orleans und die Bilder von fast einer Million obdachlos gewordenen Menschen im Mississippidelta machte weltweit Schlagzeilen. Katrina gilt als eine der verheerendsten Naturkatastrophen in den Vereinigten Staaten. Die Schadenshöhe überstieg die des 2004-Tsunamis um eine Größenordnung (ca. 8 Mrd. US$) und auch die des 9/11-Terroranschlags auf das World Trade Center im Jahr 2001 (2–3 Mrd. US$).

Tropische Wirbelstürme, in den USA *hurricane* genannt, bilden sich regelmäßig im zentralen Atlantik im Bereich zwischen dem 5. und 25. Breitengrad in dem Zeitraum von 1. Juni bis 30. November („hurricane season"). In dieser Zeit erwärmen äquatoriale Passatwinde die Luft auf mehr als 26,5 °C auf. Dabei steigt die tropisch-feuchte Luft auf und beginnt unter dem Einfluss der Corioliskraft zu rotieren. Kommt es zu keiner Verschiebung des Tiefdruckwirbels durch Schwerwinde, bilden sich große Luftdruckunterschiede zwischen dem Kern des Wirbelsturms und dessen äußerer Hülle. Das System kann dabei einen Durchmesser von bis zu 1500 km annehmen: Im Auge des Wirbelsturms treten Windgeschwindigkeiten von (nur) etwa 50 km/h auf, die nach außen aber auf über 300 km/h ansteigen können. Eine weitere Voraussetzung zur Entstehung eines Hurrikans ist, dass die Luftschichten in einer Höhe von 7–15 km es ermöglichen, dass die aufsteigende feuchte Luft vom Zentrum nach außen strömt, sich dabei abkühlt und abwärtsfällt. Durch diese Zirkulation nimmt die Energie im System und mit ihm die Windgeschwindigkeit exponentiell zu. In der Regel beginnen die Hurrikane als „normale" tropische Tiefdrucksysteme im zentralen Nordatlantik und schlagen dann eine Zugbahn in Richtung auf die Karibik ein. Die meisten Hurrikane im Nordatlantik nehmen allerdings, bevor sie die Karibik und die Bahamas erreichen, einen nördlichen Kurs ein und verschonen so die Ostküste der USA. Oft aber nehmen sie auch eine südlichere Route über den Golf von Mexiko und erwärmen sich dabei noch weiter auf als über dem Atlantik. Dabei ist anzumerken, dass weltweit die stärksten tropischen Wirbelstürme dagegen im Pazifischen Ozean auftreten, wo sie vor allem die Philippinen und die vietnamesische Küste bedrohen; dort werden sie Taifun genannt (*typhoon*).

Auch der Hurrikan „Katrina" nahm seinen Weg über den Golf von Mexiko und traf mit Windgeschwindigkeiten von mehr als 200 km/h bei New Orleans auf die Küste („land fall"). Zuvor hatte er über dem Golf von Mexiko zeitweise eine Geschwindigkeit von bis zu 350 km/h erreicht. Hinzu kamen sintflutartige Regenfälle. Durch Lage in dem von Landabsenkungen gekennzeichneten Mississippidelta liegt das Stadtgebiet von New Orleans an seinen tiefsten Stellen schon 1,5 m unter dem Meeresspiegel. Da aber New Orleans im Norden durch den Lake Pontchartrain begrenzt wird, dessen Seespiegel 1–2 m oberhalb NN liegt, und zudem noch vom Mississippi durchflossen wird, dessen Wasserspiegel aber noch einmal 3,5 m über dem Seespiegel liegt, hat das Stadtgebiet die Form einer unter allen Wasserspiegeln liegenden Schüssel (Noack 2007). Nach den Erfahrungen mit dem Hurrikan „Betsy" im Jahr 1965 wurde für New Orleans ein Hochwasserabwehrsystem errichtet, das Sturmfluten bis zu einer Höhe von über 6 m über NN standhalten sollte. Dabei wurde durch „Betsy" deutlich, dass die Hauptgefahr für New Orleans nicht von einer Überflutung durch den Mississippi droht, denn dieser war nach dem Hochwasser von 1927 bereits erfolgreich eingedämmt worden, sondern vom Lake Pontchartrain her. Um den Schiffsverkehr zwischen dem See und dem Golf von Mexiko zu gewährleisten, wurden zudem noch die vier großen Kanäle durch das Stadtgebiet mit hohen Deichen versehen.

In den 24 h, bevor Katrina das Festland Louisianas erreichte, hatte der Sturm (Hurrikan-Kategorie 4–5) bereits eine starke, nordwärts gerichtete Flutwelle erzeugt, die ein Eindringen der Flutwelle in den Lake Borge ermöglichte (5–7 m über NN). Am südlichen Ufer von Lake Pontchartrain dagegen erreichte die Sturmflut immer noch eine Höhe von knapp 3 m. Am 29. August brach das Hochwasser an mindestens 10 Stellen die Betonmauern der Kanäle, obwohl die 1,8 m hohen Dämme mit Stahlstützen bis in eine Tiefe von 6 m im Boden verankert waren. Das Wasser drang so schnell ins Stadtgebiet. Es stieg bis auf 7,60 m und überschwemmte 80 % des Zentrums. New Orleans war von der Außenwelt fast völlig abgeschnitten. Zur dieser Zeit hielten sich ca. 450.000 Menschen in der Stadt auf (Kron 2006). Die Flut forderte nach offiziellen Angaben der FEMA (548/April 2006) 1330 Menschenleben; 80 % davon im Stadtgebiet von New Orleans und noch einmal 231 Tote im Mississippidelta, fast 80 % der Opfer waren Personen über 65 Jahre und die meisten von ihnen benötigten medizinische Hilfe. Insgesamt mussten 800.000 Einwohner des Bundesstaates Louisiana um offizielle Hilfe nachsuchen. 350.000 Autos wurden zerstört, sowie etwa 2500 Schiffe. Der Schaden allein an der städtischen Infrastruktur (Brücken, Straßen, Telekommunikation) belief sich auf mehr als 5 Mrd. US$. Rund 1 Mio. Einwohner, vor allem in den Bundesstaaten Louisiana und Mississippi, verloren ihr Zuhause. Die Trinkwasserversorgung in New Orleans war völlig zusammengebrochen, es gab keinen Strom und keine medizinische Versorgung mehr. Obwohl die Behörden schon 2 Tage vor dem Auftreffen des Hurrikans freiwillige Evakuierungen „empfohlen" hatten, begann diese offiziell erst am Tag vor der Katastrophe. Dem Evakuierungsplan zufolge sollten zunächst die südlichen Bezirke evakuiert werden, dann die anderen Stadtteile. Dieser Plan funktionierte nahezu problemlos, sodass 1,2 Mio. Bewohner Südlouisianas mit ihren Privatfahrzeugen innerhalb weniger Stunden die Gefahrenzone verlassen konnten. Dagegen aber lebten mehr als 130.000 Menschen in New Orleans (27 % der Bevölkerung), hauptsächlich sozial Schwache, Ältere und Behinderte, die über keine eigenen PKWs verfügten. Diese Gruppe, die darüber hinaus noch mehrheitlich den afroamerikanischen Ethnien angehörten, musste daher größtenteils in der Stadt verbleiben (Renne 2006). Weil dieses soziale Problem seit Langem bekannt war, sah der Evakuierungsplan eigentlich vor, diese Personen mit öffentlichen Bussen zu evakuieren. Der Plan konnte aber nicht ausgeführt werden, da die Stadtverwaltung es im Vorfeld versäumt hatte, mit den Zielkommunen Vereinbarungen zur Aufnahme der Evakuierten abzuschließen und die Gemeinden eine Aufnahme verweigerten. Damit wurden viele Menschen irgendwo abseits der Städte ausgesetzt und ihrem Schicksal überlassen (Prisching 2006). So mussten mehr als 30.000 Menschen in dem Sportstadium von New Orleans („Superdome") untergebracht werden, wo sie ohne ausreichende Beleuchtung, Klimatisierung und funktionierende Toilettenspülungen auskommen mussten. Noch vor dem Sturm sicherten 600 Soldaten der Nationalgarde das Gebäude ab, wobei das medizinische Personal gerademal aus 71 Personen bestand. Obwohl es in dem offiziellen Plan nicht vorgesehen war, wurde das 1,5 km entfernte Convention Center zu einem zweiten „shelter of last resort" umfunktioniert. 19.000 Menschen strömten in das von der Flut verschonte Gebäude, das aber ebenfalls keine funktionierende Beleuchtung, Klimaanlage und Toiletten bieten konnte und das darüber hinaus über keine Wasserversorgung und Lebensmittevorräte verfügte sowie über kein Sicherheitspersonal und keine Waffenkontrollen (US-HOR 2006). Höher gelegene Orte, wie zum Beispiel Brücken der Highway-Routen, wurden zu spontanen Sammelpunkten, an denen Retter Personen einfach absetzten, obwohl es dort meist ebenfalls keinerlei Versorgung gab. Erst am 31. August wurde offiziell der Notstand erklärt und so konnten von der US-Regierung gestellte Busse mit der Evakuierung von Hochstraßen beginnen. Die Aktion jedoch verzögerte sich, weil Hunderte von Stadt- und Schulbussen entweder nicht mehr fahrtüchtig waren, es an Fahrern fehlte oder es den Fahrern aus versicherungsrechtlichen Gründen nur erlaubt war, Schulkinder zu transportieren. Insgesamt ergab sich, dass die Transportfrage in den Notfallplänen der Stadt und des Bundesstaates fast gänzlich außer Acht gelassen war.

Die mangelnde Versorgung mit Nahrungsmitteln und Wasser und die vielen Stromausfälle führten zu großem Unmut bei den Betroffenen, der oftmals Gesetzlosigkeit und Gewalt auslöste. Es kam zu zahlreichen Plünderungen, die zum einen Teil rein krimineller Natur waren, zum anderen Teil lediglich der eigenen Grundversorgung dienten. Verschlimmert wurde die Situation durch den Zusammenbruch der Behörden nach dem Verlust von Kommunikationsstrukturen, Fahrzeugen, Verwaltungsmöglichkeiten und Gefängnissen. Dies führte dazu, dass viele Plünderer nach ihrer Festnahme wieder auf freien Fuß gesetzt werden mussten. Auch hatte das New Orleans Police Department (NOPD) im Voraus keine Schritte unternommen, um die Funktionsfähigkeit ihrer Strukturen nach einer Flutkatastrophe sicherzustellen; so z. B. waren die meisten Polizeifahrzeuge nicht aus den Gefahrenzonen entfernt worden. Dazu kam, dass infolge der exzessiven Berichterstattungen die Verunsicherung der Bevölkerung stetig zunahm. Diese

1.1 · Sozioökonomische Auswirkungen

Berichte beruhen zumeist auf Gerüchten und offenbarten, dass die Verwaltung keine Strategie im Umgang mit den Medien und zur Information der Bevölkerung hatte. Selbst der Bürgermeister und der Polizeipräsident erzeugten mit ihren Aussagen in den Medien den Eindruck, es herrsche tatsächlich völlige Gesetzlosigkeit in der Stadt (Noack 2007). So wurde beispielsweise von offizieller Seite angegeben, dass es zu 200 Toten im „*Superdome*" gekommen sei; dabei gab es lediglich sechs Todesfälle, von denen keiner auf fremde Gewalteinwirkung zurückzuführen war. Erst am 1. September erklärte die US-Regierung den Ausnahmezustand *(martial law)* für New Orleans. Dadurch konnten 30.000 Soldaten der Nationalgarde bereitgestellt werden. Diese begannen sofort mit Versorgungs-, Sicherheits- und Evakuierungsmaßnahmen im großen Stil. Kurz darauf wurde dem Roten Kreuz – weil nach Einschätzung der Behörden bereits genügend Hilfskräfte in der Stadt waren – der Zutritt nach New Orleans untersagt.

Auch wenn das extreme Ausmaß des Hurrikans von den Meteorologen so nicht vorhergesehen werden konnte, so kam die Katastrophe in Anbetracht der Hurrikangeschichte des Mississippideltas nicht überraschend. Schon im Jahr 1998 hatten Wissenschaftler der Universität von Louisiana (Coast 1998) in Computersimulationen ein dem Hurrikan „Katrina" sehr vergleichbares Katastrophenszenario entwickelt. Sie konnten nachweisen, dass es vor allem die vielen menschlichen Eingriffe in das Marschland des Deltas waren, die die Gefahrenexposition noch dramatisch verschärft haben. Aber erst nach „Katrina" wurden von der amerikanischen Regierung Lehren aus der Katastrophe gezogen. Das US Departement of Homeland Security (DHS) bekam den Auftrag, eine umfassende Bewertung der Ereignisse vorzunehmen und daraus Empfehlungen für eine Verbesserung des nationalen Naturkatastrophenmanagements vorzulegen. Der Bericht *The Federal Response to Hurricane Katrina – Lessons Learned* (DHS 2006) stellte dann auch schonungslos fest, dass:

> Our current system for homeland security does not provide the necessary framework to manage the challenges posed by 21st Century catastrophic threats.

Er gab den Anstoß, das Naturkatastrophen-Management landesweit neu durch einen *„National Response Plan"* zu organisieren.

In der Folge wurde in New Orleans mit fast 15 Mrd. US$ das mehr als 200 km lange Hochwasserschutzsystem der Stadt und seiner Umgebung nicht nur wiederhergestellt, sondern in weiten Teilen auch erheblich verstärkt. Deiche wurden erneuert und erhöht, Schutzmauern errichtet und Fluttore eingebaut; zudem wurde das städtische Pumpensystem komplett erneuert. Ein neues Katastrophenmanagement für den Bundesstaat legt seitdem verbindlich fest, wer welche Aufgaben und Verantwortungen hat und wie diese in der Praxis umzusetzen sind.

Fast auf den Tag genau sieben Jahre (2012) später traf an der gleichen Stelle im Delta erneut ein Hurrikan, „Isaac", auf Land. Er war das 9. tropische Tiefdrucksystem der atlantischen Hurrikansaison 2012. Zwar handelte es sich diesmal nur um einen vergleichsweise schwachen Hurrikan. Dennoch hatte er beträchtliche Auswirkungen auf die beiden Bundesstaaten. Sturm und Regen hoben das Wasser des Mississippis und in den vielen kleineren Seen rund um New Orleans um zum Teil bis über 4 m an. Vier Menschen starben. Insgesamt waren in Louisiana und Mississippi fast 1 Mio. Haushalte ohne Stromversorgung und zehntausende Bewohner im Umkreis mussten zeitweise ihre Wohnungen verlassen. Die Schäden wurden auf über 2 Mrd. US$ geschätzt, von denen mehr als 1 Mrd. US$ durch Versicherungen abgedeckt waren. Die trotzdem so großen Schäden wurden vor allem der „Behäbigkeit" des Hurrikans zugeschrieben, der – völlig ungewöhnlich für einen Hurrikan – sich nur mit etwa 15 km/h fortbewegte und sich daher besonders lange abregnen konnte. In New Orleans fiel an einem Tag so viel Regen wie in Berlin im ganzen Jahr. Auch im Mississippi selbst hatte der Hurrikan erstaunliche Folgen. Er ließ den Fluss fast 24 h lang aufwärts strömen, teilt der Geologische Dienst der USA (USGS) mit. Trotz der Auswirkungen hatte Isaac aber bei Weitem nicht die Schäden und vor allem Opfer des Hurrikan Katrina ergeben. Dies wird zu aller erst auf das funktionierende Katastrophenmanagement zurückgeführt; das neue Hochwasserschutzsystem und die Pumpen hatten ihre erste große Bewährungsprobe bestanden.

Dürreperioden

Die USA werden regelmäßig von starken Trockenperioden heimgesucht, die sich vor allem auf den Südwesten, den Mittleren Westen und den Süden des Landes konzentrieren. Solche Perioden werden auch als „Dürren" bezeichnet und beschreiben einen klimatischen Zustand, bei dem die Bodenfeuchte in einem Jahr weniger als 10 % des langjährigen Durchschnitts beträgt. Mehr als 10 solcher Zustände gab es in den USA in den letzten 100 Jahren; allein in den letzten 5 Jahren ist es fast jedes Jahr zu einer Dürre gekommen. Als markantestes Dürreereignis wird bis heute die Trockenperiode von 1929 bis 1940 angesehen, die wegen ihrer extremen Bodenerosionen auch als *„Dust Bowl"*-Dürre bezeichnet wird. Damals mussten in den Regionen der nördlichen Rocky Mountains und der nördlichen Great Plains 350.000 Rinder von der Regierung aufgekauft werden, um die Nutzviehhalter vor dem Ruin zu bewahren. Der wirtschaftliche Schaden belief sich damals auf 13 Mrd. US$. Aber auch in den 1950er Jahren war es zu einer vergleichbaren Katastrophe gekommen, wenn auch mit nicht so großen Folgen. Als Ursache konnte ein klarer Zusammenhang („El Niño"/„La Niña") zwischen den Trockenperioden und den Wassertemperaturen im tropischen Pazifik hergestellt werden, die zu kühleren bzw. wärmeren Perioden auf dem Kontinent führten. Kalte Meeresoberflächentemperaturen im Ostpazifik begünstigen die Trockenheit im nordamerikanischen Südwesten. Auch hat sich gezeigt, dass sich die sogenannte Hadley-Zelle auf der Nordhalbkugel in immer höhere Breitengrade verschiebt (Griffin und Anchukaitis 2014).

Globale Zirkulationsmodelle sagen eine langfristige Abnahme der Wasserverfügbarkeit im Südwesten der USA bis zum Ende des 21. Jahrhunderts vor allem im Frühling voraus, während im Gegensatz dazu die Winterniederschläge im Südwesten der USA eher zunehmen werden. Die Klimaforscher gehen davon aus, dass sich die derzeitige Klimasituation in der ersten Hälfte des 21. Jahrhunderts nur wenig ändern wird und es daher ab Mitte des Jahrhunderts zu einer deutlichen Zunahme an Dürreereignissen kommen wird. Zudem werden sich Perioden auf einen Zeitraum von jeweils bis zu 12 Jahren ausdehnen können. Dabei sind es gar nicht so sehr die ausbleibenden Niederschläge, die die Dürren so extrem werden lassen, sondern die deutlich verringerte Bodenfeuchtigkeit als Summe von Niederschlägen und Schneebedeckung.

Aktuell herrscht in den USA eine seit 2012 anhaltende weitere Dürreperiode, die wahrscheinlich sogar die stärkste Dürre im letzten Jahrtausend ist (Diffenbaugh et al. 2015). Ausgehend von einem sehr regenarmen Winter (2012–2013) war es zu einem Niederschlagsdefizit von mehr als 2 Jahren gekommen. Insbesondere im Bundesstaat Kalifornien wurden die trockensten 12 Monate seit Beginn der Aufzeichnungen im Jahr 1885 gemessen. In der Folge kam es im Januar 2014 verbreitet zu großen Waldbränden und zu nie zuvor dagewesenen Problemen bei der Wasserversorgung, da die meisten der Stauseen weniger als zur Hälfte gefüllt waren.

In allen Bundesstaaten des Mittleren Westens, wo der Großteil des Mais und der Sojabohnen angebaut wird, war das erste Halbjahr 2012 das wärmste seit Beginn der Temperaturaufzeichnungen im Jahr 1895. Die Trockenheit im sogenannten *Corn Belt* führte vor allem bei Mais und Soja zu großen Ernteausfällen. Die USA sind der weltweit größte Produzent von Mais und Sojabohnen, die auf einer Fläche von 70 % der landwirtschaftlichen Anbaufläche im sogenannten *Primary Corn and Soybean Belt* angebaut werden. Im Juli 2012 waren nach Angaben des US-Agrarministeriums (USDA) fast 50 % des Mais bzw. 40 % der Sojabohnen in einem schlechten bis sehr schlechten Zustand. Als Folge der sich abzeichnenden Ertragsverluste erhöhten sich weltweit die Agrarpreise insbesondere bei Mais und Sojabohnen um mehr als 20–30 %. Da Mais in den USA als Futtermittel eine große Rolle spielt, trafen die Preissteigerungen auch die Nutztierhalter besonders hart. Zudem befanden sich ab Juli zwischen 50 und 60 % des Weidelands in schlechtem oder sehr schlechtem Zustand und die Landwirte mussten im großen Stil Futter dazukaufen. In der Folge stiegen die Lebensmittelpreise, aber auch die Energiepreise, da aus Mais auch Ethanol hergestellt wird.

Im Zeitraum 1980–2003 machten ökonomische Schäden durch Dürren fast die Hälfte der Gesamtschäden durch extreme Wetterereignisse von fast 350 Mrd. US$ aus. Gemessen an Dauer, Intensität und Ausdehnung waren die Dürreperioden in den 1930er-Jahren dennoch die schwersten. Auch wenn der Gesamtschaden heute sich nur schwer quantifizieren lässt, so ist das Ausmaß doch an der Tatsache ablesbar, dass die staatlichen Hilfen sich damals auf mehr als 16 Mrd. US$ belaufen haben.

Aber die Trockenheit hatte nicht nur Auswirkungen auf die Landwirtschaft, in Kalifornien wurde die Bürger erstmals in der Geschichte des Bundesstaates amtlich aufgefordert „Wasser zu sparen". So wurde das Reinigen von Garageneinfahrten untersagt und Grünflächen durften nur noch bewässert werden, wenn überschüssiges Wasser nicht ablaufen kann. Verstöße gegen die neuen Auflagen wurden mit bis zu 500 US$ pro Tag bestraft. Es sollten so mindestens 20 % des privaten Wasserverbrauchs eingespart werden. In Los Angeles zahlte die Stadt jedem Bürger sogar 30 US$ pro Quadratmeter Rasen, wenn dieser durch weniger wasserdurstige Pflanzen oder mit Kies ersetzt wird. Grundstückseigner können bis zu 6000 Dollar für die Umgestaltung bekommen.

Die Dürre von 2012 hat zudem auch dazu beigetragen, dass in vielen Regionen im Südwesten des Landes eine überdurchschnittlich hohe Brandgefahr herrschte. Dabei wurden in der Region von Colorado Springs in einem dicht besiedelten Gebiet fast 350 Häuser zerstört. Der Waldbrand war damit der folgenschwerste und teuerste in der Geschichte von Colorado. Der Gesamtschaden belief sich auf 900 Mio. US$; auch wenn die Hälfte davon durch eine Brandschutzversicherung abgedeckt war (MunichRe, Topics Geo 2012). Es wird vermutet, dass die Waldbrände entweder fahrlässig oder vorsätzlich ausgelöst wurden. Im landesweiten Durchschnitt fiel in der Saison 2012 die drittgrößte Fläche seit Beginn der systematischen Aufzeichnungen in den 1960er-Jahren den Feuern zum Opfer. Die Trockenheit beeinträchtigte ab dem späten Frühling 2012 auch die Schifffahrt auf dem Mississippi. An manchen Stellen verengten sich die Fahrrinnen derart, dass diese nur in eine Richtung befahren werden konnten. Auch konnten die Schiffe nicht mehr voll beladen werden und deshalb weniger Güter als üblich transportieren. Es kam zu Lieferverzögerungen und dadurch zu steigenden Frachtkosten. Auch schon während der Trockenperiode 1988 war die Schifffahrt am Mississippi stark betroffen, wodurch der Transport von Massengütern (Kohle, Rohöl, Getreide) um 50 % zurückging. An manchen Stellen musste der Schiffsverkehr wochenlang eingestellt werden, was zu Umsatzeinbußen von bis zu 20 % führte und einem Schaden von mindestens 200 Mio. US$. Des Weiteren mussten viele Stromversorger ihre Produktion drosseln, meist, weil eine Kühlwasserentnahme nicht mehr gewährleistet war. Auch musste bei einigen Kraftwerken die Leistung gedrosselt werden, da das rückgeleitete Kühlwasser die vorgeschriebene Temperatur überstieg und so zu Schäden an der Ökologie im Flusssystem geführt hätte.

1.1.3 Kleine Inselstaaten

Im Februar 2016 fegte ein tropischer Wirbelsturm über die Fidschi-Inseln im Südpazifik hinweg. Der Zyklon Winston erreichte dabei Spitzengeschwindigkeiten von über

300 km/h. Winston war mit der Kategorie 5 der stärkste Zyklon, der je auf Fidschi registriert wurde. Tausende Einwohner waren in die mehr als 700 Notunterkünfte geflüchtet. Der Sturm zerstörte dutzende Häuser und forderte ein Menschenleben. Es kam zu weitreichenden Überschwemmungen. Die Regierung erklärte alle der mehr als 300 Inseln zum Katastrophengebiet. Die Fidschi-Inseln mit seinen rund 900.000 Einwohnern liegen 3000 km östlich von Australien und 2000 km nördlich von Neuseeland. Tourismus ist eine der Haupteinnahmequellen. Die meisten Besucher kommen aus Australien und Neuseeland.

Alle Klimaszenarien (IPCC-AR4 2007a) gehen für das nächste Jahrhundert von einem weiteren Anstieg der globalen Temperaturen um 3–4 °C aus und damit verbunden von einem Anstieg des Meeresspiegels von bis zu 1 m oder mehr. Damit werden viele flachliegende Küstenländer, wie zum Beispiel Bangladesch und Myanmar, zu den ersten Ländern gehören, bei denen sich die Auswirkungen des Klimawandels unmittelbar bemerkbar machen (UNU-EHS 2014). Die Internationale Organisation für Migration (IOM 2013) schätzt, dass bei einem Meeresanstieg um (nur) einen Meter weltweit 360.000 Küstenkilometer betroffen sein werden. 30 der 50 größten Städte der Welt liegen direkt an einer Meeresküste und beherbergen etwa zwei Drittel der Weltbevölkerung (360 Mio. Menschen). 13 % der weltweit in Städten lebenden Bevölkerung leben in den tiefliegenden Küstenzonen (*low-elevation coastal zone,* LECZ) in Asien, Afrika und Europa. Insbesondere die dicht besiedelten und stark urbanen Deltas und Küstengebiete in Asien und Afrika sind einem erhöhten Überschwemmungsrisiko ausgesetzt. Allein in Europa wären davon etwa 13 Mio. Menschen bedroht, insbesondere in den Niederlanden und Dänemark; in den deutschen Überflutungsgebieten circa 3,2 Mio.

Diese Auswirkungen werden aber noch viel gravierender die vielen „Kleinen Inselstaaten" (*Small Island States,* SID) im Pazifischen und Indischen Ozean in ihrer Existenz bedrohen, da die meisten von ihnen an ihrem höchsten Punkt nur etwa 3–4 m über dem Meeresspiegel liegen. Die Konsequenzen des Anstiegs sind Überschwemmungen, der Verlust der schützenden Korallenriffe und Mangroven, eine stetige Versalzung der Böden, mit negativen Auswirkungen auf Feldfrüchte, Grundwasserressourcen und die Biodiversität zu Land und zu Wasser.

Dabei tragen gerade diese Staaten überhaupt nicht zur Klimaerwärmung bei, sondern sind diejenigen, die von Auswirkungen am ehesten betroffen sind (IPCC-AR4 2007a; Stern 2007). Denn 80 % der globalen CO_2-Emissionen kommen aus den Industrieländern, während die CO_2-Emissionen aller „Kleinen Inselstaaten" zusammen unter 1 % liegen. In Zukunft werden also die Staaten unter den Folgen zu leiden haben, die am wenigsten zu ihren Ursachen beitragen und die sich kaum vor den Folgen schützen können. Schon Anfang 2000 waren in den Inselstaaten, wie zum Beispiel Fidji, Funafuti, Kiribati, Malediven, Samoa, Tuvalu, Tonga, Vanuato und u. a., viele Inselbewohner bereits gezwungen, die weiter abgelegenen Teile der Inseln zu verlassen und auf die „höher" gelegenen Gebiete der Atolle zu ziehen, für die sich international der Begriff der *„sinking states"* eingebürgert hat.

So lebten damals zum Beispiel in Fongafale auf Funafuti auf einer schmalen Anhäufung von Sand und Korallenschutt von gerade mal 3 km² mehr als 40 % der Bevölkerung von Funafuti; bei einer Bevölkerungsdichte von 350 Personen pro km². In Deutschland leben 240 Personen pro km². Dabei muss nach Angaben der Klimarahmenkonvention (UNFCCC COP 5, Bonn 1999; vgl. Abschn. 4.18.1) auf Funafuti bis zum Jahr 2050 mit einer jährlichen Bevölkerungszunahme von 25.000 gerechnet werden. Dies würde die heute schon völlig übernutzten Ressourcen der Insel noch weiter überfordern und damit die Anfälligkeit des Ökosystems gegenüber Naturkatastrophen noch weiter erhöhen. Die bislang vor allem in den Inselstaaten erfolgten internen Migrationsbewegungen haben dabei den Menschen immerhin ermöglicht, auch weiterhin in ihrer Heimat zu leben. Im schlimmsten Fall aber wären die Bewohner gezwungen, ihre Staaten ganz zu verlassen.

In Bangladesch lebt ein Viertel der Bevölkerung (ca. 35 Mio. Menschen) in den küstennahen Überflutungsgebieten des Ganges-Brahmaputra-Deltas. Weltweit leben gegenwärtig rund 200 Mio. Menschen in Küstengebieten, die nur bis zu einem Meter über dem Meeresspiegel liegen. Bei einem Anstieg des Meeresspiegels um diesen Betrag wären darüber hinaus insbesondere das Nildelta und die Nordostküste Südamerikas betroffen sein. So würde ein Viertel des dicht bevölkerten Nildeltas in Ägypten unter den Wassermassen verschwinden, aber auch Teile von Pakistan, Indien (Dasgupta et al. 2007).

Auch ökologisch sind die Folgen des Klimawandels auf den Inseln und den tiefliegenden Küstenstaaten heute schon überall zu sehen (UNEP 2014). Seit Jahren wird eine signifikante Einwanderung fremder Spezies in die Küstengewässer beobachtet, die, weil sie keine natürlichen Feinde haben, die lokalen Ökosysteme nachhaltig verändern. Eine weitere Folge der Klimaänderung ist der Verlust an tropischen Nebelwäldern. Dies hat nicht nur negative Auswirkungen auf die Biodiversität, sondern auch auf die Süßwasserreserven. Die Veränderungen in der Biodiversität tragen mit dazu bei, dass die lokalen Ökosysteme zusammenbrechen und sich damit die Ernährungsbasis der Menschen weiter verschlechtert. Mit dem Meeresspiegelanstieg verlieren zudem die vorgelagerten Korallensande ihre Schutzfunktion. Dies wird auch noch durch die vom Bevölkerungswachstum und dem Tourismus ausgelöste Bautätigkeit verstärkt. Diese führt vielerorts zu einer nicht reversiblen Erosion der Küsten. Das Überfischen der lokalen Fischbestände als direkte Folge des Bevölkerungsdrucks ist wohl das größte Problem der Inselstaaten und Küstenanrainer. Zumal die schrumpfenden Fischbestände nicht durch andere agrarische Lebensmittel ausgeglichen werden können. Gleiches gilt für die Versalzung der Süßwasserbestände. Damit wird nicht nur die Trinkwasserversorgung gefährdet, sondern auch eine Bewässerung der lokalen Felder, was langfristig die Inseln unbewohnbar macht.

Bisher konnten sich die Menschen auf die verändernden Umweltbedingungen immer noch hinreichend einstellen. Und viele Umwelt- und Klimaschützer sehen in dem Fachwissen und den Erfahrungen, die die Menschen der „Kleinen Inseln" erworben haben, ein großes Potenzial, weshalb diese Kenntnisse auch im internationalen Kontext zur Verfügung gestellt werden müssten. Dieses Wissen sollte nach Auffassung von UNEP (2014) aber nicht durch externes („technisch orientiertes") Wissen und Lösungsansätze überlagert oder vernichtet werden. Um ihre Stimme im internationalen Klimadialog besser zur Geltung zu bringen, haben sich die „Kleinen Inselstaaten" und viele tiefliegende Küstenstaaten auf der Welt sich zur „Allianz der Kleinen Inselstaaten" (*Alliance of Small Island States*; AOSIS) zusammengeschlossen. Die Allianz ging 1990 aus der Gruppe der *Small Island Developing States* (SIDS) hervor und repräsentiert heute 28 % der Entwicklungsländer, 19 % der UN-Mitglieder, aber nur 1 % der Weltbevölkerung. Mit dem Bündnis will die Allianz vor allem auf die kritischen Folgen des steigenden Meeresspiegels und andere Auswirkungen der globalen Erwärmung auf ihre Territorien aufmerksam machen. Die in der AOSIS vereinigten Länder haben schon aufgrund ihrer geographischen Lage und ihrer wirtschaftlich begrenzten Problemlösungskapazitäten kaum die Möglichkeit, sich vor den Folgen des Meeresspiegelanstiegs wirksam zu schützen und sind daher in den Auswirkungen des Klimawandels mit denen der am wenigsten entwickelten Ländern (LDCs) vergleichbar. In vielen Tagungen haben die AOSIS-Mitgliedsländer ihre Auffassungen, Forderungen und Angebote an die Staatengemeinschaft zum Ausdruck gebracht, so zuletzt auf der 3. Internationalen Konferenz der Kleinen Inselstaaten (*Third International Conference on Small Island Developing States*) im September 2014 auf Samoa. Dort wurde ein Aktionsplan („*S.A.M.O.A.-Pathway*") verabschiedet, der vor allem eine Stärkung auf folgenden Feldern vorsieht:

— Internationalen Zusammenarbeit,
— Formale und nichtformalen Aus- und Fortbildung,
— Investitionen im öffentlichen und privaten Sektor,
— Wettbewerbsfähigkeit der Klein- und Mittelindustrie und des staatlichen Sektors sowie des Finanzsektors,
— Informations- und Kommunikationstechnologie,
— Stellung der Frauen in der Gesellschaft,
— Schaffung von Arbeitsplätzen im privaten und öffentlichen Sektor gemäß internationaler Standards und nationaler Regelwerke zur Unterstützung privater Investitionen und zur allgemeinen sozialen und technischen Entwicklung.

Doch mehren sich die Zeichen, dass es vielleicht schon zu spät sein könnte und der Erhalt der „Kleinen Inselstaaten" auf Dauer nicht möglich sein wird.

Das erste Land, das jemals in der Geschichte die Bewohner einer Insel wegen des steigenden Meeresspiegels evakuierte, war Papua-Neuguinea. Als 2005 die Regierung entschied, 980 Einwohner der Carteret-Inseln des Südpazifiks auf eine 100 km entfernte Inselgruppe zu evakuieren, hatte die Diskussion um die „Klimaflüchtlinge" erstmals eine politische Dimension bekommen. Die Carteret-Inseln und mit ihr die gesamte Problematik des Meeresspiegelanstiegs in der Südsee waren damit in der öffentlichen Wahrnehmung ein Symbol für ein neues Phänomen geworden: „Flucht vor den Folgen der globalen Erwärmung".

Mit dieser Entscheidung wurde eine schon seit Langem geführte Debatte über den „Klima- oder Umweltflüchtling" neu belebt. Die völkerrechtliche Basis für die Definition eines Flüchtlings wurde 1951 in der Genfer Flüchtlingskonvention festgeschrieben. Danach gilt als Flüchtling, wer:

» aus begründeter Furcht vor Verfolgung aus Gründen der Rasse, Religion, Nationalität, Zugehörigkeit zu einer bestimmten sozialen Gruppe […] den Schutz seines Landes nicht in Anspruch nehmen kann oder […] will.

Ausgangspunkt dieser Konvention waren die Erfahrungen der beiden Weltkriege, die große Flüchtlingsströme und viele ungeklärte Staatszugehörigkeiten nach sich gezogen hatten. Die Konvention war daher vor alle ausgerichtet auf die Opfer von Gewalt und kriegerischen Konflikten. Aber bereits Mitte der 1980er-Jahre hatte das „Umweltprogramm der Vereinten Nationen" (UNEP) in einem Bericht auf das wachsende Flüchtlingsproblem infolge sich wandelnder Umweltbedingungen hingewiesen (El-Hinnawi 1985): „… Menschen, die aufgrund von merklicher Umweltzerstörung […] gezwungen sind, zeitweilig oder dauerhaft ihren natürlichen Lebensraum zu verlassen." Dabei wurde unter „Umweltzerstörung" jegliche physikalische, chemische und/oder biologische Veränderungen der Ökosysteme (oder Ressourcenbasis) verstanden, die diese zeitweilig oder dauerhaft ungeeignet machen, menschliches Leben zu unterstützen. In der bei der UNCED-Konferenz in Rio (1992) verabschiedeten Agenda 21 wird in Kapital 12 explizit das Schicksal der „Umweltflüchtlinge" angesprochen. Dabei liefert der „Umweltflüchtlingsbegriff" (Jakobeit und Methmann 2007) keine trennscharfe Unterscheidung zwischen Ursachen und Folgen, ebenso wurden dabei die Begriffe „Migration", „Flucht" und „Vertreibung" vermischt. Allgemein ist unter Migration jede dauerhafte Veränderung des Wohnsitzes zu verstehen, sei es grenzüberschreitend oder national („Binnenmigration", IPD). Diese geschieht in der Regel durch eine rationale Entscheidung des Einzelnen und ist daher zumeist „freiwillig". Hiervon zu unterscheiden ist die „Fluchtmigration". Unter Flüchtlingen versteht man solche Menschen, die zur permanenten oder zeitweiligen Abwanderung gezwungen werden; ihre Heimat also „unfreiwillig" verlassen (Suhrke 1994).

Da schon der Begriff des Umweltflüchtlings" heftig umstritten ist, so ist die Definition des „Klimaflüchtlings" noch viel kontroverser (Biermann 2002). Viele Sozialwissenschaftler und Menschenrechtsaktivisten verstehen den Klimaflüchtling als einen Sonderfall des Umweltflüchtlings. Kritiker merken an, dass, wenn Umweltflüchtlinge solche Menschen sind, die aufgrund von Einschränkungen in der Lebensqualität fliehen, man kaum noch zwischen Umweltflüchtlingen und anderen Migrationsgründen unterscheiden kann (Jakobeit und Mettmann 2007). Zudem konnte bisher der Nachweis, dass ein steigender Meeresspiegel zu dauerhafter Flucht geführt hat, nicht erbracht werden. So sah das UN-Entwicklungsprogramm (UNDP) das Beispiel der Carteret-Inseln eher als eine Reaktion der Behörden auf die Folgen lokaler Einwirkungen an, die zu einer Verschlechterung der Lebensbedingungen (Sprengen von Korallenriffen) geführt hatten, denn als Folge der globalen Erwärmung.

Völkerrechtlich existiert der Begriff des „Klimaflüchtlings"/„Klimamigranten" nicht. Die Internationale Organisation für Migration (IOM 2013) hat für ihre Definition:

> Personen oder Personengruppen, die, aufgrund plötzlicher oder sich fortschreitender deutlicher Veränderungen der ihr Leben beeinflussenden Umwelt- und Lebensbedingungen, gezwungen sind oder sich veranlasst sehen, ihre Heimat zu verlassen, sei es zeitweise oder permanent, und die sich innerhalb ihres Heimatlandes oder über dessen Grenzen hinaus bewegen

viel Zustimmung erhalten. Die Definition hebt ab auf die Freiwilligkeit der Entscheidung ihre Heimat zu verlassen, die Dimension der Wanderung sowie ihre Dauer und Richtung.

Auch wenn über den Begriff des „Klimaflüchtlings" völkerrechtlich noch bislang noch kein Einvernehmen erzielt werden konnte, so zeichnet sich ab (Apap 2018), dass die Begriffe:
- Klimabedingte Migranten (*environmental migrant*). Damit wird der Fokus auf die „Freiwilligkeit" der Entscheidung, ihre Heimat zu verlassen, gelegt.
- Klimabedingte Zwangsmigranten (*environmental refugee*). Damit wird abgehoben auf die Tatsache, dass der Migrationsgrund durch äußere (gewaltsame) Einflüssen ausgelöst wird, die Migration also absehbar und unausweichlich ist.
- Klimaflüchtlinge (*environmental displaced person*). Dieser Begriff ist erst seit kurzer Zeit in der Diskussion. Er beschreibt, den Umstand, dass eine Person seinen Aufenthaltsort verändert. Daraus lässt sich aber keine Verantwortung einer Regierung zum Schutz/Hilfe für den Migranten ableiten. Der Begriff entspricht weitgehend dem des „displaced person", wie er im Völkerrecht weite Anwendung findet.

in den politischen Diskussionen einen immer stärker „normierenden" Charakter (*soft law*) bekommen.

Diese Definition lässt dabei eine Vermischung von Migrationsgründen zu – neben den Klimawandelfolgen auch soziale, wirtschaftliche oder politische Anlässe – und schließt eine vorübergehende oder fortdauernde Binnen- oder auch grenzüberschreitende Migration mit ein (BPB 2009). Demgegenüber schlägt das Norwegian Refugee Council (NRC; Kolmannkoog 2008) in Analogie zum Begriff „Binnenflüchtling" (*internally displaced person*, IDP) den Begriff „Umweltflüchtling" (*environmentally displaced person*, „EDP") einzuführen, wobei es dem NRC nur darum geht, dass eine Person „gezwungen" ist, ihre Heimat zu verlassen und es dabei keine Rolle spielt, ob grenzüberschreitend oder nicht. Ausschlaggebend sei nur der Nachweis, dass die Klimafolgen der Hauptauslöser der Migration ist. Der Hohe Flüchtlingskommissar der Vereinten Nationen (UNHCR) lehnt dagegen eine Erweiterung seines durch die Genfer Flüchtlingskonvention (GFK) gegebenen Mandats ab, weil er befürchtet, dass dadurch die GFK „verwässert" und so weniger umsetzbar werden könnte. Das UNHCR weist darauf hin, dass Klimamigranten in der Regel schon die rechtlichen Voraussetzungen zur Erteilung des Flüchtlingsstatus erfüllen, wenn sie nachweisen können, von einem Klimakonflikt betroffen zu sein.

Der WBGU (2007) wiederum verwendet stattdessen lieber den Begriff „Klimamigrant", weil seines Erachtens die Begriffe „Umwelt- oder Klimaflüchtling" stark umstritten sind und der Begriff „Migrant" sehr viel weiter gefasst ist als der Begriff „Flüchtling". Er möchte sich der internationalen Diskussion anschließen und plädiert für ein eigenes Rechtsregime für „Umwelt-/Klimaflüchtlinge" unter dem Dach der Vereinten Nationen. Auf der Basis der zuvor genannten Schätzzahlen von 200 Mio. Klimamigranten bis 2050 empfiehlt er – unter Anwendung des Verursacherprinzips – nationalstaatliche Verantwortungen für Klimamigration abzuleiten. Für Deutschland ergäbe sich folgende Rechnung: Im Zeitraum von 1990 bis 2009 hat Deutschland einen kumulativen Anteil an den weltweiten Treibhausgasemissionen von 1,5 %. Errechnet man daraus den Anteil bis 2050, so ergibt sich ein Emissionsanteil von ca. 3 % am Bundeshaushalt. Würde man diesen Anteil an verursachten Emissionen mit dem damit verbundenen (potenziellen) Verlust der Lebensgrundlage für ca. 200 Mio. Personen in Beziehung setzen, so könnte sich eine Verantwortung gegenüber 6 Mio. Migranten ableiten lassen. Der WBGU folgerte daraus, dass die Bundesregierung dafür ihre Verantwortung übernehmen sollte, indem sie zum Beispiel durch Kompensationszahlungen oder erhöhte Entwicklungshilfe für Katastrophenschutz zu einer Stärkung der Klimaresilienz beiträgt.

Allgemein anerkannt dagegen wird, dass Umweltveränderungen einen Einfluss auf Migrationsbewegungen haben. Sollte dies aber als alleinige Ursache für eine „erzwungene" Vertreibung im Sinne des Völkerrechts anerkannt werden, würde dies den Einfluss anderer Variablen, wie kriegerische Konflikte, Armut, ethnische Vertreibung usw. außer Acht lassen (Black 2001). Einen Vorschlag, welche Kriterien zur Definition des „Klimaflüchtlings" herangezogen werden könnten, hat das Norwegian Refugee Council gegeben (Kolmannkoog 2008). Danach sollten folgende Faktoren Berücksichtigung finden:
- Risikowahrscheinlichkeit von Naturkatastrophen,
- Ausmaß der Umweltzerstörung,
- durch Umweltveränderungen ausgelöste ethnische/soziale Konflikte,
- Stand des/der Umweltschutzes/-vorsorge,
- die Umwelt beeinträchtigende Entwicklungsprojekte,
- der globale Klimawandel,
- das Ausmaß interner bzw. grenzüberschreitender Migration.

Eine Folge der heterogenen und eher diffusen Definition des Begriffs „Umwelt-/Klimaflüchtling" ist, dass die Zahlenangaben darüber, wie viele solcher Flüchtlinge es denn auf der Welt gibt, erheblich differieren. So geht der renommierte Umweltforscher Norman Myers (2001) von der Oxford University in einer viel beachteten Studie davon aus, dass es schon im Jahr 1995 25 Mio. Umweltflüchtlinge gab und damit die Zahl der „normalen" Flüchtlinge (22 Mio.) überstieg. Die Studie kommt ferner zu dem Ergebnis, dass sich bis zum Jahr 2010 diese Zahl verdoppeln und bis zur Mitte des Jahrhunderts sogar auf 200 Mio. Menschen ansteigen könnte. Diese Schätzung hat sich international mehr oder weniger durchgesetzt. Wohl auch nur deswegen, weil es sehr wenige solche Untersuchungen gibt und die Parameter für eine solche Erhebung noch nicht verbindlich festgelegt worden sind. Die Zahlen werden daher auch von UNEP verwendet und wurden so auch in dem „Stern-Review" (Stern 2007) genannt. Die große Bandbreite der genannten Schätzungen hat ihre Ursache darin, dass es an einer international verbindlichen Kategorisierung dieser Gruppe an „Flüchtlingen" fehlt. Flüchtlinge, wenn sie der Definition der Genfer Flüchtlingskonventionen entsprechen, können überall auf der Welt internationale Hilfe des UNHCR in Anspruch nehmen und dürfen von den aufnehmenden Staaten nicht abgeschoben werden *(non-refoulement)*.

Im Jahr 2014 hatte erstmals ein Staat (Neuseeland) dem Antrag einer Familie auf Bleiberecht als Folge des Klimawandels stattgegeben. So darf die Familie Alesana aus dem Pazifikinselstaat Tuvalu mit ihren beiden Kindern im Alter von 5 und 3 Jahren in Neuseeland bleiben. Die Richter der neuseeländischen Einwanderungsbehörde verneinten allerdings eine Einordnung des Falles im Sinne der Genfer Flüchtlingskonvention und begründeten ihre Entscheidung ausschließlich mit der humanitären Notlage. Die neuseeländische Regierung wies in dem Urteil ausdrücklich darauf hin, dass sie hier nicht in der Sache „Klimaflüchtling" entschieden hätte und dies damit kein Präjudiz in vergleichbaren Situationen darstelle. In einem anderen Fall hatte Neuseeland noch im Jahr 2013 anders entschieden. Damals wollten Ioane Teitiota und seine Familie aus Kiribati als erste Klimaflüchtlinge weltweit anerkannt werden. Sie beriefen sich auf die UNO-Flüchtlingskonvention, nach der jedermann Schutz gewährt werden muss, der aus ethnischen oder religiösen Gründen oder wegen seiner Nationalität oder Überzeugung verfolgt wird. Die Richter entschieden damals,

» dass für eine Person, die ein besseres Leben sucht, indem sie den empfundenen Folgen des Klimawandels entflieht, die Konvention nicht zutrifft, auch wenn das wirtschaftliche Umfeld in Kiribati womöglich weniger attraktiv sei als Neuseeland,

dies also nicht als Asylgrund ausreiche. Ähnliche Fälle sind in Belgien und auf den Philippinen anhängig, auch in Norwegen ist eine Klage geplant.

Die Sicherung des Überlebens der Bewohner der Insel Tuvalu sieht die Regierung letztendlich nur in einer zielgerichteten und auf Dauer angelegten Emigration in ein anderes Land. Das hat die Regierung auf Tuvalu dazu bewogen, für ihr Land den völkerrechtlichen Status eines Umweltflüchtlings durchzusetzen. Sie steht dazu mit der Regierung von Neuseeland in Kontakt, um auszuloten, welche Möglichkeiten es für Tuvaluer gibt, sich dort anzusiedeln. Die Länder Australien und Neuseeland sind schon wegen ihrer historischen und wirtschaftlichen Verflechtungen und der geographischen Nähe bevorzugte Zielregionen für Staaten wie Tuvalu. Des Weiteren sind alle Staaten der Region im Pacific Islands Forum zusammengeschlossen, um die Entwicklung in der Region zu fördern.

Trotz der Zugehörigkeit zum Pacific Islands Forum sind die Staaten Australien und Neuseeland wenig gewillt, Flüchtlinge aus den Inselstaaten aufzunehmen (Campbell 2010). Beide Länder sehen die Migranten nicht als Klimaflüchtlinge, sondern generell als Armutsmigranten, die also keinen Schutz aus der Genfer Flüchtlingskonvention in Anspruch nehmen können. Dennoch hat die Regierung von Neuseeland diese Problematik aufgegriffen und sich in seinem nationalen Immigrationsplan bereit erklärt, für die nächsten 30 Jahre jedes Jahr 75 Tuvaluer, neben 75 aus Kiribati, je 250 aus Toga und aus Fidji aufzunehmen. Statistisch gesehen bedeutet das für Tuvalu, dass der letzte Tuvaler in 150 Jahren als Flüchtling anerkannt werden würde. Darüber hinaus betont die neuseeländische Regierung, dass dennoch nicht jeder Tuvaluer, der vom Meeresspiegelanstieg betroffen ist, als Umweltflüchtling anerkannt werden kann. Die Bewerber müssen:

» von gutem Charakter und guter Gesundheit sein, Grundkenntnisse der englischen Sprache besitzen, ein Arbeitsangebot in Neuseeland vorweisen und unter 45 Jahre alt sein,

um die in der *Pacific Access Category* festgelegten Kriterien zu entsprechen (MINPAC 2002).

Nur was bedeutet das Verlassen der Heimat, seiner kulturellen Wurzeln und seiner sozialen Netzwerke für den Tuvaluer. Ist er „danach" noch ein Tuvaluer oder ein Tuvaluer in Neuseeland, ein Staatenloser oder ein Migrant, der nur noch schwer seine Identität, traditioneller Gebräuche weiter pflegen kann? Auch unter den Tuvaluern sind diese Fragen nicht geklärt und die meisten hoffen immer noch auf eine Zukunft in ihrer Heimat (Germanwatch 2004).

Literatur

Apap J (2018) The concept of climate refugee. European Parliamentary Research Service, Briefing, Brussels

Arrhenius S (1896) On the influence of carbonic acid air in the air upon the temperature of the ground. The London, Edinburgh and Dublin Philosophical Magazine and Journal of Science, Series 5, Bd 41, S 237–276. ▶ www.globalawrimingart.com

Barredo JI (2007) Major flood disasters in Europe: 1950–2005. Nat Hazards 42:125–148

Bengtsson L, Hodges K, Roeckner E (2006) Storm tracks and climate change. American Meteorological Society (AMS). ▶ https://doi.org/10.1175/JCLI3815.1

Literatur

Berthet C, Wesolek E, Dessens J, Sánchez JI (2012) Extreme hail day climatology in Southwestern France. Atmos Res 23:139–150

Besselaar EJMvd, Klein Tank AMG, Buishand TA (2013) Trends in European precipitation extremes over 1951–2010. Int J Climatol 33(12):2682–2689. doi:▶ https://doi.org/10.1002/joc.3619

Biermann F (2002) Umweltflüchtlinge. Ursachen und Lösungsansätze. Bundeszentrale für Politische Bildung (bpb), Aus Politik und Zeitgeschehen (APUZ), Berlin

Black R (2001) Environmental refugees: Myth or reality? New issues in refugee research. UNHCR, Working Paper No. 34, University of Sussex, Brighton

BPB (2009) Klimawandel und Migration – Kontroversen rund um klimabedingte Migration. Bundeszentrale für Politische Bildung (bpb), Aus Politik und Zeitgeschehen (APUZ), Berlin

Campbell J (2010) Climate change and population movement in Pacific Island countries. In: Burson B (Hrsg) Climate change and migration – South Pacific perspectives. New Zealand Institute of Policy Studies, Wellington

Chen Z, Yang G (2013) Analysis of drought hazards in North China: distribution and interpretation. Nat Hazards 65:279–294

Coast (1998) COAST 2050 – toward a sustainable coastal Louisiana. Louisiana Coastal Wetlands Conservation and Restoration Task Force and the Wetlands Conservation and Restoration Authority, Louisiana Department of Natural Resources. Baton Rouge

Coumou D, Robinson A, Rahmstorf S (2013) Global increase in record-breaking monthly mean temperatures. Clim Change 118(3–4):771–782. doi:▶ https://doi.org/10.1007/S10584-012-0668-1

Dasgupta S, Laplante B, Meisner C, Wheeler D, Jianping Y (2007) The impact of sea level rise on developing countries – a comparative analysis. The World Bank, Policy Research Working Paper, No. 4136. Washington, D.C.

DHS (2006) The Federal response to Hurricane Katrina – lessons learned. Department of Homeland Security (DHS), Washington D.C.

Diffenbaugh NS, Swain DL, Touma D (2015) Anthropogenic warming has increased drought risk in California, PNAS Early Edition. ▶ www.pnas.org/cgi/doi/10.1073/pnas.1422385112

Germanwatch (2004) Klimawandel – eine Herausforderung für Tuvalu. Germanwatch, Bonn

Grassl H (2011) Ziele einer Klimapolitik Klimaänderungen Was tun? In: Lozán JL, Graßl H, Hupfer P, Karbe L, Schönwiese DCD (Hrsg) Warnsignal Klima: Genug Wasser für alle? Wissenschaftliche Fakten, 3. Aufl. Wiss. Auswertungen, Hamburg

Griffin D, Anchukaitis KJ (2014) How unusual is the 2012–2014 California drought? Geophys Res Lett 41:9017–9023. doi:▶ https://doi.org/10.1002/2014gl062433

Guirguis K, Gershunov A, Schwartz R, Bennett S (2011) Recent warm and cold daily winter temperature extremes in the Northern Hemisphere. Geophys Res Lett 38(2011). doi:▶ https://doi.org/10.1029/2011gl048762

El-Hinnawi E (1985) Environmental refugees. ▶ http://hdl.handle.net/20.500.11822/2651

Hoerling M (2010) The russian heat wave of 2010. National oceanic and atmospheric administration earth system research laboratory | physical sciences division NOAA. ▶ http://www.esrl.noaa.gov/psd/csi/events/2010/russianheatwave/index.html

IPCC (1990) In: Houghton JT, Jenkins GJ, Ephraums JJ (Hrsg) Climate change – the scientifica assessment. Intergovernmental Panel on Climate Change (IPCC), First Assessment Report (FAR). WMO, UNEP Cambridge University Press, Cambridge

IPCC (1995) Second Assessment (SAR) Climate change. Intergovernmental Panel on Climate Change (IPCC). Cambridge University Press, Cambridge.

IPCC (2001) In: Solomon S, Qin D, Manning M, Chen Z, Marquis M, Averyt KB, Tignor M, Miller HL (Hrsg) Climate change 2001: synthesis Report. Third assessment report of the International Panel on Climate Change (IPCC). Cambridge University Press, Cambridge

IPCC (2007a) Summary for policymakers. In: Solomon S, Qin D, Manning M, Chen Z, Marquis M, Averyt KB, Tignor M, Miller HL (Hrsg) Climate change 2007: the physical science basis. Contribution of Working Group I to the Fourth Assessment Report of the Intergovernmental Panel on Climate. Cambridge University Press, Cambridge

IPCC (2007b) In: Solomon S, Qin D, Manning M, Chen Z, Marquis M, Averyt KB, Tignor M, Miller HL (Hrsg) Climate change 2007: The physical science basis. Contribution of Working Group I to the Fourth Assessment Report of the Intergovernmental Panel on Climate Change. Cambridge University Press, Cambridge

IOM (2013) World migration report 2013 – migrants well-being and development. International Organization for Migration, Geneva

Jakobeit C, Methmann C (2007) Klimaflüchtlinge – Studie im Auftrag von Greenpeace. Universität Hamburg, Institut für Politische Wissenschaft, Teilbereich Internationale Politik, Hamburg

Jonkman SN, Bočkarjova M, Kok M, Bernardini P (2008) Integrated hydrodynamic and economic modelling of flood damage in the Netherlands. Ecol Econ 66(1):77–90

Jones PD, Moberg A (2003) Hemispheric and large-scale surface air temperature variations: An extensive revision and update to 2001. J Clim 16:206–223 (American Meteorological Society)

Kirchbach HP (2002) Bericht der Unabhängigen Kommission der Sächsischen Staatsregierung Flutkatastrophe 2002. Sächsische Staatregierung, Dresden

KLIWA (2013) Auswirkungen des Klimawandels auf Bodenwasserhaushalt und Grundwasserneubildung in Baden-Württemberg, Bayern und Rheinland-Pfalz – Untersuchungen auf Grundlage von WETTREG2003- und WETTREG2006-Klimaszenarien. Karlsruhe, Hof, Mainz. 5. KLIWA Symposium, KLIWA Berichte, Heft 19, S 46

Kolmannkoog VO (2008) Future floods of refugees – a comment on climate change, conflict and forced migration. Norwegian Refugee Council, Oslo

Kron, W. (2006): Causes of catastrophes – scenarios in the United States. In: Münchener Rückversicherung (Hrsg) Hurricanes – more intense, more frequent, more expensive; Münchener Rück Knowledge Series, S 20–23. ▶ www.earthinstitute.columbia.edu/grocc/documents/MunichReHurricanereport.pdf

Lambert SJ, Fyfe JC (2006) Changes in winter cyclone frequencies and strengths simulated in enhanced greenhouse warming experiments: results from the models participating in the IPCC diagnostic exercise. Clim Dyn 26:713–728

Lesk C, Rowhani P, Ramankutty N (2016) Influence of extreme weather disasters on global crop production 529:7584. ▶ https://doi.org/10.1038/nature16467

Lippe-Verband (2016) Das können die Kommunen gegen die Folgen von Starkregen tun – Präventionsmaßnahmen. Informationsbroschüre, Lippe Verband, Detmold

Lutz S, Anesio AM, Raiswell R, Edwards A, Newton RJ, Gill F, Benning LG (2016) The biogeography of red snow microbiomes and their role in melting Arctic glaciers. Nat Commun 529:7584. doi:▶ https://doi.org/10.1038/ncomms11968

MINPAC (2002) Pacific access category resident visa/immigration. Governmet of New Zealand. ▶ https://www.immigration.govt.nz/

Myers N (2001) Environmental refugees. A growing phenomenon of the 21st Century. The royal society, philosophical transactions: biological sciences, Bd 357, Nr 1420, Reviews and a Special Collection of Papers on Human Migration, S 609–613, London

Nelson FE, Brigham LW (2003) Climate change, permafrost and impacts on civil infrastructure. U.S. Arctic Research Commission, Permafrost Task Force Report, Alaska

Noack T (2007) Der Hurrikan Katrina und seine Auswirkungen auf New Orleans. Christian-Albrechts-Universität, Geographisches Institut, KielPERMOS (2005): Permafrost der Schweizer Alpen 2002/03 und 2003/04. Schweizerische Akademie für Naturwissenschaften (SCNAT), Bern

Nötzli J, Gruber S (2005) Alpiner Permafrost – ein Überblick. Jahrbuch des Vereins zum Schutz der Bergwelt 70:111–121

Petoukhov V, Semenov SJ (2010) A link between reduced Barents-Kara sea ice and cold winter extremes over northern continents. J Geophys Res. 115(D21)

Prisching M (2006) Good bye New Orleans – Der Hurrikan Katrina und die amerikanische Gesellschaft. Leykam, Graz

Quante M (2004) Verteilung und Transport des Wassers in der Atmosphäre. In: Lozán JL et al (Hrsg) Warnsignal Klima: Genug Wasser für alle? Wissenschaftliche Fakten. Wiss. Auswertungen, Hamburg

Rahmstorf S, Mann M, Benestad R, Schmidt, G, Connolley W (2005) Hurricanes and global warming – is there a connection? Real Clim. ▶ http://www.realclimate.org/index.php?

Renne (2006) Evacuation and Equity: a post-Katrina New Orleans Diary. Plan Mag 72(5):44–46

Sauer S, Goldschmitt M (2013)Materialien zur Bodenerosion durch Wasser in Rheinland-Pfalz – Themenhefte Vorsorgender Bodenschutz, Heft 2: Materialien zur Bodenerosion durch Wasser in Rheinland-Pfalz. Landesamt für Geologie und Bergbau Rheinland-Pfalz (LGB). ▶ www.lgblp.de/fileadmin/service/lgb_downloads/…/heft2_erosion_gesamt.pdf

Schellnhuber HJ, Crutzen PJ, Clark WC, Claussen M, Held H (2004) Report of the 91st Dahlem workshop on earth system analysis for sustainability. In: Earth system analysis for sustainability, Berlin, May 25–30, 2003. MIT Press, Cambridge University Press, S 454

Schönwiese CD (2004) Der Hitzesommer 2003 aus klima-statistischer Sicht. Deutsche Meteorologische Gesellschaft, Kolloquiumsvortrag am 16. Juni 2004.

Stern NH (2007) The Economic report 91. Dahlem workshop of climate change – the stern review. Cambridge University Press, Cambridge

Suhrke A (1994) Environmental degradation and population flows. J Int Aff 47(2):473–496

UBA (2008) Klimagefahr durch tauenden Permafrost. Info-Broschüre des Umweltbundesamtes (UBA), Dessau-Roßlau. ▶ www.umweltbundesamt.de

UBA (2011) Hochwasser – Verstehen – Erkennen – Handeln! Umweltbundesamt (UBA), Dessau-Roßlau. ▶ www.umweltbundesamt.de

UNEP (2014) Emerging issues for small island developing states – results of the UNEP Foresight Process. United Nations Environment Programme (UNEP), Nairobi

UNU-EHS (2014) WorldRisk Report 2014. Bündnis Entwicklung Hilft – United Nations University Institute for Environment and Human Security (UNU-EHS), Bonn

U.S-HOR (2006) A failure of initiative – final report of the Select Bipartisan Committee to investigate the Preparation for and Response to Katrina, HOR Report, S 118–123, Washington D.C. ▶ http://www.gpoaccess.gov/congress/index.html

WBGU (2006) Die Zukunft der Meere – zu warm, zu hoch, zu sauer. Wissenschaftlicher Beirat der Bundesregierung Globale Umweltveränderungen (WBGU), Sondergutachten. Springer-Verlag, Berlin, S. 33

WBGU (2007) Welt im Wandel: Sicherheitsrisiko Klimawandel. Wissenschaftlicher Beirat der Bundesregierung Globale Umweltveränderungen (WBGU), Hauptgutachten 2007, Springer-Verlag, Berlin

WHO (2014) Air quality deteriorating in many of the world's cities. News Release, Vol. World Health Organization, Geneva. ▶ www.who.int/mediacentre/news/releases/2014/air-quality/en/

Zimov SA, Schuur EAG, Chapin III FS (2006) Permafrost and the global Carbon Budget. Science 312:1612–1613

Weiterführende Literatur

Alexander DE (1999) Natural disasters. Springer, Netherlands

Goldschalk DR, Beatley T, Berke P, Brower DJ, Kaiser EJ (1999) Natural hazard mitigation – recasting disaster policy and planning. Island Press, Washington D.C.

Greenpeace (1990) Global warming – Die Wärmekatastrophe und wie wir sie verhindern können. Piper Verlag, München

IKSR Internationale Kommission zum Schutz der Rheins. Koblenz

IKSE Internationale Kommission zum Schutz der Elbe. Magdeburg

Munich Re: Topics Geo: Jahresrückblick Naturkatastrophen 2003, 2004, 2005

Munich Re: Topics Geo: Naturkatastrophen- Analysen, Bewertungen, Positionen (ab 2006)

Munich Re: Topics online: NatCat SERVICE

Munich Re: Topics online: Berichte über den Klimawandel (2017)

Munich Re: Schadensspiegel: Themenheft Risikofaktor Erde (2007)

Munich Re: Wetterrisiken in Mitteleuropa, Edition Wissen (2007)

UNDP Human Development Report. United Nations Development Programme (UNDP), New York

UNISDR (2002) Living with risk – a global review of disaster reduction initiatives. International Strategy for DisasterReduction (UNIDSR). United Nations, Geneva

World Bank- United Nations (2010) Natural Hazards, UnNatural Disasters: The Economics of Effective Prevention. World Bank, Washinglon D.C. doi:▶ https://openknowledge.worldbank.org/handle/10986/2512

Elemente des Klimageschehens

2.1 **Wetter und Klima – 30**

2.2 **Treibhausgase – 31**
2.2.1 Kohlendioxid – 33
2.2.2 Methan – 34
2.2.3 Distickstoffoxid – 35
2.2.4 Fluorkohlenwasserstoffe – 36
2.2.5 Ozon – 37
2.2.6 Wasserdampf – 37
2.2.7 Aerosole – 38
2.2.8 Saharastaub – 40

2.3 **Der Treibhauseffekt – 40**
2.3.1 Der natürliche Treibhauseffekt – 40
2.3.2 Der anthropogene Treibhauseffekt – 42

2.4 **Erderwärmung – 44**
2.4.1 Oberflächentemperatur – 44
2.4.2 Kohlenstoff: Senken – Quellen – 46
2.4.3 Globale Kohlenstoffbilanz – 56
2.4.4 Klimasensitivität – 57
2.4.5 Kipppunkte im Klimasystem – 58

2.5 **Klimaentwicklung in der jüngsten Erdgeschichte – 62**
2.5.1 Geologische Entwicklung – 62
2.5.2 Entwicklung des Klimas in Europa – 63

2.6 **Klimamodelle – Klimaszenarien – 65**
2.6.1 Globale Klimamodelle – 68
2.6.2 Regionale Klimamodelle – 70
2.6.3 Klimaszenarien – 75

Literatur – 81

© Springer-Verlag GmbH Deutschland, ein Teil von Springer Nature 2019
U. Ranke, *Klima und Umweltpolitik,* https://doi.org/10.1007/978-3-662-56778-4_2

2.1 Wetter und Klima

In der Meteorologie wird unterschieden zwischen Wetter, Witterung und Klima. Als Wetter wird der Zustand der unteren Atmosphäre (Troposphäre) zu einer bestimmten Zeit und an einem bestimmten Ort bezeichnet, abgelesen an Wetterelementen wie der Lufttemperatur, dem Luftdruck, Wind, Niederschlag, Luftfeuchtigkeit, Bewölkung und Sonneneinstrahlung. Witterung dagegen ist ein typischer Ablauf des Wettergeschehens über einen längeren Zeitraum in einer Region; zum Beispiel die Eisheiligen oder der Spätsommer. Klima wird definiert als die Zusammenfassung aller Wettererscheinungen in einem mehr oder weniger großen Gebiet. Dazu werden die Häufigkeiten und die Dauer von Temperaturen, Luftfeuchtigkeit, Wind, Niederschläge, Luftdruck und andere Parameter in ihren statistischen Mittelwerten für einen Zeitraum in der Regel von mehr als 30 Jahren, der sogenannten Referenzperiode, erfasst. Auch wenn in der Folge immer wieder vom „Klima der Erde" gesprochen wird, so ist doch festzuhalten, dass es „das Klima" auf der Erde (eigentlich) nicht gibt. Der Deutsche Wetterdienst (DWD) weist darauf hin, dass auf der Erde nur ein globales System von Klimazonen existiert, in denen unterschiedliche Klimate herrschen – wie aride, semiaride und humide, polare, maritime und kontinentale oder Tiefland- oder Höhenklimate.

Der zentrale Antrieb oder Motor des Klimageschehens ist die Sonne. Ihre Einstrahlung liefert die Hauptquelle der Energie, die menschliches, tierisches und pflanzliches Leben erst ermöglicht.

Die Sonnenstrahlung, auch Solarstrahlung (*solar radiation*) genannt, ist die Strahlung, die von der Sonne auf die Erdatmosphäre trifft und auf ihrem Weg durch sie hindurch mal mehr, mal weniger abgeschwächt wird (DWD: Globalstrahlung; Internetzugriff 09.06.2018). Von der Strahlung liegt fast 50 % in einem Wellenlängenbereich von 0,73–4,0 μm, 42 % werden als sichtbares Licht wahrgenommen (0,4–0,73 μm) und der Rest entfällt auf den Bereich des ultravioletten Lichts (0,29–0,4 μm).

Dabei gilt ganz generell, dass die Sonneneinstrahlung, die auf die Erde auftrifft, ihre Wärmenergie an die Erdoberfläche, aber eben auch an die die Erdatmosphäre aufbauenden Gase (Wasserdampf, Kohlendioxid, Methan u. a.) abgibt. Die von der Erde zurückgestrahlte Wärmstrahlung wird aber in der Atmosphäre (Lufthülle) zu einem großen Teile wieder auf die Erdoberfläche zurückgestrahlt. Am äußeren Rand der Lufthülle wird dagegen viel von dem auftreffenden Sonnenlicht gleich wieder in den Weltraum zurückgestrahlt. Je „dichter" die Lufthülle wird, also je mehr Treibhausgas sie enthält, desto stärker hält sie die von der Erde zurückstrahlende Wärmstrahlung ab und heizt so die Atmosphäre auf. Das Klima wird aber noch durch eine Vielzahl anderer physikalischen Einflussgrößen definiert, die alle wechselseitig miteinander verbunden sind und zusammen ein komplexes dynamisches System ergeben, wie ◘ Abb. 2.1 schematisiert wiedergibt.

Die Stärke, mit der die Sonne auf die Erde trifft, wird als Strahlungsantrieb bezeichnet. Nach Arrhenius (1896) ist bekannt, dass die „Bestrahlungsstärke der Sonne", durch die Treibhausgaskonzentration in der Atmosphäre bestimmt

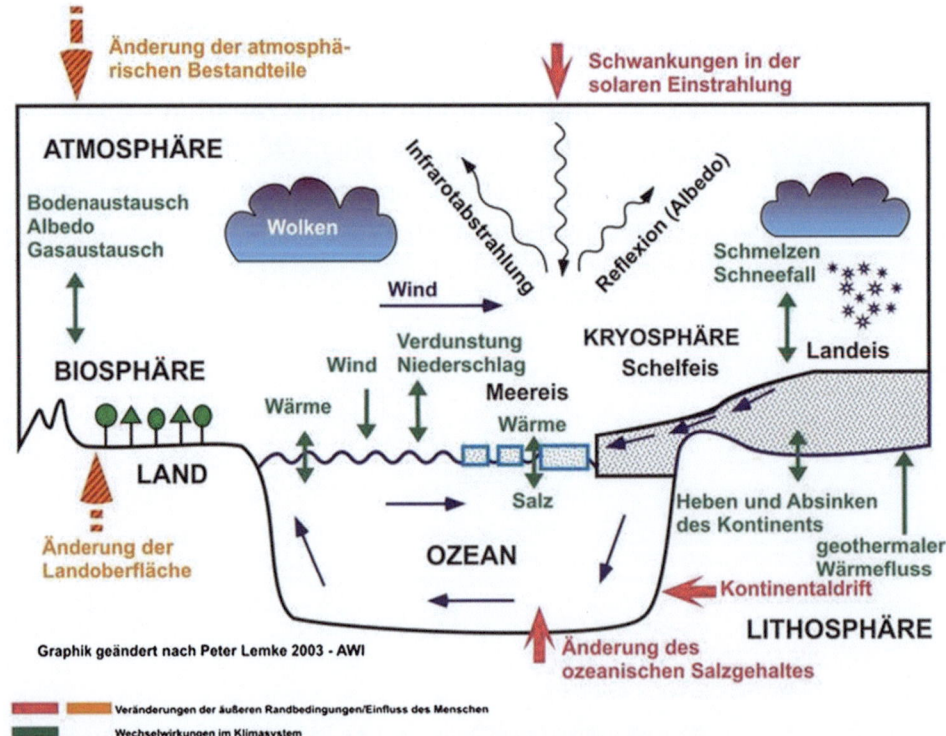

◘ **Abb. 2.1** Das Klimasystem. (© P. Lemke, Klimabüro Polar/Meer, Alfred-Wegener-Institut)

wird. Der Begriff Strahlungsantrieb oder Strahlungsintensität *(radiative forcing)* wurde vom IPCC-TAR (2001) eingeführt, um den Einfluss externer Faktoren (Treibhausgas, Aerosole) gemessen in W/m² auf die Strahlungsbilanz bzw. das Klimasystem der Erde zu beschreiben. Eine Änderung der Bestrahlungsstärke hat das Potenzial, Veränderungen einzelner Klimaparameter und damit einen neuen Gleichgewichtszustand des Klimasystems herbeizuführen: ein positiver Strahlungsantrieb führt zu einer Erwärmung der Erde, ein negativer zu einer Abkühlung.

Wie aus ◘ Abb. 2.2 zu entnehmen ist (IPCC-AR4 2007), haben die Treibhausgase CO_2, CH_4 und die fluorierten Kohlenwasser (HFC) generell eine Erhöhung der Strahlungsintensität zur Folge, während Aerosole und Wolken sich negativ auf die Strahlungsintensität auswirken. In der Summe überwiegt der Einfluss der Treibhausgase, sodass die Strahlungsintensität im Jahr 2005 bei 1,5 W/m² ($-2,6 \pm 0,6$ W/m²) lag.

Nach gegenwärtigem Wissensstand trägt die Bewölkung bei einem mittleren Strahlungsantrieb von ca. -15 W/m² zur Kühlung der Erdoberfläche bei. Unklar ist indessen, ob diese Temperaturabnahme bei mittlerer Erwärmung nachlässt oder verstärkt wird. IPCC-AR4 geht von einem Anstieg des vorindustriellen CO_2-Gehaltes in der Atmosphäre von 280 auf 560 ppm aus. Dies würde zu einer mittleren globalen Erwärmung der bodennahen Luft um 3–4,5 °C führen.

2.2 Treibhausgase

Als Treibhausgase (*greenhouse gases*; GHG) werden gasförmige Bestandteile der Atmosphäre bezeichnet, die sowohl natürlichen wie anthropogenen Ursprungs sind und die im langwelligen Spektralbereich (3,5–20 μm) Infrarotstrahlung sowohl aus der Solarstrahlung als auch von der Erdoberfläche, der Atmosphäre und den Wolken selbst, absorbieren und wieder ausstrahlen können. Die Treibhausgase haben direkte Auswirkungen auf den Treibhauseffekt, indem sie das kurzwellige Sonnenlicht ungehindert durchlassen, das so die Erdoberfläche erwärmt. Die Erde gibt im Gegenzug langwellige Infrarotstrahlung ab, welche von den Treibhausgasen in der Atmosphäre aufgenommen und wieder zurück zur Erdoberfläche reflektiert wird. Dadurch gelangt weniger Energie ins Weltall und die Temperatur auf der Erdoberfläche steigt. Die Stärke des Einflusses eines Treibhausgases hängt von zwei Größen ab: a) von der Konzentration des Gases in der Atmosphäre und b) von der Treibhauswirksamkeit des Gases. Die Treibhauswirksamkeit

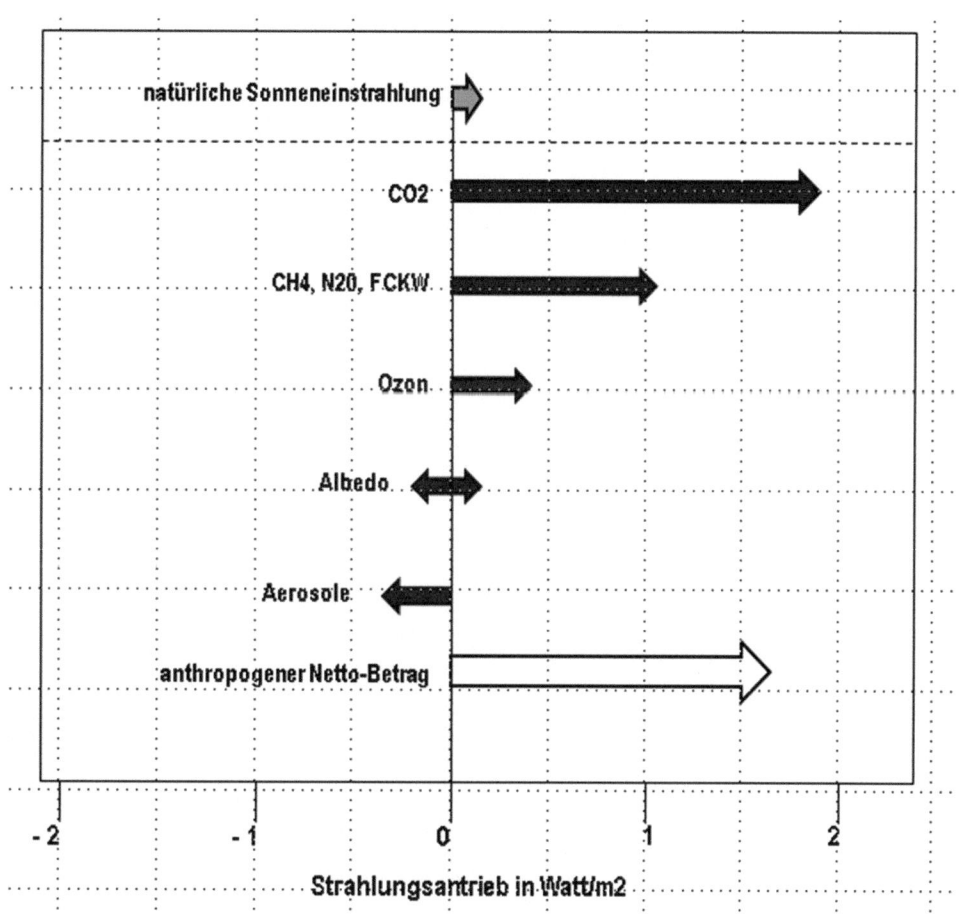

◘ Abb. 2.2   Strahlungsantrieb im Klimasystem. Vereinfacht nach IPCC-AR4 (2007)

ist ein Maß für die relative Wirkung einzelner Treibhausgase im Vergleich zu CO_2 (Treibhauspotenzial).

Die wichtigsten auch natürlich vorkommenden Treibhausgase in der Atmosphäre sind Wasserdampf (H_2O), Kohlendioxid (CO_2), Lachgas (N_2O), Methan (CH_4) und Ozon (O_3). Das Kyoto-Protokoll zählt dazu noch die fluorierten Treibhausgase (F-Gase), die wasserstoffhaltigen Fluorkohlenwasserstoffe (HFKW), perfluorierte Kohlenwasserstoffe (FKW) und die Schwefelhexafluoride (SF_6) und seit 2015 werden auch noch die Stickstofftrifluoride (NF_3) dazu gezählt.

Der Klimawandel ist real und stellt eine Bedrohung für das Leben auf der Erde dar. Die ökonomischen Schäden werden heute schon jährlich mehrere Milliarden US$ geschätzt. Darüber hinaus bedroht er die Artenvielfalt unseres Planeten. Obwohl eine Vielzahl an anthropogenen Quellen für den Anstieg der Treibhausgase der Atmosphäre (◘ Abb. 2.3) nachgewiesen ist, stellt sich immer wieder die Frage nach den natürlichen Quellen.

Geologische Prozesse auf der Erdoberfläche, vor allem Vulkaneruptionen, beeinflussen mit ihren Gasemissionen die Treibhausgaszusammensetzung in der Atmosphäre. Im Laufe der Erdgeschichte hat sich diese Zusammensetzung mehrmals signifikant verändert. Dabei wurden durch die Eruptionen nicht nur die Gaszusammensetzungen verändert, der Eintrag vulkanischer Aschen hat auch dazu geführt, dass mehr Sonneneinstrahlung schon durch die Atmosphäre reflektiert wurde und so die Erde kühler wurde. Die jährlichen mittleren globalen CO_2-Emissionen von Vulkanen seit 1750 werden von Gerlach (2011) als mindestens 100-mal geringer als die durch den Menschen verursachten beziffert und damit als für das Klimageschehen wenig relevant. Begründet wird dies mit der „Tatsache, dass in den letzten rund 10.000 Jahren die atmosphärische CO_2-Konzentration in etwa konstant geblieben ist", obwohl es in dieser Zeit zu einigen verheerenden Vulkaneruptionen gekommen ist. Dies hätte nachweislich zu einer deutlichen (kurzfristigen) Erhöhung der THG-Konzentration führen müssen (UBA, Internetzugriff, 14.05.2018). Tatsächlich sei die CO_2-Emission durch den Menschen im Laufe des Industriezeitalters um insgesamt etwa 30 Mrd. t CO_2 pro Jahr angestiegen. Eine durch Vulkanismus angetriebene Klimaveränderung wäre theoretisch also nur durch eine rasche, stetige Folge starker Vulkanausbrüche denkbar.

Unbestritten ist, dass der Eintrag vulkanischer Aerosole in die Atmosphäre einen bedeutenden Anteil auf die Strahlungsbilanz hat (vgl. ◘ Abb. 2.8). Die Aerosole strahlen einerseits das einfallende Sonnenlicht zurück und führen anderseits zu einer Absorption langwelliger Strahlung. Anders als die (anthropogenen) langlebigen Treibhausgase haben sie einen „kühlenden" Effekt, der aber vergleichsweise kurz ausfällt. Vulkanische CO_2-Emissionen würden dagegen schätzungsweise nur etwa 0,03 Mrd. CO_2 pro Jahr ausmachen. Der im Jahr 2001 ausgebrochene Vulkan Mt. Pinatubo (Philippinen) hatte eine Menge von bis zu 15 Mio. t an Schwefeldioxid in die Stratosphäre geschleudert. Zusammen mit den Aschepartikeln hatte sich dann zusammen mit dem Wasserdampf in der Atmosphäre ein Dunstschleier gebildet, der über 2 Jahre weltweit nachzuweisen war. Dieser Schleier *(aerosol optical depth)* war 10- bis 100-mal intensiver als „normal". (NASA SAGE II; Internetzugriff 16.06.2017). Messungen haben ergeben, dass sich global die Temperatur an der Erdoberfläche im Jahr nach dem Ausbruch des Mt. Pinatubo (1991) um mehr als

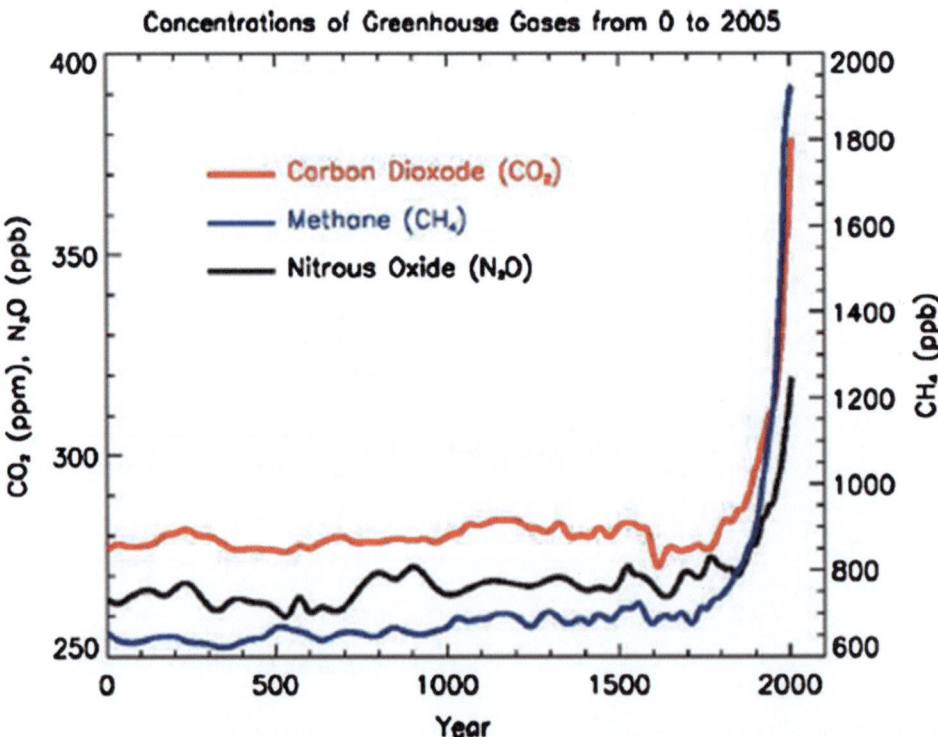

◘ Abb. 2.3 Zunahme der Konzentration wichtiger Treibhausgase in der Atmosphäre in den letzten 2000 Jahren. (Quelle: IPCC-AR4 2007, S. 135)

0,5 °C abgekühlt hat (Houghton 2015). Der größte Vulkanausbruch, über den historische Aufzeichnungen vorliegen, ist der des Tambora (Indonesien). Dort hat der Vulkan im Jahr 1815 geschätzte 100 km³ Asche und Schwefelgase in die Atmosphäre entlassen, wodurch es im Jahr darauf weltweit zu einer deutlichen Klimaveränderung kam, die als das „Jahr ohne Sommer" (1816) in die Geschichte eingegangen ist. Der Monsun in Asien war davon ebenso betroffen wie das Wetter Zentraleuropas und in den USA. In der Schweiz lag den Sommer über eine 20 cm dicke Schneedecke mit der Folge von Ernteausfällen. In weiten Teilen Europas war es zu einer Hungersnot gekommen, die auch die erste Auswanderungswelle aus Irland in die USA begründete. Zu den Sulfataerosolen kommt auch noch der Einfluss der reduzierten Sonneneinstrahlung auf die Vegetation. Aufgrund der lokal sehr unterschiedlichen Verteilung der strahlungswirksamen Vulkanaschen und Aerosole kommt es dadurch sowohl horizontal als auch vertikal zu räumlich verschiedener Aufheizung bzw. Abkühlung der Atmosphäre, womit letztlich die (lokale) atmosphärische Zirkulation beeinflusst wird (IPCC-AR4 2007).

Die immer noch vielen Unklarheiten über den Einfluss vulkanischer Ereignisse auf das Klima hängen (auch) damit zusammen, dass nur wenige Ausbrüche zuverlässig erfasst werden konnten. Detaillierte Erkenntnisse über vorgeschichtliche Eruptionen sind vor allem in den Eisbohrkernen der Antarktis/Arktis als auch in ungestörten Seeablagerungen (Warventonablagerungen) nachzuweisen. Nach IPCC-5AR (2014a) ist der Anteil der vulkanischen Kohlendioxidemissionen am CO_2-Gehalt in der Atmosphäre mindestens hundertmal kleiner als die menschengemachten Emissionen. Insbesondere die Tatsache, dass die CO_2-Gehalte kontinuierlich steigen, Vulkaneruptionen aber sehr kurzfristige lokale Ereignisse darstellen, wird als Grund gebracht, dass dieser Beitrag nicht signifikant sei. Eindeutige geologische Hinweise auf vulkanische CO_2-Emissionen gibt es von den Ausbrüchen Tambora (1815), Krakatau (1860; 1883), Gunung Agung (1963), El Chichon (1982) und Mt. Pinatubo (1991), von denen der Ausbruch des Mt. Pinatubo durch die Veröffentlichung von Christopher G. Newhall und Raymundo Punongbayan aus dem Jahr 1996 eindrucksvoll beschrieben wurde (Newhall und Punongbayan 1996).

Es gibt eine Vielzahl von Treibhausgasen, die einen Einfluss auf die Klimaentwicklung der Erde haben. Die wichtigsten Treibhausgase Kohlendioxid (CO_2), Methan (CH_4), Lachgas (N_2O) und die halogenierten Kohlenwasserstoffe bzw. Fluorkohlenwasserstoffe (HFKW, FKW), Schwefelhexafluorid, Stickstofftrifluorid und der Einfluss des Wasserdampfs auf die Atmosphäre sollen im Folgenden in ihrer relativen Relevanz, ihren Konzentrationsentwicklungen und Emissionsquellen dargestellt werden.

2.2.1 Kohlendioxid

Kohlendioxid ist ein farb- und geruchsloses Gas, das zu den langlebigen Treibhausgasen zählt und das durch lange Verweildauer in der Atmosphäre eine der wesentlichen Komponenten des Treibhauseffekts darstellt. Auf der Erde gibt es etwa 75.000.000 Mrd. t Kohlenstoff. 99,8 % davon befindet sich in der Geosphäre und davon wiederum fast alles im Kalkstein. Der Rest (4000 Mrd. t = 0,2 %) liegt zum einen in fossilen Brennstoffen (Kohle, Erdöl, Erdgas) oder als fein verteiltes organisches Material, sogenanntes Kerogen, vor. Im Vergleich zu den CO_2-Mengen im Gestein sind die Gehalte im Wasser, Boden, der Biosphäre und in der Luft vernachlässigbar. Der anthropogene Anteil an den Emissionen wird vor allem durch die Verbrennung fossiler Energieträger (Kohle, Erdöl, Erdgas) verursacht. Auch wenn die durch den Menschen verursachten CO_2-Emissionen (nur) einen Anteil von unter 10 % im Vergleich zu den natürlichen Kohlendioxidquellen ausmachen (10 Gt zu 120 Gt), so sind es die anthropogen eingebrachten Mengen, die die vorindustriellen (natürlichen) CO_2-Gehalte von 300 ppm auf heute 395 ppm haben ansteigen lassen; jährlich um bis zu 2 ppm.

Mit den Arbeiten von Svante Arrhenius (1896) wurde erstmals erkannt, welchen großen Anteil Kohlendioxid an der Temperaturzunahme der Erde hat. Kohlendioxid macht volummäßig die Hälfte aller Treibhausgase aus und wird für 60 % des anthropogen verursachten Temperaturanstiegs verantwortlich gemacht. Durch die Verbrennung fossiler Energien werden weltweit seit Jahrzehnten jährlich mehr als 30 Mrd. t an CO_2 freigesetzt. Dazu kommen noch jährlich 3 Mrd. t aus der Brandrodung der tropischen Regenwälder.

Die historische belegte Entwicklung der CO_2-Konzentration in der Atmosphäre begann mit einem Wert von ca. 280 ppm CO_2 in vorindustrieller Zeit. Danach ist der Wert auf 360 ppm im Jahr 2000 angestiegen, was einer Zunahme von mehr als 30 % entspricht: eine Zuwachsrate, wie sie sonst nur für die extremen Klimaänderungen beim Wechsel von einer Warm- zu einer Kaltzeit rekonstruiert wurde. Nur, dass damals ein solcher Anstieg sich über mehrere Jahrtausende entwickelte, während heute für den gleichen Anstieg gerade mal 200 Jahre benötigt wurden. Apparativ gemessen wurde der Anstieg aber erst ab 1958 durch Charles Keeling. Die nach ihm benannte „Keeling-Kurve" (◘ Abb. 2.4) stellt den mittleren globalen Konzentrationsverlaufs von CO_2 in der Erdatmosphäre dar (Keeling 1960). Mit seinen Messungen konnte Keeling zeigen, dass die Konzentration von CO_2 durch Änderung der Landnutzung und vor allem durch die Verbrennung fossiler Brennstoffe ansteigt. Die Kurve zeigt einen charakteristischen, schwankenden Jahresverlauf, mit auf der Nordhalbkugel höherer CO_2-Konzentration im Frühling und einer Abnahme im Herbst. Diese Variation schrieb Keeling einem jahreszeitlichen CO_2-Entzug aus der Atmosphäre durch das sommerliche Pflanzenwachstum zu.

Keeling installierte damals Messsonden am Gipfel des Vulkans Mauna Loa (Hawaii), am Südpol (Antarktis), in Kalifornien und an weiteren Orten; unter anderem machte er Messungen vom Flugzeug aus. Der erste Messwert, der dann später als Kalibrierungspunkt für alle weiteren CO_2-Messungen genommen wurde, lag bei 313 ppm CO_2.

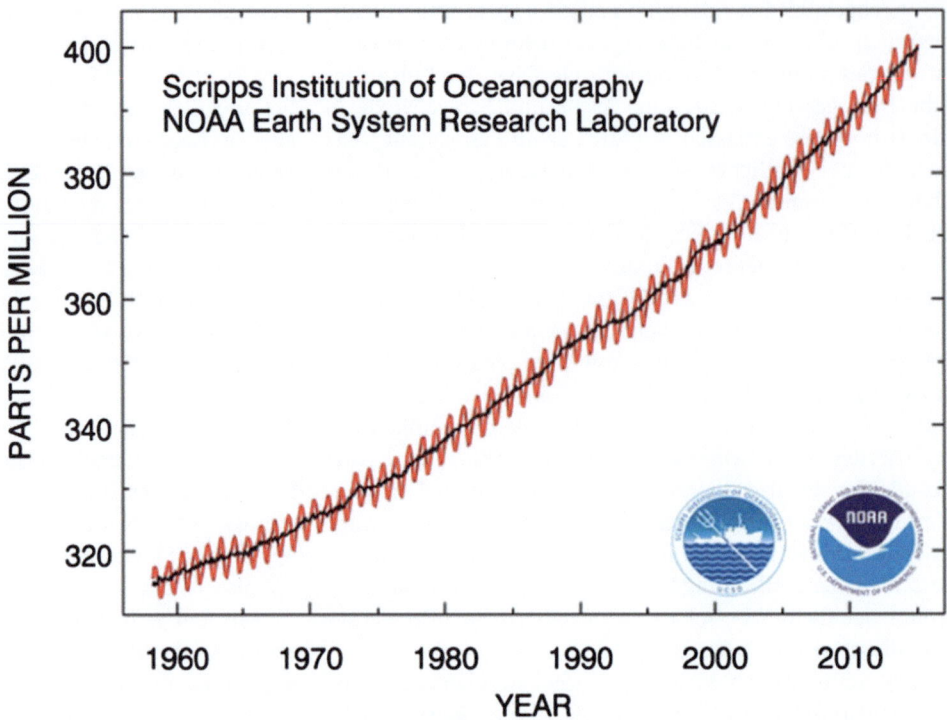

Abb. 2.4 Zunahme des atmosphärischen CO_2, aufgezeichnet am Mauna Loa Observatorium (1960–2010). (Quelle: NOAA/Scripps Institution of Oceanography, San Diego)

In der Antarktis lagen die Werte damals im Bereich zwischen 313 und 325 ppm und im äquatorialen Pazifik um 320 ppm. Die „Keeling-Kurve" wird seitdem als Beleg für den menschlichen Einfluss auf das Klima und damit für die globale Erwärmung genommen. Von 1765 bis heute hat die CO_2-Konzentration in der Atmosphäre im Mittel um 28 % zugenommen. Die Zunahme ist klar gekoppelt mit der Menge der verbrauchten fossilen Brennstoffe wie Kohle, Gas und Öl, wobei die Kohle-/Ölbefeuerten Kraftwerke sowie der Autoverkehr alleine mehr als 80 % der jährlichen CO_2-Emissionen ausmachen und dadurch pro Jahr 0,5–1,0 % zum CO_2-Gehalt in der Atmosphäre beitragen.

Aus dem bisherigen Trend der CO_2-Zunahme leitet das IPCC ab, dass die CO_2-Konzentration in der Atmosphäre in der Zukunft im gleichen Ausmaß weiter ansteigen wird. Für das nächste Jahrhundert hat IPCC verschiedene Szenarien entworfen, die übereinstimmend zeigen, das bei einer Fortsetzung der derzeitigen Emissionsmengen der CO_2-Gehalt in der Atmosphäre mit 750 ppm mehr als doppelt so hoch sein wird, wie heute. Selbst eine einschneidende Verringerung des CO_2-Ausstoßes, z. B. auf das Doppelte der vorindustriellen Zeit, würde immer noch zu einem CO_2-Gehalt von ca. 500 ppm führen, der laut IPCC (IPCC-SRES 2000b; IPCC 2012) im Jahr 2050 überstiegen wird (Abb. 2.5).

Die Liste der größten CO_2-Emittenten führen die Länder China, USA, Indien und Russland an. Aber auch Deutschland und Kanada gehören mit zu den größten CO_2-Produzenten der Welt. Dabei hat China seit 1970 seinen CO_2-Ausstoß bis 2015 auf 10 Mrd. t fast verzehnfacht; ebenso Indien und Südkorea. Am stärksten hat der CO_2-Ausstoß dagegen in Indonesien mit fast 2000 % zugenommen (bezogen auf das Jahr 1970); wenn auch nur in einer absoluten Menge von 500 Mio. t im Jahr 2015. Im gleichen Zeitraum haben dagegen in Deutschland, Frankreich und Großbritannien ihre CO_2-Emissionen um mehr als 60 % senken können.

2.2.2 Methan

Methan (CH_4) ist das zweitwichtigste Treibhausgas und trägt zu knapp 15 % zum Treibhauseffekt bei. Es ist ein geruch- und farbloses, hochentzündliches Gas mit einer durchschnittlichen Verweildauer in der Atmosphäre von 9–15 Jahren. Obwohl seine Konzentration in der Luft etwa um den Faktor 4600 geringer ist als die von CO_2, macht es einen substanziellen Teil des menschgemachten Treibhauseffektes aus, da ein Methanmolekül eine 25fach stärkere Treibhauswirkung als ein CO_2-Molekül – bezogen auf einen Zeitraum von 100 Jahren (IPCC-TAR 2001) – hat. Methan bildet sich immer dort, wo organisches Material unter Luftausschluss abgebaut wird: in Feuchtgebieten und Sümpfen, Reisfeldern und im Verdauungstrakt von Rindern. Daneben trägt auch der Abbau organischer Substanzen (Wälder, Felder, Torfböden) zur globalen Methanproduktion bei. Ein geringer Anteil wird auch durch den Bergbau (Kohlegruben) sowie bei der Erdgasproduktion, in der Land- und Forstwirtschaft, insbesondere bei der Massentierhaltung und in Klärwerken und Mülldeponien freigesetzt. Darüber hinaus gibt es natürliche Methanquellen, wie z. B. die *Black Smoker* (vulkanische Schlote am Meeresboden), die nach neueren Erkenntnissen große Mengen Methan freisetzen, deren Ausmaß aber bislang nicht quantifiziert wurde.

2.2 · Treibhausgase

Abb. 2.5 Zunahme der CO$_2$-Gehalte nach den IPCC-SRES-Szenarien. (Quelle: IPCC-AR4 2007)

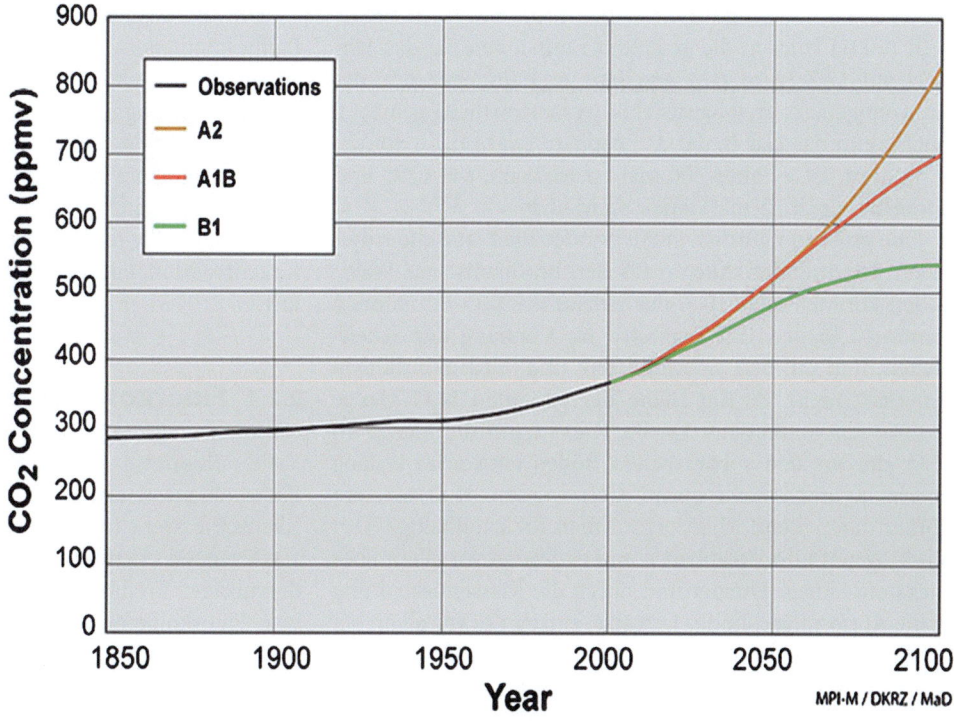

Abb. 2.6 Zunahme des Methangehalts in der Atmosphäre seit 1979. (Quelle: Synthesis Report Climate Change: Global Risks, Challenges & Decisions, University of Copenhagen 2009)

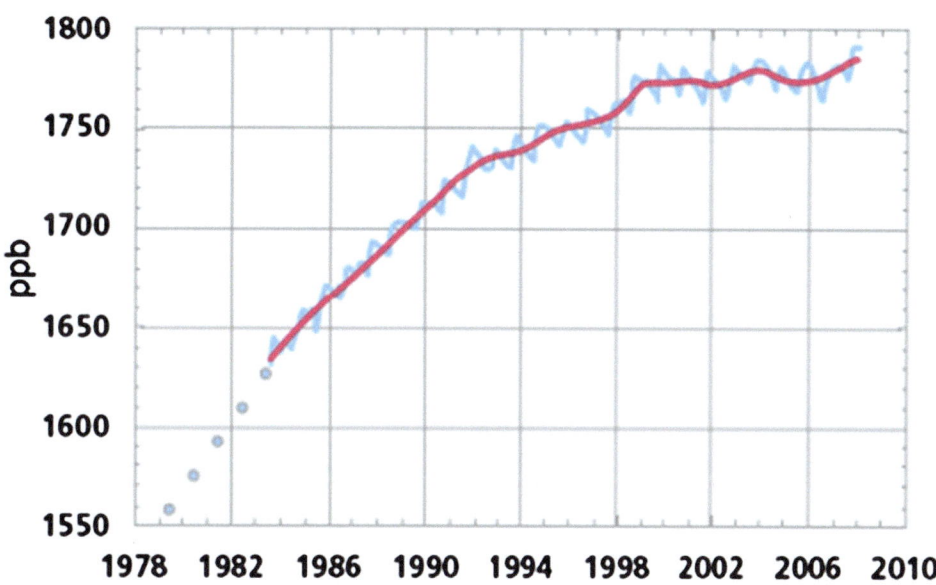

Seit Beginn der Industrialisierung hat die Methankonzentration um 150 % zugenommen; im Zeitraum zwischen 1978 und 2006 von 1,6 ppm auf knapp 1,8 ppm (Abb. 2.6).

Eine heute schon absehbare Folge der globalen Klimaerwärmung ist, dass neben dem anthropogenen Methan auch natürliche bislang nicht wirksame Methanquellen „erschlossen" werden können. Temperaturmessungen in den Tundren – hier von allem in Sibirien – zeigen die Gefahr auf, dass die Permafrostböden – in denen erhebliche Mengen an Methan in Form Gashydraten gebunden sind – diese freisetzen könnten. IPCC-TAR (2001) weist daraufhin, dass dieser Prozess in absehbarer Zukunft zwar keine („realen") Auswirkungen zeigen wird, aber bei einer weiteren Zunahme der derzeitigen Durchschnittstemperatur in hundert Jahren eine Methanfreisetzung mit katastrophaler Auswirkung für das globale Klima zur Folge haben könnte.

2.2.3 Distickstoffoxid

Distickstoffoxid (N$_2$O), auch Lachgas genannt, ist ein farbloses, süßlich riechendes Gas. Es ist wegen seiner durchschnittlichen Verweildauer in der Atmosphäre von 114 Jahren das viertwichtigste langlebige Treibhausgas. Distickstoffoxid stellt nach Ravishankara (2009) mittlerweile von allen durch den Menschen freigesetzten Gasen die größte Bedrohung für die Ozonschicht dar. Nach IPCC-TAR (2001) wurden die gesamten Emissionen für das Jahr 1994 auf 17,7 t pro Jahr geschätzt und für etwa 6 % des anthropogenen Treibhauseffekts verantwortlich gemacht. Auch wenn das Gas in der Atmosphäre zwar nur in Spuren vorkommt, ist es aber 300-mal so wirksam wie CO_2 und immerhin noch 12-mal stärker als Methan.

Die größten natürlichen Stickstoffquellen sind die tropischen Regenwälder. Alleine aus den brasilianischen Waldböden könnten etwa 10 % der weltweiten N_2O-Emissionen stammen. In den Ozeanen wird N_2O entlang der Schelfkanten und in den Schelfmeeren und Flussmündungen generiert; mehr als die Hälfte der gesamten N_2O-Menge stammt aus ozeanischer Quelle. Dabei kann die Menge an N_2O, die aus den subarktischen Böden entweicht, bislang überhaupt noch nicht quantifiziert werden. N_2O entsteht immer dann, wenn Mikroorganismen stickstoffhaltige Verbindungen im Boden abbauen und es gelangt vor allem über stickstoffhaltigen Dünger und durch die Massentierhaltung in die Atmosphäre. In der Industrie entsteht es vor allem bei der Düngemittelproduktion und in der Kunststoffindustrie.

Da erst seit gut 10 Jahren regelmäßig Messungen der N_2O-Gehalte in der Bio- und Atmosphäre vorgenommen werden, ist die Datenbasis für internationale Vergleiche immer noch sehr eingeschränkt. An Eisbohrkernen aus der Antarktis gemessene N_2O-Konzentrationen belegen, dass seit Beginn dieses Jahrhunderts die globalen Gehalte um 8 % gestiegen sind. Allein menschliche Aktivität dazu geführt, den Gehalt um 15 % ansteigen zu lassen. Die Eisbohrkerndaten der letzten 2000 Jahre belegen, dass die Gehalte an N_2O sich in der Atmosphäre seit der Eiszeit kaum verändert haben. Erst von 1750 an sind sie von 270 ppb auf 324 ppb (20 %) angestiegen, mit einer jährlichen Zuwachsrate von 0,8 ppb (◘ Abb. 2.7).

Obwohl N_2O an der Erdoberfläche kaum mit anderen Luftbestandteilen reagiert, ist es in Höhen zwischen 10 und 50 km hoch reaktiv und setzt ozonabbauende chemische Prozesse in Gang. Das Stickoxid greift dabei nicht nur direkt die Ozonteilchen an, es bleibt auch von jedem zerstörten Ozonmolekül ein aggressiver Rest zurück, der wiederum andere N_2O-Teilchen angreift. Dadurch werden diese wiederum aggressiv und spalten weitere Ozonteilchen. Ist diese Kettenreaktion einmal angelaufen, läuft sie immer weiter fort.

2.2.4 Fluorkohlenwasserstoffe

Viele fluorierte Kohlenwasserstoffverbindungen, auch Fluorkohlenwasserstoffe (HFKW, FKW) genannt, sind physikalisch extrem treibhauswirksam und unabhängig davon zerstören sie chemisch die Ozonschicht. Im Gegensatz zu den übrigen Treibhausgasen kommen sie in der Natur nicht vor. Fluorkohlenwasserstoffe werden als Treibgas, Kühl- und Löschmittel oder Bestandteil von Schallschutzscheiben eingesetzt.

Bei den Fluorkohlenwasserstoffen wird zwischen den teilhalogenierten Fluorkohlenwasserstoffen (HFKW) und den vollständig halogenierten Fluorkohlenwasserstoffen (FKW) unterschieden. Sind FKWs vollständig fluoriert und enthalten also keine Wasserstoffatome mehr, nennt man diese auch perfluorierte Fluorkohlenwasserstoffe. Viele fluorierte Kohlenwasserstoffverbindungen sind wegen ihrer starken Absorption im infraroten Spektralbereich bis um den Faktor 10.000 treibhauswirksamer als Kohlendioxid. Hinzu kommt noch wegen ihrer chemisch inerten Eigenschaft eine Verweildauer in der Atmosphäre von bis zu 100 Jahren.

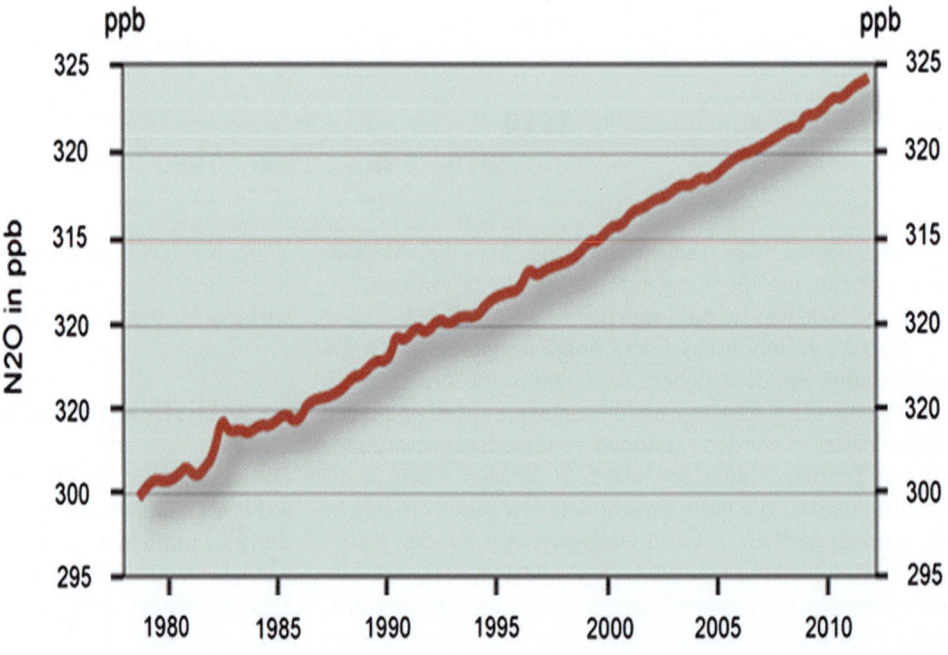

◘ Abb. 2.7 Globale Konzentration von N_2O von 1980 bis 2013. (Quelle: IPCC-AR5 2014: Working Group I: The Science of Climate Change, ◘ Abb. 2.3)

2.2.5 Ozon

Ozon ist ein dreiatomiges Sauerstoffmolekül (O_3), das insbesondere in der sogenannten Ozonschicht innerhalb der Stratosphäre auftritt. Es ist ein farbloses aber giftiges Gas und stellt eines der wichtigsten Spurengase in der Atmosphäre dar. Ozon entsteht, wenn sehr energiereiche, kurzwellige UV-Strahlung auf Sauerstoffmoleküle (O_2) trifft. Da es im Vergleich zu dem zweiatomigen Sauerstoff (O_2) ein „O" mehr hat, ist es extrem reaktionsfreudig und oxidiert fast alle Stoffe, mit denen es in Berührung kommt. Natürliche Ozonquellen sind flüchtige organische Verbindungen aus den Laub- und Nadelbäumen. Da Ozon von Pflanzen durch die Spaltöffnungen der Blattorgane aufgenommen wird, kann es zu Schäden an Blattorganen kommen. Länger anhaltende Belastungen stellen ein Risiko für die Ernteerträge und die Qualität landwirtschaftlicher Produkte dar.

Die Wirkungen von Ozon (O_3) auf den Menschen und das Klima ist sehr unterschiedlich. So wird in der Höhe von 10–30 km Höhe ein Großteil der ultravioletten Strahlung der Sonne, die besonders energiereiche UVC-Strahlung, vollständig abgefangen. Die für den Menschen (Hautkrebs) und für Zellen der Pflanzen und Tiere als gefährlich eingestufte UVB-Strahlung wird, je nach „Dicke" der Ozonschicht, mehr oder weniger durchgelassen. Dabei ist die schützende Hülle weltweit sehr unterschiedlich aufgebaut und damit ist die UV-Belastung auf der Erde sehr unterschiedlich ausgeprägt, je nach Breitengrad und Sonnenstand. Sie ist im Sommer stärker als im Winter, am Äquator höher als in gemäßigten Breiten. Auch haben Bewölkung, reflektierende Flächen (Wasser, Schnee) sowie die topographische Höhe (Berge, Flachland) einen entscheidenden Einfluss. Prinzipiell hat die Zerstörung der Ozonschicht einen abkühlenden Einfluss auf das Klima.

In der tiefer liegenden Troposphäre trägt aber das Ozon zum anthropogenen Treibhauseffekt bei. Im Zuge der anthropogenen Treibhausgasemissionen seit Beginn des Industriezeitalters hat sich Ozon nach Kohlendioxid und Methan zu einem Klimagas entwickelt, das mit den größten Anteil an der Klimaerwärmung hat. Ein weiteres Gefahrenpotenzial stellt Ozon in den Großstädten dar, wo es in Bodennähe durch Abgase aus dem Autoverkehr und Emissionen der Industrie zu dem sogenannten „Sommersmog" beiträgt, der in besonders hoher Konzentration zur Reizung der Atmungsorgane und der Augen führt.

Die Gefahr einer Schädigung der stratosphärischen Ozonschicht („Ozonloch") durch die Emission von Fluorchlorkohlenwasserstoffen wurde Anfang der 1960er Jahre erstmals über der Antarktis beschrieben (Grundmann 1999). Seitdem ist das „Ozonloch" eines der spektakulärsten Hinweise auf eine Änderung der chemischen Zusammensetzung der Atmosphäre. Die schützende Funktion der „Ozonschicht" in der Stratosphäre ist vor allem durch Fluorchlorkohlenwasserstoffe (FCKW) bedroht. Grund für die Entstehung des „Ozonlochs" ist, dass im Frühjahr und Sommer über den Polen sich stabile Tiefdruckwirbel bilden, in denen bereits in 20 km Höhe extreme Temperaturen von −90 °C herrschen. Bereits ab −78 °C entstehen die sogenannten „stratosphärischen Wolken", in denen die durch den Menschen in die Umwelt gelangten Fluorchlorkohlenwasserstoffe (FCKW) das Ozon abbauen. In den Wintermonaten sammeln sich dort dagegen chemische Verbindungen, die die Ozonschicht schützen, weil die FCKWs auf Eiskristallen andocken und mit dem Schnee zu Boden fallen (Hauglustaine und Brasseur 2001).

Ausgehend von alarmierenden Meldungen über eine mögliche exponentielle Zunahme an Hautkrebsfällen, die in der Zukunft vor allem für die Bevölkerung in den hohen Breitengraden (Kanada, Skandinavien, Australien) zu erwarten war, entschloss sich die internationale Gemeinschaft, ein Regelwerk zum Schutz der „stratosphärischen Ozonschicht" (Montrealer Protokoll; vgl. ▶ Abschn. 3.4.3) zu verabschieden. Dieses Abkommen gilt im Vergleich zu allen anderen Umwelt-/Klimaschutzabkommen als das Musterbeispiel einer effektiven internationalen Umweltpolitik. In den westlichen Industrieländern sind heute Fluorchlorkohlenwasserstoffe (FCKW) fast vollständig aus dem Gebrauch genommen. Der weltweite Verbrauch von FCKW, Halonen und Methylchloroform und anderen chemischen Substanzen ist insgesamt um 70–75 % gesunken. Der Erfolg des Abkommen ist vor allem darauf zurückzuführen, dass die Industriestaaten und hier erster Linie die USA und Skandinavien sich ihrer Verantwortung stellten.

Als Folge der Vereinbarungen aus dem Montrealer Protokoll hat die Ozonschicht begonnen, sich zu erholen; im Jahr 2014 hatte es sich um fast ein Drittel verringert. Es wird davon ausgegangen, dass die Ozonkonzentrationen sich bis zum Jahr 2050 wieder das Niveau der 1980er Jahre absenken werden. Dennoch ist die Ozonschicht weiter stark gefährdet, und zwar durch die Erderwärmung.

2.2.6 Wasserdampf

Neben den Spurengasen stellt auch vor allem das in der Atmosphäre gespeicherte Wasser eine wesentliche Komponente des Triebhauseffekts dar (Rahmstorf 2007). Je nach Berechnungsmethode kann dieser Beitrag gegenüber dem von Kohlendioxid (CO_2) als ungefähr zwei- bis dreimal größer betrachtet werden (Deutsches Klima-Konsortium: Klima-FAQ 8.1 „Wasserdampf"; Internetzugriff 23.09.2017).

Der in den Wolken gespeicherte Wasserdampf kann das Klimasystem in zweierlei Hinsicht beeinflussen. Zum einen bestimmt er die globale Verteilung von Niederschlägen. Dabei erwärmen die Niederschläge die Erdatmosphäre, wenn das Wasser kondensiert (Kondensationswärme). Zweitens wird durch den Aufstieg der Wolken (Aufwinde) warme Luft von der Erdoberfläche schnell in große Höhen transportiert und mit ihr gespeicherte Energie, Wärme, Luftfeuchtigkeit, Aerosole und Spurengase. Während die Atmosphäre in den Polregionen nur ein paar Kilogramm Wasserdampf in einer Luftsäule von einem Quadratmeter Basisfläche enthält, kann sie in den Tropen bis zu 70 kg Wasserdampf aufnehmen (Klima-FAQ 8.1, ibid.).

Der in der Atmosphäre vorhandene Wasserdampf tauscht sich global etwa alle 10–12 Tage aus, 15 Billionen t Wasser sind darin gespeichert und eine Wolke von $10 \times 10 \times 100$ km kann bis zu 100 Mio. t Wasser aufnehmen. Wasserdampf wird unterhalb einer Höhe von 10 km nicht als anthropogenes Gas betrachtet. In der Stratosphäre, oberhalb von etwa 10 km Höhe, haben anthropogene Emissionen jedoch einen signifikanten Einfluss auf Wasserdampfgehalte in der Atmosphäre. Da der Gehalt an stratosphärischem Wasser Einfluss auf die Solarstrahlung hat, wird er daher von den Klimaforschern als positiver Strahlungsantrieb gewertet. Hohe Wolken können das Sonnenlicht wirkungsvoller an ihrer Oberfläche reflektieren als niedrige und können zudem die Rückstrahlung des infraroten Lichts unterhalb der Wolken auf die Erde verstärken, was zu einer Nettoerhöhung der Oberflächentemperatur führt (IPCC; 2014b). Niedrige Wolken dagegen reflektieren viel Sonnenlicht zurück in das Weltall. Sie haben aber nur einen geringen Effekt auf die Infrarotabstrahlung (Wärmestrahlung) in den Weltraum. In der Summe haben daher niedrige Wolken einen abkühlenden Effekt. Eine dichte Bewölkung ergibt im Mittel einen Strahlungsantrieb im Vergleich ohne Wolken von ca. -15 W/m^2. Was dabei aber nicht hinreichend bekannt ist, ist „ob diese Kühlwirkung bei mittlerer Erwärmung nachlässt oder verstärkt wird" (Grassl 2011). Die Kühlwirkung hängt z. B. von der Größe der Eiskristalle in den hohen Wolken, der räumlichen Struktur der konvektiven Wolken, der Anzahl der Kondensationskeime bei Wolkenbildung, dem Rußanteil der Aerosole, dem Anteil der Eiskeime und vielem anderen mehr ab. Die physikalischen und chemischen Wechselwirkungen in der Atmosphäre im Zusammenhang mit der Wolkenbildung stellen eine der wesentlichen Unsicherheitsquellen in den Modellsimulationen dar (Pfeiffer 2006). Für lange Zeit waren diese Unsicherheiten der Hauptgrund für die große Spanne der Werte der sogenannten Klimasensitivität. Auch wenn in den letzten 40 Jahren der Wasserdampfgehalt in der Stratosphäre um 75 % zugenommen hat, ist sein Beitrag zur Klimaerwärmung viel kleiner als der durch CH_4 oder CO_2.

Die maximale Menge an Wasserdampf, die sich in der Luft anreichern kann, wird durch die Lufttemperatur reguliert, nicht über Emissionen (Rahmstorf und Schellnhuber 2007). Daher betrachten Wissenschaftler den Wasserdampf in erster Linie als einen Rückkopplungsfaktor, durch den der Anstieg des Treibhauseffekts verstärkt wird und der damit zu mehr Erwärmung führt. Der Effekt der Wasserdampfrückkopplung wird in allen Klimamodellierungen berücksichtigt; eine durch CO_2 verursachte Erwärmung kann sich so mehr als verdoppeln. Das heißt, wenn CO_2 eine Temperaturzunahme von 1 °C verursacht, erhöht der Wasserdampf diesen Anstieg um weitere 1–2 °C. Damit ist festzustellen, dass erst die Rückkopplung von Wasserdampf in der Atmosphäre die CO_2-Emissionen noch wirksamer werden lassen.

2.2.7 Aerosole

Klimarelevante Aerosole sind feste oder flüssige Schwebeteilchen, die entweder direkt in die Atmosphäre eingebracht werden, wie z. B. Aschen, Staub, Pflanzenteile oder Seesalz, oder indirekt, auch sekundäre Aerosole genannt, das heißt, dass diese Partikel in der Atmosphäre durch chemische Reaktionen von Gasen/Nebel (z. B. Ammoniumsulfat) gebildet werden. Ihr Größenspektrum erstreckt sich von wenigen Nanometern bis hin zu sichtbaren groben Partikeln im Millimeterbereich. Dabei unterliegen die atmosphärischen Aerosole ständigen Änderungen vor allem durch Kondensation von Gasen an bereits vorhandenen Partikeln, durch Verdampfen flüssiger Bestandteile der Aerosolpartikel oder durch Anlagerung kleinerer Teilchen an größere.

Aerosolpartikel haben einen natürlichen direkten Effekt auf das Klima, indem sie die Wolkenbildung, den Niederschlag und somit letztlich auch das Klima beeinflussen. Dieser Einfluss auf das Klima wird als indirekter Aerosoleffekt bezeichnet, da er in den Strahlungshaushalt der Erde durch Absorption und Rückstrahlung des Sonnenlichts eingreift. Aerosolteilchen können, in Abhängigkeit ihrer Größe und chemischen Zusammensetzung, als sogenannte Kondensationskeime für Wolkentropfen wirken, den Grundbausteinen jeder Wolke, indem sie die nötige Oberfläche und Verunreinigung geben, die der in der Luft vorhandene Wasserdampf braucht, um auf ihm zu Wasser zu kondensieren. Dabei können die ursprünglich (nur) rund 100 nm großen Aerosolpartikel zu bis zu 100 µm großen „Wolkentröpfchen" angewachsen.

Aerosole bewirken, dass im globalen Mittel 30 % der eingestrahlten Sonnenenergie von der Atmosphäre in den Weltraum zurückgestrahlt wird. Sie wirken so primär abkühlend, da ihr Haupteffekt darin besteht, an ihren Oberflächen die Sonnenstrahlung reflektieren und zweitens die Wolkenbildung zu erhöhen (Rückstrahlung/Albedo). In der Summe ergibt dies einen negativen Strahlungsantrieb von etwas mehr als 0,1 W/m^2 (vgl. IPCC-AR4 2007, Fig. 2), sofern die Partikel nicht selbst Sonnenstrahlen aufnehmen und in der Folge Wärme abstrahlen (Rußpartikel).

Natürlich vorkommende Aerosole sind in erster Linie die bei Vulkanausbrüchen freigesetzten Aschepartikel. Vulkane schleudern in der Regel große Mengen Asche bis hinauf in die Stratosphäre, die in rund 15 km Höhe beginnt. Die Aschen verweilen dabei in der Atmosphäre bis zu mehrere Jahre. Bei vielen der großen Eruptionen wurden Mio. t an Aschen produziert, die die Erdoberflächentemperatur in der Folge um mehrere Grad Celsius abgesenkt haben: Im Unterschied zu dem treibhausgasbedingten Temperaturanstieg in der Größenordnung von 1–2 °C.

Es wird daher diskutiert, ob nicht durch einen künstlichen Eintrag von Aerosolen in die Atmosphäre die angestrebte Reduzierung des Temperaturanstiegs auf unter 2 °C erreicht werden könnte. Die Befürworter weisen darauf hin, dass eine solche Option die globale Mitteltemperatur um mehrere Grad Celsius senken und innerhalb weniger Jahre wirksam werden könnte. Dabei wird eingeräumt, dass damit die eigentlichen Ursachen des Klimawandels nicht bekämpft werden. Kritiker bezweifeln den Ansatz und weisen auf nicht absehbare Nebenfolgen für Mensch und Umwelt hin (Caviezel und Revermann 2014).

Die spektakulärsten Vulkanausbrüche der letzten 50 Jahre waren die Explosionen der Vulkane El Chichon 1982 in Mexiko und Mt. Pinatubo 1991 auf den Philippinen. Mit einem Aschevolumen von mehr als 20 Mio. t gehören diese beiden zu den größten Ausbrüchen des 20. Jahrhunderts. In der Folge kam es jeweils fast fünf Jahre lang zu einer deutlichen Trübung der Stratosphäre und des Abendhimmels. Die lange Verweilzeit der Aschenpartikel ist ein Hinweis auf die Trägheit der Abläufe in der Stratosphäre. Die Verweildauer von vulkanischen Aschen aus Eruptionen aus mittleren Breiten ist dagegen deutlich kürzer. Nach dem Ausbruch des Mt. St. Helens 1981 etwa verschwanden die Aschenpartikel innerhalb nur eines Jahres aus der Stratosphäre. Doch Aschen gelangen nicht immer bis in die Stratosphäre. Die Aschen des Eyjafjallayökull z. B. hatten (nur) eine Höhe bis 5 km erreicht und bewegten sich dort in den Luftmassen nahezu horizontal. Auch war ihre Verweildauer vergleichsweise kurz, denn sie wurden schnell durch den Niederschlag ausgewaschen. Die großen Vulkanausbrüche, wie zum Beispiel die des Gunung Agung, des El Chichon oder des Mt. Pinatubo, zeichnen sich – auch wenn sie in den Aufzeichnungen nicht sehr prägnant herauskommen – in den Klimamodellen dagegen durch markante Absenkungen des globalen Oberflächentemperatur ab (◘ Abb. 2.8).

Ein weiteres bedeutendes klimarelevantes Aerosol ist der Ruß aus der unvollständigen Verbrennung fossiler Brennstoffe und Biomasse (z. B. in Dieselmotoren). Dieser Ruß wird auch als *black carbon* bezeichnet. Der Straßenverkehr ist für etwa 25 % an diesen Gesamtemissionen verantwortlich. Daher ist die Rußkonzentration zwischen dem 40. und 50. nördlichen Breitengrad – also in Mitteleuropa und Nordamerika – auch am größten. Rußpartikel sind im Gegensatz zu den Klimagasen CO_2, Methan oder Ozon vergleichsweise kurzlebig. Auf den großen Eisflächen, wie z. B. der Antarktis und auf Grönland, absorbieren die Rußpartikel das Sonnenlicht und tragen so direkt zur Erwärmung der unmittelbaren Umgebung bei, indem sie die Reflexion des Sonnenlichtes um bis zu 40 % reduzieren, mit der Folge, dass das Eis sich noch schneller erwärmt. Darüber hinaus beeinflussen sie die Wolkenbildung und führen so zur Veränderung der lokalen Niederschlagsverhältnisse. Messungen des NASA Goddard Institute for Space Studies haben nachweisen können, dass die Rußpartikel auf den Eisflächen der Arktis vorwiegend aus Europa stammen. Zwar gelangen Rußpartikel auch aus Nordamerika und Südostasien in die Arktis, doch fast zwei Drittel stammen aus Europa (MIT 2006).

Die Erfahrungen mit der Temperaturabsenkung durch vulkanische Eruptionen (Tambora, Pinatubo) haben Wissenschaftler dazu angeregt, Überlegungen anzustellen, ob mittels künstlich in die Atmosphäre eingebrachter Sulfate eine Reduzierung der Solarstrahlung möglich wird, mit der dann das 2-°C-Ziel (und darunter) erreicht werden könnte. Diese als „Solar Radiation Management" (SMR) bezeichnete Technik könnte zum Beispiel nördlich des 60. Breitengrades am Ende des Jahrhunderts dazu führen, die Einstrahlung um 3,3 % (ca. 45 W/m^2) zu vermindern. SRM ist eine von verschiedenen Techniken, die im Rahmen des sogenannten „Geo-Engineering" derzeit diskutiert werden,

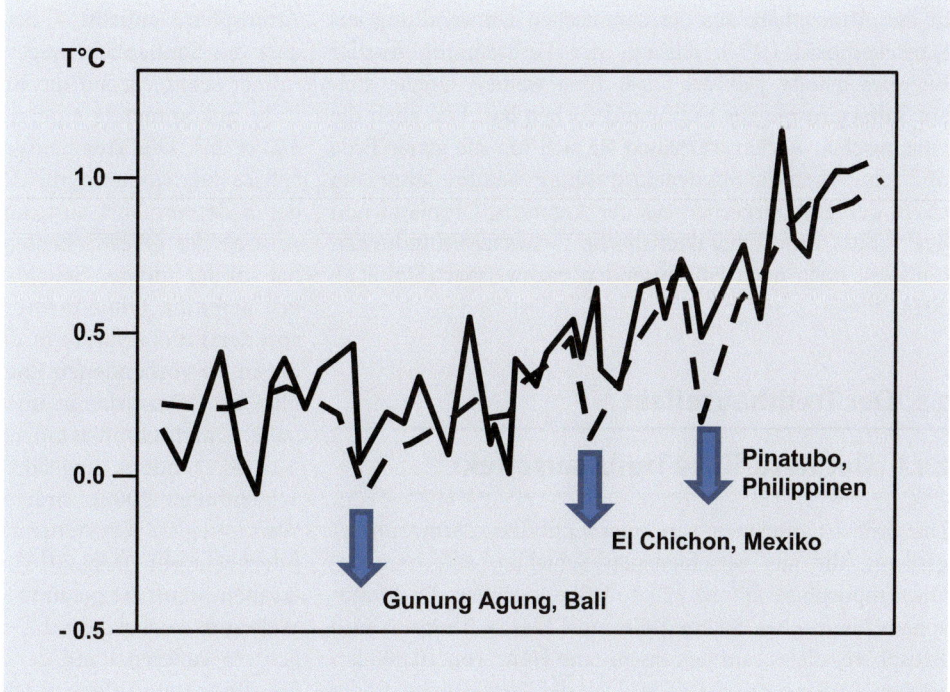

◘ **Abb. 2.8** Auswirkungen der Vulkanausbrüche Gunung Agung (Bali), El Chichon (Mexiko) und Mt. Pinatubo (Philippinen) auf die Oberflächentemperatur. (Eigene Darstellung nach IPCC-AR4 2007, The Physical Science Base, Cambridge)

mit diesen Methoden „könnte" der Mensch in das Klimageschehen eingreifen. Eine umfassende Darstellung des „Geo-Engineering" wurde von der britischen Royal Society im Jahr 2009 vorgestellt. Zum SMR wie zu den anderen vorgestellten Techniken sind erhebliche Bedenken geäußert worden (Ott 2011).

2.2.8 Saharastaub

Über 50 % der globalen Aerosole sind Mineralstaubpartikel. Sie stammen hauptsächlich aus Wüstenregionen wie der Sahara, der Wüste Gobi oder anderen ariden Gebieten der Subtropen. Mit ca. 1,8 Mrd. t pro Jahr, fast zwei Drittel davon aus der Sahara, ist Windverfrachtung von Mineralstaub die stärkste Aerosolquelle der nördlichen Hemisphäre, (Andreae et al. 1986). Der Eintrag von Staub in die Atmosphäre ist abhängig von einer kritischen Windgeschwindigkeit, ab der Mineralstaub vom Boden aufgewirbelt wird. Windturbulenzen transportieren die Partikel schnell in große Höhen und danach oft auch über weite Strecken. Etwa bis zu 15-mal pro Jahr wird Saharasand nach Mitteleuropa transportiert, doch bleibt er oft in höheren Luftschichten und gelangt nur durch Regen zum Boden. Sogar in Deutschland werden regelmäßig Staubfahnen aus der Sahara festgestellt, so im Mai des Jahres 2008 am Hohenpeissenberg (Bayern).

Durch Absorption und Streuung von Sonnenlicht an den Partikeloberflächen hat der Mineralstaub einen direkten klimatischen Effekt, weil er die Rückstrahlung erhöht: Er kann aber jedoch auch indirekt durch Veränderung der Wolkenbildung und der Niederschlagsentwicklung (Levin et al. 1996) auf das Klima und das Wetter einwirken.

Eine andere Quelle für Aerosole stellen die Schwefelverbindungen, sogenannte Sulfataerosole, dar. Sie entstehen in der Atmosphäre aus der chemischen Umwandlung aus Schwefeldioxid (SO_2), das bei der Verbrennung fossiler Energierohstoffe gebildet wird. Eine weitere Quelle stellen Sulfataerosole aus Vulkanausbrüchen dar. Wie auch die vulkanischen Aschen verteilten sie sich um die ganze Erde und schwächen die Sonneneinstrahlung mehrere Jahre lang ab. In den Eisbohrkernen aus der Antarktis, Grönland und der Arktis sind charakteristische Schwefelverbindungen (Sulfate), noch nach Jahrtausenden nachweisbar (Sigl et al. 2014).

2.3 Der Treibhauseffekt

2.3.1 Der natürliche Treibhauseffekt

Die Erde ist umgeben von einer Lufthülle, „Atmosphäre" genannt, die aus verschiedenen Schichten aufgebaut ist: Die Troposphäre bis in 12 km Höhe, darüber die Stratosphäre bis in etwa 50 km Höhe und Meso-, Thermo- und Exosphäre, die zusammen bis in eine Höhe von 10.000 km reichen. In der erdnächsten Schicht, der Troposphäre, findet das Wettergeschehen der Erde statt. In ihr sind etwa 90 % der gesamten Luft sowie beinahe der gesamte Wasserdampf der Atmosphäre enthalten. Die Temperatur in der Troposphäre nimmt in Richtung Stratosphäre pro Kilometer um 6–8 °C ab. Darüber folgt die Stratosphäre. Dazwischen liegt eine Schicht, die Tropopause genannt wird. In der Stratosphäre wird in der Ozonschicht (oberhalb von 20 km) die UV-Strahlung der Sonne absorbiert und dabei die elektromagnetische Strahlung in Wärme umgewandelt. Damit wird es ab hier weiter nach draußen nicht mehr kälter, sondern wärmer. Die Temperatur steigt von etwa −80 °C auf 0 °C an (Quelle: Planet Wissen; Internetzugriff 15.10.2017). Neben den gasförmigen Stoffen enthält die Atmosphäre auch flüssige und feste Spurenstoffe, die langwellige terrestrische Strahlung absorbieren oder auch emittieren können. Die „Atmosphäre" steht im ständigen Austausch mit der „Hydrosphäre" (Ozeane, Binnengewässer), der „Geosphäre" und der „Biosphäre". Aus ◘ Abb. 2.9 wird deutlich, wie der generelle Energietransport von der Sonne auf die Erde funktioniert.

Dabei ist Energiebilanz der Erde abhängig davon, ob:
— die auftreffende Sonnenstrahlung sich durch Veränderungen auf der Sonne selbst (Sonnenflecken) verringert,
— die Stärke der Rückstrahlung von der Erde sich verändert oder
— es durch Änderungen der Gaskonzentration in der Atmosphäre zu einer verringerten Wärmeabstrahlung von der Erde in den Weltraum kommt.

Die Sonnenenergie gelangt in Form von elektromagnetischer Strahlung mit unterschiedlichen Wellenlängen (UV bis Infrarotstrahlung) auf die Erde. Die Strahlungsenergie – also die Energiemenge, die jede Sekunde auf einen Quadratmeter am äußeren Rand der Atmosphäre auftrifft – beträgt gemittelt 1354 W/m^2. Da aber das Sonnenlicht wegen der Kugelform der Erde nicht immer senkrecht auf die Erde auftrifft, beträgt die auf der Erde ankommende Energiemenge durchschnittlich (nur) 342 W/m^2. Die Treibhausgase reichern sich in der Atmosphäre an, wodurch die Rückstrahlung der Wärme von der Erde vermehrt zurückgehalten wird und es zu einem Anstieg der Oberflächentemperatur kommt. Dieser Effekt hat auf der anderen Seite das Leben auf der Erde erst möglich gemacht. Ohne die verminderte Wärmerückstrahlung von der Erdoberfläche in das Weltall und die Speicherung der in ihr vorhandenen Energie in der Erdatmosphäre mithilfe von Wasserdampf und Kohlendioxid läge die bodennahe Durchschnittstemperatur der Erde nicht bei etwa +14 °C, sondern ungefähr bei −19 °C (Rahmstorf und Schellnhuber 2007); andere Quellen nennen sogar einen Wert von −27 °C (Wetterstation Marburg – Klima Spezial; Internetzugriff 03.03.2018). Diese Temperatur würde sich ergeben, wenn die gesamte Strahlungsenergie wieder in den Weltraum zurückgestrahlt würde: Ein Wert, der tatsächlich am äußeren Rand der Erdatmosphäre gemessen wird. Die Temperaturdifferenz wird von den in der Atmosphäre

2.3 · Der Treibhauseffekt

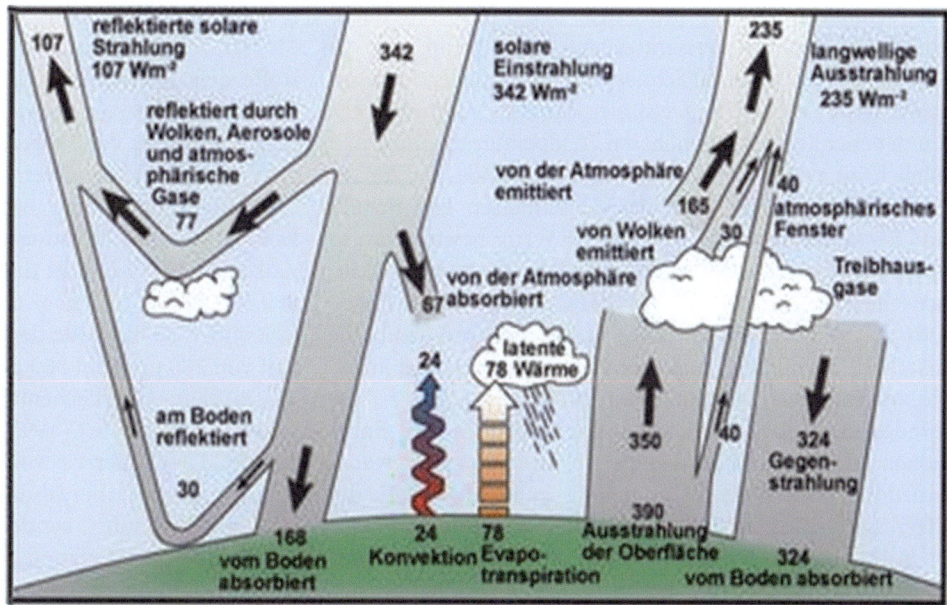

■ Abb. 2.9 Schätzungen der mittleren globalen Strahlungsbilanz der Erde. (Quelle: IPCC-AR4 2007)

vorkommenden Spurengasen verursacht (Schönwiese 1997). Wäre die Erde ein „schwarzer Körper" und nicht von einer schützenden Atmosphäre umgeben, so würde die globale Oberflächentemperatur bei 5,6 °C liegen. Da aber der „Körper" an seiner Oberfläche Strahlung reflektiert („planetare Albedo") und da sich 50 % des „Körpers" auf der „Nachtseite" befinden, würde die Temperatur auf −18 °C absinken (Rahmstorf 2007).

Etwa 80 % des auf die Erde treffenden kurzwelligen Sonnenlichts mit einer Wellenlänge < 1 μm kann die Atmosphäre ungehindert passieren. Andererseits wird die von der Erde reflektierte langwellige Strahlung zu 95 % von der Atmosphäre absorbiert. Dies hat zur Folge, dass die absorbierte Strahlung von der Atmosphäre wieder in Richtung Erde (positiv) zurückgestrahlt wird; die sogenannte „Gegenstrahlung". Dadurch kommt in der Summe eine Energiemenge von 342 W/m² auf der Oberoberfläche an. Die Diskussion um die Temperaturzunahme an der Erdoberfläche wird vor allem durch den sogenannten Strahlungsantrieb bestimmt. Der Strahlungsantrieb ist definiert als die Summe aus der solaren Einstrahlung minus der terrestrischen Rückstrahlung in der Troposphäre. Dabei erhöhen nach IPCC (IPCC-AR4 2007; ■ Abb. 2.4) vor allem die anthropogenen Spurengase CO_2, CH_4 und das Ozon (neben den FCKW) den Strahlungsantrieb um 1,66 W/m², 0,48 W/m² bzw. 0,35 W/m², während die emittierten Aerosole entweder direkt oder über die Wolken den Antrieb um 0,5 W/m² bzw. 0,7 W/m² verringern. In der Summe beläuft sich der anthropogene Strahlungsantrieb im Industriezeitalter auf rund +2,3 W/m² (Schönwiese, 1997).

Für die Absorption von Sonnenenergie in der Atmosphäre ist vor allem der in ihr enthaltene Wasserdampf verantwortlich (vgl. ▶ Abschn. 2.2.6). Nach wie vor stellen Wolken die „große Unbekannte" in den Klimamodellierungen dar. Der Wärmetransport in der Atmosphäre wird aber noch durch einen weiteren Effekt bestimmt: der „stratosphärischen Zirkulation", die sich vor allem während der Sommersonneneinstrahlung („Sommerpol") bzw. dem „Winterpol" manifestiert. Über dem „Sommerpol" führt die Nettoerwärmung zu einer großräumigen Aufwärtsströmung der Luft, während sich im Winter über den Polen großräumige Höhentiefs mit Kaltluftzonen mit großen Temperaturunterschieden ausbilden, was zu einem Abströmen der Luftmassen führt. Zwischen beiden Regimen stellt sich in der mittleren Atmosphäre eine „meridionale Ausgleichsströmung" ein, die mit der Jahreszeit wechselt. Der horizontale Austausch erfolgt hauptsächlich durch sogenannte „planetarische Wellen" in der unteren Erdatmosphäre, wie dem Jetstream (in Europa vor allem die „Vb-Wetterlage"). Die Intensität der beiden (horizontal/vertikal) Prozesse schwankt mit der Jahreszeit erheblich.

Ferner wird die Temperaturverteilung in der Atmosphäre durch die Treibhausgaskonzentration mit bestimmt. Die Temperatur in der Atmosphäre nimmt mit zunehmender Höhe im Durchschnitt mit etwa 6 °C pro Höhenkilometer ab (Schönwiese 1997). An der Obergrenze der Atmosphäre in 5–10 km Höhe ist die Temperatur aufgrund der Konvektionsprozesse um etwa 30–50 °C niedriger als an der Erdoberfläche. Der Bereich, in dem die Treibhausgase die von der Erde ausgehende Wärmestrahlung absorbieren, liegt ebenfalls in dieser Höhe. Aufgrund physikalischer Gesetzmäßigkeiten geben die Treibhausgase aber nur einen geringeren Teil der in ihnen gespeicherten Wärmenergie an den Weltraum ab. In der Summe schirmen Treibhausgase also die Atmosphäre gleich einem Dach ab, wobei die die dem Weltraum zugewandte Seite deutlich kälter ist (Kuttler und Zmarsly 2000).

Ein wesentlicher Anteil der „Gegenstrahlung" wird durch die sogenannte Albedo bestimmt. Diese ist abhängig von der Verteilung von Wasser, Land sowie der Schnee- und Eisbedeckung. Zurzeit beträgt die Albedo auf der Erde ca. 30 % der Solareinstrahlung; also etwa 240 W/m².

Die Veränderung der Albedo stellt einen positiven Rückkopplungseffekt des Wasserkreislaufes dar. Wenn sich die Luft erwärmt, schmelzen Schnee und Eis schneller. Dagegen absorbieren schnee- und eisfreie, dunklere Flächen mehr Sonnenenergie, was zu höheren Temperaturen führt und folglich zu weiterem Abschmelzen. Am Ende der letzten Eiszeit (Hansen 2003) hat das Abschmelzen von Schnee und Eis einen Treibhauseffekt von 2,5 W/m^2 bewirkt; fast so hoch wie der seit 1850 akkumulierte anthropogene Treibhauseffekt von etwa 3,0 W/m^2 (IPCC-AR4 2007). Grassl (2011) weist daraufhin, dass, sollte der grönländische Eisschild schmelzen und vorausgesetzt, die Treibhausgaskonzentration würden nicht weiter ansteigen – was mindestens eine Halbierung der gegenwärtigen CO_2-Emissionen erforderlich mache –, die globale Temperatur würde trotzdem noch weitere Jahrzehnte zunehmen und der Meeresspiegelanstieg noch über Jahrhunderte ansteigen.

Alle genannten Effekte werden in ihrem Zusammenwirken als „natürlicher Treibhauseffekt" bezeichnet. Die atmosphärischen Gase (mit Ausnahme der Fluorkohlenwasserstoffe) waren schon immer existent, ebenso wie die Schwankungen der Sonnenzyklen und die vulkanischen Aktivitäten. Dem gegenüber stehen die Einwirkungen auf die Atmosphäre, die durch den Menschen verursacht sind.

2.3.2 Der anthropogene Treibhauseffekt

Als anthropogenen Treibhauseffekt bezeichnet man den Anteil am Treibhauseffekt, der durch die durch menschliche Aktivitäten freigesetzten klimawirksamen Gase verursacht wird. Auch wenn der Mensch nur für 3 % des CO_2-Ausstoßes verantwortlich ist, so macht doch die gewaltige Menge an anthropogener CO_2-Zufuhr von über 9 Mrd. t pro Jahr über die Hälfte des anthropogenen Treibhauseffekts aus.

Als Hauptursache für den Treibhauseffekt wird der erhöhte Ausstoß von Kohlendioxid (CO_2) angesehen, das hauptsächlich bei der Verbrennung fossiler Brennstoffe wie Erdöl und Kohle entsteht. Einen erheblichen Anteil an den Kohlendioxidemissionen haben aber auch unkontrollierte Brände von Kohleflözen und die weltweit weiter zunehmenden Brandrodungen, die alleine in ihrer Summe den Kohlendioxidemissionen des deutschen Automobilverkehrs vergleichbar sind. Nicht als klimawirksam wird das Verbrennen von Holz (z. B. Scheitholz, Holzpellets) angesehen, da der bei der Verbrennung freigesetzte Kohlenstoff zuvor der Atmosphäre beim Aufwachsen entzogen wurde (Stichwort: „klimaneutraler Brennstoff"). Obwohl der Anteil von Kohlendioxid in der Atmosphäre nur ca. 0,2 % beträgt, hat er aufgrund seiner stark absorbierenden Eigenschaften einen erheblichen Anteil am Treibhauseffekt.

Der CO_2-Anstieg ist klar mit der Industrialisierung seit Beginn des 19. Jahrhunderts korreliert. Durch die ökonomische und technische Nutzung natürlicher Energieressourcen (bis vor etwa 50 Jahren in erster Linie der Kohle) entstehen Folgeprodukte, die dann in die Atmosphäre entlassen wurden und so den natürlichen Treibhauseffekt massiv verstärkt haben. Es steht außer Zweifel, dass der Mensch durch die intensive Nutzung fossiler Energierohstoffe den „gefährlichen" Anstieg des CO_2 und der übrigen Treibhausgase verursacht hat. Er hat zudem zu einem rapiden Anstieg der Emissionen von Methan (CH_4), Lachgas (N_2O) und anderen synthetischen Gasen geführt, die zudem noch eine erheblich höhere Klimawirksamkeit aufweisen. Messungen an Eisbohrkernen belegen, dass der CO_2-Gehalt in der Atmosphäre in den letzten ca. 800.000 Jahren nie mehr als um 300 ppm betrug. In der Zeit von 1750 bis Mitte der 1990er-Jahre stieg der CO_2-Gehalt von 280 ppm auf 360 ppm, mit der Folge, dass dadurch die mittlere Oberflächentemperatur der Erde um 0,7 °C angestiegen ist (IPCC 1995; IPCC 2001; IPCC 2007; IPCC 2014b). Die Differenz von 80 ppm wird dem Menschen zugeschrieben. Dabei ist dieser Abstieg nicht etwa langsam und stetig verlaufen, sondern in geradeeinmal etwas mehr als 200 Jahren. Die Nutzung fossiler Energierohstoffe (Erdöl, Erdgas, Kohle) beruht auf einer Akkumulation von Kohlenstoff, eingelagert über geologische Zeiträume. Neben dem CO_2 sind seit 1850 auch die Gehalte an Methan von 730 ppb auf 1852 ppb und dem Spurengas Lachgas von 270 ppb auf 319 ppm angestiegen. In die Atmosphäre wurden zudem noch weitere Treibhausgase wie Fluorchlorkohlenwasserstoffe (FCKW), wasserstoffhaltige Fluorkohlenwasserstoffe (HFC) oder perfluorierte Kohlenwasserstoffe (FKW) und Schwefelhexfluorid (SF_6) eingebracht; die in der natürlichen Zusammensetzung der Erdatmosphäre gar nicht vorkommen. Hierbei sind es vor allem diese Treibhausgase, die extrem klimawirksam sind, da sie vergleichsweise viel länger in der Atmosphäre verweilen als Kohlendioxid (bei SF_6 beispielsweise 3200 Jahre). Bezogen auf ihre Verweildauer besitzt z. B. ein Kilogramm Methan das 25fache und ein Kilogramm des FCKW-12-Moleküls das 10.900fache Treibhauspotential eines Kilogramms CO_2 (Stichwort: *Global Warming Potential*"; GWP); (Matthes 2005).

Fünf Faktoren tragen zum anthropogenen Klimawandel bei:
- Zunahme der Treibhausgasemissionen,
- Umwandlung tropischer Regenwälder in landwirtschaftliche Nutzflächen,
- Urbanisierung,
- Massentierhaltung und der intensive Einsatz von Düngemitteln,
- Abbau von mineralischen Rohstoffen zur Düngemittelproduktion und für technische Entwicklungen.

Neben der Verbrennung fossiler Brennstoffe wird die Entwaldung der Erde als weitere Ursache für die Anreicherung der Atmosphäre mit CO_2 angesehen, durch die einerseits CO_2 produziert und andererseits ein natürlicher Kohlenstoffspeicher zerstört wird. Ferner tragen die Freisetzung anthropogener Aerosole bzw. Aerosolteilchen und ihrer Vorläufergase sowie die Veränderungen der Oberflächeneigenschaften der Erde durch Landnutzung bei. Da eine Temperaturerhöhung auch zu einer höheren Verdunstung führt, erhöht sich – wenn auch nur zu einem geringen

2.3 · Der Treibhauseffekt

Anteil – durch die menschliche Klimabeeinflussung auch der Wasserdampfgehalt der Atmosphäre (Rahmstorf 2007).

Alle diese Komponenten stehen in einem engen kausalen Kontext mit der menschlichen Entwicklung, auch wenn in der öffentlichen Wahrnehmung eigentlich nur die CO_2-Emissionen die Diskussion bestimmen (Hay 2013). Nach dem 2. Weltkrieg hat die intensive Nutzung industrieller Produktionsweisen auch noch dazu geführt, dass zudem noch Chemikalien wie die Fluorkohlenwasserstoffe und Ozon dazu gekommen sind. Die weltweiten Emissionen – die außerdem noch durch die wirtschaftlichen Entwicklungen in den Schwellen- und Entwicklungsländern verstärkt wurden – haben zu einer dramatischen Veränderung der chemischen Zusammensetzung der Atmosphäre geführt. An den weltweiten Treibhausgasemissionen haben nicht nur die Industrieländer (USA, Japan, Russland, Deutschland), sondern auch viele Entwicklungsländer, allen voran China, Indien und Brasilien, einen erheblichen Anteil. Die Letztgenannten werden wegen ihrer wirtschaftlichen Entwicklung in den letzten Jahrzehnten daher auch schon nicht mehr als Entwicklungs-, sondern als sogenannte „Schwellenländern" bezeichnet. Ihre „Wirtschaftskraft" übertrifft schon die vieler OECD-Staaten. Aber da in ihnen die Verteilung von Reichtum, der Zugang zu Bildung und Arbeit u. v. a. immer noch extrem ungleich ist, reklamieren sie für sich auch weiterhin, die natürlichen Ressourcen für die nationalen Entwicklungsziele einsetzen zu können. Sie argumentieren, dass die Industrieländer ihren heutigen Entwicklungsstand auch einer exzessiven Nutzung der natürlichen Ressourcen – oftmals gerade aus den Entwicklungsländern – verdanken. Sie verweisen darauf, dass die Industrieländer, die mehr als 90 % aller Treibhausgasemissionen zu verantworten haben, sich heute international als „Hüter des Klimas" positionieren. Sie fordern damit, und das gilt im Prinzip für alle Entwicklungsländer, ein „Recht auf eine nachholende Entwicklung" ein (Santarius 2010). Sie erheben daher seit geraumer Zeit immer wieder ihre Stimme, um einen ungehinderten Zugang und eine gerechte Verteilung von Rohstoffen herzustellen und berufen sich dabei auf den Artikel 25 der Internationalen Menschenrechtscharta, die allen Menschen das Recht auf eine eigenverantwortete Entwicklung verbrieft. Bei diesen Diskussionen gerät allerdings ein Argument oftmals etwas in den Hintergrund. Der Anteil, den die sogenannten Schwellenländer am Klimawandel in der Vergangenheit hatten, ist nicht unbeträchtlich (Bauer und Richerzhagen 2007).

Der ◘ Abb. 2.10 ist zu entnehmen, dass der weltweite Ausstoß an Kohlendioxid in den Jahren 1960–2016 von etwa 10.000 Mio. t (1960) bis zum Jahr 2012 steil auf etwa 35.000 Mio. t angestiegen ist; sich danach aber auf diesem Niveau eingependelt hat. Dennoch waren die Emissionen von Kohlendioxid im Jahr 2014 um 60 % höher als im Jahr 1990, dem Referenzjahr aus dem Kyoto-Protokoll.

Auf der Weltklimakonferenz in Paris (COP 21) wurde völkerrechtlich verbindlich vereinbart, die Erderwärmung auf 2 °C zu begrenzen – wenn möglich noch darunter. Projektionen für die zukünftige Entwicklung der Treibhausgasemissionen und Modellrechnungen für die daraus resultierenden Klimaeffekte zeigen, dass die weltweite bodennahe Durchschnittstemperatur gegen Ende des 21. Jahrhunderts im Vergleich zu 1990 um zwischen 1,4 und 5,8 °C ansteigen könnte. Sollte sich der derzeit beobachtete Emissionstrend fortsetzen, so wäre im Jahr 2100 mit einer Temperaturerhöhung von bis zu 3,5 °C zu rechnen; mit erheblichen Folgen für weitere Klimaentwicklung (Matthes 2005).

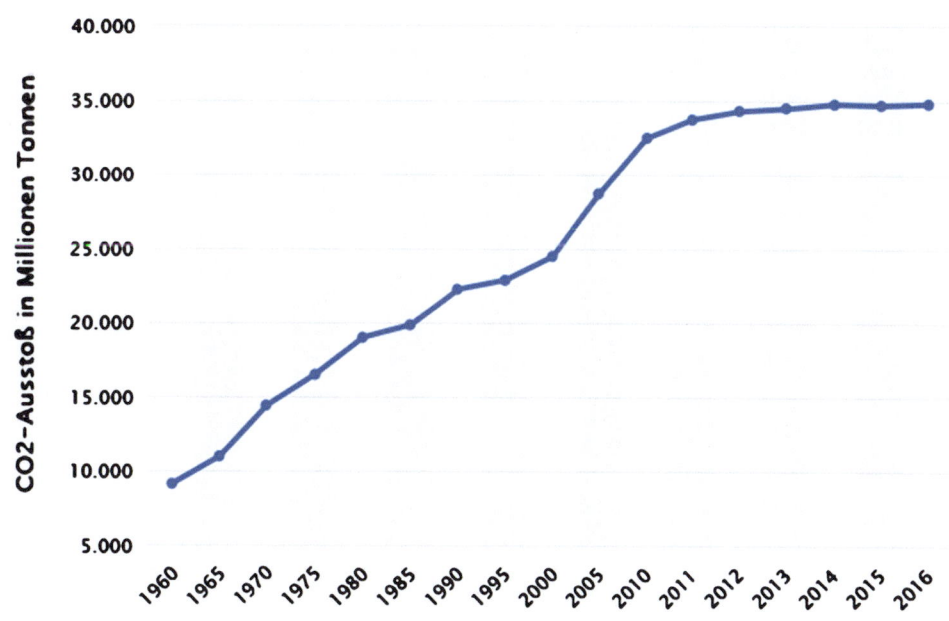

◘ Abb. 2.10 Weltweiter Ausstoß an Kohlendioxid in den Jahren 1960–2016 in Mio. t. (Statista 2018; Internetzugriff 11.02.2018)

2.4 Erderwärmung

2.4.1 Oberflächentemperatur

Die Lufttemperatur stellt eine der wesentlichen Faktoren des Klimageschehens auf der Erde. Sie beschreibt physikalisch den Wärmezustand der Luft, dessen vertikale Variation in erster Linie von der geographischen Breite, der Verteilung von Land und Wasser und der Höhe der Luftmassen abhängt; daneben haben auch Faktoren wie die Bodenbeschaffenheit, die Vegetation und die Landnutzung einen – wenn auch oftmals lokalen – Einfluss. Wichtigste Einflussgröße für die Lufttemperatur ist die Strahlung der Sonne; daneben bestimmen vertikale und horizontale Austauschvorgänge die Temperaturverteilung in der Atmosphäre. Die Lufttemperatur nimmt vom Boden bis in die Troposphäre in gemäßigten Breiten (>10 km Höhe) bis auf −60 °C bzw. in den Tropen (>18 km) bis auf −80 °C gleichmäßig ab. Horizontal ist die Lufttemperatur auf der Erde dagegen durch große Unterschiede geprägt. Während in den Tropen die Unterschiede nur gering sind, folgen sie auf der nördlichen Erdhalbkugel der dortigen Land-Wasser-Verteilung. Das führt in den Sommermonaten dazu, dass höhere Temperaturen über den Kontinenten bis weit nach Norden ausgreifen und dort zu „angenehmen" Temperaturen führen. Im Winter dagegen ist die Situation genau umgekehrt und führt dazu, dass der Kältepol auf der Nordhemisphäre nicht am Nordpol, sondern weit ab in Ostsibirien liegt. Auf der Südhemisphäre sind die Lufttemperaturen charakterisiert durch die vergleichsweise sehr geringen Landmassen der weit bis an das Südpolarmeer heranreichenden Kontinente Südamerika, Afrika und Australien.

Es gibt mittlerweile eine Vielzahl an Darstellungen über die Zunahme der globalen Lufttemperatur. Am bekanntesten sind die des IPCC aus den Jahren 2001 und 2007, oder die im Jahr 2015 von der NOAA publizierte Grafik (◘ Abb. 2.11). Alle Darstellungen zeigen übereinstimmend, dass die jährliche Zunahme der Temperaturen an der Erdoberfläche ab etwa der 1970er-Jahre in den positiven Bereich gewandert ist. Seitdem steigt die Temperatur stetig von zunächst 0,1 °C bis heute 0,4 °C. In den letzten 100 Jahren ist sogar eine Zunahme von jährlich 0,5 °C zu beobachten. Weil in der letzten Zeit öfters über ein „Anhalten" des Temperaturanstiegs diskutiert wurde, stellte die NOAA (2015) noch einmal ausdrücklich fest, dass die Erderwärmung nicht abgenommen, sondern weiter zugenommen hat (*„contrary to much recent discussion, the latest corrected analysis shows that the rate of global warming has continued, and there has been no slow down"*).

◘ Abb. 2.12 zeigt für Deutschland eine im Prinzip vergleichbare Temperaturentwicklung seit 1880, die seit etwa 1980 einen deutlichen linearen Trend von etwa 2 °C in pro hundert Jahre aufzeigt.

Neben der globalen Temperaturentwicklung stellte die NASA den Verlauf des globalen Mittels der bodennahen Lufttemperatur für den Zeitraum 1951–1980 dar. Sowohl die jährlichen Mittelwerte als auch das gleitende 5-Jahresmittel weisen seit 1980 einen parallel verlaufenden Anstieg auf (◘ Abb. 2.13).

Weltweit gehörten demnach die Jahre 2000–2013 zu den 15 wärmsten Jahren seit mindestens 1881. In Europa wurde 2014 das wärmste Jahr seit mindestens 500 Jahren verzeichnet. Dabei hat die Temperaturzunahme in den hohen Breiten schneller als in anderen Teilen der Welt stattgefunden; in der Arktis lag die mittlere Oberflächentemperatur im Zeitraum von Oktober 2013 bis September 2014 um 1,0 °C über dem Mittel von 1981–2010. Dagegen war es in den meisten Teilen Nordamerikas kälter als im langjährigen Mittel. Kanada beobachtete im Zeitraum November–März die kälteste Periode seit Beginn der Aufzeichnungen 1948.

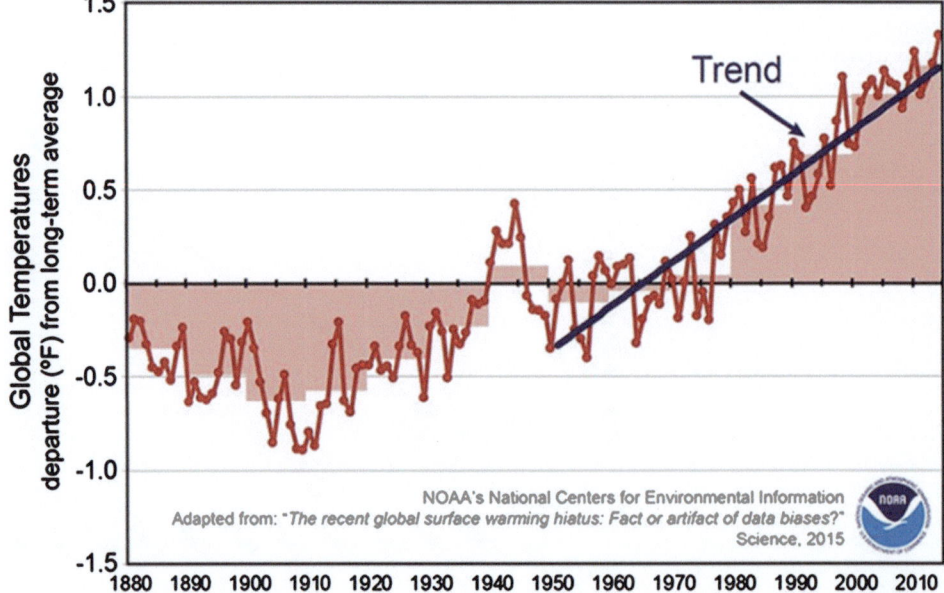

◘ **Abb. 2.11** Anstieg der globalen Oberflächentemperatur. (Quelle: NOAA; Science 2015)

2.4 · Erderwärmung

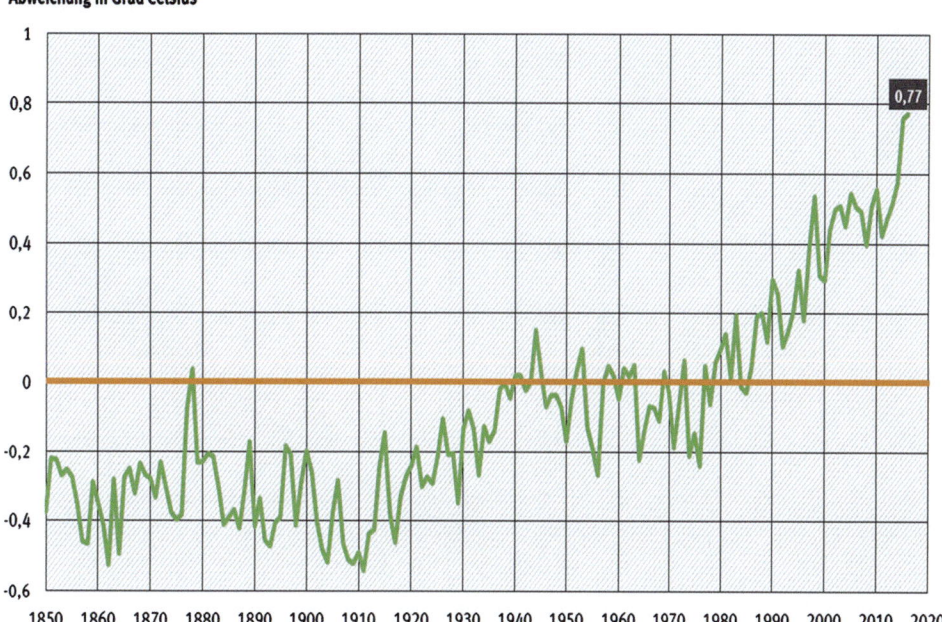

Abb. 2.12 Abweichung der globalen Lufttemperatur in Deutschland vom Durchschnitt 1961–1990. (Quelle: Umweltbundesamt (UBA), Dessau; Internetzugriff 31.08.2017)

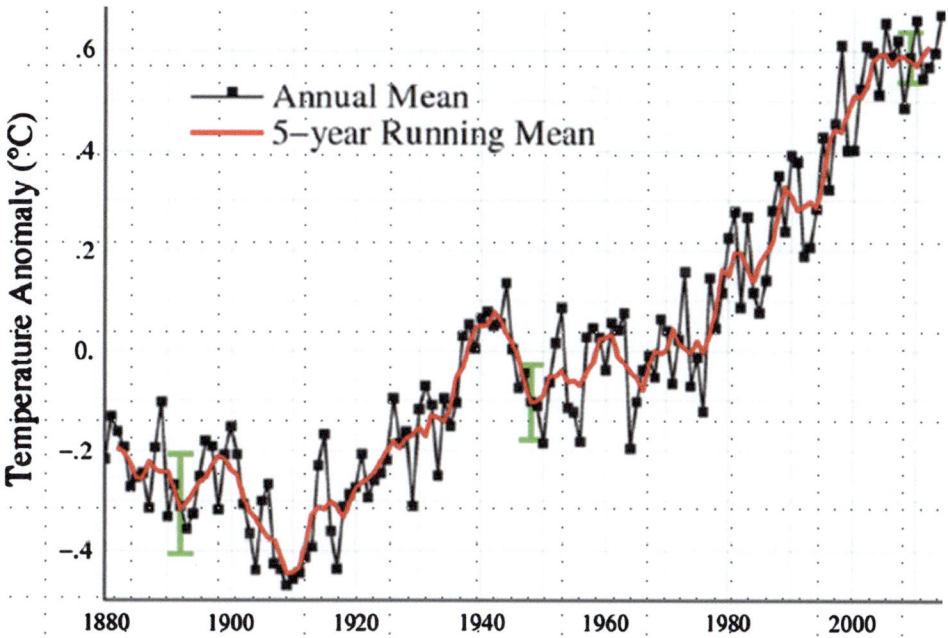

Abb. 2.13 Abweichungen des globalen Mittels der bodennahen Lufttemperatur vom Mittelwert im Referenzzeitraum 1951–1980. (Quelle: NASA: ▶ http://data.giss.nasa.gov/gistemp/graphs)

Auch in Deutschland werden jährlich neue Hitzerekorde erzielt. Die wärmsten Jahre seit Beginn der Aufzeichnungen (1881) waren die Jahre 2000 und 2007 mit jeweils 9,9 °C. Zwischen 2001 und 2013 lagen elf Jahre über dem vieljährigen Durchschnitt von 8,9 °C; fünf der zehn wärmsten Jahre fallen ebenfalls in diesen Zeitraum. Im Jahr 2014 lag die Jahresmitteltemperatur um 1,4 °C über dem langjährigen Mittelwert von 1981–2010 und 0,4 °C über dem Jahresmittel des vorherigen Rekordjahres 2000. Mit einer Durchschnittstemperatur von 7,5 °C war der November 2014 der wärmste seit Beginn der Wetteraufzeichnungen. Und dieser Trend hat sich seitdem ungehindert fortgesetzt. „Was wir derzeit in Deutschland sehen, ist ein langfristiger Anstieg der Temperaturen, das heißt ein gehäuftes Auftreten wärmerer Jahre". Es zeigt sich ferner, dass „im Laufe der vergangenen 130 Jahre jeder Monat insgesamt wärmer geworden ist" und „neun der zwölf wärmsten Monate seit 1881 in den Zeitraum von 2001 bis 2015 fallen, während die kältesten Monate alle vor 1941 liegen" (UBA: Trends der Lufttemperatur; Internetzgriff 14.11.2017).

Die Folgen für die Erde sind heute schon real nachweisbar. So steigt der Meeresspiegel seit 1990 jährlich um 3,3 mm (±0,4 mm) an, was sich seitdem zu einem Gesamtanstieg von mehr als 70 mm addiert, wie die Sea Level Research Group der University of Colorado in ◘ Abb. 2.14 eindrücklich belegen kann.

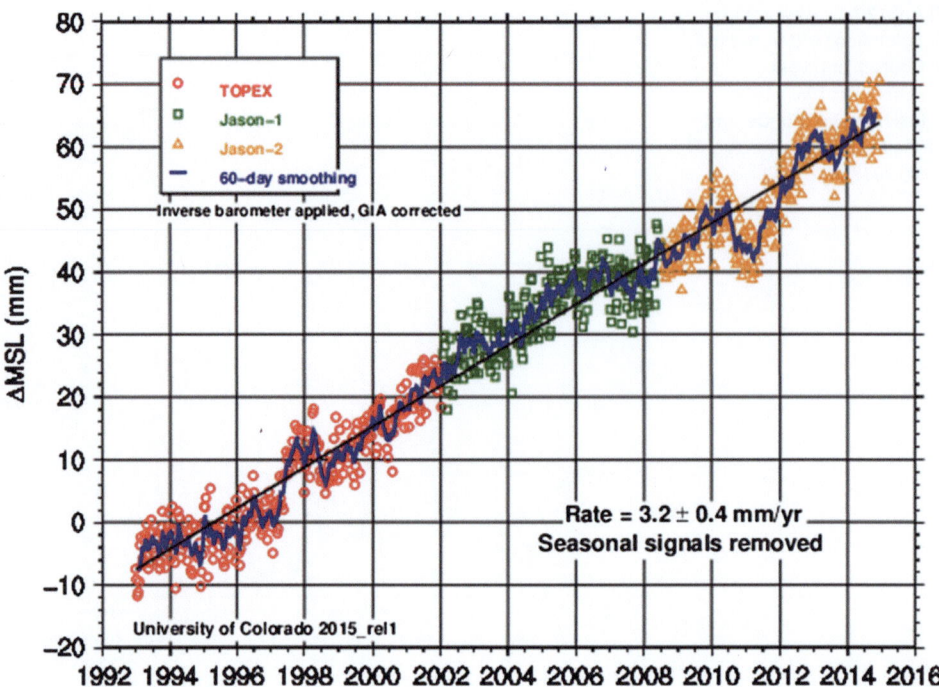

□ **Abb. 2.14** Global Mean Sea Level Time Series. (Quelle: Nerem et al. 2016)

Ebenso eindrücklich ist der Klimawandel in der Arktis abzulesen. Nach Angaben des National Snow and Ice Data Center (CIRES) der University of Colorado schrumpft das Meereis dort seit Ende 1970er-Jahre um rund 4 % in 10 Jahren; davon die Sommereisbedeckung sogar um rund 11 % pro Jahrzehnt. Die Reaktion von Meereis auf klimatische Veränderungen kann heute schon jedes Jahr an den Polen durch Satellitenbeoachtungen sehr genau erfasst werden. Die Ausdehnung des Meereisgebietes der Arktis ist heute in den Sommermonaten halb so groß wie in den Wintermonaten (Notz et al. 2015). So hat sich seit Ende der 1970er-Jahre im September die Meereisausdehnung jeweils im September um ca. 20 % verringert; d. h. alle 10 Jahre gehen der Arktis mehr als 220.000 km² Eisfläche verloren. Ein Trend, der sich in der Arktis in den letzten Jahren sogar noch verstärkt hat (□ Abb. 2.15). Dabei ist anzumerken, dass die Meereisdecke der Antarktis dagegen im Winter leicht um 0,5 % pro Jahrzehnt zunimmt, während sie im Sommer ungefähr gleich bleibt.

2.4.2 Kohlenstoff: Senken – Quellen

Kohlenstoffkreislauf

Der Kohlenstoffkreislauf sichert den Austausch von Kohlenstoff zwischen Luft, Boden und Wasser und gibt so den Pflanzen ihren Nährstoff. Dazu wird Kohlendioxid durch Photosynthese in den Pflanzen in Kohlenstoff und Sauerstoff zerlegt. Der Kohlenstoff wird aufgenommen, während der Sauerstoff an die Umwelt (Stichwort: „autotrophe Atmung") abgegeben wird. Bei tierischen Organismen wird dagegen die lebenswichtige Energie durch Verbrennen von Kohlenstoff und seinen chemischen Verbindungen und Sauerstoff zu Kohlendioxid gewonnen. Geschätzt gibt es auf der Erde 75 Billiarden t Kohlenstoff (C), von dem aber 99,8 % fast vollständig in Kalksteinen gebunden sind (1 t Kohlenstoff entspricht 3,67 t an Kohlendioxid). Die Diskussion um die Funktion des Kohlenstoffs beim Klimawandel bezieht sich also nur auf den „verschwindend" kleinen Rest von weniger als 1 %, der aber, wie die Klimaforscher eindrucksvoll belegen können, von großen Auswirkungen auf unser Klima ist. Der vergleichsweise kleine Rest kommt überwiegend in zwei Formen vor: zum einen als fossile Brennstoffe (Kohle, Erdöl, Erdgas, Torf), die etwa 4100 Mrd. t C enthalten, und zum anderen als sogenanntes Kerogen; fein verteiltes organisches Material. Kohlenstoff ist auch in den Ozeanen und Seen (0,05 %), im Boden (0,002 %), in der Biosphäre und in der Luft zu jeweils 0,001 % enthalten.

Im Zeitraum von 1990 bis 2000 haben Landoberflächen und Wasserflächen im Mittel 2–4 Mrd. t C pro Jahr aus der Atmosphäre aufgenommen, von denen aber die weitaus größte Menge in den Weltmeeren gebunden ist. Sowohl von den Ozeanen als auch vom Land wird Kohlenstoff, vor allem in Form von CO_2, mit der Atmosphäre ausgetauscht. Dadurch wird der vom Menschen verursachte CO_2-Anstieg in der Atmosphäre erheblich gesenkt.

Seit Beginn der Industrialisierung hat der Mensch durch die Verbrennung fossiler Energieträger (Kohle, Erdöl, Erdgas, Torf) insgesamt mehr als 6 Mrd. t Kohlenstoff zusätzlich in die Atmosphäre eingebracht. Daraus resultierte, dass der CO_2-Gehalt in der Atmosphäre von 280 auf 380 ppm gestiegen ist. Wie sich aus Eisbohrkernen eindrucksvoll belegen lässt, ist der Gehalt seit dem Jahr 1000 bis zum Jahr 1800 vergleichsweise konstant geblieben; ab Mitte der 1800er-Jahre ist der Gehalt steil auf den heutigen

2.4 · Erderwärmung

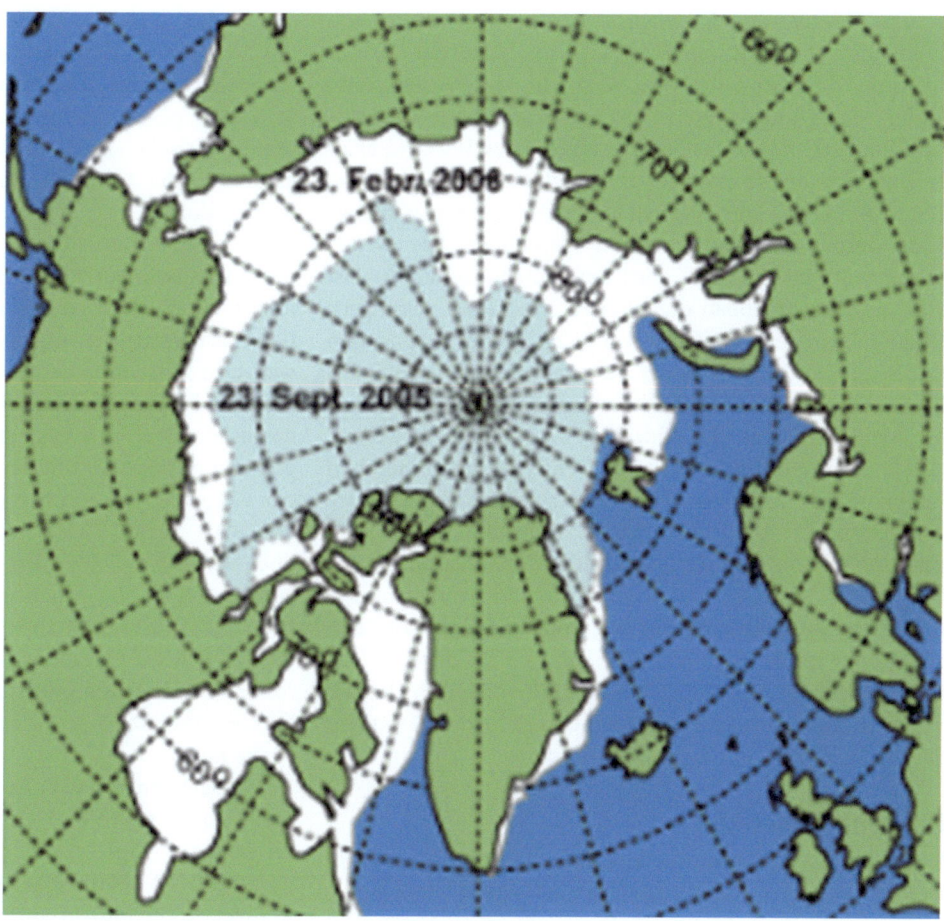

Abb. 2.15 Ausdehnung der Eisbedeckung in der Arktis im Sommer (hellblau) und in Winter (weiß) im Jahr 2005/06. (► www.Klimawissen.org; Internetzugriff, 17.01.2018)

Wert angestiegen. Nach Canadell et al. (2007a) haben sich die Emissionen seit 1960 von etwa 2 Mrd. t C auf heute 7 Mrd. t C fast verdreifacht. Hinzu kommt noch der Anteil der Emissionen aus der Landnutzung, der etwa konstant einen Anteil von 1 Mrd. t ausmacht. 2006 wurden damit 27,3 Mrd. t Kohlendioxid in die Atmosphäre eingebracht; im Jahr 2010 war er so hoch wie noch nie zuvor in der Geschichte der Menschheit.

Die zweite große Quelle stammt aus der Brandrodung von Wäldern. Auf diese Weise gelangen zurzeit knapp 6 Mrd. t CO_2 in die Atmosphäre. Davon werden durch die Zerstörung tropischer Regenwälder pro Jahr durchschnittlich 1,5 Mrd. t Kohlenstoff freigesetzt, während gleichzeitig aber pro Jahr 2,3 Mrd. t Kohlenstoff in den Ozeanen und 2,8 Mrd. t durch Vegetation und Böden in ungestörten Ökosystemen an Land gebunden werden.

Von dieser Gesamtmenge (2006: 27 Mrd. t CO_2) verbleibt nur ein Teil dauerhaft in der Atmosphäre; derzeit etwa 15 Mrd. t pro Jahr. Die Differenz aus freigesetztem Kohlendioxid und in der Atmosphäre verbleibendem „Kohlendioxid", wird von den sogenannten Kohlenstoffsenken aufgenommen: entweder in den Ozeanen oder den Landökosystemen und hier vor allem in den Wäldern und Torfmooren. Allein für Europa wird geschätzt, dass die Biosphäre Kohlendioxid in Höhe von jährlich bis zu 200 Mio. t CO_2 aufzunehmen in der Lage ist; einer Menge, die etwa 10 % der in Europa verursachten CO_2-Emissionen entspricht.

Ein Großteil der CO_2-Anreicherungen in der Atmosphäre entstammt der anthropogenen Nutzung der Böden, oder weil CO_2 durch die Degradation der Böden freigesetzt wird. Diese Umstände waren auch der Grund dafür, schon im Kyoto-Protokoll und den anderen Klimaschutzkonventionen den Faktor „Bodennutzung" in die strategischen Überlegungen zum Schutz des Klimas aufzunehmen. In den Artikeln 3.3 und 3.4 des Protokolls wurde daher ausdrücklich das Potenzial der Böden und der „Biomasse" zur Aufnahme von Kohlenstoff als bedeutsam herausgestellt (*carbon sequestration;* CS); eine Praxis, die unter dem Schlagwort „*land use – land use change – forestry*" („LULUCF") bekannt geworden ist (IPCC, 2000a). Das Protokoll war geleitet von der Überlegung, dass, je mehr Kohlenstoff in den Böden gespeichert wird, dies einerseits den CO_2-Gehalt in der Atmosphäre verringert, andererseits eine Anreicherung in den Böden zu einer höheren Bodenfruchtbarkeit führen wird. Beide Artikel (3.3/3.4) zielen darauf ab, die „Kohlenstoffsequestrierung" zu einer „Win-Win" Situation zu machen (FAO 2004).

Um die Bedeutung von Bodennutzung und Bodendegradation zum Treibhauseffekt besser verstehen zu können, ist es nötig, den „Kohlenstoffkreislauf" als Ganzes zu betrachten.

Der Motor des Kreislaufes ist die Aufnahme von Kohlendioxid durch die Biosphäre im Zuge der Photosynthese. Die Zunahme an CO_2 in der Atmosphäre erhöht die Photosynthese-Kapazität und damit das globale Pflanzenwachstum. Nach Angaben des IPCC (2000a) beläuft sich die Bruttoprimärproduktion (BPP) auf etwa 120 Mrd. t C pro Jahr. Dem steht ein Verlust an C von etwa 50 % durch die Pflanzenatmung gegenüber. Die Nettoprimärproduktion (NPP) wird dann noch einmal zu fast 90 % durch den Abbau organischer Substanzen verringert. Dadurch wird ein Vielfaches mehr an Kohlenstoff in den Böden gespeichert, als in der gesamten Biomasse (650 Gt) bzw. der Atmosphäre (750 Gt) vorliegt. Allein in dem obersten Meter enthalten die Böden 1500 Gt C. Davon werden durch anthropogene Aktivitäten (Pflügen) unter aeroben Bedingungen mehr als 90 % wieder in die Atmosphäre abgegeben *(soil CO_2 efflux)*. Diese Aktivitäten haben auch Einfluss auf die Freisetzung anderer Treibhausgase, wie CH_4 und N_2O. Insgesamt reichert sich so gerademal 1 % des Kohlenstoffs dauerhaft in den Böden an. Von der übrigen Menge gehen noch einmal mehr als 90 % durch Waldbrände, Dürren und anthropogene Aktivitäten ab; letzten Endes reichern sich von ursprünglich 120 Mrd. t C weniger als 1 % (2 Mrd. t C) in der Biomasse an.

Kohlenstoffsenken

Unter einer „Kohlenstoffsenke" (CO_2-Senke; *carbon sink*) werden im Klimaschutz natürliche Ökosysteme verstanden, die in der Lage sind, mehr Kohlenstoff aufzunehmen und diesen längerfristig oder auf Dauer zu speichern, als abzugeben (Artikel 1/9, Klimarahmenkonvention).

Das Kyoto-Protokoll schreibt vor, dass zum Beispiel in Bezug auf das Ökosystem „Wald" Aufforstungen als „Senken" und Waldrodungen als „Quellen" zu berücksichtigen sind. Artikel 3.3 des Protokolls führt dazu ferner aus:

> Die Nettoänderungen der Emissionen von Treibhausgasen aus Quellen und des Abbaus solcher Gase durch Senken als Folge unmittelbar vom Menschen verursachter Landnutzungsänderungen und forstwirtschaftlicher Maßnahmen, die auf Aufforstung, Wiederaufforstung und Entwaldung seit 1990 begrenzt sind, gemessen als nachprüfbare Veränderungen der Kohlenstoffbestände in jedem Verpflichtungszeitraum, werden zur Erfüllung der jeder in Anlage I aufgeführten Vertragspartei obliegenden Verpflichtungen nach diesem Artikel verwendet… (Kyoto-Protokoll, offizielle deutsche Übersetzung).

Kohlenstoffsenke Ozean

Der Ozean spielt im weltweiten CO_2-Kreislauf eine große Rolle. Es wird geschätzt, dass jährlich bis zu 30 % des anthropogen produzierten CO_2 in den Ozeanen für sehr lange Zeit gespeichert wird. Seit Beginn der Industrialisierung hat die Menge des gelösten anorganischen Kohlenstoffs in den Ozeanen um etwa 120 Mrd. t zugenommen, wobei allerdings nur fast 20 Mrd. t C im oberen, aber 100 Mrd. t C in der Tiefsee anzutreffen sind. Damit stellt die Tiefsee nach den Karbonat-Sedimenten die zweitgrößte Anreicherung von Kohlenstoff auf der Erde. Die gesamte im Ozean gelöste Menge an CO_2 ist 50-mal größer als der atmosphärische Kohlendioxidgehalt und 20-mal größer als das in der Geosphäre und der Biosphäre gespeicherte Kohlendioxid.

Der Ozean tauscht CO_2 mit der Atmosphäre aus, wobei der Austausch vor allem in den oberen 50–100 m stattfindet. Gesteuert wird er vor allem durch die Differenz im CO_2-Partialdruck zwischen Ozean und der Atmosphäre, was dazu führt, dass bei einem geringen Partialdruck in der Atmosphäre der Ozean Kohlendioxid in die Atmosphäre entgast, während es bei einem höherem Partialdruck aufgenommen wird. Das heißt, der Ozean fungiert mit steigender CO_2-Konzentration in der Atmosphäre in der Summe als „CO_2-Senke". Der Austausch umfasst gegenwärtig über 90 Mrd. t C pro Jahr, wobei 2,2 Mrd. t C mehr aufgenommen als abgegeben werden (IPCC-AR4, Abschn. 7.3: IPCC 2007). Dabei ist zu berücksichtigen, dass vor allem in den Tropen die Ozeane eine „CO_2-Quelle" darstellen, während in den höheren Breiten, in denen kaltes und salzreiches Wasser absinkt, die Ozeane eine Senkenfunktion haben (siehe unten).

Maßgebend für den Austausch von Kohlendioxid zwischen Atmosphäre und Ozean ist seine leichte Löslichkeit, die in erster Linie durch die Wassertemperatur bestimmt wird (WBGU 2006). Wasser mit höherer Temperatur kann weniger Kohlendioxid aufnehmen als Wasser mit geringerer Temperatur. Der Kohlenstoff liegt in den Ozeanen überwiegend in Form von Hydrogenkarbonat (HCO_3^-) vor. Die Konzentration von Karbonat ist eine kritische Größe für die CO_2-Aufnahmekapazität des Ozeans. Seit Beginn der Industrialisierung hat die Karbonat-Konzentration durch die Aufnahme des anthropogenen Kohlendioxids bereits um 10 % abgenommen. Mit der Folge, dass immer mehr des aufgenommenen Kohlendioxids in seiner ursprünglichen Form im Wasser verbleibt und so die Kapazität der Ozeane, weiteres Kohlendioxid aufzunehmen, kleiner wird. Damit steht immer weniger gelöstes Kalziumkarbonat zur Verfügung, das viele Meeresorganismen (Korallen) für den Bau ihrer Schalen oder Skelettstrukturen benötigen.

Unterhalb von 100 m Wassertiefe nimmt die Konzentration des gelösten anorganischen Kohlenstoffs deutlich zu. Die Ursache liegt in zwei Prozessen, die als „physikalische Pumpe" und „biologische Pumpe" bezeichnet werden. Bei der „physikalischen Pumpe" wird CO_2 durch absinkende Wassermassen in die Tiefe verfrachtet. Dieser Mechanismus, der auch als „thermohaline Zirkulation" bezeichnet wird, beschreibt das weltumspannende System an Meereszirkulationen, bei denen die salzhaltigen Oberflächenwässer in den hohen nördlichen Breiten und nahe der Antarktis im Winter in große Tiefen absinken. Dort strömen sie dann, abgeschirmt vom direkten Einfluss der Atmosphäre, in Richtung Äquator. Auf dem Weg durch die Tiefsee vermischen sich die kalten Wassermassen langsam mit darüber liegenden wärmeren Schichten und steigen langsam auf.

Der Kreislauf wird durch eine oberflächennahe Ausgleichsströmung wie z. B. den Golfstrom, der warme Wassermassen wieder in die nördlichen Gebiete zurückführt, geschlossen. Auf ihrem Weg zu den Polen nehmen sie CO_2 auf, das dann in die Tiefsee geschleust wird und erst wieder an die Atmosphäre abgegeben wird, wenn es an die Meeresoberfläche gelangt. Das CO_2 kann in der Tiefsee Jahre bis zu Jahrhunderte verbleiben und dort regelrecht einen „CO_2-See" bilden.

Die „biologische Pumpe" zeichnet sich durch das Absinken von organischen Substanzen, in denen viel Kohlenstoff gebunden ist, aus. Hinzu kommt noch das Absinken abgestorbener Phyto- und Zooplanktonschalen in tiefere Schichten, wo sie sich unterhalb der Kalziumkarbonat-Kompensationstiefe (*ccarbonate compensation depth*; CCD) partiell auflösen.

Man geht insgesamt davon aus, dass in Zukunft die Kapazität der Ozeane als „Kohlenstoffsenke" zu fungieren sich weiter abschwächen wird, was dazu führen wird, dass ein (noch) größerer Teil der anthropogenen Kohlendioxidemissionen nicht aus der Atmosphäre entnommen werden kann.

Kohlenstoffsenke Wald

Knapp ein Drittel der Landfläche der Erde ist mit Wäldern bedeckt und diese Wälder beeinflussen das Klima sowohl auf globaler als auch auf lokaler Ebene nachhaltig (Hirschberger 2011). Insgesamt sind in Wäldern 1,1 Bill. t C gebunden, davon 360 Mrd. t in der Waldvegetation und knapp 800 Mrd. t in den obersten Metern des Waldbodens. Der Waldboden enthält damit weltweit mehr Kohlenstoff als die Atmosphäre. Tropenwälder nehmen jährlich 1 Mrd. t C auf, also fast 40 % der gesamten an Land absorbierten Menge. Wälder bedecken mehr als 30 % der Landoberfläche, speichern aber fast die Hälfte des terrestrisch gebundenen Kohlenstoffs. (IPCC 2000a). Die Bäume nehmen Kohlenstoff in Form von Kohlendioxid über die Blätter auf und wandeln dieses in Kohlenstoffverbindungen um. Alle Landpflanzen zusammen entziehen der Atmosphäre durch Photosynthese jährlich etwa 122 Mrd. t C und geben davon etwa 60 Mrd. t bei der Atmung jährlich wieder an die Atmosphäre ab. Während ihrer Lebensdauer speichern Bäume die Kohlenstoffverbindungen in ihrer Biomasse. Mit dem Verrotten des Baumes bzw. dem Verbrennen des Holzes wird Kohlenstoff wieder an die Umgebung abgegeben.

Die Zerstörung der Wälder trägt erheblich zum Klimawandel bei. Heute beträgt die globale Waldfläche mit 4 Mrd. ha nur noch 65 % der ursprünglichen Waldbedeckung vor 8000 Jahren. Fast 80 % der Urwälder wurden in dem Zeitraum abgeholzt. In den 1980er- und 1990er-Jahren wurden jährlich 16 Mio. ha Wald vernichtet. Dieser Trend setzt sich in den Tropen fort, während seit Jahren in Europa, Nordamerika und vor allem China die Waldfläche zunimmt. Auch hat die Fläche der stark veränderten Wälder, zum Beispiel durch die Anlage ausgedehnter Monokulturen, weltweit stark zugenommen. In der Summe errechnet sich ein Verlust an weltweiter verlorener Waldfläche zwischen den Jahren 2005 und 2010 auf 5,6 Mio. ha pro Jahr; vor allem in den Ländern Brasilien und Indonesien, gefolgt von Nigeria, Tansania und Myanmar.

Mit zu den hohen Treibhausgasemissionen tragen auch die Änderungen in der Landnutzung bei. Hier sind es vor allem Rodungen und die Degradierung tropischer Böden. Deren Anteil am CO_2-Ausstoß wird weltweit auf 15 % der vom Menschen verursachten Emissionen geschätzt und übersteigt damit den Anteil des weltweiten Verkehrssektors deutlich. Einen besonders gravierenden Anteil an CO_2-Emissionen entstammen den Torfmoorwäldern (siehe ▶ Abschn. 2.4.2.10), die vor allem in Indonesien im großen Maßstab rekultiviert werden. Diese sehr kohlenstoffreichen Gebiete setzen auch noch für viele Jahre Treibhausgase aus den ehemaligen Waldböden frei.

Bei einer Zerstörung der Wälder geht nicht nur deren Funktion als „Kohlenstoffsenke" verloren, sondern sie werden vielmehr zu einer „Kohlenstoffquelle". Man schätzt, dass etwa 15 % des vom Menschen verursachten Ausstoßes von Treibhausgasen auf die Zerstörung der Wälder sowie die Degradation der Böden zurückgeführt werden muss. Die Wälder sind in der Lage, pro Flächeneinheit 20- bis 50-mal mehr Kohlenstoff aufzunehmen, als die Ökosysteme, durch die sie ersetzt werden. Neu angelegte Plantagen können dagegen im Durchschnitt nur ein Drittel bis die Hälfte der Kohlenstoffmenge eines unberührten Waldes speichern. Dieses Verhältnis gilt auch für die Bäume in den tropischen Wäldern. So sind allein in dem Amazonasgebiet fast 120 Mrd. t C gebunden, deren Freisetzung dem 14-fachen globalen CO_2-Ausstoß durch die Verbrennung fossiler Energieträger im Jahr 2009 entsprechen würde (Hirschberger 2011). Die Hoffnung, dass die gewaltigen Waldvorkommen in Asien, Europa und Nordamerika als riesige Senke den Klimawandel „allein" lösen können, hat sich als nicht haltbar erwiesen. In aufwendigen Experimenten konnten Ökologen nachweisen, dass die Aufnahmekapazität der Bäume begrenzt ist und diese daher auch nur einen begrenzten – wenn gleich nicht unbedeutenden – Beitrag zum Klimaschutz zu leisten vermögen. Die Gleichung „mehr Wälder gleich höherer Klimaschutz" ist nicht aufgegangen, vielmehr kommt es durch die fortschreitende Klimaerwärmung und die damit verbundene Verlängerung der Vegetationsperiode zu neuen CO_2-Quellen. Auch die sich starker erwarmenden Böden bauen mehr organischen Kohlenstoff ab und setzen so mehr CO_2 frei.

Der Klimawandel wird das ökologische Gleichgewicht der Wälder weiter belasten. Es wird damit gerechnet, dass Häufigkeit und Intensität von Dürren und Waldbränden deutlich zunehmen werden. So hat sich in Portugal die Zahl der Waldbrände von 1980 bis heute verzehnfacht. In Indonesien kam es in der Folge von Waldbränden auf Sumatra in der letzten Dekade mehrfach zu starken Einschränkungen des regionalen Flugverkehrs. Um den Verlust an Wäldern nicht in dem Ausmaß der letzten 30–50 Jahre fortzusetzen, hat sich die Staatengemeinschaft darauf verständigt, die Treibhausgasemissionen durch Abholzungen deutlich zu reduzieren. Im Rahmen der UN-Konventionen zum Klimaschutz und im Kyoto Protokoll wurde mit dem „REDD+"-Abkommen (*„Reducing Emissions from Deforestation and Forest Degradation"*; vgl.Abschn. 3.5.3) ein internationaler Mechanismus zum Schutz der Wälder und ihrer biologische Vielfalt vereinbart. Das „REDD+"-Abkommen „belohnt" die Länder finanziell, die ihre Entwaldungen nachweislich zurückfahren oder die durch Wiederaufforstungen, einem nachhaltigen Wald/Forstmanagement, durch Unterschutzstellen unberührter Naturwälder sowie das Ausweisen effektiver Schutzgebiete einen Beitrag zum Schutz der Wälder leisten. Dabei ist die Höhe der Zuwendungen abhängig von den nachweislich reduzierten CO_2-Mengen. Auch durch das Einführen international akkreditierte Umweltzertifikate, wie u. a. dem FSC-Zertifikat *(Forest Stewardship Council)*, mit denen eine verantwortungsvolle, umwelt- und sozialverträgliche Waldbewirtschaftung bescheinigt wird, gehören dazu.

Kohlenstoffsenke Moore

Moore sind bedeutende „Kohlenstoffsenken". Sie treten in allen Klimazonen der Erde, von den Höhen der Anden bis in die sibirische Tundra auf. In 90 % aller Länder sind Moore vorhanden, die zusammen eine Fläche von ungefähr 400 Mio. ha ausmachen; große Flächen davon sind noch weitgehend ungestört, wie in Kanada und in Sibirien. Nach Joosten (2007) befinden sich etwa 80 % der Moore weltweit in einem natürlichen Zustand und in 60 % von ihnen wird Torf noch akkumuliert. Etwa 20 % (80 Mio. ha) sind aber derartig zerstört, dass keine Torfbildung mehr stattfindet. Weltweit enthalten die Moore in ihren Torfen mehr Kohlenstoff als alle Wälder der Welt, das entspricht ungefähr 2/3 des Kohlenstoffs in der Atmosphäre oder der Menge an in der terrestrischen Biomasse gebundenem Kohlenstoff.

Unter dem Begriff „Moor" werden solche Ökosysteme verstanden, die unter naturnahen hydrologischen Verhältnissen in der Lage sind, Torf zu bilden. Die engen Wechselbeziehungen zwischen Vegetation, Wasserhaushalt und Torfbildung prägen die Funktionen von Mooren im Kohlenstoffhaushalt, da in ihnen biologische und geochemische Prozesse ablaufen, die entweder „Kohlenstoff" aus der Luft aufzunehmen oder diesen nach dem Trockenlegen wieder abgeben. Moore wachsen nur unter bestimmten Klimabedingungen. Beim Aufwachsen akkumulieren sie Kohlenstoff, wobei ihre Senkenwirkung maßgeblich durch die hydrologischen Verhältnisse sowie die Landnutzung bestimmt wird. Über die Verdunstung wirken Moore zudem kühlend auf das Klima in ihrer direkten Umgebung (Trepel 2008).

Moore wurden seit jeher als Brennstoff und zur Bodenverbesserung abgebaut oder sie wurden entwässert, um sie landwirtschaftlich und forstwirtschaftlich zu nutzen. Etwa 99 % aller Moore in Deutschland sind heute „tot". Nur in Russland, Schweden, Norwegen und Litauen hat mehr als die Hälfte der früheren Ausdehnung überlebt. Die wichtigste Ursache für die Moorverluste ist aber nicht die Torfgewinnung, sondern ist auf Entwässerung für Landwirtschaft zurückzuführen.

Moore haben im Zuge der Klimadiskussion eine erhebliche wissenschaftliche Bedeutung erhalten, weil in ihnen mehr als ein Drittel der globalen Kohlenstoffvorräte (500 Mrd. t) Kohlenstoff gebunden sind, obwohl gerade mal 3 % der Landoberfläche von Mooren bedeckt sind (Ramsar 2004, vgl. ▶ Abschn. 3.5.2). Insbesondere in den borealen Zonen enthalten Moore im Durchschnitt 7-mal mehr Kohlenstoff als andere Ökosysteme. Im „lebenden" Zustand, also unter Wasserbedeckung, stellen sie eine effektive „Kohlenstoffsenke" dar, indem sie jährlich 150–250 Mio. t CO_2 in neu gebildetem Torf festlegen. Damit stellen die Moore den "raumeffektivsten Kohlenstoffspeicher aller terrestrischen Ökosysteme" dar, da die Moore neben ihrer flächenmäßigen Ausdehnung vor allem ein großes Raumvolumen aufweisen (Joosten et al. 2013).

Trockengelegte Moore dagegen verstärken durch das Entgasen von Kohlendioxid (CO_2) und Distickstoffoxid (N_2O) den Treibhauseffekt. Durch die Entwässerung werden die unter Wasserbedeckung zuvor reduzierten Stoffkreisläufe wieder beschleunigt und Kohlenstoff und andere Nährstoffe freigesetzt. Die Abgabe- bzw. Aufnahmekapazität der Moore wird vor allem durch die Wassersättigung kontrolliert (IPCC 2006). Entwässerte Moorböden stellen – nach dem Energiesektor – die größte Einzelquelle für Treibhausgase dar. Auf einer Fläche von ca. einer halben Mio. km^2 werden jährlich etwa 2 Mrd. t CO_2 emittiert (Joosten 2009). Das bedeutet, dass 0,3 % der globalen Landfläche für 6 % der weltweit anthropogenen CO_2-Emissionen verantwortlich sind. Die größten Emissionen stammen aus den Mooren von Indonesien, Sibirien, der VR China, den USA und der EU. Allein in Deutschland kommen 40 Mio. t CO_2 pro Jahr aus der Nutzung entwässerter Moorböden. Die Menge an CO_2, die dabei entweicht, entspricht in etwa dem der jährlichen Emissionen des gesamten deutschen Luftverkehrs. Wegen der enormen Klimawirkung der freigesetzten CO_2-Mengen werden daher drainierte Moorböden zu echten „Hotspots" für Treibhausgasemissionen (Michel et al. 2011). Experten schätzen (Joosten 2009), dass „die entwässerten Moore für 30 % der weltweiten anthropogenen Treibhausgasemissionen verantwortlich sein können. Allein die Moorentwässerung in Südost-Asien soll das 7-fache des Kyoto-Ziels ausmachen. Des Weiteren sollen die Moorbrände in Indonesien 1997/98 zu dem stärksten (gemessenen) Anstieg von CO_2 in der Atmosphäre geführt haben".

Wegen der großen Wirkungen der Moore auf die Klimaentwicklung steht eine Verringerung der Treibhausgasemissionen durch eine klimaschonende Moornutzung weit oben auf der Agenda der Konvention zur Klimarahmenkonvention, zur Biologischen Vielfalt und zur Waldnutzung. Eine solche Nutzung würde sich schon auf vergleichsweise kleinen Flächen positiv auswirken. Das am meisten dafür diskutierte Mittel ist eine Wiedervernässung der Moore, deren Wirkungen nach dem Kyoto-Protokoll auf die nationalen Klimabilanzen angerechnet werden können. Für Deutschland bedeutet dies, dass etwa 600 km^2 Moore wiedervernässt werden könnten (Josten, 2009). Dabei ist zu beachten, dass bei einer Wiedervernässung zunächst hohe

Mengen des besonders klimarelevanten Gases Methan freigesetzt werden. Dies wird darauf zurückgeführt, dass die nicht an höhere Wasserstände angepassten Pflanzen unter Wasser geraten und so Methan freisetzen. Dieses Phänomen wird aber als vorübergehend angesehen und spätestens mit dem Aufwuchs einer Torf bildenden Pflanzendecke auf das Niveau von natürlichen Mooren zurückgehen (Höper 2007). Die vernässten Flächen sollten daher nach Möglichkeit nicht „überstaut" werden und in den Folgejahren sollte der pflanzliche Aufwuchs regelmäßig geerntet werden.

Kohlenstoffsenke Boden

Theoretisch betrachtet ist der Boden ein nachwachsender Rohstoff, der sich aber nur sehr langsam bildet: Ein natürlicher Aufwuchs von 2 cm Humuserde dauert rund 500 Jahre. Dabei bindet der Boden große Mengen Kohlenstoff. Menschliche Eingriffe führen dazu, dass jährlich an die 24 Mrd. t fruchtbaren Bodens verloren gehen (FAO 2004); was nach Angaben der UN-Umweltbehörde (UNEP) jährlich einer nutzbaren Landfläche von bis zu 5 Mio. ha entspricht. Und es besteht grundsätzliche Einigkeit darüber, dass die Bodendegradation weltweit rapide voranschreitet. Die Eindämmung der Bodendegradation und die Funktion von Böden als „Kohlenstoffsenke" stehen daher nicht ohne Grund bei den Diskussionen um den Klimaschutz ganz oben auf der Agenda.

Das Klima beeinflusst den Boden auch durch die Vegetation und die Fauna. Mikroorganismen und Pflanzenwurzeln entziehen dem Boden Wasser und Nährstoffe; Regenwürmer, Maulwürfe und Insekten sorgen für Durchlüftung und Kanäle für die Wasserabfuhr. Dabei kommt den organischen Substanzen nach dem Absterben für die Fruchtbarkeit des Bodens eine entscheidende Bedeutung zu. Sie halten die Bodenpartikel zusammen und schließen Wasser und Nährstoffe ein, die somit erreichbar für Wurzeln sind.

Der Boden ist eine gewaltige Kohlenstoffsenke. In ihnen ist mehr Kohlenstoff gespeichert als in der Atmosphäre und der gesamten Erdvegetation zusammen. 2/3 des in Biomasse und Böden gespeicherten Kohlenstoffs entfällt allein auf die Böden und hier vor allem in den gemäßigten Klimaten. Das Klima trägt aktiv dazu bei, wie sich der Boden ausbildet und der Boden wiederum beeinflusst in erheblichem Maße das Klima. Beide befinden sich in einem dynamischen Gleichgewicht (Lal 2004). Eine höhere CO_2-Konzentration in der Atmosphäre führt zu einem stärkeren Pflanzenwachstum, wodurch vermehrt Kohlendioxid von der Vegetation aus der Atmosphäre aufgenommen und über Wurzeln und Streu dem Boden zugefügt wird. Diesem „Senkeneffekt" steht jedoch entgegen, dass bei steigenden Temperaturen sich die Aktivität der Bodenorganismen erhöht und mehr biologisches Material abgebaut wird, wodurch wiederum mehr Kohlendioxid an die Atmosphäre abgegeben wird. Nach einigen Modellberechnungen wird sich dieser Effekt langfristig stärker auswirken als der CO_2-Düngungseffekt, wodurch netto der Klimawandel verstärkt wird (Powlson 2005). Auch wenn die komplexen Wechselwirkungen zwischen Klimawandel und Kohlenstoffkreislauf noch nicht vollständig bekannt sind, so ist eine positive Rückkopplung zwischen globaler Erwärmung und Kohlenstoffanreicherung/-abgabe in den Böden eher wahrscheinlich; vor allem wenn man auch den Permafrost mit einbezieht (Heimann und Reichstein 2008).

Die Böden der tropischen Regenwälder sind dagegen wenig fruchtbar: die Monsunregen schwemmen die Nährstoffe schnell fort. Die meisten Pflanzennährstoffe und Kohlenstoffe im Regenwald sind in der Vegetation selbst enthalten. Sterben die Organismen, so zersetzen sie sich rasch in dem heißen, feuchten Klima, und die Nährstoffe werden in neuen Pflanzen wiederverwertet (IPCC-TAR: IPCC 2001).

Auf dem Land sind drei Kohlenstoffspeicher zu unterscheiden: Den größten Speicher mit ca. 1200 Mrd. t C stellt der Boden selbst dar, dann folgen die lebende Vegetation mit etwa 550 Mrd. t C und die Streu mit ca. 300 Mrd. t C. Die wichtigste Wechselwirkung zwischen Atmosphäre und Land spielt sich allerdings über die Vegetation ab. Pflanzen nehmen durch die Photosynthese Kohlendioxid aus der Atmosphäre auf, sie geben durch Atmung (Respiration) aber auch wieder CO_2 an die Atmosphäre ab (vgl. ▶ Abschn. 2.4.2.1).

Aus ◘ Abb. 2.16 ist zu entnehmen, dass verschiedene Ökosysteme sehr unterschiedlich viel Kohlenstoff aus der Atmosphäre aufnehmen können (Houghton 2007). Stellt man die flächenmäßige Verbreitung der Ökosysteme ihrer CO_2-Speicherkapazität gegenüber, so wird deutlich, dass Moore, die auf nur 6 Mio. km^2 mehr als 650 Mrd t C aufnehmen, weltweit die effektivsten Kohlenstoffsenken darstellen, gefolgt vom Grasland/Weideland (rund 600 Mrd. t auf nur 37 Mio. km^2), den Wäldern (33 Mrd. t auf 370 Mio. km^2) und den Trockengebieten (190 Mrd. t auf 30 Mio. km^2). Ackerland speichert weltweit auf einer Fläche von rund 15 Mio. km^2 (nur) etwa 120 Mrd. t C, da durch die intensive Bewirtschaftung der Äcker durch Umpflügen und regelmäßige Ernten eine Freisetzung von Kohlenstoff beschleunigt wird. Mit verbesserten Bewirtschaftungsmethoden, wie beispielsweise eingeschränktem Pflügen, Erosionsschutz, der Zugaben von Gründüngung und Kompost, kann dem Boden wieder Kohlenstoff zugeführt werden. Rund 37 Mio. km^2 weltweit sind mit Gras-/Weideland bedeckt; vor allem in den Trockengebieten der Erde. Diese Gebiete können vergleichsweise wenig Kohlenstoff pro Hektar aufnehmen. Da sie sich jedoch über große Flächen erstrecken, kann in der Summe insgesamt sehr viel Kohlenstoff absorbiert werden. Vorausgesetzt, sie werden nachhaltig bewirtschaftet, Brände vermieden, Bäume gepflanzt, und die Wasserqualität bewahrt. Wälder bedecken rund 33 Mio. km^2 auf der Erde. Sie enthalten geschätzt 370 Mrd. t an Kohlenstoff. Als hocheffektive Kohlenstoffspeicher zeichnen sich vor allem die borealen Wälder der nördlichen Regionen von Kanada, Russland, Alaska und Skandinavien aus. In ihnen sind etwa 32 % des weltweit vorhandenen Kohlenstoffs gebunden (Gauthier et al. 2015). Auch wenn diese Wälder nur knapp ein Drittel der von Bäumen

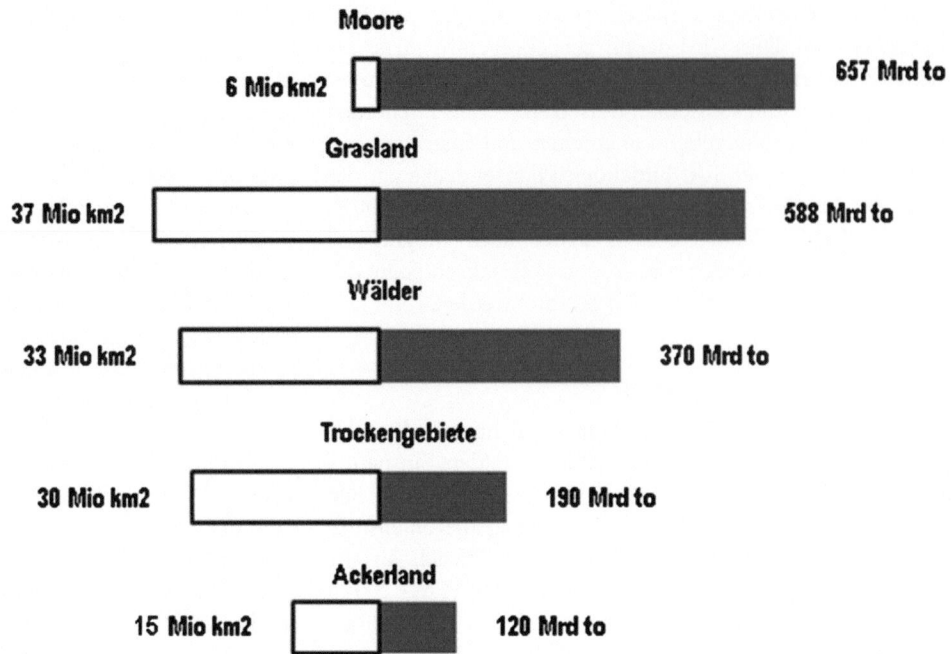

Abb. 2.16 Gespeicherte Kohlenstoffmengen nach Ökosystemen. (umgezeichnet nach: EC, Soil organic matter management across the EU, Technical Report 2011–051, S. 20, Brussels; ▶ http://bit.ly/1yQrKct)

bedeckten Fläche der Erde ausmachen, so ist in ihnen doch mindestens ebenso viel Kohlenstoff gespeichert wie in den Böden der Tropen. Dabei wird der Kohlenstoff nicht nur in den Bäumen, sondern auch in den Permafrostböden gebunden. Da die Wälder aber eine Vielzahl an Pflanzen-, Tier- und Pilzarten beherbergen und sowohl Waldbränden als auch Schädlingsplagen ausgesetzt sind, stellen sie in der Summe eines der vom Klimawandel am meisten betroffenen Ökosysteme der Erde und können von einem Nettospeicher zu einer bedeutenden Quelle der Treibhausgasemissionen werden. Bei einer globalen Erwärmung um 4 °C würde es dort sogar um bis zu 11 °C wärmer. Da sich die Klimazonen in diesen Regionen zehnmal schneller Richtung Norden verschieben, als die Baumpopulationen wandern können, kommt es schon heute zu wärmeren Temperaturen, einer stärkeren Trockenheit und so zu vermehrten Waldbränden und zu stärkerem Insektenbefall. Da Wasser ein entscheidender Faktor für das Pflanzenwachstum ist, hat auch der Niederschlag einen großen Einfluss auf den Kohlenstoffaustausch zwischen dem Boden und der Atmosphäre. Die Zunahme der globalen Niederschläge durch den Klimawandel hat in den beiden letzten Jahrzehnten des 20. Jahrhunderts in der Summe zu einer Erhöhung der Nettoprimärproduktion von 6 % und damit zu einer höheren Kohlenstoffbindung durch die Vegetation geführt; wobei anzumerken ist, dass dabei auch die klimatisch bedingt verlängerte Wachstumszeit und die höheren Umgebungstemperaturen ein Rolle gespielt haben. Heißere und trockenere Sommer könnten in mittleren und höheren Breiten dazu führen, dass die CO_2-Aufnahme in Zukunft sich stark reduziert. Am Beispiel der europäischen Hitzewelle 2003 zeigte sich, dass terrestrische Ökosysteme bei Änderungen des Klimas schnell zu einer Quelle von Kohlendioxid werden können. In Regionen mit Niederschlagsabnahme ist dagegen die Kohlenstoffaufnahme durch die Landvegetation zurückgegangen (Piao et al. 2009; Canadell et al., 2007b).

Kohlenstoffquellen

Wie schon zuvor beschrieben, begann das Verständnis der Zusammenhänge von CO_2-Emissionen und dem Anstieg der globalen Oberflächentemperatur mit den Arbeiten des schwedischen Forschers Svante Arrhenius (1896). Aus seinen Berechnungen ergab sich, dass eine Verdoppelung des Kohlendioxidgehalts in der Atmosphäre zu einer Temperaturerhöhung von 4–6 °C führen würde. Arrhenius stellte aber noch eine weitere Frage:

> Is it probable, that such great variations in carbon dioxide could have occurred within relatively short geologic times?

Neben geologischen Ursachen, wie vor allem Vulkanausbrüchen, wies er darauf hin, dass auch das Verbrennen fossiler Energierohstoffe (Kohle und Biomasse) zu den natürlichen auch noch einen anthropogenen Effekt beisteuere. Damals wurden um 500 Mio. t Kohle pro Jahr verbrannt; heute um 6,5 Mrd. t und noch einmal um 5 Mrd. t Erdöl. In den 1950er-Jahren wurden die Arbeiten von Arrhenius im Rahmen des „Internationalen Geophysikalischen Jahrs" aufgegriffen. Und hier waren es vor allem die Untersuchungen von Charles Keeling am Mauna Loa (Hawaii). Die berühmte „Keeling-Kurve" hatte einen maßgeblichen Anteil daran, die Diskussion um die Klimaentwicklung auf eine sachkundige Grundlage zu stellen.

Heute wissen wir, dass der CO_2-Gehalt in der Atmosphäre etwa seit 1750 mit Beginn der sogenannten „Industriellen Revolution" kontinuierlich ansteigt. Die gegenwärtige Konzentration liegt um 40 % oberhalb des vorindustriellen Werts von 280 ppm (Etheridge et al. 1996). Im März

2.4 · Erderwärmung

2015 wurde nach Angaben der amerikanischen National Oceanic and Atmospheric Administration (NOAA) global erstmals ein Wert von mehr als 400 ppm CO_2 in der Atmosphäre gemessen; er ist somit in den Jahren von 2000 bis 2009 um jährlich 2,0 ppm angestiegen. Heute liegt der CO_2-Gehalt um 30 % über dem höchsten Wert, der in den letzten 14 Mio. Jahren (seit dem Mittleren Miozän) erreicht wurde. Wie schon zuvor dargestellt, hatte es in den letzten 150.000 Jahren mehrfach Phasen mit Temperaturerhöhungen und Abkühlungen um mehrere Grad Celsius, mit episodisch wiederkehrenden Eiszeiten gegeben. Für die Klimadiskussion wichtig ist aber die Tatsache, dass diese Erwärmungs-/Abkühlungsphasen sich in der Regel über Zeiträume von 10.000 bis 20.000 Jahren erstreckten. Der heute zu festzustellende Temperaturanstieg ist deshalb alarmierend, weil er in nicht einmal 200 Jahren erfolgte. Nach der Auswertung von Eisbohrkernen erreichte die atmosphärische CO_2-Konzentration bereits um 1850 erstmals Werte, welche die aus dem vorangegangenen Jahrtausend übersteigen. Seitdem hat sich der Anstieg stetig beschleunigt.

In ◘ Abb. 2.17 ist die Zunahme der CO_2-Emissionen aus der Verbrennung fossiler Energierohstoffe seit der „Industriellen Revolution" dargestellt. Wenn man die Summe aller Emissionen („Total") betrachtet, so wird deutlich, dass es sich um einen exponentiellen Zuwachs handelt, mit einer Zuwachsrate seit etwa 1970 um jährlich fast 9 %. Auch wenn in den 1980er-Jahren sich die Rate etwas abschwächt, was als Reaktion auf die „Erdölkrise" in den frühen 1970er-Jahren zu erklären ist. In deren Folge konnten die Industrienationen durch technischen Fortschritt ihre Produktivität vom Energiebedarf abzukoppeln. Die Kurve zeigt des Weiteren, dass auch schon davor politische Einflüsse (die beiden Weltkriege) zu geringeren CO_2-Emissionen geführt hatten.

Die Verbrennung fossiler Energieträger wie Kohle und Erdöl ist der Hauptgrund für den anthropogenen Anstieg der CO_2-Konzentration; Entwaldung ist die zweitwichtigste Ursache.

In der Zeit zwischen 1751 und 1900 wurden durch die Verbrennung fossiler Energieträger ca. 12 Mrd. t Kohlenstoff in Form von Kohlendioxid freigesetzt. Von 1990 an bis etwa zum Jahr 2002 waren allein die großen Emittenten (USA, Deutschland, übrige EU, China, Russland, Indien) für jährlich zwischen 22 und 25 Mrd. t verantwortlich. Ab dem Jahr 2002 kam es dann zu einem deutlichen Anstieg der Emissionsmengen durch China um 3 Mrd. t auf dann im Jahr 2010 6,5 Mrd. t; global fast 33 Mrd. t. (CSC 2017). Daneben rührt ein großer Anteil an CO_2 aus der veränderten Landnutzung her, und hier vor allem aus der Entwaldung tropischer Regenwälder. Dadurch sowie durch veränderte Landnutzung wurden im Jahr 2012 etwa 0,9 Mrd. t CO_2 freigesetzt. Eine weitere CO_2-Quelle sind Vulkane, deren Emissionen sich auf jährlich etwa 0,3 Mrd. t CO_2 belaufen, sowie natürliche Gasaustritte (Fumarolen, Geysire), was einer Menge von weniger als 1 % der von Menschen produzierten CO_2-Menge entspricht (Hards 2005). Wenn vulkanisches Kohlendioxid einen relevanten Anteil an den gesamten CO_2-Emissionen hätte, müssten die CO_2-Konzentrationen in der Atmosphäre nach größeren Vulkanausbrüchen jeweils signifikant ansteigen (Urs Neu: „Klimafakten"; Internetzugriff 16.09.2017).

In seinen bisherigen Berichten hatte das IPCC immer wieder auf die die Aktivitäten des Menschen als zentrale Ursache der Treibhausgaszunahme in der Atmosphäre hingewiesen. In dem 2008 erschienenen Synthesis Report IPCC-AR4 stellt das Panel fest:

> Most observed increase in global average temperature since the mid-20th century is very likely due to the observed increase in anthropogenetic GHG concentrations.

Dabei, so wies der Report nach, hätten Änderungen der Solarstrahlung und der vulkanischen Gasemissionen eigentlich zu einer Reduzierung der CO_2-Gehalte führen müssen. Die Berechnungen basierten auf dem unterschiedlichen

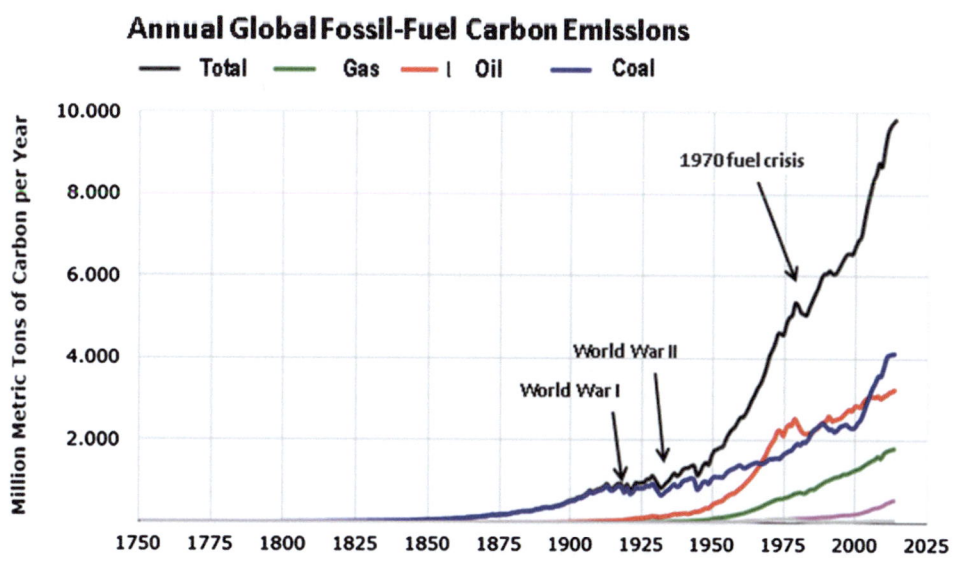

◘ Abb. 2.17 Zunahme der CO_2-Emissionen aus der Verbrennung fossiler Energierohstoffe seit der „Industriellen Revolution". (umgezeichnet nach: Boden et al., Carbon Dioxid Information Analysis Center (CDIAC), 2016)

Verhältnis der Kohlenstoffisotope bei fossilen Energieträgern und bei lebenden Pflanzen.

Nach Artikel 1/9 der Klimarahmenkonvention werden Kohlenstoffquellen *(carbon sources)* definiert als Ökosysteme, aus denen Treibhausgase in die Atmosphäre entlassen werden; man spricht daher auch von ihnen auch als „Freisetzungsökosysteme". Da Ökosysteme, wie zuvor dargestellt, auch in der Lage sind, Kohlenstoff zu speichern *(carbon sinks)*, werden sie nur dann als „Quellen" bezeichnet, wenn aus ihnen mehr CO_2 entweicht, als aufgenommen wird. Aus dem zuvor beschriebenen Kohlenstoffkreislauf wird ersichtlich, dass etwa die Hälfte des durch Photosynthese in der Biomasse aufgenommen Kohlenstoffs allein schon durch den Stoffwechsel der Pflanzen („autotrophe Atmung") wieder an die Atmosphäre abgegeben wird. Die Biomasse stellt damit eine Art zeitlichen Zwischenspeicher dar. Zudem erhöht der Mensch durch seine Aktivitäten, wie der Ernte von Feldfrüchten, dem Verbrennen von Holz und anderer Biomasse, zur Emission von CO_2 bei. Es ist abzusehen, dass in Zukunft die Pflanzenatmung durch eine Zunahme der Temperatur im Zuge der Klimaerwärmung exponentiell ansteigt und damit terrestrische Ökosysteme, die derzeit noch Kohlenstoffsenken darstellen, langfristig zu Kohlenstoffquellen werden (WBGU 1998).

Kohlenstoffquelle Wald

Der Wald ist ein fundamentaler Baustein für das Leben auf der Erde, indem er dem Menschen und der Tierwelt Lebensräume bietet, indem er Rohstofflieferant (Holz) ist, den Boden vor Erosion schützt, Wasser speichert und die Fähigkeit hat, Kohlenstoff aufzunehmen. Standortfaktoren wie Klima, Boden und Topografie bestimmen maßgeblich, welche Baumarten und Waldgesellschaften an einem Ort überhaupt vorkommen und wie gut die Bäume dort wachsen können. Mit dem Klimawandel verändern sich die Standortfaktoren, insbesondere die Merkmale: Wasserverfügbarkeit, Vegetationshöhen und Präferenz für bestimmte Baumarten. Durch den Klimawandel dürfte bis Ende des Jahrhunderts während der Vegetationszeit weniger Wasser zur Verfügung stehen, dann also, wenn sie am meisten Wasser benötigen. Dazu trägt neben dem Rückgang der Sommerniederschläge auch die steigende Verdunstung im Zuge der Erwärmung bei. Auch wachsen Bäume grundsätzlich schneller, wenn es wärmer wird – aber nur, solange es genügend feucht bleibt. Durch die sinkende Wasserverfügbarkeit wird das Baumwachstum in den tieferen Lagen der gemäßigten bis borealen Zonen zunehmend eingeschränkt. In den höheren Lagen ist mit stärkerem Baumwachstum zu rechnen, weil die Wasserverfügbarkeit meist gut bleiben dürfte (Allgaier et al., 2017).

All das macht den Wald zu einer Kohlenstoffsenke, mit der er das Klima schützt. Nur muss anerkannt werden, dass er diese Speicherfunktion – so wie die Wälder heute beschaffen sind – nicht auf alle Zeit weiter wird wahrnehmen können. Ein „alternder" Wald verliert zunehmend seine Senkenwirkung. Durch Absterben der Bäume, durch Stürme, Waldbrände und die weltweit zunehmende Ausbreitung von Schädlingen, wie dem Borkenkäfer, wird vergleichsweise mehr gebundenes CO_2 wieder freigesetzt. Der Wald wird so zu einer CO_2-Quelle. Der Sturm „Lothar" zerstörte beispielsweise in den Schweizer Wäldern mehr Holz, als im gleichen Jahr nachwuchs. Nimmt man die erwartete Klimaentwicklung der derzeitigen Klimamodelle zur Grundlage, dürften in Zukunft vor allem durch den Temperaturanstieg, durch Waldbrände, Unwetter und Insektenbefall die Schäden noch deutlich höher ausfallen.

Die zu erwartenden Rückkopplungseffekte, z. B. durch erhöhte Treibhausgasemissionen aus dem Permafrost, werden auch die Wälder unter zusätzlichen Stress setzen. Hier stehen vor allem wegen ihrer großen Ausdehnung die borealen Wälder und die tropischen Regenwälder im Fokus. So hat sich zum Beispiel in der Amazonas-Region von 1980 bis 1990 zwar die Biomasse durch die höheren CO_2-Gehalte in der Atmosphäre erhöht, doch Ökologen warnen, dass damit mehr oder weniger schon der kritische Schwellenwert der Aufnahmekapazität des Ökosystems erreicht sein könnte. Und ein noch weiterer Anstieg könnte das ökologische Gleichgewicht zerstören (Cowling et al. 2005).

Menschliche Eingriffe in terrestrische Ökosysteme, wie die Umwandlung von Primärwälder in Sekundärwälder sowie eine intensive Waldbewirtschaftung, führen zu sehr hohen CO_2-Emissionen. Solche Umwandlungen finden nicht nur in der so eindringlich in den Medien beschriebenen Abholzung der tropischen Regenwälder statt, sondern betreffen ebenso die Nutzung der borealen Wälder, wie zum Beispiel in Skandinavien, Kanada, Sibirien und vielen anderen Regionen. Dabei ist anzumerken, dass ungestörte Naturwälder weder Senken noch Quellen darstellen, wenn sie sich in einem Gleichgewichtszustand befinden. Jährlich werden etwa 13 Mio. ha Wald gerodet, was einen Nettoverlust an Waldfläche von etwas mehr als 7 Mio. ha ausmacht. Global stellen die Abholzungen in den tropischen Regenwäldern mehr als 25 % der gesamten CO_2-Emissionen. Allein in den Ländern Brasilien und Indonesien werden jährlich mehr als 2000 Mio. t CO_2 freigesetzt. Die globalen CO_2-Emissioneen durch das Verbrennen von Erdöl, Erdgas und Kohle belaufen sich nach Angaben des US Departments of Energy auf jährlich mehr als 20.000 Mio. t CO_2 (1990–1999). Im Vergleich dazu ist die Gesamtmenge an CO_2 durch das Abholzen der Wälder nur etwa ein Viertel so hoch (1989–1995).

Die Senken-Quellen-Funktion der Wälder gestaltet sich in der Realität aber viel komplexer. So kann einmal geschlagenes Holz in einem Land eine CO_2-Quelle darstellen, exportiert in ein anderes Land dort aber andere Bau-/Werkstoffe ersetzen, die eine wesentlich schlechtere Klimabilanz aufweisen. Das Schweizer Bundesamt für Umwelt (BAFU) hat einmal dargestellt, wie sich die Abholzung der Wälder auf die CO_2-Emissionen auswirken können (Fischlin et al., 2006):

- Werden durch Holz oder Holzprodukte exportiert, kann die Nutzung des Waldes im Ausland reduziert werden.

- Die „Senke" im Ausland nimmt zu, in der Schweiz nimmt sie ab.
- Werden im Ausland konventionelle Materialien (Beton, Aluminium usw.) durch Schweizer Holz ersetzt, entsteht eine CO_2-Minderbelastung im Ausland [in der Schweiz nimmt sie zu; Anmerkung des Autors].
- Vorratsveränderung im Zivilisationskreislauf: Werden im Ausland konventionelle Materialien durch Produkte aus Schweizer Holz ersetzt, steigt dort der Kohlenstoffvorrat an.
- Wird im Ausland genutztes Holz [in die Schweiz] importiert, kann die Nutzung im Schweizer Wald reduziert werden. Die „Senke" im Schweizer Wald nimmt zu, im Ausland nimmt sie ab.
- Werden in der Schweiz konventionelle Materialien durch importierte Holzprodukte ersetzt, verbessert sich die inländische CO_2-Bilanz. Die Produktionsemissionen [gehen zu Lasten der Ökobilanz des Exportlandes].
- Werden in der Schweiz konventionelle Materialien durch importierte Holzprodukte ersetzt, erhöht sich der inländische Kohlenstoffvorrat.

Der Einsatz von nachwachsenden Rohstoffen (Holz, Biomasse usw.) zur Energieerzeugung wird im Prinzip als klimaneutral bewertet. Seine positive Bilanz erhält er dadurch, dass Bäume/Biomasse die beim Aufwuchs gespeicherten Mengen an Kohlendioxid, Wasserstoff, Sauerstoff und Stickstoff bei der Verbrennung wieder freisetzen, und, dass mit Holz fossile Energieträger substituiert werden, die eine wesentlich schlechtere Klimabilanz aufweisen. Ein energetisch genutzter Kubikmeter Holz vermeidet die Emission von 0,6 t CO_2 aus fossilen Energieträgern; die gleich Menge an Holz als Baurohstoff vermeidet die Emission von 1 t CO_2.

Kohlenstoffquelle Boden

Der globale Ausstoß von Kohlendioxid aus dem Boden ist einer der größten Komponenten des Kohlenstoffkreislaufes und wird auf 50 bis 75 Gt C pro Jahr geschätzt. Dies entspricht etwa 20 bis 40 % des jährlichen Kohlenstoffinputs in die Atmosphäre. Eine globale Temperaturerhöhung könnte diesen Kohlendioxidausstoß durch die Bodenatmung noch deutlich erhöhen. Durch die Zersetzung von organischer Materie durch Mikro- und Makroorganismen, durch die Wurzelrespiration, aber auch durch chemische Oxidation und die Lösung von Carbonaten wird Kohlenstoff in Form von Kohlendioxid, als „Gelöster Organischer Kohlenstoff" (*dissolved organic carbon,* DOC) und Methan aus dem Boden ausgetragen. Die Quantität des Kohlenstoffausstoßes ist global und zeitlich stark heterogen und abhängig von der Bodenstruktur, der Temperatur, der Jahreszeit, dem Bodenwassergehalt bzw. der Bodenfeuchtigkeit, der Bakterien-, Pilz- und Wurzeldichtenverteilung sowie dem Gehalt an organischer Materie und der Bodendurchlässigkeit. Es gibt zwei Arten von Kohlenstoffvorräten *(carbon pools)* in der Pedosphäre: der organische Kohlenstoff des Bodens *(soil organic carbon,* SOC) und anorganische Kohlenstoff des Bodens *(soil inorganic carbon;* SIC). Der „SOC" wird global auf etwa 1 550 Gt C geschätzt. Dem gegenüber wird der schlechter zu schätzende meist in Carbonaten gebundene „SIC" durchschnittlich auf etwa 950 Gt C geschätzt.

Auch eine Nutzung brachliegender Ackerflächen würde bei einer Rekultivierung große Mengen an Kohlenstoff in die Atmosphäre freisetzen. Viele solche Flächen befinden sich in den Nachfolgestaaten der ehemaligen Sowjetunion, deren Zusammenbruch drastische Landnutzungsänderungen zur Folge hatte. Schierhorn et al. (2013) schätzen, dass allein im europäischen Russland, der Ukraine und Weißrussland 87 Mio ha Land ackerbaulich genutzt werden könnten, in denen zwischen 1990 und 2009 etwa 470 Mio to C gespeichert wurden. Die Menge des gespeicherten Kohlenstoffs stieg nach dem Jahr 2000 sogar noch deutlich an, denn ehemaliges Ackerland benötigt eine Übergangszeit von fünf bis zehn Jahren, um von einer Kohlenstoffquelle zu einer Kohlenstoffsenke zu werden.

Kohlenstoffquelle Moore

Das große Potenzial der Moore, Kohlenstoff längerfristig aus der Atmosphäre aufzunehmen, wurde zuvor schon eingehend erläutert. Auch wenn weltweit pro Jahr in lebenden Mooren „nur" 1 % des bei der Verbrennung fossiler Energieträger emittierten Kohlendioxids in organischen Verbindungen gebunden wird, so enthalten doch allein die Moore in Deutschland in ihren obersten 15 cm genauso viel Kohlenstoff wie ein 100-jähriger Wald vergleichbarer Größe. Das bedeutet, geht in einem Moor die Torfmächtigkeit um einen Meter zurück, müsste zum Ausgleich das Sechsfache an Fläche aufgeforstet werden und 100 Jahre ungestört wachsen (NABU 2017). Bei der Abtorfung kommt es zu einer Durchlüftung des Torfkörpers, bei der nicht nur der vorher festgelegte Kohlenstoff oxidiert und dadurch Kohlendioxid entweicht, sondern auch Distickstoffoxid (N_2O; Lachgas) freigesetzt wird. Die aus den Mooren entweichenden Gase haben weltweit ein *global warming potential* (GWP), was dem 298-fachen von CO_2 entspricht. Bei der Zerstörung der Moore werden dementsprechend in kürzester Zeit klimawirksame Gase emittiert, die vorher in 11.000 Jahren festgelegt wurden. Die Fähigkeit, Kohlendioxid und andere klimawirksame Gase zu absorbieren, wird zudem durch den Klimawandel bedroht. Wasserabhängige Ökosysteme wie Moore reagieren besonders empfindlich auf wärmere und trockenere Jahre. Sinkende Wasserstände führen dazu, dass ehemalige Hochmoore sich zu Busch und Gehölz ausbildende Standorte entwickeln. Ferner belasten verlängerte Vegetationsphasen die Moore, da dies einen höheren Wasserbedarf der Pflanzen nach sich zieht. All diese Faktoren können dazu führen, dass die Moore ihre Funktion als „Kohlenstoffsenken" einbüßen und immer mehr zu „Kohlenstoffquellen" werden.

Weltweit wird geschätzt, dass 84 % der Treibhausgasemissionen aus dem Abbau der Moore zur Torfgewinnung oder durch Entwässerung zur landwirtschaftlichen Nutzung stammen. In einigen nord-/osteuropäischen Ländern stellen die CO_2-Emissionen aus landwirtschaftlichen Nutzung die größte Treibhausgasquelle dar (Strack 2008). In den Ländern Norwegen, Schweden, Finnland, Russland und Weißrussland sind heute mehr als 10 Mio. ha Moore drainiert und sie sind für fast 90 % der weltweiten Torfproduktion verantwortlich.

Die Speicherkapazität der Moore für CO_2 in SO-Asien wird auf jährlich 58 Mrd. t geschätzt. In den 1980er-Jahren wurden allein in Indonesien 3,7 Mio. ha Moore zur Anlage von Palmöl und für den Holzeinschlag kultiviert, was zu einer Reduzierung der Moorfläche um um fast 20 % und zum Verlust einer Kohlenstoffspeicherkapazität von bis fast 10 Mio. t jährlich führte; der damals höchsten CO_2-Emissionen aus den Landnutzung weltweit.

Im Jahre 2005 wurden aus den Mooren Asiens mehr als 600 Mio. t CO_2 jährlich in die Atmosphäre entlassen. Es wird angenommen, dass diese Einträge sich im 21. Jahrhundert noch weiter erhöhen werden. Zu den Emissionen aus den Moorkultivierungen kommen noch sehr große Mengen aus den vielen – oftmals bewusst herbeigeführten – Waldbränden; geschätzt könnten so 2000 Mrd. t jährlich (8 % der weltweiten durch Brände bedingten Emissionen) hinzukommen (Strack 2008).

Das Kyoto-Protokoll schreibt in Artikel 3.3 vor, Aufforstungen („Senke") und Rodungen („Quelle") in den jährlichen Klimabilanzen mit aufzunehmen. Da die jährliche Bilanzierung von Senken und Quellen aber mit einem großen administrativen und technischen Aufwand verbunden ist, fehlt es insbesondere vielen Entwicklungsländern an entsprechenden Monitoringsystemen. Viele Industrieländer überwachen ihre „Senkenleistungen" kontinuierlich, um so das Recht, im entsprechenden Umfang mehr CO_2 zu emittieren, belegen zu können.

2.4.3 Globale Kohlenstoffbilanz

Nach Schlesinger (1997; zitiert in: WBGU 2003; Abb. 4.2-1) sind in den Ozeanen 38.000 Mrd. t Kohlenstoff, in den Böden 1500 Mrd. t und in der Biosphäre 560 Mrd. t enthalten. Dem stehen 750 Mrd. t Kohlenstoff in der Atmosphäre gegenüber. Dabei ist allein in der pflanzlichen Biomasse mit 560 Mrd. t fast so viel Kohlenstoff gespeichert, wie in der Atmosphäre mit 750 Mrd. t. Die pflanzliche Biomasse an Land ist überwiegend in den nicht bewirtschafteten Primärwäldern der Regenwälder gespeichert (IPCC-AR4 WG1: IPCC 2007). Die Böden enthalten etwa doppelt so viel Kohlenstoff, wie die Atmosphäre.

Der globale Kohlenstoffkreislauf vollzieht sich in erster Linie an der Erdoberfläche. Dort finden die großen Austauschprozesse der gewaltigen terrestrischen und ozeanischen Kohlenstoffvorräte mit der vergleichsweise geringen Kohlenstoffmenge der Atmosphäre statt. Allein im Zeitraum von 1990 bis 2000 haben nach Angaben des *Global Carbon Project* die Land- und Wasserflächen der Erde geschätzte 2–4 Mrd. t Kohlenstoff aufgenommen. Träger des Austauschprozesses zwischen der Atmosphäre und der Biosphäre ist die Vegetation. Durch die Photosynthese nehmen die Pflanzen Kohlendioxid auf (Bruttoprimärproduktion; BPP) und geben etwa die Hälfte davon durch „Respiration" wieder ab. Der verbleibende Anteil (Nettoprimärproduktion; NPP) wird als Biomasse gespeichert. Das in der Biomasse gespeicherte CO_2 wird aber als abgestorbene Biomasse (Laub/Äste) im Boden durch Organismen mineralisiert und fast zu 90 % letztendlich wieder an die Atmosphäre abgegeben. Anzumerken ist dabei, dass die Austauschkapazität von Kohlenstoff zwischen Land und Atmosphäre nur indirekt, vor allem auf der Basis der jährlichen Verbrauchsdaten fossiler Brennstoffe sowie dem Umfang der globalen Entwaldung abgeschätzt werden kann. Eine weitere schwer abschätzbare Komponente ist der Einfluss der Vegetation. Diskutiert wird in diesem Kontext, dass die auf die Aufnahme von CO_2 angewiesenen Pflanzen allein aufgrund der steigenden Kohlendioxidkonzentrationen verstärkt CO_2 aufnehmen. Festzustellen ist, dass Landbiosphäre in den letzten Jahrzehnten zu einer „Nettokohlenstoffsenke" geworden ist. Wie viel CO_2 eine Pflanze speichert, hängt aber noch von der Verfügbarkeit von Wasser, Sonnenlicht (im richtigen Wellenlängenbereich), der Lufttemperatur und Feuchtigkeit sowie dem Angebot von Nährstoffen wie Stickstoff- und Schwefelverbindungen ab. Nur wenn alle diese Voraussetzungen erfüllt sind, kann ein höherer CO_2-Gehalt auch zu einer gesteigerten Photosyntheserate führen. Bei vielen tropischen Pflanzen, die auf eine hohe Feuchte ausgelegt sind und einem anderen Photosynthesemechanismus unterliegen, ist der CO_2-Angebotseffekt vergleichsweise gering. Es wurde ferner festgestellt, dass die Nettoprimärproduktion (NPP) der Vegetation in den mittleren und höheren Breiten bei einer Verdopplung des CO_2-Gehaltes sich um bis zu 33 % erhöhen könnte, wobei das größte Potenzial in den Wäldern liegt. Im Gegensatz dazu sinkt die NPP der Biosphäre in den Tropen, weil dort in der Regel das biologische Temperaturoptimum überschritten wird. Ein anderer Aspekt ist die durch den Klimawandel in mittleren und höheren Breiten zu beobachtende längere Wachstumszeit von 11 Tagen aufgrund eines früheren Frühlingsbeginns und ein späteres Herbstendes, was zu einer vermehrten CO_2-Aufnahme führt; in höheren Breiten können dadurch außerdem Pflanzen wachsen, die bislang wegen der zu niedrigen Temperaturen dort nicht heimisch sind.

IPCC (IPCC-4AR 2007) weist daraufhin, dass erst die Gesamtsumme der obigen Ein- und Austräge, und dann nur global und über das Jahr gemittelt, die Menge an Kohlenstoff anzeigt, die der Atmosphäre jährlich entzogen wird. Es wird davon ausgegangen, dass die Abnahme der Kohlendioxidaufnahme in den nächsten Jahrzehnten noch positiv bleiben und erst durch den voranschreitenden Klimawandel, ab Mitte des 21. Jahrhunderts negativ werden wird; das Land so zu einer CO_2-Quelle werden wird.

Das Kyoto-Protokoll unterscheidet zwischen Emissionsquellen und Emissionssenken. Das IPCC gab im Jahr 2007 die in ◘ Abb. 2.18 gezeigten Anteile für „Senken" und „Quellen" der CO_2-Konzentrationen in der Atmosphäre an.

Bei der Aushandlungen des Kyoto Protokolls (vgl. ▶ Kap. 4) ist es insbesondere in Bezug auf die „Quellen und

2.4 · Erderwärmung

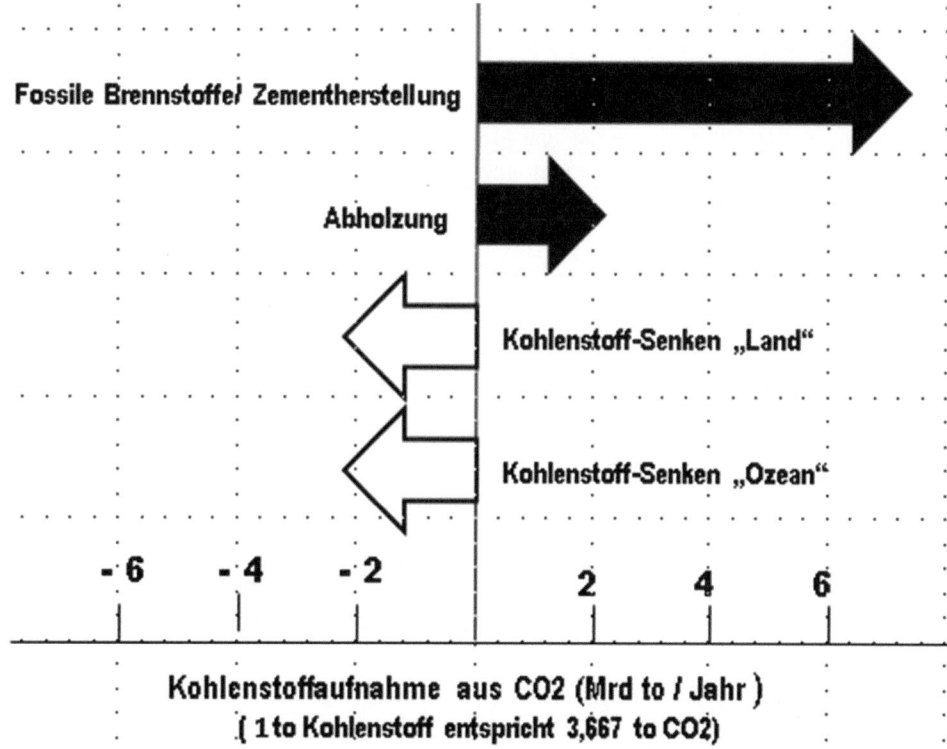

Abb. 2.18 Beitrag der „Quellen" und „Senken" zur Kohlendioxidkonzentration in der Atmosphäre. (umgezeichnet nach IPCC-4AR: IPCC 2007)

Senken"-Problematik der Biosphäre zu erheblichen Differenzen gekommen. So (WBGU 2003):

- ist die Nettobilanz von Entwaldung und Wiederaufforstung in vielen Regionen der Erde negativ, weil die Verluste während der Waldzerstörung meist größer waren als die Gewinne in kürzlich wieder aufgeforsteten Gebieten. Dies gilt besonders, wenn alte Wälder durch schnelllebige Plantagen ersetzt werden. Schätzungen in der Literatur zu den Verlusten an Kohlenstoffvorräten nach der Umwandlung von Wäldern in landwirtschaftliche Flächen reichen von 24 % bis 63 % über 90 Jahre. Diese Beispiele veranschaulichen die Schwierigkeit, eine Referenzlinie zu definieren.
- birgt die Einbeziehung von Aufforstung und Wiederbewaldung die Gefahr, dass Urwälder oder Moore zu Gunsten von Waldplantagen verloren gehen, die (aber) weitaus geringere Mengen von Kohlenstoff absorbieren als die natürlichen Ökosysteme. So wird angemerkt, dass eine Aufforstung von abgetorftem Land im Allgemeinen zu einer verminderten Kohlenstoffaufnahme führe.
- kann eine Wiederaufforstung von Weideland und Kulturflächen sowohl zu einem Anstieg als auch zu einer Verringerung der Kohlenstoffvorräte im Boden führen. Der Effekt hängt von klimatischen Einflüssen, einer der Entwaldung vorausgehenden Landnutzung sowie den ursprünglichen Kohlenstoffvorräten im Boden ab. So können in den ersten 30–100 Jahren nach der Wiederaufforstung von Weideland die Kohlenstoffvorräte im Boden zwischen −61 t C pro ha bis +13 t C pro ha variieren.

2.4.4 Klimasensitivität

Die „Klimasensitivität" ist eine Berechnungsgröße, bei der die globale Erwärmung der Erdatmosphäre als Folge der Treibhausgasemissionen ins Verhältnis zu einer Strahlungseinheit gesetzt wird. Diese sehr „mathematische" Definition wird im allgemeinen Sprachgebrauch – wenn auch ungenau – ersetzt durch:

> Kennzahl für die Klimaerwärmung bei Verdoppelung der Konzentration von Kohlenstoffdioxid in der Erdatmosphäre (WBGU 2009; IPCC-AR4 2007).

Sie gibt an, wie sensibel die global gemittelte bodennahe Lufttemperatur auf der Erde auf Änderungen der Kohlendioxidkonzentration reagiert.

Oftmals wird „Klimasensitivität" mit „Klimaerwärmung" gleichgesetzt. Da aber in die „Klimasensitivität" sowohl der Strahlungsantrieb der Sonne („Solarstrahlung"), wie auch die anthropogenen Emissionen sowie die „thermische Trägheit" der Ozeane eingehen, kann die „Klimasensitivität" von 3 °C eine Erwärmung von 2 °C wie auch eine von 4 °C bedeuten. Rahmstorf (2013) nennt sie deshalb „eine nützliche Kennzahl, weil sie die Empfindlichkeit des Klimasystems angibt, unabhängig vom Emissionsszenario".

Die Ergebnisse der Vielzahl an Klimamodellen weisen übereinstimmend auf eine Zunahme in der globalen mittleren Oberflächentemperatur in einem Korridor von 1,5 °C bis 6,2 °C hin, wenn sich der CO_2-Gehalt in der Atmosphäre verdoppelt. Der IPCC-TAR (2001) geht bei seinen Analysen von einer Erwärmung in einer Bandbreite von 1,7 °C bis 4,2 °C bei Verdopplung der vorindustriellen CO_2-Konzentration aus, wobei der IPCC keinerlei Aussage bezüglich des „wahrscheinlichsten" Wertes für die Klimasensitivität macht. Caldeira et al. (2003) haben aus ihren Berechnungen der Klimasensitivität der Erde – abgeleitet aus der Klimaentwicklung der letzten 420 Mio. Jahre – eine Temperaturzunahme von 1,5 °C als die „plausibelste" ermittelt. Rahmstorf & Schellnhuber, (2007, S. 44) kommen zu einem etwas niedrigeren Temperaturkorridor als der aktuelle IPCC-Korridor von 1,5–4,5 °C und sehen einen Wert nahe an 3 °C als den „wahrscheinlichsten Wert" an; was einer Klimasensitivität von 0,8 °C pro W pro m entspricht.

Ein grundlegendes Verständnis über die Zusammenhänge von CO_2 und Atmosphäre ist der Schlüssel dazu, die zukünftige Klimaentwicklung verlässlicher vorhersagen zu können (Royer et al. 2007). Da dieser Effekt derzeit nur schwer zu quantifizieren ist, stellt die Klimasensitivität mit Abstand den größten Unsicherheitsfaktor bei der Klimamodellierung dar (Caldeira et al. 2003). Dabei bestehen vor allem Unsicherheiten hinsichtlich der Abschätzung der Abkühlungseffekte durch anthropogen emittierte Aerosole. Empirische Befunde deuten darauf hin, dass dieser Effekt stärker ist als bisher angenommen. Das könnte bedeuten, dass die Klimasensitivität höher als bisher eingeschätzt werden muss. Angesichts der Tatsache, dass die industrielle Produktion (Stichwort: „Montrealer Protokoll") in der Zukunft immer weniger Aerosole in die Atmosphäre entlassen wird (bzw. soll), könnte dies dazu führen, dass die Erwärmungsrate in Zukunft möglicherweise höher sein könnte, als bisher (IPCC-TAR: IPCC 2001) angenommen. Darüber hinaus geben Caldeira et al. (2003) zu bedenken, dass die meisten Klimamodelle auf einer Zeitreihe beruhen, die nur „wenige" hundert Jahre umfasst und in denen die CO_2-Gehalte und die globalen Temperaturen sich auf ähnlichem Niveau wie heute bewegen. Es könnte sich daher ergeben, dass dadurch das Klimageschehen eher als zu konservativ eingeschätzt wird. Verstärkt wird der Anreicherungseffekt auch noch davon, dass warme Luft viel mehr Wasserdampf aufnehmen kann. Derzeit ist aber nicht absehbar, wie viel Wasserdampf in der Zukunft gebildet werden könnte.

2.4.5 Kipppunkte im Klimasystem

Die Emission von Treibhausgasen in die Atmosphäre hat nach Angaben des IPCC-AR5 (2014b) heute schon ein Niveau erreicht, das nach Auffassung der Klimaforscher als „kritisch" angesehen wird. In der „Klimarahmenkonvention" wurde daher vereinbart, die maximal zulässige Erwärmung so zu begrenzen, dass eine „gefährliche anthropogene Störung" (*„dangerous anthropogenic interference"*; „DAI") noch verhindert werden kann. Auch wenn damals die Obergrenze für die Treibhausgaskonzentration nicht näher definiert wurde, so erläuterte der zweite Satz des Artikels 2, dass:

> ein solches (Stabilisierungs)-Niveau innerhalb eines Zeitraums erreicht werden soll, das ausreicht, damit sich die Ökosysteme auf natürliche Weise den Klimaänderungen anpassen können.

Die Treibhausgasemissionen (THG) der vergangenen Jahrzehnte haben heute schon ein Niveau erreicht, das zu einer signifikanten Erhöhung der Oberflächentemperatur der Erde geführt hat (Hansen 2005).

Unsere Erfahrungen mit dem Klima suggerieren uns, dass das Klima – auch wenn es sich um ein hochkomplexes System handelt – durch sich stetig vollziehende Änderungen gekennzeichnet ist. Fakt ist, dass das Klimasystem stattdessen durch eine Vielzahl sich selbst verstärkender Rückkopplungsprozesse gekennzeichnet ist, die dazu führen können, dass es in bestimmten Regionen zu plötzlichen und drastischen Klimaänderungen kommen kann (Lenton et al. 2008). Die Komponenten, die unser Klimasystem definieren, sind die Atmosphäre, die Ozeane, die großen Eisschilde an den Polen, aber auch die Biosphäre an Land und im Wasser. In komplexen Regelkreisen wird Energie vor allem in Form von Wärme von einer Klimakomponente zur anderen transportiert, aber auch Stoffe wie Wasser und Luft sowie Spurengase und kleinste Staubpartikel. Diese Kreise sind seit nunmehr 10.000 mehr oder weniger stabil. Seit der „Industriellen Revolution" aber nutzt der Mensch zur Energieerzeugung die fossilen Energien (Kohle, Erdöl, Erdgas), die in der Natur über Jahrmillionen aus der Atmosphäre abgeschieden worden waren. Das Klimasystem reagiert auf die anthropogene Störung des globalen Strahlungshaushalts durch Temperaturerhöhung. Dies wiederum löst weitere Reaktionen aus: wie zum Beispiel in der Änderung der atmosphärischen Zirkulationsmuster, der Niederschlagsmuster, dem Abschmelzen der Gletscher und polaren Eiskappen. In den Ozeanen verschieben sich die großen Umwälzströmungen (z. B. der Golfstrom) und die Biosphäre reagiert darauf mit einem Verlust an Biodiversität.

Die Klimaforschung hat eine Reihe natürlicher Systeme identifiziert, bei denen es durch den anthropogenen Einfluss nicht mehr zu linearen Ursache-Wirkung-Beziehungen kommen wird. Sie kann nachweisen, dass auch eine kleine Beeinflussung (*„tiny perturbation"*) durch den Menschen in gefährdeten Regionen zu einer abrupten Änderung im Klimageschehen führen kann, mit möglichen irreversiblen Folgen für das Klima. Zudem ist davon auszugehen, dass, auch wenn die Ursache zurückgenommen werden sollte, das Klima nicht unbedingt wieder in den alten Zustand zurückehrt; die Änderung also irreversibel ist. Die in diesem Zusammenhang immer wieder gestellte Frage lautet: „geben die erkannten (belegten) Änderungen Anlass zu Besorgnis?"

Der Weltklimarat hat dazu seit seinem 1. Sachstandsbericht klar Stellung bezogen und seine Auffassungen werden von der Mehrheit der Klimaforscher geteilt. In den letzten 10 Jahren haben sich mit den UNFCCC-Konferenzen und vor allem mit der 15. Konferenz 2015 in Paris auch die politischen Entscheidungsebenen positioniert und den

2.4 · Erderwärmung

Klimawandel als eingetreten und „menschenverursacht" anerkannt. Zum anderen, und noch gravierender, hat das IPCC festgestellt, dass sich das Anpassungspotenzial der Erde gegen solche Störungen in sehr engen Grenzen hält. Trotz bereits erkennbarer Fortschritte ist es den Klimaforschern immer noch nicht möglich, präzise Vorhersagen zu machen, wie und wo sich das Klima genau ändern wird; vor allem aber wann eine „gefährliche anthropogene Störung" eintreten könnte. Es zeichnet sich ferner ab, dass es nicht „ein" Anpassungsszenario an den Klimawandel geben wird, sondern dass es sich dabei um unterschiedliche aufeinander abgestimmte Lösungsmodelle handeln wird. Fest aber steht, dass sich die Menschheit eine Weiterführung ihres traditionellen Konsummodells nicht mehr wird leisten können; auch wenn den Entwicklungsländern das Recht auf eine „nachholende Entwicklung" zugestanden werden muss.

Noch, so die Klimaforscher, hält das System sein Gleichgewicht, auch wenn es schwankt. Was aber passiert, wenn einzelne regionale Klimakomponenten oder Subsysteme durch kleine Veränderung im Hintergrundklima mit einer umwälzenden Veränderung reagieren? Im Klimageschehen gibt es viele Beispiele für solche sogenannten Kippelemente (PIK 2017).

Der Punkt, an dem dieses „Umkippen" von natürlichen Systemen eintritt, wird in der Regel als „Kipppunkt" bezeichnet (Alley et al. 2003). Mit ihm wird der kritische Punkt beschrieben, der den Moment des „Umkippens" eines Systems markiert. Viele Länder sehen den „Kipppunkt" für einen „DAI" bei etwa 2 °C Temperaturzunahme.

Lenton et al. (2008) haben darauf hingewiesen, dass das „Umkippen" aber nicht auf einen Punkt reduziert werden dürfe, sondern das an dem „Kipppunkt" ein ganzes Klimasystem qualitativ in einen anderen Zustand übergeht. Sie weisen darauf hin, dass die Menschen, und hier vor allem die politischen Entscheidungsebenen, durch die (wohlgemerkt) immer präziser werdenden Klimamodelle und deren zumeist graduellen Algorithmen in „falscher Sicherheit" gewogen werden *(„lulled into a false security")* und sich stattdessen die Systeme wahrscheinlich viel schneller und heftiger ändern werden, als projektiert. Sie sprechen sich daher dafür aus, nicht die „Kipppunkte" zu betrachten, sondern die sich ändernden Klimasysteme und bezeichnen diese als „Kippelemente" *(„tipping element")*. Dabei stellt der „Kipppunkt" den Schwellenwert dar, an dem ein solches System (Element) sich verändert. „Kippelemente" sind nach der Definition großräumige Komponenten eines Klima- und Ökosystems oder auch eines Subsystems im kontinentalen (subkontinentalen) Ausmaß, die schon durch solche *„tiny perturbations"* sich „abrupt" verändern können. Auch weisen Lenton et al. (2008) darauf hin, dass viele Klimasysteme bislang noch keine richtigen „Kipppunkte" ausgebildet haben, da die Änderungen zumeist (noch) graduell verlaufen; die Systeme gleichwohl als hoch gefährdet angesehen werden müssen.

Mit der Einführung des Begriffes „Kippelemente" wird es möglich, nicht nur die natürlichen Prozesse zu beschreiben, sondern auch:

- die anthropogenen Randbedingungen,
- sehr langsam ablaufende Prozesse,
- Prozesses, die nur geringen Einflüssen unterliegen, sowie
- reversible und nicht reversible Statusänderungen

mit in die quantitativen Betrachtungen einzubeziehen. Ferner zielt das Konzept auf solche anthropogenen Einflüssen ab, die in einem Zeithorizont von etwa 100 Jahren ablaufen, den die Autoren als „politisch umsetzbar" *(„political time horizon")* definieren und deren Auswirkungen in einem Zeitraum von 1000 Jahren feststellbar sind, den sie als „ethisch" erfassbar bezeichnen.

Elemente, die zum Kippen neigen, sind (IPCC-AR4 2007; PIK 2017):

- Arktisches Meereis
  Durch eine schwindende Eisbedeckung der Arktis wird mehr Meerwasser „eisfrei", das dann wiederum mehr Sonnenenergie aufnehmen kann. Dieses Phänomen trägt wegen der „Eis-Albedo-Rückkopplung" *(„positive ice-albedo effect")* neben einigen anderen dazu bei, dass die Erderwärmung in den hohen nördlichen Breiten etwa doppelt so schnell vor sich geht, wie im globalen Durchschnitt; im Sommer sehr viel ausgeprägter als im Winter. Schon heute schwindet das arktische Meereis schneller als in den historischen Aufzeichnungen vermerkt; nicht nur in seiner räumlichen Ausdehnung, sondern vor allem in seiner Mächtigkeit. Bis zum Ende des Jahrhunderts ist damit zu rechnen, dass die Arktis im Sommer eisfrei sein wird. Die große Abnahme der Eisbedeckung seit 1988 führte einige Klimaforscher dazu, dieses Ausmaß schon als „Kipppunkt" anzusehen.
- Grönland-Eisschild
  In den letzten Jahren ist der Eisverlust in Grönland infolge des „Albedo-Effekts" bereits weit fortgeschritten. Der bis zu 3000 m mächtige Eisschild verliert stetig an Höhe, wodurch seine Oberfläche wärmeren Temperaturen ausgesetzt wird, was wiederum eine höhere Abschmelzrate bewirkt. Es wird befürchtet, dass der Kipppunkt schon bei einer globalen Erwärmung von knapp 2 °C erreicht werden könnte. Des Weiteren wird erwartet, dass bei steigenden Temperaturen der gesamte Eisschild instabil wird und ins Meer abzurutschen droht. Ein vollständiges Abschmelzen des Eises hätte einen Meeresspiegelanstieg von etwa 7 m zur Folge, wenn auch dieser Vorgang einige Jahrhunderte dauern würde.
- Westantarktischer Eisschild
  Die Temperaturen auf dem Antarktischen Kontinent sind insgesamt so niedrig, dass ein Abschmelzen des Eises dort nicht zu erwarten ist. Eine Ausnahme stellt die Landzunge der Westantarktis dar, die durch einen kontinentalen Rücken unterhalb des Meeresspiegels gebildet wird. Höhere Temperaturen führen dort zu einer Erwärmung des Inlandeises und des Schelfeises im Südpolarmeer. Dies könnte zur Folge haben, dass der Eisschild im Westen seine Stabilität verliert und ins Meer abrutscht. Ein Abschmelzen des westantarktischen

Eisschilds würde den Meeresspiegel um 4–5 m ansteigen lassen; wobei auch dieser Vorgang sicher mehrere hundert Jahre in Anspruch nehmen würde. Anders ist die Situation in der Ostantarktis. Dort liegt der größte Teil der in Eis gebundenen Süßwasserreserven der Welt vor. Auch wenn dieser Eispanzer zurzeit stabil erscheint, könnten Teile der Ostantarktis dem gleichen Eisverlust, wie er sich in der Westantarktis abzeichnet, ausgesetzt sein.

- Permafrost
  In den arktischen Dauerfrostböden in Sibirien und Nordamerika sowie unter dem Meeresboden der Kontinentalabhänge lagern große Mengen in Hydratform gebundenem Methan sowie vermutlich mehrere hundert Mrd. t an Kohlendioxid. Die Methanvorkommen übersteigen mit Sicherheit das gesamte heute in der Atmosphäre befindliche Methan um ein Vielfaches. Auch wenn die Methanvorkommen nicht realistisch abgeschätzt werden können, so würden sie den Treibhauseffekt um zusätzliche Methanemission verstärken. Das Auftauen von Methanhydraten wäre ein Beispiel für einen sich selbstverstärkenden Prozess und wäre in einem Zeitraum von wenigen Jahrhunderten nicht wieder umkehrbar.

- Amazonas-Regenwald
  Ein Großteil der Niederschläge im Amazonasbecken stammt aus lokal verdunstetem Wasser. Der Regenwald speichert einen großen Teil des Wassers in den Pflanzen. Sollten infolge des Klimawandels in der Region weniger Niederschläge fallen, so könnte dieses sich selbsterhaltende System zusammenbrechen. Ein weiteres Problem besteht darin, dass die rapide Abholzung des Regenwaldes die Pflanzendecke zerstört und er so seine Evapotranspirationsleistung nicht aufrechterhalten kann. Dies hätte unabsehbare Folgen für das Klimageschehen, da etwa ein Viertel des weltweiten Kohlenstoffaustausches zwischen Atmosphäre und Biosphäre in der Amazonasregion stattfindet. Zudem ginge eine bedeutende Kohlenstoffsenke verloren. Und es würde einen gewaltigen Verlust von Biodiversität bedeuten.

- Atlantische Thermohaline Zirkulation
  Die Strömung der „Atlantischen Thermohalinen Zirkulation" *(Atlantic Thermohaline Circulation)* ist Teil eines Meeresströmungssystems, das einem „globalen Förderband" vergleichbar den Atlantik, den Pazifik, den Indischen und den Antarktischen Ozean verbindet. Angetrieben wird die Oberflächenströmung durch Temperatur- und Salzgehaltsunterschiede. Daneben spielen auch die Corioliskraft und die Passatwinde eine prägende Rolle. Die Oberflächenströmung ist gekoppelt mit einer entgegen gerichteten Tiefenströmungen, durch die kaltes salzreiches Wasser im Nordatlantik absinkt und als nordatlantisches Tiefenwasser bis in den Südatlantik transportiert wird. Von hier aus wird das Tiefenwasser mit dem um die Antarktis fließenden Zirkumpolarstrom in den Indisches Ozean und den Pazifik befördert, von wo es wieder nach Norden transportiert wird. Dabei erwärmt sich das Wasser, kommt schließlich wieder an die Oberfläche und gelangt als Oberflächenströmung wieder zurück in den Nordatlantik.
  Der Nordatlantikstrom ist Teil des globalen Förderbandes, mit dem warmes Oberflächenwasser durch die Passatwinde von Westafrika in den Golf von Mexiko transportiert wird, um dann entlang der Ostküste Amerikas als Golfstrom nach Norden zu fließen.
  Ausgelöst durch den Klimawandel wird seit Längerem befürchtet, dass die Zirkulation auf Dauer nicht stabil sein wird. Durch die Emission der Treibhausgase verstärkt sich insbesondere in den Subtropen die Verdunstungsrate. Dies führt zu höheren Niederschlägen in den höheren Breiten und in Kombination mit der Erwärmung des Oberflächenwassers kommt es zu einer Verringerung der Dichte in den nordatlantischen Absinkgebieten. Dies hat eine Schwächung der Tiefenwasserproduktion und des Wärmetransports durch den Golfstrom zur Folge. Es mehren sich die Hinweise, dass ein solcher Abschwächungsprozess bereits im Gange ist. Eine Abkühlung im Nordatlantik hätte gravierende Auswirkungen auf die marinen Ökosysteme sowie auf den Meeresspiegelanstieg.

- Nordische Nadelwälder (Borealwälder)
  Der nordische Nadelwald (borealer Nadelwald; Taiga) umfasst die nördlichste Vegetationszone und fast ein Drittel der weltweiten Waldfläche. In dieser Zone herrscht ein ausgeprägtes Jahreszeitenklima vor, in denen sich Sommer (+30 °C) und Winter (bis −50 °C) sehr stark voneinander unterscheiden. Zum Großteil des Jahres herrscht allerdings kaltes Klima, sodass große Flächen lange mit Schnee bedeckt sind.
  Mit der Klimaerwärmung wird sich die Vegetation weiter nach Norden ausbreiten, während vom Süden der Laub-/Mischwald nachfolgt. Die Erwärmung wird den Stress auf die Vegetation durch Pflanzenschädlinge, Feuer und Stürme erhöhen, während gleichzeitig ihre Regeneration durch Wassermangel, erhöhte Verdunstung und menschliche Nutzung beeinträchtigt wird. Der Rückgang der Wälder würde ferner zu einer massiven Freisetzung von Kohlendioxid führen und die Erderwärmung weiter beschleunigen. Bislang wurde davon ausgegangen, dass die Nadelwälder aufgrund ihrer dunklen Färbung viel Sonnenlicht absorbieren und so einen Beitrag zur Klimaerwärmung leisten. Neue Forschungen haben ergeben, dass die Nadelwälder Partikel („Terpene") in die Luft abgeben und damit die in der Atmosphäre befindlichen Aerosole beeinflussen, die wiederum die Wolkenentstehung begünstigen. Dadurch könnten zusätzliche 5 % an Sonnenlicht reflektiert werden.

- Korallenriffe
  Korallenriffe sind die größten von Lebewesen geschaffenen Strukturen der Erde. Sie sind sehr empfindliche Lebensräume, die durch geringe Temperaturschwankungen und insbesondere durch die Versauerung der Ozeane schwer geschädigt werden

(können). Seit den 1980er-Jahren wurden in den großen Riffen der Erde (z. B. am *Great Barrier Reef*) großräumige Korallenbleichen festgestellt. Korallen leben in einer Symbiose mit bestimmten Algen, die ihnen die prächtigen Farben verleihen. Bei höheren Wassertemperaturen werden die Algen aus dem Korallengewebe ausgestoßen, und die weiße Kalkstruktur kommt zum Vorschein. Dieser Vorgang wird als Korallenbleiche bezeichnet. Dauert die Korallenbleiche nur kurze Zeit an, kann das Körpergewebe der Korallen wieder Algenzellen aufnehmen. Tritt die Korallenbleiche dagegen über einen längeren Zeitraum oder gehäuft auf, sterben die Korallen ab und das Riff-Ökosystem bricht zusammen. Selbst für den Fall, dass die 2-°C-Grenze eingehalten wird, muss mit dem Verlust eines Großteils der Riffe gerechnet werden. Zur Erholung benötigen die geschädigten Riffe bei schnell wachsenden Korallenarten 10–15 Jahre, bei langlebigen Korallen viele Jahrzehnte. Ist ein Riff erst einmal kollabiert, dauert es mehrere tausend Jahre, bis es wieder nachwächst.

- Indischer Monsun

Der indische Monsun stellt die wichtigste regionale Monsun-Wetterlage dar. Er umfasst zwar den gesamten Indischen Ozean; ist aber im Wesentlichen über dem indischen Subkontinent wirksam. Bis zu 90 % des indischen Regens sind dem regelmäßig auftretenden Sommermonsun zu verdanken, im Wechsel mit einem trockenen Wintermonsun. Der Monsun beruht auf einem inneren Rückkopplungsmechanismus, der für einen ständigen und sich selbst verstärkenden Transport von feuchter Luft vom Meer aufs Land sorgt. Wegen der großen Oberfläche des indischen Subkontinentes und wegen des tibetischen Hochlandes hat der Monsun Auswirkung bis in die oberen Schichten der Troposphäre. Dort kommt es zu einer hoch reichenden Umkehr des meriodonalen (d. h. horizontalen) Temperaturgradienten mit starken Advektionserscheinungen; beeinflusst vor allem durch die Albedo der schneebedeckten Flächen des Hochlandes. Die Entwicklung einer hoch reichenden feuchten Tiefenluftschicht in Verbindung mit der „adiabatischen" Abkühlung der Luft führt zu den Monsunregen.

Wetterbeobachtungen deuten auf eine Zunahme der Monsunniederschläge im indischen Raum hin. Diese sind mit einer zunehmenden Gefahr von Überschwemmungen verbunden, welche an Häufigkeit und Stärke bereits nachweisbar zunehmen. Man führt die Ursachen dieser Entwicklung auf eine Kopplung mit der globalen Durchschnittstemperatur zurück; also auch auf die globale Erwärmung und auf Wechselwirkungen mit dem „El Niño"-Phänomen („ENSO"). Beide Phänomene, „Monsun" und „ENSO", beeinflussen sich gegenseitig. Auch in Westafrika treten saisonale „Monsunregenfälle" auf. Ausmaß und Schwankungen der Niederschläge werden vor allem von den Wassertemperaturen im Atlantik am Äquator, östlich von 20° W, bestimmt. Seit Längerem ist die besondere Rolle einer „äquatorialen Kaltwasserzunge" für die Niederschlagsschwankungen über Westafrika bekannt. Dabei strömen im Mittel 20 Mio. m³ Wasser pro Sekunde (etwa 100-mal so viel wie im Amazonas) kaltes Wasser aus dem sogenannten äquatorialen Unterstrom von Brasilien bis in den Ostatlantik. Die Kaltwasserzunge ist besonders im Nordsommer ausgeprägt. Die Oberflächentemperaturen liegen dann zwischen 20 °C und 25 °C. In Westafrika kann das Zusammenspiel von Bodenfeuchte, Vegetation und Austausch mit der Atmosphäre zu einer Verlagerung des westafrikanischen Monsunsystems führen. Dies kann zu weniger oder mehr Regen führen, je nachdem, ob sich der Niederschlagsgürtel nach Süden bis zum Golf von Guinea oder nach Norden bis in die Sahelzone verschiebt. In letzterem Fall könnten sich die Niederschläge in der Sahelzone erhöhen und eine Wiederbegrünung der Sahara begünstigen – vorausgesetzt, die Region wird nicht überweidet. Wobei anzumerken ist, dass ein „Ergrünen" der Sahara möglicherweise mit negativen Folgen verbunden sein könnte. Denn dann würde weniger Wüstenstaub westwärts über den Atlantik transportiert, der zur Wassertröpfchenbildung notwendig ist und so Karibik und die Amazonasregion mit Regen und Nährstoffen versorgt.

- Marine Kohlenstoffpumpe

Der Ozean ist der größte aktive Kohlenstoffspeicher im globalen Kohlenstoffkreislauf: Er enthält mehr als fünfzig Mal so viel Kohlenstoff wie die Atmosphäre. Wobei der Kohlenstoff überwiegend als gelöster anorganischer Kohlenstoff vorliegt. Der Austausch von Kohlenstoff zwischen Ozean und Atmosphäre erfolgt über das Kohlendioxid (CO_2), wobei sich geschätzt alle 10 Jahre alle Moleküle in Ozean und Atmosphäre austauschen. Für den Austausch ist die CO_2-Konzentration in den oberen Ozeanschichten entscheidend. Sie ist dort aber deutlich geringer als im tiefen Ozean. Dies kommt daher, dass Algen zurzeit jährlich rund 2 Mrd. t Kohlenstoff der Atmosphäre entziehen; Algen, die nach ihrem Absterben in die Tiefsee absinken. Diese Funktion wird als „marin-biologische Kohlenstoffpumpe" bezeichnet. Wenn die Erwärmung und Versauerung des Wassers zunimmt oder die Sauerstoffarmut eingeschränkt wird, nimmt die Fähigkeit der Ozeane Kohlendioxid zu absorbieren ab. Dadurch würde die Konzentration der Treibhausgase ansteigen und sich die Versauerung der Ozeane sowie die Erwärmung der Atmosphäre weiter beschleunigen.

- Planetarische Wellen

Die Erdatmosphäre ist geprägt durch eine globale Zirkulation, auch „planetarische Zirkulation" (*„General Circulation", „Gobal Circulation"*) genannt. Sie umspannt große Teile des Erdballs und bestimmt durch ihre Wechselwirkung die Wetterdynamik. Neuere Untersuchungen des Potsdam-Instituts für Klimafolgenforschung (PIK) haben nachweisen können, dass die zu beobachtenden Wetterereignisse auf der Nordhalbkugel durch „wellenförmige Windströme" ausgelöst werden, die von den USA aus nach Europa strömen (Coumou et al. 2014). Grob vereinfacht kann man sagen, dass die Luftmassen, die in der Höhe vom Äquator polwärts strömen, wegen der nordwärtigen Flächenkonvergenz der Erde (größtenteils ab dem 30. Breitengrad) absinken. Von dort strömen sie dann zurück in Richtung auf den Äquator, wo sie dann etwa ab 60° nördlicher Breite wieder aufsteigen. Diese auch als „planetarische Wellen" bezeichneten Luftströmungen („Rossby-Wellen") saugen in der Regel warme Luft aus den Tropen nach Europa, Russland oder die USA ab. Aber auch das Gegenteil kann eintreten, sodass diese Wellen nach Süden gerichtet sind und damit kalte Luft aus der Arktis einströmen lassen. Ein besonderes Augenmerk wird derzeit auf die Ausbildung des Jetstreams gerichtet, der sich in 7–12 km Höhe um die Nordhalbkugel „schlängelt" und dabei als eine Art „zonales Starkwindband" die kalten Luftmassen der Arktis von den gemäßigteren im Süden trennt. Die Untersuchungen haben gezeigt, dass diese „Windwellen in der Atmosphäre immer häufiger beinahe feststecken und so Extremwetter verursachen". Die Wellensysteme verbleiben in der Atmosphäre meist nur noch stationär und „schaukeln sich dabei sehr stark auf". Dies erklärt die extrem Wetterlagen, wie 2010 die Hitzeperiode über Russland und das Hochwasserereignis in Pakistan im gleichen Jahr, oder die extreme Kälteperiode im Jahr 2013 in Europa.

2.5 Klimaentwicklung in der jüngsten Erdgeschichte

2.5.1 Geologische Entwicklung

Betrachtet man die Klimageschichte der Erde, so ist geologisch belegt, dass sich das Klima im Verlauf der Erdgeschichte mehrmals dramatisch geändert hat, mit zum Teil Temperaturzunahmen von weit mehr als die, die derzeit in der Diskussion sind. Da erhebt sich die Frage, was an der heutigen Temperaturzunahme anders ist als früher.

Die früheren Temperaturzunahmen können vor allem auf externe geologische Phänomene, wie zum Beispiel eine veränderte Erdumlaufbahn, Präzession der Erdachse, auf periodische Sonnenaktivität oder auch auf vulkanische Eruptionen oder andere Naturkatastrophen zurückgeführt werden.

Das Wesentliche an dem Anstieg der Oberflächentemperatur, wie er heute festzustellen ist, ist aber die geologisch extrem kurze Zeitspanne von gerade mal etwas mehr als 250 Jahren, seit Mitte des 18. Jahrhunderts. Wie in zuvor dargestellt, ist das Klima auf der Erde im Prinzip eine Folge der auf die Erde einfallenden Sonnenenergie *(solar forcing)* und der von der Erde ausgehenden Energieabstrahlung in das Weltall. Jede Änderung in der Bilanz resultiert in einer Klimaänderung, wobei die externen „Klimatreiber" zeitlich und in ihrer Stärke sehr unterschiedlich ausfallen konnten, z. B. die Änderung der Umlaufbahn in Zeiträumen von Zehntausenden bis Hunderttausenden von Jahren, während Vulkanausbrüche dagegen nur für wenige Jahre auswirkten.

Die erste Eiszeit, die geologisch dokumentiert ist, ist die vor 2,9 Mrd. Jahren. Man nimmt an, dass sich dabei in der Stratosphäre Methan bildete, das die Sonnenstrahlung verringerte. Es folgte die paläoproterozoische Vereisung etwa vor 2,3 Mrd. Jahren; beim Übergang zwischen Archaikum und Proterozoikum, die etwa 300 Mio. Jahre andauerte. Auslöser könnte sein, dass durch die stärkere Verwitterung Kohlendioxid aus der Atmosphäre entfernt wurde und zudem die „Blüte" der Cyanobakterien Sauerstoff freisetzte und dadurch Methan zu Kohlendioxid oxidiert wurde. Der Temperaturanstieg wurde vermutlich auch durch Vulkanausbrüche ausgelöst, die zu einer erhöhten Kohlendioxidkonzentration in der Atmosphäre führten.

Deutlich stärker waren die Eiszeiten im Zeitraum vor 750–580 Mio. Jahren ausgefallen. In dieser Zeit waren selbst Gebiete am Äquator vereist gewesen, weshalb diese Periode den Namen „Schneeball Erde" (*„Snowball Earth"*) bekommen hat. Es wird vermutet, dass dies in Zusammenhang mit dem Zerbrechen des Superkontinents Rodinia gestanden habe, in dessen Folge große Mengen an Magma entlang eines mittelozeanischen Rückens gebildet wurde. Das Zerbrechen könnte eine komplexe Kausalkette in Gang gesetzt haben, die letztendlich dazu geführt habe, dass die Erde kühler geworden sei. Es folgten zwei weitere Eiszeiten (vor 440 Mio. und 280 Mio. Jahren). In dieser Zeit gab es bereits mehrzellige Tiere, die Kohlenstoff in ihren Kalkschalen einbauten und diesen so dauerhaft im Gestein speicherten. Auch wurden im Karbon (vor etwa 350–290 Mio. Jahren) große Mengen an Kohlenstoff in den Wäldern gebunden. Seitdem wurde es auf der Erde stetig wärmer. In der Kreidezeit vor 140 bis 65 Mio. Jahren war das Erdklima insgesamt tropisch warm. Vor 55 Mio. Jahren setzte eine für geologische Maßstäbe extrem starke und sehr kurzzeitige Erwärmung um 5–6 °C ein, das sogenannte „Paläozän-Eozän-Temperaturmaximum" (PETM). Aus der Analyse von Kalkschalen ist nachzuweisen, dass damals riesige Mengen Kohlenstoff freigesetzt wurden, wodurch sich die CO_2-Konzentration in der Atmosphäre nahezu verdoppelte. Ursache könnte eine Lösung von Methanhydraten sein, die zum Beispiel vor Norwegen durch Magmaintrusionen Methan freisetzte. Mit der Folge, dass die Erde sich erwärmte, die Meere versauerten, was zu einem massiven Artensterben in den Ozeanen an der Wende Eozän-Paläozän führte.

In den letzten 2–3 Mio. Jahren ist es wiederum zu einer Serie an Eiszeiten gekommen, die als Pleistozän bezeichnet wird. Dabei ist es etwa um 800.000 vor heute zu einer signifikanten Veränderung im Klimasystem gekommen. Mehrere große Eiszeit- und Warmzeitzyklen sind nachzuweisen, die jeweils rund 100.000 Jahre gedauert haben. Die Übergänge von einer Kaltzeit in eine Warmzeit erstreckten sich dabei über einen Zeitraum von mehreren Jahrzehntausenden,

2.5 · Klimaentwicklung in der jüngsten Erdgeschichte

während die Erwärmungen innerhalb weniger Jahrtausende erfolgten (Hebbeln 2015). Eine Vielzahl solcher sehr schnell ablaufenden Änderungen ist besonders für die letzte Eiszeit (110.000–11.700 Jahre vor heute) in Eisbohrkernen in Grönland, die eine ausgeprägte Jahresschichtung aufweisen, belegt. Der Vergleich der Klimadaten aus der russischen Forschungsstation „Wostok" zeigt eindrucksvoll den Zusammenhang mit Veränderungen der Exzentrizität der Erdumlaufbahn (◘ Abb. 2.19).

Als wesentlicher Auslöser der pleistozänen Vereisung werden Änderungen in der Umlaufbahn der Erde um die Sonne angesehen, die als Milankovitch-Zyklen bezeichnet werden. Auch wenn diese Schwankungen jeweils nur zu geringen räumlichen und zeitlichen Änderungen in der Sonneneinstrahlung auf der Erde geführt haben, so ging von den großen Eisflächen der Polarregionen ein Anstieg des Wasserdampfgehaltes in der Luft aus. Je mehr Wasser im Eis gebunden ist, desto geringer wurde die Ausdehnung der Meere über dem Kontinentalsockel. Damit einher ging eine geringere Verdunstungsrate über dem Meer, was wegen einer Reduzierung der Menge an Wasserdampf in der Luft zu sinkenden Temperaturen führte. Vor allem die Ausbildung der großen Eisschilde auf der Nordhalbkugel (Nordamerika, Sibirien, Nordeuropa, Alpenraum) waren Motor dieser Entwicklung. Während der letzten maximalen Vereisung vor ca. 20.000 Jahren waren weltweit ca. 45 Mio. km^2 der Erdoberfläche von Eis bedeckt. In der heutigen Warmzeit, dem Holozän, sind es lediglich noch ca. 15 Mio. km^2, woran die Inlandeismassen in der Antarktis und auf Grönland den größten Anteil haben (Hebbeln 2015).

Seit 10.000 Jahren („Holozän") leben wir in einer Zeit mit warmem, relativ stabilem Klima. Klimatologen sehen in dieser Periode eine (nur kurze) Warmzeit zwischen zwei Kaltzeiten des immer noch andauernden Eiszeitalters. In der ersten Hälfte des Holozäns war es sogar noch wärmer als heute („holozänes Optimum"); unterbrochen durch eine kleinere Abkühlung vor 8200 Jahren. Nach neuesten Untersuchungen könnte diese Abkühlung durch Schmelzwasserströme ausgelöst sein, die von den Gletschern Nordamerikas durch den Mackenzie-Fluss in Nordwestkanada ins Meer gelangten und über einen weiten Umweg durch das Nordpolarmeer den Golfstrom unterbrachen (Condron und Winsor 2012).

Zu den Warmzeiten kam es, als durch geringe Änderungen in der Sonneneinstrahlung die Temperatur anstieg, was zu einer Zunahme des Kohlendioxidgehalts der Luft führte, der wiederum den Treibhauseffekt verstärkt. Die globale Erwärmung ließ (vergleichsweise) mehr arktisches Meereis abschmelzen, wodurch wiederum weniger Sonnenlicht reflektiert wurde. Aber nicht nur externe Faktoren tragen zu Klimaänderungen bei, sondern auch Prozesse wie zum Beispiel durch eine Interaktion von Atmosphäre und dem tropischen Pazifik, der sogenannten „El Niño-Southern Oscillation" (ENSO) (IPCC-TAR: IPCC 2001).

Dabei ist anzumerken, dass sich die externen und internen Effekte auch noch gegenseitig überlagern und zu nichtlinearen Rückkopplungen führen können. Den bedeutendsten dieser Rückkopplungsprozesse stellt der Gehalt von Wasserdampf in der Atmosphäre dar, der sich mit dem Anstieg der Oberflächentemperatur der Erde erhöht, während auf der anderen Seite eine Temperaturzunahme zu einer Verringerung der Sonnenstrahlung führt („negative feedback").

Wie dargestellt, hat es in den letzten 150.000 Jahren mehrfach Phasen mit episodischen Temperaturerhöhungen und Abkühlungen um bis zu mehrere Grad Celsius gegeben. ◘ Abb. 2.20 zeigt aber sehr deutlich, dass der heute festzustellende Temperaturanstieg außergewöhnlich ist; nicht seine Höhe, sondern vor allem die Tatsache, dass er in nicht einmal 200 Jahren erfolgte, macht ihn für das Leben auf der Erde so bedrohlich. Der Temperaturanstieg ist nach heute übereinstimmender Auffassung auf anthropogene Treibhausgasemissionen zurückzuführen.

Eine vergleichbare Temperaturkurve zeigte das IPCC in seinem 3. Sachstandsbericht (IPCC-TAR 2001), die aber vor allem den Anstieg in dem Zeitraum von 1970 bis 2000 dokumentierte (◘ Abb. 2.21).

2.5.2 Entwicklung des Klimas in Europa

Während der letzten 1 200 Jahre hat es auf der Nordhalbkugel zwei klimatisch sehr unterschiedliche Epochen gegeben (vgl. Schönwiese 1997):
- eine warme Periode vom 9. bis zum 11. Jahrhundert („Mittelalterliches Klimaoptimum"),

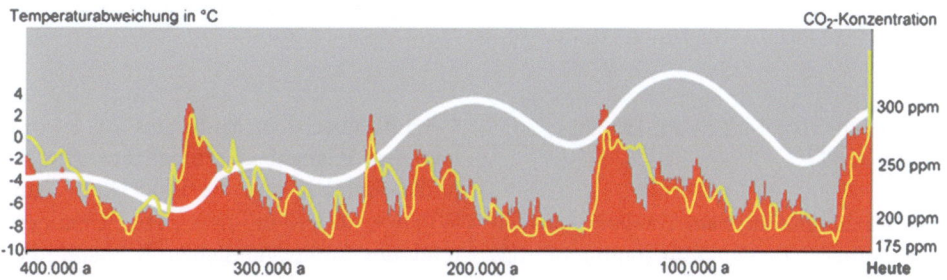

◘ **Abb. 2.19** Temperaturverlauf (rot) und Kohlendioxid-Gehalt (gelb) der Atmosphäre in den letzten 400.000 Jahren an der russischen Forschungsstation Wostok. (http//► www.ncdnoaa.gov/paleo/icecore/antarctica/vostok/vostok.html)

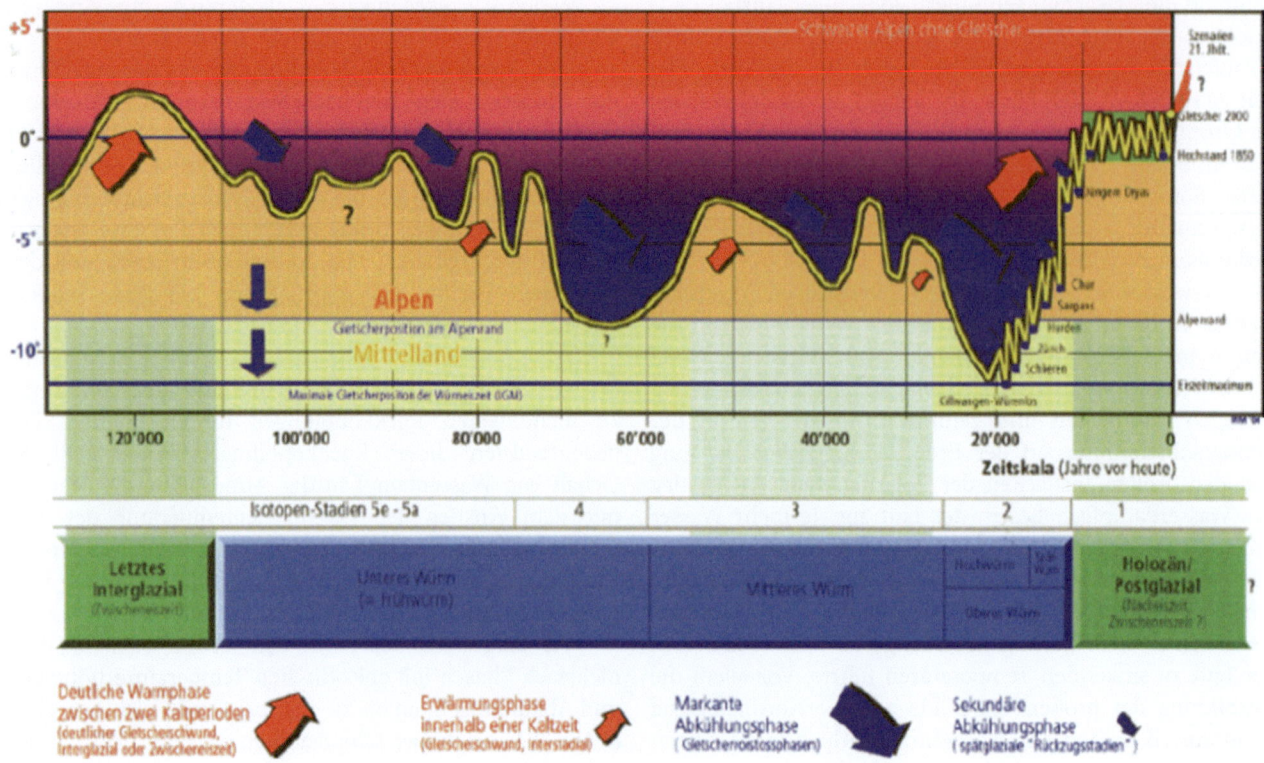

☐ **Abb. 2.20** Die Klimakurve seit der letzten Kaltzeit (Würm-Eiszeit). (Quelle: Maisch, 2004; zitiert in Allspach, B., 2004)

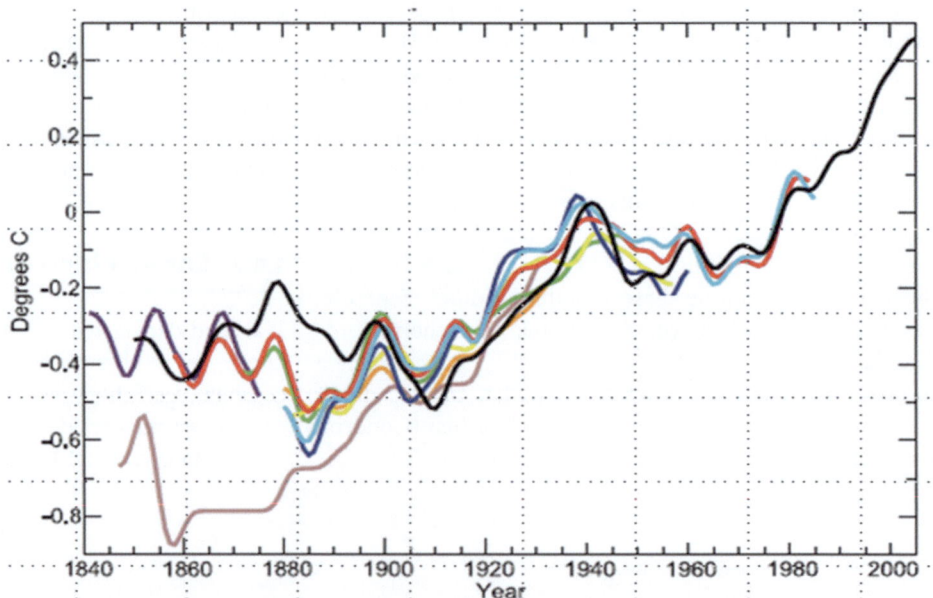

☐ **Abb. 2.21** Anstieg der Oberflächentemperatur der Erde nach verschiedenen Autoren. (Quelle: vereinfacht nach IPCC-TAR 2001, Chapter 1.3.1)

— eine kühle Klimaepoche vom 14. bis zum 19. Jahrhundert („Kleine Eiszeit").

Das letzte Jahrtausend begann mit einer relativ warmen Klimaepoche, dem „Mittelalterlichen Klimaoptimum", das seinen Höhepunkt in Island und Nordamerika um 1100 hatte, in England um 1200 bis 1300; mit Temperaturen um 1–1,5 °C über dem Mittel des 20. Jahrhunderts, was u. a. hier den Weinanbau ermöglichte. Die Besiedlung Islands und Grönlands und die Entdeckung Amerikas durch die Wikinger fielen in diese Zeit. Dennoch lag auch während des „mittelalterlichen Klimaoptimums" die Durchschnittstemperatur auf der Nordhalbkugel niedriger als heute. Ein weiteres Merkmal des mittelalterlichen Klimas waren lang anhaltende und starke Dürren in manchen

Regionen, so in den westlichen und inneren Vereinigten Staaten und im nördlichen Mexiko. Feucht war es dagegen in Nordwesteuropa, im südöstlichen Europa und im Mittleren Osten. Als Ursachen für die mittelalterlichen Klimaverhältnisse werden sowohl externe Antriebe wie interne Klimaschwankungen wie die sogenannte Nordatlantische Oszillation (NAO) oder die Atlantische Multidekaden-Oszillation (AMO) angesehen.

Zwischen 1200 und 1400 veränderte sich das Klima in Europa stetig und führte zu der sogenannten „Kleinen Eiszeit", die bis in die Mitte des 19. Jahrhunderts andauerte. Die „Kleine Eiszeit" zeigte sich am deutlichsten in der Nordatlantikregion, so war es in Mitteleuropa zu ungewöhnlich kalten und trockenen Wintern mit 1–2 °C unter den normalen Werten des 17. Jahrhunderts gekommen. Das kühle 19. Jahrhundert war dagegen mehr in Nordamerika als in Eurasien ausgeprägt. Der Beginn dieser „Eiszeit" war gekennzeichnet durch intensive Sturmfluten an der deutschen und holländischen Küste im 14. Jahrhundert, wobei sich der Nordsee-Küstenverlauf stark veränderte. Ganz Europa war im 14. Jahrhundert von kalten Sommern und Missernten heimgesucht, und viele Regionen, z. B. in England, verzeichneten Bevölkerungsrückgänge. Dennoch war die „Kleine Eiszeit" auf der Nordhalbkugel keineswegs einheitlich abgelaufen. So war das ganze 17. Jahrhundert wahrscheinlich die längste Periode anhaltend kalter Bedingungen mit Temperaturen, die bis zu 1 °C unter dem Mittel der letzten Jahrzehnte des 20. Jahrhunderts (1961–1990) lagen. Darauf folgte ein milderes 18. und ein wieder kühleres 19. Jahrhundert.

Einen interessanten Einblick in die sozioökonomischen und kulturellen Auswirkungen der Klimaentwicklung auf das Leben der Menschen in den letzten 350 Jahren wurde von Hay (2013) vorgestellt (◘ Abb. 2.22). Er unterlegte die Temperaturkurve von Zentralengland mit politischen und klimatischen Extremereignissen seit der Französischen Revolution bis heute.

Die längste kontinuierliche Temperaturmessreihe der Welt existiert vom Meteorologischen Observatorium Hohenpeissenberg des Deutschen Wetterdienstes (DWD) südlich München. Dort werden die Temperaturen seit 1781 nach einem standardisierten Verfahren aufgezeichnet. Die Messreihe (◘ Abb. 2.23) zeigt den anthropogenen Effekt des Anstiegs seit etwa 1980. Neben den Temperaturmessungen ist die Langzeitüberwachung der atmosphärischen Spurengase im Rahmen des internationalen *Global Watch Atmosphere Watch Program;* (GAW) eine der Hauptaufgaben des Observatoriums. Die Aerosolmessungen zeigen anders als die Temperaturmessungen in den letzten 20 Jahren einen „überwiegend rückläufigen anthropogenen Aerosol-Anteil" (APCC 2014).

2.6 Klimamodelle – Klimaszenarien

Heute wird weltweit versucht, mithilfe von Computersimulationen die Klimaentwicklung zu verstehen, um daraus Emissions- und Konzentrationsszenarien abzuleiten, als langfristige Projektionen von Klimaänderungen (DWD 2007). Klimamodelle sind Projektion, die auf der Basis des aktuellen Kenntnisstandes vorhersagen, wie sich das künftige Klima (wahrscheinlich) entwickeln wird. Sie liefern keine Prognosen, wie etwa die Modelle der Wettervorhersage, da viele externe Antriebskräfte in der Anthroposphäre – die für Wettervorhersage als konstant angenommen werden – längerfristigen Entwicklungen

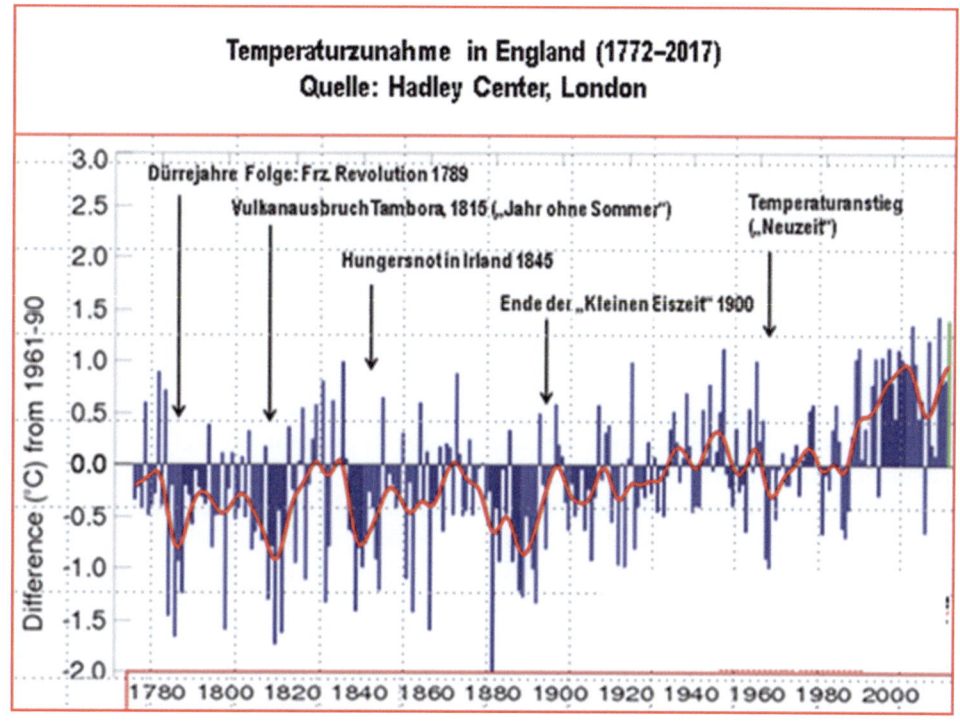

◘ Abb. 2.22 Politische und klimatische Extremereignissen als Folge der Temperaturerhöhung seit der „Französischen Revolution" bis heute; dargestellt am Beispiel der Temperaturzunahme von Zentralengland mit. (Quelle: Hay 2013)

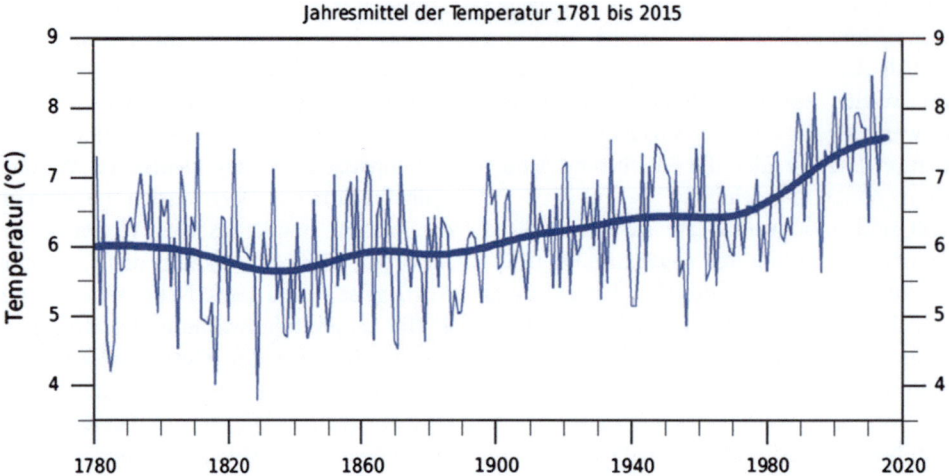

Abb. 2.23 Temperaturzunahme in den letzten 250 Jahren. (Quelle: DWD 2017b – Meteorologisches Observatorium Hohenpeissenberg)

unterliegen. Klimamodelle sind Ergebnisse von Simulationen und beziehen sich daher notwendigerweise auf Annahmen, die für solche Antriebskräfte zugrunde gelegt werden. Solche Modelle stellen die naturwissenschaftliche Basis für Entscheidungen zum Schutz des Klimas und der Umwelt, und um bewerten zu können, welche gesellschaftspolitischen und ökologischen Auswirkungen sich aus den zu erwartenden Klimaänderungen ableiten lassen. Aber eben auch, welche Chancen sich für die Entwicklung von Strategien zum Klimaschutz eröffnen. Sie helfen damit bei der Konzipierung und Umsetzung von Anpassungsmaßnahmen für unterschiedliche Sektoren oder Regionen. Allerdings sagen Klimaszenarien nichts darüber aus, in genau welchem Jahr welche Phänomene auftreten. Sie projizieren lediglich einen unter bestimmten Annahmen zu erwartenden Trend.

War die Klimaforschung noch bis etwa 1950 vor allem eine beschreibende Wissenschaft, die den Zustand des Klimas anhand von Beobachtungen der Umwelt, vor allem mit geologischen, geographischen und botanischen Methoden beschrieb, so wurden danach physikalische Messmethoden entwickelt (Isotopenanalyse u. a.), mit denen es möglich wurde, bis dahin qualitative Erkenntnisse zu quantifizieren. Grundlage für die Klimamodellierungen sind über lange Zeitreihen erhobene Klimadaten, wie sie zum Beispiel schon über die Verteilung von Warm- und Kaltzeiten der letzten 400.000 Jahre aus Eiskernen (Arktisbohrung „Wostok") ermittelt werden konnten, oder meteorologische Aufzeichnungen des ältesten Bergobservatoriums der Welt auf dem Hohenpeissenberg im Alpenvorland. Dort wurden seit 1781 kontinuierlich die Schwankungen der Klimadaten aufgezeichnet. Die weltweit seit mehr als 100 Jahren belegten Datenreihen stellen eine wesentliche Grundlage dar, um den Zustand des heutigen Klimas bewerteten und Aussagen über zukünftige Trends machen zu können. Dabei sollte unterschieden werden zwischen den Arbeiten eines „Klimaphysikers", der experimentell Klimadaten erfasst und dokumentiert, und den Aufgaben des „Klimamodellierers", der auf der Basis der Daten des „Physikers" Modelle entwickelt, mit dem Ziel, eine Synthese der Modelldaten mit den Klimadaten zu erreichen. „Ein Modell liefert also eine quantitative und auf physikalisch-chemischen Grundgesetzen basierende Interpretation des Klimageschehens" (Stocker 2003). Zu klären ist, ob die festgestellte Erhöhung zum Beispiel der globalen Oberflächentemperatur, das Abschmelzen der Eismassen und der Anstieg des Meeresspiegels auf die Treibhausgasemissionen und die damit verbundene Änderung der Strahlungsbilanz zurückzuführen sind. Dazu sind möglichst umfassende Kenntnisse vor allem über die Solarstrahlung, CO_2-Emissionen, Kohlenstoffquellen und -senken und die Verteilung des Wasserdampfs in der Atmosphäre und deren sehr komplexe Interaktion unverzichtbar; ebenso wie die Klärung der Folgen menschlicher Aktivitäten, der zukünftigen demografischen und sozioökonomischen Entwicklung der Menschheit.

Wesentlich für das Verständnis der Klimagenese war die Forschung von Carl-Gustav Rossby (1940), der mit dem Nachweis der Existenz sogenannter „planetarischer Wellen" aufzeigen konnte, wie sich Luft- und Wasserteilchen auf ihrem Weg polwärts umgelenkt werden. Edward Lorenz konnte die Kenntnisse über das dynamische Verhalten in der Atmosphäre und in den Ozeanen weiter vorantreiben. Er konnte nachweisen, dass die Erhaltung des Drehimpulses („Rossby-Wellen") in einem sich bewegenden Fluid großskalige nichtlineare Ausgleichsbewegungen auslöst, die zum Beispiel in der Atmosphäre zu chaotischen Verhaltensmustern führen. Eine Erkenntnis, die unter dem Begriff „Schmetterlingseffekt" populär geworden ist (Lorenz 1963), und die die Grundlage für den Wissenschaftszweig über „chaotische Systeme" legte. Dabei hat die Klimaforschung in den letzten 30 Jahren substanzielle Erkenntniszuwächse erzielt. Beruhten die Modellierungen 1980 im Wesentlichen noch auf den beiden Untermodellgruppen „Atmosphäre" und „Ozean", so hat sich dieses bis nach dem Jahr 2000 zu

2.6 · Klimamodelle – Klimaszenarien

einem komplexen System von 8 und mehr Untersystemen entwickelt (IPCC 2011), die jeweils physikalische Gesetzmäßigkeiten durch mathematische Algorithmen in Rahmen eines globalen 3D-Modells anwenden.

Auf Basis von Annahmen über diese physikalischen und sozialen Entwicklungsfaktoren *("driving forces")* werden dann Abschätzungen vorgenommen, wie sich die THG-Emissionen wahrscheinlich entwickeln werden und folglich die Konzentration von Treibhausgasen in der Atmosphäre ausfallen wird. Man spricht daher auch nicht von Klimavorhersagen, sondern von Projektionen. Die Klimaforschung bedient sich dazu, angelehnt an die Meteorologie, sogenannter Szenarien (IPCC-SRES: IPCC 2000b; siehe ▶ Abschn. 2.6.3). Dazu werden das Klimasystem als Ganzes oder einzelne Teile davon in mathematischen Gleichungen abgebildet. Zu betonen ist an dieser Stelle, dass Klimamodelle bzw. Emissionsszenarien sich ausschließlich auf den menschlichen Einfluss auf das Klima beschränken. Die Parametrisierung der Modellsimulationen basiert dabei zum einen auf den bekannten physikalischen und chemischen Gesetzmäßigkeiten, dargestellt in mathematischen Algorithmen, und zum anderen auf beobachteten Erkenntnissen unseres Klimasystems. Klimaszenarien sind also mathematische Modelle von Naturvorgängen und stellen damit eine Vereinfachung dar. Dabei ist der Grad der Vereinfachung abhängig von der Komplexität des Modells. Das setzt eine möglichst vollständige Kenntnis der dynamischen Prozesse in der Atmo-/Bio- und Geosphäre voraus, sowie deren Vor- und Rückkopplungen *("foreward-backward-linkages")*. Dabei sind die Gleichungen nicht linear, sie sind dreidimensional, das heißt sie stellen sowohl die Erdoberfläche als auch die vertikale Komponente der Atmosphäre dar und haben darüber hinaus noch eine zeitliche Dimension. Das IPCC hat in seinem 3. Sachstandsbericht (IPCC-TAR: IPCC 2001) dargelegt, dass vor allem die Bewertung der Faktoren CO_2-Emissionsentwicklung und Bevölkerungszunahme nicht allgemein akzeptierte Definitionen der Klimaparameter sind, die zudem noch durch unterschiedliche Projektionskonzepte *("model structures")* überlagert werden. Um die Unsicherheiten zu minimieren, beschränkt sich die Klimaforschung in der Regel auf Prognosen für die nächsten 100 Jahre. Dabei wird angestrebt, dass die Simulationen, auch wenn sie in ihren Bandbreiten stark schwanken können, sie doch in ihren Mittelwerten über einen längeren Zeitraum hin stabil bleiben.

Das Vertrauen der Wissenschaft in Belastbarkeit der Klimamodelle beruht darauf, dass in den Modellen nur solche Faktoren des aktuellen und vergangenen Klimas simuliert wurden, die mit Beobachtungsdaten übereinstimmen. Dennoch ist die Möglichkeit der Modelle, Klima zu simulieren, sehr unterschiedlich. Zum einen gibt es zufriedenstellende Übereinstimmungen für die Temperaturdaten, während die Simulation von Niederschlägen mit größeren Unsicherheiten verbunden ist. Des Weiteren ist beobachtet worden, dass das Klimasystem sehr komplex ist und die Veränderungen regional sehr unterschiedlich ausfallen können. Während einige Regionen eine starke Erwärmung erfahren haben, zeigen andere Regionen gleichzeitig sinkende Temperaturen. Darüber hinaus muss in den Klimamodellen zwischen kurzfristigen und langfristigen Entwicklungen unterschieden werden. Messungen haben nachweisen können, dass auch wenn es in einer Region einige Jahre hintereinander zu besonders kalten Perioden gekommen ist, sich trotzdem über einen längeren Beobachtungszeitraum eine Erwärmung eingestellt hat. Auch die Niederschläge verändern sich. Durch die gestiegenen Temperaturen verdunstet mehr Wasser und die Luft kann mehr Wasserdampf aufnehmen. Dadurch kommt es in den meisten Regionen der Erde zu steigenden Niederschlagsmengen. Dabei kann es auch zu Verschiebungen der Niederschlagsmengen im Jahresverlauf kommen. Je nach Region sind die Auswirkungen jedoch sehr unterschiedlich.

Auch wenn in den letzten 30 Jahren die Klimaforschung beachtliche Erfolge aufweisen konnte, bleiben die aktuellen Klimamodelle immer noch mit großen Unsicherheiten behaftet. Dies vor allem deshalb, weil sich das künftige Bevölkerungswachstum, die ökonomische und soziale Entwicklung, technologische Veränderungen, und der Umgang mit der natürlichen Umwelt nur annähernd vorhersagen lassen. Dies hat zur Folge, dass je weiter die Projektionen in die Zukunft ausgerichtet sind, desto unsicherer ihre Aussagengenauigkeit wird. Aus diesem Grund hat sich die Klimaforschergemeinde darauf verständigt, Projektionen nur für die nächsten 100 Jahre vorzunehmen. Darüber hinaus werden Klimaprojektionen immer unsicherer, je kleiner die betrachtete Region ist. Um die Varianz dieser Unsicherheiten verkleinern zu können, werden verschiedene Klimaprojektionen zu sogenannten „Ensembles" zusammengefasst. Ein „Ensemble" besteht aus verschiedenen Vorhersageszenarien. Jedes Szenario basiert jeweils auf einem etwas anderen, aber jeweils realistischen Anfangszustand und Vorhersagesystem und führt daher zu unterschiedlichen Vorhersageresultaten. Je mehr solcher Klimamodelle in einem „Ensemble" zusammengefasst werden, desto genauer lassen sich Unsicherheiten und Schwankungsbreiten der Modellergebnisse bewerten (DWD 2017a).

Es wird unterschieden in globale und regionale Modelle, Modelle mit kleinskaligen und großräumigen Gitternetzen, mit kurzen und langen Vorhersagezeiträumen, die im Rahmen von „multi-model Ensembles" zu einem Ensemble zusammengefasst werden. Überall wo möglich, werden die Ensembles mittels regionaler Klimamodelle räumlich verfeinert (Jacob et al. 2013).

Für Europa und Zentralafrika wurde unter dem Dach der Europäischen Gemeinschaft das Projekt „Ensembles" (Linden und Mitchell 2009) durchgeführt. Die Komponenten für die Ensembles waren die sogenannten „regionalisierten Klimamodelle" *(„multiple climate models")*. Sie wurden auf zwei Modellgebiete angewendet, „Europa" (bis zum Ural) und für den Raum Nord-/West-/Zentralafrika. Das Projekt baute auf einer Reihe von EU-Projekten zur Klimaentwicklung, wie „Prudence", "Stardex" und „Demeter" auf. Es wurde vom Hadley Center (Meteorologisches

Institut, Großbritannien) koordiniert und umfasste insgesamt 66 Forschungsinstitute aus 20 Ländern. Die Grundidee des Projekts war es, aus möglichst vielen globalen und regionalen Klimamodellen je ein Modellensemble für Europa und Afrika zu erzeugen, und zwar für denselben Zeitraum und in derselben Auflösung, mit dem Ziel, auf der Basis von hochaufgelösten globalen und regionalen Erdsystemmodellen mögliche Szenarien für das zukünftige Klima quantitativ auszuarbeiten. Dazu wurde ein „Ensembles"-Modellierungssystem aufgestellt, um die Verlässlichkeit zu verbessern und Unsicherheiten quantitativ besser erfassen zu können. Daraus sollten dann politikrelevante Informationen bereitgestellt werden.

2.6.1 Globale Klimamodelle

Zur Projektion der Klimaentwicklung haben die Klimaforscher sehr unterschiedliche Modelle entwickelt. Wie IPCC-TAR (2001) eindrucksvoll belegt, haben Fortschritte in der Computer- und Großrechnertechnik zur Entwicklung aufwendiger numerischer Modelle geführt, ohne die die Komplexität des Klimasystems nicht zu erfassen ist. Die eingesetzten Klimamodelle unterscheiden sich hauptsächlich in ihrer räumlichen und zeitlichen Auflösung sowie in ihrer mathematischen Komplexität. So sind heute räumlich hoch auflösende Modelle zur Vorhersage des Wettergeschehens für wenige Tage im Einsatz. Daneben existiert eine Vielzahl von „globalen" „Klimamodellen" („*General Circulation Models*"; GCM), die die Dynamik des Klimasystems auf der Erde in großen Skalen simulieren. Die Aussagegenauigkeit dieser Modelle wird dann noch mittels „regionaler" Klimamodelle verbessert. Dazu werden die aus den globalen Modellen abgeleiteten Randbedingungen in die regionalen Modelle eingespeist, deren Ergebnisse dann wieder in die globalen Modelle aufgenommen werden. Durch mehrfaches „Verschneiden/Verschachteln" zum Beispiel der Gitterweiten („*nesting*", vgl. ▶ Abschn. 2.6.2) kann am Ende ein globales Modell mit deutlich höherer räumlicher Auflösung geliefert werden. Als Beispiel sei hier die operationelle Modellkette „COSMO" des Deutschen Wetterdienstes (DWD) genannt, die eine Gitterweite von 7 km für Europa und 2,8 km für Deutschland ermöglicht.

Die Grundlage aller globalen Klimamodelle *(General Circulation Models;* GCMs) stellen die „atmosphärischen Zirkulationsmodelle" (*Atmospheric General Circulation Models;* AGCMs) und die „ozeanischen Zirkulationsmodelle" (*Ocean General Circulation Models;* OGCMs) dar. In ihnen können entweder einzelne Klimakomponenten repräsentiert sein oder verschiedene Klimakomponenten miteinander gekoppelt sein (Storch et al., 1999). Die ersten Klimamodelle wurden für eine verbesserte Wettervorhersage bereits seit 1940 entwickelt. Im Jahr 1956 stellte Norman Phillips ein mathematisches Modell vor, mit dem die saisonalen Veränderungen in der Troposphäre realistisch abgebildet werden konnten. Diese Entwicklung wird heute als der Ausgangspunkt für die globalen Klimazirkulationsmodelle angesehen, die – wenn auch inzwischen um Größenordnungen verbessert – die Klimaentwicklung vorherzusagen vermögen.

Das erste „funktionierende" Klimamodell wurde Ende der 60er-Jahre von der NOAA entwickelt (Manabe und Bryan, 1969). Es verband erstmals die Zirkulationen in der Atmosphäre mit denen im Ozean. Erst durch diese Verkopplung gelang es den Klimaforschern, das Prinzip der wechselseitigen Beeinflussung dieser beiden Sphären mathematisch abzubilden. Erst dadurch wurde es möglich, die Gesetzmäßigkeiten des Klimas als Folge der anthropogenen Eingriffe in die Natur zu verstehen. Globale Klimamodelle verbinden physikalische, chemische und biologische Naturgesetze mit empirischen Beobachtungen. Dazu wird die Erde mit einem Netz an Beobachtungsgittern überzogen, deren horizontale Auflösung in der Regel 250 × 250 km beträgt und bei denen die Atmosphäre in 10–30 Schichten unterteilt wird.

Zwei Typen an globalen Klimamodellen werden unterschieden:
- Atmosphärische Modelle (AGCM)
- Ozeanische Modelle (OGCM)

Je nach Modell werden unterschiedliche thematische und geographische Schwerpunkte gesetzt. Um diese Varianz zu nutzen, werden die Modelle zu sogenannten „atmosphärisch-ozeanisch gekoppelten Modellen" zusammengefügt (*Atmosphere-Ocean General Circulation Models;* AOGCMs). Zunächst hatten die NOAA und in der Folge das Hadley Center (UK) und das MPI-M (Hamburg) alle Modellkomponenten über den Austausch von Energie, Wärmeflüsse, Wind, Verdunstung und Niederschlag miteinander verbunden. Um diese möglichst realitätsnah berechnen zu können, müssen mathematische Gleichungen für jede der Komponenten einzeln aufgestellt werden, die die Wechselwirkungen zwischen Ozean und Atmosphäre korrekt abzubilden. Zunehmend können heute schon weitere Komponenten berücksichtigt werden, wie z. B. Aufbau- und Abschmelzprozesse von Land- und Meereis in einem Modul für die Kryosphäre. Ebenso werden Vorgänge im Zusammenhang mit der Vegetation sowie mit dem Grundwasser und den Bodeneigenschaften in einem Modul „Land" beschrieben. Seit Neustem können auch die Einflüsse der Aerosole und des Kohlenstoffkreislaufs mit einbezogen werden.

In den „AGCMs" werden die atmosphärischen Parameter, wie die ein- und ausgehende Solarstrahlung, Lufttemperatur, Luftdruck, spezifische Feuchte, Wind usw. eingegeben, um daraus Prozesse wie z. B. Wolkenbildung und -bedeckung und die Wechselwirkungen zwischen allen Parametern zu berechnen. Für die Ozeane gilt eine horizontale Auflösung von 125 bis 250 km und eine vertikale Auflösung von 200 bis 400 m. Die „AOGCMs" simulieren z. B. die Wassertemperatur, den Salzgehalt sowie biogeochemische Prozesse und ermöglichen so Erkenntnisse über den Verlauf von Meeresströmungen. Für jedes Gitter werden die Komponenten jeweils für einen Zeitraum von 30 min errechnet. Die Simulationsgenauigkeit hängt dabei natürlich stark von der Maschenweite des Gitternetzes ab. Während die Simulationen für den ersten IPCC-Sachstandsbericht (IPCC-FAR 1990) noch auf einer Gitterweite von etwa 500 × 500 km (T21) beruhten, konnte diese Weite für den IPCC-SAR Bericht (1995) diese Weite auf 250 × 250 km (T42) reduziert werden; für den dritten Bericht (IPCC-TAR 2001; T63) konnte sie nochmals auf 180 × 180 km verringert werden. Für den vierten Bericht IPCC-AR4 (2007) wurde auf der Basis eines 110 × 110 km Gitternetzes gerechnet. Danach erhöhte sich die Auflösung nur noch moderat (IPCC-AR5 2013). Dafür waren die Modelle in der Lage, erheblich mehr Komponenten des Klimasystems auf verbesserte Art und Weise abzubilden. Bei Regionalmodellen hat sich die typische Auflösung von 50 km auf rund 25 km, z. T. sogar auf 10 km und weniger, deutlich verbessert.

Trotz der bislang in der Klimamodellierung erreichten beachtlichen Fortschritte sind die globalen Klimamodelle immer noch nicht in der Lage, Daten in einer Qualität und Auflösung zur Verfügung zu stellen, wie sie für weitreichende politische Rahmensetzungen erforderlich sind (UBA 2007). Die bekannten globalen Klimamodelle stellen aber dennoch die unverzichtbare Basis aller Regionalisierungsmodelle dar; seien es dynamische oder statistische Verfahren, die zur Anwendung kommen.

Die von den Klimaforschern gewählten Ausgangsparameter führen je nach Parametrisierungen und den Modellen zugrunde liegenden mathematischen Verknüpfungen zu unterschiedlichen Ergebnissen. Diese Unterschiede werden von den Klimaforschern nicht als „Nachteil" oder „falsch" angesehen, sondern werden als ein Maß für die Empfindlichkeit ihre Vorhersage gewertet. So haben alle Klimamodelle, die in den letzten Jahren im Rahmen des IPCC entwickelt wurden, durchaus unterschiedliche Ergebnisse gebracht. Dennoch stimmen alle darin überein, dass die Globaltemperatur sich seit der industriellen Revolution signifikant erhöht hat. Die Übereinstimmung trifft vor allem auf die Temperaturentwicklung im Zeitraum von 1760 bis 1960 zu; deren Ausgangsparameter dann die Grundlage für die Prognosen darstellten. Auch wenn die exakte Höhe der Zunahme, die regionale Verteilung sowie die weitere Temperaturentwicklung sich durchaus unterscheiden, geben sie den Rahmen für den klimawissenschaftlichen Dialog vor. In einer Befragung unter Mitgliedern der American Geological Society haben mehr als 90 % der Befragten 10.000 Geowissenschaftler der Thesen des Klimawandels zugestimmt, und mehr als 80 % von ihnen glaubt, dass der Mensch die Ursache dieser Temperaturzunahme sei (Doran und Zimmermann 2009).

Diese Ergebnisse stehen in einem „gewissen" Kontrast zu einer Erhebung in den USA, wonach nur 50 % der befragten Nichtwissenschaftler (!) an den Klimawandel glauben und weniger als 50 % diesen dem anthropogenen Einfluss zuschreiben. Auch wenn diese Aussagen sich voneinander unterscheiden, so ist die Diskrepanz wohl eher auf eine „nicht genügend erfolgreiche" Vermittlung wissenschaftlicher Erkenntnisse zurückzuführen (Doran und Zimmerman 2009).

Hadley-Zirkulationsmodell (HadCM3)

Eines der ersten sehr erfolgreichen gekoppelten „Atmosphäre-Ozean-Zirkulationsmodelle" (*Coupled Atmosphere/Ocean/Sea-Ice/Land – General Circulation Model*; GCM) wurde seit den 1980er-Jahren von dem Britischen Meteorologischen Dienst angegliederten *Hadley Center for Climate Science and Services* in Exeter aufgestellt. Seitdem hat das Hadley Center eine Vielzahl an Klimamodellen entwickelt, die vor allem die klimatologischen Prozesse in der Antarktis zum Gegenstand hatten. So wurde 1990 das damalige GCM-Modell als ein *Unified Model* neu formuliert, mit dem bestimmte Schichten in der Atmosphäre besser ausgewählt, eine bessere horizontale Auflösung erreicht und die klimatischen Parameter, je nachdem, ob es sich bei ihnen um gekoppelte oder feste Prozesses handelt, gezielter in das Modell eingegeben werden konnten.

International große Anerkennung erhielt das „HadCM3-Modell", das ein gekoppeltes „Atmosphären-Ozean-Modell" darstellt (*Coupled Atmosphere-Ocean General Circulation Model*; AOGCM). Auf diesem Modell beruhten die wesentlichen Aussagen des 3. Sachstandsbericht des IPCC (IPCC-TAR 2012). Die gute Übereinstimmung der Simulationsergebnisse mit anderen Messdaten konnte durch eine höhere Auflösung der Einflüsse der Ozeane und der Atmosphäre erreicht werden, zudem benötigt das HadCM3 (Turner et al 2006) keine sogenannte Flusskorrektur *(flux adjustment = artificial heat and freshwater fluxes at the ocean surface)*: Das Modell beruht auf einem Gitternetz mit einer Weite von 3,75° in der geographischen Länge und 2,50° in der Breite, was zu einer Auflösung von etwa 300 km führt („N 48"). Die Auflösung der Atmosphäre erfolgt in 19 Schichten. Der Ozean hat eine Auflösung von 1,25 × 1,25° und umfasst 20 Schichten. Das führte dazu, dass acht Gitternetzpunkte der Ozeane einem Gitterpunkt in der Atmosphäre entsprechen. Um beide Modelle (Atmosphäre und Ozean) verknüpfen zu können, wurden die Küstenlinien dem „Atmosphären Gitternetz" angepasst.

Im Laufe der Zeit wurde der atmosphärische Teil des AOGCM-Modells grundlegend erweitert. Mit dem „HadGEM1" („*Hadley Centre Global Environmental Model*") wurde es möglich, die Funktionalität zu verbessern, indem die physikalischen Prozess zur Wolkenbildung, der Einfluss des Meereises sowie der atmosphärischen Konvektion und anderer Parameter besser abgebildet werden konnten. Die Verknüpfung von Erkenntnissen über den Einfluss der Landflächen sowie der Aerosole führte zu einer erheblich besseren Modellauflösung. Das „HadGEM1-Modell" stellt einen großen Schritt in Richtung zu einem besseren Verständnis über die Interaktionen des Klimas, den chemischen Komponenten in der Atmosphäre und den Ökosystemen dar. Das „HadGEM1" bietet mit einer Gitternetzweite von 1,875° in der Länge und 1,25° in der Breite („N 96") eine doppelt so hohe Auflösung. Damit wurde es möglich, auch kleinerskalige Prozesse zu erfassen und so die Dynamik in der Atmosphäre besser abzubilden. Ermöglicht wurde dies vor allem durch die Weiterentwicklung der Rechnerkapazitäten, die zu einer besseren vertikalen und horizontalen Auflösung führten.

Globales Atmosphärenmodell „ECHAM"

Das ECHAM-Modell ist ein globales Atmosphären-Zirkulationsmodell, das Anfang der 1990er-Jahre am Max-Planck-Institut für Meteorologie (MPI-M) in Hamburg entwickelt wurde. Sein Akronym „ECHAM" setzt sich zusammen aus dem Namen des „Europäischen Zentrums für mittelfristige Wettervorhersage" (*European Centre for Medium-Range Weather Forecasts*, ECMWF) und der Stadt Hamburg. Grundlage war ein Vorhersagemodell des Zentrums (Simmons et al. 1989). Im Laufe der Zeit wurde das Modell immer weiter an die speziellen Anforderungen der Klimamodellierung und -vorhersage angepasst. Das Modell befindet sich mittlerweile in der 6. Generation (ECHAM-6).

ECHAM stellt ein reines Atmosphären-Zirkulationsmodell dar, dessen variable Daten u. a. die Wirbelstärke einer Luftströmung („Vortizität"), das Absinken von Luftmassen zur Erdoberfläche („Divergenz"), die Temperatur, den Bodenluftdruck, die Luftfeuchtigkeit sowie das Verhältnisse von Wasserdampf und Wolkenwasser umfassen. Dabei werden die prognostischen Parameter für die Luftfeuchte und die Wolkenkomponenten aus der „Vortizität" und der „Divergenz" abgeleitet.

Die horizontale Auflösung des Modells entspricht im Regelfall am Äquator einem Gitterpunktabstand von ca. 300 km im Spektralbereich für Wärmeübertragung „T 42", daneben wird oft noch eine hochaufgelöste Variante mit einer Gitterpunktweite von ca. 125 km (Spektralbereich „T 106") eingesetzt (Roeckner et al. 2003).

Die Variablen sind zusammengefasst:
- Vortizität,
- Divergenz,
- natürlicher Logarithmus des Oberflächendruckes,
- Temperatur,
- spezifische Feuchte,
- Mischungsverhältnis des Gesamtwolkenwassers (flüssige and Eis-Phase),
- Spurengase und Wolkenaerosole (optional).

Und die parametrisierten „subskaligen" Prozesse:
- Wolkenbedeckung,
- vertikaler turbulenter Austausch,
- Strahlungstransfer (lang- und kurzwellig),
- Gravitationswellen,
- Cumulus-Konvektion,
- großskalige Kondensation,
- Bodenprozesse.

Die vertikale Auflösung wird durch 19 ungleichmäßig verteilte Schichten von der Erdoberfläche bis zu einem Druck von 10 hPa bestimmt. Dabei folgen die Schichten an der Erdoberfläche dem Oberflächenprofil und gehen mit zunehmender Höhe allmählich in konstante Druckschichten über. Die höchste Auflösung wird in der planetaren Grenzschicht erreicht (Roeckner et al. 1992). Kleinskalige Prozesse, wie z. B. Wolkenbildung und Strahlungstransfer, werden mithilfe von empirischen oder physikalischen Ansätzen parametrisiert. ECHAM berechnet in Zeitschritten von etwa 20–40 min (bei einer räumlichen Auflösung von 300–500 km) die Entwicklung globaler Wetterlagen (Temperaturen, Winde, Wolken usw.). Neben der solaren Einstrahlung werden klimarelevante Gase und Meeresoberflächentemperaturen vorgegeben. Dies bestimmt im Wesentlichen das simulierte Klima. Das Modell gibt somit die typischen Charakteristika der atmosphärischen Zirkulation wieder, wie z. B. mittlere Lagen der Islandtiefs, Azorenhochs und der Tiefdruckbahnen. Die zeitliche Auflösung des Modells hängt im Wesentlichen von der räumlichen Auflösung ab. Sie wird mithilfe von numerisch stabilen Zeitschrittverfahren gelöst. Das bedeutet, dass bei einer engeren Gitternetzauflösungen die Zeitschritte zur Berechnung der Variablen proportional dazu verringern müssen (Trenberth 1992).

Die Weiterentwicklungen hin zu ECHAM6 konzentrierten sich in den vergangenen Jahren vor allem auf die Abschätzung des Klimaeinflusses von Kondensstreifen-Zirren. Hierzu wurde eine neue Wolkenklasse, die Kondensstreifen-Zirren, im Modell konsistent mit den natürlichen Wolken eingeführt und die Entwicklung der Kondensstreifen-Zirren und deren Auswirkung auf das Klima berechnet.

2.6.2 Regionale Klimamodelle

Während globale Klimamodelle erstellt werden, um Aussagen über die „globale" Entwicklung des Klimas zu treffen, erfordern Aussagen zur Klimaentwicklung im „regionalen" Maßstab eine viel größere horizontale Auflösung; zum Teil hinunter bis in den einstelligen Kilometerbereich. Solche regionalisierten Klimamodelle stellen zudem eine wichtige Ergänzung der globalen Klimamodelle dar. Die Entwicklung hat in den Jahren große Fortschritte gemacht und bietet heute eine solide Grundlage für Vorhersagen (Stock et al. 2009). Durch eine höhere Horizontalauflösung können lokale extreme Wetterereignisse („Starkregen"; „Sturmtiefs") besser aufgelöst und so kleinräumige Klimaänderungsmuster besser erkannt werden. Dabei sind „Regionale Modelle" nicht unabhängig von „Globalen Modellen". Sie basieren weitgehend auf den Erkenntnissen dieser Modelle, die als Randbedingungen in die Modelle eingegeben werden (Temperatur, Niederschlag, Wind, Eisbedeckung usw., vor allem über die Häufigkeit und Dauer charakteristischer Großwetterlagen).

Die Notwendigkeit, regional höhere Auflösungen zu erreichen, kann an dem Beispiel der Alpen dargestellt werden. Der Alpenraum wird in einem „globalen" Modell durch 15 bis 20 Gitterpunkte repräsentiert; und die Gebirge werden auf eine mittlere Höhe von etwa 1000 m nivelliert. Die tiefen Alpentäler können darin überhaupt nicht abgebildet werden. Die Abbildung von geographischen Räumen, wie den Alpen mit ihren so charakteristischen Orographien, gelingt nur mittels „regionaler" Modelle. Die Übertragung von Daten aus den „globalen" Modellen in die „regionalen" Modelle erfolgt nach einem Ansatz, der als „*downscaling*" bezeichnet wird (IPCC-AR4, Chapt. 11.10.1.2-1.4: IPCC 2007). Zwei Verfahren stehen dazu zur Verfügung:

- Dynamisches „*downscaling*" (auch „*nesting*" genannt): Bei diesem Verfahren werden die hochaufgelösten Regionalmodelle in die grobmaschigen Globalmodelle eingebettet, d. h., die „Ränder" eines regionalen Modells werden durch Werte des globalen Modells definiert. So werden zum Beispiel Daten aus dem oben genannten AOGCM-Modell in ein Modell z. B. für Europa eingepasst, das dann oftmals noch ein weiteres Mal zu einem Modell „Westeuropa" vergrößert wird („zweifaches *nesting*"). Dabei ist anzumerken, dass dieser Ansatz das Problem aber nur unzureichend löst, da lediglich eine Verschiebung hin zu kleineren Skalen stattfindet. Auch hochaufgelöste Modelle haben das prinzipielle Problem, dass sie ihrerseits eine kleinste interpretierbare Skala aufweisen.
- Statistisches *downscaling*: Dabei werden zwei Datensätze miteinander verknüpft; zum Beispiel zur „Temperaturverteilung" im regionalen Maßstab mit den Daten auf der großräumigen Skala, die in globalen Zirkulationsmodellen hinreichend gut simuliert wurden. Zwischen diesen wird ein statistischer Zusammenhang hergestellt, um die Simulationen der globalen Klimamodelle im regionalen Maßstab interpretieren zu können.

Die Erstellung regionaler Klimaszenarien ist mit einer Reihe von Unsicherheiten behaftet, die sich wie folgt aufteilen lassen (IPCC 2007a; zitiert in Stock et al. 2009):
- Unsicherheit über die zukünftige Entwicklung der das Klima bestimmenden natürlichen und anthropogenen Faktoren (z. B. Treibhausgasemissionen, Art der Landnutzung, Aerosolemissionen),
- Ungenauigkeiten in den globalen Klimamodellen, deren Ergebnisse als Randbedingungen für regionale Klimamodelle dienen,
- Ungenauigkeiten in den regionalen Klimamodellen.
- Die begrenzte Anzahl von Modelljahren („Sampling-Unsicherheit"), die dadurch entsteht, dass das modellierte Klima immer aus einer begrenzten Datenmenge abgeschätzt werden muss.

Das Ausmaß der Unsicherheiten in den Klimamodellen variiert je nach Klimaparameter, Region und Zeithorizont. Aber aus einem Vergleich der globalen Klimamodelle lässt sich eine Vorstellung über die Variationsbreite der Ergebnisse ableiten.

Prinzipiell stehen zwei Gruppen an regionalisierten Klimamodellen zur Verfügung: dynamische und statistische Klimamodelle.

Dynamische Klimamodelle

Dynamische Klimamodelle sind dreidimensionale atmosphärische Zirkulationsmodelle mit einer räumlichen Auflösung zwischen 7 km und 50 km, die zudem eine bessere Repräsentierung z. B. der Orographie oder der Landnutzung erlauben. Der Vorteil „dynamischer Modelle" (im Vergleich zu statistischen; vgl. IPCC-AR4, Chapter 11.10: IPCC 2007) ist, dass sie die atmosphärischen Prozesse direkt abbilden und so Szenarien berechnen können, auch wenn diese sich stärker von den heutigen klimatischen Verhältnissen unterscheiden. Da sie – anders als statistische Modelle – nicht auf eine zeitliche Unveränderlichkeit („Stationarität") der eingesetzten Parameter angewiesen sind, sind die Methoden für die Modellierung des zukünftigen Klimageschehens gut einsetzbar. Des Weiteren gewährleistet die Auswahl der (zueinander passenden) physikalischen Ausgangsparameter eine größtmögliche Kohärenz der Klimavariablen; eine Kohärenz, die bei statistischen Verfahren eher nicht gewährleistet werden kann (Stock et al. 2009).

- **REMO**

Das Klimamodell „REMO" („*Regional Model*") ist ein vom Max-Planck Institut für Meteorologie (MPI-M) in Hamburg in Zusammenarbeit mit dem Umweltbundesamt (UBA) und der Bundesanstalt für Gewässerkunde (BFG) entwickeltes dreidimensionales, hydrostatisch-atmosphärisches Zirkulationsmodel, das sich sowohl zur Wettervorhersage als auch zur regionalen Klimamodellierung für Deutschland, Österreich und die Schweiz eignet. Bei REMO handelt es sich um ein dynamisches Klimamodell, bei dem die klimatisch relevanten Variablen durch physikalisch-chemische Gleichungen generiert werden. Es baut auf dem numerischen Wettervorhersagemodell des Deutschen Wetterdienstes („Europa Modell"; EM) auf. Durch die Kombination eines dynamischen Wettervorhersagemodells mit dem physikalischen Globalmodell konnte die Weiche für die Weiterentwicklung von REMO, das mittlerweile in mehreren Versionen vorliegt (REMO-Version 5.8), von einem regionalen Atmosphärenmodell hin zu einem dreidimensionalen Ausschnittsmodell für das Systems „Atmosphäre-Ozean-Land" gestellt werden. Insbesondere ergab dies die Möglichkeit, die grossmaßstäblichen Wirkfaktoren („*driving forces*") an den Systemgrenzen realistischer abzubilden (CSC, 2017).

REMO wird als Gitternetzmodell, wie auch das „*Climate Local Model*" (CLM, siehe unten), entweder in die Daten eines globalen Klimamodells (meist ECHAM) oder in „Reanalyse-Daten" eingebettet, bzw. durch diese initialisiert. Dazu werden die Randbedingungen wie Temperaturen, Druck, Wind und Luftfeuchtigkeit vorgegeben, während alle anderen Größen in dem Modell selbst errechnet werden. Die unteren Randflächen des Modells sind die Erd- und Meeresoberflächen. Charakterisiert wird die Erdoberfläche über ihre Höhe NN, die Oberflächen- und Bodenbeschaffenheit sowie die Rauigkeit. Die prognostischen Größen sind die horizontale Windvektorkomponente, Luftdruck auf Bodenniveau, Lufttemperatur, spezifische Feuchte und der Flüssigwassergehalt. Da das Modell räumlich begrenzt ist, muss es an den Rändern mit Informationen über den Zustand der Atmosphäre außerhalb des Modellgebietes „angetrieben" werden. Hierzu werden an den seitlichen Rändern die Parameter Temperatur, Wind, Bodendruck und Feuchtigkeit als Wasserdampf und Flüssigwasser in allen Atmosphärenniveaus in die jeweiligen Gitterzellen eingebaut. Ferner müssen als untere Randbedingung dem Modell die zeitlich variable Meereisbedeckung und die Meeresoberflächentemperatur vorgegeben werden. Die Ermittlung der klimatischen Variablen erfolgt auf der Basis physikalisch-chemischer Gleichungssysteme („physikalische Parametrisierung"), z. B. über die Konvektionsbildung (Jacob und Podzun 1977).

Da REMO ein hydrostatisches Modell ist, wird keine vertikale Beschleunigung von Teilchen der Luft modelliert. Stattdessen wird ein hybrides Koordinatensystem mit geländefolgenden Modellflächen verwendet; während in der Horizontalen alle Variablenwerte (außer den Windkomponenten) in dem Zentrum des jeweiligen „Arakawa-C-Gitters" gültig sind. Gitterzellen stellen dabei auf die Erdoberfläche projizierte Flächen mit einer maximale Auflösung von heute schon 10×10 km Maschenweite. Vertikal arbeitet das Modell typischerweise mit 29 Schichten, wobei deren Abstand variabel und zur Troposphäre hin stark abnimmt (Jacob et al. 2013).

Für die Simulation werden aus globalen Datensätzen die Variablen mit einer zeitlichen Auflösung von 6 Stunden vorgegeben. Der Rechenzeitschritt variiert je nach horizontaler Auflösung von etwa 5 min (bei 0.5° Horizontalauflösung) bis 10 s (bei 0.011° Auflösung). Die Berechnungen werden in der Regel auf den Mittelpunkt einer „Gitterzelle" in der Mitte des Modellgebietes bezogen, sind aber dennoch als Mittelwerte über die gesamte Fläche der jeweiligen Gitterzelle zu verstehen. Damit liefert das Modell Ergebnisse gerastert für das gesamte Simulationsgebiet. In einer Gitterzelle (10×10 km) kann sich anteilig Wasser oder Land befinden, wobei ein Teil der Wasserfläche zusätzlich von Meereis bedeckt sein kann. Auf den Landflächen wird zwischen nacktem Boden und vegetationsbedeckten Flächen unterschieden. Der Boden kann hierbei auch teilweise oder ganz schneebedeckt sein.

Mit einer REMO-Simulation konnten die klimatologischen Änderungen der saisonalen Mittelwerte von Temperatur und Niederschlag zum Ende des 21. Jahrhunderts beispielhaft für das Modellgebiet „Europa" ermittelt werden. Die Analyse umfasste 109×121 Gitterpunkte mit einer horizontalen Auflösung von 0,088° (~ 10 km) und 27 vertikalen Schichten. Als Antrieb für die Simulation wurden seitliche Randdaten nach ECHAM5 und das Szenarium „SRES A1B" für eine Dauer von 50 Jahren bzw. 100 Jahren genommen. In die Tiefe wurden die Temperaturen für fünf Schichten bis zu einer Tiefe von 10 m sowie die repräsentative Bodenfeuchte berechnet.

■ Climate Local Model

Das „*Climate Local Model*" (CLM; auch COSMO-CLM genannt) ist genau wie REMO ein physikalisch-dynamisches regionales Klimamodell, das aus dem Wettervorhersagemodell („Lokalmodell"; LM) des Deutschen Wetterdienstes (DWD) entwickelt wurde. Der Modellansatz wurde dann unter Federführung der Technischen Universität Brandenburg, dem Helmholtz-Zentrum Geesthacht und dem Potsdam-Institut für Klimafolgenforschung in Potsdam weiterentwickelt. In der Folge haben sich die europäischen Wetterdienste zum „*Consortium for Small-scale Modellig*" (COSMO) zusammengeschlossen, dem sich international heute mehr als 250 Klimaforscher aus 70 Forschungsinstituten („*Climate Limited-area Modelling Community*"; „*CLM-Community*") angeschlossen haben. Die „*CLM-Community*" stellt heute eine der größten multi-institutionellen Kooperationen im Bereich der regionalen Klimamodellierung dar.

Das CLM/COSMO-CLM stellt gewissermaßen die Klimavariante des Wettervorhersagemodells LM dar, dessen weitere Entwicklung innerhalb der *CLM-Community* erfolgte. Das Modell liegt in verschiedenen Ausbaustufen vor; derzeit die CCLM-Konfiguration „CLM 3-K". Der Simulationsansatz erfolgt – anders als bei REMO – ohne die sogenannte hydrostatische Approximation (CSC, 2017). Die horizontale Auflösung beträgt rund 18 km; der Boden wird mit insgesamt 10 Schichten bis in eine Tiefe von rund 15 m aufgelöst. Auch hier werden die Randbedingungen des globalen Klimamodells „ECHAM 5/MPI-M" verwendet. Bisher sind Simulationen nach den Szenarien „A1B" und „B1" (siehe weiter unten) für den Zeitraum 1960–2100 durchgeführt worden. Die dynamischen Prozesse der Atmosphäre werden jeweils für die äußeren Gitterpunkte simuliert. Vertikal wird die Atmosphäre dabei in viele Schichten eingeteilt. Die zeitlichen Änderungen wichtiger Variablen, wie z. B. horizontale und vertikale Windkomponenten, die Temperatur, die spezifische Feuchte, der spezifische Wolkenwassergehalt, aber auch die Bodentemperatur und -feuchte werden numerisch bestimmt. Die anderen Variablen werden von den bekannten Größen abgeleitet. Alle Variablen können im „COSMO-CLM"-Modell für die unterschiedlichen Modellschichten und Zeitintervalle ausgegeben werden.

Mit dem Modell können auch physikalische Prozesse, die innerhalb der 18-km-Gitterweite stattfinden, wie zum Beispiel Wolkenbildung oder konvektiver Niederschlag, simuliert werden („Parametrisierung subskaliger Prozesse"). Der Einfluss der Wolken wird durch die Variablen „Wolkenwasser" und „Wolkeneis" definiert. Dort wo in einem Gitterelement mehr als 100 % Luftfeuchtigkeit auftreten, wird „Wolkenwasser" vorhergesagt und sobald „Wolkenwasser" oder „Wolkeneis" in einer Gitterzelle angenommen werden können, wird eine Wolkenbedeckung von 100 % angenommen. Sobald im CCLM Wolken parametrisiert werden, setzen Umwandlungsprozesse ein, die aus den Tröpfchen oder Eiskristallen in der Wolke Niederschlagspartikel bilden. Zwischen all diesen Wolken- und Niederschlagspartikeln gibt es eine große Anzahl an Umwandlungsprozessen, die jeweils eigens parametrisiert werden müssen. Boden- und Vegetationsprozesse werden im „COSMO-CLM" durch das Mehrschichten-Boden- und Vegetationsmodell abgebildet. Es dient im Wesentlichen zur Prognose der zeitlichen Entwicklung der Temperatur und des Wassergehalts im Boden; aufgeschlüsselt in 10 Bodenschichten, die bis in eine Tiefe von etwa 15 m reichen. Als Randbedingungen werden verschiedene externe Parameter aufgenommen, die den Zustand der Erdoberfläche beschreiben: Land-See-Verteilung, Orographie, Bodenart, Landbedeckung, Landnutzung usw. Zusätzlich muss die klimatologische Temperatur der untersten Bodenschicht vorgegeben werden.

Insgesamt wird angestrebt, das CLM-Modell zu einem regionalen Klimasystemmodell weiterzuentwickeln, z. B. durch eine Kopplung der atmosphärischen Prozesse mit dem Ozeanmodell „NEMO".

Statistische Klimamodelle

Statistische Klimamodelle basieren auf der mathematischen Analyse statistischer Zusammenhänge zwischen beobachteten großräumigen atmosphärischen Strukturen und dem lokalen Wettergeschehen. Die ermittelten Zusammenhänge ergeben aber, im Gegensatz zu den dynamischen Modellen, Informationen (nur) auf Stationsbasis. Mit statistischen Modellen ist theoretisch eine beliebig hohe räumliche Auflösung erreichbar, die nur von der Verfügbarkeit entsprechend hochaufgelöster langjähriger Messdatenreihen bestimmt wird. Der Arbeitsaufwand und Rechenaufwand zur Erstellung statistischer Modelle ist üblicherweise geringer als bei dynamischen Modellen. Sie liefern insbesondere dann belastbarere Ergebnisse, wenn die zu analysierenden klimatischen Verhältnisse denjenigen vergleichbar sind, aus denen die statistischen Beziehungen abgeleitet wurden, und eigen sich daher besonders für kurz- bis mittelfristige Klimaprojektionen. Die Methode beruht auf der Annahme, dass die gefundenen Zusammenhänge auch in Zukunft gültig bleiben, und können daher als Indikatoren für lokale Klimaänderung genommen werden. Dennoch benötigen auch die statistischen Modelle die Vorgaben von globalen dynamischen Modellen zur Regionalisierung.

▪ Star

Star (STAtistisches Regionalisierungsmodell; englischer Name STARS = *STatistical Analog Re-sampling Scheme*) ist ein stationsbasiertes, statistisches Klimamodell zur regionalen Klimamodellierung, mit es möglich wurde, klimatische Entwicklungen im regionalen Skalenbereich zu simulieren (Orlowski 2007). Es verknüpft mittels einer Reihe gekoppelter, stochastischer Verfahren generalisierte Informationen aus globalen Zirkulationsmodellen oder aus eigenständigen Vorgaben mit Beobachtungsdaten. Den Projektionen liegt das globale Atmosphären-Zirkulationsmodell „ECHAM-5" und das Emissionsszenario „A1B" zugrunde.

Star benötigt für seine Simulationen keine „Treiber" wie die „globalen Zirkulationsmodelle". Es basiert auf der Annahme, dass Zeitreihen des Wettergeschehens aus der Vergangenheit so auch in einem Zukunftsszenario auftreten können, und daher in Raum und Zeit physikalisch zu einem konsistenten Szenario zusammengestellt werden können (Gerstengarbe et al. 2015). In dem Modell werden Zeitreihen aus beobachtetem Wettergeschehen, von denen angenommen werden kann, dass sie für eine bestimmte Region und Jahreszeit typische Verläufe zeigen, zusammengestellt, um in Raum und Zeit physikalisch konsistente Szenarien zu erstellen (Orlowsky et al. 2008). Die Ausgangsparameter werden dabei so gewählt, dass sie für die zu untersuchende Region charakteristisch sind, ohne damit die Simulationen vollständig zu bestimmen (Stichwort: „Wettergeneratoren"). Automatisch kommt es so zu sehr unterschiedlichen Ergebnissen. Um das einzuschränken, ist das Modell so strukturiert, dass trotz inkonsistenter Dateneingaben sich physikalisch sinnvolle Simulationen berechnen lassen. Da diese Vorgaben naturgemäß inkonsistent sind, sind viele zum Teil sehr unterschiedliche Simulationen nötig, um eine angemessene Verlässlichkeit der Aussagen zu erreichen. Um die gewünschte Sicherheit in den Simulationsergebnissen zu gewährleisten, werden Beobachtungsreihen aus der Vergangenheit bei genereller Übereinstimmung auf die Simulationsperioden unter Einhaltung des vorgegebenen Trends übertragen. Anders als bei dynamischen Modellansätzen kann Star Simulationen nur auf der Basis beobachteter Daten vornehmen. Dabei gilt als Daumenregel, dass die Simulationen in ihrer Dauer den Beobachtungszeitraum nicht übersteigen sollen (Feldhoff et al. 2015).

Dabei muss abgesichert sein, dass die Variablen regionale und zeitlich persistent und Kombination einzelner simulierter Variablen physikalisch plausibel sind:
- Ein Tag mit Niederschlag, aber ohne Bewölkung darf nicht auftauchen.
- Die Sommer müssen wärmer als die Winter simuliert werden.
- Einem heißen Tag darf Frosteinbruch folgen.
- Ein warmer Frühlingstag in Berlin darf nicht von einem Frosteinbruch in Potsdam begleitet werden.

Mit dieser Modellstruktur kann der Rechenaufwand extrem niedrig gehalten und eine große Anzahl von Szenarien berechnet werden. Aufgrund der (impliziten) inkonsistenten Dateneingabe unterscheiden sich Simulationsergebnisse naturgemäß voneinander. Durch statische Verfahren kann aber die Variabilität der Ergebnisse abgeschätzt werden. Dadurch ist es möglich, eine statistisch gesicherte Aussage über die Unsicherheit des Modells zu treffen. Zwangsläufig weisen die Simulationen erkennbare Mindestähnlichkeiten auf, wie sie bei statistischen Rechenverfahren immer auftreten können. Anzumerken ist hier, dass die Zuverlässigkeit der Berechnungen mit einem größer werdenden Zeithorizont abnimmt.

Die modellmäßige Umsetzung sieht vor, dass für eine bestimmte Station („Gitterpunkt") eine Beobachtungsreihe einmal nach Jahren und einmal nach gleitenden 12-Tages-Blöcken aufgestellt wird. Im nächsten Schritt werden die Jahresabschnitte der Beobachtungsreihe mithilfe einer Monte-Carlo-Simulation neu aneinandergereiht, um so die „Wetterdaten" möglichst nahe an eine vorgegebene Regressionsgerade anzupassen. In einem dritten Schritt erfolgt eine Optimierung der Anpassung an die Regressionsgerade. Hierzu werden die 12-Tages-Blöcke eingesetzt. Hinter dem Vorgehen stehen folgende Überlegungen:

— Die Verwendung von Blöcken der Länge von 12 Tagen garantiert realistische Witterungsabfolgen innerhalb der Blöcke, da sie ja einem tatsächlich beobachteten Witterungsgeschehen entstammen.
— Des Weiteren sichert die Länge von 12 Tagen die typischen Erhaltungsneigungen von Größen wie Temperatur, Luftdruck und Niederschlag an Stationen des Untersuchungsgebietes ab.
— Da ein Teil der Blöcke aus der ersten Näherung übernommen wird, bleibt ein „Grundgerüst" der beobachteten Jahre einschließlich des Jahresganges erhalten. Damit ist eine physikalisch plausible Witterungsabfolge innerhalb der einzelnen Jahre garantiert.

Das Vorgehen lässt sich praktisch unverändert auch zur Berechnung für beliebig viele Stationen übertragen. Der wesentliche Unterschied besteht darin, dass man die Regressionsvorgaben nunmehr für jede der Stationen benötigt. Ferner werden vergleichbare Stationen in einem Cluster zusammengefasst und in jeweils einer Klasse repräsentiert. Für jede der Klassen wird nun die Station, die dem Clusterzentrum am nächsten liegt, als Repräsentantin gewählt. Damit kann sich je nach Stationsdichte und klimatischer Heterogenität des Untersuchungsgebiets die Anzahl der zu berechnenden Stationen sehr verringern.

Kritisch wird das Star-Modell gesehen, wenn sich die Temperaturvorgabe deutlich vom gegenwärtigen Klimazustand unterscheidet. Dann kann es zu Fehleinschätzungen über zukünftige klimatische Entwicklungen kommen. Auch weisen die Simulationen, wie schon angeführt, in der Regel starke Ähnlichkeiten auf und stellen somit nicht die vollständige Bandbreite der möglichen Klimaentwicklungen dar (Wechsung und Wechsung 2014) Eine Anwendung des Star-Modells für einen Zeitraum von 10–20 Jahren wird hingegen als weniger kritisch angesehen. Zudem bietet es die Aussicht, unabhängig von Vorgaben aus Klimamodellen auf der Basis von beobachteten Trends die erkannten Klimaentwicklungen fortzuschreiben.

- **WettReg**

Die Regionalisierungsmethode WETTREG („WETTerlagen-basierte REGionalisierung") ist ein statistisches Verfahren zur Erstellung eines regionalen Klimamodells, das von der „Climate & Environment Consulting Potsdam GmbH" (CEC) im Auftrag des UBA entwickelt wurde (Spekat et al. 2007; Spekat et al. 2010).

Im Gegensatz zu dynamischen regionalen Klimamodellen, die versuchen, aus physikalisch-chemischen Gleichungssystemen auf lokale Klimavariablen zu schließen, werden bei WETTREG statistische Zusammenhänge zwischen globalen und lokalen Klimavariablen hergestellt. Damit konnten die Vorteile der dynamischen Klimamodelle mit den Möglichkeiten eines statistischen Wettergenerators verbunden werden. Die räumliche Auflösung wird dabei bestimmt von Messreihen der (lokalen) Klima- bzw. Niederschlagsstationen.

Drei Datenkomponenten sind für die Anwendung notwendig:
— Reanalyse der Beschreibungen des Klimas der Jetztzeit.
— Ergebnisse von Szenariorechnungen mit einem globalen Klimamodell.
— Messdaten von Klimastationen zur Herleitung der statistischen Beziehungen.

Das Berechnungskonzept von WETTREG beruht auf den Annahmen:
— Die atmosphärischen Parameter (z. B. Zirkulation, Feuchte, Vorticity, u. v. a. m.) stellen semistabile Muster dar.
— Die verschiedenen Emissionsszenarios bestimmen die Häufigkeitsverteilung der atmosphärischen Muster.
— Die atmosphärischen Muster der Klimaszenarien sind denen der derzeitigen Beziehungen vergleichbar.
— Die von WETTREG erzeugten lokalen Simulationszeitreihen erlauben Aussagen über Mittelwerte, Varianz und Extreme von Wetterelementen.
— Globale Klimamodelle sind in der Lage, das Klima großräumig in hinreichender Qualität zu beschreiben.

Bei WETTREG geht im Prinzip darum, bekannte Wetterlagen zu typisieren und Daten von lokalen Klimastationen statistisch mit bekannten großräumigen Wetterlagen zu verknüpfen. Damit wird es möglich, aus der Kenntnis über großräumige Wetterlagen der Zukunft – abgleitet aus den globalen Klimamodellen (GCM) – auf die Klimaentwicklung im lokalen bzw. regionalen Maßstab zurückzuschließen. Dazu verwendet WETTREG die Randbedingungen aus dem globalen Klimamodell ECHAM5.

WETTREG arbeitet in drei Phasen:
— Musterdefinition: Dafür werden die Änderungen der Häufigkeit von Zirkulationsmustern des Gegenwartsklimas nach dem Prinzip *„environment to circulation"* in

2.6 · Klimamodelle – Klimaszenarien

Klassen eingeteilt. Damit liegt eine „projizierte Klimatologie" mit einer zeitlichen Auflösung von Tagen vor. Daraus wird klassenweise der zugehörige Atmosphärenzustand ermittelt. Die Häufigkeit der so gefundenen WETTREG-Muster und deren zeitliche Veränderung werden durch wiederholte Analysen immer weiter optimiert und mit den Resultaten von GCM- oder RCM-Berechnungsläufen abgeglichen.

— Zeitreihensynthese: Mittel des „Prinzips der Zeitreihensynthese" werden aus den Zeitreihen des Gegenwartsklimas einzelne Segmente entnommen und zu neuen „synthetischen Zeitreihen" zusammengesetzt; eine Strategie, die auch als „Wettergenerator" bekannt ist. Verwendet werden dazu nur solche Segmente, bei denen alle meteorologischen Elemente an jeder Station sowie auch alle Stationen einer beobachteten Abfolge von Messungen entsprechen, um so zu gewährleisten, dass sich in den „synthetisierten Zeitreihen" Segmente befinden, die der geänderten Häufigkeitsverteilung der Zirkulationsmuster für den jeweiligen Zeithorizont genügen. Auf diese Weise wird die Signatur einer Klimaänderung herausgearbeitet.

— Regressionsschritt: Per Regressionsanalyse wird eine Beziehung der räumlichen und zeitlichen Ausprägungen der atmosphärischen Größen in den Projektionen des GCM/RCM und den lokalen Klimaparametern hergestellt. Damit ist es möglich, wenn nötig, eine Korrektur der im Zuge der Zeitreihensynthese entstandenen „projizierten Klimatologie" vorzunehmen.

WETTREG erzeugt für jede Station/jeden Gitterpunkt eine Gruppe von 10 synthetischen Zeitreihen, für den Zeitraum 1961–2100. Dabei stammen die Resultate für 1961–2000 aus den Resimulationen des gegenwärtigen Klimas und die Resultate für 2001–2100 aus den Projektionsrechnungen unter Antrieb eines Treibhausgasszenarios. Die Zeitreihen können direkt analysiert werden, beispielsweise, um abgeleitete Charakteristika des projizierten zukünftigen Klimas zu untersuchen.

2.6.3 Klimaszenarien

Klimaszenarien sind kohärente, konsistente und plausible Beschreibungen eines möglichen zukünftigen Klimas einschließlich des Verlaufs ihrer Entstehung. Sie basieren auf Kenntnissen über die Treibhausgasemission in der Vergangenheit und einer möglichst realistischen Extrapolation dieser Trends in die Zukunft. Dabei handelt es sich jedoch um keine Prognosen oder Vorhersagen, sondern um Klimaprojektionen, die mögliche Entwicklungen aufzeigen. Sie zeigen auf, wie sich das Klima ändern könnte, wenn die Treibhausgaskonzentration um bestimmte Faktoren ansteigen würde. Dabei untersuchen sie nur den menschlichen Einfluss auf das Klima. Sie dienen ferner dazu, die Konsequenzen verschiedener politischer und technischer Handlungsoptionen im Kampf gegen den Klimawandel darzulegen.

Klimaszenarien werden mithilfe von Klimamodellen und Emissionsszenarien berechnet und sind daher mit erheblichen Ungewissheiten verbunden. Sie stellen sowohl quantitative als auch qualitative Entwicklungspfade vor, die auf dem Prinzip „wenn – dann" beruhen, und treffen damit (nur) Annahmen über den künftigen Verlauf der durch den Menschen verursachten Treibhausgasemissionen. Diese hängen in erster Linie von der Entwicklung der Weltgesellschaft ab: von der Bevölkerungsentwicklung, der technologischen Entwicklung, dem Energieverbrauch, dem Einsatz alternativer Energien, dem Konsumverhalten u. v. a. Aber eben auch davon, wie sehr es der internationalen Politik gelingt, Armutsmigration unnötig zu machen und sich auf Klimaziele zu verständigen. Daneben haben Klimaszenarien auch noch eine weitere Aufgabe. Mit ihnen ist es möglich, das Klima der Vergangenheit nachzuvollziehen, seine Ursachen zu erforschen und damit die natürlichen Klimaschwankungen besser zu verstehen. Auf der Basis dieser Kenntnisse können dann die notwendigen Basisdaten zur Kalibrierung der Parameter der zukünftigen Klimaentwicklung gewonnen werden. Im Verlauf der letzten 25 Jahre wurden durch das IPCC unterschiedliche Ansätze zur Klimamodellierung vorgestellt: Von zunächst einem sehr einfachen und daher in seinen Aussagen sehr begrenztem Modellansatz (SA 90), bis heute, zu einem Modellansatz, der die Klimaentwicklung auch im Hinblick auf die sozioökonomischen und technischen Aus-/Einwirkungen umfassend abzubilden vermag (◘ Tab. 2.1).

Seit Beginn der 90er-Jahre hat der Weltklimarat (IPCC) bei der Entwicklung von Klimaszenarien die führende Rolle auf der Welt gespielt. So wurde 1990 eine erste Serie von Szenarien „SA90" (*Scientific Assessment* 1990) als Grundlage für den IPCC-FAR 1990 vorgestellt (IPCC 1990), die von Klimaforschern aus den USA und den Niederlanden erstellt wurden. Die Emissionsszenarien umfassten die Treibhausgase (CO, CO_2, CH_4, N_2O, NO_x und die chlorierten Fluorkohlenwasserstoffe CFCs) für den Zeitraum 1990–2100. Dabei wurden als Ausgangsparameter eine Weltbevölkerung von 10,5 Mrd. ab 2050 sowie ein Bruttosozialproduktzuwachs von 2–3 % in den OECD-Staaten und 3–5 % in den anderen Staaten angenommen. Diese Parameter wurden für alle vier Szenarien beibehalten:

◘ **Tab. 2.1** Geschichte der Klimaszenarien. (Eigene Darstellung)

Jahr	Name	Publiziert in IPCC
1990	SA 90	1. Sachstandsbericht
1992	IS 92	2. Sachstandsbericht
2000	RSRES	3. Sachstandsbericht
2013	RCP	5. Sachstandsbericht

- Szenario A („business-as-usual"): Beschreibt die Situation, bei der die Energieversorgung immer noch vor allem auf Kohle und Öl beruht und die Energieeinsparpotenziale nur ungenügend genutzt werden. Eine Fortsetzung der weltweiten Abholzung in dem bekannten Ausmaß wird am Ende zum völligen Verschwinden der tropischen Regenwälder führen. Weiterhin werden Emissionen an Methan und NO_x aus der Landwirtschaft unkontrolliert erfolgen. Das Szenario berücksichtigt zwar die Verpflichtungen aus dem Montrealer Protokoll, die aber mit nur geringem Ausmaß umgesetzt werden. Es wird daher davon ausgegangen, dass die CO_2- und die CH_4-Emissionen dadurch bis 2100 um 10–20 % im Vergleich zu 1985 zunehmen werden.
- Szenario B („Montrealer Protokoll"): Die Treibhausgasemissionen sind gemäß Montrealer Protokoll umfassend verringert. Die Energieversorgung in den OECD-Staaten und in den Entwicklungs-/Schwellenländern wird von einem Energiemix geleistet, der vorrangig auf die Nutzung treibhausreduzierenden Erdgases setzt. Die Vermeidung von Kohlenmonoxidemissionen greift und der negative Trend in der Entwaldung ist weitgehend gestoppt.
- Szenario C („Energiemix ab 2050"): In diesem Szenario kommen ab der zweiten Hälfte des Jahrtausends (2050) den alternativen Energien und der Kernenergie die tragende Rolle in der Energieversorgung zu. Die CFC-Emissionen dagegen werden bis dahin stetig bis vollständig reduziert und die landwirtschaftlichen Emissionen deutlich begrenzt.
- Szenario D („Energiemix bis 2050"): In dem Szenario wird die Energieversorgung bis zum Jahr 2050 auf Kernenergie und alternative Energien umgestellt. Die CO_2-Emissionen werden in den OECD-Staaten auf dem Stand 1990 eingefroren. Eine umfassende Kontrolle der Treibhausgasemissionen in den Industriestaaten in Verbindung mit „geringeren" Emissionen in den Entwicklungs-/Schwellenländern wird die CO_2-Konzentration in der Atmosphäre auf 50 % des Wertes des Jahres 1985 reduzieren.

Im Auftrag des Weltklimarats IPCC wurden erstmals 1992 Emissionsszenarien entwickelt, die als „IS92-Szenarien" bekannt geworden sind. Im Jahr 1992 veröffentlichte IPCC die ersten Abschätzungen über die Treibhausgasemissionen als Grundlage für die Ausarbeitung „globaler Zirkulationsmodelle (GCMs)". IPCC beauftragte damals eine Reihe namhafter Klimaforscher aus den USA und den Niederlanden, die weitere Entwicklung der globalen Emissionen an Kohlendioxid, Kohlenmonoxid, Distickstoffoxid, Methan, Ozon und fluorierten Kohlenwasserstoffen abzuschätzen. Sechs Szenarien wurden damals aufgestellt, die auf einer großen Bandbreite an Annahmen beruhten, so unter welchen politischen Bedingungen der Kampf gegen den Klimawandel in Zukunft stattfinden wird, welche sozioökonomischen und bevölkerungspolitischen Randbedingungen vorherrschen werden.

Sechs sogenannte IS92-Szenarien (IS92 a bis IS92 f) sollten die Auskunft darüber geben, wie sich die Emission der Treibhausgase entwickeln wird. Eine Überarbeitung der SA90-Szenarien war nach Auffassung des IPCC erforderlich geworden, da zusätzliche internationale Abkommen (z. B. „London Amendment" zum „Montrealer Protokoll"), eine revidierte Weltbevölkerungsentwicklung, vor allem aber geänderte Vorhersagen über die GHG-Emissionen im Zuge der weltpolitischen Veränderungen seit 1990 und Erkenntnisse über die Zunahme der Tropenwaldrodung, in den Szenarien berücksichtigt werden mussten. Die Ausgangsparameter wurden vor allem publizierten Daten und Expertisen international führender Klimaorganisationen entnommen und stammten im Prinzip noch von den Annahmen des 1.Sachstandsberichts (IPCC-FAR 1990). Als Ausgangsparameter waren eine Weltbevölkerung von 11,3 Mrd. Menschen im Jahr 2100, eine mittlere Zuwachsrate im Bruttosozialprodukt von 2,3 % für den Zeitraum 1990–2100 sowie ein „ausgewogener" Energiemix von konventionellen und alternativen Energieträgern genommen worden. Sie entsprechen für die Szenarienfamilien IS92a und IS92b weitgehend denen, wie sie für die Szenarienfamilien SA90 (IPCC-FAR 1990) aus dem Jahr 1990 verwendet wurden. In der Folge wurden vor allem die IS92-Szenarien „IS92a", „IS92e" und „IS92c" in die Klimadiskussion aufgenommen. Dabei beschreibt:

- IS92a
  Ein Szenario, bei dem alle Parameter in etwa die gleiche Wertigkeit haben. Von den sechs IS92-Familien hat IS92a bei den Klimaforschern und den Politikern die größte Akzeptanz erhalten, obwohl der IPCC Wert darauf legt, dass alle Szenarien gleichwertig anzusehen sind.
- IS92e
  Ein Szenario mit den höchsten Treibhausgasemissionen. Es geht von einer moderaten Bevölkerungszunahme aus, einem hohen wirtschaftlichen Wachstum, einem hohen Anteil fossiler Energieträger an der Energieversorgung sowie einem graduellen Ausstieg aus der Kernenergie.
- IS92c
  Ein Szenario mit dem geringsten CO_2-Ausstoß. Es geht aus von CO_2-Emissionen unterhalb des 1990-Levels und einer Weltbevölkerung, die zunächst noch weiter ansteigt, dann ab 2010 aber stetig abnimmt. Des Weiteren flossen in IS92c ein niedriges wirtschaftliches Wachstum sowie eine weltweit nicht gesicherte Versorgung mit konventionellen Energieträgern ein.

◘ Abb. 2.24 stellt die Bandbreite der Szenarienfamilien IS92 dar und gibt als Referenz dazu an, welche Treibhausgaskonzentration die Prognosen unter SA90 ergeben haben.

In der Folge wurden die IP92-Szenarien allgemeine Grundlage der Klimadiskussion, auch wenn das IPPC (1992) die Szenarien eher als ein Hinweis auf die „Bandbreite der Unsicherheiten" (s. ◘ Abb. 2.24) in der Abschätzungen der Klimaentwicklung verstanden wissen wollte („although the original IPCC recommendation was that all six IS92 emissions scenarios be used to represent the range of uncertainty in emissions").

2.6 · Klimamodelle – Klimaszenarien

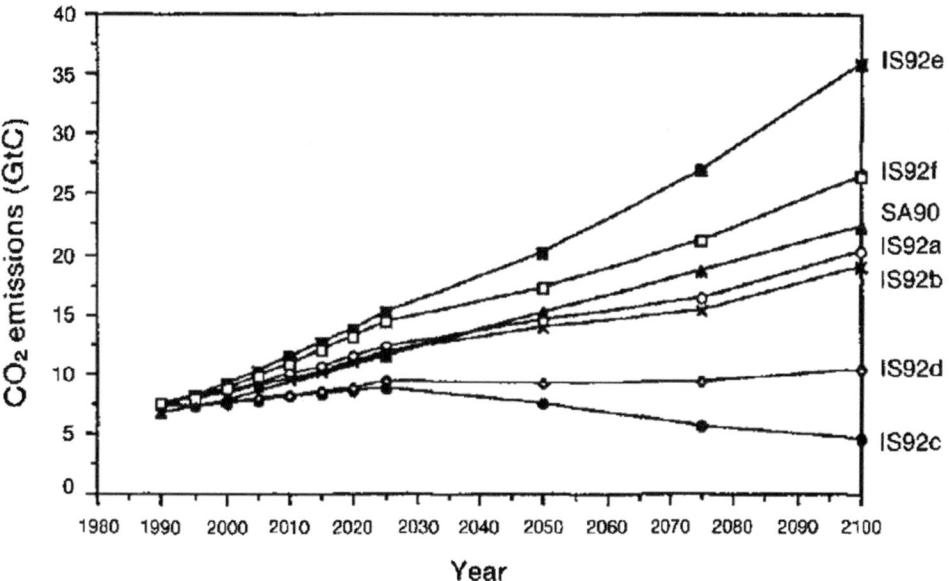

Abb. 2.24 Bandbreite der globalen CO_2-Emissionen aus der Energiegewinnung, der Zementproduktion und der Forstwirtschaft. (Quelle: IPCC-FAR 1992)

1994 wurde allerdings deutlich, dass diese Datenbasis nicht ausreicht, um belastbare Szenarien aufzustellen. Daher wurde 1996 im IPCC entschieden, eine neue Datenbasis als Grundlage für den 3. Sachstandsbericht (IPCC-TAR 2001) zu entwickeln. So lange sollten die Klimaforscher statt eines bestimmten Szenarios („IS-92a") die gesamte „Bandbreite" der Szenarien als möglichen Entwicklungstrend ansehen. Ein wesentlicher Kritikpunkt an den IS92-Szenarien bestand darin, dass sie auf Daten des Jahres 1990 beruhten und so den danach eingetretenen fundamentalen Umbau der Weltwirtschaft (Auflösung des sowjetischen Staatenblocks) und andere politische Weichenstellungen, wie zum Beispiel neue Gesetze zur Reinhaltung der Luft in Europa und den USA, nicht berücksichtigen werden konnten. Auch wurde festgestellt, dass die SO_2-Emissionen einen viel größeren Einfluss auf den Klimawandel hatten, als bis dahin angenommen.

Eine Expertenkommission aus 18 Ländern legte im Jahr 2000 einen Bericht mit überarbeiteten Szenarien vor (IPCC 2000a).

Die Aufgabe bestand in erster Linie darin:
- die Literatur in den veränderten wissenschaftlichen und technischen Kontext zu stellen,
- die klimawirksamen Antriebskräfte *("driving forces")* und ihre gegenseitige Einflussnahme neu zu bewerten,
- die mögliche Klimaentwicklung anhand von vier Klimaszenarien darzustellen *("storylines")* und diese zu quantifizieren,
- eine kritische externe Bewertung der Szenarien vorzunehmen.

Im Jahr 2000 brachte der IPCC einen Sonderbericht zu etwa vierzig entwickelten Szenarien heraus, den sogenannten *„Special Report on Emissions Scenarios"* („SRES"). In dem Bericht stellt die Expertenkommission anhand von vier „Entwicklungslinien" *(storylines)* dar, wie sie die Entwicklung der Treibhausgasemissionen einschätzt und welche Rückschlüsse daraus auf die Klimaänderung gezogen werden können. Die Klimasimulationen, die im dritten (2001) und vierten (2007) IPCC-Sachstandsbericht verwendet wurden, basieren auf diesen „SRES-Szenarien" (**Abb. 2.25**).

Bei den „SRES-Szenarien" wurden vier Gruppen (A1) – (A2) – (B1) – (B2) unterschieden. Sie basieren auf wissensbasierten Annahmen über die demographische, sozioökonomische, politische und technologische Entwicklung, wie z. B. über den zukünftigen Energieverbrauch, die Art der Energiegewinnung und Landnutzungsänderungen u. v. a., da diese Entwicklungen einen sehr großen Einfluss auf die klimarelevanten Eigenschaften von Atmosphäre und Landoberfläche haben. Jedem der Szenarien liegt eine andere Vorstellung einer zukünftigen Welt zugrunde, wobei alle eine Entwicklung ohne zusätzliche Klimaschutzinitiativen beschreiben. Trotz einer inzwischen vergleichsweise soliden Datenbasis ist das Ausmaß der zukünftigen Emissionen grundsätzlich nicht vorhersagbar und beschränkt sich daher auf den Zeitraum der nächsten 100 Jahre. Die vier Familien geben daher eher eine (im Vergleich zu 1992) noch besser belegte „Bandbreite" von Annahmen. Sie berücksichtigen viel differenzierter als vorherige Szenarien die möglichen alternativen Entwicklungen in den Bereichen Bevölkerungswachstum, ökonomische, soziale und technologische Veränderungen, Änderungen im Ressourcenverbrauch und im Umweltmanagement jeweils bis zum Ende des 21. Jahrhunderts.

- A1-Szenario-Familie
Sie beschreibt eine globalisierte Welt mit sehr hohem Wirtschaftswachstum, vor allem in den Schwellenländern, rascher Entwicklung neuer effizienter Technologien und einer Mitte des 21. Jahrhunderts kulminierenden und danach rückläufigen Weltbevölkerung bis 2050. Wichtige grundlegende Faktoren sind eine soziale und ökonomische Annäherung von Regionen, die Entwicklung von politischer Handlungskompetenz

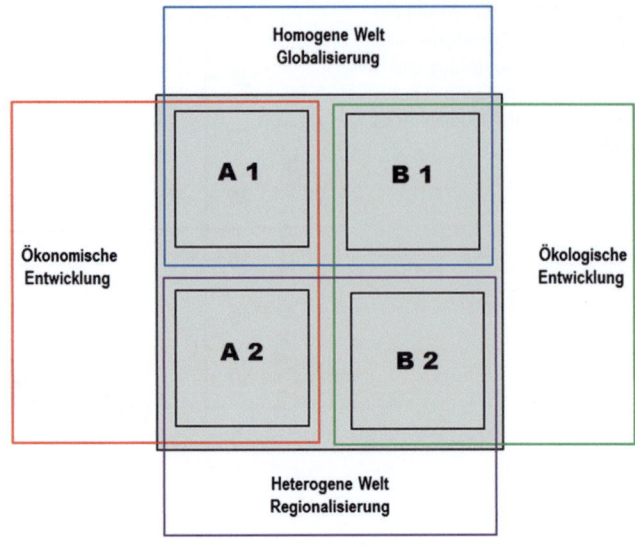

Abb. 2.25 SRES-Szenarien und ihre ökonomische bzw. ökologische sowie globalisierte bzw. regionalisierte Zuordnung. (Eigene Darstellung nach SRES-Szenarien, IPCC 2000a)

sowie eine zunehmende kulturelle Interaktion, bei gleichzeitiger substanzieller Verringerung regionaler Unterschiede der Pro-Kopf-Einkommen.
Dabei werden innerhalb der A1-Szenario-Familie drei Gruppen unterschieden, die sich in ihrer Nutzungsintensität von fossilen oder erneuerbaren Energieträgern unterscheiden:

- Nutzung aller zugänglichen fossilen Reserven (A1FI),
- Fokus auf Entwicklung regenerativer Energieträger (A1T) oder
- eine ausgewogene, nicht allzu große Abhängigkeit von einer bestimmten Energiequelle und die Annahme der Nutzung aller alternativer Energiequellen (A1B).

Für den „Antrieb" der Klimamodelle wird aus dieser Familie meistens nur das A1B-Szenario verwendet.

- A2-Szenario-Familie
Sie beschreibt eine sehr heterogene Welt mit einer vor allem in den Entwicklungs- und Schwellenländern wachsenden Bevölkerung, was zu einer stetig steigenden Weltbevölkerung auch nach 2050 führt. Die wirtschaftliche Entwicklung ist weniger stark und vorwiegend regional orientiert und das Pro-Kopf-Wirtschaftswachstum und technologische Veränderungen sind langsamer als in anderen Szenarien. Die Welt ist politisch und ökonomisch geprägt von Autarkie und Bewahrung lokaler Identitäten.
- B1-Szenario-Familie
Die B1-Familie beschreibt eine politisch und ökonomisch harmonischere Welt und wird deshalb oft auch als „Welt als globales Dorf" bezeichnet. Wie im A1-Szenario wird von der gleichen Weltbevölkerungsentwicklung ausgegangen, ebenso wie von einer verstärkten Nutzung sauberer und effizienter Technologien und einer nachhaltigen Nutzung von Ressourcen und Energie. Die wirtschaftlichen Strukturen verändern sich in Richtung einer Dienstleistungs- und Informationswirtschaft, bei gleichzeitigem Rückgang des Materialverbrauchs. Die Betonung liegt auf globalen Umsetzungen einer umweltgerechten Nachhaltigkeit, einschließlich erhöhter sozialer Gerechtigkeit, aber ohne zusätzliche Klimainitiative. Das Szenario weist den geringsten Ausstoß an Treibhausgasemissionen aller Szenarien auf und verursacht so die geringsten Veränderungen des Klimas.
- B2-Szenario-Familie
Sie geht im Gegensatz zu B1 von einer Welt mit einem Wirtschaftswachstum auf einem mittleren Niveau aus und mit einem Schwerpunkt auf lokalen bzw. regionalen Ebenen und verfolgt, wenn auch eingeschränkt, eine wirtschaftliche, soziale und umweltgerechte Nachhaltigkeit. Die Weltbevölkerung steigt stetig, jedoch langsamer als in A2-Familie. Die wirtschaftliche Entwicklung erfolgt auf einem gemäßigten Niveau; der technologische Fortschritt ist weniger rasch, dafür vielfältiger als in den B1- und A1-Familien. Obwohl das Szenario auch auf Umweltschutz und soziale Gerechtigkeit ausgerichtet ist, liegt der Schwerpunkt auf der lokalen und regionalen Ebene.

Da bis zur Herausgabe des 3. Sachstandsberichtes im Jahr 2001 nicht alle Szenarien wie vorgesehen verfügbar waren, entschloss sich die „*modelling community*", von den genannten vier Szenarienfamilien die Familien A1b, A2, B1 und B2 exemplarisch als „Modellszenarien" in den „TAR" aufzunehmen, da diese zu beschreibenden klimatischen Situationen am ehesten wiedergeben. In der Folge wurden die Subfamilien A1F und A1T hinzugenommen, um die Bandbreite der Familie besser abzubilden. Später wurden die Szenarien-Familien A2 und B2 zur Grundlage verschiedener kombinierter „Atmosphäre-Ozean globale Klimamodelle" (AOGCM).

Die „Emissionsszenarien", wie sie in den vier Sachstandsberichten des IPCC veröffentlicht worden sind, waren für die klimapolitischen Diskussionen unverzichtbar geworden. Um den politischen Einfluss zu verstärken, aber auch um die steigende „Nachfrage" seitens Politik nach belastbaren Erkenntnisse zum Beispiel über den Einfluss des 2-°C-Klimaziels zu decken, wurden für den 5. Sachstandsbericht (IPCC-AR5 2013) die Simulationen auf eine neue Grundlage gestellt. Auch machten der Zuwachs an Kenntnissen über das Klimasystem sowie bessere IT-gestützte Berechnungsverfahren seit dem IPCC-AR4 eine Überarbeitung der Szenarien nötig. Dazu wurden die sogenannten „Repräsentativen Konzentrationspfade" (Representative Concentration Pathways, RCPs) entwickelt, die die früheren SRES-Szenarien ersetzen. Mit ihnen konnte die Treibhausgaskonzentration in der Atmosphäre einschließlich der veränderten Landnutzungen in ihrer Zeitabhängigkeit noch besser als bisher abgebildet werden. Erstmals konnte darüber hinaus der Einfluss von Klimaschutzmaßnahmen in den Modellen gebührend Berücksichtigung finden.

Der Unterschied zu den SRES-Szenarien liegt darin, dass die „RCPs" nicht mehr auf der CO_2-Konzentration in der Atmosphäre beruhen, sondern auf dem Strahlungsantrieb. Dieser beschreibt vereinfacht dargestellt, wie viel mehr Energie (in W/m^2) in das Klimasystem im Vergleich zu einem vorindustriellen Wert eingeht. Dabei werden neben Treibhausgasemissionen auch Effekte von Landnutzungsänderung und Luftverschmutzung berücksichtigt. Jedem RCP-Szenario liegen sozioökonomische Annahmen zugrunde, die im jeweiligen Strahlungsantrieb resultieren könnten. Die RCP-Szenarien definieren einen Konzentrationsverlauf zunächst bis zum Jahr 2100, mit Erweiterungen bis 2300, dargestellt in verschiedenen Emissionspfaden als Folge unterschiedlicher Klimaschutzmaßnahmen (z. B. Steigerung der Energieeffizienz, Reduktion der fossilen Energieerzeugung, Verlangsamung der Entwaldung). Diese können zu unterschiedlichen Anteilen zur Einhaltung der RCP-Pfade beitragen. Wie auch die SRES-Szenarien stellen die RCP-Szenarien sogenannte „Wenn–Dann"-Optionen dar.

Ein weiterer Unterschied zu den SRES-Szenarien liegt darin, dass für die Modellierungen keine genau definierten Annahmen über die demographische, ökonomische und technische Entwicklung nötig sind. Es wird davon ausgegangen, dass die zusätzliche Aufnahme an Energie („radiative forcing") das Resultat sehr unterschiedlicher Emissionsszenarien sein kann. So kann zum Beispiel ein höherer Energiebedarf im Zuge einer verstärkten Bevölkerungszunahme durchaus durch einen erhöhten Einsatz an regenerativer Energie kompensiert werden. Durch die „storylines" konnten solche sozioökonomischen und technischen Veränderungen nicht hinreichend genau abgebildet werden. Ferner wird in den RCPs die Klimaentwicklung jeweils auf eine Gitternetzweite von etwa 60 × 60 km bezogen und so die lokale Entwicklung in Abhängigkeit von der Zeit modelliert (Meinshausen et al. 2011).

Der Ausdruck „repräsentative Pfade" kommt daher, weil er nur den bestmöglichen Modellverlauf darstellt, ohne dabei weitere mögliche Verläufe auszuschließen.

Die RCPs werden nach dem „radiative forcing" gemäß der Wattzahl unterschieden, das heißt dem RCP-6-Szenario liegt eine Solarstrahlung von 6 W im Jahr 2100 zugrunde.

Vier Szenarien wurden in dem IPCC-5AR vorgestellt, mit einer Modellreichweite bis zum Jahr 2100:

— RCP 2,6 („geringe bzw. konstante Emission"):
Die Energieaufnahme wird zunächst bei 3,1 W/m^2 liegen (=490 ppm CO_2) und nach 2100 bei 2,6 W/m^2 konstant bleiben. Dies setzt eine Verringerung der globalen Erwärmung auf nicht mehr als 2 °C im Jahr 2100 voraus. Um dies zu erreichen, muss der Verbrauch an Energierohstoffen (Öl) reduziert werden und sich der Weltenergiebedarf insgesamt abschwächen. Die Weltbevölkerung müsste sich bei 9 Mrd. einpendeln und die Landwirtschaft nachhaltiger ausgerichtet werden. Die Methanemissionen müssten weltweit um 40 % reduziert werden, während die CO_2-Emissionen dafür bis zum Jahr 2020 auf dem heutigen Niveau verbleiben müssten, um nach 2100 negativ zu werden. Die CO_2-Konzentrationen in der Atmosphäre müssten dazu im Jahr 2050 ihren Höhepunkt erreichen und danach auf etwa 400 ppm (2100) absinken.

— RCP 4,5 („mittlere Emissionen"):
In diesem Szenario wird von einem Strahlungsantrieb von 4,5 W/m^2 ausgegangen, was einer Zunahme der CO_2-Konzentration auf 650 ppm im Jahr 2100 entspricht. Danach verbleibt der Strahlungsantrieb bis zum Jahr 2300 konstant. RCP-4,5 ist vergleichbar dem „SRES-Szenario B1", mit einem geringeren Energiebedarf, großflächigen Wiederaufforstungen, einer nachhaltigen Agrarwirtschaft, Zunahme der landwirtschaftlichen Produktivität und einer angepassten Ernährung.

— RCP 6 („erhöhte Emissionen"):
Der Strahlungsantrieb in diesem Szenario wird mit 6 W/m^2 angenommen, was einer CO_2-Konzentration von 850 ppm entsprechen würde. Der Antrieb würde sich kurz nach dem Jahr 2100 stabilisieren und danach leicht abnehmen. Das Szenario entspricht im Wesentlichen dem „SRES-Szenario B2" und beruht auf einer weiter hohen Abhängigkeit von fossilen Energierohstoffen, einem vergleichsweise immer noch hohen Energiebedarf, einer Zunahme an landwirtschaftlichen Flächen, dem Verlust großer Graslandflächen und einem Methanausstoß auf heutigen Niveau. Die CO_2-Emissionen würden im Jahr 2060 bei etwa 75 % über dem heutigen Niveau verbleiben und danach um etwa 25 % abnehmen.

— RCP 8,5 („hohe Emissionen"):
Der Strahlungsantrieb steigt auf 8,5 W/m^2 und bleibt auf diesem Niveau auch im Zeitraum bis 2300. 8,5 W/m^2 entsprechen einer CO_2-Konzentration von 1370 ppm, was dem „SRES-Szenario A2" entspricht. Das Szenario reflektiert damit eine Zukunft ohne wesentliche Reduzierungen der derzeitigen Treibhausgasemissionen, wodurch es im Jahr 2100 zu einer Verdreifachung der heutigen CO_2-Emissionen kommt. Ebenso werden bis dahin die Methanemissionen weiter zunehmen. Die landwirtschaftlichen Flächen werden

intensiver genutzt werden, da bis dahin die Weltbevölkerung auf 12 Mrd. angewachsen sein wird. Der technologische Fortschritt stellt sich langsamer ein als erforderlich. Der Energiebedarf bleibt weiterhin hoch und vor allem kommt es zu keiner wirksamen Umsetzung der klimapolitischen Ziele.

Die entsprechenden CO2-Konzentrationen können ◘ Abb. 2.26 entnommen werden. Aus dem 5. Sachstandsbericht lassen sich bis zum Jahre 2100 für die Temperaturentwicklung und für den Meeresspiegel die in ◘ Tab. 2.2 aufgeführten Werte ableiten (IPCC-AR5 2014b).

IPCC will mit diesen Szenarien keine Vorhersage treffen, welches der Szenarien am wahrscheinlichsten eintritt. Dies hängt wie dargestellt von vielen unterschiedlichen Faktoren ab, die dazu auch noch hochkomplex miteinander verknüpft sind und die in den Entwicklungsländern noch dazu ganz anders ausfallen als in den Industrieländern. Ein weiterer Faktor betrifft die nur in Ansätzen vorhersehbare technologische Entwicklung und wie sich die Weltbevölkerung entwickeln wird. Fest steht, dass das Eintreten vom zukünftigen Verhalten der Menschheit abhängt. IPCC legt Wert auf die Feststellung, dass per Definition alle RCP-Szenarien als gleich wahrscheinlich anzusehen sind. Bei verstärkten globalen Klimaschutzanstrengungen kann im optimistischsten Fall das Szenario „RCP 2,6" eintreten; dem werden vom IPCC allerdings nur geringe Chancen eingeräumt. Selbst für eine Umsetzung des „RCP 6,0", das eine mittlere globale Erwärmung von ca. 3,2 °C über dem vorindustriellen Niveau erwarten lässt, sind noch bedeutend mehr Anstrengungen notwendig. Die aktuellen Entwicklungen der globalen THG-Emissionen und -Konzentrationen deuten derzeit jedoch eher auf ein Hochemissionsszenario wie „RCP 8,5" hin.

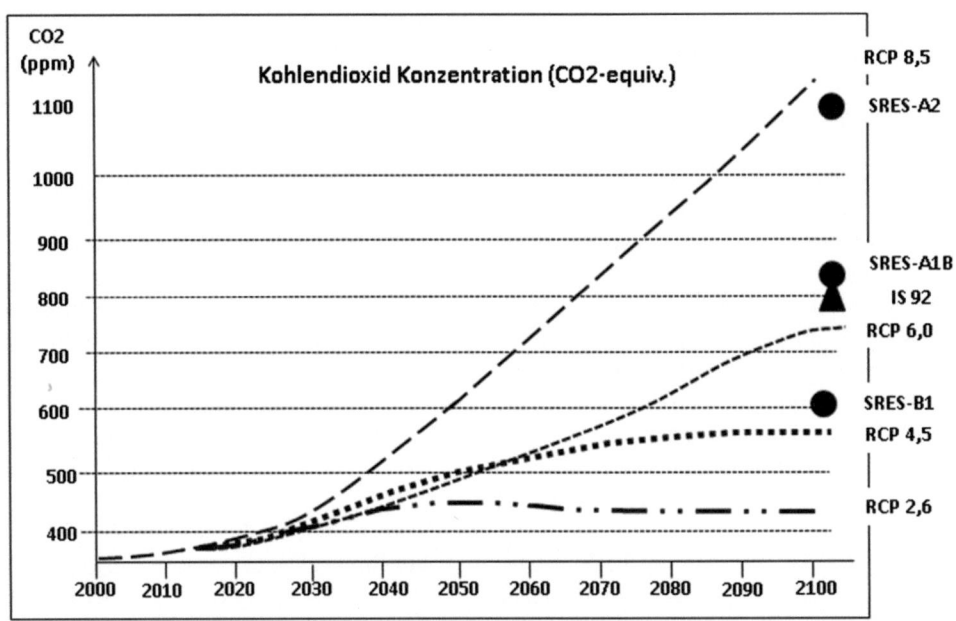

◘ Abb. 2.26 CO_2-Konzentration nach RCP-Szenarien und im Vergleich zu SRES- und IS-92-Szenarien. (Eigene Darstellung nach IPCC-AR5 2013)

◘ Tab. 2.2 Wahrscheinliche Temperatur- und Meeresspiegelzunahmen bis zum Jahre 2100. (Quelle: IPCC-AR5 2013)

Szenario	Antrieb	THG	Wahrscheinliches Temperaturregime (°C)		Wahrscheinlicher Meeresspiegelanstieg (m)	
			2046–2065	2081–2100	2046–2065	2018–2100
RCP 2,6	2,6 W/m²	400 ppm	1,0 (0,4–1,6)	1,0 (0,3–1,7)	0,24 (0,17–0,32)	0,40 (0,26–0,55)
RCP 4,5	4,5 W/m²	650 ppm	1,4 (0,9–2,0)	1,8 (1,1–2,6)	0,26 (0,19–0,33)	0,47 (0,32–0,63)
RCP 6,0	6,0 W/m²	850 ppm	1,3 (0,8–1,8)	2,2 (1,4–3,1)	0,25 (0,18–0,32)	0,48 (0,33–0,63)
RCP 8,5	8,5 W/m²	1370 ppm	2,0 (1,4–2,6)	3,7 (2,6–4,8)	0,30 (0,22–0,38)	0,63 (0,45–0,82)

Literatur

Alley RB, Marotzke J, Nordhaus WD, Overpeck JT, Peteet DM, Pielke RA Jr, Pierrehumbert RT, Rhines PB, Stocker TF, Talley LD, Wallace JM (2003) Abrupt climate change. Science 299:2005–2010. ▶ https://doi.org/10.1126/science.1081056

Allgaier-Leuch B, Streit K, Brang P (2017) Der Schweizer Wald im Klimawandel: Welche Entwicklungen kommen auf uns zu? – Merkblatt für die Praxis. Eidgenössische Forschungsanstalt (WSL), Birmensdorf

Allspach B (2004) Ökologische Auswirkungen durch Gletscherrückgänge in der Schweiz. Geographisches Institut, Mainz

Andreae MO, Charlson RJ, Bruynseels F, Storms H, van Grieken R, Maenhaut W (1986) Internal mixtures of sea salt, silicates and excess sulphate in marine aerosols. Science 232:1620–2623

APCC (2014) Österreichischer Sachstandsbericht Klimawandel 2014 (AAR14). Austrian Panel on Climate Change (APCC), Verlag der Österreichischen Akademie der Wissenschaften, Österreich, 1096 Seiten. ISBN 978-3-7001-7699-2

Arrhenius S (1896) On the influence of carbonic acid air in the air upon the temperature of the ground. Lond Edinb Dublin Philos Mag J Sci 5:237–276

Bauer S, Richerzhagen C (2007) Nachholende Entwicklung und Klimawandel. Bundeszentrale für Politische Bildung (bpb). Aus Politik Zeitgeschichte (APUZ) 47:20–26, Berlin

Boden T, Marla G, Andres B (2016) Global, Regional, and National Fossil-Fuel CO2 Emissions. Carbon Dioxid Information Analysis Center (CDIAC). ▶ cdiac.ess-dive.lbl.gov/trends/emis/overview_2013.html

Caldeira K, Jain AK, Hoffert MI (2003) Climate sensitivity uncertainty and the need for energy without CO2 emission. Science 229:2052–2054

Canadell JG, Le Quéré C, Raupach MR, Field CB, Buitenhuis ET, Ciais P, Conway TJ, Gillett NP, Houghton RA, Marland G (2007a) Contributions to accelerating atmospheric CO_2 growth from economic activity, carbon intensity, and efficiency of natural sinks. ▶ www.pnas.org/cgi/doi/10.1073/pnas.0702737104

Canadell JG, Pataki D, Gifford R, Houghton RA, Lou Y, Raupach MR, Smith P, Steffen W (2007b) Saturation of the terrestrial carbon sink. In: Canadell JG, Pataki D, Pitelka L (Hrsg) Terrestrial Ecosystems in a Changing World,- Global Change – The IGBP-Series. Springer, Berlin, S 59–78

Caviezel C, Revermann C (2014) Climate Engineering- Zusammenfassung. Arbeitsbericht 159. Büro für Technikfolgen-Abschätzung beim Deutschen Bundestag, Berlin

Condron A, Winsor P (2012) Meltwater routing and the Younger Dryas. ▶ www.pnas.org/lookup/suppl/doi:10.1073/pnas.1207381109/-/DCSupplemental

Coumou D, Petoukhov V, Rahmstorf S, Petri S, Schellnhuber HJ (2014) Quasi-resonant circulation regimes and hemispheric synchronization of extreme weather in boreal summer. Proceedings of the National Academy of Science (PNAS) 111/34:12331–12336. ▶ https://doi.org/10.1073/pnas.1412797111

Cowling SA, Betts RA, Cox PM, Ettwein VJ, Jones CD, Maslin MA, Spall SA (2005) Modelling the past and future fate of the Amazonas forest. In: Malhi Y, Philips O (Hrsg) Tropical forests and global atmosphere change. Oxford University Press, Oxford, S 191–198

Doran PT, Zimmerman MK (2009) Examining the scientific consensus on climate change. EOS 90:3

DWD (2017a) Ensemblevorhersagen. ▶ https://www.dwd.de/DE/forschung/…/num…/ensemble_vorhersage_node.html

DWD (2017b) Temperaturzunahme in den letzten 250 Jahren. Deutscher Wetterdienst, Meteorologisches Observatorium Hohenpeissenberg. ▶ https://www.dwd.de/DE/klimaumwelt/klimawandel/ueberblick/ueberblick_node.html

DWD (2007) Klimaszenarien. Deutscher Wetterdienst (DWD). ▶ https://www.dwd.de/DE/klimaumwelt/klimawandel/klimaszenarien/rcp-szenarien.html

Etheridge DM, Steele LP, Langenfelds RL, Francey RJ, Barnola J-M, Morgan VI (1996) Natural and anthropogenic changes in atmospheric CO_2 over the last 1000 years from air in Antarctic ice and firn. J Geophys Res 101(D2):4115–4128. ▶ https://doi.org/10.1029/95jd03410

FAO (2004) Carbon sequestration in dryland soils. Food and Agriculture Organization of the United Nations (FAO). World Resources Reports, Rome

Feldhoff JH, Lange S, Volkholz J, Donges JF, Kurths J, Gerstengarbe FW (2015) Complex networks for climate model evaluation with application to statistical versus dynamical modeling of South American climate. Clim Dyn 44:1567–1581

Fischlin A, Buchter B, Matile L, Hofer P, Taverna R (2006) CO_2-Senken und -Quellen in der Waldwirtschaft – Anrechnung im Rahmen des Kyoto-Protokolls. Bundesamt für Umwelt (BAFU), Umwelt-Wissen Nr. 0602, 45, Bern

Gauthier S, Bernier P, Kuuluvainen T, Shvidenko AZ, Schepaschenko DG (2015) Boreal forest health and global change. Science 349(6250):819–822. ▶ https://doi.org/10.1126/science.aaa9092

Gerlach T (2011) Volcanic versus anthropogenic carbon dioxide. Earth Space Sci News (EOS) 92:201–202

Gerstengarbe FW, Hoffmann P, Österle H, Werner PC (2015) Ensemble simulations for the RCP8.5-Scenario. Meteorol Ztg 24:147–156. ▶ http://schweizerbart.com/journals/metz

Grassl H (2011) Ziele einer Klimapolitik Klimaänderungen Was tun? In: Lozán JL, Graßl H, Hupfer P, Karbe L, Schönwiese DCD (Hrsg) Warnsignal Klima: Genug Wasser für alle? Wissenschaftliche Fakten, 3. Aufl. Wiss. Auswertungen, Hamburg

Grundmann R (1999) Transnationale Umweltpolitik zum Schutz der Ozonschicht: USA und Deutschland. Max Planck Institut für Gesellschaftsforschung, Schriften Bd. 37. Campus, Frankfurt

Hansen JE (2005) A slippery slope: How much global warming constitutes "dangerous anthropogenic interference"? Clim Chang 68:269–279. ▶ https://doi.org/10.1007/s10584-005-4135-0

Hards V (2005) Volcanic Contributions to the Global Carbon Cycle. British Geological Survey 10:26

Hansen J (2003) The global warning time bomb? Natural Sciences. Presentation to the US Council of environmental Quality, 12th Juni 2003. ▶ www.giss.nasa.gov/research/forcings/ceq-presentation-pdf

Hauglustaine DA, Brasseur GP (2001) Evolution of Tropospheric Ozone under Anthropogenic Activities and Associated Radiative Forcing of Climate. J Geophys Res 106:32337–32360

Hay WW (2013) Experimenting on a small planet. Springer Verlag, Kap. 28/2, Heidelberg

Hebbeln D (2015) Klimaschwankungen während der letzten Eiszeit. In: Lozán JL, Grassl H, Kasang D, Notz D, Escher-Vetter H (Hrsg) Warnsignal Klima: Das Eis der Erde, Wissenschaftl, S 51–56. ▶ https://www.klima-warnsignale.uni-hamburg.de/ ▶ https://doi.10.2312/

Heimann M, Reichstein M (2008) Terrestrial ecosystem carbon dynamics and climate feedbacks. Nature 451:289–292

Hirschberge P (2011) Entwaldung Klimawandel Biodiversität – Die Wälder der Welt – Ein Zustandsbericht Globale Waldzerstörung und ihre Auswirkungen auf Klima, Mensch und Natur. World Wildlife Fund (WWF), Zürich

Höper H (2007) Freisetzung klimarelevanter Gase aus deutschen Mooren. Deutsche Gesellschaft für Moor- und Torfkunde e. V., TELMA 37:85–116, Hannover

Houghton J (2015) Global Warming, 3. Aufl. The complete briefing. Cambridge University Press, Cambridge, S 123

Houghton RA (2007) Balancing the global carbon budget. Annu Rev Earth Planet Sci 35:313–347

IPCC (1990) First Assessment Report of the IPCC (IPCC-FAR), Working Group I. Intergovernmental Panel on Climate Change, IPCC, University Press, Cambridge

IPCC (1992) Emissions Scenarios for the IPCC: an Update: Climate Change 1992. The Supplementary Report to the IPCC Scientific Assessment, Cambridge University Press, Cambridge, S 68–95

IPCC (1995) IPCC Second Assessment (IPCC-SAR)- Climate – change 1995 – a report of the Intergovernmental Panel on Climate Change (IPCC). Cambridge University Press, Cambridge

IPCC (2000a) Land-use, land-use change and forestry- summary for policy makers „Emission Scenarios". A special report of Working Group III, Intergovernmental Panel on Climate Change (IPCC), based on a draft prepared by: Nakicenovic N, Davidson O, Davis G, Grübler A, Kram T, Lebre E, La Rovere, Metz B, Morita T, Pepper W, Pitcher H, Sankovski A, Shukla P, Swart R, Watson R, Dadi Z, Geneva

IPCC (2000b) Special Report on Emissions Scenarios (SRES). Summary for policymakers. A special report of IPCC Working Group III, Intergovernmental Panel on Climate Change (IPCC), Cambridge University Press, Cambridge

IPCC (2001) Climate Change 2001: The Scientific Basis. Contribution of Working Group I to the Third Assessment Report of the Intergovernmental Panel on Climate Change (IPCC-TAR) [Houghton JT, Ding Y, Griggs DJ, Noguer N, van der Linden, PJ, Dai, Maskell J, Johnson CA (Hrsg)]. Cambridge University Press, Cambridge

IPCC (2006) IPCC guidelines for national greenhouse gas inventories. Intergovernmental Panel on Climate Change (IPCC), Vol. 4 Agriculture, Forestry and other Land Use, Chapt. 7 Wetlands. ▶ https://www.ipcc-nggip.iges.or.jp/public/2006gl/

IPCC (2007) Climate Change 2007: the Physical Science Basis. Contribution of Working Group I to the Fourth Assessment Report of the Intergovernmental Panel on Climate Change (IPCC-AR4) (Solomon S, Qin D, Manning M, Chen Z, Marquis M, Averyt KB, Tignor M, Miller HL (Hrsg)) Cambridge University Press, Cambridge

IPCC (2011) The science of climate change, technical summary, Box 3, Fig. 1, S. 48. ▶ http://www.ipcc.ch/pub/wg1TARtechsum.pdf

IPCC (2012) Managing the risks of extreme events and disasters to advance climate change adaptation. A special report of Working Groups I and II of the Intergovernmental Panel on Climate Change – Field CB, Barros V, Stocker TF, Qin D, Dokken DJ, Ebi KL, Mastrandrea MD, Mach KJ, Plattner GK, Allen SK, Tignor M, Midgley PM (Hrsg) Cambridge University Press, Cambridge

IPCC (2013) The physical. science basis, Working Group. Intergovernmental Panel on Climate Change (IPCC), Climate change 2013, FAQ 8.1, Cambridge University Press, Cambridge

IPCC (2014a) Climate change 2014 – summary for policymakers. Synthesis Report of the IPCC Fifth assessment report on consistent treatment of uncertainties, Intergovernmental Panel on Climate Change (IPCC), Geneva

IPCC (2014b) Climate change 2014: Impacts, Adaptation, and Vulnerability. Part B: regional aspects. contribution of Working Group II to the Fifth assessment report of the Intergovernmental Panel on Climate Change (IPCC-AR5) [Barros VR, Field CB, Dokken DJ, Mastrandrea MD, Mach KJ, Bilir TE, Chatterjee M, Ebi KL, Estrada YO, Genova C, Girma B, Kissel ES, Levy AN, MacCracken S, Mastrandrea PR, White LL (Hrsg)]. Cambridge University Press, Cambridge

Jacob D, Podzun R (1997) Sensitivity studies with the regional climate model REMO. Meteorology and Atmospheric Physics 63(1–2):119–129

Jacob D, Bülow K,Kotova L, Moseley C, Petersen J, Rechid D (2013) Regionale Klimaprojektionen für Europa und Deutschland: Ensemble-Simulationen für die Klimafolgenforschung. CSC Report, Bd. 6. Climate Service Center (CSC), Geesthacht

Joosten H. (2007) Moorschutz in Europa. Restauration und Klimarelevanz. Europäisches Symposium „Moore in der Regionalentwicklung, BUND, S. 34–43

Joosten H (2009) The global peatland CO_2 Picture. Peatland status and emissions in all countries of the World. Wetlands International, Ede

Joosten H, Brust K, Couwenberg J, Gerner A, Holsten B, Permien T, Schäfer A, Tanneberger F, Trepel M, Wahren A (2013) MoorFutures – Integration von weiteren Ökosystemdienstleistungen einschließlich Biodiversität in Kohlenstoffzertifikate – Standard, Methodologie und Übertragbarkeit in andere Regionen. Bundesamt für Naturschutz, BfN-Skripten, 350, Bonn

Keeling CD (1960) The Concentration and Isotopic abundances of Carbon Dioxide in the atmosphere. Scripps Institution of Oceanography, University of California, La Jolla, California. ▶ https://doi.org/10.1111/j.2153-3490.1960.tb01300

Kuttler WE, Zmarsly E (2000) Natürlicher und anthropogener Treibhauseffekt – Ursachen und Auswirkungen. Petermanns Geogr Mitt 144. 2000/4:6–13

Lal R (2004) Soil carbon sequestration impacts on global climate change and food security. Viewpoint:soils- the final frontier. Science 304. ▶ www.sciencemag.org

Lenton TM, Held H, Kriegler E, Hal JW, Lucht W, Rahmstorf S, Schellnhuber HJ (2008) Tipping elements in the Earth's climate system. Proc Nat Acad Sci(PNAS) 105(6):1786–1793. www.pnas.org_cgi_doi_10.1073_pnas.0705414105

Levin ZE, Ganor E, Gladstein V (1996) The effects of desert particles coated with sulphate on rain formation in the Eastern Mediterranean. J Appl Meteorol 35:1511–1523

Linden Pvd, Mitchell JFB (Hrsg) (2009) Climate Change and its impacts: summary of research and results from the Ensembles project. Meteorological Office, Hadley Centre, Exeter

Lorenz E (1963) Deterministic non-periodic flow. J Atmos Sci 20:130

Manabe S, Bryan K (1969) Climate calculations with a combined ocean-atmosphere model. J Atmos Sci 26:786

Matthes FC (2005) Klimawandel und Klimaschutz. Bundeszentrale für Politische Bildung (bpb), Aus Politik und Zeitgeschichte (APUZ) 287:21

Meinshausen M, Smith SJ, Calvin KV, Daniel JS, Kainuma MLT, Lamarque J-F, Matsumoto K, Montzka SA, Raper SCB, Riahi K, Thomson AM, Velders GJM, Vuuren D van (2011). "The RCP Greenhouse Gas Concentrations and their Extension from 1765 to 2300." Clim Chang (Special Issue). ▶ https://doi.org/10.1007/S.10584-011-0156-z

Michel B, Plättner O, Gründel F. (2011) Klima-Hotspots Moorböden. Johann Heinrich von Thünen-Institut, Institut für Agrarrelevante Klimaforschung, Forschungsreport 2, Braunschweig

MIT (2006) Sustainable energy – The Messenger, MIT-Magazin, July – August 2006, New York

NABU (2017) Moore. ▶ https://www.nabu.de/natur-und-landschaft/moore/index.html

Nerem RS, Chambers D, Choe C, Mitchum GT (2016) Global mean sea level time series (seasonal signals removed). University of Colorado, Sea Level Research Group. ▶ http://www.sealevel.colorado.edu/…/2016rel4-global-mean-sea-level-time-series

Neu U (2012) Klimafakten. ▶ http://www.klimafakten.de

Newhall C, Punongbayan (1996) Fire and mud: eruptions and Lahars of Mount Pinatubo, Philippines. PHIVOLCS – U.S.Geological Survey. ▶ https://pubs.usgs.gov/pinatubo

NOAA (2015) New study refutes the notion of a slowdown in the rate of global warming. ▶ www.ncdc.noaa.gov/…/recent-global-surface-warming-hiatus

Notz D (2015) Bedeutung des Meereises für das Weltklima. In: Lozán JL, Graßl H, Kasang D, Notz D, Escher-Vetter H Warnsignal Klima. Das Eis der Erde, S 189–193

Orlowski B (2007) Setzkasten Vergangenheit – ein kombinatorischer Ansatz für regionale Klimasimulationen. Dissertation, Department Geowissenschaften der Universität Hamburg, S 193

Orlowsky BF, Gerstengarbe W, Werner PC (2008) A resampling scheme for regional climate simuatlions and its performance compared to a dynamical RCM. Theoret Appl Climatol 92:209–223

Ott K (2011) Die letzte Versuchung – Eine ethische Betrachtung von Geo-Engineering Geo Engineering. Politische Ökologie 120, Heft 10, Jhg. 28. Oekom

Literatur

Pfeiffer S (2006) Modeling cold cloud processes with the regional climate model REMO. PhD Thesis, University of Hamburg, Hamburg. ▶ https://doi.org/10.17617/2.994658

Piao S, Ciais P, Friedlingstein P, de Noblet-Ducoudre N, Cadule P, Viovy N, Wang T (2009) Spatiotemporal patterns of terrestrial carbon cycle during the 20th century, Global Biogeochemical Cycles23. ▶ https://doi.org/10.1029/2008gb003339

PIK (2017) Kippelemente – Achillesferse im Erdsysteme. ▶ https://www.pik-potsdam.de/services/infothek/kippelemente/kippelemente

Powlson D (2005) Will soil amplify climate change? Nature 433:204–205

Rahmstorf S (2007) Klimawandel – einige Fakten. Bundeszentrale für Politische Bildung (bpb), Aus Politik und Zeitgeschichte (APUZ) 47

Rahmstorf S, Schellnhuber HJ (2007) Der Klimawandel: Diagnose, Prognose, Therapie. Verlag C.H. Beck, München

Ramsar 2004 Ramsar handbook for the wise use of wetlands. 2. Aufl. ▶ www.ramsar.org/cop7_docs_index.htm

Ravishankara A (2009) Nitrous Oxide (N_2O): the dominant Ozone depleting substance emitted in the 12st Century. Science 1. ▶ www.sciencexpress.org

Roeckner E, Arpe K, Bengtsson L, Brinkop L, Dümenil L, Esch M, Kirk E, Lunkeit F, Ponater B, Rockel B, Sausen R, Schlese U, Schubert S, Windelband M (1992) Simulation of the present day climate with the ECHAM model: impact of model physics and resolution. Report Nr. 93, Max-Planck-Institut für Meteorologie (MPI-M), Hamburg

Roeckner E, Bäuml G, Bonaventura R, Brokopf R, Esch M, Giorgetta M, Hagemann S, Kirchner I, Kornblueh E, Manzini E, Rhodin A, Schlese U, Schulzweida U, Tompkins A (2003) The atmospheric general circulation model ECHAM5: Part I: model description. Interner Report, Max-Planck-Institut für Meteorologie (MPI-M), Hamburg

Rossby CG (1940) Planetary flow patterns in the atmosphere. Q J Roy Meteorol Soc 66:68–87

Royer DL, Berner RA, Park J (2007) Climate sensitivity constrained by CO2 concentrations over the past 420 million years. Nature 446:530–532

Santarius T (2010) Gegen Ungerechtigkeit. Prinzipien für eine gerechte Rohstoffpolitik. In: Forum Umwelt & Entwicklung Rundbrief, Nr. IV, S 5–6

Schierhorn F, Müller D, Beringer T, Prishchepov A, Kuemmerle T, Balmann A (2013) Post-Soviet cropland abandonment and carbon sequestration in European Russia, Ukraine and Belarus. Global Biogeochem Cycles 27. ▶ http://dx.doi.org/10.1002/2013GB004654

Schönwiese CD (1997) Klimaschwankungen der letzten 200 Jahre: Trends, Ursachen und Auswirkungen. In: Klima und Mensch/Heinrich, EOS-Verlag Quenzel, St. Ottilien

Sigl M, McConnell JR, Severi M (2014) Insights from Antarctica on volcanic forcing during the Common Era. Nat Clim Chang 4:693–697. ▶ https://doi.org/10.1038/nclimate2293

Simmons AJ, Burridge DM, Jarraud M, Girard C, Wergen W (1989) The ECMWF medium-range prediction models: Development of the numerical formulations and the impact of increased resolution". Meteorol Atmos Phys 40:28–60

Spekat A, Enke W, Kreienkamp F (2007) Neuentwicklung von regional hoch aufgelösten Wetterlagen für Deutschland und Bereitstellung regionaler Klimaszenarios auf der Basis von globalen Klimasimulationen mit dem Regionalisierungsmodell WETTREG auf der Basis von globalen Klimasimulationen mit ECHAM5/MPI-OM T63L31 2010 bis 2100 für die SRES-Szenarios B1, A1B und A2. Umweltbundesamt, Endbericht Forschungs- und Entwicklungsvorhabens: "Klimaauswirkungen und Anpassungen in Deutschland", Dessau

Spekat A, Kreienkamp F, Enke W (2010) An impact-oriented classification method for atmospheric patterns. Phys Chem Earth 35:352–359. ▶ www.elsevier.com/locate/pce

Statista (2018) Weltweiter CO_2-Ausstoß bis 2017. Das Statistik-Portal. Energie & Umwelt Emissionen. ▶ https://www.de.statista.com

Stock M, Kropp JP, Walkenhorst O (2009) Risiken, Vulnerabilität und Anpassungserfordernisse für klimaverletzliche Regionen. Raumforschung Raumordnung 67(2):97–113

Stocker T (2003) Einführung in die Klimamodellierung. – Vorlesung, Physikalisches Institut, Universität Bern, Vorlesung WS 2002/2003, 2. Aufl., Bern

Hv Storch, Güss S, Heimann M (1999) Das Klimasystem und seine Modellierung. Springer, Heidelberg

Strack M (2008) "Peatlands and Climate Change". International Peat Society, University of Calgary, Canada, S 223

Trenberth KE (1992) Climate System Modelling. Cambridge University Press, Cambridge

Trepel M (2008) Zur Bedeutung von Mooren in der Klimadebatte. Jahresbericht des Landesamtes für Natur und Umwelt des Landes Schleswig-Holstein 2007/2008, S 61, Kiel

Turner J, Connolley WM, Lachlan-Cope TA, Marshall GJ (2006) The Performance of the Hadley Center Climate Model (HADCM3) in high southern latitudes. Int J Climatol 26:91–112

UBA (2007) Neuentwicklung von regional hoch aufgelösten Wetterlagen für Deutschland und Bereitstellung regionaler Klimaszenarios auf der Basis von globalen Klimasimulationen mit dem Regionalisierungsmodell Wettreg auf der Basis von globalen Klimasimulationen mit ECHAM5/MPI-OM T63L31 2010 bis 2100 für die SRES-Szenarios B1, A1B und A2 – Endbericht. Umweltbundesamt (UBA), Dessau

Wechsung F, Wechsung M (2014) Dryer years and brighter sky – the predictable simulation outcomes for Germany's warmer climate from the weather resampling model STARS. Short communication. Int J Climatol. ▶ https://doi.org/10.1002/joc.4220

WBGU (1998) Die Anrechnung biologischer Quellen und Senken im Kyoto-Protokoll: Fortschritt oder Rückschlag für den globalen Umweltschutz? Sondergutachten. Wissenschaftlicher Beirat der Bundesregierung Globale Umweltveränderungen (WBGU), Berlin

WBGU (2003): Über Kioto hinaus denken – Klimaschutzstrategien für das 21. Jahrhundert.- Wissenschaftlicher Beirat der Bundesregierung Globale Umweltveränderungen (WBGU), Sondergutachten, Berlin

WBGU (2006) Die Zukunft der Meere – zu warm, zu hoch, zu sauer: Sondergutachten. Wissenschaftlicher Beirat der Bundesregierung Globale Umweltveränderungen (WBGU), Berlin, S 68ff

WBGU (2009) Kassensturz für den Weltklimavertrag Der Budgetansatz: Sondergutachten. Wissenschaftlicher Beirat der Bundesregierung Globale Umweltveränderungen (WBGU), Berlin

Instrumente, Methoden und Konventionen

3.1 Allgemeine Vorbemerkung – 86
3.1.1 Konzept der Nachhaltigkeit – 87
3.1.2 Klima- und Armutsmigration – 88
3.1.3 Ressourcen und Ressourcenschutz – 90
3.1.4 Green Economy – 94

3.2 Nationale ordnungspolitische Instrumente – 96
3.2.1 Vorsorgender Umweltschutz – 96
3.2.2 Nachsorgender Umweltschutz – 101

3.3 Ökonomische Anreizsysteme – 102
3.3.1 Umweltabgabe – 102
3.3.2 Ökologischer Fußabdruck – 103

3.4 Internationale Organisationen – 106
3.4.1 Supranationale Organisationen – 106
3.4.2 Internationale Finanzinstitutionen – 109
3.4.3 Regionale Entwicklungsbanken – 116

3.5 Institutionelle Instrumente – 119
3.5.1 Internationaler Handel und Technologietransfer – 119
3.5.2 Internationales Klimaschutzregime – 120
3.5.3 Institutionelle Instrumente – 134
3.5.4 Nationale Klimaschutzstrategien – 144

3.6 Technische Instrumente – 147
3.6.1 Risikotransfer – 147
3.6.2 Geo Engineering – 151
3.6.3 Anpassung – 160

Literatur – 162

3.1 Allgemeine Vorbemerkung

In ▶ Kap. 1 wurden die bekannten Ursachen für den Klimawandel und seine voraussichtlich zu erwartenden Auswirkungen beschrieben. Danach wissen wir: Der Klimawandel ist bereits eingetreten.

Eine Tatsache, die bis auf wenige Ausnahmen international anerkannt wird. Die zuvor vorgestellten Argumente derjenigen, die den Klimawandel leugnen oder seine Auswirkungen als nicht (so) gravierend darstellen, sind vor allem wirtschaftlicher Natur. Argumente, die oftmals nicht einmal im eigenen Land geteilt werden. Auch durch stetes Wiederholen der Argumente werden diese noch immer nicht richtig.

Richtig dagegen ist, dass der Klimawandel heute schon klare Symptome und Wirkungen zeigt, die als Bedrohung für die globale Umwelt erkannt wurden. Dagegen gibt es aber auch manche Regionen der Erde, für die der Klimawandel mit einer ökologischen Verbesserung verbunden ist. So hat sich nachweisbar die südliche Grenze der Sahelzone um fast 100 km nach Norden verschoben. Dies hat der Region mehr Niederschläge gebracht, die Wüstenausbreitung eindämmen können und das Leben dort nachhaltiger werden lassen. Nur wird die Verschiebung der Sahelzone in den Maghrebstaaten zu verstärkter Desertifikation und Landdegradation führen.

Der Klimawandel ist ein globales und vom Menschen gemachtes Phänomen, das daher auch nur in der Verantwortung der internationalen Staatengemeinschaft gelöst werden kann. Dabei ist zu beachten, dass die Länder der Erde mit ihren zum Teil sehr verschiedenen Entwicklungswegen auch regional unterschiedlich betrachtet werden müssen. Es steht außer Frage, dass den Industrienationen dabei die Hauptverantwortung zukommt. Sie verfügen über die technischen Instrumente und die finanziellen Ressourcen, die notwendig sind, dem Klimawandel entgegenzuwirken. Nur müssen auch die Entwicklungsländer hierzu ihren Beitrag leisten. Der Kampf gegen den Klimawandel könnte noch ein zusätzliches Momentum erhalten, insbesondere wenn die Methoden im Rahmen der Emissionshandelssysteme anrechenbar würden.

Seit nunmehr mehr als 30 Jahren werden auf internationaler Bühne Ansätze diskutiert, wie die fortschreitende Erwärmung der Erdoberfläche gestoppt werden könne. In diesem Kapitel stelle ich dar, welche politischen, institutionellen und rechtlichen Instrumente in der Diskussion sind, um dem Klimawandel Einhalt zu gebieten.

Die Gesellschaften haben derzeit die Möglichkeit, zwischen drei grundsätzlich unterschiedlichen Strategien zu wählen, um das Klimasystem zu stabilisieren. Dabei ist bei allen dreien die technische, zeitliche und sozioökonomische Dimension sehr verschieden. Es besteht Einvernehmen, dass keine dieser Strategien für sich allein zum Ziel führen wird. Sie sind hochkomplex miteinander verzahnt und weisen Ursache-Wirkung-Beziehungen auf, bei denen die Ursache des Einen die Wirkungen des Anderen definiert. So fördern zum Beispiel sind die sozialen und ökonomischen Rahmenbedingungen in den Wüstengebieten die Degradation der Böden und zerstören so deren potenzielle Funktion als Kohlenstoffsenken. Um dem Klimawandel effektiv beizukommen (IPCC-TAR 2001), müssten diese Strategien des Weiteren in den nächsten 2 bis 3 Dekaden umgesetzt sein (Stichwort: „Kippelemente"; vgl. ▶ Abschn. 2.4.5). Es steht dabei außer Frage, dass die Industrieländer über die Potenziale verfügen, solche bestehende Technologien anwendbar zu machen oder neue zu entwickeln, und dass sie über die dafür notwendigen Finanzmittel verfügen. Dies umso mehr, als Stern in seinem Bericht (2007) eindrucksvoll nachweist, dass die Kosten für „Nichthandeln" in Bezug auf den Klimawandel die Staaten viel mehr Geld kosten werde, als die dafür aufzuwendenden Mittel.

Vorsorgender Umweltschutz stellt immer einen anthropogenen Eingriff in die Natur dar. Ein Prozess, der der Einnahme eines Medikamentes vergleichbar ist und der (naturgemäß) immer mit „Nebenwirken" verbunden sein wird. Die politische Dimension beginnt dann, wenn es abzuwägen gilt, wie viel „Nebenwirkungen" („Kosten") eine Gesellschaft bereit ist, in Kauf zu nehmen, um wie viel „Nutzen" („Resilienz") zu erzielen. Solch eine bewusste Entscheidung für oder gegen eine Anwendung kann nur im Rahmen eines umfassenden Politikdialogs vorgenommen werden. Wissenschaft und Technik kommt dabei die Aufgabe zu, die technischen Möglichkeiten und die sich daraus ergebenden Wirkungen auf die Umwelt so wertfrei wie möglich zu analysieren und ihre Ergebnisse transparent und nachvollziehbar offenzulegen. Grundlage für eine solche Entscheidung ist immer ein auf menschlicher Vernunft gegründetes Verhalten. Jede Gesellschaft versucht, ihren Herausforderungen stets lösungsorientiert zu begegnen (Popper 1974). Sozioökonomisch betrachtet begreift der Mensch nach Popper erst in einer Situation der Knappheit, wie er seine Bedürfnisse im Lichte verschiedener Einschränkungen materiell und ideell befriedigen kann. Für ihn stellt das Modell mit dem größten Wohlfahrtsgewinn die effizienteste Lösung dar. So kann es zum Beispiel für eine Gesellschaft langfristig vorteilhafter sein, das Gefahrenbewusstsein der Bevölkerung vor potenziellen Hochwasserschäden zu stärken, statt in den Bau von Deichen zu investieren. Damit könnten finanzielle und technische Ressourcen für andere (heute) dringend erforderliche Maßnahmen (zum Beispiel den Bau einer Kindertagesstätte) alloziert werden, statt auf ein aus der Statistik abgeleitetes mögliches Hochwasserrisiko zu reagieren. Eine derartige Abwägung stellt die Entscheidungsträger täglich vor große Herausforderungen, da sie oftmals nicht in der Lage sind abzuschätzen, ob die direkten oder die indirekten Nutzen (und Kosten) überwiegen; dies umso mehr, als in der Gesellschaft oftmals ein gemeinsamer Nenner zur Beurteilung fehlt. In der Regel beschränken sich daher die politischen Entscheidungsebenen auf die technischen Aspekte eines Lösungsmodells, indem sie dessen Nutzen den Kosten rein ökonomisch gegenüberstellen. Das Umweltbundesamt (UBA 2008b) hat in seiner Analyse über Kosten und Nutzen von Hochwasserschutzmaßnahmen festgestellt, dass bis dato in Deutschland der technische

3.1 · Allgemeine Vorbemerkung

Schutz – und dieser fast ausschließlich auf lokaler Ebene – lediglich auf seine ökonomische Vorteilhaftigkeit betrachtet wird. Es musste festgestellt werden, dass die genutzten Systemgrenzen vor allem von räumlicher Gültigkeit sind, die indirekten (sozialen) Kosten und Nutzen aber ignoriert werden.

Es stellt sich dabei die grundlegende Frage, ob man sich nicht auch „durch Unterlassen schuldig macht", wenn man als notwendig erkannte Entscheidungen wegen einer nicht hundertprozentigen Sicherheit in die Zukunft „vertagt". Das Bewusstsein bei vielen Menschen über die Auswirkungen des Klimawandels ist immer noch nicht in dem erforderlichen Umfang ausgeprägt, weil bisher die als wahrscheinlich beschriebenen Risiken für die Lebensqualität *(„livelihood resilience")* für viele Menschen (noch) nicht wirklich zu erkennen sind. Es ist also Aufgabe der politischen Entscheidungsebenen im Verbund mit den Klimaforschern, das Verständnis bei den Menschen dafür zu wecken, dass auf längere Sicht diese Auswirkungen sich mit Sicherheit einstellen werden. Dazu stellt der WBGU (2007) fest, dass die internationalen Bemühungen zum Durchsetzen des 2-°C-Ziels in den nächsten zwei Jahrzehnten erfolgen müssen. Wenn es nicht gelingt, dieses Zeitfenster zu nutzen, werden klimainduzierte Konflikte unausweichlich. Jede Verzögerung im Kampf gegen den Klimawandel wird dazu führen, dass die „Reparaturmaßnahmen" in den Jahren danach umso teurer, schwieriger und immer weniger erfolgreich sein werden.

3.1.1 Konzept der Nachhaltigkeit

Der Definition von Nachhaltigkeit *(sustainable development)* aus dem „Brundtland-Bericht" (Hauff 1987) verpflichtet die heutige Generation, die natürlichen Lebensgrundlagen zu erhalten, damit auch die künftigen Generationen über ausreichende Ressourcen verfügen. Das Nachhaltigkeitsprinzip wurde erstmals 1713 von Hans Carl von Carlowitz (1645–1714), einem Oberberghauptmann in Sachsen, verwendet. Er verfügte, dass in der Forstwirtschaft nur so viel Holz geschlagen werden dürfe, wie in einem Zeitraum von 30 Jahren nachwachsen kann. Bis in die 1980er-Jahre reflektierte der Begriff die damals aufkommende Umweltbewegung. Ab 1990 wurde er um die Komponente „Ökonomie" erweitert und beschrieb das vorherrschende Wirtschaftsmodell des „Neoliberalismus" (Stichwort: „nachhaltiges Wachstum"). In dem „Brundtland-Bericht" wurde der Begriff erstmals mit dem der „Entwicklung" verknüpft, als Wertebegriff im Sinne einer Verbesserung der Lebensbedingungen („Wohlfahrt"; *„livelihood resilience"*; *„human security"*) oder, wie Baumert et al. (2013) es formulieren, als „Denken an Morgen". Auch wenn es keine rechtlich verbindliche Definition von „Nachhaltigkeit" gibt, so kann der Begriff, da er sowohl in der Rio-Deklaration, der Agenda 21, der Wald-Grundsatzerklärung, in den Klimarahmenkonventionen und ebenso in zahlreichen weiteren internationalen Dokumenten erwähnt wird, als ein „Rechtsbegriff des internationalen Rechts" betrachtet werden (Streinz 1998).

Heute wird unter dem Begriff auch das Postulat der „intergenerativen Gerechtigkeit" verstanden, was verallgemeinert besagt, dass die „Wohlfahrt der gegenwärtigen Generation nur gesteigert werden darf, wenn die Wohlfahrt zukünftiger Generationen sich hierdurch nicht verringert" (Pätzold 2013). Das heißt aber nicht, dass damit jegliche Nutzung der Ressourcen untersagt wird, sondern besagt, dass ausreichende Ressourcen erhalten bleiben müssen, damit die zukünftigen Generationen ihr Leben selbstbestimmt gestalten können. Dieses Ziel wurde inzwischen in fast allen Verfassungen der Welt als nationale Staatsschutzziele verankert. In Deutschland schützt der Staat nach Artikel 20a des Grundgesetzes (GG 20a) die „natürlichen Lebensgrundlagen […] im Rahmen der verfassungsmäßigen Ordnung". Mit dieser Staatszielbestimmung ist der „Schutz der Umwelt" in den Rang eines Verfassungsgutes erhoben und der Begriff der „Umwelt" mit dem der „natürlichen Lebensgrundlagen" gleichgesetzt worden; die ökologische Ethik ist damit verfassungsrechtlich implementiert worden. Auf diese Weise schafft der Artikel die Rechtfertigung für Grundrechtseingriffe, zum Beispiel eine Einschränkung der Nutzung von Grundstücken aus Gründen des Hochwasserschutzes. Dieser Rechtsrahmen umfasst sowohl die Schaffung eines Regelwerks zur CO_2-Minderung, also zum „Schutz der Umwelt", als auch ein Regelwerk zum Hochwasserschutz, also zum „Schutz vor der Umwelt". Ferner wird mit dieser Zielbestimmung der Begriff „Umwelt" auf „Nachhaltigkeit", also auf eine Verantwortung für die künftigen Generationen ausgerichtet (UBA 2016). In ihrer Neufassung der „Deutschen Nachhaltigkeitsstrategie 2016 – der Weg in eine enkelgerechte Zukunft", hat sich die Bundesregierung noch einmal explizit zur „Agenda 2030" „der Vereinten Nationen" (UN) für nachhaltige Entwicklung bekannt. Für die Neuauflage wurden alle 17 globalen UN-Ziele *(sustainable development goals*, SDGs) konkretisiert und mit überprüfbaren politischen Maßnahmen unterlegt. Die Nachhaltigkeitsstrategie legt fest, mit welchen Maßnahmen die Bundesregierung den Nachhaltigkeitszielen der 2030-Agenda (s. ▶ Abschn. 3.5.3) gerecht werden will. So sollen zum Beispiel in den kommenden 15 Jahren die Qualität von Fließ- und Küstengewässern verbessert, Luftbelastungen vermindert oder auch das Angebot von nachhaltigen Produkten gesteigert werden. Die Strategie verfestigt zudem die Nachhaltigkeitspolitik innerhalb der Bundesregierung und die Zusammenarbeit mit den relevanten Akteuren aus Zivilgesellschaft, Wirtschaft und Wissenschaft.

Die Situation im Hinblick auf die Nutzung der natürlichen Ressourcen sah in den vergangenen Dekaden dagegen anders aus. Seit der industriellen Revolution wurden Wohlfahrtszuwächse immer durch einen steigenden Ressourceneinsatz erkauft. In den letzten 30 Jahren hat sich die Erkenntnis durchgesetzt, dass dieses als „exponentielles Wachstum" bezeichnete Wirtschaftsmodell sich nicht auf Dauer fortführen lässt. Infolge der begrenzten Ressourcen und der endlichen Fähigkeit der Natur, sich diesen Anforderungen weiter stellen zu können, wurde die Forderung nach einer Begrenzung der Wachstumszuwächse

(„Nullwachstum") laut. Dazu sagen aber die Ökonomen, dass ein solches „Nullwachstum" den latenten Konflikt zwischen Ökonomie und Ökologie nicht lösen wird (Pätzold 2013). Mit Nullwachstum wäre beispielsweise der Verzicht auf weitere materielle Wohlstandsteigerungen evident, mit der Folge, dass weltweit die gesellschaftlichen Verteilungskonflikte (ökonomisch und sozial) zunehmen würden. Seitdem wird der Begriff des „qualitativen Wachstums" verwendet. Unter dem Begriff wird Wirtschaften unter Verzicht auf Ausbeutung und Zerstörung natürlicher Ressourcen verstanden. Der Begriff bezeichnet einen Gegenentwurf zum traditionellen Wirtschaftsmodell (Gabler Wirtschaftslexikon) eines an der Veränderung des Sozialprodukts gemessenen Wachstums. Das Bruttoinlandsprodukt (BIP) wird dabei als Kennziffer für wirtschaftliches Wachstum und Wohlstand abgelöst. Denn es berücksichtigt nicht, zu welchem Preis die Wirtschaft (Stichworte: „Umweltverschmutzung"; „Ressourcenverbrauch") wächst und ob das Wachstum den Menschen zu einer größeren Lebensqualität verhilft. Sogar die Reparaturkosten einer Umweltverschmutzung wirken sich positiv auf das BIP auf. So ließ die Beseitigung der Ölpest im Golf von Mexiko (18,7 Mrd. US$) das US-BIP anwachsen. Angesichts des Klimawandels und der Erkenntnis, dass es auf dem Planeten Erde mit seinen endlichen Ressourcen kein unbegrenztes Wachstum geben kann, muss auch über die Grenzen des Wachstums geredet werden.

Die Forderung von einer „nachhaltigen Ressourcennutzung" und der Vorgabe einer „intergenerativen Gerechtigkeit" lässt sich nach Auffassung der Klimaforscher nur erreichen, wenn das „Wirtschaften" drei grundlegenden Kriterien genügt, die auch als „Regeln der Nachhaltigkeit" bezeichnet werden:

— Die Nutzung erneuerbarer Naturgüter (z. B. Wälder oder Fischbestände) darf auf Dauer nicht größer sein als ihre Regenerationsrate.
— Die Nutzung nicht erneuerbarer Naturgüter (z. B. fossile Energieträger oder landwirtschaftliche Nutzflächen) darf auf Dauer nicht größer sein als die Kapazitäten zur Substitution ihrer Funktionen (Beispiel: Substitution fossiler Energieträger durch erneuerbare Energien).
— Die Freisetzung von Stoffen und Energie darf auf Dauer nicht größer sein als die Anpassungsfähigkeit der natürlichen Umwelt (Beispiel: Anreicherung von Treibhausgasen in der Atmosphäre oder von säurebildenden Substanzen in Waldböden).

3.1.2 Klima- und Armutsmigration

Als Folge von Katastrophenereignissen und Krisensituationen regiert der Mensch sehr oft mit einem temporären oder dauerhaften Verlassen seiner Heimat. Die Fluchtursachen können sowohl kriegerische Auseinandersetzungen, ethnischer Vertreibungen sein oder eine Folge von wiederkehrenden Naturkatastrophen (Hochwasser, Dürren, Bodendegradation).

In den letzten 30 Jahren haben weltweit Migrationsbewegungen zugenommen und es wird davon ausgegangen, dass diese Zahl in Zukunft noch weiter steigen wird. Die Folgen des Klimawandels gefährden Lebensgrundlagen der Menschen, verschärfen Konflikte um die natürlichen Ressourcen und machen die Heimat von Millionen von Menschen zeitweise oder dauerhaft unbewohnbar. Dabei sind es die Ärmsten, die sich am wenigsten auf den Klimawandel einstellen können, da ihnen die finanziellen, technischen und politischen Ressourcen zu einer nachhaltigen Anpassung fehlen. Zentraler Beweggrund des Einzelnen, temporär oder dauerhaft seine Heimat aufzugeben (besser: „vertrieben zu werden"), ist vor allem der Verlust seiner Existenzgrundlage. Abwanderung scheint oftmals die einzige Chance für eine Verbesserung der Lebenssituation zu bieten, und das, obwohl er für die Umweltdegradation gar nicht verantwortlich ist. Auch wenn aufgrund der Komplexität von Migrationsprozessen und der immer noch ungenauen Statistiken es nur abgeschätzt werden kann, so gehört der Klimawandel unbestritten zu den wesentlichen Ursachen, die Menschen zu Flüchtlingen machen.

Der globale Klimawandel hat weltweit zu Desertifikation, Bodenversalzung, Überschwemmung und Übernutzung der Ressourcen geführt. Es mehren sich die Anzeichen, dass diese Umweltfaktoren die Flucht vieler Millionen von Menschen aus Afrika und Vorderasien in den letzten 10 Jahren nachhaltig beeinflusst haben. Der Wissenschaftliche Beirats der Bundesregierung (WBGU 2008) schätzt, dass bis zu 60 Mio. Menschen ihre Herkunftsgebiete bislang wegen des Klimawandels verlassen mussten; das UN-Klimabüro (UNFCCC) und der Weltklimarat (IPCC) gehen seit den 1980er-Jahren davon aus, dass diese Zahl bis ins Jahr 2050 auf 150 Mio. steigen wird. Das International Displacement Monitoring Center (IDMC) berichtet in seinem Jahresbericht 2015, dass im Jahr 2014 geschätzte 20 Mio. Menschen in mehr als 100 Staaten der Erde ihre Heimat wegen Naturkatastrophen haben verlassen müssen; das bedeutet, dass sich die umweltbedingte Migration seit 2008 auf etwa 26 Mio. Menschen summiert. Im gleichen Zeitraum wurden durch ethnische, kriegerische und soziale Konflikte etwa 38 Mio. Menschen weltweit gezwungen, ihre Heimat zu verlassen; das bedeutet eine Zunahme um 15 % (11 Mio. Menschen) gegenüber dem Vorjahr; etwa 30.000 Menschen pro Tag.

Trotz dieser großen Zahl wird der Faktor „globale Umweltveränderungen" als Migrationsgrund in der politischen Diskussion bisher eher nachrangig behandelt. In den 1980er-Jahren kam erstmalig der Begriff des „Umweltflüchtlings" auf. Die Internationale Organisation für Migration (IOM) definiert Umweltflüchtlinge als:

> Personen oder Personengruppen, die aufgrund plötzlicher oder fortschreitender deutlicher Veränderungen der ihr Leben beeinflussenden Umwelt- und Lebensbedingungen gezwungen sind oder sich veranlasst sehen, ihre Heimat zu verlassen, sei es zeitweise oder permanent, und die sich innerhalb ihres Heimatlandes oder über dessen Grenzen hinaus bewegen.

3.1 · Allgemeine Vorbemerkung

Im Völkerrecht wird der Begriff des „Umwelt- oder Klimaflüchtlings" nicht erwähnt. Dort gilt gemäß der Genfer Flüchtlingskonvention von 1951 als Flüchtling, wer:

> aus begründeter Furcht […] sich außerhalb seines Landes befindet […] und den Schutz dieses Lands nicht in Anspruch nehmen kann.

Der Begriff des „Flüchtlings" stammt aus der Zeit nach dem 2. Weltkrieg und reflektiert das Schicksal der durch den Krieg heimatvertriebenen Menschen. Menschen, die aufgrund von Umweltzerstörung und Klimawandel ihre Heimat verlassen, fallen damit definitionsgemäß nicht darunter (Conisbee und Simms 2003). Der Begriff des „Umweltflüchtlings" wurde erstmals in einem Bericht des Umweltprogramms der Vereinten Nationen (UNEP) erwähnt (Hinnawi 1985). Dieser versteht darunter:

> […] solche Menschen, die aufgrund von merklicher Umweltzerstörung, die ihre Existenz gefährdet und ernsthaft ihre Lebensqualität beeinträchtigt, gezwungen sind, zeitweilig oder dauerhaft ihren natürlichen Lebensraum zu verlassen. Unter „Umweltzerstörung" werden in dieser Definition jegliche physikalische, chemische und/oder biologische Veränderungen der Ökosysteme (oder Ressourcenbasis) verstanden, die diese zeitweilig oder dauerhaft ungeeignet machen, menschliches Leben zu unterstützen.

Das UN-Flüchtlingshilfswerk (UNHCR) hat sich schon Anfang des Jahrhunderts mit den ökologischen Folgen von Flüchtlingen und Fluchtbewegungen auseinandergesetzt, „nicht aber mit deren ökologischen Ursachen" (Biermann 2002). In einem Bericht werden Umweltveränderungen zwar als möglicher Fluchtgrund in Betracht gezogen (UNHCR 2006) der Begriff „Umweltflüchtling" findet aber keine Erwähnung. Für UNHCR handelt es sich bei den meisten (Klima)-Flüchtlingen um sogenannte „Binnenvertriebene" (*internally displaced persons*, „IDPs"); sozusagen Vertriebene oder Flüchtlinge im eigenen Land. Dabei möchten die meisten ihr Land aus ethnischen und kulturellen Gründen gar nicht verlassen. Da sie aber keine internationalen Grenzen überschreiten, sind sie im Sinne des Völkerrechts „Vertriebene" und keine „Flüchtlinge" und unterliegen somit nicht der Genfer Flüchtlingskonvention. Als („Klima")-Flüchtlinge werden sie nur dann anerkannt, wenn es als Folge der Umweltveränderungen nachweisbar zu einem gewaltsamen Konflikt gekommen ist. Diese „Rechtsunsicherheit" ist der Grund für die große Spannweite der verschiedenen Schätzungen der weltweiten Migrationsströme. Verschiedene Hilfsorganisationen fordern seit Langem, die Genfer Flüchtlingskonvention um den Tatbestand der „Anerkennung der Folgen des Klimawandels" als Schutzgrund zu erweitern. Die internationalen Organisationen und vor allem viele Industriestaaten (zum Beispiel Australien) lehnen dies mit der Begründung ab, dass ein (rein) umweltbedingter Hintergrund als Fluchtbeweggrund kaum klar zu fassen ist. Bislang haben lediglich Schweden und Finnland einen gesetzlichen Rahmen im Kontext umweltbedingter Migrationen geschaffen. In Finnland können Betroffene humanitären Schutz, z. B. bei einer Umweltkatastrophe, einfordern (BPB 2013).

Eine Aufschlüsselung der Migrationsursachen gestaltet sich in der Regel problematisch, vor allem weil die persönliche Motivation, die Heimat zu verlassen, sehr unterschiedliche Ursachen hat. Auch ist festzustellen, dass die Überlastung der Umwelt in den Herkunftsländern selten den einzigen Grund für die Abwanderung von Menschen darstellt. Es entwickeln sich vielmehr sehr komplexe Rückkopplungsmechanismen mit ökonomischen und sozialen, aber auch kulturellen und politischen Faktoren. Migration und Klimawandel werden erst seit Kurzem in der Migrationsforschung als miteinander verbunden betrachtet, insbesondere da es sich immer mehr herauskristallisiert, dass umweltbedingte Katastrophen sehr oft sozial und ethnisch instrumentalisiert werden. Regionen, die dafür anfällig sind, weisen in der Regel keine politische Stabilität auf (Stichwort: „fragile Staaten"), haben eine nur sehr geringe staatliche Problemlösungskapazität, sind anfällig für Verzerrungen auf den Absatzmärkten und weisen vor allem hohe gesellschaftliche Disparitäten auf. Die Umweltkatastrophen erhöhen die „Vulnerabilität" und wirken sogar als Katalysator, der bis zum totalen Zusammenbruch des Staatswesens führen kann (Stichwort: Südsudan).

Umweltbezogene Migrationen werden vor allem ausgelöst durch:

- Naturkatastrophen wie Stürme, Starkregen, Dürren und Überschwemmungen, aber auch die Bodendegradation zerstört die Lebensgrundlage der Menschen. Trinkwasserverschmutzung und Ernteausfälle sowie die Zerstörung der Infrastruktur sind die Folgen. Eine zunehmende Wasserknappheit schränkt die landwirtschaftliche Produktion dramatisch ein und treibt die Lebensmittelpreise in die Höhe. All das macht eine Naturkatastrophe zu einer humanitären Katastrophe.
- Der Verlust von Ökosystemen und Biodiversität gefährdet die Lebensgrundlage vieler Menschen, vor allem dort, wo Ernährung unmittelbar von intakten Ökosystemen abhängt. Dies trifft nicht nur für die bekannten Problemzonen wie den Sahel zu, sondern zum Beispiel auch für die Arktis, wo die traditionelle Lebensweise der Inuit und damit ihr soziales Gefüge durch das Abschmelzen des polaren Eisschilde und der Gletscher bedroht wird.
- Der vom IPCC prognostizierte Meeresspiegelanstieg von bis zu 1 m bis zum Jahr 2100 wird die Menschen in den tiefer liegenden Küstenregionen, aber vor allem für die Bewohner der Kleinen Inselstaaten zu einer existenziellen Bedrohung. Der Meeresspiegelanstieg wird durch Versalzung zu einem Verlust an Trinkwasserreserven führen, die (schon geringen) landwirtschaftlich nutzbaren Flächen vernichten und die Häuser und Infrastruktur zerstören. Länder, wie Bangladesch, Vietnam, Myanmar und die Pazifikinseln Fiji, Tuvalu, Kiribati u. v. a. weisen seit Jahren die internationale Staatengemeinschaft auf ihr Not hin.

Ein weiterer Faktor, der bei der Bewertung von Migrationsursachen berücksichtigt werden muss, sind lokale und regionale Konflikte bei der Nutzung natürlicher Rohstoffe (Diamanten, Öl, Seltene Erden), oder wenn infolge des Klimawandels Wasser knapp wird.

Migrationsbewegungen können nicht nur national, sondern auch international/transnational zu Konflikten führen, da die Menschen zwangsläufig in Regionen drängen, wo die einheimische Bevölkerung den Zustrom als Bedrohung ihrer Existenz empfindet. Sie können sogar zu einem internationalen kriegerischen Konflikt ausweiten, wie 1971 in der Folge mehrerer großer Überschwemmungen im damaligen Ostpakistan (heute: Bangladesch). Das Land erhielt damals nicht die aus seiner Sicht erforderliche Hilfe, wodurch es im Lande zu Aufständen kam. Der Konflikt mündete in einen Krieg mit Pakistan, der mehr als 1 Mio. Menschen das Leben kostete und der zur Gründung des Staates Bangladesch führte. Der Blick auf das umweltbedingte Migrationsgeschehen wirft die Frage nach den potenziellen Zuwanderungszielen auf, mit denen die Migranten vom Klimawandels auch „profitieren" könnten.

Die wesentlichen Faktoren, die zu umweltbedingter Migration führen, lassen sich wie folgt zusammenfassen. Der Klimawandel führt dazu, dass:

— sich die Multikausalität der bestehende Strukturen und Stressfaktoren mit ihren negativen Auswirkungen auf die Lebensbedingungen der Menschen in vielen armen Entwicklungsländern noch weiter verschlechtern,
— sich die sozialen und genderbezogenen Disparitäten noch weiter verschärfen,
— eher neue Verwundbarkeiten hinzukommen als bestehende abgebaut werden und diese den Einzelnen als auch ganz gesellschaftliche Gruppen betreffen werden,
— sich konfliktverursachende Umweltprobleme am ehesten in den Sektoren „Bodendegradation" und „Wasserknappheit" manifestieren werden,
— die Klimafolgen am ehesten in Subsahara-Afrika und Südostasien dramatische Auswirkungen zeigen werden und dort vor allem die indigenen Bevölkerungsgruppen betreffen werden,
— sich die konzeptionelle Verknüpfung von Umwelt und Sicherheit noch weiter verstärken wird und das nicht nur in den Entwicklungsländern, und dass sich diese Konflikte räumlich ausdehnen und auch internationalisieren werden,
— die meisten Probleme in den städtischen Ballungszentren erwartet werden.

3.1.3 Ressourcen und Ressourcenschutz

Als Folge der vielfach beobachteten Schädigung in der natürlichen Umwelt, seien sie lokal, regional oder international, hat in den Gesellschaften die Forderung nach einem nachhaltig verbesserten Schutz der natürlichen Umwelt weltweit stark an Bedeutung gewonnen. Sowohl persönlich erfahrene Umweltbelastungen wie Lärm, Luft- und Wasserverschmutzung sowie die Vielzahl an Berichterstattungen über Hochwasserkatastrophen, Dürren oder Kälteperioden haben in weiten Bevölkerungskreisen und zunehmend in der internationalen Politik zu einem fundamental veränderten Bewusstsein über die Gefährdung der natürlichen Lebensgrundlagen geführt. In dieser Diskussion wird deutlich, dass die Umwelt einerseits als Ressource durch den Menschen genutzt wird, andererseits das über Jahrtausende „gewachsene" System der Ressourcennutzung nach Möglichkeit in seinem ursprünglichen Gleichgewicht erhalten bleiben muss.

Ressourcen sind frei für jedermann und kennen kein Eigentum und keine Staatsgrenzen, beschreibt Elinor Ostrom die Situation der natürlichen Ressourcen (Ostrom et al. 1994). Sie weist darauf hin, dass die Natur, indem sie Ressourcen (u. a. Wasser, Boden, Luft) zur Verfügung stellt, kollektive Verfügungsrechte anbietet, von deren Nutzung (eigentlich) niemand ausgeschlossen ist. Damit haben Umwelt und natürliche Ressourcen im übertragenen Sinne keinen „Marktpreis". Folglich gibt es auch keinen ökonomischen Anreiz, mit den Umweltressourcen „sparsam" umzugehen. Die Situation der natürlichen Ressourcen beschreibt Ostrom daher als *„common pool resources"*; ein Begriff, der schon in Deutschland seit dem Mittelalter als „Allmendegut" in Gebrauch ist. Der Allmende-Begriff, beschreibt entweder ein in der Natur gegebenes Ressourcensystem, zum Beispiel einen Teich, in dem Fische schwimmen oder auch ein durch den Menschen geschaffenes Ressourcensystem, wie zum Beispiel ein Bewässerungssystem. Dabei ist entscheidend, wie der Einzelne oder eine gesellschaftliche Gruppe dieses System nutzen kann. Dabei ist zu unterscheiden, ob jeder das Recht einer ungehinderten Nutzung („kollektives Verfügungsrecht") hat, oder ob ihm der Zugang verwehrt wird („fehlendes Verfügungsrecht"), da eine „individuelle" Indienstnahme zugleich zu Einschränkungen bei anderen Nutzungen, also zu „Rivalität" führt (Gawel 2011). Ein Tatbestand, der mit dem Schlagwort „Tragik der Almende" (*„tragedy of commons"*), oftmals auch „soziales Dilemma" genannt, bezeichnet wird und der eine Situation beschreibt, in der ein auf Gewinnmaximierung ausgerichtetes Verhalten eines Einzelnen zu einem niedrigeren Gesamtgewinn einer Gruppe führt. Der Einzelnen neigt, wenn er einen ungehinderten Zugang zu einer Ressource hat, immer dazu, dieses „Angebot" voll auszunutzen („individuelle Nutzenoptimierung").

Ostrom et al. (1994) weisen aber zu Recht darauf hin, dass der Mensch in erster Linie ein soziales Wesen ist, er also bestrebt ist, sozial zu kooperieren. Nur, so wird von Ostrom aufgezeigt, hat der Mensch die Fähigkeit „verlernt", Ressourcennutzung und Ressourcenschutz in einen nachhaltigen Einklang zu bringen. Dabei sei nicht entscheidend, wem welche Zugangsrechte eingeräumt werden, sondern vielmehr gelte es zu klären, wie Nachhaltigkeit für die Ressource gewährleistet werden kann, und welches institutionelle Ordnungsprinzip für eine solche Ressourcenallokation erforderlich ist. Entscheidend dafür ist: Wer setzt die Regeln und wie werden die dann auch umgesetzt (Gawel 2011)?

3.1 · Allgemeine Vorbemerkung

Neben den „klassischen" Ressourcen wie Wald, Feld oder Teiche gibt es aber auch Ressourcen, die ihres Ursprungs wegen nicht „privatisiert" werden können, zum Beispiel die Atmosphäre, die Ozeane oder das Sonnenlicht. Lassen sich solche „global öffentlichen Güter" auch nachhaltig nach dem Prinzip der *„common resources"* verwalten? Ein Instrument, das derzeit schon erfolgreich praktiziert wird, ist der Emissionshandel. Dabei werden auf der Basis nationaler oder internationaler Regeln Erlaubnistitel gehandelt, die den Ressourcenzugang über marktkonforme Verfügungsrechte steuern (Ostrom et al. 1994). Oder wie zum Beispiel in Deutschland, wo eine nationale Bewirtschaftungsordnung private Nutzung des „öffentlicher Gutes" Gewässer nach dem Wasserhaushaltsgesetz regelt.

In Bezug auf die sich in der Entstehung befindlichen Umweltregime sind die Überlegungen von Elinor Ostrom hinsichtlich der Nutzungsprobleme kollektiver Güter von grundlegender Bedeutung. Die Debatte entzündet sich daran, wie es möglich wird, einen sogenannten „Pareto-optimierten" Zustand zu erreichen. Nach A. Pareto wird damit ein Zustand bezeichnet, bei dem sich durch Allokation von Ressourcen die Wohlfahrt eines Individuums erhöht, ohne dadurch die Wohlfahrt eines anderen Individuums einzuschränken. Ein wesentlicher Faktor, um dadurch zu einer Verteilungsgerechtigkeit zu kommen, ist, dass die „Kollektivgüter" vor allem durch zwei Eigenschaften charakterisiert werden: zum einen durch „Nichtausschließbarkeit", das heißt, dass Personen nicht von der Nutzung bzw. dem daraus entstehenden Nutzen ausgeschlossen werden können, und zweitens „Nichttrivialität", wodurch die Nutzung einer Ressource durch den Einzelnen eine ebensolche Nutzung durch ein anderes Individuum nicht verhindert, sondern dies gleichzeitig ermöglicht (vgl. Dehling und Schubert 2011, S. 113). Die bei Umweltregimen häufig auftretende Problematik bei der Allokation von Allmende-Ressourcen ist, dass den kooperierenden Akteuren dadurch Kosten entstehen, eine Nichtbeteiligung („Defektion") sich dagegen kostenneutral gestaltet und diese Staaten dennoch von der Klimaverbesserung profitieren können.

In der Klimaproblematik herrscht eine Situation vor, dass ein Land zugleich „Verursacher" als auch „Betroffener" des Klimawandels sein kann. Das Bestreben vieler Industrie- und Schwellenländer, ihre Klimaschutzziele aus wettbewerbstaktischen Erwägungen zu reduzieren, zeigt, wie sehr immer noch individuelle und kollektive Rationalitäten auseinanderfallen (WBGU 2009). Um international wirksame Umweltregime durchsetzen zu können, wird es also erforderlich sein, den Aspekt der „Maximierung des kollektiven Gesamtnutzens" in den Vordergrund zu stellen und nicht den individuellen Nutzen (vgl. Friedrichs 2011). Nur so wird es gelingen, die gemeinsamen Interessen der Nationalstaaten für das Zustandekommen kollektiven Handelns zu gewinnen. Um dieses zu erreichen, müssen die Regime geeignete „Anreize" für kollektives Handeln schaffen, mit denen das Bewusstsein der Staaten dahingehend gestärkt wird, dass ohne ihre Teilnahme eine Eindämmung des anthropogenen Klimawandels nicht möglich ist (vgl. Stern 2007, S. 511).

Die von den Vereinten Nationen mit der UNCED-Konferenz von Rio de Janeiro (1992) angeschobene Diskussion hat bewusst den Dualismus „Ressourcennutzung versus Ressourcenschutz" zum Thema gemacht. Vorausgegangen war die von der Brundtland-Kommission eingeführte Definition der „nachhaltigen Entwicklung" *(sustainable development)*. Hinter dieser Definition steht die ökonomische Grundregel, nach der, um auch in Zukunft von einer Ressource leben zu können, man diese in ihrem „ursprünglichen" Zustand erhalten muss. Nur hat man über lange Zeit das Begriffspaar aufgetrennt in a) „nachhaltig" und in b) „Entwicklung". Bis zum Brundtland-Bericht 1986 wurde der Begriff entweder ökologisch genutzt, im Sinne einer Konservierung der natürlichen Ökosysteme oder ökonomisch, im Sinne eines dauerhaften Wirtschaftswachstums. Erst mit dem Brundtland-Bericht wurde das Begriffspaar miteinander verknüpft, im Sinne einer dauerhaften Verbesserung der Lebensbedingungen *(sustainable development)*. Abgeleitet daraus entwickelten sich weitere Begriffe, wie „menschliche Sicherheit" *(human security)* und die langfristige „Sicherung der Lebensbedingungen" *(livelihood resilience)*. Damit überstieg die Definition den lokalen Erfahrungsraum des Einzelnen oder einer bestimmten Gruppe und erweiterte die Perspektive um eine holistische internationale Dimension. Dieser Paradigmenwechsel führte dazu, Nachhaltigkeit als eine Verantwortung für das Ökosystem als Ganzes zu verstehen, mit dem Ziel, dieses auch für die nachfolgenden Generationen zu erhalten. Nur so wird es möglich sein, den nachfolgenden Generationen die Chance zu eröffnen, in Zukunft ihre Bedürfnisse befriedigen zu können.

Mit Brundtland wurde die Verantwortung für die Zukunft das neue Gestaltungsprinzip der Politik. Durch sie wird angestrebt, die aus Ansprüchen an die Ressourcenverfügbarkeit entstehenden (und entstandenen) Nutzungskonflikte – hier der Umwelt- und Ressourcenschutz, da das Ressourceninteresse – langfristig und einvernehmlich zu lösen. Eine Serie von internationalen Konferenzen (vgl. ▶ Kap. 4) und die Verankerung des Umwelt- und Ressourcenschutzes in fast allen Verfassungen der Staaten zeigen, wie sehr die Politik dieser Forderung Rechnung tragen möchte. Dabei steht außer Frage, dass immer noch eine erhebliche Diskrepanz zwischen den politischen Absichten, wie sie in den Gesetzen „verordnet" werden, und deren Umsetzung im lokalen Umfeld besteht. Dies wurde auf den vielen Klimakonferenzen der letzten Jahre, insbesondere auf der von Den Haag deutlich, als eine Kontroverse über den Weg, wie die angestrebten Ziele zu erreichen seien, die Konferenz zum Scheitern brachte. Auch die letzte Klimakonferenz in Paris, im Dezember 2015, konnte sich (nur) darauf einigen, noch einmal den festen Willen zur Begrenzung der Treibhausemissionen zu bekräftigen, aber eine Überprüfung der Ergebnisse in den Vertragsstaaten nicht verbindlich vereinbaren. Viele Politikansätze, wie sie in den Konferenzen vorgestellt werden (wurden), haben in erster Linie von der Staatengemeinschaft ausgehende Lösungsansätze zum Inhalt. Auch sind die in die

Konferenzen entsandten Vertreter in der Mehrzahl Wissenschaftler, die zwar mit der Unterstützung ihrer Regierungen dort fachspezifisch verhandeln, doch eine Umsetzung „zu Hause" wird von „anderen" vorgenommen. Die internationale Politik geht dabei davon aus, dass „vereinbarte Regelungen von oben nach unten durchgesetzt werden" (Ostrom 2009). Sie geht weiterhin davon aus, dass eine Regierung kraft Amtes in der Lage ist, eine „wirkungsvolle Lösung" für ihre Regime zu entwickeln; der Staat also stets im Interesse der Allgemeinheit handelt, oftmals ohne diese zu konsultieren. Er bezieht sich dabei vor allem auf die Kernaussagen von Forschungsinstituten und nutzt diese, um staatliches Handeln wissenschaftlich zu legitimieren.

Im Auftrag der Regierung von Großbritannien führte eine Expertengruppe unter der Leitung von Nicholas Stern eine Untersuchung zu den wirtschaftlichen Aspekten des Klimawandels durch: den zuvor schon erwähnten Stern-Review (Stern 2007). Die Gruppe entwickelte das Vorhersagemodell „PAGE 2002", das sich vor allem auf die Klimavorhersagen des IPCC 2001 stützte; daneben aber auch eine Vielzahl von wissenschaftlichen und dem Peer-Review-Verfahren unterworfenen Analysen und Daten miteinbezog, die den damaligen Erkenntnisstand umfassend abbildeten.

Der Review stellte in seinem ersten Teil die physikalischen Ursachen und Auswirkungen der Treibhausgasemissionen und des mit ihm verbundenen Klimawandels dar. In seinem zweiten Teil beleuchtete er die wirtschaftlichen Aspekte des Klimawandels. Die Vorhersag über die zu erwartenden Kosten aus dem Klimawandel ist hochkomplex und nur mit Modellen zu simulieren, die insbesondere bei der Interpretation der Ergebnisse „große Vorsicht und Bescheidenheit" (deutsche Zusammenfassung „Stern Review") erfordern. Hier bringen vor allem die langen Vorhersagezeiträume von bis 200 Jahren viele Modelle an ihre formellen Grenzen. Als die größte Unsicherheit in der Modellparametrisierung haben Stern und seine Kollegen die Einflüsse sehr hoher Temperaturen erkannt: ein nahezu „unbekanntes Gebiet". Auch sind die sich aus den Technologieentwicklungen ergebenden Verringerungen der Auswirkungen des Klimawandels in solchen Modellen nur unzureichend zu berücksichtigen. Das Model geht aber davon aus, dass diese Innovationen zu deutlich höheren Resilienzen führen werden, also „äußerst produktive Investition" darstellen.

Allen Szenarien vor dem Stern Review wurde ein mittlerer Temperaturanstieg von 2–3 °C zugrunde gelegt, zu Zeiten, als der Einfluss der Methanemissionen und die begrenzte Funktion der Kohlenstoffsenken auf das Klima noch nicht in dem Ausmaß wie heute bekannt waren. Eine 2- bis 3-°C-Temperaturzunahme könnte die Produktionskosten um bis zu 3 % im Vergleich zur vorindustriellen Zeit erhöhen.

Neuere wissenschaftliche Belege (IPCC-AR4: 2007) legen aber den Schluss nahe, dass das Klimasystem viel stärker auf die Treibhausgasemissionen regieren wird, als noch Anfang des Jahrhunderts angenommen wurde. Die Simulationen, die auf einer Modellierung einer viel geringeren Elastizität des Klimas basieren, zeigen, dass, wenn man einen „Business-as-usual-Pfad" in der Klimapolitik annimmt, dies zu einer Erwärmung von 5–6 °C im nächsten Jahrhundert führen wird. Dies hätte globalökonomisch eine Kostenerhöhung von 5–10 % zur Folge, wobei die zusätzlichen Kosten für arme Länder mehr als 10 % des Bruttoinlandsprodukts belaufen würden. Ein solcher Kostenzuwachs wäre für einen sehr langen Zeitraum gleichbedeutend mit einer Reduzierung des globalen Pro-Kopf-Verbrauchs von wenigstens 5 %. Steigen die Temperaturen dagegen noch höher als prognostiziert, so ist mit Kosten für den Klimawandel von 5–7 % des globalen Verbrauchs oder in einigen Szenarien sogar von 11–14 % zu rechnen.

Für Deutschland wurden die entsprechenden Zahlen vom Deutschen Institut für Wirtschaftsforschung berechnet. Nach den dort vorgenommenen ökonomischen Modellrechnungen könnten – wenn nicht frühzeitig wirksame Gegenmaßnahmen vorgenommen werden – die Kosten für den Klimawandel bis zum Jahr 2050 auf insgesamt knapp 800 Mrd. € belaufen. Von diesen 800 Mrd. € würden ca. 330 Mrd. € auf direkte Kosten durch Klimaschäden entfallen, ca. 300 Mrd. € auf erhöhte Energiepreise (überwiegend für private Haushalte), sowie ca. 170 Mrd. € für Anpassungsmaßnahmen. Laut DIW würde dies zu gesamtwirtschaftlichen Wachstumseinbußen von bis zu 0,5 % führen. Bis zum Jahr 2100 könnten sich diese Kosten auf bis zu 3000 Mrd. € erhöhen, was in etwa einer Vervierfachung gegenüber 2050 entsprechen würde. Sollte das deutsche Integrierte Energie- und Klimaprogramm (IEKP) zum Tragen kommen, könnten sich aus dem Programm Einsparungen von jährlich 30–35 Mrd. € ergeben und diese lägen damit etwa in gleicher Höhe, wie die durch „business as usual" entstehenden Klimaschäden. Allein für das Jahr 2020, errechnete das DIW, könnte sich ein Nettonutzen von 5 Mrd. € ergeben.

Alle Schätzungen, die nach dem PAGE-2002-Modell und auch die vom DIW, sind eher konservativ, da große analytische und ethische Unsicherheiten bestehen, zum Beispiel wie die direkten Auswirkungen auf die Umwelt und die menschliche Gesundheit mathematisch zu berücksichtigen sind.

Wenn man alle oben genannten zusätzlichen Faktoren berücksichtigt werden, würde dies zu einer Erhöhung der Gesamtkosten des „Business-as-usual-Pfades" ergeben, die einer 5–20 %igen Reduzierung des weltweiten Pro-Kopf-Verbrauchs entsprechen.

Der Review stellte dem die sich aus den Investitionskosten ergebenden Renditen gegenüber. Danach wäre es möglich, das 500-ppm-Ziel anzusteuern, zu Kosten von etwa 1 % des Weltbruttosozialprodukts. Einen Betrag, den Stern und seine Koautoren zwar als kostspielig, aber tragbar einschätzen. Sollten diese Investitionen in den nächsten 10–20 Jahren vorgenommen werden, könnten sich erste signifikante Änderungen schon in der zweiten Hälfte des Jahrhunderts einstellen, nämlich in einer Reduktion der Emissionen – je nach Szenario – von zwischen 40–60 % auf dann unter 30 %.

3.1 · Allgemeine Vorbemerkung

Die zentrale Botschaft des Stern-Reviews ist:

» Investitionen in den Klimaschutz rechnen sich.

Der Review schätzt den Nettovorteil auf etwa 2500 Mrd. US$. Er geht sogar so weit, neue Geschäftsfelder in der Bekämpfung des Klimawandels zu identifizieren. Wenn weltweit und flächendeckend kohlenstoffreiche Energiemärkte auf kohlenstoffärmere umgestellt werden, könnte dies ein Marktvolumen von mehreren Milliarden US$ jährlich ergeben. Vor allem würden eine höhere Energieeffizienz sowie eine Reduzierung der Nachfrage nach emissionsintensiven Waren und Dienstleistungen deutlich dazu beitragen. Hier verweist der Review insbesondere auf die Effizienzsteigerungen im Energiesektor im letzten Jahrhundert, die nach Aussagen der Internationalen Energie Agentur (IEA) einen Zuwachs um den Faktor 10 erbracht haben. Bei einer Fortschreibung dieses Trends könnte die Energieeffizienz bis 2050 den größten Beitrag zur Absenkung der Treibhausgasemissionen leisten.

Aber der Stern Review beschränkt sich nicht auf das Aufzeigen der Klimaproblematik. Er übt auch fundamentale Kritik, wenn er feststellt: „Der Klimawandel bedeutet eine einzigartige Herausforderung für Volkswirtschaften und ist das größte und weittragendste Versagen des Marktes, das es je gegeben hat". Um dieses „Marktversagen" in den Griff zu bekommen, stellt er eine Reihe von politischen Ansätzen vor. Der Review bekräftigt darin die Aussagen, die schon in vielen Klimakonferenzen bereits so oder ähnlich formuliert wurden (aber bislang nur sehr eingeschränkt umgesetzt wurden). Er sieht einen erfolgreichen Kampf gegen die „Ursachen und Folgen des Klimawandels nur durch internationales kollektives Handeln". Voraussetzung dazu ist zunächst einmal ein gemeinsames Verständnis über die Emissionsproblematik und über die anzustrebenden Reduktionsziele. Immer noch haben viele Akteure zu unterschiedliche Auffassungen über den Zusammenhang von Treibhausgasemissionen und dem Klimawandel.

Der Review sieht als wichtigsten Ansatzpunkt für eine weltweite Reduktion der Emissionen den Energiepreis. Transnationale Handelsprogramme stellen dazu wirksame Anreize dar, Kohlenstoffpreise über Länder und Sektoren hinweg auszugleichen, wie der Handel mit Emissionsrechten in der EU nachweisen kann.

Ferner wird in einer innovativen Technologiepolitik ein erhebliches Reduktionspotenzial gesehen. Das Spektrum von Forschung und Entwicklung (F&E) sowie ein Einsatz auch im frühen Stadium der Technologienentwicklung werden mit Sicherheit dazu führen, weitreichende Emissionsreduzierungen zu ermöglichen. Dabei sehen Stern und seine Koautoren im privaten F&E-Sektor, gestützt durch staatliche Programme, den besten Weg, den Einsatz kohlenstoffarmer Technologien weiter zu stimulieren und so die Transformationskosten zu senken. Derzeit sind viele kohlenstoffmindernde Technologien noch teurer als die fossilen Brennstoffalternativen. Aber die Erfahrungen zeigen, dass die Kosten für Technologien mit Einführung und Erfahrung sinken. Eine weitere Herausforderung stellt allerdings der Umstand dar, dass Unternehmen sich oftmals mit Investitionen zurückhalten, die keine rein ökonomischen Renditen erwirtschaften, sondern die vor allem auf eine Verbesserung der sozialen Rahmenbedingungen ausgerichtet sind, weil sie fürchten, nicht den vollen Nutzen ernten zu können.

Der Review sieht eine Vielzahl an wirtschaftlichen Gründen, neue Technologien direkt zu fördern. Dies insbesondere unter dem Eindruck, dass die öffentlichen Ausgaben für Forschung, Entwicklung und für Demonstrationsobjekte in den letzten beiden Jahrzehnten eher gefallen und im Vergleich zu anderen Industriezweigen viel zu niedrig sind. Eine Verdoppelung der Investitionsbudgets auf etwa 20 Mrd. US$ pro Jahr global wird daher als erforderlich angesehen. Als eine wirksame Maßnahme sieht er zudem marktwirtschaftliche Anreize zur Stromerzeugung durch gezielte staatliche Förderungen. Nötig wäre dazu weltweit ein Investitionsvolumen von mehr als 30 Mrd. US$; das 2- bis 5fache von dem, was heute in diesem Sektor investiert wird.

Ein weiteres Element ist die Beseitigung von ordnungspolitischen Regulierungen sowohl aufseiten der Produzenten als auch auf der der Konsumenten. Das Fehlen transparenter und belastbarer Informationen sowie durch die Trägheit von Organisationen hemmt oftmals das Ausschöpfen der Potenziale für rentable Energieeffizienzmaßnahmen. Der Staat ist hier gefordert, ordnungspolitische Rahmenbedingungen zu setzen, Hemmnisse abzubauen und Investitionssicherheit zu schaffen. Erfahrungen mit der Setzung von Mindestnormen für Gebäudeisolierungen und zum Stromverbrauch haben sich in der Vergangenheit als hocheffektive Instrumente zur Verbesserung der Energieeffizienz erwiesen, auch da, wo Preissignale allein nicht stark genug gewesen sind. Informationsrichtlinien für den Verbraucher, einschließlich der Verbreitung von „Best-Practice-Beispielen" können Verbrauchern und Unternehmen helfen, kohlenstoffärmere und energieeffizientere Waren und Dienstleistungen anzubieten bzw. nachzufragen.

Im internationalen Kontext ist die Förderung eines gemeinsamen Verständnisses über das Wesen des Klimawandels und seiner Folgen für die Ausgestaltung des energiepolitischen und entwicklungspolitischen Rahmens sowohl in den OECD-Staaten als auch den Entwicklungsländern zwingend erforderlich. Dabei müssen vor allem die internationalen Organisationen, Regime und Abkommen diesen Dialog durch Partnerschaften „auf Augenhöhe", durch Forschungen, Analysen und neutrale Beweisführung fördern. Dabei sind die Herausforderungen in den Entwicklungsländern besonders hoch, da dort Armut, Vulnerabilität größer und Handlungsoptionen begrenzt sind. Die Regierungen haben zudem die Aufgabe, einen politischen Rahmen zum Führen effektiver Anpassung durch Einzelpersonen und Firmen zu schaffen. Dabei werden verständliche Klimainformationen besonders für Niederschlags- und Sturmmuster sowie angepasste Risikomanagementinstrumente helfen, zu verbesserten regionalen Klimavorhersagen zu kommen. Eine umfassende Landnutzungsplanung und Energieminderungen von öffentlichen und privaten Gebäuden gehören ebenfalls dazu, wie auch Investitionen zum Schutz klimasensitiver, natürlicher Ressourcen wie Boden, Wasser und Luft.

Ein stabiles finanzielles Sicherheitsnetz beruhend auf Einnahmen aus dem Handel mit Emissionsrechten, CO_2-Emissionsabgaben, Royalties und entsprechenden Versicherungsmodellen, zum Beispiel „Cat-Bonds", ist Voraussetzung, um die Ärmsten der Gesellschaft besser gegenüber den fatalen Auswirkungen des Klimawandels, wie er sich in den hydrometeorologischen Naturkatastrophen manifestiert, zu schützen. Nachhaltig werden die Bestrebungen zum Klimaschutz aber nur sein, wenn die Instrumente bzw. geplanten Aktionen einen ökonomischen Strukturwandel hin zu umweltschonenden wirtschaftlichen Tätigkeiten fördern und wenn sie auch das Verhalten der Konsumenten, Umweltgüter zu nutzen, auf das erforderliche Mindestmaß reduzieren. Nur so lassen sich die aus der Entnahme von Ressourcen und ihrer Verarbeitung entstehenden Belastungen für Mensch und Umwelt wirklich reduzieren. Ein nachhaltiger Entwicklungspfad ist also nur dann zu erreichen, wenn er neben einem ökonomischen Wachstum auch eine effektive Bewältigung des Klimawandels einschließt. Damit wird deutlich, dass Umwelt- und Wirtschaftspolitik aufeinander abgestimmt werden müssen, dass Produktion von Gütern und Umweltschutz ihre langfristigen Ziele nur in Zusammenarbeit und nicht über Konfrontation erreichen werden.

3.1.4 Green Economy

Mit dem Begriff „Green Economy" (im deutschen Sprachgebrauch wird häufig der Begriff „grünes Wachstum" oder „umweltverträgliches Wachstum" verwendet) wird weltweit das Ziel einer nachhaltigen Wirtschaftsweise verbunden, die einerseits Wettbewerbsfähigkeit gewährleistet und dennoch umwelt- und sozialverträglich ausgestaltet ist (Pearce und Barbier 2000). „Green Economy" verbindet Ökologie und Ökonomie und fordert auf, nachhaltige Produktions- und Konsumweisen zu entwickeln, um insbesondere für die kommenden Generationen ein selbstbestimmtes Leben mit einer hohen Lebensqualität zu ermöglichen.

Entstanden war der Begriff Ende der 1980er-Jahre als strategischer Ansatz zur Umsetzung der Ziele einer nachhaltigen Entwicklung. Dieser forderte damals einen „Paradigmenwechsel" hin zu einer wirtschaftlichen Entwicklung im Einklang mit ökologischen und sozialen Zielen, unter Berücksichtigung planetarischer Grenzen, in Richtung einer „grünen Transformation" (WBGU 2011). Anlässlich der UNCED-Konferenz 2012 in Rio de Janeiro hat die Staatengemeinschaft „Green Economy" als globale Herausforderung erkannt. In Anbetracht der begrenzten Ressourcen der Erde und des sich immer stärker auswirkenden Klimawandels muss – so die Rio-Deklaration – zunächst ein umfassendes Verständnis über die Wirkungszusammenhänge von Wirtschaft, sozialer Entwicklung im Einklang mit dem internationalen Finanzwesen und der Politik für ein umweltverträgliches qualitatives und somit nachhaltiges Wachstum erarbeitet werden, um darauf aufbauend umsetzungsfähige Strategien zu entwickeln.

UNEP (2011) beschreibt „Green Economy" (GE) als ein Mittel, einerseits das Wohlbefinden der Menschen zu steigern, soziale Gerechtigkeit zu verwirklichen und dabei gleichzeitig Umweltrisiken und den Verlust der biologischen Vielfalt zu verhindern (*„improved human well-being and social equity, while significantly reducing environmental risks and ecological scarcities"*). Dieser Ansatz stellt vor allem heraus, dass Umweltschutz nicht allein Kosten verursacht, sondern auch ein hohes technisches Innovationspotenzial aufweist und Arbeitsplätze und Einkommen schafft (UBA 2008a).

Vereinfacht gesprochen wird mit „Green Economy" (GE) die Ausarbeitung einer „Welt-Ökonomik" gefordert, die in erster Linie auf einem kohlenstoffarmen Wirtschaften beruht. Nach Auffassung vieler Klimaökonomen (Edenkofer 2012) wird „GE" unzweifelhaft Arbeit schaffen, Einkommen generieren und zu einer effizienteren Nutzung der Energie führen, und so zu einer Reduzierung der Treibhausgasemissionen beitragen. Entgegen der Auffassung vieler Kritiker wird „GE" nicht dazu führen, die Bestrebungen nach „nachhaltiger Entwicklung" zu behindern. Im Gegenteil, es mehren sich die Anzeichen, dass nur mit seiner Hilfe die MDG/SDG-Ziele (s. a. ▶ Abschn. 3.5.3) verwirklicht werden können. Um diese zu erreichen, sei es nötig, das Konzept wirtschaftlicher Entwicklung in den Grenzen der Tragfähigkeit der Ökosysteme zu verfolgen. Die Vergangenheit habe gezeigt (UNEP 2011), dass die traditionellen, auf der Nutzung fossiler Energierohstoffe beruhenden Wirtschaftsmodelle zu einer Marginalisierung vieler Gesellschaften, der Zerstörung der Umwelt und einer Übernutzung der natürlichen Ressourcen geführt haben. „GE" als Wirtschaftsmodell betont, dass eine Umsteuerung vor allem deshalb nötig und möglich sei, da zum einen die fossilen Energierohstoffe „endlich" seien und zum anderen technologische Entwicklungen den Einsatz „erneuerbare Energien" immer billiger machen. Gepaart mit einer verbesserten Energieeffizienz bestehender Systeme könne sich eine Umsetzung von „GE" zu immer ökonomischeren Kosten verwirklichen lassen.

Das Bundesumweltministerium (BMU 2012) umriss „GE" als eine mit „Natur und Umwelt im Einklang stehende, innovationsorientierte Volkswirtschaft", die eingebettet in das Leitbild der nachhaltigen Entwicklung eingebettet ist:

— Vermeidung schädlicher Emissionen und Schadstoffeinträge in alle Umweltmedien,
— Weiterentwicklung der Kreislaufwirtschaft,
— Minimierung des Einsatzes nicht erneuerbarer Ressourcen, insbesondere durch
  — eine effizientere Nutzung von Energie und anderen natürlichen Ressourcen sowie durch
  — Substitution nicht erneuerbarer Ressourcen durch nachhaltig erzeugte erneuerbare Ressourcen,

3.1 · Allgemeine Vorbemerkung

- Energieversorgung, die ausschließlich auf erneuerbaren Energien basiert.
- Erhalt, Entwicklung und Wiederherstellung der biologischen Vielfalt sowie der Ökosystemleistungen.

Auch wenn in dieser Aufstellung im Prinzip (nur) technische und institutionelle Aufgaben formuliert wurden, so stellte das BMU seine Begriffsdefinition von „GE" immer in den Kontext einer mit dem Paradigmenwechsel angestrebten sozialen Dimension, wie z. B. die faire, sozialverträgliche Gestaltung des Übergangs mit positiven Beschäftigungs- und Qualifizierungseffekten (UBA 2013). Das UBA betont damit, dass die Rio-Umweltziele und die Nachhaltigkeitsforderungen nur durch integrierte systemische Politikansätze, vor allem durch eine strategische Zusammenführung von Sozial-, Umwelt- und Wirtschaftspolitik, zu erreichen sind. Ohne eine parallel wirtschaftliche und soziale Entwicklung werden die Umweltprobleme nicht gelöst werden können. Erforderlich dazu ist, Wirtschaftswachstum und Klimaschutz gleichläufig zu entwickeln. Die OECD spricht in seiner „Green-Economy-Initiative" daher von „umweltverträglicher Wachstumspolitik" und betont damit, dass „GE" nicht auf den Industrie- und Wirtschaftssektor beschränkt werden darf, sondern Anliegen einer Volkswirtschaft insgesamt sein müsse. So, wie es durch energiepolitische Rahmensetzungen und technische Innovationen in der Folge der „Erdölkrise" in den 1980er-Jahren gelungen ist, den Energieeinsatz von dem Wirtschaftswachstum abzukoppeln. Oder wie durch eine staatliche „Abwrackprämie" der PKW-Bestand in Deutschland durch Abgasnormen einhaltende Fahrzeuge ersetzt und gleichzeitig die Automobilindustrie in der Wirtschaftskrise von 2008/2009 unterstützt wurde.

UNEP (2009) identifizierte in seinem „Global Green New Deal" 5 Schlüsselsektoren, denen bei der Umsetzung von „GE" eine hohe Relevanz zukommt; mit einem weltweiten Investitionsbedarf von mehr als 3 Mrd. US$:
- energieeffizientes Bauen,
- gezielter Ausbau der erneuerbaren Energien,
- nachhaltiges Verkehrs- und Transportwesen,
- Investitionen in den Erhalt der nachhaltigen Infrastruktur,
- Aufbau einer nachhaltigen Infrastruktur.

Die Argumentation der UNEP wird allerdings von vielen Klimaökonomen als nur mit Einschränkungen umsetzbar angenommen. Es wird darauf verwiesen, dass zwar die erkannten „Ursache-Wirkung-Beziehungen" im Prinzip richtig seien, dass aber (Edenkofer 2012) allein durch eine technisch orientierte Umsteuerung die angestrebten Emissionsminderungen nicht erreicht werden können. Unverzichtbar – so Edenkofer – sei die Schaffung eines international verbindlichen ordnungspolitischen Rahmens, um diese Prozesse global zu steuern. Edenkofer: „wenn der Ölpreis steigt, lohnen sich auch Investitionen in die Suche nach neuen Lagerstätten, die Nutzung der Kohle wird rentabler mit der Folge, dass dann eher mehr CO_2 als weniger produziert wird. […] Die Hoffnung, dass ein steigender Ölpreis zu einer Entkopplung von Wirtschaftswachstum und CO_2-Emissionen führt, ist illusionär, weil Kohle ein Substitut für Öl ist".

Kritiker von „Green Economy" verweisen darauf, dass der Begriff im Prinzip etwas „Positives" suggeriert, nämlich über „grünes Wachstum" zu einer nachhaltigen Wirtschaft und damit zu einer besseren Zukunft zu kommen (Unmüßig et al. 2015). Aus deren Sicht wird „GE" in erster Linie verstanden als der Ausstieg aus den fossilen Energien und gleichgesetzt mit steuerfinanzierten umweltorientierten Konjunkturprogrammen, die die Wirtschaft ankurbeln, Arbeitsplätze schaffen, mit denen die Umweltschädigungen abgebaut und der Klimawandel vermindert werden kann. Die Kritiker bemängeln ferner (UBA 2013, S. 63), dass die bestehenden Strategien zum „GE" weiter das traditionelle wachstumsorientierte Wirtschaftsmodell propagieren und alternative Wirtschaftsformen nur in Ansätzen Berücksichtigung finden. So zum Beispiel ein Abbau der Subventionen auf Agrarprodukte oder auf die Energieerzeugung sowie die Einführung einer CO_2-Steuer. Vor allem aber müssten sozioökonomische und ökologische Verteilungsfragen in den Konzepten der „Green Economy" beantwortet werden. Dies umfasse auch, dass die Folgen solcher Transformationsprozesse nicht nur aus Sicht der Industrienationen abgeschätzt werden müssten.

„GE" sei – so wie es bisher im Allgemeinen verstanden wird – kein wirksames Modell, um den Klimaschutz zu ermöglichen. Die Kritiker plädieren stattdessen dafür, das gesamte gesellschaftliche System (Stichworte: „Konsumgewohnheiten"/„nachhaltige Produktion") der Industrieländer grundlegend zu reformieren. Erforderlich sei nicht nur ein ökonomischer, sondern auch ein ökologischer, kultureller und sozialer Wandel, wie er mit dem Begriff „ökologische und soziale Transformation" (WBGU 2011) umfassend beschrieben wird. Der Übergang muss als langfristig angelegter Übergang („systemische Transformation") (Heyen et al. 2013). ausgestaltet werden.

In der Ökonomik wird der Wert eines Gutes oder einer Dienstleistung im Rahmen der volkswirtschaftlichen Gesamtrechnung ermittelt. Eine solche Bewertung ist „einfach" vorzunehmen, wenn es sich dabei um „zählbare" Güter oder Dienstleistung handelt. Erst mit dem Ansatz von „Green Economy", den ökologischen Schaden zu monetarisieren, lassen sich Aussagen machen, ob das Gut zu einer nachhaltigen Wohlfahrtszunahme geführt hat. Daraus ergibt sich, dass den natürlichen Ressourcen ein ökonomischer Wert zugeordnet werden muss, der dann in die „ökologische Gesamtrechnung" einfließt.

Abschließend lässt sich zu „Green Economy" sagen, dass „grünes Wachstum" für die Zukunft der Volkswirtschaften unverzichtbar ist. Es wird aber immer nur Komplement zu den Umwelt- und Klimaschutzregimen sein können. Es geht daher vor allem darum, Wirtschaftsmodelle zu entwickeln, die auf einem generell geringeren Ausstoß an Treibhausgasen basieren.

„Green Economy" wird sich solchen Modellen immer unterordnen müssen; wird aber in jedem Fall ein unverzichtbarer Teil eines nachhaltigen Umwelt- und Klimaschutzes sein. Je lokaler die Maßnahmen zur Emissionsminderung sind, desto größer sind ihre Wirkungen und desto kostengünstiger sind sie im Vergleich zu dem Kosten-Nutzen vergleichbarer Maßnahmen im internationalen Bereich (BMF 2010).

3.2 Nationale ordnungspolitische Instrumente

3.2.1 Vorsorgender Umweltschutz

Ordnungsrecht

Zur Sicherung der Umweltqualität bietet sich vor allem die Wirtschaftspolitik an, bei der regulative marktwirtschaftliche Instrumente zur Anwendung kommen. Unter regulativen Instrumenten versteht man vor allem Gebote und Verbote, zum Beispiel das Setzen von Grenzwerten für die Emission bestimmter Schadstoffe. Oder marktwirtschaftliche Instrumente, die auf eine (Umwelt-)Steuerung über den Preis abzielen. Wird zum Beispiel die Emission einer Tonne Kohlendioxid mit einer Steuer belastet, entsteht ein Anreiz für das Unternehmen, eine weitere Verringerung der Emission anzustreben.

Genehmigungsverfahren sollen eine Steuerung der Umweltbelastungen vor Beginn einer unternehmerischen Aktion ermöglichen („Eröffnungskontrolle"). Dazu erlässt der Staat Grenzwerte für Belastungen von Wasser und Luft, Auflagen zur Verwendung bestimmter Roh-, Hilfs- und Betriebsstoffe („Input-Auflagen") oder Mengenlimitierungen und Produktnormen („Output-Auflagen").

In Deutschland wird mit dem Bundes-Immissionsschutzgesetz (BImSch) der Schutz von Menschen, Tieren, Pflanzen, Böden, Wasser, Atmosphäre und Kulturgütern geregelt, um gesundheitsgefährdende Immissionen für Mensch und Umwelt langfristig zu begrenzen.

Genehmigungsrecht

In Bezug auf den vorbeugenden Umweltschutz wird dem Staat eine direkte steuernde Zuständigkeit für umweltrechtliche Vorgaben (Erbguth und Schlacke 2008) an die Hand gegeben. Die Genehmigung, auch Erlaubnis oder Zulassung genannt, ist ein traditionelles Instrument präventiver staatlicher Kontrolle. Bei der Genehmigung handelt es sich um eine generelle Eröffnungskontrolle, wobei anzumerken ist, dass bei Ablehnung eine bestimmte Aktivität nicht automatisch als rechtlich unerwünscht zu betrachten ist. Durch ein Genehmigungsverfahren wird lediglich eine Kontrollinstanz zwischengeschaltet, die die Übereinstimmung mit geltenden gesetzlichen Bestimmungen feststellt. Das Genehmigungsverfahren ist dabei aber kein Instrument zur Risikosteuerung im Einzelfall, sondern dient der strategischen Risikobewältigung. Mit Erteilung einer Genehmigung ist für den Antragsteller verbunden, dass die Exekutive dem Vorhaben eine „konstitutive Grundlage" gibt und damit das Vorhaben rechtlich absichert. Drei Arten von Genehmigungen werden unterschieden, die sich auf einen Grundtyp, nämlich einer alle Rechtsordnungen und umweltpolitischen Ausführungsbestimmungen integrierende Vorhabengenehmigung zurückführen lassen (BMU 1998):

- Die sogenannte „gebundene Genehmigung", bei ihr besteht ein Anspruch auf Erteilung der Genehmigung, wenn alle Genehmigungsvoraussetzungen erfüllt werden (v. a. bei der Zulassung von Industrieanlagen nach dem BImSchG).
- Genehmigungen, deren Erteilung auch bei Erfüllung aller Genehmigungsvoraussetzungen im pflichtgemäßen Ermessen der Behörde steht (z. B. die wasserrechtliche Erlaubnis bzw. Bewilligung und die Genehmigung kerntechnischer Anlagen).
- Die Planfeststellung, die v. a. bei der Zulassung von raumbeanspruchenden Vorhaben der öffentlichen Infrastruktur vorgesehen ist und dafür eventuell erforderliche Enteignungen ermöglicht; hier gilt das Gebot einer gerechten Abwägung der von den Vorhaben berührten öffentlichen und privaten Belange.

Umweltrecht

Der Klimawandel wird überall auf der Welt spürbare Veränderungen in den Abläufen der Natur (Hochwasser, Stürme, Hitzewellen, u. v. m.) – auch in Europa – mit sich bringen.

Um gegen die wesentlichen Klimafolgen gewappnet zu sein, wurden von der Europäischen Gemeinschaft in einem „Weißbuch" und einem „Grünbuch" ein Überblick über die sektoralen Herausforderungen und mögliche Schutzmaßnahmen vorgestellt. International wie national sind inzwischen rechtliche Instrumente erlassen worden, um einen ordnungspolitischen Rahmen zu schaffen, der es dem Staat, den Kommunen und der Gesellschaft ermöglicht, sich den verändernden Bedingungen des Klimawandels „geordnet" anzupassen (UBA 2016).

Ein wesentlicher Schritt, sich gegen die Verwundbarkeit gegenüber den Folgen des Klimawandels aufzustellen, ist neben einer Vertiefung der Wissensbasis über die Klimaänderungsprozesse (vgl. „DAS", BMU 2008) die Schaffung eines Rechtsrahmens, unter dem solche Anpassungen rechtlich verbindlich nachprüfbar vorgenommen werden können.

Die Anpassung an den Klimawandel erfordert mitunter erhebliche Einschränkungen für den Einzelnen und gesellschaftliche Gruppen in bislang grundrechtlich geschützte Freiheiten; hier vor allem in das Eigentumsrecht (Einschränkung der Nutzung von Grundstücken aus Gründen des Hochwasserschutzes). Um den Schutz vor den Auswirkungen widriger Klimabedingungen zu rechtfertigen, ist entscheidend, wie groß die jeweiligen Risiken sind und wen sie betreffen. Dabei handelt es sich bei den klimabedingten Risiken in der Regel nicht um klimaspezifische Risiken, sondern vielmehr um eine Zunahme bereits bestehender Umweltrisiken.

3.2 · Nationale ordnungspolitische Instrumente

In Deutschland schützt der Staat nach Artikel 20 a des Grundgesetzes die „natürlichen Lebensgrundlagen [...] im Rahmen der verfassungsmäßigen Ordnung". Mit dieser Staatszielbestimmung ist der „Schutz der Umwelt" in den Rang eines ausdrücklichen Verfassungsgutes erhoben und der Begriff der „Umwelt" mit dem der „natürlichen Lebensgrundlagen" gleichgesetzt worden; es ist also eine rechtliche Implementierung einer ökologischen Ethik vorgenommen worden. In diesem Zusammenhang stellt das Bundesverfassungsgericht fest, dass die Grundrechte nicht nur „Abwehrrechte gegen staatliche Eingriffe" normieren, sondern darüber hinaus den Staat dazu verpflichten, sich schützend vor die grundrechtlich verbürgten Schutzgüter zu stellen. Und dass sich diese Schutzpflicht nicht auf den Schutz von Leben und Gesundheit beschränkt, sondern sich ausdrücklich auch auf das Eigentumsgrundrecht erstreckt.

Die Staatszielbestimmung kommt überall dort zum Tragen, wo ihren Zielsetzungen andere grundrechtliche Verfassungsbelange entgegenstehen. Gleichzeitig verpflichtet Art. 20a GG auch den Staat, den nachhaltigen Umweltschutz im Rahmen seiner planerischen Entscheidungsfindungen umfassend zu berücksichtigen. Der Artikel schafft auf diese Weise die Rechtfertigung für Grundrechtseingriffe, zum Beispiel für die Zwecke einer Anpassung anthropogener Landnutzungen an die Folgen des Klimawandels.

Die Herausforderungen einen rechtlichen Rahmen für die Anpassung an den Klimawandel zu schaffen, beinhaltet sowohl die Schaffung eines Regelwerks zum „Schutz der Umwelt" als auch einen zum „Schutz vor der Umwelt". Es steht außer Zweifel, dass die Allgemeinheit betreffende Schutz- oder Vorsorgemaßnahmen nur dann durch öffentliche Einrichtungen gewährleistet werden können, wenn sie weder nur einem Einzelnen zugutekommen, noch von einem Einzelnen allein getragen werden. Woraus sich für die Gemeinschaft das Interesse ableitet, über das Schutzniveau und die Anpassungspfade mitzubestimmen. Dies gestaltet sich in Bezug auf die klimabedingten Risikozunahmen schwierig, da die Kenntnisse über mögliche Auswirkungen immer noch einen hohen Grad der Unsicherheiten aufweisen. Diese Unsicherheit führt dazu, dass bei der Verantwortungsteilung zwischen dem Staat und der Gesellschaft zum Teil neue Wege beschritten werden müssen; so die Frage, ob es nicht sinnvoller sei, die Risikovorsorge verstärkt auf private Akteure zu verlagern (Stichwort „Elementarschaden-Pflichtversicherung").

Anpassung an den Klimawandel bedeutet im Wirkungsfeld des Umweltrechts in erster Linie eine Verschärfung von Schutz- und Vorsorgestandards, da die Auswirkungen des Klimawandels auf die Umwelt vor allem darin bestehen, dass die Tragfähigkeit der Ökosysteme abnimmt und die menschlichen Belastungen ansteigen. Dabei ist das Thema gekennzeichnet durch eine große Problemvielfalt: Es treffen sehr unterschiedliche Klimawirkungen auf sehr unterschiedliche Güter und Akteure und dies auch noch in sehr unterschiedlicher Art und Intensität, für die alle jeweils spezifische sektorale Anpassungslösungen gefunden werden müssen. Die Verbindung des Interventionsfeldes „Klimaschutz" beruht im Wesentlichen nur darauf, dass die vielfältigen Probleme eine gemeinsame Ursache haben. Ferner stellt die Langfristigkeit der Klimaentwicklung eine besondere politische und rechtliche Herausforderung dar. Definition und die Umsetzung von spezifischen Anpassungsprozessen muss diese Langfristigkeit berücksichtigen. Es ist unbestritten, dass die „planerischen und prozesshaft angelegten Steuerungskonzepte" nur umzusetzen sind, wenn den Entscheidungsträgern vor Ort genügend Gestaltungsspielräume im Hinblick auf regionale Besonderheiten eingeräumt werden und regelmäßig auf ihre Wirksamkeit hin kontrolliert werden.

Anzumerken ist ferner, dass Regulierungen zum Umwelt-/Ressourcen-/Klimaschutz – wenigstens innerhalb der Europäischen Gemeinschaft – transnational geregelt wurden. Die Umsetzung von gesetzlichen Vorgaben zum Umwelt- und Ressourcenschutz ist in der EU weitgehend normiert. In ◨ Abb. 3.1 wird am Beispiel der EU-Wasserpolitik gezeigt, wie sehr heute schon die Richtlinien der EU-Kommission die Umsetzungsstrategien in den Mitgliedstaaten bis runter auf die regionalen Entscheidungsebenen bestimmen.

Prinzipien des Umweltrechts

International beruht die Umsetzung staatlicher Umweltpolitik auf drei grundlegenden Prinzipien (auch „Prinzipien-Trias" genannt), dem Verursacherprinzip, dem Vorsorgeprinzip und dem Kooperationsprinzip.

- **Verursacherprinzip**

Das Verursacherprinzip stellt die Leitlinie der Umweltpolitik in fast allen Staaten der Erde dar, indem es zu einer volkswirtschaftlich sinnvollen und schonenden Nutzung der Umwelt auffordert. Das Prinzip legt fest, dass generell dem Verursacher einer Umweltbelastung materiell die Kosten für die negativen externen Effekte zugerechnet werden.

Bei dem Verursacher („Emittenten") sind die Kosten zur Vermeidung, Beseitigung oder zum Ausgleich von Umweltbelastungen in Geldeinheiten zu internalisieren („Monetarisierung"). Der Verursacher wird so zu einem gesamtwirtschaftlich sparsamen Einsatz der Ressourcen und zur allgemeinen Erhöhung der volkswirtschaftlichen Effizienz angehalten. Dieses Prinzip folgt der „Gerechtigkeitsvorstellung" weiter Teile der Gesellschaft, wonach „wer einen Schaden verursacht, diesen auch wieder zu beseitigen" hat; und zwar nach dem „Cradle-to-Grave-Prinzip" grundsätzlich während des gesamten Produktions-, Verwendungs- und Beseitigungsprozesses (Gabler 2017).

Das Verursacherprinzip ist in der Praxis nur dann wirkungsvoll durchzusetzen, wenn zuvor staatlicherseits das Niveau einer Umweltbeeinträchtigung verbindlich definiert wurde. Die Festlegung eines Umweltschadensniveaus ist insbesondere bei komplexen technischen oder biologischen Produkten oder bei Produkten, die von verschiedenen Herstellern erstellt wurden, oft nur mit großem

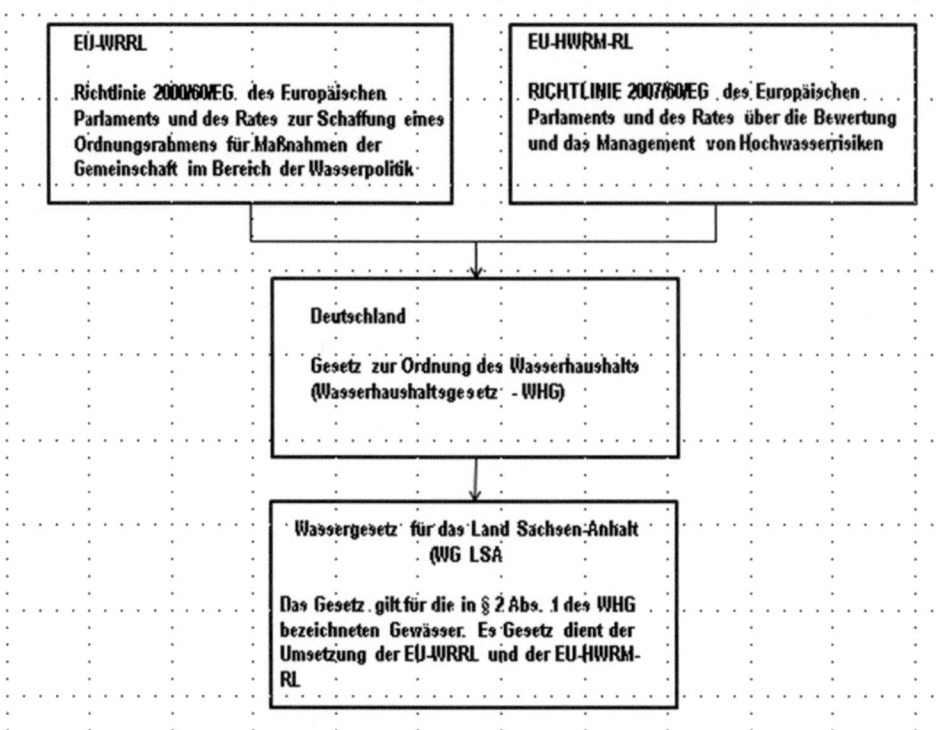

Abb. 3.1 Normierung der EU-Wasserpolitik. (Eigene Darstellung)

Aufwand möglich. Diese Zuordnung stößt in der Praxis auf konzeptionelle und kontrolltechnische Schwierigkeiten. Ferner ist zu klären, welche Verantwortung einem Staat bei grenzüberschreitenden Umweltbelastungen zukommt. Das Verursacherprinzip fordert grundsätzlich von dem Verursacher, für einen entstandenen Umweltschaden aufzukommen, wobei es nicht erforderlich ist, dass Kompensationszahlung direkt an den Geschädigten zu erfolgen hat, sondern dieses kann auch in anderer Form in die Kostenrechnung eines Produktionsprozesses eingerechnet werden („Internalisierung externer Effekte"). Mit diesem als „Allokationsoptimierung" bezeichneten Prinzip wird ökonomisch angestrebt, in den Produktionsabläufen umweltbezogene Verbesserungen zu erreichen, ohne dabei andere zu verschlechtern („Pareto-Optimum").

Mit der Forderung, externe Kosten zu internalisieren, sind aber keine rechtlichen Vorgaben für „umweltpolitisch positives Verhalten" für den Verursacher verbunden. Das Abwälzen von Kosten für Umweltschutzmaßnahmen auf den Verursacher ist ein reines Kostenzurechnungsprinzip (Gegenstück zum Gemeinlastprinzip).

Am Verursacherprinzip orientieren sich eine Reihe an umweltpolitischen Maßnahmen, wie Umweltabgaben (z. B. Abwasserabgabe), Umweltauflagen in Form von Verfahrens- oder Produktnormen (z. B. Verordnung über Großfeuerungsanlagen) und freiwillige Maßnahmen (z. B. Branchenabkommen, Öko-Audit).

Im „umweltpolitischen Alltag" ist es vielfach nicht möglich, den Verursacher eines Umweltschadens eindeutig zu identifizieren, da viele Umweltbelastungen durch ein Zusammenwirken („Summationseffekt") mehrerer Verursacher entstehen (Mussel und Pätzold 2001). Durch die Globalität der Umweltbelastungen sind die Verursacher oft rechtlich nicht zu belangen. Bei grenzüberschreitenden Emissionen ist das Verursacherprinzip darüber hinaus nicht ohne Weiteres anwendbar.

Oftmals kann man die (negativen) Wirkungsketten erst dann feststellen, wenn der Schaden bereits entstanden ist. Das bedeutet aber, dass vielfach nicht genau ermittelt werden kann, wer für eine Umweltschädigung (wirklich) verantwortlich ist. Rechtlich ergibt sich daraus die grundlegende Frage: Wer/was ist ein „Verursacher"? In der Praxis wird bei technischen Produktionsabläufen darunter der „technische" Verursacher verstanden. Ein solches Verständnis führt rechtlich auch einer „verkürzten Sicht der Umweltpolitik", da eine Umweltpolitik, „die immer im Emittenten den Verursacher von Umweltschäden sieht, im Zweifel bestrebt ist, Maßnahmen zu treffen, die direkt beim Emittenten ansetzen (z. B. Festlegung von Grenzwerten für Emissionen). Sie wird sich darauf konzentrieren, die Technologien am Ende des Produktionsprozesses zu perfektionieren, zum Beispiel den Einbau immer wirksamerer Filter in Schornsteine" zu fordern (Mussel und Pätzold 2001). Damit werden oftmals aber nicht die primären Ursachen der Umweltbelastung angegangen. Eine auf eine schonende Nutzung der natürlichen Ressourcen ausgerichtete Umweltpolitik muss aber darauf ausgerichtet sein, die Produktionsabläufe in einer Volkswirtschaft insgesamt zu regeln. Dieser als „integrierte Umweltschutzpolitik" bezeichnete Ansatz muss daher auch solche Belastungen mit berücksichtigen, die „indirekt" von den Konsumenten verursacht werden.

Das Verursacherprinzip kann auch unerwünschte Wirkungen haben, z. B. eine nachteilige Beschäftigungswirkung, wenn Unternehmen hohe Kosten durch Umweltschutz entstehen. Seine Durchsetzung erfordert einen hohen Aufwand an Überwachung durch die Behörden.

- **Gemeinlastprinzip**

Eine Untergruppe des Verursacherprinzips ist das Gemeinlastprinzip. Sollte ein Verursacher für einen entstandenen Schaden nicht mehr festgestellt werden können, so werden die Kosten der Umweltbelastung und Umweltqualitätsverbesserung dem Gemeinlastprinzip zufolge nicht den Personen, Gütern oder Verfahren, von denen diese Umweltbelastungen ausgehen, sondern stellvertretend der Allgemeinheit (gesellschaftliche Gruppen, öffentliche Haushalte) zugerechnet.

Der Staat ist gehalten, die notwendigen Finanzmittel dafür bereitzustellen, über allgemeine Steuern, Abgaben u. a. So zum Beispiel bei der Beseitigung von Altlasten oder der Sanierung von Altdeponien, wenn der Betreiber nicht oder nicht mehr zur Rechenschaft gezogen werden kann. Der Staat kann aber auch zur Reduzierung von Umweltkontaminationen in bestimmten Fällen zum Beispiel durch den Bau von Lärmschutzwänden entlang einer Autobahnstrecke die Lärmbelästigung der Anwohner präventiv mindern. Er kann aber auch zur „Abwehr einer unmittelbaren Gefahr" in Vorleistung treten, wenn zum Beispiel aus einer Deponie toxische Abwässer entweichen. In einem solchen Fall wird dem Staat eine gesonderte Verantwortung („Gefahr im Verzug") zugebilligt, womit juristisch dem „Gemeinlastprinzip" eine *ergänzende Funktion* zu dem „Vorsorgeprinzip" zukommt.

Neben diesen Anwendungsbeispielen bringt das Gemeinlastenprinzip allerdings eine Reihe an Anwendungsdefiziten mit sich. Es besteht eine Rechtsunsicherheit (Anwalt-24 2017), wie mit der grundsätzlich kostenlosen Beanspruchung von Umweltgütern (Luft, Wasser und Boden) zu verfahren ist. Die Tatsache, dass die Umweltgüter in Anspruch genommen werden, ohne dass deren Verbrauch bzw. die an ihnen verursachten Umweltschäden („Summationsschäden") beim Produzenten oder Konsumenten kostenmäßig zu Buche schlagen, führt unter Wettbewerbsbedingungen zu einer übermäßigen Inanspruchnahme dieser „kostenlosen" Umweltgüter und in der Folge zu einem Mehr an Umweltverschmutzung.

- **Vorsorgeprinzip**

Mit dem Vorsorgeprinzip wird angestrebt, vorausschauend zu handeln, damit potentielle Umweltgefahren gar nicht erst entstehen. Es fordert die Vermeidung von Umweltbelastungen schon direkt an der „Quelle". Es fordert, dass schon im Vorfeld einer industriellen und landwirtschaftlichen Produktion Planung und Durchführung so zu gestalten sind, dass absehbare Umweltgefahren vermieden werden. Dieses auch dann, wenn die dazu erforderlichen wissenschaftlichen und technischen Kenntnisse noch nicht vollumfänglich bekannt sind. Es verpflichtet die Staaten durch gesetzliche Regelungen, zukünftige Umweltbelastungen schon im Vorfeld auszuschließen. Das Vorsorgeprinzip dient damit dem ubiquitären Anspruch an eine Gesamtverantwortung zur Risiko- bzw. Gefahrenvorsorge.

Das Prinzip leitet sich ab von dem Konzept der „Nachhaltigen Entwicklung" („sustainable development") nach dem die Umwelt ein zu schützendes Gut ist, das auch den künftigen Generationen das Recht auf eigenständige Entwicklung gewährleisten soll. Damit verbunden ist die grundlegende Frage der Gerechtigkeit zwischen den Generationen („intergenerative Gerechtigkeit"). Das bedeutet, nicht nur drohende Gefahren abzuwehren sondern auch bereits bestehende Schäden zu beseitigen. Maßgabe ist, von vornherein Entwicklungen zu verhindern, die überhaupt zu Umweltbelastungen führen können.

Die Vorsorgeprinzip basiert auf einer Entscheidungsregel im Falle von nicht klar nachweisbaren Ursache-Wirkung-Beziehungen, in dem es auf eine wissenschaftlich begründete Gewissheit verzichtet und die Beweislast, dass dieser Produktionsablauf zu negativen externen Schäden führt, umkehrt und so „Sicherheitsmargen" für Umweltbelastungen schafft. In Deutschland wird die Umsetzung des Vorsorgeprinzips durch das Büro zur Technikfolgenabschätzung beim Bundestag (TAB) begleitet, das die Folgen technischer Entwicklungen im Voraus „abschätzt".

Im Rahmen der Europäischen Gemeinschaft ist das Vorsorgeprinzip in Artikel 191 der EU als primäres Gemeinschaftsrecht (Art. 191 AEUV) verankert. Das Prinzip wurde dann von den Mitgliedsländern in nationales Gesetz übernommen. Danach gilt EU-weit, dass, sobald wissenschaftlich fundierte Erkenntnisse über Risiken eines Produktionsprozesses vorliegen, diese umgehend und umfassend von den Produzenten umzusetzen sind. Das Prinzip ermächtigt ferner die europäische Rechtsprechung, bindende Urteile zum Umweltschutz zu erlassen, auch wenn die auf ihnen basierenden Entscheidungen auf einer unvollständigen und/oder unzureichenden Wissensbasis basieren, und dass vor jeder Entscheidung für oder gegen eine unternehmerische Tätigkeit die Risiken und die möglichen Folgen einer Untätigkeit bewertet werden müssen (Werner 2001). Das Vorsorgeprinzip steht vor allem bei zwei Anwendungssektoren in der Kritik. Zum einen, wenn mit der Einführung einer neuen Technologie nicht absehbare negative Folgen verbunden sein können; zum Beispiel bei der Einführung eines neuen Medikamentes. Zum zweiten beziehe sich das Vorsorgeprinzip nur auf neue Technologien und nicht auf solche Technologien, die von der neuen verdrängt werden. Nach Auffassung vieler Umweltrechtler müsste das Vorsorgeprinzip auch existierende Technologien mit einschließen.

Außerhalb der EU hat sich das Vorsorgeprinzip nicht in dem Ausmaß durchgesetzt, wie in der Gemeinschaft. In Ländern wie zum Beispiel den USA wird dagegen mehr auf den allgemein verbindlichen Grundsatz der Vermeidung von Risiken abgehoben. Dort wird außerdem argumentiert, dass das EU-Vorsorgeprinzip eher ein Instrument des Protektionismus darstellt.

■ **Kooperationsprinzip**

Ziel des Kooperationsprinzips ist die Verankerung des Umweltschutzes als gemeinsame Aufgabe von Staat, Bürgern und Unternehmen („Verfahrensgrundsatz"). Es ist auf eine möglichst einvernehmliche Verwirklichung umweltpolitischer Ziele aller staatlichen und gesellschaftlichen Kräfte ausgerichtet. Im internationalen Kontext sind die während der Klimagipfel der Staaten (vgl. ▶ Kap. 4) vereinbarten Umweltziele, Regeln und Maßnahmen ein gutes Beispiel für eine völkerrechtliche Umsetzung des Kooperationsprinzip in der Umweltpolitik.

In Deutschland werden mit dem Kooperationsprinzip die zivilgesellschaftlichen Gruppen (Bürger, Umweltorganisationen, Gewerkschaften, Kirchen, Wissenschaft) sowie die Wirtschaft aufgerufen, an der Durchsetzung der umweltpolitischen Willensbildungs- und Entscheidungsprozesse mitzuwirken und so zu einer einvernehmlichen Verwirklichung umweltpolitischer Ziele zu kommen. Dies soll vor allem durch Selbstverpflichtungserklärungen der Wirtschaft sowie der Einbindung der gesellschaftlichen Gruppen vor allem in der Weiterentwicklung der umweltpolitischen Agenda, bei der Umweltbildung und der Umweltinformation erwirkt werden. Nur wenn alle Interessensvertreter (Bürger, Wirtschaft, Umweltorganisationen Gewerkschaften, Kirchen und die Wissenschaft) ihre Kenntnisse und Erfahrungen, Bedürfnisse und Ängste in den Dialogprozess einbringen können, wird der Umweltschutz eine bessere Akzeptanz erhalten, auch wenn dies dazu führen kann, dass der Einzelne gegebenenfalls Einschränkungen seiner Handlungsoptionen zu akzeptieren hat.

Ziel der Beteiligung ist die Stärkung des ▶ Umweltbewusstseins der Bevölkerung. Dazu sieht das bundesdeutsche Kooperationsprinzip folgende Prozesse vor:
— Beteiligung der Bürger in der Planungsphase umweltbeeinträchtigender Vorhaben nach Maßgabe des Bundes-Immissionsschutzgesetzes,
— Formulierung von Gesetzen und Verordnungen,
— Zusammenwirken von Bund, Ländern und Kommunen im Umweltschutz, z. B. in paritätisch besetzten Arbeitsgemeinschaften,
— Freiwillige Maßnahmen einzelner Unternehmen oder gesellschaftlicher Gruppen.

Durch die breite Beteiligung soll die Akzeptanz und Umsetzung des Umweltrechts gesteigert werden, auch wenn eine solche Beteiligung zu einem ungleichen Einfluss gesellschaftlicher Interessengruppen führen kann.

Umweltverträglichkeitsprüfung

Die „Umweltverträglichkeitsprüfung" (UVP) stellt ein umweltpolitisches Instrument zur Umweltvorsorge dar. Sie hat das Ziel, umweltrelevante Vorhaben vor ihrer Zulassung auf mögliche Umweltauswirkungen auf der Basis eines „rechtlich geordneten und transparenten" Verfahrens zu prüfen. Durch diese *UVP-Richtlinie* wurde für die Europäische Gemeinschaft ein gesondertes Umweltverfahrensrecht geschaffen. Sie bildet zusammen mit der *Strategischen Umweltprüfung* („SUP"; Richtlinie 2001/42/EG) den Kern des europäischen Umweltverfahrensrechts. Die Richtlinie wurde mit dem Gesetz über die Umweltverträglichkeitsprüfung (UVP-Gesetz vom 24.02.2010, BGBl. I S. 94, 25.07.2013) in deutsches Recht übernommen. In der Regel beschränkt sich die UVP auf eine Überprüfung der Auswirkungen auf die zu schützenden Umweltgüter; eine Bewertung ökonomischer und sozialer Folgen ist nicht Bestandteil der UVP.

Mittlerweile haben viele Staaten UVPs in ihr nationales Rechtssystem übernommen; dies trifft auch für viele Entwicklungsländer zu. Auch internationale Institutionen wie zum Beispiel die Weltbank, UNEP und alle größeren Entwicklungsorganisationen verfügen heute über ein Instrumentarium zur Abschätzung von Umweltfolgen. Nach der EU-Richtlinie sind auch unternehmerische Aktivitäten einer Umweltverträglichkeitsprüfung zu unterziehen.

Auch wenn sich die Inhalte der UVPs im Einzelnen unterscheiden, so hat sich doch ein internationaler Standard herausgebildet, der folgende Grundelemente beinhaltet:
— Ein „Screening-Prozess" zur Ermittlung „UVP-pflichtiger" Projekte,
— eine Festlegung der Untersuchungsinhalte,
— die Erstellung der Umweltverträglichkeitsstudie,
— eine Beteiligung von Trägern öffentlicher Belange (Kommunen, Umweltverbände etc.).

Für die Entscheidung, ob eine Produktionsanlage (z. B. Kraftwerk), ein landwirtschaftlicher Betrieb oder der Bau einer Straße o. ä. „UVP"-pflichtig ist, hängt in erster Linie davon ab, ob diese „Anlage" zu einer erheblichen Erhöhung der bestehenden Umweltbelastungen führen kann, zum Auftreten von neuen erheblichen Umweltbelastungen, oder dazu, die bestehenden Umweltbelastungen wesentlich anders zu verteilen. Sie besteht ferner dann, wenn die Schutzvorschriften nur mit Maßnahmen erwirkt werden können, die sich nicht standardisieren lassen, sondern im Einzelfall festzulegen sind. UVP-Pflicht besteht auch, wenn mehrere Vorhaben derselben Art in einem engen Zusammenhang stehen, sich deren Einwirkungsbereiche überschneiden oder sie funktional und wirtschaftlich aufeinander bezogen sind. Bei solchen „kumulierenden" Vorhaben ist eine standortbezogene UVP durchzuführen.

Grundlage für eine Prüfung bilden die von Antragsteller eingereichten Unterlagen; im Regelfall wird hierfür ein Gutachter beauftragt, eine „Umweltverträglichkeitsuntersuchung" (UVU) bzw. eine „Umweltverträglichkeitsstudie" (UVS) auszuarbeiten. Der „UVP-Bericht" muss mindestens die folgende Beschreibungen enthalten:
— Art des Vorhabens mit Angaben zum Standort, Umfang und zur Ausgestaltung, zur Größe und zu anderen wesentlichen Merkmalen,
— Status der Umwelt und ihrer Bestandteile im Einwirkungsbereich des Vorhabens,
— die zu erwartenden erheblichen Umweltauswirkungen des Vorhabens,

3.2 · Nationale ordnungspolitische Instrumente

- Merkmale der geplanten Maßnahmen, mit denen das Auftreten erheblicher nachteiliger Umweltauswirkungen des Vorhabens ausgeschlossen, vermindert oder ausgeglichen werden soll, sowie eine Beschreibung geplanter Ersatzmaßnahmen,
- Alternativen, die für das Vorhaben und seine spezifischen Merkmale relevant und vom Vorhabenträger geprüft worden sind,
- wesentliche Gründe für die getroffene Wahl unter Berücksichtigung der jeweiligen Umweltauswirkungen.

Die Unterlagen werden bei der zuständigen Behörde vorgelegt. Diese unterrichtet sowohl andere Behörden, deren umweltbezogener Aufgabenbereich durch das Vorhaben berührt wird, als auch die von dem Vorhaben betroffenen Gemeinden und sonstigen Gebietskörperschaften. Sie beteiligt auch die betroffene Öffentlichkeit und gibt damit die Gelegenheit zur Äußerung. Auf der Grundlage der zusammenfassenden UVP-Darstellung bewertet die zuständige Behörde die Umweltauswirkungen des Vorhabens nach Maßgabe der geltenden Gesetze. Die Bewertung ist zu begründen.

Umweltqualitätsziel (EMAS)

Vorbeugender Umweltschutz gehört seit 1992 (Rio-Deklaration) zu den zentralen Aufgaben eines Staates. Damit werden Maßnahmen zur Umweltprävention tragendes Element aller nationalen Umweltprogramme. Die Anwendung vom Umweltprogramm ist das wesentliche Element, um den „Nachhaltigkeitsgedanken", wie er z. B. in der „Deutschen Klima-Anpassungsstrategie" (DAS) als „Verpflichtung zur ständigen Verbesserung und Vermeidung von Umweltbelastungen" festgelegt ist, umzusetzen. Daraus leiten sich spezifische Vorhaben ab, mit konkreten Vorgaben, in denen detailliert dargestellt wird, welche Umweltleistungen wie und in welchem Zeitraum verbessert werden sollen. So zum Beispiel, wie der Verbrauch an Ressourcen vermindert werden kann, welche Stoffe freigesetzt werden dürfen und wie sich eine dauerhafte Deponierung von Abfallstoffen ökologisch verträglich gestalten lässt. Dazu werden sowohl für die Programme als auch die Einzelmaßnahmen jeweils konkrete „Umweltqualitätsziele" formuliert. Für langfristig angelegte Umweltschutzmaßnahmen können darüber hinaus Zwischenziele und Teilmaßnahmen definiert werden. Die Zielformulierungen sind wesentliche Bestandteile der Programme, da nur über sie der Fortschritt und bei Beendigung eines Vorhabens der Zielerreichungsgrad ermittelt werden können.

Die Vorgaben zur Verbesserung der Umweltleistungen sind in der Europäischen Gemeinschaft in spezifischen Umweltqualitätszielen definiert („Eco-Management and Audit Scheme", EMAS). Es stellt ein international anwendbares System, welches das Umweltmanagement für alle Mitgliedsstaaten verbindlich regelt. EMAS zielt auf Unternehmen und sonstige Organisationen ab, die ihre Umweltleistung systematisch, transparent und glaubwürdig verbessern wollen. Auch in der Industrie bilden Umweltqualitätsziele den Ausgangspunkt für die kontinuierliche Verbesserung der spezifischen Umweltaspekte. Die Praxis hat gezeigt, dass weniger die Erarbeitung von Konzepten und Umweltzielen das Problem darstellt, sondern die anschließende Umsetzung; häufig „klemmt" es bei der Allokation der Finanzmitte sowie auch (oftmals) an der notwendigen Akzeptanz seitens der Belegschaft (UBA „EMAS"; Internetzugriff, 22.09.2017). EMAS nimmt die Umweltaspekte von Tätigkeiten, Produkten und Dienstleistungen über den gesamten Lebenszyklus in den Blick. Diese müssen bei der Festlegung von Prozessen Verantwortlichkeiten und Entscheidungsstrukturen einbezogen werden, sodass negative Umweltauswirkungen kontinuierlich reduziert werden. EMAS baut auf dem international weit verbreiteten Umweltmanagementstandard ISO 14001 (mit ISO 9001, OHSAS 18001, ISO 50001) auf; ist aber anspruchsvoller als dieser.

In der neu aufgelegten „Deutschen Nachhaltigkeitsstrategie" bekennt sich die Bundesregierung dazu, EMAS weiter zu fördern (BMU 2016). Auf Grundlage dieser Vorgaben werden regelmäßig die direkten und indirekten Umweltaspekte, die mit den öffentlichen, privaten, landwirtschaftlichen und industriellen Tätigkeiten verbunden sind, hinsichtlich ihrer Bedeutung und Umweltrelevanz durch unabhängige und staatlich zugelassene Gutachter geprüft und in Umwelterklärungen öffentlich zugänglich gemacht.

3.2.2 Nachsorgender Umweltschutz

Umwelt-Haftungsrecht

Zivilrechtlich sind Schäden an Leben, Körper, Gesundheit, Freiheit, Eigentum oder sonstige Rechten durch das Prinzip der „Verschuldenshaftung" (BGB, § 823) geschützt. Dieses Prinzip sieht auch vor, dass bei Verstoß Schadenersatz zu leisten ist.

Dieser Rechtsgrundsatz findet in umweltrechtlichen Vorschriften eine sinngemäße Anwendung, wenn ein Verschulden impliziert eine Verletzung von Verkehrssicherungspflichten beinhaltet oder gegen den Stand der Technik und der Wissenschaft verstößt. Der Grundgedanke jeder Verkehrssicherungspflicht ist, dass derjenige, der eine Gefahrenlage schafft, die notwendigen Vorkehrungen zum Schutz anderer zu treffen hat. Die Hauptprobleme bei der Anwendung des Haftungsrechts in Bezug auf Umweltbeeinträchtigungen sind:

- Das Führen der sogenannten „Beweislast", denn die Komplexität der ökologischen Schadensabläufe erschwert in vielen Fällen einen nachvollziehbaren „Vollbeweis".
- Dass nach dem Zivilrecht der „Kausalitätsbeweis" (Identifizierung des Schadensverursachers) vom Geschädigten zu führen ist. Damit befindet sich der Geschädigte meist in einem Beweisnotstand.
- Dass besonders bei Umweltbeeinträchtigungen, die die Folge des Zusammenwirkens mehrerer Emissionen sind, eine gesamtschuldnerische Haftung nach § 830 BGB oftmals scheitert.

Mit dem Umwelthaftungsgesetz vom 10.12.1990 (BGBl. I 2634) wurde die Gefährdungshaftung für Umweltschäden geregelt. Ziel ist es, Personen und Einrichtungen, durch die Umweltschäden durch den Betrieb von Anlagen (z. B. Kraftwerke, Abfallentsorgungsanlagen, Gießereien, Lackierereien, Geflügelzuchtbetriebe) verursacht werden, in ihrer Rechtsstellung zu schützen bzw. zu stärken. Außerdem werden vom Umwelthaftungsgesetz Anreize zur Schadensprävention erwartet. Nach dem Gesetz ist ein Schadensersatzanspruch gegeben, wenn durch eine Umwelteinwirkung jemand getötet, verletzt oder eine Sache beschädigt wird und daraus ein Schaden entsteht. Dabei ist ein rechtswidriges Verhalten oder gar ein Verschulden nicht erforderlich. Zur Führung des Nachweises einer Umweltschädigung, bzw. einer Rechtsgutverletzung, reicht die sogenannte „Ursachenvermutung", das heißt, dass eine Anlage, die potenziell in der Lage ist, einen derartigen Schaden zu verursachen auch als Verursacher anerkannt wird. Dazu muss aber der Geschädigte den Nachweis führen, dass der Betrieb der Anlage im konkreten Fall geeignet ist, den Schaden zu verursachen.

Das größte Problem des Umwelthaftungsrechts ist, dass es *ex post,* also nach dem Schadenseintritt, zur Anwendung kommt; seine Stärke liegt darin, dass es eng mit dem ordnungspolitischen Instrumentarium verzahnt ist und eine die anderen umweltpolitischen Instrumente unterstützende Funktion hat.

Umwelthaftungsfonds

Umwelthaftungsfonds stellen ein Instrument zur Allokation von Finanzmitteln zum Ausgleich von bereits eingetretenen Schäden dar. Auch können mit solchen Fonds Mittel angesammelt werden, um künftige Schäden zu kompensieren (WBGU 1998; ▶ Kap. 5). Umwelthaftungsfonds werden (wie zum Beispiel auch der „Bankenrettungsfonds") von einer Mitgliedergemeinschaft getragen. Im ersten Fall steht die Finanzierungsfunktion im Vordergrund, im zweiten tritt eine Präventionsfunktion dazu. Solche Fonds zeigen dann ihre größte Wirksamkeit, wenn ein einzelner Schädiger nur schwer oder gar nicht zu identifizieren ist. Fonds bieten sich dann als Instrument zum Ausgleich von Umweltschäden an, wenn die Fondsmitglieder eine Gruppe mit vergleichbaren Schadensrisiken darstellt, die Schäden eindeutig abzugrenzen und einem Schädiger klar zuzuordnen sind sowie, wenn die Beiträge zu dem Fonds „kostendeckend" sind. Je schwieriger es ist, einen Zusammenhang zwischen tatsächlichem Schädiger und Schaden herzustellen, desto eher bekommt der Fonds eine Ausgleichsfunktion. Nachweisprobleme treten auf bei:
- vielen potentiellen Verursachern,
- unbekannten Emissionsquellen,
- langen Zeiträumen zwischen Emission und Schaden,
- Synergieschäden,
- der eindeutigen Bestimmung der Schadensursache.

Die Effizienz eines solchen Fonds ließe sich auch steigern, wenn er mit anderen Versicherungen gekoppelt würde, zum Beispiel an die Beiträge für eine (entsprechende) Haftpflichtversicherung. Hier würde eine hohe Prämie auf ein Risiko hindeuten, das mit einem Haftungsfonds so nicht erfasst werden kann (WBGU 1998).

Eine Präventivwirkung lässt sich durch eine geeignete Ausgestaltung des Fonds erreichen, zum Beispiel, indem Fondsbeiträge an Vorsorgeanreize („Emissionsmengen") koppelt werden. Auch würde sich die Effizienz eines Umwelthaftungsfonds erhöhen, wenn einzelne Fondsmitglieder neue Schadensverhinderungsinstrumente entwickeln, von denen die anderen Fondsmitglieder auch profitieren. Dennoch wird die Frage gestellt, ob nicht andere Maßnahmen eine vergleichbare Ausgleichsfunktion kostengünstiger wahrnehmen können; zum Beispiel durch die Einrichtung von den Berufsgenossenschaften vergleichbaren „Umweltgenossenschaften". Mit ihnen können die Genossenschaften ihre Vergabenormen gezielter setzen sowie die Tätigkeiten der Mitglieder eigenverantwortlich kontrollieren.

3.3 Ökonomische Anreizsysteme

3.3.1 Umweltabgabe

Umweltabgaben sind eine für die Nutzung der natürlichen Umwelt und ▶ Ressourcen zu entrichtender Geldbetrag und sollen den Verursacher umweltschädigender ▶ Aktivitäten zu deren Reduzierung anregen. Bei Umweltabgaben hat der Gesetzgeber vor allem ihre ▶ Lenkungsfunktion mit dem Ziel einer Verhaltensänderung von ▶ Wirtschaftssubjekten im Sinn; die Erzielung von ▶ Einnahmen ist nur Nebenzweck. Gemäß dem Verursacherprinzip sollen so Anreize für umweltgerechtes Verhalten gegeben werden, da mit den Abgaben eine Erhöhung der Produktionskosten verbunden ist und sie daher in die Betriebskalkulation internalisiert werden müssen. Ökologisch betrachtet resultieren Umweltprobleme aus einer Übernutzung bzw. Überbeanspruchung der natürlichen Ressourcen. „Ökonomisch werden diese Güter als ‚frei' empfunden, da niemand von ihrer Nutzung ausgeschlossen werden kann und sie (scheinbar) in ausreichendem Maße vorhanden sind. Entsprechend haben sie einen Nutzungspreis, der nicht ihrer eigentlichen ▶ Knappheit entspricht" (Wirtschaftslexikon-24 2017). Im Gegensatz zum Ordnungsrecht wird mit einer Umweltabgabe umwelttechnischer Fortschritt finanziell durch eine geringere Abgabenlast belohnt. In diesem Zusammenhang stellt das WBGU (1998) fest, dass die Effektivität für das Unternehmen sich daran orientiert, ob die Abgabe emissions- oder inputbezogen erhoben wird.

Zu Umweltabgaben gehören:
- Steuern, wie zum Beispiel die „Ökosteuer", die auf den Ausstoß von Kohlendioxid (CO_2) oder auf den Mineralölverbrauch erhoben wird. Sie stellen eine Zwangsabgabe dar, von der private Haushalte ebenso direkt betroffen sind wie Unternehmen. Die Steuer ist ein marktwirtschaftliches Instrument zur Senkung des Energieverbrauchs. Unternehmen werden mit

ihr angehalten, in umweltrelevante Technologie zu investieren, was letztendlich ihre Wettbewerbsfähigkeit erhöht. In Deutschland konnten durch die Ökosteuer allein im Jahr 2003 die CO_2-Emissionen um 20 Mio. t verringert, ein Steueraufkommen von 18 Mrd. € erzielt und außerdem noch die Beschäftigtenzahl um eine Viertel Million erhöht werden.

- ▶ Sonderabgaben, wie zum Beispiel die Abwasserabgabe, sind im Unterschied zu ▶ Steuern gruppenbezogene ▶ Abgaben, mit einer Zweckbindung für spezielle Umweltaufgaben. Ihr Aufkommen kommt nicht dem öffentlichen ▶ Haushalt, sondern einem Sonderfonds zugute. Im Rahmen der ▶ Finanzverfassung müssen ▶ Sonderabgaben gegenüber ▶ Steuern und ▶ Gebühren die Ausnahme bleiben. Ihre Höhe bemisst sich wie die der Gebühren nach dem ▶ Äquivalenzprinzip. Bei der Ausgestaltung einer Umweltabgabe als Steuer oder als ▶ Sonderabgabe besteht ein Spielraum.
- ▶ Gebühren, zum Beispiel auf kommunale Abfallentsorgung und Abwassernutzung.
- ▶ Tarife und ▶ Entgelte zum Beispiel für die Nutzung von Strom.

Eine besondere Form der ▶ Emissionssteuer stellt die „▶ Pigou-Steuer" dar (Pigou 1920). Im Gegensatz zu der Umweltabgabe (i. e. S.) gilt sie als ein wohlfahrtsorientierter Besteuerungsansatz. Der Grundgedanke der „Pigou-Steuer" besteht darin, die Verursacher externer Kosten gesondert zu besteuern und so unternehmerische Entscheidungen, die aus sozialen/moralischen Gründen als gesellschaftlich unerwünscht gelten, umzusteuern; zum Beispiel mit der „Tabaksteuer". Durch die Besteuerung der „schädigenden" Aktivität steigen für den Verursacher die (Stück-)Kosten. So wird ein Preis für den negativen externen Effekt definiert, welcher exakt dem Schaden der Externalität entspricht. Diese ist damit im Preis für das Produkt berücksichtigt und der externe Effekt kalkulatorisch beseitigt. Die Steuer veranlasst den Produzenten und/oder den Konsumenten, seinen Verbrauch anzupassen. Weil der Staat mithilfe der Steuer den Verursacher in die gewünschte Richtung zu lenken vermag, bezeichnet man die „Pigou-Steuern" auch als Lenkungssteuern.

In der Umweltökonomik werden mit der „Pigou-Steuer" die Kosten für ▶ Schadstoffemissionen dem Verursacher angelastet. In vielen Fällen werden Güter zu externen Kosten produziert, die die Umwelt belasten, deren Folgekosten aber nicht vom Produzenten getragen werden. Mit der Folge, dass von diesem Gut mehr erzeugt wird, als dies aus gesamtwirtschaftlicher Sicht erwünscht ist. Auch wenn die „Pigou-Steuer" nicht zu einer vollständigen Verhinderung von Umweltschäden führen wird, so wird mit ihr ein optimaler Ausgleich zwischen dem gesamtwirtschaftlichen Nutzen und den Kosten angestrebt.

Die Kritik an der „Pigou-Steuer" bezieht sich vor allem darauf, dass es technisch oftmals schwer fällt, den „Ort der Schädigungen", wenn überhaupt, festzustellen, da viele Schäden erst nach mehreren Jahren ans Licht kommen. Und, dass der Staat zur Festsetzung der Steuer wissen muss, wie hoch die Kosten des Verursachers sind. Da er diese nur von dem Verursacher erhalten kann, versetzt das den Verursacher in die Lage, durch seine Angaben die Höhe der Steuer zu beeinflussen. Weitere Schwierigkeit ergibt sich dort, wo die Externalitäten sich aus mehreren Verursachern ergeben; bzw. diese gerecht und richtig zu besteuern.

3.3.2 Ökologischer Fußabdruck

Anreize zu Investitionen in Umwelt- und Klimaschutz benötigen einerseits eine Bemessungsgrundlage, die biologische und klimatische Bedingungen unserer Umwelt widerspiegelt, als auch anderseits objektiv nachprüfbare Indikatoren, anhand derer internationale Vergleiche möglich sind. Ein solches „objektives" „Mess"-Instrument stellt der „ökologische Fußabdruck" dar.

Der „ökologische Fußabdruck" ist weltweit eine der erfolgreichsten Indikatoren in der Nachhaltigkeitsdebatte geworden. Er gründet sich auf einer Reihe an objektiven, nachprüfbaren, unabhängigen Kriterien. Sein wesentlicher Vorteil liegt darin, dass er verschiedene Umweltdimensionen in einer einzigen aggregierten Größe darstellt, mit dem so unterschiedliche Aspekte, wie der Verbrauch von erneuerbaren Rohstoffen, die Emissionen von CO_2 als klimawirksames Gas oder die Landversiegelung, zusammenfasst werden können. Der methodische Schritt, den Flächenbedarf auf den „globalen Hektar" umzurechnen, eröffnet die Möglichkeit, verschiedene Volkswirtschaften miteinander vergleichen zu können. Mit dem Fußabdruck können den politischen Entscheidungsebenen und der Öffentlichkeit die doch hochkomplexen Wechselwirkungen zwischen menschlichem Konsum und der Belastung der Ökosysteme verständlich gemacht werden (Rees 2000). Der „ökologische Fußabdruck" wird daher von einer Vielzahl von Institutionen zur Evaluierung von Umweltauswirkungen angewendet.

Darunter wird die Fläche auf der Erde verstanden, die notwendig ist, um den Lebensstil und Lebensstandard eines Menschen bei Fortführung heutiger Produktionsbedingungen dauerhaft zu ermöglichen (UBA 2007). Er erfasst jene Fläche, die notwendig ist, um den sozioökonomischen Ressourcenverbrauch auf globaler, nationaler, regionaler, lokaler, institutioneller oder auch individueller Ebene in einem bestimmten Zeitraum (meistens ein Jahr) mit verfügbaren Technologien und unter gegebenen Ressourcenmanagementbedingungen bereitzustellen (GFN 2006). Dabei werden alle Land- und Wasserflächen mitberücksichtigt. Daneben gibt er mit dem „CO_2-Fußabdruck" ein Maß für die Ressourcennutzung. Der „CO_2-Abdruck" berücksichtigt vor allem die CO_2-Emissionen aus der Verbrennung fossiler Energieträger und zur Produktion von Waren. In der Berechnung des „ökologischen Fußabdrucks" wird diese Menge auf die Landfläche umgerechnet, die benötigt wird, um das ausgestoßene CO_2 zu binden.

Die Grundidee dieses Bewertungsansatzes ist, dass für alles, was wir an natürlichen Ressourcen konsumieren, bioproduktive Flächen beansprucht werden. Das schließt Flächen ein, die zur Produktion von Nahrung, zur Bereitstellung von Energie, aber z. B. auch zur Müllentsorgung u. v. a. benötigt werden. Global stehen der Menschheit 51 Mrd. ha zur Verfügung, von denen (nur) ca. 13 Mrd. ha nutzbar sind. Diese Fläche müssen sich (derzeit) 7 Mrd. Menschen teilen; das heißt, jedem Einzelnen stehen knapp 2 ha zur Verfügung (bei gerechter Verteilung). Schätzungen haben ergeben, dass etwa ein Viertel der Menschheit drei Viertel der bioproduktiven Fläche der Erde beanspruchen. Nach Daten des Global Footprint Network und der European Environment Agency (EEA) wird die weltweit verfügbare Fläche zur Erfüllung der menschlichen Bedürfnisse derzeit schon um 23 % überschritten. Danach beansprucht jeder Einzelne (im weltweiten Durchschnitt) 2,2 ha. Die Inanspruchnahme der Flächen ist aber zwischen den Industrieländern und den Entwicklungsländern sehr unterschiedlich verteilt. Europa benötigt knapp 5 ha pro Person; stellt aber selber nur 2,3 ha zur Verfügung; dies bedeutet, Europa überschreitet seine eigene Biokapazität um über 100 %. In Deutschland werden zum Beispiel diese Flächen zu 33 % für die Ernährung genutzt (davon 80 % für tierische Produkte), zu 25 % für Wohnen (davon 90 % allein für Heizen/Stromversorgung) und zu 20 % für Mobilität (davon allein 90 % für den Straßen-/Luftverkehr).

Der World Wild Life Funds (WWF) hat im Jahr 2005 eine Berechnung des „ökologischen Fußabdrucks" für die Welt vorgestellt (Human Ecological Footprint 1950–2050, vgl. Wackernagel und Rees 1996), mit der er nachweisen kann, dass die Welt im Jahr 2005 schon jährlich das 1,5 fache der Fläche einer Erde benötigt und, dass diese Entwicklung sehr wahrscheinlich bis zum Jahr 2050 auf das 2,5 fache anwachsen wird. In der Mehrzahl der Darstellungen über den „ökologischen Fußabdruck" wird immer das Wort „verbraucht" verwendet. Dieser Begriff ist insofern irreführend, dass die Flächen ja nicht „verbraucht", sondern „beansprucht" werden; „beansprucht" besagt aber nicht, ob die Flächen damit für andere Nutzungen zur Verfügung stehen.

Das Konzept des „ökologischen Fußabdrucks" wurde schon 1994 entwickelt (Wackernagel und Rees 1996). Mit dieser Methode wird es möglich, die ökologischen Belastungen der Erde durch den Menschen zum Beispiel in Europa mit denen in Afrika zu vergleichen. Im Jahr 2003 wurde von Mathis Wackernagel das Global Footprint Network gegründet, das durch seine jährlichen Analysen des sogenannten „country overshoot day" berühmt wurde. Mit diesem Tag wird ausgesagt, an welchem Tag ein Land die von ihm zur Verfügung gestellte Bioproduktivität übersteigt. Danach haben in der Regel die Industrieländer ihr „Kontingent" bereits in der ersten Jahreshälfte ausgenutzt.

Die Berechnung unterliegt den folgenden Grundannahmen:
— Der anthropogene Ressourcenverbrauch und die daraus resultierenden Abfallmengen sind weltweit identifizierbar.
— Die meisten dieser Ressourcen- und Abfallmengen können in bioproduktiven Flächen umgerechnet werden.
— Unterschiedlich genutzte Flächen können in eine gemeinsame Maßeinheit, den „globalen Hektar" („gha"), umgerechnet und summiert werden.
— Nicht messbare Mengen werden in der Berechnung nicht berücksichtigt.

Zunächst wurde zur Berechnung ein „komponentenbasierter Ansatz" (component approach) herangezogen; das heißt, alle Konsumkategorien wurden getrennt voneinander berechnet und anschließend addiert. Dieser Ansatz wies einige Schwächen auf, da die Daten teilweise unvollständig bzw. unzuverlässig waren und Doppelzählungen einzelner Komponenten auftraten, sowie unterschiedliche Produktionseffizienzen bei der Herstellung gleichartiger Güter nicht eliminiert werden konnten.

Mithilfe der seit 2005 eingesetzten „Compound"-Methode wird bereits auf landesweit aggregierte Datensätze über die nationalen Fußabdrücke zurückgegriffen, wie sie von international anerkannten Institutionen wie der FAO, dem IPCC oder der International Energy Agency (IEA) veröffentlicht werden. Die Fußabdrucksberechnung kann als Gleichung verstanden werden, bei der das natürliche Angebot („Biokapazität") der anthropogenen Nachfrage (der „ökologische Fußabdruck") gegenübergestellt wird. Das in der Praxis sehr komplexe Berechnungsverfahren soll an dieser Stelle nur kursorisch beschrieben werden (vgl. Wackernagel et al. 2005). Um die beiden Faktoren vergleichen zu können, ist eine Normierung notwendig: Die Fläche, die beansprucht wird, um ein bestimmtes Produkt zu erstellen oder eine bestimmte Aktivität zu ermöglichen, wird auf den „globalen Hektar" („global hectares"; gha) umgerechnet. Jeder „globale Hektar" umfasst den gleichen Betrag an biologischer Produktivität.

Der zweite Teil der Berechnung betrifft den *Total Ecological Footprint*. Mit ihm wird die Gesamtnachfrage („Konsum") eines Landes berechnet. Dabei wird „Konsum" definiert als die nationale Produktion plus der Importe minus der Exporte. Exportgüter werden dem Land zugerechnet, welches sie als Endnachfrager konsumiert. (Stichwort: Prinzip der Konsumentenverantwortung). Der für die Produktion notwendige Flächenbedarf wird dann auch in „globalen Hektar" ausgedrückt. Um das Erhebungsverfahren praktikabel zu gestalten, wird der Gesamtkonsum eines Landes auf fünf produktionsspezifische bioproduktive Flächen und eine hypothetische Energiefläche aufgeteilt:

Bioproduktive Flächen:
— Erntefläche,
— Weidefläche und Wiesen,
— Fischereigründe,
— Waldfläche,
— Bebautes Land,
— Energieland/CO_2-Land.

Hypothetische Energiefläche:
— Berechnung der Landfläche, die benötigt würde, um die Energiemenge mit alternativen Energien bereitzustellen.

3.3 · Ökonomische Anreizsysteme

- Berechnung der Landfläche, die benötigt würde, um die gleiche Energiemenge mit erneuerbaren Energieträgern (insbesondere Holz) bereitzustellen.
- Berechnung der Landfläche, die benötigt wird, um das aus der Nutzung fossiler Energieträger emittierte CO_2 auf Waldflächen zu binden (Sequestrierung).

Grüner Klimafonds

Der „Grüne Klimafonds" („The Green Climate Fund"; GCF) gilt als der wichtigste Baustein der internationalen Klimaschutzfinanzierung. Mit ihm sollen Programme in den Entwicklungsländern zur Reduzierung ihrer Treibhausgasemissionen gemäß Artikel 11 der Klimarahmenkonvention sowie Anpassungsmaßnahmen an den Klimawandel in diesen Ländern finanziell unterstützt werden. Die Finanzierung des „GCF" wurde 2010 auf der Konferenz UNFCCC-COP 16 in Cancún (vgl. ▶ Kap. 4) beschlossen. Die Finanzmittel werden von der „Globalen Umweltfazilität" („Global Environment Facility", „GEF"), die bei der Weltbank eingerichtet ist, bereitgestellt.

Der GCF sieht vor, statt nur einzelne Entwicklungsprojekte zu unterstützen, die Partnerländer durch einen programmatischen, sektorübergreifenden und integrativen Ansatz die erforderlichen ökonomischen und sozialen Transformationsprozesse zu begleiten. Die Industrieländer haben zugesagt, die Entwicklungsländer bei ihren notwendigen Reformen finanziell zu unterstützen. Sie haben sich im Copenhagen Accord 2009 (UNFCCC-COP 15) der Vertragsstaatenkonferenz der Klimarahmenkonvention dazu bekannt, bis zum Jahr 2020 jährlich ansteigend bis zu 100 Mrd. US$ pro Jahr aus öffentlichen und privaten, bilateralen und multilateralen Finanzierungsquellen bereitzustellen. Dieser Beschluss wurde auf der COP 16 in Cancún offiziell bestätigt und ein Jahr später (UNFCCC-COP 17, Durban) wurden die Regularien zur Durchführung des Fonds beschlossen. Es wird erwartet, dass das Finanzvolumen des GCF deutlich größer wird als das aller bisherigen Klimafonds.

In dem GEF-Direktorium *(Governing Board)* sind die Entwicklungs- und Industrieländer mit paritätischem Stimmenanteilen (12:12) vertreten. Im Jahr 2014 nahm der GEF offiziell seine Tätigkeit auf und konnte erstmals mehr als 10 Mrd. US$ einwerben. Ein Jahr später konnten die ersten Projektfinanzierungen vorgenommen werden. Mit der UNFCCC-COP 21 in Paris wurde der GCF offiziell als einer der Finanzierungsmechanismen der Klimarahmenkonvention anerkannt.

Der GCF vergibt die Finanzmittel unter den folgenden Prinzipien:
- Er kann sowohl als „verlorener Zuschuss" *(grant)*, Darlehen *(loan)*, als „Kapitalbeteiligung" *(equity)* oder als „Bürgschaft" *(guarantee)* vergeben werden,
- Er wird nach dem Grundsatz vergeben, dass 50 % des Fonds für Klimaanpassungsmaßnahmen und 50 % zur Bekämpfung des Klimawandels aufgewendet werden müssen,

Der GCF:
- legt fest, dass 50 % des Fonds den am wenigsten entwickelten Ländern (LDCs), Staaten in Afrika und den Kleinen Inselstaaten (SSI) vorbehalten sind,
- soll sowohl für öffentliche Belange als auch für den Privatsektor offenstehen,
- soll externe Finanzquellen anregen, sich durch eigene Mittel an den Zielen des Fonds zu beteiligen und so die Wirksamkeit des Fonds (Stichwort: Hebel) verstärken und zu klimafreundlichen Investitionen anregen,
- fußt auf dem Prinzip der Nichteinmischung und darauf, dass der antragstellende Staat die *„ownership"* für das Vorhaben übernimmt. Und dass die GCF-Projektaktivitäten umfassend in die nationalen Klimaschutzstrategien eingepasst sind.

Neben anderen Finanzierungsinstituten ist die deutsche Kreditanstalt für Wiederaufbau (KfW) als eine der ersten Umsetzungsinstitutionen vom Green Climate Fund akkreditiert worden. Die Akkreditierung von bilateralen Entwicklungsbanken bei einem großen multilateralen Fonds ist ein Novum und ist Zeichen der Wertschätzung, welche die großen Banken im internationalen Klimadialog genießen. Weitere wichtige Akteure der Entwicklungszusammenarbeit wie Weltbank und Europäische Investitionsbank (EIB) streben die Akkreditierung für die zweite Jahreshälfte 2018 an.

Anpassungsfonds

Der „Anpassungsfonds des Kyoto-Protokolls" ist nicht mit dem „Green Climate Fonds" zu verwechseln. Der „Anpassungsfonds" wurde erst 1997, vier Jahre nach Kyoto, auf der UNFCCC-Konferenz (COP 7, vgl. ▶ Kap. 4) in Marrakesch ins Leben gerufen. Es dauerte noch einmal bis zur UNFCCC-COP 13 (Bali, 2007), bis man offiziell das 16-köpfige Steuerungsgremium für den Anpassungsfonds (Adaptation Fund Board, AF) benannte und die Globale Umweltfazilität (GEF) für die Sekretariatsaufgaben und das „Aufsichtsgremium" *(Board of Trustees)* gewinnen konnte. Endgültig bestätigt wurde der Fonds von den Vertragsstaaten des Kyoto-Protokolls auf der Klimakonferenz in Posen (COP 14).

Der „Anpassungsfonds" setzt auf eine andere Finanzierungsbasis als der GCF. Seine „Einnahmequelle" stellt eine 2 %ige Abgabe aus den „Erlösen" aus dem Emissionshandel. Bis Mitte 2012 konnten fast 120 Mrd. US$ aus dem Emissionshandel eingenommen werden. Da aber in der Folgezeit die Preise für die Emissionszertifikate stark zurückgegangen sind, haben die Zuwendungen für den Fonds erheblich abgenommen. Dennoch hatte sich der Fonds das Ziel gesetzt, bis 2014 insgesamt 100 Mio. US$ einzuwerben. Die Vergabepraxis sieht vor, dass das antragstellende Land direkt gefördert werden kann. Man möchte so die Anlaufschwierigkeiten, wie sie von anderen Klimafonds bekannt sind, abkürzen. Auch möchte man den Antragsteller dadurch stärker in die Verantwortung nehmen (Stichwort *„ownership"*). Die Länder können sich entweder

(„klassisch") um die Finanzmittel bewerben, in dem sie einen entsprechenden Projektantrag stellen, oder die Antragstellung einer staatlichen oder zivilgesellschaftlichen Durchführungsorganisation übertragen. Um eine „Austrocknung" des Fonds zu verhindern, sollen die Ausgaben nicht mehr als 50 % des verfügbaren Budgets übersteigen.

Special Climate Change Fund

Ebenfalls anlässlich des UNFCCC-COP-7-Klimagipfels in Marrakesch wurde der „Special Climate Change Fund" (SCCF) gegründet. Er untersteht der Leitung der Globalen Umweltfazilität (GEF). Mit dem SCCF sollen Entwicklungsländer bei Maßnahmen zur Anpassung an den Klimawandel sowie beim Technologietransfer und beim Aufbau von klimarelevanten Institutionen unterstützt werden. Der Fonds soll ferner durch seine Zuwendungen dazu anregen, weitere und zusätzliche Mittel von anderen bilateralen und multilateralen Gebern sowie von dem Privatsektor zu generieren.

Die zu unterstützenden Projekte und Programme verfolgen in der Regel langfristige Ziele zur Stärkung der Resilienz eines Landes gegenüber Klimaänderungen und nehmen dabei Bezug auf weitere Aktivitäten wie z. B. die nationalen Anpassungspläne vor allem auf den Sektoren „Wasserressourcenmanagement", „Landmanagement", „Landwirtschaft", „Gesundheit und Hygiene", „Infrastrukturentwicklung" zum Erhalt fragiler Ökosysteme.

3.4 Internationale Organisationen

3.4.1 Supranationale Organisationen

Vereinte Nationen

Die Umwelt-/Klimapolitik wird dominiert von international aufgestellten Akteuren. Soweit diese staatlicherseits verantwortet werden, sind sie unter dem Dach der Vereinten Nationen aufgestellt. Mit den Vereinten Nationen hat sich die internationale Staatengemeinschaft in der Folge des 2. Weltkriegs (Vorläufer: der Völkerbund) ein Staatenbündnis geschaffen, mit dem künftige Kriege verhindert und Kooperation der Staaten untereinander gewährleistet werden soll: Dieses Ziel wurde in der UN-Charta festgelegt und wurde am 25. Juni 1945 in San Francisco von Delegierten aus 50 Ländern einstimmig verabschiedet. Durch ihre (manchmal schwer zu ertragende) Neutralität und ihre hohe Glaubwürdigkeit ist es den Vereinten Nationen möglich, sich in sensiblen Politikbereichen immer wieder erfolgreich einzuschalten; oftmals leider auch weniger erfolgreich.

Die in den Vereinten Nationen zusammengeschlossenen Staaten haben anlässlich des „Millenniumsgipfels" (Johannesburg, 2000) noch einmal ihre Vision eines Lebens in Frieden und Sicherheit in einer solidarisch geprägten Welt bekräftigt, in dem sie sich in der Schlusserklärung das Ziel setzten:

- bis zum Jahr 2015 den weltweiten Anteil der extrem Armen um die Hälfte zu verringern,
- den Zugang zu Bildung weltweit zu verbessern,
- die Gleichstellung der Geschlechter voranzubringen sowie
- Aids und andere Epidemien entschlossen zu bekämpfen.

Die Staatengemeinschaft hat dazu in den Vereinten Nationen den Wirtschafts- und Sozialrat (ECOSOC) als zentrales Organ für Entwicklungsfragen sowie verschiedene Sonderorganisationen (UNEP, UNDP, FAO u. v. a.) eingerichtet. Im Laufe der Zeit hat sich der Aufbau der Organisation zu einer komplexen Struktur entwickelt. Den Kern der Organisation bilden bis heute die in der Charta der Vereinten Nationen angeführten sechs Hauptorgane:

- Generalversammlung:
  Die Generalversammlung ist das „Parlament der Nationen" und das wichtigste Forum der weltpolitischen Diskussion. Sie stellt den Mittelpunkt der Organisation dar. In ihr sind alle 193 Mitgliedstaaten mit jeweils einer Stimme vertreten. Sie wählt die nichtständigen Mitglieder des Sicherheitsrats und auf Vorschlag des Sicherheitsrates auch den UN-Generalsekretär. Die Generalversammlung kann „nach außen" zu Sachfragen gegenüber den Mitgliedstaaten und dem Sicherheitsrat nur Empfehlungen aussprechen, die aber keine verpflichtende (aber oft eine moralische) Wirkung haben. Zu den wichtigsten Aufgaben gehört die Prüfung und Genehmigung des Haushaltsplans der Weltorganisation.
- Sicherheitsrat:
  Der Sicherheitsrat setzt sich aus 15 Mitgliedern zusammen: den fünf ständigen Mitgliedern (USA, Großbritannien, Frankreich, Russland; China), die zu allen maßgeblichen Entscheidungen des Rates ein Vetorecht haben, und den zehn nichtständigen Mitgliedern. Diese werden für zwei Jahre von der Generalversammlung gewählt. Der Sicherheitsrat hat die Hauptverantwortung für die Wahrung des Weltfriedens und der internationalen Sicherheit. Er ist das mächtigste der sechs UN-Hauptorgane. Stellt der Sicherheitsrat eine Bedrohung des Weltfriedens fest, kann er den Einsatz einer Friedensmission in einem Konfliktgebiet beschließen oder andere Maßnahmen, z. B. in Form von Sanktionen, veranlassen. Die Beschlüsse des Sicherheitsrats sind völkerrechtlich bindend.
- Wirtschafts- und Sozialrat:
  Der Wirtschafts- und Sozialrat (ECOSOC) besteht aus 54 Mitgliedern, die von der Generalversammlung gewählt werden. Er ist das Lenkungs- und Koordinationsorgan der Vereinten Nationen und beschäftigt sich vor allem mit entwicklungspolitischen Problemen und mit Menschenrechtsfragen. Er hat ferner die Aufgabe für eine Verbesserung des Lebensstandards, für wirtschaftlichen und sozialen Fortschritt und eine Stärkung der Zusammenarbeit auf den

Gebieten Entwicklung und Kultur zu sorgen. ECOSOC arbeitet dafür konsultativ mit den Nebenorganen und Sonderorganisationen der VN zusammen, kann aber selbstständig keine verbindlichen Beschlüsse fassen. Die Generalversammlung wählt jährlich ein Drittel der Mitglieder unter Einhaltung eines regionalen Verteilungsschlüssels für eine dreijährige Amtszeit.
- Treuhandrat:
Der Treuhandrat war mit der Überwachung des noch unter dem Dach des Völkerbunds eingeführten Treuhandsystems für ehemalige Kolonien beauftragt. Mit der Unabhängigkeit des letzten verbliebenen Treuhandgebiets der Inselrepublik Palau im Jahr 1994 ging für den Treuhandrat die Arbeit zu Ende.
- Internationaler Gerichtshof:
Der Internationale Gerichtshof (IGH) mit Sitz in Den Haag ist das Hauptrechtsprechungsorgan der UN. Ihm gehören 15 Richterinnen und Richter an, die vom Sicherheitsrat und von der Generalversammlung in geheimer Abstimmung gewählt werden. Streitparteien vor dem IGH können nur Staaten sein. Zwar ist jedes Mitglied der Vereinten Nationen auch automatisch Vertragspartei des IGH. Dennoch ist es ihnen überlassen, sich zur Beilegung einer Streitigkeit freiwillig der Zuständigkeit des IGH zu unterwerfen. Das Völkerrecht bietet keine obligatorische internationale Gerichtsbarkeit. Bis jetzt hat der IGH mit seinen Urteilen jedoch maßgebliche völkerrechtliche Entwicklungsarbeit geleistet. Der IGH ist außerdem die einzige internationale gerichtliche Instanz, die ohne Einschränkung eines Vertragssystems das Völkerrecht auslegen kann.
- Sekretariat:
Das Sekretariat ist das Verwaltungszentrum der Vereinten Nationen. Es bildet den bürokratischen Unterbau der Weltorganisation mit Service-, Dokumentations- und Informationsfunktionen. Das UN-Sekretariat besteht aus einem Generalsekretär, der mit Zustimmung aller ständigen Sicherheitsratsmitglieder von der Generalversammlung für fünf Jahre gewählt wird. Auch wenn dessen politische Entscheidungsbefugnisse beschränkt sind, so wird ihm doch die Verkörperung der UN-Ideale zugeschrieben. Der Zuständigkeitsbereich des Generalsekretärs ist in Artikel 99 der Charta bewusst allgemein formuliert, um dessen Eigenständigkeit zu wahren. Das Sekretariat hat neben dem Hauptsitz in New York auch Vertretungen in Genf, Nairobi und Wien. Es ist in Dutzende Büros und Abteilungen untergliedert, die sich mit spezifischen Themenfeldern wie Friedensmissionen, wirtschaftlicher Entwicklung oder regionalen Problemen beschäftigen.

Seit vielen Jahren ist (trotz vielfach kolportierten Meldungen) der Stellenwert der Vereinten Nationen stetig gewachsen. Insbesondere findet der Zusammenhang zwischen Sicherheits- und Entwicklungspolitik immer größere Aufmerksamkeit. Das Spektrum der Vereinten Nationen umfasst Programme zu:

- Armutsbekämpfung,
- verantwortlicher Regierungsführung,
- nachhaltiger Entwicklung,
- Menschenrechte,
- Bevölkerungspolitik,
- Gesundheit,
- Bildung,
- Ernährungssicherung,
- Gender,
- und Drogenbekämpfung

und schafft so in Entwicklungsländern günstige Rahmenbedingungen für die Förderung guter Regierungsführung, eine bessere Integration in die Weltwirtschaft, die Chancen aus der Globalisierung, den Aufbau von Humankapital und institutionellen Kapazitäten, sowie Initiativen zur Krisenprävention und Friedensförderung.

Das System der Vereinten Nationen ist in die oben genannten „Hauptorgane" gegliedert, unter denen eine Vielzahl an „Nebenorganen" und „Sonderorganisationen" (wie zum Beispiel: FAO, IFAD, ILO, UNESCO, WHO, der IWF und die Weltbankgruppe) eingerichtet wurden. Für die Zwecke der Entwicklungspolitik und des Umwelt- und Klimaschutzes sind vor allem die UN-Programme UNCTAD, UNDCP, UNEP, UNCDF, UNDP, UNHCR, UN-Habitat, UNICEF und das WFP von Bedeutung.

Für die meisten Organisationen der komplexen „UN-Familie" gibt es einen typischen Aufbau: Sie verfügen über ein Vertretungsorgan aller Mitgliedsstaaten, das für Grundentscheidungen zuständig ist und meist nur einmal im Jahr tagt. Beschlüsse werden meist nach dem Mehrheitsprinzip gefasst. Auch wenn das gleiche Stimmrecht aller Mitgliedsstaaten nach dem Prinzip gleicher völkerrechtlicher Souveränität gilt, so werden immer wieder Entscheidungen nach dem politischen Gewicht eines bestimmten Landes getroffen. Ein von ausgewählten Einzelstaaten besetztes Direktorium fungiert als Entscheidungsorgan. Bei der Besetzung der Leitungsfunktionen in Direktorium beeinflusst oftmals der Finanzbeitrag, den ein einzelnes Land für die Organisation entrichtet, die Personalauswahl.

Europäische Union

Die Schaffung eines „Verbundes" von Staaten im damals nicht kommunistischen Teil Europas ist nur vor dem Hintergrund des 2. Weltkriegs zu verstehen. Führende Politiker in Frankreich, Italien, Deutschland, Belgien, Luxemburg und den Niederlanden hatten das Ziel, nach den zahlreichen blutigen Kriegen ein „Europa" zu schaffen, das verhindern sollte, dass solche Konflikte jemals wieder aufleben könnten. Zum anderen zeigte sich, dass nach Ende des Krieges die Siegermächte sehr unterschiedliche Vorstellungen davon hatten, wie das Nachkriegseuropa aussehen sollte. Am 9. Mai 1950 – also genau 5 Jahre nach Kriegsende – wurde die „Montanunion" (Europäische Gesellschaft für Kohle und Stahl; EGKS) ins Leben gerufen. Durch sie wurde in Europa die Kohle- und Stahlindustrie einer gemeinsamen Verwaltung unterstellt. Man wollte so eine unkontrollierte Entwicklung der für die Rüstung so wichtigen Rohstoffe Kohle und Stahl verhindern. Die große Herausforderung bestand darin, dass mit der „Montanunion" jeder der beteiligten Staaten ein Stück nationaler Souveränität aufgeben musste und, dass die Aufsicht dann gemeinsam ausgeübt wurde. Schon ein Jahr zuvor hatten zehn europäische Staaten den Europarat gegründet, mit dem Ziel, durch eine engere Zusammenarbeit der Staaten zu Frieden, Demokratie und Wohlstand beizutragen. Der nächste Schritt hin zu einer (echten) „Gemeinschaft" wurde mit dem Vertrag von Rom (1957) beschritten. Es entstand mit der Europäischen Wirtschaftsgemeinschaft (EWG) ein gemeinsamer Binnenmarkt. 1967 wurden die drei bis dahin selbstständigen Gemeinschaften (Zollunion, Montanunion, Europarat) zur Europäischen Gemeinschaft (EG) zusammengelegt und mit gemeinsamen Institutionen ausgestattet. Seitdem gibt es die Europäische Kommission, den Rat der Europäischen Union und ein Europäisches Parlament. Noch Mitte der 1990er-Jahre bestand die heutige Europäische Union (EU) aus 15 Staaten, heute sind es 28. Nach den sogenannten „Kopenhagener Kriterien" sind Rechtsstaatlichkeit, Demokratie sowie eine marktwirtschaftliche Wirtschaftsordnung Grundvoraussetzungen für Beitrittskandidaten. 1973 wurde mit dem Vertrag von Maastricht (1993) aus der Wirtschaftsgemeinschaft (EWG) die Europäische Gemeinschaft (EG). Seitdem hat die Europäische Gemeinschaft wesentliche Entwicklungsschritte hin zu einer sich immer weiter vernetzenden und harmonisierten Gemeinschaft vorgenommen, durch die heute (im Prinzip) die Staaten der Gemeinschaft sich auf einheitliche Kriterien in Landwirtschaft, Industrie, der Außenpolitik; aber auch in der Umweltpolitik verständigt haben.

Von Anbeginn an hat sich die EU zum internationalen Kampf gegen Umweltverschmutzungen und Klimawandel bekannt. Sie regierte damit darauf, dass Umweltprobleme keine Grenzen kennen. Nach 1980 ist sie mit der Vielzahl an Initiativen zum Schutz der Umwelt zu einem der Motoren im weltweiten Klimaschutz geworden. Umweltschutz wurde damals zu einem politischen Querschnittsthema: Vorsorge trat in den Vordergrund. Und das nicht nur in den Themen Klima und Naturkatastrophen, sondern sektorübergreifend zum Beispiel in der Landwirtschaft und dem Verkehr. 1987 wurde Umweltschutz erstmals mit einem eigenen Artikel in der „Europäischen Akte" verankert und in den Verträgen von Maastricht (1992) und Amsterdam (1997) noch einmal gesondert herausgehoben, wodurch der Umweltschutz fest im EU-Recht verankert wurde. Heute sorgen ordnungspolitische Instrumente, wie Emissionsobergrenzen und Qualitätsstandards, und marktwirtschaftliche Mechanismen, wie Steuern oder der Emissionshandel, für eine effiziente Umweltpolitik.

Unter „nachhaltiger Entwicklung" versteht die Europäische Union eine auf lange Frist ausgelegte Strategie, mit dem Ziel einer Harmonisierung der wirtschaftlichen, sozialen und ökologischen Entwicklung. Dafür hat sie die „Strategie für Nachhaltige Entwicklung in Europa für eine bessere Welt" (EU 2001) verabschiedet. Die EU möchte damit nicht nur in Europa, sondern auch auf globaler Ebene bei der Verwirklichung der nachhaltigen Entwicklung, wie sie von der Brundtland-Kommission verkündet worden ist, eine Schlüsselrolle übernehmen. Für die Staaten der Europäischen Gemeinschaft hat die Strategie das Ziel, die Union zum „wettbewerbsfähigsten wissensbasierten Wirtschaftsraum in der Welt" zu machen.

Die größten Gefahren für die nachhaltige Entwicklung sind:
- Die Emissionen von Treibhausgasen als Ursache für die globale Erwärmung.
- Armut und soziale Ausgrenzung. Sie wirken sich stark auf den Einzelnen aus.
- Der Rückgang der biologischen Vielfalt, Bodenverlust und Rückgang der Bodenfruchtbarkeit untergraben die Wirtschaftlichkeit.
- Die Verkehrsüberlastung in den städtischen Ballungsräumen, der Verfall der Innenstädte, die Ausdehnung der Vorstadtgebiete.

In der Strategie wird daher gefordert:
- „Nachhaltige Entwicklung" muss zum erklärten Hauptziel in allen politischen Entscheidungen werden, sowohl lokal, regional, national, als auch EU-weit.
- Durch eine „ökologische" Preisgestaltung können Produktionstechnologien sowie das Konsumverhalten von Privatpersonen beeinflusst werden.
- Neue Technologien zu entwickeln, die weniger natürliche Ressourcen benötigen, die Verschmutzung vermindern oder Risiken für Gesundheit und Sicherheit verringern.
- Einen offenen Erfahrungsaustausch von Politikern mit Wissenschaft und Technik und der Bevölkerung zu gewährleisten
- „Nachhaltige Entwicklung" im Rahmen der Entwicklungszusammenarbeit aktiv zu fördern.

Die Mitgliedsländer haben den Umweltschutz in den letzten Jahrzehnten weitgehend auf die europäische Ebene verlagert. Etwa drei Viertel aller nationalen Umweltgesetze haben ihren Ursprung in der EU und werden danach in nationale Gesetze übernommen. Im „Vertrag von Nizza" (Artikel 2) haben es sich die Mitgliedsländer zur Aufgabe gemacht, in der EU ein „hohes Maß an Umweltschutz" und die „Verbesserung der Umweltqualität" zu fördern (Artikel 2).

In Artikel 191 (ex 174) ist niedergelegt:
1. Die Umweltpolitik der Union trägt zur Verfolgung der nachstehenden Ziele bei:
   - Erhaltung und Schutz der Umwelt sowie Verbesserung ihrer Qualität,
   - Schutz der Umwelt sowie Verbesserung ihrer Qualität,
   - umsichtige und rationelle Verwendung der natürlichen Ressourcen;
   - Förderung von Maßnahmen auf internationaler Ebene zur Bewältigung regionaler oder globaler Umweltprobleme und insbesondere zur Bekämpfung des Klimawandels.

2. Die Umweltpolitik der Union zielt unter Berücksichtigung der unterschiedlichen Gegebenheiten in den einzelnen Regionen der Union auf ein hohes Schutzniveau ab. Sie beruht auf den Grundsätzen der Vorsorge und Vorbeugung, auf dem Grundsatz, Umweltbeeinträchtigungen mit Vorrang an ihrem Ursprung zu bekämpfen, sowie auf dem Verursacherprinzip.
3. Bei der Erarbeitung ihrer Umweltpolitik berücksichtigt die Union:
   — die verfügbaren wissenschaftlichen und technischen Daten,
   — die Umweltbedingungen in den einzelnen Regionen der Union,
   — die Vorteile und die Belastung aufgrund des Tätigwerdens bzw. eines Nichttätigwerdens,
   — die wirtschaftliche und soziale Entwicklung der Union insgesamt sowie die ausgewogene Entwicklung ihrer Regionen.
4. Die Union und die Mitgliedstaaten arbeiten im Rahmen ihrer jeweiligen Befugnisse mit dritten Ländern und den zuständigen internationalen Organisationen zusammen. Die Einzelheiten der Zusammenarbeit der Union können Gegenstand von Abkommen zwischen dieser und den betreffenden dritten Parteien sein.

Schließlich legt Artikel 6 fest, dass Umweltschutz als Querschnittsthema zu verstehen ist und somit in allen anderen Politikfeldern berücksichtigt werden muss.

Die EU hat im Laufe der Zeit eine Vielzahl an umweltrelevanten Rechtsvorschriften erlassen, zu Themen wie Luftreinhaltung, Klimawandel, Umweltökonomie, Landnutzung, Natur und Biodiversität, Lärm, Schutz der Ozonschicht, Müll, Wasser u. v. a., die zusammen mit den Politikfeldern Landwirtschaft, Arbeitsmarkt, Energie, Binnenmarkt, Forschung, Wirtschaft und Finanzen zu umweltpolitischen Initiativen zusammengefasst werden müssen. Es gibt de facto kaum ein Thema, das im Umwelt- und Klimaschutz nicht in irgendeiner Form reglementiert wird.

Wichtigster Akteur im europäischen Umweltschutz ist die Europäische Umweltagentur (European Environmental Agency; EEA) mit Sitz in Kopenhagen. Anzumerken ist, dass die Bedeutung der Umweltorganisationen (z. B. Greenpeace, NABU u. a.) in den letzten Jahren deutlich an Einfluss gewonnen hat. Des Weiteren ist der Europäische Gerichtshof (EuGH) ein „Treiber", der Strafzahlungen für die einzelnen Staaten verhängt, wenn die entsprechenden Richtlinien unzureichend in nationale Gesetze übernommen werden.

Auch wenn die EU zu Recht stolz auf ihr umfassendes Umweltrecht ist, so hat es doch immer noch nicht zu den mit den Artikeln 2 und 191 angestrebten „hohen" Umweltstandards geführt.

3.4.2 Internationale Finanzinstitutionen

Die Bewältigung nationaler wie regionaler Entwicklungsprobleme ist nur durch eine Internationalisierung der Zusammenarbeit zu bewältigen. Neben der „Technischen Zusammenarbeit" als Instrument zur Förderung der Entwicklung stellt die „Finanzielle Zusammenarbeit" die zweite Säule der internationalen „Entwicklungshilfe" (*Official Development Assistance*; ODA) dar. Sie wird dabei entweder bilateral („von Land zu Land") gewährt, oder durch multilaterale Bankensysteme, den sogenannten „internationalen Entwicklungsbanken" (*international finance institutions*; IFIs). Die dritte Säule der „globalen Entwicklungsarchitektur" („*global aid-architecture*") stellen private Investitionen dar. Während sich die „ODA" jährlich um 130 Mrd. US$ beläuft, wird im privaten Sektor das drei- bis vierfache investiert. Ohne diese Kapitalzuflüsse würde die soziale und ökonomische Entwicklung in vielen Ländern zum Erliegen kommen. Dabei ist festzuhalten, dass diese Investitionen vorrangig in Länder wie China, Südkorea, Brasilien, Singapur, Südafrika, Thailand usw. fließen, deren ökonomische und politische Stabilität eine marktkonforme Verzinsung der Investitionen gewährleistet. Nachfolgend sollen die Aufgaben, Ziele und Potenziale der „IFIs" eingehender betrachtet werden.

Die Förderung der sozialen und ökonomischen Entwicklung wird auch erreicht durch Handel und einen Technologietransfer (Stichworte: „Nord-Süd-"; „Süd-Süd-Dialog"). Die Verflechtung der Märkte hat dazu geführt, dass kein Land heute für sich alleine eine erfolgreiche Wirtschafts-, Sozial- und Umweltpolitik führen kann. Die Verflechtungen haben zu einer Globalisierung der Politik geführt, wie sie auf der Welt bislang noch nicht da gewesen ist. Diese finden Ausdruck in einer Vielzahl an internationalen Verträgen, Abkommen und Regelwerken, die den Rahmen für Austausch an Ideen und Produkten aber eben auch an ethischen Grundsätzen ermöglichen, wie sie zu Beispiel im Kyoto-Protokoll, den „*Millennium Development Goals*" (MDGs, vgl. ▶ Abschn. 3.5.3) oder dem 2-°C-Ziel abzulesen sind.

Ein Mittel, diese Entwicklungsfaktoren umzusetzen, sind ausreichende finanzielle Ressourcen. Länder, die noch nicht so weit entwickelt sind, müssen dagegen ihren Kapitalbedarf entweder bilateral oder multilateral decken. Das heißt, die „IFIs" sind vor allem auf die weniger entwickelten Länder ausgerichtet. Die finanziellen Unterstützungen stellen für viele Entwicklungsländer die eigentliche Quelle der Staatsfinanzen dar. Durch die Unterstützungen werden Investitionen in wachstumsfördernde „technisch-materielle" Infrastruktur (z. B. Straßen, Wasserversorgung, Telekommunikation) finanziert sowie die einheimischen Finanzsysteme den internationalen Regeln angepasst, lokale Produkte und Dienstleistungen diversifiziert und nachhaltiger gestaltet, oder das langfristige Schuldenmanagement abgesichert. Den Zuwendungen kommt eine „katalytische" Funktion zu, indem sie die Länder zum Ausbau ihres Humankapitals, zur Stärkung der Sektoren „Bildung", „Gesundheit" und „Energie" anregen. Mit der Kreditgewährung sind in der Regel Auflagen zur Reformen der makroökonomischen Strukturen (Entwicklung heimischer Finanzmärkte, Verbesserung des Investitionsklimas, einer transparenten Steuerpolitik u. v. a.) verbunden, deren Umsetzung durch die Banken mitverfolgt wird (BMF-Ö 2015).

Im System der Entwicklungszusammenarbeit spielen daher die sogenannten „multilateralen Entwicklungsbanken" wie die „Weltbankgruppe" und „regionale Entwicklungsbanken" eine große Rolle. Sie stellen die größten multilateralen Entwicklungsfinanziers und leisten darüber hinaus umfangreiche Arbeit im Bereich der Informationsbeschaffung, Datenerhebung und Problemanalyse, die für die Entwicklungsländer sowie für die Planung der bilateralen Zusammenarbeit von großem Nutzen sind. Die Finanzierungsinstitute werden dafür von „ihren" Regierungen mit finanziellen Ressourcen ausgestattet. Diese Volumina reichen aber bei Weitem nicht aus, um den Finanzbedarf der Kreditnehmer(-Länder) zu decken. Dazu refinanzieren sich die Institute an den Kapitalmärkten; etwa das Zehnfache des von den Regierungen eingezahlten Kapitals kann damit zur Verfügung gestellt werden. Die an den privaten Kapitalmärkten aufgenommenen Mittel werden mit geringem Aufschlag als Darlehen an die Entwicklungsländer weitergegeben. Sie dienen in den ärmsten Entwicklungsländern insbesondere der Armutsbekämpfung und der Finanzierung sozialer Sektoren, wie Bildung, Gesundheit, Ernährung, Wasser sowie Umweltschutz.

Im System der Entwicklungszusammenarbeit spielen „multilaterale Entwicklungsbanken" wie die Weltbankgruppe und regionale Entwicklungsbanken eine große Rolle. Sie stellen die größten internationalen Entwicklungsfinanziers. Darüber hinaus leisten sie umfangreiche Arbeit im Bereich der Informationsbeschaffung, Datenerhebung und Problemanalyse, die für die Entwicklungsländer sowie für die Planung der bilateralen Zusammenarbeit von großem Nutzen sind. Die Summe der von den Banken vergebenen Kredite, Darlehen übersteigen bei Weitem die von den Mitgliedsländern eingezahlten Beiträge. Da aber das Eigenkapital sowie die Staatengemeinschaft die „Existenz" der Banken garantiert, ist deren Kreditwürdigkeit gewährleistet. Die Banken können sich daher auf den Kapitalmärkten zu sehr günstigen Bedingungen refinanzieren (Stichwort: „AAA-Rating"). Die meisten Kredite werden an vergleichsweise fortgeschrittene Entwicklungsländer vergeben. An weniger entwickelte Länder werden Darlehen, zum Teil sogar als „verlorene Zuschüsse", vergeben.

Weltbankgruppe

Zu den einflussreichsten Sonderorganisationen der Vereinten Nationen zählen die Weltbank und der Internationale Währungsfonds (IWF, siehe nächsten Abschnitt). Beide Organisationen wurden 1944 (also noch vor den UN) in der amerikanischen Kleinstadt Bretton Woods nahe Washington, D.C. (USA) gegründet. Mitauslöser für die Gründung war die „Weltwirtschaftskrise" Ende der 1920er-Jahre. Die Bank sollte beitragen, dass sich eine solche Krise nicht wiederholen kann. Während der Krise hatten viele Länder im Alleingang und ohne internationale Koordination versucht, ihre Währungen zu retten und damit die Krise erst richtig angefacht.

Anfangs hatte die „Weltbank" – zunächst nur die International Bank for Reconstruction and Development (IBRD) das Ziel, den Wiederaufbau der vom 2. Weltkrieg betroffenen Länder zu unterstützen. Im Laufe der 1960er-Jahre wurde dann zusammen mit dem Internationalen Währungsfonds (IWF) ein grundlegendes Finanzsystem als Basis für den internationalen Handel und die zur Umsetzung benötigten organisatorischen Strukturen aufgebaut: Damit konnten in der Folgezeit (zumeist) globale Wirtschaftskrisen verhindert, bzw. bei deren Eintreten eingedämmt werden. Die Politik der Bank wird von zwei Prinzipien geleitet: „To end extreme poverty and promote shared prosperity in a sustainable way" (WB 2017).

Der Ausbau des weltweiten Handels und Armutsbekämpfung gehörten seitdem ebenso zu den Zielen der Weltbank wie die finanzielle Stabilisierung der Weltwirtschaft. Im Laufe der folgenden Jahre änderte sich das Aufgabenspektrum erneut. Heute gehört die Weltbank zu den größten internationalen Entwicklungsorganisationen der Welt und hat ihren Fokus primär auf Armutsbekämpfung, Umweltschutz und Wirtschaftsentwicklung. Beispielsweise werden Investitionen in bedürftigen Regionen getätigt, es werden Kredite vergeben oder Länder mit Know-how unterstützt. Oberstes Ziel der Weltbank ist die Verringerung der Armut in den ärmsten Entwicklungsländern und die Verbesserung des Lebensstandards durch die Förderung einer nachhaltigen Entwicklung. Damit soll die Kluft zwischen armen und reichen Ländern verkleinert werden. Im Mittelpunkt stehen nun die Entwicklungs- und Schwellenländer und deren Herausforderungen, gezielt die wirtschaftlichen und sozialen Entwicklungspotenziale dieser Länder auszubauen. Flankiert werden sollen die Unterstützungen durch eine Stärkung der politischen Ebenen, damit stabile Regierungen und partizipative Entscheidungsstrukturen wirtschaftliches und soziales Wachstum und Gleichberechtigung gewährleisten können.

Die Weltbank ist eine Organisation der Vereinten Nationen. Allein schon an der Zahl der Mitgliedsstaaten lässt sich ablesen, dass die Weltbank nach den Vereinten Nationen die stärkste internationale Institution der Staatengemeinschaft ist. Alle 194 von den Vereinten Nationen als Staaten anerkannte Länder sind Mitglieder der Weltbank. Die Weltbankgruppe (WBG) bildet zusammen mit der WTO die organisatorischen Pfeiler der Weltwirtschaftsordnung in den Bereichen Entwicklungsfinanzierung, Währung und Handel. Der Sitz der Weltbankgruppe ist Washington, D.C., USA. Die „Weltbankgruppe" hat über 10.000 Beschäftigte aus mehr als 170 Ländern, die neben der Zentrale in Washington in mehr als 100 Staaten tätig sind. Die Weltbank ist im Besitz ihrer 187 Mitgliedsländer. Diese halten entsprechend ihrer Wirtschaftskraft unterschiedlich hohe Anteile am Grundkapital (ca. 170 Mrd. US$; der Haushalt der Bundesrepublik Deutschland beträgt rund 350 Mrd. U$). Die höchsten Anteile haben die USA, Japan, Großbritannien und Deutschland gezeichnet, wobei allerdings die Mitgliedsländer ihre Anteile nur zu 10 % „einzahlen"; die restlichen 90 % stehen als sogenannte

3.4 · Internationale Organisationen

Verpflichtungsermächtigung in der jeweiligen Landeswährung zur Verfügung. Jedes Mitgliedsland hat im Weltbankdirektorium eine Stimme. Aber abgesehen von diesem Anteil gleicher Basisstimmen richtet sich das Stimmengewicht eines Mitgliedsstaates überwiegend nach dem von ihm geleisteten Finanzbeitrag. Damit haben nur die fünf stimmenstärksten Mitglieder – darunter Deutschland – das Recht auf einen eigenen Direktor im Exekutivdirektorium. Folglich verfügen die westlichen Industrieländer über eine deutliche Mehrheit in Weltbank (und auch beim IWF). Dies hat auch zu der Tradition beigetragen, dass der Präsident der Weltbank bisher immer ein US-Amerikaner war (der Direktor des IWF bisher immer ein Europäer). Die Entwicklungsländer fordern seit Längerem ein stärkeres Mitspracherecht ein. Die Kritik hat dazu geführt, dass Weltbank wie IWF seit einigen Jahren auf größere Transparenz ihrer Organisation wie ihrer Aktivitäten achten und sich mit Kritikern im Rahmen gemeinsamer Tagungen verstärkt auseinandersetzen.

Die Weltbank versteht sich nicht als *„bank in the ordinary sense but a unique partner to reduce poverty and support development"*. Die Kreditvergabe der Weltbank erfolgt entweder direkt an die Staaten oder an Unternehmen, die eine staatliche Garantie vorweisen können. Die Weltbank steht bei der Kreditvergabe an Entwicklungsländer nicht im Wettbewerb mit privaten Finanzdienstleistern. Und sie vergibt Kredite nur, wenn diese nicht von anderen Kapitalgebern zur Verfügung gestellt werden können. Damit handelt die Weltbank nach dem Prinzip der „Subsidiarität". Die gewährten Kredite werden grundsätzlich in der jeweils ausgeliehenen Währung zurückgezahlt. Neben der reinen Kreditvergabe hat die Weltbank auch die Aufgabe, die von ihr betreuten Entwicklungsländer in ökonomischen, technischen und organisatorischen Fragen zu beraten. Sie kann auch Bürgschaften gewähren oder Beteiligungen übernehmen, wenn sich Mitgliedsstaaten untereinander Kredite gewähren. Für jedes Land hat die Weltbankgruppe spezielle „Länderstrategien" entwickelt, die die Basis für die Vergabe von Krediten/Zuwendungen darstellen. Mit ihren Krediten strebt die Weltbank an, ihre Partner in die Lage zu versetzen, aufgrund gewachsener Kreditwürdigkeit die benötigten finanziellen Mittel am internationalen Finanzmarkt selbst aufnehmen zu können. Da es sich bei Finanzierungen durch die Weltbank um Kredite – gegeben von den Mitgliedstaaten – handelt, sind die Gläubigerstaaten natürlich daran interessiert, dass ihre Schuldner auf wirtschaftlich gesunden Beinen stehen. Neben der reinen Kreditvergabe hat die Weltbank auch die Aufgabe, die von ihr betreuten Entwicklungsländer in ökonomischen, technischen und organisatorischen Fragen zu beraten. Sie kann auch Bürgschaften gewähren oder Beteiligungen übernehmen, wenn sich Mitgliedsstaaten untereinander Kredite gewähren. Zum anderen ist die Weltbank auch in der Lage, Kredite zu günstigen Konditionen aufzunehmen.

Zur Finanzierung der Projekte in den Partnerländern besorgt sich die Weltbank die erforderlichen Mittel durch die Anleihen am internationalen Kapitalmarkt. Solange sie zur Rankingkategorie „AAA" gehört, zählt sie zu den international als uneingeschränkt kreditwürdig eingestuften Institutionen. Die von der Weltbank beschafften Mittel werden Entwicklungsländern zu den marktüblichen Konditionen langfristig zur Verfügung gestellt. Die Kreditvergabe hängt zum einen davon ab, ob die Weltbank das zu finanzierende Projekt mit seinen Zielen im Einklang erachtet. Zum anderen hängt die Kreditvergabe aber auch davon ab, ob das empfangende Land in der Lage ist, die Mittel vereinbarungsgemäß zurückzuzahlen. Daher kann nicht jedes Entwicklungsland Kredite von der Weltbank erhalten. Länder, die so arm sind, dass sie von der Weltbank als nicht kreditwürdig beurteilt werden, müssen sich an die ebenfalls zur Weltbankgruppe gehörende International Development Agency (IDA) wenden (siehe unten). Die Kreditvergabe erfolgt entweder direkt an die Staaten oder auch an private/staatliche Unternehmen, wenn sie in einem Entwicklungsland ansässig sind und eine staatliche Garantie vorweisen können. Dadurch soll die Rückzahlung der Mittel gesichert werden.

Zum einen fließen die *loans* in von der Weltbank auf ihre Förderungswürdigkeit eingehend geprüften Projekte und Maßnahmen. Zum anderen stellt die Bank ihre Unterstützung stets in den Kontext einer sogenannten „Länderstrategie"; das heißt die Weltbank und das Kreditnehmerland entwickeln gemeinsam eine Strategie, an deren Einhaltung die Finanzierung gekoppelt ist („Konditionalität"). Die Weltbank ist dadurch in der Lage, die finanziellen Unterstützungen in einen größeren Kontext zu setzen und erst dann wirksam werden zu lassen, wenn die Erfüllung der abgemachten Bedingungen gewährleistet ist. Mit dieser „Konditionalität" hat die Weltbank maßgeblich die internationale Entwicklungsagenda mitbestimmt. Sie nimmt damit direkten Einfluss auf die Regierungen der Entwicklungsländer und deren Entwicklungspolitik, dies vor allem dadurch, dass sie in den letzten 30 Jahren dazu übergegangen ist, statt Projektfinanzierungen verstärkt länderspezifische Strukturanpassungen mit dem Fokus auf einer „guten Regierungsführung" (*„Good Governance"*) zu finanzieren.

Doch nicht nur durch ihre Finanzzuwendungen hat sich die Bank weltweit Anerkennung verschafft, sondern sie verfügt über sehr umfangreiche Datensammlungen mit Zeiträumen von weit mehr als 30 Jahren, mit denen sie viele entwicklungspolitische Dialogprozesse bestimmt. Vor allem die seit 1978 jährlich von ihr publizierten Weltentwicklungsberichte haben sich als unverzichtbare Informationsquelle erwiesen und tragen zur weltweiten Verbreitung von Grundlagen über die internationale Entwicklung bei (Stichwort: *„Human Development Index"*).

Im Laufe der Jahre sind noch vier weitere „Banken" zu der IBRD hinzugekommen, die alle zusammen die sogenannte „Weltbankgruppe" bilden (BMZ 2017a). Diese Gruppe ist heute einer der weltweit größten entwicklungspolitischen Akteure. Dies gilt nicht nur in finanzieller Hinsicht, sondern die Bank ist zugleich eine Ressource für Wissen und Informationen in nahezu allen entwicklungsrelevanten Bereichen wie Infrastruktur, Gesundheit,

Bildung, guter Regierungsführung und zunehmend Klimaschutz.

Trotz aller Erfolge, die die Weltbankgruppe bei der Unterstützung wenig entwickelter Länder seit ihrer Gründung hat erzielen können, steht sie dennoch auch in der Kritik. Ein wichtiger Kritikpunkt ergibt sich aus der Struktur der Weltbank: Die Kapitaleigner sind ihre Mitgliedstaaten. Je nach wirtschaftlicher Leistungsfähigkeit berechnet sich der Kapitalanteil und damit das Stimmrecht der einzelnen Nationen. Damit verfügen die starken Industrienationen auch über das höchste Stimmgewicht. Die Kritik richtet dagegen, dass mit der „Stimmenmehrheit" der Industrienationen sie vor allem eigene wirtschaftliche und sicherheitspolitische Interessen verfolgen und über die Kreditvergabe zu oft Einfluss auf das politische System der Nehmerländer nehmen. Punkt Zwei der Kritik ist, dass die Weltbank, wegen ihrer Ausrichtung auf eine Liberalisierung und Privatisierung der Wirtschaft, die Umsetzung der international festgelegten „Sozial- und Umweltstandards" nicht immer in dem vereinbarten Umfang erfülle. So habe sie bis in die 1990er-Jahre die Abholzung von Tropenwäldern gefördert, weil diese die dringend benötigten Exporterlöse erbrachte. Auch sei das Ziel „Armutsminderung" klar verfehlt. Im Jahr 2010 wurde die Stimmgewichtung neu geregelt. Danach haben einige der großen Nationen – darunter auch Japan und Deutschland – an Mitspracherecht eingebüßt, einige Schwellenländer konnten ihren Anteil erheblich erweitern. So verfügt China mittlerweile über mehr Stimmanteile als Deutschland. Auch Brasilien und Indien legten stark zu. Auch in Sachen „Umweltschutz" und „Nachhaltigkeit" hat sich die Weltbank anders. Die Weltbank reagierte auf diese Vorwürfe im Herbst 2013 mit einer Reform ihrer Vergabeagenda: mehr Transparenz, eine breitere Rechenschaftspflicht sollen die Anliegen der Kreditnehmer besser widerspiegeln und zu einer höheren Effizienz führen.

Die beiden Ziele („Beseitigung extremer Armut"; „Förderung des gemeinsamen Wohlstands") sollen auf ökologisch, sozial und finanzwirtschaftlich nachhaltige Weise erreicht werden. Daneben sollen alle Aktivitäten im Rahmen der Weltbankgruppe größtmögliche Synergien entwickeln und die komparativen Vorteile, die die Gruppe auszeichnet, stärker als bisher genutzt werden. Die Programme der Gruppe sollen stärker auf eine Änderung der sozioökonomischen Sektoren ausgerichtet sein, auch wenn dies im Einzelfall zu einem erhöhten Ausfallrisiko führen könnte.

Die fünf Mitgliedsorganisationen (oft „Weltbanktöchter" genannt) der Weltbankgruppe sind:

- International Bank for Reconstruction and Development (IBRD)
  Die IBDR wurde gemeinsam mit dem Internationalen Währungsfonds (IWF) im Jahr 1944 in Bretton Woods, USA, gegründet. Derzeit sind 188 Länder Anteilseigner. Die Hauptaufgabe der IBRD ist die Förderung der wirtschaftlichen Entwicklung in Entwicklungs- und Schwellenländern. Schwerpunkte bildet die Finanzierung von sowie technische Zusammenarbeit zur Armutsbekämpfung, dem Umweltschutz und die Förderung privatwirtschaftlicher Aktivitäten. Hauptinstrument ist die Gewährung von zinsgünstigen Darlehen mit einer Laufzeit von bis zu 30 Jahren sowie Finanzdienstleistungen zur Währungsabsicherung *(hedging)*. Die IBRD refinanziert sich an den Kapitalmärkten, was sie seit Gründung in die Lage versetzt hat, mehr als 500 Mrd. US$ an Krediten zu gewähren, von denen die Mitgliedsländer ca. 14 Mrd. US$ getragen haben. Aus den Kreditrückzahlungen bestreitet die IBRD ihre jährlichen Ausgaben, legt Rücklagen an und überweist den „Rest" an die IDA (siehe unten) für Projekte in den ärmsten Entwicklungsländern.
- International Development Association (IDA)
  Die IDA wurde 1960 gegründet und hat derzeit 173 Mitgliedsländer. Sie ist der Teil der Gruppe, der Projekte in den ärmsten Ländern der Erde finanziert, mit dem Ziel, den Lebensstandard in diesen Ländern anzuheben und die wirtschaftliche und soziale Entwicklung zu fördern. Dafür gewährt sie Darlehen *(loans)* oder Zuwendungen in Form „verlorener/nicht rückzahlbarer Zuschüsse" *(grants)*. Die Darlehen werden entweder zinslos oder zu sehr günstigen Zinskonditionen gegeben. Für die Rückzahlung haben die Länder, bei 5 bis 10 tilgungsfreien Jahren, zwischen 25 und 38 Jahren Zeit. Die IDA ist im Laufe ihres Bestehens zu der größten „Finanzquelle" für die ärmsten Staaten der Erde (*„Heavily Indepted Countries"*; HIPCs) geworden. *Grants* erhalten vor allem Länder mit einem hohen Überschuldungsrisiko. Aus diesem Grund kann sich die IDA nicht auf den Kapitalmärkten refinanzieren und ist hauptsächlich auf die Zuwendungen ihrer Mitgliedsländer angewiesen. Diese Mittel werden alle drei Jahre im Rahmen von Wiederauffüllungsverhandlungen zusammengetragen. Zusätzlich zu den Geberbeiträgen erhält IDA Transferleistungen aus Gewinnüberschüssen der IBRD und der IFC. Die IDA hatte bis Mitte 2017 (Ende des Fiskaljahrs) fast 20 Mrd. US$ zur Verfügung gestellt, von denen fast 20 % als „verlorene Zuschüsse" gegeben wurden. Seit Gründung 1960 wurden fast 350 Mrd. US$ an 113 Länder vergeben.
- International Finance Corporation (IFC)
  Die IFC wurde im Jahr 1956 als eigenständige Tochter der Weltbankgruppe gegründet; sie hat derzeit 184 Mitgliedsländer. Das ICF-Direktorium setzt sich aus Vertretern aller Mitgliedsländer zusammen, wobei auch bei der IFC das Stimmengewicht von dem geleisteten Finanzbeitrag abhängt. Die IFC stellt zusammen mit der MIGA (siehe unten) den Arm der Bankengruppe für die Förderung des Privatsektors dar. Sie hat sich seit Gründung zu der weltweit größten auf die Förderung des Privatsektors ausgerichteten Bank entwickelt. Die IFC erkennt an, dass der große Investitionsbedarf in Entwicklungsländern nicht allein durch „ODA-Investitionen" geleistet werden kann, sondern vor allem über den Privatsektor. Die IFC bietet deshalb für diesen Sektor spezifische Dienstleistungen zur Stärkung der

Privatwirtschaft an. Die von der IFC gewährten Darlehen werden oftmals in Form von „sektoralen Bonds" wie zum Beispiel dem *green bond* oder von Darlehen, um die Liquidität lokaler Märkte anzuregen, vergeben. Dafür stellt sie eigenes Kapital zur Verfügung, in Form langfristiger Investitionsdarlehen zu kommerziellen Bedingungen oder Garantien. Ergänzend leistet die IFC seit einigen Jahren technische Hilfe im Privatsektorbereich.

Die IFC kapitalisiert sich durch Anlagen an den internationalen Finanzmärkten, wobei die Anleihen auf Länder, Währungen und Derivate hin diversifiziert werden, um eine langfristige Zahlungsfähigkeit der Bank aufrechtzuerhalten. Das „AAA-Rating" hat die IFC zu einem gefragten Partner in den internationalen Finanzmärkten gemacht.

Im Jahr 2016 hat die IFC sich strategisch neu aufgestellt. Sie will sich in Zukunft vor allem auf die Finanzierung von Klima- und Infrastrukturprojekten sowie auf die Unterstützung von kleinen und mittleren Unternehmen (KMU) in den Sektoren „Gesundheit", „Bildung" und „finanzielle Inklusion" konzentrieren. Als ein weiteres Querschnittsthema identifizierte die IFC die Förderung von Zahlungsgeschäften ohne zwischengeschaltete Banken und den Ausbau seines Engagements in Krisen- und Konfliktländern; hier vor allem durch eine verstärkte Zusammenarbeit mit der IBRD.

— Multilateral Investment Guarantee Agency (MIGA)
Die MIGA wurde 1988 als jüngste Tochter der Weltbankgruppe gegründet und hat derzeit 181 Mitgliedsländer. Die Hauptaufgabe der MIGA ist die Förderung ausländischer Direktinvestitionen in Entwicklungs- und Schwellenländern durch die Vergabe von Garantien zur Absicherung gegen nichtkommerzielle Risiken, wie zum Beispiel Handelsbeschränkungen, Vertragsbruch, Krieg, zivile Unruhen und Enteignung. Das Garantieportfolio der MIGA konzentriert sich auf die Bereiche Finanzsektor und Infrastruktur und bietet zudem Dienstleistungen auf den Gebieten der technischen Hilfe und der Investitionsberatung an. Sie berät außerdem die Regierungen der Entwicklungsländer bei der Formulierung von Programmen zur Förderung von ausländischen Investitionen. Die MIGA versucht, mit ihrem Instrumentarium sowohl nationale Investitionsgarantieabkommen beziehungsweise Kapitalschutzabkommen als auch private Versicherungen gegen politische Risiken zu ergänzen. Die MIGA bietet zudem Dienstleistungen auf den Gebieten der technischen Hilfe und der Investitionsberatung an.

Neben den klassischen Produkten (Absicherung gegen politische Risiken) engagiert sich die MIGA verstärkt in dem Portfolio „Versicherung gegen Zahlungsausfälle von Regierungen und öffentlichen Unternehmen" (sogenanntes *non honoring*). Mit diesem Versicherungstyp ist die MIGA in der Lage, das fehlende Bindeglied zum Privatsektor-Geschäft der IFC für den Fall zu bilden, dass private Bankenfinanzierungen erforderlich sind, die ohne eine „Abscherung" nicht zustande kommen. Im Energiebereich spielt daneben auch die klassische Deckung gegen politische Risiken weiterhin eine große Rolle, indem die MIGA einen privaten Energieerzeuger gegen Bruch vertraglich festgelegter Stromabnahmepreise absichert. Dies fördert die Tragfähigkeit von Privatsektorprojekten.

Im Geschäftsjahr 2016 hat die „MIGA" Garantien in Hohe von ca. 4,3 Mrd. US$ vergeben. Damit betrug das ausstehende Garantieportfolio der Agentur am Ende des Geschäftsjahrs 2016 rund 14 Mrd. US$. Die enge Zusammenarbeit mit den anderen Weltbank-Töchtern ist der Garant dafür, dass die MIGA seit Gründung erfolgreich am Markt operiert.

— International Centre for Settlement of Investment Disputes (ICSID)
Das Internationale Zentrum zur Beilegung von Investitionsstreitigkeiten (ICSID) ist die kleinste Institution der Weltbankgruppe. Sie beruht auf dem „Übereinkommen zur Beilegung von Investitionsstreitigkeiten zwischen Staaten und Angehörigen anderer Staaten" aus dem Jahr 1966 und hat gegenwärtig 151 Mitgliedsländer. Es ist eine Schlichtungsinstitution zur Beilegung von Investitionsstreitigkeiten zwischen ausländischen Investoren und deren Partnerländern unter dem Dach der Weltbank.

Als wichtigste Institution der Investitionsschiedsgerichtsbarkeit unterstützt das ICSID die Streitbeilegung vor allem bei Streitigkeiten zwischen Investoren und Staaten im Rahmen von bilateralen und multilateralen Investitionsschutzabkommen, indem es Verfahrensregeln, Räumlichkeiten, ein Sekretariat und administrative Unterstützung für Schiedsverfahren und Mediationen bietet. Das ICSID selbst nimmt, anders als zum Beispiel der Internationale Gerichtshof, keine Rechtsprechungsaufgaben wahr. Darüber hinaus unterstützt ICSID durch Publikationen die Fortentwicklung von internationalem Investitionsrecht und Schlichtungsverfahren. Maßgeblich für das Einschalten des Zentrums im Streitfall ist die Klärung der Zuständigkeit. Nach Artikel 25 muss das Anrufe des ICSID mit einer „unmittelbar mit einer Investition zusammenhängenden Rechtsstreitigkeit" in Zusammenhang stehen. Dabei gibt die Konvention keine Definition des Investitionsbegriffs. Als Zeitspanne für ein Schlichtungsverfahren wird ein Zeitraum von 5 Jahren genannt, in dem die Finanztransaktion vorgenommen wird, um so Streitfälle aus kurzfristigen Krediten auszunehmen (Johannsen 2009).

Internationaler Währungsfonds

Der Internationale Währungsfonds (IWF; *International Monetary Fund;* IMF) wurde geschaffen, um Mitgliedsländer bei der Bewältigung von Problemen zu helfen, die mit ihrer Zahlungsbilanz zusammenhängen, und die internationale Zusammenarbeit auf dem Gebiet der Währungspolitik zu fördern. Eine Aufgabe, für die die Weltbank nicht zuständig ist. Der IWF geht ebenfalls auf die Konferenz von

Bretton Woods 1944 zurück. Derzeit gehören dem IWF 189 Mitgliedsländer an. Die wichtigen Entscheidungen werden vom Gouverneursrat bei den Frühjahrs- und Herbsttagungen von IWF und Weltbank getroffen. Die laufende Geschäftsführung nimmt das Exekutivdirektorium wahr, das aus 24 Exekutivdirektoren besteht. Im IWF arbeiten etwa 2700 Mitarbeiter/innen aus 123 Ländern. Der/die Direktor/in des IWF wird seit jeher von den europäischen Regierungen vorgeschlagen.

Ziel des IWF ist es, die internationale Zusammenarbeit auf dem Gebiet der Währungspolitik zu fördern und durch stabile monetäre Rahmenbedingungen die Basis für eine nachhaltige wirtschaftliche Entwicklung zu schaffen. Ein ausgewogenes Wachstum des Welthandels soll erleichtert und Stabilität der Wechselkurse soll gewährleistet werden, um so die internationalen Währungsbeziehungen zu fördern, die Ausweitung eines ausgewogenen Wachstums des Welthandels zu erleichtern und bei der Errichtung eines multilateralen Zahlungssystems mitzuwirken. Der IWF soll (vorübergehend) in Zahlungsbilanzschwierigkeiten geratene Länder bei der Stabilisierung ihrer Wirtschaft unterstützen. Es ist ferner mandatiert, die Wechselkurspolitik seiner Mitgliedsländer zu beurteilen.

Die zentralen Aufgaben des IWF:
— Beobachtung der weltwirtschaftlichen Entwicklungen, Darstellung der ökonomischen Risiken und Ausarbeitung von Empfehlungen (*multilateral surveillance*),
— Analyse und Bewertung der Wirtschafts-, Währungs- und Finanzpolitik jedes einzelnen Mitgliedslandes bei Bedarf und wirtschafts- und währungspolitische Empfehlungen (*bilaterale surveillance*),
— Beratung der Mitglieder, die ihnen helfen kann, Finanzkrisen vorzubeugen oder diese beizulegen, makroökonomische Stabilität zu erreichen, ihr Wirtschaftswachstum zu beschleunigen und die Armut abzubauen,
— Gewährung vorübergehender Finanzhilfe an Mitgliedsländer, um sie bei der Bewältigung von Zahlungsbilanzproblemen zu unterstützen,
— Bereitstellung technischer Hilfe und Ausbildung, auf Antrag eines Landes, für den Aufbau von Fachkenntnissen und Institutionen, die das Land für die Verfolgung einer soliden Wirtschaftspolitik benötigt.
— Jährlich erstellt der IWF neben einer Reihe anderer wirtschafts- und währungspolitischer Berichte den über die wirtschaftliche Lage der Welt: *World Economic Outlook* (WEO).

Im Zuge der fortschreitenden Globalisierung der letzten Jahrzehnte haben sich der Tätigkeitsfelder des IWF sukzessive ausgeweitet, wie zum Beispiel im Bereich der Entwicklungsfinanzierung. Seit Mitte der 80er-Jahre wurde der IWF verstärkt mit Aufgaben der Entwicklungspolitik betraut, so zum Beispiel im Rahmen des „Monterrey-Konsens" (vgl. ▶ Abschn. 3.5.3), der „Entschuldungsinitiative für Highly Indebted Poor Countries" (HIPICs) oder zur Erreichung der „Millennium-Entwicklungsziele" (*Millennium Development Goals,* MDGs). In Fällen, in denen makrorelevante strukturelle Hemmnisse das Wachstum behindern, bietet der IMF eine Reihe langfristiger Finanzierungsmöglichkeiten an, wie die „Emergency Assistance for Natural Disasters" oder das „Post-Catastrophe Debt Relief"-Programm, mit denen er sich an der Entschuldung für „Low Income Countries" (LICs) beteiligt, wenn diese von Naturkatastrophen betroffen sind. Der IWF sieht seine Aufgaben in der Entwicklungspolitik vor allem auf den Sektoren „Beratung des Finanzsektors" sowie in der „Überwachung" der Kreditvergabe. Die Entwicklungspolitik bringt den IWF mitunter in einen Zielkonflikt, wenn es darum geht, seine Aufgaben zur Bewältigung kurzfristiger finanzpolitischer Krisen wahrzunehmen.

Im Fall von Währungskrisen kann er seinen Mitgliedern aus diesen Mitteln mit Krediten und Darlehen zu Hilfe kommen, bindet diese aber an Auflagen für die Ausgestaltung der nationalen Währungs- und Wirtschaftspolitik. Um eine mögliche Währungskrise gar nicht erst eintreten zu lassen, analysiert der IWF regelmäßig im Vorfeld die Wirtschafts- und Währungspolitik seiner Mitglieder und versucht durch Beratung rechtzeitig auf Schwachstellen hinzuweisen und diese zu beseitigen. Gemäß Artikel IV des IWF-Übereinkommens hat der IWF das Mandat, das internationale Währungssystem und die Wirtschafts- und Finanzpolitik seiner Mitgliedsländer zu überwachen (*surveillance*). Die zweite zentrale Aufgabe des IWF (*surveillance*). Der IWF nimmt dann die Rolle des vertrauenswürdigen Beraters in wirtschafts- und währungspolitischen Fragen ein. Er hat jedoch keine Befugnisse, direkt in die Wirtschaftspolitik seiner Mitglieder einzugreifen.

Die Finanzmittel des IWF stammen aus den Einzahlungen seiner Mitglieder, deren Höhe je nach wirtschaftlicher und finanzieller Stärke festgelegt wird; so zum Beispiel leisten die USA 17,5 %, Japan 6,5 % und China 6,4 %. Der IWF wird damit quasi zu einer „Kreditgenossenschaft". Jedes Mitgliedsland hält einen Kapitalanteil am IWF, die sogenannte „Quote". Nach dieser Quote bemisst sich die Einzahlungsverpflichtung („Subskription") und damit letztendlich auch das Recht zum finanziellen Rückgriff auf den IWF; und das Stimmrecht des Mitgliedslandes. Im Jahr 2012 summierten sich die Finanzüberweisungen an den IWF auf um 310 Mrd. US$. Aus diesem Fonds werden auf Antrag eines Landes Kredite gewährt, um zum Beispiel einen Staatsbankrott, wie den von Argentinien (2001/2002), abzuwenden. Neben dieser Kreditlinie kann ein Kreditnehmer über den IWF auch auf „bilaterale" Finanzmittel eines einzelnen Mitgliedslandes zugreifen. Dieses Finanzierungsinstrument wird als „Sonderziehungsrechte" (SZR; englisch: *Special Drawing Right,* SDR) bezeichnet. Die „SZR" stellen eine weitere Form des IWF dar, sich zu refinanzieren. Bei Bedarf kann der IWF solche Mittel bei seinen Mitgliedsländern abrufen. Mit diesem Instrument wurde (praktisch) ein „Weltgeld" geschaffen, das bargeldlos beim IWF geführt wird. Die „SZR" werden nicht an den Devisenmärkten gehandelt, sondern auf IWF-Konten als ein Buchkredit geführt. Sie stellen somit ein Guthaben eines Beitragszahlers gegenüber dem IWF dar und werden ferner auch als eine Währungsreserve eines Landes anerkannt und eröffnen einem Land die Möglichkeit, für seine Sonderziehungsrechte andere Währungen zu kaufen. Die „SZR" werden Kreditnehmern für eine bestimmte Laufzeit zur Verfügung gestellt; können aber in eigener Währung zurückgezahlt werden. Verbunden mit der Kreditvergabe sind oftmals finanzpolitische Auflagen, um ihre wirtschaftliche Situation zu verbessern; so zum Beispiel klare Vorgaben, wo bei den Staatsausgaben gespart werden muss (BPB 2012). In den letzten 15 Jahren hat sich das Volumen der „Sonderziehungsrechte" fast verdoppelt. Viele Entwicklungs- und Schwellenländer sehen diese Ausweitung als problematisch an, da sich ihr Stimmrecht im IWF an der Höhe der offiziellen IWF-Kreditquote orientiert und sie fürchten, ihren Einfluss auf den IWF zu verringern; eine Befürchtung, die die Europäische Union teilt.

Ferner kann der IWF im Rahmen der „Multilateralen Allgemeinen Kreditvereinbarungen" bei seinen Mitgliedern, deren Währung er für Transaktionen benötigt, Mittel aufnehmen, wobei die Mittelbereitstellung an den IWF freiwillig erfolgt.

Wegen der immer stärkeren Verflechtungen von Finanzpolitik mit den Programmen zur sozialen und wirtschaftlichen Entwicklung wurde lange eine tiefere Zusammenarbeit von IWF und der Weltbankgruppe gefordert. Dabei soll der IWF weiterhin seine Aufgaben in der Schaffung finanzpolitischer Stabilität in den Kreditnehmerländern wahrnehmen und die Weltbank ihre zur Armutsreduktion und nachhaltigem Wachstum. Die Kritiker fordern daher eine bessere Abstimmung („Kohärenz") dieser Instrumente und eine bessere „Komplimentarität", um die Umsetzungen besser koordinieren zu könne. Dazu müssten IWF und Weltbank die entsprechenden Vergaberichtlinien auf organisatorischer Ebene schaffen. In der Folge der Weltwirtschaftskrise 2008/2009 wurde daher ein Reformprozess im IWF angeschoben. Auslöser waren Entscheidungen der „G20" („Rat der 20 führenden Regierungen"), der seitdem zum wichtigsten Forum der internationalen Wirtschaftskoordination geworden sind. Da die in den G20 vertretenen Regierungen auch direkt im IWF Verantwortung tragen, nehmen die Entscheidungen der G20-Gipfel unmittelbar Einfluss auf den IWF. Mit dem Reformprozess wurde die Bedeutung des IWF als globale Finanzinstitution wieder deutlicher herausgestellt. Diese betrafen vor allem die globalen wirtschaftlichen Verflechtungen sowie die internationalen Kapitalflüsse und deren Auswirkungen auf die Entwicklungsländer. Durch die neuen Kreditmechanismen soll die Finanzpolitik einkommensschwacher Länder flexibler und effizienter gestaltet werden. Ferner werden seit 2008/2009 die finanziellen Risiken noch stärker als bisher in die ökonomischen Beurteilungen einbezogen. Jährlich wird über die globale Wirtschaftsentwicklung im *World Economic Outlook* (WEO) und über die Entwicklung des Finanzsektors im *Global Financial Stability Report* (GFSR) berichtet; auch wenn solche Veröffentlichungen nicht immer auf ungeteilte Zustimmung bei den betroffenen Ländern stoßen. Im Oktober 2010 haben die G20-Finanzminister beschlossen, dass die Stimmanteile der zu der Zeit 189 Mitgliedstaaten zugunsten der aufstrebenden Schwellenländer umverteilt werden sollen. An Einfluss haben in den letzten Jahren die stark wachsenden Volkswirtschaften wie China und Südkorea gewonnen.

Innerhalb des IWF haben sich Gruppen von Staaten zusammengeschlossen, die ihre Interessen vorab abstimmen und die Politik des IWF in ihrem Sinne zu beeinflussen suchen. Die wichtigsten westlichen Industrieländer sind in der G7-Gruppe vereint. Mitglieder der G7 sind die USA, Japan, Deutschland, Frankreich, Großbritannien, Italien und Kanada, die aufgrund des gewichteten Stimmrechts zusammen schon über 45 % der Stimmrechte verfügen. Die G20 wurde im Jahr 1999 auf Initiative der G7 auf einem Gründungstreffen in Berlin mit dem Ziel ins Leben gerufen, den Dialog zwischen Industrie- und Schwellenländern in wichtigen Fragen des internationalen Währungs- und Finanzsystems zu verbessern. Die Entwicklungsländer haben sich in der G24-Gruppe zusammengeschlossen, die jeweils acht Mitgliedsländer aus Lateinamerika, Afrika und Asien umfasst.

Von seinem Kernziel her ist der IWF eine Währungsorganisation und kein Instrument der Entwicklungspolitik, obwohl in den letzten 30 Jahren eine Unterstützung des Finanzsektors der Entwicklungsländer stark zugenommen hat. Im Falle, dass eines seiner Mitgliedsländer in finanzielle Schwierigkeiten gekommen ist, stellt der IWF Finanzmittel aus seinem Fonds zeitweilig und unter angemessenen Sicherungen zur Verfügung. Diese Hilfen schließen Kredite und Darlehen ein. Die Modalitäten für die Inanspruchnahme der Finanzmittel sind:

— Reservetranchenpolitik: Sollte ein Mitgliedsland ein Zahlungsbilanzbedarf haben, kann es jederzeit den dem IWF zur Verfügung gestellten Betrag („Subskriptionsquote") „ziehen". Dazu muss es gegen einen entsprechenden Betrag seiner eigenen Währung diese (eigenen) Finanzmittel vom Fonds (zurück)kaufen („ziehen"). Der IWF erhebt auf diese Ziehungen Gebühren und verlangt, dass das betreffende Mitgliedsland innerhalb eines bestimmten Zeitraums seine eigene Währung vom Fonds zurückkauft (zurückzahlt), d. h. für seine eigenen Belange verwendet. Eine solche „Ziehung" bedeutet keine Inanspruchnahme eines IWF-Kredits, da die SZR eines Landes als Teil der Devisen des Mitglieds angesehen wird und daher jederzeit in Anspruch genommen werden können.
— Kredittranchenpolitik: Die Kredite des Fonds werden den Mitgliedsländern in Teilbeträgen von jeweils 25 % ihrer nationalen „Quote" ausgezahlt, wobei die ▶ Ziehung in vier Kredittranchen von je 25 % der Quote möglich ist; aber an zunehmend strengere wirtschaftspolitische ▶ Auflagen gebunden. Die 1. Kredittranche kann als ▶ Direktkauf, d. h. unmittelbar in voller Höhe, in Anspruch genommen werden. Das ziehende Mitglied hat glaubhaft darzulegen,

dass es um Zahlungsbilanzsanierung bemüht ist. Die höheren Kredittranchen sind an sogenannte ▶ Beistandsabkommen gebunden. In diesen werden wirtschaftspolitische ▶ Auflagen („Konditionalität") festgelegt, bei deren Erfüllung der vereinbarte Höchstbetrag in einem Zeitraum von 1–2 Jahren automatisch abgerufen werden kann. Für die IWF-Kredite müssen Zinsen bezahlt werden. Der Zinssatz ist ein gewichtetes Mittel kurzfristiger Marktzinsen in fünf Industrieländern plus einem kleinen Aufschlag zur Deckung der administrativen Kosten des IWF. Die ▶ Rückzahlung geschieht in Raten innerhalb 3–5 Jahren nach Inanspruchnahme.

— Notfinanzierungspolitik: Der IWF stellt Notfinanzierung bereit, um seinen Mitgliedern bei der Überwindung von Zahlungsbilanzproblemen beizustehen, die auf plötzliche unvorhersehbare Naturkatastrophen zurückgehen oder nach Beendigung schwerer Konflikte entstanden sind. Gewöhnlich erfolgt dies in Form von Direktkäufen von bis zu 25 % der Quote, sofern das Mitglied mit dem IWF zusammenarbeitet. Bei Ländern nach Beendigung schwerer Konflikte kann ein zusätzlicher Zugang zu bis zu 25 % der Quote gewährt werden.

Der IWF ist – wie auch die Weltbankgruppe – durch seine internationale Aufstellung naturgemäß erheblicher Kritik ausgesetzt. So wird bemängelt, dass der Fonds sich in den letzten Jahren zu oft und zu sehr hat in politische Entscheidungsfindungen einschalten lassen; zuletzt bei der Griechenlandkrise 2008. Ein weiterer „Vorwurf" bezieht sich auf die Tatsache, dass der Vorsitz im IWF satzungsgemäß von einem Vertreter der französischen Regierung gestellt wird. Es wird daher von vielen (nicht europäischen) Vertretern kritisiert, dass die Gefahr bestehe, dass der IWF quasi eine „proeuropäische" Sichtweise einnehme, nicht aber die Interessen aller seiner Mitglieder widerspiegele. Auch seien die Laufzeiten der Hilfsprogramme zu lang, wodurch zu viel Geld gebunden würde. Der Fonds solle sich auf Hilfen bei kurzfristigen Finanzkrisen konzentrieren. Auch müssten die Vergabekriterien klarer von den Aufgaben der Weltbank abgegrenzt werden. Der IWF müsse exklusiv für die „Finanzpolitik" zuständig werden und die Weltbank für die entwicklungspolitischen Inhalte.

3.4.3 Regionale Entwicklungsbanken

Regionale Entwicklungsbanken weisen eine ähnliche Funktionsweise und „Finanzpolitik" auf, wie die vor ihnen entstandene Weltbank. Sie stellen die Finanzinstrumente für Asien, Afrika, Lateinamerika, der Karibik und für Europa dar. Sie gewährleisten durch ihren regionalen Charakter eine hohe Identifikation (*„ownership"*) mit ihren Kontinenten. Oberstes Ziel ist die Bekämpfung der Armut durch Förderung einer nachhaltigen wirtschaftlichen und sozialen Entwicklung, durch Investitionen in die Infrastruktur und durch die Förderung des Privatsektors. Neben verschiedenen Finanzierungsinstrumenten gewähren sie bei der Umsetzung dieser Aufgabenstellung auch technische Assistenz. Zu den wichtigsten regionalen Entwicklungsbanken gehören:
— Interamerikanische Entwicklungsbank (IDB),
— Asiatische Entwicklungsbank (ADB),
— Asiatische Infrastruktur-Investitionsbank (▶ AIIB),
— Afrikanische Entwicklungsbank-Gruppe (AfEB-Gruppe),
— Europäische Bank für Wiederaufbau und Entwicklung (EBWE).

Interamerikanische Entwicklungsbank

Die 1959 gegründete Interamerikanische Entwicklungsbank (*Inter-American Development Bank*, IDB; spanisch: *Banco Interamericano de Desarrollo*, BID), ist die älteste und größte der regionalen multilateralen Entwicklungsbanken. Sie übertrifft mit dem Volumen ihrer Kreditlinien seit Jahren die Förderungen der Weltbank in der Region. Ihre Aufgabe ist die Förderung der wirtschaftlichen und sozialen Entwicklung der Staaten Lateinamerikas und der Karibik. Ziel der IDB ist es, 50 % der Projekte bzw. 40 % der zu finanzierenden Programme für Armutsbekämpfung und Abbau sozialer Ungleichgewichte einzusetzen. Die Armutsbekämpfung ist dabei auf die folgenden Schwerpunkte ausgerichtet:
— Beitrag zur Reform der sozialen Sektoren,
— „Modernisierung des Staates" (*good governance*, Korruptionsbekämpfung),
— Verbesserung der Wettbewerbsfähigkeit der lateinamerikanischen und karibischen Volkswirtschaften,
— Förderung der regionalen Integration (Handel, Wirtschafts- und Finanzpolitik).

Zur IDB gehören:
— Interamerikanische Entwicklungsbank (IDB),
— Interamerikanische Investitionsgesellschaft (IIC),
— Multilateraler Investitionsfonds (MIF).

Die finanziellen Ressourcen der Bank bestehen aus den eingezahlten Mitgliedsbeiträgen sowie auf den Kapitalmärkten aufgenommenen Kreditmitteln oder sonstigen Beiträgen von Mitgliedsländern (z. B. Trust Funds). Die IDB stellt ihre Kredite sowohl zu marktnahen Konditionen als auch höchst günstigen („konzessionären") Konditionen, bei denen die ärmsten Länder Darlehen oft mit einem Zinssatz von 1 % oder weniger und Laufzeiten von über 30 Jahren erhalten, bzw. eine Mischung aus beidem (*blended finance*), zur Verfügung. Das Kapital der Bank wird in Form von Barzahlungen – verteilt über mehrere Jahre – getätigt und repräsentiert lediglich 4,3 % der Kapitalzeichnung. Demnach ist der größte Teil des gezeichneten Kapitals Garantiekapital, mit dem die Kapitalaufnahmen der IDB in den Kapitalmärkten gesichert werden. Erst durch eine in den 1970er-Jahren vorgenommene Änderung der Statuten können auch Staaten außerhalb des amerikanischen Kontinents der IDB beitreten. Gegenwärtig hat die IDB 48 Mitglieder.

Neben lateinamerikanischen und karibischen Ländern sind auf der Geberländerseite neben den USA, Kanada, Japan und Israel auch europäische Staaten als Aktionäre beteiligt.

Neben der Aufgabe, Finanzmittel zur wirtschaftlichen und sozialen Entwicklung, mit einer Betonung auf Programme für jene Bevölkerungsgruppen mit den niedrigsten Einkommen, bereitzustellen, stellt sie Mittel für die technische Unterstützung zur Vorbereitung, Finanzierung und Implementierung von Entwicklungsprojekten zur Verfügung. Die Gewährung von Darlehen und Beteiligungen durch die IIC erfolgt ohne Regierungsgarantien; vor allem in den Sektoren „Finanzdienstleistungen", „Venture Capital", „Industrieproduktion", „Landwirtschaft", „Tourismus", „Bergbau" und „Erdöl".

Die Interamerikanische Investitionsgesellschaft (IIC) unterstützt kleinere und mittlere Privatunternehmen in Lateinamerika. Sie wurde 1986 gegründet und ergänzt dadurch die hauptsächlich auf den öffentlichen Sektor gerichteten Aktivitäten der IDB. Gegenwärtig hat die IIC 45 Mitgliedsländer mit einer Mehrheit bestehend aus lateinamerikanischen und karibischen Mitgliedsländern. Auf der Geberländerseite sind die USA das „stärkste" regionale Mitgliedsland.

Die 1970 gegründete Karibische Entwicklungsbank (*Caribbean Development Bank*; CDB) fördert die Entwicklung ihrer 17 karibischen Mitglieder durch Darlehen. Ihre Kredite dienen vor allem der Verbesserung der Transport- und Kommunikationsinfrastruktur sowie der Förderung von Klein- und Mittelbetrieben.

Der Multilaterale Investitionsfonds (MIF) wurde 1993 gegründet. Der MIF vergibt gezielte Investitionen und agiert so als Katalysator zum Beispiel für Wirtschaftsreformen. MIF ist im Laufe der Jahre zum größten finanziellen Förderer von technischer Unterstützung für die Privatsektorentwicklung in Lateinamerika geworden.

Asiatische Entwicklungsbank

Die Asiatische Entwicklungsbank (*Asian Development Bank*, ADB) wurde 1966 gegründet, um im Bereich sozialer und wirtschaftlicher Entwicklungsinitiativen Projekte zu fördern, mit denen der Wohlstand der Menschen der Region erhöht wird: Oberstes Entwicklungsziel ist die Armutsbekämpfung. Darüber hinaus verfolgt sie als strategische Ziele die Förderung von Wirtschaftswachstum, Förderung der Humanentwicklung, Verbesserung der Stellung der Frauen und den Schutz der Umwelt. Bei allen ihren Aktivitäten versucht die Bank den Privatsektor zu fördern, den öffentlichen Verwaltungsbereich zu stärken, die Humanressourcen zu entwickeln und das Management der natürlichen Ressourcen nachhaltig zu stärken. Nach der Weltbank leistet sie als zweitgrößter multilateraler Entwicklungsfinanzier einen erheblichen Beitrag zur Förderung der fortgeschrittenen, wie der ärmsten Staaten Asiens. Strategisches Ziel der Bank ist eine umfassende Bekämpfung der Armut, die auf drei Säulen beruht:
- Förderung nachhaltigen Wirtschaftswachstums für die Armen,
- soziale Entwicklung,
- *good governance*.

Daher sollen mindestens 40 % der Kredite im öffentlichen Sektor für direkte Armutsbekämpfungs-Programme vergeben werden.

Das Kapital wird von den 67 Mitgliedsländern, darunter 48 aus der Region Asien und Pazifik, gezeichnet. Das Hauptquartier der ADB befindet sich in Manila, Philippinen. Zur Förderung von Investitionen im öffentlichen und privaten Bereich für Entwicklungszwecke gewährt die Bank Darlehen und tätigt Kapitalbeteiligungen, um die oben genannten strategischen Ziele zu fördern. Die meisten Bankdarlehen gehen in den öffentlichen Sektor, wobei jene Projekte und Programme Priorität genießen, die zu nachhaltigem Wirtschaftswachstum in der Region als Ganzes beitragen und regionale Kooperationen beitragen. Die Bank gewährt jedoch auch Darlehen an den privaten Sektor und an Regierungen für die Durchführung solcher Programme. Darüber hinaus wird technische Assistenz für die Vorbereitung und Durchführung von Entwicklungsprojekten und Programmen für Beratungszwecke geleistet. Besondere Aufmerksamkeit wird kleinen oder weniger entwickelten Ländern gewidmet.

Die Bank verfügt mit dem Asiatischen Entwicklungsfonds (AsEF) auch über einen eigenen Sonderfonds zur Gewährung von Zuschüssen an die ärmsten Länder Asiens. Bei der Jahrestagung der ADB im Mai 2015 wurde beschlossen, alle Kreditforderungen des AsEF als Aktiva in die Bilanz der ADB zu überführen *("merger")*. Dadurch wurde das operative Kapital der ADB in etwa verdreifacht. Der verbleibende AsEF soll vor allem den „Kleinen Inselstaaten" und „Post-Konflikt-Ländern" in Asien als *„grant facility"* zur Verfügung stehen.

Asiatische Infrastruktur-Investitionsbank

Die Asiatische Infrastruktur-Investitionsbank (▶ AIIB) geht auf eine Initiative Chinas vom Oktober 2013 zurück, mit der die Bedeutung von Infrastruktur für die nachhaltige wirtschaftliche Entwicklung Asiens und den erheblichen zusätzlichen Bedarf an langfristiger Finanzierung für Infrastruktur anerkannt wird. Die Bank hat 57 Gründungsmitglieder, darunter auch 20 nicht regionale Staaten, und hat ihren Sitz in Peking (AIIB 2017). Eine Vielzahl weiterer Staaten beabsichtigt, der AIIB beizutreten. Die Mitgliedsländer sind in 12 sogenannten Stimmrechtsgruppen zusammengeschlossen. Für asiatische Mitglieder sind drei Viertel der Stimmrechte reserviert, die nicht regionalen Mitgliedsländer sind in eigenen Gruppen vertreten, zum Beispiel die EU in der Gruppe (3), während die anderen europäischen Länder eine eigene Gruppe darstellen.

Die neue Bank hat seitdem die bestehende internationale Wirtschaftsordnung ergänzt. Weltbank, Währungsfonds oder ADB begrüßten die neue Infrastrukturbank. Anfangs geäußerte Kritik, die AIIB könnte zu einer regionalen „Konkurrenz" zu Weltbank, dem Internationalen Währungsfonds (IWF) und der Asiatischen Entwicklungsbank (ADB) werden, haben sich inzwischen gelegt, sodass heute auch die USA und Japan mit dem Finanzorgan zusammenarbeiten. Europa sieht in der Bank eine Ergänzung zu den bestehenden globalen Finanzorganen, die nach hohen internationalen Standards arbeiten.

Ziel der AIIB ist es, nachhaltige wirtschaftliche Entwicklung über die Finanzierung von Infrastruktur und anderen produktiven Sektoren in Asien zu fördern, sowie regionale Kooperation zur Überwindung von Entwicklungsbarrieren zu stärken. Der Schwerpunkt liegt bei der Förderung entwicklungsorientierter öffentlicher und privater Infrastrukturinvestitionen in den weniger entwickelten Staaten Asiens. Im Unterschied zu vergleichbaren Investitionsbanken ist Bekämpfung der Armut kein eigenständiges Ziel, auch die soziale Entwicklung ist kein Schwerpunkt der Bank. Die AIIB bekennt sich zu dem Ziel, hohe Umwelt-, Sozial- und Governance-Standards anzuwenden und modernen und fairen Beschaffungsregeln zu folgen. Hierzu wurden operative Regelungen, die unter anderem eine umfassende Einbindung der Zivilgesellschaft beinhalten, erarbeitet. Auch wurde mit der „*universal procurement regulation*" ein Instrument geschaffen, das es auch Firmen aus Nichtmitgliedsstaaten ermöglicht, sich um Aufträge zu bewerben.

Die Entwicklungsbank hat ein Gründungskapital von 100 Mrd. US$, von dem China 26 %, Indien 7,5 % und Russland mit 5,9 % die größten Anteile gezeichnet haben. Deutschland hat 900 Mio. US$ als Gründungskapital eingezahlt und gibt für den Zeitraum 2016–2019 Kreditgarantien in Höhe von 3,6 Mrd. US$. Die AIIB kann in all ihren Mitgliedstaaten, auch in denjenigen außerhalb Asiens, tätig werden. Des Weiteren kann die AIIB auch in Mitgliedsländern mittleren oder höheren Einkommens operativ werden, solange ihre Kredite, Garantien oder Kapitalbeteiligungen einen zusätzlichen Nutzen im Vergleich zu kommerziellen Finanzierungen generieren.

Afrikanische Entwicklungsbank-Gruppe

Die 1963 gegründete Afrikanische Entwicklungsbank-Gruppe (▶ AfEB-Gruppe) räumt – wie die anderen regionalen Entwicklungsbanken – der Armutsbekämpfung höchste Priorität ein. Dazu hat sie entsprechende Länder- und Sektorenstrategien aufgestellt und umgesetzt. Dabei spielen politische Kriterien, wie stärkere Bereitschaft der Kreditnehmerländer zu wirtschaftlichen und politischen Reformen, zu *good governance* und Korruptionsbekämpfung, das zentrale Entscheidungskriterium.

Die AfEB-Gruppe umfasst die Afrikanische Entwicklungsbank (AfEB), den Afrikanischen Entwicklungsfonds (AfEF) und den Nigeria Trust Fund (NTF). Alle diese drei Institutionen der internationalen Entwicklungsfinanzierung sind rechtlich selbstständig, organisatorisch eng verflochten und arbeiten mit denselben Personal- und Managementressourcen. Die AfEB-Gruppe unterstützt ihre regionalen Mitgliedsländer vor allem durch:

- Kredite zur Förderung ihres ökonomischen und sozialen Fortschrittes unter Anlegung von Nachhaltigkeitskriterien,
- Technische Assistenz und Know-how für die Vorbereitung und Durchführung von Entwicklungsprojekten,
- Hilfestellung und Bereitstellung von Know-how für die Erstellung, Durchführung und Koordination von Entwicklungsplänen, beim öffentlichen (Finanz-) Management sowie bei der Durchführung struktureller Reformen.

Die AfEB-Gruppe möchte damit die regionale Entwicklung in Afrika auf den Schwerpunkten fördern:
- Verbesserung der Lebensqualität der Menschen,
- Ernährungssicherheit (Landwirtschaft, ländliche Entwicklung, Wasser),
- Energie (Strom, erneuerbare Energie, *green economy*),
- Industrialisierung (Privatsektorentwicklung, Infrastruktur, Entwicklung verarbeitender Industrien),
- Regionale Integration,
- Klimawandel,
- Sozioökonomische Fragilität und Gendergleichheit.

Die AfEB wurde 1963 von der damaligen Organisation of African Unity (OAU), der Vorgängerinstitution der heutigen African Union, als gesamtafrikanische Institution für die Finanzierung von Entwicklungsprojekten in Afrika ins Leben gerufen. Sie funktioniert auf der Basis des von den Mitgliedsländern bereitgestellten Kapitals und refinanziert sich von den internationalen Finanzmärkten. Die Bank vergibt Kredite an seine Mitglieder, die alleine nur zu bedeutend schlechteren Konditionen Zugang zu den Finanzmärkten finden würden. Seit Öffnung der AfEB im Jahr 1982 steht die Bankengruppe auch für Aktionäre aus anderen Regionen offen. Heute sind viele Industriestaaten, aber auch Ländern wie Indien, Brasilien, Saudi-Arabien u. v. a. Mitglieder geworden. Durch Erweiterung der Mitgliederbasis konnte die Bonität auf den internationalen Finanzmärkten signifikant verbessert werden. Heute umfasst die AfEB 54 afrikanische und 27 nicht afrikanische Mitgliedsländer.

1972 wurde der Afrikanische Entwicklungsfonds (AfEF) gegründet. Er vergibt in der Regel wie die IDB hochkonzessionäre Kredite (Zinssatz 1 % oder weniger; Laufzeit von über 30 Jahren). Daneben werden auch Grants an afrikanische Länder mit geringem Einkommen vergeben.

1976 erfolgte die Gründung des Nigeria Trust Fund (NTF), des kleinsten Mitglieds der AfEB-Gruppe. Der NTF wird nur von Nigeria befüllt (Erstkapitalisierung von 80 Mio. US$, Wiederauffüllung 1981 mit 71 Mio. US$). Er unterliegt einer nigerianischen Entscheidungsstruktur.

Europäische Bank für Wiederaufbau und Entwicklung

Die Europäische Bank für Wiederaufbau und Entwicklung (▶ EBWE) wurde 1991 als Reaktion auf die politischen Veränderungen in Mittel- und Osteuropa gegründet. Das Ziel der Bank ist es, den wirtschaftlichen Fortschritt und

Wiederaufbau in den Ländern Mittel-, Süd- und Osteuropas sowie in Zentralasien zu fördern, die sich zur Demokratisierung sowie für private und unternehmerische Initiativen geöffnet haben. Dazu unterstützt die Bank Programme zu strukturellen und sektoralen Wirtschaftsreformen, um so diese Volkswirtschaften zu einer vollen Integration in die internationale Wirtschaft zu verhelfen. Im Unterschied zu den anderen Entwicklungsbanken hat die EBWE neben einem wirtschaftlichen auch ein politisches Mandat. Dieses verpflichtet sie, die Unterstützungsmaßnahmen von den Bemühungen der Empfängerländer, demokratische und pluralistische Gesellschaftsverhältnisse zu schaffen, abhängig zu machen.

Die EBWE leistet des Weiteren technische Hilfe bei der Vorbereitung, Finanzierung und Durchführung solcher Programme. Mitglieder der Bank können alle europäischen Länder sowie nicht europäische Länder werden, wenn diese Mitglieder des IWF sind; ferner die Europäische Kommission und die Europäische Investitionsbank (EIB). Oberstes Entscheidungsorgan ist der Gouverneursrat, in dem derzeit 64 Staaten vertreten sind. Neben dem Gouverneursrat gibt es das Direktorium, das aus 23 Mitgliedern besteht und vom Gouverneursrat für jeweils drei Jahre gewählt ist. Die Direktoriumsmitglieder vertreten sogenannte Stimmrechtsgruppen, die sich aus zwei oder mehreren Mitgliedsländern zusammensetzen.

Bei der Erfüllung der Aufgaben arbeitet die Bank eng mit den anderen multilateralen Entwicklungsbanken, der Organisation für Wirtschaftliche Zusammenarbeit und Entwicklung (OECD) und den Vereinten Nationen zusammen.

3.5 Institutionelle Instrumente

3.5.1 Internationaler Handel und Technologietransfer

Voraussetzung für eine nachhaltige Implementierung von umweltverträglichen Wachstumsstrategien ist eine globale Politikarchitektur mit zwei grundlegenden Handlungsfeldern (Trusen 2019): dem internationalen Handel und dem Technologietransfer.

Internationaler Handel

Seit etwa 1950 hat der internationale Austausch an Gütern und Dienstleistungen um mehr als 30 % zugenommen. Es ist unbestritten, dass eine höhere Integration einer Volkswirtschaft in den internationalen Handel sich positiv auf die nationale Wohlfahrt auswirkt und, dass „Handel ein Instrument für Entwicklung" darstellt (BMZ 2011). Dabei wird Entwicklung nicht nur durch den Import/Export selbst bestimmt, sondern sehr oft sind beide mit einem Zugewinn an Kompetenz aus einem Technologietransfer verbunden. Dort wo dies nicht der Fall ist, kommt es zu erheblichen Disparitäten in Einkommen und Wirtschaftswachstum. Um diesen Ländern gleiche Entwicklungschancen einzuräumen, sollte eine Stärkung des internationalen Handels zum Beispiel durch offenere Märkte, auch in Rahmen von „Green Economy" (siehe ▶ Abschn. 3.1.3), als Instrument für Entwicklung vorgenommen werden. In dem WTO-Abkommen und der DOHA-Entwicklungsrunde wurde dafür der Begriff „aid for trade" gewählt. Beide internationalen Vereinbarungen zielen darauf ab, die internationalen Handelsbeziehungen auf eine verbindliche Grundlage zu stellen. „Aid for trade" bietet eine Vielzahl an Einflussnahmen an, die inzwischen global ausgerichteten Produktionsstrukturen mit ihren internationalisierten Wertschöpfungsketten nachhaltiger zu gestalten. Investitionen in eine Minderung der Treibhausgasemissionen haben starken Einfluss auf die Preisgestaltung landwirtschaftlicher und industrieller Produkte und Dienstleistungen und damit auch auf die Konsumgewohnheiten. Hierfür müssen die Eckwerte zur Umsetzung von Qualitäts-, Sozial- und Umweltstandards verbindlich festlegen und deren Einhaltung von unabhängigen Organisationen überwacht werden.

Des Weiteren bildet die G20-Gruppe die wahrscheinlich durchsetzungsstärkste Kraft in der Umsetzung der Umwelt- und Klimaschutzziele. Seit 2008 hatten Themen wie „erneuerbare Energien" und „umweltverträgliches Wachstum" einen festen Platz in den Konferenzen. Auf dem Pittsburgh-Gipfel der G20 von 2009 trafen die Teilnehmerländer die wichtige Entscheidung, die Subventionen für fossile Treibstoffe auslaufen zu lassen, um so die Voraussetzungen für die Einführung sauberer Energiequellen zu verbessern. In diesem Zusammenhang stellte die Schlußerklärung des Gipfels fest:

> Increasing clean and renewable energy supply [...] promotes sustainable growth and address the threat of climate change.

Auf regionaler Ebene kommt natürlich der Europäischen Union eine führende Verantwortung für den Umwelt- und Klimaschutz zu. Für 2020 hat die EU das Energiesparziel „20:20:20" erklärt. Dadurch will sie die Treibhausgasemissionen in der EU gegenüber den Werten von 1990 um mindestens 20 % senken, den Anteil des Energieverbrauchs aus erneuerbaren Energien um 20 % steigern und den Primärenergieverbrauch 20 % absenken. Dazu hat sie einen Fahrplan für eine CO_2-arme Wirtschaft bis 2050 verabschiedet, der fordert, die Emissionen aus energieintensiven Industriezweigen (wie Stromerzeugung, Stahl, Zement) jährlich abzusenken.

Internationaler Technologietransfer

Technologische Entwicklungen stellen den Motor bei der Entwicklung dar. Sie können daher auch dazu beitragen, Klimaschutz zu „erträglichen" Kosten zu ermöglichen, so zum Beispiel Lösungen zur Vermeidung von Umweltverschmutzung oder für umweltverträgliche/re Produktionsmethoden, aber auch solche zum Monitoring von TGH-Emissionen. Ferner sind auch sogenannte *„soft technologies"* wie Wissensmanagement oder entsprechende

Organisations- und Managementsysteme relevant, auch wenn es darum geht, eine externe Anwendung technologischen Wissens durch einen Technologietransfer für Dritte zu ermöglichen.

Technologietransfer und der Aufbau nationaler technologischer Kompetenz im Umweltbereich sind die Voraussetzung für mehr Wettbewerbsfähigkeit und schaffen neue Arbeitsplätze in der Industrie und bei ihren Zulieferern. Auch ein verbesserter Zugang zu professionellen, industrienahen Dienstleistungen trägt dazu bei, die Innovationskraft kleiner und mittelständischer Unternehmen zu stärken und durch die verbesserte Wettbewerbsfähigkeit ihr Wachstum zu fördern. Dazu müssen nach Auffassung der Weltbank (WB 2010) Industrie- und Entwicklungsländer ihre Anstrengungen im Bereich der Forschung und Entwicklung erheblich steigern. Dies lasse sich nur durch eine Arbeitsteilung zwischen staatlichen Programmen und der Eigendynamik der Märkte gewährleisten. Danach sind staatliche Förderungen insbesondere in den Anfangsstadien („Research & Development") erforderlich, da hier die Geschäftsrisiken für die Privatwirtschaft besonders hoch sind. Mit zunehmender Entwicklung und Marktreife greifen Marktmechanismen etwa wie die Bereitstellung von Investitionen durch den Privatsektor (Trusen 2019).

Einwände aufseiten vieler Industrieunternehmen betreffen vor allem den wirksamen Schutz des geistigen Eigentums. Wirkungsvolle Schutzmechanismen seien die Basis für funktionierende Technologiekooperationen und stärken die Kooperationsbereitschaft der Unternehmen (BDI 2018). Zu den Voraussetzungen für Investitionen und Technologiekooperationen gehören offene Märkte und verlässliche, WTO-konforme Rahmenbedingungen für fairen Wettbewerb. In Bezug auf den Forschungssektor ist es für die Umsetzung von „Green Economy" zwingend erforderlich, die internationalen Forschungsaktivitäten von Klimaforschern, Ökologen, Umweltforschern und Soziologen und Ökonomen noch stärker zu verknüpfen. Nur wenn die Aktivitäten global besser vernetzt werden, wird es möglich, die komplexen Zusammenhänge von Ursachen und Wirkungen des Klimawandels so zu bündeln, dass Aussagen über die weitere Entwicklung der Ökosysteme abgeschätzt werden können.

3.5.2 Internationales Klimaschutzregime

Der Regimebegriff

Immer wenn internationale Beziehungen sachliche Inhalte betreffen, die durch Regularien, Prinzipien, Regeln usw. normiert werden (sollen), handelt es ich um ein „Regime" (Puchala und Hopkins 1982).

„Regime" stellen keine völkerrechtlich verbindlichen Abkommen und Verträge dar, die im Falle der Nichteinhaltung mit Sanktionen geahndet werden können – wie zum Beispiel durch den Internationalen Strafgerichtshof, der sogar lebenslange Haftstrafen für ehemalige Staatspräsidenten verhängt hat – sondern stellen ein Instrument, mit dem der Umgang von Staaten harmonisiert werden soll, wie es durch das Montrealer Protokoll und die Baseler Konvention so erfolgreich gelungen ist.

Die Regimetheorie entstand mit Beginn der 1980er-Jahre im Zuge der „kritischen Auseinandersetzung der Internationalen Beziehungen" unter dem Einfluss des damals herrschenden Paradigmas „des Neorealismus" (List 2007). Dabei ist zwischen einem rein normenbezogenen, juristischen Regimebegriff und einem normgeleiteten Begriff mit einschließendem sozialwissenschaftlichen Bezug zu unterscheiden. Die „Regimetheorie" reagierte auf die immer weiter zunehmenden Verflechtungen der internationalen Systeme und legte somit ihren Fokus auf eine Standardisierung der internationalen Beziehungen, nicht auf eine Analyse von Ursachen und Wirkungen internationaler Konflikte. Die „Regimetheorie geht davon aus, dass Staaten interessengeleitet und rational handeln" (Zangl 2003). Sie regiert auf die Tatsache, dass Staaten immer weniger ihre Sicherheit ausschließlich national gewährleisten können und eröffnet neue Handlungsfelder neben dem Völkerrecht, die zu einer institutionalisierten Kooperation zwischen Staaten und transnationalen Akteuren in spezifischen Sektoren geführt hat (Brand: Vorlesung „Theorien Internationale Politik" „Regimetheorie" Universität Wien).

Die in einem „Regime" vereinbarten Prinzipien schlagen sich oft in Normen nieder, die wiederum in Gesetze übergehen und so nationale Aktivitäten in zuvor definierten Sektoren bestimmen. Dabei geben in der Regel Prinzipien/Normen die Begründung für Änderungen in der politischen Agenda, während Regeln die Grundlage für das institutionelle Handeln legen. Eine scharfe Trennung dieser einzelnen Faktoren („Prinzip-Norm-Gesetz") ist oftmals nicht möglich. Dies ist nach Ansicht von Krasner (1983) auch nicht erforderlich, solange sich eine Gesellschaft mit dem „Regime" verpflichtet, dieses als multilaterale Norm anzuerkennen. Er hebt hervor, dass:

> Regimes can be defined as sets of implicit or explicit principles, norms, rules and decision-making procedures around which actors' expectations converge in a given area of international relations,

wobei er definiert:
- Prinzipien: *„beliefs of fact, causation and rectitude"*,
- Normen: *„standards of behavior"*,
- Regeln: *„specific prescriptions or proscriptions for action"* und
- Entscheidungsprozesse: *„prevailing practices for making and implementing collective choice"*.

„Regime" sind Beispiele für angewandte Kooperation zwischen Staaten, das heißt aber nicht, dass Kooperationen nicht auch ohne ein solches „Regime" möglich sind. „Regime" helfen, die internationalen Beziehungen verlässlicher zu gestalten, indem sie sie in geordnete Bahnen leiten. Die Erwartungen des Einzelnen oder einer Gesellschaft werden

3.5 · Institutionelle Instrumente

damit zusammengeführt *("convergent expectation")* und so internationale Stabilität und Ordnung gestärkt (Haggard und Simmons 1987). Regime sind nur dann wirkungsvoll, wenn Staaten bereit sind, international zusammenzuarbeiten, „ohne Druck" und unter Verzicht auf „hegemoniale Strukturen" und wenn „Kooperation angesichts zunehmend komplexer Interdependenzbeziehungen über Staatsgrenzen hinweg im gemeinsamen Interesse aller Beteiligten liegt" (Zangl 2003). „Regime" haben dann eine politische Lenkungsfunktion, wenn sie Staaten bei der Lösung von gemeinsamen, grenzüberschreitenden Problemen unterstützen. Dazu muss nach Keohane (1983) gewährleistet sein, dass ein internationales System („Regime") keine eigene „autoritäre Herrschaftsinstanz" darstellt. Nur dann kann es seine Funktion, Vereinbarungen zwischen Regierungen zu fördern, auch wirkungsvoll wahrnehmen.

Oftmals werden „Regime" rein deskriptiv definiert, wobei eine solche eingeschränkte Definition ihnen aber nicht gerecht wird, da sie in der Regel auch einen moderierenden, standardisierenden Charakter haben, der als Konsequenz Handlungsweisen beeinflusst und mitbestimmt. Durch die Ausrichtung der internationalen Beziehungen auf „Regime" konnte eine Loslösung von der bis dahin dominierenden Ausrichtung auf staatliche Akteure erreicht werden und stattdessen konnten auch nicht staatliche und private Akteure in die internationale Politik einbezogen werden (Sprinz 2003).

Das größte Anwendungsfeld von „Regimen" ist derzeit der Umwelt- und Klimaschutz. Durch eine seit nunmehr über 30 Jahren andauernde Institutionalisierung der globalen Umweltpolitik ist es möglich geworden, die Interessenlagen eines Staates abzubilden, ohne dabei die berechtigten Interessen eines anderen Staates zu verletzen. Der internationale Umweltdiskurs konnte so in dieser Zeit einen erheblichen Bedeutungszuwachs erfahren. Allen Beteiligten ist deutlich geworden, dass ohne eine Internationalisierung des Interessenausgleichs viele Umweltprobleme nicht mehr gelöst werden können; obwohl immer noch einige Staaten einen hinhaltenden „Widerstand" leisten. Auch wenn die heute mehr als 25 Konferenzen der Klimarahmenkonvention nach Abschluss in den Medien als „mehr oder weniger gescheitert" bezeichnet wurden, so hat sich doch im Verlauf der Konvention der internationale Anspruch an einer „nachhaltigen Welt" immer stärker in den Vordergrund der politischen Auseinandersetzung geschoben, sich als „andauernden Prozess der kollektiven Bearbeitung eines gemeinsamen Problems" herausgestellt (Oberthür und Gehring 1997).

Regime zum Schutz von Klima und Umwelt

Die wichtigsten und bekanntesten Umwelt- und Klimaschutzregime sind:
- Klimarahmenkonvention (UNFCCC),
- Konvention zum Schutz der biologischen Vielfalt (UNCBD),
- Übereinkommen zum Schutz der Ozonschicht („Montrealer Protokoll"),
- Konvention zur Bekämpfung der Desertifikation (UNCCD).

Daneben wird mit „Regimen" wie
- „Monterrey-Konsensus",
- „Montrealer Protokoll" oder zum Beispiel der
- „Ramsar-Konvention"

eine Internationalisierung an Umwelt- und Klimaschutzprogrammen international implementiert.

Die „Regime" werden zum Teil nachfolgend und/oder im ▶ Kap. 4 näher erläutert. Stellvertretend für die Zielsetzung, den Aufbau und die Umsetzungsmechanismen der „großen" Konventionen soll an dieser Stelle die Klimarahmenkonvention eingehender beschrieben werden.

Klimarahmenkonvention

Auf dem ▶ UN-Gipfel für Umwelt und Entwicklung (UNCED) 1992 in Rio de Janeiro wurde das „Rahmenübereinkommen der Vereinten Nationen über Klimaänderungen" („United Nations Framework Convention on Climate Chance"; UNFCCC) beschlossen (näheres siehe ▶ Kap. 4). Die Konvention wurde anschließend von der Generalversammlung der Vereinten Nationen offiziell anerkannt und danach zur Ratifizierung freigegeben. Die Konvention trat am 21. März 1994 in Kraft. Bis heute wurde die „Klimarahmenkonvention", wie das Abkommen kurz genannt wird, von 197 Vertragsstaaten und der Europäischen Union unterzeichnet.

Mit der Konferenz in Rio de Janeiro konnte ein weitreichender Konsens in der Klimapolitik erreicht werden, mit dem der als gefährlich angesehenen Anstieg der globalen Erwärmung von 2 °C über dem vorindustriellen Wert gerade noch vermieden werden kann. Auf der Konferenz gelang es erstmals in der Geschichte der Menschheit, einen Konsens herbeizuführen, der bei einer Überschreitung der 2-°C-Marke die „weitere Entwicklung des Klimas, als nicht mehr kontrollierbar" feststellte. In dem Artikel (2) der Konvention verpflichten sich die Vertragsstaaten explizit „eine gefährliche anthropogene Störung des Klimasystems" („dangerous anthropogenic disruption of the climate system") zu verhindern und die globale Erwärmung zu verlangsamen sowie ihre Folgen zu mildern. Die Parteien einigten sich darauf, die Treibhausgasemissionen zu begrenzen, um damit die Konzentration in der Atmosphäre bis zum Jahr 2000 auf dem Niveau von 1990 zu stabilisieren.

Mit Beitritt haben sich die Industrieländer dazu bekannt, dass ihnen aus der historischen Entwicklung heraus eine besondere Verantwortung im Klimaschutz zukommt; aber auch die Entwicklungsländer wurden aufgerufen, ihren Beitrag zu leisten („common but differentiated responsibiliy"). Die Klimarahmenkonvention stellt seitdem die Grundlage der globalen Klimadiplomatie dar.

Mit Artikel 7 der Konvention wurde beschlossen, eine ständige Konferenz der Vertragsparteien einzusetzen, die „Vertragsstaatenkonferenz der Unterzeichner der Klimarahmenkonvention" (*Conference of the Parties*; COP). Diese Konferenz stellt das oberste Gremium des Übereinkommens und überprüft in regelmäßigen Abständen den Stand der Konvention und aller mit ihr zusammenhängenden Rechtsinstrumente. Auf ihr werden die notwendigen Beschlüsse gefasst, um die Durchführung des Übereinkommens zu fördern. Zu diesem Zweck stellt sie fest, ob die Vertragsparteien ihren Verpflichtungen nachgekommen sind und welche Schlussfolgerungen aus den Initiativen und Aktivitäten für die weitere Ausgestaltung der Konvention gezogen werden können.

Die größten „Erfolge", mit denen die Klimarahmenkonvention in der Regel verbunden werden, sind zum einen, dass es mit Gründung der UNFCCC im Jahr 1992 (Rio de Janeiro) gelungen war, sich zunächst einmal darauf zu verständigen, den Anstieg der globalen Oberflächentemperatur als für die Gesellschaft „gefährlich" einzustufen. Schon 1992 war zwar der Schwellenwert bei 2 °C angesehen worden; aber der Wert fand damals noch keinen Eingang in die offiziellen Dokumente. Dies geschah erst auf der UNFCCC-Vertragsstaatenkonferenz in Cancún (2010).

Die Klimarahmenkonvention wird häufig mit dem Kyoto-Protokoll gleichgesetzt oder sogar verwechselt. Das Kyoto-Protokoll wurde erst 1997 auf der dritten Vertragsstaatenkonferenz (UNFCCC-COP 3) in Kyoto verabschiedet. Der nächste wichtige Schritt wurde auf der 13. Konferenz in Bali vorgenommen, als das „Nachfolgeabkommen des Kyoto-Protokolls" für den Zeitraum nach 2012 beschlossen wurde. In Paris wurde dann 2015 das Nachfolgeprotokoll – oft auch als 2. Verpflichtungsermächtigung oder als „Kyoto II" bezeichnet – offiziell beschlossen. Hier wurde erstmals vereinbart, die globale Erwärmung auf unter 2 °C zu reduzieren.

Doch das sind nur die am stärksten in der Öffentlichkeit wahrgenommenen Errungenschaften der Konvention. Dabei ist ihr größter Erfolg, dass es nunmehr seit über 30 Jahren gelungen ist, das Thema Klimawandel auf die politische Agenda zu setzen und, dass das Thema immer größere Einflüsse auf andere Politikfelder wie die Sozialpolitik oder die Wirtschaftspolitik nimmt. Auch wenn in dieser Zeit eine Reihe an Rückschlägen verkraftet werden mussten, so sind die Schritte hin zu mehr Klimaschutz immer im Lichte der 1992 angefangenen Klimadebatte zu sehen.

Das Kyoto-Protokoll

Mit Datum vom 22.10.2004 machte Russland den Weg für das Inkraftsetzen des Kyoto-Protokolls frei (UNFCCC 1977). Damit konnte das Quorum übersprungen werden, nach der das Abkommen erst gültig werden konnte, wenn sich an ihm so viele Staaten beteiligen, die gemeinsam für mindestens 55 % des weltweiten Kohlendioxidausstoßes verantwortlich sind. In Kraft getreten ist das Kyoto-Protokoll offiziell mit Datum vom 16. Februar 2005; es hatte eine Laufzeit von 2008 bis 2012. Auf der UNFCC-COP-11-Konferenz in Montreal (2005) haben sich dann die Vertragsstaaten auf eine Fortschreibung des Kyoto-Protokolls bis zum Jahr 2020 (2. Verpflichtungsperiode) geeinigt; 189 Ländern stimmt zu. Die Einigung wurde auch von den USA akzeptiert, obwohl sie das Kyoto-Protokoll selbst nicht ratifiziert haben.

Das Kyoto Protokoll stellt weltweit den ersten völkerrechtlich verbindlichen Vertrag zur Eindämmung des Klimawandels dar, in dem sich die beteiligten Staaten verpflichten, den Ausstoß klimaschädlicher Gase zu senken. Inzwischen haben 197 Vertragsparteien inklusive der EU die Klimarahmenkonvention ratifiziert und damit die völkerrechtliche Basis für globalen Klimaschutz geschaffen. Die USA haben das Protokoll zwar unterzeichnet, aber nie ratifiziert. Zudem verkündete 2011 Kanada, sich vorzeitig wieder aus dem Kyoto-Protokoll zurückzuziehen und begründete dies damit, dass die größten CO_2-Emittenten der Welt, Länder wie Indien und China, durch das Protokoll gar nicht in die Pflicht genommen werden. Die USA forderten wiederholt, dass sich die „führenden" Schwellenländer zu „aussagekräftigen Verpflichtungen" (*„meaningful participation"*) bekennen.

Die 1992 anlässlich der „Konferenz der Vereinten Nationen über Umwelt und Entwicklung" („United Nations Conference on Environment and Development", UNCED; häufig auch als „Erdgipfel" oder „Rio-Konferenz" bezeichnet, vgl. ▶ Kap. 4) verabschiedete „Klimarahmenkonvention" (United Nations Framework Covention of Climate Change, UNFCCC; vgl. ▶ Kap. 4) hatte die Grundlage für das Kyoto-Protokoll gelegt. Der erste Schritt auf dem Weg hin zu dem Kyoto-Protokoll wurde durch das sogenannte „Berliner Mandat" beschritten, das auf der ersten UNFCCC-Vertragsstaatenkonferenz in Berlin verabschiedet worden war. Mit diesem Mandat wurde eine Arbeitsgruppe („Ad hoc Group on the Berlin Mandate", AGBM) beauftragt, einen Textentwurf für ein rechtlich verbindliches „Instrument" auszuarbeiten, das feste Reduktionsziele und einen Zeitrahmen zu ihrer Erreichung beinhalten sollte (UNFCCC 1995). Außerdem wurden die „UNFCCC-Nebenorgane für wissenschaftliche und technische Fragen" (Subsidiary Body for Scientific and Technical Advice; SBSTA) und das zur „Umsetzung der Konvention" (Subsidiary Body for Implementation; SBI) sowie die Stadt Bonn als Sitz des Klimasekretariats damals in Berlin festgelegt.

Entscheidend dafür, dass Kyoto am Ende erfolgreich wurde, war der Vorstoß der USA – die dem Abkommen bis heute allerdings sehr skeptisch gegenüberstehen – für den Zeitraum 2008–2012 lediglich eine Stabilisierung der Emissionen auf dem Niveau von 1990 vorzusehen. Darüber hinaus plädierten die USA für die Einrichtung von Umsetzungsmechanismen, die später als „flexible Instrumente" des Emissionshandels bezeichnet wurden. Ferner wurde auf der 2. Vertragsstaatenkonferenz der Klimarahmenkonvention (UNFCCC-COP 2) im Juni 1996 in Genf die sogenannte „Genfer Ministerielle Deklaration" („Geneva Ministerial Declaration") verabschiedet, mit der man sich darauf verständigt hatte, den 1995 fertiggestellten „2. Sachstandsbericht des International Panels on Climate Change" („IPCC-AR2") zur wissenschaftlichen Grundlage für die weiteren Ausarbeitung einer rechtlich verbindlichen Regelung zur Reduktion von Treibhausgasen zu machen. Um zu einem Kompromiss zu gelangen, war es nötig, die unterschiedlichen politischen und wirtschaftlichen Interessen gegeneinander abzuwiegen. Es geht seit dem Protokoll um die sozial verträgliche Umgestaltung traditioneller

Produktionsverfahren hin zu einer klimaschonenden Wirtschaft. Dieser Paradigmenwechsel wird in einigen Ländern mit Sicherheit zu ökonomischen Einbußen führen, andere aber werden von der Neuorientierung profitieren.

Das Kyoto-Protokoll stellt zwar ein eigenständiges Dokument dar, das aber völkerrechtlich den Charakter eines „Zusatzprotokolls zur Ausgestaltung der Klimarahmenkonvention der Vereinten Nationen" hat und das daher an die bestehenden Vereinbarungen der Klimarahmenkonvention gebunden ist. Das Kyoto-Protokoll hat dem aber neue Verpflichtungen hinzugefügt. Während in der Klimarahmenkonvention die Vertragsstaaten noch dazu „aufgerufen" wurden, ihre Treibhausgasemissionen zu stabilisieren, verpflichtet das Protokoll sie nun dazu, ihre gemeinsamen Emissionen um einen festgelegten Prozentsatz (mindestens 5 %) zu reduzieren. Das Protokoll wirkt sich praktisch auf alle Lebensbereiche aus und gilt daher als das weitreichendste Abkommen in Sachen Umwelt und nachhaltige Entwicklung. Es verstand sich von Anfang an nicht als ein „endgültiges" Dokument. Es eröffnete den Vertragsstaaten die Möglichkeit, im Rahmen zukünftiger Übereinkommen auch erweitert zu werden.

Das Kyoto-Protokoll war ein erstes starkes Zeichen der internationalen Staatengemeinschaft, dass sie bereit war, dem sich damals erst „abzeichnenden" Klimawandel wirkungsvoll zu begegnen und sich der Realität des Klimawandels zu stellen. Erstmals wurden konkrete Maßnahmen benannt, mit dem die mit dem Klimawandel verbundenen Risiken verringern werden sollen. Mit ihm wurden die Emissionsniveaus für einzelne Länder aus dem Durchschnitt der Emissionswerte über den Zeitraum von 2008 bis 2012 festgelegt; dieser Zeitraum wird als „erster Verpflichtungszeitraum" bezeichnet. Der Versuch, ein für alle Länder einheitliches Emissionsziel festzulegen, hatte keine Mehrheit gefunden. Die schließlich vereinbarten Einzelvorgaben basierten daher auch nicht auf einer „objektiv" abgeleiteten Reduktionsformel, sondern waren das Resultat ausgehandelter Kompromisse.

Das Kyoto-Protokoll verpflichtete rechtlich nur die Industrieländer zu verbindlichen Emissionsreduktionsmaßnahmen. Doch schon sowohl in der Klimarahmenkonvention (1992) als auch in den Forderungen des Berliner Mandats (1995) war das Prinzip der „gemeinsamen, aber differenzierten Verantwortung" (vgl. ▶ Abschn. 3.5.3), festgelegt worden. Dieses richtet sich sowohl an die Industrieländer als auch an die Entwicklungsländer mit der Forderung, aktiven Klimaschutz zu betreiben, so z. B. ist die jährliche Berichterstattung in den sogenannten „Nationalberichten" (*„national reporting"*) über ihre Treibhausgasemissionen sowie die vorgenommenen Aktivitäten zur Emissionsminderung für alle Staaten gleichermaßen verbindlich vorgesehen.

Die Definition, welches Land als Industrieland und welches als Land mit einem anderen Status nach den Bestimmungen der Klimarahmenkonvention und nach dem Kyoto-Protokoll zu gelten habe, ist in der sogenannten Annex-Länderliste festgehalten. Danach sind:

- Annex-I-Staaten:
  Alle Industriestaaten, die im Anhang 1 („Annex I") der Klimarahmenkonvention aufgelistet sind. Auf der Liste stehen alle OECD-Länder (außer Südkorea und Mexiko) sowie alle osteuropäischen Länder (außer Jugoslawien und Albanien). Der Begriff „Annex-I-Länder" wird daher oft synonym mit „Industrieländer" gleichgesetzt. Annex-I-Länder haben in der „Klimarahmenkonvention" sich selbst zu einer Reduktion ihrer Treibhausgasemissionen bis zum Jahr 2000 auf das Niveau von 1990 verpflichtet.
- Annex-B-Staaten:
  Mit Annex-B-Staaten werden im Kyoto-Protokoll 41 Industrieländer bezeichnet, die sich im ersten Verpflichtungszeitraum von 2008 bis 2012 zur Reduzierung ihrer Treibhausgase verpflichtet haben. Sie sind bis auf wenige Ausnahmen mit den Ländern der „Annex-I-Länderliste" identisch bis auf Weißrussland und die Türkei.
- Non-Annex-I-Staaten:
  Damit werden alle diejenigen Ländern bezeichnet, die die Klimarahmenkonvention unterzeichnet haben, die aber nicht in der Annex-I-Länderliste aufgeführt sind,
- Non-Annex-B-Staaten:
  Als Non-Annex-B-Staaten werden im Prinzip alle ▶ Entwicklungs- und ▶ Schwellenländer bezeichnet; in der Liste sind 150 Länder aufgenommen, die – analog zum Klimarahmenabkommen – nicht in der Annex-B-Länderliste aufgeführt sind.

Obwohl Entwicklungsländer gegenwärtig keinen konkreten zeitlichen Vorgaben und Reduktionsverpflichtungen unterliegen, wird von ihnen dennoch erwartet, das Wachstum ihrer Emissionen zu begrenzen. Das Thema der Reduktionsziele für Entwicklungsländer hatte in Kyoto eine intensive Debatte ausgelöst. Ein Vorschlag, ein gesondertes Verfahren zu schaffen, wonach die Entwicklungsländer freiwillige Verpflichtungen auf sich nehmen, um ihre Emissionen zu begrenzen wurde abgelehnt. Viele Entwicklungsländer sträubten sich selbst gegen offizielle Verpflichtungen, selbst wenn diese freiwilliger Natur sind. Sie begründeten dies mit dem Argument, dass ihre Pro-Kopf-Emissionen immer noch niedrig seien, verglichen mit denen der entwickelten Länder. Sobald die Industrieländer überzeugend darlegen können, dass sie wirksame Maßnahmen zur Umsetzung ihrer Reduktionsziele ergriffen haben, könnte die Debatte darum neu belebt werden. Dennoch gab es in der Folgezeit eine Vielzahl an Anzeichen dafür, dass viele Entwicklungsländer (freiwillig) ernsthafte Schritte unternehmen, ihre Emissionen weniger schnell ansteigen zu lassen, als ihre wirtschaftliche Produktion.

Mit seinen 28 Artikeln (siehe unten) setzte das Kyoto-Protokoll den ordnungspolitischen Handlungsrahmen für die Erreichung der mit der Klimarahmenkonvention festgelegten Klimaziele. Auch wenn die darin beschriebenen Reduktionsverpflichtungen schon damals als viel zu gering angesehen wurden und zudem nur für den Zeitraum 2008–2012 gültig waren, so zeigte das Protokoll erstmalig den Willen der Staatengemeinschaft, sich grundlegend mit dem

Problem des Klimawandels auf der Ebene des Völkerrechts auseinanderzusetzen.

Zentrale Anliegen des Protokolls sind die Festlegung der:
- Reduktionsziele:
  Die Industriestaaten sollten insgesamt den Ausstoß von sechs klimaschädlichen Gasen bis 2012 um 5,2 % gegenüber 1990 verringern; wenn auch mit unterschiedlichem Ausmaß. Die EU sowie einige andere europäische Länder um 8 %, die USA um 7 %, Japan um 6 %, Russland um 0 %. Dagegen hätten Industrieländer wie Norwegen, Island und Australien ihre Emissionen sogar noch steigern dürfen.
- Treibhausgase:
  Zu den Treibhausgasen wurden neben Kohlendioxid (CO_2), Methan (CH_4) und Distickstoffoxid (N_2O), die (damals) zusammen 70–80 % der Treibhausgase ausmachten, (v. a. auf Betreiben der USA) auch Schwefelhexafluorid sowie die teilhalogenierten und perfluorierten Kohlenwasserstoffe aufgenommen.
- Entwicklungsländer:
  Diese wurden für die erste Reduktionsverpflichtungsperiode von dem Protokoll – ausgenommen. Über den sogenannten *„Clean Development Mechanism"* (CDM) sollen jedoch Einzelprojekte gefördert werden, die sowohl dem Klimaschutz als auch der Entwicklung dieser Länder dienen.
- Flexibilität:
  Die Reduktionsverpflichtungen kann auch zu einem bestimmten Anteil durch Investitionen im Ausland erfüllt werden. Dies kann zum einen im Rahmen von Projekten in anderen Industriestaaten (Joint Implementation; JI) oder in Entwicklungsländern (*Clean Development Mechanism;* CDM) erfolgen.
- Emissionshandel:
  Durch einen Handel mit sogenannten „Emissionszertifikaten" *(emissions trading)* konnten die Reduktionsverpflichtungen zwischen Industriestaaten ausgeglichen werden.

In Folgenden werden die wesentlichen Beschlüsse kurz vorgestellt.

Ziel:

» Artikel 2
§ 1: Um eine nachhaltige Entwicklung zu fördern, wird jede Vertragspartei aufgefordert, quantifizierte Emissionsbegrenzungs- und -reduktionsverpflichtungen entsprechend ihren nationalen Gegebenheiten umsetzen.

Verpflichtungen der Vertragsparteien:

» Artikel 3
§ 1: Die Vertragsparteien sorgen dafür, dass ihre gesamten anthropogenen Emissionen die ihnen zugeteilten Mengen nicht überschreiten.
§ 2: Die Vertragsparteien müssen bis zum Jahr 2005 nachweisbare Fortschritte erzielt haben.

» Artikel 5
§ 1: Jede Vertragspartei muss spätestens ein Jahr vor Beginn des ersten Verpflichtungszeitraums über ein nationales System zur Schätzung der anthropogenen Emissionen verfügen.
§ 2: Die Konferenz der Vertragsparteien beschließt auf ihrer ersten Tagung Leitlinien für diese nationalen Systeme, in die auch die in Absatz 2 vorgesehenen Methoden einbezogen werden.

» Artikel 7
§ 1: Jede Vertragspartei legt jährlich ein Verzeichnis der Emissionen vor, soweit diese nicht durch das Montrealer Protokoll geregelt werden.

Aufgaben der Vertragsstaatenkonferenz:

» Artikel 8
§1: Die vorgelegten Emissionsverzeichnisse werden von sachkundigen Überprüfungsgruppen überprüft.

» Artikel 9
§1: Die Konferenz der Vertragsparteien überprüft das Protokoll unter Berücksichtigung der besten verfügbaren wissenschaftlichen Informationen und Beurteilungen sowie unter Berücksichtigung einschlägiger technischer, sozialer und wirtschaftlicher Informationen („Einführung der Nebenorgane"),

» Artikel 13
§1: Die Konferenz der Vertragsparteien dient als oberstes Gremium des Übereinkommens.
§2: „Staaten", die nicht Vertragsparteien dieses Protokolls sind, können an den Beratungen als Beobachter teilnehmen.

» Artikel 20
§1: Jede Vertragspartei kann Änderungen dieses Protokolls vorschlagen.

» Artikel 22
§ 1: Jede Vertragspartei hat eine Stimme.

» Artikel 23
§ 1: Der Generalsekretär der Vereinten Nationen ist Verwahrer dieses Protokolls.

» Artikel 25
§ 1: Dieses Protokoll tritt am neunzigsten Tag nach dem Zeitpunkt in Kraft, zu dem mindestens 55 Vertragsparteien des Übereinkommens, auf die insgesamt mindestens 55 v. H. der gesamten Kohlendioxidemissionen (Referenzdatum 1990) entfallen, ihre Ratifikations-, Annahme-, Genehmigungs- oder Beitrittsurkunden hinterlegt haben.

» Artikel 27
§ 1: Eine Vertragspartei kann jederzeit nach Ablauf von drei Jahren, nach dem dieses Protokoll für sie in Kraft getreten ist, von dem Protokoll zurücktreten.
§ 2: Der Rücktritt wird nach Ablauf eines Jahres nach dem Eingang der Rücktrittsnotifikation wirksam.

3.5 · Institutionelle Instrumente

In Bezug auf die „Flexiblen Mechanismen" erklärt das Protokoll zu:

Joint Implementation:

» Artikel 3
§ 10: Alle Emissionsreduktionseinheiten oder jeder Teil einer zugeteilten Menge, die eine Vertragspartei von einer anderen Vertragspartei erwirbt, werden der der erwerbenden Vertragspartei zugeteilten Menge hinzugerechnet.
§ 11: (beziehungsweise) von der der übertragenden Vertragspartei zugeteilten Menge abgezogen.

» Artikel 4
§ 1: Ist zwischen Vertragsparteien eine Vereinbarung getroffen worden, ihre Verpflichtungen gemeinsam zu erfüllen, so wird angenommen, dass sie diese Verpflichtungen erfüllt haben, sofern die Gesamtmenge ihrer zusammengefassten anthropogenen Emissionen die ihnen zugeteilten Mengen nicht überschreitet.

» Artikel 6
§ 1: Zur Erfüllung ihrer Verpflichtungen kann jede Vertragspartei Emissionsreduktionseinheiten jeder anderen Vertragspartei übertragen oder von jeder anderen in Anlage I aufgeführten Vertragspartei erwerben,

Clean Development Mechanismus:

» Artikel 12
§ 1: Hiermit wird der „Clean Development Mechanismus" festgelegt.
§ 2: Zweck des Mechanismus ist es Vertragsparteien dabei zu unterstützen
§ 3: Danach können die sich ergebenden Emissionsreduktionen als Beitrag zur
Erfüllung der (nationalen) Emissionsreduktionsverpflichtungen angerechnet werden.

Emissionshandel:

» Artikel 17
Die Konferenz legt die maßgeblichen Grundsätze, Modalitäten, Regeln und Leitlinien, für (den) Handel mit Emissionen fest.

Das Protokoll umfasst die sechs wichtigsten Treibhausgase:
- Kohlendioxid (CO_2),
- Methan (CH_4),
- Distickstoffoxid (N_2O),
- Hydrofluorkohlenwasserstoffe (H-FKWs),
- perfluorierte Kohlenwasserstoffe (FKWs),
- Schwefelhexafluorid (SF_6).

Das wichtigste Gas in dem Protokoll ist ohne Zweifel das Kohlendioxid (CO_2), das im Jahr 1995 vier Fünftel der gesamten Treibhausgasemissionen der entwickelten Länder ausmachte, wobei diese Emissionen bis auf wenige Prozentpunkte auf die Verbrennung von Treibstoff zurückzuführen waren. Die Entwaldung bildet die zweitgrößte Quelle für Kohlendioxidemissionen. Das zweitwichtigste im Protokoll behandelte Gas ist Methan (CH_4). Methan entsteht durch den Anbau von Reis, die Haltung von Nutztieren wie z. B. Rindern und die Beseitigung bzw. Aufbereitung von Müll und menschlichen Abfällen. Der Ausstoß von Distickstoffoxid (N_2O) geht im Wesentlichen auf die Verwendung von Dünger zurück. Wie auch im Fall von Methan sind die Distickstoffoxidemissionen in entwickelten Ländern stabil bzw. im Rückgang begriffen.

Das Protokoll fordert darüber hinaus eine Reduktion der drei langlebigen und hochwirksamen Treibhausgase H-FKWs, FKWs und Schwefelhexafluorid, auch „Industriegase" genannt. Die Verwendung von H-FKWs und FKWs drohte damals dramatisch anzusteigen, zum Teil, weil sie als ozonschonende Ersatzstoffe für FCKWs eingesetzt werden. Eine besonders wichtige Gruppe von Treibhausgasen, die das Protokoll nicht abdeckt, sind Fluorchlorkohlenwasserstoffe. Dies hängt damit zusammen, dass FCKWs aufgrund des 1987 verabschiedeten Montrealer Protokolls über Stoffe, die zu einem Abbau der Ozonschicht führen, bereits schrittweise reduziert werden. Dank dieses Abkommens stabilisieren sich die Konzentrationen vieler FCKWs in der Atmosphäre und werden in den nächsten Jahrzehnten wahrscheinlich abnehmen.

Das Protokoll anerkennt ausdrücklich die großen technischen Schwierigkeiten, die mit einer Überprüfung der Treibhausgasreduktion verbunden sind. Diese Verfahren seien hoch kompliziert, da beispielsweise ein Kilogramm Methan eine stärkere Auswirkung auf das Klima hat als ein Kilogramm Kohlendioxid. Senkungen bei einzelnen Gasen werden deshalb in „CO_2-Äquivalente" umgerechnet, die dann zu einem Gesamtwert aufaddiert werden. Die Reduktionen der drei wichtigsten Gase – Kohlendioxid, Methan und Distickstoffoxid – werden anhand des Basisjahres 1990 errechnet. Dagegen könnten Reduktionen bei den drei langlebigen Industriegasen – Hydrofluorkohlenwasserstoffe (H-FKWs), perfluorierte Kohlenwasserstoffe (FKWs) und Schwefelhexafluorid (SF_6) – entweder anhand des Basisjahres 1990 oder 1995 errechnet werden. Fasst man die einzelnen Reduktionsverpflichtungen zusammen und vergleicht diese mit den Reduktionszielen, die die einzelnen Staaten dem Sekretariat der Klimakonvention vorgelegt hatten, ergabt sich durch das Kyoto-Protokoll eine globale CO_2-Minderung um etwa 30 % bis 2010 im Vergleich mit 1990.

Neben der völkerrechtlichen Rahmensetzung für die Reduzierung der Treibhausgasemissionen enthält das Kyoto-Protokoll auch drei wesentliche Instrumente zur Umsetzung der Verpflichtungen, die alle einem einfachen Grundprinzip untergeordnet sind: Die emissionsmindernden Maßnahmen sollen jeweils dort durchgeführt werden, wo sie am kostengünstigsten sind. Es sei für den globalen Klimaschutz „zweitrangig", in welchen Ländern Emissionen gemindert werden. Dieser Grundsatz eröffnet den Industriestaaten die Möglichkeit zu entscheiden, wo und in welchem Ausmaß sie ihre Reduktionsziele erreichen wollen. Dies können Maßnahmen im eigenen Land sein, aber auch außerhalb, denn das Protokoll ermöglicht den Handel von Emissionsrechten. Die so erreichte

Emissionsminderung kann dann bis zu einem bestimmten Umfang auf die Reduktionspflicht der Industrieländer gutgeschrieben werden (UBA 2018).

Diese Instrumente werden als sogenannte „Flexible Mechanismen" *(flexible mechanism)* unter dem Kyoto-Protokoll bezeichnet. Zu den „Flexiblen Mechanismen" gehören:
- der „Emissionshandel" (*international emissions trading*; nach Artikel 17)
- der *„Clean Development Mechanism"* (CDM; nach Artikel 12) und
- das „Joint Implementation" (JI; nach Artikel 6).

Emissionshandel

Der „Emissionszertifikatshandel" („Handel mit CO_2-Emissionsrechten" oder oftmals auch als „Handel mit Verschmutzungsrechten" bezeichnet; *„emission trading"*) hat zum Ziel, den Ausstoß klimaschädlicher Gase zu möglichst geringen volkswirtschaftlichen Gesamtkosten zu reduzieren. Durch Kyoto ist er als ein zentrales Instrument im Kampf um den Klimawandel international stark in den Fokus der Politik gerückt. Das Protokoll erlaubt den Austausch von durch das Protokoll definierten Emissionszertifikaten, sogenannten „Assigned Amount Units" (AAUs) zwischen zwei oder mehreren Industrieländern (Annex-I-Staaten). Seit seiner Einführung hat sich der Handel mit Emissionsrechten als eine scharfe Waffe gegen die globale Erwärmung erwiesen und das vor allem weil er nicht, wie im Ordnungsrecht, strenge Grenzwerte verordnet, sondern den Klimawandel mit marktwirtschaftlichen Instrumente bekämpf. Der Emissionshandel hat sich nicht nur als ein ökonomisch effizientes, sondern gleichzeitig auch als ökologisch wirksames Instrument erwiesen, da er über die Festlegung der Gesamtzahl auszugebender Emissionsberechtigungen sehr genau die Gesamtemissionen steuern kann. Laut EU-Diplomaten werden im Rahmen des Kyoto-Protokolls jedes Jahr durchschnittlich 1,5 Mrd. Emissionsreduktionseinheiten akkumuliert. Auf die Gesamtlaufzeit des Kyoto-Protokolls (1. Verpflichtungsperiode 2008–2012) umgerechnet, beläuft sich die Gesamtzahl auf bis zu 7,7 Mrd. Einheiten. Derzeit kaufen vor allem Länder wie Japan die Zertifikate, um ihre zu hohen Kohlendioxidemissionen damit auszugleichen.

In der Folge von Kyoto sind sowohl in der Europäische Union als auch in weiteren Industrieländern Emissionshandelssysteme etabliert worden, so in Japan, Australien, Neuseeland, Kanada sowie in einzelnen Bundesstaaten der USA. Die EU hat ihr Handelssystem bereits mit denen von Norwegen, Liechtenstein und der Schweiz verknüpft. Auch in den sogenannten Schwellenländern gibt es inzwischen Ansätze für Emissionshandelssysteme, so beispielsweise in Südkorea, China, Brasilien, Kasachstan und Mexiko. Mit dem Protokoll wurde ein Anreiz gegeben, den Handel mit Treibhausgaszertifikaten in den nächsten Jahren zu einem über den europäischen Rahmen (European Trading Scheme; ETS) hinausgehenden weltweiten Emissionshandelssystem zu führen. Einem weltweiten Handel mit Emissionszertifikaten wurde damals ein Marktpotenzial von bis zu 1 Bill. US$ zugerechnet.

Die Umsetzung des „Emissionshandels" findet auf verschiedenen Ebenen statt. So hat sich ein Emissionsrechtehandel sowohl zwischen einzelnen Staaten entwickelt – wie er im Kyoto-Protokoll vereinbart worden ist – als auch ein unternehmensbasiertes Emissionshandelssystem in der EU. Ferner wurde in Europa in der Folgezeit umfangreich von der im Kyoto-Protokoll vereinbarten sogenannten „Glockenlösung" Gebrauch gemacht. Dazu haben sich die EU-Mitgliedsländer zu einer EU-weiten Zusammenarbeit verständigt, um so gemeinsam das für die EU insgesamt vereinbarte Emissionsziel zu erreichen.

Das europäische Emissionshandelssystem ist mit dem Kyoto-Protokoll über die Reduktionszertifikate aus Joint Implementation (JI) und dem *Clean Development Mechanism* (CDM) verbunden.

Unternehmen können sich danach ihre ausländischen Aktivitäten auf ihre Verpflichtungen innerhalb des EU-Systems anerkennen lassen. Der zwischenstaatliche Emissionshandel begann am 1. Januar 2008, in dem über die sogenannten Assigned Amount Units (AAUs) den Ländern Emissionsobergrenzen zugeteilt wurden, die sie bis zum Ende der ersten Kyoto-Periode (Ende 2012) erreichen hatten. Da damals das Jahr 1990 als Referenz gewählt wurde, bestand ein deutliches Überangebot an AAUs, da in diesem Jahr die Produktivität der Sowjetunion und der osteuropäischen Länder noch sehr hoch war, jedoch im folgenden Jahr („völlig") zusammenbrach. Dadurch verfügten die Länder des ehemaligen „Ostblocks" effektiv über einen hohen Überschuss an AAUs, der als *„hot air"* bezeichnet wird. Der Überschuss betrug selbst für den Zeitraum nach 2012 noch etwa 7,3 Mrd. t CO_2.

Im europäischen Emissionshandelssystem wird durch den Staat für eine Region und nicht nur für einzelne Verursacher eine Gesamtmenge an Treibhausgasemissionen festgelegt, die innerhalb eines bestimmten Zeitraums ausgestoßen werden darf. Die festgelegte Gesamtmenge wird „Wirtschaftssubjekten" („Emittenten") in Form von Emissionsberechtigungen („Zertifikate") zugeteilt. Die „Emittenten" können sich dazu in einem Emissionshandelssystem registrieren lassen. Die Teilnahme an dem System ist seit 2007 für alle Branchen verpflichtend. In der EU sind dies mehr als 10.000 Anlagen, die für mehr als die Hälfte aller EU-weiten CO_2-Emissionen verantwortlich sind. Die Anzahl der jedes Jahr neu mit einer ganz bestimmten Menge gratis ausgegebenen Emissionsberechtigungen – beruhend auf einer von der EU definierten Emissionsobergrenze – bemisst sich dabei an den historischen Emissionen des Emittenten („grandfathering-Prinzip"), einschließlich einer bestimmten Reduktionsverpflichtung. Zum Ende der Verpflichtungsperiode muss jeder Emittent nachweisen, dass die Höhe der eigenen Emissionen der Menge seiner Emissionsberechtigungen entspricht. Sollte er diese Menge überschritten haben, so ist eine Strafzahlung zu leisten. Treibhausgasemittenten mit hohen Emissionsrechten können sich durch Investitionen und technische Innovationen ein „Reduktionsguthaben" erwirtschaften. Veräußert ein Land überzählige Zertifikate, werden die so erwirkten

Emissionsminderungen auf das jährliche Reduktionsvolumen dieses Landes angerechnet.

Ein EU-Land kann – in voller Überstimmung mit dem Kyoto-Protokoll – aber, statt seine nationalen CO_2-Emissionen zu senken, auch nicht ausgenutzte Emissionsrechte an ein anderes Land verkaufen, beziehungsweise bietet es Emittenten die Möglichkeit, die mehr CO_2 ausgestoßen haben als ihnen zugeteilt worden war, fehlende Rechte („Zertifikate") von anderen Marktteilnehmern zu erwerben. Der Handel mit diesen Emissionszertifikaten wird in der EU an speziell eingerichteten „Strombörsen" (European Energy Exchange, EEX) in London und Leipzig vorgenommen. Derzeit wird ein Zertifikat mit 23 € gehandelt, das heißt, wer durch Investitionen von 10 € eine Tonne Kohlendioxid einspart, erzielt bei einem Emissionsrechtepreis von 20 € pro t einen Gewinn von 10 € (EEX 2017). Diese aber können nur von solchen Betreibern angeboten werden, die weniger emittiert haben, als zugewiesen. Des Weiteren haben Emittenten, deren Emissionen unterhalb des festgelegten Kontingents liegen, neben dem Verkauf der überschüssigen Emissionsberechtigungen auch die Möglichkeit, diese als Guthaben für die nächste Verpflichtungsperiode aufzubewahren. Die Lastenverteilung für die Emissionsziele der einzelnen EU-Mitgliedsstaaten schrieb Deutschland als dem größten Treibhausgasemittenten in der EU ein Reduktionsziel von 21 % bis zum Jahr 2012 vor. In Deutschland wurde daher mit dem „Gesetz über den Handel mit Berechtigungen zur Emission von Treibhausgasen", auch „Treibhausgas-Emissionshandelsgesetz" (TEHG) genannt, die entsprechende EU-Richtlinie (2003/87/EG) über ein „System für den Handel mit Treibhausgasemissionszertifikaten in der Europäischen Gemeinschaft" vom 8. Juli 2004 umgesetzt. Es bildet für Deutschland die gesetzliche Grundlage für den Handel mit Emissionszertifikaten und schaffte so die rechtliche Voraussetzung für die im Kyoto-Protokoll vereinbarten Verpflichtungen zur Reduzierung von Treibhausgasen.

Das TEH-Gesetz gilt für natürliche oder juristische Personen, die eine Betriebsstätte (Anlagen, Anlagenteile und Verfahrensschritte) betreiben, die nach dem Bundes-Immissionsschutzgesetz zur Freisetzung von Treibhausgasen berechtigt sind. Diesen Betreibern wird mit dem TEHG die Befugnis zur Kohlendioxidemission oder Emission der Treibhausgase Methan (CH_4), Distickstoffoxid (N_2O), teilfluorierte Kohlenwasserstoffe (HFKW), perfluorierte Kohlenwasserstoffe (PFC) und Schwefelhexafluorid (SF_6) erteilt.

Zusammen mit dem Emissionshandel wurde ein Förderinstrument, *Non-Compliance Mechanism* genannt, eingerichtet. Er bietet solchen Ländern technische und finanzielle Unterstützung für den Fall an, dass diese – aus welchen Gründen auch immer – nicht in der Lage waren, ihr Reduktionsziel zu erreichen. Auf der anderen Seite wurden – um Missbrauch dieses Instrumentes zu verhindern – solchen Ländern, die ihr Reduktionsziel verfehlt haben, obwohl sie dazu in der Lage gewesen wären, Sanktionen in Form zusätzlicher Reduktionsvorgaben angedroht.

Auch wenn sich das flexible Instrument des Emissionshandels als das „schärfste Schwert" (siehe oben) erwiesen hat, so ist der Emissionshandel in der Fachwelt nicht unumstritten. Auch wenn erreicht werden konnte, „Treibhausgasemissionen" einen Marktpreis zuzuordnen, so hat der Handel (bisher) kaum zu einer Reduzierung klimaschädlicher Gase in der EU geführt. Dies liegt vor allem daran, dass in den ersten beiden Handelsperioden zu große Mengen an Emissionsrechten ausgegeben wurden („Überallokation"). Durch diese „Überallokation" war der Preis für die Zertifikate zum Teil auf unter 10 € pro Tonne gefallen und bot so keinen signifikanten Anreiz zur Einsparung von Emissionen. Da die Vergabe der Emissionsrechte an die Unternehmen zudem in der Souveränität der Nationalstaaten lag, wurden in der Vergangenheit zu viele Zertifikate frei vergeben. Es wurde daher vereinbart, für den Zeitraum bis 2020 mindestens die Hälfte der ausgegebenen Zertifikate durch Auktionierung zu vergeben und danach diesen Prozentsatz auf 100 % zu steigern. Dies wird mit Sicherheit zu höheren Preisen führen, um so die ökologische Lenkungswirkung besser als bislang erfüllen können.

Clean Development Mechanism (CDM)

Unter dem „CD"-Mechanismus ist es einem Industrieland (A) erlaubt, emissionsmindernde Vorhaben in einem anderen Industrieland (B) zu finanzieren und/oder solche Vorhaben technologisch durch eigene Aktivitäten zu unterstützen. Die gesparten Emissionseinheiten werden dann dem Land (A) in Form von sogenannten „Zertifizierten Emissionsrechten" (*Certified Emission Reductions;* CER) auf seine Kyoto-Minderungsverpflichtung angerechnet. Dabei muss gewährleistet sein, dass diese Vorhaben nicht auch ohnehin von dem Land (B) durchgeführt worden wären, oder die angestrebte Emissionsminderung nicht durch andere Maßnahmen hätte erreicht werden können. Ende 2010 hatte die Vergabe von Emissionsrechten durch das UN-Klimasekretariat unter dem *Clean Development Mechanism* die 500-Mio.-t-Kohlendioxid-Marke überschritten.

Die Reduktionsleistung eines CDM-Projekts wird aber nicht anhand der tatsächlich erbrachten Emissionsminderung berechnet, sondern auf der Basis eines Referenzszenarios, das besagt, wie viele Emissionen ohne das Projekt ausgestoßen worden wären. Somit werden im CDM-Handel „hypothetische" Einsparungen gegen „reale" Emissionen gehandelt. Das heißt, um möglichst viele „CER" einkaufen zu können, ist es für ein Land vorteilhaft, wenn das Referenzszenario möglichst emissionsintensiv ist. Das könnte aber bedeuten, dass ein Staat, dessen Volkswirtschaft an CDM-Projekten verdient, unter Umständen auf strengere Umweltvorschriften verzichtet, da solche Maßnahmen das Referenzszenario zu Ungunsten der CDM-Projekte verändern würde.

Die Anrechenbarkeit solcher Maßnahme wurde daher einem umfassenden und transparenten Verifizierungsprozess unterworfen. CDM-Projekte müssen daher zuvor beim UN-Klimasekretariat in Bonn genehmigt werden. Das Monitoring der Projektdurchführung vor Ort unterliegt sogenannten *Designated National Authorities* (DNA), die in dem jeweiligen Durchführungsland zur Überprüfung durch das Klimasekretariat akkreditiert werden. Eine derartige Akkreditierung einer nationalen DNA-Behörde ist Voraussetzung für eine Antragstellung im Rahmen des Mechanismus. In Deutschland ist das Umweltbundesamt die nationale DNA-Organisation. Um zertifiziert zu werden, muss das Projekt messbare und langfristige Emissionsreduktionen erbringen, und es muss Reduktionen beinhalten, die über anderweitig erreichte Einsparungen hinausgehen.

Organisatorisch wird der CDM mithilfe eines Exekutivrates verwaltet. Ein Teil der Einnahmen aus den Projekten wird verwendet, um die Verwaltungskosten zu decken und den schwächsten Entwicklungsländern dabei zu helfen, die Kosten für Anpassungsmaßnahmen zum Klimawandel zu tragen. Dazu werden 2 % des Investitionsvolumens in den sogenannten Anpassungsfonds des Kyoto-Protokolls abgeführt und 2 % werden als Bearbeitungsgebühr an das Klimasekretariat abgeführt.

Joint Implementation (JI)

Das dritte flexible Kyoto-Instrument ist das der „Joint Implementation" (JI). Wie der Name sagt, handelt es dabei um gemeinsame Vorhaben, bei dem diesmal ein Industrieland mit einem Entwicklungsland zusammenarbeitet und die Emissionsminderung dort wirksam wird. Das Industrieland (A) finanziert dabei ein solches Vorhaben oder unterstützt dieses durch den Transfer an Technologie. Beim „JI-Mechanismus" geht es vor allem um den sogenannten „zusätzlichen Nutzen", mit dem eine Gesamtreduktion des CO_2-Ausstoßes angeschoben werden soll. Das kann nach dem Protokoll jede Form von Emissionsminderung oder CO_2-Vermeidung sein, wie z. B. der Ersatz eines Kohlekraftwerks durch eines, das auf erneuerbaren Energien beruht. Das kann auch bedeuten, dass die Energieeffizienz einer bereits existierenden Betriebsanlage, z. B. eines Kohle- oder Erdöl/Erdgaskraftwerkes, verbessert wird.

Die Kooperationsstaaten (Industrieland und Entwicklungsland) müssen zuvor als Treibhausgasproduzenten registriert sein und daher jeder ein eigenes Reduktionsziel zugewiesen bekommen haben. Ferner müssen die Maßnahmen im Zeitraum der Gültigkeit des Kyoto-Protokolls (also bis 2012) durchgeführt worden sein. Die im Vergleich zum Jahr 1990 erzielten Einsparungen (Emissions Reduction Units; ERU) werden dann dem das Vorhaben finanzierenden Industrieland auf sein Reduktionsziel angerechnet, während dem Entwicklungsland die ihm zugeteilten Emissionsrechte (Assigned Amount Units; AAU) in gleicher Höhe reduziert werden. Damit wird angestrebt, dass Emissionsreduktionen dort zuerst durchgeführt werden, wo sie am wirtschaftlichsten sind. Statt teure Investitionen im eigenen Land vorzunehmen, lassen sich billigere Investitionen im Ausland tätigen. Da das System in seiner Handhabung sehr komplex ist, haben sich nach Expertenmeinung bislang die gewünschten Erfolge allerdings noch nicht eingestellt. Dennoch sind sich die Experten einig, dass trotz der Einschränkungen viele beachtenswerte Erfolge erzielt wurden. Viele durchgeführte Projekte der haben in der Vergangenheit zu deutlichen Emissionsminderungen geführt, CO_2-mindernde Infrastruktur wurden entwickelt und auf Nachhaltigkeit ausgerichtete Projekte wurden durchgeführt.

Die Zukunft der JI nach Ablauf des Kyoto-Protokolls im Jahr 2012 ist derzeit noch nicht vollständig geklärt. Geschätzte 300 Mio. Emissionszertifikate werden dann noch im Umlauf sein. Aber auch wenn das Abkommen außer Kraft tritt, wird erwartet, dass der JI-Mechanismus für einige Jahre weiterlaufen wird, da die Emissionszertifikate für den Zeitraum von 2008 bis 2015 gültig sind.

No-Regret-Strategie

Das Kyoto-Protokoll sieht in seinen Bestimmungen ferner vor, dass die Kosten für die Bekämpfung des Klimawandels auch durch eine sogenannte No-Regret-Strategie verringert werden sollten. Diese Strategie besagt, dass emissionsmindernde Vorhaben so ausgelegt sein müssen, dass sie auch mögliche zukünftige Wirkungen des Klimawandels berücksichtigen und gegebenenfalls spätere Anpassungsmaßnahmen offen halten. In der Praxis der Umsetzung des Protokolls heißt das, dass die Umsetzung von technischen und wirtschaften Maßnahmen auch dann umweltpolitisch von Nutzen sein müssen, wenn diese zum Beispiel (nur) zu einer Energieeffizienz führen sollen, um eine Industrie auf den internationalen Märkten wettbewerbsfähiger zu machen. Mittels eines sogenannten *Climate Proofing* soll ein Vorhaben schon der Planungsphase auf seine Wechselwirkungen mit anderen Nutzungen untersucht werden.

Kritik an Kyoto

Von vielen Kritikern wird beklagt, dass die vereinbarte pauschale Reduktion von weltweit 5,2 % bis zum Jahr 2012 viel zu gering sei, um einen wirksamen Umschwung beim Klimawandel herbeizuführen. Es wurde bemängelt, dass vor allem die Vereinten Nationen es versäumt hätten, ein höheres Reduktionsniveau durchzusetzen, wenn nötig mit der Androhung härterer Sanktionen. Damit könnten viele (positive) Errungenschaften von Kyoto durch mehrere Fehlentwicklungen wieder aufgehoben werden könnten. An dieser Stelle sollen nur die Kritikpunkte aufgeführt werden, ohne dafür Lösungen anzubieten. Viele Fachleute weltweit haben dazu Stellung genommen: das Potsdam-Institut für Klimafolgenforschung (PIK), Germanwatch, das Corner House oder Carbon Trade Watch sind hier federführend zu nennen. Die Kritiken beziehen sich insbesondere auf:

— Das internationale Gremium, das für die Bewertung der globalen Klimaerwärmung und ihren vielfältigen Folgen zuständig ist, ist das Intergovernmental Panel on Climate Change (IPCC). Das Gremium ist aber nach politischen und nicht nach wissenschaftlichen Gesichtspunkten zusammengesetzt. Es ist paritätisch besetzt, um möglichst viele Länder zu vertreten; Nationalität ist wichtiger als die wissenschaftliche Qualifikation.

3.5 · Institutionelle Instrumente

- Das IPCC hat in seinen Klimamodellen eine Erwärmung der Erdatmosphäre zwischen 1,4 und 5,8 °C bis zum Jahre 2100 vorausberechnet. Diese Modellrechnung scheitert indes schon an der „Rückwärts-Vorhersage" für das Klima des vergangenen Jahrhunderts. Die Modellierer sind auch vorsichtiger geworden und sprechen nicht mehr von Prognosen, sondern von „Szenarien"; also von einer Beschreibung eines Klimas, das dann eintreten wird, wenn ihre hineingesteckten Annahmen richtig sind. Die sogenannten Klimaskeptiker erwarten aufgrund theoretischer Berechnungen eine Erwärmung von nicht mehr als 0,4 °C bis 2100 als Folge der CO_2-Zunahme.
- Die Klimamodelle berücksichtigen den Einfluss der Wolken und einer Reihe anderer Faktoren auf Solarstrahlung auf die Erde nur unzureichend. Vor allem die Gehalte des stärksten Treibhausgases, des Wasserdampfs (H_2O), schwanken in der Atmosphäre zwischen 0,1 und 5,0 %.
- Wasserdampf absorbiert auch Solarstrahlung in einem viel breiteren Bereich von Wellenlängen des Infrarotspektrums als Kohlendioxid (CO_2). Rund zwei Drittel des gesamten Treibhauseffekts der Erdatmosphäre sind von Wasserdampf verursacht. Und je nachdem, wie viel Kondensationskerne in der Atmosphäre sind, können sich Wolken bilden und davon hängt wieder ab, wie stark sie Sonnenlicht direkt reflektieren, und wie stark sie die Abstrahlung vom Erdboden behindern.
- Die CO_2-Zunahme in der Atmosphäre ist günstig für das Pflanzenwachstum; eine weitere Zunahme ist im Interesse der Welternährung durchaus erwünscht. Experimente mit Pflanzen in künstlich CO_2-angereicherten Atmosphären zeigen, dass mit einer Verdoppelung des CO_2-Gehaltes Wachstumssteigerungen bei den meisten Pflanzen im Bereich 10–80 % möglich sind.
- IPCC: Auch wenn die bisher größte Kritik an den Aussagen zum Klimawandel und damit (auch) an den Zielen des Kyoto-Protokolls nicht das Protokoll selbst betraf, sondern den IPCC, so hatten die in den Medien breit gestreuten kritischen Äußerungen gravierende Auswirkungen auch auf die mit dem Kyoto-Protokoll angestrebte Klimadiskussion.

Das IPCC wurde im Jahr 2010 mit Vorwürfen konfrontiert, die an der Glaubwürdigkeit der von ihm aufgestellten Klimaszenarien zweifeln ließen. Besonders eine Aussage in dem 4. Sachstandsbericht (IPCC-AR4 2007) – für den er zusammen mit Al Gore den Friedensnobelpreis erhalten hat – entpuppte sich zum Teil als wissenschaftlich nicht belegt. Insbesondere der Vorsitzende des IPCC, der Inder Dr. Rajendra Pachauri, stand dabei im Zentrum der Kritik. Vor allem dessen nachweisbare Verquickungen seiner Funktion als Leiter des IPCC und seiner privaten kommerziellen Interessen kamen dabei zur Sprache. Automatisch wurden die computergestützten Prognosen als Ganzes in Zweifel gezogen. In dem IPCC-AR4-Bericht wurde der Fall eines Gletschers im Himalaya als Beleg für die zu erwartenden Folgen des Klimawandels herangezogen, der wegen des globalen Temperaturanstiegs bis zum Jahr 2035 gänzlich abgeschmolzen sein werde. Die Aussage in dem Bericht stellt sich als eine Annahme eines lokalen indischen Glaziologen heraus, der dafür aber keinen wissenschaftlichen Beleg liefern konnte; der aber Mitarbeiter in dem „The Energy and Resources Institute" von Dr. Pachauri ist. Auch enthielten die Sachstandsberichte Aussagen über die Häufigkeit und Stärke von Hurrikans, die sich im Nachhinein als nicht haltbar herausstellten; ebenso wie die Voraussage, der Regenwald im Amazonas werde zu großen Teilen wegen der Folgen des Klimawandels verschwinden.

Die Kritik am IPCC stellt aber nur einen Teil der unter den Klimaforschern durchaus ernsthaft diskutierten (legitimen) Frage, ob mit dem Abfassen solcher extrem aufwendigen Sachstandsberichte die politische Entscheidungsfindung nachhaltig beeinflusst werden könne.

Weitere Kritik entzündet sich an den als „Schlupflöcher" im Kyoto-Protokoll bezeichneten Punkten:
- Der Emissionshandel, der wie gesehen ein sehr effizientes Instrument darstellt, um die Klimaziele zu erreichen, ermöglicht es andererseits einem Industrieland, statt seine Art des Lebensstils und des Wirtschaftens ökologisch nachhaltig zu ändern, Klimaschutzmaßnahmen in anderen Ländern durchzuführen. Die im Rahmen des Emissionshandels untereinander gehandelten Emissionskontingente (AAU) müssen aber nicht den tatsächliche Emissionsreduzierungen entsprechen. Das Protokoll ermöglicht darüber hinaus, den Firmensitz in ein Land mit niedrigen Emissionen („low-emission country") zu verlagern. Das Protokoll hätte durch eine entsprechende Regelung untersagen müssen, dass ein Land seine Reduktionsverpflichtungen nur durch im Ausland getätigte Maßnahmen erfüllt; stattdessen seien die im Ausland erzielten Reduktionsmaßnahmen zusätzlich zu den nationalen Reduktionen vorzunehmen.
- Ein sehr großes Angebot an Emissionsrechten wird automatisch den Preis für ein Zertifikat senken. Das könnte große CO_2-Produzenten dazu „verführen", statt eigene teure Emissionsminderungen vorzunehmen, seine Reduktionsverpflichtungen durch den Zukauf von Emissionsrechten abzuleisten. Bei der Festlegung der durch ein Vorhaben angestrebten Emissionsminderung besteht die Gefahr, dass diese vorsätzlich hoch angesetzt werden. Dies würde dem „Investor" nützen, weil er so kostengünstig Zertifikate erwerben könnte und dem Empfängerland, weil es so für Investitionen attraktiver wird; aber zu keiner realen Emissionsminderung führen.
- Mit dem Begriff „hot air" wird eine spezielle Variante des Handels mit Emissionskontingenten bezeichnet, die nicht vorher durch konkrete Maßnahmen eingespart wurden. Vielmehr werden hierbei Emissionskontingente von Staaten gehandelt, denen im Zuge der Auflösung des Ostblocks ein völlig „unrealistisch" niedriges Emissionsziel zugestanden wurde. Infolge des Zusammenbruchs

der Wirtschaft mit dem geringen Energiebedarf hatten diese Länder schon zur Zeit des Abschlusses des Kyoto-Protokolls ihre Emissionsziele um bis zu 40 % übererfüllt. Auch dürften Emissionsreduktionen, die in diesen ehemaligen Zentralplanwirtschaften getätigt werden, nicht länger über die Reduktionsverpflichtungen anderer Länder gesenkt werden. Anzumerken ist hier, dass die im Kyoto-Protokoll festgelegte 5,2-%-Reduktion bereits enthält, dass Russland und andere ehemalige Zentralverwaltungswirtschaften ihre „hot air" veräußern.
- Zu dem Mechanismus „Joint Implementation" (JI) wird angeführt, dass der Begriff JI in dem entsprechenden Artikel 6, wo das Verfahren geregelt wird, gar nicht erwähnt wird.
- Für die Industrieländer wurden zwar rechtlich verbindliche Emissionsreduktionsziele für die 1. Verpflichtungsperiode (2008–2012) festgelegt. Aber über die Art und Weise, wie sie dieses umsetzen sollen, wurden keine verbindlichen Regeln erlassen.
- Nach Artikel 3.2 des Protokolls muss jedes Industrieland bis zum Jahr 2005 nachweisbare Fortschritte („demonstrable progress") auf dem Weg zur Erfüllung der Vertragspflichten gemacht haben. Bei Nichterfüllen sollte dies nach Artikel 18 mit Sanktionen geahndet werden (Non-Compliance Mechanism); nur fehlen darin genauere Ausführungsbestimmungen. Gefordert wird die rechtsverbindliche Einführung eines solchen Mechanismus, der dann auch noch mit der „Liability-Frage" verknüpft werden muss; denn der Wert gekaufter bzw. verkaufter Emissionskontingente sinkt, wenn andere Akteure ihre Verpflichtungen nicht einhalten und damit sozusagen eine Inflation der handelbaren Emissionsmenge bewirken.
- Schon aus der Klimarahmenkonvention geht hervor, dass Entwicklungsländer sich zu einem angemessenen Zeitpunkt am Klimaregime beteiligen müssten. Derzeit ist das nicht der Fall und konkrete klimaschützende Maßnahmen in Entwicklungsländern werden nur im Rahmen vom CDM behandelt. Eine umfassende Einbeziehung der Entwicklungsländer in das Klimaregime wäre deshalb geboten, da sie die Hauptbetroffenen einer globalen Klimaänderung sind. Das Thema der freiwilligen Verpflichtung von Entwicklungsländern traf aber auf der UNFCCC-COP-4-Tagung 1998 in Buenos Aires auf heftigen Einspruch vieler Entwicklungsländer (vor allem Indien und China). Die Mehrzahl der Entwicklungsländer sprach sich gegen eine weitergehende Beteiligung am Kyoto-Prozess aus, da sie ihr Recht auf eine eigene Entwicklung durch den Klimaschutz gefährdet sehen.
- Auch, so die Kritiker, fehlen Anreize zur freiwilligen Selbstverpflichtung von Schwellenländern. Südkorea hat 1998 als erstes Schwellenland eine freiwillige Selbstverpflichtung für die Verringerung des CO_2-Anstiegs in Aussicht gestellt, die ab dem Jahr 2018 in Kraft treten soll. Auch von Transformationsländern, die bisher nicht im Annex I der Konvention stehen, werden Anstrengungen gefordert, ihre Klimaschutzziele denen des Kyoto-Protokolls anzupassen.
- Ferner sei es erforderlich, dass auch die Finanzinstitutionen, welche die Entwicklungsländer maßgeblich beeinflussen, diese Aspekte in ihren Förder- bzw. Kreditvergaberichtlinien stärker berücksichtigen.
- Wenn auch Entwicklungs- und Schwellenländer sich Emissionshandel beteiligen, könnte die nicht gewollte Situation entstehen, dass auch ihnen Emissionsmengen zugestanden werden, die weit über ihrem realistischen THG-Ausstoß liegen. Damit würde auch hier die Möglichkeit geschaffen, große Kontingente von lediglich „virtuell eingesparten Emissionen", hier als „tropical air" bezeichnet, zu verkaufen; auch wenn mit dem Beitritt mehr Staaten in das Kyoto-Protokoll eingebunden würden.
- Die Anrechnung von im Rahmen des *Clean Development Mechanism* (CDM) durchgeführten Emissionsminderungen in einem Entwicklungsland führt dazu, dass Industrieländer zu Hause mehr Treibhausgase emittieren dürfen, als für sie festgelegt wurde. Mit dieser Regelung war eigentlich angestrebt worden, den Weg für einen proaktiven Transfer emissionsmindernder Technologie in die Entwicklungsländer zu ebnen. Da zur Beantwortung der Frage, wie viel Treibhausgasreduktion damit erreicht werden könnte, wird jeweils ein Referenzszenario herangezogen, das klärt, wie die THG-Entwicklung ohne dieses zusätzliche Projekt verlaufen wäre. Es wird befürchtet, dass mit diesem Vorgehen zum Beispiel der Bau eines neuen Kohlekraftwerkes eine zu zertifizierende Maßnahme würde, wenn dieses Kraftwerk weniger CO_2 ausstößt als alte.
- Die Möglichkeiten der Sequestration von Kohlendioxid muss wissenschaftlich genauer untersucht und die Potenziale bzw. Risiken dieser Technologie besser abgeschätzt werden. Die Funktion von CO_2-Senken muss klarer formuliert werden, da sonst keine Anreize zur Entwicklung von neuen Umwelttechnologien gegeben werden, wie es doch als eines der Ziele von Kyoto vorgesehen ist. Es besteht des Weiteren die Gefahr, dass im Rahmen von JI und CDM z. B. der Transfer von Kernkraftwerkstechnologie zu einem nicht mehr vorhersehbaren Sicherheits- und Proliferationsrisiko werden kann. Andere Technologien, wie etwa effizientere Kohlekraftwerke, könnten zwar zu Emissionseinsparungen führen, würden auf lange Sicht im Vergleich zu Kraft-Wärme-Kopplung oder regenerativen Energiequellen weitaus klimaschädlicher wirken.
- Da die verschiedenen Wirkfaktoren des Klimawandels wissenschaftlich noch nicht völlig geklärt sind, haben viele Kohle fördernde Industriestaaten (USA, Japan, Kanada, Australien, Südafrika, Polen) diesen Umstand als Grund angeführt, eigene Anstrengungen zur Reduktion ihrer Treibhausgasemissionen nicht in dem vereinbarten Ausmaß anzugehen. Die Kontroverse entzündete sich vor allem an der sogenannten „Senkenproblematik".

Es bestehen nach wie vor unterschiedliche Auffassungen, wie die Wald- und Agrarflächen auf die nationalen Minderungsverpflichtungen anzurechnen sind. Die USA leiten daraus ab, dass ihre Verpflichtung zur Reduzierung der Treibhausgase allein dadurch um 10–20 % geringer sei. Ferner führt die Neuanlage von CO_2-Senken zu einem anderen Problem. Durch die bestehenden methodischen Unsicherheiten könnte ein Anreiz geschaffen werden, alte und naturnahe Wälder durch schnell wachsende Plantagen zu ersetzen. Da zurzeit nicht geregelt ist, ob Holzeinschlag und Brandrodung als CO_2-Emission gerechnet werden, könnte dies dazu führen, dass großflächig Wälder abgeholzt und anschließend kleinflächige Aufforstungen als CDM-Projekte durchgeführt werden.
- Auch wenn die THGs aus dem internationalen Flug- und Seeverkehr in dem Nachfolgeprotokoll („Kyoto-II") erfasst und auf die jeweiligen nationalen Emissionen angerechnet werden, so ist damit eine Minderung noch lange nicht gewährleistet. Es wird geschätzt, dass allein die Zunahme der Emissionen durch den internationalen Flugverkehr bis zum Jahr 2010 die Hälfte der durch das Protokoll angestrebten Emissionsreduktionen wieder aufgehoben hat.

Monterrey-Konsensus

Vom 18. bis zum 22. März 2002 trafen sich im mexikanischen Monterrey Regierungsvertreter und Vertreter des privaten Sektors von 50 Staaten mit den Vereinten Nationen, der Weltbank, dem Internationalen Währungsfonds (IWF) und der Welthandelsorganisation (WTO) zur „Internationalen Konferenz der Vereinten Nationen über die Finanzierung von Entwicklungszusammenarbeit". Es war die erste von inzwischen drei Konferenzen, bei der im Rahmen der Vereinten Nationen Entwicklungsfinanzierung erörtert wurde (UN 2002).

Ziel war es, eine tragfähige Finanzierungspolitik für Entwicklungsprojekte in den „Ländern des Südens" zu erarbeiten, um so substanzielle Beiträge zur Bekämpfung der Armut zu leisten und durch Wachstum zu einer nachhaltigen Entwicklung beizutragen. Die auf der Konferenz gefundene Formel, der sogenannte Monterrey-Konsensus (*Monterrey Consensus*; UN-ECOSOC, 2002), eröffnete ein neues Kapitel in der globalen Partnerschaft der Industrie- mit den Entwicklungsländern („landmark framework for global development partnership in which the developed and developing countries agreed take joint actions for poverty reduction"; UN 2017).

Ausgangspunkt war eine damals dramatische Verknappung an finanziellen Ressourcen in vielen Entwicklungsländern, die eine schnelle und vereinfachte Gewährung finanzieller Hilfen nötig machte, um die angestrebten MDGs/SDGs zu erreichen. Mit dem Konsensus erklärten sich die Industrieländer ferner bereit, neben finanziellen Zusagen auch für einen Schuldenerlass und Budgethilfen für die ärmsten Staaten einzutreten sowie den Entwicklungsländern einen besseren Zugang zu den Exportmärkten zu eröffnen. Des Weiteren wurden viele systemische Fragen zur Verbesserung der Kohärenz und Konsistenz des internationalen Finanz- und Handelssystems erörtert.

Der Konsensus umfasste fünf Punkte (eigene Zusammenfassung und Übersetzung), er:
- stellt eine umfassende und alle Nationen einschließende Entwicklungsagenda dar, mit dem Ziel, weltweit die Armut zu bekämpfen, die Umwelt zu schützen und gleichzeitig ökonomisches Wachstum zu ermöglichen.
- unterscheidet zwischen Staaten, die von Zuwendungen durch die Öffentliche Entwicklungszusammenarbeit (ODA) abhängen und solchen, die über „ausreichend" eigene Ressourcen verfügen; dabei wurden die „ODA-Zuwendungen" als in der Regel unverzichtbar angesehen, um ausländische Direktinvestitionen einzuwerben.
- sieht im internationalen Handel den entscheidenden „Motor für Wachstum". Die ärmsten Länder würden dringend einen verbesserten Zugang zu den Märkten sowie finanzielle Investitionen benötigen, um ihre Handelspotenziale optimieren zu können.
- identifizierte die Länder der Erde, die die höchste Priorität bei der Unterstützung erfordern (viele Länder Afrikas, die Kleinen Inselstaaten, Staaten ohne eigenen Zugang zum Meer), sie alle wären wesentlich auf die „ODA-Zuwendungen" angewiesen.
- stellt fest, dass eine signifikante Erhöhung der internationalen Hilfen nötig sei, um die MDGs/SDGs zu erreichen, er forderte daher die Geberländer auf, (endlich) ihren Verpflichtungen nachzukommen, jeweils 0,7 % der Bruttoinlandsprodukts als Entwicklungshilfe bereitzustellen.

Doha-Deklaration

Vom 29. November bis 2. Dezember 2008 fand in Doha (Katar) die zweite „Internationale Konferenz der Vereinten Nationen über die Finanzierung von Entwicklungszusammenarbeit" (*International Conference on Financing for Development to Review the Implementation of the Monterrey Consensus*) statt (UN 2008).

Auf der Konferenz wurde, sieben Jahre nach der ersten Konferenz in Monterrey, ein Review über den Stand der globalen Finanzierung von Entwicklungsprogrammen (Monterrey-Konsensus) vorgenommen. In der sogenannten Doha-Deklaration bekräftigten die Teilnehmer ihr „Versprechen", den Monterrey-Konsensus ohne Einschränkungen weiter zu entwickeln. Sie stellten heraus, dass es nötig sei:

> To build bridges between all relevant stakeholders within the holistic agenda of the financing for development process.

Die Rolle der Vereinten Nationen in diesem Prozess wurde noch einmal als richtungsgebend dargestellt. Gefordert wurde ein größeres Engagement von Weltbank (WB),

Internationalem Währungsfonds (IWF) und der Welthandelsorganisation (WTO). Auf der Konferenz bekräftigten die Teilnehmer ihren festen Willen, Entwicklungsprogramme auch in Zukunft im Sinne einer globalen Partnerschaft und getragen von Solidarität aller Staaten weiter zu entwickeln.

Die zentrale Aussage der Konferenz war: „Eine Mobilisierung von Finanzressourcen und deren effektiver Einsatz wird beitragen, Armut zu mindern". Dazu müssten die Weltmärkte weiter geöffnet werden. Dies würde beitragen, das wirtschaftliche Wachstum zu steigern und global eine nachhaltige Entwicklung zu fördern (MDGs). Dabei verbleibe die zentrale Verantwortung für die Entwicklung des Wohlstands bei dem einzelnen Staat. Wobei angemerkt wurde, dass sich im Laufe der letzten 30 Jahre weltweit die Volkswirtschaften soweit vernetzt haben, dass sich daraus große Potenziale für die Entwicklungsländer ergeben haben. Dennoch müssten die Entwicklungsländer bei ihrem Bemühen um eine weitere Integration in die Weltmärkte noch weiter unterstützt werden. So hat zum Beispiel die Verflechtung der Weltmärkte Regelwerke entstehen lassen, die sich ohne Zweifel auch nachteilig für nationale Volkswirtschaften ausgewirkt haben. Die Konferenz verpflichtete, dazu beizutragen, dass die Staaten die „Chancen", die sich aus den globalen Marktintegrationen ergeben, mit den „Risiken" eingeschränkter nationaler Freiräume abwägen lernen.

In den sieben Jahren seit Monterrey hat eine Reihe von Entwicklungsländern große Fortschritte bei der Schaffung wirtschaftsfördernder Rahmenbedingungen gemacht. Vor allem hat auch die Mobilisierung binnenwirtschaftlicher Ressourcen dazu beigetragen. Diese Ansätze gelte es weiter zu entwickeln. Ein gut funktionierender verantwortungsvoller Privatsektor wurde als einer der Entwicklungsfaktoren zum Erreichen der nationalen MDGs identifiziert. Die Konferenz hatte es sich zur Aufgabe gemacht, diese Prozesse besonders zu unterstützen und dabei alle gesellschaftlichen Gruppen (Frauen, Kinder, Arme, Benachteiligte) miteinzubeziehen.

Die Konferenz erklärte noch einmal, dass bei der Schaffung und Umsetzung der wirtschaftspolitischen Rahmenbedingungen eine alle Beteiligten (Staat, Privatsektor, Bevölkerung) einschließende Zusammenarbeit unverzichtbar sei. Als wesentlich dafür wurde angemerkt, dass die sich aus dem Konsensus und der Deklaration ergebenden („*follow-up process*") finanziellen Engagements und die nationalen entwicklungspolitischen Ziele sich gegenseitig unterstützen müssten. Dazu sei ferner die Übernahme der Verantwortung (*„ownership"*) durch die nationalen Behörden unverzichtbar. Die Staatengemeinschaft ihrerseits müsste diese Prozesse konstruktiv unterstützen, mit Grundlagendaten, Informationen und Expertise (*„best practice"*) durch die internationalen Foren, wie sie die Vereinten Nationen reichlich bietet. Die interne Abstimmung in den Staaten müsste verbessert und effektiv ausgestaltet werden. Es müssten mit internationaler Unterstützung die Schwachpunkte identifiziert werden und daraus konkrete Handlungsoptionen herausgearbeitet werden. UN-ECOSOC wurde beauftragt, sich in diesen Themenfeldern im Jahr 2013 zu widmen.

Addis-Ababa-Agenda

Die dritte „Internationale Konferenz zur Finanzierung der Agenda 2030 for Sustainable Development" (*Third International Conference on Financing for Development*; FfD) fand im Juli 2015 in Addis Ababa, Äthiopien, statt. Auf der Konferenz wurde ein kohärenter und umfassender Rahmen beschlossen, der einen weiteren Schritt zur Schaffung der finanziellen Voraussetzungen für das Erreichen der SDGs darstellte (UN-ECOSOC 2015).

Die in Addis Ababa eingegangenen Verpflichtungen („Addis-Agenda") setzten sich zusammen aus mehreren Hundert einzelnen Aktionen, die sowohl bilateral als auch multilateral durchgeführt werden sollten. Die „Addis-Agenda" zielte darauf ab, mehr öffentliche Finanzmittel zu allozieren und durch die Schaffung eines effektiven finanzpolitischen Rahmes auch vermehrt private Geber anzusprechen, Handelshemmnisse abzubauen sowie den Technologietransfer zu fördern.

Die Teilnehmer legten Wert auf die Feststellung, dass die Agenda voll in den Monterrey-Konsensus (2002) eingebunden sei, wie er auch in der Doha-Deklaration (2008) noch einmal festgeschrieben wurde. Die Konferenzbeschlüsse von Addis Ababa gingen weit über den Monterrey-Konsensus und die Doha-Deklaration hinaus, indem sie alle drei Sektoren der „Nachhaltigkeit" ansprachen. Der ökonomische, soziale und ökologische Sektor wurde noch einmal als unverzichtbar zum Erreichen der SDGs angesehen. Die Beschlüsse stellten ferner fest, dass der private Sektor, wo immer möglich, in den Prozess mit eingebunden werden müsse. Dennoch sei es Aufgabe eines jeden Staates, selbst für effiziente Rahmenbedingungen für eine nachhaltige sozioökonomische Entwicklung zu sorgen. Auch wurde herausgestellt, dass eine Änderung in den globalen Konsumgewohnheiten und den Produktionsweisen erforderlich sei, um die mit den SDGs angestrebte Nachhaltigkeit auch zu erreichen. Des Weiteren wurden in Addis Ababa Fragen der globalen Finanzmarktstabilität umfassend beleuchtet. Es bestand Konsens, dass nur im Zusammenspiel von internationalen Initiativen mit nationalen Programmen es möglich werde, Themenfelder wie die Finanzierung zum Schutz der Meere und Wälder und des Umwelt- und Ressourcenschutzes auf internationaler Ebene aufzugreifen.

Auf der Konferenz wurde ferner beschlossen, im Rahmen von UN-ECOSOC eine extra Arbeitsgruppe (*„Task Force"*) einzurichten, welche die Umsetzung der Finanzierungszusagen, wie sie in den *„Memorandum of Intend"* (MoI) der 2030-Agenda festgelegt ist, jährlich überprüfen solle, um so den *„follow-up"*-Prozess und den sich aus ihnen ergebenden Konsequenzen für eine (wenn nötig) neue Ausrichtung der „Addis-Agenda" zu identifizieren. Die *„Task Force"* sollte sich mit den sehr komplexen Strukturen, die mit den Finanzangeboten in Verbindung stehen, beschäftigen; vor allem deren intendierten und den nicht intendierten Wirkungen. Die Gruppe sollte im Vorfeld vor allem die sozioökonomischen und ökologischen Auswirkungen beleuchten und daraus Handlungsoptionen erarbeiten (MDG 8).

Montrealer Protokoll

Vor 30 Jahren wurde 1997 das Montrealer Protokoll unterzeichnet (UBA 2018). Mit ihm vereinbarte die Staatengemeinschaft, den Bedrohungen durch eine Schädigung der Ozonschicht (Stichwort: „Ozonloch") nachhaltig zu begegnen. Heute ist das „Ozonloch" in der öffentlichen Wahrnehmung nur von nachrangiger Bedeutung, zumal sich seit einigen Jahren die Anzeichen mehren, als würde sich die Ozonschicht langsam wieder schließen.

Ausgangspunkt für das „Montrealer Protokoll", das am 1. Januar 1998 in Kraft trat, war das „Wiener Übereinkommen zum Schutz der Ozonschicht" aus dem Jahr 1985 (vgl. ▶ Kap. 4). Mit dem Protokoll wurde das erste internationale Rahmenabkommen abgeschlossen, mit dem sich die Vertragsparteien zu konkreten Reduktionsschritten bei der Herstellung und Verwendung ozonabbauender Stoffe verpflichteten. Das „Montrealer Protokoll" ist ein völkerrechtlich verbindlicher Vertrag des Umweltrechts, dem alle 197 UN-Staaten beigetreten sind. Es zeichnet sich zudem dadurch aus, dass Änderungen im Vertragswerk, zum Beispiel aufgrund neuer wissenschaftlicher Erkenntnisse, mit einer Zweidrittelmehrheit beschlossen werden können und damit zögerliche Staaten auch ohne deren Zustimmung weitere Verpflichtungen auferlegt bekommen können. Das Protokoll ist Beweis dafür, wie wissenschaftliche Expertise eine „politische Debatte entfachen und wie sehr sie richtungsweise beim Zustandekommen eines internationalen Regimes" beitragen kann.

In dem Abkommen verpflichten sich die Vertragsstaaten, die Produktion von Fluorchlorkohlenwasserstoffen (FCKW) bis 1999 um 50 % zu reduzieren und schließlich vollständig einzustellen. Durch diese Chemikalien wird die Ozonschicht langfristig geschädigt und die Erde vor gefährlichen UV-Strahlen nicht länger geschützt. Während FCKW früher in jeder Haarspraydose und jedem Kühlschrank zu finden waren, sind sie seitdem weltweit nahezu vollkommen verbannt; sogar China – der ehemals größte Hersteller von FCKW – hat 2007 fünf seiner sechs Produktionsanlagen geschlossen. Im Jahr 1990 wurde auf der ersten Nachfolgekonferenz das Ende der Herstellung von FCKW bis zum Jahr 2000 vereinbart und 1992 wurde in Kopenhagen (2. Nachfolgekonferenz) vereinbart, die Menge an FCKW bis 1994 um 75 % zu verringern und bis 1996 ganz einzustellen. Im Jahr 2016 wurden in Kigali (3. Nachfolgekonferenz) die sogenannten teilfluorierten Kohlenwasserstoffe (HFKW), die ein vergleichsweise noch viel höheres Treibhauspotenzial aufweisen, als weitere Stoffgruppe in das Montrealer Protokoll aufgenommen. Sie waren nach 1990 in großen Mengen als Ersatzstoffe für die ozonschichtschädigenden FCKW eingesetzt worden.

Nach den Beschlüssen der Nachfolgekonferenz in Kigali soll ihr Einsatz weltweit schrittweise vermindert werden, zumal bereits für alle wichtigen Anwendungsgebiete erprobte technische Ersatzlösungen verfügbar sind. Besonderes Augenmerk legt das Protokoll heute auf die Entwicklungsländer, denen die technologischen Entwicklungen es möglich macht, die Nutzung der HFKW zu überspringen und direkt auf halogenfreie Stoffe und Verfahren umzustellen. Bei den jährlichen Vertragsstaatenkonferenzen der Klimarahmenkonvention bewerten die Vertragsparteien die Fortschritte der Minderungsmaßnahmen und die Weiterentwicklung des Montrealer Protokolls (UNEP 2017).

Die Umsetzung des Protokolls zeigt schon heute seine Wirkung. Weltweit sanken die Produktions- und Verbrauchsmengen der ozonschichtschädigenden Stoffe in nur wenigen Jahren von um 1,6 Mio. t („Ozonzerstörungspotenzial"; ODP) auf heute fast null (UBA 2017). Messungen weisen darauf hin, dass sich die Ozonschicht seit einiger Zeit allmählich zu erholen beginnt. Zeigten die Messungen der Ausdehnung des Ozonlochs im September 2000 noch den Rekordwert von knapp 30 Mio. km^2, so war dieses im Jahr 2017 auf etwa 20 Mio. km^2 zurückgegangen (DLR 2017). Dennoch klafft über der Antarktis im südpolaren Winter regelmäßig ein riesiges Loch. Daran wird sich in den nächsten Jahren nichts ändern, da FCKWs in der Atmosphäre sehr langlebig sind. Es wird geschätzt, dass erst Ende 2060 sich das Loch über der Antarktis wieder langsam schließen wird. Auch in den mittleren Breiten, wo die Ozonschicht im Vergleich zu 1980 um 3–5 % dünner geworden ist, wird erst ab Mitte des Jahrhunderts mit Besserung gerechnet. Doch beunruhigend ist derzeit die Situation der Arktis, wo erstmals im Jahr 2011 ein Ozonloch auftrat, das in seinem Ausmaß dem der Antarktis vergleichbar war.

Die weltweite Diskussion über das hohe Treibhauspotenzial der HFKW hat als Konsequenz der Reduzierung des Einsatzes von FCKW und HFKW zur Entwicklung von neuen Kälteanlagen und Techniken geführt. Heute sind auf den Weltmärkten halogenfreie Kältemittel ausreichend und kostengünstig verfügbar und damit änderte sich das Ausstiegsszenario zum Schutz der Ozonschicht. Heute werden vor allem die Klimawirksamkeit der Ersatzstoffe und die Energieeffizienz von Kälteanlagen thematisiert. Die Industrie ist mit den Nachfolgekonferenzen aufgerufen, sich auf Kältemittel mit völlig anderen (weniger schädlichen) Eigenschaften oder auf gänzlich andere Kältetechniken einzustellen. Technologische Fortschritte der letzten 20 Jahre machen diesen Anspruch zu einem erreichbaren Ziel.

Auch wenn das Montrealer Protokoll vielen Klimaschützern noch nicht weit genug geht, so kann doch festgestellt werden, dass das Montrealer Protokoll im Vergleich zu den anderen Klimaregimen das mit Abstand erfolgreichste Instrument im Umwelt- und Klimaschutz darstellt. Eine Übertragung des Erfolgsmodells „Montrealer Protokoll" auf die anderen Klimaregime stellt sich allerdings wesentlich schwieriger dar. So war es vergleichsweise einfach, chemische Ersatzstoffe für die FCKW und HFKW zu finden. Um den Klimawandel zu bremsen, muss die Staatengemeinschaft sich aber in erster Linie um nichttechnische Fragen kümmern; so die sozialen Auswirkungen des ungebremsten Wachstums, die Interdependenzen der internationalen Rohstofflieferketten, der Abkehr von der Kohlenstoff-Dominanz der Energieerzeugung bis hin zu einem Bewusstseinswandel in den Industrieländern über ein verändertes Konsumverhalten (vgl. Häusler 2017).

Ramsar-Konvention

Die Ramsar-Konvention *(Convention on Wetlands of International Importance especially as Waterfowl Habitat)* ist ein zwischenstaatliches „Übereinkommen zum Schutz von Feuchtgebieten, insbesondere für deren Funktion als Lebensraum für Wasser- und Watvögel". Sie wurde 1971 in der Stadt Ramsar (Iran) ins Leben gerufen und ist eines der ältesten internationalen Vertragswerke zum Naturschutz. In der Allgemeinheit wird das Abkommen zumeist als „Ramsar-Konvention" bezeichnet.

Im Rahmen der *Global Peatland Initiative* (GPI) hat Ramsar (2002) eine Anleitung zum Erhalt und Nutzung von Mooren und Feuchtgebieten vorgestellt. Mit dieser Resolution werden ihre Vertragsparteien (Wetlands International, Alterra, The International Peat Society, The International Mire Conservation Group u. a.) sowie Wissenschaft und Forschung und Nichtregierungsorganisationen aufgerufen, Programme zur nachhaltigen Nutzung der Moore *(„wise use and conservation of peatlands")* zu initiieren und die Ergebnisse in den Politikdialog einzubringen. Dazu sei es erforderlich, weltweit den Zustand der Moore und Feuchtgebiete standardisiert zu erfassen und zu bewerten. Dafür sei es erforderlich, die notwendigen nationalen Kapazitäten in den Entwicklungsländern zu stärken, um zu gewährleisten, dass die Untersuchungen auch zu vergleichbaren Ergebnissen führen.

In den Mitgliedsländern sollten eigens dafür *„peatland manager"* benannt werden, die als *„focal points"* zwischen der Wissenschaft und den nationalen Umsetzungsebenen fungieren. Das *Ramsar Wetland Training Service* wird dazu entsprechende Aus- und Fortbildungsangebote auflegen und den Technologietransfer fachlich und finanziell unterstützen.

War das Anliegen der Konvention zunächst auf den Schutz von Feuchtgebieten ausgerichtet, so hat die Konvention ihren Anwendungsbereich, neben der Anerkennung der Feuchtgebiete als eigenständige Ökosysteme, auch auf Aspekte wie der „wohlausgewogenen Nutzung" *(„wise use")*, der Erhaltung der biologischen Vielfalt sowie dem Wohlergehen der menschlichen Gemeinschaften ausgedehnt (Ramsar 2006).

Nach Artikel 9 des Übereinkommens kann „jedes Mitglied der Vereinten Nationen, einer ihrer Sonderorganisationen, der Internationalen Atomenergie-Organisation" der Konvention beitreten; derzeit 169 Staaten. Allerdings sind parastaatliche Organisationen wie die Europäische Kommission nicht beitrittsberechtigt, können aber bilaterale Kooperationsabkommen abschließen. Mit dem Beitritt muss der Antragsteller ein erstes Ramsar-Gebiet verbindlich festgelegen. Das Gebiet soll nach ihrer ökologischen und hydrologischen Bedeutung ausgewählt werden; in erster Linie wird darunter ein Gebiet verstanden, das für Wat- und Wasservögel von internationaler Bedeutung ist (Artikel 2/2); Artikel 3/2 verpflichtet die Staaten „… (die Konvention) so schnell wie möglich zu unterrichten, wenn die ökologischen Verhältnisse eines in die Liste aufgenommenen Feuchtgebietes sich infolge technologischer Entwicklungen, Umweltverschmutzungen oder anderer menschlicher Eingriff geändert hat oder sich wahrscheinlich ändern wird".

Im Bereich der internationalen Zusammenarbeit legt der Artikel 5 fest, dass sich die Vertragsparteien hinsichtlich der Erfüllung der sich aus dem Übereinkommen ergebenden Verpflichtungen regelmäßig konsultieren, insbesondere in Fällen, in denen sich ein Feuchtgebiet/Gewässersystem über das Hoheitsgebiet mehr als einer Vertragspartei erstreckt. Ferner werden die Parteien verpflichtet, Maßnahmen zur Erhaltung von Feuchtgebieten aufeinander abzustimmen und ihren Schutz zu fördern, wie es in der Resolution VII.19 vom Mai 1999 („Richtlinien für die internationale Zusammenarbeit im Rahmen der Ramsar-Konvention") niedergelegt worden ist. Die Richtlinien gelten für folgende Bereiche:

- Management grenzüberschreitender Feuchtgebiete und Einzugsgebiete,
- Management von an Feuchtgebiete gebundenen Arten, an denen mehrere Vertragsparteien gemeinsam Anteil haben,
- partnerschaftliche Zusammenarbeit von Ramsar mit internationalen/regionalen Umweltübereinkommen und -organisationen,
- Austausch von Erfahrungen und Informationen,
- internationale Hilfe zur Unterstützung der Erhaltung und wohlausgewogenen Nutzung von Feuchtgebieten,
- nachhaltige Gewinnung von aus Feuchtgebieten stammenden pflanzlichen und tierischen Produkten und internationaler Handel mit diesen Produkten,
- Regelungen für ausländische Investitionen zur Gewährleistung der Erhaltung und wohlausgewogenen Nutzung von Feuchtgebieten.

3.5.3 Institutionelle Instrumente

Globale Umweltfazilität

Die Globale Umweltfazilität (Global Environment Facility; GEF) wurde 1991 von der Weltbank, dem United Nations Development Programm (UNDP) und dem United Nations Environment Programme (UNEP) ins Leben gerufen (GEF 2015). Mit ihr wurde ein weltweit einmaliges System („Fazilität") zur Finanzierung der vielfältigen Aktivitäten vieler Organisationen, Konventionen und Abkommen zum Schutz natürlichen Ressourcen *(„global commons")*, zum Erhalt der biologischen Vielfalt, zur Anpassung an den Klimawandel, der Verhinderung weiterer Bodendegradation und zur nachhaltigen Land- und Forstwirtschaft geschaffen. Die GEF ist in mehr als 180 Ländern und Organisationen engagiert. In ihr hat sich eine weltweit einmalige Partnerschaft von heute 18 UN-Organisationen, den internationalen Entwicklungsbanken, nationalen und internationalen Nichtregierungsorganisationen zusammengefunden. Sie hat ein effektives und nachhaltiges Netzwerk zivilgesellschaftlicher Organisationen geknüpft, das darüber hinaus auch intensive Kontakte und Zusammenarbeit mit dem privaten Sektor pflegt. Ein weiteres Standbein der GEF stellt ihre Verbindungen zu den vielen wissenschaftlichen Institutionen weltweit dar, deren Input sie für ihre Arbeit als unverzichtbar begrüßt. Diese Finanz-und Informationsnetzwerke versetzen die „GEF" in die Lage, weltweit als „Katalysator" und „Innovator" in Sachen nachhaltige und umweltgerechte Entwicklung einzutreten (GEF 2015).

Organisationen, die durch die GEF finanziell unterstützt werden, sind: ADB, AfDB, CAF, CI, DBSA, EBRD, FAO, FECO-China, FUNIDO-Brasilien, IADB, IFAD, IUCN, UNDP, UNEP, UNIDO, WADB, WBG, WWF. Die GEF unterstützt ausschließlich Projekte in den Entwicklungsländern bei deren Strategien für einen nahhaltigen Umwelt-, Ressourcen- und Klimaschutz.

Die GEF ist der internationale „Finanzierungsmechanismus" (*„financial mechanism"*) der fünf UN-Konventionen (vgl. ▶ Abschn. 3.4.1):
— Klimarahmenkonvention (UNFCCC),
— Wüsten-Konvention (UNCCD),
— Konvention für Biologische Vielfalt (UNCBD),
— Stockholm-Übereinkommen über persistente organische Schadstoffe (PO) (*Convention on Persistent Organic Pollutants*, POPs)
— Minamata Convention on Mercury.

Derzeit nutzen drei der Konventionen, UNCFCC, UNCBD und die Minamata Convention, die GEF als Finanzierungsinstrument; die beiden anderen Konventionen könnten bei Bedarf ebenfalls auf die GEF zurückgreifen. Dem „Basel/Stockholm-Übereinkommen" (POP) und der Wüstenkonvention (UNCCD) stehen eigene Finanzierungsmechanismen zur Verfügung. Des Weiteren bietet die GEF administrative Unterstützung für das Montrealer Protokoll zum Schutz der Ozonschicht und dessen Multilateralen Fonds an. Einen großen Einfluss auf die Ausgestaltung der GEF haben die oben genannten UN-Konventionen. Die GEF ist jeweils voll umfänglich in die Beschlussfassungen dieser Vertragsstaatenkonferenzen (UNFCC-COP; vgl. ▶ Kap. 4) eingebunden. Die Vertragsstaatenkonferenzen der Umwelt- und Klimakonventionen können Leitlinien an den Rat übermitteln, denen dieser bei seiner Arbeit für die Konventionen folgen muss.

Seit 1991 hat die GEF Zuschüsse (*grants*) in Höhe von mehr als 11 Mrd. US$ für 2800 Projekte in Entwicklungsländern bereitgestellt. Diese Mittel haben durch Kofinanzierungen bis zu 6-mal höhere Projektbudgets (*co-financing ratio*) geführt. 52 Länder haben sich bereit erklärt, durch regelmäßige Zuwendungen die GEF zu finanzieren. Alle vier Jahre treffen sich Vertreter der Geberländer, um das Portfolio aufzufüllen (*„replenishment"*). Auf diesen Meetings besteht auch die Gelegenheit, den Stand der Umsetzung der GEF-Vorhaben kritisch zu bewerten. Im Jahr 2014 wurden bei dem 6. „Replenishment-Meeting" in Genf von 30 Gebern 4,4 Mrd. US$ für die nächsten vier Jahre bereitgestellt.

Das wichtigste Entscheidungsorgan der GEF ist der GEF-Rat (*GEF-Council*). Er setzt sich aus 32 Mitgliedern der GEF-Versammlung (*GEF-Assembly*) zusammen, darunter 16 Entwicklungsländer, 14 Industrieländer sowie 2 Länder aus dem ehemaligen Ostblock. Erstmals im UN-System wurden in der GEF die Stimmenverteilung paritätisch zwischen den Industrie- und Entwicklungsländern aufgeteilt. Der Rat trifft sich zweimal im Jahr und seine Sitzungen stehen Beobachtern von Nichtregierungsorganisationen offen. Der Rat ist verantwortlich für das Budget, entscheidet über die Verwendung der Mittel und verfolgt deren Umsetzung in den Projekten. In der Versammlung sind alle 179 Mitgliedstaaten der GEF vertreten. Sie tritt alle 3–4 Jahre zusammen (1998 Neu-Delhi, 2002 Peking, 2006 Kapstadt, 2010 Punta del Este, 2014 Cancún). Sie gibt die generelle Ausrichtung der GEF vor und hat deshalb einen weniger direkten und unmittelbaren Einfluss. Das GEF-Sekretariat mit Sitz in Washington, D.C. koordiniert die Aktivitäten der GEF. Der Vorsitz wird alle vier Jahre von dem GEF-Rat bestimmt.

Die GEF wird bei ihren Projektentscheidungen sowie bei deren Durchführung von einer „unabhängigen Evaluierungseinheit" (*Independent Evaluation Office*, IEO) unterstützt, die direkt dem GEF-Rat berichtspflichtig ist und die vor allem das Monitoring der Projektumsetzung im Fokus hat. Fachlich wird die GEF von der „Wissenschafts- und Technologiegruppe" (*Scientific and Technical Advisory Panel*, STAP) unterstützt. Diese Gruppe setzte sich aus einer Vielzahl an renommierten Wissenschaftlern aus der ganzen Welt zusammen, um die Einhaltung der GEF-Standards zu gewährleisten.

Die GEF hat kein Mandat, Projekte in den Entwicklungsländern eigenständig durchzuführen. Sie fungiert stattdessen als eine Art „Katalysator" für umweltfreundliche Projektentwicklungen, in dem sie zum einen hilft, den Umwelt-/Klimaschutz in den Partnerländern auf die politische Agenda zu setzen, zum zweiten indem sie durch ihre Investitionszusagen weitere (große) zusätzliche Summen von privaten wie öffentlichen Kofinanzierern anregt und zum dritten, indem sie durch eigene Mittel die Innovationen und Investitionen fördert. So konnten zwischen 1991 und 2010 etwa 8,8 Mrd. US$ für Projekte zur Verfügung gestellt werden. Die Umsetzung GEF-finanzierter Projekte wird durch drei Umsetzungsorganisationen (*Implementing Agencies*, IAs), der Weltbank sowie von UNDP und UNEP vorgenommen. Sieben Ausführungsorganisationen (*Executing Agencies*, „ExAs") unterstützen die Organisationen gemeinsam mit öffentlichen und privaten Partnern; die GEF stellt (lediglich) die Finanzierung sicher.

Millenniumsentwicklungsziele

Vom 6. bis 8. September 2000 hatte sich die Weltgemeinschaft auf der sogenannten „Millenniumskonferenz", der bis dahin weltgrößten Konferenz unter dem Dach der Vereinten Nationen, darauf verständigt, den Kampf gegen Armut, Hunger, und andere soziale Entwicklungshemmnisse und gegen die globalen Umweltprobleme wirksamer (als bisher) anzugehen. Sie hatte sich dabei in der „Millenniumserklärung" verständigt, mit der sie sich verpflichtete, konkrete Programme aufzulegen, um die soziale Kluft zwischen „arm" und „reich", international wie auch in den Ländern selber, signifikant zu verringern. Dazu waren in New York 189 Länder zusammengekommen, um die sogenannten „Millenniumsentwicklungsziele" (*Millennium Development Goals*; MDGs) zu verabschieden. In der Abschlusserklärung des Gipfels wurde ferner die Globalisierung als „die zentrale Herausforderung unserer Zeit" bezeichnet. Die Teilnehmer bekannten sich ausdrücklich zu der moderierenden und richtungsgebenden Rolle der Vereinten Nationen als unverzichtbare Begegnungsstätte der gesamten Menschheitsfamilie.

Zentrales Anliegen ist:

» etwa bis zum Jahr 2015 die Zahl der in extremer Armut lebenden Menschen zu halbieren, die Ausbreitung von HIV/AIDS einzudämmen und die gleichberechtigte Grundbildung für Jungen und Mädchen sicherzustellen.

Um dieses Ziel zu erreichen, wurde ein Aktionsplan beschlossen, der auf vier programmatischen Handlungsfeldern die internationale Politik bestimmen sollte:
— Frieden, Sicherheit, Abrüstung,
— Entwicklung, Armutsbekämpfung,
— Sicherheit der gemeinsamen Umwelt,
— Menschenrechte, Demokratie und gute Regierungsführung.

Aus ihr wurden dann die sogenannten acht Millenniumsentwicklungsziele abgeleitet, mit denen bis zum Jahr 2015 die extreme Armut, der Hunger und die Kindersterblichkeit signifikant verringert, die Gleichstellung der Geschlechter, eine Primärschulbildung für alle sowie der Schutz der Umwelt erreicht sowie HIV und Malaria bekämpft werden sollte.

Dazu anerkannten die Staaten, dass sie neben der Verantwortlichkeit ihren Bevölkerungen gegenüber auch verantwortlich sind, weltweit die Grundsätze der Menschenwürde zu wahren (Charta der Vereinten Nationen). Sie zeigten sich entschlossen, die zentralen Herausforderungen, wie sie vor allem die Globalisierung darstellt, zu einer „positiven Kraft für alle Menschen der Welt" zu machen. „Wir sind der Ausfassung, dass" (gekürzt):
— die internationalen Beziehungen davon geprägt sein müssen, dass Männer und Frauen das Recht haben in Würde und Freiheit und ohne Furcht vor Gewalt ihr Leben zu leben;
— die globalen Probleme so bewältigt werden müssen, dass sie mit den grundlegenden Prinzipien der sozialen Gerechtigkeit in Übereinstimmung stehen;
— die Menschen einander in ihren Glaubensüberzeugungen, Kulturen und Sprachen achten;
— die Bewirtschaftung der natürlichen Ressourcen im Einklang mit den Grundsätzen der nachhaltigen Entwicklung stehen.

— Die Verantwortung für die Gestaltung der weltweiten wirtschaftlichen und sozialen Entwicklung und die Bewältigung von Bedrohungen des Weltfriedens und der internationalen Sicherheit muss von allen Nationen der Welt gemeinsam getragen und auf multilateraler Ebene wahrgenommen werden.
— Als universelle und repräsentativste Organisation der Welt müssen die Vereinten Nationen die zentrale Rolle dabei spielen.

Die acht Millennium-Entwicklungsziele waren:
— MDG 1 „Bekämpfung von extremer Armut und Hunger":
  — zwischen 1990 und 2015 den Anteil der Menschen halbieren, die weniger als den Gegenwert von einem US-Dollar pro Tag zum Leben haben.
  — zwischen 1990 und 2014 den Anteil der Menschen halbieren, die Hunger leiden.
  — Vollbeschäftigung in ehrbarer Arbeit für alle erreichen, auch für Frauen und Jugendliche.
— MDG 2 „Grundschulausbildung für alle Kinder gewährleisten":
  — bis zum Jahr 2015 sicherstellen, dass Kinder in der ganzen Welt, Mädchen wie Jungen, eine Primärschulbildung vollständig abschließen.
  — Alle Jungen und Mädchen sollen eine vollständige Grundschulausbildung erhalten.
— MGD 3 „Gleichstellung der Geschlechter/Stärkung der Rolle der Frauen":
  — Das Geschlechtergefälle in der Primar- und Sekundarschulbildung beseitigen, möglichst bis 2005 und auf allen Bildungsebenen bis spätestens 2015.
— MGD 4 „Senkung der Kindersterblichkeit":
  — zwischen 1991 und 2015 Senkung der Kindersterblichkeit von unter Fünfjährigen um zwei Drittel (von 10,6 % auf 3,5 %).
— MDG 5 „Verbesserung der Gesundheitsversorgung der Mütter":
  — zwischen 1990 und 2015 Senkung der Sterblichkeitsrate von Müttern um drei Viertel,
  — bis 2015 allgemeinen Zugang zu reproduktiver Gesundheit erreichen.
— MDG 6 „HIV/Aids, Malaria und andere Krankheiten bekämpfen":
  — Die Ausbreitung von HIV/Aids soll zum Stillstand gebracht und zum Rückzug gezwungen werden.
  — Der Ausbruch von Malaria und anderer schwerer Krankheiten soll unterbunden und ihr Auftreten zum Rückzug gezwungen werden.
— MDG 7 „Eine nachhaltige Umwelt gewährleisten":
  — Die Grundsätze der nachhaltigen Entwicklung sollen in der nationalen Politik übernommen werden; dem Verlust von Umweltressourcen soll Einhalt geboten werden.
  — Die Zahl der Menschen, die über keinen nachhaltigen Zugang zu gesundem Trinkwasser verfügen, soll um die Hälfte gesenkt werden.

3.5 · Institutionelle Instrumente

- Bis zum Jahr 2020 sollen wesentliche Verbesserungen in Lebensbedingungen von zumindest 100 Mio. Slumbewohnern erzielt werden.
- MDG 8 „Eine globale Partnerschaft im Dienst der Entwicklung schaffen":
  - Ein offenes Handels- und Finanzsystem, das auf festen Regeln beruht, soll weiter ausgebaut werden. Dies schließt eine Verpflichtung zu guter Staatsführung auf nationaler wie auf internationaler Ebene ein.
  - Auf die besonderen Bedürfnisse der am wenigsten entwickelten Länder muss entsprechend eingegangen werden. Dazu gehören ein freier Marktzugang; eine verstärkte Schuldenerleichterung für die hochverschuldeten Länder; die Streichung aller bilateralen öffentlichen Schulden; sowie eine großzügigere Entwicklungshilfe für die Länder, die wirkliche Anstrengungen zur Senkung der Armut unternehmen.
  - Auf die besonderen Bedürfnisse der Binnenstaaten und der kleinen Inselentwicklungsländer muss entsprechend eingegangen werden.
  - Die Schuldenprobleme der Entwicklungsländer mit niedrigen und mittleren Einkommen müssen durch Maßnahmen auf nationaler und internationaler Ebene umfassend und wirksam angegangen werden.
  - In Zusammenarbeit mit den Entwicklungsländern soll für die Schaffung menschenwürdiger und produktiver Arbeitsplätze für junge Menschen gesorgt werden.
  - In Zusammenarbeit mit der pharmazeutischen Industrie sollen lebenswichtige Medikamente in den Entwicklungsländern zu erschwinglichen Preisen verfügbar gemacht werden.
  - In Zusammenarbeit mit dem Privatsektor sollen die Vorteile der neuen Technologien, insbesondere der Informations- und Kommunikationstechnologien, verfügbar gemacht werden.

Die „Millenniumsentwicklungsdekade 2000–2015" hatte gezeigt, dass eine nachhaltige Entwicklung auch in den Regionen möglich ist, die noch immer zu den Benachteiligten gehören. Folgerichtig beschloss die Staatengemeinschaft auf der Rio+20-Konferenz in Johannesburg (2012; vgl. ▶ Kap. 4), die Entwicklungsdekade nach 2015 für weitere 15 Jahre fortzuführen. Der Beschluss beruhte auf dem Dokument *The future we want* der Vereinten Nationen (UN 2010) aus dem Jahr 2010, das eine Anpassung der Nachhaltigkeitsziele für die Zeit nach Auslaufen der Entwicklungsdekade forderte (Stichwort: „Agenda 2030 für Nachhaltige Entwicklung").

In dem Dokument wurde bemängelt, dass sich die Ziele bisher zu sehr auf die sozialen und ökonomischen Belange der gesellschaftlichen Änderungsprozesse konzentriert und die ebenfalls für eine nachhaltige Entwicklung notwendigen ökologischen Aspekte nicht genügend berücksichtigt hätten. Als Folge der Rio+20-Konferenz wurde 2014 von den Vereinten Nationen eine Arbeitsgruppe (*Open Working Group on Sustainable Development Goals*; SDGs) eingesetzt, die einen Katalog mit 17 Zielen (SDGs) ausarbeitete. Schon zuvor wurden im Jahr 2013 die organisatorischen Grundlagen geschaffen, um die bis dahin nebeneinander ablaufenden Entwicklungsprozesse MDGs und die Nachhaltigkeitsstrategie des Rio-Prozesses miteinander zu verknüpfen.

Die neuen Nachhaltigkeitsziele sind komplexer als die MDGs. Die ersten sieben Ziele knüpfen an die einstigen Millenniumsentwicklungsziele an, schreiben sie fort und sollen erfüllen, was bislang unerreicht geblieben ist. Der Blick auf die Unterziele dieser Ziele zeigt, dass sie teilweise noch immer sehr vage formuliert sind. In den Zielen 8 und 9 wird nachhaltiges Wirtschaftswachstum und menschenwürdige Arbeit für alle gefordert und zusammen mit einer leistungsfähigen Infrastruktur sowie einer nachhaltigen Industrialisierung als eine der Voraussetzungen für Arbeit und Einkommen angesehen. Das globale Problem der Ungleichheit innerhalb und zwischen Ländern spiegelt sich in Ziel 10 wieder; man reagierte damit auf Forderungen vieler zivilgesellschaftlicher Organisationen, die diesen Aspekt berücksichtigt wissen wollten. Die Ziele 11 und 12 fordern Nachhaltigkeit im urbanen Wachstum und in den Produktions- und Konsumweisen sowie die Heraushebung des Stellenwerts der „Gemeingüter" (*„global commons"*) in den Aspekten der Globalisierung. Das Ziel 13 verpflichtet zur Bekämpfung des Klimawandels, während sich der Schutz der Ozeane, Meere, Wälder und Ökosysteme in den Zielen 14 und 15 wiederfindet. In Ziel 16 findet sich der Hinweis, dass auch eine „gute Regierungsführung" und „friedliche" Gesellschaften als Voraussetzungen für Entwicklung definiert sind. Das Ziel 17 bezieht sich vor allem auf die Mittel zur Umsetzung der Ziele, also den Weg hin zur Zielerreichung (Jüttner 2016).

Im September 2015 wurde dann beim „UN-Nachhaltigkeitsgipfel der Staats- und Regierungschefs" die sogenannte „Agenda 2030 für Nachhaltige Entwicklung" verabschiedet. Synonym wird die Agenda auch als „2030-Agenda", „Post-2015-Entwicklungsagenda", „Weltzukunftsvertrag", „globale Nachhaltigkeitsagenda oder „Globale Ziele der UN" bezeichnet. Die *Sustainable Development Goals* (SDGs) werden oft auch als „Ziele für nachhaltige Entwicklung" bezeichnet. Mit der Agenda wurde eine „Zukunftsstrategie" vereinbart, die weltweit „wirtschaftlichen Fortschritt im Einklang mit sozialer Gerechtigkeit im Rahmen der ökologischen Grenzen der Erde" gewährleisten soll (BMZ 2017b) um beizutragen, eine gerechte Transformation der sehr unterschiedlichen ausgeprägten Volkswirtschaften der Welt hin zu einer nachhaltigen Entwicklung zu erreichen.

Mit den „SDGs" wurden die „MDGs" zu einer Einheit zusammengeführt und stellen heute die internationalen Indikatoren zur Messung der Nachhaltigkeit dar. Im Vergleich zu den MDGs stellt die Agenda 2030 zum einen die Verknüpfung von „Entwicklung und Umwelt" heraus sowie zum anderen seine „weltweite Gültigkeit". Daraus folgert, dass alle Länder (Industrieländer, Schwellenländer und Entwicklungsländer) eine Verantwortung zur Umsetzung der

Agenda zu übernehmen haben. Im Prinzip wird damit auch den Industrieländern der Status eines „Entwicklungslandes" gegeben, der sie verpflichtet, die Ziele der Agenda auch in ihren Ländern umzusetzen. Sie haben folglich nicht mehr (nur) einen Geberstatus, sondern sind gleichzeitig auch „Entwickler" in eigener Sache. Damit gehen die Zielvorgaben der „SDGs" weit über die Millenniumsziele hinaus.

Um den SDGs eine nachprüfbare Basis für eine Erfolgsbestimmung mitzugeben, wurde der Stand der MDG-Ziele auf dem „Weltgipfel für nachhaltige Entwicklung" 2015 in New York bilanziert. Es musste festgestellt werden, dass nur drei der acht Millenniumsziele flächendeckend erreicht wurden. In einigen Bereichen waren anerkennenswerte Fortschritte erzielt worden (KfW 2008). So konnte zum Beispiel in dem MGD 1 („Armut/Hunger") im Einzelnen insgesamt gute Fortschritte erzielt werden. Der Anteil der Armen, die mit einem Einkommen von weniger als 1,25 US$ am Tag auskommen müssen, konnte von 47 % (1990) auf 14 % im Jahr 2015 mehr als halbiert werden. In Subsahara-Afrika dagegen hat die Armut zugenommen. Das Ziel der Halbierung der Armut besagt allerdings auch nichts über deren vollständige Überwindung. Bei dem MGD 2 („Bildung") sind die Erfolge eher mäßig; MGD 3 („Gender") war ebenfalls nicht sehr erfolgreich. Die „Kindersterblichkeit" (MDG 4) konnte gute Erfolge nachweisen. Bei MDG 5 („Müttergesundheit") waren dagegen die Erfolge eher gering ausgefallen. Beim Ziel „Nachhaltigkeit" (MDG 7) konnten gute Erfolge erzielt werden, ebenso bei dem MGD 8 („Entwicklungspartnerschaften"). Problematisch bleibt, wie auch bei den „MDGs" und den anderen UN-Konventionen, dass die Vereinbarungen der Agenda 2030 völkerrechtlich nicht bindend sind. Aber die Erfahrungen zeigen, dass sich vor allem zivilgesellschaftliche Gruppen auf diese Verpflichtungen berufen und so ihren politischen Forderungen mehr Nachdruck verleihen können (UN 2016; Bückmann 2015).

In der Präambel der Agenda werden fünf Kernbotschaften vorangestellt, die in ihrer englischen Originalversion als die „5 Ps" bezeichnet werden:
— *People* („Die Würde des Menschen in den Mittelpunkt stellen")
— *Planet* („Den Planten schützen")
— *Prosperity* („Wohlstand für alle fördern")
— *Peace* („Frieden fördern")
— *Partnership* („Globale Partnerschaften aufbauen")

UNIDNDR – UNISDR

In Anbetracht der zunehmenden Auswirkungen von Naturkatastrophen auf die Gesellschaften hatte die Generalversammlung der Vereinten Nationen auf ihrer 96. Plenarsitzung im Dezember 1987 (Resolution A/RES/42/169) beschlossen, die 90er-Jahre zur „Dekade der Naturkatastrophenreduzierung" (*International Decade for Natural Disaster Reduction*"; UNIDNDR) auszurufen. Damit wurde das Tor aufgestoßen für ein seitdem sich immer weiter ausbreitendes Engagement der Staatengemeinschaft zur Sicherung der Lebensgrundlage der Menschen; dies umso mehr, als durch den eingetretenen Klimawandel ein weiteres Gefahrenelement hinzugekommen ist (Stichwort: „Extremereignisse"). Mit der Resolution wiesen die Vereinten Nationen den Weg für internationale Kooperationen und stellten einen Bezug her zwischen den technischen und finanziellen Kapazitäten der Industrieländer zu den Entbehrungen vieler Entwicklungsländer und deren multiplen Rückkopplungen.

Im September 1989 wurde dann die Dekade 1990–1999 offiziell zur „*International Decade for Natural Disaster Reduction*" (UNIDNDR) erklärt; verbunden mit der Schaffung eines entsprechenden institutionellen Rahmens („*International Framework of Action*") für deren Umsetzung.

Das Ziel der Dekade war:

» Durch Kooperationen und international koordinierte Programme sollten die Risiken (Todesopfer, Verluste an Hab und Gut, Schäden an sozialen/ökonomischen Strukturen) in den Entwicklungsländern durch Erdbeben, Sturm, Hochwasser, Sturmfluten, Tsunamis, Vulkanausbrüche, Hangrutschungen, Waldbrände, aber auch durch Dürren und Desertifikationen sowie durch andere Katastrophen reduziert werden.

Dies sollte erreicht werden unter anderem durch:
— Internationale Zusammenarbeit:
  — Stärkung der Fähigkeiten der Länder, sich gegen Naturkatastrophen zu wappnen, wobei die Probleme der Entwicklungsländer im Vordergrund standen. Dort sollen Kapazitäten zur Erfassung und Bewertung solcher Katastrophen aufgebaut und entsprechende Frühwarnsysteme eingerichtet werden.
  — Anleitung zur Ausarbeitung von Richtlinien, Handlungsempfehlungen und Strategien zur Umsetzung wissenschaftlicher Erkenntnisse und Technologien im Kampf gegen Naturkatastrophen; im Einklang mit den soziokulturellen und ökonomischen Rahmenbedingungen des Landes.
  — Stärkung der wissenschaftlich-technischen Grundlagen, um bestehende Kenntnislücken (*gaps*) zu schließen, die zur Katastrophenabwehr immer noch bestehen
  — Verbreitung erprobter Methoden und Konzepte über Maßnahmen und Strategien zur Erfassung, Vorhersage und Bekämpfung von Katastrophen; durch „*best practice*"-Beispiele und einen angepassten Technologietransfer.
— Aktivitäten auf nationaler Ebene:
  — Ausarbeitung von Richtlinien und Strategien zum Kampf gegen Naturkatastrophen; auch durch angepasste Landnutzungskonzepte, Risikoversicherungen und in den Entwicklungsländern durch eine Integration des Naturkatastrophenrisikomanagements in die nationalen Entwicklungspläne.
  — Teilnahme an internationalen Programmen zum Naturkatastrophenrisikomanagement. Einrichtung nationaler Zentren als Schnittstelle zwischen Staat, Gesellschaft und Wissenschaft.

3.5 · Institutionelle Instrumente

- Verpflichtung der lokalen Administrationen, sich konstruktiv an den Zielen der UN-Dekade zu beteiligen.
- Stärkung des Stellenwerts der Risikovorsorge.
- Stärkung Risikobewusstseins der Betroffenen und der Resilienz der lokalen Gesellschaften (*„community based"*) durch Trainingsseminare und durch die Medien.
- Durch das UN-System:
  - Das UN-System mit seinen Abkommen, Konventionen und Programmen wurde aufgerufen, dem Naturkatastrophenrisikomanagement in ihren Aktionen hohe Priorität einzuräumen.
  - Der UN–Generalsekretär und die in den Partnerländern agierenden UN-Repräsentanten wurden aufgerufen, dafür Sorge zu tragen, dass die UN-Organisationen diese Forderungen auch umsetzen; auch in grenzüberschreitenden Programmen.

Im Dezember 1999 hatte dann die Generalversammlung der Vereinten Nationen die Resolution (A/RES/54/219) angenommen, womit die *„International Strategy for Disaster Reduction"* (UNISDR) in der Nachfolge der *„IDNDR-Dekade"* (1990–1999) als eigenständiges UN-Sekretariat für den Zeitraum 2000–2005 eingerichtet wurde.

Das Mandat von UNISDR wurde definiert als:

» to serve as the focal point in the United Nations system for the coordination of disaster reduction and to ensure synergies among the disaster reduction activities of the United Nations system and regional organizations and activities in socio-economic and humanitarian fields.

Im Jahr 2001 wurde dieses Mandat noch einmal bestätigt und ausgeweitet (UN-Resolution A/RES/56/195):

» to ensure coordination and synergies among disaster risk reduction activities of the United Nations system and regional organizations and activities in socio-economic and humanitarian fields.

Die Strategie (UNISDR) soll danach Naturkatastrophenrisikomanagement in den Politikfeldern vom Klimaschutz bis zu umweltgerechten Umgang mit den natürlichen Ressourcen weltweit verankern und so beitragen, die *Millennium Development Goals* (MDGs) wirksam zu beeinflussen. UNISDR hat dazu seine Agenda ausgerichtet auf eine Integration von „Naturkatastrophenrisikomanagementstrategien" in die UN-Programme zum Umwelt- und Klimaschutz sowie zur sozialen und ökonomischen Entwicklung. Dabei solle die Initiativen nicht von UNISDR selbst, sondern durch die großen internationalen Organisationen, allen voran UNDP, UNEP und die Weltbank, implementiert werden. Die Strategie sollte zum anderen beitragen, dass Konzepte und Methoden des integrierten Katastrophenrisikomanagements in den Partnerländern weltweit verstanden und effektiv umgesetzt werden; dies vor allem durch eine Stärkung der Sektoren „Aus-/Fortbildung" und „Institutionsförderung". Die UN-Organisationen andererseits sollen beraten und angehalten werden, Kooperationen auf den Sektoren „Katastrophenrisikomanagement", „Strategien zum Aufbau nationaler Risikomanagementexpertise" durch bilaterale und multilaterale Programme und Projekte durchzuführen, wie sie sich aus der IDNDR-Dekade (1990–2000) ergeben haben. Dazu war es erforderlich, die UNISDR-Strategie als globale Institution (*„framework"*) zu konsolidieren, damit sie die angestrebten Ziele auch dauerhaft verwirklichen kann.

Eine Analyse des Stands der Umsetzung der UNISDR-Strategie im Jahr 2002 durch die UN-Vollversammlung ergab, dass UNISDR es geschafft hat, bei seinen Partnern das Verständnis zum Aufbau nationaler Risikomanagementsysteme mit national hoher Priorität zu entwickeln. Viele Länder hatten (auch) durch die Strategie nationale und regionale „Naturkatastrophenrisikomanagementstrategien" verabschiedet und durch Projekte auf allen Entscheidungsebenen umgesetzt. Bei den Bevölkerungen wie bei dem Privatsektor konnte eine deutliche Zunahme im Verständnis über die komplexen Ursache-Wirkung-Beziehungen von Naturgefahren, der Nutzung natürlicher Ressourcen und den daraus resultierenden Risiken erkannt werden. Der angestrebte Einbau von „Naturkatastrophenrisikomanagementstrategien" in die anderen UN-Programme war sehr erfolgreich. So sind die zentralen Empfehlungen der UNISDR (eigentlich) in allen UN-Organisationen integraler Bestandteil ihrer Entwicklungsstrategien geworden; wie auch in den *Millennium Development Goals* aufgeführt war.

Anzumerken war aber auch, dass die (freiwilligen) finanziellen Zuwendungen durch die großen Geberorganisationen bei Weitem nicht die Kosten für die Arbeiten abdecken, die dem UNISDR durch die UN-Vollversammlung (im Konsens) aufgegeben wurden. Einerseits erwarten alle Staaten, Entwicklungs- wie Industrieländer, substanzielle Beiträge von der Strategie zur Sicherung der menschlichen Existenz (Stichworte: *„human security"*; *„livelihood resilience"*), wie sie auch auf dem „World Summit on Sustainable Development", formuliert wurde, andererseits besteht oftmals nur ein geringes Interesse der Geber, ihre dafür notwendige Verantwortung auch wahrzunehmen.

Yokohama-Strategie

Auf der ersten Weltkonferenz (1994) „Weltkonferenz für Naturkatastrophenvorsorge" (*World Conference on Disaster Reduction*) 1994 in Yokohama (UNIDNDR 1994) verabschiedeten die Teilnehmer die sogenannte *„Yokohama Strategy for a Safer World: Guidelines for Natural Disaster Prevention, Preparedness and Mitigation and its Plan of Action"*, mit der die Staatengemeinschaft aufgerufen wurde:
- Strategien und Konzepte zu entwickeln und Maßnahmen einzuleiten, mit denen weltweit die Auswirkungen von Naturkatastrophen verringert werden können; im Einklang mit den *Millennium Development Goals* (MDGs),

- Identifizierung der technischen, wissenschaftlichen und sozioökonomischen Aktionsfelder,
- Definition der Herausforderung für deren Umsetzung anhand von „best practice"-Beispielen,
- Entwicklung von operativen Zielen und Feldern zur Umsetzung.

Die Konferenz war damals der „Leuchtturm" und gab die Richtung vor für das internationale Bestreben zur Implementierung eines Naturkatastrophenrisikomanagements. Eines der viel beachteten Ergebnisse der Konferenz war der Statusbericht der UNINDR zur Lage der Naturkatastrophen der Welt: *Living with Risk: A Global Review of Disaster Reduction Initiatives* (UNISDR 2004).

Die „Yokohama Strategy for a Safer World" stellte 10 Prinzipien heraus:
- Risikoerfassung und -bewertung stellen für das Management von Naturkatastrophenrisiken die unverzichtbare Grundlage dar.
- Katastrophenvorsorge („prevention") und Notfallvorsorge („preparedness") ist für die Wiederherstellung der Funktionsfähigkeit einer Gesellschaft unerlässlich.
- Katastrophenvorsorge („prevention") und Notfallvorsorge („preparedness") sind integraler Bestandteil des Katastrophenrisikomanagements; und zwar auf allen Ebenen (national, regional, bilateral, multilateral).
- Die Entwicklung und Stärkung von Kapazitäten zur Vorsorge, Verringerung und Bekämpfung von Katastrophen sowie die sich daraus ergebenden Aktivitäten genießen im Rahmen der Dekade höchste Priorität.
- Frühwarnsysteme zur schnellen landesweiten Verbreitung von Warnmeldungen („telecommunication") stellen einen Schlüsselfaktor für eine wirksame Vorsorge dar.
- Vorsorgemaßnahmen werden nur dann wirksam, wenn sie alle beteiligten gesellschaftlichen Gruppen einbeziehen (lokal, national, international).
- Die Vulnerabilität einer Gesellschaft kann durch angepasste Maßnahmen und Konzepte verbessert werden, wenn diese auf die Bedürfnisse der Betroffenen ausgerichtet sind.
- Die Staatengemeinschaft anerkennt ihre Verantwortung und erklärt sich bereit, im Rahmen der internationalen Zusammenarbeit die notwendigen Technologien zeitnah frei bereitzustellen.
- Jedes Katastrophenrisikomanagement muss in den Kontext mit den Bestrebungen zur nachhaltigen Entwicklung und dem Umweltschutz gestellt werden.
- Jeder Staat trägt die alleinige Verantwortung für den Schutz seiner Bevölkerung.

Vom 18. bis 22. Januar 2005 wurde in der Stadt Kobe (Japan) die zweite „Weltkonferenz der Vereinten Nationen zur Reduzierung von Katastrophenrisiken" (*„World Conference on Disaster Reduction"*; WCDR II) abgehalten (UN 2007). Der Konferenzort war ursprünglich zur Erinnerung an die Opfer des großen Erdbebens vom 17. Januar 1995 gedacht *(„Great Hanshin-Awaji")*, stand dann aber ganz unter den Eindruck des verheerenden Tsunamis 3 Wochen zuvor im Indischen Ozean. Der Wille aller Beteiligten, diese Katastrophe als Anlass zu nehmen, sich (endlich) ernsthaft dem Thema Naturkatastrophenrisikomanagement auf internationaler und nationaler Ebene anzunehmen, hat die WCDR II zu einem Wendepunkt im internationalen Katastrophenmanagement werden lassen.

Der damalige UN-Generalsekretär Kofi Annan stellt in seiner Grußadresse an die Delegierten heraus:

> The world looks to this conference to help make communities and nations more resilient in the face of natural disasters; to mobilize resources and empower populations and finally, to galvanize global action and build on our experience.

Zu der Konferenz hatten sich mehr als 4000 Teilnehmer aus 168 Staaten versammelt; 78 Organisationen waren durch Beobachter vertreten, 161 Nichtregierungsorganisationen (NGOs) sowie 560 Journalisten.

Die Konferenz verabschiedete das sogenannte „Hyogo Framework of Action" (HFA) sowie als übergeordnetes Handlungsprinzip die Hyogo-Deklaration.

Hyogo-Deklaration

In der Deklaration stimmten die Teilnehmer darin überein, dass aus der *„International Decade for Natural Disaster Reduction"* (UNINDNDR) und der aus ihr resultierenden *„Yokohama Strategy and Plan of Action for a Safer World"* ein großes Potenzial an Wissen und Erfahrungen im Umgang mit Naturkatastrophen erwachsen sei. Dass aber es aber nicht zu akzeptieren sei (Stichwort: „Tsunami"), dass die Zahl an Opfern und Schäden durch solche Katastrophen das soziale Gefüge vieler Länder, nicht nur der Entwicklungsländer, sondern auch in vielen Industrieländern (Stichwort: „Hurrikan Katrina"), nachhaltig beschädige und die sozioökonomische Entwicklung dieser Länder vor große Probleme stelle.

Nur durch eine Stärkung der nationalen Kapazitäten im Kampf gegen solche Katastrophen werden die Länder in die Lage versetzt, diese Entwicklungen aufzuhalten. Die Länder müssen durch internationale Hilfe soweit unterstützt werden, dass sie sich aus eigener Kraft diesen Herausforderungen stellen können.

Die Konferenz erklärte (UN-A/CONF.206/6):
- Wir anerkennen die grundlegende kausale Verknüpfung von Katastrophenrisikomanagement, nachhaltiger Entwicklung und Bekämpfung der Armut.
- Wir anerkennen, dass in den Gesellschaften Katastrophenvermeidungsstrategien („Kultur der Risikos") zu Vorsorge und Resilienz auf allen Ebenen der nationalen Gesetzgebung gestärkt werden müssen, um sowohl das nationale Wohl als auch das des Einzelnen zu gewährleisten.
- Wir wollen ein System an internationalen Verpflichtungen und Rahmenbedingungen aufstellen,

mit dem international ein Naturkatastrophenrisikomanagement im 21. Jahrhundert dauerhaft etabliert werden kann.
- Wir betonen, dass der Staat die zentrale Hoheit hat, solche Regelungen zu treffen und auch umzusetzen.
- Wir haben dazu das „Hyogo Framework of Action" als Richtlinie für nationale Umsetzungsaktionen in Kraft gesetzt.

Hyogo Framework for Action

Die Konferenz einigte sich auf das folgende Ziel, zu dem das „*Hyogo Framework for Action 2005–2015: Building the Resilience of Nations and Communities to Disasters*" (HFA) als Richtlinie für weltweite Initiativen zur Vorsorge gegen Naturkatastrophen in der nächsten Dekade festzulegen (UNISDR 2005b):

> A substantial reduction of disaster losses, in lives and in the social, economic and environmental assets of communities and countries.

Um dieses Ziel zu erreichen, einigte man sich darauf, das Folgende anzustreben:
- Stärkere Verankerung des vorsorgenden Naturkatastrophenrisikomanagements in den nationalen Entwicklungsplänen und Programmen auf allen Entscheidungsebenen mit besonderem Fokus auf Katastrophenvorsorge und Bekämpfung sowie der Reduzierung der Vulnerabilität.
- Entwicklung neuer bzw. Stärkung bestehender administrativer Strukturen, Mechanismen und Kapazitäten auf kommunaler Ebene, damit diese ihre Verantwortungen um Resilienz gegenüber den Katastrophenrisiken erhöhen.
- Systematische Einbeziehung von Risikominderungsmaßnahmen in die Katastrophenvorsorge („*emergency preparedness*"), Katastrophenreaktion („*response*") und zur Wiederherstellung der Funktionen risikoexponierter Gesellschaften („*recovery*").

Die folgenden Prinzipien sollten dabei Berücksichtigung finden:
- Die Grundsätze der Yokohama-Strategie bleiben weiterhin gültig.
- Jeder Staat trägt die alleinige Verantwortung für den Schutz seiner Bevölkerung gegenüber den Auswirkungen von Katastrophen, trotz der vielfältigen internationalen und multilateralen Zusammenarbeit.
    - Um diese Zusammenarbeit zu verbessern, gilt es in Anbetracht der sich immer weiter verflechtenden globalen Märkte (und des grenzüberschreitenden Charakters von Naturkatastrophen) ein „Klima" zu schaffen, das einen freien Austausch von Kenntnissen, Erfahrungen und Fähigkeiten ermöglicht, und so die Ressourcen effektiver genutzt werden können.
    - Ein alle Katastrophentypen umfassender „*multiple hazard*"-Ansatz muss in den nationalen Entwicklungsplänen verankert werden, um die Wiederherstellung der Funktionen einer Gesellschaft nach einer Katastrophe, nach einem Konflikt zu erleichtern.
    - In den Strategien müssen die Gleichstellung der Geschlechter, die Bedürfnisse ethnischer Gruppen sowie die der besonders gefährdeten Gruppen (Alte, Kranke, Kinder, Behinderte) nachhaltig verankert sein.
    - Die Kapazitäten der Gesellschaften als auch der Gebietskörperschaften müssen so ausgestattet sein, dass diese zum Erreichen der angestrebten Vorsorge-/Mitigationsziele ihren Beitrag leisten können.

Den ärmsten Ländern sowie den Kleinen Inselstaaten gebührt erhöhte Aufmerksamkeit in Hinblick auf ihre erhöhte Vulnerabilität und einer Risikoexposition, die in der Regel die Selbsthilfefähigkeit der Gesellschaften bei weitem übersteigt. Die folgenden fünf Prioritäten stellte die Konferenz als unverzichtbar heraus:
- Gewährleisten, dass das Naturkatastrophenrisiko Management auf der nationalen Entwicklungsagenda einen hohen (höchsten) Stellenwert bekommt.
- Gewährleisten, dass die zur Umsetzung der nationalen Vorsorgeziele erforderlichen institutionellen Grundlagen operational sind.
- Erfassen und bewerten der nationalen Katastrophenrisiken; Aufbau nationaler Frühwarnsysteme.
- Gewährleisten, dass im Land ein Klima zur Schaffung einer Risikokultur als Voraussetzung zum Erreichen einer erhöhten Widerstandsfähigkeit der Bevölkerungen gegenüber solchen Ereignissen.
- Reduzierung der die Auswirkungen von Naturkatastrophen verstärkenden Risikofaktoren („*underlying risk factors*").

Um dieses umzusetzen zu können, besteht ein großer Bedarf an internationaler Zusammenarbeit in Bezug darauf:
- das Naturkatastrophenrisikomanagement als gesellschaftliche Querschnittsaufgabe zu verstehen,
- eine technische und institutionelle Unterstützung risikobedrohter Staaten in Bezug auf Bewusstseinsbildung der bedrohten Bevölkerungen, der Entwicklung leistungsfähiger Organisationen,
- einen sektorspezifischen Technologietransfer sowie den Austausch erprobter Minderungsstrategien,
- die Erfassung, Bewertung und Kompilation von Katastrophenereignissen, aus denen effektive Bekämpfungsstrategien abgeleitet werden können,
- eine zeitnahe und umfassende Umsetzung „proaktiver" Minderungsstrategien insbesondere bei den *Heavily Indebted Poor Countries* (HIPICs),
- finanzielle Unterstützungen.

Zur Umsetzung der HFA-Ziele wurden alle „*stakeholder*", unter ihnen die Vereinten Nationen und die internationale Gebergemeinschaft, aufgefordert, in ihren Programmen das Naturkatastrophenrisikomanagement, so wie es in den „HFA" niedergelegt wurde, umfassend einzubauen. Dies gelte natürlich ebenso für die Staaten und die zivilgesellschaftlichen Gruppen.

Den Staaten komme hierbei die größte Verantwortung zu, sowohl durch Schaffung entsprechender ordnungspolitischer Rahmen als auch durch Umsetzungsregeln für die lokalen Entscheidungsebenen. Alle, Beteiligte und Betroffene, müssten dabei frühzeitig eingebunden werden, um so deren Verständnis zur Übernahme von Verantwortung *(„ownerschip")* klarer herauszuarbeiten.

Ferner wurden alle Organisationen aufgefordert, die erforderlichen finanziellen und technischen Ressourcen für eine stringente Umsetzung der Strategie bereitzustellen, ihre Kenntnisse und Erfahrungen im Umgang mit Katastrophen sowie Unterstützungen auf bilateralen und multilateralen Kanälen („Nord-Süd"; „Süd-Süd") bereitzustellen.

Sendai Framework

Im März 2015 fand im japanischen Sendai die „Dritte Weltkonferenz der Vereinten Nationen zur Reduzierung von Katastrophenrisiken" (WCDR III) statt (UNISDR 2015). Konferenzort war die Stadt Sendai (Japan), deren Region im Jahr 2011 von dem schweren Erbeben/Tsunami mit der anschließenden Reaktorkatastrophe von Fukushima stark gezeichnet wurde.

Auf der Konferenz wurde ein Rahmenwerk für ein vorausschauendes Risikomanagement beschlossenen, mit dem die Auswirkungen von Naturkatastrophen begrenzen werden sollen: das „Sendai Framework zur Reduzierung von Katastrophenrisiken" für den Zeitraum 2015–2030. Dieses „Framework" stellte zwar keinen völkerrechtlich bindenden Vertrag dar, sondern hatte eher den Charakter eines internationalen Rahmenwerks, aus dem sich aber trotzdem für die einzelnen Nationalstaaten weitergehende Verpflichtungen ergaben.

Mit dem „Sendai Framework" wurde der „Hyogo Framework for Action" (gültig bis 2005) sowie die mit der IDNDR-Dekade (1990–1999) begonnene Initiative zum Aufbau eines globalen Netzwerkes *(Yokohama Strategy)* konsequent fortgeschrieben.

Auf der WCDR III wurden die Aktivitäten der HFA seit 2005 kritisch bewertet. Es ergab sich, dass insgesamt die HFA anerkennenswerte Beiträge zu einem vorsorgenden Risikomanagement erbracht hat. Die Bewertung ergab allerdings, dass es immer noch nicht gelungen war, die auslösenden Faktoren *(„underlying risk factors")* in der Formulierung nationaler Minderungsziele im erforderlichen Ausmaß zu verankern.

Diese Schwachstellen, so die Analyse, seien nur in enger Abstimmung mit allen Beteiligten, auch solchen, die nicht unmittelbar im Katastrophenrisikomanagement mandatiert sind, abzubauen. Der Fokus müsse in Zukunft vermehrt auf die Probleme der Armut und Ungleichheit der Geschlechter, dem Klimawandel und der Zerstörung der Ökosysteme, der ungehinderten Ausbreitung der Städte, dem nicht nachhaltigen Ressourcenmanagement sowie den Auswirkungen des demografischen Wandels gerichtet werden.

In Sendai folgte, nachdem zuvor mit der HFA zur Reduzierung von Katastrophen die Basis für ein internationales Naturkatastrophenrisikomanagement gelegt worden war, der nächste Schritt, mit dem die Strategien um die Aspekte eines vorausschauenden Risikomanagement erweitert wurde. Von den Teilnehmern wurde vor allem der Übergang von einem „Katastrophenmanagement" *(„disaster management")* zu einem („Katastrophenrisikomanagement") *(„disaster risk management")* als richtungsweisend gewertet.

Mit dem Sendai Framework vollzog die internationale Staatengemeinschaft einen Paradigmenwechsel von dem eher „traditionellen" Katastrophenrisikomanagement hin zu einem Management, in dem die Verringerung der Verluste durch Naturkatastrophen integraler Bestandteil der nachhaltigen Entwicklung werden sollte. Gefordert wurde ferner, dass den Bedürfnissen der Gesellschaft mehr Gewicht beigemessen wird. Aber dies würde auch bedeuten, dass diese Gruppen sich konstruktiv im Rahmen ihrer Möglichkeiten an dem Erreichen der Ziele einzubringen haben. Dies würde außerdem erfordern, alle sozialen, ökonomischen und kulturellen Sektoren mit einzuschließen. Den Regierungen oblige dabei zentrale Verantwortung zur Festsetzung der (partizipativ erarbeiteten) Vorsorgeziele sowie der Schaffung eines adäquaten ordnungspolitischen Rahmens zur Umsetzung und Kontrolle. Auch wurde auf die Rolle der Frauen, Kinder und anderer benachteiligter Gruppen hingewiesen, deren Resilienz gezielt verringert werden müsse, indem sie direkt in die Entscheidungsprozesses und bei deren Umsetzungen berücksichtigt werden müssen. Dieses gelte auch für den privaten Sektor.

In dem Sendai Framework hatte die Konferenz die Instrumente zur Erreichung ihrer Ziele wie folgt zusammengefasst. Es besteht die Notwendigkeit:

— das grundlegende Verständnis von Naturgefahren und den Dimension der sozioökonomischen Vulnerabilität noch zu vertiefen,
— das Naturkatastrophenrisikomanagement *(„risk governance")* durch den Aufbau nationaler Informationsplattformen zu stärken,
— das nationale Naturkatastrophenrisikomanagement *(„risk governance")* verlässlich, berechenbar und transparent auszugestalten,
— die Rolle der *stakeholder* bei der Wiederherstellung der gesellschaftlichen Funktionen *(„build back better")* durch eine klarere Definition zu stärken,
— neue Risiken durch Investitionen in Risikovorsorge *(„risk-sensitive investment")* gar nicht erst aufkommen zu lassen,
— die Widerstandsfähigkeit in den Sektoren Gesundheitsvorsorge und Arbeitssicherheit sowie den Schutz des kulturellen Erbes *(„cultural heritage")* zu verbessern,
— die internationalen Partnerschaften im Katastrophenrisikomanagement durch sektorspezifische Politiken und Programme zu stärken; wobei zur Absicherung dieser Initiativen durch die internationalen Geber eine zentrale Rolle zukommt.

Das übergeordnete Ziel von UNIDNDR und UNISDR ist eine Reduzierung der Auswirkungen von Naturkatastrophen auf die Gesellschaften. Dies soll durch die folgenden sieben Sektorziele bis zum Jahr 2030 angestrebt werden:
- Substanzielle Verringerung der Mortalitätsrate pro 1.000.000 Einwohner im Vergleich zum Zeitraum 2005–2015.
- Substanzielle Verringerung der Zahl der Obdachlosen/Verletzten/Betroffenen pro 100.000 Einwohner im Vergleich zum Zeitraum 2005–2015.
- Verringerung der ökonomischen Schäden in Bezug auf das Bruttoinlandsprodukt (GDP).
- Substanzielle Verringerung der Schäden an Infrastruktur und der Grundbedürfnisbefriedigung der Bevölkerungen in den Sektoren „Gesundheit" und „Bildung" durch Stärkung der sektorspezifischen Resilienz.
- Substanzielle Erhöhung des Anteils der Länder, die über nationale und lokale Risikominderungsstrategien verfügen.
- Substanzielle Erhöhung der internationalen Zusammenarbeit mit Entwicklungsländern, um deren Initiativen zum vorbeugenden Katastrophenschutz tatkräftig zu unterstützen
- Substanzielle Erhöhung der Einrichtung von und des Zugangs zu Frühwarnsystemen und anderen Risikoinformationsplattformen.

Redd

Unter dem REDD/REDD+-Programm der Vereinten Nationen (UNREDD 2008) wird eine Initiative zur Leistung von Ausgleichszahlungen der Industrieländer an die Entwicklungsländer verstanden, wenn diese ihre Wälder nicht abholzen. Mit dem Programm wird anerkannt, dass den Entwicklungsländern ein finanzieller Ausgleich für den Erhalt der Ökoleistungen vor allem der Tropenwälder gewährt werden muss.

Der Zustand der Wälder weltweit ist seit der ersten Klimakonferenz in Stockholm und vor allem seit der UNCED-Konferenz 1992 in Rio de Janeiro eines der zentralen Eckpunkte der internationalen Klimaschutzpolitik. 31 % der Landoberfläche der Erde ist bewaldet, das sind circa 4 Mrd. ha, wovon jedes Jahr laut FAO (2015) ca. 13 Mio. ha abgeholzt werden, vor allem um auf den Flächen Soja und Palmöl anzupflanzen und zum Aufwuchs schnell wachsender Bäume zur Papierherstellung. Die größte Sorge betrifft dabei die weltweit ungehemmte Entwaldung der artenreichen tropischen Regenwälder in Südamerika und Asien. Mit der Abholung ist aber auch ein messbarer Verlust an Biodiversität zu verzeichnen. Mehr als 80 % der Arten weltweit leben in den Tropen und Subtropen. Neben der Zerstörung der natürlichen Waldökosysteme ist dies mit einem erheblichen Verlust der produktiven Böden, einer Absenkung des Grundwasserspiegels und schlussendlich regionaler Armut und Hunger durch den Verlust dieser Lebensgrundlagen verbunden. Aber auch im borealen Raum (Russland, Kanada) gibt es bedeutende Waldverluste (WWF 2013). Der Zustand der Wälder hat sich seitdem noch dramatischer entwickelt, als das 30 Jahre zuvor überhaupt nur erahnt worden war.

Mit dem Artikel 3 des Kyoto-Protokolls (1997) wurde der Schutz der Wälder zu einer zentralen Aufgabe der Staatengemeinschaft im Kampf gegen den Klimawandel. Der Verlust der Wälder in den Tropen wie in den borealen Regionen trägt nachweislich zur Erhöhung des Kohlendioxidgehalts in der Atmosphäre bei, weil die CO_2-Aufnahmekapazität des Waldes und die Absorptionsfähigkeit der Waldböden durch die Abholzung verloren gehen (vgl. ▶ Abschn. 2.2 und 2.3). Der tropische Regenwald bedeckt zwar nur 15 % der Erdoberfläche, kann aber etwa 25 % des weltweiten Kohlendioxids aufnehmen und spielt daher eine zentrale Rolle zur Klimaregulierung. Es kommt also darauf an, die Ursachen der Entwaldung anzugehen. Im internationalen Wald- und Klimaschutz spielt die „CO_2-Senkenfunktion" des Waldes eine herausragende Rolle. Untrennbar damit verbunden ist die Rolle und die Bedrohung insbesondere der Tropenwälder als globale Hotspots der biologischen Vielfalt, wie sie in Artikel 6 der „Konvention zum Erhalt der Biologischen Vielfalt" (UNCBD; vgl. ▶ Kap. 4), den *„Aichi Targets"* und den *„Millennium Development Goals"* niedergelegt sind. Eingehend wurde die Funktion von „Senken" und „Quellen" der Wälder in einem Report des IPCC (2000) zu Fragen der Landnutzung in Verbindung mit der Waldwirtschaft (LULUCF; *„Land Use, Land-Use Change, and Forestry"*) beleuchtet. Dieser Report stellt ein Hintergrundpapier für die Beratungen des *Subsidiary Body for Scientific and Technological Advice* (SBSTA) für die achte Vertragsstaatenkonferenz (UNFCCC-COP 8) der Klimarahmenkonvention in Bonn 1998 dar. In ihm wurden erstmals umfassend die Auswirkungen von Kohlenstoffabscheidung und anschließender Speicherung *(„carbon sequestration")* und deren Beziehungen zu einer veränderten Landnutzung und Abholzung der Wälder technisch und wissenschaftlich vorgestellt.

Erstmals war der Themenkomplex „CO_2-Emissionen durch die Abholzung" und „Walddegradation" auf der Vertragsstaatenkonferenz der Klimarahmenkonvention (UNFCCC-COP 13) in Bali 2007 auf die Agenda gesetzt worden. Bis dahin hatte der politische Wille gefehlt, das Thema „Wald" in der Konvention zu behandeln. In Bali hatten es Papua-Neuguinea und Costa Rica unter der Bezeichnung „REDD" (*„Reducing Emissions from Deforestation in Developing Countries"*) in die Diskussionen eingebracht. Damit war der Weg freigeworden, im Rahmen der Klimarahmenkonvention Regelungen zur Reduzierung von Emissionen aus Entwaldung und zerstörerischer Waldnutzung aufzustellen. Auf der UNFCCC-COP-15-Konferenz in Kopenhagen wurden die Inhalte weiter ausformuliert und der Begriff „REDD plus" bzw. „REDD+" eingeführt. Der Unterschied bestand darin, dass ein wirksamer Schutz der Tropenwälder nicht allein dadurch zu erreichen ist, die Entwicklungsländer dabei unterstützen, die Funktion des Waldes als Kohlenstoffsenke zu erhalten. Sondern dass ein Bündel an flankierenden Maßnahmen erforderlich ist, zur Diversifizierung der Agrarproduktion, der Schaffung alternativer Einkommensquellen zum Holzexport und zur besseren Integration der Regenwaldländer in die internationalen Märkte. Alle Aspekte vom Schutz des Waldes vor Abholzung bis zur Wiederaufforstung müssen, so REDD+, integrativ angegangen werden. Dazu sind globale Partnerschaften zwischen Staaten, die die Wirtschaft und die Bevölkerung vor Ort einbeziehen, unverzichtbar.

Auf der Vertragsstaatenkonferenz UNFCCC-COP 16 in Cancún (2010) wurde diese Initiative offiziell verabschiedet und 2013 im Warschauer Rahmenwerk für REDD+ wurde der Weg in eine nationale Umsetzung von REDD+ geebnet, indem die methodischen Voraussetzungen für leistungsorientierte Zahlungen geklärt wurden. In dem „Cancún-Agreement" wurde beschlossen, gemeinsam: *„to slow, halt and reverse forest cover and carbon loss".* Diese Ziele waren absichtlich weder quantifiziert noch zeitlich fixiert worden, um den Partnerländern Entscheidungsfreiheit für nationale Strategien einzuräumen. Wobei unter *„slow"* eine Reduzierung der Waldverluste unter das „normale" Niveau verstanden wird, unter *„halt"* ein vollständiger Stopp der Abholzungen und unter *„reverse"* der gesamte Bereich der Wiederaufforstung. Der wichtige Beitrag, den REDD+ zum Wald- und Klimaschutz weltweit und zur Klimaneutralität in der zweiten Hälfte des Jahrhunderts leisten kann, ist noch einmal auf der UNFCCC-COP 25 in Paris in Artikel 5 nachdrücklich gewürdigt worden.

Eine Umsetzung der REDD+-Ziele ist in vielen Tropenwald-Entwicklungsländern in der Regel mit tiefgreifenden Änderungen des ordnungspolitischen Rahmens zum nationalen Klima- und Waldschutz verbunden. Die entsprechenden Gesetze und Durchführungsbestimmungen müssen zum Teil umfassend überarbeitet und an die mit REDD+ eingegangenen Verpflichtungen angepasst werden. Die Gesetze müssen kohärent mit den anderen Umweltbestimmungen sein und müssen sich einpassen in den bestehenden sozialen und ökonomischen Rechtsrahmen zur Landwirtschafts-, Verkehrs- und Infrastrukturpolitik. In vielen dieser Länder ist das Ressourcen(Wald)-Management rechtlich nur wenig ausgestaltet und wenn, dann ist der Staat oftmals nicht in der Lage, „seine" Gesetze auch entsprechend zu exekutieren.

Da des Weiteren mit dem REDD+-Programm zum Teil erhebliche Finanzzuwendungen verbunden sind, stellen sie für viele Länder eine nicht zu unterschätzende Korruptionsgefahr dar. Diese lässt sich nur mittels transparenter und robuster Projektstrukturen verhindern. Ferner ist mit einer Reihe an oftmals nicht vorhersehbaren – positiven wie negativen – Nebenwirkungen zu rechnen. Sie müssten soweit möglich schon im Vorfeld in den Rechtsrahmen der REDD+-Vorhaben Berücksichtigung finden.

Ein umfassendes, konsistentes und dauerhaftes Monitoring der Waldflächen, der abgeholzten Gebiete, der degradierten Waldböden, der Senkenquantität ist 2-mal jährlich gegenüber einem zuvor festgelegten Referenzzeitraum zu erfassen. Zwei zentrale Fragen sind mit dem Monitoring zu beantworten:
- In welchem Ausmaß hat sich welcher Waldtyp im Berichtszeitraum verändert?
- Welche Emissionen (*„emission factor"*) waren mit den Änderungen verbunden?

Dazu kann ein Land ein bereits etabliertes System nutzen, oder es muss ein solches Verifikationsinstrument einrichten. Ein leistungsfähiges Verifikationsinstrument ist Voraussetzung für die Vergabe von Mitteln aus dem REDD+-Programm. Daten müssen ferner Auskunft geben über den Gesamthaushalt an Treibhausgasen, müssen alle Mitigationsaktivitäten auflisten sowie den Stand der institutionellen und fachlichen Leistungsfähigkeit darlegen. Die Daten sind an REDD zu übergeben. Sie werden zudem noch durch sogenannte externe Kontrollen (*International Consultation and Analysis;* ICA) verifiziert.

Wie alle internationalen Vereinbarungen ist auch das REDD+-Programm nicht unumstritten. Dabei verlaufen die Konfliktlinien rund um die Frage, welche Wälder in den Klimaschutz eingebunden werden sollen oder müssen. Dies ist zum einen der Tatsache geschuldet, dass wissenschaftlich fundierte Informationen nicht über alle Waldgebiete in dem Ausmaß vorliegen, das nötig wäre, um daraus auch politisch verbindliche Beschlüsse abzuleiten. Auch kommt es immer wieder zu Missverständnissen und gezielten Desinformationen (Kill 2015). Vor allem wird angemerkt, dass die „indigene" Bevölkerung in den betroffenen Waldregionen nur selten gefragt wird, ob sie ein solches Projekt überhaupt wollen. Auch werden in der Regel die Ursachen von Entwaldungen (z. B. die industrialisierte Landwirtschaft) eher nachrangig behandelt. Mit dem REDD+-Programm wird vor allem eine Verringerung der Entwaldung angestrebt; eine eher technische als soziale und ethische Herangehensweise. Es gehe mit REDD+ eher darum, den Wald in seiner „Ökosystemdienstleistungsfunktion" zu betrachten, denn als Lebensraum für die indigenen Bevölkerungen. Der Bericht stellt ferner fest, dass „REDD das politische Augenmerk zu sehr auf die Einsparungspotentiale, die in den tropischen Regenwäldern und damit den Entwicklungsländern schlummern, legt, und so den Druck auf die eigentlichen Treiber der Klimakrise: nämlich die fossile Industrie und die industrialisierte Landwirtschaft, wegnimmt".

3.5.4 Nationale Klimaschutzstrategien

Strukturelle Maßnahmen

Eine „Nationale Klimaschutzstrategie" zeichnet sich dadurch aus, dass sie als politische Querschnittsaufgabe ausgelegt ist. Eine solche Querschnittsaufgabe sieht den Staat in der Verantwortung:
- für die Anregung/Aufforderung an die Industrie sowie an den Privatsektor, umwelt- und klimaschützende Maßnahmen zu ergreifen,

- eine Vorbildfunktion wahrzunehmen, indem seine Aktionen und Handlungen auf allen Politikfeldern selbst keine Gefährdungen für eine umweltökonomische Transformation darstellen,
- zur Koordination der Initiativen und Umsetzung von Green Economy auf den verschiedenen Ausführungsebenen des öffentlichen und privaten Sektors,
- für die Zurverfügungstellung von ausreichenden finanziellen, technischen und wissenschaftlichen Ressourcen.

Dabei nutzt zum Beispiel die Bundesregierung für die Umsetzung ihrer Vorgaben die verfassungsrechtlich vorgegebenen Organe (Stichwort: „Mehrebenenansatz"). Mit dem im Grundgesetzartikel 20a (GG) festgelegten „Staatsziel",

> schützt der Staat auch in Verantwortung für die künftigen Generationen die natürlichen Lebensgrundlagen und die Tiere im Rahmen der verfassungsmäßigen Ordnung durch die Gesetzgebung und nach Maßgabe von Gesetz und Recht durch die vollziehende Gewalt und die Rechtsprechung.

Diese Staatszielbestimmung wird durch eine Reihe von Gesetzen präzisiert, wie zum Beispiel durch das „Wasserhaushaltsgesetz" des Bundes, das dann Entsprechungen für eine Umsetzung auf der lokalen Ebene erfährt (z. B. das Wassergesetz für das Land Sachsen-Anhalt), woraus sich wiederum für Kommunen und Gebietskörperschaften Durchführungsverordnungen ableiten.

Es besteht die einhellige Auffassung unter den Klimaforschern, dass nationale Strategien vor allem auf folgenden Interventionsfeldern wirksam werden können: Fiskalpolitik, Genehmigungsverfahren und umweltökonomische Anreizsysteme werden auch als wichtige Schritte auf dem Wege zur Umsetzung der „Green Economy" angesehen.

Dem Staat steht für solche Steuerungen eine Vielzahl an Eingriffsmöglichkeiten zur Verfügung:
- Ordnungsrecht (Genehmigungsverfahren)
  Ziel: Risikosteuerung vor Beginn einer Aktion.
  Der Staat führt dazu Eröffnungskontrollen (für einen Produktionsprozess) durch, legt verbindliche Emissionsstandards/Grenzwerte fest, macht Auflagen und Schutzvorgaben.
- Ökonomische Anreizsysteme
  Ziel: Risikosteuerung im Verlauf der Aktion.
  Der Staat verteuert durch Umweltabgaben (z. B. auf CO_2-Emissionen) ein Produkt. Mit jeder umweltschützenden Investition erzielt ein Unternehmen einen betriebswirtschaftlichen „Gewinn" (dies oftmals nur dann, wenn die Mehrkosten auf den Verbraucher abgewälzt werden können) oder durch Zertifikate, die zur Emission einer festgesetzten Schadstoffmenge berechtigen. Bei höherem Schadstoffausstoß können weitere Zertifikate (Stichwort: „Emissionshandel") „eingekauft" werden, was naturgemäß zu einer Erhöhung der Produktionskosten führt. Bei geringerem Schadstoffausstoß können Zertifikate verkauft werden, was zu einer Verringerung der Produktionskosten führt.
- Schadensausgleich durch Haftungsrecht
  Ziel: Risikosteuerung nach Eintritt eines Schadens („nachsorgende Ausgleichsfunktion").
  Die Umwelt wird damit zu einem Rechtsgut. Daraus ergibt sich eine zivilrechtliche Haftung des Einzelnen. Nach dem Verursacherprinzip haftet der Verursacher für den entstandenen Schaden. Juristisch besteht eine Klagefähigkeit des Geschädigten. In der Vergangenheit ist es oftmals dazu gekommen, dass eine Haftungslücke entsteht, wenn der Schadensverursacher nicht mehr ermittelt werden kann (Stichwort: „Deponieschäden nach 50 Jahren"). Dann fällt die Schadensabwicklung zulasten der Allgemeinheit.

Zum einen muss der Staat die Voraussetzungen dafür schaffen, die Emissionen grundsätzlich zu reduzieren. Dazu bedarf es eines umfangreichen Politikansatzes, der mit dem Begriff „Internalisierung externer Effekte" beschrieben wird. Über Gesetze, Regelungen und Verordnungen und Anreizstrukturen werden Industrie und Verbraucher zu einem umweltgerechten und dennoch wachstumsorientierten Handeln „angeregt". Dabei kommt der Finanzpolitik eine große strategische Bedeutung zu. Oftmals werden zudem sektoral ausgerichtete Konjunkturprogramme aufgelegt, die in frühen Entwicklungsphasen „Starthilfen" geben. Wenn dieser Sektor dann „Gewinne" abwirft, fließen die eingesetzten Steuermittel in der Regel zurück. Auch werden durch solche Investitionen oftmals auch benachbarte und komplementäre Sektoren (dies schließt den Dienstleistungssektor ausdrücklich mit ein) mit gefördert. So wurde in Deutschland vor etwa 25 Jahren der Einbau von Abgaskatalysatoren verfügt. Dem Fahrzeughalter wurde ein Teil der Kosten durch steuerliche Entlastungen abgenommen. Die Automobilindustrie freute sich über das Konjunkturprogramm und die Bundesregierung konnte dadurch die Umweltorientierung ihrer Politik weltweit geltend machen (Stichwort: „Win-Win Situation").

Durch ein Gebot zur „Internalisierung" externer Kosten würden die Unternehmen angehalten, alle Kosten, die mit der Produktion eines Gutes verbunden sind, in die Kostenkalkulation aufzunehmen. In Bezug auf „Green Economy" sind dies zum Beispiel Folgekosten von CO_2-Emissionen, die bislang nicht von den Produzenten oder Konsumenten getragen werden, sondern zulasten anderer Wirtschaftssubjekte oder dem Staat gehen. Die Ökonomik spricht in diesem Fall von „Marktversagen", das nur durch staatliche Interventionen zu korrigieren ist.

Eine andere Form staatlicher Eingriffe stellen Subventionen dar. Nach Gabler-Wirtschaftslexikon sind Subventionen „seitens des Staates gewährte finanzielle Unterstützung, um sonst nicht konkurrenzfähige Waren auf dem Weltmarkt wettbewerbsfähig zu machen. Es handelt sich um ein Instrument der Außenhandelspolitik". Subventionen werden aber auch zur Steuerung des Binnenmarktes gegeben, so zum Beispiel zur Förderung der nationalen Landwirtschaft („Agrarsubventionen"). In allen Industrienationen (auch in der EU) wird die Landwirtschaft in großem Umfang durch nationale Zuwendungen finanziell unterstützt. In den EU-Staaten erhielten die Landwirte im Schnitt mehr finanzielle Mittel (2012 ca. 260 Mrd. US$) als in den 34 OECD-Staaten zusammen. Solche Zuwendungen, wird angemahnt, haben eine marktverzerrende Wirkung auf Produktion und Handel. So verdrängen viele subventionierte europäische Agrarprodukte auf dem Weltmarkt die lokalen Agrarprodukte. Die großen Industrienationen haben in den vergangenen Jahrzehnten ihre finanzielle Unterstützung für Landwirte stark reduziert. So lag nach Angaben der OECD der Anteil staatlicher Subventionen an den Betriebseinnahmen im vergangenen Jahr im Schnitt bei 18 %; vor zwei Jahrzehnten waren es noch 30 %. Die OECD plädiert dafür, Exportsubventionen vollständig abzuschaffen, weil sie für die Entwicklung der Landwirtschaft in Entwicklungsländern schädlich sind, und mahnt in diesem Zusammenhang an, dass Staaten bei der Verteilung ihrer Steuergelder stärker den Schutz von Umwelt und Ressourcen berücksichtigen, und tritt für eine Streichung der Subventionen ein und dies nicht nur im Rahmen der Welthandelsorganisation (WTO), sondern vor allem bei der Europäischen Kommission.

Eine generelle Ausrichtung nationaler Volkswirtschaften auf „umweltverträgliche Wachstumsstrategien" würde des Weiteren den Abbau von Subventionen in den anderen Wirtschaftsbereichen erfordern. Hier ist vor allem der Energiesektor zu nennen. Subventionen für die Nutzung von Energie aus fossilen Quellen finden sich in allen Industrie- und Entwicklungsländern. Eine Untersuchung der Energiesubventionen in 20 Nicht-OECD-Staaten bezifferte diese Unterstützung im Jahr 2007 auf mehr als 300 Mrd. US$. Ein Abbau würde allein dort zu einer 20-%-Reduzierung der Treibhausgasemissionen bis zum Jahr 2050 führen.

In Deutschland kann nach dem Stromsteuergesetz (StromStG) die Steuer auf Strom für bestimmte energieintensive Prozesse und Verfahren erlassen oder erstattet werden. Zu diesen Prozessen oder Verfahren gehören zum Beispiel:
- Elektrolyse,
- Herstellung von Glas, Ziegeln, Zement,
- Metallerzeugung und -bearbeitung,
- chemische Reduktionsverfahren.

Die Steuerbefreiung wurde im Jahr 2014 von rund 5000 Unternehmen in Anspruch genommen. Auch Unternehmen des produzierenden Gewerbes und Unternehmen der Land- und Forstwirtschaft wird für betrieblich verwendeten Strom eine Entlastung von 5,13 € je Megawattstunde gewährt, soweit ein Sockelbetrag von 250 € überschritten wird. Diese Ermäßigung wurde im Jahr 2014 von knapp 53.000 Unternehmen in Anspruch genommen.

Grüne Arbeitsplätze

Die Beschäftigungswirksamkeit von Investitionen in den Umwelt- und Klimaschutz wird von allen Seiten immer wieder herausgestellt. Dabei wird oftmals die Befürchtung geäußert, dass solche Arbeitsplätze traditionelle andere Arbeit „vernichten"; eine andere dagegen betont, dass dadurch „nicht nachhaltige Arbeit" ersetzt bzw. neue weitere geschaffen werde.

Das größte Problem in der Betrachtung der Arbeitswirksamkeit von „Green Economy" ist, dass es keine allgemein anerkannte Definition eines „grünen Arbeitsplatzes" gibt. Eine Definitionslinie beschreibt sie als im weitesten Sinne dem „Erhalt und/oder der Wiederherstellung einer intakten Umwelt" dienend, während eine andere diese Arbeitsplätze als reine „Umweltdienstleistungen" definiert.

Das Umweltprogramm der Vereinten Nationen (UNEP 2009) definiert „grüne Arbeit" als Tätigkeiten in Landwirtschaft, Industrie, Wissenschaft & Forschung, der Administration usw., die substanziell zum Beispiel dem Schutz der biologischen Vielfalt, der Energiegewinnung aus erneuerbaren Energien, der Wasserver- und -entsorgung, der Dekarbonisierung von Produktionsprozessen usw. Diese Definition stellt „grüne Arbeitsplätze" damit weit auf und schließt alle Tätigkeiten von Produktion und Dienstleistungen von der Planung der bis zur umweltgerechten Nachsorge ein. UNEP weist daraufhin, dass die weitaus größte Zahl an „grünen Arbeitsplätzen" in den entwickelten Staaten entstanden sind; dass also ein großer Nachholbedarf in den Entwicklungsländern bestehe.

Die OECD dagegen bezieht sich auf solche Tätigkeiten, die umweltfreundliche Güter und Dienstleistungen erstellen, mit denen Umweltschäden erfasst und bewertet werden sowie solche, mit denen Umweltschädigungen verhindert oder minimiert werden (OECD 1999), wie zum Beispiel Maßnahmen zum nachhaltigen Ressourcenmanagement. Eine solche Definition grenzt „grüne Arbeit" auf die zentralen Aspekte des Umwelt- und Klimaschutzes ein; damit würden aber (nur) 1,7 % der Arbeitsplätze in der EU darunter fallen. In Deutschland sind derzeit etwa 2 Mio. Menschen in umweltrelevanten Sektoren beschäftigt.

Umweltschutz entwickelt sich immer mehr zum integralen Bestandteil des Wirtschaftens. Heute schon wird in vielen Unternehmen der „Umweltschutz" bereits in die Anlagenplanung und Produktentwicklung einbezogen. Ihm kommt deshalb in vielen Unternehmen und Betrieben eine ökonomische Bedeutung zu, die aber nicht leicht zu quantifizieren ist. Erste Studien zur Erfassung der Arbeitswirksamkeit wurden bereits Ende der 1970er-Jahre vom Umweltbundesamt (UBA) durchgeführt. Für die Bestimmung von Brutto-Beschäftigungswirkungen des Umweltschutzes werden dabei alle Beschäftigten betrachtet, deren Arbeitsplätze von Umweltschutzaktivitäten abhängen (Stichwort: „Brutto-Beschäftigung im Umweltschutz"). Neben dem „klassischen" Umweltschutz – Abfallwirtschaft, Gewässerschutz, Lärmbekämpfung und Luftreinhaltung – werden auch sogenannte „neue" umweltorientierte Dienstleistungen mit in die Betrachtung einbezogen, die sich erst in den vergangenen Jahren herausgebildet haben. Hierzu zählen Energie- und Gebäudemanagement, aber auch umweltorientierte Finanzdienstleistungen wie die Finanzierung von Umweltschutzprojekten. Viele Berufe enthalten nur zu einem gewissen Anteil umweltrelevante Tätigkeiten. So tragen zum Beispiel Dachdecker zur Verbesserung des Klimaschutzes bei, indem sie Dach und Außenwände dämmen; hauptsächlich führen sie nicht umweltrelevante Arbeiten durch. In diesen Fällen kommt es darauf an, mithilfe von wissenschaftlichen Untersuchungen und Expertenurteilen Kennzahlen zu bestimmen, die den Anteil der Umweltschutztätigkeit am gesamten Tätigkeitsspektrum sachgerecht ausweisen.

3.6 Technische Instrumente

3.6.1 Risikotransfer

Natur- und Umweltkatastrophen und Klimaänderungen führen jährlich zu erheblichen Opfern und ökonomischen Schäden, die in den Industrie- und Entwicklungsländern zu großen Belastungen der Gesellschaften führen, wobei allerdings die Entwicklungsländer davon sehr viel stärker belastet werden. Als „Daumenregel" wird davon ausgegangen, dass 90 % der Opfer von Umwelt-/Naturkatastrophen in Entwicklungsländern auftreten, während 90 % der ökonomischen Schäden in den Industrieländern auftreten; von denen aber 30 % versichert sind, während in den Entwicklungsländern die Versicherungsquote bis weit in die 2010er-Jahre geradeeinmal 1 % betrug (Linnerooth-Bayer und Mechler 2009).

Im Zeitraum von 1980 bis Mitte gab es weltweit insgesamt fast 10.000 Elementarschadenereignisse (jährlich um 600 mit steigender Tendenz), von denen mehr als 700 in die Kategorie „verheerend" fielen. Sie kosteten fast 2 Mio. Menschen das Leben und verursachten einen Gesamtschaden von 2500 Mrd. US$ (MR 2010). Die Tatsache, dass von diesen Schäden weltweit nicht einmal 30 % durch eine Risikoversicherung abgedeckt waren, während in den Industrieländern die Abdeckung bei 90 % liegt, hat die Erkenntnis eindrucksvoll bestätigt, dass weltweit ein großer Bedarf besteht, durch versicherungstechnische Instrumente zu einem Risikoausgleich (*„risk transfer"*) zu kommen. Solche „Risikotransfers" gibt es schon seit Langem auf dem Agrarsektor in vielen Industrieländern, mit dem sich Landwirte gegen wetterbedingte Ernteausfälle absichern, in der Industrie, wo man sich so gegen extern bedingte Produktionsausfälle absichert, oder im Energiesektor, wo solche Instrumente helfen, Verluste zum Beispiel durch klimabedingte höhere Einstandspreise abzusichern. Dabei können „Risikotransfers" nur die entstandenen Schäden, und das auch nur teilweise, kompensieren. Es gilt, dass sie keinen Ersatz für umfassende Vorsorgemaßnahmen darstellen und dass, welches Risikoabsicherungsmodell auch immer eingesetzt wird, die nachweislich wirkungsvollste Vorsorge gegen ökonomische Verluste (auch Opfer) immer noch Risikoprävention darstellt. Diese Erkenntnis ist allerdings unter den politischen Entscheidungsebenen nur unzureichend verbreitet. Auch hier gilt als „Daumenregel", dass nur etwa 10 % der Investitionen zur Rehabilitation von Katastrophenschäden für Vorsorgezwecke eingesetzt werden (Kunreuther 2006). Bezüglich der Kosten-Nutzen-Relation von Präventionsmaßnahmen konnte anhand weltweiter Analysen festgestellt werden, dass im Mittel jedem in Präventionsmaßnahmen investierten Euro (Dollar) ein volkswirtschaftlicher Nutzen von 5 € (Dollar) gegenübersteht. Es gibt andere Daten, die auf ein Verhältnis von 1:3 bis 1:7 hindeuten (Linnerooth-Bayer und Mechler 2009; WB 2004). Viele Entscheidungsebenen sind immer noch eher zurückhaltend, wenn es um die Finanzierung von Vorsorgemaßnahmen geht. Zum einen ist bei einer effektiven Implementierung das „Problem" nicht mehr sichtbar (Stichwort: „Präventionsdilemma"; warum dann für so etwas noch Mittel vorhalten, wenn doch kein Risiko mehr besteht), zum anderen, weil jede Katastrophe makroökonomisch immer mit einem Zuwachs im Bruttoinlandsprodukt verbunden ist.

Dabei steht außer Frage, dass ein angepasster Risikotransfer durch Versicherungsmodelle oder andere Finanzierungsstrategien durch „poolen" oder verteilen von Risiken einen effektiven Schutz gegen die ökonomischen Auswirkungen von Natur-/Klimakatastrophen darstellen. Mit solchen Finanzierungsmodellen werden zwar die Schäden nicht verhindert, doch sie tragen dazu bei, die negativen Auswirkungen auf die Volkswirtschaften zu verringern (Amendola et al. 2013). Seit den 1970er-Jahren zahlten in den USA, Europa und Australien Einzelpersonen jährlich mehr als 500 US$ an Prämien für Lebensversicherungen; in Asien und Afrika geradeeinmal mal 5 US$ (MR 2003). Der Anteil der versicherten Werte hat in der gleichen Zeit weltweit von um 10 % auf 25 % zugenommen, wobei es sich dabei zu 80 % um Versicherungen gegen Hochwasserschäden handelt.

Internationale Klimarisikoversicherung

Auf der 19. Vertragsstaatenkonferenz der Klimarahmenkonvention (UNFCCC-COP 19; vgl. ▶ Kap. 4) in Warschau konnte auf dem Feld der Finanzierung von Klimawandel-Folgeschäden endlich ein sichtbarer Erfolg erzielt werden, der unter dem Begriff „Warschau-Mechanismus" (*Warsaw International Mechanism for Loss and Damage Associated with Climate Change Impacts*; WIM) bekannt geworden ist. Mit dem Abkommen wurde ein Finanzierungsinstrument („Fazilität") eingeführt, das vergleichbar dem „Green Climate Fonds", einen Ausgleich für Schäden durch den Klimawandel eröffnen soll, die nicht mehr rückgängig gemacht werden können. Damit wurde eine seit Jahren bestehende Forderung der Entwicklungsländer nach einem *„loss and damage"*-Mechanismus erfüllt. Mit ihm ist es nunmehr möglich, klimabedingte Schäden sowohl des Einzelnen, auf nationalstaatlicher Ebene, als auch im Rahmen internationaler Zusammenarbeit auszugleichen (EED 2015).

Bereits im „Bali-Aktionsplan" (UNFCCC-COP 13) war 2007 vereinbart worden, Strategien und Ansätze zum Umgang mit klimawandelbbedingten Schäden zu entwickeln. In der Folge legte die Allianz der Kleinen Inselstaaten (AOSIS) einen Vorschlag für eine Finanzierungsfazilität vor, der aber damals auf nur geringe Resonanz stieß. Erst im Jahr

2010 gelang es, das Thema im Rahmen des sogenannten Cancún-Frameworks offiziell in die Klimarahmenkonvention aufzunehmen und in Doha (UNFCCC-COP 18) konnte man sich darauf verständigen, dass die Klimarahmenkonvention das Mandat für die finanziellen Aspekte zum Ausgleich klimawandelbedingter Schäden übernehmen solle. In Warschau war dann ein internationaler „Mechanismus" mit klar definierten Funktionen und Modalitäten institutionell in der Klimarahmenkonvention verankert worden. Ferner sollte bis 2016 ein besseres Verständnis klimabedingter Migration und Vertreibung sowie der verletzlichen Bevölkerungsgruppen, die davon betroffen sein können, vorliegen und „lessons learnt" und „good practices" identifiziert werden.

Der Warschau-Mechanismus sieht vor allem vor, die Kompensation klimawandelbedingter Schäden und Verluste „umfassend, integrativ und kohärent" umzusetzen. Darin einbezogen werden sollen sowohl „plötzliche" Unwetter-/Katastrophenereignisse als auch solche, die durch „langsam voranschreitende" Prozesse entstehen („slow-onset events"). Um dies zu gewährleisten, sollen die Kenntnisse im Umgang mit klimabedingten Schäden und Verlusten in den Risikomanagementstrategien der betroffenen Länder umfassender verankert werden. Hierfür sollen multilaterale und bilaterale Dialogforen finanziert sowie Versicherungslösungen angeboten werden, um Synergien zwischen den Institutionen, Prozessen und Initiativen aufzubauen und durch einen praktischen Technologietransfer und zu einem Kapazitätsaufbau beizutragen. Explizit angesprochen werden in dem „Mechanismus" Erkenntnisgewinne in Bezug auf die Kipppunkte im Klimasystem (vgl. ▶ Abschn. 2.4) und die systemischen Klimarisiken zu erzielen; aber auch eine praktische Umsetzung wie zum Beispiel den Aufbau von Frühwarnsystemen zu gewährleisten. In der Folgezeit hat sich der „Mechanismus" als Motor für ein verbessertes Katastrophenrisikomanagement entwickelt. Kritik wird an dem Beschluss geäußert, dass der „Mechanismus" nicht direkt beim UN-Klimasekretariat, sondern am „Subsidiary Body for Implementation" (SBI) angebunden ist, was seine „Durchschlagskraft" erheblich einschränke. Auch wurde angemerkt, dass diese Vereinbarung lange auf sich hatte warten lassen. Das lag vor allem an dem hinhaltenden „Widerstand" der Industrieländer, die verhindern wollten, dass solche Kompensationszahlungen als Präzedenzfall für Regressansprüche herangezogen werden könnten. Sie stellten dagegen „Unwetterversicherungen" in Aussicht, mit denen betroffene Entwicklungsländer gegen Naturkatastrophenfolgen abgesichert werden sollten.

Der Gedanke einer internationalen „Klimarisikoversicherung" wurde im Jahr 2015 von der G7-Staatengemeinschaft anlässlich ihrer Tagung auf Schloss Ellmau (Deutschland) aufgenommen und damit ein Zeichen für die bevorstehende UNFCCC-COP-21-Konferenz in Paris gesetzt. Unter den führenden Industriestaaten der Erde bestand Einigkeit, dass eine Reduzierung des CO_2-Ausstoßes eine zwingende Notwendigkeit sei, um den bereits eingetretenen Klimawandel in seinen ansehbaren Ausmaßen nach Möglichkeit doch noch einzudämmen. Die G7-Staaten verpflichteten sich in Ellmau, den Menschen in vielen Entwicklungsländern schnell zu helfen, ehe nationale Maßnahmen zum Klimaschutz greifen. Man vereinbarte, eine Klimarisikoversicherung einführen, die direkte und indirekte Unterstützungen gewähren soll.

Mit einer direkten Klimarisikoversicherung sollen Menschen in betroffenen Gebieten gegen Ernteausfälle oder Schäden an Hab und Gut durch Stürme, Überschwemmungen und Dürreereignisse abgesichert werden. Hiermit soll nicht nur der unmittelbare Schaden abgemildert werden, sondern den Menschen wird zudem eine Perspektive gegeben, in ihrer Heimat zu bleiben. Zum anderen sollen den Menschen indirekte Hilfestellungen gegeben werden. Die Klimarisikoversicherung sieht vor, besonders betroffene Staaten im Schadens- oder Katastrophenfall beim Wiederaufbau finanziell und materiell zu unterstützen. Auf der Konferenz in Paris (2015) vereinbarten dann die Vertragsstaaten, für die Klimarisikofazilität insgesamt 420 Mio. US$ bereitzustellen. Mit diesen Mitteln sollen die Versicherungsprämien so verbilligt werden, dass sie erschwinglich werden. Zwei Varianten sind vorgesehen: Zum einen können sich Bürger versichern, zum anderen ganze Staaten. Die Auszahlungen sollen an strenge Bedingungen geknüpft werden. So müssen die Empfängerstaaten nachvollziehbare Pläne vorlegen, wie das Geld an die Zielgruppen gelangen soll und wie gewährleistet wird, dass das Geld nicht in „dubiosen Kanälen" versickert. Ferner müssen die Staaten nachweisen, dass marginalisierte Bevölkerungsgruppen bei der Verteilung nicht vernachlässigt werden. Die G7 hofften, dass sich weitere Länder und die großen internationalen Rückversicherungen beteiligen werden.

Erfahrungen mit vergleichbaren Klimarisikoversicherungen bestehen schon, so zum Beispiel durch die African Risk Capacity (ARC) oder die Pacific Catastrophe Risk Assessment and Financing Initiative (PCRAFI). Die African Risk Capacity wurde von der Afrikanischen Union (African Union, AU) ins Leben gerufen, um in ihren Mitgliedsländern technische und finanzielle Ressourcen für einen Wiederaufbau nach einer Naturkatastrophe bereitzustellen. An der ARC ist zum Beispiel die African Risk Capacity Insurance Company Limited mit privaten Einlagen beteiligt. Bis Ende 2017 waren 30 afrikanische Staaten der Fazilität beigetreten, unter ihnen die deutsche Kreditanstalt für Wiederaufbau (KfW) sowie die englische Entwicklungshilfeorganisation DFID. In der Pazifikregion ist ein vergleichbares Instrument eingerichtet worden, die Pacific Catastrophe Risk Assessment and Financing Initiative (PCRAFI); eine Initiative der Asiatischen Entwicklungsbank (ADB), der Weltbank (WB) sowie die japanischen Regierung, der Global Facility for Disaster Reduction and Recovery (GFDRR), dem Pacific Disaster Center (PDC) und anderen. PCRAFI strebt an, in der Region Katastrophenrisikomanagementkompetenzen aufzubauen und zu verbreiten und die zur Umsetzung in seinen 15 Mitgliedsstaaten notwendigen Finanzmittel zur Verfügung zu stellen. Durch das Finanzierungsinstrument „Hatrita" (Horn of Africa

Risk Transfer for Adaptation) können sich von Dürrerisiken betroffene Bauern in Äthiopien versichern und damit langfristig ihre Einkommenssicherheit und Lebensgrundlage verbessern. Die Versicherungsprämie können sie sowohl in bar als auch in Form einer „Arbeit-für-Versicherung-Option" bezahlen, etwa indem sie die Bodenbewirtschaftung oder Bewässerungssysteme verbessern.

Nationale Versicherungsmodelle

Viele Industriestaaten haben unterschiedliche gesetzliche Rahmen geschaffen, um Versicherungsinstrumente gegen Elementarschäden vorzuhalten (OECD 2005). Dabei kommt den Regierungen die Rolle als „Versicherer", „Rückversicherer" oder „Underwriter" zu.

In Australien tritt die Regierung als „Versicherer" auf. Sie hat dazu ein steuerfinanziertes Versicherungsinstrument aufgelegt, mit dem Schäden aus Naturkatastrophen ausgeglichen werden (Natural Disaster Relief Arrangements; NDRA). Der Fonds übernimmt Schäden in der Höhe von 50–75 %. Daneben umfasst der Fonds noch ein spezielles Instrument, aus dem ausschließlich Hochwasserschäden beglichen werden. Solche Instrumente nutzen zwar die Charakteristik eines „privaten" Versicherers, haben aber nicht eine Rekapitalisierung durch Prämien zum Inhalt. Es handelt sich ausschließlich um ein Instrument zur Kompensation eingetretener Schäden.

In der Schweiz wird mit dem „Versicherungsvertragsgesetz" für alle Kantone obligatorisch ein Versicherungsschutz für alle Gebäude gegen Feuer und Elementarschaden gefordert. Dazu gibt es in jedem Kanton die Kantonale Gebäudeversicherung (KGV), die aufgrund ihres öffentlich-rechtlichen Auftrages Versicherungen zur Schadenvorsorge, für Feuerschäden und im Elementarschadenbereich anbietet. Eine Besonderheit stellt dar, dass diese Rechtsform auch Leistungen zur Schadensvorsorge ermöglicht. Ziel ist es, durch anteilige Finanzierungen in präventive Katastrophenforschung zu einer Verringerung der Elementarschadenintensität im Lande und damit zur Senkung von gesamtgesellschaftlichen Kosten, verursacht durch Naturschäden, zu kommen. Mit einer speziellen „Präventionsstiftung" werden Projekte der angewandten Forschung in solchen Schadenbereichen gefördert, die für die KGV von wirtschaftlich besonderer Bedeutung sind.

In den USA wurde im Jahr 1968 das National Flood Insurance Program (NFIP) aufgelegt, bei dem die amerikanische Bundesregierung als Versicherer fungiert. Mit dem Programm werden dem Privatsektor auf freiwilliger Basis Versicherungen gegen Hochwasserschäden angeboten, sowohl für Wohnhäuser als auch Fabriken und Bürogebäude usw., wenn diese durch Darlehen und Hypotheken finanziert sind. Mit diesem Programm strebt die Regierung ferner an, die Rolle des Versicherungssektors bei der Schadensbegleichung gegen die regelmäßigen großräumigen Hochwasserereignisse zu stärken. Die Inanspruchnahme des Fonds erfolgt auf der Basis einer Vereinbarung zwischen der Bundesregierung und den Bundesstaaten, die besagt, dass eine Versicherung nur dann abgeschlossen werden kann, wenn in dem betreffenden Bundesstaat ein Hochwassermanagementplan vorliegt, und der den Sicherheitsvorgaben der NFIP entspricht. Der Federal Emergency Management Agency (FEMA) wurde die zentrale Verantwortung für die Umsetzung des Programms übertragen. Mit dem NFIP verfolgt die US-Regierung das Ziel, dass alle diejenigen, die in einem risikoexponierten Gebiet leben, auch einen höheren Anteil an der Risikovorsorge zu übernehmen haben (wenn nicht sogar die vollständige). Jährlich mussten in den letzten 20 Jahren zur Begleichung von Hochwasser- und Erosionsschäden mehr als 200 Mio. US\$ aufgewendet werden. Wenn außergewöhnliche Belastungen eintreten, die nicht mehr durch die Versicherungsprämien gedeckt werden, tritt die Bundesregierung ein. Allein von 1978 bis 2015 hat die Regierung mehr als 51 Mrd. US\$ an das National Flood Insurance Program überwiesen.

In dem türkischen Erdbebenrisiko-Fonds tritt der Staat als Rückversicherer auf. Eine der Reaktionen auf das verheerende Erdbeben in der Marmararegion (1999) war die Einrichtung einer für alle Gebäude verbindlichen Erdbebenversicherung (*„Compulsory Earthquake Insurance Regulation"*). Zur Umsetzung hat die Türkei ein Finanzierungsinstrument (Turkish Catastrophe Insurance Pool; TCIP) ins Leben gerufen. Unter dem Dach des Pools bieten derzeit etwa 30 akkreditierte Versicherungsunternehmen solche Versicherungen an. TCIP ist eine gemeinnützige Organisation auf der Basis eines „Private-Public-Partnership"-Modells. Alle Hausbesitzer des Landes sind gesetzlich verpflichtet, dieser Versicherung beizutreten. Dafür bietet TCIP mit *„affordable"* Versicherungsprämien einen umfassenden Schutz gegen Erdbebenschäden an. Das Budget von TCIP ist nicht gedeckelt, sodass im Fall zu geringer Prämienerlöse der Staat für die Verluste aufkommt. Der Staat wiederum trägt das Risiko nicht allein, sondern rekapitalisiert sich auf den internationalen Finanzmärkten und bei internationalen Rückversicherern. Die Umsetzung des Pools wird jeweils für 5 Jahre an eine private Organisation übertragen. Das Pool-Management ist vor allem verantwortlich für eine „gewinnbringende" Anlage der Einlagen und hat jährlich dem Finanzministerium über die Einnahmen, Ausgaben und die Umsetzung Rechenschaft abzulegen.

Ein Staat kann den nationalen Versicherungssektor auch mitgestalten, in dem er ein entsprechendes gesetzliches Regelwerk für den privaten Versicherungssektor schafft; er fungiert damit als *„underwriter"*. Er setzt so für den Versicherungsnehmer und für die Versicherung verlässliche Rahmenbedingungen und gewährleistet eine ordnungsgemäße Durchführung. Nur auf der Basis eines solchen Regelwerks ist den Versicherungen möglich, wirtschaftlich zu agieren. Angestrebt wird damit, den nationalen Versicherungsmarkt zu fördern und die Versicherungen zu einem verlässlichen Partner für den Verbraucher zu machen.

Regierungen haben durch ihren Verfassungsauftrag die Aufgabe, das Leben ihrer Bürger zu schützen, was auch den Schutz der materiellen und sozialen Infrastruktur einschließt.

Und dies gilt vor allem dann, wenn außergewöhnliche Ereignisse eintreten, die das Selbsthilfepotenzial seiner Bevölkerung übersteigt. In der Regel haben die Industriestaaten dazu ein „Schutzziel" festgelegt, das den Bürgern wenigstens ein bestimmtes Schutzniveau garantiert (z. B. Anzahl der Krankenhäuser pro Einwohner). In den meisten Entwicklungsländern kann aber ein solches Schutzniveau nicht ubiquitär gewährleistet werden. Der Staat muss daher im Katastrophenfall seine Ausgaben aus externen Quellen finanzieren; sei es durch Kredite oder Zuwendungen von internationalen Gebern. In der Regel – so die Weltbank (WB 2003) – reichen weder die nationalen Budgets noch die Zuwendungen der internationalen Gebergemeinschaft aus, um die Schäden umfassend abzudecken; so bleiben die meisten Schäden immer noch an den Betroffenen hängen.

Mikroversicherungen

Am Ende der „Katastrophenkette" steht in den Entwicklungsländern in der Regel der (arme) Mensch, der oft als „nicht versicherbar" eingestuft wird. Die finanziellen Ressourcen der meisten Menschen in diesen Ländern reichen (fast) nie aus, sich gegen außergewöhnliche (Katastrophen-)Ereignisse abzusichern. In der Regel besteht in den Ländern keine „Vorsorgekultur" und finanzielle Risiken werden zunächst immer im Familienverband aufgefangen, was die innerfamiliären Abhängigkeiten immer größer macht. Auch neigen die „ärmeren" Schichten der Gesellschaft dazu, Risiken zu ignorieren, einerseits aus Unkenntnis über die möglichen Folgen, andererseits aus der Tatsache, dass sie sich die aus der Erkenntnis ergebende Schlussfolgerung – sich zu versichern – aus finanziellen und sozialen Gründen nicht leisten können (*„risk aversion"*).

Versicherungsmodelle können hierbei eine führende Rolle einnehmen, um wenigstens die größten Auswirkungen abzumildern. Neben der Tatsache, dass solche Modelle die Not des Einzelnen lindern und Solidarität unter den Betroffenen stärken, stellen sie auch einen wertvollen Beitrag zur Entwicklung einer Region dar (Mechler et al. 2006).

Hier setzen sogenannte „Mikroversicherungen" an, die darauf abzielen, in den einkommensschwachen Bevölkerungsschichten wenigstens eine Grundabsicherung zu gewährleisten. Vergleichbare Absicherungsmodelle gibt es schon für den Agrarsektor, mit denen Ernteausfälle beglichen und Investitionen in die Agrarstruktur („Kauf einer Kuh") getätigt werden (Stichwort: „Grameen Bank"). Aber die Zunahme klimabedingter Schäden eröffnet ein Feld, auf ökonomischer Basis Betroffenen Hilfe zu ermöglichen. Die seit etwa dem Jahr 2000 gemachten Erfahrungen mit Mikroversicherungen lassen den Schluss zu, dass sie ein effektives Mittel darstellen, die Widerstandsfähigkeit „armer" Haushalt nachhaltig zu stärken. Anlässlich eines Workshops von Weltbank und UNDP 2000 (*„microfinance: disaster risk reduction for the poor"*) wurde eine Vielzahl an Modellen diskutiert, von denen hier drei exemplarisch (Cohen und McCord 2003) vorgestellt werden sollen.

- Das Partnermodell, in dem kommerzielle, öffentlich organisierte Unternehmen oder Nichtregierungsorganisationen (NGOs) mit sogenannten „Mikrofinanzorganisationen" (*Microfinance Institutions*; MFI) zusammen ein Geschäftsmodell entwickeln. Dabei übernimmt das „Konsortium" das finanzielle Risiko.
- Gemeindemodell (*„community based model"*): Hierbei schließt sich eine Kommune mit MFIs und/oder NGOs zu einer Kooperative zusammen und betreibt das Geschäftsmodell gemeinsam. Anders als bei dem „Partnermodell" sind keine kommerziellen Versicherer beteiligt.
- Betreibermodell: Es beinhaltet das Angebot direkter Versicherungsleistungen durch eine Bank oder ein Versicherungsunternehmen. Das Angebot wird in der Regel über Kredite finanziert. Dadurch kann das Risiko für die Versicherer eingegrenzt werden.

Allen Mikrofinanzierungsmodellen gemein ist das Problem der Festsetzung der Höhe der Versicherungsprämie. In den Zielregionen sind aber die potenziellen Schadensrisiken oftmals nur sehr generalisiert zu bewerten und die „Finanzkraft" der Versicherungsnehmer ist nur unzureichend bekannt. Andererseits müssen die Versicherer ihr Geschäftsmodell langfristig absichern. Es gilt als „Daumenregel", dass 55 % des Geschäftskapitals in die Begleichung der Schäden fließt, während die anderen 45 % zur Aufrechterhaltung des Versicherungsmodells („Transaktionskosten") dienen (Mechler et al. 2006).

Möglichkeiten diese „Kosten" zu senken bestehen, indem sich der Versicherer bei Rückversicherern und auf den Kapitalmärkten absichert; deren Kosten müssten aber ebenfalls in die Kalkulation eingerechnet werden. Durch einfachere und überschaubarere Versicherungsangebote könnten ebenfalls Einsparungen erzielt werden. Eine kontinuierliche „Begleitung" der Versicherungsnehmer könnte dazu führen, die Prämienzahlungen fristgerechter zu machen und die Rückzahlungsquote zu erhöhen. Eine schlankere Administration durch Einschaltung nicht profitorientierter NGOs könnte des Weiteren die Betriebskosten senken. Auch könnten die Finanzierungsinstitutionen sich bemühen, dass der Staat durch Bürgschaften das Risiko abmindert und, dass Zuwendungen von internationalen Geberorganisationen helfen, die Kosten zu reduzieren. Das Versicherungsmodell könnte ferner durch „Quersubventionierung" dazu beitragen, die Prämien für die „ärmeren" Bevölkerungsschichten tragbarer zu gestalten, um so die Zahl der Versicherungsnehmer zu erhöhen.

Neben der Finanzrückversicherung und der klassischen Rückversicherung etablieren sich zunehmend „alternative" Risikotransferprodukte, wie zum Beispiel „Katastrophenanleihen" (*catastrophe bond*, auch *„cat bond"* genannt) als effiziente Risikomanagementinstrumente. Als solche werden Anleihen bezeichnet, die beim Eintritt eines in dem Vertrag definierten Katastrophenereignisses den entstandenen

Schaden ausgleichen. Die Katastrophenanleihe basiert auf einem auslösenden Ereignis („Trigger"). Dieses hat zur Folge, dass teilweise oder vollständig der Zins- und Tilgungsanspruch des Anleihenehmers verfällt und er dann über die Finanzmittel verfügen kann. Am Markt für Katastrophenanleihen wird eine breite Auswahl an auslösenden Ereignissen („Triggern") angeboten; sogenannte „Index-Trigger", „parametrische Index-Trigger" oder „entschädigungsbezogene Trigger". Wenn während der Laufzeit der Anleihe aber keine vorher definierte Naturkatastrophe eintritt, erhält der Investor als Entschädigung die geleisteten Zinszahlungen sowie nach Ende der Laufzeit sein Kapital zurück. Für den Fall, dass die definierte Naturkatastrophe eintritt, ist die Verpflichtung des Emittenten zur Zins- und Tilgungsleistung entweder aufgeschoben oder aufgehoben. Dadurch erhält der Emittent eine Kompensation für die ihm durch die Naturkatastrophe entstandenen Ausgaben.

„Cat bonds" dienen dem (lokalen) Versicherungsunternehmen dazu, sein Finanzrisiko auf den Kapitalmarkt zu übertragen. Dies trifft insbesondere auf die Absicherung von „extremen" Risiken zu, wie sie bei klimabedingten oder Naturkatastrophen nicht selten eintreten. Neben Versicherungsunternehmen haben sich in der Vergangenheit auch von Naturkatastrophen besonders betroffene Industrieunternehmen aus dem Transport- oder dem Energiesektor mittels solcher Anleihen auf den Kapitalmärkten refinanziert. Seit Ende 1990er-Jahre wächst der Katastrophenanleihenmarkt kontinuierlich. Im Jahr 2013 wurden Katastrophenanleihen im Wert von 7,4 Mrd. US$ ausgegeben.

Elementarversicherung

Im privaten Sektor existiert eine Vielzahl an Versicherungssystemen, die den Einzelnen gegen Krankheit, Unfälle und Invalidität usw. absichern. Zu diesen Systemen gehören auch Versicherungen, um sich vor Naturereignissen wie Starkregen, Überschwemmung und Hochwasser zu schützen, die sogenannten Elementarversicherungen, auch erweiterte Naturgefahrenversicherung genannt, da sie in der Regel zusammen mit Wohngebäudeversicherungen angeboten werden. Sie gleichen (wenigstens zum Teil) die finanziellen Folgen durch Hochwasser Erdbeben, Erdsenkung, Erdrutsch, Schneedruck, Lawinen und auch Vulkanausbrüchen aus. Durch den Klimawandel entstehen darüber hinaus zusätzliche Risiken, bei deren Bewältigung die Elementarversicherungen einen zentralen Beitrag leisten können. Auch wenn nicht alle Risiken privatwirtschaftlich versicherbar sind, so ist für viele Risiken die private Vorsorge auf der Grundlage des Risikoausgleichs im Kollektiv ein bewährter Weg zu einem angemessenen Risikoschutz.

In Deutschland haben im Jahr 2016 nach Angaben des Gesamtverbands der Deutschen Versicherungswirtschaft e. V. (GDV) Unwetter mit Starkregen fast zehnmal höhere Versicherungsschäden verursacht als im Vorjahr. In der Gesamtbilanz der Versicherungswirtschaft machten davon allein Überschwemmungsschäden fast 1 Mrd. € aus; im Jahr 2015 waren das lediglich 100 Mio. € (GDV 2017).

In der Schweiz existiert eine flächendeckende Elementarschadenversicherung für Gebäude, Geschäftsinventar und Hausrat, die automatisch in der Feuerversicherung mit eingeschlossen sind. Versichert sind damit Schäden durch Hochwasser, Überschwemmung, Sturm, Hagel, Lawine, Schneedruck, Felssturz, Steinschlag und Erdrutsche. Die Schweiz kennt zwei Versicherungssysteme. Auf der einen Seite gibt es die Kantonalen Gebäudeversicherungen mit Monopolstatus, die in 19 Kantonen sämtliche Gebäude versichern. Auf der anderen Seite gibt es die privaten Versicherungsgesellschaften, welche die Gebäude, Hausrat und Inventar versichern. Der Deckungsumfang ist bei den privaten Versicherern praktisch identisch mit demjenigen der Kantonalen Gebäudeversicherungen. Die privaten Versicherungsgesellschaften sind im schweizerischen Elementarschaden-Pool zusammengeschlossen, mit dem es möglich wird, Elementarschäden mit einer für alle Versicherungsnehmer tragbaren Einheitsprämie zu versichern. Bei den Kantonalen Gebäudeversicherungen wie bei den privaten Versicherern ist grundsätzlich die Übernahme von Versicherungsleistungen ohne einen eingetretenen Schaden nicht möglich. Sollen dennoch Leistungen erbracht werden, so zum Beispiel für die Räumung eines Gebäude aufgrund drohender Naturgefahren, prüft der Schweizerische Versicherungsverband, ob im konkreten Fall die Voraussetzungen gegeben sind, bevor ein Schaden eintritt. Damit soll sichergestellt werden, dass alle Versicherten gleichbehandelt werden.

3.6.2 Geo-Engineering

Der Begriff „Geo-Engineering" wurde schon in den 1970er-Jahren vom italienischen Physiker Cesare Marchetti geprägt. Er beschreibt damit eine Vielzahl unterschiedlicher technischer Methoden, mit denen der Mensch aktiv in das Klimageschehen eingreifen kann. Inzwischen ist der Begriff fester Bestandteil der internationalen Klimadebatte geworden. Wenn man die Forderungen aus der Klimarahmenkonvention „ernst" nimmt, in dem ausdrücklich die Entwicklung von Maßnahmen gegen die globale Erwärmung vereinbart wurde, so ist es nur verständlich, dass auch nach technischen Instrumenten gesucht wird, um dem Ziel der Konvention nachkommen zu können. Dabei ist bislang der Begriff „Geo-Engineering" nicht einmal klar definiert. In der Praxis werden darunter viele in der Vergangenheit durchgeführte Maßnahmen, wie zum Beispiel „Wiederaufforstungen" und „nachhaltige Landnutzung" verstanden, aber eben auch solche, die bislang erst als Ideen, Konzepte und wissenschaftstheoretische Überlegungen in die Diskussion eingebracht worden sind.

Die Befürworter von „Geo-Engineering" betonen, dass die bisher eingegangenen Minderungsverpflichtungen und die vorgenommenen Klimaschutzmaßnahmen bislang unwirksam gewesen seien und stattdessen der Temperaturanstieg sich noch verstetigt habe. Sie schlagen daher vor, den Klimawandel durch eine Reihe an technischen, wissenschaftlich abgesicherten und kostengünstigen Maßnahmen anzugehen; die darüber hinaus vor allem wesentlich schneller zu den angestrebten Minderungen führen würden. Letztendlich sehen sie in „Geo-Engineering […] gleichsam (den) letzten Rettungsschirm vor der globalen Erwärmung".

Gegner des „Geo-Engineering" sehen in den angebotenen Lösungsmodellen jedoch keine Erfolgsgarantie. Im Gegenteil, nach ihrer Argumentation droht durch Geo-Engineering ein Paradigmenwechsel in der Klimaschutzpolitik, der den mühsam erzielten Konsens zu Ursache und Wirkungen von Klimaschutzmaßnahmen infrage stellen würde. Denn trotz solcher Maßnahmen würden die emissionsintensiven Wirtschaftsstrukturen und das Konsumverhalten der Gesellschaften bestehen bleiben. Und sollte „Geo-Engineering" nicht zu den gewünschten Effekten führen, so müssten in der Folge noch viel drastischere Klimaschutzmaßnahmen ergriffene werden: „die Ursachenbekämpfung wäre nur verschoben" (UBA 2011).

„Geo-Engineering" hat in den letzten Dekaden durchaus größeres Interesse wecken können, weil es vielen Beobachtern als ein externes Instrument erscheint, das dem Einzelnen einen wesentlichen Teil seiner Verantwortung abnehmen könnte. Zumal solche Maßnahmen in der Souveränität eines Staates oder einer Staatengemeinschaft vollzogen werden können.

Nachfolgend werden nur solche Maßnahmen vorgestellt, von denen einige schon das Teststadium zur praktischen Anwendung künstlicher Eingriffe in das Klimageschehen durchlaufen haben. Alle Vorschläge sollen dazu führen, das Klima auf der Erde annähernd auf das Niveau der vorindustriellen Zeit zurückzuführen. Das würde bedeuten, dass die Temperaturen in den tropischen Regionen etwas kühler ausfallen würden, während es in den nördlichen Breiten wärmer würde.

Von namhaften Klimaforschern wird aber spätestens seit 2009 die Auffassung vertreten, dass „Geo-Engineering" mithelfen kann, den Klimawandel aufzuhalten. Damals hatte die Amerikanische Akademie der Wissenschaft (US Academy of Science) auf einer Konferenz in Monterey die Aufmerksamkeit der internationalen Klimaforscher auf solche Lösungsmodelle gelenkt. Etwa zeitgleich veröffentlichte die englische Royal Society eine Studie zu „Geo-Engineering" (RSC 2009). In ihrer Studie stellte sie fest, dass, solange die globalen Treibhausgasemissionen nicht signifikant verringert werden können, es sich anbietet, über alternative Instrumente zur Reduzierung der Treibhausgehalte in der Atmosphäre nachzudenken. Darunter verstand sie künstliche Eingriffe in das Klimasystem vorzunehmen, um zum Beispiel der Atmosphäre CO_2 wieder zu entziehen oder durch intelligente Systeme die Sonneneinstrahlung zu verringern. Dabei legte die Royal Society Wert auf die Feststellung, dass:

> The safest and most predictable method of moderating climate change is to take early and effective action to reduce emissions of greenhouse gases. No geoengineering method can provide an easy or readily acceptable alternative solution to the problem of climate change.

Sie betonte aber, dass Eingriffe in das Klima durch „Geo-Engineering" technisch möglich seien, ein umfassendes Verständnis über die komplexen Zusammenhänge von eingebrachter Technologie und den Risiken für das globale Klima aber noch einen erheblichen Forschungsaufwand erfordern. Dabei sei die Akzeptanz von „Geo-Engineering" in erster Linie abhängig davon, ob es gelingt, den Bevölkerungen die sozialen und ökologischen Vorzüge klarzulegen und ihnen die dafür erforderlichen ordnungspolitischen Rahmenbedingungen nachvollziehbar zu machen.

Im Jahr 2013 hat der Weltklimarat (IPCC-AR5 2014) „Geo-Engineering" erstmals in seinen Sachstandsbericht aufgenommen. Dies ist deshalb von großer Bedeutung, da damit das führende wissenschaftliche Gremium diese Methoden als wissenschaftlich-technische Möglichkeit, den Klimawandel mitzusteuern, nicht ausschließen wollte.

Dabei ist die Idee, durch Eingriffe in die Atmosphäre das Klima zu beeinflussen, nicht neu, wobei die ersten Beschäftigungen mit dem Thema eher den Charakter allgemein gehaltener wissenschaftlicher Überlegungen hatten. Aufsehen erregte der Nobelpreisträger Paul J. Crutzen (Max-Planck-Institut, Mainz), der sich im Jahr 2006 in einem Artikel (Crutzen 2006, 2010) klar für einen Eintrag von Schwefel in die Stratosphäre ausgesprochen hatte, und zwar vor allem weil er nachweisen konnte, dass keine andere Methode in so kurzer Zeit solche Effekte auf das Klima haben würde. In der Vergangenheit ist es bereits zu einigen solcher Klima-/Wetter-Manipulation gekommen. So soll beispielsweise die Volksrepublik China für die Olympischen Spiele in Peking 2008 oder für die Feiern zum 60. Jahrestag der Gründung der Volksrepublik angeblich (!) für schönes Wetter gesorgt haben. Hierbei kamen Flugzeuge zum Einsatz, die Chemikalien versprüht haben, um den Regen von den Veranstaltungen fernzuhalten. Auch soll die im November 2009 in China aufgetretene Dürre durch „Regenmachen" auf chemischem Weg bekämpft worden sein. Ob der kurz danach aufgetretene überaus heftige Schneesturm eine Folge dieses Eingriffs war, ist nicht belegt worden. In Thailand wiederum wurde wiederholt versucht, mithilfe des künstlich erzeugten Regens den zunehmenden Smog im Norden des Landes in den Griff zu bekommen.

Aus Sicht der Vereinten Nationen war das Thema „Geo-Engineering" Ende des letzten Jahrhunderts verbunden mit ihrem Ziel, Emissionskontrollen international durchsetzbar zu machen. Aber schon frühzeitig kamen Stimmen auf, die vor „gefährlichen Eingriffen in das Klima" warnten (Mann and Toles 2016). Insbesondere die Tatsache, dass Eingriffe in das Klimasystem nicht auf eine bestimmte

Region beschränkt werden können, sondern der Begriff „Geo" eindeutig die globale Perspektive ausdrückt, hat bei vielen Beobachtern automatisch Bedenken ausgelöst. Auch die Zeitdimension solcher Maßnahmen ist seitdem Gegenstand eingehender Diskussion. Während sich das Klima langsam verändert, sollen die Eingriffe möglichst kurzfristig ihre Wirkungen entfalten (Wiertz 2010). Die Diskussion entzündete sich ferner an der Tatsache, dass wegen eines fehlenden und in der nahen Zukunft nicht absehbaren international verbrieften ordnungspolitischen Regelwerks einzelne Länder oder sogar Interessengruppen und Investoren unabgestimmt Maßnahmen ergreifen könnten, die zulasten anderer Gesellschaften gehen könnten. Dies vor allem vor dem Hintergrund, dass, wenn technische umsetzbare Maßnahmen zur Veränderung des Klimas verfügbar seien, diese große Marktchancen für private Investoren mit sich bringen würde.

Auf einer Konferenz im Jahr 2010 im amerikanischen Asilomar *("International Conference on Climate Intervention Technologies")* wurde ein 5-Punkte-Programm verabschiedet, wie „Geo-Engineering" einerseits als Mittel zur Bekämpfung des Klimawandels anerkannt werden könnte, ohne anderseits seine gesellschaftspolitischen Auswirkungen unbeachtet zu lassen:

— „Geo-Engineering" ist ein internationales „Gut" analog dem Luftraum und den Ozeanen („globale Allmende"; Ostrom 2009), über das der Einzelne (Staat, Gesellschaft, Gruppe einer Gesellschaft) nicht alleine verfügen dürfen.
— Für Forschungen und letztendliche Entscheidung, einen Eingriff in die Natur vorzunehmen, sei in jedem Einzelfall ein internationaler Konsens erforderlich, der auch die Zivilgesellschaften der betroffenen Staaten mit einschließen müsse.
— Sowohl die Planung als auch die Durchführung der Forschungsarbeiten sowie vor allem die Ergebnisse müssen zeitnah, transparent und nachvollziehbar veröffentlicht werden, auch wenn diese zu unerwünschten Ergebnissen geführt haben.
— Eine unabhängige Expertengruppe zusammengestellt durch einen internationalen Beschluss müsste in jedem Einzelfall die Forschungsplanung und -durchführung auf mögliche „Risiken" hin untersuchen (Auswirkungen auf Umwelt und den Menschen). Der Beschluss muss auch Regeln enthalten, an denen die Durchführung sich orientieren muss.
— Die Durchführung der Forschungsarbeiten müssten immer mit flankierenden Maßnahmen zur Stärkung der staatlichen Strukturen begleitet werden.

„Geo-Engineering" hat durch seine globale Aufstellung eine alle Staaten der Welt betreffende Dimension. Auch wenn Eingriffe in die Natur nur auf lokaler Ebene und auf einen Staat beschränkt vorgenommen werden sollten, so betreffen die Auswirkungen in der Regel die ganze Welt, wie die Verteilung der Schwefelaerosole in der Folge des Vulkanausbruchs Mt. Pinatubo gezeigt hat. Es wurden sogar bei lokalen Kohlendioxid-Sequestrierungsmaßnahmen Anzeichen für globale Auswirkungen erkannt. Folglich kann ein verantwortendes Management des Instruments nur im internationalen Rahmen erfolgen. Dabei steht die nationale Souveränität einer solchen Rechtsauffassung nicht im Wege. Denn auch alle im nationalen Rahmen erfolgenden Eingriffe haben einen grenzüberschreitenden Charakter und müssen daher auch im internationalen Rahmen geregelt werden. Schon die bestehenden internationalen Abkommen, Vereinbarungen und Umweltregime, wie das Klimarahmenabkommen der Vereinten Nationen mit seinen Klimakonventionen (UNFCCC, UNCCD, UNCBD), aber auch das Kyoto-Protokoll stellen einen schon verbindlichen Rechtsrahmen für eine Reglementierung von „Geo-Engineering" dar. Ob dazu eine eigene UN-Konvention nötig sei, oder ein bestehendes Abkommen um „Geo-Engineering" erweitert werden kann, ist nach Auffassung der Royal Society nachrangig. Wichtig sei nur, dass ein solches Regelwerk institutionalisiert wird. Ein gutes Beispiel, wie im internationalen Rahmen eine globale Ressource völkerrechtlich wirksam gemanagt werden kann, stellt das Internationale Seerechtsabkommen (UN-Convention of the Law of the Sea; UNCLOS) dar. Gemäß den Statuten von UNCLOS werden sowohl die nationalen Hoheitsgewässer definiert, die wirtschaftliche Nutzung der den Ländern vorgelagerten Kontinentalsockel als auch die Nutzung der hohen See. Streitigkeiten werden von dem Internationalen Seegerichtshof in Hamburg verhandelt und bindend entschieden. Oder das Montrealer Protokoll, in dem vereinbart wurde, die ozonschädigenden Substanzen aus der Atmosphäre zu verbannen; das Protokoll gilt als das erfolgreichste Umweltabkommen.

Schon das Kyoto-Protokoll verpflichtet die Vertragsstaaten, Methoden zu entwickeln und anzuwenden, mit denen dem Klimawandel Einhalt geboten werden kann und mit dem sich die Lebensbedingen der Menschen in den Entwicklungsländern nachhaltig verbessern lassen. Die Studie der Royal Society weist zu Recht daraufhin, dass „Geo-Engineering" mit einem ordnungspolitischen Ansatz verbunden ist, der nach Collingridge (1980) als *„technology control dilemma"* bezeichnet wird. Es besagt, dass bei neu entwickelten Technologien, bei denen noch nicht in allen Einzelheiten die Prozesse und Wirkungen bekannt sind, es schwierig wird, einen verbindlichen ordnungspolitischen Rahmen zu schaffen, mit dem auch Auswirkungen in tausend und mehr Jahren geregelt werden können (Beispiel „CO_2-Endlager").

Nationale Regeln müssen und sollten dazu in den Vertragsstaaten erlassen werden, die aber alle den völkerrechtlich verbindlichen Rahmen der internationalen Konvention anerkennen müssen. In der Regel wird dies zu nationalen Regelungen führen, die eher auf eine Verschärfung der Prinzipien hinauslaufen (Stichwort: „Umweltschutzbestimmungen des Staates Kalifornien im Vergleich zu denen der US-Bundesregierung").

Zur Bewertung der Erfolge von „Geoengineering" dürften nicht allein ökonomische Kriterien herangezogen werden; eine Forderung, die dazu führen würde, sich auf einen

Katalog zu verständigen, mit dem soziale und ethische Faktoren vergleichbar gemacht werden können (vgl. Ostrom 2009). Ein Vorschlag dazu wäre, „Geo-Engineering-Forschung" nicht aus den Mitteln des Forschungsetats zu finanzieren, sondern aus den jeweiligen Umweltetats, um so eine „ökologische" Zweckbestimmung zu gewährleisten.

Zurzeit ist das Thema vor allem im Wissenschaftssektor angesiedelt und stellt die Klimaforscher vor große Herausforderungen. Doch nicht nur die Naturwissenschaften und Technik sind aufgerufen, sondern es bedarf einer frühzeitigen und umfassenden Einbindung der Gesellschafts- und Rechtswissenschaften. Eine breite Akzeptanz in der Bevölkerung wird sich nur erreichen lassen, wenn von vornherein vermieden wird, dass zunächst nur die „technischen" Fragen gelöst werden und dann erst die Ausgestaltung des ordnungspolitischen Rahmens anzugehen. Nur wenn alle Fragen parallel aufgegriffen werden, kann eine Präjudizierung einer bestimmten Technologie verhindert werden. Die Ursache-Wirkung-Zusammenhänge, die Klärung der Probleme und der Folgen auch für die zukünftigen Generationen werden sich nur im internationalen Rahmen, zum Beispiel einer der Klimakonventionen der Vereinten Nationen (UNFCCC, UNCCD, UNEP) oder einem Zusammenschluss aus ihnen, lösen lassen oder durch die Einrichtung einer speziellen UN-Organisation, wie sie UNCLOS für das Management der Ozeane darstellt. Die Klimaforschung ihrerseits muss dazu aufgerufen werden, ihre Kenntnisse über die Klimaentwicklung noch weiter voranzutreiben. Die Ingenieurwissenschaften müssen darauf aufbauend tragfähige Umsetzungsmodelle entwickeln, während die Sozialwissenschaften sich damit auseinandersetzen müssen, wie eine Akzeptanz bei der Bevölkerung aufgebaut werden könne.

Aus der nachfolgenden Diskussion ergibt sich, dass „Geo-Engineering" vor allem als „unterstützende" und „komplementäre" Klimaschutzmaßnahme verstanden werden sollte (Ott 2010). Danach können Geo-Engineering-Maßnahmen sowohl helfen:
— Treibhausgasemissionen zu vermindern („Reduktion"),
— sich an den Klimawandel anzupassen („Adaption") als auch
— direkte Eingriffe in das Klimasystem vorzunehmen („Klimamanipulation").

Zwei große Gruppen können unterschieden werden: Solche, die einmal entstandenes CO_2 aus der Atmosphäre wieder entfernen („Mitigation") und solche, die extern die Solareinstrahlung auf die Erde verringern wollen (*„solar radiation management"*).

Kritik am Geo-Engineering

Die Kritik am Geo-Engineering entzündet sich zu aller erst an der Ausgangssituation: Die vorgestellten Instrumente und Konzepte beruhen allesamt auf naturwissenschaftlichen und technischen Parametern und sind alle auf ein bestimmtes begrenztes Szenario ausgerichtet. Mögliche Auswirkungen auf, bzw. Wechselwirkungen mit anderen Klimafaktoren wurden bislang nur kursorisch und wenig systematisch behandelt. Nicht weil man es nicht wollte, sondern weil die Komplexität der Systeme zum Teil noch nicht umfassend bekannt ist. Es fehle immer noch an einer plausiblen Beschreibung, wie das Gesamtsystem „Erde" durch solche Eingriffe verändert werden könnte. Die angedachten Methoden bzw. ihre Folgen sind natürlich nicht auf ein einziges Land zu begrenzen. Wer „Geo-Engineering" einsetzt, beeinflusst auch das Wetter und Klima in anderen Ländern und Regionen, denn das Klima kennt keine Staatsgrenzen.

Zeitgleich mit den vielen Konferenzen und praktischen Versuchen („Eisensulfatdüngung") hatten namhafte wissenschaftliche Institute, Klimaforscher und andere Organisationen zur Vorsicht gemahnt. So gab die Royal-Society-Studie (RSC 2009) Anlass für das Europäische Parlament, sich gegen groß angelegte Klimaversuche auszusprechen.

Bei allen Konferenzen seit Ende 2010 machte sich in Bezug auf die möglichen Nebenwirkungen eine Vielzahl an Sorgen breit. So wiesen Klimawissenschaftler zum Beispiel darauf hin, dass das Einbringen von Sulfat in die Stratosphäre zu einer Verminderung der Niederschläge in anderen Regionen führen könne. Oder, dass weder durch die „Ozeandüngung", noch durch das „Sequestieren" von Kohlenstoff das Problem der globalen Erwärmung wirklich gelöst werden könne. Die Studie der Royal Society kommt daher zu dem Ergebnis, dass (zum damaligen) Kenntnisstand die Folgen und Risiken von Geo-Engineering-Maßnahmen nicht abschließenden bewertet werden können. Eigentlich, so muss heute festgestellt werden, ist „Geo-Engineering" immer noch nicht über die ersten „Versuchsstadien" hinweggekommen.

Die zentrale Frage liegt aber auf einer anderen Ebene: Ist es verantwortbar, dass ein Staat oder auch eine Gruppe von Staaten, zum Beispiel legitimiert durch einen völkerrechtlichen Beschluss der Vereinten Nationen, einen Eingriff in das Klimasystem der Erde vornimmt, ohne deren ökologischen und ethischen Risiken umfassend beurteilen zu können? Oder ist es besser, solche Maßnahmen trotzdem vorzunehmen, um sich nicht später („zu spät") dem Vorwurf auszusetzen, sich „schuldig durch Unterlassung" gemacht zu haben? Ferner, wäre es nicht sinnvoller, sich um die Ursachen der Klimaerwärmung zu kümmern, als sich an den aus ihnen ergebenen Symptome abzuarbeiten?

In Anbetracht dieser komplexen Ausgangslage wurde von vielen Seiten vorgeschlagen, „Geo-Engineering" weiter zu verfolgen; diese statt als Mittel des Kampfes gegen die Klimaerwärmung vielmehr als flankierendes Instrument neben der Reduzierung der Treibhausgasemissionen anzusehen. Damit könnte man verhindern, eine (mögliche) Chance zu verpassen, gleichzeitig aber mögliche unerwünschte Folgen frühzeitig erkennen. Der Vorschlag zielt darauf ab, solche Forschungen zunächst auf den „Labormaßstab" zu begrenzen. Zudem sollten in jedem Einzelfall die betroffenen Partnerländer voll umfänglich einbezogen werden. Ergänzt werden müssten die naturwissenschaftlich ausgerichteten Forschungsinhalte durch sozioökonomische Fragestellungen, um von Anfang an die politische Dimension von „Geo-Engineering" in die Naturwissenschaften einzubringen. Die nächsten Schritte könnten, so Verfechter des Instrumentes, lokal/regional begrenzte Feldversuche erfordern, die aber mit klaren Exitstrategien versehen sein müssten. Im Erfolgsfall könnten dann international abgestimmte, großräumige Umsetzungsmaßnahmen angedacht werden. Dem würden die langen wissenschaftlichen Vorlaufzeiten entgegenstehen, sowie die hohen Kosten und die Ungewissheit, ob sich die eingesetzten Mittel (Finanzen, Personal, Technologien) am Ende in umsetzbaren Erkenntnissen „auszahlen".

Als Folge der Studie der Royal Society hatte eine Reihe englischer Klimaforscher einige Prinzipien („Oxford Principles") zum Umgang mit „Geo-Engineering" veröffentlicht (OMS 2018). Diese sehen vor, dass Eingriffe in das Klimasystem der Erde nur als „allgemeines Gut" und nur im „öffentlichen Interesse" geregelt werden dürfen. Die Ergebnisse müssten partizipativ erarbeitet und nachprüfbar veröffentlicht werden, auch müsste diese durch externe Sachverständige überprüft werden.

Ott (2010) weist in den Zusammenhang daraufhin, dass nicht die Menge an Pro- oder Contra-Argumenten den Ausschlag geben dürfe, sondern allein die Qualität der Antworten. Er führt an, dass die Pro-Argumente erst dann greifen, wenn es sich herausstellen sollte, dass die Minderungsziele nicht erreicht werden. Die Kontra-Argumente heben darauf ab, dass, wenn solche Instrumente verfügbar seien, es keine Gründe mehr gebe, sich ernsthaft für eine Minderung der Treibhausgasemissionen anzustrengen. Er unterscheidet zwischen:

- Pro-Argumenten:
  - Verpflichtung der heutigen Gesellschaften, alle Optionen zu nutzen, um den zukünftigen Generationen eine nachhaltige Entwicklung zu gewährleisten.
  - „Geo-Engineering" ist ein wichtiger Bestandteil des technologischen Fortschritts, der zu einer Verbreiterung der Kenntnisse führt sowie Marktchancen eröffnet.
  - Nach dem „Prinzip des kleineren Übels" sollten „Geo-Engineering-Maßnahmen" zugelassen werden (z. B. Einbringen von Sulfataerosolen in die Atmosphäre), wenn dadurch der „ungebremste" Klimawandel aufgehalten werden könne.
  - Eine Bewertung von Kosten und Nutzen sollte immer auch die Folgekosten mit einschließen (Kosteninternalisierung). Diesen Kosten müssten dann die durch die Umsetzung erreichten Verbesserungen (Nutzen) gegenübergestellt werden.
  - Oftmals sei es einfacher, die Zustimmung der Betroffenen zu (externen) Maßnahmen zu erhalten, als sie davon zu überzeugen, ihre Konsumgewohnheiten zu ändern.
- Kontra-Argumente:
  - Auch mittels „Geo-Engineering" werde das traditionelle Wirtschaftsmodell beibehalten und die sich daraus ergebenden Folgerisiken auf die nächsten Generationen übertragen.
  - Alle Maßnahmen dürften nur auf der Basis eines internationalen Konsenses vorgenommen werden. Dieses aber setze voraus, dass alle *stakeholder* über denselben Kenntnisstand verfügen und dass darüber eine „breite und wohlinformierte Zustimmung der Betroffenen vorliegt".
  - Das Wissen, dass Optionen zur Reduzierung der Klimaerwärmung vorliegen, würde dazu führen, individuelle Anstrengungen zur Reduzierung von Treibhausgasemissionen zu unterlassen und würde dazu führen, andere Wege zur Kohlendioxidemissionsminderung zu unterbinden („Abwürgen fortschrittlicher Technologien").
  - Viele Menschen haben undefinierbare Ängste, wenn es darum geht, dass (extern) in natürliche Systeme eingegriffen wird, deren Komplexität sie nicht überblicken (können). Diese auf der emotionalen Ebene liegenden Argumentationen lassen sich durch naturwissenschaftliche Fakten und Erklärungen in seltenen Fällen abbauen.

Trotz aller positiven Ansätze, Natur- und Sozialwissenschaften miteinander in Beziehung zu setzen, fehlt immer noch eine systemische Gesamtschau beider Disziplinen in Bezug auf die einzusetzenden Technologien und die angestrebten Lösungsmodelle (Scheer und Renn 2010). Es muss vor Beginn solcher Eingriffe in die Stratosphäre/ Atmosphäre oder die Ozeane klar erkennbar sein, welche Wirkungen in einem Land angestrebt werden. Solange es sich dabei (nur) um lokale Wirkungen handelt, sollten die nationalen Gesetzgebungen ausreichen; wenn aber die Auswirkungen grenzüberschreitend und der gar die Erde als Ganzes betreffen, muss geklärt sein, wessen Souveränitätsrechte wie davon beeinträchtigt sein können.

Ein weiterer Aspekt ist, ob „Geo-Engineering-Maßnahmen" nicht andere Programme zur Verringerung der Emissionsminderung konterkarieren. Oder wäre es nicht empfehlenswert, zum Beispiel *global dimming*-Projekte umgehend als „Brückentechnologie" einzuführen; hat sich doch diese Methode bei allen Experten als die derzeit effektivste Maßnahme zur Reduzierung der Klimaerwärmung erwiesen, und in der Zeit ihrer Anwendung parallel alternative erneuerbare Energien zu entwickeln (Scheer und Renn 2010).

Die meisten Wissenschaftler sind der Meinung, es sei noch viel zu früh, groß angelegte Studien in Betracht zu ziehen, einige geben zu bedenken, Geo-Engineering notfalls nicht gänzlich auszuschließen. Andererseits wurde aber auch argumentiert, dass es Jahrzehnte bräuchte, um die möglichen Auswirkungen auch nur ansatzweise zu verstehen.

Weitere Argumente waren, dass die Bekämpfung der eigentlichen Ursachen verschoben würde und der CO_2-intensive Lebensstil unberührt bliebe. Es bleibt am Ende bei dem schon von der Royal Society 2004 gemachte Statement, dass

» Geo-Engineering technisch machbar ist, aber den klassischen Klimaschutz nicht ersetzen kann.

Kohlendioxid-Sequestierung

Technologien, die Kohlendioxid auf technischem Wege aus der Atmosphäre entfernen, werden unter dem Begriff Kohlendioxid-Sequestierung oder Kohlendioxid-Abscheidung („*carbon dioxid removal*", CDR) zusammengefasst. Sie zielen darauf ab, die Konzentration des CO_2 in der Atmosphäre zu verringern und geben eine Antwort auf die Frage, wenn schon die Emission anthropogener Treibhausgase (hier Kohlendioxid) nicht effektiv verringert werden kann, ob man es nicht versuchen sollte, wenigstens die bereits gebildeten CO_2-Mengen entweder in der natürlichen Umwelt dauerhaft zu binden oder apparativ aus technischen Anlagen (z. B. Kraftwerke) zu entfernen und dann unterirdisch zu speichern. Mit CDR-Methoden würde direkt in die Treibhausgasbilanz der Erde eingegriffen. Nur würden sich damit keine schnellen Erfolge erzielen lassen, da diese Methode erst über Jahrzehnte hin ihre Wirkung entfalten kann. Auch dieser Methode stellen die Klimaforscher die Aussage voran, dass sie immer nur eine flankierende Maßnahme darstelle und eine generelle Verminderung der CO_2-Emissionen nicht ersetzen könne.

Seit Bestehen einer Vegetationsdecke praktiziert die Erde eine natürliche Form der Kohlenstoffsequestierung. Während des Wachstums entziehen vor allem die Bäume der Atmosphäre CO_2 und fixieren den Kohlenstoff im Stamm, Ästen und Wurzeln. Neben der lebenden nimmt auch die abgestorbene Biomasse Kohlenstoff auf; auch wenn dieser durch Zersetzungsprozesse später wieder in die Atmosphäre abgegeben wird. Diese Tatsache war Anlass, schon im Kyoto-Protokoll Methoden zum Entfernen von Kohlenstoff aus der Atmosphäre durch angepasste Landnutzungsverfahren in die Vereinbarung aufzunehmen. Das IPCC stellte in seinem AR4-Bericht (2007) fest, dass durch Aufforstungen und einer deutlichen Verringerung der Abholzungen in den Entwicklungs- und einigen großen Schwellenländern die Emission von Kohlenstoff effektiv vermindert werden kann.

- **Technische Entfernung von CO_2 aus der Luft**

In der Diskussion ist ein weiteres Verfahren, mit dem auf direktem chemischen Wege CO_2 aus der Atmosphäre entfernt werden soll, „Luftadsorption" oder „Air Capture" genannt (Keith et al. 2006). Bei dem Verfahren wird die Luft über Absorber wie Natriumhydroxid geleitet, mit dem selektiv das CO_2 aus der Luft abgeschieden wird. Gleichzeitig könnte das CO_2 auch noch für andere technische Anwendungen zur Verfügung gestellt werden. Die Verfahrenstechnik ist verwandt mit dem der Rauchgasabscheidung. Die Anlagen funktionieren als geschlossene Kreislaufsysteme, da die Chemikalien immer wieder aufbereitet werden können. Der Vorteil von Luftadsorption liegt darin, dass das CO_2 aus sämtlichen Emissionsquellen (z. B. Straßenverkehr) abgeschieden werden kann. Die Schwierigkeit des Verfahrens besteht allerdings darin, dass die CO_2-Konzentration in der Luft gering ist. Um effektiv sein zu können, müssten sehr große Mengen Luft in Kontakt mit dem Sorptionsmittel gebracht werden, was nur durch einen hohen energetischen und verfahrenstechnischen Aufwand möglich ist (TAB 2014). Wird der Energiebedarf durch fossile Energieträger gedeckt, könnte unter ungünstigen Umständen mehr CO_2 entstehen, als von den Anlagen abgeschieden werden kann. Gegenwärtig wird an neuen Konzepten und Sorptionsmitteln geforscht, die geringere Energieanforderungen haben.

- **Entfernung von CO_2 aus Energiegewinnungsanlagen**

Die Technologie zur Abscheidung und Lagerung von CO_2 aus Rauchgasen von Kraftwerks- und Industrieanlagen ist in den Rauchgasentschwefelungsanlagen im großindustriellem Maßstab erprobt (TAB 2008). Mit dieser als „*Carbon Dioxide Capture and Storage*" (CCS) bezeichneten Technologie ist es technisch möglich, zwischen 65 % und 80 % des CO_2 aus der Verbrennung fossiler oder biologischer Energierohstoffe dauerhaft aus der Atmosphäre fernzuhalten, ein Minderungspotenzial, das so von keiner anderen Technologie erwartet wird. Das TAB (2008) schätzte, dass weltweit bis zu 200.000 Mrd. t CO_2 in solchen unterirdischen Speichern eingelagert werden könnten. Das zu speichernde CO_2 kann entweder aus Kohle-/Öl- oder Erdgaskraftwerken stammen, aus Industrieanlagen oder aus dem Einsatz von Biomasse zu Energieerzeugung. Kritiker weisen darauf hin, dass nur wenn gewährleistet sei, dass das eingelagerte CO_2 auch dauerhaft und vollständig in den Speichern verbleibe, CCS einen effektiven Beitrag zur Bekämpfung des Klimawandels leisten kann. Auch müsse geklärt werden, ob weltweit genügend geeignete Lager verfügbar gemacht werden können, um wirklich einen signifikanten Beitrag zum globalen Klimaschutz leisten zu können. Das IPCC (2005) gibt an, dass sich bei einer umfassenden Anwendung von CCS-Technologien bis zu Jahr 2100 weltweit geschätzt 15–55 % an Treibhausgasemissionen vermindern ließen.

Kohlenstoff aus der Energiegewinnung technisch abzuscheiden und dann zu speichern lässt sich im Prinzip auf drei Wegen erreichen. Zunächst muss das CO_2 nach der Verbrennung im Kraftwerk abgetrennt werden, danach muss es auf dem Kraftwerksgelände zwischengelagert werden, um dann in seine endgültige Lokalität dauerhaft verbracht zu werden. Es wird davon ausgegangen, dass bei einem 1000-MW-Kraftwerk etwa 5 Mio. t CO_2 pro Jahr anfallen. Für Deutschland errechnete TAB (2008), dass in ausgebeuteten Erdgasfeldern und salinaren Aquiferen das 40- bis 130-fache der jährlichen deutschen CO_2-Emissionen gelagert werden könne.

Drei Verfahren zum Abscheiden des CO_2 sind derzeit in der Diskussion. Das CO_2 kann entweder aus den Abgasen herausgefiltert werden *(post-combution)*, oder es wird schon vor dem eigentlichen Verbrennungsprozess abgetrennt *(pre-combustion)*. Drittens kann die Verbrennung unter Zufuhr von Sauerstoff so gesteuert werden, dass nur noch CO_2 entsteht; dieses also technisch gar nicht mehr abgeschieden werden muss („Oxyfuel").

Die Abtrennung nach der Verbrennung ist technisch gut beherrschbar, aber sehr energieintensiv. Man schätzt, dass sie die Kraftwerksleistung um etwa 15 % reduziert und zusätzlich noch einen Brennstoffbedarf von 40 % nötig macht. Das „*pre-combustion*"-Verfahren hat den Vorteil, dass es einen vergleichsweise geringen Energiebedarf erfordert und, dass es dazu noch die Möglichkeit bietet, Wasserstoff und andere CO_2-arme synthetische Kraftstoffe aus fossilen Brennstoffen zu erzeugen. Dafür müssten die Kraftwerke und andere Anlagen aufwendig nachgerüstet werden. Das „Oxyfuel"-Verfahren hat den Vorteil, dass mit ihm große CO_2-Mengen abgetrennt werden können. Dazu muss aber reiner Sauerstoff eingeleitet werden, der nur durch einen hohen Energieaufwand bereitgestellt werden kann. Technisch stellen alle drei Verfahren Verfahren keine unüberwindbare Herausforderung dar.

Für den Transport des CO_2 vom Kraftwerk hin zu dem „Endlager" muss das CO_2 hochverdichtet werden. Auch dieser Prozess ist mit einem Energieaufwand verbunden. Man geht davon aus, dass der Transport an Land durch Pipelines erfolgen wird; auch ein Transport durch Schiffe ist technisch beherrschbar.

Speicherung

- **Einpressen in geologische Formationen**

Für die langfristige Lagerung kommen vor allem geologische Schichten infrage, die über eine nachgewiesene Abdichtung verfügen. Solche Abdichtungen liegen vor allem in den vielen Erdöl-/Erdgaslagerstätten vor, in denen sich das (inzwischen geförderte) Öl und Gas zumeist über einige Millionen Jahre unter stabilen Bedingungen hat anreichern können. Die geologischen Strukturen und die sedimentären Abdichtungen der Erdöl-/Erdgaslagerstätten sind weltweit umfassend erforscht. Auch könnte das CO_2 in fördernde Felder verpresst werden und so helfen, den Lagerstättendruck aufrechtzuerhalten und damit die Förderrate zu verbessern („Enhanced Oil Recovery", EOR). Als weitere Lagerstätten zum Verpressen von CO_2 bieten sich die zumeist porösen Schichten salinarer Aquifere an. Auch hierbei wäre zu klären, ob das überlagernde Deckgebirge eine sichere und dauerhafte Abdichtung gewährleistet.

Das Abtrennen von CO_2 und dessen Speicherung in einem Erdgasfeld wird seit 1996 im großtechnischen Umfang in der Mitte der Nordsee betrieben. Bis 2017 wurde das Verfahren in bis zu 20 Projekten weltweit erfolgreich angewandt. In dem norwegischen Sleipner-Gasfeld wurden seitdem jährlich 1 Mio. t CO_2 eingelagert. Das mit dem Erdgas geförderte CO_2 wird direkt auf der Bohrung abgetrennt, verdichtet und über eine gesonderte Bohrung in eine Sandstein-Formation in 800 m Tiefe verpresst. Damit konnten sowohl die lokale CO_2-Bilanz verbessert als auch das überschüssige CO_2 zur Verbesserung der Produktionsbedingungen eingesetzt werden. Reservoirgeologische Untersuchungen im Jahre 2013 entdeckten im Sleipner-Feld Störungen im Gestein, sodass ein künftiger Gasaustritt aus dem Reservoir nicht ausgeschlossen werden kann (IEA/OECD 2016). Das derzeit am intensivsten diskutierte Projekt ist das QUEST-CCS-Vorhaben in Kanada, bei dem CO_2 aus der Aufbereitung der Teersande abgetrennt und durch eine 60 km lange Pipeline in kambrischen Sandsteinen wieder verpresst wird. Im Jahr 2016 konnte Shell Canada melden, dass es möglich war, mehr als 1 Mio. t CO_2 nicht in die Atmosphäre entlassen zu müssen.

Die Nutzung von CDR-Technologien ist vor allem eine Frage der Kosten. Diese können je nach eingesetzter Technologie sehr unterschiedliche ausfallen. Darüber hinaus hängen sie ab von der Menge an CO_2, die abgeschieden werden soll, von der chemischen Zusammensetzung des Brennstoffs sowie von den geologischen Eigenschaften der Formation, in die das CO_2 verpresst werden soll. Bei neu zu bauenden Kraftwerken fallen diese Kosten konstruktionsbedingt wesentlich geringer aus. Am stärksten fallen Kosten für das Abtrennen des CO_2 an. Man schätzt, dass dieses die Stromgewinnungskosten um 2–3 US-Cent pro kWh im Vergleich zu einem konventionellen Kohlekraftwerk („*pulverized coal power plant*") erhöht. Bei Gaskraftwerken würden Kosten von unter 2 US-Cent/kWh anfallen. Nach Berechnungen des US National Energy Technology Laboratory (NETL 2010) fallen bei Abtrennung und Transport von CO_2 zwischen 35 US\$ und 80 US\$ je t CO_2 an.

Den Kosten stehen auf der anderen Seite die durch das Abtrennen eingesparten Kosten gegenüber. Wenn das CO_2 – wie dargestellt – für das Aufrechterhalten des Lagerstättendrucks eingesetzt wird, erniedrigen sich im Schnitt die Förderkosten um 5–6 %. Werden die durch das Kyoto-Protokoll vorgegebenen Minderungsziele für Treibhausgasemissionen in die Berechnungen einbezogen, so stellt sich Kostenfrage ganz anders dar. Dann würde sich der Einsatz von CCS-Technologien „rechnen", wenn die Kosten für die Tonne an emittierten CO_2 bei 25–30 US\$ liegen würden (IPCC 2005).

Auch wenn Kritiker das Potenzial einer unterirdischen Speicherung von CO_2 als bedeutend anerkennen, so weisen sie doch daraufhin, dass mit dem Verfahren eine Reihe an Unsicherheiten und Risiken verbunden ist. CO_2 ist ein geruchloses und farbloses Gas, das in normaler Konzentration für den menschlichen Organismus unschädlich ist. Risiken bestehen aber dennoch entlang der gesamten Prozesskette. Die Diskussion konzentriert sich vor allem auf die Risiken, welche im Laufe der Lagerung in den geologischen Formationen auftreten können. Umstritten dabei ist, welcher Gefährdungszeitraum angenommen werden sollte: Im Gespräch ist dabei eine Zeitspanne von 1000 bis 10.000 Jahren. Zudem können Probleme durch Lösungsprozesse in Karbonatgesteinen auftreten sowie durch den Injektionsdruck sich Mikrostörungen, Klüfte und Risse in den Gesteinen ausbilden. Diese können, ebenso wie vor der Verpressung in der geologischen Analyse des Reservoirs nicht erkannte lokale Klüfte, dazu führen, dass CO_2 im Laufe der Zeit an die Oberfläche austritt. Freigesetztes

CO$_2$ könnte andere Schadstoffe im Untergrund lösen. Auch könnten salzhaltige Grundwässer aus tiefen Aquiferen verdrängt werden. Unter ungünstigen Bedingungen könnten diese Wässer bis in oberflächennahes Süßwasser gelangen oder gar an die Erdoberfläche. Dort können sie zu Versalzungen des Grundwassers, der Böden und der Oberflächengewässer führen. Die Nutzung geologischer Formationen für eine dauerhafte Speicherung von CO$_2$ über den infrage stehenden Zeitraum hat zur Folge, dass andere Nutzungsmöglichkeiten eingeschränkt werden. Nutzungskonflikte können sich ergeben, wenn es darum geht, eine Lagerstätte alternativ für die Gewinnung geothermischer Energie oder zur Speicherung von Erdgas oder regenerativ erzeugtem Methan zu nutzen.

- **Ocean storage**

Neben der „klassischen" Vorstellung, CO$_2$ in der Erde zu versenken, gibt es noch eine Reihe anderer Überlegungen: Vor allem das Verbringen von CO$_2$ in Tiefseegebiete (*„ocean storage"*). Die Ozeane der Welt enthalten 60-mal mehr Kohlendioxid als die Atmosphäre und die chemischen und biologischen Kreisläufe („chemische Pumpe"; „biologische Pumpe") würde in mehreren tausend Jahren dazu führen, diese Mengen auch aufzunehmen. Nur ist dies für die Erde in ihrer derzeitigen Klimasituation keine Alternative, weil die Prozesse viel zu lange dauern. Eine Möglichkeit, diesen Prozess zu beschleunigen, wäre das Entfernen des CO$_2$ durch ein künstliches Einleiten in die tieferen Schichten der Ozeane. Dabei wird das CO$_2$ unterhalb einer Wassertiefe von 3500 m als „Flüssigkeit" eingeleitet, wo es wegen des Drucks der Wassersäule schwerer als Wasser ist und dort auch verbleibt. Wissenschaftlich gesehen wäre das CO$_2$ damit ein Teil des globalen Kohlenstoffkreislaufes und würde sich in einem Gleichgewicht mit der Atmosphäre befinden. Die sich daraus ergebenden ökologischen Konsequenzen, zum Beispiel wie das Ökosystem auf die erhöhte Versauerung der Ozeane reagiert, sind noch völlig ungeklärt (IPCC 2005).

- **Wiederaufforstung**

Dieser Ansatz wurde schon in mehr Ausführlichkeit in ▶ Abschn. 2.4.2 und 3.5.3 dargestellt, soll aber hier der Vollständigkeit halber noch einmal kursorisch aufgenommen werden.

Waldökosysteme sind in der Lage große Mengen an Kohlenstoff in ihrer Biomasse zu speichern. Es liegt daher auf der Hand, naturwissenschaftlich und technisch (auch ökonomisch und ökologisch) großflächige Aufforstungsmaßnahmen zur Erhöhung der terrestrischen Kohlenstoffsenke zu diskutieren. In erster Linie kämen hierfür gerodete Landflächen, Brachland und Monokulturen in Betracht. Solche Maßnahmen könnten aber erst auf lange Sicht wirksam werden. Wobei ferner zu berücksichtigen wäre, ob sich dadurch ein Konflikt mit einer agrarischen Nutzung der Flächen ergeben könnte. Zu klären wäre (mittels einer Kosten-Nutzen-Rechnung, die allen Kosten internalisiert) welche Nutzungsart auf Dauer die ökonomisch sinnvollste sein könnte. Es wird sogar diskutiert, Gebiete wieder aufzuforsten, die unter natürlichen Bedingungen keine Vegetation zulassen würden, etwa ganzer Wüstengebiete wie die Sahara.

Um durch Aufforstungsmaßnahmen CO$_2$ in der Größenordnung der jährlichen globalen anthropogenen Emissionen aus der Atmosphäre entfernen zu können, wäre, so die Kritiker, der Ressourcen- und Energieaufwand (z. B. Bewässerung) vermutlich größer als die eingesparten Kohlendioxidmengen.

Vielversprechender wäre da schon der Einsatz von Biokohle („Biochar"; „Terra Preta"). Die in Meilern verkohlte Biomasse ist biologisch stabiler und kann den in ihr gebundenen Kohlenstoff längerfristig der Atmosphäre entziehen. Diskutiert wird, Biokohle zur Düngung einzusetzen, um die Fruchtbarkeit der Böden zu erhöhen, das Pflanzenwachstum anzuregen und so die Aufnahme von CO$_2$ zu fördern. Die Herstellungsverfahren sind seit dem Mittelalter bekannt und überall auf der Welt anwendbar („Grillkohle"); auch ist Biomasse in ausreichender Menge verfügbar (z. B. für Biogasanlagen). Doch selbst wenn alle Ausgangsparameter sich positiv beantworten lassen, ließen sich dadurch kaum mehr als etwa 10 % des weltweiten Treibhausgasausstoßes kompensieren. Wenn aber „Biokohle" nicht nur als reiner Kohlenstofflieferant für das Pflanzenwachstum angesehen wird, sondern auch zur Energiegewinnung aus Biomasse in Kombination mit der Abscheidung und (geologischen) Lagerung von CO$_2$, wäre es möglich, gleichzeitig CO$_2$ aus der Atmosphäre zu entfernen und Bioenergie zur Substitution von fossilen Energieträgern bereitzustellen.

- **Ozeandüngung**

Ein Anfang 2009 mit großen Ambitionen gestarteter Versuch, durch eine Anregung des Algenwachstums mehr CO$_2$ aus den oberen Meeresschichten zu binden und langfristig in den Tiefen der Ozeane zu speichern, musste am Ende eingestehen, dass die Algenblüte sich zwar, wie vorgesehen, deutlich erhöht hatte, dass aber das CO$_2$ zu zuvor nicht bekannten und auch nicht beabsichtigten Nebeneffekten geführt hatte. Der Versuch war von dem deutschen Alfred-Wegener-Institut (AWI) im südlichen Atlantik durchgeführt worden (Projekt „Lohafex", AWI 2010). Ausgangspunkt war die Überlegung, durch Zugabe von Nährstoffen das Algenwachstum und damit die beim Absterben der Algen sich ergebende Kohlenstoffbindung („biologische Pumpe"; vgl. ▶ Abschn. 2.4.2) in der Tiefsee gezielt zu fördern. Ausgesucht hatte sich das AWI dafür den Südatlantik, weil dieser zwar reich an Stickstoff und Phosphor ist, aber ein Defizit an Eisen aufweist. Die Nährstoffanreicherung erfolgte durch Zugabe von Eisensulfat. Theoretisch kann ein Eisenatom bis zu 10.000 Kohlenstoffatome binden, was für eine effektive Nährstoffanreicherung eine vergleichsweise geringe Menge erfordert. Das AWI ging davon aus, dass eine Menge von 10.000 t Fe (etwa eine Schiffsladung) ausreichen werde, um die jährlichen CO_2-Emissionen Deutschlands aus der Atmosphäre in den Ozeanen zu binden.

Diese Modellvorstellung hat sich letzten Endes als nicht haltbar erwiesen. Auch verschiedene Modellsimulationen haben inzwischen bestätigt, dass selbst bei einer Eisendüngung z. B. im gesamten südlichen Atlantik und einer Zugabe von Fe über mehrere Jahrzehnte nur ca. 10 % der globalen anthropogenen CO_2-Emissionen in die Tiefsee verlagert werden könnten. Vergleichbare Ergebnisse wären auch bei einer Düngung mit anderen Nährstoffen wie z. B. Stickstoff zu erwarten. Das Lohafex-Experiment hat zudem die Erkenntnis erbracht, dass eine großflächige Nährstoffdüngung der Ozeane einen sehr deutlichen und nachhaltigen Eingriff in die marinen Stoffströme und die marinen Ökosysteme darstellt, mit weitreichenden Folgen für die Meeresumwelt und das Klimasystem. So wird vermutet, dass sich das Spektrum der Algenarten zugunsten solcher Algenarten verschieben könnte, die unter höherer Nährstoffzugabe schneller wachsen und es daher zu einer Störung des Gleichgewichts der Arten in der Tiefsee kommen könnte. Des Weiteren wird befürchtet, dass es dadurch zu einem Abbau von Sauerstoff in den tieferen Schichten der Ozeane kommt und in der Folge zu Arealen ohne Leben in der Tiefsee. Das AWI erklärte nach Beendigung des Experiments:

> …haben ausdrücklich weder die Absicht noch ein Interesse mit unseren Expeditionen den Weg für eine kommerziellen Einsatz der Eisendüngung zu ebnen. Das „AWI" lehnt großkalibrige Eisendüngung mit dem Ziel der Kohlendioxidreduzierung zur Klimaregulierung nach dem jetzigen Stand des Wissens ab (▶ Scinexx.de: 24.03.2009).

Verringerung der Sonneneinstrahlung

▪ Erhöhung der Rückstrahlung in der Atmosphäre

Eine Erkenntnis aus dem Ausbruch des Vulkans Pinatubo (1991) war, dass der Ausbruch von fast 10 Mio. t Schwefeldioxid weltweit zu einer Absenkung der Oberflächentemperatur um etwa 0,5 °C geführt hatte. Ein vergleichbares Ergebnis war auch nach dem Ausbruch des Vulkans Tambora 1815 bekannt geworden. Bei dem Ausbruch waren gewaltige Mengen an Schwefel in die Atmosphäre gelangt. Die den Globus umkreisenden Aerosole reduzierten die Sonneneinstrahlung in dem Jahr danach dermaßen, dass es zu bis dahin ungekannten klimatischen Auswirkungen gekommen war. Die Temperaturerniedrigung (Stichwort: „global dimming") hatte zur Folge, dass die USA und Westeuropa ein „Jahr ohne Sommer" erlebten. Die Ernten fielen fast vollständig aus und viele Menschen starben an Unterernährung. Das Jahr 1816 war auch ein Anlass für viele Iren, damals nach Amerika auszuwandern. Vom Ausbruch des Vulkans Krakatau (1883) sind viele Gemälde überliefert, die in der Zeit danach in Westeuropa Sonnenuntergänge in blutroten Farben zeigen (Edvard Munch, „Der Schrei").

Diese Erfahrungen führten zu der Idee, Aerosole in die Stratosphäre einzubringen, um so die Erwärmung der Erdatmosphäre teilweise zu kompensieren. Die Methode würde es erlauben, die Sonneneinstrahlung gar nicht erst auf die Erde einwirken zu lassen. IPCC gibt in seinem 4. Sachstandsbericht (IPCC-AR4 2007) an, dass mittels dieses geologischen Effektes seit der industriellen Revolution fast 50 % der langlebigen Treibhausgase kompensiert werden konnten. Eine Reihe chemischer Verbindung bietet sich dafür an, von denen aber die Schwefelaerosole (SO_2, H_2S) die beiden darstellen, auf die sich die Diskussion konzentriert. Die Schwefelpartikel führen dazu, das sich Wolken/Wassertröpfen an ihnen anlagern und sich das Wolkenvolumen vergrößert. Mit der größeren Wolkenoberfläche kann mehr Sonnenlicht in den Weltraum zurückgestrahlt werden (Albedo). Ein weiterer Effekt ist, dass mit Einbringen des Schwefeldioxids mehr Wolken entstehen, da mehr Aerosole für die Wolken/Wassertröpfchen zum Andocken verfügbar sind. Die Schwefelpartikel könnten durch verfügbare Technologie (Flugzeuge, Fesselballons) verbracht werden. Um eine solche Einbringung effektiv zu gestalten, müsste jährlich eine Schwefelmenge von 3–5 Mio. t SO_2 in die Stratosphäre eingebracht werden, in einen Bereich, der schon natürlich einen „layer" mit einer erhöhten Schwefelkonzentration aufweist. Dort hätten die Aerosole eine Verweildauer von 1–2 Jahren (Crutzen 2010). Nach Auffassung vieler Klimaforscher stellt die Schwefelinjektion das Geoengineering-Lösungsmodel dar, dass am schnellsten zum Erreichen des 2-°C-Ziels beitragen würde (man schätzt dafür einige Jahre bis einem Jahrzehnt).

▪ Erhöhung der Rückstrahlung von der Erdoberfläche

Als eine weitere Möglichkeit, die Sonneneinstrahlung signifikant zu verringern, wurde vorgeschlagen, Spiegel im Weltraum zu positionieren, oder gar einen großdimensionierten „Sonnenschirm" aufzuspannen. Die US National Academy of Science hatte vorgeschlagen (US-NAS 1992), 55.000 Spiegel von jeweils 100 m^2 Durchmesser ungeregelt („randomly") im Weltraum zu verteilen. Auch wurde vorgeschlagen, Millionen solcher Spiegel an dem sogenannten L1-Punkt zu platzieren. Dieser Punkt liegt ca. 1,6 Mio. km von der Erde entfernt und markiert die Stelle, wo die Gravitation zwischen Erde und Sonne gleich stark ist. Schon eine sehr geringe Ablenkung der Sonneneinstrahlung („by only a small angle"; Royal Society 2009) würde die Energiebilanz der Erde um etwa 1,8 % verringern. Experten haben errechnet, dass dafür ein Sonnensegel von der Größe von 3 Mio. km^2 nötig sei. Vorstellbar wären auch, die Sonneneinstrahlung durch Positionieren von einer Billion kleiner Metallreflektoren („metal discs") von nur 50 cm Durchmesser im Weltall zu vermindern.

Ein anderer Vorschlag beschreibt Maßnahmen zur Erhöhung der Reflexion an der Erdoberfläche (Bodenalbedo) durch großflächiges Ausbringen reflektierender Materialien (Kunststofffolien) in den Wüstenregionen der Erde. Nach Auffassung der Royal Society könnten solche

„desert reflectors" einen signifikanten Beitrag von bis zu 2,75 W/m² zur Verringerung der Solareinstrahlung leisten. Dabei sei aber zu berücksichtigen, dass nicht alle Wüsten für solche Maßnahmen geeignet sind und, dass konkurrierende Nutzungen einer flächendeckenden Anwendung entgegenstehen können. Auch seien mögliche regionale Änderungen des Wettergeschehens bei diesen Überlegungen noch nicht berücksichtigt. Diskutiert wird das Anstreichen nackter Felsmassen oder von Hausdächern. In den Städten sollten Straßen und Plätze mit hellen Steinen gepflastert werden, die ein höheres Rückstrahlungspotenzial aufweisen. Damit könnten in den Städten vor allem die heißen Nächte temperaturmäßig angenehmer gestaltet werden. In manchen Orten in den Alpen wurden lokal sogar Schneeflächen mit Planen abgedeckt, um die Albedo zu verstärken und die darunter liegenden Eisflächen zu schützen.

3.6.3 Anpassung

Unter „Anpassung" an den Klimawandel versteht man die Schaffung eines Handlungsrahmens, mittels dessen der sich (schon) eingestellte Klimawandel in seinen Dimensionen erkannt, bewertet und wirksam bekämpft werden kann. Klimaanpassungsmaßnahmen dienen der Bewältigung der Folgen des Klimawandels und zielen darauf ab, die Gefahren für die Gesellschaften und deren Lebensräume zu verringern („Einhegung der Wirkungen" WBGU 2007). „Anpassung" verlangt demnach von dem Menschen, sich auf die Veränderungen der natürlichen Systeme einzustellen. Es gibt bis heute keine allgemein anerkannte Definition von „Anpassung". Als Folge wird „Anpassung" eher als Synonym von einer Vielzahl an Handlungsoptionen verwendet. In der Entwicklungszusammenarbeit wird diese definitorische Unklarheit am deutlichsten. Investitionen in „Anpassung" können dort sowohl Maßnahmen zur Förderung der Entwicklung sein, als auch Maßnahmen im Rahmen der Entwicklungszusammenarbeit, die helfen, sich an den Klimawandel anzupassen. Diese sehr theoretische Betrachtung hat aber erhebliche Konsequenzen, wenn es darum geht, wie sich die „Geber" ihre Finanzausgaben als erbrachte Förderzusagen anrechnen lassen können (Stichwort: „ODA-Anrechenbarkeit"; SEF 2011).

Wenn „Anpassung" bedeutet, mit den Folgen des Klimawandels umzugehen lernen, wird damit automatisch anerkannt, dass Klimaänderungen bereits eingetreten sind. Damit stellt sich die Frage, ob mit „Anpassung" an den Klimawandel eine Anpassung an den bereits erfolgten Wandel oder an den, der in der Zukunft erwartet wird, gemeint ist: also ist der Bezugspunkt das Jahr 1990, 2000 oder 2050? Auf der ganzen Welt haben die Gesellschaften im Laufe ihrer Geschichte die unterschiedlichsten Formen an wetter- und klimabedingten „Herausforderungen" bestanden. Doch vor allem die seit etwa 1850 eingetretenen klimatologisch extrem jungen Veränderungen werden – so die Befürchtungen – die Anpassungskapazitäten der meisten Gesellschaften überfordern. Unter den Klimaforschern besteht weitgehend Einigkeit, dass die natürlichen Ökosysteme in der Lage sein werden, sich noch über einen längeren Zeitraum (>100 Jahre) auf die veränderten Bedingungen einzustellen (IPCC-AR4 2007, Kap. 17.4, 19.2). Allein mit Strategien zur Anpassung an den Klimawandel werden sich die Stärken der Auswirkungen wohl abfedern lassen, seine Ursachen aber nicht. So wird es sicher möglich, technisch und organisatorisch einem Meeresspiegelanstieg von 1–2 m in den Niederlanden standzuhalten; aber dies wird mit Sicherheit nicht auf Länder wie Myanmar und Bangladesch zutreffen.

Der Klimawandel hat in der Regel keine singuläre Ursache; er ist die Folge sich gegenseitig verstärkender Faktoren (geographische Exposition, sozioökonomischer Entwicklungsstand, indigenes Wissen usw.). „Anpassung" muss folglich für jeden dieser Faktoren das geeignete Lösungsmodell finden und dieses dann so umsetzen, dass es den anderen Faktoren („Pareto-optimiert") nicht zuwiderläuft. Die meisten Staaten haben inzwischen Anpassungsstrategien entwickelt, so die EU-Kommission für die Europäische Gemeinschaft (EU 2007), und die Bundesrepublik Deutschland in der Deutschen Anpassungsstrategie an den Klimawandel („DAS", BMU 2008) und dem „Aktionsplan Anpassung der deutschen Anpassungsstrategie an den Klimawandel" (BMU 2011). Der grenzüberschreitende, internationale Charakter des Klimawandels macht nationale Anpassungsprogramme immer auch zu einem Instrument der Außenpolitik. Das erfordert, dass nationale Maßnahmen immer im Einklang mit dem Völkerrecht stehen müssen. So wird der Hochwasserschutz entlang des Rheins durch die Kommission zum Schutz des Rheins (IKSR) abgestimmt. Auch auf anderen Kontinenten sind solche supranationalen Abstimmungen bewährte Praxis: so die „Nil-Commission" oder die „Ganges-River-Commission", die eine Abstimmung der Ganges-Anrainerstaaten Nepal, Indien und Bangladesch in Hochwasserfragen zum Inhalt hat.

Anpassungsstrategien sind auf die Zukunft ausgerichtet. Sie stellen aufbauend auf gegebenen Situationen dar, was, wie, in welchem Umfang, durch wen und mit welchem Ziel angestrebt wird. Damit werden oftmals Probleme beschrieben, die mit derzeitigen Lösungsmodellen nicht oder nur unzureichend gelöst werden können. Strategien rufen daher zu technischen Innovationen auf. Diese kommen aus der Wissenschaft, der Forschung, vor allem aber aus der Industrie. Solche Innovationen eröffnen große Marktchancen für Produkte und Dienstleistungen. Die Strategien beantworten die Frage, welche wissenschaftlich-technischen Methoden und Instrumente und in welchem ordnungspolitischen Rahmen erforderlich sind, um die angestrebte Absicherung („Resilienz") der Gesellschaften zu erreichen. Daraus ergibt sich, dass Anpassungsmaßnahmen sowohl auf der infrastrukturellen als auch der ordnungspolitischen Ebene angesiedelt sein müssen. Die Notwendigkeit solche Strategien zu entwickeln und zu implementieren ergibt sich aus der Tatsache, dass ohne solche zukunftsweisenden Strategien der Klimawandel „aus dem Ruder laufen" könnte. Danach aber würden solche Investitionen aber mit Sicherheit weniger effektiv und sicher teurer. So gibt die EU in ihrem Grünbuch (EU 2007) an, dass Hochwasserschäden in Europa bei einem Anstieg um etwas mehr als einen halben Meter bis zum Jahr 2080 auf knapp 20 Mrd. € jährlich belaufen könnten; bei entsprechenden Vorsorgemaßnahmen aber unter 4 Mrd. € jährlich liegen würden.

Es steht eine Vielzahl an Instrumenten für „Anpassungen" an den Klimawandel zur Verfügung, wie sie auch schon in dem 3. Sachstandsbericht des IPCC (IPCC-TAR 2007, WG II Kap. 4.4, 5.4) und in der deutschen Anpassungsstrategie („DAS"; BMU 2008, Kapitel B1 bis B4) vorgestellt worden ist. Die Interventionsfelder beziehen sich sowohl auf die Nationalstaaten als auch die spezifische Rolle der für die institutionelle Architektur der internationalen Umweltpolitik entscheidenden internationalen Organisationen und ihrer Verwaltungsbehörden.

Nationalstaaten

Eine Anpassung in den Staaten an den Klimawandel kann auf vielen Sektoren erfolgen. Als Aufgabe für einen Staat stellt sich zum einen, einen belastbaren Kenntnisstand über den „Klimawandel", wie er sich seinem Hoheitsgebiet auswirkt, bereitzustellen. Zweitens muss er einen ordnungspolitischen Rahmen schaffen, der die Umsetzung seiner nationalen Klimaziele ermöglicht. Drittens ist es erforderlich, die in den nationalen Strategien aufgenommenen Ziele auch praktisch umzusetzen und viertens muss jeder Staat seine Verpflichtungen aus dem Beitritt zu den Umweltkonventionen auch international wahrnehmen.

Um politisch entscheidungsfähig zu werden, benötigt der Staat eine fundierte Wissensbasis über die Zusammenhänge der Klimaänderungen (Ursachen, Wirkungen, Anpassungsziele). Das Wissen muss dabei immer auf dem aktuellen Kenntnisstand sein; aber es muss für die Politikentscheidungen entsprechend aufbereitet werden. Es bedarf dazu einer Institution, die als „Übersetzer" wissenschaftlicher Expertise in eine von Politikern „verstandene Sprache" fungiert. Dabei betreffen die Entscheidungen nicht allein die nationalen Verantwortungen, sondern ebenso die Provinzen und die Gebietskörperschaften. Dieses erfordert eine differenzierte Institutionenlandschaft.

Die Bundesrepublik Deutschland hat sich für den Kampf gegen den Klimawandel eine „Anpassungsstrategie" gegeben (BMU 2008). Das übergeordnete Ziel der „DAS" ist, die Vulnerabilität der Gesellschaft gegenüber den Folgen des Klimawandels zu verringern. Wo immer möglich, soll der Klimawandel auf seine Auswirkungen auf die ökologischen, sozialen und ökonomischen Systeme hin verstanden werden. Dazu hat sie eine Vielzahl an Programmen und Projekten aufgelegt, um die Gefahren zu identifizieren und Lösungsmodelle zu erarbeiten sowie Erkenntnisse über die Wahrscheinlichkeit des Eintretens solcher Gefahren bewerten zu können. In der Bevölkerung soll das Bewusstsein über diese Gefährdungslagen und damit gleichzeitig die Sensibilität gestärkt werden. Erforderlich dazu ist eine Erweiterung und Vertiefung der bestehenden Erkenntnisse, damit Staat, die Länder und Kommunen, aber auch der Einzelne sich besser auf die Herausforderungen einstellen können. Um die Umsetzung zu verbessern, hat die Bundesregierung eine Reihe von gesetzlichen Regelungen erlassen, mit dem Ziel, den Kampf gegen den Klimawandel in allen relevanten Rechtsvorschriften zu verankern. Dies betrifft in erster Linie Regelungen zum Umweltschutz, im Bauplanungsrecht sowie in der Raum- und Regionalplanung. Die Regelungen sollen regelmäßig auf ihre Klimafolgenverträglichkeit hin überprüft werden, nach Maßgabe der „strategischen Umweltprüfungen" (SUP) und „Umweltverträglichkeitsprüfungen" (UVP; vgl. ▶ Abschn. 3.2.1).

In Deutschland verfügt jedes Ministerium über eigene Forschungskapazitäten (Stichwort: „Ressortforschung"), so zum Beispiel im Umweltbundesamt (UBA), dem Deutschen Wetterdienst (DWD) oder dem Bundesanstalt für Gewässerkunde (BfG). In fast allen Bundesländern sind Programme zur Klimaforschung eingerichtet worden; zum Teil wurden eigene Forschungseinrichtungen ins Leben gerufen, wie zum Beispiel in Hessen das Fachzentrum Klimawandel oder das Climate Service Centre als fachspezifischer Dienstleister in Hamburg. Aus dem Etat des Bundesministeriums für Bildung und Forschung (BMBF) wird eine Reihe an Instituten finanziert, die alle den „Kampf gegen den Klimawandel" in ihren Statuten verankert haben; so die Institute der Helmholtz-Gemeinschaft oder der Leibniz-Gemeinschaft; das Max-Planck-Institut für Meteorologie (MPI-M) in Hamburg oder das Potsdam-Institut für Klimafolgen (PIK) u. v. a. Die Vielzahl an Klimafaktoren erfordert ein Zusammenführen vieler Fachdisziplinen, was auch zum Beispiel soziale und ethische Bereiche mit einschließen muss. Daher wurden an mehr als 30 Universitäten Forschungszweige eingerichtet, um dezentral die systemischen Zusammenhänge von Klima und seinen Folgen zu vertiefen sowie die Aus-/Fortbildung wahrzunehmen.

Die Bundesregierung stellt sich der Aufgabe, jedermann den Zugang zu Informationen über den Klimawandel zu ermöglichen. Sie hat dafür eine Reihe an internetgestützten Informationsplattformen und Datenbanken eingerichtet, bei denen jederzeit kostenlos Informationen abgerufen werden können. So zum Beispiel das UBA/KomPass-WebPortal „Anpassung", die Internetplattform „Klimawandel und Klimaschutz im Agrarbereich", der „Klimaatlas" des DWD oder im Zusammenarbeit mit dem Hamburger „Climate Service Center" der „Klimanavigator", um nur einige zu nennen.

Die Umsetzung von Anpassungsmaßnahmen erfordert rechtliche Rahmenbedingungen, die an die veränderten Problemstrukturen angepasst sind. In Deutschland fußt das Umwelthaftungsrecht vor allem auf dem Verursacherprinzip (vgl. ▶ Abschn. 3.2). Es hat sich allerdings dabei herausgestellt, dass der Schutz der Allgemeinheit vor Umweltbelastungen noch einmal zu verschärfen ist (BMU 2016). In seinem Bericht stellt das Umweltministerium heraus, dass vor allem im Umweltrecht, mit seinen bindenden Wirkungen für die Raum- und Regionalplanung, die Schutz- und Vorsorgestandards umfassender definiert werden müssen, ohne dabei die Planungsspielräume einzuschränken. Das Gesetz müsse sowohl die klimatologisch-ökologische Problemvielfalt wie auch die sehr unterschiedlichen Bedürfnisse der handelnden Akteure berücksichtigen. Auch muss eine solche Gesetzgebung nicht überall rechtsverbindlich sein, sondern nur dort Gültigkeit haben, wo der Klimawandel sich auswirkt. Insgesamt wird gefordert, „das Umwelt- und Planungsrecht stärker als bisher durch Handlungsformen des Risikoverwaltungsrechts anzureichern" (O'Brien 2009).

Internationale Beziehungen

„Anpassung" darf nicht auf die Belange der Nationalstaaten beschränkt bleiben. Der grenzüberschreitende Charakter des Klimawandels erfordert ein Vorgehen mit einer internationalen Dimension; eine Verantwortung, die von allen Staaten der Erde gemeinsam getragen werden muss. Es steht außer Zweifel, dass vor allem die Entwicklungsländer von dem Klimawandel am stärksten betroffen sind und in Zukunft sein werden. Sie müssen daher umfassend und dauerhaft schon bei der Analyse der Ursachen sowie bei Erarbeitung von Lösungsmodellen eingebunden sein. Ein einfaches Übergeben von „Blaupausen" hat in der Vergangenheit nicht zu den angestrebten Ergebnissen geführt.

Die Anpassung an den Klimawandel ist zu einer der zentralen Aufgaben der Staatengemeinschaft geworden und hat sich als eine der tragenden Säulen der Internationalen Entwicklungszusammenarbeit entwickelt. Sie kommt auf nahezu allen Sektoren des menschlichen Lebens (Ernährungssicherheit, Recht auf eigenständige Entwicklung, menschliche Sicherheit, transnationale Kooperation). Die Tatsache, dass die Entwicklungsländer nur einen geringen Anteil an den jährlichen THG-Emissionen ausmachen, aber am stärksten unter den Folgen des Klimawandels leiden, macht die Verantwortung der Industrieländer auch auf dem Feld der Klimaanpassung deutlich. Die vielen im Rahmen der Vereinten Nationen im Zuge der Klimarahmenkonvention und anderen Umweltkonventionen getroffenen Beschlüsse haben eine „neue weltweite Klimaschutzarchitektur" (DAS, S. 36) geschaffen. Die Unterstützung der Entwicklungsländer ist seitdem zentraler Bestandteil der internationalen Klimaregime geworden. Als Folge davon wurde „Klimaanpassung" als Querschnittsthema in der Entwicklungszusammenarbeit an führender Stelle verankert. Hier sind vor allem die vielen Abkommen, Umweltregime und UN-Organisationen zu nennen (vgl. ▶ Kap. 4).

Literatur

AIIB (2017) Annual report – financing Asia's future. Asian Infrastructure Investment Bank (AIIB), Beijing

Amendola A, Ermolieva T, Linnerooth-Bayer J, Mechler R (2013) Integrated catastrophe risk modeling – supporting policy processes. Springer, Heidelberg

Anwalt-24 (2017) Umweltschutz – Prinzipien des Umweltrechts. Anwalt24. ▶ https://www.anwalt24.de/lexikon/umweltschutz_-_prinzipien_des_umweltrechts. Zugegriffen: 19. Sept. 2017

AWI (2010) Projekt „Lohafex" im südlichen Atlantik. Alfred-Wegener-Institut (AWI), Bremerhaven

Baumert S, Schlüter K, Stoppe S, Zlotkowski M (2013) Auf den Spuren des Begriffs und seiner Bedeutung im universitären Kontext. LIT-Verlag, Münster, S 9

BDI (2018) Intellectual property in the age of Industry 4.0. Bundesverband der Deutschen Industrie, BDI-Help Desk. ▶ https://english.bdi.eu/…/intellectual-property-in-the-age-of-industry

Biermann (2002) Umweltflüchtlinge. Ursachen und Lösungsansätze. Bundeszentrale für politische Bildung (bpb), Aus Politik und Zeitgeschichte (APUZ), B 12, Berlin Rees 2002 ersetzen durch Wackernagel und Rees 1996

BMF (2010) Klimapolitik zwischen Emissionsvermeidung und Anpassung. Gutachten des Wissenschaftlichen Beirats beim Bundesministerium der Finanzen (BMF), Berlin

BMF-Ö (2015) Strategischer Leitfaden des BMF für die Internationalen Finanzinstitutionen. Bundesministerium für Finanzen (BMF), Wien

BMU (1998) Umweltpolitisches Schwerpunktprogramm. Bundesministeriums für Umwelt, Naturschutz und Reaktorsicherheit (BMU), Berlin

BMU (2008) Deutsche Anpassungsstrategie an den Klimawandel (DAS). Beschluss des Bundeskabinetts vom 17. Dezember 2008. Bundesministeriums für Umwelt, Naturschutz und Reaktorsicherheit (BMUB), Berlin. ▶ www.bmub.bund.de

BMU (2011) Aktionsplan Anpassung der deutschen Anpassungsstrategie an den Klimawandel (DAS). Bundesministeriums für Umwelt, Naturschutz und Reaktorsicherheit (BMU), Berlin. ▶ www.bmub.bund.de

BMU (2012) Memorandum für eine Green Economy. Eine gemeinsame Initiative des BDI und BMU. Bundesministerium für Umwelt, Naturschutz und Reaktorsicherheit (BMUB), Bundesverband der Deutschen Industrie (BDI), Berlin. ▶ http://www.bmu.de/service/publikationen

BMU (2016) Deutsche Nachhaltigkeitsstrategie – Neuauflage 2016. Bundesministeriums für Umwelt, Naturschutz und Reaktorsicherheit, Berlin

BMZ (2011) Aid for Trade in der deutschen Entwicklungspolitik. Bundesministerium für wirtschaftliche Zusammenarbeit und Entwicklung (BMZ), Strategiepapier 07, Berlin

BMZ (2017a) Die Weltbankgruppe. ▶ www.bmz.de/de/ministerium/wege/multilaterale_ez/akteure/weltbank/index.html

BMZ (2017b) Der Zukunftsvertrag für die Welt – Die Agenda 2030 für nachhaltige Entwicklung. Bundesministerium für wirtschaftliche Zusammenarbeit und Entwicklung (BMZ), BMZ-Materialie 270, Berlin

BPB (2012) Internationaler Währungsfonds und Weltbankgruppe. Bundeszentrale für Politische Bildung (bpb), Dossier Finanzmärkte, Internationaler Währungsfonds, Berlin

BPB (2013) Globale Migration in der Zukunft – Welche Folgen haben die globalen Umweltveränderungen für die Migrationsverhältnisse. Bundeszentrale für Politische Bildung (bpb), Kurzdossiers: Zuwanderung, Flucht und Asyl: Aktuelle Themen, Berlin

Bückmann W (2015) Die Vision der UNO für die Zukunft der Welt: die 2030-Agenda für nachhaltige Entwicklung. Fagus Schriften 17. Universitätsverlag der TU Berlin, Berlin

Cohen M, McCord M (2003) Financial risk management tools for the poor. Microinsurance Centre briefing note 6. Microinsurance Centre Centre at Milliman, Appleton

Collingridge D (1980) The social control of technology. University of Michigan, Francis Pinter, New York

Conisbee M, Simms A (2003) Environmental refugees – the case for recognition. New Economics Foundation, London. ▶ http://www.neweconomics.org/2003/09/environmental-refugees

Crutzen PJ (2006) Albedo enhancement by stratospheric sulfur injections – a contribution to resolve a policy dilemma. Clim Change 77:211–220. ▶ https://doi.org/10.1007/s10584-006-9101. Springer, Heidelberg

Literatur

Crutzen PJ (2010) Erdabkühlung durch Sulfatinjektion in die Stratosphäre. In: Simonis UE, von Weizsäcker EU (Hrsg) Die Klima-Manipulateure -Rettet uns Politik oder Geoengineering? S. Hirzel, Germany. ► www.jahrbuch-oekologie.de

Dehling J, Schubert K (2011) Grundlagen ökonomischer Theorien. In: Dehling J, Schubert K (Hrsg) Ökonomische Theorien der Politik. VS Verlag & Fachmedien, Wiesbaden

DLR (2017) Ozonloch 2017: So klein wie selten zuvor. Deutsches Zentrum für Luft-und Raumfahrt, Oberpfaffenhofen. ► https://www.dlr.de/dlr/desktopdefault.aspx/tabid-10081/151_read-24579/

Edenkofer O (2012) Grünes Wachstum – Märchen oder Strategie? Climate Lecture, 2012, TU Berlin

EED (2015) Klimabedingte Schäden und Verluste – Die politische Herausforderung annehmen und gerecht lösen. Brot für die Welt – Evangelischer Entwicklungsdienst, Evangelisches Werk für Diakonie und Entwicklung e. V., Berlin

EEX (2017) Spotmarkt D – Leipziger Strombörse. ► www.bricklebrit.com/stromboerse_leipzig.html

Erbguth W, Schlacke S (2008) Umweltrecht, 6. Aufl. Nomos, Bern, S 534

EU (2001) Nachhaltige Entwicklung in Europa für eine bessere Welt: Strategie der Europäischen Union für die nachhaltige Entwicklung. Kommission der Europäischen Gemeinschaft, KOM (2001) 264, Brüssel

EU (2007) Grünbuch – Anpassung an den Klimawandel in Europa – Optionen für Maßnahmen der EU. SEK 200/849, Brüssel

FAO (2015) Global Forest Resources Assessment 2015 – how are the world's forests changing? 2. Aufl. Food and Agriculture Organization of the United Nations (FAO), Rom. ► www.fao.org/publications

Gabler (2017) Wirtschaftslexikon, Stichwort: Ökonomische Bewertung von Umweltschäden: Definition Subventionen. Gabler Wirtschaftslexikon. ► https://wirtschaftslexikon.gabler.de/definition/subvention-48419. Zugegriffen: 23. Nov. 2017

Gawel E (2011) Die Allmendeklemme und die Rolle der Institutionen. oder: Wozu Märkte auch bei Tragödien taugen. Bundeszentrale für Politische Bildung (bpb), Aus Politik und Zeitgeschehen (APUZ), Berlin, 61, S 27–33

GDV (2017) Schäden durch Starkregen verzehnfacht – Naturgefahrenreport 2017. Gesamtverband der Deutschen Versicherungswirtschaft e. V. (GDV), Berlin

GEF (2015) GEF 2020 strategy – Global Environment Facility. Global Environment Facility, S 34. ► https://www.thegef.org/…/GEF-2020Strategies-March2015_CRA

GFN (2006) Ecological footprint and biocapacity. Technical Notes: 2006 Edition. Global Footprint Network

Haggard S, Simmons BA (1987) Theories of international regimes. Int Org 41(3):491–517. ► https://doi.org/10.1017/s0020818300027569. MIT Press, Boston

Hauff V (Hrsg) (1987) Unsere gemeinsame Zukunft – Der Brundtland-Bericht der Weltkommission für Umwelt und Entwicklung. Eggenkamp, Greven

Häusler T (2017) Wie die USA die Ozonschicht retteten – 30 Jahre Montrealer Protokoll. Schweizer Fernsehen und Radio (SRF). ► https://www.srf.ch/Kultur/Wissen

Heyen DA, Fischer C, Barth R, Brunn C, Grießhammer R, Keimeyer F, Wolff F (2013) Mehr als nur weniger. Suffizienz: Notwendigkeit und Optionen politischer Gestaltung. Öko-Institut Working Paper 3/2013, Freiburg. ► http://www.oeko.de

Hinnawi E (1985) Environmental refugees. A Growing phenomenon of the 21st century. UNEP, Nairobi

IEA/OECD (2016) 20 years of carbon capture and storage – accelerating future deployment. International Energy Agency (IEA/OECD), Paris

IPCC (2005) Carbon dioxide capture and storage – special report. Intergovernmentel Panel on Climate Change (IPCCC), Cambridge University Press, New York

IPCC (2007) Climate change 2007: the physical science basis. Contribution of Working Group I to the fourth assessment report of the Intergovernmental Panel on Climate Change (IPCC-AR4). In: Solomon S, Qin D, Manning M, Chen Z, Marquis M, Averyt KB, Tignor M, Miller HL (Hrsg). Cambridge University Press, Cambridge

IPCC (2014) Climate change 2014: impacts, adaptation, and vulnerability. Part A: global and sectoral aspects. Contribution of Working Group II to the fifth assessment report of the Intergovernmental Panel on Climate Change (IPCC-AR5). In: Field CB, Barros VR, Dokken DJ, Mach KJ, Mastrandrea MD, Bilir TE, Chatterjee M, Ebi KL, Estrada YO, Genova RC, Girma B, Kissel ES, Levy AN, MacCracken S, Mastrandrea PR, White LL (Hrsg). Cambridge University Press, Cambridge

IPCC-TAR (2001) Climate change 2001: the scientific basis. Contribution of Working Group I to the third assessment report of the Intergovernmental Panel on Climate Change. In: Houghton JT, Ding Y, Griggs DJ, Noguer N, van der Linden PJ, Dai X, Maskell J, Johnson, CA (Hrsg). Cambridge University Press, Cambridge

Johannsen SL (2009) Der Investitionsbegriff nach Artikel 25 Abs. 21 der ICSID-Konvention. Beiträge zum Transnationalen Wirtschaftsrecht, Heft 87. Martin-Luther Universität Halle-Wittenberge

Jüttner D (2016) Die Sustainable Development Goals – 17 neue Ziele für nachhaltige Entwicklung. Evangelisches Werk für Diakonie und Entwicklung e. V., Brot für die Welt – Aktuell 51, Berlin

Keith DW, Ha-Duong M, Stolaroff J (2006) Climate strategy with CO_2 capture from the air. Clim Change 74(1–3):17–45, Springer

Keohane RO (1983) Theory of world politics: structural realism and beyond. In: Finifter AW (Hrsg) Political science: the state of the discipline. The American Political Science Association, Washington D.C.

KfW (2008) Umsetzungsstand der Millennium-Entwicklungsziele (MDGs). Fokus Entwicklungspolitik, Positionspapiere der KfW-Entwicklungsbank. Kreditanstalt für Wiederaufbau (KfW), Frankfurt a. M.

Kill J (2015) REDD: a collection of conflicts, contradictions and lies. World Rainforest Movement International Secretariat, Montevideo

Krasner SD (1983) Structural causes and regime consequences. Regimes as intervening variables. In: Krasner SD (Hrsg). International Regimes, Ithaca, NY

Kunreuther H (2006) Disaster mitigation and insurance: learning from Katrina. Ann Am Acad Polit Soc Sci 604:206–227, American Academy of Political and Social Science (AAPSS), Philadelphia

Linnerooth-Bayer J, Mechler R (2009) Insurance against losses from natural disasters in developing countries. United Nations, Department of Economic and Social Affairs (DESA), Working Paper No. 85, New York. ► http://www.un.org/esa/desa/papers

List M (2007) Regimetheorie. In: Benz A, Lütz S, Schimank U, Simonis G (Hrsg) Handbuch Governance: Theoretische Grundlagen und empirische Anwendungsfelder. VS Verlag & Springer Fachmedien, Wiesbaden

Mann M, Toles T (2016) Madhouse Effect: How Climate Change Denial Is Threatening Our Planet, Destroying Our Politics, and Driving Us Crazy. Columbia University Press, New York Press, S. 186

Mechler R, Linneroth-Bayer J, Peppiatt D (2006) Microinsurance for natural disaster risks in developing countries. Benefits, limitations and viability. ProVention/IIASA study. ► www.proventionconsortium.org

MR (2003) NatCatSERVICE. Global distribution of insurance premiums per capita. Munich Re, München

MR (2010) Topics Geo. Naturkatastrophen 2010, Analysen, Bewertungen, Positionen. Münchener Rückversicherung (MunichRe), München, S 44–46

Mussel G, Pätzold J (2001) Grundfragen der Wirtschaftspolitik, 4. Aufl. Vahlen, München

NETL (2010) Cost and performance baseline for fossil energy plants: volume 1: bituminous coal and natural gas to electricity. ► http://www.netl.doe.gov/energy-analyses/pubs/BitBase_FinRep_Rev2.pdf

Oberthür S, Gehring T (1997) Fazit: Internationale Umweltpolitik durch Verhandlungen und Verträge. In: Gehring T, Oberthür S (Hrsg) Internationale Umweltregime. VS Verlag, Wiesbaden

O'Brien KL (2009) Do values subjectively define the limits to climate change adaptation? In: Adger WN, Lorenzoni I, O'Brien KL (Hrsg) Adapting to climate change: thresholds, values, governance. Cambridge University Press, Cambridge

OECD (1999) Ist der Handel gut oder schlecht für die Umwelt? OECD, Handel und Umwelt, Fact sheets zum Freihandel, Brüssel

OECD (2005) Catastrophic risks and insurance – policy issues in Insurance No. 8. Organisation for Economic Co-operation and Development (OECD), Paris

OMS (2018) Oxford principles. Oxford Engineering Programme, Oxford

Ostrom E (2009) Was mehr wird, wenn wir teilen – vom gesellschaftlichen Wert der Gemeingüter. Oekom, München, S 27

Ostrom E, Gardner R, Walker J (1994) Rules, games and common pool resources. University of Michigan Press, Ann Arbor

Ott K (2010) Kartierung der Argumentation zum Geoengineering. In: Simonis UE, von Weizsäcker EU (Hrsg) Die Klima-Manipulateure -Rettet uns Politik oder Geoengineering? S. Hirzel, Leipzig. ► www.jahrbuch-oekologie.de

Pätzold J (2013) Umweltökonomik und Umweltpolitik. Vorlesungsmanuskript, Universität Leipzig, Leipzig

Pearce D, Barbier E (2000) Blueprint for a sustainable economy. Revised edition. Earthscan Publications, London

Pigou AC (1920) The economics of welfare. ► http://oll.libertyfund.org/Home3/HTML.php?recordID=0316

Popper K (1974) Objektive Erkenntnis, 2. Aufl., Kap. 2. Campo Paperback, Hamburg

Puchala D, Hopkins R (1982) International Regimes – lessons from inductive analysis. Int Org 36(2):61–91. ► https://doi.org/10.1017/S0020818300018944

Ramsar (2002) Guidelines for Global Action on Peatlands (GAP). Resolution VIII.17. The Ramsar Convention, Gland

Ramsar (2006) The Ramsar Convention manual: a guide to the Convention on Wetlands (Ramsar, Iran, 1971), 4. Aufl. Ramsar Convention Secretariat, Gland

RSC (2009) Geoengineering the climate – science, governance and uncertainty. The Royal Society, London

Scheer D, Renn O (2010) Klar ist nur die Unklarheit – Die sozio-ökologischen Dimensionen des Geo-Engineering. Z Polit Ökol (120):27–29, Oekom-Verlag, München

SEF (2011) Anpassung an den Klimawandel – Institutionelle und finanzielle Herausforderungen. Stiftung Entwicklung Frieden (SEF), Policy Paper 35, Bonn

Sprinz DF (2003) Internationale Regime und Institutionen. ► www.uni-potsdam.de/u/sprinz/doc/sprinz_dvpwband_2003.pdf

Stern NH (2007) The economic report 91. Dahlem workshop of climate change – the Stern review. Cambridge University Press, Cambridge

Streinz R (1998) Auswirkungen des Rechts auf Sustainable Development – Stütze oder Hemmschuh. Die Verwaltung 31:449 ff.

TAB (2008) Deutscher Bundestag (2008) CO_2-Abscheidung und -Lagerung bei Kraftwerken. Sachstandsbericht zum Monitoring „Nachhaltige Energieversorgung", Bericht des Ausschusses für Bildung, Forschung und Technikfolgeabschätzungen (TAB), 18. Ausschuss, Büro für Technikfolgenabschätzungen beim Deutschen Bundestag (TAB), Berlin

TAB (2014) Climate Engineering – Zusammenfassung – Arbeitsbericht Nr. 159. Büro für Technikfolgenabschätzungen beim Deutschen Bundestag (TAB), Berlin

Trusen C (2019) Strategische Überlegungen für ein umweltverträgliches Wachstum. Hauptabteilung Europäische und Internationale Zusammenarbeit, Konrad-Adenauer-Stiftung e. V. St. Augustin

UBA (2007) Wissenschaftliche Untersuchung und Bewertung des Indikators „Ökologischer Fußabdruck". Forschungsbericht 363 01 135 (UBA-FB 001089), Umweltbundesamt (UBA), Dessau-Roßlau. ► http://www.umweltbundesamt.de

UBA (2008a) Beschäftigungswirkungen des Umweltschutzes für das Jahr 2006. Umweltbundesamt (UBA), Hintergrundpapier, Dessau-Roßlau. ► http://www.umweltbundesamt.de

UBA (2008b) Kosten-Nutzen-Analyse von Hochwasserschutzmaßnahmen. Umweltforschungsplan des Bundesministeriums für Umwelt, Naturschutz und Reaktorsicherheit, Forschungsbericht 204 21 212, UBA-FB 001169. Umweltbundesamt (UBA), Dessau-Roßlau

UBA (2011) Geo-Engineering – Wirksamer Klimaschutz oder Größenwahn? Methoden – Rechtliche Rahmenbedingungen – Umweltpolitische Forderungen. Umweltbundesamt (UBA), Dessau-Roßlau

UBA (2013) Übergang in eine Green Economy: Notwendige strukturelle Veränderungen und Erfolgsbedingungen für deren tragfähige Umsetzung in Deutschland. Leistungsbeschreibung zu UFO-PLAN-Vorhaben 3713 14 103, Dessau-Roßlau

UBA (2016) Rechtlicher Handlungsbedarf für die Anpassung an die Folgen des Klimawandels -Analyse, Weiter- und Neuentwicklung rechtlicher Instrumente. Umweltforschungsplan des Bundesministeriums für Umwelt, Naturschutz, Bau und Reaktorsicherheit (BMU), Climate Change 07/2016, Kapitel 3, S 36 ff. Umweltbundesamt (UBA), Dessau-Roßlau

UBA (2017) 1987–2017: 30 Jahre Montrealer Protokoll – Vom Ausstieg aus den FCKW zum Ausstieg aus teilfluorierten Kohlenwasserstoffen. Umweltbundesamt (UBA), Dessau-Roßlau, S 36

UBA (2018) Internationale Marktmechanismen. ► https://www.umweltbundesamt.de/daten/klima/internationale-marktmechanismen

UN (2002) Financing for development – Monterrey Consensus of the international conference on financing for development. United Nations Department of Economic and Social Affairs, Financing for Development Office. ► www.un.org/esa/ffd

UN (2007) The millennium development goals: 2007 progress chart. United Nations Department of Economic and Social Affairs (ECOSOC), Bureau of Statistics, New York

UN (2008) Doha declaration on financing for development – follow-up of the international conference on financing for development to review the implementation of the Monterrey Consensus. United Nations Department of Economic and Social Affairs, Financing for Development Office. ► www.un.org/esa/ffd

UN (2010) The future we want. United Nations – A/65/L.1. General Assembly sixty-fifth session agenda items 13, 115, New York

UN (2016) Ziele für nachhaltige Entwicklung – Bericht 2016. Deutscher Übersetzungsdienst, Vereinte Nationen, New York

UN (2017) Monterrey Consensus. ► http://www.un.org/esa/ffd/aconf198-11.pdf

UN-ECOSOC (2015) Addis Ababa Action Agenda – monitoring commitments and actions. Inaugural Report 2016. Inter-agency Task Force on Financing for Development United Nations, New York

UNEP (2009) Global green new deal. A policy brief. United Nations Environmental Programme (UNEP), Geneva

UNEP (2011) Towards a green economy: pathways to sustainable development and poverty eradication. ► www.unep.org/greeneconomy

UNEP (2017) Weiterentwicklung des Montrealer Protokolls. Ozonsekretariat, Vereinte Nationen. ► http://ozone.unep.org

UNFCCC (1995) Berlin Mandate. Earth Negotiations Bulletin, Bd 12, No. 21, Reporting Services. International Institute for Sustainable Development (IISD), UN, Geneva

UNFCCC (1977) Das Protokoll von Kyoto zum Rahmenübereinkommen der Vereinten Nationen über Klimaänderungen. Sekretariat der Klimarahmenkonvention, Haus Carstanjen

UNHCR (2006) 2006 Global trends: refugees, asylum-seekers, returnees, internally displaced and stateless persons. UNCHCR United Nations High Commissioner on Refugess (UNHCR), Division of Operational Services, Field Information and Coordination Support Section, Geneva, S 27–28

UNIDNDR (1994) Yokohama Strategy and Plan of Action for a Safer World: guidelines for natural disaster prevention, preparedness and mitigation. United Nations, New York. ► https://www.unisdr.org/we/inform/publications/8241

UNISDR (2004) Living with risk: a global review of disaster reduction initiatives. United Nations Office for Disaster Risk Reduction (UNISDR), Geneva, S 429

Literatur

UNISDR (2005a) World conference on disaster reduction 18–22 January 2005, Kobe, Hyogo, Japan. In: Proceedings of the conference building the resilience of nations and communities to disasters, United Nations Office for Disaster Reduction (UNISDR), Geneva

UNISDR (2005b) Hyogo framework of action 2005–2015. United Nations Office for Disaster Reduction (UNISDR), Geneva

UNISDR (2015) Sendai framework for disaster risk reduction 2015–2030. United Nations Office for Disaster Risk Reduction (UNISDR-Prevention Web), Geneva. ▶ www.preventionweb.net/go/sfdrr; ▶ www.unisdr.org

Unmüßig B, Fatheuer T, Fuhr L (2015) Kritik der Grünen Ökonomie. Oekom, München

UNREDD (2008) United Nations Collaborative Programme on reducing emissions from deforestation and forest degradation in developing countries. UN-REDD Programme, Geneva

US-NAS (1992) Policy implications of greenhouse warming: mitigation, adaptation and the science base. Panel of Implication of Greenhouse Warming, U.S. National Academy of Science, National Academy Press, Washington D.C.

Wackernagel M, Rees W (1996) Our ecological footprint: reducing human impact on the Earth. New Society Publishers, Gabriola Island

Wackernagel M, Monfreda C, Moran D, Wermer P, Goldfinger S, Deumling D, Murrayal M (2005) National Footprint and Biocapacity Accounts 2005: The underlying calculation method. Global Footprint Network-Advancing the Science of Sustainability, Oakland CA

WB (2003) Financing rapid onset natural disaster losses in India: a risk management approach. The World Bank, Report No. 26844, Washington, D.C.

WB (2004) Understanding the economic and financial impacts of natural disasters. Disaster Risk Management Series. The International Bank for Reconstruction and Development (IBRD)-The World Bank, Washington, D.C.

WB (2010) World development report 2010 – development and climate change. The World Bank, Washington D.C.

WB (2017) World Bank annual report 2017. ▶ pubdocs.worldbank.org/en/…/Annual-Report-2017-WBG.pdf

WBGU (1998) Welt im Wandel: Strategien zur Bewältigung globaler Umweltrisiken. Wissenschaftlicher Beirat der Bundesregierung Globale Umweltveränderungen (WBGU), Jahresgutachten 1998, Berlin

WBGU (2007) Welt im Wandel: Sicherheitsrisiko Klimawandel. Wissenschaftlicher Beirat der Bundesregierung Globale Umweltveränderungen (WBGU), Hauptgutachten 2007, Kapitel 10.1. Springer-Verlag, Berlin

WBGU (2008) Welt im Wandel: Sicherheitsrisiko Klimawandel. Wissenschaftlicher Beirats der Bundesregierung Globale Umweltveränderungen (WBGU), Springer, Berlin, S 124 ff.

WBGU (2009) Kassensturz für den Weltklimavertrag – Der Budgetansatz, Sondergutachten. Wissenschaftlicher Beirat der Bundesregierung Globale Umweltveränderungen (WBGU), Berlin

WBGU (2011) Welt im Wandel Gesellschaftsvertrag für eine Grosse Transformation. Wissenschaftlicher Beirat der Bundesregierung Globale Umweltveränderungen (WBGU), Berlin

Werner S (2001) Das Vorsorgeprinzip – Grundlagen, Maßstäbe und Begrenzungen. Umwelt- und Planungsrecht, Z Wiss und Prax 21(9):335–340, Hüthig-Jehle-Rehm, Heidelberg

Wiertz T (2010) Von Regenmachern und Klimaklemptnern. Geschichte des Geoengineering – Geo-Engineering – Notwendiger Plan B gegen den Klimawandel? Polit Ökol 28, Oekom

Wirtschaftslexikon24 (2017) Umweltabgaben. ▶ Wirtschaftslexikon24.com; ▶ www.wirtschaftslexikon24.com/d/umweltabgaben/umweltabgaben.htm. Zugegriffen: 22. Sept. 2017

WWF (2013) WWF guide to building REDD+ strategies: a toolkit for REDD+ practitioners around the globe. Worldwide Fund for Nature (WWF), Global Forest & Climate Initiative, (WWF-FCI), Gland

Zangl B (2003) Regimetheorie. In: Schieder S, Spindler M (Hrsg) Theorien der internationalen Beziehungen. Uni Taschenbücher Springer Verlag für Sozialwissenschaften (VS), Leske+Budrich, Opladen, S 117–140

Konferenzen

In diesem Kapitel wird eine Reihe an wichtigen Umwelt- und Klimakonferenzen, Übereinkommen und Konventionen vorgestellt. Die Fülle der Konferenzen machte es nötig, eine Auswahl zu treffen, die naturgemäß „subjektiv" ausfällt. Die Konferenzen werden auf der Basis der von den Vereinten Nationen offiziell herausgegeben Dokumente referiert, ohne kommentiert oder bewertet zu werden. ◘ Tab. 4.1 gibt eine zeitliche Einordnung der im diesem Kapitel vorgestellten Konferenzen. Da die jeweiligen Konferenzorganisatoren wohl seitens der Konventionen kein einheitliches Berichtsschema vorgeben bekommen hatten, fällt die Konferenzdokumentation zwangsläufig unterschiedlich aus. Das vorliegende Buch soll die Inkonsistenzen der Dokumentation überwinden, mit einer harmonischen Herangehensweise an die Problematik und einer übereinstimmenden Schwerpunktsetzung. Die Darstellung wird damit vergleichbarer, als dies bei einer Kooperation verschiedener Autoren möglich wäre. Viel Wert wurde darauf gelegt, bei den verschiedenen Konventionen die offiziellen Konferenzbezeichnungen so exakt, wie möglich wiederzugeben. So bezeichnen z. B. fast alle Konventionen ihre Konferenzen als „COP", sie „unterschlagen" aber oftmals den Bezug zu ihrer Konvention, was bei einem (ungeübten) Leser zu Irritationen führen kann. Die deutschen Bezeichnungen, Begriffe und Abkürzungen werden immer in ihrem offiziellen Wortlaut und ihrer jeweiligen englischen Übersetzungen wiedergegeben. Im Prinzip beruhen alle Beschreibungen auf offiziellen Quellen der Vereinten Nationen (New York oder der deutschen Vertretung der Vereinten Nation in Bonn) sowie den Internetauftritten der jeweiligen Konventionen.

- **1972**
- - **Konferenz der Vereinten Nationen über die Umwelt des Menschen, Stockholm**

Die „Konferenz der Vereinten Nationen über die Umwelt des Menschen" oder auch „Weltumweltkonferenz" oder „Umweltschutzkonferenz" („United Nations Conference on the Human Environment"; UNCHE), fand vom 5. bis 16. Juni 1972 in Stockholm statt und war die erste UN-Weltkonferenz zum Thema Umwelt überhaupt. Sie gilt als der eigentliche Beginn der internationalen Umweltpolitik. Mehr als 1200 Vertreter aus 112 Industrie- und Entwicklungsstaaten – ohne die Staaten des damaligen Ostblocks – hatten daran teilgenommen.

Die Konferenz verabschiedete die „Deklaration von Stockholm" (Declaration of the United Nations Conference on the Human Environment), die von allen Staaten gemeinsam erarbeitet wurde. In der Deklaration bekannte sich die Weltgemeinschaft erstmals international verbindlich zu einer grenzüberschreitenden Zusammenarbeit im Umweltschutz. Sie anerkannte ferner ausdrücklich das Recht eines jeden Staates auf Ausbeutung der eigenen Ressourcen; stellte dem aber die Verpflichtung gegenüber, dafür Sorge zu tragen, dass aus dieser Ressourcennutzung anderen Staaten kein „Schaden" zugefügt wird.

Die Deklaration enthält 26 Prinzipien für Umwelt und Entwicklung und 109 Handlungsempfehlungen zur ihrer Umsetzung.

Der Beginn der Konferenz, der 5. Juni, wird heute noch weltweit als der „Internationale Tag der Umwelt" begangen. Auf Vorschlag der Stockholmer Konferenz wurde am 15. Dezember des gleichen Jahres durch die UN-Generalversammlung das Umweltprogramm der Vereinten Nationen (United Nations Environment Programme; UNEP) mit Sitz in Nairobi/Kenia, gegründet.

Durch die Konferenz wurde des Weiteren ein weltweites Erdbeobachtungssystem („Earthwatch") ins Leben gerufen, das die globale Umwelt permanent beobachten und bewerten sollte. Das System ist seitdem wesentlicher Bestandteil des UN-Systems zum Umweltmonitoring im Rahmen von UNEP. Es dient der Sammlung und dem Austausch von Informationen und Erkenntnissen über den Zustand der globalen Umwelt, um als Frühwarnsystem für bestehende oder sich entwickelnde Umweltprobleme zu agieren. In „Earthwatch" werden die einlaufenden Umweltinformationen koordiniert und harmonisiert und wissenschaftliche Erkenntnisse zur Ausarbeitung nationaler und internationaler Umweltschutzstrategien zur Verfügung gestellt.

- **Deklaration von Stockholm**

In der Deklaration von Stockholm haben die Vertragsstaaten ihren Willen zum Ausdruck gebracht, dass der Schutz der Umwelt nur auf der Basis eines gemeinsamen Problemverständnisses und verbindlicher Prinzipien möglich wird. Durch 26 Grundsätze *(principles)* weist die Deklaration Wege auf, wie die Staatengemeinschaft den globalen Umweltschutz nachhaltig sicherstellen kann. Sie erklärt zusammengefasst, dass der Mensch und die Natur eine Einheit sind und wechselseitig aufeinander angewiesen sind und betont, dass der Schutz der natürlichen Umwelt eine zentrale Aufgabe für das Wohlergehen der Menschen und seine ökonomische und soziale Entwicklung ist.

Alle Staaten der Welt werden aufgefordert, dieses Anliegen an prominenter Stelle in ihren Politiken zu verankern. Die immer rascher forstschreitende technologische Entwicklung und Fortschritte in der Wissenschaft haben zum einen dazu geführt, dass das Leben auf der Welt immer besser wird, aber zum anderen, dass die Lebensqualität sich vielerorts verschlechtert hat. Der Fortschritt wurde oftmals durch eine Übernutzung der Ressourcen erkauft und mittlerweile sind schon irreversible Umweltschäden eingetreten. Insbesondere in den Entwicklungsländern erweisen sich die Umweltprobleme in erster Linie als eine Folge von Unterentwicklung, die Ausdruck findet in einem unzureichenden Zugang zu den lebensnotwendigen Ressourcen (Wasser, Nahrung, Gesundheit, Wohnung) und einer eingeschränkten Teilhabe an politischen Entscheidungen. Die Lösung dieses Zielkonfliktes wird in einer nachholenden Entwicklung gesehen, die aber die Entwicklungsländer nicht aus eigener Kraft schaffen können. Die Industriestaaten sind aufgefordert ihren Betrag zu

4 Konferenzen

Tab. 4.1 Übersicht über wichtige Umwelt- und Klimakonferenzen, Übereinkommen und Konventionen

Jahr	Sonstige Konferenzen	Klimarahmenkonvention	Übereinkommen über biologische Vielfalt (Cartagena, Nagoya)	Wüstenkonferenz	Konferenz über die nachhaltige Entwicklung	Konferenz „Human Settlements", Habitat	Weltklimakonferenz	Montrealer Protokoll
1972	Weltumwelt-konferenz Stockholm							
1976						Habitat I Vancouver		
1978	8. Weltforstkonferenz Jakarta							
1979	Weltklimakonferenz Genf							
1980	Konferenz „Naturschutzstrategie"							
1981								
1982								
1983	Gründung Internat. Kon. Umwelt & Entwicklung							
1984								
1985	1. Klimakonferenz Villach							
	Übereinkommen zum Schutz der Ozonschicht							
1986								
1987	Brundtland-Report „Our Common Future"							Montrealer Protokoll
1988	Gründung des IPCC						1. Weltklimakonferenz „Atmosphäre"	
1989								
1990							2. Weltklimakonferenz Genf	Folgetreffen London

(Fortsetzung)

Tab. 4.1 (Fortsetzung)

Jahr	Sonstige Konferenzen	Klimarahmenkonvention	Übereinkommen über biologische Vielfalt (Cartagena, Nagoya)	Wüstenkonferenz	Konferenz über die nachhaltige Entwicklung	Konferenz "Human Settlements", Habitat	Weltklimakonferenz	Montrealer Protokoll
1991								Folgetreffen Kopenhagen
1992	UNCED Rio de Janeiro							
1993					CSD-COP 1 New York			
1994		FCCC-COP 1 Berlin	CBD-COP 1 Nassau/Bahamas		CSD-COP 2 New York			
1995		FCCC-COP 2 Genf	CBD-COP 2 Jakarta		CSD-COP 3 New York			Folgetreffen Wien
1996			CBD-COP 3 Buenos Aires		CSD-COP 4 New York	Habitat II Istanbul		
1997	UN-Sondergeneralversammlung Rio + 5 New York	FCCC-COP 3 Kyoto-Protokoll		CCD-COP 1 Rom Konv. tritt in Kraft	CSD-COP 5 New York			Folgetreffen Montreal
1998		FCCC-COP 4 BuenosAires	CBD-COP 4 Bratislava	CCD-COP 2 Dakar	CSD-COP 6 New York			
1999		FCCC-COP 5 Bonn		CCD-COP 3 Recife	CSD-COP 7 New York			Folgetreffen Peking
2000		FCCC-COP 6 Den Haag	CBD-COP 5 Nairobi	CCD-COP 4 Bonn	CSD-COP 8 New York			
2001		FCCC-COP 6/2 Bonn FCCC – COP 7 Marrakesch		CCD-COP 5 Genf	CSD-COP 9 New York			
2002	UN-Sondervollversammlung Rio + 10 Johannesburg	FCCC-COP 8 New Delhi	CBD-COP 6 Den Haag		CSD-COP 10 New York			
2003		FCCC-COP 9 Mailand	Cartagena-Protokoll tritt in Kraft	CCD-COP 6 Havanna	CSD-COP 11 New York			
2004	Kyoto-Protokoll tritt in Kraft	FCCC-COP 10 Buenos Aires	CBD-COP 7 Kuala Lumpur		CSD-COP 12 New York			

(Fortsetzung)

4 Konferenzen

Tab. 4.1 (Fortsetzung)

Jahr	Sonstige Konferenzen	Klimarahmenkonvention	Übereinkommen über biologische Vielfalt (Cartagena, Nagoya)	Wüstenkonferenz	Konferenz über die nachhaltige Entwicklung	Konferenz "Human Settlements", Habitat	Weltklimakonferenz	Montrealer Protokoll
2005		FCCC-COP 11 CMP 1 Montreal	MOP 2 Cartagena-Protokoll	CCD-COP 7 Nairobi"	CSD-COP 13 New York			
2006		FCCC-COP 12 CMP 2 Nairobi	CBD-COP 8 MOP 3 Curitiba		CSD-COP 14 New York			
2007		FCCC-COP 13 CMP 3 Bali		ICCD-COP 8 Madrid	CSD-COP 15 New York			
2008		FCCC-COP 14 CMP 4 Posen	CBD-COP 9 MOP 4 Bonn		CSD-COP 16 New York			
2009		FCCC-COP 15 CMP 5 Kopenhagen		ICCD-COP 9 Beunos Aires	CSD-COP 17 New York		3. Weltklima-konferenz Genf	
2010		FCCC-COP 16 CMP 6 Cancún	CBD-COP 10 MOP 5 Nagoya		CSD-COP 18 New York			
2011		FCCC-COP 17 CMP 7 Durban		ICCD-COP 10 Changwon	CSD-COP 19 New York			
2012	UN-Sonderver-sammlung Rio + 20 Rio de Janeiro	FCCC-COP 18 CMP 8 Doha	CBD-COP 11 MOP 6 Hyderbad		CSD-COP 20 New York			
2013		FCCC-COP 19 CMP 9 Warschau						
2014		FCCC-COP 20 CMP 10 Lima	CBD-COP 12 MOP 7 Nagoya 1 Pyeongchang					
2015		FCCC-COP 21 CMP 11 Paris						

leisten, damit sich die Schere zwischen „Unterentwicklung" und „Überentwicklung" nicht noch weiter öffnet.

Die Deklaration betont zudem, dass Bevölkerungsentwicklung mittlerweile ein Ausmaß angenommen habe, das zu irreparablen Schäden in der Natur geführt hat und in Zukunft noch weiter führen wird. Nur durch eine vorsorgende Umweltpolitik wird es möglich, die Menschen mit den notwendigen Ressourcen zu versorgen, ohne aber dabei die Ressourcenbasis für die zukünftigen Generationen zu zerstören. Das Ziel eines grenzüberschreitenden Umweltschutzes sei nur zu erreichen, wenn alle Staaten daran – im Rahmen ihrer Möglichkeiten – mitwirken. Dazu werden alle beteiligten und betroffenen Gruppen aufgefordert, die nationalen Politiken in Richtung eines vorsorgenden Umweltschutzes zu beeinflussen. Nur durch gemeinsames Verständnis über Ursachen und Lösungen und durch gemeinsam getragene Aktionen wird es möglich, die menschliche Entwicklung zu fördern, ohne die Umwelt nachhaltig zu schädigen. Daher wurde die internationale Staatengemeinschaft aufgefordert, ihre Verantwortung zu erkennen und diese auch wahrzunehmen. Hauptträger der angestrebten Entwicklung werden die lokalen und nationalen Regierungen sein. Ihnen wird dies aber nur gelingen, wenn internationale Kooperationen ihnen finanzielle und technische Unterstützung gewährt.

- 1976
- **1. Konferenz des Programms der Vereinten Nationalen für menschliche Siedlungen (UN-Habitat 1), Vancouver**

In der Zeit vom 31. Mai bis 11. Juni fand in Vancouver die erste Konferenz des „Programms der Vereinten Nationen für menschliche Siedlungen" (United Nations Human Settlements Programme; UN-HABITAT I) statt.

Die erste Konferenz über „menschliche Siedlungen" war eine Folge der Empfehlungen der UN-Konferenz „Umwelt und Entwicklung" in Stockholm (1972) und war auf Beschluss der UN-Vollversammlung einberufen (A/RES/31/109). Die Konferenz sollte sich über die als nicht hinnehmbar empfundene Situation der Menschen in vielen Städten und Gemeinden auf der Welt, insbesondere in den Entwicklungsländern, austauschen.

Die Konferenz war ausgerichtet worden vor dem Hintergrund, dass der Zustand menschlicher Siedlungen wesentlich die Lebensqualität der Menschen mitbestimmt und die Städte ein gesundes und selbstbestimmtes Leben ermöglichen können. Damit wurde deutlich, dass menschliche Siedlungen nicht als singuläres „Phänomen" betrachtet werden dürfen, sondern immer im Kontext mit sozioökonomischen und kulturellen Rahmenbedingungen gesehen werden müssen. Die zum Teil extremen sozialen Disparitäten, die sich (auch schon damals) nicht nur in vielen Entwicklungsländern auftaten, hätten viele urbane Gesellschaften in die Armut gedrückt. Die damals bereits eingetretenen sozialen und ökonomischen Verschlechterungen hätten zur Ausgrenzung ganzer Gesellschaftsgruppen geführt, zur Zerstörung der traditionellen sozialen Netzwerke beigetragen sowie zum Abbau der kulturellen Werte. Alle diese Phänomene hätten die Gesellschaften auseinanderdriften lassen, mit der Folge, dass in den „unteren Schichten" vieler Bevölkerungen die Arbeitslosigkeit zugenommen habe, die Alphabetisierungsquote trotz erheblicher internationaler Anstrengungen nicht geringer wurde, die Einkommen ausblieben und so viele Menschen der Kriminalität ausgeliefert wären. Des Weiteren würden infolge der Disparitäten auch die ökologischen Situationen in den Städten und Gemeinden durch extrem steigende Nutzungsansprüche an Land, Wasser und Luft immer schlechter.

Auf der Konferenz waren sich alle Teilnehmer einig, dass die Zeit reif sei für konkrete Aktionen auf den nationalen wie auf internationalen Ebenen, um Lösungsmodelle zu erarbeiten, die beitragen, diese beklagenswerten Zustände zu ändern. Man war sich ferner einig, dass solche Aktionen nur im Rahmen der internationalen Staatengemeinschaft möglich sein würden und, dass es zu den „Pflichten" entwickelten Staaten gehöre, ihre Beiträge zu leisten, um die soziöökokomischen und ökologischen Lebensbedingungen entscheidend zu verbessern. Dazu wären, so die Konferenz, erhebliche Anstrengungen nötig, die zu einem neuen Verständnis vom Zusammenleben der Menschen führen und den Einzelnen als Individuum anerkennen müssten. Auf der anderen Seite müssten alle entwickelten Staaten deutlich werden, dass solche Ziele nicht ohne ökonomische Anstrengungen erreicht werden könnten und dies eine Überarbeitung der politischen Rahmenbedingungen erfordere; alles zusammen erfordere dies, was man damals als eine „Neue Ökonomie" („New International Economic Order") bezeichnet hatte.

Nach intensiven Beratungen verabschiedete die Konferenz die „Deklaration von Vancouver" (*Vancouver Declaration*). In der Deklaration erklärte in der Präambel:
— angemessenen Wohnraum und städtische Versorgungsleistungen zu einem fundamentalen Menschenrecht,
— die nicht akzeptablen Lebensbedingungen der Menschen (in vielen Städten der Erde) würden von unterschiedlichem ökonomischen Wachstum und einem unkontrolliertem Bevölkerungszuzug noch verstärkt, so lange es nicht gelänge, diesen negativen Auswirkungen durch nationale und internationale Aktionen Einhalt zu gebieten,
— die Menschheit dürfe sich nicht durch das Ausmaß der Bedrohungen einschüchtern lassen, stattdessen sollte sie diese als Anlass nehmen, sich ihrer Verantwortung zu stellen und daraus ein gemeinsames Verständnis für die zukünftigen Aufgaben entwickeln; das heißt, es müsste mehr Solidarität gezeigt werden, die entwicklungspolitischen Rahmenbedingungen geändert und Finanzmittel bereitgestellt werden,
— die nationalen Regierungen müssten dafür Sorge tragen, dass die lokalen Gebietskörperschaften uneingeschränkt an den nationalen Stadtentwicklungsprogrammen teilhaben können.

Die Deklaration forderte eine neue Form der Politik des Wohnens und einer Regional- und Stadtplanung, die den lokalen Bedingungen angepasst sein müsste. Die Städte und Gemeinden müssten lebenswerter werden. Die Politik müsste sowohl Entwicklungspotenziale aufzeigen, als auch das kulturelle Erbe gleichermaßen widerspiegeln. In den Strategien müssten den Frauen und Kindern deutlich Raum eingeräumt werden. Die Gesundheitsversorgung müsste gewährleistet werden und ausreichend Bildung und Arbeit angeboten. Eine Teilhabe des Einzelnen sowie einzelner zivilgesellschaftlicher Gruppe müsste umfassend gewährleistet werden, um so zu einer in der Gesellschaft verankerten Stadtentwicklung zu kommen. Die Wissenschaft wurde aufgefordert, durch angewandte Forschungen umsetzbare Lösungsmodelle zu entwickeln. Die Erkenntnisse müssten öffentlich und ungehindert verbreitet werden. Durch internationale Kooperationen könnten „*best practice*"-Beispiele für die Anwendung in den Städten aufbereitet werden.

Aus der Deklaration leitete die Konferenz einen Aktionsplan ab (Vancouver Action Plan), der als wichtigste Aktion forderte, dass die Menschheit:

» mutige, sinnvolle und effektive Maßnahmen ergreifen müsste, um die Städte zu einem „Instrument" für menschliche Entwicklung werden zu lassen, in denen Stadtentwicklung untrennbar von den Entwicklungen in den Sektoren „Soziales" und „Ökonomie" verstanden würde.

In dem Aktionsplan wurde die Staatengemeinschaft in 64 Artikeln aufgerufen (von den 64 Artikeln sind hier nicht alle wiedergegeben) zur:
- Siedlungspolitik:
  - Alle Regierungen werden aufgefordert, unverzüglich nationale Siedlungsstrategien zu entwickeln, die der Bevölkerungsentwicklung sowie den sozioökonomischen Bedingungen Rechnung tragen.
  - Nationale Siedlungspolitik und der Schutz der Umwelt müssen zu einem integralen Bestandteil der nationalen Wirtschafts- und Sozialpolitik werden.
  - Die nationale Siedlungspolitik muss sich auf die die zentralen Elemente der Stadtentwicklung fokussieren und klare Vorgaben für eine Umsetzung vor Ort geben.
  - Siedlungen müssen allen Bewohnern einen ungehinderten und fairen Zugang zu den natürlichen Ressourcen und den städtischen Dienstleistungen sicherstellen.
  - Die nationalen Siedlungsstrategien müssen nachvollziehbar, umfassend und flexibel sein.
  - Die Verbesserung der Lebensqualität müsse höchste Priorität haben und die dafür einzusetzenden technischen, personellen und finanziellen Ressourcen müssen regional, sozial und ethnisch ausgewogen eingesetzt werden.

- Stadtentwicklungsplanung:
  - Stadtentwicklungspläne müssen in Maßstäben vorliegen, die den Fragestellungen entsprechen. Sie müssen partizipativ erstellt, nachvollziehbar dargestellt und regelmäßig auf den neusten Stand gebracht werden. Sie stellen die Grundlage für die Bewertung der Zielerreichung dar und dienen als *feed back* für die Bevölkerung.
  - Planungen müssen die lokalen und die nationalen Gegebenheiten sowie die Belange der indigenen Bevölkerung umfassend berücksichtigen,
  - müssen auf realistischer Basis erfolgen und die für die Umsetzung erforderlichen Ressourcen auch tatsächlich verfügbar sein,
  - müssen mit den anderen sozialen und ökonomische Programmen, wie zum Beispiel zur Bevölkerungsentwicklung, der Wirtschaft, dem Transportsektor oder der Infrastruktur, abgestimmt sein. Hierbei sind ferner die Wanderarbeiter aus den umliegenden Regionen als Faktoren der Stadtentwicklung zu berücksichtigen.
  - Die Planungen für die ländlichen wie die städtischen Räume müssen abgestimmt sein auf die spezifischen Problem dieser Regionen. Dabei sind für die Städte vor allem die Fragen einer ausgewogenen Stadtexpansion vorrangig zu berücksichtigen, sowie die Fähigkeit der Städte, ihre urbanen Funktionen wahrnehmen zu können. Neue Siedlungen bedürfen einer umfassenden Integration in die umgebenden Regionen, damit es nicht zu einer Konkurrenz um die Ressourcen kommt.
  - Neue und alte Siedlungen sind auf ihre spezifische Risikoexposition zu technischen und Naturkatastrophen zu untersuchen.
- Obdach, Infrastruktur, städtische Dienstleistungen:
  - Nationale Städtebauprogramme sollten generell darauf ausgerichtet sein, dass die Menschen schneller und einfacher nachhaltige Lebensbedingungen aufbauen können. Ein Mittel dazu ist die Aufstellung von Richtlinien für die Errichtung von Gebäuden, der Infrastruktur und den kommunalen Dienstleistungen. Diese müssen im Einklang mit den lokalen physischen und kulturellen Gegebenheiten stehen und die Planungsziele sollten immer auch die zukünftigen Entwicklungen mit einbeziehen.
  - Eine besondere Berücksichtigung sollte der lokalen Bauindustrie (Rohstoffversorgung/Hausbau) gelten.
  - Die energetische Situation der Gebäude sollte ebenso Berücksichtigung finden wie die Lokalität der Gebäude (Entfernung zum Arbeitsplatz).
  - Wasserver- und -entsorgung sowie eine bezahlbare Energieversorgung müssen zentrale Elemente im Siedlungsbau werden.
  - Die Infrastrukturpolitik (Transport, Kommunikation) muss allen Anwohnern den gleichen Zugang zu den Ressourcen und Dienstleistungen eröffnen.

- Es müssen Kriterien aufgestellt werden, mit denen es möglich wird, die verstreuten kleinen Gemeinden in den ländlichen Gebieten unter einer einheitlichen Regionalplanung zusammenzuführen und die Bereitstellung von Ressourcen auch in den „entlegenen" Gebieten zu sichern.
- Ländliche Entwicklung:
  - Grund und Boden sind knappe Ressourcen, deren Management im Sinne der Nation durch die Bevölkerung (mit) bewertet werden muss, insbesondere wenn Agrarland für den Siedlungsbau bereitgestellt werden soll. Die dabei entstehenden Wertsteigerungen müssen den lokalen Gemeinden zugutekommen.
  - Konzepte zur Stärkung der Verantwortung des Einzelnen (*„public ownership"*) – basierend auf den traditionellen Werten und Erfahrungen – sollten überall wo möglich zur Anwendung kommen, zum Beispiel um ein (unrechtmäßiges) Anwachsen der Städte zu verhindern. Auch bei der Umsetzung von Landreformprogrammen sind traditionelle Wertevorstellungen der indigenen Bevölkerungen unverzichtbar.
  - Fachinformationen über die Tragfähigkeit der Böden müssen landesweit erfasst und bewertet sein, damit die Kenntnisse über die Qualität der Böden allen Beteiligten als Entscheidungsgrundlage vorliegen. Ein vorsorgender Umwelt- und Ressourcenschutz muss grundsätzlich Gegenstand jeder ländlichen Entwicklung sein.
- Partizipation:
  - Die Teilhabe aller zivilgesellschaftlichen Gruppen an den Planungsentscheidungen stellt ein unverzichtbares Element bei der ländlichen und städtischen Entwicklung dar. Insbesondere bei der Ausarbeitung der Planungsstrategien und deren Umsetzung muss die Bevölkerung auf allen Entscheidungsebenen umfassend beteiligt werden.
  - Die Entscheidungsfindungen müssen transparent verlaufen, einen ungehinderten Meinungsaustausch ermöglichen und im gegenseitigen Respekt und Achtung verlaufen.
- Institutioneller Rahmen/Management:
  - Die Entwicklungen in den Städten und Gemeinden dürfen nur auf der Basis von durch Gesetze verankerten Rahmensetzungen erfolgen. Diese Rahmensetzungen müssen für jedermann klar, nachvollziehbar und verständlich formuliert sein.
  - Auf allen Entscheidungsebenen (national, provinzial, lokal) müssen fachlich geeignete Institutionen mandatiert werden, die als Träger der Entwicklungsentscheidungen verantwortlich sind. Diesen Institutionen obliegt die Steuerung, Abstimmung und Harmonisierung der Umsetzung der Pläne, in enger Abstimmung mit den anderen nationalen Entwicklungsprioritäten (Sozial- und Wirtschaftspolitik).
  - Die Institutionen müssen sich dem Gebot der Partizipation unterwerfen und partizipatorische Entscheidungsprozesse mit Nachdruck fördern und eine Einbeziehung der Betroffenen jederzeit gewährleisten.
  - Die für diese Aufgaben erforderlichen fachlichen, rechtlichen und finanziellen Voraussetzungen müssen von den Regierungen bereitgestellt werden.
  - Eine flächendeckende Verbreitung der Erfahrungen sollte von den Institutionen als integraler Teil ihres Mandates gesehen werden.

1978
8. Forstkonferenz, Jakarta

Drei große Konferenzen sind mit der UNDP-Initiative zum Schutz der Wälder verbunden. Das war zum einen die Umweltkonferenz in Stockholm (1972) und zum zweiten die „8. World Forestry Conference" in Jakarta. Und dann ein Jahr später die „World Conference on Agrarian Reform and Rural Development" (WCARRD), die von der FAO organisiert worden war. Mit diesen Konferenzen änderte sich die generelle Ausrichtung der internationalen Initiativen zum Schutz der Wälder. Wald wurde nicht mehr ausschließlich unter ökonomischen Gesichtspunkten gesehen, sondern auch in seiner Funktion zum Schutz von Biodiversität und Klima, bei gleichzeitiger Stärkung der ländlichen Entwicklung.

Auf der Jakarta-Konferenz wurde daher noch einmal der hohe Stellenwert des Schutzes der Wälder herausgestellt. Vor allem musste festgestellt werden, dass aus der bisherigen Nutzung der Wälder noch keine positiven Auswirkungen auf ländliche Gebiete in Bezug auf eine Verbesserung der Ernährungssituation und im Gesundheitswesen festzustellen waren. Die Konferenz verabschiedete die „Jakarta Declaration", die damals den entscheidenden Wendepunkt in der Geschichte der Forstwirtschaft darstellte und den Weg zu einer nachhaltigen sozialen, ökologischen und ökonomischen Entwicklung der Wälder aufzeigte. In der Deklaration wurde mit Nachdruck der sofortige und umfassende Schutz der tropischen Regenwälder als Grundlage für die ländliche Regionalentwicklung gefordert.

Die internationale Zusammenarbeit zum Schutz der Wälder hatte eigentlich schon in den 1950er-Jahren begonnen und bekam Mitte 1960 ein zusätzliches Momentum, als die Initiative in das United Nations Development Programme (UNDP) aufgenommen wurde. Mit dem UN-Programm wurden dann verstärkt technische Unterstützungen zur nachhaltigen Nutzung der tropischen Wälder geleistet. Diese führten aber in der Folge zum Aufbau großer Holzindustrien in den Entwicklungsländern mit einer betont wirtschaftlich orientierten Forstindustrie (Holz, Papier, Zellulose).

Folgerichtig richtete sich die Deklaration vor allem an die Planungs- und Entscheidungsverantwortlichen in den Entwicklungsländern und rief dazu auf, das lokale Waldmanagement an die Bedürfnisse der indigenen Gesellschaften anzupassen. Diese hätten in Jakarta sehr nachdrücklich ihre Vorstellungen zum Schutz der Wälder artikuliert. Diese Forderungen müssten sich auch in den politischen Schutzkonzepten widerspiegeln und die ruralen Gesellschaften in ihren Bemühungen um bessere Lebensbedingungen unterstützen. Die Konferenz stellte fest, dass schon in vielen Staaten entsprechende Schutzprogramme aufgestellt seien. Es wurde aber herausgestellt, dass vor allem in vielen Entwicklungsländern noch Umsetzungsdefizite bestehen, den Bedarf an Feuerholz (fuel wood), der durch den Anstieg der Bevölkerungen auch noch drastisch zunehmen werde, sinnvoll einzuschränken. Als Zielgruppe für diese Bemühungen identifizierte die Konferenz die Frauen. Zudem müssten Wiederaufforstungsprogramme, vornehmlich in den ariden Gebieten und in den Bergregionen, und Initiativen zu einem proaktiven Brandschutz zentrale Elemente zum Schutz der Wälder werden.

In der Überzeugung, dass nur durch ein drastisches Umsteuern auf dem Agrarsektor die Welternährungssituation signifikant zu verbessern sei, nahm die Konferenz eine Reihe an Beschlüssen vor. Die Industrieländer wurden aufgefordert, durch finanzielle und technische Unterstützungen das World Food Programme (WFP) der FAO zur Verbesserung der Ernährungssicherung in den Entwicklungsländern zu verstärken. Die FAO schätzte, dass die Lebensmittelhilfen von damals jährlich 17 auf 18,5 Mio. t bis zum Jahr 1985 gesteigert werden müssten. Dazu wäre eine Steigerung der Finanzzusagen in einer Größenordnung von 10 Mio. US$ jährlich nötig. Auch sollte eine Lebensmittelreserve vorgehalten werden, um gegen außergewöhnliche Dürreereignisse besser gerüstet zu sein. Dies umso mehr, als durch den Klimawandel sich die Welternährungssituation eher noch weiter verschlechtern wird. Dies würde zu einem Anstieg der Lebensmitteleinfuhren in die Entwicklungsländer führen, die aber in der Regel über keine ausreichenden Devisenreserven verfügen. Auch müsste die Verteilung von Lebensmitteln in den Ländern deutlich verbessert werden, um auch die Regionen ausreichend versorgen zu können, die schon immer marginalisiert seien. Die Konferenz begrüßte zudem die Bestrebungen der FAO, ihre Aktivitäten in den Ländern effektiver zu gestalten.

In Bezug auf die fachlich-technische Unterstützung zur Verbesserung der Ernährungssituation in den Entwicklungsländern verwies die Konferenz auf die Notwendigkeit, besser, umfassender und vor allem schneller über die Landnutzungsänderungen in den Ländern informiert zu sein. Sie plädierte daher für den Ausbau der bestehenden Waldgebietsmonitoringprogramme. Ferner regte sie eine stärkere Nutzung traditioneller tropischer Pflanzenarten und einen stärkeren Schutz der bedrohten indigenen biologischen Vielfalt an sowie die Förderung lokaler, artisanaler Holzindustrien. Sie forderte die entwickelten Länder auf, die dafür notwendigen „capacity building"-Maßnahmen zu schaffen. Die Konferenz rief die Entwicklungsländer ihrerseits auf, durch ein kontinuierliches Monitoring die Datengrundlagen für politische Entscheidungen verlässlicher zu machen.

■ **1979**
■■ **1. Weltklimakonferenz, Genf**

Die 1. Weltklimakonferenz (First World Climate Conference; WCC-1) wurde von der Weltorganisation für Meteorologie (World Meteorological Organisation; WMO) zusammen mit UNEP, FAO, UNESCO und WHO vom 12. bis 23.02.1979 in Genf abgehalten. Auslöser der Konferenz waren die vielen klimabedingten Hungerskatastrophen z. B. in der Sahelzone in den 1960er- und 1970er-Jahren. Sie vereinbarte das „Übereinkommen über weiträumige grenzüberschreitende Luftverunreinigung" (Convention on Long-range Transboundary Air Pollution) der UN-Weltwirtschaftskommission (UNECE).

Die Geschichte der „Luftreinhaltung" lässt sich bis in die 1960er-Jahre zurückverfolgen, als Wissenschaftler erstmalig Schwefeldioxidemissionen als Ursache für die Versauerung skandinavischer Seen nachweisen konnten. Studien in den darauf folgenden Jahren bestätigten, dass Schadstoffe auch in sehr großer Entfernung vom Emissionsort solche Schädigungen verursachen. Dies macht eine Zusammenarbeit auf internationaler Ebene erforderlich, um die Auswirkungen der Luftverunreinigungen auf die Umwelt und die menschliche Gesundheit zu mindern. Zentrales Anliegen war es, den Zusammenhang zwischen den gemessenen Klimaanomalien und dem anthropogenen Einfluss auf das Klima zu thematisieren. Es wurden damals immer mehr Befürchtungen laut, dass die durch menschliche Aktivitäten in die Atmosphäre eingebrachten Kohlendioxidmengen zu lokalen Klimaänderungen führen werden.

Die erste Weltklimakonferenz sollte daher den Stand des Wissens über diese komplexen Wechselwirkungen darstellen und aufzeigen, welche Auswirkungen diese auf das zukünftige Klima und die Ökologie haben könnten. In einer Deklaration forderte die Konferenz die rasche Entwicklung einer verbindlichen Klimastrategie, die das allgemeine Verständnis der Klimafaktoren fördert. Dazu empfahl sie den Aufbau einer internationalen Informationsplattform: das Weltklimaprogramm (World Climate Programme; WCP).

Das Weltklimaprogramm wurde daraufhin 1979 als ein interdisziplinäres Programm unter der Führung der WMO mit Unterstützung von UNEP und der ICSU/IOC ins Leben gerufen. Es war als ein wissenschaftliches Forum gedacht, welches das Verständnis über das Klimasystem verbessern soll und das identifizieren sollte, wie der Mensch den sich abzeichnenden Klimawandel besser in den Griff bekommt.

Vier Säulen bildeten die Struktur des Programms:
− Erarbeitung der physikalischen Basis des Klimasystems, aus denen sich belastbare Klimavorhersagen ableiten lassen,
− wissenschaftlich neutrale Nutzung der klimasensitiven Informationen,
− Identifizierung und Bewertung, welche sozioökonomischen Wirkungen vom Klimawandel ausgehen,
− Aufbau eines weltweit operierenden Klimabeobachtungssystems.

Das 1979 vereinbarte Übereinkommen ist das bislang einzige internationale, rechtlich verbindliche Instrument in diesem Politikfeld. Es wurde bis 2013 von 51 Staaten einschließlich der Europäischen Union (EU) ratifiziert. Aufgrund des problemübergreifenden Ansatzes wird das Protokoll auch als „Multikomponentenprotokoll" bezeichnet. Das Protokoll enthält zahlreiche Regelungen zu Emissionsminderung, Monitoring, Berichterstattung etc. sowie nationale „Emissionshöchstmengen" (NECs) für Schwefeldioxid, Stickoxide, Ammoniak und flüchtige organische Verbindungen (VOC). Auf diese Weise soll der Versauerung und Eutrophierung von Gewässern und der Bildung von bodennahem Ozon entgegengewirkt werden.

Auf der Basis des Übereinkommens sind bisher sieben Luftreinhalteprotokolle und ein Protokoll zur Finanzierung der Aktivitäten verabschiedet worden:
— Das sogenannte EMEP-Protokoll (1983) regelt die zentrale Auswertung der Luftmessdaten aller Vertragsstaaten, die Emissionsdatenauswertung und die Modellrechnungen zur Bestimmung der grenzüberschreitenden Schadstofffrachten sowie deren Finanzierung.
— Das Aarhus-Protokoll zu Schwermetallen (1998) verpflichtete die Vertragsstaaten zu einer drastischen Minderung der Luftbelastung durch Schwermetalle.
— Das Protokoll über Maßnahmen zur Senkung der Emissionen von „persistenten organischen Verbindungen" („POPs"; 1998).
— Das Göteborg-Protokoll mit seinem Schwerpunkt auf die Zusammenwirkung der Schadstoffe.

Das Übereinkommen stellte nicht nur ein politisches Abkommen gegen die länderübergreifende Luftverschmutzung dar, sondern bildete ein Dach für eine enge Kooperation zwischen Wissenschaft, Forschung und Politik. Heute sind auf der Basis des Übereinkommens insgesamt sieben Luftreinhalteprotokolle in Kraft.

- **1980**
-- **Weltnaturschutzstrategie**

In Folge der Umweltkonferenz von Stockholm und der ersten Weltklimakonferenz in Genf veröffentlichte 1980 die International Union for Conservation of Nature and Natural Resources (IUCN) mit Unterstützung des Umweltprogramms der Vereinten Nationen (United Nations Environment Program; UNEP) die „Weltnaturschutzstrategie" (World Conservation Strategy; WCS) zum weltweiten Arten- und Naturschutz. Die Welt-Naturschutz-Strategie hatte sich zur Aufgabe gemacht, strategische Optionen für den Umgang mit der Biosphäre zu initiieren und richtet sich vorranging an politische Entscheidungsträger auf nationaler wie auch internationaler Ebene, an die Zivilgesellschaft (Umwelt/Ressourcenschützer) sowie an privatrechtlich organisierte Durchführungsorganisationen im angewandten Umweltschutz. Die natürlichen Ressourcen der wichtigsten Industriebereiche schrumpfen. Auch würden sich die tropischen Regenwälder so schnell verringern, dass bis zum Jahr 2000 die intakten Regenwälder halbiert sein würden. Das ökologische Gleichgewicht in den küstennahen Gewässern sei durch Überfischung schon extrem gestört; allein in den USA würden sich die Verluste auf 86 Mrd. US$ jährlich belaufen.

Mit der Strategie wurde der damalige Kenntnisstand über den Zustand der Natur zusammengestellt und ein Rahmen für politische Handlungsoptionen für einen proaktiven Naturschutz angeboten. Die WCS war das Produkt eines umfassenden und tiefgehenden wissenschaftlichen Erörterungsprozesses, der eine Vielzahl an Wissenschaftlern, Politikern und Vertretern der Zivilgesellschaften zusammengeführt hatte; allein in der „IUCN" waren damals 100 Regierungen mit mehr als 450 Experten vereint. Der Entwurf der Strategie war zuvor an mehr als 700 Experten auf der ganzen Welt zur Kommentierung versandt worden. Wegen der globalen Ausrichtung der Strategie konnte damals naturgemäß „nur" ein Kompromiss vorgelegt werden. Die Heterogenität der Umweltprobleme auf der Welt mit ihren oftmals schwer durchschaubaren Ursache-Wirkung-Bbeziehungen erforderte, die Aussagen in der Strategie stark zu aggregieren und zum Teil massiv zu vereinfachen. Sie taugte (schon damals) nicht dazu, lokale Phänomene zu erklären und schon gar nicht, daraus Lösungsoptionen zu entwickeln.

Die Weltnaturschutzstrategie richtete sich vor allem an drei Gruppen, die als Fokus zur Umsetzung identifiziert wurden: die Vertreter der Regierungen und deren Mitarbeiterstäbe, die Gruppe der Umweltschützer und Wissenschaftler, die sich mit dem Schutz der belebten und unbelebten Ressourcen befassten, sowie das breite Spektrum der nationalen und internationalen Entwicklungsorganisationen und von Industrie, Landwirtschaft und dem Handel.

Die Strategie definierte:
— den Begriff der „lebenden Ressourcen" und erläuterte, wie ihr Erhalt einen Beitrag zum Überleben der Menschheit leisten könnte und welche Hindernisse dem entgegenstünden,
— die Haupterfordernisse und schlug nationale und regionale Strategien zum Erreichen der Ziele vor sowie die dafür erforderlichen Rahmenbedingungen und Prinzipien.

Die „Weltnaturschutzstrategie" stellte die folgenden drei Hauptziele zur Erhaltung der lebenden Ressourcen vor:
— Erhalt essenzieller ökologischer Prozesse und technischer Systeme, die für das menschliche Überleben und seine Entwicklung unverzichtbar sind (Schutz und Wiederaufbereitung von Böden, Recycling von Nährstoffen, Wasseraufbereitung).
— Erhalt der genetischen Vielfalt, von der das Funktionieren vieler ökologischer Prozesse und Lebenserhaltungssysteme abhängt (Zuchtprogramme zum Schutz und zur Optimierung kultivierter Pflanzen, domestizierter Tiere und Mikroorganismen, wissenschaftlicher und medizinischer Fortschritt, technische Innovation).

- Sicherung der vielen lebende Ressourcen verwendenden Industriebereiche sowie die Sicherung einer umweltverträglichen Nutzung von Arten und Ökosystemen, als Basis für das Überleben Millionen ländlicher Gemeinschaften (besonders Fische und andere wild lebende Tiere, Wälder und Weideland).

Die Strategie forderte, diese Ziele in die Umweltagenda aufzunehmen und im Rahmen nationaler und internationaler Anstrengungen unverzüglich anzugehen. Denn nur dann würde es möglich, den (damals schon) als Existenz bedrohend erkannten Umweltveränderungen Einhalt zu gebieten. Die WCS wies explizit auf die folgenden Punkte hin:
- Die Kapazität der Erde zur Versorgung der Menschheit wird sowohl in den Industrie- als auch in den Entwicklungsländern unumkehrbar reduziert (Millionen Tonnen von Boden gehen auf Grund von Abholzung oder mangelhaftem Landmanagement jedes Jahr verloren; mindestens 3000 km² erstklassigen Ackerlandes verschwinden allein in den Industrieländern jedes Jahr unter Gebäuden und Straßen).
- Jährlich sind hunderte Millionen Menschen der Landbevölkerung in den Entwicklungsländern zur Übernutzung ihre Äcker gezwungen. Die Abholzung von Bäumen und Buschwerk für Brennmaterial führt zu Erosion, die ein ökologisch tragfähiges Nachwachsen verhindert. Jährlich werden bis zu 400 Mio. t von Dung und Ernterückständen zu Koch-/Heizzwecken verbrannt, die eigentlich dringend zur Regenerierung der Böden benötigt würden.
- Weltweit sei der Energieeinsatz mit der industriellen Produktion gekoppelt. Somit stiegen in den entwickelten wie auch den „nicht" entwickelten Staaten die Kosten für die Bereitstellung von Gütern und Dienstleistungen. Überall auf der Welt, aber vor allem in den Entwicklungsländern, verringere sich die Lebensdauer der Wasserressourcen oftmals sogar um die Hälfte. In vielen Ländern belasteten Ausgleichszahlungen für Missernten die nationalen Haushalte, sodass diese Gelder für andere Entwicklungsprogramme nicht mehr zur Verfügung standen.

In der Strategie wurden die Themenfelder aufgelistet, die vorrangig angegangen werden müssten, unter anderem:
- Verlust an natürlichem Ackerland,
- Bodenerosion in den Flusseinzugsgebieten,
- Desertifikation,
- Verlust an Wildtier- und Fischarten,
- Auslöschen ganzer Arten,
- Entwaldung,
- Erhalt der ökologischen Vielfalt,
- Verknüpfung von Naturschutz und sozioökonomischer Entwicklung,
- Stärkung des Umwelt-/Ressourcenmanagements (Planung, Gesetzgebung, Einhaltung der Gesetze),
- Aufbau leistungsfähiger Managementstrukturen.

In der Strategie wurden die folgenden Elemente als für das Erreichen der Entwicklungsziele erkannt:
- Die Erhaltung der Umwelt müsse als grenzüberschreitender Prozess zu erkannt werden, der alle Lebensbereiche betreffe.
- Natur- und Umweltschutz müssen in die sozioökonomische Entwicklung integriert werden.
- Planungskompetenz muss gesteigert werden, um Entwicklungsprozesse und die Ressourcenallokation effizienter zu gestalten.
- Der Einfluss von gesellschaftlichen „pressure groups" muss verringert werden.
- Gesetzgebung, Organisationsstrukturen und Mandate müssen die Durchsetzung der Umweltschutzpolitik gewährleisten.
- Ausreichend geschultes Fachpersonal mit grundlegenden Kenntnissen über den Erhalt der biologischen Vielfalt und deren regenerativen Kapazitäten muss verfügbar sein.
- Das Bewusstsein in der Gesellschaft über den Naturschutz und bezüglich der Vorteile der Umwelterhaltung sowie über die negative Wirkung menschlichen Handelns auf die lebenden Ressourcen muss gestärkt werden.

Sie empfahl:
- Eine vorausschauende und fachübergreifende Umwelt-/ Naturschutzpolitik und eine Einbindung des Naturschutzes in die Entwicklungsprioritäten auf Gesetzgebungsebene.
- Eine integrierte Bewertung der Land- und Wasserressourcen, ergänzt durch eine Berücksichtigung von Umweltbelangen in der Regionalplanung und skizzierte Vorgehensweisen für eine vernünftige Einteilung der Land- und Wassernutzung.
- Eine Überprüfung der Gesetzgebung bezüglich lebender Ressourcen.
- Die Zivilgesellschaften bei der Planung und Entscheidung bezüglich der Nutzung lebender Ressourcen stärker einzubinden.
- Durch internationale Programme nationales Handeln besser zu koordinieren.
- Ausarbeitung und Umsetzung regionale Strategien zur Verbesserung des Erhalts gemeinsam benutzter lebender Ressourcen, besonders bezüglich internationaler Flussgebiete und Meere.

Sie schlug vor:
- Die Organisationskapazitäten in den Regierungen zu optimieren, insbesondere hinsichtlich der Erhaltung der Böden und der lebenden Ressourcen der Meere.
- Anzahl und der Kapazitäten der Fachkräfte aufzustocken sowie mehr managementorientierte Forschung und mehr forschungsorientiertes Management, sodass die am dringendsten benötigten Basisinformationen schneller zur Verfügung gestellt werden könnten.
- Effektive länderübergreifende Gesetz zur Umwelterhaltung, internationale Programme zur Förderung des

Erhalts der tropischer Wälder und Trockengebiete sowie zur Erhaltung der globalen „Gemeineigentümer" – der Weltmeere, der Erdatmosphäre und der Antarktis,
- Eine Stärkung der umweltorientierten Erziehungsprogramme und Kampagnen, um so die Unterstützung für den Naturschutz auszubauen.

1983
Internationale Kommission für Umwelt und Entwicklung

Im Jahr 1983 gründeten die Vereinten Nationen die Weltkommission für Umwelt und Entwicklung (World Commission on Environment and Development; WCED) als unabhängige Sachverständigenkommission mit Sekretariat in Genf. Der Auftrag an die Kommission war die Erstellung eines Perspektivberichts zur langfristig tragfähigen und umweltschonenden Entwicklung im Weltmaßstab bis zum Jahr 2000 und darüber hinaus.

Die Sachverständigenkommission setzt sich aus 19 Bevollmächtigten aus 18 Ländern zusammen. Zur Vorsitzenden wurde damals die frühere Ministerpräsidentin von Norwegen Gro Harlem Brundtland berufen. Die Kommission veröffentlichte vier Jahre später ihren Bericht *Unsere gemeinsame Zukunft (Our Common Future)*, der international auch als „Brundtland-Bericht" bekannt wurde. Auf der Grundlage dieses und weiterer Berichte begannen die Vereinten Nationen im Jahr 1989 mit den Vorbereitungen einer neuen Umweltkonferenz, die 1992 in Rio de Janeiro stattfinden sollte. Das von der Kommission vorgestellte Konzept einer „nachhaltigen Entwicklung" *(sustainable development)* bildete die Grundlage eines integrativen und globalen Politikansatzes, bei dem erstmals das Thema „Entwicklung" sowohl unter biophysikalischen aus auch unter sozioökonomischen Aspekten betrachtet wurde. So wurden die bis dahin als getrennt betrachteten Problembereiche, wie Umweltverschmutzung in Industrieländern, globale Hochrüstung, Schuldenkrise, Bevölkerungsentwicklung und Wüstenausbreitung in der Dritten Welt, in einem Wirkungsgeflecht gesehen, das durch einzelne Maßnahmen nicht würde gelöst werden können.

Die Kommission wurde am 31.12.1987 offiziell aufgelöst und im April 1988 als „Centre for Our Common Future" in Genf fortgeführt, im Rahmen der Rio-UNCED-Konferenz 1992 aber wieder reaktiviert.

1985
1. Klimakonferenz der Weltorganisation für Meteorologie, Villach

Im Jahr 1985 hatten die Weltorganisation für Meteorologie (World Meteorological Organisation; WMO), das Umweltprogramm der Vereinten Nationen (UNEP) und der International Council of Scientific Unions (ICSU) im österreichischen Villach die „1. Klimakonferenz der Weltorganisation für Meteorologie" zum Stand der Klimaforschung ausgerichtet. Wissenschaftler aus allen Regionen der Welt kamen damals zu der dramatischen Einschätzung, dass:

> […] erstmals in der Geschichte der Mensch dabei ist, das Weltklima zu ändern.

Sollte die Konzentration von Treibhausgasen in der Atmosphäre weiter steigen, sei eine deutliche Erwärmung der Erdoberfläche mit gravierenden Konsequenzen für die Lebensbedingungen auf der Erde nicht mehr abzuwenden. Die Einschätzung basierte auf neuen Berechnungsmodellen, die prognostizierten, dass die Erderwärmung nicht erst am Ende des 21. Jahrhunderts spürbar würde, sondern binnen weniger Jahrzehnte.

Die Konferenz von Villach kann rückblickend als wichtiger Startpunkt der aktuellen Klimaschutzpolitik verstanden werden. Schon zu dieser Zeit kam der Gedanke auf, Treibhausgasminderungsziele für einzelne Staaten zu formulieren und diese in eine internationale Rahmenkonvention einzufügen. Auf deren Basis sollten dann völkerrechtlich verbindliche Vorgaben für eine weltweite Neuausrichtung der Klimaschutzpolitik formuliert werden. Der Erfolg von Villach war – auch wenn er mehr in den Fachkreisen wahrgenommen wurde – der Tatsache geschuldet, dass die Teilnehmer als Repräsentanten ihrer Fachgebiete auftreten konnten und so unabhängiger und offener die Klimaprobleme ansprechen konnten. Damals wurde die gemeinsame Erklärung von der Öffentlichkeit allerdings kaum wahrgenommen. Inzwischen ist diese Klimakonferenz als der erste wissenschaftliche Appell an die Politik, etwas gegen die Treibhausgasemissionen zu tun, in die Geschichte eingegangen.

Wiener Übereinkommen zum Schutz der Ozonschicht, Wien

Das Wiener Übereinkommen zum Schutz der Ozonschicht (Vienna Convention on the Protection of the Ozone Layer) wurde am 22. März 1985 beschlossen und verpflichtet die Staaten zum Schutz der durch die Emissionen von Fluorkohlenwasserstoffen (FCKW) bedrohten Ozonschicht. Das Übereinkommen war im Bewusstsein abgeschlossen worden, dass Maßnahmen zum Schutz der Ozonschicht ein international abgestimmtes Handeln erfordern. Dennoch unterstrich das Übereinkommen den in der Erklärung der Konferenz der Vereinten Nationen über die Umwelt des Menschen erklärten Grundsatz:

> Die Staaten haben nach der Satzung der Vereinten Nationen und den Grundsätzen des Völkerrechts das souveräne Recht, ihre eigenen Naturschätze gemäß ihrer eigenen Umweltpolitik zu nutzen, sowie die Pflicht, dafür zu sorgen, dass durch Tätigkeiten, die innerhalb ihres Hoheitsbereichs oder unter ihrer Kontrolle ausgeübt werden, der Umwelt in anderen Staaten oder in Gebieten außerhalb der nationalen Hoheitsbereiche kein Schaden zugefügt wird.

Im Bewusstsein, dass Maßnahmen zum Schutz der Ozonschicht vor Veränderungen infolge menschlicher Tätigkeiten internationales Handeln erfordern und ausschließlich auf wissenschaftlichen und technischen Erkenntnissen beruhen sollten, hatte sich die Staatengemeinschaft mit dem Übereinkommen verpflichtet, die menschliche Gesundheit und die Umwelt vor schädlichen Auswirkungen von Veränderungen der Ozonschicht zu schützen. Auch wenn im Vertragstext noch die Formulierung von einer „möglicherweise" schädlichen Einwirkungen einer veränderten Ozonschicht auf die menschliche Gesundheit und die Umwelt verwendet wurde, wurden bereits dort erstmals:

» Änderungen der belebten oder unbelebten Umwelt, die erhebliche abträgliche Wirkungen auf die menschliche Gesundheit oder auf die Zusammensetzung, Widerstandsfähigkeit und Produktivität naturbelassener und vom Menschen beeinflusste Ökosysteme oder auf Materialien haben

als „schädlich" definiert.

Um diese Auswirkungen nachhaltig zu verhindern, verabredeten die Vertragsstaaten geeignete technische und wissenschaftliche sowie sozioökonomische Maßnahmen, um die Schädigung der Ozonschicht und deren Auswirkungen zu untersuchen. Dazu forderte die Konvention alle Vertragsparteien zur Kooperation in der Forschung der atmosphärischen Prozesse auf. Beschlossen wurde ferner, geeignete Gesetzgebungs- und Verwaltungsmaßnahmen einzuleiten und eine ungehinderte Informationsübermittlung zu garantieren. Ferner sollte eine ständige Konferenz der Vertragsparteien (Artikel 7) sowie ein Konventionssekretariat eingerichtet werden. Die Vertragsparteien vereinbarten zudem, geeignete Maßnahmen zu treffen, um durch systematische Beobachtungen und Informationsaustausche die Auswirkungen menschlicher Tätigkeiten auf die Ozonschicht einerseits sowie die Auswirkungen auf die menschliche Gesundheit und die Umwelt andererseits besser verstehen und bewerten zu können. Ferner sollte durch geeignete Gesetzgebungs- und Verwaltungsmaßnahmen eine Angleichung der entsprechenden Politiken zur Regelung menschlicher Tätigkeiten erreicht werden, sofern es sich erweisen sollte, dass diese Tätigkeiten infolge einer tatsächlichen oder wahrscheinlichen Veränderung der Ozonschicht schädliche Auswirkungen haben oder wahrscheinlich haben könnten.

Die Vertragsparteien verpflichteten sich, ihre Forschungsarbeiten mit den anderen internationalen Organisationen der Vereinten Nationen, insbesondere mit der Weltorganisation für Meteorologie (WMO) und der Weltgesundheitsorganisation (WHO) abzustimmen.

- 1987
- - Brundtland-Bericht

Im Jahr 1987 veröffentlichte die als „Brundtland-Kommission" bekannt gewordene „Weltkommission für Umwelt und Entwicklung der Vereinten Nationen" (World Commission on Environment and Development; WCED) unter dem Vorsitz der früheren norwegischen Ministerpräsidentin Gro Harlem Brundtland ihren Bericht über den Zustand der Umwelt auf der Erde. Der Bericht wird seitdem als „Brundtland-Bericht" bezeichnet. Der offizielle deutsche Titel lautet: *Unsere gemeinsame Zukunft. Der Brundtland-Bericht der Weltkommission für Umwelt und Entwicklung (Our Common Future).* Eingesetzt wurde die Kommission im Dezember 1983 durch die UN-Generalversammlung.

In dem Bericht wurde erstmals das Konzept der „nachhaltigen Entwicklung" offiziell und unter der Schirmherrschaft der Vereinten Nationen formuliert und damit der Anstoß für eine weltweite Diskussion über das Thema Nachhaltigkeit gegeben. Dabei wurde der Begriff der Nachhaltigkeit definiert als „Entwicklungsweg" und „Wachstumsprozess". Der Bericht stellte klar heraus, dass es vor allem anthropogene Einflüsse sind, die die natürlichen Lebensgrundlagen der Menschen beeinträchtigen.

Der Umweltbegriff selbst wurde dabei beschrieben, als die:

» Gesamtheit aller Prozesse und Räume, in denen sich die Wechselwirkungen zwischen Natur und Zivilisation abspielen

und schloss unter dem Begriff „Umwelt" alle natürlichen Faktoren ein, welche von Menschen beeinflusst werden oder diese beeinflussen.

Dadurch konzentrierte sich der Bericht auf die „natürlichen Umweltveränderungen als anthropogen beeinflusste globale Umweltveränderungen" und stellte fest, dass der „Mensch durch seine Aktivitäten die Anpassungsfähigkeit und die Reparaturmechanismen des Systems Erde überfordere".

Die Kommission wollte damals keine weitere Bestandsaufnahme der Weltlage vorlegen; stattdessen formulierte sie die Forderung nach einem „neuen Zeitalter wirtschaftlichen Wachstums": Wir brauchen „neues Wachstum" im Rahmen einer „dauerhaften Entwicklung". Aus dieser Forderung wurde der heute allgemein anerkannte Nachhaltigkeitsbegriff abgeleitet.

Nachhaltigkeit ist eine:

» Entwicklung, die die Bedürfnisse der Gegenwart befriedigt, ohne zu riskieren, dass zukünftige Generationen ihre eigenen Bedürfnisse nicht befriedigen können.

Die international verbindliche englische Fassung lautet:

» Sustainable development meets the needs of the present without compromising the ability of future generations to meet their own needs.

Mit dieser Definition wurde ein anthropogenes Entwicklungskonzept formuliert, das Handlungsempfehlungen für einen Prozess der dauerhaften Entwicklung einleiten sollte.

Das deutsche Kommissionsmitglied Volker Hauff (Hauff 1987; vgl. ▶ Kap. 3) schrieb dazu:

> Wir wissen heute, dass Wachstum unerlässlich ist zur Überwindung der Massenarmut und zur Befriedigung der Bedürfnisse einer wachsenden Zahl von Menschen. […, dass] dieses Wachstum nicht nur notwendig, sondern auch realisierbar ist: allerdings nur dann, wenn dieses Wachstum im Rahmen einer dauerhaften Entwicklung stattfindet. […] Die Forderung, diese Entwicklung „dauerhaft" zu gestalten, gilt für alle Länder und alle Menschen. Die Möglichkeit kommender Generationen, ihre eigenen Bedürfnisse zu befriedigen, ist durch Umweltzerstörung in den Industrieländern ebenso gefährdet wie durch Umweltvernichtung durch Unterentwicklung in der Dritten Welt. […] Eine dauerhafte Entwicklung bedeutet ein Wachstum, das die Grenzen der Umweltressourcen respektiert, das also die Luft, die Gewässer, die Wälder und Böden lebendig erhält, ein Wachstum, das die genetische Vielfalt erhält und das Energie und Rohmaterial optimal nutzt.

Nach dem Brundtland-Bericht enthält die Definition von nachhaltiger Entwicklung folgende Elemente:
- Kontrolle des Bevölkerungswachstums,
- Erfüllung der Grundbedürfnisse,
- qualitatives statt quantitatives Wachstum,
- Förderung des technologischen Fortschritts,
- Preispolitik, die die Rohstoffknappheit einbezieht,
- globale Politik, die ökologische und ökonomische Strategien in Einklang bringt.

Mit dem „Brundtland-Report" und der später formulierten „Agenda 21" wurden Anfang der 1990er-Jahre erstmals Ökologie, Ökonomie und soziale Gerechtigkeit in einem internationalen Diskurs zusammengeführt, wie er schon 1972 vom Club of Rome so eindrücklich gefordert war.

Des Weiteren stellte der Bericht klar, dass nur durch abgestimmtes politisches Handeln, durch international verbindliche Rahmenbedingungen sowie durch technologischen Fortschritt und eine ausreichende Finanzausstattung der Weg zu einer nachhaltigen Entwicklung beschritten werden kann. Es wurde ferner betont, dass, um Nachhaltigkeit zu erreichen, es nicht reiche, Appelle an die Verursacher zu richten, sondern, dass dazu zu allererst ein gemeinsames Verständnis über die Ursachen-Wirkung-Zusammenhänge der sich abzeichnenden Umweltveränderungen erforderlich ist.

Der Bericht zeigte erstmals Wege für eine gemeinsame Zukunft unter Gewährleistung sozialer und wirtschaftlicher Sicherheit auf. Auch unter Berücksichtigung der ökologischen Grenzen des Planeten wäre danach nachhaltige Entwicklung möglich und vor allem müssten sich dazu die Themenfelder „Armutsminderung", „Ressourceneinsatz" und „Umweltzerstörung" nicht ausschließen.

Der Bericht löste in den folgenden Jahren einen regen Verhandlungsprozess in den Vereinten Nationen aus. Das Endziel dieses Übereinkommens und aller damit zusammenhängenden Rechtsinstrumente war, in Übereinstimmung mit den einschlägigen Bestimmungen des Übereinkommens, eine Stabilisierung der Treibhausgaskonzentrationen in der Atmosphäre auf einem Niveau zu erreichen, auf dem eine „gefährliche anthropogene Störung des Klimasystems" verhindert werden kann. Ein solches Niveau sollte innerhalb eines Zeitraums erreicht werden, der ausreicht, damit sich die Ökosysteme auf natürliche Weise den Klimaänderungen anpassen können, ohne dass die Welternährung gefährdet wird, und die wirtschaftliche Entwicklung auf nachhaltige Weise fortgeführt werden kann.

▪▪ Internationale Konferenz zum Schutz der Ozonschicht, Montreal

Die „Internationale Konferenz zum Schutz der Ozonschicht" (International Conference on Substances that Deplete the Ozone Layer) fand vom 14.09. bis 16.09.1987 in Montreal, statt. Auf ihr verabschiedeten 48 Staaten das sogenannte „Montrealer Protokoll zum Schutz der Ozonschicht" (Montreal Convention for the Protection of the Ozon Layer). Bis heute haben 197 Staaten dieses erstmals weltweit anwendbare Umweltschutzprotokoll, das 1989 in Kraft trat, ratifiziert und es gilt bis heute als das erfolgreichste internationale Abkommen zum Schutz des Klimas.

Das Montrealer Protokoll war damals auf der Basis des „Wiener Übereinkommens" von 1968 ausgearbeitet worden und war nichts anderes als der Beginn politischer Verhandlungen zur vollständigen Abschaffung der Emission von die Ozonschicht schädigenden Chemikalien. Richtungsweisend für alle nachfolgenden internationalen Klimaregime war der Artikel 5, der erstmals offiziell zwischen den großen Verursachern, den Industrieländern, und den durch den Klimawandel bedrohten Entwicklungsländern unterschied, und diesen darin eine Sonderstellung eingeräumt wurde.

In dem Protokoll verpflichteten sich alle Unterzeichner zu einem zeitlich gestaffelten Ausstieg aus der Verwendung ozonschichtschädigender Substanzen, sowohl durch eine Einschränkung des Verbrauchs als auch der Produktion. Die weltweite Produktion der fünf gebräuchlichsten Fluorkohlenwasserstoffe (FCKW) sollte auf das Produktionsniveau von 1986 eingefroren werden. Die Liste der „verbotenen" Stoffe umfasste auch die Chemikalien Methylchloroform, Tetrachlormetchan und die Halone, die vorrangig in Kühlaggregaten eingesetzt werden. Die Vereinbarung sah des Weiteren eine Reduktion um 20 % bis zum Jahr 1993 vor. Bis 1998 sollte die Produktion dann um weitere 30 % und danach bis 1999 schrittweise auf 50 % reduziert werden, um letztendlich bis zum Jahr 2000 ganz eingestellt zu werden. China und Indien verpflichteten sich darüber hinaus, die Produktion von Halonen bis 2010 gänzlich einzustellen. Die Umsetzung der verbindlichen Ausstiegspflichten in den Entwicklungsländern wurde unterstützt durch einen von den Industrieländern finanzierten multilateralen Fonds.

Das Protokoll und die sich aus ihm ergebenden Verpflichtungen haben das Abkommen zu einem der wirksamsten

Klimaschutzabkommen überhaupt gemacht. Heute, mehr als 25 Jahre nach Unterzeichnung, belegen wissenschaftliche Erkenntnisse, dass die Ozonschicht sich zu erholen beginnt. Die verbindlichen Ausstiegsregelungen haben dazu geführt, dass eine Reduktion von Herstellung und Verbrauch ozonschichtschädigender Stoffe um 97 % erreicht werden konnte. Dennoch wird der Abbau der Ozonschicht auch in Zukunft fortschreiten, wenn auch nicht mehr in dem früheren Ausmaß. Mit der Wiederherstellung der Ozonschicht auf dem ursprünglichen Niveau rechnen Wissenschaftler erst in der 2. Hälfte dieses Jahrhunderts (vgl. ▶ Abschn. 2.2.5).

Seit Inkrafttreten des Abkommens wurden die Beschlüsse auf verschiedenen Folgekonferenzen präzisiert und teilweise erheblich verschärft.

- **Folgetreffen: London (1990)**

In der Folge der Konferenz von Montreal ergab sich, dass die praktische Anwendung des Protokolls schwierig war, da einige der Vereinbarungen nicht ausreichend präzise genug formuliert waren, um eine effektive Umsetzung zu gewährleisten. Es wurden daher auf dem sogenannten „Folgetreffen der Montrealer Ozonschutzkonferenz" in London (The London Amendment to the Montreal Protocol) einige der Vereinbarungen revidiert.

An der Konferenz nahmen 86 Staaten sowie die EU-Kommission teil. Die Konferenz war in der Lage, sich auf eine Reduzierung der FCKW um 50 % schon bis zum Jahr 1995 und um 85 % bis 1997 zu einigen. Die Finanzierung sollte durch einen mit 240 Mio. US$ ausgestatteten „Ozonfonds" erfolgen, an dem das UN-Umweltprogramm (UNEP), das UN-Entwicklungsprogramm (UNDP) und die Weltbank beteiligt waren. Des Weiteren wurden zusätzliche Substanzen in das Protokoll aufgenommen, so die teilhalogenierten Fluorkohlenwasserstoffe (HCFK 13, 111, 112, 211, 212, 213, 214, 215, 216, 217), das Tetrachlormethan und das Methylchloroform.

- **Folgetreffen: Kopenhagen (1992)**

Schon vor dem Treffen in Kopenhagen hatten namhafte Hersteller „verbotener" Stoffe erklärt, ihre FCKW-Produktion ganz einzustellen. Dies wurde einhellig begrüßt. Eine Reduzierung der sogenannten teilhalogenierten FCKW wurde dagegen von den USA nicht unterstützt. Man konnte sich letztendlich auf einen stufenweisen Ausstieg sowie einen endgültigen Produktionsstopp im Jahr 2030 einigen.

- **Folgetreffen Wien (1995)**

Das Übereinkommen von Wien vom März 1985 hatte zum Ziel, die länderübergreifende Zusammenarbeit und den Informationsaustausch bei der Forschung über die Ozonschicht, bei der systematischen Überwachung der Ozonschicht sowie bei der Kontrolle der Produktion von ozonschichtschädigenden Stoffen zu fördern.

- **Folgetreffen Montreal (1997)**

Zwei Jahre später befasste sich ein Treffen mit Fragen zur Finanzierung des Protokolls („Ozonfonds") sowie zur Erfassung und Bewertung des Stands der Durchsetzung des Protokolls (compliance).

- **Folgetreffen Peking (1999)**

In Peking verabredete die Konferenz einen weitergehenderen Schutz der Ozonschicht (The Beijing Amendment to the Montreal Protocol on Substances that Deplete the Ozone Layer). Darin verpflichteten sich die Staaten. die Produktion und den Ausstoß an Bromchlormethan, das unter dem Handelsnamen Halon-1011 als industrielles Lösungsmittel und als zentraler Bestandteil von Feuerlöschern bekannt war, systematisch zu erfassen. Damit sollten insbesondere die Produktionsmengen und die Handelswege besser bekannt gemacht werden. Des Weiteren wurde der Einsatz von teilhalogenierten Fluorchlorkohlenwasserstoffen (*hydrochlorofluorocarbons*; HCFCs) in Kälte- und Klimaanlagen weltweit verboten. Diese Stoffe waren eigentlich als Ersatzstoffe für die durch das Montrealer Protokoll verbotenen vollhalogenierten Fluorchlorkohlenwasserstoffe (*chloroflurocarbons*; CFCs) zum Einsatz gekommen. Auf der Peking-Folgekonferenz wurden weitere Substanzen in den Katalog „verbotener" Substanzen aufgenommen. Zudem wuchs die Zahl der Vertragsparteien – insbesondere aus den Reihen der Entwicklungsländer – stetig an.

- **Folgetreffen Kigali (2016)**

Auf dem Treffen in Kigali konnten die Delegierten eine Einigung über einen Ausstiegsfahrplan erzielen, nach dem die Vertragsparteien sich aus der Produktion und dem Einsatz von HFC gänzlich verabschieden. Damit war nach langjährigen Verhandlungen endlich ein rechtlich verbindliches Abkommen geschlossen worden, mit dem die gefährlichen Emissionen signifikant abgesenkt und sich die Ozonschicht wieder stabilisieren lässt. Dies könnte zu einer Absenkung der Oberflächentemperatur der Erde um bis zu 0,5 °C führen.

- **1988**
- **Weltklimakonferenz über Veränderungen in der Atmosphäre, Toronto**

Neun Jahre nach der ersten Genfer Klimakonferenz (1979) folgte die „1. Weltklimakonferenz über Veränderungen der Atmosphäre" in Toronto (27.06.–30.06.1988). Rund 300 Natur- und Wirtschaftswissenschaftler, Sozialpolitiker und Umweltschützer aus 48 Staaten diskutierten über die Ursache und Bekämpfung der rapiden Erwärmung der Erde.

Diese erste Weltklimakonferenz begann mit der Feststellung, dass die weltweite Zunahme an Treibhausgasen in der Atmosphäre die „höchste Aufmerksamkeit der internationalen Staatengemeinschaft" erfordere. Grund für den Anstieg sei die fast ausschließliche Ausrichtung der Menschheit auf die Nutzung fossiler Energie. Würde dieser Trend sich so weiter fortsetzen, würde dies zu dramatischen Klimaänderungen führen, mit nicht absehbaren Folgen für die globale Ökologie, aber eben auch für die Sozioökonomie der Staatengemeinschaft. Die Konferenz verglich die sich abzeichnenden Probleme mit den Folgen einer Nuklearkatastrophe für die Menschheit. Die Klimaänderungen hätten dazu auch gravierende Auswirkungen auf die Atmosphäre und die Hydro- und die Biosphäre.

Die Konferenz forderte daher die Staatengemeinschaft auf, sich dem Problem der Veränderungen der Atmosphäre nicht länger lokal und damit kleinteilig anzunehmen, sondern betonte die globalen Aspekte der Aufgabe. Sie drängte darauf, einen Schulterschluss herzustellen, zwischen den Klimaforschern und den Politikebenen, weil es nur so möglich sein würde, die sozialen, ökologischen und ökonomischen Faktoren der Klimaänderungen aufzugreifen. Sie forderte daher folgerichtig auf, einen globalen Pakt zu schließen, der mit ausreichenden Finanzmitteln ausgestattet werden müsste. Die Konferenz beschloss, verbindliche klimapolitische Vorgaben zur Minderung der Treibhausgasemissionen um 50 % bis zum Jahr 2050 zu erwirken. Die politisch Verantwortlichen wurden zum „sofortigen Handeln" aufgerufen, um durch politische Optionen die CO_2-Emissionen bis 2005 um 20 % zu reduzieren; nur so lasse sich der Temperaturanstieg, der auf 1,5–4,5 °C geschätzt wurde, noch eindämmen.

■■ **Gründung des Zwischenstaatlichen Ausschusses für Klimaänderungen (IPCC)**

Im November 1988 wurde von dem Umweltprogramm der Vereinten Nationen (UNEP) und der Weltorganisation für Meteorologie (WMO), der Zwischenstaatliche Ausschuss für Klimaänderungen (Intergovernmental Council for Climate Change; IPCC) – im deutschen oft als „Weltklimarat" bezeichnet – als zwischenstaatliche Institution ins Leben gerufen. Er sollte ein Diskussionsforum für politische Entscheidungsträger darstellen, um diese über den Stand der wissenschaftlichen Kenntnis zum Klimawandel zu informieren. Der Ausschuss hatte aber nicht die Aufgabe, politische Handlungsempfehlungen zu geben. 195 Regierungen sind Mitglieder des IPCC und außerdem sind mehr als 120 Organisationen als Beobachter registriert.

Das IPCC betreibt selbst keine Forschung, sondern trägt die naturwissenschaftlichen Grundlagen und den jeweils aktuellen Kenntnisstand über die Auswirkungen des Klimawandels zusammen. Dazu ruft er Wissenschaftler aus aller Welt auf, die Erkenntnisse in Form von „Sachstandsberichten" zu bewerten. Bisher hat der IPCC fünf Sachstandsberichte und mehr als zehn Sonderberichte sowie Richtlinien erstellt. Die Berichte des IPCC gelten heute in Politik und Wissenschaft als glaubwürdigste und fundierteste Darstellung bezüglich des naturwissenschaftlichen, technischen und sozioökonomischen Forschungsstandes über das Klima; auch wenn durch Fehlverhalten einiger namhafter Vertreter das Ansehen des IPCC in der letzten Zeit etwas gelitten hat.

■ **1990**
■■ **2. Weltklimakonferenz, Genf**

Vom 29.10. bis 07.11.1990 fand erneut in Genf eine „Klimakonferenz über Veränderungen der Atmosphäre" statt, die als die 2. Weltklimakonferenz bezeichnet wird (Second World Climate Conference; WCC-2). Hierbei wurden unter der Schirmherrschaft der WMO die Veränderungen in der Zusammensetzung der Atmosphäre und die Auswirkungen auf die Klimaentwicklung diskutiert. Erörtert wurde, welche Möglichkeiten es gäbe, Produktion und Verbrauch von die Ozonschicht zerstörenden Substanzen global zu reduzieren. Ausgangspunkt war eine Bestandsaufnahme dessen, was seit der 1. Weltklimakonferenz (WCC-1; 1979) erreicht wurde, insbesondere unter Berücksichtigung der Erkenntnisse des 1. Sachstandsberichts des IPCC (IPCC-FAR, 1990) und nach Gründung des „Internationalen Geosphären-Biosphären-Programms" (IGBP). Die Konferenz stellte einen Meilenstein auf dem Weg hin zur UNCED-Konferenz 1992 (Rio de Janeiro) dar und gab einen deutlichen Impuls für die Verabschiedung der UN-Klimarahmenkonvention (vgl. 1992).

Die Teilnehmer waren sich einig, dass nur durch eine enge Kooperation aller Beteiligten – Industriestaaten und Entwicklungsländer – die erforderlichen Synergien zu erreichen sein, um den Klimawandel noch aufhalten zu können. Nur dann würde es möglich, Armut und weitere Marginalisierung heute schon am Rande stehender Gesellschaften abzubauen sowie die Gefahren für die Sicherheit für die Menschen *(human security)* abzuwenden.

Die Forderung der Mehrzahl der Teilnehmer, bis 1992 eine Weltklimakonvention aufzustellen, konnte wegen des Vetos der USA nicht verabschiedet werden. Dennoch resultierte aus der Konferenz die Einrichtung des „globalen Klimabeobachtungssystems" (Global Climate Observing System; GCOS) zwei Jahre später.

Die Konferenz befand über die:
— zukünftige Struktur des Weltklimaprogramms (World Climate Programme, WCP),
— speziellen Bedürfnisse der Entwicklungsländer zum Aufbau technischer, wissenschaftlicher und organisatorischer nationaler Kapazitäten,
— Verstärkung länderübergreifender Klimaforschung und die Forderung, die Klimaentwicklung global zu erfassen,
— Notwendigkeit einer internationalen Klimakonvention,
— internationale Aktivitäten besser zu koordinieren,
— nationale und internationale Klimaschutzpolitiken zu entwickeln und diese in allen Ländern durch UN-Organisationen zu fördern,
— Notwendigkeit, durch die Industrieländer sowie die internationalen Geber ausreichend Finanzmittel für die Erfassung der Klimaänderungen und die Erarbeitung von Klimaanpassungsmodellen bereitzustellen,
— Funktionen und das Mandat des IPCC müssten den veränderten Erfordernissen angepasst werden.

■ **1992**
■■ **Konferenz der Vereinten Nationen über Umwelt und Entwicklung (UNCED), Rio de Janeiro**

Die „Konferenz für Umwelt und Entwicklung" der Vereinten Nationen (International Conference on Environment and Development of the United Nations; UNCED), oft auch als „Weltgipfel für Umwelt und Entwicklung"

(*„Earth Summit"*) bezeichnet, war die wohl entscheidendste internationale Konferenz in der Geschichte des globalen Umweltschutzes. Zu der von den Vereinten Nationen durchgeführten Konferenz trafen sich in Rio de Janeiro vom 03.06. bis 14.06.1992 mehr als 10.000 Delegierte aus 178 Staaten der Erde, um die Grundlagen für eine neue Klima- und Entwicklungspolitik zu legen und den bis heute gültigen den Rahmen für die internationale Klimapolitik zu vereinbaren.

Die Konferenz war seinem Umfang und seiner Zielsetzung nach ein Meilenstein in der internationalen Klimapolitik. Die Konferenz erfolgte 20 Jahre nach der ersten in Stockholm und ist die größte jemals unter dem Dach der Vereinten Nationen durchgeführte Konferenz. Die Rio-Konferenz zeigte erstmals auf, dass zwischen ökonomischer Entwicklung und dem Erhalt einer lebenswerten Umwelt eine kausale Verbindung besteht; dass Armut eine Folge von Raubbau der natürlichen Ressourcen und der ungehemmten Bevölkerungsentwicklung und, dass der Mensch von seiner Umwelt existenziell abhängig ist. Sie zeigte auf, dass sich die weltweiten Umweltveränderungen auf seine Lebensbedingungen rückkoppeln. Der damalige Generalsekretär der Konferenz Maurice Strong hat in seiner Schlusserklärung die Rio-Konferenz als *„historic moment for humanity"* bezeichnet und betonte, dass die Agenda 21 eine „Blaupause" zur Erreichung einer nachhaltigen Entwicklung in allen Staaten der Erde sein müsse.

Auf der Konferenz haben die Staaten mit großer Einmütigkeit festgestellt, dass die nationalen wie internationalen Politikansätze neu ausgerichtet werden müssen. Es wurde ein Paradigmenwechsel gefordert, in dem Ökonomie und Ökologie keine Gegensätze mehr sein dürfen. Dieser Konsens müsste sowohl die landwirtschaftliche und industrielle Produktion von Gütern als auch die Nutzung alternativer und regenerativer Energie betreffen, um die Abhängigkeit von den fossilen Energieträgern soweit wie möglich zu vermindern sowie eine drastische Reduzierung der Schadstoffemissionen im Verkehr- und Transportsektor umfassen.

Die Konferenz hat mit ihren damals weltweit einmaligen Erklärungen zum Schutz der Umwelt bis heute direkte Auswirkungen auf das Zusammenleben der Nationen und bestimmte damit den vorsorgenden Umweltschutz bis hinunter in jedes Dorf. Sie definierte damit den Umwelt- und Klimaschutz neu und stellte die Weichen für eine weltweite, nachhaltige Entwicklung. Dabei ließ die Konferenz keinen Zweifel daran, dass das vorgenommene Ziel von bisher nicht bekannter Komplexität sei und es deshalb erforderlich sei, wirtschaftliche und soziale Entwicklung und Klimaforschung und Technologie mit dem Ziel zusammenzuführen, partnerschaftlich eine für alle Gesellschaften der Erde nachhaltige Entwicklung zu gewähren.

Mit den Konferenzempfehlungen waren politisch und rechtlich verbindliche Handlungsvorgaben gegeben, die nicht nur umweltpolitische Probleme, sondern auch Lösungsmodelle für eine gerechtere soziale und ökonomische Entwicklung, soweit sie im umweltpolitischen Zusammenhang stehen, umrissen. Mit ihnen wurden die Weichen für eine weltweite, nachhaltige Entwicklung gestellt. Rückblickend gesehen war die Rio-Konferenz einer der erfolgreichsten Schritte für eine globale Umwelt- und Entwicklungspartnerschaft und bildete den Ausgangspunkt des Diskurses auch über die Rolle nichtstaatlicher Akteure in der internationalen Politik, der sich in den Folgejahren fortsetzte.

Die UNCED-Konferenz hatte in Artikel 2 der „Rio-Deklaration über Umwelt und Entwicklung" erstmals als völkerrechtlich verbindliches Ziel festgehalten, Maßnahmen zu treffen, um:

» eine Stabilisierung der Treibhausgaskonzentrationen in der Atmosphäre auf einem Niveau zu erreichen, mit dem eine gefährliche anthropogene Störung des Klimasystems verhindert wird.

Man einigte sich darauf, dass diese Verpflichtung nach dem Prinzip der:

» gemeinsamen, aber unterschiedlichen Verantwortlichkeiten aller Vertragsstaaten auszugestalten sei.

Daraus ergab sich:

» für die entwickelten Länder [die Verpflichtung], bei der Bekämpfung der Klimaänderungen und ihrer nachteiligen Auswirkungen die Führung zu übernehmen.

Das Reduktionsziel sei innerhalb eines Zeitraums zu erreichen, der ausreichen soll, damit sich

» die Ökosysteme auf natürliche Weise den Klimaänderungen anpassen können,

auch wenn zu dem Zeitpunkt der Unterzeichnung nicht alle Sachfragen zum Klimawandel mit absoluter wissenschaftlicher Sicherheit beantwortet werden konnten.

Um dieses erfüllen zu können, sah die Klimakonvention vor, ergänzende Protokolle oder andere rechtlich verbindliche Abkommen zu beschließen – so das „Aktionsprogramm für eine nachhaltige Entwicklung" (Agenda 21) – deren Zielrichtung auf der Umsetzung der Konvention auf regionaler und lokaler Ebene liegt:

» Eine Stabilisierung der Treibhausgaskonzentrationen in der Atmosphäre auf einem Niveau zu erreichen, das eine gefährliche anthropogene Störung des Klimasystems nachhaltig verhindert.

Die Konferenzteilnehmer stellten einvernehmlich fest, dass die folgenden Parameter unverzichtbare Voraussetzungen für eine nachhaltige Entwicklung sind, um den Menschen ein gesundes und produktives Leben zu ermöglichen. Sie betonte, dass dies nur im Einklang mit einer globalen:

— Armutsminderung,
— Bevölkerungspolitik,
— nachhaltigen Konsum- und Produktionsweisen und
— Partizipation der Zivilgesellschaften

zu erreichen sei.

Die Konferenz verabschiedete fünf Dokumente, die die Voraussetzungen für weitreichende und langfristig umzusetzende Konzepte in der Umwelt- und Entwicklungspolitik schafften, konkrete Maßnahmen für eine nachhaltige Entwicklung wurden in einem 800 Seiten starken Dokument, der Agenda 21, aufgeführt:
- zwei internationale Abkommen („Biodiversitätskonvention"; „Konvention zur Bekämpfung der Wüstenbildung")
- und zwei Grundsatzerklärungen („Walddeklaration", „Deklaration von Rio über Umwelt und Entwicklung") sowie
- ein „Aktionsprogramm für eine nachhaltige Entwicklung" (Agenda 21).

Die Unterzeichnerstaaten vereinbarten auf der Rio-Konferenz darüber hinaus, sich jährlich auf sogenannten Vertragsstaatenkonferenzen (Conference of the Parties; COPs) zu treffen, um möglichst schnell die Konventionen umzusetzen. Bis zum Juni 2015 (in Paris) hatten insgesamt 21 Vertragsstaatenkonferenzen stattgefunden; jeweils in einer anderen Stadt; auch wenn einige Städte schon mehrmals die Konferenz ausrichten durften.

Bis heute gab es zudem drei Folgekonferenzen, die als oft auch als „Weltgipfel Rio+" bezeichnet werden:
- Rio + 5 (1997 in New York)
- Rio + 10 (2002 in Johannesburg)
- Rio + 20 (2012 in Rio de Janeiro).

Alle fünf nachfolgend aufgeführten Abkommen stellten die Abhängigkeit des Menschen von seiner Umwelt und die Rückkopplung weltweiter Umweltveränderungen auf sein Verhalten bzw. seine Handlungsmöglichkeiten in den Vordergrund.

■ **Biodiversitätskonvention (UNCBD)**

Die in Rio verabschiedete „Biodiversitätskonvention" (Convention on Biological Diversity, UNCBD) ist ein Abkommen zum Schutz der biologischen Vielfalt, das im Dezember 1993 in Kraft trat. Bis heute sind alle 195 bei den Vereinten Nationen akkreditierten Staaten der Erde diesem Abkommen beigetreten.

Die Biodiversitätskonvention war das Ergebnis eines langjährigen Abstimmungsprozesses als Reaktion auf eine von der UNEP im November 1988 durchgeführte Tagung über die biologische Vielfalt. Die Ergebnisse wurden im Mai 1992 auf der Nairobi „Conference for the Adoption of the Agreed Text of the Convention on Biological Diversity" abschließend diskutiert und dann in die UNCED-Konferenz eingebracht.

Die Konvention befasst sich mit allen die Biosphäre und die Ökosysteme gefährdenden Veränderungen einschließlich des Klimawandels. Sie bekräftigt, dass die biologische Vielfalt und die Ökosysteme noch nie in der Geschichte der Menschheit so gefährdet waren. Das Aussterben vieler Arten habe ein bisher nicht gekanntes Ausmaß angenommen. Es bestand daher die einhellige Überzeugung, dass die biologischen Ressourcen der Erde für die menschliche Entwicklung umfassend geschützt werden müssen. In der Konvention wurde vereinbart, dass nur durch eine wissenschaftlich fundierte und für alle Beteiligten nachvollziehbare Erfassung und Bewertung der bedrohlichen Elemente Vorsorgemaßnahmen erarbeitet werden können, die eine weitere Verschlechterung der Biodiversität verhindern helfen. Dazu ist ein Transfer an Technologie von den Industriestaaten auf die Entwicklungsländer unverzichtbar, sind es doch gerade diese Länder, die am stärksten von dem Klimawandel betroffen sind. Die Konvention betont aber anderseits, dass auch die Industrieländer von dem indigenen Wissen der lokalen Bevölkerungen profitieren können. Die indigenen Völker haben über Jahrhunderte traditionelle Handlungsmodelle entwickelt, die heute auf eine weltweite Anwendbarkeit hin überprüft werden sollten.

Die Konvention führte ferner aus, dass die angestrebte nachhaltige Nutzung der biologischen Vielfalt nur durch eine umfassende und frühzeitige Teilhabe aller gesellschaftlichen Gruppen zu erreichen sei. Konkret hieß dies, dass die Ressourcennutzung so erfolgen muss, dass die biologische Vielfalt langfristig nicht weiter gefährdet wird, ohne dabei aber eine Nutzung generell einzuschränken. Daher wird den Vertragsstaaten auf der einen Seite das Recht eingeräumt, uneingeschränkt über ihre biologischen Ressourcen zu verfügen, auf der anderen aber werden sie verpflichtet, ihre biologische Vielfalt zu erhalten und ihre biologischen Ressourcen auf nachhaltige Weise zu nutzten.

In einem Zusatzprotokoll zur Biodiversitätskonvention, dem sogenannten „Cartagena Protocol on Biosafety" (2000; siehe dort), wurde erstmals völkerrechtlich bindend der grenzüberschreitende Transport sowie der Umgang mit gentechnisch veränderten Organismen geregelt. Das Protokoll sieht Maßnahmen vor, wie genetische Ressourcen vor möglichen Gefahren geschützt werden können, die mit der Freisetzung gentechnisch veränderter Organismen verbunden sein können; z. B. das Einbringen gentechnisch veränderter Maissorten in einem anderen Land. Die Konvention wurde 2010 durch ein weiteres Protokoll ergänzt, dem sogenannten „Nagoya-Protokoll". In ihm verpflichten sich die Vertragsparteien zu einer „ausgewogenen und gerechten Aufteilung der sich aus der Nutzung der genetischen Ressourcen ergebenden Vorteile". Dabei hebt das Protokoll ab auf einen ungehinderten Zugang für alle Staaten zu den genetischen Ressourcen sowie einer angemessenen Weitergabe der damit verbundenen Technologien.

■ **Konvention zur Bekämpfung der Wüstenbildung (UNCCD)**

Auf der UNCED-Konferenz wurde ferner beschlossen, eine Konvention zur Bekämpfung der Wüstenbildung (UN-Convention to Combat Desertification; UNCCD) einzuberufen, deren Aufgabe es sein soll, die Ausbreitung von Wüsten vor allem in Afrika, dem Kontinent, der am schwersten unter Dürren und Wüstenbildung zu leiden hat, zu bekämpfen. Die Konferenz hatte 1992 mit diesem Beschluss einen wichtigen Schritt zur nachhaltigen Entwicklung der Wüstenregionen vollzogen, in dem sie feststellte, dass Desertifikation neben dem Klimawandel und den Biodiversitätsverlusten eine der größten Herausforderungen für die zukünftige Entwicklung der Gesellschaften ist. Die Konvention wurde am 17. Juni 1994 in Paris beschlossen und trat am 26. Dezember 1996 in Kraft. Mittlerweile haben über 194 Staaten die Konvention ratifiziert. Die UNCCD-Konvention versteht sich als ein komplementäres Element zu der UNCBD sowie zu der UNFCCC-Konvention.

Mit der Konvention ist ein völkerrechtlich verbindliches Regelwerk beschlossen worden, das, wie von der UNCED-Konferenz angestrebt, eine Brücke zwischen der Ökonomie und der Ökologie herstellt. Die Konvention setzt dabei vor allem auf die Förderung lokaler *„bottom-up"*-Lösungen, indem sie indigenes Wissen im Kampf gegen die Ausbreitung der Wüsten verfügbar macht. Sie führt allerdings keine eigenen Aktivitäten durch, sondern koordiniert nationale Bestrebungen zur Sicherung der landwirtschaftlichen Produktion in den Trockengebieten und zur Erosionsbekämpfung. Sie möchte so die lokalen Gesellschaften ermutigen, ihre Anstrengungen gegen die Degradation ihrer Länder zu verstärken.

Die Konvention hat sich eine eigene organisatorische Struktur gegeben. Diese umfasst eine Reihe an fachspezifischen Arbeitsgruppen, deren Aktivitäten von einem permanenten „Sekretariat der Konvention zur Bekämpfung der Wüstenbildung" koordiniert wird und das in Bonn in Bad Godesberg (Haus Carstanjen) angesiedelt ist. Ferner wird jährlich der Stand der Umsetzung der Konvention anlässlich der Vertragsstaatenkonferenz der Klimarahmenkonvention (Conference of the Parties; COP; nicht zu verwechseln mit den namensgleichen Konferenzen der UNCED-Konvention) festgestellt. Seit der UNFCCC-COP-5-Konferenz in Genf 2001 existiert darüber hinaus ein Komitee zur Überwachung der Beschlüsse der Wüstenkonferenzen (Committee for the Review of the Implementation of the Convention; CRIC). Seit dem Jahr 2001 finden die COP-Konferenzen alle zwei Jahre statt; jährlich dagegen wird auf den Sitzungen des sogenannten CRIC-Komitees der Stand der Umsetzungen festgestellt.

- **Walddeklaration**

Die erste Grundsatzerklärung der UNCED-Konferenz zum „nachhaltigen Umgang mit den natürlichen Ressourcen" war die Verabschiedung der ersten internationalen „Walddeklaration", oft auch „Waldgrundsatzerklärung" genannt (Statement of Forest Principles). Mit der „Walddeklaration" einigte sich die Staatengemeinschaft erstmalig auf Regeln für eine weltweite nachhaltige Waldbewirtschaftung und die Notwendigkeit des umfassenden Schutzes aller Wälder der Erde. Es handelte sich dabei allerdings nur um eine rechtlich nicht bindende Absichtserklärung. Sie enthielt aber wichtige Forderungen, um die Wälder nach ökologischen Maßstäben bewirtschaften, erhalten und schützen zu können.

In der Deklaration wurde eine Reihe von Grundsätzen vereinbart, u. a.:

- Die Vertragsstaaten erklären ihre Bereitschaft, sich an der „Begrünung der Welt" zu beteiligen, indem sie gerodete Wälder oder waldarme Gebiete wieder aufforsten und erhalten.
- Die Waldbewirtschaftung wird auf einer umweltgerechten Forstplanung aufgebaut, die eine nachhaltige Pflege der an Wälder angrenzenden Gebiete mit einschließt.
- Der internationale Handel mit Nutzholz und anderen Forstprodukten darf nicht durch einseitig getroffene Maßnahmen eingeschränkt oder ganz verboten werden („fairer Handel").
- Die Länder verpflichten sich, die Ursachen von waldschädigenden Phänomenen wie z. B. dem sauren Regen kontinuierlich zu überwachen und zu bekämpfen.

Weitergehende Verpflichtungen, wie sie von den Industriestaaten gewünscht wurden, scheiterten am Widerstand der Entwicklungsländer. Diese Länder berufen sich vor allem auf ihre Souveränität in der Verfügung über ihre nationalen Ressourcen. Insbesondere Länder wie Indonesien und Brasilien betrachten ihre Wälder nicht ausschließlich unter ökologischen Gesichtspunkten, sondern vor allem als Wirtschaftsfaktor. In den folgenden Konferenzen im Rahmen der Deklaration konnten die Bestimmungen wesentlich konkretisiert werden, wobei aber auch die wirtschaftlichen Interessen der Staaten der Dritten Welt stärker berücksichtigt wurden.

In den drauffolgenden Jahren riefen die Vereinten Nationen zunächst den „Zwischenstaatlichen Waldausschuss" (Intergovernmental Panel on Forests; IPF) und anschließend das „Zwischenstaatliche Waldforum" (Intergovernmental Forum on Forests; IFF) ins Leben. Diese beiden Gremien erarbeiteten konkrete Handlungsvorschläge zur Bewirtschaftung, Erhaltung und nachhaltigen Entwicklung der Wälder. Im Oktober 2000 wurde auf Empfehlung des IFF das Waldforum der Vereinten Nationen (United Nations Forum on Forests, UNFF) mit universeller Mitgliedschaft eingerichtet. Damit wurde der wachsenden Bedeutung der nachhaltigen Waldbewirtschaftung Rechnung getragen. Im Juni 2001 fand dessen konstituierende Sitzung statt. Zu seiner Unterstützung wurde eine „Waldpartnerschaft" („Collaborative Partnership on Forests", CPF) aller waldrelevanten internationalen Organisationen gebildet.

Das „Waldforum" zielt auf die Umsetzung der von den Prozessen (IPF/IFF) erarbeiteten Handlungsvorschläge

für die Umsetzung der nachhaltigen Waldwirtschaft. Vorrangig verfolgt das „Waldforum" folgende Ziele:
- Stopp der Waldverluste durch Umsetzung einer nachhaltigen Forstwirtschaft.
- Verbesserung der ökologischen und sozioökonomischen Funktion der Wälder.
- Technische Unterstützung der Entwicklungsländer zum Schutz der Wälder.

- **Deklaration von Rio über Umwelt und Entwicklung**

Zum Abschluss der Konferenz verabschiedete das Plenum die sogenannte „Deklaration von Rio über Umwelt und Entwicklung" (Rio Declaration on Environment and Development). In der Deklaration verpflichteten sich die Vertragsstaaten, aufbauend auf der Stockholm-Deklaration aus dem Jahr 1972, den Schutz der Umwelt:

» durch die Schaffung von neuen Ebenen der Zusammenarbeit zwischen den Staaten, wichtigen Teilen der Gesellschaft und den Menschen eine neue und gerechte weltweite Partnerschaft,

zu fördern. Die Deklaration schlug dafür „internationale Übereinkünfte [vor], die die Interessen aller achten und die Unversehrtheit des globalen Umwelt- und Entwicklungssystems schützen", „anerkennend dass unsere Erde, unsere Heimat, ein Ganzes darstellt, dessen Teile miteinander in Wechselbeziehung stehen".

Die Deklaration umfasst 27 Grundsatzartikel (gekürzt):

» Grundsatz 1
Die Menschen stehen im Mittelpunkt der Bemühungen um eine nachhaltige Entwicklung. Sie haben das Recht auf ein gesundes und produktives Leben im Einklang mit der Natur.

» Grundsatz 2
Die Staaten haben im Einklang mit der Charta der Vereinten Nationen und den Grundsätzen des Völkerrechts das souveräne Recht, ihre eigenen Ressourcen entsprechend ihrer eigenen Umwelt- und Entwicklungspolitik auszubeuten, und haben die Verantwortung, dafür Sorge zu tragen, dass Tätigkeiten unter ihrer Hoheitsgewalt [...] der Umwelt anderer Staaten [...] keinen Schaden zufügen.

» Grundsatz 3
Das Recht auf Entwicklung muss so verwirklicht werden, dass den Entwicklungs- und Umweltbedürfnissen der heutigen und der kommenden Generationen in gerechter Weise entsprochen wird.

» Grundsatz 4
Damit eine nachhaltige Entwicklung zustande kommt, muss der Umweltschutz Bestandteil des Entwicklungsprozesses sein [...].

» Grundsatz 8
[...] die Staaten [sollten] nicht nachhaltige Produktionsweisen und Konsumgewohnheiten abbauen [...] und eine geeignete Bevölkerungspolitik fördern.

» Grundsatz 9
Die Staaten sollten [...] den Ausbau der eigenen Kapazitäten für eine nachhaltige Entwicklung [...] stärken, indem sie [...] den Austausch wissenschaftlicher und technologischer Kenntnisse vertiefen und die Entwicklung, Anpassung, Verbreitung und Weitergabe von Technologien fördern.

» Grundsatz 10
Umweltfragen sind am besten auf entsprechender Ebene unter Beteiligung aller betroffenen Bürger zu behandeln. [...]
Die Staaten erleichtern und fördern die öffentliche Bewusstseinsbildung und die Beteiligung der Öffentlichkeit. [...]

» Grundsatz 11
Die Staaten werden wirksame Umweltgesetze verabschieden. Umweltnormen sowie Bewirtschaftungsziele und -prioritäten sollten dem Umwelt- und Entwicklungskontext entsprechen [...]

» Grundsatz 13
Die Staaten werden [...] Rechtsvorschriften [...] für Umweltverschmutzungen und andere Umweltschäden und [zur ...] Entschädigung der Opfer schaffen. Außerdem werden die Staaten [...] das Völkerrecht im Bereich der Haftung und Entschädigung für nachteilige Auswirkungen von Umweltschäden [...] weiterentwickeln.

» Grundsatz 15
Zum Schutz der Umwelt wenden die Staaten [...] den Vorsorgegrundsatz an. [...] Mangel an [...] wissenschaftlicher Gewissheit [darf] kein Grund sein, [...] Maßnahmen zur Vermeidung von Umweltverschlechterungen aufzuschieben.

» Grundsatz 17
[...] Umweltverträglichkeitsprüfungen durchführen.

» Grundsatz 19
Die Staaten [unterrichten über ...] schwerwiegende nachteilige grenzüberschreitende Auswirkungen auf die Umwelt [...] im voraus und rechtzeitig [...]

» Grundsatz 22
Indigenen Bevölkerungsgruppen [...] kommt [...] eine grundlegende Rolle bei der Bewirtschaftung der Umwelt und der Entwicklung zu. Die Staaten sollten die Identität, die Kultur und die Interessen dieser Gruppen und Gemeinschaften anerkennen und [...] Teilhabe an der Herbeiführung einer nachhaltigen Entwicklung ermöglichen.

» Grundsatz 26
Die Staaten werden alle ihre Streitigkeiten im Umweltbereich friedlich und mit geeigneten Mitteln im Einklang mit der Charta der Vereinten Nationen beilegen.

» Grundsatz 27
Die Staaten und Völker müssen in gutem Glauben und im Geist der Partnerschaft bei der Erfüllung der in dieser Erklärung enthaltenen Grundsätze sowie bei der Weiterentwicklung des Völkerrechts auf dem Gebiet der nachhaltigen Entwicklung zusammenarbeiten.

4 Konferenzen

- **Agenda 21**

Auf der Konferenz wurde des Weiteren die sogenannte „Agenda 21" verabschiedet. Diese Agenda wurde als ein Aktionsprogramm für das 21. Jahrhundert ausgelegt, indem Wege und Ziele einer Klimaanpassung der lokalen (!) Ebene skizziert wurden. Damit wollte die Konferenz deutlich machen, dass durch internationale Abkommen, Regelwerke und Umweltregime alleine eine Verbesserung des Weltklimas nicht erreicht werden kann. Sie verwies daher ausdrücklich darauf hin, dass es ohne eine Umsetzung der Beschlüsse in den Städten und Gemeinden keine nachhaltige Anpassung an den Klimawandel geben würde. Erstmals wurden mit der „Agenda 21" in einem internationalen Abkommen die kommunalen Politikebenen als wichtige Akteure explizit aufgeführt und aufgefordert, ihren spezifischen Bedingungen angepasste Lösungsmodelle zu entwickeln und zusammen mit ihren Bürgern umzusetzen. Die Vereinten Nationen haben mit diesem Ansatz erstmals in der Geschichte den Menschen in seinem ökologischen Umfeld direkt angesprochen.

Thematisch ist die Agenda 21 in vier Themenfelder unterteilt:

- Soziale und wirtschaftliche Dimension:
- In diesem Feld werden die sozialen und wirtschaftlichen Aspekte wie Armutsbekämpfung, eine nachhaltige Bevölkerungsentwicklung, Gesundheitsschutz und nachhaltige Siedlungsentwicklung sowie ein verändertes Konsumverhalten und die Integration von Umweltschutz und sozioökonomischer Entwicklung in die politischen Entscheidungsfindungsprozesse angesprochen.
- Erhaltung und Bewirtschaftung der Ressourcen für die Entwicklung:
- Dieses Feld umfasst die ökologieorientierten Themen zum Schutz der Erdatmosphäre. Es beschreibt, wie die Gesellschaften über die Bekämpfung der Entwaldung, eine nachhaltige Bewirtschaftung der Bodenressourcen, eine dauerhafte Entwicklung des ländlichen Raums, die Bekämpfung der Wüstenbildung, dem Schutz der Ozeane und der Süßwasserressourcen, einem umweltverträglichen Umgang mit toxischen Abfällen zu einer Reduzierung der Treibhausgasemissionen kommen können und wie dadurch auch die biologische Vielfalt erhalten werden kann.
- Stärkung der Rolle wichtiger sozialer Gruppen:
- Dieses Themenfeld beschreibt die partizipativen Aspekte, die für die Umsetzung der Agenda von besonderer Bedeutung sind. Darin werden Handlungsoptionen für eine bessere Integration von Frauen, Familien und insbesondere den indigenen Gesellschaften als unverzichtbar für eine nachhaltige Entwicklung herausgestellt. Des Weiteren ist dazu ein intensiveres Engagement nichtstaatlicher Organisationen, der Wirtschaft sowie den Zivilgesellschaften erforderlich. Von Wissenschaft und Technologie erwartet die „Agenda 21" dazu umsetzbare Lösungsmodelle.
- Möglichkeiten der Umsetzung:
- In diesem Themenfeld werden die institutionellen und organisatorischen Rahmenbedingungen zur Umsetzung vorgestellt. Grundlage dafür sind funktionierende organisatorische Übereinkünfte mit verbindlichen Regelwerken. Das bestehende Instrumentarium der internationalen Zusammenarbeit muss dazu gezielt erweitert werden, vor allem durch einen nicht diskriminierenden Technologie- und Wissenstransfer sowie durch umfassende Aus- und Fortbildung.

- **Kommission für Nachhaltige Entwicklung (UNCSD)**

Eine weitere Folge der Rio-UNCED-Beschlüsse war die Gründung der Kommission für Nachhaltige Entwicklung (Conference on Sustainable Development; UNCSD), die durch eine Resolution der Vereinten Nationen (A/RES/47/191) vom Dezember 1992 als „funktionale UN-Kommission", von UN-ECOSOC mandatiert, ins Leben gerufen worden war, um sicherstellen, dass die auf der UNCED-Konferenz erarbeiteten Lösungsmodelle, wie sie in der Rio-Deklaration und der Agenda 21 festgelegt wurden, umgesetzt werden.

UNCSD versteht sich als Instrument für einen breiten internationalen Klimaschutzdialog und der Partizipation, bei dem sich nicht nur Regierungen austauschen, sondern auch die sie begleitenden zivilgesellschaftlichen Gruppen umfassend einzubeziehen sind. Damit nimmt die Kommission die in Rio vereinbarten Ziele auf und setzt sich für eine praktische Umsetzung der Maßnahmen ein. Organisatorisch ist die Kommission Bestandteil des Wirtschafts- und Sozialrats der Vereinten Nationen (United Nations Economic and Social Council; UN-ECOSOC), welcher der UN-Generalversammlung untersteht. UNCSD folgt den Vorgaben der UN-Vollversammlung, indem sie sektorspezifische Informationen filtert und Vorschläge erarbeitet und diese über UN-ECOSOC in die UN-Systeme einbringt. Die Kommission hat 53 Mitglieder, die für 3 Jahre gewählt und von denen jeweils ein Drittel jährlich in das Gremium neu aufgenommen werden. Sie wird in der Regel von einem Umweltminister der Signatarstaaten geleitet, wobei der Vorsitz turnusmäßig wechselt.

Die Konzeption der Kommission verpflichtet sie, sich vor allem als Koordinierungsorgan zu verstehen, mit einer stark partizipatorischen Ausrichtung, die die große Zahl an nationalen und internationalen Beteiligten sowohl aus den Mitgliedstaaten als auch aus der Wissenschaft zusammenführen soll. Sie kann keine völkerrechtlich verbindlichen Entscheidungen fällen. Jedes Themenfeld verfügt über ein eigenes Sekretariat. Die Kommission tagt jährlich in New York, mit einer alle zwei Jahre wechselnden Themenstellung, wie sie in dem „langfristigen Programm 2003–2017" festgelegt worden war. Zur praktischen Durchführung ihrer Aufgaben stützt sich die Kommission auf ein Netzwerk an vor- und nachbereitenden Treffen und Konferenzen, zu denen immer die wichtigsten zivilgesellschaftlichen Gruppen eingeladen werden.

Nachdem UNCSD bis zur UN-Klimarahmenkonferenz in Johannesburg im Jahr 2002 (CSD COP 10) für eine Dekade als reines Monitoring- und Reviewinstrument verstanden wurde, bekam es in Johannesburg noch die Aufgabe lokal, national und international die Anpassungsprozesse an den Klimawandel politisch zu begleiten.

Bis zum Jahr 2012 hatte die UNCSD 20 Konferenzen abgehalten, von denen die im Jahr 2002 in Johannesburg (World Summit on Sustainable Development, WSSD) die wichtigste war. Mit der 20. Konferenz beschloss die „Kommission für Nachhaltige Entwicklung" ihre Arbeit einzustellen. Alle Konferenzen haben am UN-Hauptquartier in New York stattgefunden. ◘ Tab. 4.2 gibt einen Überblick über wichtige Tagesordnungspunkte.

- **Rahmenübereinkommen der Vereinten Nationen über Klimaänderungen (UNFCCC), Rio de Janeiro**

Auf der UNCED-Konferenz in Rio de Janeiro wurde des Weiteren das „Rahmenübereinkommen der Vereinten Nationen über Klimaänderungen" (United Nations Framework Convention on Climate Change, UNFCCC) abgeschlossen, oft auch abgekürzt als „Klimarahmenkonvention" oder als „Klimakonvention".

Ausgangspunkt für die Konvention war die Resolution Nr. 45/212 der Generalversammlung der Vereinten Nationen vom Dezember 1990, in der ein Verhandlungsprozess unter der Schirmherrschaft der UN zur Aushandlung eines Rahmenübereinkommens über Klimaänderungen beschlossen worden war. Nach 15-monatigen Verhandlungen wurde das Übereinkommen 1992 auf dem UNCED-Gipfel in Rio de Janeiro vereinbart und noch vor Ort durch über 150 Staaten unterzeichnet. Zwei Jahre nach Unterzeichnung trat die Konvention im Mai 1994 in Kraft. Mittlerweile haben nahezu alle 195 Staaten der Erde die „Klimarahmenkonvention" ratifiziert.

Die Konvention besteht aus einer Reihe internationaler Vereinbarungen; vor allem die Übereinkommen:
- zum Schutz der Meere,
- gegen die Ausbreitung von Trockengebieten,
- gegen die Schädigung der Ozonschicht sowie,
- gegen das Aussterben von Tier- und Pflanzenarten.

Die Konvention ist ein internationales und multilaterales Abkommen mit dem Ziel, die (inzwischen allgemein anerkannten) anthropogen verursachten Störungen des Klimasystems zu verhindern, mit dem Hauptziel, die Treibhausgaskonzentrationen in der Atmosphäre auf einem Niveau zu stabilisieren, auf dem eine gefährliche anthropogene Störung des Klimasystems verhindert wird. Das angestrebte Niveau sollte innerhalb eines Zeitraums erreicht werden, der ausreichend lang ist, damit sich die Ökosysteme auf natürliche Weise den Klimaänderungen anpassen können, die Nahrungsmittelerzeugung nicht bedroht wird und die wirtschaftliche Entwicklung auf nachhaltige Weise

◘ **Tab. 4.2** Überblick über die UNCSD-Konferenzen

Jahr	Konferenz	Tagesordnungspunkte
1993	CSD1	Operationalisierung der Umsetzung der UNCED-Vereinbarungen/Agenda 21
1993	CSD2	Planung der Aktivitäten 1993–1998
1995	CSD3	Desertifikation, Aus-/Fortbildung, Biodiversität, Technologietransfer
1996	CSD4	Handel, Armutsbekämpfung, demographischer Wandel, Technologietransfer
1997	CSD5	Forst, Kleine Inselstaaten
1998	CSD6	Wassermanagement, Industrie, Technologietransfer, Kleine Inselstaaten
1999	CSD7	Meere, Tourismus, Aus-/Fortbildung, nachhaltige Produktion und Ressourcennutzung
2000	CSD8	Forst, Landwirtschaft, Landmanagement, Handel, Ökonomie
2001	CSD9	Nachhaltige Energiegewinnung, Schutz der Atmosphäre, Transport, Energie
2002	CSD10	Vorbereitung des World Summit on Sustainable Development, Johannesburg
2003	CSD11	Kleine Inselstaaten
2004	CSD12	Wasser, Hygiene/Sanitation, Stadtentwicklung
2005	CSD13	Wasser, Hygiene/Sanitation, Stadtentwicklung
2006	CSD14	Energie, Industrie, Luftverschmutzung, Klimawandel
2007	CSD15	Energie, Industrie, Luftverschmutzung, Klimawandel
2008	CSD16	Mauritius-Strategie für die Kleinen Inselstaaten
2009	CSD17	Ländliche Entwicklung, Desertifikation, Afrika
2010	CSD18	Bergbau, Verkehr/Transport, Chemie, Abfallwirtschaft
2011	CSD19	10-Jahresprogramm für nachhaltiges Wirtschaften
2012	CSD20	Die Kommission beendet ihre Arbeit und wird offiziell aufgelöst

fortgeführt werden kann. In der Konvention war 1992 kein verpflichtendes Reduktionsziel festgeschrieben, sondern das Abkommen beschrieb vielmehr das generelle Ziel sowie den institutionellen Rahmen, mithilfe dessen dieses Ziel erreicht werden soll.

Die vereinbarten Strukturen und Gestaltungsprozesse haben wesentlich die Diskussionen und das spätere Ergebnis des Kyoto-Protokolls beeinflusst. In die Formulierungen der Konvention waren sowohl die Ansätze von auf die jeweiligen Länder ausgerichteten Aktionen („*bottom-up*"; eine von den USA vertretene Position; Artikel 4.1) als auch die Internationalität der verbindlichen Regelung mit festgesetzten Zielen und Zeitplänen („*top-down*"; eine von der EU vertretene Position; Artikel 4.2), eingeflossen.

Als Ziel der „Klimarahmenkonvention" wurde im Artikel 2 festgelegt, eine:

» Stabilisierung der Treibhausgaskonzentrationen in der Atmosphäre auf einem Niveau zu erreichen, auf dem eine gefährliche anthropogene [d. h. vom Menschen verursachte] Störung des Klimasystems verhindert wird.

In der englischen Originalfassung nach United Nations, 1992, S. 9:

» to achieve [...] a stabilization of greenhouse gas concentrations in the atmosphere at a level that would prevent dangerous anthropogenic interference with the climate system. Such a level should be achieved within a time-frame sufficient to allow ecosystems to adapt naturally to climate change, to ensure that food production is not threatened and to enable economic development to proceed in a sustainable manner.

In dem Abkommen hat sich die Konferenz damals nicht festgelegen können, was sie genau unter dem Begriff „gefährliche Störung des Klimasystems" versteht. Es dauerte noch fast 20 Jahre, bis man sich auf der Vertragsstaatenkonferenz in Cancún 2010 (UNFCCC-COP 16) auf ein genaues Reduktionsziel einigen konnte: den globalen Temperaturanstieg auf unter 2 °C gegenüber der vorindustriellen Zeit zu begrenzen. Dieses, so wurde damals von dem Weltklimarat IPCC errechnet, würde bedeuten, dass die Emissionen weltweit um 60 %, die der Industrieländer bis zum Jahr 2050 um 80–95 % gegenüber dem Referenzjahr 1990 reduziert werden müssen.

Eines der zentralen Aspekte der Klimarahmenkonvention war die Übereinkunft, dass:

» die Unterzeichnerstaaten sich verpflichten das Klimasystem der Erde gemeinschaftlich zu schützen, zum Nutzen der heutigen und zukünftigen Generationen zu schützen auf der Grundlage der unterschiedlichen Verantwortung und in Kenntnis ihrer jeweiligen wirtschaftlichen und technischen Leistungsfähigkeit (Artikel 3, 1. Absatz).

In der englischen Originalfassung (nach United Nations 1992, S. 9):

» the parties should protect the climate system for the benefit of present and future generations of humankind, on the basis of equity and in accordance with their common but differentiated responsibilities and respective capabilities. Accordingly, the developed country parties should take the lead in combating climate change and the adverse effects thereof.

Damit wurde der globale Klimaschutz mit einem klar definierten Reduktionsziel als eine gemeinsame Aufgabe aller Staaten festgeschrieben. Mit der Konvention sind die Vertragsstaaten eine Reihe von Verpflichtungen eingegangen. So hatten sie sich einverstanden erklärt, jährlich nationale Mitteilungen vorzulegen in denen sie:
- ihre Treibhausgasemissionen nach „Quellen" und „Senken" getrennt aufführen,
- über die nationalen Programme zur Abschwächung des Klimawandels Rechenschaft ablegen,
- Strategien zur Anpassung an den Klimawandel entwickeln und in der praktischen Politik anwenden,
- ihre Bereitschaft erklären, den Technologietransfer sowie die nachhaltige Bewirtschaftung und Verbesserung von „Senken" zu fördern.

Außerdem verpflichtet die „Klimarahmenkonvention" alle Vertragsstaaten (Annex-I-Staaten und Nicht-Annex-I-Staaten), den Klimawandel in ihren sozioökonomischen und ökologischen Entwicklungsstrategien zu berücksichtigen. Dazu werden sie wissenschaftlich und technisch mit den Entwicklungsländern zusammenarbeiten Aus- und Fortbildungsmaßnahmen zur Bewusstseinsbildung und zum Informationsaustausch vornehmen. Bei diesen Anstrengungen werden die Entwicklungsländer durch den Finanzierungsmechanismus des Übereinkommens, die Globale Umweltfazilität (GEF) unterstützt.

Der konzeptionelle Ansatz der Konvention liegt darin, in den Vertragsstaaten eine Diskussionsplattform zum Thema Klimawandel zu institutionalisieren und so auch noch „zögerliche" Länder von der Legitimität des Ansatzes zu überzeugen. Insbesondere der internationale Gruppendruck führte dazu, dass sich alle Länder weltweit mit dem Thema auseinanderzusetzen begannen und nicht immer die „andere Seite" für Probleme verantwortlich zu machen. Die Konvention bekennt sich zu dem „Vorsorgeprinzip", nach dem Aktivitäten, die möglicherweise schwere oder irreparable Schäden verursachen können, eingeschränkt oder untersagt werden können, auch wenn der Beweis negativer Auswirkungen wissenschaftlich noch nicht mit absoluter Sicherheit belegt werden kann.

Die Vertragsparteien kommen in der Konvention überein, den Klimawandel, Fragen der Landwirtschaft, der Energie, der natürlichen Ressourcen und zum Küstenschutz in ihre politischen Entwicklungspläne zu integrieren. Sie fordert auf, nationale Programme zur Treibhausgasminderung zu verabschieden und entsprechend umzusetzen. Dazu muss jedes Land ein nationales Emissionsverzeichnis erstellen, in dem „Quellen" und „Senken" aufgelistet sind. Diese Inventare sind in regelmäßigen Abständen zu aktualisieren und zu veröffentlichen. Sie sind dann Ausgangspunkt für etwaige Anpassungen in den zukünftigen Übereinkommen.

In der Konvention anerkennen alle Staaten, dass eine grundlegende Ungerechtigkeit zwischen den Staaten im Zusammenhang mit dem Klimawandel besteht. Verantwortlich für den Anstieg der Treibhausgase sind in erster Linie die Länder mit hohem Lebensstandard (Europa, Nordamerika, Japan und heute auch China, Brasilien, Indien), die ihren Wohlstand vor allen einem hohen Energieverbrauch und einer starken Technologieorientierung verdanken. Mit der Formulierung der „gemeinsamen, aber jeweils verschiedenen Verantwortlichkeit gemäß ihrer sozialen und wirtschaftlichen Leistungsfähigkeit" stellt die Konvention fest, dass die Annex-I-Staaten die Hauptverantwortung für die Bekämpfung des Klimawandels tragen. Daher fällt diesen Ländern die führende Rolle bei der Bekämpfung der Klimaänderungen zu.

Auf der anderen Seite stehen die Entwicklungsländer, die durch die Auswirkungen des Klimawandels besonders gefährdet sind. Sie befürchten, durch die Konvention in ihrer wirtschaftlichen und sozialen Entwicklung zum Wohle des Weltklima eingeschränkt zu werden. In der Konvention wird das Recht der Entwicklungsländer auf wirtschaftliche Entwicklung uneingeschränkt anerkannt. Das wird bedeuten, dass der Anteil der Entwicklungsländer an den weltweiten Treibhausgasemissionen mit dem Ausbau ihrer Industrie zur Verbesserung der sozialen und wirtschaftlichen Lebensbedingungen ihrer Bevölkerung steigen wird.

Eines der grundlegenden Prinzipien der Konvention lautet daher, dass die speziellen Bedürfnisse und besonderen Gegebenheiten der Entwicklungsländer bei allen Klimaschutzmaßnahmen „voll berücksichtigt" werden müssen. Es wird ferner anerkannt, dass Länder, in denen die Industrialisierung erst an ihrem Anfang steht, die mit einem vorbeugenden Klimaschutz verbundenen finanziellen und technischen Belastungen nicht allein tragen können. Dies betrifft vor allem die Nutzung fossiler Brennstoffe, dem Meeresspiegelanstieg (vgl. „Kleine Inselstaaten"; ▶ Abschn. 1.1.3), der Verlagerung landwirtschaftlicher Nutzflächen oder das Auftreten extremer Naturkatastrophen.

Dennoch eröffnete sie einen Pfad für einen gerechteren Lastenausgleich unter den Vertragsstaaten. In der Konvention ist festgehalten, dass die Emissionen in Vergangenheit und Gegenwart hauptsächlich in den entwickelten Ländern ihren Ursprung haben. Konkrete Verpflichtungen im Zusammenhang mit der Finanzierung und dem Technologietransfer gelten nur für die reichsten Länder, im Wesentlichen die Mitgliedstaaten der Organisation für wirtschaftliche Zusammenarbeit und Entwicklung (OECD). Sie erklären sich bereit, Aktivitäten in den Entwicklungsländern im Zusammenhang mit Klimaänderungen über eine eventuell laufende Finanzhilfe hinaus mit zusätzlichen Mitteln zu unterstützen.

Die Konvention ermutigt zu wissenschaftlicher Forschung über Klimaänderungen. Sie fordert zur Sammlung von Daten, zu Forschungsarbeit und Klimabeobachtung auf. Die Klimakonvention fordert sie zur Weitergabe von Technologien und zu anderen Formen der Zusammenarbeit im Hinblick auf die Verringerung des Treibhausgasausstoßes auf, insbesondere in den Bereichen Energie, Verkehr, Industrie, Land- und Forstwirtschaft sowie Abfallwirtschaft, die insgesamt fast alle vom Menschen verursachten Treibhausgasemissionen produzieren. Die Konvention ist so konzipiert, dass die Länder sie im Lichte neuer wissenschaftlicher Entwicklungen verschärfen oder abschwächen können. Sie können zum Beispiel konkrete Maßnahmen (etwa die Reduzierung der Treibhausgasemissionen um eine bestimmte Menge) in Form von „Zusätzen" oder „Protokollen" zur Konvention beschließen, was sich allerdings erst später im Jahr 1997 durch die Verabschiedung des Protokolls von Kyoto umsetzen lies.

Mit der Konvention wurde erstmals ein völkerrechtlich verbindliches Abkommen zum Klimaschutz abgeschlossen, in dem sich die Vertragsstaaten verpflichten, eigene Emissionsminderungen anzustreben, und zwar gemäß ihrer CO_2-Emissionen sowie ihrer wirtschaftlichen Leistungsfähigkeit. Mit dem Prinzip der „gemeinsamen, aber unterschiedlichen Verantwortlichkeiten" anerkennen die Industrieländer ihre Verantwortung zum Umwelt- und Klimaschutz gegenüber der Weltgemeinschaft. Aber auch die Entwicklungsländer werden in die Pflicht genommen, alles ihnen Mögliche zu unternehmen, um ihre Treibhausgasemissionen zu reduzieren.

In dem Abkommen werden die Staaten in folgende Gruppen untergliedert:
- Annex-I-Staaten
  Zu den Annex-I-Staaten gehören als Hauptproduzenten der Treibhausgase, vor allem die OECD-Staaten außer Südkorea und Mexiko sowie alle osteuropäischen Länder außer Jugoslawien und Albanien. Sie werden im Annex I, also im ersten Anhang der Klimarahmenkonvention aufgeführt und werden daher auch als Annex-I-Staaten bezeichnet und der Begriff wird daher auch oft als Synonym für Industrieländer benutzt. Die Annex-I-Staaten haben sich auf weitreichende freiwillige nationale Anstrengungen zur Treibhausgasemissionsminderung sowie zur umfassenden Berichterstattung über den Stand der Umsetzung von Klimaschutzmaßnahmen verpflichtet. Darüber hinaus haben sich die wirtschaftlich starken Industrieländer verpflichtet, finanzielle und fachlich-technische Unterstützung von Maßnahmen in den Entwicklungsländern zu leisten.

Die Annex-I-Staaten anerkennen damit das Verursacherprinzips, wie es sich auch in den verbindlichen Reduzierungsverpflichtungen für die Industriestaaten im Rahmen des Kyoto-Protokolls niederschlug.
- Annex-B-Staaten
  In Annex B des Prokolls sind alle diejenigen Länder aufgelistet, die unter dem Kyoto-Protokoll konkrete Emissionsreduktionsverpflichtungen in der ersten Verpflichtungsperiode (2008–2012) übernommen haben. Auf der Liste stehen neben den Annex-I-Ländern die Länder Kroatien, Slowenien, Monaco und Liechtenstein, jedoch ohne Weißrussland und Türkei. Der Begriff „Annex-B-Länder" wird daher ebenfalls oft als Synonym mit „Industrieländer" benutzt.
- Nicht-Annex-I-Staaten
  Zu den Nicht-Annex-I-Staaten zählen die Entwicklungsländer, worunter damals auch China und Indien fielen. Diese Länder wurden von einer Reduktion ihrer Emissionen freigestellt. In den mehr als 30 Jahren seit Verabschiedung des Klimarahmenabkommens hat sich aber die wirtschaftliche Leistungsfähigkeit insbesondere der Schwellenländer China, Brasilien und Indien entscheidend verbessert. So ist China heute in absoluten Emissionsmengen gemessen weltweit größter CO_2-Emittent, gefolgt von den USA und Indien. Auch bezogen auf die Pro-Kopf-Emissionen hat China mittlerweile ein Niveau erreicht, das vielen Industrieländern vergleichbar ist. Die derzeitige Diskussionen im Rahmen der Klimarahmenkonvention gehen dahin, diese ökonomischen Realitäten durch neue Klimaschutzabkommen umfassend zu berücksichtigten, sodass, diese Staatengruppe auch Verpflichtungen zum Klimaschutz übernehmen.

In der Konvention wurden den 49 von den Vereinten Nationen als „am wenigsten entwickelt" eingestuften Ländern (*least development countries,* LDC) ein spezieller Status zugebilligt. Sie sind und werden am stärksten von dem Klimawandel betroffen. Die Vertragsstaaten wurden daher aufgefordert, auf die speziellen Bedürfnisse dieser Staatengruppe besondere Rücksicht zu nehmen.

Voraussetzung für Staaten, sich über die „Flexiblen Mechanismen" ihre Emissionsminderungen anrechnen zu lassen, ist auch an eine wirksame Kontrolle der Durchführung gekoppelt. Dazu müssen die Länder auf nationaler Basis ihre Emissionen nachvollziehbar erfassen. In jedem ist dafür ein Datenerfassungszentrum einzurichten. In Deutschland ist dies beim Bundesministerium für Umwelt angesiedelt. Ein erster Ansatz dazu ist bereits im Protokoll vorhanden. Danach müssen die Staaten ihre Emissionen jährlich in einem nationalen Emissionsbericht veröffentlichen. Damit will das Protokoll einen „moralischen Druck" auf die Vertragsstaaten ausüben, wenn man sich schon nicht auf rechtlich bindende Sanktionen, wie z. B. einer entsprechenden Erhöhung der Reduktionsziele für den Fall der Nichteinhaltung *(non-compliance).* einigen konnte.

■ **Die Organe der Klimarahmenkonvention**

Das höchste Beschlussgremium der Klimarahmenkonvention ist die Vertragsstaatenkonferenz der Unterzeichner der UN-Klimarahmenkonvention (Conference of the Parties; COP). Dieses Gremium tritt jährlich zusammen, um den Stand der Durchführung der Konvention zu überprüfen. Alle 194 bei der Konvention akkreditierten Staaten nehmen daran teil. Die Konferenz fasst die Beschlüsse, um die wirksame Durchführung des Übereinkommens zu fördern. Sie wird administrativ unterstützt vom Klimasekretariat in Bonn.

In den ersten 5 Sitzungsperioden wurden die Vertragsstaatenkonferenzen jährlich abgehalten; ab 2001 wechselte der Modus in einen 2-jährigen Rhythmus. Zwei Expertengremien unterstützen die Konvention, zum einen das Committee on Science and Technology (CST) sowie das Committee for the Review of the Implementation of the Convention (CRIC), das aber erst im Jahr 2001 anlässlich der UNFCCC-COP 5 eingerichtet wurde.

Unterstützt werden die Konferenzen bezüglich der Klimarahmenkonvention, dem Kyoto-Protokoll und dem Paris-Agreement durch Expertengremien:
- Gremium für Wissenschaftliche und Technische Fragen (Subsidiary Body for Scientific and Technological Advice; SBSTA)
- Gremium für Fragen der Umsetzung (Subsidiary Body for Implementation; SBI)

Diese Gremien erstellen bei Bedarf Berichte, Analysen und Empfehlungen zu allen Fragen der Konferenzmechanismen (Klimarahmenkonvention; Kyoto-Protokoll und seit 2015 Paris-Agreement) nach Maßgabe der Konventionssatzung und im Auftrag der jeweiligen Konferenz.

Die SBSTA stellt das zentrale Bindeglied zwischen den Berichterstattungen aus den Vertragsstaaten, und den Wissenschafts- und Forschungseinrichtungen weltweit dar, wie zum Beispiel dem IPCC. So stellt das Gremium regelmäßig Informationen zu den Treibhausgasemissionen der Annex-I-Staaten zusammen und bewertet ihre Auswirkungen auf die Vulnerabilität der bedrohten Gesellschaften in den Entwicklungsländern. Sie analysiert die Emissionen aus der Waldnutzung, der Landdegradation und erarbeitet daraus Empfehlungen zum Einsatz geeigneter Mitigationstechnologien sowie zur effektiven Steuerung dieser Aktivitäten.

Das SBI-Gremium unterstützt das Sekretariat durch eine fachspezifische Erfassung und Bewertung des Stands der Umsetzung der Aktivitäten; seit 2013 insbesondere durch einen speziellen *„monitoring-reviewing-verifying"*-Mechanismus (MRV). Auch wird durch das SBI die Allokation der Finanzmittel begleitet, wie zum Beispiel der mit 100 Mio. US$ ausgestattete „Adaption Fond". Zusammen mit dem SBSTA werden auch die im Rahmen der Konvention vereinbarten nationalen Förderprogramme auf den Sektoren *„capacity building"*, „Technologietransfer" und „Klimaadaption" verfolgt. Die Sitzungen des SBI werden halbjährlich und traditionell zusammen mit denen des SBSTA und in der Regel am Standort des Sekretariats in Bonn abgehalten.

Darüber hinaus gibt es eine Reihe an temporären Arbeitsgruppen mit gleichem Status wie die Nebenorgane; so z. B. die:
- Ad-hoc-Gruppe zum Berliner Mandat (AGBM),
- Ad-hoc-Gruppe zu Artikel 13 („*Multilateral Consultative Process*").

Administrativ unterstützt wird die Vertragsstaatenkonferenz vom Klimasekretariat. Die Einrichtung eines solchen Sekretariats war schon auf der ersten Vertragsstaatenkonferenz (UNFCCC-COP 1) in Bonn beschlossen worden und im Jahr 1996 in Bonn (Haus Carstanjen) angesiedelt. Das Sekretariat ist international mit etwa 100 Mitarbeitern besetzt und wird von einem Exekutivsekretär geleitet, der vom Generalsekretär der Vereinten Nationen in Abstimmung mit der Vertragsstaatenkonferenz ernannt wird. Der Exekutivsekretär ist gleichzeitig Beigeordneter Generalsekretär der Vereinten Nationen. Das Sekretariat hilft Regierungen und Institutionen bei der Vorbereitung der jährlichen Vertragsstaatenkonferenzen, unterstützt deren Durchführung und die Konferenznachbereitungen. Das Mandat des Sekretariats ist in Artikel 8 der Konvention beschrieben. Danach führt es selbst weder klimamindernde Aktivitäten durch, noch formuliert es entsprechende Politikansätze, sondern es ist ausschließlich organisatorisch tätig, um einen ungehinderten Informations- und Datenaustausch zu gewährleisten.

Das Mandat beinhaltet unter anderem die folgenden Tätigkeitsbereiche:
- Unterstützung des Präsidenten und der Büros der Vertragsstaatenkonferenzen,
- Organisation der Tagungen der Konferenz der Vertragsparteien und ihrer Nebenorgane,
- Entwurf der Strukturen zur Harmonisierung der Datensammlung,
- Informationsaustausch über Technologien zur Anpassung an den Klimawandel,
- Entwicklung von Pilotaktivitäten zu Mechanismen aus dem Protokoll von Kyoto,
- Sammlung und Weitergabe von klimawandelrelevanten Informationen,
- Koordinierung der Überprüfung der von den Vertragsparteien eingereichten Mitteilungen,
- Sammlung und Synthese von klimarelevanten Daten,
- Erleichterung des Informationsaustausches zu Themen im Zusammenhang mit dem Klimawandel,
- Verteilung von Informationen an die Vertragsparteien und Veröffentlichung auf der UNFCCC-Webseite, auf CD-ROM sowie in gedruckter Form,
- Kontaktpflege mit anderen internationalen Gremien.

Des Weiteren gibt das Sekretariat in Zusammenarbeit mit der Information Unit for Conventions (IUC) des Umweltprogramms der Vereinten Nationen (UNEP) folgende Materialien heraus:

- *Klimaänderungen besser verstehen:* Ein Leitfaden für Anfänger zur Klimakonvention der Vereinten Nationen und zum Protokoll von Kyoto
- *Klimawandel-Informationsmappe.*

■ **1993**
■■ **1. Konferenz der Kommission für Nachhaltige Entwicklung der Vereinten Nationen (UNCSD-COP 1), New York**

In der Zeit vom 14.06. bis 25.06. wurde in New York am Hauptquartier der Vereinten Nationen die erste „Konferenz der Kommission für Nachhaltige Entwicklung der Vereinten Nationen" (United Nations Commission on Sustainable Development, UNCSD-COP 1) abgehalten. Zu der Konferenz hatten alle 53 Mitgliedsstaaten Vertreter entsandt.

Dabei standen die Beratungen zur Überwachung der Umsetzung der UNCED-Vereinbarungen insbesondere zur Implementierung der Agenda 21 im Mittelpunkt der Diskussionen. Auf ihrer ersten Konferenz standen zu allererst prozedurale Fragen im Vordergrund. Als Weiteres wurde ein 5-Jahresprogramm beschlossen, das die Basis aller Aktivitäten zum Erreichen der Ziele, wie sie bei der UNCED-Konferenz in Rio de Janeiro beschlossen wurden, darstellte. Die Konferenz hatte damit die Weichen gestellt, um die Aspekte „Umweltschutz" und „nachhaltige Entwicklung" umfassend in das UN-System einzupassen.

Zur Operationalisierung der Aktivitäten wird sich die UNCSD-Kommission einmal jährlich in New York treffen. Auf diesen Treffen sollen die Agenda für das nächste Jahr beschlossen, die handelnden Akteure identifiziert, der Zeitrahmen abgesteckt sowie die notwendigen finanziellen und technischen Ressourcen alloziert werden. Die Kommission entschied, sich dabei von informellen Expertengremien unterstützten zu lassen. Es wurde ferner beschlossen, jeweils nicht mehr als 3 solcher Gremien gleichzeitig zu beauftragen.

Die Konferenz rief alle Organisationen im UN-System inklusive des GEF auf, sachorientierte Berichte über ihre Aktivitäten zu erstellen, aus denen ersichtlich wird, wie sie die UNCED-Ziele im Einzelnen umsetzen. Des Gleichen wurden alle relevanten Nichtregierungsorganisationen aus den Bereichen Umwelt und Entwicklung und Umweltschutzgruppen aufgefordert, sich mit eigenen Berichten zu engagieren. Gemäß der Resolution 47/191 (§ 18) der UN-Vollversammlung muss die UNCSD-Kommission der UN-Vollversammlung über UN-ECOSOC jährlich in einem zusammenfassenden Bericht zu allen Ergebnissen, insbesondere aber zu den erkannten Defiziten Stellung nehmen. Die Berichte sollen es der UN ermöglichen, alle im Rahmen des UN-Systems durchzuführenden Aktivitäten zur Umsetzung der Agenda 21 besser zu koordinieren, um so zu einer effektiven Zusammenarbeit innerhalb und außerhalb des UN-Systems zu kommen.

Ein Instrument zur Umsetzung der Agenda 21 innerhalb der UNCSD sollten sogenannte Ministerrunden (high-level meetings) sein, die, so der Wunsch der Kommission, integraler Bestandteil des Entscheidungsfindungsprozesses werden sollten, um so das erforderliche politische Momentum in der Umsetzung zu gewährleisten.

- 1994
- **Vertragsstaatenkonferenz der Biodiversitätskonvention der Vereinten Nationen (UNCBD-COP 1), Nassau/Bahamas**

Die 1. Vertragsstaatenkonferenz des „Übereinkommens über die biologische Vielfalt" der Vereinten Nationen (United Nations Convention on Biological Diversity; UNCBD-COP 1) fand vom 28.11. bis 09.12.1994 in Nassau auf den Bahamas statt.

Das „Übereinkommen zur biologischen Vielfalt", oft auch als „Artenschutzkonvention" oder „Biodiversitätskonvention" bezeichnet, wurde anlässlich der UNCED-Konferenz 1992 in Rio de Janeiro verabschiedet. Die Biodiversitätskonvention gehört, wie die Klimarahmen- und die Wüstenkonvention, zu den drei Rio-Konventionen. Die Konvention ist das erste internationale Abkommen, das umfassend den Schutz der belebten Umwelt im Rahmen des UN-Systems verbindlich regelt. Unter der biologischen Vielfalt wird in dem Abkommen sowohl die Vielfalt der genetischen Ressourcen als auch die Diversität von Lebensräumen und Ökosystemen verstanden. Weltweit sterben pro Tag bis zu 200 Arten an Pflanzen und Tieren. Dieser Verlust betrifft insbesondere die biologischen Ressourcen am Beginn der Nahrungskette, die, wenn sie unterbrochen wird, gravierende Auswirkungen auf das ökologische Gleichgewicht nach sich zieht. Mit dem Abkommen wird der biologischen Vielfalt ein hoher Stellenwert für die ökologische, genetische, soziale, wirtschaftliche, kulturelle und ästhetischen Entwicklung der Menschheit zugeschrieben und ihre Erhaltung als entscheidend zur Befriedigung der Bedürfnisse – vor allem der zukünftigen Generationen – anerkannt. Um weltweit die Tier- und Pflanzenarten, ihre bedrohten Lebensräume und das dort vorhandene genetische Potenzial nachhaltig schützen zu können, hat die Konvention einer nachhaltigen Nutzung der biologischen Ressourcen durch den Menschen, den Schutz der Arten gleichwertig zur Seite gestellt. Das Abkommen geht damit weit über eine (einfache) Regelung des Artenschutzes hinaus. Mit dem Abkommen soll gewährleistet werden, dass die Welt die „biologische Vielfalt" erhält und sie dennoch „auf gerechte und ausgewogene Art" nachhaltig nutzen kann. Das Abkommen verbindet damit das Ziel, dass die soziale und wirtschaftliche Entwicklung durch den Artenschutz nicht eingeschränkt werden soll, die biologische Vielfalt aber langfristig nicht weiter gefährdet wird. Die Länder werden aufgefordert, bei der Nutzung ihrer biologischen Ressourcen zugleich auch Sorge zu tragen für eine Aufrechterhaltung ihrer Vielfalt.

Um dieses Ziel zu erreichen, betont das Übereinkommen die besondere Verantwortung der Industriestaaten bei der Umsetzung und Finanzierung der Konvention. Ein Mittel dazu wurde in einem umfassenden Technologietransfer gesehen, mit dem Entwicklungsländern in die Lage versetzt werden sollen, ihre biologische Vielfalt und deren Nutzung nachhaltig zu gestalten. Dabei soll der Technologietransfer gerecht und zu möglichst günstigen Bedingungen erfolgen, und auch eine umfassende Anerkennung von Patentrechten mit einschließen. Die Konvention verlangt des Weiteren, dass die Unterzeichnerstaaten den Zugang zu Genmaterial innerhalb ihrer Grenzen zur nachhaltigen Nutzung erleichtern sowie Vorteile und Gewinne aus Forschung und Entwicklung und der kommerziellen Nutzung von Genressourcen gerecht verteilen.

Die Vertragsstaatenkonferenz (Conference of the Parties; COP) ist das höchste Entscheidungsgremium der Konvention. Auf ihr verhandeln die Mitgliedsstaaten alle zwei Jahre die Fortschreibung der Inhalte und den Stand Umsetzung der Beschlüsse. Mit dem Beitritt zur Konvention verpflichten sich die Unterzeichnerstaaten, die Bestimmungen der Konvention in nationales Recht zu übertragen. Bis Ende 1993 unterzeichneten 167 Staaten die Biodiversitätskonvention. Nach ihrer Ratifizierung durch 30 Staaten trat die Konvention am 29.12.1993 in Kraft.

Auf ihrer Konferenz in Nassau 1994 wurden die grundlegenden Bestimmungen zur Durchführung der Konvention beschlossen. Nachdem die internationalen Regime unter dem Dach der UN, allen voran die FAO, UNEP und UNESCO, ihre grundsätzliche Bereitschaft erklärt hatten, die Ziele der Konvention in ihren Aufgaben zu unterstützen und der Konvention ihre volle Kooperation versichert hatten, klärten die Teilnehmer unter anderem, dass die UN-Umweltorganisation (UNEP) die Funktion des Sekretariats der Konvention übernehmen soll. Die Konferenz lud alle Teilnehmerstaaten ein, bis zur COP 2 1995 in Jakarta ihr Interesse an der Übernahme des Sekretariatssitzes anzumelden.

Nach Artikel 18 der Konvention soll die Vertragsstaatenkonferenz auch die Funktion einer Clearingstelle wahrnehmen und hierfür ein Netzwerk aufbauen, mit dem Informationen, Ideen und Kontakte ausgetauscht werden können. Über das *Clearing House* sollten die Aktionen in den Ländern besser organisiert, strukturiert, finanziell gefördert und fachlich begleitet werden. Dazu schlug die Artenschutzkonvention vor, technische und wissenschaftliche Kooperationen voranzutreiben und wissenschaftliche Erkenntnisse zum gegenseitigen Vorteil frei und ungehindert auszutauschen. Die Globale Umweltfazilität (GEF) sollte zunächst nach Artikel 39 der Konvention die Struktur für die finanzielle Abwicklung der Konvention stellen. Des Weiteren sollte ein der Konferenz untergeordnetes „Gremium für wissenschaftliche, technische und technologische Beratung" (Subsidiary Body on Scientific, Technical and Technological Advice; SBSTTA) gemäß Artikel 25 der Konventionen eingerichtet werden. Dieses Gremium hat zu jeder Vertragsstaatenkonferenz über den Stand der Umsetzung der Agenda zu berichten. Die SBSTTA soll dazu rechtzeitig vor jeder Konferenz spezielle Vorbereitungstreffen abhalten, um den Stand der Umsetzung festzustellen und entsprechende Vorschläge für die Konferenzagenda auszuarbeiten. Des Weiteren soll sie bis zur zweiten Vertragsstaatenkonferenz in Jakarta ein vorläufiges Arbeitsprogramm für den Zeitraum 1995–1997 vorlegen.

Außerdem hatte die Vertragsstaatenkonferenz der UN-Vollversammlung vorgeschlagen, den 29. Dezember (Tag des Inkrafttretens der Biodiversitätskonvention) zum Internationalen Tag des Artenschutzes zu erklären.

2. Konferenz der Kommission für Nachhaltige Entwicklung der Vereinten Nationen (UNCSD-COP 2), New York

In der Zeit vom 16. bis 24. Mai wurde in New York die 2. Konferenz der „Kommission für Nachhaltige Entwicklung" der Vereinten Nationen (United Nations Commission on Sustainable Development, UNCSD-COP 2) durchgeführt. An ihr nahmen 350 Vertreter der 52 Mitgliedstaaten teil. 73 Länder hatten Beobachter entsandt. Alle namhaften UN-Organisationen hatten Vertreter entsandt, unter ihnen ECA, ECLAC, FAO, ILO, UN-Habitat, UNCTAD, UNESCO, UNDP, UNEP, UNICEF, WHO, WTO und die Weltbank, IWF sowie Vertreter der EU.

Die Konferenz begrüßte, dass 50 Staaten und Entwicklungsorganisationen Berichte über den Stand der Umsetzung der Agenda 21 vorgelegt hätten; ein sehr erfreuliches Ergebnis nach (nur) einjähriger Laufzeit der Kommission. Sie begrüßte ferner, dass inzwischen die UNFCCC-Konvention und die Biodiversitätskonvention (UNCBD) in Kraft getreten seien und, dass die Verhandlungen zur Einrichtung der UNCCD zur Bekämpfung der Desertifikation 1994 abgeschlossen werden konnten. Auch hatte das UN-Generalsekretariat inzwischen ein Beratergremium (High-level Advisory Board on Sustainable Development) ins Leben gerufen, mit dem eine engere Verzahnung der CSD mit dem UN-System gewährleistet werden könnte. Sie anerkannte zudem die vielen und erfolgreichen Umsetzungen der Beschlüsse der UNCED-Konferenz in nationale Gesetzgebungen und den Aufbau entsprechender Umsetzungsstrukturen sowie die Bereitschaft vieler Mitglieder, darüber auf freiwilliger Basis regelmäßig Bericht erstatten zu wollen. Sie rief auf, in den Vertragsstaaten tragfähige Strukturen für die Umsetzung der Agenda 21 zu verankern, mit denen die technischen sowie die finanziellen Unterstützungen im Rahmen der Entwicklungsaktivitäten nachvollziehbar vorgenommen werden könnten. Die Länder sollten unter Berücksichtigung ihrer nationalen Prioritäten die Strukturen für einen zielorientierten Technologietransfer schaffen, sowohl auf den wissenschaftlich-technischen Ebenen als auch im Hinblick auf die Evaluierung der erreichten Nachhaltigkeit.

Als Folge des Kapitels 2 der Agenda 21 ist es Aufgabe der Kommission, den Entwicklungsländern einen ungehinderten Zugang zu den internationalen Handelssystemen zu verschaffen. Ein freier Handel wurde daher auch als eines der zentralen Anliegen definiert. Die Kommission betonte, dass Protektionismus in allen Sektoren vermieden werden müsse. Ermutigende Fortschritte habe es bereits gegeben. So hatten die Verhandlungen zu dem GATT-Abkommen (WTO) und mit der UNCTAD gute Fortschritte gemacht, die *terms of trade* und den „Umweltschutz" als sich ergänzende Faktoren verstehen zu lernen. Das Erreichen des Status einer nachhaltigen Entwicklung beziehe sich nicht nur auf die biophysikalischen Umweltprozesse, sondern spiegele sich vor allem in der Wechselwirkung zwischen einem ungehinderten Zugang zu den natürlichen Ressourcen und den Erfordernissen marktwirtschaftlichen Handelns wieder.

Dazu würde ein Welthandelssystem benötigt, das die Bedürfnisse der Entwicklungsländer umfassend würdigt und dabei gleichzeitig auf Regulierungen basiert, die eine intakte Umwelt gewährleisten, im Einklang mit den international verbrieften Rechten zur sozialer Sicherheit, Gesundheit und Armutsminderung. Ein besserer Zugang zu den Märkten würde sich nach Auffassung der Konferenz sehr positiv auf die Sicherung des Lebens der (meist marginalisierteren) gesellschaftlichen Gruppen (*„livelihood resilience"*) auswirken. Einkommenszuwächse durch einen liberalisierten Handel und offenerer Zugang zu den Weltmärkten könnten vor allem durch eine Reduzierung der Subventionen auf Agrarprodukte in den entwickelten Ländern sowie durch eine realistische und transparente Internalisierung der Umweltkosten in den Produkten der Industrieländer erreicht werden. Zudem könnten eine Steigerung der Auslandsinvestitionen und eine weitere Verbreitung umweltfreundlicher Produkte den Entwicklungsländern zu einer besseren Nachhaltigkeit verhelfen: alles Argumente, wie sie schon in dem UNCED-Prinzip 12 und der Agenda 21 in dem Paragraphen 2,22 festgeschrieben worden waren.

In dem ersten Jahr der Laufzeit der Abkommens waren erste Aktivitäten auf dem Sektor *„know how transfer"* unternommen worden. Die zuvor schon beschriebenen Defizite zur Implementierung von *„environmental sound technologies"* stelle für die Entwicklungsländer eine erhebliche Hürde für eine angemessene nachhaltige Entwicklung dar. Der Mangel an umsetzbaren Anpassungstechnologien zusammen mit unzureichenden organisatorischen und institutionellen Rahmenbedingungen verhindert den Aufbau von tragfähigen Strukturen. Folgerichtig benannte die Kommission drei Interventionsfelder als Grundvoraussetzungen:

— ungehinderter Zugang zu Technologie und Wissen über ökologische Ursachen-Wirkung-Zusammenhänge,
— Aufbau angepasster institutioneller Rahmenbedingungen und
— Sicherstellung finanzieller Unterstützungen.

Sie begrüßte daher die Aktivitäten der Arbeitsgruppen auf diesen Interventionsfeldern und beschloss, diese als unverzichtbare integrale Teile der Kommissionsziele für eine nachhaltige soziale, ökologische und ökonomische Entwicklung aufzunehmen. Ziele, wie sie seit der Agenda 21 immer wieder im internationalen Entwicklungsdialog formuliert worden waren. Die Kommission rief daher alle UN-Organisationen und die anderen Entwicklungsorganisationen auf, eine Analyse der Informationsgrundlagen zu Umweltschutztechnologien vorzunehmen und diese auf ihre Anwendbarkeit in den Entwicklungsländern hin zu bewerten. Die Informationsquellen sollten vor allem daraufhin klassifiziert werden, ob es sich um Technologien handele, die in der Verfügung des öffentlichen Sektors liegen, oder um welche, die durch Schutzrechte (Patente; *intellectual properties*) nicht generell zugänglich seien. Das Ziel des Assessments sollte sein, Kenntnisdefizite zu identifizieren und daraus übertragbare Lösungsmodelle zu erarbeiten.

Auf der UNCED-Konferenz war auch das Konsumverhalten der Industrieländer ein großes Thema gewesen. Daher hatte sich die Konferenz dieses Themas angenommen und festgestellt, dass um Nachhaltigkeit zu erreichen, es auch erforderlich sei, das Konsumverhalten in den entwickelten Ländern grundlegend zu verändern. Hier läge die Verantwortung aber nicht nur bei den einzelnen Haushalten, sondern betreffe vielmehr die gesamten industriellen und landwirtschaftlichen Produktketten. Ein Umsteuern sei am ehesten zu erreichen, wenn in der Preisgestaltung alle Kostenfaktoren eingerechnet werden würden; also auch die mit dem Produkt in Verbindung stehenden Kosten, wie die Boden-/Luftkontaminationen, Abfallentsorgung, Recycling usw.

Eine nachhaltige Entwicklung wird aber wesentlich durch ein sicheres Obdach sowie vor allem den Zugang zu einer hygienisch einwandfreien Trink- und Brauchwasserversorgung bestimmt. In Bezug auf die urbane Entwicklung stellte die Kommission fest, dass der Anteil der in den großen Städten lebenden Menschen in Lateinamerika, Afrika und Asien schon fast 2/3 der Gesamtbevölkerung ausmache und, dass sich dieser Trend mit Sicherheit unvermindert fortsetzen werde. Die Kommission forderte daher alle Entwicklungsländer auf, für eine bessere rurale Entwicklung zu sorgen, damit dem Zuzug in die Städte attraktivere Lebensbedingungen entgegengesetzt werden können. Verbunden mit dem Thema „Obdach" sei aber auch die Wasserversorgung zu bezahlbaren Kosten, wie sie im UN-Habitat-Programm angestrebt würde. Ach müssten durch ein transparentes Landmanagement die Besitztitel an Grund und Boden verlässlich gewährleistet werden (Agenda 21, Kap. 28). Viele soziale Konflikte in den Entwicklungsländern werden hervorgerufen durch einen extrem ungleichen Ressourcenzugang auf dem Land. Der daraus resultierende Trend in die Städte wird hier in der Zukunft zu noch größeren Auseinandersetzungen führen, befürchtete die Kommission. Sie rief daher alle Saaten auf, die ländliche Entwicklung mit Vorrang zu betreiben, um der Landflucht Einhalt gebieten zu können. Das Netz an Schulen, Krankenhäusern sowie der Aufbau einer leistungsfähigen Infrastruktur, von Kommunikation und Transport, müsste gestärkt werden.

Um alle diese Ziele auch erreichen zu können, wurden die Fachgremien von der Kommission aufgerufen, sich vorrangig mit Fragen der „Finanzierung" zu befassen. Eine gesonderte Expertengruppe sollte eingerichtet werden, um die Kommission bei der Umsetzung der Kap. 10 bis 15 der Agenda 21 („Umweltstrategien"/„Umweltanpassungstechnologien") zu beraten.

■ **1995**

■■ **1. Vertragsstaatenkonferenz der Unterzeichner der Klimarahmenkonvention der Vereinten Nationen (UNFCC-COP 1), Berlin**

Ein Jahr nach Inkrafttreten der Klimarahmenkonvention (UNFCCC) traf sich die internationale Staatengemeinschaft in Berlin zur 1. Vertragsstaatenkonferenz der Unterzeichner der Klimarahmenkonvention der Vereinten Nationen (United Nations Framework Convention on Climate Change, UNFCCC-COP 1).

Zu der Konferenz hatten 117 Vertragsstaaten insgesamt 757 Vertreter entsandt. 53 Organisationen waren durch Beobachter vertreten; 54 von 19 UN-Organisationen. 177 Nichtregierungsorganisationen hatten insgesamt 1000 Beobachter entsandt; ebenso waren über 5000 Medienvertreter anwesend.

Zentrales Ergebnis der UNFCCC-COP 1 war die Verabschiedung des sogenannten „Berliner Mandats" (Berlin Mandate). Das Mandat nahm den Konventionsartikel 3 auf, in dem sich die Vertragsstaaten verpflichten, das Klimasystem der Erde so zu schützen, dass es auch noch den zukünftigen Generationen ein selbstbestimmtes und ökologisch ungefährdetes Leben ermöglicht. Dies sei nur durch einen gleichen und ungehinderten Zugang zu den natürlichen Ressourcen sowie durch einen umfassenden Schutz des Klimas zu erreichen. Der Weg dahin soll in Anerkennung der „gemeinsamen aber differenzierten" Verantwortung der entwickelten Länder und der Entwicklungsländer beschritten werden. Das „Mandat" besagt, dass innerhalb von zwei Jahren ein „Protokoll" (oder ähnliches Instrument) über die von den Vertragsstaaten vorgenommenen Maßnahmen gegen den Klimawandel eingerichtet werden sollte. Ferner wurde festgehalten, dass die Industrieländer die Hauptverursacher sind und diese wurden daher aufgefordert, ihre Treibhausgasemissionen drastisch abzusenken. Die Entwicklungsländer folgerten daraus, dass für sie zunächst keine neuen Reduktionsverpflichtungen hinzukommen dürfen. Das „Mandat" war der erste Meilenstein auf dem Weg zu einer Ausarbeitung einer Strategie im Rahmen der Konvention für den Zeitraum nach dem Jahr 2000 und nahm insbesondere die Annex-I-Staaten in die Pflicht, die nachweislich den größten Anteil an den Treibhausgasemissionen haben. Das Mandat bekräftigte, die spezifischen und legitimen Bedürfnisse der Entwicklungsländer für eine nachhaltige Entwicklung umfassend zu berücksichtigen.

Die Konvention rief ihre Mitgliedsländer auf, entsprechende Klimaschutzpolitiken auszuarbeiten sowie die Instrumente dafür bereitzustellen, mit den es möglich wird, die Treibhausgasemissionen, die nicht durch das Montrealer Protokoll abgedeckt sind, bis 2020 schrittweise zu verringern. Mit dem „Berliner Mandat" verpflichtet sich die Konvention, für einen offenen Austausch an Erfahrungen und Kenntnissen über Ursachen und Wirkungen des Klimawandels zu sorgen, sowie über die nationalen Minderungsaktivitäten regelmäßig zu berichten. Dazu wurden die Annex-I-Staaten verpflichtet, unverzüglich ein Assessment ihrer Klimaschutzinitiativen und Mitigationsinstrumente, hier vor allem die Nutzung von nationalen CO_2-Senken, vorzunehmen und darüber bis zur UNFCCC-COP-2-Konferenz (1997) einen Bericht vorzulegen. Ferner legte die Konferenz fest, dass den sogenannten Kleinen Inselstaaten (Alliance of Small Island States, AOSIS) wegen ihrer extremen Klimaexposition eine besondere Berücksichtigung bei den Klimaschutzmaßnahmen zustehen.

Die Konferenz beschloss gemäß den Artikeln 9 und 10 der Konvention die Einrichtung von zwei Expertengremien, die die Arbeit der Konvention effektiver gestalten sollen. Zum Einen den „Subsidiary Body for Scientific and Technological Advice" (SBSTA) und zum Anderen den „Subsidiary Body for Implementation" (SBI). Mit dem SBSTA wird angestrebt, enge Kontakte zwischen den wissenschaftlichen und technischen Ebenen in den Vertragsstaaten und der Konvention aufzubauen. Der SBI soll sich mit den sozioökonomischen Fragen der Umsetzung befassen, die die Konvention benötigt, um die politikorientierten Konferenzbeschlüsse umsetzen zu können. Beide Gruppen werden mit neutralen Experten aus den Mitgliedsländern zusammengestellt und sind aufgefordert, auf der Basis der von ihnen zusammengestellten Erkenntnisse den Fach- und Politikdialog in der Konvention mitzusteuern. Die Gremien werden dazu von der jeweiligen Konferenz mit Aufgaben betraut, die dann in Berichtsform im vorgegebenen Zeitrahmen der Konferenz vorzustellen sind.

Das Mandat legte zudem Richtlinien zur Klimaschutzpolitik und zur Finanzierung von Aktivitäten fest, wie sie schon im Artikel 11 der Konvention festgehalten waren. Dabei betonte das Mandat, dass die Aktivitäten in erster Linie der Stärkung der nationalen Forschungs- und Entwicklungskapazitäten in den Entwicklungsländern dienen sollen, die zur Umsetzung der Konventionsziele benötigt werden. Die Maßnahmen sollten vor allem auf die Aus- und Fortbildung („A/F") nationaler Experten ausgerichtet sein und auf die Stärkung der institutionellen Kapazitäten. Bezüglich der Finanzierung von Minderungsaktivitäten sollte diese immer in Übereinstimmung mit den nationalen Schutzpräferenzen erfolgen und der guten „wissenschaftlichen und ökonomischen" Tradition folgen. Um die „A/F" in den Entwicklungsländern gezielt stärken zu können, wurde das Sekretariat der Konvention aufgefordert, über den SBSTA Fortschrittsberichte über die Klimaschutzmaßnahmen in den Annex-II-Staaten zu erstellen. Ferner sollte das Sekretariat bis zur zweiten Konferenz einen Sachstandsbericht über den Stand der Kenntnisse zum Klimaschutz im Allgemeinen sowie über die Möglichkeiten eines bedarfsorientierten Technologietransfers erstellen.

Bezüglich der Finanzierung von Klimaschutzaktivitäten legte die Konvention verbindliche Durchführungsbestimmungen für die SBSTA- und SBI-Expertengruppen fest. Unter anderem sollte das Sekretariat halbjährlich einen Finanzierungsplan aufstellen, der von der jeweiligen Vertragsstaatenkonferenz gebilligt werden muss, bevor eine Zahlung erfolgen könne. In das Konventionsbudget müssen die Vertragsstaaten ihre Finanzbeiträge auf der Basis eines Verteilungsschlüssels, wie er auch bei der UN üblich ist, leisten. So soll zum Beispiel kein Staat weniger als 0,01 % des Gesamtbudgets aufbringen, keine Zuwendung aber höher als 25 % des Budgets sein; die Entwicklungsländer nie mehr als 0,01 % des Gesamtbudgets. Jede Partei habe zu Ende eines Kalenderjahres dem Sekretariat mitzuteilen, wie hoch sein Beitrag für das kommende Jahr ausfalle. Die Zahlungen seien bis zum 1. Januar des folgenden Jahres zu begleichen. Ein spezieller Fonds wurde eingerichtet, mit dem die Ausgaben des Sekretariats gedeckt werden können; die Ausgaben müssen aber jeweils zuvor durch die betreffende Konferenz gebilligt werden. Alle Ausgaben sind durch externe Audits zu prüfen und jeweils der nächsten Konferenz vorzulegen.

Ziel der Konferenz war es ferner zu erörtern, ob die in Rio verabschiedeten Vereinbarungen ausreichen, um einen effektiven Klimaschutz zu ermöglichen. Im Mittelpunkt stand insbesondere die Frage, ob die Verpflichtungen, die die Industrieländer eingegangen waren, noch angemessen seien, um den absehbaren Trend der CO_2-Emissionen Einhalt gebieten zu können. Das Ergebnis der Überprüfung fiel insgesamt ernüchternd aus. Insbesondere die Industrienationen lehnten weitergehende Maßnahmen wie z. B. konkrete Reduktionsziele und Fristen ab. Dennoch wurde festgehalten, dass statt der freiwilligen Verpflichtung, wie sie noch in der UNFCCC-Konvention vereinbart waren, ein rechtlich verbindliches Abkommen erforderlich sei. Bezüglich des Zeitrahmens konnte man sich schließlich darauf einigen, innerhalb von zwei Jahren ein Protokoll zu verabschieden, das im ersten Schritt Reduktionsverpflichtungen nur (!) für die Industrieländer aufführt.

Auf der Konferenz wurde dazu eine Arbeitsgruppe beauftragt, bis zur dritten Vertragsstaatenkonferenz (UNFCCC-COP 3, Kyoto, 1997) ein verbindliches Protokoll mit Reduktionszielen und -fristen für die Treibhausgasemissionen der Industrienationen vorzulegen. Dennoch wehrte sich die Gruppe der Entwicklungsländer zunächst dagegen, einer solchen Arbeitsgruppe ein entsprechendes Mandat zu übertragen. Sie befürchteten, dass über diese Arbeitsgruppe die Industrieländer teure Reduktionsmaßnahmen im eigenen Land verhindern könnten. Es wurde sich jedoch darauf geeinigt, dass Reduktionen aus der Anfangsphase auf spätere Verpflichtungen nicht angerechnet werden müssen. Die Gruppe der Entwicklungsländer willigte letztendlich ein, weil mit dem Mandat auch ein umfangreicher Technologietransfer vereinbart wurde.

Außerdem wurden auf UNFCCC-COP 1 nunmehr endgültig beschlossen, das UNFCCC-Sekretariat in Bonn einzurichten sowie die zwei Expertengremien der Konvention (SBSTA und SBI). Dieser Entscheidung lag die Selbstverpflichtung der Bundesrepublik Deutschland zugrunde, die Klimarahmenkonvention politisch kräftig (!) zu unterstützen. Bundeskanzler Helmut Kohl ließ übrigens seinem Versprechen kaum Taten folgen: 2005 hatte Deutschland seinen Treibhausgasausstoß gerade einmal um 17,5 % reduziert – vor allem „Dank" des Zusammenbruchs der ostdeutschen Industrie.

■■ 2. Vertragsstaatenkonferenz der Biodiversitätskonvention der Vereinten Nationen (UNCBD-COP 2), Jakarta

In der Zeit vom 06.11. bis 17.11.1995 wurde die 2. Vertragsstaatenkonferenz des „Übereinkommens über die biologische Vielfalt" (United Nations Convention on Biological Diversity; UNCBD-COP 2) in Jakarta, Indonesien abgehalten. Mehr als 400 Teilnehmer haben an dieser Konferenz teilgenommen, unter ihnen die Repräsentanten aller Regierungen, Vertreter aus Wissenschaft und Industrie sowie fast aller namhaften Nichtregierungsorganisationen. Die Konferenz hatte vier grundlegende Themenfelder: die Biologie der Meere, der Zugang zu den genetischen Ressourcen, das dezentrale Management der Erhaltung der biologischen Vielfalt und der Schutz der Wälder.

Zunächst wurde von den Teilnehmern die Stadt Montreal (Kanada) als Sitz des Konventionssekretariats ausgewählt. Neben Kanada hatten sich auch Nairobi (Kenia) und Madrid (Spanien) angeboten. Das Sekretariat leitet die administrativen Aufgaben der Konvention, indem es die Sitzungen aller CBD-Gremien vorbereitet und diese dokumentiert. Das Sekretariat hat darüber hinaus die Aufgabe, den sogenannten *Clearing House Mechanism* (CHM) zu organisieren. Es wird von einem Exekutivsekretär geleitet, der die Konvention nach außen vertritt, z. B. gegenüber der Generalversammlung der Vereinten Nationen oder anderen Umweltabkommen.

Auf der Konferenz konnte ferner Einvernehmen über die zentralen Aufgaben und Zuständigkeiten des *Clearing House Mechanism* gemäß Artikel 18 der Konvention erzielt werden. Danach sollte der CHM zunächst mit einer Pilotphase (1996–1997) beginnen und das zentrale Bindeglied im UNCBD-System darstellen, um die wissenschaftlichen und technischen Arbeiten zu koordinieren und harmonisieren. Der CHM wurde mandatiert, alle national verfügbaren Informationen unbeschränkt jedermann zur Verfügung zu stellen und so einen zeitnahen Informationsaustausch zu gewährleisten. Er sollte dafür ein geeignetes Kommunikations- und Kooperationssystem einrichten. Alle Beschlüsse der UNCBD-Konferenzen sollen in den fünf UN-Sprachen vorgelegt werden. Um allen Mitgliedsstaaten einen ungehinderten Informationsaustausch zu ermöglichen, wurde eine eigene Publikationsreihe aufgelegt, mit dem Ziel, einen konstruktiven Beitrag zum *capacity building* vornehmlich in den Entwicklungsländern zu leisten. In dem Austausch von wissenschaftlichen und technischen Informationen, durch Vorstellung sogenannter „*best practice*"-Beispiele und angepasster finanzieller und technischer Hilfeleistungen (Trainingsseminare, Workshops) sieht die Konvention ihre wesentliche Aufgabe.

Die UNCBD bekräftigte noch einmal das Selbstbestimmungsrecht aller Mitgliedsstaaten, souverän über ihre jeweilige biologische Vielfalt zu verfügen. Sie mahnte damit aber auch an, dass durch die Ratifizierung die Staaten sich selbst für die Umsetzung der Konvention verantwortlich zeichnen, zum Beispiel durch die Verabschiedung nationaler Biodiversitätsstrategien. Auch verlange der Beitritt zur Konvention, dass alle Staaten über den Erfolg der Umsetzung in regelmäßigen Abständen Rechenschaft ablegen müssen und dass diese Berichte öffentlich einsehbar sein müssen. Die Vertragsstaatenkonferenz erhielt das Mandat dazu, auch zeitlich befristete oder sogar auf Dauer ausgelegte Arbeitsgruppen mit konkreten fachlichen Inhalten einzurichten; so wurde vor allem angeregt, dass zur Überwachung der Implementierung der Konvention, zur Umsetzung bestimmter Artikel oder zur Ausarbeitung eines bestimmten Arbeitsprogramms solche Gremien unverzichtbar seien. Dazu sollte die UNCBD jeder Arbeitsgruppe eine klare Aufgabenstellung geben, über welche diese dann jeweils bei der folgenden Konferenz zu berichten haben. Auch zu den Sitzungen der Arbeitsgruppen sind alle Mitgliedsstaaten eingeladen und Beobachter zugelassen. Je nach Bedarf können auch thematische Expertengruppen (Ad Hoc Technical Expert Groups, AHTEG) einberufen werden, die mit einem konkreten Mandat versehen Antworten auf von der Konferenz zuvor definierte Fragen ausarbeiten sollen. Den Vertragsstaaten und Beobachterorganisationen wurde dabei offengelassen, selbst Experten zu nominieren und dem Sekretariat zu Akkreditierung vorzuschlagen. Die Teilnehmerzahl einer solchen Arbeitsgruppe sollte (aber) 40 nicht überschreiten. Die Gruppensitzungen sollten allerdings nicht öffentlich sein und auch nicht als permanentes Gremium eingerichtet werden.

Die Konferenz erteilte der Globalen Umweltfazilität (Global Environment Facility; GEF) den Auftrag, bis zur dritten Vertragsstaatenkonferenz in Argentinien die Modalitäten für eine dauerhafte und verlässliche finanzielle Unterstützung der Entwicklungsländer für deren nationale „*capacity building*"-Initiativen auszuloten und einen mit dem CHM-Sekretariat abgestimmten Vorschlag vorzulegen.

Die Konferenz lud alle Teilnehmerstaaten und Umwelt-/Klimaschutzorganisationen ein, sich aktiv an dem Gelingen des CHM zu beteiligen. Sie begrüßte nachdrücklich die

Bereitschaft der Mitgliedsstaaten, in ihren Ländern jeweils nationale Ansprechpartner zu benennen, die als Bindeglied (*„focal points"*) zu dem CHM-Sekretariat fungieren sollen; sie legte fest, dass die Staaten, die noch keine solchen Zentren hätten, diese bis Februar 1996 beim Sekretariat anmelden sollen.

▪▪ 3. Konferenz der Kommission für Nachhaltige Entwicklung der Vereinten Nationen (UNCSD-COP 1), New York

Die 3. Konferenz der Kommission für Nachhaltige Entwicklung der Vereinten Nationen (United Nations Commission on Sustainable Development; UNCSD-COP 3) fand vom 11. bis 28 April 1995 im Hauptquartier der Vereinten Nationen in New York statt. Mehr als 500 Vertreter von 46 der 53 Mitgliedsländer hatten daran teilgenommen; darüber hinaus waren noch 46 Staaten mit Beobachtern vertreten, sowie die EU und der Vatikan. Von der UN waren FAO, ILO, UNDP, UNESCO, WHO vertreten, außerdem die Weltbank sowie 10 Nichtregierungsorganisationen.

Der wichtigste Tagesordnungspunkt war die Feststellung des Stands der Umsetzung der Agenda 21. Dazu hatten die Regierungen von 55 Staaten und Entwicklungsorganisationen jeweils Berichte abgegeben, in denen sie vor allem ihre Erfahrungen zur nachhaltigen Landnutzung und angepassten Agrarwirtschaft darstellten. Aus diesen Informationen hatte das Kommissionssekretariat einen zusammenfassenden Bericht kompiliert, der als Handlungsempfehlungen für die Mitgliedsländer dienen sollte. Des Weiteren hatte die Kommission alle Beteiligten außerhalb des UN-Systems aufgerufen, sich durch technische und, auf Anfrage, auch finanzielle Unterstützungen an den Aktivitäten der Kommission zu beteiligen. Eine Reihe an Organisationen sagte dies auf der Konferenz auch zu.

In Bezug auf die Themenfelder „Technologietransfer" und *„capacity building"* nahm die Kommission den Bericht des Sekretariats zur Kenntnis. Sie begrüßte die Aussagen und hob hervor, dass diese im Rahmen der Informationsnetzwerke umfassend genutzt worden seien. Sie würdigte das erkennbare Umsteuern in vielen Ländern, weg von einem Fokus auf „Umweltverschmutzungskontrolle" und „Abfallmanagement" hin zu einer Politik des „vorsorgenden" Umweltschutzes und der Abfallvermeidung. Durch die Kooperationen konnte der Zugang der Entwicklungsländer zu umweltrelevanten Kenntnissen und Technologie deutlich verbessert werden. Die Kommission stellte heraus, dass der Technologietransfer umso erfolgreicher werde, je besser er in die sozioökonomischen und kulturellen Rahmenbedingungen des Empfängerlandes eingepasst sei. Dabei wurde klar, dass nur auf den lokalen, regionalen und nationalen Entscheidungsebenen die angestrebten Veränderungen wirksam gemacht werden können. Das heißt, sie dürfen nicht nur als (freundliche) Empfehlung begrüßt werden, sondern bedürfen auch einer konsequenten Umsetzung in der Praxis, wie sie schon in Kap. 34 der Agenda 21 gefordert worden war.

Auf dem Sektoren „Obdach" und „Wasserversorgung" stellte die Kommission gute Fortschritte fest, vor allem in Fragen der indikatorenunterlegten Umweltplanung und im Umweltmanagement im *urban management*. Für eine Umsetzung der Technologien in den Entwicklungsländern regte die Kommission die Einrichtung spezieller „Technologiezentren" sowie den Aufbau landesweiter Verbreitungsnetzwerke an. Dort sollten auch bestehende Informationsdefizite gesammelt werden, lokale Umsetzungskonzepte erarbeitet sowie fachspezifische Aus- und Fortbildungen angeboten werden. Dazu eignen sich am besten Pilotvorhaben, die aber darüber hinaus auch die ökonomischen Vorteile darstellen müssten. Dies verbunden mit einer Sensibilisierung der betroffenen gesellschaftlichen Gruppen würde den Erfolg dieser Bestrebungen absichern. Solche Pilotvorhaben könnten vorzugsweise zusammen mit Partnern aus den entwickelten Ländern und/oder dem lokalen privaten Sektor durchgeführt werden. Dies würde dazu führen, dass sich so etwas wie ein „Technologietransferdreieck" ausbilden könnte, mit dem zusätzlichen Nutzen, dass bei der Wirtschaft sowie in den entwickelten Ländern genauere Vorstellungen über die Umweltprobleme in den Entwicklungsländern verbreitet werden könnten.

In einer Analyse des Sekretariats wurden Vorschläge für eine Stärkung der Nachhaltigkeitswissenschaft gemacht, wie es schon in der Agenda 21 (Kap. 33) gefordert worden war. In der Analyse schlug die Commission on Science and Technology for the South (COMSATS) die Einrichtung von 20 Kompetenzzentren in den Entwicklungsländern vor. Die Kommission lud alle UN-Konventionen (UNCBD, UNCCD, UNFCCC) ein, sich dieser Initiative anzuschließen. Die Kommission stellte ferner fest, dass trotz aller zuvor genannten Erfolge immer noch erhebliche Know-how-Defizite zum angewandten Umweltmanagement bestehen. Sie ließen sich nur durch eine (noch) bessere Vernetzung der Informationen und eine (noch) umfassendere Beteiligung der Entwicklungsländer an internationalen Forschungsprogrammen erreichen. Als Beispiel stellte die Kommission die Arbeiten zur Erfassung und Bewertung der Süßwasserressourcen vor, die zusammen mit UNEP, FAO, WHO und einigen Nichtregierungsorganisationen (NGOs) begonnen worden seien. Die Konventionsmitglieder wurden aufgefordert, sich an der Erhebung zu beteiligen; insbesondere sei es dringend erforderlich, die Finanzierung auch langfristig abzusichern.

Die Kommission nahm Bezug auf Bestrebungen zur Einführung bleifreien Benzins und rief alle Staaten auf, diese Initiative zu unterstützen und bis zur nächsten Konferenz darüber zu berichten. Insbesondere die Entwicklungsländer wurden aufgerufen, verstärkte Anstrengungen zu unternehmen, um die rechtlichen Voraussetzungen zu einer (teilweisen) Substituierung bleifreien Benzins durch Bioethanol zu schaffen.

Die Kommission begrüßte einen Bericht des UN-Generalsekretariats über den demographischen Wandel in den Gesellschaften und rief daher alle Vertragsstaaten auf, das UN-Programm zur Bevölkerungsentwicklung (Programm of Action on Population and Development) tatkräftig zu unterstützen. Sie führte aus, dass die Faktoren „Bevölkerungsdynamik", „Gesundheit", „Armut" und „Umwelt" so miteinander verzahnt seien, dass eine nachhaltige Entwicklung nicht ohne Berücksichtigung aller dieser Faktoren möglich würde. Die bestehenden Erkenntnisse müssten aber noch durch weitere mehr ins Detail gehende Untersuchungen unterfüttert werden. Sie rief daher die Staaten und Entwicklungsorganisationen auf, die Verknüpfung von Bevölkerungsdynamik, Armut, Industrie und Umwelt, menschlicher Sicherheit und Gesundheit noch weiter zu analysieren.

Anlässlich der Konferenz trafen sich wie zuvor auch zur UNCSD2-Konferenz Regierungsvertreter zu dem sogenannten *high-level meeting*. Diesmal waren 50 Minister vertreten, neben den Umweltministern auch viele Finanz-, Entwicklungs- und Landwirtschaftsminister. Ein, wie die Kommission feststellte, für das UN-System erstmaliger Vorgang, der als Zeichen dafür gewertet wurde, wie sehr die Beschlüsse der Agenda 21 schon in das tägliche Regierungshandeln eingeflossen seien. Das *high-level meeting* stimmte darin überein, dass im gesamten UN-System der Stellenwert der nachhaltigen Entwicklung als hochprioritär einzustufen sei. Als Schwachpunkt identifizierte es, dass die Finanzzusagen der Mitgliedsländer in den letzten Jahren eher ab- als zugenommen hätten. Man einigte sich darauf, der UN-Generalversammlung vorzuschlagen, die Mittel der „*Official Development Assistance*" (ODA) für die Zwecke der nachhaltigen Entwicklung deutlich aufzustocken. Einvernehmen herrschte darüber, auf dem Forstsektor ein internationales Expertengremium (International Panel on Forests) einzurichten, um die Quellen-Senken-Problematik in der Bewertung der Treibhausgasemissionen besser verstehen zu lernen.

- 1996
- - **Vertragsstaatenkonferenz der Unterzeichner der Klimarahmenkonvention der Vereinten Nationen (UNFCCC-COP 2), Genf**

Vom 08.07. bis 19.07.1996 fand die 2. Vertragsstaatenkonferenz der Unterzeichner der Klimarahmenkonvention der Vereinten Nationen (United Nations Framework Convention on Climate Change; UNFCCC-COP 2) in Genf statt. An ihr hatten 340 Vertreter von 130 Staaten sowie der EU teilgenommen.

Das Hauptanliegen dieser ersten Klimakonferenzen nach dem Inkrafttreten der Klimarahmenkonvention war es, zu überprüfen, ob die Vereinbarungen der Konvention ausreichen, um einen effektiven Klimaschutz zu betreiben. In der Klimarahmenkonvention hatte man sich auf freiwilliger Basis (!) darauf geeinigt, die Treibhausgasemissionen der Industrieländer bis zum Jahr 2000 auf das Niveau von 1990 zurückzuführen. Das Ergebnis der Überprüfung fiel negativ aus: Statt der freiwilligen Verpflichtung der Konvention brauche man ein rechtlich verbindliches Protokoll mit neuen, nationalen Emissionsreduktionszielen und einem klaren Zeitrahmen. Zur Entwicklung eines solchen Protokolls wurde eine Ad-hoc-Gruppe gegründet, die das sogenannte „Berliner Mandat" ausgestalten sollte. Die Vertragsstaaten legten fest, bis zur dritten Konferenz der Vertragsstaaten ein solches Protokoll erarbeiten zu wollen.

Im Dezember 1995 war der zweite Sachstandsbericht des IPCC herausgegeben worden. Der Bericht bestätigte den erkennbaren anthropogenen Einfluss auf das globale Klima. Seine zentrale Aussage lautete:

> Die Abwägung der Erkenntnisse legt einen erkennbaren menschlichen Einfluss auf das globale Klima nahe.

Der Bericht wurde von der zweiten Vertragsstaatenkonferenz gebilligt und machte deutlich, wie dringlich ein verbindliches Protokoll zur Reduktion von Treibhausgasen benötigt wurde. Einen großen Schritt in diese Richtung machten auf der Konferenz vor allen Dingen die USA: Sie gaben hier zum ersten Mal ihren Widerstand gegen ein rechtsverbindliches Protokoll auf.

Die Konferenz bestätigte den Beschluss der Konferenz, das UNFCCC-Sekretariat in Bonn anzusiedeln, und dankte der Bundesregierung für ihre Bereitschaft, dieses UN-Gremium zu unterstützen. Der UN-Generalversammlung wurde dafür gedankt, dass sie dem Posten des Exekutivsekretärs den Rang eines „Assistant Secretary General of the United Nations" verliehen hat. Außerdem wurden auf COP 1 noch ausstehende prozedurale Fragen zur Einrichtung der beiden Unterorgane der Konvention, zur technischen und wissenschaftlichen Unterstützung (SBSTA) und zu Fragen der Umsetzung (SBI), abschließend geklärt.

Die Konferenz konnte sich auf erste gemeinsame konkrete Maßnahmen im internationalen Klimaschutz einigen. Projekte von Industriestaaten, die der Emissionsreduktion in Entwicklungsländern dienen, sogenannte „*activities implemented jointly*", sollten in einer Pilotphase bis 1999 getestet und gefördert werden. Die „Gruppe der Entwicklungsländer" (G77) wehrte sich zunächst gegen die Einführung dieses Instruments, aus der Angst heraus, dass sich die Industrieländer damit aus der Verantwortung stehlen könnten, teurere Reduktionsmaßnahmen im eigenen Land durchzuführen. Man einigte sich jedoch darauf, dass Reduktionen aus der Pilotphase nicht auf spätere Verpflichtungen angerechnet werden können. Die Gruppe der Entwicklungsländer akzeptierte das Instrument schließlich wegen des damit einhergehenden Technologietransfers. Das vorläufige Übereinkommen (Interimsabkommen) aus der Konferenz mit der GEF zur Finanzierung der Aktivitäten unter der Konvention wurde durch ein (nunmehr) verbindliches „Memorandum of Understanding" ersetzt. Die GEF erklärt darin ihre Bereitschaft, die Finanzierungen in eigener Verantwortung vorzunehmen. Damit gab es einen rechtsverbindlichen und organisatorisch gesicherten Rahmen mit klar definierten Vergaberichtlinien, mit dem die

Aktivitäten in den Entwicklungsländern durchgeführt werden könnten. Jedes Entwicklungsland musste danach eine Vereinbarung mit der GEF abschließen, die aber jeweils in Übereinstimmung mit den Konferenzbeschlüssen sein müssen. Sie soll jährlich zu den Konferenzen einen Bericht über die Finanzierungen im abgelaufenen Jahr abgeben.

Die Konferenz begrüßte den Bericht des Sekretariats zum Stand des Technologietransfers sowie über den Wissensstand zur nachhaltigen Bekämpfung des Klimawandels. Sie beklagte aber, dass die Vereinbarungen von Berlin (UNFCCC-COP 1) noch viel zu wenig umgesetzt worden seien und, dass es dringend notwendig sei, einen objektiven Überblick über die klimarelevanten Probleme in den Annex-II-Staaten zu erhalten; vor allem über deren nationale Mitigationsstrategien. Die Staaten wurden ferner aufgerufen, in den Berichterstattungen ihren spezifischen Unterstützungsbedarf klar zu definieren.

Anlässlich der Konferenz trafen sich die Umweltminister und gaben am Schluss eine Erklärung heraus (Geneva Minsterial Declaration), in der sie ihre großen Sorgen um die Klimaentwicklung der Erde ausdrückten. Sie nahmen dabei Bezug auf den IPCC-SAR-Bericht (vgl. ▶ Kap. 3), der kurz vor der Konferenz herausgegeben worden war. Der Bericht sollte ihrer Auffassung nach die fachliche Grundlage und die ethisch-moralische Begründung darstellen, um auf allen Ebenen der politischen Entscheidungsfindungen in den Annex-I-Staaten die Treibhausgasemissionen drastisch zu verringern. Aber nur wenn alle Vertragsstaaten die Voraussetzungen für den weltweiten Kampf gegen den Klimawandel in einem rechtsverbindlichen Protokoll niederlegen, würde es eine reelle Chance geben, die sich bereits abzeichnenden gravierenden Folgen des Klimawandels auf die Ökologie und die menschliche Sicherheit (Ernährung, Wasser, Armut, Gesundheit) zu reduzieren. Die Deklaration betonte, dass es die Aufgabe des „Berliner Mandates" sei bzw. sein müsse, die Voraussetzung zur Verständigung über verbindliche Minderungsziele zu schaffen. Dazu wäre es denkbar, einen Stufenplan vorzusehen, durch den eine signifikante Reduzierung der Treibhausgasemissionen bis zum Jahr 2020 möglich würde. Um dieses Ziel auch realisierbar zu machen, müssten sich die Annex-I-Staaten zu einem umfassenden Transfer an Wissen und Technologie verpflichten, ebenso wie zur Bereitstellung der dafür erforderlichen Finanzmittel. Auch müsste ein Mechanismus geschaffen werden, der eine objektive Überprüfung der Minderungsaktivitäten erlaube. Der Bericht wurde von der Konferenz als Aufruf für ein weltweit verbindliches Protokoll zur Reduktion von Treibhausgasen genommen, und als Verpflichtung, bindende Reduktionsziele für Industriestaaten im Protokoll zur UNFCCC festzulegen. In der Ministererklärung wurden die Ergebnisse des IPCC-Berichts ausdrücklich anerkannt und bekräftigt. Weitere Verpflichtungen und Absichtserklärungen wurden aber auf Betreiben der Kohle- und Erdöllobby torpediert, die sich massiv gegen verbindliche Reduktionsziele für CO_2 aussprachen. Vor allem die OPEC-Staaten sowie Russland und Australien verhinderten die geplante Reduktionsvereinbarung.

Auch wenn das wichtigste politische Signal dieser ersten Konferenz die sogenannte „Ministerial Declaration" war, nämlich die Verabschiedung einer politischen Absichtserklärung für eine beschleunigte Weiterführung des Verhandlungsprozesses für ein Klimaschutzabkommen, so konnten letztlich keine nennenswerten Fortschritte in Richtung auf eine Festlegung von verbindlichen CO_2-Reduktionszielen erreicht werden. Dennoch konnte die Konferenz wenigstens abschließend mit dem Erfolg aufwarten, dass die USA zum ersten Mal im Rahmen einer solchen Konferenz offiziell ihren Widerstand gegen ein rechtsverbindliches Klimaschutzabkommen aufgegeben hatten.

▪▪ 3. Vertragsstaatenkonferenz der Biodiversitätskonvention der Vereinten Nationen (UNCBD-COP 3), Buenos Aires

Vom 04.11. bis 15.11.1996 fand in Buenos Aires die 3. Vertragsstaatenkonferenz des „Übereinkommens über die biologische Vielfalt" der Vereinten Nationen (United Nations Convention on Biological Diversity; UNCBD-COP 3) statt. An ihr nahmen 116 Vertreter der Signatarstaaten sowie Wissenschaftler und Vertreter von Industrie und 34 Nichtregierungsorganisationen aus allen 198 Ländern der Erde teil. Bis zur Konferenz waren 176 Staaten dem Abkommen beigetreten.

Der Konferenzpräsident Sarwono Kusumaatmadja, Umweltminister der Republik Indonesien, betonte in seiner Eröffnungsansprache, dass die Biodiversitätskonvention eine sektorübergreifende Zielsetzung habe und damit einen unverzichtbaren Beitrag zum Erreichen der UNCED-Agenda und der *Millenium Development Goals* (MDGs) leisten wird. Drei Ziele gab er für die Konferenz vor: den Erhalt der biologischen Vielfalt, eine nachhaltige Nutzung der biologischen und genetischen Ressourcen sowie einen offenen und fairen Ausgleich in der Nutzung der biologischen Vielfalt zwischen den Entwicklungsländern und den Industriestaaten.

Die Konferenz nahm Bezug auf die Vereinbarung der COP-2-Konferenz, nach der gemäß Artikel 18/3, ein *Clearing House Mechanism* (CHM) einzurichten sei, um die für das Erreichen der Konventionsziele notwendigen organisatorischen Rahmenbedingungen zu institutionalisieren. Dieses Instrument sollte in einer Pilotphase (1996–1997) getestet werden. Die Konferenz nahm zur Kenntnis, dass das Regelwerk für die Pilotphase konzeptionell vorhanden sei und, dass die gemachten Erfahrungen für den weiteren Fortgang der Konvention sehr hilfreich gewesen sind. Um aber eine nachhaltige Entwicklung des CHM auf den Weg zu bringen, wäre es erforderlich, die Erfahrungen zu einem schlüssigen Gesamtsystem zusammenzuführen. Die Konferenz betonte noch einmal, wie wichtig sie dieses Instrument ansieht, um den Entwicklungsländern eine gleichberechtigte Teilhabe an den Errungenschaften der internationalen Biodiversitätsforschung zu ermöglichen und entschied daher die Pilotphase bis zu Dezember 1998 zu verlängern.

Die Konferenz betonte ferner die zentrale Funktion des CHM als grenzüberschreitendes Instrument. Dabei müssen die Maßnahmen in erster Linie die nationalen Bedürfnisse widerspiegeln, die nationalen Entscheidungsstrukturen berücksichtigen sowie den Beitrag des Privatsektors umfassend mit einbeziehen. Nur wenn die nationalen Maßnahmen sich entfalten können, werden die Entwicklungsländer ihren Beitrag zur Biodiversitätskonvention leisten können. Sie empfahl daher, dass der CHM noch schneller und effektiver seine Aufgabe zur zeitnahen Verbreitung von Forschungs- und Entwicklungsaktivitäten wahrnehmen müsse; dass dennoch alle Erkenntnisse und Erfahrungen ohne Einschränkung in der Souveränität des Durchführungslandes verbleiben. Um dem CHM mehr Durchsetzungsfähigkeit und mehr Anerkennung zukommen zulassen, soll er durch ein informelles *Advisory Committee* begleitet werden, das von dem *Executive Secretary* der Konvention koordiniert wird.

Die Konferenz bat die GEF um weitere finanzielle Unterstützung, sowohl für die Institutionalisierung des CHM, als auch, um seine Aktivitäten in den Entwicklungsländern umfassender unterstützen zu können. Sie forderte darüber hinaus die Signatarstaaten auf, ihre nationalen Beiträge zu erhöhen (bilateral, multilateral), um den Prozess mit den erforderlichen Finanzmitteln auszustatten. Sie bat ferner die Industrieländer, ihre nationalen Wissenschaftsorganisationen stärker als bisher in der Zielerreichung der Konvention einzubinden, um zum Beispiel durch zusätzliche Fachseminare, Workshops und andere Verbreitungsinstrumente zum Informationsaustausch beizutragen.

Die Konferenz unterstrich abschließend noch einmal die führende Rolle des CHM-Sekretariats bei der Umsetzung der Konvention. Dazu müsse sie aber stärker als bisher mit den anderen UN-Umweltregimen kooperieren können (und dürfen). Auch sollte das Sekretariat die organisatorische Verbindung mit dem Subsidiary Body on Scientific, Technical and Technological Advice (SBSTTA) noch gezielter ausbauen und die im Sekretariat noch freien Personalstellen so schnell wie möglich besetzen.

Die Konferenz betonte – noch einmal – den hohen Stellenwert, den eine weltweit standardisierte Taxonomie zur Bewahrung der globalen Biodiversität spielt. Sie anerkannte dabei aber auch die Schwierigkeiten, die viele Entwicklungsländer bei der Erfassung und Bewertung der Fauna und Flora haben. Sie forderte daher diese Länder auf, die notwendigen fachlichen und institutionellen Kapazitäten mit großem Nachdruck auf- bzw. auszubauen. Der dafür erforderliche Transfer an Wissen und Instrumenten müsste von den entwickelten Ländern uneingeschränkt bereitgestellt werden. Auch wenn der Kapazitätsaufbau nur schrittweise erfolgen könne, so dürfe dies kein Hinderungsgrund darstellen, umgehend mit den Erhebungen zu beginnen. Die Erkenntnisse seien für die Erreichung der Konventionsziele – wie es schon im Artikel (7) als hochprioritär vereinbart ist – unverzichtbar.

In Bezug auf den Agrarsektor bekräftigte die Konferenz den hohen Stellenwert der Biodiversität für die soziale und ökonomische Entwicklung der ländlichen Räume. Hier ergeben sich einmalige Chancen für die Konvention, eine kausale Verbindung herzustellen zwischen dem Erhalt der Vielfalt und der Nutzung der Landwirtschaft für die Ernährungssicherung, Armutsminderung und für eine soziale und ökologische Nachhaltigkeit. Die schon immer durch den traditionellen Landbau erreichten Errungenschaften müssten durch die Konvention gezielt ausgebaut werden. Die Konferenz betonte, dass der Einsatz von Kunstdünger und Pestiziden zu einer Vielzahl noch nicht absehbarer Risiken für die Biodiversität führen werde. Die Konferenz verabschiedete daher ein langfristiges Entwicklungsprogramm, mit dem die Agrarbiodiversität durch eine nachhaltige Nutzung der genetischen Ressourcen und im Einklang mit den Prinzipien der Marktwirtschaft besser geschützt werden soll.

▪ ▪ 4. Konferenz der Kommission für Nachhaltige Entwicklung der Vereinten Nationen (UNCSD-COP 4), New York

In der Zeit vom 18.04. bis 03.05.1996 fand in New York die 4. Konferenz der Kommission für Nachhaltige Entwicklung der Vereinten Nationen (United Nations Commission on Sustainable Development, UNCSD-COP 4) statt. An ihr hatten 505 Vertreter von 53 Staaten teilgenommen. 58 Staaten hatten Beobachter zu der Konferenz entsandt. Die UN war unter anderem mit den Organisationen FAO, UNESCO, UNIDO, ICAO, ILO, IMO, IWF, WMO vertreten. Auch die EU, die Arabische Liga, die OECD und die IUCN hatten Vertreter entsandt.

Die Konferenz empfahl UN-ECOSOC die Einrichtung eines globalen Programms zum Schutz der Meere vor Einwirkungen landgestützter Aktivitäten (*Global Action Plan for the Protection of Marine Environment from Land-based Activities*). Mit dem Programm sollten die Umweltgefährdungen durch Abwässer, schwer abbaubare organische Schadstoffe, Schwermetalle, radioaktive Substanzen, Kohlenwasserstoffe (Öl) erfasst und bewertet werden sowie deren Auswirkungen auf das marine Ökosystem, wie es schon von UNEP zuvor aufgelistet worden war (Washington Declaration; Global Action Plan). Die Konferenz hob die Notwendigkeit eines umgehenden Beginns des globalen Programms hervor, um es auf den nationalen wie auch auf den internationalen Ebenen zusammen mit federführenden UN-Organisationen wie zum Beispiel UN-Habitat, FAO, IMO, IOC umzusetzen. Das Programm sollte begleitet werden von Programmen zum *capacity-building*, einem fachspezifischen Technologietransfer und am besten im Rahmen von multilateralen Pilotvorhaben durchgeführt werden. Zuvor müssten aber die Finanzmittel verbindlich zugesagt sein, insbesondere zur Durchführung von Vorhaben in den am wenigsten entwickelten Ländern. Die Konferenz sollte dazu eine gesonderte Kontrollinstanz einrichten *(Clearing-House Mechanism)*.

Die Konferenz begrüßte den Bericht des Sekretariats zu „Handel, Umwelt und Nachhaltigkeit" *(trade, environment and sustainable development)* und rief alle Vertragsstaaten auf, durch eine enge Verzahnung ihrer nationalen Aktivitäten die wechselseitigen Abhängigkeiten zu erfassen und daraus deren Unterstützungspotenziale zu identifizieren. In diesem Zusammenhang richtete die Konferenz einen Appell an die WTO, ihrerseits alle ihr zur Verfügung stehenden technischen und institutionellen Kapazitäten zu nutzen, um zum Beispiel den Umweltsektor im Rahmen multilateraler Handelsabkommen sowie gezielte Aus- und Fortbildungsmaßnahmen gezielt zu stärken. Die Konferenz wiederholte ihre Einladung an UNCTAD, UNEP, UNDP und die anderen internationalen Geberorganisationen, sich diesem Programm anzuschließen.

In Bezug auf das Themenfeld Umweltpolitik und Wettbewerbsfähigkeit stellte die Konferenz fest, dass diese Verknüpfung sehr komplex gestaltet sei und, dass keine belastbaren Erkenntnisse für nachteilige Effekte von Umweltschutzmaßnahmen auf die Wettbewerbsfähigkeit vorlägen. Stattdessen sollten, wo immer möglich, Win-win-Situationen identifiziert werden. Sie sprach sich entschieden dagegen aus, durch eine „lasche" Gesetzgebung und „verwässerte" Regelwerke die Ziele der Kommission zu unterwandern. Nur wenn Umweltschutz und Marktwirtschaft als sich einander bedingende Faktoren einer Gesellschaft verstanden werden, würden auf Dauer sich die angestrebten Verbesserungen in der Lebensqualität, der menschlichen Sicherheit durch Schaffung von Arbeitsplätzen, der Generierung von Einkommen und ein verbesserter Marktzugang erreichen lassen; wie es schon in der Agenda 21 vereinbart worden war. In dem Zusammenhang begrüßte die Kommission den Bericht der UNCTAD zu Wettbewerbsfragen und Umweltschutz und rief die UNCTAD auf, dieses Thema weiter zu vertiefen und dazu auch die jeweiligen Regierungen, den privaten Sektor sowie die internationalen Entwicklungsorganisationen mit einzubeziehen.

Die Kommission begrüßte die erreichten Fortschritte auf dem Wege hin zu einer umfassenderen Integration der Themenfelder „Umwelt" und „Entwicklung" in die nationalen Entwicklungsstrategien und betonte den umfassenden Stellenwert, den dieses für eine Sicherung der Lebensbedingungen in den Entwicklungsländern habe. Sie forderte mehr Staaten auf, verlässliche und transparente Rahmenbedingungen zu schaffen, um Ökonomie, Ökologie und soziale Entwicklung in den nationalen Entscheidungsprozessen zu verankern. Dabei betonte die Kommission, dass die Verantwortung hierfür ausschließlich bei den nationalen Regierungen liege. Denn nur, wenn sich wirtschaftliches Wachstum dauerhaft etablieren lässt, wird sich eine Verbesserung der Lebensbedingungen einstellen. Die Kommission rief ferner alle UN-Organisationen auf, ihrerseits fachspezifische Beiträge zu einer besseren Koordination von Wirtschaft und Umweltschutz vorzulegen, so zum Beispiel durch einen besseren Informationsaustausch und Aus- und Fortbildung anhand von „*best practice*"-Beispielen. Auch die internationalen Hilfsorganisationen sowie der private Sektor wurden aufgerufen, sich daran durch einen fachspezifischen Technologietransfer zu beteiligen.

In einem Bericht des Sekretariats stellte die Kommission noch einmal den außerordentlich hohen Stellenwert heraus, den die Armutsbekämpfung in vielen Entwicklungsländern habe; wie er schon in der „Copenhagen Declaration on Social Development" und zuvor schon beim der UNCED-Konferenz aufgezeigt worden war. Die Konferenz rief daher alle Parteien auf, das Jahr der Armutsbekämpfung („International Year for the Eradication of Poverty") zum Anlass zu nehmen, nationale Strategien zu entwickeln, mit denen alle Aspekte der Armutsbekämpfung behandelt werden können. Diese müssten darüber hinaus auch Fragen der menschlichen Sicherheit, der Gleichstellung von Mann und Frau und eine Reduzierung von *gender inequalities* mit einschließen. Damit wollte die Kommission auf die zentrale Rolle der Frau in der Armutsbekämpfung und auf die immer noch schwierige Situation der Frauen in vielen Entwicklungsländern hinweisen. Es wurde auf der Konferenz deutlich, dass insbesondere in den Entwicklungsländern Armut sehr oft auch eine Folge von sozialer Ungleichheit und einer Marginalisierung von ethnischen Gruppen sei.

Die Kommission begrüßte den Bericht des Sekretariats über die Möglichkeiten, nachhaltige Entwicklung in die internationale Gesetzgebung einzugliedern und verwies darauf, dass in dem Bericht der Expertengruppe zur „Identification of Principles of International Law for Sustainable Development" eine Vielzahl an umsetzbaren Vorschlägen gegeben worden ist. Sie rief die Regierungen auf, die Erkenntnisse in ihre nationalen Gesetzgebungen einfließen zu lassen und bei der nächsten Konferenz über ihre Erfahrungen zu berichten. Auch die von UNEP auf Bitten der Kommission erstellte Studie zu den Voraussetzungen und Auswirkungen einer Übernahme des Konzeptes der nachhaltigen Entwicklung in internationale Gesetzgebung biete umsetzbare Empfehlungen zu diesem Themenfeld. Da alle diese Berichte nachgewiesen hätten, wie groß das Potenzial ist, wenn die Aspekte der nachhaltigen Entwicklung in die internationalen Regularien aufgenommen werden, entschied die Kommission, dieses Thema auf der 1997er CSD-Konferenz erneut zu diskutieren. Dabei sollte es auch um die Fragen nach einer Streitschlichtungskultur *(settlement of disputes)* im Rahmen des internationalen Umweltrechts gehen, beziehungsweise, wie ein Streit am besten im Vorfeld vermieden werden könne. Ein wesentlicher Ansatzpunkt dazu könnten nach Meinung der Kommission vertrauensbildende Maßnahmen in den Entwicklungsländern sein, wie zum Beispiel transparente Monitoringinstrumente zur Überprüfung der Einhaltung der vereinbarten Verpflichtungen *(compliance)*. Die Kommission rief daher alle Parteien auf, entsprechende Strukturen zu schaffen beziehungsweise die dafür notwendigen Aus- und Fortbildungsmaßnahmen durchzuführen.

■ ■ 2. Konferenz des Programms der Vereinten Nationen für menschliche Siedlungen (UN-Habitat II), Istanbul

In der Zeit vom 03.06. bis 14.06.1996 trafen sich in Istanbul Vertreter von 171 Staaten und von nicht staatlichen Hilfsorganisationen zu der 2. Konferenz des Programms der Vereinten Nationen für menschliche Siedlungen (United Nations Conference on Human Settlements; UN-Habitat II); auch als *„Cities Summit"* bezeichnet. An internationalen Organisationen waren unter anderen vertreten: ADB, Arabische Liga, CECA, ECOSOC, FAO, IADB, IFAD, IKR, ILO, UNDP, UNESCO, UNHCR, UNICEF, UNIDO, UNITAR, WFP WHO WMO, die Weltbank sowie alle namhaften Nichtregierungsorganisationen und die EU.

20 Jahre nach der ersten Habitat Konferenz in Vancouver (1976) beschäftigte sich die Istanbuler Konferenz wieder einmal mit Fragen der Wohnungssituation in den Städten und Gemeinden auf der ganzen Welt, insbesondere aber mit den Situation in den Entwicklungsländern. Auf der ersten Habitat-Konferenz wurde folgender Grundsatz beschlossen, der auch das Motto für die Habitat-II-Konferenz darstellte, dass:

> » Jedermann das universelle Recht auf eine sichere Behausung hat und dass ein solches Obdach das Leben sicherer, gesünder und lebenswerter mache und es eine wesentliche Voraussetzung für eine eigenverantwortliche Existenz darstelle.

Als direkte Folge der Habitat-I-Konferenz wurde 1978 das Zentrum der Vereinten Nationen für Wohn- und Siedlungswesen (UN Centre for Human Settlements; UNCHS) mit Sitz in Nairobi gegründet. Das „Habitat-Zentrum" ist das Sekretariat der UN-Kommission für menschliche Siedlungen (Commission on Human Settlements of the United Nations). Die UNCHS bestand damals aus 58 Mitgliedsstaaten und hat die Aufgabe, die im Rahmen der UNCHS durchzuführenden Initiativen fachlich zu begleiten, technisch zu unterstützen und zu organisieren sowie die UN-ECOSOC fachlich zu beraten.

Auf der Habitat II waren erstmals neben den Regierungen auch die Städte und Gemeinden als gleichberechtigte Konferenzpartner beteiligt gewesen. Das ihnen eingeräumte „Mitwirkungsrecht" ermögliche es ihnen, sich aktiv in die Konferenzbeschlüsse einzubringen. Damit wurde erstmals in einem UN-Dokument die besondere Rolle der Städte und Gemeinden anerkannt und das Prinzip der örtlichen Selbstverwaltung und der eigenverantwortlichen Verfügung über die Finanzmittel festgeschrieben. Damit wurde vielen Städten, die insbesondere in den stark zentralisierten Staaten nur geringe Entscheidungsbefugnisse hatten, eine Begründung in ihrem Kampf um mehr kommunale Autonomie gegeben.

Auf der Konferenz stellten die Teilnehmer fest, dass sich die Lebenssituation in den großen Städten und hier vor allen in den Entwicklungsländern seit der ersten Habitat-Konferenz dramatisch verschlechtert habe. Der (extreme) Zuzug der Menschen in die großen Städte hat zu überall auf der Welt sichtbaren Folgen geführt, wie einer dramatischen Ausuferung der Städte, der Marginalisierung von Millionen an ungelernten Arbeitern sowie zu Gesundheitsproblemen und Umweltverschmutzung, die oftmals zu ethischen und sozialen Konflikten führen. Dabei stellte die Konferenz fest, dass es sich immer deutlicher herausstelle, dass sich auf der anderen Seite die Megastädte immer mehr zu – wenn auch veränderten – Zentren der Zivilisation, des ökonomischen Wachstums, des sozialen und kulturellem Lebens entwickeln. Eine nachhaltige Verbesserung der Lebenssituation in den Megastädten lasse sich aber nur erreichen, wenn die Ursachen, die zu der derzeitigen Verschlechterung geführt haben, wie zum Beispiel die hohen Bevölkerungszuwächse, fehlende Chancen auf eine Befriedigung der Grundbedürfnisse, der ungleiche Zugang zu den Ressourcen, erkannt und konstruktiv verändert werden. Die Herausforderungen, die sich für eine nachhaltige Stadtentwicklung ergeben, sind enorm und erfordern aber – so wurde sehr deutlich herausgestellt – lokal sehr spezifische Lösungsansätze. Dennoch, so konnte die Habitat-Konferenz feststellen, hätten viele der identifizierten Probleme dieselben Ursachen. Dies eröffne Chancen dazu, Wege aufzuzeigen, wie die kritischen *root causes* für die Verschlechterung der Lebenssituation in vielen Großstädten und ländlichen Gemeinden signifikant verbessert werden können.

Die Konferenz verabschiedete den sogenannten „Globalen Aktionsplan" (Global Plan of Action), der zwei grundsätzliche Ziele für eine Verbesserung der Lebenssituation der Menschen in den Städten vorstellte:

— angemessene Unterkunft für jedermann (*„adequate shelter for all"*),
— Entwicklung nachhaltiger menschlicher Siedlungen (*„sustainable human settlements development in an urbanizing world"*).

Mit dem Aktionsplan sollten die Einzelnen oder einzelne gesellschaftliche Gruppen befähigt werden, sich an den lokalen Entwicklungsentscheidungen zu beteiligen. Dies gelte vor allem für eine ungehinderte Beteiligung der Frauen und anderer oftmals marginalisierte gesellschaftlicher Gruppen. Entwicklungsentscheidungen müssten zukünftig auf der Basis transparenter und partizipativ erarbeiteter Regeln erfolgen. Die Regierungen wurden daher in dem Aktionsplan aufgefordert, solche Rechtsordnungen aufzustellen, die institutionellen Rahmenbedingungen zur Umsetzung der Entwicklungspläne zu setzen und die erforderlichen Finanzmittel bereitzustellen.

Der Plan sollte dazu beitragen, die Befähigungen des Einzelnen oder von gesellschaftlichen Gruppen zu steigern, um traditionelle Erfahrungen zum Beispiel beim Hausbau oder in der Landwirtschaft einzubringen. Auch könnten so die lokalen Bevölkerungen ihre bürgerlichen Rechte besser wahrnehmen. Zudem müssten die nationalen wie die lokalen Regierungen die institutionellen Rahmen für eine umfassende Partizipation der Gesellschaft sowie zur Übertragung von Entscheidungsbefugnissen auf die lokalen Ebenen schaffen. Dabei, hob die Konferenz hervor, sei es erforderlich, die nachhaltige Entwicklung auch in den kleineren Städten und den ländlichen Gemeinden mit Nachdruck voranzutreiben. Ländliche Entwicklung verlaufe allerdings anders als die in den Städten. Durch Schaffung von Arbeit auf dem Land, durch einklagbare Landbesitztitel und durch sicheres Obdach können Mangelernährung und die Ausbreitung von Krankheiten gestoppt werden, soziale Diskriminierung verringert und so die Armutsmigration in die großen Städte wirksam bekämpft werden.

In dem Globalen Aktionsplan wurden in fünf Punkten die Elemente zur Verbesserung der Lebenssituation der Menschen in den Städten und Gemeinden aufgelistet. Im Wesentlichen sollten sich die Initiativen auf folgende Punkte konzentrieren:
- Siedlungspolitik,
- Nachhaltigkeit (ländliche/städtische Entwicklung, Wasser-/Energieversorgung, Gesundheit, Armutsminderung),
- Institutionsentwicklung (Dezentralisierung, Partizipation, Stadtplanung/-management, Finanzierung),
- Know-how-Transfer (Aus-/Fortbildung, internationale Kooperation).

- **1997**
- **19. Sondergeneralversammlung der Vereinten Nationen „Rio + 5", New York**

Vom 23.06. bis 07.06.1997 fand in New York die 19. UN-Sondergeneralversammlung statt, die auch als „Rio + 5" (Earth Summit + 5 – Special Session oft the United Nations General Assembly) bezeichnet wird. Auf ihr wurde eine erste Überprüfung der Beschlüsse der UNCED-Konferenz von Rio de Janeiro (1992) vorgenommen. An der Konferenz haben Delegierte aus über 165 Ländern teilgenommen. Neben rund 2500 Regierungsvertretern und waren dies auch ca. 1000 Vertreter von Nichtregierungsorganisationen, Wissenschaftler und Medienvertreter. Erstmals in der Geschichte der UN hatten in der UN-Generalversammlung Vertreter der in der Agenda 21 als „Hauptgruppen" identifizierte Gruppen (Umweltschützer, Vertreter der Dritten Welt, Frauengruppen, Vertreter der indigenen Völker, Wissenschaftler, Privatleute u. v. a.) ein Rederecht.

In Rio de Janeiro war vereinbart worden, in 5 Jahren einen *review process* „Rio + 5" abzuhalten, auf dem die Umsetzung der UNCED-Beschlüsse überprüft werden sollte. Der Gipfel von 1997 hatte daher folgende Ziele:
- Betonung der von den Signatarstaaten eingegangenen Verpflichtungen für eine nachhaltige Entwicklung,
- Erkennen von erreichten Fortschritten und Feststellen der Gründe, warum viele angestrebte Veränderungen nicht erreicht wurden,
- Identifizieren von Aktionen und Festlegung der Prioritäten für die Zeit nach 1997,
- Feststellen der Probleme, die in Rio nicht genügend gewürdigt wurden.

Fünf Jahre nach „Rio" fiel die Zwischenbilanz höchst widersprüchlich aus. Unbestritten ist, dass das Abkommen die internationale Klimaagenda radikal verändert hat. Quer durch alle gesellschaftlichen Lager ist seit Rio die Einsicht gewachsen, dass eine fundamentale Neugestaltung der sozialen und ökonomischen Rahmenbedingungen sowohl in den Industrieländern als auch in den sich entwickelnden Gesellschaften notwendig ist. Dabei stieß die im Brundlandt-Report definierte „Vision von einer nachhaltiger Entwicklung" im Allgemeinen auf ungeteilte Zustimmung.

Sobald es aber darum ging, welche Lösungsstrategien und Umsetzungsschritte dazu, wann, von wem und wie vorgenommen werden müssen, zerbrach der Konsens sehr schnell. Jede Interessengruppe vertrat und vertritt bis heute ihren Standpunkt. Nicht alleine Staaten trennte dies („Nord gegen Süd"), sondern ebenso die gesellschaftlichen Gruppen innerhalb eines Staates. Im Prinzip entzündete sich die Kontroverse an der Frage, ob ein nachhaltiger Ausgleich von Ökonomie und Ökologie zu wirtschaftlich bedingten Einbußen führt. Dabei haben die „Klimaskeptiker" die Aufrechterhaltung der Lebensqualität der heutigen Generation bzw. der zukünftigen im Blick. Dem steht die Sorge um den Erhalt der Lebensumwelt für die zukünftigen Generationen gegenüber. Die große Anzahl an Umweltschutzinitiativen weltweit war schon damals ein klarer Beweis dafür, dass viele in den Industrieländern bereit sind, Einschränkungen in ihrem Ressourcenverbrauch zu akzeptieren, wenn damit die Lebensqualität auf Dauer gesichert werden kann. In den Diskussionen wurde immer wieder das Argument vorgebracht, dass ein (zuviel) an Umwelt- und Klimaschutz mit Verlusten an Arbeitsplätzen, Einkommen, Standortvorteilen, Wettbewerbsverzerrungen usw. verbunden sei. Nur eine intakte Umwelt, so wurde von den „Umweltschützern" auf der Konferenz immer wieder betont, wird auf Dauer die menschliche Sicherheit (Ernährungssicherung, kein sozialen und ethnischen Konflikte, Gesundheit, Zugang zu Ressourcen usw.) gewährleisten.

Insgesamt musste auf der Konferenz festgestellt werden, dass es „der Erde" 1997 schlechter ging, als je zuvor. Auch wenn in einzelnen Regionen auf einzelnen Sektoren, wie z. B. bei Treibhausgasemissionen, den Waldverlusten oder dem Schutz der Süßwasserreserven durchaus Fortschritte erzielt worden waren, waren diese allesamt durch den globalen Anstieg der CO_2-Emissionen, die vermehrte Freisetzung toxischer Stoffe und die enorme Zunahme fester Abfälle weltweit, wieder zunichtegemacht worden. Dass man sich auch 5 Jahre nach Rio immer noch nicht auf eine schlüssige Antwort auf den Klimawandel einigen konnte, wird von Stern (2007, vgl. ▶ Kap. 3) als „das größte und weittragendste Versagen des Marktes, das es je gegeben hat" bezeichnet. Dabei war seit Rio-1992 klar, dass die Staatengemeinschaft diese Herausforderung nur wird lösen können, wenn es gelingt, die wirtschaftlichen Auswirkungen nicht mehr nur national zu betrachten und das es vor allem es nötig ist, einen Langzeithorizont in die Überlegungen miteinzubeziehen. Die wichtigste Voraussetzung dazu ist ein Konsens über die langfristigen Ziele einer globalen Klimapolitik und daraus abgeleitetes kollektives Handeln. Seit Rio konnte mit der Einrichtung der UN-Kommission für nachhaltige Entwicklung (UNCSD), dem Weltklimarat (IPCC) und den jährlichen Konferenzen im Rahmen der Klimarahmenkonvention und des Kyoto-Protokolls eine Reihe anerkannter Weltforen für den Rio-Prozess etabliert werden, deren Beschlüsse aber immer noch nicht in dem vereinbarten Ausmaß umgesetzt werden.

Die tiefe Enttäuschung der Teilnehmer ließ sich daher auch aus der Schlusserklärung ablesen. Sie enthielt nur wenige und sehr vage Formulierungen, wie die angestrebte Nachhaltigkeit denn überhaupt noch zu erreichen sei. Sie enthielt ferner keine konkreten neuen Verpflichtungen, wie der seit 1992 schwelende Nord-Süd-Konflikt entschärft oder wie nachhaltige Entwicklung global finanziert werden sollte. Dennoch wurde in dem Schlussdokument – dem sogenanntem „Programm für die weitere Umsetzung der Agenda 21" *(Programme for the further implementation of Agenda 21)* eine Reihe sorgfältig austarierter (!) Formulierungen gewählt, um die fundamentalen Gegensätze zwischen den Industrieländern und den Entwicklungsländer notdürftig zu kaschieren.

Dabei ging es um folgende Punkte:
– Klimaveränderungen
  Auf der anstehenden Klimakonferenz in Kyoto 1997 sollten gesetzlich verbindliche Zielvorgaben für Industrienationen festgelegt werden, die zu einer signifikanten Senkung der Freisetzung von Treibhausgasen innerhalb definierter Zeiträume (etwa bis 2005, 2010 und 2020) führen sollten.
– Wälder
  Es wurde die Einrichtung eines länderübergreifenden Waldforums unter der Leitung der UNCSD-Kommission beschlossen, mit dem die Umsetzung der Initiativen der Arbeitsgruppe „Wald" vom März 1997 vorangetrieben werden sollten. Die Arbeitsgruppe sollte ferner einen Mechanismus zur Einführung eines verbindlichen Bewertungsverfahrens zum Schutz der Wälder vorlegen. Auch wurde vereinbart, dass die Industrieländer ihren Verpflichtung aus der UNCED-Konferenz 1992, nämlich jährlich 0,7 % ihres Bruttosozialproduktes (BSP; *gross national product*; GNP) für Entwicklungshilfe aufzuwenden, endlich erfüllen sollten.
– Frischwasser
  Zum Schutz von Frischwasserressourcen sollte die Kommission bis 1998 eine globale Strategie vorlegen, da schon absehbar war, dass im Jahr 2025 zwei Drittel der Menschheit in Ländern leben wird, die moderate bis schwerwiegende Wasserprobleme haben werden.
  Die Regierungschefs gaben daher diesem Thema „höchste Priorität". Darüber hinaus hatte sich schon 1997 angedeutet, dass ein Umsteuern der traditionellen Energiepolitik hin zu einer umfassenden Nutzung der erneuerbaren Energien wirtschaftlich ohne „Einbußen" machbar ist. In dem Stern-Review vom Jahr 2007 konnte nachgewiesen werden, dass die wirtschaftlichen Kosten der Auswirkungen des Klimawandels sowie die Kosten beim Reduzieren der Emissionen von Treibhausgasen durchaus aufgefangen werden können. Die dafür notwendigen Technologien stünden bereits zur Verfügung. Es gehe eigentlich „nur" noch darum, weltweit, aber vor allen in den großen CO_2-Emittentenländern Wirtschaftsmodelle zu etablieren, die die ökonomischen Auswirkungen des Klimawandels internalisieren.

Ein großes Handicap an der politischen Wirksamkeit der Umwelt-/Entwicklungskonferenzen Rio-UNCED und „Rio + 5" (aber auch „Rio + 10" 2002 und „Rio + 20" 2012) lag darin, dass die Regierungen bei diesen Konferenzen in der Regel durch die sektorführenden Ministerien (Umwelt, Entwicklung) vertreten waren, deren Einfluss in den nationalen Kabinetten aber eher begrenzt ist und die sich daher nur schwer gegen die politisch „starken" Ressorts (Wirtschaft, Soziales, Außenpolitik) durchsetzen konnten (können).

■■ 3. Vertragsstaatenkonferenz der Unterzeichner der Klimarahmenkonvention der Vereinten Nationen (UNFCCC-COP 3), Kyoto

Am 11. Dezember 1997 wurde auf der 3. Vertragsstaatenkonferenz der Unterzeichner der Klimarahmenkonvention (United Nations Framework Convention on Climate Change, UNFCCC-COP 3) im japanischen Kyoto ein internationales Abkommen unterzeichnet, mit dem erstmals 160 Staaten ihren festen Willen zum Schutz der Ozonschicht und zur Reduzierung der anthropogenen Treibhausgasemissionen erklärten. Dieses als „Kyoto-Protokoll" (*„Kyoto Protocol to the United Nations Framework Convention on Climate Change"*) bezeichnete Übereinkommen stellt völkerrechtlich ein „Zusatzprotokoll zur Ausgestaltung der Klimarahmenkonvention der Vereinten Nationen" dar; es trat offiziell am 16. Februar 2005 in Kraft.

Zu der Konferenz, die vom 01.12. bis 10.12.1997 im japanischen Kyoto stattfand, hatten 155 Vertragsstaaten insgesamt 1534 Vertreter entsandt. Daneben hatten 10 internationale Organisationen, unter ihnen ABD, CARICOM, CEC, EBRD, RAMSAR sowie 278 Nichtregierungsorganisationen (3865 Vertreter) teilgenommen; die Medien waren durch 3700 Journalisten vertreten. 6 Staaten hatten einen Beobachterstatus.

Mit dem Kyoto-Protokoll wurde ein bis dahin in der Geschichte des internationalen Klima- und Umweltschutzes nicht dagewesener Verhandlungsprozess abgeschlossen, der mit der Stockholm-Deklaration und der UNCED-Konferenz (1992) seinen Anfang genommen hatte.

Mit dem Protokoll beschlossen die Vertragsstaaten ein Bündel an Maßnahmen zum Schutz der Ozonschicht und zur Reduzierung der anthropogenen Treibhausgasemissionen.

Damit wurden zum ersten Mal in der Geschichte für alle Unterzeichnerstaaten verpflichtende Reduktionsziele festgeschrieben. Diese waren zwar zuvor schon in der „Klimarahmenkonvention" angesprochen worden, konnten aber damals noch nicht verbindlich festgelegt werden.

Das Protokoll konzentriert sich auf sechs wichtige Treibhausgase: Kohlendioxid (CO_2) Methan (CH_4) Lachgas (N_2O) und teilhalogenierte Kohlenwasserstoffe sowie die nicht im „Montrealer Protokoll" erfassten HFC, PFC und Schwefelhexafluorid (SF_6). Diese Gase sind in einem „Korb" zusammengefasst und das Protokoll legt die Reduktionsziele für die Industrieländer für den Zeitraum 2008–2012 in Bezug auf das Jahr 1990 fest. Mit dem Protokoll verpflichteten sich (damals) die führenden 38 Industrienationen, ihre Emissionen von sechs klimaschädigenden Gasen bis zum Jahr 2012 um 5,2 % unter das Niveau von 1990 zu senken. Im Gegensatz zu der Klimarahmenkonvention, die vor allem auf selbstverpflichtendes Handeln setzte, sind die Vertragsstaaten mit dem Kyoto-Protokoll erstmals völkerrechtlich bindende Verpflichtungen eingegangen.

Genau wie die UNFCC-Konvention setzt auch das Kyoto-Protokoll in erster Line auf nationale Reduktionsaktivitäten. Dazu wurden drei Durchführungsprozesse vereinbart, die oft auch als „Flexible Mechanismen" *(flexible mechanism)* bezeichnet werden. Diese waren zwar schon mit der Klimarahmenkonvention im Prinzip beschlossen, wurden aber mit „Kyoto" nunmehr als verbindlich vereinbart:

— Emissionshandel:
Der Emissionshandel *(international emissions trading;* EMS) gestattet nach Artikel 17 den Handel mit TGH-Emissionskontingenten (Emissionszertifikate/Emissionsrechte) zwischen zwei Industrieländern. Jedes Industrieland hatte durch Kyoto eine bestimmte Menge an Emissionsrechten zugeteilt bekommen. Emittiert ein Industrieland aber weniger Treibhausgase als ihm zugestanden wurde, kann es seine nicht gebrauchten Emissionsrechte an ein anderes Industrieland zu einem börsengehandelten Kurs verkaufen, beziehungsweise umgekehrt bei Bedarf zukaufen. Dieser Ansatz eröffnet wirtschaftliche und technische Perspektiven für Regierungen als auch private Firmen, „saubere" Technologien zu entwickeln, zu transferieren und damit auch eine nachhaltige Entwicklung in den Entwicklungsländern zu fördern.

— Clean Development Mechanism:
Im Rahmen des „Mechanismus für umweltverträgliche Entwicklung" *(Clean Development Mechanism;* CDM) können sich Industriestaaten nach Artikel 12 Investitionen in Entwicklungsländern auf ihre Reduktionsverpflichtungen anrechnen lassen. Die Projekte müssen direkt zur Reduktion oder Vermeidung von THG-Emissionen in dem jeweiligen Entwicklungsland beitragen.

— Joint Implementation:
Unter dem Mechanismus der „Gemeinschaftsreduktion" *(Joint Implementation;* JI) können nach Artikel 6 des Protokolls emissionsreduzierende Projekte eines Industrielandes, die gemeinschaftlich mit einem sogenannten Transformationsland, wie Russland, der Ukraine und den osteuropäischen EU-Mitgliedsstaaten, durchgeführt werden, auf die nationalen Reduktionsanstrengungen des finanzierenden Landes anerkannt werden. Jedes Projekt unter dem „JI-Mechanimus" muss nachweisen, dass es zu einer realen Verminderung von Treibhausgasemissionen in dem Durchführungsland führt, unabhängig von dem, was in dem Land durch nationale Anstrengungen sowieso hätte erreicht werden sollen.

Die Implementierung der Projekte erfolgt auf zwei Wegen:
— Weg 1 („Track 1") wird beschritten, wenn ein Land alle Auswahlkriterien erfüllt hat. Das Verifizierungsverfahren erfolgt dann nur zwischen dem projektfinanzierenden Land und dem Land, in dem die Maßnahme erfolgen soll.
— Weg 2 („Track 2") nehmen solche Vorhaben, bei denen das Land, in dem das Projekt durchgeführt werden soll, nur wenige der geforderten Kriterien erfüllt. Um dennoch solche Maßnahmen durchführen zu können, werden diese Projekte der Federführung des JI-Sekretariats unterstellt.

Mit dem Beitritt Russlands konnte das Protokoll am 16. Februar 2005 offiziell in Kraft treten, denn damit war die kritische Beitrittschwelle überschritten: Nach Artikel 25 wird das Abkommen erst dann gültig, wenn sich an ihm so viele Staaten beteiligen, dass sie gemeinsam für mindestens 55 % des weltweiten Kohlendioxidausstoßes verantwortlich sind.

Das Kyoto-Protokoll hatte zunächst eine Laufzeit („1. Verpflichtungsperiode") von 2008 bis 2012. Auf der UNFCC-COP 11 in Montreal (2005) konnten sich die Vertragsstaaten auf eine Fortschreibung („2. Verpflichtungsperiode" 2012–2020) des Protokolls einigen (siehe dort). In Montreal stimmten 189 Länder der Verlängerung zu; die Einigung wurde auch von den USA akzeptiert, obwohl sie das Kyoto-Protokoll selbst nicht ratifiziert hatten (und bis heute nicht haben). Die Vertragsstaatenkonferenzen haben in der Folgezeit weitergehende Organisationsstrukturen für einen effizienteren Umgang mit dem Protokoll geschaffen. So wurden auf der UNFCCC-COP 7 im Jahr 2001 in Marrakesch (siehe dort) die organisatorischen Regeln zur besseren Harmonisierung der Beschlüsse noch einmal entscheidend erweitert („Marrakesch Akkord").

▪▪ 1. Vertragsstaatenkonferenz der Unterzeichner des Übereinkommens zur Bekämpfung der Desertifikation der Vereinten Nationen (UNCCD-COP 1), Rom

Die 1. Vertragsstaatenkonferenz der Unterzeichner des „Übereinkommens zur Bekämpfung der Wüstenbildung in den von Dürre und/oder Wüstenbildung schwer betroffenen Ländern, insbesondere in Afrika" der Vereinten Nationen (United Nations Convention to Combat Desertification in those Countries Experiencing Serious Drought and/or Desertification, particularly in Africa) fand vom 29.09. bis 10.10.1997 am Hauptquartier der Food and Agriculture Organization der Vereinten Nationen (FAO) in Rom statt. Dieser sehr sperrige Titel ist besser bekannt als „Übereinkommen zur Bekämpfung der Desertifikation" der Vereinten Nationen (United Nations Convention to Combat Desertification; UNCCD-COP 1), oft auch als „Wüstenkonvention" bezeichnet. 102 Mitgliedsstaaten der Konvention sowie 34 Länder mit Beobachterstatus hatten daran teilgenommen. Vertreten waren alle namhaften UN-Organisationen, unter ihnen UNCBD, UNEP, UNDP, UNIC, UNITAR, UNFCCC, WFP, sowie WMO.

Der Einrichtung dieser Konferenz erfolgte gemäß Artikel 22 der UNCCD-Konvention und sollte die Verfahrensgrundlagen zur Implementierung der Konvention erarbeiten. Die UNCCD war das erste internationale Abkommen, das eine Verbindung von ländlicher Armut, Klimawandel und Umweltzerstörung (Desertifikation) hergestellt hatte. Mehr als 2 Mrd. Menschen, von denen 85 % in den Entwicklungsländern leben, seien dieser Problematik ausgesetzt.

Insbesondere sollte auf der ersten Vertragsstaatenkonferenz Einvernehmen erzielt werden über das Arbeitsprogramm, den Globalen Mechanismus („Global Mechanism"), die Funktion der technischen Unterstützungskomitees (Comittee on Science and Technology; CST) sowie das Mandat des Konventionssekretariats.

Die Konferenz kam zu dem Beschluss, dass nur mit kreativen, neuen und dauerhaft tragfähigen Lösungsmodellen die fortschreitende Desertifikation in den betroffenen Regionen aufzuhalten sei. Dazu sei es vor allem nötig, lokal angepasste Umweltschutzpolitiken zu formulieren und in Kraft zu setzen; entscheidend sei dabei, die entsprechenden institutionellen Rahmenbedingungen aufzubauen.

Mit dem „Globalen Mechanismus" wurde beim Konventionssekretariat eine Finanzierungs- und Unterstützungsfazilizät eingerichtet, mit der von Desertifikation bedrohte Länder – vor allem in der Sahelregion – in die Lage versetzt werden sollten, ihre Wüsten und Savannen nachhaltig zu nutzen (*national land degradation neutrality; LDN*).

Die Konferenz betonte ferner die Bedeutung einer fundierten Wissensbasis sowie eines umfassenden Technologietransfers für die weiteren Schritte zur Umsetzung der Wüstenkonvention, wie sie schon im Rahmen der UNCED-Konferenzen gefordert worden sei. In Bezug auf das Arbeitsprogramm betonten die Teilnehmer, dass sowohl das traditionelle lokale Wissen der afrikanischen Staaten als auch die wissenschaftlichen und technischen Erkenntnisse der Industriestaaten Eingang in die Mitigationsstrategien finden müssten. Nur wenn beiden Ansätze unter der Maßgabe der gemeinsamen Verantwortung zusammengeführt würden, würde eine nachhaltige Entwicklung möglich werden.

Die Konferenz machte deutlich, dass sie sich auf einen guten Weg sähe, da mittlerweile mehr als 100 Staaten die Wüstenkonvention ratifiziert hätten, und dass gute Aussicht bestünde, dass Länder, wie Australien, Japan und die USA in Kürze beitreten würden. Die Konferenz betonte ferner, dass sie nur durch eine Abstimmung und Kooperation mit den anderen UN-Organisationen – hier vor allem mit der FAO – ihren Auftrag werde erfüllen können.

▪▪ 5. Konferenz der Kommission für Nachhaltige Entwicklung der Vereinten Nationen (UNCSD-COP 5), New York

In der Zeit vom 07.04. bis 25.04.1997 fand in New York die 5. Konferenz der Kommission für Nachhaltige Entwicklung der Vereinten Nationen (United Nations Commission on Sustainable Development; UNCSD-COP 5) statt. An der Konferenz nahmen 860 Regierungsvertreter von 176 Staaten sowie eine Vielzahl an Vertretern von Nichtregierungsorganisationen, von Wirtschaft, Forschung und der Medien teil. Die UN waren durch ECA, ECOSOC-Asia/Pacific, ECOSOC-Lateinamerika/Karibik, FAO, UNESCO, UNIDO, WHO, WMO, WIPO, WTO und der Weltbank vertreten sowie die EU, IADB und die OECD.

Die Konferenz hatte zum Ziel, die Sitzung der UN-Sondergeneralversammlung im Juni des gleichen Jahres vorzubereiten, die später als „Rio + 5" bezeichnet wurde (siehe oben). Daher hatte sich die Konferenz die Aufgabe gestellt, eine generelle Bestandsaufnahme der Umsetzung der Agenda 21 vorzunehmen; hier insbesondere über die Umsetzung in den Kleinen Inselstaaten. Daraus sollten dann Empfehlungen erarbeitet werden, die dann in der Sondergeneralversammlung eingebracht werden sollten. Für den Rio-Folgeprozess wurden dringend substanzielle Ergebnisse angemahnt, da die bisherigen Fortschritte eher als unzureichend angesehen wurden. Anlässlich der Konferenz musste festgestellt werden, dass sich die „Aufbruchsstimmung" von Rio 1992 nur teilweise in konkrete Maßnahmen zur nachhaltigen Entwicklung hatte umsetzen lassen.

Die Konferenz nahm Bezug auf den in den letzten 40 Jahren versechsfachten Wasserverbrauch weltweit und schlug die Erarbeitung eines globalen Aktionsplans zum Schutz des Wassers vor. Die Sicherstellung der Versorgung der Menschen mit Trink- und Brauchwasser in ausreichender Menge und guter Qualität müsse daher stärker als bisher ins Zentrum der Umwelt-, Gesundheits- und Entwicklungspolitik aller Staaten gerückt werden. Noch immer sei die Landwirtschaft mit etwa 70 % weltweit der größten Verbraucher. Nach einer Prognose der FAO werden die nutzbaren Wasservorräte der Erde bis zum Jahr 2000 im Vergleich zu 1940 um drei Viertel in Asien, um zwei Drittel in Afrika und um ein Drittel in Europa sinken. Schon heute leben rund 2 Mrd. Menschen ohne sauberes

Trinkwasser und sanitäre Einrichtungen. Als Folge davon erkranken jährlich etwa 250 Mio. Menschen.

Die Konferenz beriet die Einrichtung einer globalen Waldkonvention, die eine umfassende Rahmensetzung auf dem Sektor der Forstpolitik beinhalten sollte. Diese von der EU eingebrachte Forderung wurde von der Mehrheit der südamerikanischen und afrikanischen Länder zunächst zurückgewiesen. Sie forderten stattdessen, weitere Informationen über Ziel und Inhalte eines solchen Übereinkommens zu erörtern. Andere Staaten sprachen sich deutlich gegen eine Waldkonvention aus. Die Konferenz stellte dazu fest, dass zuerst die Gründe für die exzessive Entwaldung verstanden werden müssten, die je nach Land sehr unterschiedlich sein können. Die angestrebte Waldkonvention müsste dann in nationale Gesetzgebungen einfließen und so zu einem nationalen Forstmanagement auf allen Umsetzungsebenen führen. Da die Voraussetzungen für ein nachhaltiges Forstmanagement in den Mitgliedsländern erheblich differieren, kann eine solche Konvention nur einen sehr generellen Empfehlungscharakter haben. Dennoch, so wurde auf der Konferenz betont, müsste ein nationales Forstmanagement immer auf der Basis eines umfassenden Waldmonitorings erfolgen. Ferner müssten in jedem Fall die lokalen und regionalen, sozioökonomischen und kulturellen Gegebenheiten berücksichtigt werden. Auch müssten die Maßnahmen immer in den nationalen Kontext der ländlichen und industriellen Entwicklung sowie der Energiegewinnung des Landes eingepasst werden, wie es schon in der Agenda 21 (Kap. 10–15) festgehalten worden war.

Die Konferenz betonte, dass dazu umfassende Forschungs- und Entwicklungsarbeiten notwendig seien, die durch Wissenschaftsnetzwerke wie das Centre for International Forestry Research (CIFOR) in Bogor, Indonesien, koordiniert werden müssten. Die internationale Wissenschaftsgemeinde wurde aufgefordert, ihre Anstrengungen auf diesem Themenfeld zu verstärken und die internationalen Geber sowie die Nichtregierungsorganisationen die Finanzierungen zu gewährleisten. Notwendig sei eine weltweite Standardisierung der forstwissenschaftlichen Definitionen, die nur durch Aus- und Fortbildung sowie eine schnelle Verbreitung der Erkenntnisse erfolgreich sein würde.

- 1998
- - 4. Vertragsstaatenkonferenz der Unterzeichner der Klimarahmenkonvention der Vereinten Nationen (UNFCCC-COP 4), Buenos Aires

Die 4. Vertragsstaatenkonferenz der Unterzeichner der Klimarahmenkonvention der Vereinten Nationen (United Nations Framework Convention on Climate Change, UNFCCC-COP 4) fand in der Zeit vom 02.11. bis 14.11.1998 in Buenos Aires statt. Zu ihr hatten 150 Staaten offizielle Regierungsvertreter entsandt; 6 Länder waren mit Beobachtern vertreten. Viele UN-Organisationen waren anwesend, unter ihnen UNCBD, UNCCD, ECLAC, FAO, GEF, IAEA, IPCC, UNICEF, UNCTAD, UNDP, UNEP, UNESCO, UNHCR, UNIDO, UNITAR, WHO, WMO, WTO und die Weltbank. Allein 201 Nichtregierungsorganisationen hatten ihre Vertreter entsandt.

Auf dieser der Kyoto-Konferenz folgenden Vertragsstaatenkonferenz wurde deutlich, dass trotz der gefeierten Einigung von Kyoto noch viele Punkte ungeklärt waren. So müssen die Flexiblen Mechanismen Emissionshandel, *Joint Implementation* und *Clean Development Mechanism* noch klarer ausgestaltet sowie noch offene Fragen zur Behandlung der sogenannten Senken von Treibhausgasen (z. B.: „Was ist ein Wald? Was ist Aufforstung?") geklärt und wissenschaftlich untersucht werden.

Nach langwierigen Verhandlungen konnte man sich wenigstens auf den sogenannten „Buenos Aires Plan of Action" einigen, in dem festgelegt wurde, dass die genauere Ausgestaltung des Kyoto-Protokolls spätestens auf der 6. Konferenz der Vertragsstaaten (November 2000 in Den Haag) fertiggestellt werden sollte. Folglich war die Konferenz geprägt von Diskussionen auf informeller Ebene, in denen es vor allem darum ging, auch Entwicklungsländer zu verpflichten, ihre Treibhausgasemissionen zu reduzieren. Viele Entwicklungsländer standen der Diskussionen sehr kritisch gegenüber und wehrten sich gegen jede Art der Reduktionsverpflichtungen. Dabei bezogen sie sich auf das in der Konvention festgelegte Prinzip der gemeinsamen, aber unterschiedlichen Verantwortung von Industrie- und Entwicklungsländern für den globalen Klimawandel.

Die UNFCCC-COP 4 begrüßte die Sachstandsberichte zwei und drei des IPCC (IPCC-SAR, IPCC-TAR, vgl. ▶ Kap. 3) mit seinen substanziellen Beiträgen zum Verständnis über die Zusammenhänge von Treibhausgasemissionen und der Veränderung des globalen Klimas. Dennoch bestünden immer noch große Kenntnislücken insbesondere hinsichtlich der klimaschützenden Auswirkungen der angestrebten Vorsorgemaßnahmen (Stichwort: „Aufforstung"). Die Konventionsparteien wurden aufgefordert, mehr nationale Daten für die Bewertung zur Verfügung zu stellen. Das SBSTA wurde aufgefordert, einen Prozess zu initiieren, diese Daten zu kompilieren.

Die Konferenz nahm Bezug auf bei den ersten drei Konferenzen gemachten Vereinbarungen zum Transfer von Know-how und Technologien. Sie bekräftigte, dass ein Technologietransfer auch weiterhin unverzichtbar wäre, um die Entwicklungsländer vor den Folgen des Klimawandels besser zu schützen. Die Konferenz ermutigte alle Parteien, ihre Beiträge noch gezielter auf die Bedürfnisse ihrer Partnerländer abzustimmen. Die Empfängerländer ihrerseits wurden aufgefordert, ihre Know-how-Defizite klarer zu benennen und ferner die institutionellen Voraussetzungen für einen ungehinderten Technologietransfer zu schaffen. Die Konferenz bekräftigte, dass die angestrebten Aus- und Fortbildungen sich insbesondere mit der „Senken und Quellen"-Problematik befassen sollten, wie es schon in dem „Montrealer Protokoll" vereinbart worden war. Daneben sollte die Klimawirksamkeit der Wälder stärker in den Fokus gerückt werden sowie die Auswirkungen des Klimawandels auf die Küstenregionen und die Weltmeere. Dabei sollte der Transfer nicht nur im Rahmen internationaler Forschungsprogramme, sondern gezielt vor Ort zusammen mit den lokalen Gesellschaften angegangen werden und sollte, wo immer möglich, das indigene Wissen und die Erfahrungen der lokalen Bevölkerungen mit einbeziehen. Die entwickelten Staaten wurden aufgefordert, dem Sekretariat eine Liste von in ihrer Verfügung stehenden Technologien vorzulegen und bis Mai 1999 über die geplanten und durchgeführten Programme an die SBSTA zu berichten. Das Sekretariat wurde aufgerufen, seine Bemühungen in Bezug auf die Zusammenstellung umsetzbarer klimarelevanter Technologien zu intensivieren und die Erkenntnisse umgehend zu verbreiten.

In den Artikeln 4.8 und 4.9 der Klimarahmenkonvention waren die Vertragsstaaten aufgerufen, alle Anstrengungen zu unternehmen, um die Effekte der Treibhausgasemissionen auf die Entwicklungsländer signifikant zu verringern. Die SBSTA hatte daher Handlungsanweisungen erarbeitet, mit denen die Einhaltung dieser Verpflichtungen *(compliance)* in den Vertragsstaaten überprüft werden könnten. Die SBSTA schlug dem Sekretariat vor, die nationalen Berichterstattungen über die Erfassungsmethodik, die Minderungsziele und die Konzepte zur Verminderung der Emissionen in den einzelnen Mitgliedsstaaten für die nächste Konferenz zusammenzutragen.

Die Konferenz bestätigte die im Artikel 3 der Konvention niedergelegten Verpflichtungen zum Schutz des Klimas und der sich daraus ergebenden Ausgestaltung des Kyoto-Protokolls (Artikel 6, 12, 17). Sie begrüßte die Arbeiten an den Umsetzungsmechanismen *("work programme on mechanisms")* und schlug vor, diese wie vereinbart fortzusetzen. Dabei sollten die Arbeiten zum *Clean Development Mechanism* (CDM) prioritär aufgenommen werden. Vor allem bedürfe es an verbindlich vereinbarten Instrumenten und Verfahrensabläufen wie externes Auditing, mit denen die nationalen Emissionsminderungsinitiativen verlässlich und unabhängig verifiziert werden können. Die Konferenz begrüßte den Bericht der SBSTA zu Fragen der Landnutzung und der Forstwirtschaft. Sie bestätigte nach intensiven Diskussionen die im Artikel 3.3 des Protokolls gemachte Definition zur Anrechnung von CO_2-Minderungen in Land- und Forstwirtschaft. Danach sind CO_2-Minderungen anrechenbar, wenn sie aus Neuanpflanzungen bzw. Wiederaufforstungen ab dem 01.01.1990 resultieren. Diese CO_2-Minderungen werden dann mit den abholzungsbedingten CO_2-Zuwächsen verrechnet (Nettosenkenpotenzial); ein Wert, der dann von dem einem Land zugewiesenen Emissionsbudget abgezogen wird. Die Klärung dieser Frage war nötig geworden, weil das Kyoto-Protokoll in diesem Punkt Raum für unterschiedliche Interpretation zuließ. Ferner sollte die Frage geklärt werden, wie am effektivsten CO_2-Minderungen, die aus anderen Aktivitäten in Land- und Forstwirtschaft sowie durch eine veränderte Landnutzung resultieren, in den Artikel 3.4 des Kyoto-Protokolls aufgenommen werden könnten. Auch müsste ein besseres Regelwerk in Kraft gesetzt werden, mit dem zusätzliche Informationen über die nationalen CO_2-Emissionen nach einheitlichen Standards erfasst werden können.

▪▪ 4. Vertragsstaatenkonferenz der Biodiversitätskonvention der Vereinten Nationen (UNCBD-COP 4), Bratislava

In der Zeit vom 04.05. bis 15.05.1998 fand in Bratislava die vierte Vertragsstaatenkonferenz des „Übereinkommens über die biologische Vielfalt" der Vereinten Nationen (United Nations Convention on Biological Diversity; UNCBD-COP 4) statt. An ihr hatten Regierungsvertreter aus 50 der 53 Mitgliedsstaaten teilgenommen. 70 Staaten hatten Beobachter entsandt, ebenso waren alle namhaften UN-Organisationen vertreten.

Die Konferenz nahm erfreut zur Kenntnis, dass inzwischen 172 Länder der UNCBD-Konvention beigetreten waren. Auch hätten die ersten nationalen Berichte über die Umsetzung der Biodiversitätskonvention in den Mitgliedsländern konkrete Nachweise erbracht, wie sehr die Konvention bereits Einfluss auf die nationalen Sozial- und Wirtschaftspolitiken hat nehmen können und wie sehr sich die Vertragsparteien mit ihren jeweiligen Regierungen haben verzahnen können.

Die auf der dritten Konferenz dem Sekretariat gestellte Aufgabe, sich mit anderen UN-Organisationen auf dem Sektor „Natur- und Umweltschutz" zu vernetzen, konnte erfolgreich abgeschlossen werden. Die Konvention hatte bis Bratislava Kooperationsvereinbarungen unter anderem mit der UNCSD über das Intergovernmental Forum on Forests (IFF), der Convention on Wetlands (Ramsar) sowie der Convention on International Trade in Endangered Species of Wild Fauna and Flora (CITES) abschließen können, ebenso mit UNFCCC, FAO, UNESCO, UNEP, UNDP, der Weltbank, IUCN und dem WWF. Auch konnten die wissenschaftlichen Netzwerke wie das DIVERSITAS-Netzwerk, die Commission on Genetic Resources for Food and Agriculture (CGRFA) sowie die für den Schutz der Wälder mandatierten Organisationen (Intergovernmental Panel on Forests, IPF), Intergovernmental Forum on Forests (IFF) und die Inter-Agency Task Force on Forests, ITFF) als Kooperationspartner gewonnen werden.

Die Konferenz nahm zunächst die Berichte aus den Regionen zur Kenntnis. Die Vertreter von China, Mali, Peru und Slowenien erstatteten Bericht über Aktivitäten zur biologischen Vielfalt in Europa, Asien, Amerika und Afrika. Dazu wurde von Guatemala über die Aktivitäten der Central American Commission on Environment and Development berichtet sowie von dem Vertreter der Marshallinseln über ein Treffen von 11 pazifischen Inselstaaten.

Die Konferenz betonte nochmals, wie sehr eine verbindliche Definition des Begriffs „Ökosystem" *(ecosystem)* als ein Referenzrahmen für die weitere Umsetzung der Biodiversitätskonvention erforderlich sei. Dazu hatte das Sekretariat die SBSTTA beauftragt, bis zur vierten Konferenz einen Entwurf vorzulegen („Ökosystemansatz", „*ecosystem approach*"). Der Entwurf wurde im Rahmen zweier Vorbereitungsworkshops im September 1997 in Montreal und im Januar 1998 in Malawi ausgearbeitet und in Bratislava dem Plenum vorgelegt. Basis der Definition war der Artikel 2 der Konvention, die ein Ökosystem versteht als:

> The variability among living organisms from all sources including, inter alia, terrestrial, marine and other aquatic ecosystems and the ecological complexes of which they are part; this includes diversity within species, between species and of ecosytems.

Der Entwurf stellte darauf aufbauend folgende Definition für *ecosystem approach* vor:

> The ecosystem approach is based on the application of appropriate scientific methodologies focused on levels of biological organization which encompass the essential processes and interactions amongst organisms and their environment. The ecosystem approach recognizes that humans are an integral component of ecosystems.

Die Konferenz nahm diese Definition mit großer Mehrheit an, betonte aber, dass es für die Umsetzung auf den Arbeitsebenen noch spezifizierterer Ausführungen bedarf.

Nicht erfolgreich war dagegen der dem SBSTTA gegebene Auftrag, ein verbindliches Regelwerk zur Taxonomie („*Global Taxonomy Initiative*") zu erstellen. Der Konferenz wurden daher 4 Entwürfe vorgelegt, die aber von der Konferenz zunächst erst einmal vertagt wurden, bis andere als dafür wesentlich empfundene Voraussetzungen geklärt seien. Die Konferenz betonte abschließend die enorme Bedeutung einer vereinheitlichten Taxonomie für alle UNCBD-Initiativen. Sie merkte an, dass viele Ländern immer noch nicht über die dafür notwendigen technischen und wissenschaftlichen Ressourcen verfügten, und mahnte daher an, dieses Thema mit größter Dringlichkeit anzugehen.

Die SBSTTA legte ferner eine Bewertung der Funktionsfähigkeit des *Clearing House Mechanism* (CHM) vor, die von der Konferenz trotz einiger abweichender Voten angenommen wurde. Damit betonte die Konferenz, dass der CHM ein unverzichtbares Schlüsselinstrument sei und nur mit ihm die Ziele der Biodiversitätskonvention zu erreichen seien. Das CHM-Netzwerk solle daher nicht nur in der Pilotphase, sondern als dauerhaftes Instrument eingerichtet werden. Sie betonte ferner, dass nur durch Einbeziehung des privaten Sektors eine flächendeckende Umsetzung möglich würde. Die Konferenz bat daher alle Regierungen und die anderen bilateralen und multilateralen Finanzierungsorganisationen auf, ihren Beitrag zum Gelingen des CHM zu leisten. Das Sekretariat wurde aufgefordert einen Vertreter zu benennen, der die globale Taxonomieinitiative (*Global Taxonomy Initiative*) unter Einbeziehung der internationalen Forschungs- und Museumsnetzwerke voranbringt. Jedes Land müsse einen eigenen Taxonomiebedarfsplan aufstellen und die Berichterstattung zur Taxonomie müsse stark vereinheitlicht werden.

Bezüglich der Aufgabe „*biosafety*" hatte die „Ad Hoc Working Group on Biosafety" mehrere Meetings abgehalten. Die Erörterungen wurden aber von der Gruppe als noch nicht abgeschlossen befunden. Die Konferenz beauftragte daher die Gruppe, bis spätestens Februar 1999 einen abgestimmten Entwurf vorzulegen. Der Entwurf sollte ein „Protokoll zur Biosicherheit" („*protocol on biosafety*") ergeben, welches sich speziell mit der grenzüberschreitenden Wanderung lebender Organismen befassen soll, die mittels moderner Biotechnologien verändert wurden (*living modified organisms*; LMO) und die so negative Effekte auf die biologische Vielfalt haben könnten. In der Folge dieser Aktivität wurde der Konvention ein Protokollentwurf vorgelegt.

In Bezug auf die vom Sekretariat angeregte Analyse über die Wirksamkeit von finanziellen Anreizsystemen (*incentive measures*) wurden nur wenige Länderberichte vorgelegt. Die daraus abzuleitenden Erkenntnisse nahm die Konferenz daher auch nur als vorläufig zur Kenntnis. Dennoch ergab sich ein genereller Trend. Danach wäre es vor einer solchen Bewertung nötig, zunächst erst einmal den Stand der Biodiversität eines Landes festzustellen. Darauf aufbauend könnten die Wirksamkeit ökonomischer Anreizsysteme und ihre Auswirkungen auf den sozialen Sektor und den institutionellen Rahmen beurteilt werden. Die Konferenz beschloss daher, eine tiefer gehende Analyse an eine gesonderte Arbeitsgruppe zu übertragen.

2. Vertragsstaatenkonferenz der Unterzeichner des Übereinkommens zur Bekämpfung der Desertifikation der Vereinten Nationen (UNCCD-COP 2), Dakar

In der Zeit vom 30.11. bis 11.12.1998 fand in Dakar die 2. Vertragsstaatenkonferenz der Unterzeichner des „Übereinkommens zur Bekämpfung der Desertifikation" der Vereinten Nationen (United Nations Convention to Combat Desertification; UNCCD-COP 2) statt. An ihr hatten 113 Mitgliedsländer der Konvention sowie 13 Länder mit Beobachterstatus teilgenommen. Alle namhaften UN-Organisationen hatten Vertreter entsandt, unter ihnen ACSAD, CBD, FAO, IFAD, UNCTAD, UNDP, UNEP, UNHCR, UNFCCC, das World Food Programme, die WMO und die Weltbank.

Die Konferenz stand ganz im Zeichen der Einrichtung einer Organisationsstruktur für die Konvention. Es wurde beschlossen, den Sitz des Sekretariats der Konvention nach Bonn zu vergeben. Die Konferenz nahm auch erfreut zur Kenntnis, dass zwei Jahre nach Inkrafttreten 145 Länder die Konvention ratifiziert hatten. Alle Teilnehmer waren sich in dem Wunsch einig, dass die Wüstenkonvention mit Beginn des Jahres 2000 ihre praktischen Arbeiten aufnehmen sollte. Alle anwesenden UN-Organisationen und die Vertreter der anderen Umweltschutzinitiativen boten der Konvention ihre volle Unterstützung und eine partnerschaftliche Zusammenarbeit an.

Die Teilnehmer legten großen Wert auf die Feststellung, dass der Umsetzungsmechanismus („Globaler Mechanismus") das zentrale Instrument zur Umsetzung der Konvention sei. Dieses Instrument müsste umgehend eingerichtet und funktionsfähig gemacht werden. Der Mechanismus sollte fachliche Unterstützung bieten, nationale und internationale Partnerschaften identifizieren und fördern sowie anhand von ausgewählten „*best practice*"-Beispielen Demonstrationsprojekte in den Mitgliedsländern durchführen. Auch müsse bei der GEF mit mehr Nachdruck auf eine zeitnahe Allokation von Finanzmitteln hingearbeitet werden. Nur so ließen sich die geplanten Aktivitäten schneller umsetzen. Generell wurde angemahnt, dass ohne ein effektives Kontrollorgan die Umsetzung der Wüstenkonvention nicht zu realisieren sei. So müsste beispielsweise in einem Extraprotokoll aufgenommen werden, welche Umsetzungsanstrengungen von welchem Land, in welchem Themenfeld vorgenommen werden sollen bzw. worden sind. Bis zur nächsten Konferenz sollte das Sekretariat hierzu einen Konzeptvorschlag ausarbeiten.

Die Konferenz empfahl, in den Mitgliedsländern der Regeln zur Desertifikationsbekämpfung umgehend in nationale Gesetze zu übertragen sowie dafür zu sorgen, dass die zur Umsetzung notwendige technische und informationelle Infrastruktur vorhanden ist, sowie dass ein die Ziele der Konvention fördernder ordnungspolitischer Rahmen besteht. Nur so könnten der Anspruch der Konvention auf allen Politikfeldern wirksam und die nationalen Entwicklungsprogramme zielgerichtet umgesetzt werden. Die Einbeziehung lokaler Zivilgesellschaften, die Nutzung indigenen Wissens sowie die Ausarbeitung von Programmen, die abgestimmt sind auf die jeweiligen regionalen Bedürfnisse, wurden von der Konferenz als unverzichtbar angesehen.

■■ 6. Konferenz der Kommission für Nachhaltige Entwicklung der Vereinten Nationen (UNCSD-COP 6), New York

In der Zeit vom 20.04. bis 01.05.1998 trafen sich im Hauptquartier der Vereinten Nationen in New York 527 Teilnehmer aus den 53 Mitgliedsstaaten zur 6. Konferenz der Kommission für Nachhaltige Entwicklung der Vereinten Nationen (United Nations Commission on Sustainable Development; UNCSD-COP 6). Eine vorbereitende Sitzung dazu hatte am 22.12.1997 ebenfalls in New York stattgefunden. An der Konferenz waren darüber hinaus 70 Länder mit Beobachtern vertreten; ebenso die EU. An UN-Organisationen waren vertreten: FAO, ILO, IMO, UNESCO, UNDP, WHO, WMO und die Weltbank sowie mehrere Hundert Vertreter von 75 Nichtregierungsorganisationen.

In Bezug auf das Themenfeld „Süßwassermanagement" stellte die Kommission fest, dass Fortschritte hierzu nur durch einen integrierten Ansatz möglich sein, der sowohl den Schutz als auch die Entwicklung der Ressource nach Artikel 18 der „Agenda 21" umfassen müsste. Die Kommission verwies auf die Tatsache, dass immer noch die Landwirtschaft der größte Wasserverbraucher weltweit und, dass Süßwasser für das Überleben der Menschen und der Natur essenziell sei. Gesundheit und Ernährung sowie die soziale und ökonomische Entwicklung seien von einem intakten Ökosystem abhängig. Um der sozialen Dimension des Süßwassers gerecht zu werden, müsste die Ressource grundsätzlich mit einer langfristigen Perspektive entwickelt werden, die vor allem auf die Bedürfnisse der ärmeren Bevölkerungen in den Städten und Gemeinden ausgerichtet sein müsste. Dabei müsste der gesamte Wasserkreislauf gleichermaßen betrachtet werden, nämlich die Funktion des Grundwassers, die der Flusssysteme (Seen, Flüsse), der Feuchtgebiete, als auch die der Wälder als Wasserspeicher.

Die Kommission empfahl daher, hinsichtlich der erkannten Know-how- und Umsetzungsdefizite im Wasserressourcenmanagement sowohl eine Wissensvertiefung als auch bei den Nutzern das Bewusstsein zu fördern, dass der Schutz der Oberflächenwässer einen entscheidenden Schritt zu einem dauerhaften Erhalt der Ressource darstelle. Dazu müssten insbesondere die Frauen darauf aufmerksam gemacht werden, wie sehr die Gesundheit ihrer Familien von hygienisch einwandfreiem Trink- und Brauchwasser abhänge. Die Kommunen müssten besser informiert sein, über die Rolle der Ökosysteme für das Dargebot an Wasser sowie, wie sich die Wasserqualität durch angepasste Abwasserentsorgung verbessern ließe.

Auch müssten, so der Kommissionsbeschluss, die Angebote an Aus- und Fortbildungen für die Wassermanager im Hinblick auf die Aufstellung lokal angepasster ordnungspolitischer Regelwerke mit Nachdruck vorangetrieben werden. Die Manager dürften „Wasser" nicht mehr einseitig als vermarktbare Ressource verstehen, sondern müssten in ihre Entscheidungen immer das gesamte Wassereinzugsgebiet und nachhaltige Landnutzungsregime mit einbeziehen; dies träfe auch zu auf eine Berücksichtigung der Feuchtgebiete zum Erhalt der Biodiversität. Nachhaltigkeit im Wassermanagement, so die Konferenz, wird sich ferner nur erreichen lassen, wenn die lokalen Nutzergruppen umfassend und frühzeitig einbezogen werden, sowohl in die Entscheidungsfindungen als auch bei den Umsetzungen. Die Regierungen wurden daher aufgefordert, die dafür notwendigen legislativen Rahmen zu schaffen, um eine Teilhabe der Zivilgesellschaften zu gewährleisten. Die zentrale Rolle der Frauen bei dem Schutz der Wasserressourcen müsste in den ordnungspolitischen Regelwerken prominent herausgestellt werden. Ferner müsste die subsidiäre Übertragung von Verantwortung in der Wasserversorgung, der Abwasserentsorgung, zum Ausbau der Bewässerungssysteme und zur Wasserhygiene auf die lokalen Ebenen ebenfalls klar in den nationalen Wasserrahmenrichtlinien verankert werden. Eine „echte" Partnerschaft von „Wasserbehörden" und Nutzern ließe sich aber nur erreichen, wenn allen Beteiligten auch gleiche Rechte zugestanden werden.

Die internationale Staatengemeinschaft wurde aufgefordert, sich aktiv an den Diskussionen zum Wasserressourcenmanagement in den Entwicklungsländern zu beteiligen und durch einen konstruktiven Know-how-Transfer zur Problemlösung beizutragen. Der internationale Dialog müsste von den entwickelten Ländern als Anlass zur Übernahme einer gemeinsamen Verantwortung für die „Ressource Wasser" verstanden werden. Die nationalen Regierungen wurden aufgefordert, ihrerseits die internationalen Wissensforen als Bühne für die Darstellung ihrer Probleme, aber eben auch zur Darstellung indigener Lösungsmodelle zu nutzen und sich um Forschungskooperationen mit den entwickelten Ländern auf allen sich bietenden Ebenen zu bemühen. Technologien zur Verringerung der Umweltbelastungen, zum Beispiel dem großen Problem der Algenblüten in den Seen, der Ausbreitung von Wasserhyazinthen oder zur Meerwasserentsalzung in den Küstenregionen wären dringend erforderlich. Als weiteren hochsensiblen Punkt stellte die Konferenz ein besseres Verständnis über die Chancen einer Mehrfachnutzung von aufbereiteten Abwässern sowie zur Verringerung von Arsengehalten oder anderer Schwermetalle in den oberflächennahen Grundwässern heraus. Alle diese lokal auftretenden Probleme würden sich aber nur im internationalen Dialog lösen lassen. Die Konferenz rief daher die Entwicklungsländer wie die entwickelten Länder auf, Forschungskooperationen auf diesen Schwerpunkten aufzunehmen; am besten in Form von lokal angepassten Pilotvorhaben.

Zur Finanzierung der Erarbeitung und Umsetzung von Lösungsmodellen rief die Konferenz die internationalen Geber auf, ihre Anstrengungen zu verstärken, zum einen durch die Gestellung von mehr Finanzmitteln, auch vom privaten Sektor, zweitens durch eine bessere Geberkoordination den Entwicklungsländern einen besseren Zugang zu den Finanzierungen zu ermöglichen sowie drittens deutlich mehr (verlorene) Zuschüsse zu gewähren. Die nationalen Regierungen wurden aufgefordert, ausreichend Finanzmittel für nationale Schutzprogramme in die Haushalte einzustellen.

Die Kommission stellte eine immer noch zu große Lücke bei den wissenschaftlich-technischen Kapazitäten in vielen Entwicklungsländern fest. Sie betonte, dass ein Abbau dieser Know-how-Defizite unverzichtbar sei und, dass es dafür weltweit konzertierte Aktionen von nationalen und internationalen Wissenschaftlern geben müsse. Insbesondere die Umsetzungsfähigkeiten in vielen Entwicklungsländern müssten verbessert werden. Mehr Kenntnisse über die Ursachen der Wasserknappheiten müsste vorliegen und diese Erfahrungen und Kenntnisse schneller verbreitet werden. Daraus müssten dann jeweils sektorspezifische Umsetzungsprogramme abgeleitet werden. Die Konferenz verwies dabei auf die „World Science Conference" hin, die von UNESCO und dem „International Council of Science Unions" (ICSU) im folgenden Jahr abgehalten werden würde, die eine gute Plattform für einen solchen Technologietransfer bieten würde.

Die Konferenz begrüßte die Erkenntnisgewinne, die in den letzten Jahren in Bezug auf die Erarbeitung eines speziellen „Vulnerabilitätsindex" für die Kleinen Inselstaaten („Small Island Staates") erzielt worden seien und, dass es möglich sei, diese Erkenntnisse der UN-Generalversammlung im Dezember 1997 vorstellen zu können. Die Konferenz rief die Kleinen Inselstaaten auf, ihre Anstrengungen auf diesem Sektor weiter fortzuführen und darüber auf der 7. Konferenz zu berichten. Die internationale Staatengemeinschaft wurde aufgefordert, ihre Beiträge zum Verständnis über die Ursache-Wirkung-Beziehungen von Klimawandel und Meeresspiegelanstieg zu leisten sowie über die Gefahrenexposition der Staaten durch ein fehlendes Abfallmanagement und eine nicht angepasste Landnutzung eingehender zu informieren. Auch müssten die entwickelten Länder beitragen, nationale Forschungskapazitäten unter Einbeziehung der traditionellen lokalen Erfahrungen auszubauen sowie die nationalen Umweltschutzadministrationen operational zu machen.

- 1999
- **5. Vertragsstaatenkonferenz der Unterzeichner der Klimarahmenkonvention der Vereinten Nationen (UNFCCC-COP 5), Bonn**

In der Zeit vom 25.10. bis 05.11.1999 wurde in Bonn die 5. Vertragsstaatenkonferenz der Unterzeichner der Klimarahmenkonvention der Vereinten Nationen (United Nations Framework Convention on Climate Change; UNFCCC-COP 5) abgehalten. Zu ihr hatten 165 Staaten und 211 Nichtregierungsorganisationen ihre Repräsentanten entsandt. Das UN-System war mit allen namhaften Organisationen und internationalen Konventionen vertreten, unter ihnen ADP, GEF, FAO, IAEA, IEA, ICAO, IMO, IPCC, Montrealer Protokoll, Ramsar, UNCBD, UNCCD, UNCTAD, UNDP, UNEP, UNESCO, UNIDO, UNITAR, WHO, WMO, WTO und die Weltbank/IBRD/IFC sowie regionale Organisationen, wie die Arabische Liga, CARICOM, EU, OAS, OECD und die OPEC.

Die zentrale Aufgabe der Konferenz war es, nach dem Abschluss des Kyoto-Protokolls eine umfassendere Ausformulierung des eigentlichen Vertragstextes auszuarbeiten, der dann auf der COP 6 verbindlich vereinbart werden sollte. Die Grundlage für die Formulierungen stellte der Buenos-Aires-Aktionsplan (Buenos Aires Plan of Action) dar. Damit sollte ein weiterer Schritt hin zu dem Inkrafttreten des Protokolls im Jahr 2002 unternommen werden. Besonders strittig war, wie schon zuvor, die konkrete Ausgestaltung der Flexiblen Mechanismen „Emissionshandel", *„joint implementation"* und *„Clean Development Mechanism"*. Beträchtliche

Meinungsunterschiede bestanden hierzu insbesondere zwischen den drei Blöcken der EU und ihrer assoziierten Staaten, der sogenannten „Umbrella Group" (USA, Australien, Kanada, Japan, Russland u. a.) und der Gruppe der „G77". Diese harten Fronten verhinderten substanzielle Vorgaben zur Ausgestaltung der Regeln für die Mechanismen. Gelungen ist jedoch eine Anbindung dieser Mechanismen an eine umfassende Erfüllungskontrolle. Das Arbeitsprogramm enthält aber keinerlei Entscheidung darüber, ob und welche Elemente schließlich tatsächlich in die Regeln für die Mechanismen aufgenommen werden. Zusätzliche Elemente für die weitere Arbeit können hinzugefügt werden. Die Verhandlungen über die Regeln werden weiterhin äußerst schwierig bleiben. Weiterhin wurden „Richtlinien" erstellt, wie nationale Berichte der Industrieländer über ihre Emissionen aussehen sollen.

In den wesentlichen Fragen konnte erst im Kreis der Minister (*„Ministerial Segment"*) eine Annäherung in der weiteren Ausgestaltung erreicht werden. Festgelegt wurden Zeitplan und Themen der weiteren Verhandlungen. Die 6. Vertragsstaatenkonferenz soll eine abschließende Entscheidung über die Ausgestaltung aller Mechanismen fällen.

Die Konferenz rief vor allem die Regierungen der Industriestaaten auf, den Vereinbarungen nicht nur (einfach) Folge zu leisten, sondern deutliche Signale auszusenden, die zeigen, wie sehr sie sich dem Thema „Klimaschutz" in ihrem politischen Handeln verpflichtet fühlen. Dabei wurde klargelegt, dass eine erfolgreiche Umsetzung des Kyoto-Protokolls nicht allein auf der Regierungsebene zu erreichen sei, sondern, dass dazu alle politischen Entscheidungsebenen und die Zivilgesellschaft einbezogen werden müssten. Technologien für den angestrebten Paradigmenwechel seien vorhanden, auch wenn sie jeweils angepasst werden müssten. Betont wurde, dass Technologien allein aber nicht ausreichen würden. Es müsste sich auch das Bewusstsein der Menschen zu Ursachen und Wirkungen des Klimawandels grundlegend ändern und damit auch das Verbraucherverhalten in den Industrienationen. Sie wurden daher aufgefordert, „bei sich zu Hause anzufangen" und Lösungsmodelle gegen den Klimawandel auszuarbeiten. Die erworbenen Kenntnisse müssten dann auf die Schwellen- und Entwicklungsländer übertragen werden. Aber auch in diesen Ländern müsse das Verständnis ihrer Verantwortung für den Kampf gegen den Klimawandel gestärkt werden. Industrie und Handel wurden aufgefordert, umgehend mit der Einführung des *„Clean Development Mechanism"* zu beginnen. Zentrales Element, an dem allen Emissionsminderungsinitiativen gemessen werden müssten, müsse sein, dass die Menschen das Kyoto-Protokoll als verlässliche Größe anerkennen. Die politische Dimension des Protokolls müsse daher in allen Ländern noch klarer kommuniziert werden; vor allem dürfe das Protokoll nicht auf eine Fachdiskussion über die Wirksamkeit von CO_2-Quellen oder -Senken reduziert werden. Ferner dürfe man das Ziel „Inkrafttreten des Protokolls im Jahr 2002" nicht aus dem Blick verlieren, vielmehr müsse man sich heute schon auf das Nachfolgeprotokoll konzentrieren.

Anders als die Konferenz in Buenos Aires endete die fünfte Konferenz in einer optimistischeren Stimmung. Da der „Buenos Aires Plan of Action" ein ehrgeiziges Programm für die nächste Konferenz vorsah, wurde das Jahr bis dahin intensiv geplant, der Sitzungsrhythmus der Nebenorgane erhöht und mehrere informelle Konsultationen auf hoher Ebene angesetzt.

▪▪ 3. Vertragsstaatenkonferenz der Unterzeichner der Konvention zur Bekämpfung der Desertifikation der Vereinten Nationen (UNCBD-COP 3), Recife

In der Zeit vom 15.11. bis 26.11.1999 fand in Recife die 3. Vertragsstaatenkonferenz der Unterzeichner der „Konvention zur Bekämpfung der Desertifikation" der Vereinten Nationen (United Nations Convention to Combat Desertification; UNCCD-COP 3) statt. Vertreter von 119 Mitgliedsstaaten der Konvention sowie sieben Länder mit Beobachterstatus hatten daran teilgenommen. Die Vereinten Nationen waren wieder mit allen namhaften Organisationen vertreten, unter anderen durch UNCBD, ECLAC, FAO, IFAD, UNFCCC, UNICEF, UNCTAD, UNEP und die Weltbank.

Die Konferenz bekräftigte eingangs noch einmal ihren Willen, nicht nur die Landverödung zu vermindern, sondern durch innovative Technologien und durch angepasste Managementvorgaben auch Armutsminderung sowie eine nachhaltige Entwicklung zu fördern. Sie begrüßte ferner, dass mittlerweile 159 Länder die Konvention ratifiziert hatten, und betonte die hohen Synergieeffekte durch die Zusammenarbeit mit den anderen UN-Konventionen, u. a. mit der UNCBD und der UNFCCC. Dennoch herrschte bei der Konferenz bei vielen Teilnehmern eher Ernüchterung als Euphorie vor. Von vielen wurde beklagt, dass man sich nicht – wie erwartet – über die Inhalte der nationalen Berichte ausgetaucht hätte, sondern das Plenum sich vor allem mit den Umsetzungsmechanismen beschäftigt habe. Kritik wurde vor allem über die Funktion des Sekretariats und die Budgetfrage vorgebracht. Sie wurde mit der Hoffnung verbunden, dass auf der UNFCBD-COP 4 auch die Berichte von Lateinamerika, Asien und dem Mittelmeerraum vorliegen würden und man dann zu einer inhaltlichen Diskussion kommen könne.

Anders als bei den Konferenzen zuvor, lag diesmal der Schwerpunkte der Konferenz auf Berichterstattungen afrikanischer Länder. In Afrika hatten in den vergangenen 2 Jahren erhebliche Fortschritte erzielt werden können. Die 39 nationalen Sachstandsberichte, die fast 75 % der Fläche des Kontinents ausmachten, zeigten eindrucksvoll, wie die Konventionsziele dort proaktiv gefördert wurden. In den Berichten wurde über die Politiken und Aktivitäten bezüglich der Entwicklung der Landwirtschaft, zum Ressourcenmanagement, einer verbesserten Landnutzung und zur nachhaltigen Energieversorgung informiert. Viele der Berichte gaben auch an, wie sich die Aktivitäten auf die Familien- und Gesundheitsdienste, die Armutsminderung und Katastrophenbewältigung sowie die Sektoren Bildung und Tourismus ausgewirkt haben. Viele der afrikanischen Regierungen sind auch dabei, institutionelle Reformen durchzuführen, um so für die Gemeinden ein geeignetes Umfeld zur Umsetzung der Konvention zu schaffen. Nach Auffassung der Teilnehmer sollten diese Berichte allen Mitgliedsländern als Demonstrationsvorhaben zur Verfügung gestellt werden.

Außerdem hatte jeder afrikanische Vertragsstaat einen UNCCD-Koordinierungsausschuss eingerichtet, dessen Aufgabe es ist, nationale Aktionsprogramme (NAPs) durchzuführen. Aus mehreren Berichten geht hervor, dass dort, wo Nichtregierungsorganisationen (NROs) mit den lokalen Gemeinden zusammengearbeitet haben, ein hoher Grad an Gemeinschaftsverantwortung erreicht wurde.

Um die Arbeiten effektiv zu gestalten, wurde von vielen Parteien eine Stärkung des Sekretariats gefordert, ebenso eine klarere Aufgabenbeschreibung des Implementierungsinstrumentes *„Committee of the Whole"* sowie die Herstellung engerer Verbindungen zwischen dem Sekretariat und der Konvention sowie den beiden Expertengruppen für „Science" und „Evaluation". Auch müssten die Aufgaben des „Globalen Mechanismus" klarer spezifiziert werden, damit dieser seine Rollen als Ideengeber, Identifizierer von Kooperationspartnern und nicht mehr nur die einer Konventionsadministration einnehme. Daher schlug die Konferenz vor, ein Komitee für einen Reviewprozess einzurichten. Das Sekretariat wurde aufgefordert ein entsprechendes Konzept vorzulegen, wie am besten die nationalen Umsetzungen begleitet und die internationale Zusammenarbeit gefördert werden könne.

Die Konferenz verständigte sich darauf, die Expertengremien bezüglich der Genderzusammensetzung und der Fachdisziplinen ausgeglichener zu besetzen. Die Mitgliedsländer wurden aufgefordert, entsprechende Personalvorschläge an das Sekretariat zu machen. Ein Wunsch Brasiliens führte zur Formulierung der „Recife-Initiative", mit der die Einhaltung der Verpflichtungen aus der Konvention in den Mitgliedsländern in den nächsten 10 Jahren insbesondere hinsichtlich der Themenfelder „Energie", „Wasser", „Wiederaufforstung" und „indigenes Wissen" festgestellt werden sollte.

▪▪ 7. Konferenz der Kommission für Nachhaltige Entwicklung der Vereinten Nationen (UNCSD-COP 7), New York

In der Zeit vom 19.04. bis 30.04.1999 wurde in New York am Hauptquartier der Vereinten Nationen die 7. Konferenz der Kommission für Nachhaltige Entwicklung der Vereinten Nationen (Commission on Sustainable Development; UNCSD-COP 7) abgehalten. 50 Staaten hatten insgesamt 488 Teilnehmer entsandt; 72 Länder waren mit Beobachtern vertreten; plus die EU. Das UN-System war vertreten unter anderem durch die Organisationen: FAO, IAEA, IFAD, ILO, IMO, UNESCO, UNIDO, UNWTO und die Weltbank.

Zunächst bestätigte die Kommission die Erweiterung der „Richtlinien für den Verbraucherschutz", wie sie auf der 3. UNCSD-Sitzung beschlossen war, um die Aspekte einer nachhaltigen Nutzung von Produkten. Die Aufnahme von „Green Economy"-Ansätzen in die Richtlinie würde zu erhöhter Energieeffizienz und zum Ausbau tragfähiger sozioökonomischer Infrastrukturen (zum Beispiel: Gesundheit, Grundbildung usw.) führen, insbesondere dann, wenn auch der Sektor der öffentlichen Dienstleistungen mit eingeschlossen sei. Damit bekämen auch sogenannte *„home-produced goods"* das Nachhaltigkeitslabel und würden so im internationalen Handel nicht weiter behindert werden können. Die Konferenz bekräftigte den positiven Einfluss, den Informationen zu umweltfreundlichen Produkten haben können, um das Verbraucherverhalten gezielt steuern zu können.

In Bezug auf das schon auf den vorherigen Konferenzen behandelte Thema „Ozeane und Meere" bekräftigte die Kommission, dass diese zu einem der wichtigsten Lebensräume unseres Planeten zählen und daher der Schutz der Ozeane und Meere eine der vordringlichsten Aufgaben der Menschheit darstelle, wie es schon im Artikel 17 der Agenda 21 niedergelegt worden war. Es sei an der Zeit, sich verstärkt mit den marinen Ökosystemen unter wissenschaftlichen Aspekten zu beschäftigen, um ein besseres Verständnis über die Wechselwirkungen von Meer und Klimaentwicklung zu erhalten; wie zum Beispiel über den El-Niño-Effekt, zu den Folgen der Überfischung der Ozeane und zu den wirtschaftlichen und ökologischen Schäden für die Küstenanrainer durch illegales Fischen. Der Eintrag von Pestiziden, die Verschmutzungen durch Abfälle aus der Hochseeschifffahrt oder die Akkumulation von Plastikmüll in den Ozeanen müssten besser verstanden werden, um daraus praktikable Handlungsempfehlungen abzuleiten zu können. Dabei wurde herausgestellt, dass alle Initiativen zum Schutz der Meere und Ozeane auf der Grundlage vorgenommen werden sollten, dass jeder Staat souverän über seine Hoheitsgewässer verfügen kann, so wie es in dem internationalen Seerechtsübereinkommen der Vereinten Nationen (United Nations Convention on the Law of the Sea; UNCLOS) festgeschrieben sei.

Die Konferenz begrüßte die eingegangenen Berichterstattungen der Länder über ihre Programme zum Schutz der Meere und Ozeane, stellte aber fest, dass diese nicht immer den Qualitätsstandards genügen, um daraus weitere Entwicklungsempfehlungen ableiten zu können. Sie anerkannte dass, um die Berichte besser vergleichbar zu machen, es noch erheblicher Anstrengungen bedarf, vor allem müssten die wissenschaftlichen Kapazitäten in vielen Entwicklungsländern gestärkt werden. Dafür müssten mehr Finanzmittel zur Verfügung gestellt werden. Ein weiteres Mittel, um dieses zu verbessern, wurde in einer Verstärkung des internationalen Erfahrungs- und Wissenschaftsaustausches gesehen sowie in der Durchführung von Pilotvorhaben auf internationaler Ebene. Die Konferenz empfahl ferner, Aus-/Fortbildungsprogramme zu initiieren, zum Aufbau lokaler Kapazitäten sowohl für die

Erforschung der internationalen Gewässer als auch für die küstennahen Regionen sowie den Aufbau von nationalen Administrationen, die in der Lage seien, die eigenen Meeresgebiete wirksam zu schützen. Dazu empfahl die Konferenz nationale Forschungsprogramme zu initiieren, diese aber unbedingt regional grenzüberschreitend und international zu verknüpfen. Thematisch sollten sich diese Kooperationen zunächst auf einen Technologietransfer in den Themenfeldern „marine Ressourcen", „nachhaltige Fischerei" und „Aquakulturen" konzentrieren. Aber auch der Zustand der Korallenriffe sollte Gegenstand wissenschaftlicher Forschungen werden, um so auch eine Verbindung herzustellen zu dem Anliegen der Biodiversitätskonvention. Die Regierungen wurden daher aufgefordert:

- eine organisatorische Stärkung der nationalen Meeresadministrationen durchzuführen,
- ein besseres Verständnis über Nutzung der biologischen Vielfalt der Meere zu ermöglichen, ohne aber dabei die biologische Vielfalt selber zu zerstören,
- nationale wissenschaftliche Forschungen zu fördern, um umsetzbare Informationen für ein nachhaltiges Ökosystemmanagement zu erhalten, um zu einem besseren Verständnis über die Interaktion „Ozeane–Klimaentwicklung" zu gelangen,
- den Aufbau nationaler Frühwarnsysteme, zum Beispiel zum Schutz vor extremen Naturereignissen wie einem Tsunami oder auch klimabedingten Katastrophen (z. B. El Nino) zu intensivieren.

Die Kommission verpflichtete sich im Gegenzug, die nationalen Regierungen bei der Durchführung von deren Forschungsarbeiten und beim Aufbau internationaler Wissenschaftsnetzwerke technisch und finanziell zu unterstützen.

Die Konferenz folgte einem Auftrag der UN-Generalversammlung (Resolution S/19-2), die die Kommission für nachhaltige Entwicklung aufforderte, ein internationales Aktionsprogramm für die Ausarbeitung von Handlungsempfehlungen für einen „nachhaltigen Tourismus" zu initiieren. Das Programm sollte in Zusammenarbeit der UNCSD mit der World Tourism Organization (UNWTO) und der Konferenz der Vereinten Nationen für Handel und Entwicklung (UNTACD) Beiträge leisten, wie der internationale Tourismus lokal zur Armutsbekämpfung beitragen und das Bewusstsein bei den nationalen Verantwortlichen über das Entwicklungspotenzial dieses Sektors gestärkt werden könne. Die Entwicklungsländer wurden aufgefordert, eigene Ökotourismusstrategien auszuarbeiten, um vorzugsweise durch ein *„design with nature"* in umweltfreundlichen Tourismus zu investieren. Auch müssten der lokale Tourismussektor sowie die indigene Bevölkerung frühzeitig in die Planungen eingebunden werden, damit die Ziele der Nachhaltigkeit auch auf den unteren Umsetzungsebenen besser verstanden und akzeptiert werden. Durch gezielte Informationen der ausländischen Touristen sollte erreicht werden, dass auch diese sich die nationalen Ökoschutzziele zu eigen machen. Die nationalen Vorgaben sollten den Tourismussektor verpflichten, ausschließlich in umweltfreundlichen Tourismus zu investieren.

Ein Mittel zum proaktiven Umweltschutz sieht die Konferenz in einem umfassenden nachhaltigen Abfallmanagement, damit zum Beispiel in den Kleinen Inselstaaten die Küstenregionen nicht noch weiter durch lokale Emissionen verschmutzt werden. Der Erfolg von umweltfreundlichen Tourismusinitiativen ließe sich am besten ablesen, wenn für jede Sparte (Haus, Abfall, Wasser, Energie, Hygiene, Sanitation) ein spezieller Indikatorenschlüssel, wie er schon von UNWTO vorgeschlagen worden sei, zugrunde gelegt würde. Auch müssten die Vorgaben den Tourismussektor verpflichten, die Arbeits-/Sozialstandards der International Labor Organisation (ILO) einzuhalten. Die nationalen Programme sollten im Einklang mit den internationalen Initiativen wie dem „Internationalen Jahr der Berge", der „Internationalen Initiative zum Schutz der Korallenriffe" und dem „Jahr des Ökotourismus" stehen.

Ein weiteres Thema auf der Konferenz war die dramatische Situation, in der sich die Kleinen Inselstaaten befänden. Die Konferenz nahm einen Textentwurf der „Ad hoc-Arbeitsgruppe zur Beurteilung der Umweltsituation der Kleinen Inselstaaten" an. In ihm wurde noch einmal drastisch auf die existenzielle Bedrohung der Inselstaaten durch den Klimawandel und die Meeresverschmutzung hingewiesen, wie es schon in dem Barbados-Aktionsprogramm *(„Barbados Program of Action")* festgehalten worden war. Mit dem Aktionsprogramm, beschlossen 1994 unter der Schirmherrschaft der UN, wird ein Zusammenhang von wirtschaftlicher Entwicklung der Inselstaaten mit dem Schutz des Meeres, der Küstenzonen, der Korallenriffe und der übrigen fragilen Umwelt der Inseln hergestellt. Die Kommission betonte, dass die Inselstaaten zwar nur geringe Landfläche ausmachten, aber durch ihre geographische Verbreitung einen beträchtlichen Teil der marinen Ökosysteme abdecken. Ihre Lage um den Meeresspiegel verschafft ihnen eine große Artenvielfalt, aber eben auch eine erhebliche Exposition gegenüber den Gefahren des Meeresspiegelanstiegs. Insbesondere der mit dem Klimawandel verbundene Meeresspiegelanstieg mache diese Staaten zu den meist gefährdeten Regionen der Welt, insbesondere durch ihre Exposition gegenüber klimabedingten Naturkatastrophen.

Bei der Konferenz beklagten die Inselstaaten, dass Transporte von Gefahrgut durch ihre Hoheitsgewässer inzwischen zu einer Bedrohung ihrer Existenz geworden seien, und dass Plastikmüllansammlungen schon beängstigende Ausmaße angenommen haben.

Auch seien ihre (wenigen) Produkte durch einen oftmals behinderten Zugang zu den Weltmärkten und gegenüber den volatilen Weltmarktpreisen nicht konkurrenzfähig.

Sie betonten, in erster Linie fehle es an gesicherten finanziellen Zusagen, um die im Barbados-Aktionsprogramm vereinbarten Strategien umsetzen zu können. Die Kommission rief daher die internationale Staatengemeinschaft auf, mehr für das Überleben der Kleinen Inselstaaten zu tun und ihr Engagement nicht nur auf die Ausarbeitung von Strategiepapieren zu beschränken, sondern diese dann auch umzusetzen. Die Situation sei in der letzten Zeit noch gravierender geworden, da die ODA-Zuwendungen für sie eher ab- als zugenommen haben. Die internationalen Geber wurden aufgefordert, ihre Finanzierungszusagen für Umweltschutzmaßnahmen in den Kleinen Inselstaaten und zur Absicherung der Agrarerlöse dringend zu erhöhen.

- 2000
- - 6. Vertragsstaatenkonferenz der Unterzeichner der Klimarahmenkonvention der Vereinten Nationen (UNFCCC-COP 6), Den Haag

Vom 13.11. bis 25.11.2000 trafen sich in Den Haag die Umweltminister der 100 führenden Staaten der Welt, um sich auf der 6. Vertragsstaatenkonferenz der Unterzeichner der Klimarahmenkonvention (United Nations Framework Convention on Climate Change, UNFCCC-COP 6) über den Stand der Entwicklungen zum Schutz des Klimas auszutauschen. 85 Nichtregierungsorganisationen und 5 zwischenstaatliche Organisationen hatten ebenfalls ihre Vertreter entsandt.

Auf den beiden Vertragsstaatenkonferenzen zuvor (UNFCCC-COP 4 und 5) konnten sich die Staaten nicht auf ein verbindliches Regelwerk zur Umsetzung des „Kyoto-Protokolls" einigen. Dies sollte in Den Haag passieren und der Gipfel wurde deshalb schon im Vorfeld als der „Gipfel der letzten Chance" bezeichnet. Das Ziel von Den Haag war eigentlich, die Lücken im Protokoll zu schließen und damit die Voraussetzung zur Ratifizierung durch die einzelnen Staaten zu schaffen.

Im Vorfeld der Konferenz hatte das IPCC seinen dritten Sachstandsbericht (IPCC-TAR, vgl. ▶ Kap. 3) herausgegeben. Danach erwärmt sich das Klima nicht wie bisher angenommen um 1–3 °C, sondern es müsse jetzt von einer Erwärmung von 1,5–6,0 °C ausgegangen werden. Der TAR führte weiter aus, dass die Erwärmung über den Landmassen etwa 10–40 % stärker ausfallen könne, als auf den Ozeanen. Das bedeutet, dass es in 100 Jahren in bestimmten Regionen um bis zu 10 °C wärmer werden könne.

Allerdings kam es in Den Haag zu einem Debakel, weil einige Industriestaaten das Protokoll in der vorliegenden Form nicht anerkennen bzw. ratifizieren wollten. Nationale Interessen waren diesen Staaten wichtiger. So hoch die Erwartungen waren, so groß war die Enttäuschung über ihr Scheitern. Doch trotz intensiver Bemühungen der niederländischen Konferenzleitung unter Umweltminister Jan Pronck scheiterte die Konferenz an einer massiven Blockadehaltung einzelner Länder, allen voran den USA.

Schon während der Vorbereitungskonferenzen wurde klar, dass sich der Streit vor allem an der Frage festmachen würde, in welchem Ausmaß sich einzelne Länder von ihren Verpflichtungen zur Reduzierung des Kohlendioxidausstoßes „freikaufen" können. Die sogenannte „*Umbrella Group*" bestand darauf, ihre natürlichen Wälder, Aufforstungsmaßnahmen und landwirtschaftliche Bearbeitung als nationale „Senken" angerechnet zu bekommen. Die USA forderten, dadurch bis zu 20 % der vereinbarten CO_2-Reduktionen abgelten zu dürfen. Dieser Antrag stieß auf erheblichen Widerstand der EU und vieler Entwicklungsländer. Die Industrienationen sahen ihr Wirtschaftswachstum in Gefahr; so war Australien, weltweit größter Exporteur für Kohle, für einen vermehrten Einsatz von fossilen Brennstoffen, ebenso wie viele der OPEC-Staaten, die auf den Energieträger Erdöl angewiesen sind.

Ein weiterer Streitpunkt war die Verabschiedung einer sogenannten „Positivliste" für Maßnahmen, die im CDM-Mechanismus aufgenommen werden sollten. Während einige Länder den Mechanismus auf erneuerbare Energien oder Energieeffizienzmaßnahmen beschränken wollten, wollten andere Industrieländer (z. B. die USA und Frankreich) auch den Bau von Atomkraftwerken als CDM-Maßnahme genehmigen lassen. Auch der Neubau von modernen Kohlekraftwerken in Entwicklungsländern sollte nach dem Willen einiger Länder auf das Klimakonto des finanzierenden Industrielandes gutgeschrieben werden.

Die wichtigsten Streitpunkte waren:
— In welchem Umfang sollen natürliche Wälder und andere Senken auf die Reduktionsverpflichtungen von Kyoto angerechnet werden?
— Inwieweit sollen diese Senken im „Mechanismus für umweltverträgliche Entwicklung" angerechnet werden?
— Soll es verbindliche Regeln geben, wie viel ihrer Reduktionsverpflichtungen Industrieländer im eigenen Land erbringen müssten?

Es war vor allem die Europäische Union, die durch die immer größeren „Schlupflöcher" den ökologischen Grundkonsens des Kyoto-Protokolls gefährdet sah. Sie lehnte am Ende dem vorgeschlagenen Kompromisspapier des Konferenzvorsitzenden ab. Daraufhin wurde zu einer Fortsetzungskonferenz für diese UNFCCC-COP 6 nach Bonn eingeladen, auf der ein halbes Jahr später ein neuer Einigungsversuch gestartet werden sollte.

Alle anderen ausstehenden Verhandlungspunkte wurden auf das nächste Jahr vertagt, wenn sich „die Gemüter wieder beruhigt" hätten.

- - 5. Vertragsstaatenkonferenz der Biodiversitätskonvention (UNCBD-COP 5), Nairobi

Die 5. Vertragsstaatenkonferenz des „Übereinkommens über die biologische Vielfalt" der Vereinten Nationen (United Nations Convention on Biological Diversity; UNCBD-COP 5) wurde vom 15.05. bis 26.05.2000 in Nairobi durchgeführt. An der Konferenz nahmen Vertreter von 154 Regierungen, aller relevanten UN-Organisationen sowie Vertreter von mehr als 200 Nichtregierungsorganisationen, den Medien und aus Wissenschaft und Forschung teil.

Der Konferenzpräsident dankte in seiner Eröffnungsrede den Teilnehmern für ihr Engagement bei der Durchführung der Vielzahl an bilateralen und multilateralen Vorbereitungskonferenzen, Meetings und Abstimmungen. Die Nairobi-Konferenz hatte sich die beiden Themenfelder „biologische Vielfalt der Trockengebiete und der semi-humiden Gebiete" sowie „Zugang zu den genetischen Ressourcen" als zentrale Aufgabe gestellt.

Das herausragendes Ereignis dieser Konferenz ist die Verabschiedung des „Protokolls von Cartagena über die biologische Sicherheit zum Übereinkommen über die biologischen Vielfalt" (The Cartagena Protocol on Biosafety to the Convention on Biological Diversity), das unter der Leitung des Intergovernmental Committee for the Cartagena Protocol (ICCP) erarbeitet wurde (UNEP/CBD/COP/5/1/add.2). Das „Cartagena-Protokoll" wurde mit dem Beschluss integraler Bestandteil der Biodiversitätskonvention und trat im September 2003 in Kraft. Das Protokoll ist nach dem letzten Verhandlungsort Cartagena (Kolumbien) benannt worden. In dem Protokoll wurden erstmals völkerrechtlich verbindliche Regeln über den grenzüberschreitenden Handel mit „lebenden gentechnisch veränderten Organismen" (LGMO, *living modified organisms*, LMOs); oft auch als „gentechnisch veränderte Organismen" (GVO) bezeichnet werden, festgelegt.

Das Protokoll ist ein Folgeabkommen der Biodiversitätskonvention (UNCBD), die 1992 in Rio unterzeichnet wurde. Das Ziel der Konvention ist es, die biologische Vielfalt zu erhalten und ihre nachhaltige Nutzung und die gerechte Aufteilung der Ressourcen zu ermöglichen. Das Protokoll soll gewährleisten, dass die mithilfe der modernen Biotechnologie veränderten lebenden Organismen, wenn sie für die Erhaltung der Biosphäre eine Gefahr darstellen können, sicher transportiert und genutzt werden. Mit dem Cartagena-Protokoll wurde dem hohem Stellenwert der biologischen Sicherheit zum Schutz der Biodiversität Rechnung getragen und ihr daher ein eigenes Protokoll gewidmet. Rechtskräftig wurde das Protokoll im September 2003, nachdem es von 50 Staaten ratifiziert worden war. Inzwischen haben 169 Staaten und die Europäische Union das Protokoll anerkannt. Nicht zu den Unterzeichnern zählen einige Länder mit hohen Agrarexporten wie die USA, Argentinien, Australien und Kanada.

Die Kernpunkte des Protokolls sind:
- Die Einrichtung der zentralen Informationsplattform („Biosafety Clearing-House"; BCH).
- Die Vertragsstaaten sind verpflichtet, den Zugang zu Informationen über LMO/GVO zu ermöglichen bzw. abzurufen.
- Maßnahmen, die im Falle der unabsichtlichen grenzüberschreitenden Verbringung von LMO/GVO getroffen werden sollen. Priorität hat hier, den betroffenen Staat schnell und umfassend zu informieren.
- Staaten mit wenig Erfahrung in der Bewertung von LMO/GVO und/oder mit eingeschränkten finanziellen, technischen oder administrativen Möglichkeiten sollen beim Aufbau der erforderlichen Kapazitäten unterstützt werden.
- LGMO/GVO, die exportiert werden sollen, um dort in die Umwelt freigesetzt zu werden, sind einem umfassenden Informations- und Entscheidungsverfahren unterworfen.
- Das Ausfuhrland ist verpflichtet, dem Empfängerland alle Informationen zugänglich zu machen, die für eine Sicherheitsbewertung erforderlich sind. Einfuhrstaaten können aus Vorsorge Importverbote verhängen, sofern plausible Zweifel an der Sicherheit für Umwelt, biologische Vielfalt und menschliche Gesundheit bestehen. Dazu ist keine wissenschaftliche Beweisführung notwendig.
- Beim Handel mit LMO/GVO, die wie z. B. Sojabohnen oder Mais im Einfuhrland sofort zu Lebens- und Futtermitteln verarbeitet werden, gilt dieses Verfahren nicht.
- Die ausführenden Staaten verpflichten sich, alle sicherheitsrelevanten Informationen der Clearingstelle zu hinterlegen; Einfuhrländer können bei Bedarf auf diese zurückgreifen.

Das Protokoll von Cartagena stellt allerdings nur einen Mindeststandard für staatliche Genehmigungsverfahren dar, das nach dem Prinzip der „Zustimmung unter vorheriger Kenntnisnahme" (*Advance Informed Agreement*) funktioniert. Es stellt somit ein „Vorsorgeprinzip" in Anlehnung an das Prinzip 15 der Rio-Deklaration. Durch ein eigenes „Informationsportal" (Biosafety Clearing-House; BCH), in dem alle relevanten Dokumente zur LMO/GVO-Zulassung hinterlegt werden müssen, soll ein umfassender und ungehinderter Informationsaustausch gewährleistet werden. Der internationale Handel mit Produkten, die aus vermehrungsfähigen gentechnisch veränderten Organismen bestehen (z. B. Saatgut), muss entsprechende Kennzeichnungen enthalten. So müssen seit 2012 auch Massenlieferungen von Agrarprodukten, die Anteile aus gentechnisch veränderten Organismen enthalten, mit der verbindlichen Kennzeichnung „enthält LMO/GVO" deklariert sein. Von den Regelungen des Protokolls ausgenommen sind LMO/GVO, die als Arzneimittel für Menschen eingesetzt werden, z. B. als Impfstoffe. Zu den Ausnahmen gehören außerdem solche, für die bereits andere völkerrechtliche Übereinkünfte gelten oder solche, die in die Zuständigkeit von anderen internationalen Organisationen fallen.

Auf der Nairobi-Konferenz wurde in Bezug auf das Aufgabenfeld „biologische Vielfalt der Inlands- und Küstengewässer und der Meere" vorgeschlagen, sektorspezifische Analysen zu erstellen, zum Beispiel über die negativen Auswirkungen der gegenwärtigen Landnutzung der Binnengewässer und der Küstengewässer. Dabei sollen die sozioökonomischen und kulturellen Faktoren der Landnutzungen im Fokus stehen und auch die Wirkungen des Tourismus bewertet werden.

Im Themenfeld „biologische Vielfalt der Wälder" wurde von der SBSTTA noch einmal betont, dass es sich hierbei um alle Arten von Wäldern handelt, darin eingeschlossen die natürlichen Wälder, die Nutzwälder und auch die zur Restaurierung angelegten Wälder. Um das Ziel einer nachhaltigen Nutzung der biologischen Vielfalt der Wälder zu erreichen, sei es nötig, die grundsätzlichen Probleme (z. B. Armut, Globalisierung), die zu Entwaldung und zur Degradation der Wälder führen, systemisch und transparent zu erfassen und zu bewerten. Dazu wurde gefordert, die Arbeitsprogramme mehr auf eine praktische Anwendung des „Ökosystemansatzes" *(ecosystem approach)* auszurichten. Die Konferenz rief daher alle Vertragsstaaten auf – in ihnen angemessener Art und Weise – entsprechende nationale Rahmenrichtlinien zu schaffen, sowohl auf der nationalen als auch der lokalen Umsetzungsebene. Des Weiteren sollten Pilotprojekte initiiert werden, deren Erkenntnisse (Methodik, Ergebnisse) über den *Clearing House Mechanism* („BCH") verbreitet werden sollten. Dazu sollte eine technische Expertengruppe einberufen werden. Auch wurden die Vertragsstaaten aufgerufen, alle für eine solche Analyse notwendigen nationalen Informationen zeitnah zur Verfügung zu stellen und des Weiteren sollte eine engere Abstimmung mit den anderen umweltrelevanten UN-Organisationen, allen voran der FAO, dem UNFCCC und dem IPCC (CO_2-Sequestrierung) angestrebt werden.

Bezüglich des Themenfeldes „fremde Arten" *(„alien species")* konnte die Konferenz immer noch keine abschließende Definition geben. Es blieb daher bei den *„Interim Guiding Principles"*, wie sie schon auf der COP 4 vorgestellt wurden. „Alien species" sind danach alle außerhalb ihres natürlichen Lebensumfeldes auftretenden Organismen, deren Auftreten/Eindringen die Ökosysteme, in die sie eingewandert sind, bedrohen oder bedrohen könnten. Es sei daher unverzichtbar, den Einfluss solcher „Einwanderer" auf die Ökologie, die gesellschaftlichen Rahmenbedingungen sowie die Ökonomie zu erforschen. Das bedeute aber nicht, dass auf Schutz-/Vorsorgemaßnahmen gewartet werden müsste, bis endgültige Forschungsergebnisse vorlägen.

Die Konferenz rief die Vertragsstaaten auf, ihre Anstrengungen in Bezug auf die *Global Taxonomy Initiative* (GTI) zu verstärken. Es wäre insbesondere erforderlich, die jeweiligen nationalen Informationsdefizite zur Bewertung der Taxonomie insbesondere in den Entwicklungsländern festzustellen und daraus den entsprechenden Fortbildungsbedarf zu formulieren. Eine Aufgabe, die am ehesten durch mandatierte nationale „Referenzzentren" zu erreichen wäre. Die Mitgliedsländer der Konvention wurden daher aufgerufen, bis Ende 2000 in ihren Ländern entsprechende *„focal points"* einzurichten und der *Global Taxonomy Initiative* bis zum Ende des Jahres 2001 Forschungsprogramme und Pilotvorhaben anzumelden. Das Sekretariat wurde beauftragt, diesen Prozess zu koordinieren und dafür ein mit dem SBSTTA abgestimmtes Arbeitsprogramm aufzulegen.

Für die Initiativen zum Erhalt der biologischen Vielfalt der Trockengebiete, im mediterranen Raum, in den ariden und semiariden Gebieten und den Savannen hatte die Konvention ein sektorspezifisches Forschungs- und Erfassungsprogramm aufgestellt. Der Konvention kam es dabei vor allem darauf an, den kausalen Zusammenhang von Verlust der Vielfalt und der Armut in diesen Gebieten zu dokumentieren. Als Ergebnis dieses Forschungsansatzes forderte die Konferenz die Vertragsparteien auf, diese Bestrebungen durch politische, finanzielle und technische Hilfestellungen sowie durch wissenschaftlichen Input zu unterstützen. Und sie verlangte, dass diese Erkenntnisse auch grenzüberschreitend zur Verfügung gestellt würden. Die SBSTTA wurde daher aufgefordert, den Status dieser Erfassungen zu dokumentieren und zu bewerten, und daraus Empfehlungen für die zukünftige Ausrichtung dieses Themenfeldes zu entwickeln. Die Bewertungen sollten in enger Abstimmung mit dem Konventionssekretariat und den Fachebenen aus Wissenschaft und Politik sowie den umweltrelevanten UN-Organisationen erfolgen.

▪▪ 4. Vertragsstaatenkonferenz der Unterzeichner des Übereinkommens zur Bekämpfung der Desertifikation der Vereinten Nationen (UNCCD-COP 4), Bonn

Die 4. Vertragsstaatenkonferenz der Unterzeichner des Übereinkommens zur Bekämpfung der Desertifikation der Vereinten Nationen (United Nations Convention to Combat Desertification; UNCCD-COP 4) fand vom 11.12. bis 22.12.2000 in Bonn statt. Auf der Konferenz diskutierten 144 Vertragsstaaten sowie elf Nichtmitgliedsländer den aktuellen Stand der 1996 in Kraft getretenen „Wüstenkonvention". Neben einer Vielzahl an Nichtregierungsorganisationen hatten auch wesentliche UN-Organisationen Vertreter entsandt, unter ihnen die UNCBD, CLCSS, ECA, FAO, GEF, IFAD; IAEA, UNCTAD, UNDP, UNESCO, WMO und die Weltbank.

Die Konferenz begrüßte die Fortschritte bezüglich der Vernetzung von Ländern mit vergleichbaren geographischen und sozioökonomischen Bedingungen. Auch konnten in vielen Entwicklungsländern gute Fortschritte beim Wissenstransfer und zur Stärkung der institutionellen Infrastruktur erreicht werden; insbesondere im Hinblick auf die Etablierung eines *natural ressources management*, zur Stärkung der Rolle der Frau sowie bei der Feststellung der Landbesitzrechte.

Die Konferenz nahm die anlässlich der UNCBD-COP-3-Konferenz eingebrachte „Recife-Initiative" an und begrüßte die mittel- und osteuropäischen Länder als neue Mitglieder in der Konvention. Es bestand Übereinstimmung darin, dass das Leben von mehr als 1,2 Mrd. Menschen weltweit, deren Grundbedürfnisbefriedigung nur durch den Ertrag des Bodens gewährleistet wird, unmittelbar durch Wüstenbildung bedroht ist. Nur durch eine intensivierte Partnerschaft und enger Zusammenarbeit von Industrieländern und Entwicklungsländern wird sich die Konvention erfolgreich umsetzen lassen. Insbesondere die afrikanischen Staaten beklagten schwindende Exporterlöse und weitere negative Folgen der Globalisierung sowie die Auswirkungen der sehr schwachen internationalen Rohstoffmärkte, die es ihnen unmöglich machen, ihren Verpflichtungen aus der Konvention nachzukommen.

Die Konferenz nahm mit großem Dank 49 nationale Sachstandberichte aus Asien, Afrika, Lateinamerika und Osteuropa zur Umsetzung der Konvention zur Kenntnis. Die Konferenz stellte die hohe Qualität der Berichte heraus, ihre umfassenden Darstellungen und den substanziellen Informationsinhalt. Dennoch wurde angemerkt, dass die Aussagen immer noch zu allgemein gehalten seien und sich zu sehr auf eine Darstellung der physischen Gegebenheiten der Länder und zu wenig auf die Ursache-Wirkung-Beziehungen von Klimawandel und Armut konzentriert hatten. Und, dass die Aktivitäten der Konvention in den Berichten eher als nachrangig dargestellt wurden. „good practice"-Beispiele für Erfolg versprechende Umsetzungsoptionen ließen sich daraus oftmals nicht ableiten. Die Konferenz rief daher die Experten zu „Wissenschaft und Technik" sowie zum „Globalen Mechanismus" (GM) auf, ihre Erkenntnisse klarer zu formulieren und über die Gremien weiter zu verbreiten. Ganz praktisch wurde gefordert, Desertifikationsfrühwarnsysteme einzurichten, verbunden mit sozioökonomischen und ökologischen Vulnerabilitätsprofilen aller Mitgliedsländer. Des Weiteren rief die Konferenz auf, bis zur 5. Konferenz die nationalen Sachstandsberichte einer kritischen Prüfung zu unterziehen, um daraus Chancen für Kooperation mit anderen UN-Organisationen aufzuzeigen.

Viele Teilnehmer beklagten, dass obwohl der „Globale Mechanismus" immer wieder auf der Agenda gestanden habe, er seine Funktionen zur Förderung der Staaten nicht optimal gewährleiste. Nach wie vor sei die technische, finanzielle und organisatorische Unterstützung nicht ausreichend, um die erforderlichen Politikentscheidungen auf den nationalen Ebenen vornehmen zu können. Die Konferenz rief daher den „GEF" auf, eine eigene Kreditlinie für die Konvention aufzulegen. Auch müssten zusätzlich zu den Zuwendungen durch den „Globalen Mechanismus" auch Finanzierungsverpflichtungen „reicherer" Staaten flankierend zu denen des GM geleistet werden.

Generell wurde festgestellt, dass die Entwicklungsländer in der Regel weder technisch-wissenschaftlich, finanziell noch organisatorisch in der Lage seien, um die im Rahmen der Konvention verabredeten Schutzaktivitäten überhaupt leisten zu können. Um die strengen Auflagen, die mit Serviceleistungen durch den „Globalen Mechanismus" verbunden sind, überhaupt erfüllen zu können, müssten die Länder anhand von Demonstrationsprojekten besser vorbereitet werden. Dies insbesondere, da das letzte Jahr eine Reihe an furchtbaren Naturkatastrophen gebracht hatte; auch breite sich die Bodendegradation stärker als befürchtet aus. Die Länder riefen daher alle Mitgliedsländer der Konvention zu mehr Solidarität auf und dazu, durch eine ressourcenschonendere Wirtschaft eine nachhaltige Balance zwischen Ressourcennutzung und Ressourcenschutz anzustreben.

Die Expertengruppe „Science & Technology" gab zu Protokoll, dass das „Expertenraster" („roster"), wie es auf der UNCBD-COP 3 beschlossen war, nunmehr als elektronische Datenbank vorliegt und jedermann zugänglich sei. Einige Teilnehmer beklagten allerdings, dass in dem Raster noch immer keine ausgeglichene Genderquote realisiert sei und, dass immer noch bestimmte Themenfelder unterrepräsentiert seien. Obwohl eigentlich die Laufzeit der Expertengruppe für Wissenschaft und Technik (Commission for Science and Technology, CST) mit der dieser Konferenz endete, kamen die Teilnehmer überein, den Auftrag der Gruppe noch weiter zu verlängern. Das Sekretariat wurde beauftragt, eine vollständige Analyse aller Berichte durch die CST vornehmen zu lassen, um daraus das Expertenwissen noch umfassender in die Aktivitäten auf den nationalen wie auf den internationalen Ebenen einfließen zu lassen. Des Weiteren sollte sie einen Kriterienkatalog erstellen, mithilfe dessen es möglich sei, Regionen zu identifizieren, in denen eine tiefergehende Analyse der Wüstenbildung möglich sei. Auch sollten die Kenntnisse über das Ausmaß der Bodendegradation in den ariden und semiariden Regionen noch besser als bisher erfasst und bewertet werden. Die Analyse sollte auch die Möglichkeiten vorstellen, die sich aus der Nutzung traditionellen Wissens ergäben. Die Konferenz bekräftigte ihr Verständnis, dass insbesondere indigenes Wissen noch stärker als bisher in den Informationsaustausch berücksichtigt werden müsste. Nur wenn alle Parteien schneller, leichter und umfassender auf einen vergleichbaren Wissensstand gebracht wären, könnten sich die erkannten Verzögerungen in Zukunft verringern lassen. Die CST solle daher insbesondere vertiefte Kenntnisse über das nachhaltige Bodenmanagement arider und semiarider Zonen zusammentragen. Auch Nichtregierungsorganisationen werden aufgerufen, ihre Erfahrungen bei der Umsetzung der Konvention zur Bekämpfung der Wüstenbildung beisteuern. Die Konferenz wies ferner darauf hin, dass durch eine engere Zusammenarbeit mit der GEF und der UNCCD eine bessere finanzielle Ausstattung ermöglicht werden könnte.

■■ 8. Konferenz der Kommission für Nachhaltige Entwicklung der Vereinten Nationen (UNCSD-COP 8), New York

In der Zeit vom 24.04. bis 05.05.2000 wurde in New York am Hauptquartier der Vereinten Nationen die 8. Konferenz der Kommission für Nachhaltige Entwicklung der Vereinten Nationen (Commission on Sustainable Development; UNCSD-COP 8) abgehalten. Zu ihr hatten 49 Staaten insgesamt 509 Vertreter entsandt, 73 Staaten waren durch Beobachter vertreten, auch Vertreter der EU waren anwesend. An UN-Organisationen waren unter anderen vertreten: FAO, IFAD, ILO, IUCN, UNCCD, UNCTAD, UNDP, UNEP, UNESCO, UNFCCC, UNIDO, WHO, WTO und die Weltbank/IWF.

Nach 8 Jahren Laufzeit der Kommission für Nachhaltige Entwicklung sah die Konferenz die Zeit gekommen, einen

10-Jahresrückblick auf den Weg zu bringen, der bis zum Jahr 2002 (UNCSD-COP 10) vorgelegt werden sollte. Der Vorschlag sollte der UN Generalversammlung anlässlich ihrer 55. Sitzungsperiode zur Entscheidung vorgelegt werden. Die Konferenz betonte, dass sie damit ausschließlich den Stand der Umsetzung der Agenda 21 im Rahmen des UNCSD beleuchten wolle und keinesfalls eine Wiederaufnahme der Agenda-21-Entscheidungen bezwecke. Auf der Basis eines solchen 10-Jahresrückblicks (*„assessment of progress"*) sollten dann Weichen für die Zeit nach 2002 gestellt werden. Die Konferenz lud alle Mitgliedsstaaten ein, auf nationaler Ebene so schnell wie möglich die Arbeiten für die Bestandsaufnahme (*„review process"*) aufzunehmen. UNEP wurde gebeten, die Berichterstattungen fachlich und organisatorisch zu begleiten. Die Reviews müssten in jedem Fall transparent und partizipativ erstellt werden, unter Beteiligung aller politischen Entscheidungsträger, der Vertreter von Industrie und Handel sowie den zivilgesellschaftlichen Gruppen. Die internationalen Geber wurden aufgefordert, sich durch Bereitstellung der Mittel an der Durchführung des Reviewprozesses zu beteiligen.

Der Konferenz lag der Bericht des Intergovernmental Forum on Forests (IFF) vor, der Wege aufgezeigt hatte, wie ein nachhaltiges Waldmanagement in den politischen Entscheidungsebenen umfassender verankert werden könne. Das Forum regte darin den Aufbau eines Handlungsrahmens (*„global framework"*) an, als weltweit standardisierter Basis zum Erhalt der Wälder, wie er in den „Waldprinzipien" in der Agenda 21 (Artikel 11) und vom IFF gefordert worden war. Die Kommission nahm diesen Vorschlag auf und empfahl der UN-Generalversammlung ein gesondertes Forstentwicklungsprogramm unter dem Dach der Vereinten Nationen einzurichten, das als United Nations Forum on Forests (UNFF) bezeichnet werden sollte. Dieses Forum sollte in den nächsten 5 Jahren einen völkerrechtlich verbindlichen Rahmen für eine weltweit harmonisierte Waldbewirtschaftung auszuarbeiten, mit dem Ziel, weltweit die Wälder ausschließlich nach dem Prinzip der Nachhaltigkeit zu bewirtschaften, und dieses Ziel auch in den nationalen politischen Regelwerken zu verankern. Die Staaten wurden aufgefordert, die für die Umsetzung notwendigen organisatorischen und administrativen Grundlagen zu schaffen sowie dafür ausreichende technische, finanzielle und wissenschaftliche Ressourcen bereitzustellen. Das neue Waldforum sollte den institutionellen Rahmen für einen internationalen Informations- und Erfahrungsaustausch schaffen und einen sektorspezifischen Dialogprozess fördern; zwischen der internationalen Forschungsgemeinde und den Praktikern vor Ort. Die Zusammenarbeit soll sich aber nicht nur auf die Wissenschaftsebene beschränken, sondern auch die politischen Entscheidungsstrukturen frühzeitig und umfassend einbeziehen.

Die Konferenz nahm Stellung zu dem Themenfeld „integrierte Landnutzungsplanung", die als ein wesentlicher Pfeiler für die Nachhaltigkeit der Ökosysteme angesehen wurde. Die Landnutzungsplanung stehe in einem nicht trennbaren Kontext zum Ressourcenschutz, dem Erhalt der biologischen Vielfalt und der menschlichen Entwicklung. Durch ihre integrierende Funktion bei der Bekämpfung der Desertifikation, der Degradation in den Hochgebirgsregionen und den Küstengebieten und den Wäldern, stelle sie einen zentralen Baustein für eine nachhaltige Landnutzung dar und helfe dabei, die Ökosysteme robust zu erhalten, den Klimawandel weniger dramatisch und so das Leben auch für zukünftige Generationen sicherer werden zu lassen (*„livelihood resilience"*). Man betonte, dass insbesondere die ländlichen Ressourcen, wenn sie integriert und nachhaltig gemanagt werden, in der Lage seien, den Beeinträchtigungen durch Bevölkerungszunahme und Klimawandel besser widerstehen zu können. Daraus folgerte die Konferenz, dass jedes Land sich zur Einführung einer integrierten Landnutzungsplanung verpflichten muss, auch um schon bestehende und die absehbaren Nutzungskonflikte bei der Ressourcenbewirtschaftung einvernehmlich lösen zu können. Landnutzungsplanung muss daher integraler Bestandteil jeder nationalen Umwelt- und Ressourcenschutzpolitik werden. Die Konferenz hatte eine Prioritätenliste erstellt, die vor allem die Sektoren „Biodiversität", „Wald", „Feucht- und Trockengebiete/Savannen", „Korallenriffe", „Naturkatastrophenrisikomanagement" sowie die ländliche und rurale Entwicklung im Allgemeinen umfasste, in denen Programme aufgelegt werden sollten:

— zur Verhinderung bzw. der Prävention der Degradation von agrarisch genutzten Böden und in den Wäldern,
— zum Aufbau eines transparenten und rechtlich abgesicherten Katasterwesens,
— zur uneingeschränkten Verbreitung von Informationen über regionale Entwicklungsentscheidungen,
— zur Teilhabe aller zivilgesellschaftlichen Gruppen an den politischen Entwicklungsentscheidungen,
— zum Aus-/Aufbau internationaler Kooperationen zum Transfer von Technologien und zum Austausch wissenschaftlicher Erkenntnisse,
— zur Wiederherstellung durch den Bergbau „verwüsteter" Regionen (Halden, Grundwasser).

Die Konferenz rief alle Entwicklungsländer auf, die von den UN-Organisationen UNEP, FAO IFAD und UN-Habitat zu diesem Thema schon erarbeiteten Lösungsmodelle bei ihren nationalen Schutzprogrammen zu berücksichtigen.

Einen großen Raum bei der Konferenz nahmen die Erörterungen zum Thema „Landwirtschaft" in Bezug auf die Nachhaltigkeit der Ökosysteme ein. Schon der Artikel 14 der Agenda 21 fordert, dass (auch) die Landwirtschaft die Bedürfnisse der heutigen und vor allem der zukünftigen Generationen erfüllen muss. Eine Forderung, die als *„sustainable agriculture and rural development"* (SARD) bezeichnet wird und die in der „Rome Declaration on World Food Security" erstmals definiert wurde. Die Landwirtschaft sei die „Keimzelle" des menschlichen Lebens in den meisten Entwicklungsländern. Sie schaffe

Nahrung, Einkommen und helfe die Armut zu lindern. SARD will deshalb die landwirtschaftliche Produktion gezielt erhöhen, die Erträge steigern und auch die Erlöse aus der Vermarktung der Produkte vermehren, mit dem Ziel, nationale Regierungen dabei zu unterstützen:
- Gesetze und Richtlinien zu erlassen, die eine Landwirtschaft im Einklang mit einem nachhaltigen Umwelt- und Ressourcenschutz verknüpfen,
- landwirtschaftliche Produktion erhöht und damit die Ernährung sicherer zu machen,
- eine Diversifikation der landwirtschaftlichen Produktplatten einzuführen,
- Arbeit im ländlichen Raum zu fördern,
- den oftmals marginalisierten Gesellschaften auf dem Lande eine bessere Teilhabe an den regionalen Entwicklungsentscheidungen einräumen,
- die landwirtschaftlichen Anbaupraktiken nachhaltiger zu gestalten,
- überall wo möglich landwirtschaftliche Betriebe zu „managen".

Die Agenda 21 hatte bereits festgelegt, dass solche Programme (eigentlich) nur durch nationale Mittel finanziert werden sollten. Die Konferenz aber rief alle internationalen Geber auf, sich ihrer Verantwortung für die Entwicklung der ländlichen Räume in den Entwicklungsländern zu stellen und die unter SARD angestrebten Ziele finanziell zu unterstützen. Dies insbesondere, da die Agrarprodukte auf dem Weltmarkt starken Preisschwankungen unterliegen, auf die die Exporteure keinen Einfluss haben. Die Entwicklungsländer haben damit kaum Planungssicherheit und agieren daher oftmals gegen die Entwicklungen auf den Weltmärkten. Die Staatengemeinschaft wurde aufgerufen, die von der WTO, der Weltbank und dem IWF aufgelegten Programme zur Stabilisierung der Agrarexporterlöse mit Nachdruck zu unterstützen, zum Beispiel auch, indem sie Anregungen zur Produktdiversifizierung geben und Abnahmegarantien aussprechen.

- **2001**
- - **Fortsetzung der 6. Vertragsstaatenkonferenz der Klimarahmenkonvention der Vereinten Nationen (UNFCCC-COP 6), Bonn**

Die Fortsetzung der im November 2000 in Den Haag ohne Ergebnis vertagten 6. Vertragsstaatenkonferenz der Klimarahmenkonvention der Vereinten Nationen (United Nations Framework Convention on Climate Change, UNFCCC-COP 6) fand im Sommer 2001 in Bonn statt. Hier kam es schließlich zu einer Einigung über zentrale offene Fragen des Kyoto-Protokolls. An der Konferenz nahmen rund 5000 Regierungsdelegierte sowie Vertreter von Nichtregierungsorganisationen und Journalisten teil.

Den Vertragsstaaten gelang es, trotz des Ausstiegs der USA aus dem Kyoto-Protokoll im März 2001, auf der Konferenz eine Einigung zu erreichen und damit die Voraussetzungen für die Ratifikation und Umsetzung des Kyoto-Protokolls zu schaffen. Der sogenannte „Bonner Beschluss" („Bonn Agreement") zur internationalen Klimapolitik war ein historisches Ergebnis. Die Klimarahmenkonvention hatte mit Bonn den zuletzt stark in die Kritik geratenen internationalen Klimaverhandlungsprozess wiederbeleben können. Ihr gebührt das Verdienst, neues Vertrauen in den – insbesondere durch das Scheitern der Den Haager Konferenz stark angezweifelten – Paradigmenwechsel in der Klimapolitik geschaffen zu haben. Allen Teilnehmern war klar, dass ein Scheitern der Klimaverhandlungen in Bonn das Ende für das Kyoto-Protokoll bedeutet hätte, nachdem bereits die Konferenz im November 2000 in Den Haag ohne Ergebnis geblieben war.

Der Präsident der 6. Vertragsstaatenkonferenz, der niederländische Umweltminister Jan Pronk, hatte am späten Abend des 21. Juli den Ministern einen Vorschlag vorgelegt, der in den vier strittigen Fragen „CO_2-Senken", „Ausgestaltung der Kyoto-Mechanismen", „System der Erfüllungskontrolle" und „Unterstützung für Entwicklungsländer" umsetzbare Kompromisse vorsah. Nach zahlreichen Konsultationen und zwei Verhandlungsnächten konnte ein tragfähiger Kompromiss erreicht werden. Am Montag, den 23. Juli 2001, nahm die Klimakonferenz (bei Enthaltung der USA) das Verhandlungsergebnis schließlich an. Einen großen Anteil an dem Erfolg der Bonner Konferenz hatten die vom IPCC (IPCC-TAR; vgl. ▶ Kap. 3) Anfang des Jahres 2001 vorgelegten neuesten Ergebnisse der Klimaforschung. Danach musste die im Jahr 1995 zur Errechnung der Reduktionsverpflichtungen zugrunde gelegte Schätzung des zu erwartenden Temperaturanstieges massiv nach oben korrigiert werden. Dem Bericht zufolge wird die weltweite Durchschnittstemperatur bis zum Jahr 2100 zwischen 1,4 °C und 5,8 °C steigen. Zeitgleich waren die USA (größter CO_2-Emmitent weltweit) von der einst geleisteten Absichtserklärung der Ratifizierung zurücktreten.

Deutschland und die EU mussten jedoch für diesen Kompromiss einen „umweltpolitischen" Preis zahlen. Zu den Zugeständnissen vonseiten der Bundesregierung und der EU gehörten u. a. eine recht weitreichende Anrechnung von Senken, die vage Formulierung bei der Frage, wie stark die Industrieländer ihre Reduktionsverpflichtungen durch Maßnahmen im eigenen Land erbringen müssen sowie die Tatsache, dass über den rechtlichen Charakter der Sanktionen im Falle der Verfehlung des Klimaschutzziels erst auf einer späteren Konferenz entschieden wird.

Die Eckpfeiler des in Bonn verabschiedeten Regelwerkes wurden damit ein wichtiges Fundament für den internationalen Klimaschutz, da es gelang, der Ratifizierung des – wenn auch stark verwässerten – Kyoto-Protokolls einen entscheidenden Schritt näher zu kommen. Eine der Folgen des Bonner Beschlusses war, dass nunmehr die Vertragsstaaten in ihren nationalen Parlamenten das Ratifizierungsverfahren für das Protokoll einleiten können, damit es rechtzeitig zur „Weltkonferenz für Nachhaltigkeit" im September 2002 in Johannesburg in Kraft treten könne. Dafür müssten bis dahin mindestens 55 Staaten das Protokoll ratifiziert haben, wobei auf diese mindestens 55 % der CO_2-Emissionen der Industrieländer von 1990 entfallen müssen.

Nach zähen Verhandlungen und trotz der massiven Blockadeversuche einzelner Länder verpflichteten sich die Industriestaaten (ausgenommen die USA) verbindlich zur Treibhausgasreduktion und für eine verbindliche Anerkennung des vereinbarten Regelwerks. Die Anrechnung des Baus von Atomkraftwerken als vermeintliche „Klimaretter" wurde dagegen einvernehmlich ausgeschlossen. Des Weiteren wurden speziell für die Entwicklungsländer weitere Fonds zur finanziellen Unterstützung eingerichtet, sowohl zum Schutz vor Umweltkatastrophen als auch für die Entwicklung nachhaltiger nationaler Wirtschaften. Die ausstehenden Verhandlungen zu den „CO_2-Senken", den „Flexiblen Mechanismen", der „Erfüllungskontrolle", der „Emissionsberichterstattung" sowie den noch ausstehenden Details zu den „Umsetzungsmaßnahmen" hatte die Konferenz an die 7. Vertragsstaatenkonferenz in Marrakesch verwiesen.

Dennoch waren nicht alle Teilnehmer mit dem Kompromiss zufrieden. Vielen ging die recht weitreichende Anrechnung von Senken insbesondere in den großen Flächenstaaten und in Japan zu weit. Die EU hatte sich für eine deutliche Begrenzung der Anrechenbarkeit solcher Kohlenstoffsenken eingesetzt. Auch konnte sich die Konferenz bezüglich der Forderungen, wie stark die Industrieländer ihre Reduktionsverpflichtungen durch Maßnahmen im eigenen Land erbringen müssen, nur auf die sehr vage Formulierung einigen, dass ein „signifikanter Anteil" der Emissionsreduktionen der Industriestaaten im eigenen Land erbracht werden soll.

Auch konnte man sich nicht darauf einigen (Widerstand kam insbesondere von Japan und Russland), bindende Konsequenzen für den Fall, dass eine Vertragspartei sein Emissionsminderungsziel verfehlt, rechtsverbindlich zu vereinbaren. Problematisch war hier vor allem der völkerrechtliche Charakter von Sanktionen in einem solchen Fall. Man einigte sich darauf, diese Fragen erst im auf der ersten Vertragsstaatenkonferenz nach Inkrafttreten des Kyoto-Protokolls zu entscheiden. Diskutiert wurde, dass im Fall der Nichterfüllung der Reduktionsverpflichtung in der ersten Verpflichtungsperiode (2008–2012) das entsprechende Land in der zweiten Verpflichtungsperiode (2013–2017) eine Reduktion um das 1,3-fache der bis 2012 zu viel ausgestoßenen Emissionen zusätzlich zu erbringen hat. Ein solches Land muss dann des Weiteren einen Erfüllungsplan vorlegen, in dem dargelegt ist, wie das Ziel in der zweiten Verpflichtungsperiode erreicht werden soll. Ferner verliert es das Recht, an den „Flexiblen Mechanismen" teilzunehmen. Weitere Einzelheiten des Erfüllungskontrollsystems sollen in Marrakesch ausgearbeitet werden.

Um die Konferenz dennoch zu „retten", war man den „Bremsern" in Bonn weit entgegen gekommen. So sollte vor allem Ländern wie Kanada, Japan, USA, Russland zugestanden werden, ihre Reduktionsverpflichtungen durch Wiederaufforstungen zu senken. Durch Aufforstungen können die Entwicklungsländer ebenfalls ihre Reduktionsverpflichtungen verringern.

∎∎ 7. Vertragsstaatenkonferenz der Unterzeichner der Klimarahmenkonvention der Vereinten Nationen (UNFCCC-COP 7), Marrakesch

Vom 29.10. bis 09.11.2001 fand in Marrakesch die 7. Vertragsstaatenkonferenz der Klimarahmenkonvention der Vereinten Nationen (United Nations Framework Convention on Climate Change; UNFCCC-COP 7) statt. An der Konferenz hatten insgesamt 4200 Vertreter teilgenommen. 165 Staaten (2 Staaten mit Beobachterstatus) und Organisationen hatten 2300 Vertreter entsandt. Neben der Arabischen Liga war das UN-System durch 36 Organisationen mit 273 Teilnehmern vertreten, unter anderem durch ADB, CARICOM, FAO, GEF, IAEA, ICAO IEA, IMO, IPCC, OAS, OECD, OPEC, Ramsar, UNCCD, UNESCO, UNIDO, UNITAR, UNEP, UNDP, WHO, WMO, WTO, die Weltbank/IBRD/IFC. 135 internationale Medienanstalten waren durch 366 Journalisten sowie 189 Nichtregierungsorganisation durch 1270 Vertreter repräsentiert.

Zentrales Ergebnis der Konferenz war das „Übereinkommen von Marrakesch" (*The Marrakesh Accords*), ein Paket von 15 Entscheidungen zur Ausgestaltung und Umsetzung des Kyoto-Protokolls: Vor allem zum „System der Erfüllungskontrolle", zur Nutzung der sogenannten „Kyoto-Mechanismen", zur „Anrechenbarkeit von Senken" sowie zur „Förderung des Klimaschutzes in Entwicklungsländern". Mit dem Abkommen von Marrakesch hat die Konferenz den Weg freigemacht für das Inkrafttreten des Kyoto-Protokolls.

Nach zähen Verhandlungen war es möglich geworden, ein Gesamtpaket zu verabschieden, der für alle beteiligten Staaten akzeptabel war. Als die Verhandlungen in der letzten Nacht zu scheitern drohten, hat die EU zwischen den einzelnen Verhandlungsgruppen vermittelt und konnte so einmal mehr ihre Führungsrolle im internationalen Dialogprozess unter Beweis stellen. Mit dem Übereinkommen war der Weg frei geworden, das Kyoto-Protokoll rechtzeitig zum „Weltgipfel für Nachhaltige Entwicklung" im September 2002 in Johannesburg (Südafrika) in Kraft treten zulassen; zehn Jahre nach dem „Erdgipfel von Rio" und der Unterzeichnung der Klimarahmenkonvention. Nachdem bereits auf der Bonner Klimakonferenz im Juli 2001 über die entscheidenden politischen Fragen Einvernehmen erzielt worden war, konnten in Marrakesch die letzten noch offenen Details geklärt werden.

Die meisten Staaten der Welt, darunter die Europäische Union, die Länder Osteuropas, Japan und Russland haben anlässlich der Konferenz erklärt, das Protokoll vor diesem Hintergrund rasch ratifizieren zu wollen. Die USA erklärten dagegen, eine Ratifizierung nicht zu beabsichtigen.

Die Verhandlungen von Marrakesch erwiesen sich schwieriger als erwartet, obwohl doch schon in Bonn im

Juli 2001 die entscheidenden Weichenstellungen gelungen waren. Hauptstreitpunkte stellten wieder einmal die Fragen der „compliance", der Teilnahme an den „Flexiblen Mechanismen", die Anrechenbarkeit der „CO_2-Senken" und den Bedingungen für den „Technologietransfer" dar. Erneut gab es hierzu erhebliche Differenzen zwischen einigen Staaten der sogenannten „Umbrella Group" (v. a. Japan, Russland, Australien und Kanada) einerseits und der Europäischen Union und den Entwicklungsländern („Gruppe der 77") andererseits. So forderte die „Umbrella Group" unter anderem, die Teilnahmevoraussetzungen an den Flexiblen Mechanismen zu lockern und an die Berichterstattungspflichten im Bereich der CO_2-Senken geringere Anforderungen zu stellen. So forderte unter anderem Russland eine Heraufsetzung seiner Obergrenze für die Anrechenbarkeit forstwirtschaftlicher Senkenaktivitäten von 17 auf 33 Mio. t Kohlenstoff pro Jahr.

Einvernehmen konnte erzielt werden auf den Themenfeldern:

— Flexible Mechanismen (*flexible mechanism*):
Die schon im Kyoto-Protokoll vereinbarte Ausgestaltung der „Flexiblen Mechanismen" (Emissionshandel, *Joint Implementation* und „*Clean Development Mechanism*") wurde weiter präzisiert. Die Voraussetzung, um an den „Flexiblen Mechanismen" teilnehmen zu können, ist die Ratifizierung des Kyoto-Protokolls, einschließlich des in Marrakesch vereinbarten „compliance"-Systems.

— Erfüllungskontrolle (*compliance*):
In diesem Punkt wurden die *compliance*-Bestimmungen des Kyoto-Protokolls noch einmal im Prinzip bestätigt. Das Inkrafttreten seiner rechtlichen Verpflichtungen jedoch wurde zeitlich aufgeschoben. Die Vertragspflichten erstrecken sich im Kern auf zwei Bereiche: zum einen die Umsetzung der Emissionsreduktionsverpflichtung, zum anderen die regelmäßige und nachprüfbare Berichterstattung zu den nationalen Treibhausgasemissionen und Senkenaktivitäten.
Die Entscheidung, ob eine Nichterfüllung vorliegt, wird von einer Gruppe ausgewählter Mitgliedsländer („enforcement branch") entschieden, die aus sechs Vertretern aus Entwicklungsländern und vier Vertretern aus Industrieländern zusammengesetzt ist. Zusätzlich wird dann eine – ebenfalls so zusammengesetzte – *facilitative branch* sich noch einmal mit den spezifischen Umsetzungsproblemen der Nichterfüllung beschäftigen. Vertragsparteien, die ihr Minderungsziel verfehlen, müssen die überschüssigen Emissionen von ihren Emissionserlaubnissen für den zweiten Verpflichtungszeitraum mit einer „Wiedergutmachungsrate" in Höhe von 1,3 abziehen. Sie verlieren ferner das Recht, ihre Emissionserlaubnisse an andere Vertragsparteien zu verkaufen. Ein Staat, der von der Nutzung der „Flexiblen Mechanismen" ausgeschlossen wurde, kann seine Wiederzulassung beantragen, wenn er nachweisen kann, dass er in der Zukunft seinen Vertragspflichten nachkommen wird.

— Emissionshandel („*emissions trading*"):
Das Übereinkommen bestätigt noch einmal die Gültigkeit des bereits im Kyoto Protokoll vereinbarten Emissionshandels. Generell können die Vertragsstaaten alle vier im Kyoto-Protokoll vereinbarten Emissionsrechte untereinander handeln. Zur Verhinderung des ungedeckten Verkaufs von Emissionsrechten ist jedes Land verpflichtet, eine bestimmte Menge an Emissionsrechten zurückzuhalten („*commitment period reserve*"). Fällt ein Staat unter die Grenze, darf er solange keine Emissionsrechte mehr verkaufen, bis die Mindestmenge wieder erreicht wurde (z. B. durch den Ankauf von Emissionsrechten).

— Joint Implementation (JI):
Industrieländer, die „zu Hause" als auch in anderen Industrieländern Emissionsreduktionsprojekte durchführen, können dadurch Emissionsgutschriften generieren. Dazu wurden zwei Zulassungsverfahren vereinbart. Wenn das Land, in dem die Maßnahme durchgeführt werden soll, schon seine Emissionsberichtspflichten erfüllt, kann es selbst das JI-Registrierungs- und Überprüfungsverfahren durchführen. Erfüllt das Gastland seine Berichtspflichten nicht, so muss das Projekt von dem JI-Aufsichtsgremium (*Supervisory Committee*) geprüft werden. Das Komitee besteht, wie zuvor bei *compliance* und CDM, aus einer 10-er Gruppe ausgewählter Vertreter von Entwicklungs- und Industrieländern.

— *Clean Development Mechanism* (CDM):
Schon in Marrakesch wurde ein spezieller „CDM-Exekutivrat" gewählt, der eingehende Projektanträge nach – noch zu erarbeitenden – Richtlinien und Umsetzungsverfahren registriert und genehmigt. Das Gremium ist entsprechend der „*compliance*"-Gruppe zusammengesetzt. Die Richtlinien zur Durchführung von CO_2-Minderungsprojekten sollen bis 2002 von der SBSTA erarbeitet und dann anlässlich der COP-9-Konferenz (2003) verabschiedet werden.

— Datenerfassung und -berichterstattung:
Das Übereinkommen bekräftigte nochmals, dass für die Erfüllung der Reduktionsverpflichtungen eine gründliche und korrekte Erfassung der THG-Emissionen einschließlich eines umfassenden Inventars aller nationalen „CO_2-Senken" unverzichtbar ist. Alle Teilnehmerstaaten müssen daher ein transparentes Emissionsdatenerfassungssystem etablieren und rechtzeitig und umfassend über die jährlichen Treibhausgasemissionen berichten. Zentraler Diskussionspunkt war, welche konkreten wissenschaftlichen und technischen Anforderungen und Verfahren bei der Anrechnung von Aufforstung, Waldbewirtschaftung und hinsichtlich der Emissionsminderung in der Landwirtschaft vereinbart werden sollen.
Die Überprüfung der Treibhausgasinventare und der anderen nationalen Berichte wird einem „*Expert Review Team*" übertragen. Das Team darf bei einer als nicht ausreichend empfundenen Berichterstattung die Inventare

korrigieren und muss diese dem „*compliance committee*" vorlegen. In das *Expert Review Team* sollen vor allem Experten mit breitem wissenschaftlichen und technischem Hintergrund berufen werden. Um die Belange der Entwicklungsländer und der Industrieländer gebührend zu berücksichtigen, soll dieses Gremium paritätisch besetzt werden.

— Senken *(sinks):*
Hinsichtlich des Regelwerks zur Bewertung der „CO_2-Senken" konnte in Marrakesch ein für alle Beteiligten zufriedenstellender Kompromiss erzielt werden, der die weitere wissenschaftliche Ausgestaltung der Regelungen ermöglicht, und damit ein belastbares Fundament für das Umsetzen des Kyoto-Protokolls schafft. Bereits in Bonn war vereinbart worden, dass unter bestimmten Bedingungen und bis zu gewissen Grenzen die Speicherung von CO_2 in den Ökosystemen zu Emissionsgutschriften führen kann. Dennoch nahm diese Problematik noch einmal einen breiten Raum in den Verhandlungen ein. Hier konnte sich insbesondere die russische Delegation durchsetzen, ihre landesspezifische Höchstmenge zur Anrechnung von Senken von 17 auf 33 Mio. t Kohlenstoff pro Jahr zu erhöhen. Die anderen Vertragsstaaten stimmten (trotz erheblichem Widerstand der EU) diesem Vorschlag letztendlich zu, da Russlands Ratifizierung für das Inkrafttreten des Protokolls zwingend notwendig war, nachdem die USA ihren Ausstieg aus dem Kyoto-Protokoll verkündet hatten.

Wegen der bekannten methodischen Schwierigkeiten bei der verlässlichen Erfassung von Senken forderte die „*Umbrella Group*" (Australien, Kanada, Japan, Neuseeland, Kasachstan, Norwegen, Russische Föderation, Ukraine, USA) eine Reihe von Ausnahmeregelungen. So soll grundsätzlich eine nur generalisierte Berichterstattung über die Auswirkungen auf die Biodiversität sowie den genauen Ort der angerechneten Senken zugelassen sein. Auch sollte der Zugang zu den „flexiblen Mechanismen" nicht an die Berichterstattung von Senken geknüpft werden. Während bezüglich des Zugangs zu den „flexiblen Mechanismen" Einvernehmen erzielt werden konnte, konnte sich die Gruppe in der Frage der Anrechnung von CO_2-Senken nicht durchsetzen. Vereinbart wurde ferner, dass überzählig ausgestellte Gutschriften wieder gelöscht werden, falls sich am Ende der Verpflichtungsperiode herausstellt, dass die Senken weniger Kohlenstoff eingebunden haben als an Emissionsgutschriften ausgestellt wurde. Die Menge an Zertifikaten, die aus Aufforstung und Wiederaufforstung generiert werden, wurde begrenzt, da das in Bäumen gespeicherte CO_2 nach Absterben zum Teil wieder in die Atmosphäre abgegeben wird. Dem „*Clean Development Mechanism – Executive Board*" wurde die Aufgabe übertragen, die bestehenden Regeln zur Erfassung und Bewertung von CO_2-Senken verständlicher zu verfassen und näher auszuführen, wie die Richtlinien zu interpretieren sind.

Ein wesentlicher Verhandlungspunkt der Konferenz war, wie die schon zuvor vereinbarte finanzielle und technische Unterstützung der am wenigsten entwickelten Länder („*least developed countries*", LDC) praktisch durchgeführt werden kann. Dazu wurde eine 20-köpfige Expertengruppe gebildet, die vorrangig den Aufbau eines Technologieinformationssystems einleiten soll, mithilfe dessen dann der Technologiebedarf in den jeweiligen Ländern erhoben werden soll. Weiterhin wurde vereinbart, dass zur Förderung der LCDs jeweils nationale Aktionsprogramme erstellt werden sollen. Diese sollen die Länder dabei unterstützen, ihre Exposition gegenüber dem Klimawandel eingehender zu identifizieren und entsprechende Anpassungsoptionen aufzustellen. Die Umsetzung dieser Anpassungsoptionen soll später mithilfe des „Fonds zur Förderung der am wenigsten entwickelten Länder" (LDC-Fund) finanziert werden. Dazu wurde eigens eine Expertengruppe einberufen, die bis zur Konferenz im Jahr 2003 entsprechende Vorschläge ausarbeiten soll.

■ ■ 5. Vertragsstaatenkonferenz der Unterzeichner des Übereinkommens zur Bekämpfung der Desertifikation der Vereinten Nationen (UNCCD-COP 5), Genf

In der Zeit vom 01.10. bis 12.10.2001 fand in Genf am Sitz der Vereinten Nationen die 5. Vertragsstaatenkonferenz der Unterzeichner des Übereinkommens zur Bekämpfung der Desertifikation der Vereinten Nationen (United Nations Convention to Combat Desertification; UNCCD-COP 5) statt. 138 Staaten hatten dazu ihre Vertreter entsandt. 7 Länder waren durch Beobachter vertreten. Zusammen mit den Vertretern aller namhaften Nichtregierungsorganisationen, von Wissenschaft und Wirtschaft hatten an der Konferenz insgesamt 600 Besucher teilgenommen. Das UN-System war unter anderem vertreten durch: UNCBD, FAO, GEF, IFAD, ISDR, UNDP, UNEP, UNESCO, UNFCCC, UNITAR, WMO und die Weltbank; ebenso wie die EU.

In seiner Eröffnungsrede stellte der Exekutivdirektor der Konvention Arba Diallo fest, dass, nachdem nunmehr fast alle Staaten der Konvention beigetreten seien, die „Wüstenkonvention" ein Stadium erreicht habe, das eine volle Umsetzungsfähigkeit der Ziele erlaube. Die große Anzahl an Beitrittsländern beweise, wie sehr ihnen die Bekämpfung der Desertifikation ein Anliegen geworden sei. Er betonte, dass in vielen Regionen in Afrika, Asien und Lateinamerika die Desertifikation und Landdegradation schon existenzbedrohende Ausmaße angenommen habe. Die internationale Staatengemeinschaft sehe sich in der Pflicht, mit der Konvention ihren Beitrag zur Verbesserung der Lebensbedingungen der Menschen dort leisten. Aber auch wenn in vielen Ländern die Verankerung der Konventionsziele in den nationalen Entwicklungsprogrammen schon gute Fortschritte gemacht habe, so müsse festgestellt werden, dass alle Bemühungen bisher nicht ausgereicht hätten, die fortschreitende Verschlechterung der Böden aufzuhalten. Insbesondere müssten die Anstrengungen verstärkt werden, um die vielfältigen Ursache-Wirkung-Beziehungen von der

Verschlechterung landwirtschaftlich nutzbarer Böden und Armut besser zu verstehen. Wegen der komplexen Wechselwirkungen stellt nicht nur der Kampf gegen die Desertifikation die alleinige Herausforderung dar, sondern die sich daraus ergebenden Folgerungen auf Arbeit, Einkommen, Ernährung, Gesundheit sowie die aus ihnen resultierenden sozialen und ethnischen Konflikte.

Die Konferenz würdigte die vielen Initiativen und die bereits erzielten Erfolge, betonte aber, dass ein besseres Verständnis über die jeweiligen vorherrschenden regionalen Wechselwirkungen nötig sei. Sie forderte daher die internationalen Geber auf, den Stand der Kenntnisse durch einen gezielten Technologietransfer und ausreichende Finanzmittel zu fördern. Die Industrieländer bekräftigten nochmals ihre Bereitschaft, weiterhin den Kampf gegen die Desertifikation nachhaltig zu unterstützen. Dazu sei es nötig, in vielen Entwicklungsländern die Konventionsziele in die nationalen Entwicklungsstrategien wirksamer zu integrieren; eine Forderung, wie sie auch schon in der Rio-Deklaration und der Agenda 21 erhoben worden war. Begrüßt wurde die Entscheidung der GEF, den Sektor „Desertifikation" als einen weiteren Förderschwerpunkt in ihr Portfolio aufnehmen.

Das Mandat des Konventionssekretariats wurde noch einmal einhellig als unverzichtbar für die Steuerung der Initiativen bestätigt. Die Konferenz nahm dies zum Anlass, das Sekretariat zu beauftragen dafür Sorge zu tragen, dass „Desertifikation", als eine der großen Herausforderungen zum Erreichen der MDGs zu einem der Themenschwerpunkte auf dem kommenden „Erdgipfel" in Johannisburg (WSSD 2002) werden müsse.

Das den Ministern vorbehaltene *„special segment"* war von vielen hochrangigen Delegationen aus den Mitgliedsländer besucht worden. Dies wurde als Zeichen gewertet, welchen hohen Stellenwert die Regierungen der Arbeit der Konvention einräumen. In dem *meeting* hatten viele Länder die Möglichkeit genutzt, darzulegen, welche Aktivitäten sie seit der letzten Konferenz aufgenommen haben, um die Konventionsziele umzusetzen, vor allem wie sie diese in die nationalen Entwicklungspläne eingebaut hätten. Die Minister bekräftigten, dass nur durch eine umfassende Einbindung der Nichtregierungsorganisationen und der vielen basisorientierten Ansätze lokale Umsetzungen nachhaltig werden. Dazu sei es auch unverzichtbar, die ländlichen Bevölkerungen noch viel früher und umfassender als bisher in die Umsetzungsprozesse einzubeziehen. Dazu müssten Netzwerke eingerichtet werden, in den angepasste Technologien und traditionelles, indigenes Wissen miteinander verbunden werden müssen. Besonderes Augenmerk sei hierbei auf eine Beteiligung der Frauen und anderer oftmals marginalisierter Gruppen zu richten. Ferner müssten, so die Minister, die Anstrengungen auf den lokalen Ebenen durch eine Stärkung translokaler („subregionaler") Zusammenarbeit verstärkt werden, da Desertifikation in der Regel ein regionales und oftmals grenzüberschreitendes Phänomen darstelle.

In diesem Kontext müssten sich auch die nationalen Regierungen ihrer Verantwortung stellen und die grenzüberschreitende Desertifikationsbekämpfung durch geeignete Außenpolitik flankierend begleiten. Viele der Minister aus den Entwicklungsländern betonten, dass nur, wenn eine robuste finanzielle Basis geschaffen sei und diese auch zeitnah zur Verfügung gestellt würde, es möglich werde, die angestrebten Ziele auch zu erreichen. Die Koordinierung müsse das Sekretariat mit seinen regionalen Kontaktbüros übernehmen. Gefordert wurde, die bestehenden Überprüfungsmechanismen zu verbessern, um so die erforderliche Effizienz bei der Umsetzung der Konvention international besser vergleichen zu können.

Ein wesentliches Umsetzungsinstrument der Konvention ist der „Globale Mechanismus" (GM). Mit seiner Hilfe sollen die notwendigen finanziellen Grundlagen für die Umsetzung der Ziele im Rahmen der Konvention geschaffen werden. Dies umfasse die Mobilisierung von Geldern in den Mitgliedsländern, aber auch durch die internationale Gebergemeinschaft (ODA, GEF). Zentrale Aufgabe des GM ist es, die eingehenden Anträge zur Finanzierung der nationalen Antidesertifikationspläne auf ihre Umsetzbarkeit hin zu analysieren, die Finanzmittel bereitzustellen sowie deren Verwendung zu kontrollieren. Die Konferenz bekräftigte dieses Mandat und empfahl, diesen Prozess noch weiter zu verstetigen. Als ein weiteres Instrument sieht der GM gezielte Aktionen zum *„capacity building"*, zum Beispiel zur Aufstellung eines Businessplans als Vergabekriterium. Auch sollten alle Möglichkeiten für eine Ausweitung der Finanzbasis durch Ansprechen weiterer multilateraler Geber prüfen. Dazu sollten die bereits begonnene Auflistung privater Geber (*„foundations"*) abgeschlossen werden und insbesondere die institutionellen Schnittstellen klar herausgearbeitet werden. Grundlage für die Vergabeentscheidung sollte immer der *„monitoring process"* sein, wie er bei Punkt „9/8" der UNCCD-COP 3 vereinbart worden war.

Ferner sollte das Augenmerk darauf gerichtet sein, in welcher Form sich die aus dem Kyoto-Protokoll ergebenden Finanzierungsmöglichkeiten (Emissionshandel, CDM) für die Zwecke der Konvention nutzen lassen. Dem „Globalen Mechanismus" sollte gemäß dem Beschluss der 1. Konferenz unter Punkt 25/8 ein Beobachterstatus bei der GEF eingeräumt werden. Auch sollte geprüft werden, in wieweit die internationalen Handelsabkommen dazu eingesetzt werden können, die Situation der Bauern in Afrika, Asien und Lateinamerika und deren Kampf gegen die Wüstenausbreitung durch verbesserte Agrarerlöse zu unterstützen.

Auf der 4. Konferenz war beschlossen worden, das Komitee für Wissenschaft und Technologie (*Committee on Science and Technology;* CST) zu reformieren, um so dessen Effizienz und Effektivität zu verbessern. Es war bemängelt worden, dass in der Vergangenheit das Komitee nicht umfassend genug in die Umsetzungen der Konvention in den Ländern, zum Beispiel in den nationalen Programmen, eingebunden gewesen sei. Mit der Reform sollte aber weder das Mandat, noch seine Größe verändert, noch sollte der freie Zugang für alle Mitgliedsländer eingeschränkt werden. Es wurde die Forderung erhoben, die fachliche Ausrichtung der Experten stärker auf die wissenschaftlichen Aspekte auszurichten und weniger auf die politischen. Dazu wäre es nötig, die fachliche Expertise der Experten stärker zu harmonisieren, um stringentere Diskussionen zu ermöglichen. In der Vergangenheit hätten die Sitzungen des Komitees oftmals vornehmlich den Charakter einer politischen Debatte angenommen, als die erwünschten fachlichen Resultate zu liefern. Dagegen legten einige Länder ihr Veto ein. Sie forderten, die CST müsse sogar noch „politischer" werden, damit auf diesem Sektor der Dialogprozess intensiviert werde. Die Konferenz beschloss daher, die Anzahl der Experten auf 32 zu begrenzen (8 aus Afrika, 7 aus Asien, 6 aus Lateinamerika, 6 aus Europa und 5 aus Mittel-/Osteuropa). Auch wurde diskutiert, innerhalb des Komitees eine gesonderte Arbeitsgruppe einzurichten, die sich ausschließlich mit Fragen der Integration der Konvention in die nationalen Entwicklungsprogramme kümmern soll. Diese Arbeitsgruppe sollte aus nicht mehr als 15 Vertretern bestehen und als Verbindungsglied zu den Regierungen fungieren.

Das im Rahmen der Konvention eingerichtete Expertennetzwerk (*„roster of independent experts"*) hat die Aufgabe, den Mitgliedsländern auf Anfrage unabhängige Fachleute zu allen Fragen der Degradation und Desertifikation, der Landnutzung sowie zu den begleitenden sozialen, ökonomischen und organisatorischen Themen zur Verfügung zu stellen. Das Konventionssekretariat konnte vermelden, dass das *„roster"* 2001 über 1500 Experten aus 31 Staaten verfüge; 15 % von ihnen weiblich und es waren fast alle Fachdisziplinen vertreten. Die aktualisierte Liste des Netzwerkes sei im Internet abrufbar.

▪▪ 9. Konferenz der Kommission für Nachhaltige Entwicklung der Vereinten Nationen (UNCSD-COP 9), New York

In der Zeit von 16.04. bis 27.04.2001 fand in New York am Hauptquartier der Vereinten Nationen die 9. Konferenz der Kommission für Nachhaltige Entwicklung der Vereinten Nationen (United Nations Commission on Sustainable Development; UNCSD-COP 9) statt. Zu ihr hatten 51 Staaten insgesamt 667 Teilnehmer entsandt. 89 Staaten waren durch Beobachter vertreten. 17 Nichtregierungsorganisationen waren vertreten, ebenso wie die EU. Das UN-System war unter anderem vertreten durch die Baseler Konvention, FAO, IAEA, IFAD, ILO, UNCCD, UNFCCC, UNCTAD, UNDP, UNEP, UNESCO, UNIDO, WHO, WMO sowie die Weltbank/IWF.

Die Konferenz erörterte zunächst die Rolle der Energie für die nachhaltige Entwicklung. Sie stellte dazu fest, dass etwa ein Drittel der Weltbevölkerung vornehmlich in den Entwicklungsländern nicht ausreichend mit Energie versorgt würde. Die Verantwortung der Staatengemeinschaft, auch den Menschen in diesen Ländern eine für ihre Entwicklung unverzichtbare Ressource dauerhaft zur Verfügung zu stellen, sei schon in der Rio-Deklaration (Prinzip 16) und der Agenda 21 (Artikel 76 bis 87) festgeschrieben worden. Energiepolitik müsse zu einem der zentralen Themen des Nachhaltigkeitsdialogs werden. Dazu sei es nötig, nicht nur in den Entwicklungsländern, den Willen zu einer nachhaltigen Energiegewinnung und -versorgung stärker in den politischen Fokus zu stellen. Die weltweit verfügbaren Energieressourcen seien „im Prinzip" in auseichender Menge vorhanden, nur sei ihre Verfügbarkeit regional erheblich eingeschränkt. Es gehe darum, nicht immer nur Energieressourcen zu erhöhen, sondern eher darum, die vorhandenen Reserven effektiver zu nutzen. Dies erfordere, die bekannten Einsparungstechnologien weiter zu verbreiten sowie neue, noch nicht erprobte, Energieeffizienzsteigerungstechnologien weiter zu verbessern. Dabei müsste die Vielzahl an Technologien oft an die speziellen Anforderungen in den Entwicklungsländern angepasst werden. Insgesamt müsste die Energieversorgung kosteneffektiver werden, ohne dabei die vereinbarten Umweltstandards zu unterlaufen.

Die Konferenz stellte fest, dass dazu vor allem eine Abkehr von der Nutzung fossiler Energierohstoffe hin zum Einsatz alternativer Energien notwendig sei. Die Nationalstaaten wurden aufgefordert, hierbei die Führungsrolle zu übernehmen und durch entsprechende ordnungspolitische Rahmensetzungen den erforderlichen Paradigmenwechsel einzuleiten, in erster Linie durch Aufnahme in den nationalen Entwicklungsplänen. Ebenso müssten für Industrie und Dienstleistungen die Rahmenbedingungen so gestaltet werden, dass sie für private Investitionen attraktiv seien. Des Weiteren sei dazu die Einbeziehung der Zivilgesellschaften zu gewährleisten. In den ländlichen Räumen könnte vor allem der Einsatz von Biomasse zur Energieversorgung beitragen. Auch könnten ein Netz an dezentralen Versorgungseinheiten sowie grenzüberschreitende Energieabkommen zu einer besseren Versorgung der lokalen Energiemärkte beitragen.

Die Akzeptanz der erneuerbaren Energien müsse international deutlich erhöht und die Energieeffizienz signifikant gesteigert werden. Dazu sind aber auch mehr langfristige Investitionen in diesen Ländern erforderlich. Neben der ODA (im Allgemeinen wird darunter die von den Industrieländern geleistete Entwicklungshilfe verstanden), empfahl die Konferenz, müssten auch noch andere Finanzierungsmöglichkeiten identifiziert werden. Die Konferenz verwies auf die Verantwortung der internationalen Staatengemeinschaft hin, den Ländern hierbei zur Seite zu stehen. Dazu könnten neben der ODA auch private Investitionen beitragen, dezentrale Biomassekraftwerke, Staudämme usw. zu finanzieren; auch könnte so eine Umsetzung nationaler Energieentwicklungsprogramme gefördert werden. Die Konferenz rief alle Staaten, internationale Organisationen und Geber auf, das Themenfeld „Energie" stärker als bisher in ihre Entwicklungsagenda aufzunehmen. Internationale Energieprogramme müssten aber immer die jeweiligen nationalen Besonderheiten in den Kooperationsländern – nicht nur

Kenntnis nehmend – berücksichtigen. Nur ein nachhaltiger Energiesektor hat das Potenzial, auch wirklich zur Armutsminderung beizutragen.

Zum Themenfeld „Schutz der Atmosphäre" bekräftigte die Konferenz die schon in der „Rio-Deklaration" festgehaltene Erkenntnis, dass menschliche Eingriffe in die Natur sich auf die Atmosphäre und die Biosphäre negativ auswirken und sich dabei sogar wechselseitig noch erheblich verstärken können. Die Konferenz stellte noch einmal heraus, dass erst die Erdatmosphäre Leben auf unserem Planeten möglich mache. Veränderungen der Atmosphäre würden zu Naturkatastrophen wie Dürren, tropischen Stürmen, Kälteperioden und anderen negativen Ereignissen führen. Dabei blieben die Auswirkungen schon lange nicht mehr auf einzelne Länder beschränkt, sondern hätten immer häufiger grenzüberschreitende, sogar globale Ausmaße erreicht. Dabei, so merkte die Konferenz an, hätten die entwickelten Staaten den überwiegenden Anteil, mit ihren seit mehr als 150 Jahren stetig zunehmenden Treibhausgasemissionen. Die Länder wurden daher aufgefordert, ihre Emissionen deutlich herunterzufahren. Des Weiteren wird von ihnen erwartet, die vom Klimawandel am stärksten betroffenen Entwicklungsländern bei deren Anpassungsstrategien sowohl finanziell, technisch als auch durch einen Transfer an angepasstem Know-how gezielt zu unterstützen. Und dies nicht nur im Rahmen globaler Forschungsprogramme, sondern auch lokal, zum Beispiel zur Verringerung der Verschmutzungen kommunaler Abwässer, zum Einsatz abgasarmer Dieselmotoren und der Nutzung erneuerbarer Energien. Die internationalen Geber wurden aufgefordert, ihre Forschungs- und Kooperationsaktivitäten stärker und frühzeitiger mit den UN-Konventionen (UNFCCC, UNCCD, UN-Habitat) abzustimmen.

In Bezug auf den „Transportsektor" bekräftigte die Kommission, dass auch dieser Sektor dann einen wesentlichen Anteil an einer nachhaltigen Entwicklung habe, wenn er flächendeckend verfügbar und für jedermann bezahlbar sei. Und dies aber nur dann, wenn er umweltverträglich und kosteneffizient sei. Die Entwicklungsländer wurden von der Konferenz aufgefordert, den Transportsektor nicht nur als Mittel zum Transport von Gütern und Personen zu verstehen, sondern auch als Instrument zur sozioökonomischen Entwicklung. Ziel müsse es sein, die ländlichen Gebiete enger an die Wirtschaftszentren anzubinden und so den Handel zu fördern und eine Kommunikation der Bevölkerung zu ermöglichen, damit nicht „alle" gleich in die Städte wandern müssen. Der Transportsektor ist in den Entwicklungsländern gekennzeichnet durch hohe Luftverschmutzungen, in der Regel durch ungefilterte Dieselabgase und eine extrem hohe LKW-Dichte und wenig leistungsfähige Eisenbahnen. Daneben stelle auch der internationale Luftverkehr sowie der maritime Sektor besondere Herausforderungen an die Staatengemeinschaft. Der in der Regel von privaten Investoren betriebene Sektor müsse in die Pflicht genommen werden, die Sicherheit seiner Fahrzeuge zu verbessern, die Abgasemissionen zu reduzieren und flächendeckende Transportangebote zu unterbreiten. Die lokalen Regierungen wurden ihrerseits aufgefordert, städtische Verkehrskonzepte zu entwickeln, mit denen ein ungehinderter Verkehrsfluss gewährleistet werde. Die Regierungen müssten die Verfügbarkeit alternativer Brennstoffe vorantreiben und überall wo möglich alternative Verkehrsmittel (z. B. U-Bahn) einführen.

Dies alles setze Investitionen voraus, zu denen die internationale Gebergemeinschaft ihre Beiträge leisten müsse. Die Konferenz äußerte Verständnis, dass diese multidimensionalen und technisch komplexen Zusammenhänge viele Entwicklungsländer unter einen erheblichen Entscheidungsdruck setzten, um solche Entwicklungspläne zu formulieren; auch weil die Datengrundlagen für das Erreichen von Nachhaltigkeit im Transportsektor immer noch unzureichend sind. Die entwickelten Länder wurden daher aufgefordert, im Rahmen multilateraler und bilateraler Kooperationen die nationalen wie auch die lokalen Regierungen zu unterstützen, dieses Ziel zu erreichen.

Abschließend betonte die Kommission, dass alle zuvor gemachten Anregungen zur Verbesserung der Nachhaltigkeit nur dann wirksam werden, wenn in den Ländern die ordnungspolitischen Rahmenbedingungen dieses auch mittragen würden. Ein wesentliches Mittel hierzu sei, was schon in der Agenda 21 als „gute Regierungsführung" bezeichnet worden sei. Dazu müssten die Länder die allgemeinen Sozialstandards gewährleisten, damit politischen Entscheidungen transparent und partizipativ gefällt werden. Ferner müssten alle gesellschaftlichen Gruppen einen ungehinderten Zugang zu den Ressourcen (natürliche, finanzielle, soziale) haben. Es gelte, in den Ländern ein Gleichgewicht herzustellen, zwischen den ökonomischen Erfordernissen, die oftmals vor allem den privaten Sektor betreffen, einer nachsorgenden sozialen Entwicklung, die vor allem die ärmeren Bevölkerungsschichten betreffe, und der Forderung zum Schutz der Umwelt. Dies sei umso dringlicher, als durch die Globalisierung viele Nationalstaaten nicht mehr die alleinigen Akteure für Auswirkungen in ihren Ländern seien. International forderte die Konferenz die Staatengemeinschaft auf, die ODA-Zusagen deutlich zu erhöhen und vor allem das vereinbarte 0,7-%-Ziel auch endlich umzusetzen. Ferner müssten die ärmsten Entwicklungsländer („heavily indepted poor countries"; HIPC) finanziell stärker entlastet (Stichwort: „Schuldenerlass") werden; ferner durch eine Intensivierung der Zusammenarbeit mit den UN-Konventionen und der WTO.

- **2002**
- - **Weltgipfel für Nachhaltigkeit der Vereinten Nationen („Rio + 10"), Johannesburg**

In der Zeit vom 02.09. bis 04.09.2002 versammelten sich in Johannesburg 20.000 Vertreter von Regierungen, Wirtschaft, Wissenschaft und den führenden Nichtregierungsorganisationen aus allen 195 Ländern der Erde, um auf dem Weltgipfel für nachhaltige Entwicklung der Vereinten Nationen (World Summit on Sustainable Development, WSSD)

10 Jahre nach Rio eine Bilanz der Umsetzung der Agenda 21 vorzunehmen sowie eine Fortschreibung von Maßnahmen zur nachhaltigen Entwicklung bis zum Jahr 2015 bzw. 2017 zu beschließen. Zeitgleich fanden sich die Nichtregierungsorganisationen zu einem „Alternativen Gipfel" unter dem Motto „eine nachhaltige Welt ist möglich" (*„a sustainable World is possible"*) zusammen, an dem etwa 15.000 Vertreter teilnahmen.

Seit der Rio-UNCED-Konferenz im Jahr 1992 und der Konferenz von New York (Rio + 5) im Jahr 1997 waren unbestreitbar Prozesse in Gang gekommen, die auf einen grundlegenden Umbau der Gesellschaften hin zu einem ökologischen Bewusstsein ausgerichtet sind, sowohl im täglichen Leben (privater Ressourcenverbrauch) als auch hinsichtlich einer Ökologisierung industrieller und landwirtschaftlicher Produktionsprozesse (Stichwort: *„green economy"*, vgl. ▶ Abschn. 3.1.3). Aber schon auf der Konferenz „Rio + 5" war deutlich geworden, dass die 1992 in Rio verabschiedete Agenda 21 und ihre Konventionen zum Klimaschutz, zur Biodiversität, zum Wald- und Wüstenschutz nicht ausreichen würden, um die angestrebte globale nachhaltige Entwicklung zu erreichen. Die ökonomische Globalisierung, vornehmlich vom IWF, der OECD, GATT und WTO massiv vorangetrieben, hatte zwar zu einer Öffnung der Märkte geführt und den Technologietransfer beflügelt, aber gleichzeitig – anders als geplant – zu einem wachsenden Ressourcenverbrauch und wachsenden Emissionen geführt. Große transnational agierende Wirtschaftsinteressen beeinflussen (bis heute) das multilaterale Verhandlungsgeschehen. Dabei geht es ihnen um ihre internationalen Wettbewerbs- und Standortvorteile und um Investitionen in Milliardenhöhe. Dem haben, so die Konferenz, die Klima- und anderen Konventionen nichts Gleichwertiges entgegenzusetzen. In den Vorbereitungssitzungen kristallisierten sich die folgenden Themenfelder als vorrangig heraus:

— Das Hauptthema sollte die soziale und ökologische gerechte Gestaltung der Globalisierung sein. Mit ihr in engem Zusammenhang standen die Forderungen nach einer armutsorientierten Politik und, dass die Weltwirtschaft durch „ökologische Leitplanken" gelenkt werden müsse.
— Ferner sollten eine die Ökologie berücksichtigende internationale Finanzordnung sowie eine Verankerung sozialer und ökologischer Verpflichtungen für ausländische Direktinvestitionen in einer entsprechenden UN-Konvention festgeschrieben werden, da sich die gültigen „freiwilligen" Abkommen (zum Beispiel die OECD-Leitlinien, der UN-„Global Compact" oder private Verhaltenskodizes) als wenig wirksam erwiesen hatten.
— Ein weiterer Schritt, der im Vorfeld intensiv diskutiert wurde, war der nach einem umfassenden Schuldenerlass für die hoch verschuldeten Staaten (HIPICs), die Einführung einer Devisentransaktionssteuer oder die Schließung von Steueroasen. Auch die Streichung von Subventionen vor allem im Energiebereich, die damals weltweit auf insgesamt 180 Mrd. € geschätzt wurden, würde die Rahmenbedingungen für eine nachhaltige Wirtschaftspolitik stärken.
— Eine Internalisierung der (bislang) nur extern berücksichtigten Umweltkosten könnte ein wesentlicher Baustein für „Nachhaltigkeit" sein. Hierfür stünde nach Auffassung vieler Klimaschützer eine Vielzahl an Instrumenten, Abgaben, Zertifikaten, zum Beispiel die Besteuerung des Emissionshandels, zur Verfügung. Von deutscher Seite wurde eine Besteuerung globaler Güter (Stichwort: „Allmende") auf die Nutzung zum Beispiel des internationalen Luftraums, der Hohen See oder der Tiefsee ins Spiel gebracht. Als Schwerpunkte sollte die Konferenz die Sektoren „Wasser/Abwasser" und „Energie" bevorzugt behandeln.

Unter Vorsitz des südafrikanischen Umweltministers Valli Moosa konnte trotz heftiger und kontroverser Verhandlungen am Ende ein Konsens erzielt werden, der den „Johannesburg-Gipfel" als einen wichtigen Schritt der Weltgemeinschaft in Richtung auf eine nachhaltige Entwicklung ausweist. In dem Aktionsprogramm wurde das Ziel verankert, bis zum Jahre 2015 den Anteil der Menschen, die immer noch keinen Zugang zu Trinkwasser und grundlegenden Sanitäreinrichtungen wie Abwasser und Abfallentsorgung haben, auf 1,2 Mrd. zu halbieren. Der Beschluss wurde damals als Durchbruch zur Bekämpfung der weltweiten Armut sowie als entscheidender Beitrag zum Schutz der natürlichen Ressourcen gefeiert, auch wenn man sich auf dieses Ziel erst in letzter Minute und nur durch eine ausgewählte Ministerrunde unter Beteiligung des damaligen Bundesumweltministers Jürgen Trittin verständigen konnte; ein Ergebnis, das vor allem gegen den heftigen Widerstand der USA durchgesetzt werden konnte.

Als Erfolg war ferner zu werten, dass es gelungen war, erstmalig das Prinzip der „ökologischen und sozialen Verantwortlichkeit von Unternehmen" (*„corporate accountability"*) in einer Agenda der Vereinten Nationen zu verankern. Man war sich einig, dass freiwillige Selbstverpflichtungen und globale Partnerschaften allein dazu nicht ausreichen. In der Folge, so betonten die Kritiker nachdrücklich, sei es nötig, die politischen Anstrengungen für verbindliche soziale und ökologische Standards für Unternehmen voranzutreiben.

Doch gemessen an den globalen Herausforderungen hatten viele Umweltorganisationen diese Ergebnisse als „völlig unzureichend" bezeichnet. In vielen Redebeiträgen wurde angemerkt, dass das in Rio de Janeiro 1992 angedachte multilaterale Verhandlungsregime an seine politischen Grenzen gestoßen ist. Es wurde deutlich, dass es ohne die USA in absehbarer Zeit nicht möglich sein wird, zu weltweit verbindlichen Aktionsprogrammen und dem dazu erforderlichen Zeithorizont festzulegen. Dennoch bewertete der damalige UN-Generalsekretär Kofi Annan die

Konferenz als Erfolg. Das Thema nachhaltige Entwicklung sei wieder kraftvoll zurück auf der Tagesordnung, sagte er, und die Teilnehmer hätten sich auf „eine beeindruckende Bandbreite konkreter Verpflichtungen" geeinigt.

Im Vorfeld war von vielen Teilnehmern und Umweltschutzorganisationen gefordert worden, in Johannesburg die Weichen zu stellen, um der UN-Organisation für Umwelt und Entwicklung (UNEP) im Rahmen des UN-Systems ein größeres Gewicht zu übertragen und sie in ihren Verhandlungen, zum Beispiel mit der WTO, zu stärken. Eine Unterordnung umweltpolitischer UN-Abkommen unter den Welthandelsvertrag der WTO konnte gerade noch verhindert werden. Die geforderten Impulse für eine ökologische und soziale Reform der Welthandelsorganisation blieben jedoch aus; wodurch die UN als Dachorganisation zur Lösung globaler Probleme nachhaltig geschwächt wurden. Ebenso wenig hatte der Wille der Beteiligten ausgereicht, auf einen Vorschlag der deutschen Bundesregierung einzugehen, eine gesonderte UN-Kommission (Weltkommission für Nachhaltigkeit und Entwicklung, *World Commission on Sustainable Development*), ins Leben zu rufen. Hätten nicht Kanada und Russland auf der Konferenz ihre Absicht erklärt, das Kyoto-Protokoll noch im Jahr 2002 zu ratifizieren, hätte dies zu einer „tiefen Vertrauenskrise des UN-Verhandlungssystems" geführt und das, obwohl man international seit nunmehr 10 Jahren über einen globalen Klimavertrag verhandelte. Dieser Punkt wurde in fast allen Redebeiträgen der 100 anwesenden Staatschefs aufgegriffen. Die zunehmenden Ungleichgewichte in der politischen Durchsetzbarkeit der Nachhaltigkeitsforderungen in den internationalen Verhandlungsregimen und der daraus resultierende Vertrauensverlust wurden von vielen Vertretern der Entwicklungsländer als *„broken promises"* heftig beklagt. Vertreter der indigenen Völker hatten auf dem Gipfel auf eine Stärkung ihrer Rechte, unter anderem durch die Anerkennung als „Völker" (*„peoples"*) und nicht nur als „Bevölkerungsgruppen" (*„people"*) gehofft. In der Abschlusserklärung (Abschnitt 27) hieß es dagegen nur: „Wir bekräftigen erneut, dass indigene Bevölkerungsgruppen (*„indigenous people"*) und lokale Gemeinschaften wichtig für den Erhalt von Artenvielfalt und die Erhaltung von einheimischem Wissen sind".

Die WSSD-Konferenz beklagte, dass sich in den vergangenen Jahren die politische Diskussion über „nachhaltige Entwicklung" zunehmend auf die „Millenniumsentwicklungsziele" konzentriert hatte und damit vor allem die Bekämpfung von Armut und Hunger in den Vordergrund gestellt hatte. Der internationale Dialog über die globale Umweltpolitik als gemeinsame Herausforderung wäre dabei immer stärker vernachlässigt worden. Die Konferenz forderte daher nachdrücklich, dieser Fragmentierung des Entwicklungsdiskurses durch die Integration von Umwelt-, Nachhaltigkeits- und Entwicklungsaspekten entgegenzuwirken. Ein Punkt, der von vielen Beobachtern als Niederlage empfunden wurde, war, dass es der „EU und dafür aufgeschlossenen Nicht-OPEC-Ländern der G77 nicht gelungen war, für den Ausbau der klimafreundlichen nicht erneuerbaren Energien quantifizierte Reduktions- und Zeitziele durchzusetzen". Dies war umso bedauerlicher, als dass mit der Formulierung: „ein besonderes Gewicht auf die Entwicklung erneuerbarer Energien zu legen, die aber auch gleichzeitig ‚cost-effective' sein sollen", sogar noch das Tor für den weltweiten Einsatz der Kernenergie aufgelassen wurde.

Am Ende der Verhandlungen konnte sich die Konferenz auf einen – gerade mal 70-seitigen – Vertragstext einigen, der „Erklärung von Johannesburg über nachhaltige Entwicklung" („Johannesburg Declaration on Sustainable Development") genannt wurde. Darin bekräftigen die Teilnehmerstaaten ihr Bekenntnis zur nachhaltigen Entwicklung und zum Aufbau einer humanen, gerechten und fürsorgenden globalen Gesellschaft. Sie wollten damit gemeinsam die Verantwortung dafür übernehmen, die sich gegenseitig stützenden Säulen der nachhaltigen Entwicklung auf lokaler, nationaler, regionaler und globaler Ebene auszubauen und zu festigen; auch wenn eigentlich schon zuvor die Stockholm-Deklaration vor 30 Jahren und die UNCED-Konferenz in Rio vor 10 Jahren genau auf diese Problematik ausgerichtet waren.

In letzter Minute konnte ein Formelkompromiss in der Frage der Gesundheitsvorsorge gefunden werden, für den insbesondere die Gruppe der Menschrechtsaktivisten stark gekämpft hatten. Mit der Annahme der Erklärung, dass nationale Gesundheitsvorsorge „konform mit Menschenrechten und fundamentalen Freiheiten und in Einklang mit nationalen Rechten und kulturellen und religiösen Rechten" geleistet werden müsse, konnte man den Einfluss traditioneller Werte in der Gesundheitsvorsorge, wie auch die auf anderen UN-Konferenzen erreichten Fortschritte zur Gleichberechtigung und weiblichen Selbstbestimmung wenigstens nicht wieder infrage stellen.

Die Konferenz stellte fest, dass Armutsminderung eine unabdingbare Voraussetzung für die nachhaltige Entwicklung sei. Und es daher nötig sei, für die Bekämpfung der Armut sowohl einzelstaatliche Maßnahmen als auch konzertierte Maßnahmen auf allen internationalen Ebenen zu ergreifen, wie sie schon in der Agenda 21 und auch in der Millenniumserklärung der Vereinten Nationen enthalten sind. Bis zum Jahr 2015 sollte (vor allem) bezüglich des Themas „Armutsminderung" der Anteil der Weltbevölkerung, die mit einem Einkommen von weniger als 1 US$ pro Tag auskommt, halbiert werden, ebenso der Anteil der Menschen, die keinen Zugang zu hygienischem Trinkwasser haben. Ein „Weltsolidaritätsfonds zur Armutsbekämpfung" und zur Förderung der sozialen und menschlichen Entwicklung in den Entwicklungsländern sollte eingerichtet werden, sowie durch nationale Programme die Selbsthilfekraft der in Armut lebenden Menschen und ihrer Organisationen gestärkt werden. Frauen müsse ein gleichberechtigter Zugang zu den regionalen/lokalen Entwicklungsentscheidungen auf allen Ebenen und ihre volle Mitwirkung gewährleistet werden. Die Länder wurden aufgefordert, grundlegende ländliche Infrastrukturen aufzubauen und die Wirtschaft zu diversifizieren und durch ein angepasstes Verkehrssystem den ländlichen Gebieten ein besserer Zugang zu Märkten, Marktinformationen und Krediten zu gewährleisten. Es müssten von den Industrieländern grundlegende Methoden und Wissensinhalte für eine nachhaltige Landwirtschaft zur Verfügung gestellt werden, die Wüstenbildung bekämpft sowie die Auswirkungen von Dürren und Überschwemmungen gemildert werden; zum Beispiel durch verbesserte Klima- und Wetterinformationen und entsprechende Frühwarnsysteme. Die Versorgung mit sauberem Trinkwasser und eine angemessene Abwasserentsorgung müssten dringend erweitert werden, um so insbesondere die hohe Säuglings- und Kindersterblichkeit in den Entwicklungsländern zu verringern; einer lokalen Wasserver- und -entsorgung im Rahmen der einzelstaatlichen Strategien müsse unbedingt Vorrang eingeräumt werden.

Um die angestrebte Nachhaltigkeit gemäß dem Grundsatz 7 der Rio-Erklärung zu erreichen, wurde ferner bezüglich des Themas „Veränderung nicht nachhaltiger Konsumgewohnheiten und Produktionsweisen" vereinbart, dass die Gesellschaften die Art und Weise, in der sie produzieren und konsumieren, grundlegend ändern. Insbesondere die entwickelten Länder wurden aufgefordert, nachhaltige Konsumgewohnheiten und Produktionsweisen fördern, die allen Ländern zugute kommen sollen. Ferner sollten alle Regierungen, internationale Organisationen, der Privatsektor und alle wichtigen zivilgesellschaftlichen Gruppen eine proaktive Rolle übernehmen.

Bezüglich des Themas „Schutz und Bewirtschaftung der natürlichen Ressourcenbasis der wirtschaftlichen und sozialen Entwicklung" bestand Einvernehmen, dass:

— die Unversehrtheit der Ökosysteme für das menschliche Wohl und für die Wirtschaftstätigkeit unverzichtbar ist,
— eine nachhaltige und integrierte Bewirtschaftung der natürlichen Ressourcenbasis für die nachhaltige Entwicklung von wesentlicher Bedeutung und nur durch den Einsatz angepasster Strategien zum Schutz der Ökosysteme, zum Beispiel durch eine integrierte Bewirtschaftung der Flächen- und Wasserressourcen, zu erreichen ist,
— nur durch eine Stärkung der lokalen Kapazitäten die zuvor gemachten Forderungen auch praktisch umgesetzt werden können.

Bezüglich des Themas „nachhaltige Entwicklung in einer sich globalisierenden Welt" bestand Einvernehmen, dass die Globalisierung gute Chancen für die nachhaltige Entwicklung bietet, insbesondere durch einen intensivierten Handel und durch Investitionen in den Entwicklungsländern sowie einen umfassenden Technologietransfer.

Die großen Herausforderungen wie „Armutsbekämpfung", fehlende „menschliche Sicherheit", Abbau von Ungleichheit innerhalb der Gesellschaften und zwischen ihnen, betreffen vor allem die Entwicklungs- und Transformationsländer. Hierfür wurde ein großer Bedarf an Politiken und Maßnahmen identifiziert, der darauf ausgerichtet sein müsse, ein verbindliches, regelgestütztes, nicht diskriminierendes Handels- und Finanzsystem zu fördern, das die Entwicklungsländer dazu befähigt, durch eine gezielte internationale Zusammenarbeit ihre Produktivität zu verbessern, Produkte zu diversifizieren und so die Wettbewerbsfähigkeit erhöhen. Die Entwicklungsländer müssten befähigt werden, öffentliche/private Initiativen zu fördern, einen besseren Zugang zu Informationen über Länder und Finanzmärkte zu gewinnen, neue Handels- und Kooperationsvereinbarungen abzuschließen und durch einen umfassenden Technologietransfer die digitale Kluft zwischen den Industriestaaten und den Entwicklungs-/Schwellenländern zu verringern.

■■ 8. Vertragsstaatenkonferenz der Unterzeichner der Klimarahmenkonvention der Vereinten Nationen (UNFCCC-COP 8), Neu-Delhi

In der Zeit vom 23.10. bis 01.11.2002 fand in Neu-Delhi die 8. Vertragsstaatenkonferenz der Klimarahmenkonvention der Vereinten Nationen statt (United Nations Framework Convention on Climate Change; UNFCCC-COP 8). An ihr nahmen Vertreter aus mehr als 180 Ländern teil. Die Konferenz hatte gegenüber ihren Vorgängerkonferenzen eine Brückenfunktion. Insbesondere die Vertreter der Entwicklungsländer argumentierten, die Erwartungen an die Konferenz nicht zu hoch anzusetzen, seien doch die wesentlichen Fragen zur Ausgestaltung der Umsetzung des Kyoto-Protokoll schon sehr weit fortgeschritten. Und da mit dem Inkrafttreten des Abkommen schon im nächsten Jahr zu rechnen sei, sollten die weiteren Verhandlungen zur 2. Verpflichtungsperiode aus dem Protokoll nicht davor begonnen werden.

Viele Länder hatten das Kyoto-Protokoll aus Anlass des „Johannesburg-Gipfels" bereits Anfang 2002 ratifiziert (EU, Japan, Norwegen, die osteuropäischen Staaten, China, Brasilien, Indien). Da aber bis zur UNFCCC-COP 8 nicht die erforderliche Mindestzahl von Ratifizierungen vorlag, konnte das Abkommen noch nicht in Kraft treten. Im Prinzip hing das nur noch von der Ratifizierung durch Russland ab, das eine Prüfung durch das russische Parlament in Johannesburg fest zugesagt hatte. Kanada hatte angekündigt, umgehend das Protokoll dem Parlament vorzulegen. Damit war nur noch Australien das einzige Industrieland neben den USA, das angekündigt hatte, das Abkommen nicht unterzeichnen zu wollen.

Trotz aller Fortschritte in den vorangegangen Konferenzen traten auch in Neu-Delhi die bekannten Kontroversen wieder zutage. Die USA machten auf der Konferenz deutlich, dass sie den Kyoto-Prozess nicht etwa hinhaltend verzögern wollten, sondern, wie viele befürchteten, ihn gezielt unterlaufen. Die USA hatten im Vorfeld nach ihrem Ausstieg aus dem Kyoto-Protokoll bereits mit 14 Staaten bilaterale Klimaabkommen geschlossen, die zwar klimarelevante Kooperationszusagen, aber keinerlei verbindliche Emissionsziele beinhalteten. Diese Abkommen hatten sie dann auch als Alternative zum rechtlich verbindlichen Kyoto-Protokoll präsentiert. Sie hatten sogar zusammen mit Russland zu einer Konferenz für das nächste Jahr eingeladen, auf der ein „Alternativabkommen" zu dem Kyoto-Protokoll diskutiert werden sollte.

In seiner Eröffnungsrede sagte der Konferenzpräsident, der indische Premierminister Vajpayee, die Konferenz solle die Absorptionskapazitäten der Entwicklungsländer nicht überfordern. Für sie dürften nicht die gleichen Minderungsziele „verordnet" werden, wie sie für die Industrieländer gelten sollten. Er betonte, dass die Entwicklungsländer nur für einen Bruchteil der weltweiten Treibhausgasemissionen verantwortlich seien, folglich auch eine geringere Verantwortung für das Weltklima übernehmen würden. Die angedachten Reduktionsziele würden ihre wirtschaftlichen und sozialen Anpassungsfähigkeiten übersteigen. So war es nur konsequent, dass die Entwicklungsländer alles unternahmen, was irgendwie als Verhandlungsbereitschaft über die eigenen Emissionsminderungsziele hätte verstanden werden können. Die Länder verlangten, dass sich die USA als größter CO_2-Produzent endlich konstruktiv am internationalen Klimaschutz beteilige. Auch müssten die Industrieländer bis 2005, wie sie es im Kyoto-Protokoll zugesagt hatten, Fortschritte im Klimaschutz ihrer Länder nachweisen. Die bei den Klimagipfeln in Bonn und Marrakesch versprochenen Finanzmittel für Klimaanpassungsmaßnahmen in den Entwicklungsländern müssten endlich auch wirklich bereitgestellt werden. Auch müsste sich international eine „No-Regrets-Klima-Strategie" durchsetzen, d. h., dass „Klimaschutz" und „ökosoziale Entwicklung" sich nicht widersprechen sollen.

Als Ergebnis der Konferenz muss festgestellt werden, dass sie (nur) mit einer eher nichtssagenden Deklaration (*„Delhi Declaration"*) endete. Dennoch konnten in den beiden zentralen Aufgaben der Konvention einige erfreuliche Fortschritte erzielt werden. Zum einen konnten einige Grundsatzbeschlüsse von Kyoto klarer und präziser ausformuliert werden, wie zum Beispiel das Regelwerk für den „Emissionshandel" in Entwicklungsländern. Ferner konnte über Details für den Klimafonds für die am wenigsten entwickelten Entwicklungsländer Einvernehmen erzielt werden, ebenso wie über die Inhalte, Struktur und Methodik für die regelmäßigen Nationalberichte über Emissionen und Klimaschutzaktivitäten. Des Weiteren war es gelungen, eine Initialzündung zu geben für die Verhandlungen zur zweiten Verpflichtungsperiode nach Kyoto (nach dem Jahr 2012). Obwohl der offizielle Beginn dieser Verhandlungen eigentlich erst für das Jahr 2005 vorgesehen war, sahen viele Befürworter des Klimaabkommens in Neu-Delhi eine günstige Gelegenheit, schon wenigstens zur Aufnahme einiger Vorklärungen, wie zum Beispiel wissenschaftlichen Vorarbeiten, aufzurufen.

▪▪ 6. Vertragsstaatenkonferenz der Biodiversitätskonvention (UNCBD-COP 6), Den Haag

In der Zeit vom 07.04. bis 19.04.2002 fand in Den Haag die 6. Vertragsstaatenkonferenz des „Übereinkommens über die biologische Vielfalt der Vereinten Nationen" (United Nations Convention on Biological Diversity; UNCBD-COP 6) statt. 148 Vertreter der Vertragsstaaten und 9 Länder mit Beobachterstatus, unter ihnen die USA, hatten offizielle Vertreter entsandt. Alle namhaften UN-Organisationen waren vertreten, unter ihnen GEF, UNCTAD, UNCCD, UNDP, UNESCO, UNEP, UNFCCC, UNFF, die Weltbank und die WTO sowie 20 zwischenstaatliche Organisationen und mehr als 300 Nichtregierungsorganisationen. Auf der Konferenz wurden 85 neue Nichtregierungsorganisationen und 5 zwischenstaatliche Organisationen als neue Mitglieder akkreditiert.

In seiner Eröffnungsansprache betonte der scheidende Konferenzpräsident Joseph Kamotho, Minister für Umwelt und Natürliche Ressourcen von Kenia, die Bedeutung dieser Konferenz angesichts der bevorstehenden UN-Konferenz für Zusammenarbeit und Entwicklung in Johannesburg (World Summit on Sustainable Development; WSSD). Er forderte noch mehr Staaten auf, sich der Biodiversitätskonvention und dem „Cartagena Protocol on Biosafety" anzuschließen, und betonte, es werde nur möglich, den Verlust der biologischen Vielfalt in den Griff zu bekommen, wenn es gelinge, einen Zusammenhang zwischen dem Verlust an Arten und den sich verändernden sozioökonomischen Rahmenbedingungen herzustellen. Auch wenn seit Beginn der Konvention schon viel erreicht worden sei, so müsse doch festgestellt werden, dass der Verlust an Biodiversität ungehindert weitergehe.

Die Konferenz nahm zunächst die Berichte der regionalen Arbeitsgruppen zur Kenntnis. So berichtete der Vertreter für Europa von der Biodiversitätskonferenz in Budapest, an der 44 Länder teilgenommen hatten. „Europa" ist davon überzeugt, dass die Integration der Konvention in den Gesamtzusammenhang der „nachhaltigen Entwicklung" stärker herausgestellt werden müsse und es ferner nötig sei, eine noch engere Zusammenarbeit mit den anderen UN-Organisationen, allen voran der UNFCCC, herzustellen. Der Sprecher für Afrika berichtete von dem Vorbereitungstreffen in Nairobi, das von 33 Ländern besucht wurde. Die afrikanischen Länder hoben hervor, dass nur wenn eine ausreichende und dauerhafte Finanzierung gewährleistet sei, sie ihre angestrebten Initiativen auch durchführen können. Die Asien- und Pazifik-Gruppe berichtete von ihrem Vorbereitungstreffen in Bangkok, das von 20 Ländern besucht wurde. Der Rapporteur stellte vor allem die gesonderte Stellung der Kleinen Inselstaaten heraus, deren sozioökonomische Situation und geographische Lage diese Staaten extrem vulnerabel mache. Die Gruppe folgerte daraus, dass vor allem diesen Ländern eine stärkere finanzielle und technische Unterstützung gewährt werden müsste. Die Lateinamerika- und Karibik-Vertreter hatten ihr Vorbereitungstreffen in

Kingston, Jamaika abgehalten. Die 24 Teilnehmerländer hatten sich vor allem mit der Frage der regionalen Forstbiologie, der Frage der „*alien species*" befasst und, wie die Erkenntnisse aus den Aktivitäten am besten in der Fläche nutzbar gemacht werden könnten. Der „*strategic plan*" zur Umsetzung der Konvention wurde von ihnen als zu ambitioniert angesehen und es wurde bemängelt, dass er die drei großen Säulen der Konvention nicht gleichwertig behandele.

Eine der Säulen der Konvention ist die „*Global Taxonomy Initiative*" (GTI), die schon auf den vorangegangenen Konferenzen immer wieder als zentrales Anliegen herausgestellt wurde. Insbesondere, wurde gefordert, müssten die Organismen der sogenannten Schlüsselgruppen, die zur globalen Verbreitung der Arten beitragen, viel besser als bisher bekannt sein. Dazu seien vertiefte Erkenntnisse über die taxonomische Situation in allen Ländern erforderlich. Bislang sei die Taxonomie in den Mitgliedsländern nicht einmal nach dem gleichen Schema erfasst worden. Daher bestünde die zwingende Notwendigkeit, solche Erhebungen standardisiert und harmonisiert durchzuführen. Doch nicht in allen Ländern sind die dafür erforderlichen wissenschaftlichen und technischen Kapazitäten vorhanden. Die Konferenz hatte daher noch einmal das grundlegende Thema „Defizite in der Erfassung" auf die Tagesordnung gesetzt. Sie forderte das Sekretariat auf, alle Anstrengungen zu unternehmen, um – vor allem in den Entwicklungsländern – die dafür notwendigen Befähigungen zu gewährleisten.

Auf der Konferenz wurde die Taxonomie-Initiative eng mit den Aktivitäten zur biologischen Vielfalt der Wälder, des Meeres und der Küste, der Trockengebiete und Savannen sowie der Binnengewässer verknüpft. Der Erhalt der Vielfalt der Wälder bedarf einer intensiven Erforschung der die Waldökologie ausmachenden Organismen und Pflanzen. Dazu regte die Konferenz an, Pilotvorhaben zu initiieren, jeweils eines in den Tropen sowie eines in den gemäßigten und den borealen Klimazonen. Hierbei sollte vor allem die „unterirdische Kontinuität", abzulesen an den kontinuitätsanzeigenden Pilzarten, zentrales Anliegen der Vorhaben sein, haben sie doch maßgeblichen Einfluss auf die Ausprägung der Biodiversität (*below-gound biological diversity*), auf die Kontinuität der Kohlenstoff- und Stickstoffspeicher, Bodenhydrologie, Kontinuität von natürlichen Prozessen des Stoffumsatzes sowie die Bioturbation. Bezüglich der Meeres- und Küstenökosysteme sah die Konferenz das Thema der Organismen im Ballastwasser von Schiffen und die Mangroven als zentrale Aufgaben an. Bei den Organismen im Ballastwasser lag das Augenmerk vor allem auf dem pelagischen Benthos, im Rahmen des „GloBallast-Programme" der IMO sollte das Einwandern solcher Organismen besser überwacht werden. Bei den Mangroven wurde eine Unterstützung der Taxonomie der Invertebratenfauna gefordert. Um das Management der Mangrovenökosysteme zu stärken, wurde auf der Konferenz beschlossen, Handreichungen zur Taxonomie der Invertebratenfauna zu erstellen, um eine vereinheitlichte Bewertung der Umweltsituation der Mangroven zu ermöglichen. Die Handreichungen sollten in den nächsten drei Jahren zusammen mit der International Society for Mangrove Ecology (ISME) der Waterfowl Habitat Initiative der Ramsar-Konvention sowie der International Coral Reef Initiative (ICRI) durchgeführt werden.

Zum Erhalt der Biodiversität der Trockengebiete und Savannen sollten Indikatoren entwickelt werden, um den Status der biologischen Vielfalt und der Arten, die unter besonderem Druck stehen, zu erfassen und bewerten, und um Änderungen der biologischen Bodenkruste als eine Art Frühwarnsystem zu etablieren. Die Konferenz stellte den besonderen Einfluss der in vielen Trockengebieten der Welt auftretenden biologischen Bodenkrusten heraus. Diese aus Flechten (*lichens*), Bryophyten und Cyanobakterien aufgebauten Teppiche haben eine wichtige Funktion zur Verringerung der Erosion. Eine standardisierte Erfassung solcher Krusten auf regionaler und nationaler Ebene sei nötig, um eine bessere Kenntnis über den Nährstoffzyklus der Bodenmikroorganismen zu bekommen. Hierfür seien spezifische Bewertungstechniken und Instrumente zu entwickeln. In einem Pilotvorhaben sollte diese Aufgabe zusammen mit der UNCCD, der FAO und der UNEP vorgenommen werden.

Bezüglich des Themenfeldes „Ökosystemansatz" (*ecosystem approach*) unterstrich die Konferenz die grundlegende Bedeutung dieses Ansatzes für die nachhaltige Umsetzung der Konvention. Dafür sei es unverzichtbar, dass dieser Ansatz in die nationalen Regelwerke eingebunden ist, denn nur dann wäre eine Vergleichbarkeit in der Erfassung der Ökosysteme zu erreichen. Diese Vergleichbarkeit ist bislang nicht gegeben. Die Konferenz forderte daher die Regierungen auf, mit der Anwendung des Ökosystemansatzes in ihren Ländern ohne weitere Verzögerungen zu beginnen. Dies wäre am effektivsten im engen Kontakt mit der SBSTTA umzusetzen. Ferner schlug die Konferenz vor, zusammen mit dem „UN-Waldforum" (UNFOR) einen Expertenworkshop durchzuführen, um Vorschläge auszuarbeiten, wie dieser Ansatz am besten in nationale Politiken integriert werden könnte. Mittels eines Pilotvorhabens solle exemplarisch aufgezeigt werden, wie der „Gegensatz" der Erhaltung der biologischen Vielfalt und der ökonomischen Nutzung der Bioressourcen besser verstanden werden könnte. Die drei vorbereitenden Workshops in Maputo (09/2001), Hanoi (01/2002) und Salinas (02/2002) haben schon aufgezeigt, wie sich dieses Problem lösen lassen könnte.

Die Konferenz nahm die „Global Strategy for Plant Conservation" an und bekräftigte deren Wichtigkeit, um die Konventionsziele zu erreichen. Die Strategie berührt das zentrale Anliegen der Konvention, die genetische Vielfalt und die mit ihr verbundenen Ökosysteme und Habitate zu erhalten. Die Strategie sollte einen flexiblen Rahmen schaffen für Initiativen auf nationaler und regionaler Ebene, unter Beachtung der jeweiligen nationalen Prioritäten und Expertisen. Die Konferenz lud alle Parteien ein, die Strategie in ihre Programme und Projekte einzubeziehen. Es wurde vereinbart, die „Global Strategy for Plant Conservation" als ein Pilotvorhaben im Rahmen der Konvention weiterzuentwickeln und man erteilte daher der SBSTTA den Auftrag, dieses Thema in ihren Reviews zu berücksichtigen und erstmals auf der nächsten Konferenz darüber zu berichten.

Bezüglich des Themenfeldes „*marine and coastal biological diversity*" würdigte die Konferenz die Fortschritte bei der Umsetzung des Programms, sowohl auf der lokalen, der nationalen als auch der globalen Ebene. Die Konferenz betonte, dass die marinen Ökosysteme unter erheblichem Druck stünden und deren biologische Artenvielfalt rapide abnehme. Die zu geringen Erfolge auf diesem Sektor seien vor allem der geringen Anzahl an ausgewiesenen Küstenschutzgebieten zuzuschreiben. Nur mittels solcher Schutzgebiete wird es möglich, dass diese Ökosysteme zum Schutz der biologischen Vielfalt beitragen können. Der Bericht der „Ad Hoc Technical Expert Group on Biodiversity and Climate Change" und die Empfehlungen der SBSTTA hatten eindrücklich darauf hingewiesen, dass die Initiativen zur Biodiversität immer mit den Fragen des Klimawandels verbunden werden müssten. Dieses umso mehr, als die Ökosysteme der Kleinen Inselstaaten am stärksten von dem Klimawandel betroffen sein werden. Dennoch müssten auch hier die Empfehlungen zum Schutz der Küsten im Einklang mit den Souveränitätsrechten der Anrainerstaaten stehen, wie sie in der Internationalen Seerechtskonvention niedergelegt sind. Dies träfe insbesondere für den Erhalt der biologischen Vielfalt in den Regionen zu, die außerhalb der nationalen Hoheitsgebiete liegen.

Die Konferenz anerkannte das Themenfeld der „offenen Bestäubung" *(pollination)* als essenziell für die Biodiversitätskonvention. Bestäubung betrifft eine sehr enge Beziehung von Tier und Pflanze unter den klimatischen Bedingungen einer Region. Es wird geschätzt, dass etwa ein Drittel der Weltagrarproduktion von der Bestäubung abhängt. Das Themenfeld stellt damit einen wesentlichen Faktor für den Erhalt der Arten und darf keinesfalls als ein „freundliches" Angebot der Natur *(„free ecological service")* verstanden werden. Weltweit werden die Agrarökosysteme unter erheblichen Stress kommen, wenn die Bestäubungskapazität noch weiter eingeschränkt wird. Die Konferenz hatte daher die SBSTTA beauftragt, zusammen mit der FAO eine Studie zu erstellen, die den aktuellen Kenntnisstand und die sich daraus ergebenden Handlungsoptionen darstellen soll. Die Studie soll bis zur COP 8 vorliegen.

Ein weiteres Thema auf der Konferenz waren die sogenannten „*Bonn Guidelines on access to genetic resources and the fair and equitable sharing of benefits arising out of their utilization*", die nach eingehender Beratung von der Konferenz angenommen wurden.

▪▪ 10. Konferenz der Kommission für Nachhaltige Entwicklung der Vereinten Nationen (UNCSD-COP 10), New York

In der Zeit vom 30.04. bis 02.05.2002 wurde in New York am Hauptquartier der Vereinten Nationen die 10. Konferenz der Kommission für Nachhaltige Entwicklung der Vereinten Nationen (United Nations Commission on Sustainable Development; UNCSD-COP 10) abgehalten. Die Konferenz hatte als einzige Aufgabe, den Weltgipfel für Nachhaltige Entwicklung in Johannesburg (World Summit on Sustainable Development; WSSD) im Jahr 2002 vorzubereiten. Dieser war schon in der Rio-Deklaration und der Agenda 21 als Instrument der internationalen Staatengemeinschaft vereinbart worden, mit dem Ziel einer Stärkung der globalen Partnerschaft für eine nachhaltige Entwicklung. Auf der 2. Konferenz 1997 in New York („Rio + 5") war eine erste Bestandsaufnahme über die erzielten Erfolge vorgelegt worden.

Zu der 10. Konferenz hatten 153 Staaten hochrangige Delegierte entsandt. Das UN-System war vertreten durch die Organisationen ECA, ECLAC, ESCAP, ESCWA, FAO, GEF, IFAD, ILO, UNCCD, UNFCCC, UNDP, UNEP, UNESCO, UNFP, UNICEF, UNIDO, WFP, WHO, WMO, WTO, Weltbank/IWF, sowie die regionalen Organisationen OAU und OIC; durch Beobachter waren vertreten ICRC, IUCN und die EU.

Den größten Teil der Konferenz nahmen die Entscheidungen über das organisatorische Regelwerk zur Durchführung des Weltgipfels ein: Fragen der Akkreditierung, Wahl der Konferenzpräsidenten, der Berichterstatter, der Vorsitzenden der einzelnen Themenkreise, der Abstimmungsmodalitäten sowie der Konferenzberichterstattung.

Nach eingehenden Diskussionen beschloss die Konferenz, der 56. Generalversammlung der Vereinten Nationen die nachfolgenden Aspekte zur Vorbereitung des Weltgipfels in Johannesburg zur Beschlussfassung vorzulegen.

Die Konferenz dankte allen Mitgliedsländern, die in ihren Ländern nationale Vorbereitungskonferenzen abgehalten hatten, deren inhaltliche Ergebnisse diese Konferenz maßgeblich bestimmt hätten. Aus den nationalen Berichten wurde die Bedeutung der Nachhaltigkeit in den Mitgliedsstaaten ersichtlich; abzulesen an dem hohen politischen Stellenwert der Regierungsvertreter, der Vielzahl an Wissenschaftlern und Experten in den Gremien und der überwältigenden Beteiligung der Zivilgesellschaften. Sie begrüßte die umfangreiche Beteiligung der regionalen Vertretungen für Afrika, Asien, des arabischen Raums und von Lateinamerika und der Karibik als unverzichtbar für das Gelingen des Weltgipfels.

Die Konferenz beschloss eine vorläufige Agenda für den Johannesburg-Gipfel:
— 02.–06.09.2002
  - Plenarsitzungen zur Klärung organisatorischer Fragen;
  - parallel dazu Sitzungen in den Ausschüssen,
  - Ausstellung („Posterpräsentation") fachlicher Ergebnisse.
— 09.–11.09.2002
  - Plenarsitzungen der Regierungsvertreter *(„Head of States")*,
  - parallel dazu „runde Tische" zu fachlichen Themen,

Die Konferenz betonte, dass insbesondere die Berichte der WHO *(World Health Report),* der UNEP *(Global*

Environmental Outlook), der Weltbank *(World Development Report),* der FAO *(Rural Poverty Report 2001)* das Konferenzergebnis nachdrücklich beeinflusst hätten, ebenso die vielen nationalen Berichterstattungen.

Die Konferenz dankte der Regierung von Südafrika, den Gipfel als Gastgeber auszurichten.

- **2003**
- - **9. Vertragsstaatenkonferenz der Unterzeichner der UN-Klimarahmenkonvention der Vereinten Nationen (UNFCCC-COP 9), Mailand**

In der Zeit vom 01.12. bis 12.12.2003 fand in Mailand die 9. Vertragsstaatenkonferenz der Unterzeichner der Klimarahmenkonvention der Vereinten Nationen (United Nations Framework Convention on Climate Change; UNFCCC-COP 9) statt. An ihr nahmen Vertreter von 166 Staaten und von führenden UN-Organisationen, unter ihnen die FAO, GEF, IAEA, ILO, UNCBD, UNCTAD, UNDP, UNEP, UNFCCC, UNIDSDR, UNITAR, WMO und die Weltbank teil. 25 zwischenstaatliche Organisationen waren vertreten ebenso wie 269 Nichtregierungsorganisationen. Bis zu dem Zeitpunkt waren 187 Staaten der Konvention beigetreten, 120 hatten sie entweder unterzeichnet oder schon ratifiziert. Damit waren 45 % der weltweiten CO_2-Emissionen in das Protokoll eingebunden.

Konferenzpräsident Miklós Persányi, Minister für Umwelt und Wasser von Ungarn, betonte in seiner Eröffnungsrede, dass die Verabschiedung der Klimarahmenkonvention 1992 zwar der bedeutendste Schritt war, den Klimawandel zu bekämpfen, dass aber eine fehlende oder unzureichende Kenntnisbasis keine Entschuldigung darstelle, klimaschützende Aktivitäten aufzuschieben oder gar nicht erst zu beginnen und fuhr fort, „die Klimarahmenkonvention und das Kyoto-Protokoll stellen bis heute eine klare Verpflichtung der Staatengemeinschaft dar, die Herausforderungen des Klimawandels anzunehmen".

Auf der Konferenz konnte vermeldet werden, dass die Treibhausgasemissionen der Annex-I-Staaten unter denen des Jahres 1990 lagen; das lag aber vor allem daran, dass in vielen osteuropäischen Ländern der Übergang zur Marktwirtschaft mit erheblichen Emissionsminderungen verbunden war. Der Energiesektor der Industriestaaten hatte allerdings hohe Zuwachsraten zu verzeichnen; dies betraf auch den internationalen Luftverkehr, für den eine Zuwachsrate von 40 % (1990–2000) festgestellt werden musste. Die Konferenz betonte ferner, dass es noch erheblicher Anstrengungen der Industriestaaten bedürfe, um nachhaltige Klimaschutzpolitiken und Schutzmaßnahmen zu implementieren. Daneben wurden auch die anderen Staaten (Annex II) aufgerufen, (endlich) belastungsfähige Informationen über deren nationale Emissionen an Klimagasen zu liefern.

Es musste auf der Konferenz aber festgestellt werden, dass auch sechs Jahre nach der Verabschiedung des Kyoto-Protokolls dieses immer noch nicht in Kraft getreten war. Zwar hatten schon 119 Staaten die Vereinbarung bis zu diesem Zeitpunkt ratifiziert, also in nationales Recht umgesetzt, aber die erforderliche Marke von 55 % wurde damit immer noch um 8 % unterschritten. In den USA war zuvor die Regierung Clinton daran gescheitert, im Kongress eine Mehrheit für den Beitritt zu finden. Die USA sprachen sich statt eines verbindlichen Protokolls für freiwillige Vereinbarungen in der Klimapolitik und zum Technologietransfer aus. Ein wesentlicher Erfolg der Vertragsstaatenkonferenz war der Beschluss, Verhandlungen über die Regeln für die Aufforstungs- und Wiederaufforstungsprojekte in Entwicklungsländern einzuleiten, mit dem die letzte Lücke in den Umsetzungsregeln des Kyoto-Protokolls geschlossen werden konnte.

Hauptthema in Mailand blieb die Regelung über die Durchführung und Anrechnung von Kohlenstoff bindenden Senkenprojekten innerhalb der „flexiblen Mechanismen". Nach zwei Jahren Verhandlungszeit wurde eine Entscheidung getroffen, wie Projekte zur Aufforstung und Wiederaufforstung von Flächen im Rahmen des *Clean Development Mechanism* (CDM) durchgeführt werden dürfen. Um anderen Ländern, unter ihnen Russland, einen Beitritt zu dem Kyoto-Protokoll zu erleichtern, wurden in Mailand Funktion und Ziele des Protokolls noch einmal umfassend dargestellt. In Bezug auf den CDM konnte die Konferenz feststellen, dass der Prozess nunmehr voll funktionsfähig sei und man die ersten Anträge im Jahr 2004 erwarte. Mit ihm könnte nunmehr eine klimafreundliche Wirtschaftsentwicklung in den Industrieländern vor allem durch Investitionen, beispielsweise für erneuerbare Energien in Schwellen- und Entwicklungsländern, veranlasst werden. Diese Investitionen können dann jeweils auf die nationalen Klimabilanzen angerechnet werden und schaffen so einen Anreiz, Klimaschutz und Entwicklungshilfe zu leisten. Um den Prozess aber noch effektiver zu gestalten, sollten die regionalen Organisationen gestärkt werden, um insbesondere viele Anträge aus den Entwicklungsländern zu bekommen. Des Weiteren müssten eindeutigere Indikatoren vereinbart werden, anhand derer es möglich sein sollte, den jeweiligen Stand der Umsetzung nachvollziehbarer erfassen zu können. Voraussetzung zur Beteiligung am CDM sei ferner, dass die Staaten nationale Ansprechpartner melden, sich mit den Fachinstitutionen der anderen Mitgliedsländer dauerhaft vernetzen sowie Instrumente zur Information der Öffentlichkeit einrichten. Die Konferenz betonte, dass sie sich der Anregung vieler Annex-I-Staaten anschließe, auch solchen LDCs und Kleinen Inselstaaten Hilfen zu gewähren, die noch nicht CDM-Mitglied sind, damit diese schneller beitreten können; umso eher könnten die Reduktionsmaßnahmen den Industriestaaten als Minderungsausgaben anerkannt werden.

Die Konferenz nahm den Bericht über die erste Sitzung des *„Subsidiary Body for Implementation";* SBI) als Gremium zur Einrichtung der Umsetzung des Kyoto-Protokolls an. Das Gremium konnte melden, dass von den 148 Nicht-Annex-I-Staaten 102 ihre Beitrittsurkunden bei der Vertragsstaatenkonferenz hinterlegt hätten. Es rief die anderen Staaten auf, ihren Beitritt möglichst umgehend zu erklären. In Bezug auf die umfangreichen nationalen Berichterstattungen der Nicht-Annex-I-Staaten beschloss die Konferenz, dafür gesonderte Finanzmittel durch die GEF bereitstellen zu lassen. Den Ländern sollten ihre Aufwendungen vollumfänglich erstattet werden und dies sollte auch für den Sektor „capacity building" gelten.

Das „Wissenschafts- und Technologiegremium" (SBSTTA) wurde aufgefordert, bis zur UNFCCC-COP-11-Konferenz Indikatoren zu entwickeln, mit denen die Auswirkungen der Konventionsziele auf die Klimaforschung und die sozioökonomischen Rahmenbedingungen in den Unterzeichnerstaaten international vergleichbar gestaltet werden können, um daraus Lehren für einen effektiveren Technologietransfer zu ziehen. Ferner sollte das Gremium die Fortbildung der sogenannten „expert review teams" intensivieren, damit diese in der Lage sind, die nationalen Treibhausgasinventuren (inventory) durchführen zu können. Zu dem beschloss die Konferenz, alle nationalen Bestandsaufnahmen als vertraulich zu behandeln („Code of practice for the treatment of confidential information in the technical review of greenhouse gas inventories from Parties included in Annex I to the Convention.").

Das Sekretariat wurde aufgefordert, jährlich Bericht zu erstatten über die Treibhausgasemissionen der Konventionsunterzeichner und diesen erstmalig zur UNFCCC-COP 11, zusammen mit den Empfehlungen der Gutachter für weitere Umsetzungsschritte vorzulegen. Diese Berichte sollten eine größere Transparenz über die zukünftige Entwicklung der Treibhausgasemissionen schaffen. Die Finanzierung der Umsetzung der angestrebten strategischen Ziele in Entwicklungsländern sollte mithilfe des „Special Climate Change Fund" erfolgen. Dabei sei zur Vergabe der Hilfen unabdingbare Voraussetzung, dass die geplanten Aktivitäten auf die spezifischen Belange der Partnerländer ausgerichtet sind, kosteneffektiv durchgeführt werden können sowie sich in Übereinstimmung mit den nationalen Schutzzielen befinden. Die Konferenz empfahl, zunächst solche Zielgebiete auszuwählen, für die schon umfassende Informationen vorliegen, zum Beispiel zum Ressourcenmanagement, zur Landwirtschaft oder zur Fragilität der Ökosysteme. Die Konferenz verständigte sich darauf, daneben auch Aktivitäten im Gesundheitssektor („vector borne diseases") und zum Naturkatastrophenmanagementsektor zu fördern.

In Bezug auf Beschlüsse der Konferenzen COP 4 und COP 5 nahm die Konferenz die Vorstellung des „second report on the adequacy of the global observing systems for climate in support of the UNFCCC" zum Anlass, die Notwendigkeit der Zusammenarbeit aller Organisationen, die sich zur Finanzierung des „Global Climate Observing System" bereit erklärt hatten, zu vertiefen. Ferner betonte das Sekretariat, dass es nötig wäre, dass die Konferenz klare Erwartungen an das Erdobservierungsprogramm definieren müsste und darlege, mittels welcher Zwischenschritte diese zu erreichen seien; insbesondere um Erkenntnisdefizite in den Entwicklungsländern beim Klimamonitoring besser abdecken zu können. Die Vertragsparteien wurden aufgerufen, darzustellen, wie sie in ihren Ländern die Einrichtung und den Betrieb von Langzeitbeobachtungsstationen gewährleisten können, damit die Klimaentwicklung international standardisiert aufgezeichnet werden könne. Dazu sollte das „Global Climate Observing System Secretariat" eng mit der „Ad hoc Group on Earth Observations" zusammenarbeiten.

▪▪ 6. Vertragsstaatenkonferenz der Unterzeichner des Übereinkommens zur Bekämpfung der Desertifikation der Vereinten Nationen (UNCCD-COP 6), Havanna

In der Zeit vom 25.08. bis 05.09.2003 fand in Havanna die 6. Vertragsstaatenkonferenz der Unterzeichner des Übereinkommens zur Bekämpfung der Desertifikation der Vereinten Nationen (United Nations Convention to Combat Desertification; UNCCD-COP 6) statt. 170 Staaten waren mit fast 900 Repräsentanten vertreten. 18 UN-Organisationen hatte Vertreter entsandt, unter ihnen ECLAC, FAO, GEF, IFAD, OSS, Ramsar-Konvention, UNCBD, UNDP, UNEP, UNESCO; UNFCCC, UNFF, UNICEF, UNIDO, WFP, WHO, WMO, die Weltbankgruppe sowie die EU, CSAD und die AU. 86 Nichtregierungsorganisationen aus 53 Ländern, unter ihnen ESA und IUCN, waren ebenfalls vertreten.

Die Konferenz konnte melden, dass bis zum Jahr 2003 190 Länder der Konvention beigetreten und ihre Ratifizierungsurkunde hinterlegt haben. Auf der Konferenz verabschiedeten die Teilnehmer die sogenannte „Havanna-Erklärung" („Havana Declaration") und betonten darin noch einmal ihren festen Willen, die auf der UNCED-Konferenz (1992), gemachten Verpflichtungen zum Schutz der Umwelt wahrzunehmen. Die Teilnehmer sahen in der „Wüstenkonvention" ein wichtiges Instrument, um die gesteckten Ziele wie in der „Deklaration" vorgesehen zu erreichen. Sie seien aber tief besorgt über die zunehmende Desertifikation, die sie auch als einen der treibenden Faktoren für die zunehmende Armut in den Entwicklungsländern ansehen. Sie betonten, dass nur, wenn alle Nationen ihre Verantwortungen wahrnehmen, es möglich würde, die Desertifikation nachhaltig zu bekämpfen. Nur wenn sofort geeignete Gegenmaßnahmen ergriffen werden, können die weltweiten Ungleichheiten, die auch durch Handelshemmnisse, den enormen Schuldendienst der Entwicklungsländer, durch Ernährungsmangel und einen unzureichenden Zugang zu den natürlichen Ressourcen ausgelöst würde, wirksam abgebaut werden. Die „Deklaration" rief daher zu einem verstärkten Kampf gegen diese Armutsfaktoren auf. Der „Nord-Süd-Dialog" müsse dafür erheblich ausgeweitet werden, die Rahmenbedingungen der WTO müssten insbesondere im Agrarsektor, dem internationalen Handel sowie einem ungehinderten Zugang zu den Märkten für die Entwicklungsländer mehr Beachtung schenken. Die „Deklaration" begrüßte die Bereitschaft der GEF, sich für eine umfassende Finanzierung der Aktivitäten bereit erklärt zu haben.

Die Konferenz stand ganz im Zeichen der Bewertung der Zusammenarbeit mit den anderen UN-Konventionen (UNCBD, UNFCCC, Ramsar-Konvention, Konvention zur Migration der Arten). Dazu war dem Sekretariat durch die 5. Konferenz aufgegeben worden, den Stand der Zusammenarbeit mit diesen Konventionen zu überprüfen und Vorschläge für eine Vertiefung vorzulegen. In der Folge hatten sich die Sekretariate der drei Konventionen UNFCCC, UNCBD und der UNCCD zu einer Gruppe zusammengefunden (*„Joint Liaison Group"*; JLS), zu der auch die Ramsar-Konvention eingeladen war. Bezüglich der Zusammenarbeit mit der Biodiversitätskonvention wurde am Hauptquartier in New York ein Verbindungsbüro eingerichtet. Dabei wurde immer wieder darauf hingewiesen, dass konventionsübergreifende Zusammenarbeiten für ihre jeweilige Zielerreichung unerlässlich seien. Dazu müssten die Kooperationen aber auf institutionell abgesicherter Grundlage beruhen. Sichtbare und messbare Erfolge seien am ehesten auf den lokalen Ebenen zu erwarten.

Der Bericht des *„Review Committee"* (CRIC) bestätigte die hohe Überstimmung der strategischen Ziele der Konvention mit den Prinzipien des „Erdgipfels" (WSSD), bemängelter aber auch, dass in vielen Entwicklungsländern immer noch ein zu geringes Verständnis über die Auswirkungen der Wüstenausbreitung, des Verlusts an biologischer Vielfalt sowie dem Schutz der Wälder und Feuchtgebiete vorläge und, dass in vielen Partnerländern die technischen, wissenschaftlichen und organisatorischen Kapazitäten fehlten, um diese Problematiken hoch auf die politische Agenda heben zu können. Der Bericht wies ferner darauf hin, dass im Rahmen des „Globalen Mechanismus" noch mehr finanzielle und technische Ressourcen bereitgestellt werden müssten, damit sowohl auf lokaler wie auf der Ebene der *„National Actions Plans"* Maßnahmen zur Bekämpfung der Degradation auch wirklich vorgenommen werden könnten. Dazu wurden alle Parteien aufgefordert, zusammen mit der GEF Technologien und Wissen länderspezifisch anzubieten.

Auf einem Meeting des Subsidary Body on Science and Technical Advice (SBSTTA) zuvor in Montreal wurde ein erstes Arbeitsprogramm ausgearbeitet, welches der Konferenz vorgelegt wurde. Darin wurde vorgeschlagen, den Zustand der Biodiversität in den ariden und semiariden Gebieten der Erde regelmäßig durch gemeinsame Vorhaben überprüfen zu lassen. Die Arbeitsprogramme sollten jeweils mit den „nationalen Aktionsprogrammen" (NAPs) abgestimmt werden und auch die Themenfelder *„capacity building"* und *„transfer of technology"* einschließen; auch sollten immer die Ziele der „Global Stratgegy for Plant Conservation" umfassend Berücksichtigung finden. Das Sekretariat wurde durch die Konferenz aufgefordert, weitere Mechanismen zu identifizieren, die es ermöglichen, die angestrebten Synergien auch zu gewährleisten. Insbesondere auf den nationalen Ebenen sollten die Kooperationen mit der UNCBD so ausgestaltet werden, dass die nationalen Biodiversitätsstrategien besser sichtbar werden. Die Konferenz nahm dieses zum Anlass, der Konvention zu empfehlen, ihre regelmäßige Erfassung der Biodiversität auf nationaler Ebene effektiver zu gestalten. Beide Sekretariate (UNCBD, UNCCD) begrüßten die Vorschläge und bekräftigten ihren Willen, die Umsetzungen durch gestraffte Verfahrensabläufe zu verbessern. Beide sahen in einer besseren Partizipation der nationalen und lokalen Administrationen und der Betroffenen, einer Ausweitung der Trainingsprogramme sowie in einer „gesunden" Mischung von modernen Technologien und traditionellem Wissen, die besten Ansätze die beiden Konventionsziele umzusetzen.

Erste Erfolge bei der Zusammenarbeit der Konvention mit dem UNFCCC konnten durch eine engere Verzahnung der beiden Sekretariate am Hauptquartier in New York erzielt werden. In den Konsultationen wurde vereinbart, die zentralen Anliegen der Konventionen besser aufeinander abzustimmen, um die sich wechselseitig ergänzenden Themenfelder besser angehen zu können. So war das Sekretariat zu der UNFCCC-COP 8 sowie zu deren 17. Sitzung des „Subsidary Body for Implementation" (SBI) und des „Subsidary Body for Science and Technology" (SBSTA) nach New Delhi eingeladen worden. Auf der Konferenz wurde ferner verabredet, dass sich das „UNCCD-Committe on Science & Technology" (CST) in Zukunft regelmäßig und verstärkt mit dem *„Committe on Science & Technology"* der UNFCCC abstimmen solle, um so von Anfang an die Aktivitäten effizienter planen zu können. Dazu wird die Konvention zu einem Workshop im Jahr 2003 einladen. Als beide Seiten interessierende Themen sah die UNCCD-Konvention vor allem die Bestrebungen, die „nationalen Aktionsprogramme" der UNFCCC enger an die nationalen Programme der UNCCD anzupassen und diese am besten gemeinsam durchzuführen. Gedacht sei auch daran, diese Programme als Entscheidungsgrundlage für die Aktivitäten im Rahmen der Klimarahmenkonvention aufzunehmen, um so Doppelarbeiten frühzeitig ausschließen zu können; vor allem in dem Themenfeld „Entwicklung der Trockengebiete" sollte die Umsetzung gezielt auf den lokalen Ebenen ansetzen. Als ein weiterer Ansatzpunkt war erkannt worden, die nationalen Umsetzungsebenen (*„focal points"*) der beiden Konventionen in den Entwicklungsländern frühzeitig über den Sinn der Zusammenarbeit zu informieren und deren Kooperationsbereitschaft einzufordern. Ein für beide Konventionen interessierendes Thema sei die „Kohlenstoffsequistierung"; ein Thema, dass eng mit dem Anliegen der UNCCD zum Schutz der Wälder verzahnt sei. Dieser Vorschlag wurde von der Konferenz einhellig angenommen und fand die volle Unterstützung vieler Entwicklungsländer.

Gewürdigt wurde die Zusammenarbeit mit der Ramsar-Konvention. Hierzu wurden seit einigen Jahren regelmäßige Konsultationen abgehalten, die sich vor allem auf die Themenfelder *„capacity building"* und „Technologietransfer" in Bezug auf Erfahrungen zu ökologischen

Frühwarnsystemen bezogen. Der Ramsar-Konvention sei sehr daran gelegen, mehr Kenntnisse zum Ausweisen von Feuchtgebieten in den Trockenregionen Afrikas zu bekommen. Eine praktische Zusammenarbeit wäre zum Beispiel im Okavangodelta und beim Tschadsee angezeigt; ebenso bei der Verzahnung des UNCCD-TPN-Netzwerks in die regionalen Aktionsprogramme (RAP) zum integrierten Wassereinzugsgebietsmanagement. Auch könnte Ramsar die Erfahrungen der Konvention bei der Ergebnisbewertung zum Beispiel durch die Verwendung erprobter Indikatoren und Meilensteine übernehmen. Die Konvention ihrerseits möchte verstärkt die Expertise über Feuchtgebiete für ihren Kampf gegen die Ausbreitung der Wüsten für sich nutzbar machen. Die nationalen Regierungen wurden daher aufgefordert, bei der Erstellung ihrer nationalen Pläne die Erkenntnisse auch der Ramsar-Konvention umfassend mit zu berücksichtigen.

Die Zusammenarbeit mit UNEP bestand damals schon für einige Jahre und war auf verschiedenen Themenfeldern aktiv. Insbesondere Fragen zur Evaluierung wissenschaftlicher und operativer Netzwerke und der Institutionsförderung standen dabei im Vordergrund, ebenso sowie der Einfluss, den private Träger im Kampf gegen die Ausbreitung der Wüste haben könnten. Beide Seiten waren sich einig, dass vor allem der Mangel an Expertise in vielen Entwicklungsländern ein grundsätzliches Hemmnis bei der Antragstellung von Fördergeldern von der GEF darstelle. Auch wenn in den vergangenen Jahren schon eine Vielzahl an Aus- und Fortbildungsmaßnahmen durch UNCCD und UNEP durchgeführt worden seien, so fehlten doch immer noch entsprechende Kenntnisse. UNEP hatte daher angeboten, in der Zukunft verstärkt solche Trainingsmaßnahmen anzubieten und diese auch für die Mitgliedsländer der Konvention zu öffnen. Des Weiteren hatte sie die Konvention eingeladen, sich an ihren Aktivitäten zur Desertifikation im Rahmen der NEPAD-Umweltpartnerschaft *(New Economic Partnership for Africa's Development)* zu beteiligen und an deren *governing council* teilzunehmen, bei dem eine Erweiterung der GEF zur Finanzierung von Aktivitäten in den Sektoren „Desertifikation" und „Entwaldung" beschlossen worden war. Die bereits langandauernde Zusammenarbeit der Konvention mit UNDP wurde durch den Abschluss eines Kooperationsabkommens mit dem *„Regional Bureau for Africa"* (RBA) der UNDP erweitert. In dem Abkommen war festgelegt worden, die Aktivitäten beider Organisationen in den Ländern Afrikas frühzeitig und transparenter abzustimmen. Das Ziel müsse sein, gemeinsam Aktivitäten zur Bekämpfung der Desertifikation und Dürren, zum Erhalt der Biodiversität, gegen den Klimawandel und zum Schutz der Feuchtgebiete durchzuführen. Es bestand damals Einvernehmen, ein vergleichbares Abkommen auch für die Länder Lateinamerikas abzuschließen. Für Osteuropa und Asien könnten solche Abkommen ebenfalls in Betracht kommen.

Der „Globale Mechanismus" (GM) wurde von der Konferenz aufgefordert, sich auf seine satzungsgemäße Aufgabe zur Mobilisierung von Finanzressourcen zu konzentrieren und vor allem neben der „GEF" noch andere multilaterale und private Geber identifizieren. Auch sollte der GM seine Aktivitäten zum Ressourcenmanagement im Vorfeld noch besser *(„pro-actively")* mit den Zielen der Konvention und denen der GEF abstimmen. Sie forderte den GM auf, bis zur 8. Konferenz (2007) ihren (dritten) Sachstandsbericht über die Vergabepraxis des GM sowie über die Modalitäten der durchgeführten Aktivitäten vorzulegen.

Das Sekretariat bedankte sich bei den Nichtregierungsorganisationen und beim CST-Büro über die wertvolle Zuarbeit bei der Erstellung des „Expertenrasters" *(„roster")*. Das Raster sei jetzt elektronisch frei zugänglich; auch wenn die „Genderproblematik" und eine regionale und fachliche Ausgewogenheit in der Liste der Fachleute immer noch nicht zufriedenstellend seien.

Die Konferenz nahm erfreut den Bericht des CST *(„land degradation, vulnerability and rehabilitation: An integrated approach")* zur Kenntnis, in dem innovative Forschungsarbeiten zur Erfassung und Bewertung von Desertifikation und Landdegradation vorgestellt wurden. Sie nahm den Bericht zum Anlass, die Vertragsstaaten zu ermuntern, ihrerseits solche Erfassungen vorzunehmen und dem Sekretariat rechtzeitig vor der UNFCCC-COP 7 vorzulegen. Daraus sollten die Experten dann eine Standardvorlage für die Berichterstattung erarbeiten und diese der kommenden Konferenz zum Beschluss vorlegen.

Auf der 5. Konferenz war eine Verbesserung der Effizienz des „Committee on Science and Technology" (CST) gefordert worden, damit ein besserer Abgleich der nationalen Aktivitäten mit den Konventionszielen möglich würde. Auch wurde damals gefordert, die Vernetzung mit anderen Gebern zu intensivieren. Die 6. Konferenz beauftragte daher das „Expertengremium", eine *„road map"* auszuarbeiten, wie am besten Synergien mit den anderen UN-Konventionen, internationalen Organisationen und zwischenstaatlichen Abkommen erreicht werden können und wie „indigenes Wissen" dazu beitragen kann. Des Weiteren sollten die CST-Experten die nationalen Programme kritisch überprüfen und daraus der CRIC entsprechende Reformvorschläge unterbreiten. In diesem Zusammenhang begrüßte die Konferenz die Aktivitäten des Sekretariats mit verschiedenen Organisationen zur wissenschaftlichen Erfassung der Degradation *(land degradation assessment in drylands;* LADA) und zum *millennium ecosystem assessment* (MEA), und empfahl nachdrücklich, diese Arbeiten im Verbund mit anderen UN-Konventionen, den „Experten" und den nationalen *„focal points"* fortzusetzen und darüber auf der nächsten Konferenz zu berichten.

Die Konferenz begrüßte mit Nachdruck die von der CST vorgelegten Empfehlungen zur Einrichtung von Frühwarnsystemen zur kurzfristigen und langfristigen Beobachtung von Desertifikation *(„early warning system")*, wie sie auf der 4. und der 5. Konferenz beschlossen wurde. Sie rief die Vertragsstaaten auf, diese Empfehlungen als Richtschnur zu nehmen, um in ihren Ländern daran angepasste Systeme aufzubauen und über den Stand bis zur UNFCCC-COP 7 zu berichten. Die notwendigen finanziellen und technischen Unterstützungen sollten durch den GM organisiert werden.

Begrüßt wurde Initiativen des Sahara and Sahel Observatory (OSS) und des Permanent Inter-State Committee for Drought Control in the Sahel (CILSS), im Sahel Meilensteine und Indikatoren zu erarbeiten, die es ermöglichen, das Monitoring der Desertifikation zu standardisieren und konventionsweit zu harmonisieren. Die Konferenz rief alle Staaten auf, diese Instrumente an die Bedürfnisse ihrer Länder anzupassen und möglichst umgehend einzusetzen. Dabei sollten diese vor allem auf die Belange der lokalen Ebenen ausgerichtet sein und die zivilgesellschaftlichen Gruppen unbedingt mit einbeziehen.

▪▪ 11. Konferenz der Kommission für Nachhaltige Entwicklung der Vereinten Nationen (UNCSD-COP 11), New York

In der Zeit vom 28.04. bis 09.05.2003 fand in New York die 11. Konferenz der Kommission für Nachhaltige Entwicklung der Vereinten Nationen (United Nations Commission on Sustainable Development; UNCSD-COP 11) statt. Zu ihr hatten 52 der 53 Mitgliedsländer offizielle Regierungsvertreter entsandt. Insgesamt war die Konferenz von 470 Teilnehmern besucht worden. 95 Staaten waren durch Beobachter vertreten. Das UN-System, die regionalen Kommissionen und Konventionen waren vertreten durch: AOSIS, AU, Baseler Konvention, ECA, ECLAC, ESCWA, ESCAP, FAO, GEF, IFAD, ILO, IOC, IKRK, IUCN, OAU, OECD, OPEC, UNCCD, UNCTAD, UNEP, UNESCO, UNDP, UNFCCC, UNIDO, UNITAR, WHO, WIPO, WTO, der Weltbank/IWF. Die EU und 128 Nichtregierungsorganisationen waren durch Repräsentanten vertreten.

Die 11. Konferenz folgte auf den WSSD-Gipfel von Johannesburg-Gipfel von 2002 und nahm Bezug auf die Johannesburg-Deklaration *(Johannesburg Declaration)*, hier vor allem auf die Artikel 145 bis 150. Darin verpflichtete sich die Staatengemeinschaft, konkrete Schritte zu unternehmen, wie sie in den Prinzipien der UNCED-Konferenz von Rio de Janeiro auf allen Ebenen und in den „Millenniumentwicklungszielen" *(Millennium Development Goals;* MDGs) festgeschrieben worden sind. Die Konferenz bekräftigte die gemeinsame aber unterschiedliche Verantwortung aller Staaten für eine nachhaltige Entwicklung durch ökonomische und soziale Entwicklung, unter Wahrung der natürlichen Umwelt. Um diesem Ziel gerecht werden zu können, beschloss die Kommission, alle 2 Jahre eine Evaluierung über den Stand der Umsetzung vorzunehmen. Insbesondere sollten dabei die erkannten Probleme in allen Themenfeldern angesprochen werden. Mit der Evaluierungen sollte ein umfassender Dialogprozess sowie der Aufbau regionaler Diskussionsplattformen zum Austausch von *„best practice"*-Beispielen angestrebt werden, unter Einbeziehung von Wissenschaftlern aller Fachrichtungen. Die Konferenz lud alle anderen UN-Konventionen und Organisationen ein, sich daran zu beteiligen. Der Reviewprozess sollte durch die GEF und auch durch andere internationale Geber finanziert werden.

Die Kommission beschloss ein mehrjähriges Arbeitsprogramm *(plan of implementation)* für die Zeit nach 2003, mit dem folgende Themenfelder prioritär behandelt werden sollten:

- 2004/2005 Wasser, Sanitation, Hygiene, Siedlungsbau,
- 2006/2007 Energie, industrielle Entwicklung, Luftverschmutzung, Klimawandel,
- 2008/2009 Landwirtschaft, ländliche Entwicklung, Landnutzung, Dürren, Desertifikation, „Afrika",
- 2010/2011 Transport, Chemie, Abwassermanagement, Bergbau, nachhaltiger Verbrauch/nachhaltige Produktion,
- 2012/2013 Wald, Biodiversität, Biotechnologie, Tourismus, Hochgebirge,
- 2014/2015 Ozeane/Meere, marine Ressourcen, Kleine Inselstaaten, Katastrophenrisikomanagement,
- 2016/2017 Evaluierung der Umsetzung der Agenda 21.

Die Kommission folgte einem Auftrag der UN-Generalversammlung (57/262), einen internationalen Kongress einzuberufen, um den Stand der Umsetzung der Agenda 21 in den Kleinen Inselstaaten zu diskutieren. Dieses Meeting sollte im Jahr 2004 auf Mauritius abgehalten werden, bei dem auf der Basis der nationalen Berichterstattungen und internationaler *„best practice"*-Beispielen thematische Workshops durchgeführt werden sollen. Die internationale Gebergemeinschaft wurde aufgefordert, sich daran sowohl inhaltlich als auch finanziell zu beteiligen. Die Konferenz anerkannte die schon auf diesem Themenfeld erreichten Fortschritte, stellte aber fest, dass diese noch lange nicht ausreichen, den vom Klimawandel in ihrer Zukunft bedrohten Inselstaaten eine sichere Existenz zu gewährleisten.

Während der Gespräche auf Ministerebene wurde eine Erklärung verabschiedet (*„Vision for the Commission on Sustainable Development"*), in der sie die zukünftigen Modalitäten und das Arbeitsprogramm bestätigten. Drei hochrangige „runde Tische" sollten eingerichtet werden, an den alle 53 Mitgliedsregierungen beteiligt werden müssten, um prioritäre Aufgaben im Rahmen der Kommission festzulegen; und zwar nach dem Motto: „Wer tut was, wann und wie?" Die Minister bekräftigten nochmals die herausragende Aufgabe der Kommission für Nachhaltige Entwicklung und deren Funktion in den Ländern, lokale Entwicklungsprozesse anzuregen und diese fachlich zu begleiten und zu bewerten. Dabei stellte Konferenz nochmals die Nationalstaaten als unverzichtbare „owner" ihrer eigenen Entwicklungsprozesse heraus. Der in Johannesburg hergestellte Bezug von nachhaltiger Entwicklung und Armutsminderung müsse auch das zentrale Leitmotiv der Kommission für die Zukunft sein. Dazu müssten in den Ländern die Grundsätze einer guten Regierungsführung, sowohl auf der nationalen als auch auf den lokalen Ebenen, umfassend gewährleistet werden. Spezielle Aufmerksamkeit müsste den ärmsten Entwicklungsländern und den Kleinen Inselstaaten zu Teil werden. Der Nexus von nicht nachhaltigen Verbrauchsmustern und klimaschädigenden Produktionsweisen und der sich daraus ergebenden Armut müsste noch deutlicher als in der Vergangenheit dargestellt werden. Ebenso müssten größere Anstrengungen unternommen werden, um den Kenntnisstand über die industriell geprägten Produktionsverfahren und den daraus resultierende Klimaschäden weiter zu verbreiten. Die Minister erklärten, dass insbesondere die Wissenschaft und der Technologiesektor gefordert seien, hierbei als Motor der Veränderungen zu agieren. Die finanzielle Ausstattung der Kommission müsste verbessert werden. So müssten zum Beispiel die ODA-Zusagen verdoppelt werden und auch noch mehr privates Investmentkapital mobilisiert werden.

Noch einmal wurde die zentrale Rolle der Zivilgesellschaft bei der Umsetzung der Nachhaltigkeitsagenda herausgestellt. Auch dazu müssten Wissenschaft und Forschung Beiträge leisten. Eine bessere „Balance" zwischen „Nord und Süd" müsste in den Diskussionsforen gefunden werden. Der Kommission sollte sich stärker als *„focal point"* der Information verstehen, um so den partnerschaftlichen Dialog zwischen den Entwicklungsländern und den entwickelten Ländern zu verbessern.

- **2004**
- - **10. Vertragsstaatenkonferenz der Unterzeichner der Klimarahmenkonvention der Vereinten Nationen (UNFCCC-COP 10), Buenos Aires**

In der Zeit vom 06.12. bis 17.12.2004 fand in Buenos Aires die 10. Vertragsstaatenkonferenz der Unterzeichner der Klimarahmenkonvention der Vereinten Nationen (United Nations Framework Convention on Climate Change; UNFCCC-COP 10) statt.

Zu der Konferenz hatten 167 Staaten mehr als 2200 Vertreter entsandt; 2 Länder waren mit Beobachtern vertreten. Die UN war mit 11 Organisationen, unter ihnen UNCBD, GEF, FAO, IAEA, ILO, UNCCD, UNCTAD, UNDP, UNEP, UNESCO, UNIDSDR, UNITAR, WHO und die WMO vertreten, sowie 35 zwischenstaatliche Organisationen mit fast 200 Repräsentanten; 226 Nichtregierungsorganisationen mit mehr als 3000 Vertretern. Insgesamt waren 6150 Fachleute und Politiker bei der Konferenz anwesend gewesen. Bis zu diesem Zeitpunkt waren 189 Staaten und die EU (als *regional economic integration organization*) der Konvention beigetreten.

Die Konferenz markierte den 10. Jahrestag der Gründung der Klimarahmenkonvention. Sie stellte den offiziellen Einstieg in das Kyoto-Protokoll dar, nachdem die Russische Föderation das Protokoll im November 2004 ratifiziert hatte und es so im Februar 2005 Inkrafttreten könne. Dieses Ereignis nahm die Exekutivsekretärin der Konvention, Christiana Figueres, in ihrer Eröffnungsrede zum Anlass, die in den letzten 10 Jahren erreichten Fortschritte zu würdigen. Sie stellte fest, dass die Treibhausgasemissionen global unter das Niveau von 1990 gefallen seien. Viele Klimaschutzmaßnahmen seien durchgeführt worden, neue Methoden und Anpassungstechnologien zum Schutz des Klimas seien entwickelt und in vielen Ländern bereits eingeführt worden. Die Entwicklungsländer hätten begonnen, „Klimaschutz" als nationale Aufgabe zu verstehen und Klimaschutzpolitiken auf den Weg zu bringen. Mit Inkrafttreten des Kyoto-Protokolls würde es von jetzt an möglich, konkrete Schritte zur Eindämmung des Klimawandels vorzunehmen. Insbesondere weil sich mehr als 30 Industrieländer verbindlich verpflichtet hätten, ihre Emissionen signifikant zu reduzieren. Mit den „flexiblen Mechanismen" des Protokolls stünden von nun an drei Instrumente zur Verfügung (Emissionshandel, *Joint Implementation, Clean Development Mechanism*), die ein Erreichen der Konventionsziele erstmals als realistische Option erscheinen lassen. Dennoch müssten die Industrienationen ihrer Verpflichtung als große Treibhausgasemittenten den Entwicklungsländern gegenüber noch stärker als bisher gerecht werden und mehr finanzielle Ressourcen bereitstellen sowie den Nord-Süd-Technologietransfer substanziell ausweiten. Erforderlich dazu wäre eine deutliche Aufstockung des „Trust Fund for Participation" der Konvention. Auf der Konferenz stand ein Thema im Mittelpunkt, das besonders den Entwicklungsländern am Herzen lag: Mithilfe welcher Anpassungsmaßnahmen könnte der damals schon eingetretene Klimawandel am nachhaltigsten aufgehalten werden?

Die zwei wichtigsten Beschlüsse der Konferenz waren die Verabschiedung des „Buenos Aires Work Programme" und die Vereinbarung zur Durchführung eines Expertenworkshops („Seminar of Government Experts"), der im Mai 2005 in Bonn durchgeführt werden sollte, um ganz informell (!) Optionen für den gemeinsamen Kampf gegen den Klimawandel zu diskutieren. Das Seminar sollte vor allem den Kenntnisstand zur Verbindung von „Mitigation" und „Adaptation" im Klimawandel diskutieren und Empfehlungen für die Ausgestaltung eines ordnungspolitischen Rahmens für solche Umsetzungen skizzieren. Das Seminar sollte dabei rein wissenschaftlich und technisch ausgerichtet sein, ohne dabei ein neues Verhandlungsmandat zu ergeben (*„based on existing national policies"*), das zu (weiteren) Verpflichtungen im Rahmen der Konvention führen könnte (*„without prejudices to any future negotiations … under the Convention and the Kyoto Protocol and shall not lead to a new committment"*). Auch wenn das so im Protokoll nicht ausgedrückt wurde, so beabsichtigten viele Teilnehmer mit dem „Expertenseminar" (doch), das Tor für Verhandlungen zur weiteren Ausgestaltung des Kyoto-Protokolls aufzustoßen.

In dem Arbeitsprogramm wurden vor allem technische Fragen zur Erfassung und Bewertung der Auswirkungen des Klimawandels in Nicht-Annex-I-Staaten neu zusammengefasst und priorisiert. Dazu sollte insbesondere das globale

Klimamonitoring (Global Climate Observing System) durch eine stärkere Vernetzung der Beobachtungssysteme, durch spezifisches *„capacity building",* Trainingsangebote zum Thema „Anpassung an den Klimawandel" sowie durch eine umfassende Stärkung der institutionellen Rahmenbedingungen und der Operationalisierung der Forschungsarbeiten in diesen Ländern verbessert werden. Die GEF und der Special Climate Change Fund wurden aufgefordert, die dafür notwendigen finanziellen Mittel zur Verfügung zu stellen. Mit dem Programm sollten die nationalen Kapazitäten in den am wenigsten entwickelten Ländern bei der Erfassung der Vulnerabilitäten durch Klimawandel sowie zur Auslotung der Chancen lokaler Anpassungsmaßnahmen unterstützt werden.

Das Gremium „Subsidary Body for Implementation" (SBI) legte seinen Bericht über den Stand der Umsetzung der Konvention vor. Insgesamt hätten 115 Nicht-Annex-I-Staaten über den Stand der Umsetzung in ihren Ländern berichtet; drei von ihnen schon in der zweiten Auflage. Das SBI rief alle Staaten, die ihre Berichte noch nicht abgegeben hätten, auf, diese umgehend vorzulegen, wobei es den LDC-Staaten überlassen sei, diese in „eigenem Ermessen" vorzunehmen. Vorgestellt wurde ferner von der „Consultative Group of Experts on National Communications" ein mehrjähriger Aktionsplan, mit dem die nationalen Berichterstattungen der Nicht-Annex-I-Staaten sachgerecht unterstützt werden können. Die Konferenz rief die SBI auf, ihre Aktivitäten mit UNEP, UNDP und der GEF sowie mit anderen Gebern noch intensiver als bisher zu vernetzen. Auch müsste der Wissenstransfer insbesondere auf dem afrikanischen Kontinent schneller und umfassender gestaltet werden. Neue Erkenntnisse zum Klimawandel müssten besser und schneller als bisher zwischen den Regierungen und den Bevölkerungen kommunizieren werden, so wie es auch mit dem NEPAD-Programm (New Economic Partnership for Africa's Development) angestrebt wird. Der vom Sekretariat vorgelegte Bericht zum Stand des *„capacity building"* wurde einhellig begrüßt, sollte aber für die nächste COP-Konferenz strategisch um Aussagen zur Effektivität der Programme in Bezug auf die Transformationsländer (*economies in transition;* EIT) erweitert werden.

In Bezug auf das Themenfeld *„capacity building"* stellte die Konferenz fest, dass dieses immer noch von zentraler Bedeutung für das Erreichen der strategischen Ziele sei. Dies umso mehr, als erst durch einen international kompatiblen Wissensstand die nationalen Berichterstattungen vergleichbar würden. Dazu sei es unabdingbar, das Thema *„capacity building"* weiter zu intensivieren. Auch wenn durch die GEF schon viele Initiativen begonnen wurden, so müsste dem Themenfeld noch mehr Aufmerksamkeit eingeräumt werden. Wobei auch die Stärkung der nationalen Entscheidungsebenen sowie der Forschungsinfrastruktur eingeschlossen werden muss.

Die Konferenz beschloss, auch „kleine" Aufforstungsmaßnahmen mit Einsparungen von weniger als 8 Kilotonnen CO_2-Äquivalente pro Jahr unter dem CDM anzurechnen. Ferner wurde ein Modus vereinbart, wie die nationalen Emissionsregister eingesetzt werden können, um die grenzüberschreitenden Emissionen besser quantifizieren zu können. Für die Annex-I-Staaten wurde eine *„good practice guidance"* für Forstwirtschaft und Landnutzung vorgestellt, wie es im Kyoto-Protokoll in den Artikeln 3.3 und 3.4 gefordert worden war, um die Berichterstattung über die Kohlenstoffabscheidung *(sequestion)* besser in die nationalen Emissionsminderungen einbeziehen zu können.

▪▪ 7. Vertragsstaatenkonferenz der Biodiversitätskonvention der Vereinten Nationen (UNCBD-COP 7), Kuala Lumpur und 1. Vertragsstaatenkonferenz der Unterzeichner des Cartagena-Protokolls (COP-MOP 1)

An der 7. Vertragsstaatenkonferenz des „Übereinkommens über die biologische Vielfalt" der Vereinten Nationen (United Nations Convention on Biological Diversity; UNCBD-COP 7) nahmen in Kuala Lumpur vom 09.02. bis 20.02.2004 Vertreter aus 169 Staaten, 20 UN-Organisationen sowie mehr als 800 Vertreter von Nichtregierungsorganisationen, aus Wissenschaft und dem privaten Sektors teil.

Zeitgleich mit UNCBD-COP 7 wurde die erste 1. Vertragsstaatenkonferenz der Unterzeichner des Cartagena-Protokolls (Cartagena Protocol on Biosafety) durchgeführt (COP-MOP 1). Mit den als „MOP" bezeichneten Konferenzen werden die Folgekonferenzen zu dem offiziell am 11.09.2003 als Zusatz zur Biodiversitätskonvention in Kraft getretenen Cartagena-Protokolls bezeichnet. Diesem Abkommen waren damals bereits 82 Länder beigetreten. Aus organisatorischen Gründen wurde von vornherein festgelegt, die COP-MOP-Konferenzen zeitgleich mit der Biodiversitätskonferenz abzuhalten.

Zu der „COP-MOP 1"-Konferenz hatten 81 Vertragsparteien insgesamt 895 Vertreter entsandt; weiter waren 8 UN-Organisationen anwesend gewesen, 96 Nichtregierungsorganisationen, 40 Vertreter von Wissenschaft und Industrie sowie 13 mit Beobachterstatus.

▪ UNCBD-COP 7

Zunächst nahm die Konferenz die Berichte aus den Regionen zur Kenntnis. Der Vertreter der „Afrikanischen Gruppe" gab zu Protokoll, dass es der Gruppe wegen finanzieller Probleme nicht möglich war, sich wie verabredet zu treffen. Es war daher nur zu einem informellen Treffen am Tag vor der Konferenz gekommen, bei dem vor allem die Budgetfragen im Vordergrund standen. Die GEF wurde aufgefordert, mehr Mittel bereitzustellen, denn die Probleme Afrikas zum Erhalt der biologischen Vielfalt seien zu umfassend und extrem komplex, als dass sie ohne externe Unterstützung gelöst werden könnten. Auch die „Asien-Gruppe" konnte wegen fehlender Finanzierung ihr im Iran geplantes Treffen nicht durchführen. Daher hatte auch sie sich am Tag vor der Konferenz zu einem informellen Meeting getroffen. Die

"Amerika-Gruppe" hatte ihr Vorbereitungstreffen in Buenos Aires (22.01.–23.01.2004) abgehalten. Sie unterstrich ihren festen Willen, die Ziele der Konvention vollumfänglich anzustreben. Doch dafür fehle es vor allem an finanzieller Unterstützung, insbesondere um ihre Programme für die Ausweisung von Schutzgebieten noch stringenter und gezielter durchführen zu können. Alle drei Regionen mahnten international verbindliche Regelungen an, mit denen der Transfer genetischer Ressourcen und so die Biopiraterie verhindert werden könnten. Europa berichtete von dem Vorbereitungstreffen "Biodiversity in Europe", das in Madrid vom 19. bis 12.01.2004 abgehalten wurde. Bei dem Treffen wurde der SBSTTA-Vorschlag begrüßt, das Erreichen des 2010-Ziels durch einen gesonderten Monitoringprozess zu begleiten. Die Gruppe hatte sich ferner bereit erklärt, die Verhandlungen zur Erfassung der genetischen Ressourcen und Initiativen für den gemeinsamen Nutzen zu unterstützen. Zum Aufbau des "Ökologienetzwerkes" (*"ecological networks"*) und zur Ausweisung von Ökoschutzgebieten empfahl die Gruppe, dem Vorschlag der SBSTTA zu folgen und der Ausweisung von Meeresschutzgebieten durch eine bessere Vernetzung der bestehenden Schutzgebiete einen höheren Stellenwert zu kommen zu lassen.

Der Bericht der SBSTTA über deren Vorbereitungstreffen in Montreal (10.-14.03.2004) fokussierte auf die biologische Vielfalt der Hochgebirgsregionen. Die Gruppe legte der Konferenz eine Reihe an Vorschlägen zur Biodiversität der Binnengewässer, der Meeres- und Küstenregionen sowie der Trockengebiete und Savannen vor; ferner den Entwurf zur Stärkung des Ökotourismus. Ebenfalls begrüßt wurden die Fortschritte bei der Umsetzung des Protokolls.

Zum Themenfeld "Biodiversität der Wälder, der Meeres- und Küstengebiete sowie der Trockengebiete und Savannen" nahm die Konferenz zunächst den Bericht der "Technical Expert Group" über das Vorbereitungstreffen zur "forstbiologischen Vielfalt" (*"forest biological diversity"*), das am 22.–27.11.2003 in Montpellier abgehalten wurde, an. Auch wenn die Umsetzung des Arbeitsprogramms zur Ökologie der Wälder gute Fortschritte gemacht hat, wurden die Regierungen aufgefordert, weitere regionale Kooperationen einzugehen. Das Sekretariat wurde beauftragt, zusammen mit der Expertengruppe klarere und stärker umsetzungsorientierte Ziele für das Arbeitsprogramm zu formulieren und der SBSTTA bis zur 8. Konferenz vorzulegen. Die Ziele sollten als flexibler Rahmen gestaltet werden und den nationalen und regionalen Prioritäten Rechnung tragen. Der Bericht wies darauf hin, dass weiterhin ein deutliches Defizit bei der flächendeckenden Anwendung der Gesetze zum Schutz des Waldes vorhanden sei. Die Vertragsstaaten wurden daher aufgefordert, alle Anstrengungen zu unternehmen, diese Defizite abzubauen. Im Themenfeld "Trockengebiete und Savannen" nahm die Konferenz anerkennend den Stand der Aktivitäten in diesem Sektor zur Kenntnis und hob noch einmal die Bedeutung des Kampfes gegen die fortschreitende Bodendegradation hervor. Dennoch müssten auch hier die Aktivitäten besser auf die nationalen Erfordernisse abgestimmt werden und mit den anderen relevanten Organisationen besser verzahnt werden. Die Konferenz beauftragte das Sekretariat, die Ziele zur Desertifikationsbekämpfung noch genauer zu fassen und diese mit der *"Global Strategy for Plant Conservation"*, der *"Global Taxonomy Initiative"* (GTI) und dem *"Strategic Plan of the Convention"* besser abzustimmen. Die Führung sollte das SBSTTA übernehmen. Die Konferenz machte auf die gewonnenen Erkenntnisse und Ergebnisse aus den Bewertungen der nationalen Initiativen zur Biodiversität der Binnengewässer aufmerksam. Ein Review hätte zu einer Überarbeitung des Programms geführt, die von der Konferenz angenommen wurde. Insbesondere, hob die Konferenz hervor, müsse es zukünftig möglich sein, Doppelarbeiten zu verringern. Das Sekretariat wurde daher aufgefordert, sich enger mit der *"Convention on Biological Diversity"* und den anderen relevanten UN-Organisationen abzustimmen; vor allem aber mit der Ramsar Convention on Wetlands und deren Scientific and Technical Review Panel (STRP), der Global Water Partnership, dem IUCN, dem World Water Council und der Weltbank. Die Konferenz nahm zur Kenntnis, dass die nationalen Berichte oft auf einer nur unzureichenden Informationsdichte und einem nicht sehr aktuellen Informationsstand aufbauen. Die Konferenz forderte daher das Sekretariat auf, bis zur UNCBD-COP 8, Wege aufzuzeigen, die eine umfassendere und aktuellere Berichterstattung eröffnen.

In Bezug auf die Aktivitäten im Themenfeld *"Global Taxonomy Initiative"* würdigte die Konferenz die gemachten Erfahrungen als wichtige Schritte zur Umsetzung der Konvention. Die Konferenz forderte alle Vertragsparteien auf, in ihren nationalen *"capacity-building"*-Aktivitäten, sowie ihren anderen die Ökologie betreffenden Programmen, das Thema "Taxonomie" mit einzubeziehen. Dazu wäre die Einrichtung der schon zuvor angesprochenen *"focal points"* ein hocheffizientes Instrument. Die Konferenz mahnte ferner an, dass die Regierungen noch umfassender und detaillierter über den Status der GTI-Implementierung berichten sollten, um die Initiative auch zukünftig noch zielorientierter ausrichten zu können. Dazu wäre des Weiteren eine kritische Analyse der Programminhalte nötig. Diese Analyse sollte dem SBSTTA bis zu seinem nächsten Meeting vorgelegt werden.

Die auf der 6. Konferenz zurückgestellte "Globale Strategie für die Erhaltung der Pflanzen" (Global Strategy for Plant Conservation) wurde von der Konferenz angenommen. Die Strategie ist eine weitere völkerrechtlich verbindliche Vereinbarung im Rahmen der Konvention. Mit ihr wurde erstmalig der Erhalt der Pflanzen als internationale Aufgabe definiert. Damals war entschieden worden, die "Globale Strategie" als ein Pilotprojekt und als integralen Bestandteil des "CBD-Strategic Plan" zu definieren. Außerdem sollte das Programm eine enge Verbindung herstellen zur GTI-Initiative. Die Strategie zielt darauf ab, den rapide voranschreitenden Verlust der Pflanzenvielfalt zu stoppen. Da die Pflanzen an der Basis der Nahrungspyramide stehen, haben sie maßgebliche Funktionen für die Ökosysteme. Sie bestimmen damit ebenso über die weitere Entwicklung des Menschen, der Tierwelt als auch des Klimas. Die Strategie strebt vor allem an, die Pflanzen der Erde und ihren Gefährdungszustand zu dokumentieren, die Pflanzenvielfalt zu schützen, damit sie auch nachhaltig genutzt werden kann, und möchte durch eine umfassende Informationsverbreitung und durch Bewusstseinsbildung bei den Betroffenen die Kenntnisse über den Schutz der Pflanzenvielfalt fördern. Auf der 8. und der 9. Konferenz soll ein Review über den Fortgang vorgelegt werden, um daraus Rückschlüsse für eine eventuell notwendige Neuausrichtung des Programms vornehmen zu können.

Im Themenfeld „Ökosystemansatz" *(ecosystem approach)* bekräftigte das Sekretariat seinen Auftrag an das SBSTTA auf der Basis der Pilotvorhaben und der anderen Erkenntnisse aus dem Programm, Informationen zu sammeln und daraufhin zu analysieren, ob das vorgegebene Regelwerk für die angestrebte Zielerreichung noch angemessen sei, oder dieses aus den „lessons learned" angepasst werden müsste. Die Konferenz nahm zur Kenntnis, dass dazu vom 7. bis 11.07.2003 ein Expertentreffen in Montreal, Kanada, stattgefunden hatte, dessen Ergebnisse von der SBSTTA als Basis für weitere Entscheidungen angenommen wurden.

Anlässlich der 4. und der 6. Konferenz war das Sekretariat aufgefordert worden, einen Bericht an das SBSTTA zu erstellen, in dem die Aktivitäten zum Technologietransfer und zur technischen Zusammenarbeit *(transfer of technology; technology cooperation)* gemäß Artikel 16 und 18 der Konvention einer eingehenden Überprüfung unterzogen werden sollten. Dabei sollte das Augenmerk vor allem auf dem Aspekt „indigenes Wissen" und der Berücksichtigung traditioneller Erfahrungen und Expertise indigener Völker und der „local communities" gerichtet sein. Diese Erkenntnisse sollten beitragen, dass der Technologietransfer lokales Wissen umfassender würdigt. Auch sollten die rechtlichen und sozioökonomischen Aspekte bei den Kooperationsansätzen stärker berücksichtigt werden. Auf der Konferenz stellte der Vertreter der spanischen Regierung heraus, dass es nötig sei, lokale Patente im Technologietransferprozess stärker zu berücksichtigen.

Die zum Schutz vor „invasiven fremden Arten" der Konferenz vorgelegte Prinzipien zur Regelung der Ökosysteme und der bedrohten Arten *(„guiding principles for the prevention, introduction and mitigation of impacts of invasive alien species")* wurden von der Konferenz angenommen. Das SBSTTA hatte dafür, zusammen mit dem „Global Invasive Species Programme", einen Entwurf ausgearbeitet, der auch auf die erkennbaren Fortschritte in den letzten Jahren bezüglich des Schutzes der „alien species" hinwies. Weltweit setzen aber trotz allem invasive Arten die Tragfähigkeit der Ökosysteme extrem unter Stress. Dabei waren es die enormen Kosten, die aus dem Verlust bestimmter Artengruppen für die Agrarwirtschaft, die Nahrungsmittelsicherheit und die menschliche Gesundheit im Allgemeinen, die das Programm stärker in den politischen Fokus gerückt hatten. Die SBSTTA hatte darüber hinaus noch einen Entwurf vorgelegt, in dem die erkannten Informationsdefizite und Umsetzungsprobleme angesprochen wurden, ebenso wie die nicht ausgewogene Gewichtung im Regelwerk. Die Konferenz hatte daher das Sekretariat aufgerufen, die bestehenden Instrumente zum Technologietransfer zu verbessern. Dies sollte zusammen mit dem Global Invasive Species Programme (GISP) und anderen relevanten UN-Organisation implementiert werden. Besonders das GISP als Netzwerk von UNEP, IUCN und GEF, wäre der geeignete Partner, um als *„focal point"* unter dem schon etablierten *Biosafety Clearing-House Mechanism* (BCH) zu fungieren.

- **COP-MOP 1**

Auf der Konferenz wurden zunächst die allgemeinen Verfahrensabläufe und Grundlagen für die Umsetzung des Cartagena-Protokolls festgelegt. Den breitesten Raum nahmen dabei Fragen zum Mandat und zur Operationalisierung des „Biosafety Clearing-House" (BCH) ein, wie es in Artikel 20 niedergelegt ist. In der bisherigen „Pilotphase" des BCH hat sich gezeigt, dass viele Entwicklungsländer oftmals nur unregelmäßig Internetverbindungen mit dem BCH haben; es ihnen meist an den finanziellen Mitteln fehlt, ein solche Kommunikationsplattform im eigenen Land auf Dauer einzurichten. Auch fehlt oft dazu das dazu notwendige Know-how. UNEP und GEF hatten daher in der abgelaufenen „Pilotphase" des BCH Finanzmittel zur Verfügung gestellt, diesen Ländern eine effektive Teilhabe an dem BCH zu ermöglichen. Die Konferenz empfahl, diese Erfahrungen direkt in die „Operationalisierungsphase" des BCH aufzunehmen, auch sollten alle Staaten „Informationsknoten" einrichten, die als *„liason office"* zum BCH fungieren sollen.

Die Funktion und das Mandat des BCH umfassen (gekürzt) die Aufgaben:
— Es ist den Prinzipien von Gleichheit und Transparenz verpflichtet.
— Es beherbergt die zentrale Sammelstelle für alle Informationen zum Protokoll.
— Es bietet Unterstützung für alle *„capacity development"*-Aktivitäten durch Erfassung der Kenntnisdefizite sowie durch Unterbreitung von Vorschlägen, welcher „Experte" bei welchem „Thema" Abhilfe schaffen könnte.
— Es betreibt das internetbasierte Informationssystem.
— Es stellt die Verbindung her zu dem Netz an Experten (*„roster of experts"*) gemäß EM-1/3; Paragraph 4 des Protokolls.

Um die Suche nach rechtlich belastbaren Entscheidungsparametern insbesondere im Hinblick auf Informationspflicht der Exportländer über den Transport „gefährdeter"

Arten zu unterstützen, sollen den Importländern gemäß Artikel 11 *(Advance Informed Agreement)* durch das BCH wissenschaftliche, technische und rechtliche Informationen umfassend, uneingeschränkt und zeitnah beraten werden. Die Mitgliedsländer ihrerseits wurden aufgefordert, alle relevanten Informationen umgehend zur Verfügung zu stellen. Auch sollen so schnell wie möglich nationale Ansprechpartner *(„focal points")* benannt werden. Das BCH soll alle diese Informationen sammeln und den Mitgliedsländern aufbereitet zur Verfügung stellen, unter anderem über:
- Entscheidungen eines „Importlandes" über nationale Regelungen zur Einfuhr von GVOs (Artikel 6/1; Artikel 11/5),
- Information zu den nationalen *„focal points"* (Artikel 17/3),
- Informationen eines „Importlandes" über seine Kenntnisse zum illegalen Transport von GVOs (Artikel 25/3),
- Informationen eines „Importlandes" zur Verwendung von GVOs als Lebens- und Futtermittel (Artikel 11/6).

Das zweite wesentliche Thema der Konferenz war die Ausgestaltung des *„capacity building".* Das Protokoll hatte festgestellt, dass auf diesem Themenfeld in vielen Entwicklungsländern ein erheblicher Nachholbedarf bestehe. Insbesondere wurde der Nexus hervorgehoben von A/F-Maßnahmen und der Fähigkeit eines Landes, das „Cartagena-Protokoll" effizient umsetzen zu können. Die A/F-Aktivitäten müssten daher vorrangig auf das Erkennen von Ursachen und Folgen des Transports von lebenden Organismen ausgerichtet sein; in jedem Fall aber müssten sie bedarfsorientiert und im Einklang mit den nationalen Entwicklungsprioritäten des Empfängerlandes stehen. Herausgehoben wurde dabei, dass sich die GEF bereit erklärt hat, die A/F-Initiativen finanziell zu fördern.

Im Rahmen des *„Plan of Action for Capacity Buildung"* wurden alle Mitgliedsländer aufgerufen, ihre Beiträge zu leisten; aber auch, von dem Angebot umfassend Gebrauch zu machen. Inhaltlich sollen die A/F-Initiativen umfassen (gekürzt):
- Schaffung eines angepassten ordnungspolitischen Rahmens,
- Beschreibung von Mandaten, Zuständigkeiten und Aufgaben,
- technische, wissenschaftliche Fortbildung,
- Schaffung einer effektiven Kommunikationsinfrastruktur,
- Erfassung und Bewertung der Fortbildungsinitiativen,
- Risikomanagement zum Erkennen und Bewerten von Problemlagen,
- Aus- und Fortbildung *(human resources development),*
- Technologietransfer,
- Kompetenzen zur Identifizierung von lebenden Organismen,
- Bewusstseinsbildung zur Problematik der GVOs bei den Entscheidungsträgern, den Im-/Exporteuren und in der Öffentlichkeit.

Dazu hat das Protokoll eine „Expertengruppe" ins Leben gerufen *(„roster of experts").* Dieses Instrument soll Know-how-Defizite in den Mitgliedsländern bei Bedarf und auf Anfrage abbauen helfen. Es kann diese Funktion aber nur wirkungsvoll wahrnehmen, wenn die in ihm erfassten „Experten" umfassend in ihren Kompetenzen, Fähigkeiten, Spezialisierungen und Erfahrungen abgebildet sind.

▪▪ 12. Konferenz der Kommission für Nachhaltige Entwicklung der Vereinten Nationen (UNCSD-COP 12), New York

In der Zeit vom 14.04. bis 30.04.2004 wurde in New York am Hauptquartier der Vereinten Nationen die 12. Konferenz der Kommission für Nachhaltige Entwicklung der Vereinten Nationen (United Nations Commission on Sustainable Development; UNCSD-COP 12) durchgeführt. Zu ihr hatten 53 Mitgliedsstaaten insgesamt 685 Vertreter entsandt. 119 Staaten waren durch mehrere Hundert Beobachter vertreten. Das UN-System und andere führende internationale Organisationen und Staatengemeinschaften waren vertreten u. a. durch: ADB, AU, CCS, FAO, IFAD, ECA, EEC, ESCAP, ESCWA, EU, GEF, IAEA, ILO, IMO, IUCN, OAS, OECD, OECS, OIC, UNDP, UNEP, UN-Habitat, UNICEF, UNITAR, UNPF, UNU, Weltbank/IWF, WHO, WMO und WTO. Ferner hatten 178 Nichtregierungsorganisationen mehr als 200 Vertreter entsandt.

Die 12. Konferenz war die erste, die nach Formulierung des „Post-World Summary Workprogramme" abgehalten worden war. Wie auf der 11. Konferenz beschlossen, hatte die Konferenz die Themenfelder „Wasser", „Sanitation/Hygiene" und „Siedlungsbau" zum Thema. Erstmals hatte die Konferenz mit der Konzentration auf bestimmte Themen den Charakter einer *„non-negotiating"*-Veranstaltung bekommen. Damit war sie in der Lage, „ungeschminkte" Einblicke über die Errungenschaften zur Nachhaltigkeit, aber eben auch über die Gründe für das Nichterreichen der Ziele, zu präsentieren.

Die Konferenz war sich einig, dass es der Kommission gelungen sei, ein ausgewogenes Verhältnis der drei Säulen der Nachhaltigkeit (soziale Entwicklung, Ökonomie, Ökologie) in ihrer Agenda zu verwirklichen. Alle Staaten, Entwicklungsländer wie entwickelte Länder, beklagten den eklatanten Mangel an finanziellen Mitteln als größte Herausforderung, um die *Millennium Development Goals* auch erreichen zu können. Auch habe der Technologie- und Wissenstransfer bislang nicht die gewünschten Ergebnisse erbracht, obwohl – so einige Delegierte – die verfügbaren Kenntnisse und Technologien dies durchaus ermöglichen würden. Beklagt wurde ferner der immer noch behinderte Zugang vieler Entwicklungsländer zu den internationalen Rohstoff- und Agrarmärkten. Ein Abbau der Handelshemmnisse in den Industrienationen, wie er in den WTO-Regeln (längst) vereinbart sei, sei unverzichtbar. Auch eine Kapitalgenerierung auf lokaler Ebene sei nötig, um die Armut wirksam zu bekämpfen.

Einige Teilnehmer der Konferenz begrüßten die Rolle der Kommission als Katalysator, um die Ziele der Agenda 21 und des „Johannesburg Actionplan" umzusetzen, mahnten aber an, dass diese Verpflichtung nicht über das hinausgehen sollte, was 2002 beschlossen worden sei. Notwendigkeit, so die Meinung vieler Entwicklungsländer, seien verstärkte Initiativen der entwickelten Länder, um in gefährdeten Regionen der Erde vorrangig die Wasserversorgung und mit ihr verbundene Hygiene und sanitäre Anlagen sicherzustellen sowie solide Häuser sowohl in den ländlichen Regionen als auch den städtischen Randzonen zu bauen. Zu diesem Thema gab die Konferenz bekannt, dass es hierbei zu einer großen Übereinstimmung mit den Zielen der UN-Dekade „Water for Life" gebe.

Ferner seien Initiativen nötig, um die Risiken durch die Zunahme klimabedingter Naturkatastrophen abzumildern. Nach wie vor seien viele Entwicklungsländer gefährdet, weil eine intransparente Regierungsführung das Vertrauen in den Staat aushöhle, mit gravierenden Folgen zum Beispiel für den internationalen Handel oder der Generierung ausländischer Direktinvestitionen. Nur ein demokratisches Politikverständnis würde diese Länder in die Lage versetzen, ausländische Investoren anzusprechen und im Lande selber ein stärkeres Vertrauen in den Staat aufzubauen. Die Delegierten riefen die Kommission auf, hier initiativ zu werden.

Das Thema „Geschlechtergerechtigkeit" (*gender equality*) ist in vielen Entwicklungsländern immer noch ein großes Thema, da traditionell die Frauen für die Versorgung der Familie mit Wasser zuständig sind.

Es wurde angeregt, dass nicht nur UNEP und UNDP sowie die Wüsten- und Klimakonvention die MDG-Ziele fördern sollten, sondern das UN-System als Ganzes. Es wäre nötig, die dafür notwendigen Modalitäten vorrangig auszuarbeiten. Vor allem müsse darauf geachtet werden, dass Doppelarbeiten und inhaltliche Überschneidungen verhindert werden, sondern Synergien herausgearbeitet werden, wie es auch schon in Johannesburg vereinbart worden sei.

Die nationalen Berichterstattungen stellten die Grundlage für alle weiteren Entscheidungen im Rahmen der Kommission dar. Auch wenn die Berichterstattungen im Prinzip auf „freiwilliger" Basis erfolgten, so wurde vom Generalsekretär angemahnt, müssten diese umfassender, nachvollziehbarer werden und vor allem vergleichbarere Aussagen enthalten. Immer noch seien die Berichte zu inkohärent, um aus ihnen eine tiefergehende Bewertung des Umsetzungsstandes der Agenda 21 abzuleiten zu können. Er schlug vor, ein Reporting-Schema aufzustellen, das verständlicher und nachvollziehbarer sein müsse, wie es auch schon von UNDP eingeführt worden sei. Der nach wie vor bestehende Mangel an statistisch gesicherten Basisdaten sei der Grund dafür, dass qualitative und quantitative Aussagen noch immer nicht gelingen. Nur wenn die Aussagen durch einen Indikatorenkatalog abgesichert seien, würden internationale Vergleiche sinnvoll. Dagegen äußerten einige Teilnehmerstaaten Bedenken und plädierten stattdessen dafür, jeweils auf ihre Länder zugeschnittene Indikatoren nutzen zu wollen. Einig war man sich darin, dass das Fachwissen zur Datenerhebung durch die *„focal points"* verbessert und harmonisiert werden müsse; aber eben auch innerhalb des UN-Systems.

Zum Themenfeld „Wasser" stellte die Kommission fest, dass, obwohl auf diesem Sektor inzwischen viel erreicht worden sei, immer noch die ärmsten der Armen den geringsten Zugang zu der Ressource haben, und dass, wenn sich diese Entwicklung fortsetze, diese Länder die MGDs nicht erreichen werden. Die Konferenz betonte noch einmal den fundamentalen Zusammenhang von Armut und Wasserversorgung. Manche Länder waren der Überzeugung, dass eine gesicherte Wasserversorgung nur durch Subventionen möglich würde. Andere dagegen meinten, dass eine Wasserinfrastruktur sowohl durch Wassertarife als auch durch steuerfinanzierte Zuwendungen finanziert werden sollte. Einige Länder plädierten sogar dafür, Wasser für den Privathaushalt frei zugänglich zu machen, zur Versorgung industrielle Zwecke dagegen kostenpflichtig sein müsse.

Grundlage für eine funktionierende Wasserversorgung sei die Einführung eines „integrierten Wasserressourcenmanagements" (IWR), das auf die Bedürfnisse des jeweiligen Landes angepasst sein müsste. Nur so ließen sich konkurrierende Nutzungsansprüche, eine kostendeckende Versorgung und der Erhalt der Ressource in Einklang bringen. Dabei bestand Einvernehmen darin, dass der Aufbau eines IWR als Prozess verstanden werden müsse und nur durch Einbeziehung der Nutzer zu erreichen sein wird. Dabei müsste jedem Land das Recht zugestanden werden, souverän über die IWR-Modalitäten befinden zu können. Viele Entwicklungsländer wiesen darauf hin, dass ihnen die technischen Mittel sowie ordnungspolitische Instrumente fehlen würden, einen solchen Managementansatz zu institutionalisieren, und sie dazu technische Unterstützungen sowie fachliche Weiterbildungen benötigten. Auch müsse bei den Verbrauchern das Verständnis über den Wert der Ressource „Wasser" verbessert werden.

Auf der Konferenz wurde der Aspekt „Sanitation/Hygiene" zum ersten Mal als eigenständiges Thema behandelt. Man war allgemein der Auffassung, dass dieses Themenfeld nicht gesondert betrachtet werden dürfe, sondern immer im Kontext mit dem Wasserversorgungsmanagement und der Siedlungswirtschaft betrachtet werden müsse. Auch sei der Nexus „Wasser – Gesundheit" von überragender Bedeutung insbesondere für die Frauen und Kinder, da die meisten Krankheiten eine Folge mangelnder Hygiene seien. Aufgrund der vorgelegten Daten wurde vermehrt die Befürchtung geäußert, dass das MDG-Ziel: „Verdopplung der Sanitär- und Hygienestandards bis zum Jahr 2015" wohl nicht erreicht werden wird. Dies wohl auch, da diesen beiden Aspekten nicht in allen Ländern eine gleich hohe Priorität eingeräumt würde. Selbst eine Verdopplung der Standards würde aber immer noch für mehr als 1,7 Mio. Menschen bedeuten, dass sie keinen sicheren Zugang zu sauberem Wasser haben. Die Mehrheit der Teilnehmer bekräftigte ihre Absicht, dem Thema „Wasser/Sanitation/Hygiene" die nötige Aufmerksamkeit zu geben. Dazu würden sie umfassende Strategien entwickeln, sowohl für die ländlichen als auch die städtischen Räume.

Als weiteres noch zu lösendes Problem wurde erkannt, dass das Thema „Hygiene" vor allem in Bezug auf die Frauen nur mit einer hohen Sensibilität angesprochen werden könne, da dies oftmals als ein Eingriff in die persönliche Integrität empfunden wird. Das Thema „Sanitär und Hygiene" müsse in vielen Entwicklungsländern viel stärker in das Bewusstsein der Bevölkerungen gebracht werden. Die Konferenz regte an, im Rahmen nationaler *„awareness raising"*- Programme diese Problematik auf breiter Basis anzusprechen. So zum Beispiel müsste die Akzeptanz, Abwasser wiederaufzubereiten und als Brauchwasser zur Verfügung zu stellen, deutlich erhöht werden. Auch seien verlässliche Katasterwesen, durch die Landbesitzrechte verbrieft würden, immer noch eher die Ausnahme. Zu allen angesprochenen Problemen müsste, so die Forderung vieler Teilnehmer, die Kommission *„best practice"*-Beispiele vorstellen, die vor allem den Einsatz angepasster Technologien vorstellen sollten. Ferner wurde angeregt, in den Schulen „Händewaschen" zu propagieren oder nationale Programme aufzulegen zur Vorstellung von „Ecosan"-Toiletten.

Das dritte Generalthema der Konferenz war die „Siedlungswirtschaft". Der starke Zuzug ländlicher Bevölkerungen in die großen Städte mache heute schon die Millionenstädte der Erde eigentlich unregierbar. Auch würde durch die ungehemmte Stadtentwicklung immer mehr fruchtbares Land verbaut. Heute würde schon fast eine 1 Mrd. Menschen in Slums leben und diese Zahl würde bis zum Jahr 2030 auf 2 Mrd. anwachsen. Ein großes Problem stelle zudem Landspekulation dar. Sie mache das wenige Land für die Armen unerschwinglich. Alle diese Faktoren machten es vor allem Frauen unmöglich, Hausbesitz zu erwerben. Eine Verbesserung der Lebensbedingungen in den Slums sei eine der großen Herausforderungen, der sich alle Länder stellen müssten, denn die Slums würden die Armut verstärken. Arme würden in den Städten eher noch einer größeren Armut ausgesetzt, als in ihren Dörfern. Dabei gäbe es nachahmenswerte Beispiele für eine bessere Stadtentwicklung. Eine Strategie beginnend mit einer partizipativen Stadtplanung und gefolgt vor einer geplanten Stadtentwicklung sei erforderlich. Damit würde oftmals sogar Arbeit generiert und die soziale Integration gefördert. Um die Eigeninitiative zu stärken, wäre es zudem nötig, dass der Staat bezahlbare Kreditlinien anbieten würde.

- **2005**

Mit der Ratifizierung durch die Russische Förderation wurde das Kyoto-Protokoll am 16. Februar 2005 völkerrechtlich verbindlich.

Die Europäische Union beschloss die Einführung des Emissionshandels zum 1. Januar 2005, um die Kyoto-Ziele in der EU zu erreichen, denn die EU verursachte damals rund 8 % der globalen Kohlendioxidemissionen. Das „Europäische Emissionshandelssystem" (EU-ETS) ist das zentrale Klimaschutzinstrument der EU und stellte das erste internationale und größte Handelssystem für Treibhausgasemissionsberechtigungen dar. Neben den 28 EU-Mitgliedstaaten hatten sich auch die EFTA-Staaten Norwegen, Island und Liechtenstein angeschlossen.. Mit dem System sollten die Treibhausgasemissionen der teilnehmenden Energiewirtschaft und energieintensiven Industrie reduziert werden. Das EU-ETS funktioniert nach dem Prinzip des sogenannten *„cap & trade"*. Eine Obergrenze *(cap)* legt fest, wie viel Treibhausgasemissionen pro Handelsperiode von den emissionshandelspflichtigen Anlagen ausgestoßen werden dürfen. Eine entsprechende Menge an Emissionsberechtigungen (eine Berechtigung pro Tonne Kohlendioxidäquivalent) wird den Anlagen entweder kostenlos zugeteilt oder sie müssen die notwendige Menge ersteigern. Die Emissionsberechtigungen können auf dem Markt frei gehandelt werden *(trade)*.

■■ 7. Vertragsstaatenkonferenz der Unterzeichner des Übereinkommens zur Bekämpfung der Desertifikation der Vereinten Nationen (UNCCD-COP 7), Nairobi

An der 7. Vertragsstaatenkonferenz der Unterzeichner des Übereinkommens zur Bekämpfung der Desertifikation der Vereinten Nationen (United Nations Convention to Combat Desertification; UNCCD-COP 7) nahmen in der Zeit vom 17.10. bis 28.10.2005 in Nairobi Vertreter aus 167 Vertragsstaaten teil; 2 Länder hatten einen Beobachterstatus. Vertreter von 31 zwischenstaatlichen Organisationen sowie von 85 Nichtregierungsorganisationen waren vertreten. Die UN und die internationale Staatengemeinschaft waren durch Repräsentanten von UNCBD, IFAD FAO, UNFCCC, UNICEF, UNDP, UNESCO, UNEP, UN-Habitat, UNIC, UNISDR, Weltbank, WHO und WMO vertreten.

Die Konferenz begrüßte die Entscheidung der Generalversammlung der Vereinten Nationen, das Jahr 2006 zum „Internationalen Jahr der Wüsten und der Desertifikation" (International Year of Deserts and Desertification, IYDD; Resolution 58/211) zu erklären. Damit würden die Konventionsziele, die vorrangig die Entwicklung der Sahelzone in den Mittelpunkt stellen, politisch nachhaltig unterstützt. Denn nur ein nachhaltiges Ressourcenmanagement dieser Zone würde zu der Armutsminderung, wie sie in den MDGs festgelegt ist, dem Erhalt der „biologischen Vielfalt" und der Einbeziehung der Bevölkerung in die lokalen Entwicklungsentscheidungen führen.

Der Auftragsrahmen des Reviewprozesses für die Umsetzung der Konvention (Committee for the Review of the Implementation of the Convention; CRIC) wurde auf der Konferenz erweitert. Danach sollte ab 2005 jährlich auch über den Stand der Implementierung der Konvention als Ganzes und der dazu eingesetzten Instrumente, Kooperationsabkommen und internen Regelwerke Rechenschaft abgelegt werden. Auch sollte dargestellt werden, wie die Umsetzung in den Ländern außerhalb Afrikas vorangegangen sei und wie sich dieser Prozess institutionell und partizipatorisch gestaltet habe. Das CRIC-Review sollte des Weiteren über die Aktivitäten der Industrieländer berichten; welche technischen Aktivitäten und finanziellen Unterstützungen sie erbracht haben, um die Umsetzungsansätze in diesen Ländern zu fördern. Ferner sollte berichtet werden, wie sich die verschiedenen Umweltschutz- und Entwicklungsregime des UN-System sowie die vielen zwischenstaatlichen und außerstaatlichen Geber sich an der Umsetzung der Konvention beteiligt haben. Die Konferenz verpflichtete das CRIC, aus den Erkenntnissen des Reviewprozesses Empfehlungen zur Steigerung der Effizienz der Konventionsumsetzung auszusprechen und darüber auf der 8. Konferenz in Madrid einen Bericht erstatten.

Auf der vorangegangenen Konferenz (UNCCD-COP 6) wurde die Expertengruppe für Technologie und Wissenschaft (CST) aufgerufen, ihre Effizienz im Hinblick auf die Übermittlung von Informationen erheblich zu steigern. Das CRIC hatte dazu festgestellt, dass die Berichterstattungen seit Gründung der Konvention sehr an Komplexität zugenommen haben und es daher nötig sei, bessere inhaltliche Vorgaben zu vereinbaren. Die Abfragen müssten standardisiert, konsistenter und klarer formuliert werden. Diese neue Berichtsform sollte aber erst nach der dritten Berichterstattungsrunde eingeführt werden. Die Konferenz verpflichtete das CRIC, einen Vorschlag zu unterbreiten, wie die Berichte mit messbaren Indikatoren und klar definierten Meilensteinen ausgestattet werden könnten, sowie zu einer Klärung der Funktion der „nationalen Berichte" und wie am nachdrücklichsten „best practice"-Beispiele in den Entwicklungsländern vorbereitet werden können. Dazu könnten die „focal points", das Expertennetz („roster of experts") sowie ein einfacherer Zugang zu dem Informationsnetzwerk „Themanet" beitragen. Die Konferenz stellte in diesem Zusammenhang noch einmal die zentrale Rolle der lokalen Bevölkerungen mit ihren „traditionellen" Erfahrungen zum Erreichen der Konventionsziele heraus.

Der „Globale Mechanismus" (GM) hat 2004 in fast allen Ländern Afrikas, Lateinamerikas, der Karibik und in Asien eine Vielzahl an nationalen und regionalen Aktionsprogrammen gefördert, mit dem Ziel, die nationalen Umsetzungsaktionen mit denen der Konvention in Einklang zu bringen. Zielgruppe waren zu allererst die „focal points" als strategische Partner mit den „technischen" Ministerien (Agrar, Soziales, Gesundheit usw.) und den „nicht technischen" (v. a. Finanzen, Planung), um so eine sektorübergreifende Koordinierung der Entscheidungsträger zu ermöglichen. Trotz der beschränkten personellen Kapazitäten konnte der GM hierzu deutliche Fortschritte sowohl innerhalb Afrikas als auch im Rahmen des Nord-Süd-Dialogs erzielen. Mit dem „Financial Information Engine on Land Degradation" (FIELD) standen ab 2005 den Ländern mehr als 10.000 (quer geprüfte) Daten, mehr als 5500 Einzelvorhaben und 1700 Veröffentlichungen zu allen Fragen des Ressourcenmanagements in ariden Gebieten zur elektronischen Nutzung zur Verfügung. Der GM konnte die internationale Zusammenarbeit und die wissenschaftliche Vernetzung in vielen Regionen Afrikas, Asiens und in den anderen Regionen sowie die personellen Kapazitäten im Ressourcenmanagement (human resources) deutlich verbessern.

Im Einzelnen verwies der Bericht darauf, dass erhebliche Anstrengungen aufseiten der Regierungen nötig seien, um die Konventionsziele in die nationalen Umweltschutzziele einzubauen. Dazu müssten angepasste Regelwerke insbesondere zu Fragen der Besitzrechte (land tenure) verbindlich formuliert werden. Des Weiteren müssten die Verantwortlichkeiten zum Management desertifikationsgefährdeter Gebiete an die lokalen Entscheidungsebenen delegiert werden. Die lokalen Ebenen wiederum müssten organisatorisch, technisch, personell und finanziell in die Lage versetzt werden, die ihnen übertragenen Mandate auch wahrnehmen zu können. Um die nationalen Aktionspläne (NAPs) auch wirkungsvoll umsetzen zu können, müssen die Regierungen die lokalen Umsetzungsebenen (Public-Private-Partnership, PPP) gezielt und umfassend unterstützen. Die Koordination der Aktivitäten der verschiedenen Geber müsste deutlich besser koordiniert werden, die lokalen Bevölkerungen müssten sehr viel stärker in die Entwicklungsentscheidungen einbezogen werden („ownership", „indigeneous knowledge"). So müssten auch die nationalen Berichterstattungen substanziell verbessert werden, insbesondere im Hinblick auf Projektplanung, Durchführung und Ergebnisbewertung. Es müsste viel klarer vorgegeben werden, welche technisch-wissenschaftlichen Möglichkeiten es gibt, um sich an den Klimawandel besser anzupassen. Die sozioökonomischen und kulturellen Rahmenbedingungen für die Entwicklung von Anpassungsstrategien müssten klarer herausgearbeitet werden und in den nationalen Berichterstattungen müssten deutlicher die regionalen Gefahrenszenarien identifiziert werden, um daraus sektorale Demonstrationsprojekte auswählen und diese landesweit verbreiten zu können.

Der Bericht forderte die Industrieländer und die multilateralen Geber auf, schneller und entschiedener als bisher auf die Nöte Afrikas zu reagieren und auch (mal) darzustellen, durch wen welche Leistungen bisher erbracht worden seien. Der GM wurde aufgefordert, in den Ländern für eine dauerhafte Finanzierung der nationalen Aktionspläne (NAP) durch den GEF zu sorgen. Auch sollte der GM den Wissenstransfer und den Zugang zu Technologien zum Schutz vor Desertifikation gezielt fördern, unter Berücksichtigung der Erfahrungen der lokalen Bevölkerungen, insbesondere auf den Sektoren nachhaltige Landnutzung und Armutsminderung. Das „Expertenkomitee" (CST) wurde aufgerufen, diese Prozesse organisatorisch zu begleiten und der Konferenz darüber zu berichten.

Die Konferenz verabschiedete zum Schluss die „Nairobi-Erklärung" (Nairobi Declaration on the Implementation of the United Nations Convention to Combat Desertification), die sich vor allem mit den Fragen der

Dürre und Desertifikation in den afrikanischen Ländern befasst. Die Vertragsstaaten wollten mit dieser Erklärung ihren Willen bekräftigen, die Konventionsziele voll im Einklang mit den Vereinbarungen des „Erdgipfels" (World Summit on Sustainable Development, WSSD) zu erreichen. Die WSSD-Konferenz hatte die „Wüstenkonvention" als wichtiges Instrument zur Bekämpfung von Armut und nachhaltiger Entwicklung anerkannt. Die Deklaration forderte alle Staaten auf, ihre Verpflichtungen, wie sie in Artikel 7 der WSSD-Deklaration festgeschrieben sind, proaktiv einzuhalten.

■■ **11. Vertragsstaatenkonferenz der Unterzeichner der Klimarahmenkonvention der Vereinten Nationen (UNFCCC-COP 11), Montreal und 1. Vertragsstaatenkonferenz der Unterzeichner des Kyoto-Protokolls (CMP 1)**

In der Zeit vom 27.11. bis 09.12.2005 fand in Montreal die 11. Vertragsstaatenkonferenz der Klimarahmenkonvention der Vereinten Nationen (United Nations Framework Convention on Climate Change; UNFCCC-COP 11) statt; die erste und bislang größte Vertragsstaatenkonferenz nach Inkrafttreten des Kyoto-Protokolls (Kyoto Protocol to the United Nations Framework Convention on Climate Change) im Februar 2005 (CMP 1). Entsprechend groß war mit fast 10.000 Teilnehmern das Interesse. 181 Mitgliedsstaaten hatten insgesamt 2800 Vertreter entsandt. 2 Staaten waren durch Beobachter vertreten. Das UN-System (12) sowie alle namhaften Internationalen Organisationen (46) hatten insgesamt 413 Vertreter entsandt; 362 Nichtregierungsorganisationen hatten mit 5435 Vertretern teilgenommen.

Mit der UNFCC-COP 11 und der CMP 1 fanden erstmals im Prinzip zwei Konferenzen zum Klimaschutz gemeinsam statt: die Tagung der Vertragsstaaten der Klimarahmenkonvention und die Tagung der Vertragsparteien des Kyoto-Protokolls, Conference of the Members of Parties (CMP) genannt. Im Vorfeld bestand Einvernehmen, mit Kyoto nicht noch eine weitere internationale Institution zu schaffen, sondern weitgehend die Organisationsstrukturen der Klimarahmenkonvention zu nutzen und dennoch die eigenständigen Ziele („Identitäten") beider Vereinbarungen sichtbar werden zu lassen. Es wurden daher „getrennte Zuständigkeiten" aber „gemeinsame Entscheidungen" vereinbart, da in beiden Konferenzsträngen die gleichen Staaten vertreten seien; wenn auch oftmals mit unterschiedlichen Mandaten. Man konnte sich auf eine Mischung aus den institutionellen Ansätzen beider Konferenzen einigen: Das Sekretariat und die Finanzierung sollen von der UNFCCC verwaltet werden, während das Kyoto-Protokoll nach Artikel 13 eine eigene Tagung und eigene Nebenorganisationen bekommt (SBSTA; SBI). Damit wurden die jeweiligen „Konferenzen" zum obersten Entscheidungsgremium beider Konferenzstränge; aber immer mit dem Ziel, die Klimarahmenkonvention in ihren Bestrebungen zur Minderung der Treibhausgasemissionen zu unterstützen. Bei den CMP-Konferenzen wird genauso wie bei den UNFCCC-COPs Nichtmitgliedern das Recht eingeräumt, als Beobachter teilzunehmen. Einen solchen Beobachterstatus haben damit die Vereinten Nationen und ihre Sonderorganisationen wie die Weltbank, jedes Mitgliedsland einer solchen Organisation; des Weiteren alle Regierungs- und Nichtregierungsorganisationen.

Die gemeinsame Konferenz hatte vor allem das Ziel, den prozeduralen Rahmen für das Nachfolgeprotokoll des Kyoto-Protokolls auf den Weg zu bringen, so wie es in dem „Marrakesh Accords" festgelegt worden war. Ferner sollten Verbesserungen für den „flexiblen Mechanismus" eingeleitet werden, eine Erweiterung der Anpassungsmaßnahmen an den Klimawandel eingeleitet sowie eine Diskussion zu geführt werden über die Anerkennung des Erhalts von Regenwäldern als Klimaschutzmaßnahme. Trotz der wenig ermutigenden Vorzeichen hat Montreal den Weg für die Verhandlungen nach der ersten Verpflichtungsperiode des Kyoto-Protokolls ebnen können. Daher wurden die Beschlüsse von den meisten Konferenzteilnehmern insgesamt positiv bewertet. Auch wenn die Beschlüsse in erster Linie nur das weitere Prozedere („Roadmap") betrafen, so konnte doch noch einmal nachdrücklich belegt werden, dass das Protokoll kein „lebloser" Vertragstext ist, sondern den Weg im gemeinsamen Kampf gegen den Klimawandel vorbereiten konnte. Die Mitgliedstaaten gaben in Montreal „grünes Licht" für Verhandlungen zu weiterreichenden Minderungszielen der Industrieländer. Damit konnte die mit dem Protokoll angestrebte Eindämmung des Klimawandels über das Jahr 2012 hinaus weitergeführt werden. Des Weiteren konnten Formalien und Abläufe im Protokoll selbst verbessert werden. Auch über die Weiterführung der Klimarahmenkonvention konnte Einigkeit erzielt werden.

Das Ergebnis der 11. Konferenz war der sogenannte „Montrealer Aktionsplan"; in dem der Weg für die Fortentwicklung des internationalen Klimaschutzregimes nach dem Jahr 2012 vorgezeichnet wurde. Der Aktionsplan sollte auf zwei Verhandlungssträngen aufgebaut werden. Zum einen dem gemäß der UNFCCC-Konvention und einem zweiten gemäß dem Kyoto-Protokoll.

— Mit dem Rahmenabkommen der Vereinten Nationen über Klimaänderungen (09.05.1992) haben sich die Vertragsstaaten darauf verständigt, das „Klimasystem für heutige und künftige Generationen zu schützen": Das Ziel sei es, eine „Stabilisierung der Treibhausgaskonzentrationen in der Atmosphäre auf einem Niveau zu erreichen, auf dem eine gefährliche anthropogene Störung des Klimasystems verhindert wird. Ein solches Niveau sollte innerhalb eines Zeitraums erreicht werden, der ausreicht, damit sich die Ökosysteme auf natürliche Weise den Klimaänderungen anpassen können." Diesen Vertrag haben damals 60 Staaten unterzeichnet, unter ihnen die Vereinigten Staaten von Amerika, die Russische Föderation und die Europäische Gemeinschaft.

- Dem Kyoto-Protokoll waren bis Juni 2013 192 Staaten beigetreten. Die Vereinigten Staaten von Amerika haben das Protokoll zwar schon 1998 unterzeichnet, lehnen aber bis heute eine Ratifizierung ab. Kanada hat im Dezember 2011 seinen Austritt erklärt. Damit unterliegen beide Staaten nicht der im Protokoll eingegangenen Verpflichtungen zur Verringerung ihrer THG-Emissionen.

Auch Vertreter von Umweltverbänden sprachen von einem Erfolg des Treffens in Kanada. Die wichtigste Botschaft war, dass der Klimaschutzprozess vorangetrieben werde und, dass es auch beim Emissionshandel bleiben werde. Dennoch sei das „Tempo" der Verhandlungen vor dem Hintergrund der immensen Bedrohung viel zu gering. Beklagt wurde, dass sich die Konferenz nicht für ein eindeutiges Enddatum der Verhandlungen über ein zukünftiges Klimaschutzregime bis 2008 ausgesprochen hätte.

Insgesamt hat die Konferenz mehr als 40 Entscheidungen angenommen. Für die Klimarahmenkonvention wurde in Montreal ein Prozess vereinbart, wie der weltweite Klimaschutz nach dem Jahr 2012 weitergehen kann; wenn auch ohne konkrete Klimaschutzziele. Im Gegensatz zum Kyoto-Protokoll sind hier die USA dabei. Vor allem aber sei es bei der Konferenz völlig unklar geblieben, ob und wann die USA sich zur Reduktion ihrer Emissionen gemäß des Protokolls verpflichten. Selbst ein Appell des damaligen amerikanischen Präsidenten Bill Clinton am Abend vor der Abstimmung im Konferenzzentrum vor mehreren Tausend Zuhörern, in dem er alle (!) Teilnehmerstaaten in einer bewegenden Rede zum Handeln aufgerufen hatte, konnte die US-Delegation von ihrer im Prinzip „ablehnenden" Haltung nicht abbringen. Clinton beschwor die Staaten, dass, wenn man schon keine Treibhausgasreduktionsziele vereinbaren könne, man sich wenigstens über den verstärkten Einsatz alternativer Energien verständigen sollte. Er betonte: „Wir wissen, was gerade mit dem Klima passiert […] und wir haben eine Alternative" und bezog sich dabei auf die Feststellung, dass es keinen seriösen Zweifel mehr gebe, dass Klimawandel bereits stattfinde und dass es weltweit gute Ansätze im Kampf gegen den Klimawandel gäbe. Allein in den USA seien elf Bundesstaaten bereit, ihren Kohlendioxidausstoß zu begrenzen. Am Ende akzeptierten die USA die Vereinbarungen zur Klimarahmenkonvention und zur Ausgestaltung des Kyoto-Protokolls, lehnten eine Ratifizierung des Protokolls aber weiterhin ab.

Für die Verhandlung im Rahmen des Kyoto-Protokolls wurde den Vertragsparteien eine Frist bis zum September 2006 eingeräumt, ihre Vorstellungen zur prozeduralen und inhaltlichen Ausgestaltung der Überprüfung des Abkommens einzureichen. Nach den Vereinbarungen war dafür ein 2-jähriger Diskussionsprozess mit vier Workshops vorgesehen, der schon im Frühjahr 2006 beginnen sollte. Auch wenn die beiden Verhandlungsstränge formal nicht miteinander verbunden sind, so sollte über die zeitgleich abzuhaltenden Vertragsstaatenkonferenzen zur Klimarahmenkonvention und zum Kyoto-Protokoll die gemeinsame Zielsetzung herausgestellt werden. Mit dem Aktionsplan wurden die Vereinbarungen von Marrakesch endgültig angenommen und so die endgültige Ausgestaltung des Kyoto-Protokolls festgeschrieben; zusätzlich wurde es mit einem robusten Verfikationsinstrument ausgestattet. Des Weiterer konnte der *„Clean Development Mechanism"* (CDM) um 7,7 Mrd. US$ aufgestockt und dazu noch institutionell stärker im Kyoto-System verankert werden.

Schon mit Beginn der Verhandlungen zeichnete sich ein grundlegender Konflikt ab, in dem sich die Industrieländer auf der einen und Entwicklungsländer auf der anderen Seite gegenüberstanden. Es ging um die Frage, in welchem institutionellen Rahmen nach 2012 Verhandlungen geführt werden sollten und bis wann sie beendet werden sollen. Hier wurde auf Drängen der Gruppe der Entwicklungsländer („G77 plus China") eine eigenständige Arbeitsgruppe eingerichtet, die bis 2008 neue Minderungsziele für die Industrieländer aushandeln sollte. Ein weiteres Problem der Konferenz betraf die USA. Obwohl kein Unterzeichner des Kyoto-Protokolls, weigerten sie sich „prinzipiell", ein Abkommen nach 2012 (Post-Kyoto) zu verhandeln. Es bedurfte massiver Interventionen von vielen Teilnehmerstaaten und vieler Abschwächungen in der Formulierung der Konferenzergebnisse, damit sich die USA nicht zusammen mit Saudi-Arabien total isolierten. Dass am Ende die USA ihre ablehnende Haltung aufgaben, mag auch einer zuvor nicht angekündigten Rede des ehemaligen US-Präsidenten Bill Clinton gelegen haben, der die Haltung der USA in dieser Frage als *„flatly wrong"* bezeichnet hatte. Letzten Endes erklärten die USA ihre Bereitschaft, sich an einem Dialogprozess zur Klärung des weiteren Vorgehens zu beteiligen, aber nur, wenn diese „nicht zu neuen Verpflichtungen oder sonstigen Festlegungen" führe.

Der Konferenzverlauf war vor allem gekennzeichnet durch die Diskussionen um das Ausmaß der Verantwortung, die die Entwicklungs- und Schwellenländer bei den zukünftigen Emissionsminderungen zu übernahmen hätten; bzw. für die sie sich dazu verpflichten. Hier waren insbesondere die Länder China und Indien angesprochen, die beide im Begriff sind, sich stark zu industrialisieren. Ihre wirtschaftliche Rolle national und weltweit und die daraus resultierenden Auswirkungen auf das Weltklima seien heute schon dem vieler Industrieländer vergleichbar. Die Länder wurden aufgerufen, ihr Verbrauchsverhalten – insbesondere beim Energieverbrauch – grundlegend zu ändern; eine Forderung, die so aber auch an die Industrieländer gerichtet wurde. Beide Länder stimmten dem im Prinzip zu, gaben aber nachdrücklich zu Protokoll, dass sie nicht gewillt sind, diesen Transformationsprozess unmittelbar einzuleiten. Sie bestanden auf dem, was als „nachholende" Entwicklung bezeichnet wird und wiesen die Forderungen als „unfair"

(Stichworte: *„climate justice"*) zurück. Die Diskussionen kamen ferner zu dem Ergebnis, dass die sonstigen Entwicklungsländer (LDCs) nur im geringen Ausmaß oder überhaupt keine Reduktionsverpflichtungen übernehmen könnten. Durch den Verlauf der Diskussion – so bemängelten viele Beobachter – liefe die Konferenz Gefahr, sich immer weiter von dem eigentlichen Problem „Klimawandel" zu entfernen und sie vermuteten, dass die Diskussionen genau zu diesem Zweck betrieben wurden, wie dies auch schon anlässlich der UNFCCC-COP 10 in Buenos Aires der Fall gewesen war.

Dennoch empfanden viele Teilnehmer diese Diskussionen als nützlich, reflektierten sie doch die in der Konvention niedergelegte „gemeinsame aber unterschiedliche" Verantwortung der Staaten für das Weltklima. Eine Besonderheit von Montreal war die größere Bereitschaft vieler Entwicklungsländer, eigene Minderungsstrategien vorzustellen; dies aber meist verbunden mit der Forderungen nach besseren und größeren finanziellen Unterstützungen ihrer Anstrengungen durch die Industrieländer, entweder durch direkte Subventionen oder andere Marktinstrumente. So forderten Brasilien, Papua-Neuguinea und Costa Rica einen speziellen Fonds zur Unterstützung der Wälder, wie sie schon in dem REED-Programm gelistet waren.

Insgesamt wurden auf der Konferenz 19 Entscheidungen getroffen; unter ihnen:

— Die Annahme der Durchführungsbestimmungen zum Kyoto-Protokoll, wie sie in den „Marrakesh Accords" niedergelegt waren. Damit waren die schon 1995 in Berlin verabschiedeten Regelwerke zur Festlegung verbindlicher CO_2-Emissionsziele in den Industrieländern formell abgeschlossen. Im Gegensatz zu den „Marrakesh Accord" wurde in Montreal der Passus 18 bezüglich der Anwendung des sogenannten *„compliance mechanism"* revidiert. Die gemeinsame Konferenz beschloss hierzu, dass Änderungen in dem Mechanismus keine formale Annahme *(adoption)* durch das Plenum mehr erfordern, sondern nur noch einer einfachen Abstimmung im Plenum bedürfen.

— Auf dem Sektor *„Clean Development Mechanism"* (CDM) wurde das Regelwerk stark vereinfacht und damit praktikabler gemacht. So würde es für viele Projekte von Industrieländern in den Entwicklungsländern einfacher, sich die Aufwendungen gutschreiben zu lassen. Die Konferenz nahm damit Anregungen seitens vieler Geschäftsleute und Anwenderländer auf, durch eine Vereinfachung die CDM-Prozesse zu beschleunigen. Darüber hinaus erklärten sich die Industrieländer bereit, ihren Beitrag zu dem Finanzierungsinstrument freiwillig um 8 Mrd. US$ aufzustocken.

— Es wurde ein auf 2 Jahre ausgelegter Dialogprozess begonnen, bei dem eine Gruppe von Fachleuten sich über neue Strategien zur besseren Umsetzung und zur Ausarbeitung zukünftiger Emissionsminderungsinitiativen austauchen sollte. Die Arbeitsgruppe wurde beauftragt, auf den Feldern „nachhaltige Entwicklung", „Klimaanpassung", „Technologietransfer" und „verbesserte Marktmechanismen" die Umsetzungsinitiativen des Kyoto-Protokolls zu unterstützen. Dabei sollte die Arbeitsgruppe ein rein beratendes Gremium sein und nicht zu neuen Verpflichtungen im Rahmen des Protokolls führen.

— Auf Initiative einer Reihe von Entwicklungsländern befasste sich die Konferenz ausführlich mit dem Thema „Reduktion der Treibhausgasemissionen durch verringerte Abholzung". Hierzu beantragten die Länder, ihre diesbezüglichen Aktivitäten in Form von handelbaren Zertifikaten angerechnet zu bekommen. Die Konferenz lud dazu die Länder ein, Vorschläge zu erarbeiten, wie dieser Antrag am besten umgesetzt werden könnte.

— Des Weiteren wurde die Idee aufgenommen, CO_2-Abscheidungs- und Speicherungstechnologien bei der Energiegewinnung aus fossilen Rohstoffen weiter voranzutreiben. Hierzu sollten Teilnehmerstaaten Vorstellungen entwickeln, die dann in das GEF-Aktionsprogramm eingebracht werden könnten.

Um die Klimaanpassungen gezielter zu unterstützen, war schon bei der UNFCCC-COP 10 ein spezieller Anpassungsfonds *(adaptation fund)* ins Leben gerufen worden. Hierüber wurde in Montreal Einvernehmen erzielt. Damit sollten vor allem Vulnerabilitätsanalysen, Umsetzungsstrategien und ökonomisch orientierte Diversifikationsstrategien erarbeitet werden. Diese Strategien sollten aber nur auf Expertenebene erarbeitet werden und in Form von Studien dem GEF zur Finanzierung vorgelegt werden. Anders als bei den vielen anderen Finanzierungsinstrumenten unter dem Kyoto-Protokoll sollte dieser Fonds auch über Zuwendungen aus dem CDM-Mechanismus gespeist werden.

▪▪ 2. Vertragsstaatenkonferenz der Unterzeichner des Cartagena-Protokolls (MOP 2), Montreal

In der Zeit vom 30.05. bis 03.06.2005 fand in Montreal, Kanada, die zweite Vertragsstaatenkonferenz der Unterzeichner des Cartagena-Protokolls (MOP 2) im Rahmen des Übereinkommens über die biogische Vielfalt der Vereinten Nationen (UNCBD) statt. Die Konferenz war auf der ersten MOP-Konferenz in Kuala Lumpur vereinbart worden. 100 Vertreter der Vertragsregierungen und Vertreter der UN-Organisationen wie der UNEP, FAO, der Weltbank und der GEF haben daran teilgenommen; ebenso wie mehr als 80 Vertreter von Nichtregierungsorganisationen.

Die Konferenz der Vertragsstaaten war zuvor vom Generalsekretär der Vereinten Nationen als integraler Bestandteil der Biodiversitätskonvention anerkannt worden. Bis zu dem Zeitpunkt der Konferenz hatten 119 Länder das Protokoll unterzeichnet, unter ihnen China und Brasilien. Da das Cartagena-Protokoll noch „sehr jung" war, befasste sich die „MOP 2"-Konferenz in erster Linie mit prozeduralen Fragen. Sie verabschiedete 22 *„rules"*, die vor allem den rechtlichen Status der Konferenz, seinen Tagungsrhythmus, die Festlegung von Dauer und Konferenzort, das Mandat der Regierungsvertreter, den Modus der Entsendung von Mitgliedern in die Expertengremien und der Informationspolitik des MOP-Sekretariats betreffen. Insgesamt vereinbarten die Vertragsstaaten ein Prozedere für die Konferenzen, das den bewährten Abläufen, Mandaten und Regulierungen der Biodiversitätskonvention folgen sollte.

In seiner Eröffnungsrede sprach der Tagungspräsident an, dass es immer noch vielen Entwicklungsländern schwerfalle, die Konventionsziele auch real umzusetzen. Viele Länder seien derzeit noch (zu sehr) mit der Einrichtung administrativer Regelwerke ausgelastet. Für sie wird die Konferenz vor allem mit ihrem Fokus auf prozedurale Aspekte sehr hilfreich sein. Ferner konnte er vermelden, dass als Ergebnis der offiziellen Anerkennung durch die UN-Generalversammlung ein interinstitutionelles Netzwerk für Biotechnologie unter der Führung der UNCTAD abgeschlossen werden konnte.

Zum Themenfeld *„Biosafety Clearing-House Mechanism"* (BCH) stellte die Konferenz fest, dass substanzielle Schritte zur Implementierung gegangen worden sind; das BCH ist seit April 2004 voll funktionsfähig. Das Sekretariat stellte auf der Basis einer Nutzeranalyse ein Mehrjahresprogramm vor, wie es seine Aufgaben in der Zukunft (zielgerichteter) erfüllen könne. Zentrale Bausteine sollen der Aufbau des Expertennetzes *(„roster of experts")* sowie das *„capacity building"* sein. Für das „Raster" wurden eine Reihe interner Guidelines beschlossen. Dem Sekretär des Protokolls wurden die zentrale Administration und die Funktion des „Rapporteurs" des „Rasters" übertragen. Ein „Trust Fund" wurde für die Pilotphase eingerichtet, in den freiwillige Beiträge Dritter eingezahlt werden können, um Entwicklungsländer bei der Umsetzung der BCH-Themen sowie zur Bezahlung von Experten zu unterstützen.

In Bonn war im November 2004 ein Workshop abgehalten worden, auf dem Fragen des *capacity building* und zu Erfahrungen zur Umsetzung des Protokolls gemäß Artikel 18 behandelt wurden. Auch hatte sich inzwischen die „Open-ended Technical Expert Group on the Requirements of Paragraph 2 (a) of Article (18)" in Montreal im März 2005 getroffen. In Bezug auf das BCH musste dagegen angemerkt werden, dass die Übersetzung der Webseite des Protokolls in die verschiedenen Konferenzsprachen, die von den Niederlanden finanziert wurde, wohl erst einige Monate später abgeschlossen sein werde. Einige der auf der Konferenz festgelegten Folgetreffen zur Klärung technischer, wissenschaftlicher und prozeduraler Fragen sowie zur Einrichtung des Expertennetzes in den Mitgliedsländern konnten dagegen wegen fehlender Finanzmittel nicht durchgeführt werden.

Die Global Environment Facility (GEF) erinnerte daran, dass die Konferenz sie nach einer weitergehenden finanziellen Unterstützung der Umsetzung des Protokolls gebeten habe. Die GEF hat dazu ihr „Office of Monitoring and Evaluation" aufgefordert, ein Review der angemeldeten Unterstützungen vorzunehmen. Von den Erkenntnissen aus dieser Analyse soll dann die weitere Förderung für das *capacity building* und für andere Themen des Protokolls abhängig gemacht werden; und welche Länder dafür infrage kommen. Dennoch sicherte die GEF auch schon für solche Fälle, in den ein dringender Finanzierungsbedarf bestehe, seine Unterstützung zu. Dies könne 10–15 Länder umfassen; daneben könnten auch weitere 2–3 Projekte gefördert werden, wenn sie den Technologietransfer zum Inhalt hätten.

■■ 7. Vertragsstaatenkonferenz der Unterzeichner des Übereinkommens zur Bekämpfung der Desertifikation der Vereinten Nationen (UNCCD-COP 7), Nairobi

In der Zeit vom 17.10. bis 28 10.2005 fand in Nairobi die 7. Vertragsstaatenkonferenz der Unterzeichner des Übereinkommens zur Bekämpfung der Desertifikation der Vereinten Nationen (United Nations Convention to Combat Desertification; UNCCD-COP 7) statt. Bei der Konferenz waren 167 Länder mit 695 Vertretern anwesend. 2 Länder hatte Beobachter entsandt. Die EU war ebenfalls vertreten. Das UN-System war unter anderem vertreten durch die FAO, IFAD, UNCBD, UNFCCC, UNDP, UNESCO, UNEP, UNFF, UN-Habitat, UNIC, UNICEF, UNISDR, WMO und die Weltbankgruppe. 102 Nichtregierungsorganisationen waren durch mehrere Hundert Repräsentanten vertreten.

Die Konferenz verabschiedete die sogenannte Nairobi-Deklaration, in der die Teilnehmer noch einmal ihre Entschlossenheit bekräftigten, den auf dem World Summit on Sustainable Development (WSSD) im Jahr 2002 vereinbarten Aktionsplan *(plan of implementation)* zur Bekämpfung der Armut und zur nachhaltigen Entwicklung auch zu erfüllen. Die Deklaration verwies darauf, dass Desertifikation und Dürren ein Problem seien, das 1/6 der Weltbevölkerung und 70 % aller Trockengebiete in mehr als 100 Länder betreffe. Die Teilnehmer sahen in der UNCCD-Konvention ein wesentliches Instrument, um Hunger und Armut auf der Welt zu beseitigen. Sie verpflichteten sich in der Deklaration, alle Anstrengungen zu unternehmen, um eine nachhaltige Entwicklung in den Ländern des Südens zu fördern. Sie verpflichteten sich ferner, dafür Sorge zu tragen, dass die finanziellen Grundlagen für den Kampf gegen die Ausbreitung der Wüsten gewährleistet werden, indem sie GEF entsprechend aufstocken werden. Sie wollten ferner den Nord-Süd-Dialog sowie den Dialog im Süden durch einen angepassten Technologietransfer und durch gemeinsame Kooperationsvorhaben unterstützen. Die Deklaration forderte alle Staaten auf, den in der Rio-Deklaration eingegangenen Verpflichtungen auch nachzukommen.

Als Folge der vorangegangenen 6. Konferenz hatten die Vereinten Nationen eine Bewertung der Aktivitäten und erzielten Ergebnisse der Konvention vorgenommen. Die Überprüfung war zu dem Ergebnis gekommen, dass die Konvention einige grundlegende Probleme habe. So sei in den Statuten nicht klar genug beschrieben worden, ob sich die Konvention als ein „Umweltregime" oder ein „Regime zur nachhaltigen Entwicklung" oder zu beidem verstehe. Ferner, ob sie ihren Fokus in der Entwicklung „vor Ort" oder in der Klärung globaler Umweltfragen sehe. Schon der Name der Konvention „Desertifikation" sei nicht richtig gewählt, da Desertifikation in der Regel eine Folge und nicht die Ursache der Landdegradation sei. Diese Unklarheiten hätten dann dazu geführt, dass die Konvention erheblich geringere Mittelzusagen im Vergleich zu den anderen UN-Konventionen erhalten habe. Der Konvention fehle es daher an einer dauerhaften Finanzierungsgrundlage. Die Folge sei, dass sie den Partnerländern keine verlässlichen Mittelzusagen machen könne. Ein großer Mangel sei die fehlende inhaltliche Priorisierung, die dazu geführt habe, dass die Konventionsziele meist nicht in die nationalen Prioritäten eingepasst wurden. Das Inspektionsteam machte folgende Vorschläge. Die Konvention sollte a) die Entwicklungsländer einladen, ihre nationalen desertifikationsbezogenen Aktionsprogramme stringent in die nationalen Entwicklungsprogramme einpassen, b) die Industrieländer sollten ihrerseits die Ziele der Konvention in deren Entwicklungsprioritäten aufnehmen. Die Konvention sollte alle Mitgliedsländer auffordern, in ihren Ländern offizielle hochrangige (!) Vertreter zu benennen, die als direkte Ansprechpartner für die Konvention fungieren. Ferner sollte das Sekretariat auf jeder Konventionskonferenz Rechenschaft über den Stand der Umsetzung der Konvention ablegen. Dem Sekretariat wurde empfohlen, seine Rolle mehr als Vermittler zu definieren, wie es im Artikel 23/2 festgelegt worden sei. Ferner sollte das Sekretariat Wege aufzeigen, wie Nichtregierungsorganisationen besser in die Konvention integriert werden könnten. Alle Projekte und Aktivitäten sollten durch Indikatoren und Meilensteine klarer nachprüfbar werden. Dazu sollte eine gesonderte *task force* eingerichtet werden. Auch sollte die Vergabe von Mitteln durch unabhängige Experten begleitet werden, um die Anfragen aus den Partnerländern objektiver und transparenter bewerten zu können.

Die Konferenz konnte vermelden, dass die schon mit der UNCCD-COP 6 begonnene Zusammenarbeit mit den anderen UN-Konventionen erfolgreich fortgesetzt wurde. Zur Verbesserung von Synergien war in Botswana im Jahr 2004 ein gemeinsamer Workshop der UNCCD mit UNFCCC und UNCBD abgehalten worden, bei dem vereinbart wurde, die Aktivitäten aller drei Konventionen besser abzustimmen, um so die Konventionsziele nachhaltiger in die nationalen Entwicklungspläne der afrikanischen Länder verankern zu können. Um das auf der 6. Konferenz beschlossene gemeinsame Arbeitsprogramm *(Joint Work Programme)* zum Schutz der biologischen Vielfalt in den ariden und semiariden Regionen Afrikas beginnen zu können, hatte die Konferenz alle Partnerländer aufgerufen, die notwendigen administrativen und organisatorischen Voraussetzungen für eine umgehende Implementierung der Maßnahmen einzuleiten. Beide Konventionen, UNFCCC und UNCBD, hatten dazu gesonderte Meetings abgehalten sowie einen Aktionsplan für das Jahr 2005 vereinbart. Der Aktionsplan sah vor, die verschiedenen nationalen Aktionsprogramme zu kompilieren und umgehend allen Mitgliedsländern zur Verfügung zu stellen. Die Aufstellung sollte dann Auskunft geben über den Grad der ökologischen Gefährdung der einzelnen Regionen in Afrika, die dann Grundlage für alle weiteren Aktivitäten, vor allem der Mittelzusage, stellen sollte. Ferner verabredete die Konvention mit UNCBD, einen gemeinsamen Workshop zur Waldökologie durchzuführen.

Ein Beschluss der Konferenz in Nairobi war, den Folgeprozess des „World Summit on Sustainable Development" (WSSD) durch eigene Maßnahmen zu unterstützen. Anlässlich der nächsten Konferenz sollte das Sekretariat dazu Stellung nehmen. Ferner hatte die Konvention auf der 58. und 59. Tagung der UN-Vollversammlung die Gelegenheit, ihre Aktivitäten im Kontext mit dem WSSD und der GEF vorzustellen. Die Vollversammlung bestätigte, dass die Wüstenkonvention durch ihre Aktivitäten in der Bekämpfung der Landdegradation und der Ausbreitung von Wüsten vor allem in Afrika ein unverzichtbares Instrument der Armutsbekämpfung zu sei. Die Vollversammlung nahm dieses zum Anlass, alle UN-Organisation und internationalen Geber aufzufordern, die für die Umsetzung der Konvention benötigten Mittel zeitnah bereitstellen. Ein Jahr später bekräftigte die Vollversammlung in der Resolution 59/235 noch einmal den hohen Stellenwert der Wüstenkonvention für das Erreichen der MDGs. Das Konventionssekretariat konnte des Weiteren an der COP 12 und der COP 13 der UNCSD-Konvention teilnehmen. Auch dort konnten die Konvention ihre Ziele und Aktivitäten einem breiten Publikum hochrangiger Vertreter im UN-System vorstellen. Vor allem das zentrale Thema der 13. CSD-Konferenz „Wasser" gab der Konvention die Gelegenheit, ihren Kampf gegen die Desertifikation in den Kontext des „integrierten Wassereinzugsgebietsmanagements" zu stellen. Dabei wurde die Konvention gebeten, die Themenfelder der UNCSD für die Jahre 2008–2009 (Landwirtschaft, ländliche Entwicklung, Dürren, Desertifikation) durch ihre Erfahrungen und Expertise bei der Zieldefinition zu unterstützen. Auch wurde hervorgehoben, dass die UN-Generalversammlung das Jahr 2006 als das „Jahr gegen die Ausbreitung der Wüsten und der Landdegradation" erklärt habe.

▪▪ 13. Konferenz der Kommission für Nachhaltige Entwicklung der Vereinten Nationen (UNCSD-COP 13), New York

In der Zeit vom 11.04. bis. 22.04.2005 fand in New York am Hauptquartier der Vereinten Nationen die 13. Konferenz der Kommission für Nachhaltige Entwicklung der Vereinten Nationen (United Nations Commission on

Sustainable Development; UNCSD-COP 13) statt. An ihr haben 773 Vertreter aus 50 Mitgliedsstaaten teilgenommen; 113 Staaten waren durch mehrere Hundert Beobachter vertreten. Das UN-System sowie die zwischenstaatlichen Organisationen waren vertreten durch AALCO, ACA, ADB, AU, Baseler Konvention, ECE, ECLAC, ESCAP, EU, FAO, GEF, GWP, IADB, IFAD, IKRC, ILO, IOF, IOM, IUCN, OAS, OECD, UNCCD, UNDP, UNEP, UNESCO, UNFCCC, UNICEF, UNITAR, UNPF, UNRISD, UNU, Weltbank/IWF, WHO, WIPO, WMO, und die WTO.

Die Konferenz war die Zweite zu dem Themenfeld Wasser, Sanitation/Hygiene, Siedlungswirtschaft. Sie bekräftigte die anlässlich der UNCSD-COP 12 gemachte Feststellung, dass diese Faktoren eng miteinander verknüpft seien und Nachhaltigkeit gewährleisten können, wenn sie als Einheit verstanden werden.

Der Vorsitzenden stellte in seinem Eingangsstatement festgestellt, dass in dem Themenfeld seit der letzten Konferenz kein nennenswerter Fortschritt im Hinblick auf das Erreichen der MDGs und der Ziele der Johannesburg-Deklaration gemeldet worden seien. Es bestünde weiterhin ein hoher Bedarf an Trinkwasser, Basishygiene sowie bei der Verbesserung der Lebensbedingungen in den Slums auf der ganzen Welt. Die Konferenz anerkannte, dass der schlechte Eindruck über den Stand der Umsetzung der Agenda 21 zum Teil auch der immer noch unzureichenden Informationspolitik vieler Länder geschuldet sei. So sei die Kommission gezwungen, oftmals auf der Basis nicht vergleichbarer Daten ihre Entscheidungen zu fällen. Sie forderte daher die Länder nachdrücklich auf, regelmäßig und nachvollziehbar Daten zu liefern. Ferner sollten sich die Informationen nicht nur auf die geplanten Initiativen beschränken, sondern vor allem darüber berichten, welche Fortschritte erreicht bzw. nicht erreicht worden seien. Viele Entwicklungsländer forderten ihrerseits die entwickelten Länder auf, umfassender über die Finanzfragen, den Stand des Technologietransfers und zur Aus- und Fortbildung zu berichten, denn ihrer Meinung nach entsprächen die Mitteilungen der Industrieländer ebenfalls nicht den Vereinbarungen.

Ein freier und erschwinglicher Zugang zur Ressource „Wasser" sei für alle Länder der Erde unverzichtbar. Insbesondere in den Entwicklungsländern müsste der „Wasserversorgung" höchste Priorität eingeräumt werden. Dabei, so stellte die Konferenz heraus, läge es in der ursächlichen Verantwortung der Staaten, für hygienisch einwandfreies Trink-/Brauchwasser zu sorgen und Hygienestandards zu gewährleisten sowie für angemessene Behausung zu sorgen. Sie betonte die Aussagen der vorangegangenen Konferenz, dass ohne eine erhebliche Steigerung der finanziellen und technischen Unterstützungen für die Entwicklungsländer diese die vereinbarten MDG-Ziele nicht erreichen werden. Nötig wären erheblich größere Anstrengungen zur Ausgestaltung angepasster Wasserpolitiken, zur Aufstellung von Strategien zur Wasserver- und -entsorgung, zum Inkraftsetzen nationaler Standards für Sanitation/Hygiene sowie zum Wohnungsbau für alle. Investitionen in diesen Sektoren würden sich positiv auf die Schaffung von Arbeit und Einkommen auswirken und so zur angestrebten Nachhaltigkeit beitragen. Ferner wäre es erforderlich, direkt vor Ort die extremen Wasserverschmutzungen durch industrielle und landwirtschaftliche Abwässer signifikant einzudämmen. Ein Abwasser- und Abfallmanagement könne den Grad der Verschmutzung insbesondere der oberflächennahen Grundwässer deutlich reduzieren.

Ein wesentliches Instrument zur Wasserversorgung sei das schon auf der 12. Konferenz angesprochene „integrierte Wasserressourcenmanagement" (IWRM). Dieses Instrument habe sich bereits vielerorts bewährt, konnte sich aber in vielen Entwicklungsländern noch nicht in dem erforderlichen Ausmaß durchsetzen. Dabei wird nicht nur das Wasser in den Flüssen und Seen betrachtet, sondern das gesamte Einzugsgebiet der Ressource ganzheitlich mit einbezogen. Dies umfasst auch die flussabwärts liegenden Regionen, auch wenn diese nicht mehr in den Hoheitsbereich der Gebietskörperschaft gehören. Ein funktionierendes IWRM erfordere von den Regierungen, dies als Politikinstrument in die nationalen Entwicklungspläne aufzunehmen, aber eben auch in den Regionen die technischen, finanziellen und fachlichen Voraussetzungen zu einer angemessenen Umsetzung bereitzustellen. Mit einem solchen Management wäre es möglich, sowohl die Wasserversorgung sicherer zu machen, die Gesundheit der Menschen zu verbessern, als auch den Schutz der Ökosysteme umfassender zu gewährleisten und zum Allgemeinwohl beizutragen. Die Länder wurden daher aufgerufen, ressourcenschonende Wasserpolitiken zu formulieren und diese in den Entwicklungsplänen festzuschreiben.

Die Länder, die sich dieser Verantwortung stellen, müssten durch die internationale Staatengemeinschaft besser gefördert werden. Die internationalen Geber wurden aufgefordert, diese Anstrengungen verstärkt zu fördern, insbesondere in solchen Ländern, in denen Armutsbekämpfung prioritär in den Entwicklungsplänen verankert worden sei. Dabei gelte es, die nationalen Kapazitäten zu stärken, ohne den Ländern nicht angepasste Technologien zu oktroyieren. Ferner sei darauf hinzuweisen, dass in jedem Fall die Nutzer in die Planungen und bei Umsetzung der Strategien eingebunden sind. Die bestehenden Aus- und Fortbildungsprogramme müssten intensiviert werden, ebenso wie der Transfer von Wissen und Technologien. Dabei sollte zum Beispiel immer Bezug genommen werden auf das lokale traditionelle Know-how über Wasserversorgungs-/Abwassersysteme sowie den Einsatz einfacher Technologien zur Wasseraufbereitung. Des Weiteren müsse Rechtssicherheit über die Landbesitztitel gewährleistet werden. Die Gebergemeinschaft könne aber in den Ländern nicht nur direkt Unterstützung leisten, sondern flankierend dazu zum Beispiel durch eine Gewährung eines freien Zugangs zu den Weltmärkten und den Abbau von Importzöllen, wie es auch durch multilaterale Handelsabkommen („Doha-Runde") beschlossen worden sei. Auch ein umfassenderer Schuldenerlass könnte dazu beitragen, und eine bessere Geberkoordinierung könnte helfen, die verfügbaren Finanzmittel und Technologien effektiver einzusetzen.

Die schon beschriebene enge kausale Beziehung von Wasser, Sanitär und Gesundheit äußere sich am stärksten bei den „wasserbedingten Krankheiten" *(water borne diseases)*. Daher war schon in der „Agenda 21" wie auch in der Johannesburg-Deklaration dieser Wechselwirkung erhöhte Aufmerksamkeit gewidmet worden. Die Entwicklungsländer müssten diesem Sektor eine hohe Priorität in ihren Entwicklungsplänen einräumen, um diesen Politikansatz institutionell zu verankern.

Finanzmittel sowie technisches Know-how müssten insbesondere für die Regionen vorgehalten werden, um in den Brennpunkten wie Krankenhäusern und Schulen international kompatible Hygienestandards einführen zu können. Wasserversorgungsbetriebe sowie Einrichtungen zur Behandlung von Abwässern müssten flächendeckend in den ländlichen Gebieten wie in den Randzonen der Großstädte aufgebaut werden. Dabei müssten diejenigen angemessen an den Kosten beteiligt werden, die von den Dienstleistungen ökonomisch profitieren. Die große Vielzahl an kleinen Haushalten müsste diese Dienstleistungen subventioniert, aber nicht ohne jede Kosten gestellt bekommen, um den Gedanken der Inwertsetzung der Leistungen in der Fläche zu verbreiten. Auf den regionalen wie den lokalen Ebenen müsste stärker auf eine Umsetzung der internationalen Programme, wie „Global Water, Sanitation and Hygiene For All" (WASH), hingewiesen werden. Mit internationaler Hilfe müssten die lokalen Kapazitäten zum Schutz der Ressource „Wasser" und zum Stellenwert von Sanitation Hygiene für die Familiengesundheit stärker in das Bewusstsein gebracht werden. Das Thema „Abwasserbehandlung" und das damit in Verbindung stehende Thema „Wiederverwendung aufbereiteten Wassers" müsste gezielt angegangen werden. Immer noch bestünden in vielen Gesellschaften erheblich kulturelle Bedenken gegen einen solchen Ansatz. Ein Umdenken sei nur durch umfassende *„awareness raising"*-Aktionen an *„best practice"*-Beispielen zu erreichen, auch wenn dies einen längerfristigen Prozess erfordere.

Auch der dritte Aspekt „Siedlungswirtschaft/Stadtentwicklung" sei untrennbar mit den zuvor genannten Aspekten verbunden. Dabei müsste es das Ziel sein, allen Menschen ein angemessenes Zuhause zu ermöglichen, wie es schon in der Agenda 21, der UN-Habitat-Konvention und in dem Johannesburg-Aktionsplan (Paragraph 14) niedergelegt worden sei. So würden voraussichtlich bis zum Jahr 2020 mehr als 100 Mio. Menschen in großstadtnahen Slums wohnen. Menschwürdige Unterkünfte in den ländlichen wie den städtischen Gebieten würden dazu beitragen, dass deren Bewohner besser in die Gesellschaft integriert werden und ein selbstbestimmtes Leben führen können, und so die oftmals bestehende Marginalisierung der Slumbewohner abgebaut würde. Nötig dazu sei, dass Stadtentwicklung in den nationalen Entwicklungsplänen einen angemessenen Stellenwert eingeräumt bekomme. Auch könnten bestehende Slums schrittweise rehabilitiert werden.

Die Konferenz stellte sich in einer interaktiven Podiumsdiskussion zum Thema *„turning political commitments into action"* der Frage, welche politischen Optionen bestünden und welche Aktivitäten nötig seien, um die gesteckten MDG-Ziele erreichen zu können. Man war sich einig, dass die soziale Dimension des Themenfeldes in Bezug auf die Nachhaltigkeitsfrage von fundamentaler Bedeutung sei. Nachhaltigkeit erfordere gute Regierungsführung sowie die politische Verpflichtung, die Bedürfnisse der Armen in den Vordergrund zu stellen, wie es in Südafrika mit dem Programm *„Water for All"* beispielhaft erreicht werden konnte. Dennoch müsse die Langfristigkeit dieses Politikansatzes anerkannt werden, der je nach Kapazität eines Landes länger dauern könne. Bei der Diskussion wurde noch einmal die grundlegende Bedeutung eines verlässlichen Rechtsrahmens zum Landbesitz sowie die zentrale Rolle der Frauen bei der Wasserversorgung der Familien und zur Subsistenz herausgestellt. Nötig sei ferner, das Themenfeld in seiner inhaltlichen Verknüpfung mit der Regionalentwicklung, der Stärkung der Randgruppen der Gesellschaften *(„social empowerment")*, den Möglichkeiten durch Sanitation und Hygiene die Gesundheit zu verbessern sowie durch eine nachhaltige Siedlungswirtschaft die Integration der Gesellschaften zu stärken, klarer herauszustellen. Eine grundlegende Änderung des Bewusstseins über den Wert der Ressource „Wasser" auf allen Ebenen der Gesellschaften müsse Ziel der Politik werden. Die Stadtentwicklungsplanungen müssten professionalisiert werden, in jedem Einzelfall aber immer mit den Betroffenen einvernehmlich gestaltet und umgesetzt werden. Als großes Entwicklungshemmnis wurde der in der Regel fehlende Zugang der ärmeren Bevölkerungen zum Landerwerb angesehen. Staatliche Förderprogramme und ein ordnungspolitisches Regelwerk müssten jedem Einzelnen einen ungehinderten Zugang zu dem Immobilienmarkt ermöglichen. Der Landerwerb müsse so gestaltet werden, dass er, auf der Grundlage eines verbrieften Katasterwesens, Landbesitz rechtlich absichere. Die ärmeren Bevölkerungsichten müssten durch gezielte Subventionen in die Lage versetzt werden, Häuser selbstständig zu bauen und über „Landbesitz" an der sozialen Entwicklung teilzuhaben. Dabei müsse berücksichtigt werden, dass viele Dorfbewohner über nutzbare Kenntnisse zum Hausbau verfügen und ihre familiären Bedürfnisse besser kennen, als „weit entfernt" agierenden Planer. Die Planungsebenen ihrerseits müssten durch internationale Hilfe in modernen Planungsinstrumenten sowie hinsichtlich der rechtlichen und organisatorischen Rahmenbedingungen in der Stadt-/Regionalentwicklung besser geschult werden.

In den seit 2004 eingerichteten Ausbildungszentren *(learning centres)* waren im Berichtszeitraum weltweit

51 Fachleute in 15 Kursen von renommierten wissenschaftlichen Instituten weitergebildet worden, so zum Beispiel zu Fragen der Wassertarife in Australien, institutionellen Aspekten von Wissenschaft, Technologie zur nachhaltigen Entwicklung, zur Operationalisierung des Wasserressourcenmanagement, zur Rolle der Frauen in Hygiene und Gesundheit.

- **2006**
- - **12. Vertragsstaatenkonferenz der Unterzeichner der Klimarahmenkonvention der Vereinten Nationen (UNFCCC-COP 12), Nairobi und 2. Vertragsstaatenkonferenz der Unterzeichner des Kyoto-Protokolls (CMP 2)**

Zur 12. Vertragsstaatenkonferenz der Klimarahmenkonvention der Vereinten Nationen (United Nations Framework Convention on Climate Change; UNFCCC-COP 12) waren in der Zeit vom 06.12. bis 17.12.2006 mehr als 6000 Vertreter aus 189 Ländern nach Nairobi gekommen. Wichtige UN-Organisationen waren vertreten, unter ihnen UNCBD, ECLAC, ECOSOC, FAO, GEF, ICAO, IAEA, UNESCO, UNCCD, UNCTAD, UNDP, UNEP, UN-Habitat, UNICEF, UNIDO, UNITAR, UNISDR, WHO, WMO, WTO, die Weltbank und der IWF sowie namhafte Vertreter der Wissenschaft und der Nichtregierungsorganisationen. Zeitgleich wurde die 2. Vertragsstaatenkonferenz der Unterzeichner des Kyoto-Protokolls (*Kyoto Protocol to the United Nations Framework Convention on Climate Change*, CMP 2) durchgeführt.

Auf der Konferenz sollten eigentlich erste Schritte auf dem Weg für die Verhandlungen über das Nachfolgeprotokoll (Kyoto II) vorgenommen werden, die ab dem Jahr 2007 beginnen sollten. In seiner Eröffnungsrede zur Konferenz wies der damalige UN-Generalsekretär Kofi Annan darauf hin, dass der Klimawandel bereits eingetreten sei und die Hälfte der Weltbevölkerung und die meisten von ihnen in Afrika, von ihm betroffen sein werden und er betonte, dass der Klimawandel keine „Umweltfrage" mehr darstelle. Er ermahnte die Teilnehmerstaaten, sich ihrer Verantwortung bewusst zu werden und von Nairobi ein klares politisches Signal für die Nachfolgeverhandlungen auszusenden. Kofi Annan nahm die Konferenz zum Anlass, das sogenannte „Nairobi Framework" zu verkünden, mit dem die Vereinten Nationen insbesondere den Ländern in Subsahara-Afrika den Zugang zu dem „*Clean Development Mechanism*" (CDM) erleichtern wollten. Das Angebot der UN wurde von der Konferenz mit breiter Zustimmung aufgenommen.

Doch der Verhandlungsmarathon von zwei Wochen endete weitgehend ergebnislos. Die wichtigste Frage, was nämlich passiert, wenn das Kyoto-Protokoll 2012 ausläuft, wurde auf der Konferenz auf das Jahr 2008 verschoben. Zwar konnte man sich auf ein Fünfjahresprogramm zur wissenschaftlich-technischen Hilfe sowie auf die Strukturen dieses Fonds verständigen, doch operational wurde der Fonds damit noch nicht. Schon allein über die Entscheidung, welche Institution ihn verwalten soll, konnte keine Einigung erzielt werden. Auch zeichneten sich auf dem Weg, den Ausstoß der Treibhausgasemissionen zu senken und so die globale Erwärmung zu bremsen, keine Fortschritte ab. Auf der Konferenz weigerten sich die USA weiterhin, das Kyoto-Protokoll zu ratifizieren. Kritiker beschrieben das interessengeleitete Taktieren einiger Länder als „Mikado-Ansatz" („*first mover disadvantage*"), nach dem, wer sich zuerst bewegt, verliert. Es bestand allerdings die Hoffnung, dass die Europäer für einige Jahre allein vorangehen, bevor ihnen andere folgen. Auch zeichnete sich ab, dass sich einige Entwicklungs- und Schwellenländer zu freiwilligen Anstrengungen verpflichten „könnten".

Vier große Interessengruppen standen sich in Nairobi gegenüber. Die erste Gruppe stellte die Unterzeichner des Kyoto-Protokolls (EU, Japan und viele Industrieländer). Die zweite Gruppe wurde im Prinzip allein von den USA gestellt. Da die USA das Protokoll nicht unterzeichnet hatten, war ihnen bei der Konferenz „nur" ein Beobachterstatus erlaubt, was sie aber nicht hinderte, sich oftmals intensiv in die Verhandlungen einzuschalten. Die dritte Gruppe stellten die großen Schwellenländer, wie China, Brasilien, Indien u. a. Sie betonte, dass es in Wirklichkeit die Industrieländer seien, die an einem nachhaltigen Klimaschutz nicht ernsthaft interessiert sind, denn sonst hätten sie – weil es ihnen technisch und finanziell möglich wäre – schon längst signifikante Emissionsminderungen vorgenommen. Die vierte Gruppe waren die 43 Inselstaaten, deren Existenz schon in den nächsten Jahrzehnten durch den Meeresspiegelanstieg bedroht wird, sowie die am wenigsten entwickelten Staaten, vor allem in Afrika.

In Nairobi hat sich nach Auffassung vieler Beobachter gezeigt, dass grundlegende Verhandlungsfortschritte nicht zu erreichen sind, wenn die Umweltminister oder hierarchisch nachrangige Delegierte verhandeln, da diese meist keine ausreichende Entscheidungsbefugnis haben. Dennoch wurde am Ende dieser beiden Konferenzen das klare politische Signal ausgesendet, dass das Kyoto-Protokoll auch nach 2012 das Rückgrat des internationalen Klimaschutzes bilden soll. Wichtigster Erfolg war die Vereinbarung, eine Überprüfung des Protokolls bis 2008 verbindlich festzulegen. Konkret vereinbart wurden die ordnungspolitischen Grundlagen sowie die Struktur eines Anpassungsfonds und ein Fünfjahresarbeitsprogramm zu dessen Umsetzung. Die entscheidende Runde im Verhandlungspoker für das Nachfolgeprotokoll („Kyoto II") hatte mit Nairobi begonnen.

Erstmals wurde die Einbindung der CO_2-Speicherung in den „*Clean Development Mechanism*" (CDM) diskutiert. Eine Entscheidung darüber wurde ebenfalls auf 2008 vertagt, da viele offene kritische Punkte geklärt werden müssen. Diese Entscheidung verschaffte Zeit mit den bislang nicht geklärten Fragen, ob und in wieweit eine Speicherung von CO_2 in den „CDM" angerechnet werden sollte oder (besser) nicht. Auch konnte man sich über die

Durchführung einer wissenschaftlichen Analyse der aktuellen Ergebnisse des Kyoto-Protokolls bis zum Jahr 2008 einigen. Dabei bestanden die Schwellenländer aber darauf, dass diese Analyse nicht zur Festlegung der Emissionsziele der Schwellenländer herangezogen werden sollte. Dagegen konnte sich die Konferenz nicht darauf verständigen, wie der Erhalt von Wäldern im CDM-Prozess behandelt werden könnte. Das Thema wurde einem Expertenworkshop übergeben, der 2007 darüber diskutieren sollte. Auch bei den Verhandlungen zum Technologietransfer konnte man sich am Ende nicht auf konkrete Beschlüsse verständigen.

Begrüßt wurden einhellig die vom Subsidiary Body for Implementation (SBI) vorgestellten „initialen" Berichterstattungen von 41 Nicht-Annex-I-Staaten zum Stand der Umsetzung in ihren Ländern. Die Berichte hätten belastbare Einblicke in die Treibhausgasemissionen, zur Situation der Klimavulnerabilität sowie über die angestrebten Klimaanpassungskonzepte gegeben. Aber sie hätten auch gezeigt, mit welchen fachlichen und organisatorischen Defiziten die Länder immer noch bei der Ausarbeitung der nationalen Berichte konfrontiert seien. Die Konferenz rief alle Staaten, die ihre Berichte noch nicht abgegeben hätten, auf, diese umgehend einzureichen. Dabei bliebe es den LDCs überlassen, die Berichterstattung im eigenen Ermessen vorzunehmen. Das Sekretariat wurde aufgerufen, aus den Berichten zu *capacity building* im asiatischen und pazifischen Raum einen zusammenfassenden „*lessons learned*"-Bericht zu erstellen, der insbesondere sich mit den aus den nationalen Berichten ergebenden Defiziten sowohl bezüglich der Monitoringprozesse als auch über die Effizienz des Technologietransfers befassen sollte. Die Konferenz beauftragte ferner das Sekretariat, bis zur COP 13 einen Expertenworkshop abzuhalten, um die generellen Erkenntnisse aus der Defizitanalyse für eine Anwendung in allen Vertragsstaaten sowie über die vom Global Environmental Facility entwickelten „Capacity-Building Performance Indicators" zu diskutieren.

Viele Nicht-Annex-I-Staaten beklagten zu aufwendige Antrags- und Monitoringvorgaben durch die GEF. Sie forderten, dass der Fonds mehr die nationalen Besonderheiten und Bedürfnisse bei seinen Vergabeentscheidungen berücksichtigen sollte. Die Konferenz bekräftigte daher noch einmal, dass der Special Climate Change Fund der GEF das zentrale Finanzierungsinstrument für die Umsetzungen der Konvention darstelle. Sie rief die GEF auf, ihre Vergaberichtlinien einfacher auszugestalten und die Finanzierungsentscheidungen zu beschleunigen. Dabei sollte der und sich bei der Vergabe strikt an den Beschlüssen der Konferenzen orientieren. Die Finanzierungen sollten – wie gefordert – sich streng nach den Bedürfnissen der Partnerländer ausrichten und vor allem umfassend in die nationalen Nachhaltigkeitsziele und Armutsminderungsstrategien eingepasst werden. Insbesondere sollten sich die Finanzierungen auf eine Umsetzung klimafreundlicher Energiegewinnung, von Energieeffizienz, einer breiteren Nutzung erneuerbarer Energien im Transportgewerbe und in der industriellen Produktion sowie auf die Forschungen zur klimafreundlichen Land- und Forstwirtschaft und Behandlung von festen und flüssigen Abfällen fokussieren.

▪▪ 8. Vertragsstaatenkonferenz der Biodiversitätskonvention der Vereinten Nationen (UNCBD-COP 8), Curitiba und 3. Vertragsstaatenkonferenz der Unterzeichner des Cartagena-Protokolls (MOP 3)

Vom 20. bis 31.03.2006 fand in Curitiba, Brasilien, die 8. Vertragsstaatenkonferenz des „Übereinkommens über die biologische Vielfalt" der Vereinten Nationen (United Nations Convention on Biological Diversity; UNCBD-COP 8) statt. Dem ging in der Woche davor, vom 13. bis 17.03.2006, die dritte Vertragsstaatenkonferenz (MOP 3) des Cartagena-Protokolls (Cartagena Protocol on Biosafety) voraus.

Die Konferenz nahm zunächst die Berichte der regionalen Vorbereitungskonferenzen zur Kenntnis. Die Afrika-Gruppe hatte ihr Treffen vom 18. bis 19.03.2006 – also direkt vor der UNCBD-COP-8-Konferenz in Curitiba – abgehalten; ebenso die Gruppe für „Asien". Bei diesem Treffen wurde noch einmal die Bereitschaft erklärt, insbesondere die Initiativen zur „Biodiversität der Inseln" zu unterstützen. Das Treffen beauftragte die Regierung von Palau, einen entsprechenden Entwurf für die 8. Konferenz auszuarbeiten. In Bezug auf die „Trockengebiete" bekräftigte die Gruppe, das Programm der Konvention zu diesem Themenfeld nachhaltig unterstützen zu wollen. Dazu sollten die Mongolei und der Iran einen entsprechenden Programmentwurf vorlegen. Die Initiative der Konvention zur „globalen Taxonomie" wurde von der Asien-Gruppe als richtungsweisend anerkannt. In Bezug auf das Themenfeld „Zugang zu genetischen Ressourcen" verweis die Gruppe auf einen japanischen Beitrag, der darlegte, wie dies in seinem Land geregelt wird. Die Gruppe verwies darauf, dass die Komplexität und der umfassende Charakter dieses Themas eine einheitliche Sichtweise voraussetzen, und, dass dies nur durch enge Einbeziehung der Fragen zum Technologietransfer und zu einem fairen Ausgleich der Interessen der Industriestaaten und der Entwicklungsländer zu erreichen sein würde. Die Gruppe beauftragte die Länder Malaysia, Indien, China, Japan und die Mongolei hierzu, die fachliche Führung zu übernehmen. Die Lateinamerika/Karibik-Gruppe tagte ebenfalls 2 Tage vor der Konferenz. Die Gruppe hatte vor allem solche Themen auf die Tagesordnung gesetzt, mit denen sie sich am meisten bedroht sieht: unter ihnen die Biodiversität der Inseln, den ungehinderten Zugang zu den genetischen Ressourcen, einen fairen Ausgleich bei der Nutzung der biologischen Vielfalt und einer verstärkten Einbeziehung der indigenen Völker in die Konventionsentscheidungen. Die Europa-Gruppe hatte sich vom 22. bis 24.02.2006 an den Plitwitzer Seen (Kroatien) getroffen und hatte sich vor allem zu den Themen „Biodiversität der Inseln", „*Global Taxonomy Initiative*" sowie dem Technologietransfer, der Aus- und Fortbildung und *public awareness* geäußert. Die Konferenz hatte ferner Vorschläge gemacht, wie am besten unter anderem die Initiative zu den „Biodiversitätsindikatoren" („Europa-2010"; „Kiew-Resolution"), zu Landwirtschaft und Forsten, den Naturschutzgebieten und den „*alien Species*" unterstützt werden können. Die Gruppe der Kleinen Inselstaaten *(Small Island States)* beklagte, dass die Vergaberegularien der GEF territorial kleine Staaten – auch wenn diese über eine reiche marine Biodiversität verfügen – ungerechtfertigt diskriminiere. Sie forderten daher einen gleichen Zugang zu den von der Fazilität für die Konvention verwalteten Finanzmittel.

Durch den Präsidenten der MOP 3 wurde über die Fortschritte berichtet, die das Cartagena-Protokoll seit Inkrafttreten 2003 hat erreichen können. Er berichtete, dass in den letzten 2 Jahren 76 Länder dem Abkommen beigetreten waren und dass allein im Jahr 2006 die Mitgliederzahl auf 130 angestiegen sei. Der Präsident wertete dies als Zeichen einer zunehmenden Akzeptanz des Protokolls und seiner gelungenen Integration in die Biodiversitätskonvention. Er betonte, die Vertragsparteien verbänden mit dem Beitritt das Ziel, ihre biologische Vielfalt zu schützen und dennoch ökonomisch nachhaltig zu nutzen. Gute Fortschritte hätten auch in der Frage der „Haftung" und des „Rechtsschutzes" erzielt werden können. Durch die Arbeitsgruppe „Legal and Technical Experts on Liability and Redress" konnten international verbindliche Regeln aufgestellt werden, mit denen ein Ausgleich für eingetretene Schäden bei grenzüberschreitenden „Bewegungen" *(movement)* lebender und genetisch veränderter Organismen, wie er in Artikel 27 gefordert wurde, vereinbart werden. Die Arbeitsgruppe „Compliance" konnte erfolgreich ihre Vorstellungen sowohl zur Einhaltung der Verpflichtungen aus der Konvention als auch hinsichtlich des internationalen Technologietransfers durchsetzen. Des Weiteren konnte ein Konsens erzielt werden hinsichtlich des Artikels 18.2 der Konvention über die Vereinheitlichung der Dokumentation genetisch veränderter Organismen (LMO), die als Lebens- oder Futtermittel eingesetzt werden.

Das Sekretariat konnte die zweite Auflage des *Global Biodiversity Outlook* vorstellen. Mit dieser Publikation wurden die Aktivitäten, Initiativen und Erkenntnisse der Konvention zum Erreichen der 2010-Ziele in einer Dokumentation zusammengefasst dargestellt. Danach wurde über die thematischen Aufgaben im Rahmen der Konvention berichtet. Zur Biodiversität der Wälder konnte die FAO berichten, dass nach dem jüngsten *Global Forest Resources Assessment* (2005) ermutigende Fortschritte bei der Ausweisung neuer Waldschutzgebiete erzielt werden konnten. Trotzdem stellen unkontrollierte Waldrodungen weiterhin ein großes Problem dar. Die FAO bekräftigte, auch weiterhin die Konvention im Rahmen der „Collaborative Partnership on Forests" (CPF), tatkräftig zu unterstützen, durch Vorstellungen von „*best practice*"-Beispielen in den Sektoren „Durchsetzung geltenden Rechts", „Waldbrände" und „Wiederaufforstung". Die Konferenz dankte der FAO für ihre langjährige Unterstützung und pries sie als unverzichtbar zum Erreichen der Konventionsziele. Das United Nations Forum on Forests (UNFF) berichtete, dass es eine Effizienzanalyse der international geltenden Abkommen zum Schutz der Wälder vorgenommen hätte. Daraus ergäbe sich, dass der Fokus stärker als bisher auf die regionalen Aspekte des Waldschutzes ausgerichtet sein müsse. Bezüglich der Einbeziehung indigener Völker erklärte das Sekretariat, dass zu jeder Konferenz und jeder Expertensitzung der Konvention immer auch Vertreter der indigenen Völker eingeladen werden.

Zum Themenfeld „biologische Vielfalt der Waldgebiete" stellte die Konferenz fest, dass die Zahl der zum Schutz der Wälder ausgewählten Gebiete im Berichtszeitraum deutlich zugenommen hat. Dennoch musste festgestellt werden, dass die noch immer zunehmenden Rodungsflächen eine eindeutige Bedrohung der biologischen Vielfalt darstellen. Die FAO habe mit „*best practice*"-Beispielen, Handlungsanweisungen und einer fachübergreifenden Verknüpfung nationaler Entwicklungsprogramme zur Verbesserung des nachhaltigen Waldmanagements beitragen können. Dazu arbeitete das Sekretariat mit der FAO in der CPF und 14 internationalen Organisationen und vielen zivilgesellschaftlichen Gruppen zusammen. UNFF berichtete über eine Effizienzanalyse nationaler Waldmanagementprogramme. Als Resultate stellte der Bericht vier Globalziele für ein nachhaltiges Waldmanagement vor und legte dar, wie durch eine globale Vernetzung der Fachexpertisen und durch eine bessere Zusammenarbeit auf Arbeitsebene diese Ziele bis 2015 zu erreichen seien. Auch müsste dazu der Fokus der Arbeiten noch stärker auf die grenzüberschreitenden Probleme ausgerichtet werden. Die Konferenzteilnehmer vereinbarten daher, informelle Empfehlungen auszuarbeiten, mithilfe derer eine stärkere Einbeziehung der politischen Entscheidungsebenen, ein umfassenderer länderübergreifender Erfahrungsaustausch sowie sektorspezifische Programme initiiert werden können. Darüber hinaus informierte das Sekretariat, dass es gelungen sei, dass mehr Vertreter der indigenen Völker an den „Ad hoc Technical Expert Groups" (AHTEG) teilgenommen hätten. Zum Themenfeld „Trockengebiete und semiaride Gebiete" nahm die Konferenz den Bericht der Arbeitsgruppe an, in dem über den von der SBSTTA vorgenommenen Review der Aktivitäten berichtet wurde. Auf der Basis dieses Reviews wurden die Arbeitsprogramme in diesem Feld neu ausgerichtet und mit klarer definierten Zielen beschrieben. Der Vertreter der „Wüstenkonvention" berichtete, dass es gelungen sei, zusammen mit der Biodiversitätskonvention einen Expertenpool aufzubauen, um einen Indikatorenkatalog aufzustellen, anhand dessen Gebiete, in denen die biologische Vielfalt gefährdet ist, besser identifiziert werden können. Auf der Basis der nationalen Berichte wurden die regionalen Bedrohungsschwerpunkte identifiziert, die Effektivität der eingeleiteten Schutzmaßnahmen verbessert sowie die sozioökonomischen Auswirkungen der Biodiversitätsverluste bewertet. Die von der Arbeitsgruppe gemachten Vorschläge für regionalspezifische Trockengebietsmanagementansätze wurden von der Konferenz angenommen.

Die Konferenz berichtete, dass die meisten Staaten eine „Rote Liste" bedrohter Arten in ihren Küstengewässern erstellt haben. Die Erfassung der Vielfalt in den Meeren und an den Küsten umfasste damit fast alle Regionen der Erde: das Mittelmeer, die Nord- und Ostsee, das Rote Meer und den Indischen Ozean, die Region des Indopazifiks, die Karibik und die Antarktis. Darüber hinaus hatten viele Länder Beiträge zum Thema *„ballast water organisms"* abgegeben; des Weiteren zu Aktivitäten zur Taxonomie der Mangroven. Anhand dieser Informationen soll der *World Mangrove Atlas* aus dem Jahre 1997 überarbeitet werden. Die Ramsar-Konvention hatte sich bereit erklärt diese Arbeiten zu unterstützen. Über die Aktivitäten zur biologischen Vielfalt der Binnengewässer hatten die meisten Länder über ihre Tätigkeiten zur Inventarisierung der aquatischen Organismen berichtet. Die Arbeiten umfassten dazu die gesamte Bandbreite der Organismen der Binnengewässer, der aquatischen Pflanzen und der Algen. Ferner wurde von einer Initiative berichtet, die zusammen mit dem „MedWetCoast-Project" und der RamsarKonvention die Themen „Aquakulturen", „Süßwasserökologie" und „Meeresumwelt-Fortbildung" auf der Insel Réunion und dem südwestlichen Indischen Ozean zum Inhalt hatte.

Die SBSTA machte Vorschläge, um die *„Global Taxonomy Initiative"* (GTI) effektiver zu gestalten. Die Initiative arbeitet zusammen unter anderen mit BioNET International, der Global Biodiversity Information Facility, CABI International und dem Integrated Taxonomic Information System (ITIS), um eine weltweite Liste aller bekannten Pflanzen- und Tierarten aufzustellen. Auf der Basis dieses Berichtes rief die Konferenz alle Staaten, die dieser Verpflichtung bisher nicht nachgekommen waren, auf, unverzüglich eine solche Liste zu erstellen und daraus ihren Forschungs- und Entwicklungsbedarf abzuleiten. Das Sekretariat wurde aufgerufen, ein spezifisches Informationsverbreitungsprogramm *(„outreach strategy")* einzuleiten, mit dem die Inventarisierung der biologischen Vielfalt weiter standardisiert werden könnte. Dazu sollte der *Clearing House Mechanism"* (BCH) genutzt werden, ebenso wie die Einrichtung eines eigenen „Taxonomie-Webportals". Die Global Environment Facility (GEF) wurde aufgerufen, dafür die notwendigen Mittel bereitzustellen. Zum Tagesordnungspunkt „Naturschutzgebiete" hatten 49 Staaten mitgeteilt, dass sie entweder schon bestehende Schutzgebiete erweitert hätten oder planen, neue einzurichten. Die Konferenz wertete dies als großen Fortschritt, auch wenn viele Länder nur unzureichend darüber Auskunft gegeben hatten, ob es sich dabei um große, zusammenhängende oder fragmentierte Areale handelte und welche Artengruppen geschützt werden sollten. Die Schutzgebiete waren vor allem in Hochlandfeuchtgebieten, Mooren, Hochgebirgswäldern und Marschland eingerichtet. Die Konferenz nahm ferner zur Kenntnis, dass insbesondere durch Unterstützung des WWF neue Schutzgebiete in Brasilien, Indonesien, Russland und der Republik Kongo eingerichtet worden waren. Für die Zukunft plane der WWF, ein weiteres Schutzgebiet in Mexiko und eins in der Republik Kongo zum Schutz der Bonobo einzurichten (Bonobo Peace Forest Initiative).

■■ 14. Konferenz der Kommission für Nachhaltige Entwicklung der Vereinten Nationen (UNCSD-COP 14); New York

In der Zeit vom 01.05 bis 12.05.2006 wurde in New York die 14. Konferenz der Kommission für Nachhaltige Entwicklung der Vereinten Nationen (United Nations Commission on Sustainable Development; UNCSCD-COP 14) abgehalten. An ihr nahmen insgesamt 665 Teilnehmer aus 46 Mitgliedsstaaten sowie von 123 Ländern mit Beobachterstatus teil. 134 Nichtregierungsorganisationen hatten Vertreter entsandt. Das UN-System sowie namhafte Konventionen waren vertreten unter anderem durch die ADB, Baseler Konvention, ECA, ECLAC, ESCAP, ESCWA, FAO, GEF, IAEA, ILO, IMO, IUCN, UNCBD, UNCCD, UNCTAD, UNDP, UNEP, UNFCCC, UNESCO, UNIDO, UNITAR, WIPO, WMO, WTO, Weltbank/IWF, ebenso die AU, EU und die ECE.

Die Themenfelder der Konferenz waren die Sektoren „Energie für eine nachhaltige Entwicklung", „industrielle Entwicklung", „Luftverschmutzung", „Klimawandel", die von der Kommission für den Zeitraum 2006/2007 auf die Agenda gesetzt worden waren. Die Konferenz dankte allen Teilnehmerländern für ihre wertvollen Beiträge zu den abgeschlossenen Themenfeldern „Wasser", „Sanitation/Hygiene" und „Siedlungswirtschaft".

Die Konferenz bekräftigte den hohen Stellenwert, den besonders die Themenfelder „Energie", „Industrie", „Luftverschmutzung", „Klimawandel" für eine nachhaltige Entwicklung haben, wie es auch schon in der Agenda 21 und der Johannesburg-Deklaration dargestellt worden sei. Die Probleme, die es zu lösen gelte, seien deshalb so komplex, da die einzelnen Sektoren eng miteinander verzahnt seien. Zwar habe es in den letzten Jahren eine Vielzahl an Fortschritten gegeben, doch die Fortschritte seien nur langsam und meist nur regional erkennbar. Und oftmals seien Fortschritte in dem einen Sektor auf einem anderen mehr als wieder zunichtegemacht worden. Manche Länder wiesen darauf hin, dass die Kosten für das „Unterlassen" einer umweltverträglicheren Entwicklung auf Dauer höher seien, als die Kosten für das Erreichen der „Nachhaltigkeit". Insbesondere in Afrika und den Kleine Inselstaaten seien erhebliche Anstrengungen nötig, wie sie auch in der „New Economic Partnership for African's Development" (NEPAD) eindrucksvoll beschrieben worden sei.

Auf der Konferenz wurde erneut von den Entwicklungsländern das Nichteinhalten der gemachten Finanzzusagen der Industrieländer beklagt, ebenso wie der unzureichende Technologietransfer. Viele Entwicklungsländer riefen die Industrieländer auf, sich ihrer Verantwortung zu stellen, wie es schon in dem „Monterrey Consensus" vereinbart worden sei. Die Finanzzusagen hätten in diesem Jahr den niedrigsten Stand aller Zeiten erreicht. Die Länder wiesen darauf hin, dass nur, wenn die Finanzmittel und der Technologietransfer wie vereinbart geleistet würde, sie in der Lage seien, ihre Bestrebungen zum Beispiel für eine „gute Regierungsführung" auch durchführen zu können. Des Weiteren verlangten sie, die schon öfters angesprochenen Handelsliberalisierungen, einen freien Zugang zu den Weltmärkten, den Abbau von Importzöllen für ihre Waren sowie den von Exportsubventionen, wie sie alle schon längst in den internationalen Vereinbarungen („Doha Round Table") festgeschrieben worden seien, (endlich) umzusetzen.

Eine unverzichtbare Grundlage für eine nachhaltige soziale und ökonomische Entwicklung ist ausreichende Energie zu vertretbaren Preisen. Doch die Nutzung von Energierohstoffen ist meist weltweit mit hohen Umweltbelastungen verbunden. Die beim Verbrennen fossiler Energierohstoffe freigesetzten Treibhausgase beeinträchtigen die Stabilität der Atmosphäre und sind damit der Motor des Klimawandels. Trotz aller bereits erzielten Erfolge in der Diversifizierung des Energierohstoffeinsatzes stellen die fossilen Energierohstoffe immer die Basis der weltweiten Energieversorgung dar. Der vermehrte Einsatz von erneuerbaren Energien steht schon seit der UNCED-Konferenz 1992 auf der Agenda. Die Konferenz stimmte darin überein, dass ein „Energiemix" aus fossilen Energierohstoffen, erneuerbaren Energien, einer verbesserten Energieeffizienz den Weltenergieverbrauch klimafreundlicher gestalten könnte. Eine kostengünstige und dennoch CO_2-ärmere Energiegewinnung würde für alle Beteiligten zu einer Win-win-Situation führen; sowohl auf der Produzentenseite als auch auf Seiten der Verbraucher. Und sie würde dazu noch einen signifikanten Beitrag zum Schutz der Atmosphäre leisten. Zusätzlich, so die Konferenz, müsste sich das Verbraucherverhalten vor allem in den entwickelten Ländern, wie auch in vielen Schwellenländern, grundlegend auf eine kohlenstoffärmere Energiegewinnung ändern. Es müsse des Weiteren davon ausgegangen werden, dass der Energiebedarf insbesondere der Schwellenländer in der Zukunft noch erheblich steigen wird, eine Bedarfssteigerung, die aber nur noch durch einen „Energiemix" aufgefangen werden könnte.

Der Fokus auf den Einsatz von mehr erneuerbaren Energien und einer höheren Energieeffizienz und ein kohlenstoffärmeres Verbraucherverhalten sei heute schon nicht mehr verhandelbar. Die Nationalstaaten wurden aufgefordert, in ihren Ländern Rahmenbedingungen zu schaffen, die einerseits ausreichend Energie zu bezahlbaren Preisen garantieren und gleichzeitig ihrer Verantwortung für den Schutz der Atmosphäre gerecht werden.

Gründe für die rasante Entwicklung im industriellen Sektor sind vor allem das Angebot an billigen Arbeitskräften in den Entwicklungsländern und der ungehinderte und kostengünstige Transport von Massengütern. Die vergleichsweise geringen Lohnkosten werden aber zum Teil durch niedrigere Sozial- und Umweltstandards erkauft. Dies als Globalisierung bezeichnete Phänomen ist neben den positiven Auswirkungen auf die sozioökonomische Entwicklung im „Süden" aber auch mit negativen Effekten für die Industrienationen oder die anderen Anbieter auf den Weltmärkten verbunden. In Bezug auf eine nachhaltige Entwicklung in den Entwicklungsländern betonte die Konferenz, dass den Ländern einerseits ein fairer Zugang zu den Weltmärkten eröffnet werden müsse, andererseits aber die angebotenen Produkte auch den Bedürfnissen der Weltmärkte entsprechen müssten. Ferner stellte die Konferenz fest, dass die Kostenvorteile nicht zulasten der Arbeitnehmer gehen dürften. Die Entwicklungsländer gaben zu bedenken, dass sie den sich permanent ändernden Weltmärkten meist machtlos unterworfen seien und die Weiterentwicklung der Technologien sie zwinge, in neue Maschinen und Produktionsprozesse zu investieren und dafür qualifiziertes Personal vorzuhalten.

Darüber hinaus, so die Konferenz, seien oftmals die wirtschaftspolitischen Rahmenbedingungen, um ausländische Investitionen ins Land zu holen, ungenügend. Dieses sei aber für die soziale und ökonomische Entwicklung dringend erforderlich. Ein weiteres Problem im Zuge der Intensivierung der nationalen Industrien stelle der steigende Energiebedarf dar, dessen prioritäre Deckung oftmals zulasten anderer Nutzungsmöglichkeiten entschieden würde; so zum Beispiel der Einsatz von Stauseen für Wasserkraft anstelle einer Nutzung für die Irrigation. Ferner stelle die erhöhte Luftverschmutzung als Folge der Industrialisierung insbesondere in den Millionenstädten vor nicht lösbare Probleme: Schon heute hätte die Luftverschmutzung in vielen Städten gesundheitsgefährdende Ausmaße angenommen. Die erkannten Technologiedefizite in vielen Entwicklungsländern machen diese höchst anfällig gegenüber Veränderungen in den Absatzmärkten, insbesondere die vielen Mittel- und Kleinunternehmer. Außerdem könnten die geforderten Qualitätsstandards nicht immer erfüllt werden. Die Konferenz forderte daher zu einem umfassenden Transfer an Technologien und Erfahrungen zur Verbreitung kohlenstoffärmerer Produktionsverfahren auf. Kenntnisse zur Metrologie, zur Qualitätskontrolle sowie zur internationalen Zertifizierung der Produkte müssten stark verbessert werden. Dazu seien Finanzmittel, aber auch ein noch stärker produktspezifischer Erfahrungsaustausch nötig; dieser würde aber von vielen Industrieländern eher zögerlich bereitgestellt. Aufseiten der Entwicklungsländer müsse das Verständnis geweckt werden, dass nur Investitionen in Nachhaltigkeit auf Dauer die nationalen Produktionsstandorte werde sichern können.

Zum Sektor „Luftverschmutzung" stellte die Konferenz fest, dass das Wissen über die Ursachen der zunehmenden Verschmutzung der Atmosphäre in vielen Teilen der Welt immer noch sehr unvollständig sei; sowie leider auch in vielen großen Schwellenländern. Die Unkenntnis wird oft noch verstärkt durch einen fehlenden politischen Willen, sich dieser Problematik ernsthaft zu stellen. In vielen Ländern erschweren darüber hinaus unklare administrative Zuständigkeiten die erforderlichen Umsteuerungen. Ebenso sind die Informationsgrundlagen für politische Entscheidungsfindungen (absichtlich?) immer noch nicht ausreichend. Des Weiteren führe der steigende Energiebedarf der entwickelten Länder sowie in vielen Schwellenländern sowie die stark zunehmende Verkehrsdichte in den Entwicklungsländern, das dramatische Anwachsen der Millionenstädte, die Verlagerung von Industrieproduktionen in wenig umweltbewusste Entwicklungsländer dazu, dass die Luftverschmutzung bereits das Klima gefährdende Ausmaße angenommen habe; und, dass dieses sich in Zukunft noch weiter verstärken wird. Auch verhindern oftmals nicht klimagerechte ordnungspolitische Rahmenbedingungen in vielen Entwicklungsländern eine stringente Umsetzung international vereinbarter Vorgaben zur Luftreinhaltung. Ferner müsse dringend der Luftverschmutzung in den Haushalten der ärmeren Bevölkerung durch Verbrennen von Biomasse Einhalt geboten werden, da dies eine Quelle für viele Erkrankungen im unmittelbaren Familienumfeld ausmache. Die Konferenz rief zu mehr Engagement von Wissenschaft und Forschung auf, um besser angepasste Technologien zur Eindämmung sowohl der häuslichen als auch der industriellen Luftverschmutzungen bereitzustellen.

In Bezug auf den Sektor „Klimawandel" stellt die Konferenz fest, dass die nunmehr seit mehr als 20 Jahren festzustellenden Änderungen in der Atmosphäre, der „Klimawandel", ein nicht mehr zu diskutierendes Faktum geworden sei. Die negativen Auswirkungen seien zwar erst nur in Ansätzen zu erkennen, würden aber in Zukunft zu erheblichen Beeinträchtigungen der Lebensbedingungen vieler Menschen führen. Eine Vielzahl an Lösungsmodellen zur Bekämpfung des Klimawandels stünde zur Verfügung, von der Abscheidung des CO_2 („Sequestierung") über eine Reduzierung der Treibhausgasemissionen in den Kraftwerken bis hin zu gesellschaftlich orientierten Anpassungsstrategien. Dabei, stellte die Konferenz fest, verhindern die sehr langsamen ablaufenden Veränderungen bei vielen Marktteilnehmern das Erkennen der Signale, dass schon heute Gegenmaßnahmen erforderlich seien, um wenigstens langfristig zu einer Stabilisierung des Klimas zu kommen. Auch schrecken die absehbaren Kosten, wie sie zum Beispiel für den „Clean Development Mechanism" (CDM) in der Diskussion sind, viele Investoren ab, da deren Ergebnisse wohl erst in 50 oder mehr Jahren wirksam werden würden. Die Konferenz betonte aber, dass ohne solche Investitionen der Klimawandel sich immer weiter fortsetzen werde. Immer noch fehle es an belastbaren Informationen und fachliche Grundlagendaten, um gesicherte Vorhersagen treffen zu können. Feststehe, so die Auffassung der Entwicklungsländer, die Tatsache, dass die Industrienationen sowie einige große Schwellenländer die größten Treibhausgasemittenten seien und diese daher auch den größten Teil der Bekämpfungsstrategien zu übernehmen hätten.

- **2007**
- - **13. Vertragsstaatenkonferenz der Unterzeichner der UN-Klimarahmenkonferenz (UNFCCC-COP 13), Bali und 3. Vertragsstaatenkonferenz der Unterzeichner des Kyoto-Protokolls (CMP 3)**

In der Zeit vom 03.12. bis 15.12.2007 trafen sich auf Bali mehr als 10.000 Vertreter aller 192 bei der UNO akkreditierten Staaten, Umwelt- und Klimafachleute von Wissenschaft, den Medien und allen namhaften Nichtregierungsorganisationen zur 13. Vertragsstaatenkonferenz der Unterzeichner der Klimarahmenkonvention der Vereinten Nationen (United Nations Framework Convention on Climate Change; UNFCCC-COP 13); zeitgleich mit der 3. Vertragsstaatenkonferenz der Unterzeichner des Kyoto-Protokolls (*Kyoto Protocol to the United Nations Framework Convention on Climate Change,* CMP 3).

Die Klimakonferenz sollte vor allem das weitere Vorgehen auf dem Weg zu einem Kyoto-Nachfolgeabkommen abstecken und den dafür notwendigen Verhandlungsprozess und die Inhalte für die nächsten Jahre festlegen. Damit sollten die Voraussetzungen geschaffen werden, dass das Kyoto-Protokoll nach seinem Auslaufen 2012 nahtlos in einem neuen Klimaschutzprogramm („Kyoto-II") fortgeführt werden könne. Ziel der Konferenz sollte nicht sein, schon auf Bali einen fertigen Nachfolgevertrag für das Protokoll zu vereinbaren, sondern eine Initialzündung für diesen Dialogprozess zu geben. Mit Bali sollte ein zweijähriger internationaler Dialogprozess aufgenommen werden, mit dem die wichtigen Weichenstellungen für das Kyoto-Nachfolgeprotokoll vorgenommen werden sollten. Die allgemeine Zurückhaltung der Teilnehmer in diesem Punkt lag vor allem daran, dass schon im Vorfeld der Konferenz China, Indien und vor allem die USA sich klar gegen jede verbindlichen Minderungsziele ausgesprochen hatten. Besonderes politisches Gewicht erhielt die Bali-Konferenz, da kurz zuvor der Weltklimarat IPCC seinen 4. Sachstandsbericht (IPCC-AR4; vgl. ▶ Kap. 3) vorgelegt hatte und zudem noch dafür gemeinsam mit dem früheren US-Vizepräsidenten Al Gore mit dem Friedensnobelpreis ausgezeichnet worden war. Gleich zu Beginn der Konferenz unterzeichnete der frisch vereidigte Premierminister Australiens Kevin Rudd das Kyoto-Protokoll. Damit waren Afghanistan, Irak, Somalia, Nordkorea, Westsahara, die USA die einzigen Länder, die das Protokoll noch nicht ratifiziert hatten.

Zum einen ging es auf Bali um die Verhandlungen der zweiten Verpflichtungsperiode des „Kyoto-Protokolls" und nicht – wie oftmals zu lesen war – um dessen erste Verpflichtungsperiode, die 2012 auslief. In dieser Runde stand vor allem die Festlegung von verbindlichen Reduktionszielen für die Industrieländer im Mittelpunkt. Zum anderen sollte der „*Clean Development Mechanism*"

(CDM) konstruktiv weiterentwickelt werden, um bessere (wirtschaftliche) Anreize für den Klimaschutz in Schwellen- und Entwicklungsländern anbieten zu können.

Die Verhandlungen im Rahmen der Klimarahmenkonvention sowie der Vertragsstaaten aus dem Kyoto-Protokoll (CMP) unter der Leitung des indonesischen Umweltministers Witoelar standen des Öfteren auf der Kippe und nicht einmal das Einschalten ranghoher Diplomaten, unter anderem des UN-Generalsekretärs Ban Ki Moon konnte verhindern, dass die Lösung der Weltklimafrage von nationalen Wirtschaftsinteressen überlagert wurde. Darüber hinaus kam der Eindruck auf, das sowohl die UN-Verhandlungsleitung als der Gastgeber den Stand der (zugegeben hoch komplexen) Verhandlungen nicht zu jeder Zeit voll überblickten.

Am Ende konnten zu beiden Konferenzen (UNFCCC-COP 13/CMP 3) eine Vereinbarung erzielt werden:

— Bali Roadmap (UNFCCC)
Im Rahmen der Verhandlungen zur Klimarahmenkonvention wurde mit der „Bali Roadmap" ein Verhandlungsmandat verbindlich vereinbart, mit dem das weitere Prozedere zum Kyoto-Protokoll nach Ende der ersten Verpflichtungsperiode (2012) geregelt werden sollte. Für die Umsetzung der „Roadmap" wurde eine Arbeitsgruppe („Ad Hoc Working Group on Long-term Cooperative Action under the Convention"; AWG-LCA) eingesetzt, die ihre Arbeiten spätestens vor der Klimakonferenz in Kopenhagen COP 15 Ende 2009 abschließen sollte. Mit ihr beschlossen die Vertragsstaaten für die Verhandlungen zu konkreten Minderungszielen sowie zur Finanzierung des Klimaschutzes in Entwicklungsländern einen Zeitrahmen bis zum Jahr 2012 (COP Kopenhagen); wenn nötig darüber hinaus zu öffnen.

Darin eingeschlossen war der:
— Bali Action Plan („Kyoto")
Im Rahmen der Verhandlungen der Vertragsstaaten aus dem Kyoto-Protokoll („CMP") verpflichteten sich die Industriestaaten (also auch die USA) zu einer Emissionsminderung gegenüber 1990 von 25–40 % bis zum Jahr 2020. Mit dieser als „indikativem Minderungskorridor" bezeichneten Formulierung wurden die angestrebten Emissionsminderungen für die weiteren Verhandlungen festgeschrieben.

In dem „Bali Action Plan" hatten sich die Unterzeichnerstaaten auf fünf zentrale Punkte für den weiteren Verlauf der Verhandlungen geeinigt. So teilten sie (ausnahmslos) die Sorge um das Klima und den sich daraus ergebenden Konsequenzen; sie verpflichteten sich alles Mögliche zu tun, um den Klimawandel für alle Gesellschaften der Erde so sozial- und umweltverträglich wie möglich zu gestalten. Sie wollten gemeinsam und noch stärker die Auswirkungen des Klimawandels durch einen gezielten Technologietransfer und organisatorische Unterstützung bekämpfen. Dazu hatten sich erstmals auch die Entwicklungsländer bereit erklärt, in Zukunft überprüfbare eigene Klimaschutzmaßnahmen zu ergreifen. Eine verstärkte Nord-Süd-Technologiekooperation mit einer entsprechenden Finanzierung sollte dieses Bestrebungen wirksam unterstützen.

Von vielen Beobachtern wurde in Angesicht der zum Teil kontroversen Gespräche von einem „Fiasko von Bali" gesprochen. Daher wurde dann auch der Beschluss, sich noch einmal 2 Jahre Zeit zunehmen, um die weiteren Details für das Kyoto-Nachfolgeabkommen auszuhandeln, auch als „Vertrauensvorschuss" gewertet. Als Erfolg wurde gewertet, dass jetzt die USA „mit im Boot sind" und damit die weltgrößte Ökonomie anerkannte, dass sich eine kohlenstoffärmere Industrie auch für ihre Volkswirtschaft rechnen würde. Erstmals verpflichteten sich die Entwicklungsländer verbindlich, eigene Anstrengungen zur CO_2-Minderung anzustreben. Dass das eigentlich von der EU als nicht verhandelbar angesehene Ziel „einer CO_2-Reduktion 25 % bis 40 % bis 2020" nicht im Abschlussdokument stand, wurde von EU-Seite zwar bedauert, doch verwies sie darauf, dass in der „Roadmap" wesentliche Fixpunkte für den weiteren Verhandlungsverlauf vorgegeben seien. So sollte bis Ende 2008 geprüft werden, welche Reduktionspotenziale die einzelnen Industrie- und Entwicklungsländer anbieten könnten und diese Zielmarken auf der kommenden Klimakonferenz im polnischen Poznan (2008) vorliegen.

Dass es am Ende doch zu einem respektablen Ergebnis („Bali Roadmap"/„Bali Action Plan") gekommen ist, war vor allem engagierten Vertretern des Klimaschutzes aus vielen G77-Staaten und der EU zu verdanken. Dies konnte erreicht werden, da sich die EU-Staaten der G77 gegenüber zu einem umfangreichen Technologietransfer verpflichteten. Europa erklärte sich bereit, das Know-how zu liefern, um damit sowohl wirtschaftliches Wachstum als auch Klimaschutz in den G77-Staaten zu ermöglichen. Die Verhandlungen drohten bis zuletzt an der fehlenden Kompromissbereitschaft der USA zu scheitern, die sich nicht auf verbindliche Reduktionsziele einlassen wollten, sondern auf die Innovationskraft ihrer Wirtschaft und auf eine nationale Selbstverpflichtung zur CO_2-Emission setzten. Um bei den Verhandlungen nicht vollkommen isoliert zu sein, verzichteten die USA am Ende auf ihr Vetorecht. Sie betonten auch weiterhin, sich konstruktiv an der Ausformulierung eines neuen Klimaschutzvertrages beteiligen zu wollen, wobei der US-Delegationsleiter dies nicht weiter konkretisierte und sich nur als „in dieser Frage offen und flexibel sein zu wollen", zeigte.

▪▪ 8. Vertragsstaatenkonferenz der Unterzeichner des Übereinkommens zur Bekämpfung der Desertifikation der Vereinten Nationen (UNCCD-COP 8), Madrid

In der Zeit vom 03.09. bis 14.09.2007 fand in Madrid die 8. Vertragsstaatenkonferenz der Unterzeichner des Übereinkommens zur Bekämpfung der Desertifikation der Vereinten Nationen (United Nations Convention to Combat Desertification) statt (UNCCD-COP 8). An der

Konferenz hatten 713 Teilnehmer aus 165 Ländern teilgenommen, darunter mehrere Hundert Vertreter internationaler Nichtregierungsorganisationen sowie aus Wissenschaft und Industrie aus insgesamt 47 Ländern. Das UN-System war durch alle namhaften Organisationen und Konventionen vertreten, unter ihnen: CMS, FAO, IFAD, UNCBD, UNCTAD, UNDP, UNEP, UNESCO, UNFCCC, UNFF, UNHCR, UNICEF, UNISDR, WFO, WHO, WMO, die Weltbankgruppe sowie die Europäische Union.

Auf der Sitzung wurde die Strategie für den Zeitraum 2008–2018 verabschiedet. Die Konferenz betonte den hohen Stellenwert, den die Strategie habe, die Ausbreitung der Wüsten und den Verlust an fruchtbaren Böden zu verringern. Die Mitgliedsländer wurden aufgerufen, ihren Beitrag zur Umsetzung der Strategie in Abstimmung mit ihren nationalen Prioritäten wahrzunehmen. Das Sekretariat wurde aufgefordert, zusammen mit dem Committee on Science & Technology (CST), dem Committee for the Review of the Implementation of the Convention (CRIC) und dem „Globalen Mechanismus" (GM) ein 4-Jahresarbeitsprogramm aufzustellen und mit ihren Mandaten zu harmonisieren. Als übergeordnete Vision der Strategie war vereinbart worden, die „globale Partnerschaft" zur Bekämpfung der Auswirkungen von Dürren, Wüstenausbreitung, und Landdegradation stärken, um so Armut zu mindern und eine nachhaltige Umwelt möglich zu machen.

Vier Ziele waren vereinbart worden, die jeweils mit nachprüfbaren Indikatoren unterlegt wurden:
— Verbesserung der Lebensbedingungen der Menschen in den bedrohten Regionen durch eine Diversifizierung der Ernährungsgrundlagen und die Sicherung der Einkommen durch ein nachhaltiges Landnutzungsmanagement; deutliche Verringerung der Auswirkungen aus dem Klimawandel.
— Stärkung der Tragfähigkeit der Ökosysteme durch Einführung eines nachhaltigen Landnutzungsmanagements und Verringerung der Verletzlichkeit der Systeme durch den Klimawandel.
— Erhalt und dauerhafte Nutzung der biologischen Vielfalt durch ein nachhaltiges Landnutzungsmanagement und den Kampf gegen den Klimawandel. Instrument hierfür sei eine effektive Implementierung der UNCCD-Konvention.
— Die Partnerschaft zwischen der Konvention und den Entwicklungsländern ist effektiv und durch ausreichende finanzielle Grundlagen sowie durch technische Unterstützungen abgesichert.

Die Konvention wollte damit eine globale Partnerschaft aufbauen, die auf fünf Ergebnissen aufgebaut war, um in den Entwicklungsländern den nationalen Entwicklungsprogramme sowie lokale Umsetzungsmaßnahmen zu fördern.

Die Ergebnisse waren:
— Durch internationale Aktivitäten, nationale Programme und lokale Umsetzungen wird das Bewusstsein der politisch Handelnden sowie der Betroffenen in Fragen der Desertifikation gestärkt.
— Die Konvention fördert aktiv die Schaffung umsetzungsfördernder Rahmenbedingungen, um die weitere Ausbreitung der Wüsten zu verhindern.
— Die Konvention strebt an, die „globale" Institution in Fragen der Desertifikation und Landdegradation zu werden.
— Identifizierung und Durchführung von *„capacity building"*-Maßnahmen.
— Verbesserung der Effektivität der Umsetzung der Konventionsziele durch Sicherstellung der finanziellen Grundlagen und des Transfers von Technologie und Wissen, durch bessere Koordination der internationalen Geber.

Als Folge des „Erdgipfels" 2002 in Johannesburg hatte die UN-Generalversammlung in ihrer 61. Sitzungsperiode die Arbeiten der UNCCD zum Klimaschutz als bedeutend und unverzichtbar für das Erreichen der Ziele des WSSD und der MDGs herausgestellt. Die Konvention wurde aufgefordert, diesen Weg konsequent weiter zu gehen, um sowohl in den Entwicklungsländern als auch den Industrieländern das Bewusstsein über die Gefahren, die von der Wüstenausbreitung, der Landdegradation und den Dürreperioden ausgehen, noch eindringlicher als bisher in den Politikdialog einzubringen, wie es anlässlich des „Internationalen Jahres der Wüsten und Wüstenbildung" (*„International Year of Desert and Desertification"*, YDD) erfolgreich praktiziert worden war. Dabei wurde von der Generalversammlung vor allem die in der Konvention aufgebaute Expertise hervorgehoben. Die UNCCD-Konvention wurde aufgefordert, sich fachlich auch in die bevorstehenden UNCSD-Konferenzen einzubringen. Es sei für das „UNCCD-10-Jahresaktionsprogramm" (2008–2018) nötig, noch gezielter als bisher die Chancen, die sich aus dem nachhaltigen Landmanagement ergeben, in den Regionen und vor Ort zu verbreiten. Auch müssten dazu die erforderlichen politischen Rahmenbedingungen geschaffen werden, um diese auch wirklich umzusetzen zu können. Als Instrument, dieses zu erreichen, sieht die Konvention die Stärkung der nationalen *„focal points"* als Mittler zwischen den staatlichen Entscheidungsstrukturen und den lokalen Anwendern.

Nach eingehenden Beratungen verabschiedete die Konferenz ein von den Umweltministern vorgelegtes Dokument: die „Deklaration von Madrid" („Madrid Declaration"). In ihm wurde betont, dass immer größere Regionen in Afrika, Lateinamerika und Asien unter den Folgen der sich weiter ausweitenden Wüsten, Steppen und dem Verlust an fruchtbarem Ackerland leiden. Schon damals (2008) waren mehr als 70 % der Trockengebiete durch Wüstenbildung bedroht, was etwa einem Viertel der Landoberfläche der Erde entspreche. Die Verluste an fruchtbaren Böden hätten für Millionen Menschen in den Entwicklungsländern inzwischen ein existenzbedrohendes

Ausmaß angenommen, mit unvorhersehbaren Folgen für die gesellschaftlichen Strukturen. Auch sei die enge und wechselseitige Verknüpfung von Landdegradation, Wüstenbildung und Klimawandel inzwischen nicht mehr zu bestreiten. Viele Menschen seien aus ökologischen und ökonomischen Gründen gezwungen, ihre Heimat zu verlassen und müssten dann oftmals als *internally displaced persons* (IDPs) unter noch schlechteren Bedingungen leben.

Es sei die Aufgabe der Staatengemeinschaft, diesen bedrohten Völkern einen nachhaltigen Lebensraum zu ermöglichen. D. h., ihnen einen ungehinderten Zugang zu den natürlichen Ressourcen zu schaffen, ihnen Wasser, Nahrung, Gesundheitsversorgung und eine lebenswerte Unterkunft zu gewährleisten; wie es auch schon in der Deklaration von Rio und den MDGs niedergelegt worden sei. Die Madrid-Deklaration rief alle Mitgliedsstaaten auf, ihren eingegangenen (!) technischen, finanziellen und institutionellen Verpflichtungen auch nachzukommen. Man verfüge weltweit über die dazu erforderlichen Kapazitäten, um dies auch in der Praxis umzusetzen. Man verständigte sich darauf, konkrete Umsetzungsziele für die Konvention auszuarbeiten, die in den nächsten 10 Jahren auch erreicht werden müssten und dafür einen indikatorbasierten Operationsplan auszuarbeiten. Ferner war vereinbart worden, dass vor allem Aktivitäten zur umfassenderen Nutzung von CO_2-Senken und für eine nachhaltigere Landnutzung unverzüglich aufgenommen werden müssten. Auch müssten verbindliche Quoten für die Abholzung bzw. die Wiederaufforstung für die nächsten 10 Jahre festgelegt werden. Ein Instrument diese Ziele auch zu erreichen sei, die ökonomischen Folgekosten von Abholzungen endlich in den Kostenrechnungen zu internalisieren, um so den Entwicklungsländern wie auch den Industrieländern ein „ungeschöntes" Bild von dem befürchteten Schadensausmaß zu geben.

Auf der Konferenz wurde auch das Verhältnis der Konvention zu den anderen beiden UN-Konventionen (UNFCCC; UNCBD) thematisiert. Damit wollte die Konferenz noch einmal die unverzichtbaren Beiträge aller drei Konventionen für das Erreichen vor allem der MDGs herausstellen. Es wurde betont, dass der Kampf gegen die Desertifikation ohne entsprechende politische Rahmensetzungen vergeblich sein werde; ferner, dass ohne eine vertiefte interdisziplinäre Zusammenarbeit die wissenschaftlichen Kenntnisse über Ursachen und Wirkungen der Wüstenausbreitung, dem Verlust an Biodiversität, dem Klimawandel und dem Verlust an nutzbaren Böden nicht vertieft werden können. Dabei müsste den Fragen der Wiederaufforstung der Wälder, der Reduzierung von Abholzungen sowie dem „integrierten Wassereinzugsgebietsmanagement" (IWRM) besondere Aufmerksamkeit gewidmet werden. Um die politischen Voraussetzungen dafür zu schaffen, müsste die Regierungen ihre nationalen Aktionsprogramme (NAPs) noch stärker auf die internationalen Programme zur Ernährungssicherung, zur Verminderung der ländlichen Armut, der Anpassung an den Klimawandel synergetisch ausrichten. Die Mitgliedsländer sowie die internationalen Hilfsorganisationen müssten den Entwicklungsländern insbesondere in Afrika beistehen, um die Programme in den Ländern finanziell abzusichern. Die Sekretariate von UNCBD und UNFCCC wurden aufgefordert, ihre bestehende Zusammenarbeit mit der Wüstenkonvention noch weiter zu intensivieren; am besten durch gemeinsame Aktionsprogramme.

■■ 15. Konferenz der Kommission für Nachhaltige Entwicklung der Vereinten Nationen (UNCSD-COP 15), New York

In der Zeit vom 30.04. bis 11.05.2007 wurde in New York die 15. Konferenz der Kommission für Nachhaltige Entwicklung der Vereinten Nationen (Commission on Sustainbale Development; UNCSD-COP 15) abgehalten.

In seiner Eröffnungsrede unterstrich der Vorsitzende, dass keine Organisation im UN-System besser aufgestellt sei, sich des Themas Nachhaltigkeit anzunehmen als die „Kommission für Nachhaltige Entwicklung" und, dass die Kommission ihre historische Verantwortung (*„historic responsibility"*) nun auch wahrnehmen müsse. Die für den Zeitraum 2006–2007 vereinbarten Themenfelder „Energie", „industrielle Entwicklung", „Luftverschmutzung/ Atmosphäre" und „Klimawandel" stellen gute Beispiele dafür, dass die Kommission sich dem auch stellen würde. In den Beratungen bekräftigten alle Regierungen, die anwesenden zivilgesellschaftlichen Gruppen und Vertreter aus Wissenschaft und Industrie ihren festen Willen, dazu in einen interaktiven Dialog einzutreten.

Für den Zeitraum 2008–2009 vereinbarte die Konferenz die Themenfelder „Landwirtschaft", „ländliche Entwicklung", „Land", „Dürre", „Desertifikation" und „Afrika".

Zu den Themenfeldern des Zeitraums 2006–2007 bestätigten Teilnehmer deren hohen Vernetzungsgrad und erklärten, dass sie gerade deshalb für das Erreichen der MDGs von grundlegender Bedeutung seien. In den wesentlichen Fragen zu den Sektoren „industrielle Entwicklung" und „Luftverschmutzung" bestand bei allen Teilnehmern große Einigkeit. Keine Einigung konnte dagegen erzielt werden hinsichtlich der Problematik in den Sektoren „Energie" und „Klima". Die Konferenz betonte aber, dass auch die kontroversen Fragen nur auf der Grundlage der bestehenden internationalen Konvention und Vereinbarungen (u. a. UNCED, UNCCD, UNFCCC, Johannesburg-Deklaration, Monterrey-Konsensus, Mauritius-Deklaration) einvernehmlich gelöst werden müssten.

In dem Sektor „Energie" war sich die Konferenz darin einig, dass dieser zur Armutsbekämpfung und für das Erreichen der vereinbarten Entwicklungsziele unverzichtbar sei. Das Angebot an Energie müsse dabei dauerhaft gesichert sein, in allen Regionen zur Verfügung stehen und für alle gesellschaftlichen Gruppen auch bezahlbar sei. Der rapide steigende Energiebedarf in den Entwicklungs- und den Schwellenländern mache es erforderlich, neben dem Angebot an fossiler Energie auch andere, erneuerbare Energiequellen viel stärker als bisher zu nutzen. Dennoch bestand Einigkeit darüber, dass die fossilen Energien wohl auch noch für Dekaden die zentrale Energiequelle für die Welt sein werden, dass aber der Umweltschutz sowohl bei der Nutzung der Energiequellen als auch bei der Energiegewinnung hoch auf die politische Agenda gesetzt werden müsse. Grundsätzlich sei der weltweit immer noch steigenden Energiebedarf nur durch eine erhebliche Steigerung des Potenzials an erneuerbaren Energien zu decken. Viele Entwicklungsländer boten an, durch nationale Vorgaben ihren zukünftigen Energiebedarf steuern zu wollen. Einige Teilnehmer waren dagegen der Auffassung, dass solche Selbstverpflichtungen nicht ausreichen würden, sondern sprachen sich für international vereinbarte, zeitliche und mengenbezogene Zielmarken aus. Gemäß dem *„Clean Development Mechanism"* (CDM) sprachen sich viele Teilnehmer für eine umfassendere Nutzung der Energieeffizienz aus, ebenso wie eine stärkere Diversifizierung der Energiequellen. Auch könnten durch CO_2-Abscheidung die Emissionen deutlich reduziert werden. Eine sicherere Versorgung in der Fläche würde dazu führen, dass weniger Biomasse den Ökosystemen entzogen würde. Robuste Versorgungsnetze, transparente Stromtarife und eine stärkere dezentrale Energieversorgung würden dazu beitragen, dass vor allen in den ländlichen Regionen ein Beitrag zur Armutsminderung erbracht würde. Im Hinblick auf die industrielle Nutzung und für die großen Städte sahen viele Experten „Energieaudits" als geeignetes Mittel, Defizite in der Energieversorgung schneller identifizieren zu können. Dies könnte auch durch klimaschützende Bauvorschriften zum Beispiel zur Gebäudeisolierung zur Reduzierung des Energiebedarfs zum Kühlen (Stichwort: *air conditioner*) geschehen. Einige Teilnehmer plädierten für einen stärkeren Einsatz von Atomenergie zur Stromgewinnung, wegen deren vernachlässigbaren CO_2-Emissionen. Dem wurde heftig widersprochen, mit dem Argument, dass der Einsatz dieser Energieform durch die Vereinbarungen zum CDM ausgeschlossen sei.

Die Konferenz bestätigte die Einschätzungen der vorangegangen UNCSD-Konferenzen, nach denen der industrielle Sektor von entscheidender Bedeutung für die ökonomische Entwicklung eines Landes sei, wenn es gelinge, ökonomisches Wachstum von dem Energieverbrauch und der Zerstörung der Umwelt abzukoppeln. Im industriellen Sektor würden die meisten Arbeitsplätze geschaffen, Steuern und Abgaben generiert und Exporterlöse erzielt. Basis für eine auf Dauer tragfähige ökonomische Entwicklung ist, dass die natürlichen Ressourcen nachhaltig bewirtschaftet sowie die Ressourceneffizienz gesteigert werden können. Innovationen erhöhen die Wettbewerbsfähigkeit und machen den Sektor unabhängiger gegen externe Einflüsse. Aber nicht nur der Export von mineralischen und agrarischen Ressourcen zeichnet den industriellen Sektor aus, sondern eine im Lande erfolgende Wertschöpfung durch Verarbeitung zu handelbaren Produkten sei erforderlich. Gute Kenntnisse der Welthandelssysteme sind die Voraussetzungen, um auf den Weltmärkten bestehen zu können. Im Lande müsse der Handel ausgebaut werden, um die Versorgung auch entfernter ländlicher Regionen zu verbessern; ferner müsse der grenzüberschreitende Handel intensiviert werden. Oftmals verhinderten die „niedrigen" Lohnkosten das Verständnis, dass nur durch den Einsatz effizienter Technologien und Produktionsprozesse – angepasst an die lokalen Bedingungen – die Wettbewerbsfähigkeit langfristig erhalten werden könne. Eine solche Anpassung setze ein modernes Verständnis von Ökonomie voraus, das, so die Konferenz, nur durch einen gezielten Austausch mit den Industrienationen und der Unterstützung internationaler Gebergemeinschaft zu erreichen sein würde.

Eine weitere Voraussetzung dazu sei, dass in den Ländern wirtschaftspolitische Rahmenbedingungen gesetzt seien, die solche Transfers auch gewährleisten. Dabei müsse in den Vorgaben dem Schutz der Ressourcen und der Umwelt in jedem Fall Vorrang eingeräumt werden. Die Konferenz sah insbesondere in dem Klein- und Mittelindustriesektor in den Entwicklungsländern ein großes Entwicklungspotenzial, biete der doch den meisten Menschen Einkommensmöglichkeiten und versorge breite Teile der Bevölkerung mit lokalen Gütern. Die industrielle Massenproduktion in den Entwicklungsländern zeichne sich durch externe bedingte Veränderungen auf den Weltmärkten aus. Dabei liege in der Regel die Klein-/Mittelindustrie meist noch in den „Händen" lokaler Unternehmer. Internationale Programme müssten die Entwicklungsländer bei dem Paradigmenwechsel unterstützen, um die lokalen Produktionsweisen umweltschonender und sozial verträglicher zu gestalten, den Marktzugang zu verbessern, wie er schon in den „Doha-Runde" der WTO festgehalten worden sei. Dabei sollte der Fokus nicht nur auf den „Nord-Süd-Handel", sondern viel stärker auf den „Süd-Süd-Handel" gelegt werden; am Besten wäre eine Dreiecksbeziehung von „Süd-Süd-Nord" bzw. vice versa. Nachhaltigkeit im industriellen Sektor stelle aber auch eine Herausforderung an die entwickelten Länder dar. Diese wurden von der Konferenz zu einem Umdenken aufgefordert, ihre Konsumgewohnheiten auf das Nachhaltigkeitsgebot auszurichten. Sowohl im privaten Sektor als auch in Landwirtschaft und Industrie müsse einer kohlenstoffärmeren Nutzung der Ressourcen absoluter Vorrang eingeräumt werden.

Der starke Anstieg der Bevölkerungen in den Entwicklungsländern, mit der einhergehenden Zunahme an Straßenverkehr und der Deckung des Energiebedarfs durch Nutzung fossiler Energie hat weltweit zu der extremen Luftverschmutzung beigetragen, die heute schon in vielen Ländern der Erde gesundheitsgefährdende Ausmaße angenommen habe. Viele Länder klagen, dass der Transportsektor täglich wegen einer ungenügenden Infrastruktur zusammenbreche und schon immer häufiger Arbeitskräfte wegen Atemwegserkrankungen ausfallen und so die Wettbewerbsfähigkeit beeinträchtigt sei. Diese strukturellen wie technischen Probleme lassen sich nach Auffassung der Konferenz nur durch gesetzliche Vorgaben lösen. Eine effizientere Ausgestaltung des Transportsektors, eine Begrenzung der Abgasbelastungen durch saubere Motoren, Verbot des Ausbaus von Dieselfiltern (durch Zumischung von subventioniertem Kerosin verschmutzen die Motoren), wo immer möglich mehr Transporte auf Bahnen und Schiffen. Maximalwerte für die Luftverschmutzungen müssen verordnet und deren Einhaltung auch kontrolliert werden. Natürlich seien solche Vorgaben immer mit Interessenskonflikten verbunden. Ein „starker" Staat zeichne sich aus, dass er so viel unternehmerische Freiheit wie möglich gestatte, aber so viel Umweltschutz wie nötig durchsetze. In der Vergangenheit habe zu oft der Primat der Ökonomie die sozioökonomische Entwicklung bestimmt. Es gelte, nunmehr auf Nachhaltigkeit umzusteuern. Und das nicht nur im industriellen Sektor, sondern auch im häuslichen Bereich, wo es immer noch durch das Verbrennen von Biomasse zu Koch-/Heizzwecken zu erheblichen Gesundheitsgefährdungen komme. Die Konferenz rief die Staaten auf, die Luftverschmutzung in den Städten vorrangig zu überwachen und ihre Anstrengungen auf den internationalen Ebenen sowie den subregionalen Erfahrungsaustausch zu verstärken. Mehr und bessere Daten seien nötig, um zusammen mit der Wissenschaft die Belastungen der Atmosphäre durch die Treibhausgase deutlich zu verringern. Die Ozonschicht gefährdende Stoffe müssten, wie es in dem „Wiener Übereinkommen zum Schutz der Ozonschicht" (Vienna Convention for the Protection of the Ozone-Layer) und im Montrealer Protokoll (Montreal Protocoll) verbindlich vereinbart worden sei, konsequent aus dem Verkehr gezogen werden. Auch müssten alle Staaten bei der systematischen Überwachung der Atmosphäre endlich besser zusammenarbeiten.

Zum Sektor „Klimawandel" wurde festgestellt, dass er eine besondere Herausforderung für alle Staaten weltweit darstelle. Man müsse sich vergegenwärtigen, dass viele sozial und ökonomisch begründete Aktivitäten einen Eingriff in das Klimasystem nach sich ziehen würden und, dass in der Vergangenheit wenig Rücksicht auf die Reaktion in der Atmosphäre genommen worden sei. Die neuesten Erkenntnisse des IPCC wären alarmierend und gäben Anlass zu erheblichen Sorgen. Alle Länder seien davon betroffen, wohl aber die Länder Afrikas, die tiefer liegenden Küstenländer sowie die Kleinen Inselstaaten am stärksten. Es bestand Einvernehmen, dass die Industrienationen sowie einige Schwellenländer zwar die größten Treibhausgasemittenten seien, die Kleinen Inselstaaten und die Küstenländer, die am wenigsten CO_2 emittieren, dagegen am ehesten vom Klimawandel in ihrer Existenz bedroht sein werden: eine Feststellung, die zuvor schon ausführlich in den UN-Konventionen (UNFCCC und UNCCD) behandelt worden sei. In dem Konferenzprotokoll wurden die Staaten aufgefordert, ihre Anstrengungen beim Kampf gegen den Klimawandel deutlich zu verstärken und ihrer besonderen Verantwortung den Entwicklungsländern gegenüber gerecht zu werden. Erforderlich seien international koordinierte und lokal angepasste Hilfen in den Sektoren „Wissenschaft und Technik" und „Administration und Organisation". Dazu sei es nötig, die finanziellen Zusagen weit über das bisher geleistete Ausmaß hinaus zu erhöhen. Der Klimawandel führe auch zu mehr Naturkatastrophen: Hitzewellen, tropische Stürme und Starkregen mit Bodenerosion. Nur durch regional operierende Frühwarnsysteme können die negativen Auswirkungen erträglicher gestaltet werden. Vorbeugender Klimaschutz durch Verbot systematischer Abholzungen und stattdessen eine Schaffung von CO_2-Senken durch gelenkte Wiederaufforstungen seien unverzichtbar. Die Senkenfunktion der Wälder, wie es in dem REDD+-Programm so eindrücklich dargestellt ist, müsste in das Bewusstsein der politisch Verantwortlichen wie auch in dem der lokalen Bevölkerungen verankert werden. Hierbei seien in erster Linie die nationalen Regierungen gefordert, die dabei von der internationalen Gebergemeinschaft unterstützt werden müssten.

- **2008**
- **14. Vertragsstaatenkonferenz der Unterzeichner der Klimarahmenkonvention der Vereinten Nationen (UNFCCC-COP 14), Poznan und 4. Vertragsstaatenkonferenz der Unterzeichner des Kyoto-Protokolls (CMP 4)**

Vom 1. bis 12. Dezember 2008 hatten sich mehr als 11.000 Teilnehmer aus 187 Ländern zur 14. Vertragsstaatenkonferenz der Unterzeichner der Klimarahmenkonvention der Vereinten Nationen (United Nations Framework Convention on Climate Change; UNFCCC-COP 14) und zur 4. Vertragsstaatenkonferenz der Unterzeichner des Kyoto-Protokolls (*Kyoto Protocol to the United Nations Framework Convention on Climate Change,* CMP 4) getroffen. Zu der Konferenz hatten die Mitgliedsländer des Klimarahmenabkommens und des Kyoto-Protokolls mehr als 4000 offizielle Vertreter entsandt; 4500 Vertreter der verschiedenen UN-Organisationen, Wirtschaft, Wissenschaft und internationalen Hilfsorganisationen sowie mehr als 800 Vertreter der Presse waren anwesend.

Die Konferenz hatte eigentlich das Ziel abgestrebt, eine Zwischenbilanz zu ziehen auf dem Weg zu einem effektiven Klimaschutzabkommen, dessen Abschluss ursprünglich für die 15. Vertragsstaatenkonferenz in Kopenhagen für das Jahr 2009 (UNFCCC-COP 15) geplant war. Doch waren die Erwartungen an die erste Konferenz nach „Bali" nicht allzu hoch gewesen. Zudem hatte die EU zeitgleich zu einem Klimagipfel nach Brüssel eingeladen, der das „Klima- und Energiepaket" (EU 3) verhandeln sollte. Weil vielen EU-Delegierten in Poznan nicht klar war, welche Folgerungen dazu für die Klimarahmenkonvention zu ziehen seien, hatte dies einen erheblichen Einfluss auf den Konferenzverlauf.

Und in der Tat erwies sich Poznan eher als eine „Arbeitssitzung", die die Teilnehmer nutzen, nochmals ausführlich ihre Verhandlungspositionen darzustellen. Auch wenn das Konferenzergebnis damals als recht wenig erschien, so haben doch rückblickend alle Teilnehmer die Konferenz von Poznan als notwendigen Zwischenschritt auf dem Verhandlungsmarathon zu dem Kyoto-Nachfolgeabkommen empfunden. Zentrales Element der Konferenz wurde ein „freier und offener Austausch von Positionen über die Struktur des zukünftigen Klimaschutzregimes". Mit diesem Austausch konnte erstmals die Brücke geschlagen werden von der bisher so oft praktizierten „Deklamation" nationaler Politikentwürfe zum Beginn „echter Verhandlungen" über Textinhalte des neuen Abkommens.

Folgerichtig war das wesentlichste Ergebnis der Konferenz eine Verständigung darüber, dass ein erster konkreter (!) Textentwurf für das Nachfolgeabkommen bis zur nächsten UNFCCC-Vorbereitungskonferenz im Juni 2009 in Bonn vorliegen sollte, der dann 2009 auf der 15. Konferenz in Kopenhagen abschließend angenommen werden sollte. Leider hatte dann das Treffen in Bonn keine konkreten Ergebnisse ergeben: „Dieses Treffen hat uns nur wenig weiter gebracht", sagte damals der Chef des UN-Klimasekretariats Yvo de Boer nach Abschluss der Verhandlungen.

Breiten Raum nahmen in Poznan die Diskussionen ein, welches Land sich zu welchem konkreten Reduktionsziel verpflichten will. Da diese Obergrenzendiskussion schon Gegenstand vieler Vorläuferkonferenzen war, waren auch in Poznan viele Teilnehmer wieder sehr zögerlich, verbindliche Zahlen zu benennen, nach dem Motto „soll doch erst einmal der andere etwas sagen, bevor ich mich festlege". Als Minimalkonsens kamen die Staaten wenigstens überein, bis Mitte Februar 2009 ihre nationale Minderungsziele beziehungsweise konkreten Reduktionsmaßnahmen für 2020 zu benennen. Alle Teilnehmer bekannten sich dazu, dass eine erfolgreiche Fortsetzung der Klimaverhandlungen („Kyoto II") nur zu erreichen sei, wenn die finanziellen Unterstützungen für Klimaschutzmaßnahmen in Entwicklungsländern deutlich verstärkt würden. Daher einigte sich die Konferenz darauf, den auf Bali aus dem Kyoto-Protokoll beschlossenen „Klimaanpassungsfonds" mit einer 2 %igen Abgabe gemäß den Bestimmungen des *Clean Development Mechanism* (CDM) aufzufüllen und den Auszahlungsmechanismus funktionsfähig zu machen. Es wurde vereinbart, dem *Management Board* des Fonds das Recht zu übertragen, aus dem Fonds direkte Finanzhilfen an Entwicklungsländer zu vergeben, um so diesen Ländern, unter Beachtung der Vorgaben der Vertragsstaatenkonferenz für die Finanzkontrolle, einen direkten Zugang zu ermöglichen.

Dieser Minimalkonsens konnte erst nach langwierigen Verhandlungen am letzten Konferenztag erreicht werden, wobei sich die Industriestaaten gegen den Antrag der Entwicklungsländer aussprachen, die sich schon unmittelbar mit dieser Konferenz den Zugang zu dem Anpassungsfonds sichern wollten. Im Gespräch waren damals 300 Mio. US$ pro Jahr, die aus dem Verkauf der Emissionszertifikate erlöst werden sollten. Ein Betrag, den die Klimaschützer als viel zu gering bezeichneten. Sie bezifferten damals den Finanzbedarf auf mindestens auf 50 Mrd. US$ jährlich.

Die zahlreichen Kritiker der Konferenz bemängelten, dass diese eigentlich nicht über die schon auf Bali erreichten Beschlüsse hinausgekommen sei. Sie merkten an, dass zum Beispiel Schwellenländer wie Mexiko oder Südafrika sehr konkrete und zielführende Klimaschutzpläne vorgelegt hätten. Ebenso hätten China und Indien Konjunkturprogramme mit einer starken ökologischen Dimension aufgelegt. So hatte China fast ein Viertel seines 600-Mrd.-US$-Konjunkturprogramms allein für Initiativen im Umweltsektor alloziert. Ein solches Signal hätte man eigentlich von den Industriestaaten und hier insbesondere von der EU erwartet, sagte damals Prof. Schellnhuber, der Berater der Bundesregierung nach der Konferenz. Die EU laufe Gefahr, ihre Führungsrolle im weltweiten Klimaschutz zu verlieren und damit auch einen „gewissen Wettbewerbsvorteil für seine Volkswirtschaft, wenn es nun Rückschritte von seinen Entschlüssen des letzten Jahres in Brüssel macht", mahnte Achim Steiner, der UNDP-Exekutivdirektor, an. Das EU-Mindestziel einer Verringerung von Kohlendioxid bis 2020 um 20 % im Vergleich zu 1990 könnte wegen der vielen Ausnahmen beim Kohlendioxidemissionshandel verfehlt werden. Der nötige Strukturwandel hin zu kohlendioxidarmer Energiegewinnung in Europa werde verschleppt und das angestrebte 30-%-Ziel, das sie beim Zustandekommen eines globalen Klimapakts Ende 2009 in Kopenhagen erreichen will, rücke so in weite Ferne.

■■ 9. Vertragsstaatenkonferenz der Biodiversitätskonvention der Vereinten Nationen (UNCBD-COP 9), Bonn und 4. Vertragsstaatenkonferenz der Unterzeichner des Cartagena-Protokolls (MOP 4)

In der Zeit vom 28. bis 30. Mai 2008 fand in Bonn die 9. Vertragsstaatenkonferenz des „Übereinkommens über die biologische Vielfalt" der Vereinten Nationen (United Nations Convention on Biological Diversity; UNCBD-COP 9) und die 4. Vertragsstaatenkonferenz der Unterzeichner des Cartagena-Protokolls (MOP 4) statt. Dazu begrüßte der damalige Bundesminister für Umwelt, Naturschutz und Reaktorsicherheit der Bundesrepublik Deutschland Sigmar Gabriel Vertreter von 178 Staaten sowie rund 5000 Vertreter von Nichtregierungsorganisationen, aus Wissenschaft, Industrie und der Medien. Mit der Ratifizierung der Länder Andorra und Brunei Darussalam hat sich die Zahl der Vertragsstaaten auf 196 erweitert; damit hatten „eigentlich" nur die USA die Konvention nicht offiziell anerkannt.

In seiner Eröffnungsrede betonte Achim Steiner, Exekutivdirektor des United Nations Environmental

Programme (UNEP), dass der Erhalt der Biodiversität sowie die Anpassung an den Klimawandel immer noch zu den größten Herausforderungen der internationalen Staatengemeinschaft gehören. Doch die bisher erzielten Ergebnisse würden nicht ausreichen, die in Johannesburg vereinbarten Umweltschutzziele zu erreichen. Er wies darauf hin, dass auch die Prioritäten der Konvention, nämlich zum Erhalt der Biodiversität, einer nachhaltigen Nutzung der Bioressourcen und der Schaffung eines freien Zugangs zu den genetischen Ressourcen, die Ziele, wie sie in der „Rio-Deklaration" vereinbart sind, nicht umfassend widerspiegeln. Er betonte, es sei erforderlich, auch die marinen Ökosysteme miteinzubeziehen sowie den Entwicklungsländern einen besseren Zugang zu den Weltmärkten zu eröffnen. Der globalisierte Handel mit seinen enormen Subventionen würde sich als absolut kontraproduktiv für eine nachhaltige Entwicklung auswirken. Er forderte daher die Konferenz auf, sich dieses Themenfeldes anzunehmen.

Die vierte Konferenz in Bonn markierte den 5. Jahrestag der Inkraftsetzung des „Cartagena Protocol on Biosafety". Die Konferenz dazu wurde im Zeitraum vom 12.05. bis 16.05.2008 in Bonn abgehalten. Die Konferenz stellte fest, dass man seit Bestehen des Protokolls stetig habe Fortschritte machen können. Und das Protokoll war zu einem international unverzichtbaren Instrument für den sicheren Umgang mit „lebenden und genetisch veränderten Organismen" (*living modified organisms;* LMOs) nach Artikel 27 des Protokolls geworden. Breite Unterstützung hat das Protokoll von allen relevanten internationalen Organisationen erfahren und viele seiner Anregungen wurden von den Regierungen bereits in nationale Politik umgesetzt. Eines der zentralen Ergebnisse dieser Konferenz war die Einigung der Vertragsstaaten, international verbindliche und nicht bindende Regeln und Verfahren in Bezug auf den „Haftungs- und Rechtsschutz" (*„liability and redress"*) für Schäden, die aus grenzüberschreitenden „Bewegungen" (*movements*) von LMOs entstehen, auszuarbeiten. In Hinsicht auf den vereinbarten Monitoring- und Reviewprozess wurde das Sekretariat beauftragt, das Berichtsformat entsprechend den Erfahrungen der „Reviewrunde" anzupassen. Des Weiteren wurde es aufgefordert, eine verbesserte Bewertungsmethodik für die zweite Projektassessmentrunde bis zur 5. MOP-Sitzung vorzulegen.

Die Vorbereitungstreffen aller Expertengruppen (AHTEG) der SBSTTA fanden diesmal zusammen vom 18.02. bis 22.02.2008 in Rom am Hauptquartier der FAO statt. Deren Ergebnisse wurden auf der Konferenz vorgestellt und angenommen. Zum Zustand der Wälder berichtete der Rapporteur, dass 30 % der Landfläche der Erde von Wald eingenommen werden und, dass diese Wälder zwei Drittel aller biologischen Arten beherbergen. 1,6 Mio. Menschen – 80 % von ihnen in den Entwicklungsländern – leben dort. Die schon auf den vorherigen Konferenzen beklagte dramatische Zunahme der Abholzung habe sich weiter fortgesetzt und der Forstsektor mache damit 17 % der globalen CO_2-Emissionen aus. Auch wenn die weltweite Anlage von Nutzwäldern (*planted forests*) etwas von dem Stress von den Wäldern genommen habe, so muss in Zukunft noch mehr als bisher der Fokus auf den Erhalt der bestehenden Wälder gelegt werden; die derzeitige Menge von 24 % geschützter Wälder müsse deutlich erhöht werden. Im Jahr 2010 soll dazu eine Studie (*Global Forest Ressources Assessment*) veröffentlicht werden. Die Konvention wird ihre Bestrebungen zum Schutz der Wälder verstärken und zusammen mit der Collaborative Partnership of Forests (CPF) Vorschläge unterbreiten, wie das Wald-Ökomanagement weltweit verbessert werden könnte. Nach dem Syntheseberichts „Ökosystem und menschliches Wohlergehen" (*Millennium Ecosystem Assessment*) hat vor allem die Abholzung tropischer Regenwälder signifikante Auswirkungen auf den Klimawandel und den Verlust an Biodiversität. Da immer noch kein allseits anerkanntes Instrument zur ökonomischen Bewertung der biologischen Ressourcen vorliegt, fehlt vielen Staaten eine wissenschaftlich abgesicherte Begründung, gegen den Raubbau vorzugehen. Immer noch ist es lukrativer, Wälder abzuholzen. Die durch das „REDD+"-Programm erarbeiteten richtungsweisenden Ansätze haben eine Reihe an Handlungsoptionen vorgestellt, die von den Regierungen aufgenommen werden müssten: So vor allem der Abbau von Subventionen zur Waldrodung und ein stringentes Inkraftsetzen (*„law enforcement"*) bestehender Gesetze.

Zur biologischen Vielfalt der Meere und Küstengewässer nahm die Konferenz einen Indikatorenkatalog an, mit dem der Schutz dieser einzigartigen Räume auf die Basis wissenschaftlich fundierter Erfassung gestellt werden könnte. Die SBSTTA-Gruppe hatte zudem eine Reihe an Prinzipien aufgestellt, mit dem Ziel, die oftmals auf einer Mustererkennung (*field patterns*) benthischer und pelagischer Systeme beruhenden Erfassungen durch einen prozesshaften Ansatz abzulösen. Im Themenfeld „biologische Vielfalt der Binnengewässer" nahm die Konferenz zur Kenntnis, dass sich die Kooperation mit der Ramsar-Konvention sehr gut entwickelt hat und stellte den Bericht über gelungene Ausweisung von Gewässerschutzgebieten als beispielhaft heraus. Die Konferenz forderte die Vertragsparteien auf, weitere Schutzgebiete gemäß den Prinzipien der Konvention und den Vorgaben des Programms zur „Nutzung der Feuchtgebiete von internationaler Bedeutung" („Wetlands of International Importance") der Ramsar-Konvention vorzunehmen.

In Bezug auf das Thema „Globale Strategie für die Erhaltung der Pflanzen" (Global Strategy for Plant Conservation) war das Sekretariat im Vorfeld aufgefordert, den Entwurf eines globalen „Plant Conservation Report" zur Abstimmung vorzulegen. Die Konferenz wollte damit eine breiter abgesicherte Grundlage für den dritten *Global Biodiversity Outlook* haben. Mit der Neuauflage des *Outlooks* sollte der bisherige Kenntnisstand über die Biodiversität noch umfassender als bisher kommuniziert werden und eine fundiertere Basis für das *„awareness raising"* in den Mitgliedsländern schaffen.

Im Themenfeld „landwirtschaftliche Biodiversität" legten die Wissenschaftler der Konferenz einen Bericht über den Bedeutung der landwirtschaftlichen Biodiversität zum Erreichen der 2010-Ziele sowie zum Einfluss der Biokraftstoffe auf die Biodiversität zur Abstimmung vor. Darin wurde das Sekretariat aufgefordert, eine Analyse zu vorzulegen, wie sich die Nutzung von Biokraftstoff im Laufe seines gesamten Lebenszyklus auf die Biodiversität auswirke. Zu dem Thema „invasive fremde Arten" hatte die Konferenz das Sekretariat aufgefordert, der Konferenz einen eingehenden Bericht vorzulegen, wie am besten einheitliche Standards zur Erfassung dieser Arten international eingeführt werden könnten. Insbesondere Tierarten, die nicht Schädlinge im Sinne der International Plant Protection Convention (IPPC) sind, müssten verbindlich definiert werden. Nach eingehender Diskussion nahm die Konferenz den Textentwurf an. Zum Thema „Biodiversität der Wälder" war der Konferenz von der SBSTTA ein Entwurf über den Stand der internationalen Aktivitäten im Rahmen der Konvention vorgelegt worden, sowie zwei Berichte zu den sozioökonomischen Auswirkungen von genetisch veränderten Baumarten auf die Waldschutzgebiete und zur nachhaltigen Nutzung der Wald-Biodiversität. Die Konferenz nahm beide Berichte an und verabschiedete eine Erweiterung des Programms zur Biodiversität der Wälder. Des Weiteren legte das Sekretariat der Konferenz eine Analyse über die Wirksamkeit der bisher geleisteten finanziellen, technischen und wissenschaftlichen Unterstützungen (*„incentive measures"*) für die Entwicklungsländer vor. Das Sekretariat schlug ferner vor, wie das Programm noch effektiver gestaltet werden könnte, indem unter anderem das „Patentrecht" zur juristischen Umsetzung des „Übereinkommens zum geistigen Eigentum" (*intellectual properties;* IP) als Initiator für technische Entwicklungen genutzt werden könne, ebenso wie zur Identifizierung des sich daraus ergebenden Technologietransfers und seiner regionalen Anwendungen. Zum Themenfeld „Ökosystemansatz" (*ecosystem approach*) hatte das Sekretariat eine Analyse über den „Stand der Anwendbarkeit des Ökosystemansatzes" vorgelegt. Darin wurde noch einmal eindrücklich dargelegt, wie der Ansatz als normgebendes Instrumentarium zur Bewertung der ökologischen, soziokulturellen und ökonomischen Faktoren der Biodiversitätskonvention unverzichtbar geworden war. Nötig wäre allerdings, den Ansatz stärker auf die Bedürfnisse der Vertragsparteien auszurichten. Dabei sollte der Ansatz eher als ein „gemeinsamer Lernprozess" verstanden werden und nicht nur als Plattform zur Darstellung der Biodiversitätsverluste, sondern es sollten auch die erfolgreichen Umsetzungserfahrungen dargestellt werden, wie zum Beispiel das „Mountain to the Sea"-Programm der Ramsar-Konvention.

Im Themenfeld „Trockengebiete und Savannen" wurde der Konferenz eine Empfehlung der SBSTTA zum Aufbau regionaler Forschungszentren und zum Aufbau von regionalen Forschungsnetzwerken zum Informations- und Erfahrungsaustausch vorgelegt und von der Konferenz angenommen. Ebenso wie die Empfehlung des Sekretariats, Handlungsanweisungen zur Landnutzung zu erarbeiten, mittels derer durch eine nachhaltige Nutzung der Artenvielfalt Arbeit und Einkommen für indigene Völker geschaffen werden sollten. Dazu sollten Demonstrationsvorhaben identifiziert werden, in die auch der „Ökosystemansatz" sowie die Aktivitäten zur „landwirtschaftlichen Biodiversität" einbezogen werden sollten. Zu den „Naturschutzgebieten" stellt die Konferenz fest, dass in vielen Ländern ermutigende Fortschritte bei der Ausweisung von Schutzgebieten gemacht worden sind. Dass aber trotzdem immer noch mehr getan werden müsse, um das 2010-Ziel zu erreichen. Die Konferenz begrüßte daher ausdrücklich das Programm von UNEP, das zusammen mit dem World Conservation Monitoring Centre (WCMC) und dem IUCN einen transparenten Reviewprozess zur Verifikation der Daten über die Schutzgebiete vornehmen wollte. Ebenso begrüßt wurde die Entwicklung einer erweiterten Datenbasis, die zusammen mit der World Database on Protected Areas zu einem effektiveren Schutzgebietsmanagement führen sollte. Die Konferenz sah hierin ein wirksames Instrument, um die örtlichen Lebensbedingungen verbessern und die Potenziale regionaler CO_2-Senken besser nutzen zu können. Auf der Konferenz wurde einvernehmlich die Notwendigkeit eines verbesserten Ökosystemmanagements der Binnengewässer als notwendiger Schritt zum Erhalt der biologischen Vielfalt herausgestellt. Auch wenn die Anzahl der unter der Ramsar-Konvention als zu schützenden Feuchtgebiete zugenommen habe, so müsste dennoch auf diesem Themenfeld noch viel mehr getan werden. Die Konferenz beauftragte das Sekretariat, ein Konzept auszuarbeiten, mit dem eine nachhaltige Nutzung der Feuchtgebiete unter Beachtung der „kulturellen Werte" dieser Gebiete erreicht werden kann. Dazu wäre es auch nötig, die Kriterien für Schutzgebiete kritisch zu überprüfen und vor allem den Ausweisungsprozess besser mit den internationalen Organisationen abzustimmen. Zum Themenfeld „Schutz der Meere und der Küstengebiete" wurden der Konferenz mehrere Studien vorgelegt. Unter anderem eine Note zu Optionen zum Schutz ausgewählter Meeresgebiete, die in Zusammenarbeit mit der United Nations Division for Ocean Affairs and Law of the Sea (UNDOALOS) und dem Internationalen Seegerichtshof (International Seabed Authority; ISA) erstellt worden war. Ebenso wie eine Analyse von *„best practice"*-Beispielen zum Erhalt der Artenvielfalt in Meeresgebieten außerhalb der nationalen Gerichtsbarkeit (*areas beyond the limits on national jurisdiction;* ABNJ). Die Expertengruppe „Küsten und Meere" hatte neue Kriterien vorgestellt, mithilfe derer zukünftig ökologisch und biologisch schützenswerte Gebiete ausgewiesen werden sollen, unter anderem die „Einzigartigkeit des Ökosystems", der „Wert der Brutgebiete", der „Gefährdungsgrad des Ökosystems" und sein „Regenerationspotenzial" sowie die „biologische Produktivität".

16. Konferenz der Kommission für Nachhaltige Entwicklung der Vereinten Nationen (UNCSD-COP 16), New York

In der Zeit vom 05.05. bis 16.05.2008 wurde die 16. Konferenz der Kommission für Nachhaltige Entwicklung der Vereinten Nationen (Commission on Sustainable Development; UNCSD-COP 16) im UN-Hauptquartier in New York durchgeführt. Zu der Konferenz hatten 50 Mitgliedsländer Vertreter entsandt. Insgesamt war die Konferenz von 602 Teilnehmern, unter anderen aus 104 Staaten mit Beobachterstatus und allen namhaften Nichtregierungsorganisationen besucht worden. Das UN-System war mit vielen Organisationen und Konventionen vertreten, unter ihnen durch die Baseler Konvention, ECLAC, ESCWA, FAO, GEF, IFAD, ILO, UNCBD, UNCCD, UNFCCC, UNCTAD, UNDP, UNEP, UN-Habitat, UNITAR, UNPF, WFP, WHO, WTO, Weltbank/IWF, außerdem Organisationen wie IKRK, IUCN, AU, EU, OECD und die OPEC.

In seiner Eröffnungsrede begrüßte der Konferenzpräsident, dass die Kommission sich mit der Auswahl der Themenfelder „Landwirtschaft", „ländlich Entwicklung", „Land", „Dürren", „Desertifikation" und „Afrika" für den Berichtszeitraum 2008–2009 eine Aufgaben gestellt habe, die wegen der derzeit andauernden Hungersnot in Afrika von hoher Aktualität sei. Die gewählten Themen seien gekennzeichnet durch hochkomplexe Ursache-Wirkung-Beziehungen, die für die nachhaltige Entwicklung von ausschlaggebender Bedeutung seien. Daher müssten die sie charakterisierenden einzelnen Sektoren immer gemeinsam berücksichtigt werden. Doch dies allein würde nicht ausreichen, zum Beispiel für eine nachhaltige Entwicklung in Afrika. Global würden 70 % der ärmeren Weltbevölkerung in ländlichen Gebieten leben. Dies war der Grund für die Formulierung des MGD-Ziels einer Halbierung von Hunger und Armut bis zum Jahr 2015. Auch die anderen Ziele könnten nicht ohne die Beseitigung von Hunger und Armut erreicht werden.

Auf der Konferenz wurde von vielen Teilnehmern zu dem Stand der Erkenntnisse zum Themenfeld Stellung genommen. Die Basis dafür waren die nationalen Berichterstattungen und die vielen internationalen Vorkonferenzen. Die Diskussionen können wie folgt zusammengefasst werden.

Zum Sektor „Landwirtschaft" befand die Konferenz, dass die derzeitige Hungernot zeige, wie sehr dieser das Leben der Menschen in Afrika bestimme. Die Agrarproduktion in Afrika sei immer noch viel zu niedrig, auch weil dieser Sektor in vielen nationalen Entwicklungsplänen eher nachrangig gelistet sei. Hinzukämen die steigenden Preise für Nahrungsmittel auf den Weltmärkten, die sicher mit zur derzeitigen Hungernot in Afrika, von der Hunderte Millionen Afrikanern betroffen seien, beigetragen haben. Der spürbare Wandel des Klimas und die damit einhergehende Zunahme von Dürren führen dazu, dass die Tragfähigkeit der Böden stetig abnehme. Zudem würde die Erosion auch oftmals durch heftige Starkregenfälle noch einmal verstärkt. Die landwirtschaftlichen Erträge in Afrika entsprächen nur etwa einem Viertel des weltweiten Durchschnitts. Das traditionelle Wissen über die landwirtschaftliche Nutzung der Böden beziehe sich vor allem auf die Subsistenzwirtschaft. Eine Übertragung dieses indigenen Wissens in die Fläche benötige aber, besonders im Zuge des Klimawandels, eine flankierende Unterstützung durch moderne Agrartechnologien und Managementansätze zum Beispiel zur ländlichen Regionalentwicklung. Neue Methoden zum Schutz der Böden, des Wasserhaushaltes (Grund- und Oberflächenwasser) sowie zum Erhalt der biologischen Vielfalt müssten durch externe Unterstützung vermittelt werden. Die in Teilen Afrikas weitverbreitete Subsistenzwirtschaft produziere immer nur so viel, wie zur Deckung des tägliche Bedarfs nötig sein; und leider oftmals nicht einmal dies. Damit käme es kaum zu einer geplanten Vorratshaltung (*food stocks*). Dies führe dazu, dass keine Mittel zum Kauf von Saatgut verfügbar seien und ein Kauf technischer Ackergeräte gar nicht erst in Betracht gezogen werde. Alles dies verhindere zudem mögliche Ansätze zu einer Diversifizierung der Agrarproduktion. Einige Teilnehmer verlangten daher einen fundamentalen Wechsel in der Agrarpolitik Afrikas. Sie warben für eine *„Green Revolution for Africa"*, die die Lage der Bauern, ihr indigenes Wissen sowie deren Marktverflechtungen anschaulich machen sowie den Abnehmerländern im Norden die prekäre Lage der Agrarwirtschaft in Afrika nachdrücklich vor Augen führen müsse. Wenn die lokalen Bauern auch nur geringe Überschüsse erzielen würden, würde sich das Warenangebot auf den lokalen Märkten verbessern und regional die Ernährung sichern helfen. Die Bauern könnten dann auch besser an dem lokalen Marktgeschehen teilnehmen. Bislang macht ihr eingeschränktes Wissen über die Dreiecksbeziehung „Tragfähigkeit der Böden" – „Agrarproduktion" – „Markt" es ihnen kaum möglich, sich rechtzeitig auf Marktfluktuationen einstellen zu können. Dazu müssten, so viele Konferenzteilnehmer aus den Entwicklungsländern, auch die externen Faktoren, die den Agrarsektor mit definieren, in Betracht gezogen werden: Wie vor allem die nicht gewährleistete Integration des Kontinents in die internationalen Handelssysteme. Gefordert wurde daher, endlich die „Doha-Runde" abzuschließen und Afrika einen freien Zugang zu den Weltmärkten zu eröffnen.

Die in Afrika stark zunehmenden Bevölkerungen erhöhen den sonst schon starken Druck auf die Ressource „Land". Damit einher ginge ein stetig steigender Bedarf an Agrarprodukten, Wasser und Baurohstoffen. Die schwindenden agrarisch nutzbaren Flächen zwängen die Menschen, in die Städte zu wandern, wo sie das Heer der marginalisierten Slumbewohnern vergrößern und sich dort erneut mit den gleichen Problemen konfrontiert sähen wie in den Dörfern. Der schon deutlich bemerkbare Verlust an Agrarflächen untergrabe die Existenz der ländlichen Bevölkerung. Viele Teilnehmer aus

Afrika, aber auch aus Asien und Lateinamerika, riefen zu internationalen Anstrengungen auf, mit denen dieser Trend umgekehrt werden müsse: Dazu gebe es keine Alternative. Einig war sich die Konferenz darin, dass nur eine fundiertere Datenlage über übertragbare Landnutzungssysteme, angemessene Landnutzungsplanung und zum nachhaltigen Ressourcenmanagement helfen würde, die Verluste an landwirtschaftlich nutzbaren Flächen in Afrika zu reduzieren. Der Zugang zu Agrarland sei den meisten ärmeren Schichten der Bevölkerungen immer noch verwehrt. Dringend erforderlich seien ferner transparente Landbesitzregister, in denen Landtitel rechtlich abgesichert werden. In vielen Entwicklungsländern sei das Katasterwesen vieldeutig interpretierbar formuliert. Wer seine „Rechte auf seinen Acker" nicht einklagen kann, wird kaum längerfristige Investitionen vornehmen. Insbesondere die Lage „verwitweter" Frauen sei in vielen Gesellschaften wegen mangelnder rechtlicher Absicherungen unhaltbar. Der Klimawandel mache diese Problemlagen eher noch schlimmer. Er führe dazu, dass die konkurrierenden Nutzungsansprüche zulasten der ärmeren Bevölkerungen entschieden würden. Die noch verbleibenden Agrarflächen würden dann noch stärker übernutzt und am Ende „unfruchtbar" werden.

Dürren zerstören die (wenigen) Ernten, mit der Folge, dass keine Erlöse erzielt werden und sich Hunger ausbreitet. Der Klimawandel hat in den letzten Jahren dazu geführt, dass Dürren in immer kürzeren Abständen auftreten und diese dann noch länger andauern; zum Teil haben sie schon mehrere Jahre am Stück angedauert. Hinzu kommen noch die klimatisch bedingten Wüstenbildungen („Desertifikation"), die die noch verbliebenen fruchtbaren Böden zerstören und der Erosion überlassen. Der Kampf gegen Dürren und Desertifikation in Afrika leide zum einen an den fragmentierten Zuständigkeiten von Wasserbehörden und den Agrarministerien und den nicht immer schlüssig formulierten gesetzlichen Vorgaben, zum anderen an der Vielzahl unkoordinierter Einsätze ausländischer Fachkräfte als direkte Folge nicht abgestimmter internationaler Hilfsprogramme. Des Weiteren behindern fehlende technische und finanzielle Ressourcen in den Ländern eine wirksame Bekämpfung der Folgen der Dürrekatastrophen, während die Bekämpfung von „Desertifikation" eher eine Frage der Katastrophenprävention sei. Benötigt würden an die lokalen Gegebenheiten angepasste Strategien zur Bekämpfung der beiden Ursachen. Moderne effektive Konzepte müssten sich aber immer die lokalen Erfahrungen zunutze machen und diese mehr ergänzen, als sie zu ersetzen. Regionale Ansätze müssten immer mit den Plänen zur ländlichen Entwicklung abgestimmt werden. Dazu wäre ferner eine landesweite Erfassung der Ausbreitung der Wüsten durch die mandatierten Organisationen nötig, deren Erkenntnisse in die globalen Monitoringnetzwerke eingespeist werden müssten. Eine weitere Ursache für die Ausbreitung der Wüsten ist der oftmals ineffiziente Gebrauch von Grundwasser. Benötigt würden des Weiteren die Züchtung von trockenresistenten Pflanzen sowie Programme zur Anpflanzung von Baumgruppen zur Erosionsbekämpfung. Da aber die Bauern dafür in der Regel keine finanziellen Anreize bekommen, blieben die wenigen Eigeninitiativen meist wirkungslos. Oftmals resultieren Auseinandersetzungen um Agrarflächen oder die Bewässerung auf lang schon bestehenden ethnischen und sozialen Konflikten.

In Bezug auf die ökonomische Situation in Afrika bekräftigte die Konferenz die Tatsache, dass der Kontinent in seiner sozioökonomischen Entwicklung in erster Linie von dem Export seiner Agarprodukte und mineralischen Rohstoffe abhinge. 80 % der Exporterlöse würden hier erwirtschaftet. Für eine Weiterverarbeitung der Rohstoffe in den Ländern fehlten in der Regel die technischen und infrastrukturellen Voraussetzungen. Moderne Technologien würden, wenn verfügbar, kaum effektiv eingesetzt. Damit würde es oftmals unmöglich, ausländische Investoren ins Land „zu locken". Die Kombination aus nicht leistungsfähigen Administrationen, vor allem im industriellen Sektor, der Degradation der Böden und den absehbaren Folgen des Klimawandels sowie den hohen Energiekosten schrecken viele Investoren ab, obwohl gerade im Landwirtschaftssektor langfristige Investitionen dringend erforderlich seien. Es wurde ferner festgestellt, dass auch die Produktivität im industriellen Sektor im Vergleich zu den anderen Kontinenten wie Asien und Lateinamerika viel zu gering sei. Es fehle überall an ausländischen Investitionen. Auch der Energiesektor sei völlig unzureichend entwickelt; hohe Energiekosten seien die Folge. Darüber hinaus sei der soziale Sektor gekennzeichnet von meist nicht funktionierenden Gesundheitssystemen, hohen Arzneimittelkosten und einem nicht leistungsfähigen Versicherungssektor. Die seit Langem angemahnte Integration des Kontinents in den Welthandel sei immer noch nicht vollzogen. Auch das NEPAD-Programm mit seinen an sich gut gemeinten Ansätzen habe bislang außer unverbindlichen Absichtserklärungen noch keine sichtbaren Resultate erbracht.

- **2009**
- **15. Vertragsstaatenkonferenz der Unterzeichner der Klimarahmenkonvention der Vereinten Nationen (UNFCCC-COP 15), Kopenhagen und 5. Vertragsstaatenkonferenz der Unterzeichner des Kyoto-Protokolls (CMP 5)**

In der Zeit vom 07.12. bis 18.12.2009 trafen sich in Kopenhagen Delegationen aus 194 Staaten der Erde zur 15. Vertragsstaatenkonferenz der Unterzeichner der Klimarahmenkonvention der Vereinten Nationen (United Nations Framework Convention on Climate Change; UNFCCC-COP 5), zeitgleich wurde die 5. Vertragsstaatenkonferenz der Unterzeichner des Kyoto-Protokolls (**Kyoto Protocol to the United Nations Framework Convention on Climate Change**, CMP 5) abgehalten.. Mit 27.000 Teilnehmern, 10.000 offiziellen Regierungsvertretern bzw. Vertretern von Nichtregierungsorganisationen, 11.000 Vertreter von

UN-Organisationen und 3000 Medienvertretern war dies die größte UN-Konferenz aller Zeiten. In Anbetracht des Ergebnisses musste die Konferenz am Ende als „eine der am wenigsten erfolgreichen" beschrieben werden.

Auf der Konferenz konnten sich die Delegierten nur auf einen „Minimalkonsens" einigen: den sogenannten „Copenhagen Accord", in dem das Ziel erwähnt wird, die Erderwärmung auf weniger als 2 °C im Vergleich zum vorindustriellen Niveau zu begrenzen. Dieses Ergebnis wurde zwar „zur Kenntnis", aber nicht formell angenommen. Dabei war in Bali vereinbart worden, in Kopenhagen ein verbindliches Regelwerk für den Klimaschutz nach 2012 zu verabschieden. Die Konferenz sollte damit die grundlegenden Elemente für dieses neue Klimaabkommen („Kyoto II") verbindlich festzulegen. Auch sollte in Kopenhagen ein Konsens erzielt werden, ob und wie die beiden Arbeitsgruppen zur zukünftigen Klimapolitik, die Vertragsstaatenkonferenz (UNFCCC-COPs) und die Konferenz der Kyoto-Protokoll-Unterzeichner (CMP), bis zu einem Nachfolgeabkommen für das Kyoto-Protokoll zusammengeführt werden können.

Die Konferenz war geprägt von kontroversen Diskussionen, bei denen die unterschiedlichen Positionen mitunter sehr heftig vertreten wurden. Es kam zu erheblichen Differenzen, bei denen taktische Manöver oftmals sogar mit klaren Drohungen verknüpft wurden. Dabei muss anerkannt werden, dass Kopenhagen damals im Vergleich zu seinen Vorgängerkonferenzen eine Reihe an politischen Besonderheiten aufwies, nämlich der erheblichen Machtverschiebungen im internationalen System (Ende des „Ostblocks"), der Einfluss der Finanzkrise und die veränderte Rolle der USA in der internationalen Politik.

Es wurde auf der Konferenz deutlich, dass nicht mehr die Reduzierung der CO_2-Emissionen und der globale Klimaschutz im Vordergrund der Debatte standen, sondern das Durchsetzen wirtschaftlicher Eigeninteressen; was als *„return to real politics"* und damit durchaus als mit der Regime-Theorie im Einklang stehend, bezeichnet wurde. Da aber damals schon – vor allem in den USA und China – die sich geränderten internationalen Wirtschaftsverflechtungen deutlich ablesbar waren, machten beide Länder auf der Konferenz geltend, dass Vereinbarungen, wie sie im Rahmen der Klimakonferenzen angestrebt werden, zu parallel entwickelnden „Governance-Strukturen" führen. Beide Länder wiesen darauf hin, dass die „Komplexität der Klimapolitik" nicht länger auf einen zwischenstaatlichen Prozess der Aushandlungen zu Abkommen reduziert werden könne, sondern, dass eine Verschiebung weg von traditionell staatszentrierter, multilateraler „Governance" hin zu einer „Governance auf mehreren Ebenen" stattgefunden hat. Und dass nunmehr diese die „Basis für die globalen Reaktionen auf den Klimawandel" darstellen. Dies wiederum hätte zu einer „eigentlich nicht intendierten" Verflechtung unterschiedlicher regionaler und nationaler Emissionshandelssysteme mit unterschiedlichen Regelungen geführt. Diese Haltung könnte, so wurde angeführt, dazu führen, dass die Staaten sich stärker auf nationale Maßnahmen konzentrieren werden und es dadurch in der Folge zu keiner multilateral abgestimmten Klimapolitik kommen wird, wie sie (eigentlich) mit dem Kyoto-Protokoll angestrebt wird.

Des Weiteren hatten die sogenannten BRIC-Staaten (Brasilien, Russland, Indien, China) als Gruppe darauf hingewiesen, dass ihr stetig zunehmender Anteil an der Weltwirtschaft zwangsläufig mit einer zunehmenden Nachfrage nach fossilen Energieträgern einhergehe. Die Forderung seitens der Industriestaaten, diesen Anstieg kontrolliert zu begrenzen, wurde von ihnen zurückgewiesen. Die Industriestaaten seien bei ihrer wirtschaftlichen Entwicklung keinen Begrenzungen unterworfen gewesen, und dass sie im Gegensatz zu den BRIC-Staaten von der 2008/2009er-Finanzkrise weniger stark betroffen seien.

Unter der Leitung der dänischen Umweltministerin Connie Heedegard konnte nach langen und sehr zähen Verhandlungen erst während der beiden letzten Tage wenigstens ein minimaler Grundkonsens erzielt werden. Mit diesem Kompromiss wurde noch einmal bekräftigt, dass alle Emissionsminderungen nur in den bestehenden internationalen Umwelt- und Klimaschutzregimen erreicht werden sollen. Die Vereinbarung konnte dazu aber wenigstens einige (!) Kernelemente festlegen. Auch wenn diese Vereinbarung in der Folge von mehr als 140 Staaten anerkannt wurde, so hatte auf der Konferenz das Plenum der Klimakonferenz diesen Text erst einmal nur zur Kenntnis genommen und als eine Grundlage für den weiteren Verhandlungsprozess anerkannt. Darüber hinaus wurde in Kopenhagen entschieden, die Arbeiten der beiden parallel laufenden Protokolle (UNFCCC und CMP) auf Arbeitsebene weiterzuführen. Bis zur nächsten Vertragsstaatenkonferenz im November 2010 in Mexiko sollten die beiden Gruppen ihre Vorschläge zur zukünftigen Klimapolitik abschließen, über die dann dort entschieden werden sollte.

Gemessen an den hohen Erwartungen, die an diese Konferenz gestellt wurden, war das Ergebnis mehr als enttäuschend ausgefallen. Die Nichtregierungsorganisationen sowie namhafte Klimaforscher beklagten, die Konferenz sei weit hinter die Abmachungen vom Beginn des Verhandlungsprozesses vor zwei Jahren zurückgefallen und sie werteten sie als komplett gescheitert. Die internationalen Umweltschutzorganisationen sahen vor allem eine Schuld bei den USA, aber auch aufseiten der EU, insbesondere weil man sich nicht einmal mehr auf gemeinsame Reduktionsziele bis 2020 oder 2050 hatte festlegen können. Das Angebot von Präsident Obama, die Emissionen der USA um (gerade mal) 4 % zu reduzieren, wurde von den Klimaforschern und den Vertretern der Kleinen Inselstaaten als Affront angesehen. Auch die Taktik der EU, auf dem 20-%-Ziel zu beharren und sich erst dann zu bewegen, wenn andere Länder mitmachen, scheiterte. Am heftigsten wurde beklagt, dass diejenigen

Länder, die am stärksten vom Klimawandel betroffen sind und sein werden – die Gruppe „G77" – von den wirklichen Entscheidungsprozessen ausgeschlossen gewesen seien.

Das Fazit des damaligen Bundesumweltministers Norbert Röttgen lautete denn auch:

> Wir haben nicht das erreicht, was wir uns gewünscht haben, aber das, was erreicht werden konnte – die Alternative von wenig wäre nichts gewesen. Und trotz der Enttäuschungen von Kopenhagen dürfen wir das Ziel eines umfassenden, weltweiten Klimaschutzabkommens nicht aufgeben.

Auf jeden Fall, so stellte er heraus, sei die Kopenhagen-Vereinbarung ein erster Schritt, auf dem jetzt aufgebaut werden könnte. Auch wenn der Kompromiss in Kopenhagen nur einen Minimalkonsens darstellte, wäre es nach Auffassung von Röttgen die falsche Entscheidung gewesen, den Verhandlungstisch zu verlassen. Noch einmal wurde auf der Konferenz klar, dass ohne die USA und China sich weder die Klimakrise noch die anderen zentralen Herausforderungen unserer Zeit lösen ließen.

Positiv wurde allseits anerkannt, dass sich eine große Gruppe von Industrie- und Entwicklungsländern explizit für das 2-°C-Ziel ausgesprochen hatte, unter ihnen erstmals auch die USA und China. Beide Länder hatten darüber hinaus ihre Bereitschaft erklärt, ihre Reduktionsmaßnahmen überprüfen zu lassen und sich an den finanziellen Anschubhilfen für Klimaschutz in Entwicklungsländern zu beteiligen. Insgesamt bestand Konsens darüber, dass die Vereinbarung von Kopenhagen eine gute Basis darstelle, auf der die weiteren konkreten Schritte hin zu dem anvisierten Kyoto-Nachfolgeabkommen aufbauen können.

Im Einzelnen umfasste die Vereinbarung von Kopenhagen drei wesentliche Punkte:

- 2-°C-Ziel:
  Die Teilnehmerstaaten bekräftigten ihren Willen, den globalen Temperaturanstieg auf unter 2 °C zu begrenzen. Dieses Ziel und die Fortschritte bei der Umsetzung der Minderungsmaßnahmen sollten im Jahr 2015 überprüft werden. Die Industrieländer verpflichteten sich darüber hinaus, ihre Volkswirtschaften bis zum Jahr 2020 auf eine kohlenstoffärmere Produktion umzustellen. Entwicklungsländer sagten ihrerseits zu, freiwillige und vor allem selbst finanzierte Klimaschutzmaßnahmen durchzuführen. Des Weiteren verpflichteten sie sich, über die von den Industrieländern unterstützen Maßnahmen im Einzelnen Rechenschaft abzulegen und diese in einem gesonderten Minderungsregister aufzulisten. Eine Überprüfung ihrer selbst finanzierten Minderungsanstrengungen sollte jeweils auf nationaler Basis, aber auf der Grundlage verbindlicher internationaler Kriterien erfolgen, über die sie alle zwei Jahre im Rahmen der Nationalberichte informieren wollen.
- Finanzierung von Reduktionsminderungsmaßnahmen:
  Die Industrieländer bekannten sich noch einmal zu ihrer Verantwortung, für den Zeitraum von 2010 bis 2012 insgesamt 30 Mrd. US$ für Klimaschutzmaßnahmen in Entwicklungsländern zur Verfügung zu stellen. Die EU erklärte sich bereit, davon umgerechnet 10,6 Mrd. US$ als Sofortfinanzierung aufzubringen. Des Weiteren wollten die Industrieländer bis zum Jahr 2020 jährlich 100 Mrd. US$ für Klimaschutzmaßnahmen in den Entwicklungsländern mobilisieren, wenn diese sich im Gegenzug bereit erklären, ausreichende und vor allem transparente Emissionsminderungsprojekte vorzulegen. Ein extra dafür einzurichtendes Kontrollgremium *(high level panel)* soll den Fortschritt dieser Maßnahme überprüfen. Außerdem soll ein „*Copenhagen Green Fund*" gegründet werden, über den ein beträchtlicher Anteil der Gelder fließen soll.
- Neue Organisationen:
  Um die Entwicklungsländer bei ihren Anstrengungen zu unterstützen, die Auswirkungen des Klimawandels auch technisch und operational wirksamer bekämpfen zu können, wurden in Kopenhagen zwei neue Instrumente eingerichtet: Ein auf den allgemeinen Technologietransfer ausgerichtetes Instrument („Technologiemechanismus") und eines speziell für die Fragen zur Quellen- und Senkenproblematik durch Walddegradation und Wiederaufforstung („REDD+"). Dabei kam man aber auf der Konferenz nicht über eine generelle Verständigung, diese beiden Gremien einzurichten, hinaus. Ihre genauen Funktionen und die Fragen zur Operationalisierung der Aufgaben ließ die Kopenhagen-Vereinbarung jedoch offen.

▪▪ 17. Konferenz der Kommission für Nachhaltige Entwicklung der Vereinten Nationen (UNCSD-COP 17), New York

In der Zeit 04.05. bis 15.05.2009 wurde in New York die 17. Vertragsstaatenkonferenz der Kommission für Nachhaltige Entwicklung der Vereinten Nationen (Commission on Sustainble Development; UNCSD-COP 17) abgehalten. Alle 53 Mitgliedsstaaten der Kommission hatten mehrere Hundert offizielle Vertreter entsandt.

Die Konferenz bekräftigte zu Beginn ihre Verpflichtung der Weltbevölkerung gegenüber, Vorschläge auszuarbeiten, mit denen am ehesten die angestrebte Nachhaltigkeit erreicht werden könnte. Sie verwies auf die Rio-Deklaration und die Agenda 21, mit deren zentraler Botschaft, der gemeinsamen aber unterschiedlichen Verantwortung der entwickelten Länder und der Entwicklungsländer bei diesem Prozess. Die Vorsitzende Gerda Verburg betonte, dass sich auch die 17. Konferenz von dieser Verpflichtung leiten lassen werde. Nachhaltigkeit lasse sich nur erreichen, wenn vor allem in dem Themenfeld „Landmanagement" auch die Sektoren „Wasser" und „Boden" integriert würden. Der ländliche Raum könne nur dann einen signifikanten Beitrag zur Sicherung der Ernährung leisten, wenn das Verständnis über die komplexen Wechselwirkungen auch auf allen Ebenen der Gesellschaften verbreitet sei und umgesetzt würde.

Die Themenfelder für die 17. Konferenz waren die Sektoren „Landwirtschaft", „ländliche Entwicklung", „Land", „Dürren", „Desertifikation" und „Afrika". Die Themenfelder für den Arbeitszeitraum 2010 und 2011 mit seinen Sektoren „Transport", „Chemikalien", „Abfallmanagement" und „Bergbau" wurden bestätigt.

In Bezug auf die Probleme im Sektor „Landwirtschaft" stellt die Konferenz fest, dass „Landwirtschaft" immer ganz oben auf der Agenda der nationalen Entwicklungsprioritäten stehen würde, dies insbesondere, da mit der steigenden Weltbevölkerung die Sicherung der Ernährung noch mehr als zuvor als „der" Schlüssel zur Armutsbekämpfung und so zum Erreichen der MDGs angesehen würde. Die Konferenz bekräftigte, die Produktivität in der Landwirtschaft in fast allen Entwicklungsländern müsse deutlich gesteigert werden, damit der Sektor seine sozioökonomische Funktion erfüllen könne. Eine sichere Ernährung sei aber immer von der Tragfähigkeit der Böden abhängig, von der Qualität der Erträge sowie (vor allem) einem verlässlichen Zugang zu den Märkten. Ein großes Problem in diesem Zusammenhang ergebe sich daraus, dass vielfach die Produkte nach der Ernte unzureichend gelagert würden. Feuchtigkeit, Rattenbefall und andere Schädlinge würden oftmals mehr als ein Drittel der Ernte vernichten. Hier müssten internationale Experten anhand von „*best practice*"-Beispielen die Bauern anleiten, ihre Ernte besser zu konservieren; auch die Regierungen wurden aufgefordert, dazu gezielte Initiativen zu ergreifen. Die in der Landwirtschaft tätigen, und hier vor allem die Frauen und Kinder, müssten besser über die Möglichkeiten, die sich aus dem „*Green Revolution*"-Konzept ergeben würden, informiert werden. In der ländlichen Entwicklung müsste eine bessere Balance gefunden werden zwischen der Subsistenzwirtschaft und den landwirtschaftliche Großbetrieben. Der eine Bereich, um die Ernährung in den Regionen sicherzustellen und der andere, um damit Exporterlöse zu erzielen. Große Hoffnung wurde damals auf die Verhandlungen im Rahmen der „Doha-Runden" gesetzt, von denen sich die Entwicklungsländer einen freieren und abgesicherten Zugang zu den Weltmärkten versprachen. Die Konferenz einigte sich darauf, der UN-Generalversammlung vorzuschlagen, erfahrungsbasierte Kenntnisse, die im Einklang mit dem indigen Wissen stehen, gezielt zu verbreiten. Insbesondere Kenntnisse zum Erhalt der Bodenqualität und dem lokalen Grundwassermanagement müssten konsequent in der Fläche verbreitet werden. Anbau und Produktverarbeitung müssten stärker auf die Aspekte der Nachhaltigkeit ausgerichtet werden. Das nationale Investitionsklima in der Landwirtschaft, insbesondere das in der Subsistenzwirtschaft, müsse freundlicher ausgestaltet werden, um lokale Investitionen anzuregen. Die Regierungen müssten ferner Finanzmittel zur Verfügung stellen, um ausländische Direktinvestitionen flankierend zu begleiten, insbesondere dort, wo es um den Erhalt der Bodenqualität und um Grundwasserschutz und Abfallmanagement gehe. Die Regierungen müssten dazu auch die Zusammenarbeit mit internationalen Hilfsorganisationen, wie der Consultative Group on International Agricultural Research, nachsuchen. Der „Nord-Süd-Handel", aber auch der „Süd-Süd-Handel", müssten durch internationale Verträge verlässlicher abgesichert werden. Die Bauern müssten ferner in die Lage versetzt werden, sich nicht länger als Produzenten von agrarischen „Basisprodukten" zu verstehen, sondern ihre Ernten gezielt zu veredeln, um so ihre Marktchancen zu erhöhen.

Eng damit verknüpft waren Überlegungen zur nachhaltigen Entwicklung der ländlichen Räume. Um Armut wirksam zu bekämpfen, käme es vor allem darauf an, eine bessere Vernetzung der Nutzung der Ressourcen „Wasser" und „Boden" mit den soziokulturellen, ökonomischen und ökologischen Anforderungen an den Lebensraum zu erreichen. Dabei sei klar, dass Armut nicht auf den ländlichen Raum beschränkt sei, sondern, dass viele, die dem Land entfliehen, sich dann in einer „städtischen Armutsspirale" wiederfinden. Die Lebensgrundlage für die Landbevölkerung zu verbessern, hieße auch, die Not in den Slums zu verringern *(livelihood resilience)*. Die Konferenz bekräftigte, dass hierfür, wie zuvor geschildert, vor allem der Sektor „Landwirtschaft" einen signifikanten Beitrag leiste. Nachhaltige Ressourcennutzung müsse einhergehen mit der Entwicklung der ländlichen Räume, zu deren Entwicklungsentscheidungen die Landbevölkerung frühzeitig mit einbezogen werden müsse, sie dürfen nicht über die „Köpfe der Betroffenen" hinweg getroffen werden. Eine Entwicklung der ländlichen Regionen würde auch helfen, die Entwicklung der städtischen Randgebiete beherrschbarer zu machen.

Der Zugang zu Land müsste für jedermann transparent und rechtlich abgesichert sein; Kleinkredite *(microcredits)* zum Landerwerb müssten auch für die ärmeren Bevölkerungen zugänglich sein. Moderne Agrarmaschinen und Anbaumethoden müssten auch für Subsistenzbauern erschwinglich werden. Der Staat müsse durch flankierende Maßnahmen, wie durch Straßen- und Brückenbau, Elektrizitäts- und Wasserversorgung oder durch einen Ausbau des Basisgesundheitswesens private Investitionen fördern. Die ländliche Entwicklung müsse auf der Basis eines indikatorgestützten Monitorings erfolgen, um frühzeitig Veränderungen in der Natur erkennen und gegensteuern zu können (Absenkung des Grundwasserspiegels, Bodenerosion, Verschlechterung der Bodenqualität). Der Kampf gegen „Dürren" und „Desertifikation" sei in vielen Regionen der Erde, insbesondere aber in der Sahelzone, von höchster Priorität. Böden, die dadurch unbrauchbar würden, würden heute schon das Leben von Millionen Menschen auf der Erde schwer beeinträchtigen. Die Effekte des Klimawandels verstärken diese Probleme in noch nicht überschaubarem Ausmaß. Gefordert wurde, nationale Dürrenmanagementpläne aufzustellen, mit denen die lokalen Initiativen gegen die Degradation der Böden unterstützt werden müssten. Nationale Frühwarnung müsste die Politikebenen darüber aufklären, wo besonders hohe Degradationsvorgänge beobachtet wurden. Die Kenntnisse über die vielfältigen klimatischen Ursachen von Dürren sowie über die Prozesse, die Degradation fördern, müssten zusammen mit externen Fachleuten untersucht und Wege für eine Verringerung der Auswirkungen aufgezeigt werden.

Die Konferenz betonte die unteilbare Verantwortung der Regierungen, entsprechende Rahmenbedingungen zu setzen, aber auch, dass den lokalen Gebietskörperschaften die Umsetzung zu übertragen sei. Die erforderlichen Finanzmittel würden jeden Staat überfordern. Nur durch konzertierte Aktionen zusammen mit den internationalen Gebern, hier vor allem mit der Global Environment Facility (GEF), ließen sich die Gelder auftreiben. Mit dem NEPAD-Programm sollte den afrikanischen Ländern Hilfestellung bei deren sozialer und ökonomischer Entwicklung gewährt werden; hier lag der Fokus insbesondere auf der Entwicklung der ländlichen Gebiete. Doch noch immer lägen die Zuwächse der Bruttoinlandsprodukte in Afrika unter der unteren Zielmarke von 7 %. Wenn, dann fand Entwicklung nur in solchen Sektoren statt, die wenige Arbeitskräfte benötigen. Den Grund für diese unausgewogene Entwicklung sah die Konferenz in der unterentwickelten Verkehrs- und Kommunikationsinfrastruktur, dem Fehlen leistungsfähiger Administrationen und ausbleibenden Investitionen im Agrarsektor. Die Konferenz verwies darauf, dass schon mit dem „Comprehensive African Agriculture Development Programm" im Rahmen von NEPAD solche Investitionen angeregt werden sollten. Es fehle vor allem an einer Mobilisierung privater Direktinvestitionen. Solche Investitionen müssten vor allem für den Subsistenzbauern wie für die Bewohner der Randzonen der großen Städte bereitgestellt werden. Dazu müssten die ordnungspolitischen Regelwerke klarer und eindeutiger gefasst und die Rechte der zivilgesellschaftlichen Gruppen verbindlich festgeschrieben werden.

Insgesamt müssten die nationalen Agrarpolitiken auf allen politischen Entscheidungsebenen deutlicher als bisher das Ziel der „Nachhaltigkeit" beinhalten. Mit Unterstützung externer Fachkräfte müssten den Bauern die Vorzüge einer „nachhaltigen Entwicklung" verständlicher vorgestellt werden; sie müssten lernen, sich als Teil der nationalen Agrarlieferkette zu verstehen. Die Industrieländer wurden aufgefordert, ihren Widerstand aufzugeben und bei der „Doha-Runde" den afrikanischen Ländern verlässliche Zugänge zu den Weltmärkten einzuräumen, zum Beispiel durch den Abbau von Importzöllen für Agrarprodukte aus Afrika und den Stopp von Exportsubventionen.

▪▪ 3. Weltklimakonferenz, Genf

Vom 31.08. bis 04.09.2009 fand in Genf die 3. Weltklimakonferenz (WCC 3) statt, die federführend von der Weltorganisation für Meteorologie (WMO) und in Zusammenarbeit mit anderen Organen der Vereinten Nationen (UNESCO; UNEP, ICSU) und einer Reihe zwischenstaatlicher Organisationen und Nichtregierungsorganisationen durchgeführt wurde. Vertreter von Regierungen aus über 150 Staaten, Hunderte von Klimaforschern sowie Vertreter aus Wirtschaft und Medien waren anwesend.

Die „Weltklimakonferenz" war 1979 ins Leben gerufen worden, um das Verständnis über das „Klima als globale Herausforderung" in den internationalen „Government"-Systemen verbreiten zu helfen. Die Konferenzen gelten seit Gründung als Meilensteine der internationalen Klimaforschung und haben dazu beigetragen, u. a. 1988 den Weltklimarat (IPCC) zu gründen und 1990 die Klimarahmenkonvention ins Leben zu rufen. Damals (1979) bestand die Notwendigkeit, ein globales Netzwerk für Klimainformationen aufzubauen und klimabedingte Dienstleistungen vorzuhalten. Nach der zweiten Konferenz (1990) dauerte es dann noch einmal fast 20 Jahre, ehe in Genf die dritte Konferenz stattfand. Die Konferenz hatte sich zum Ziel gesetzt, weitere Impulse für die 15. Vertragsstaatenkonferenz der Klimarahmenkonvention 2009 in Kopenhagen zu setzten und damit Einfluss zu nehmen auf die Verhandlungen zur Fortsetzung des Kyoto-Protokolls nach 2012.

Experten und Regierungsvertreter berieten auf der Basis des aktuellen Forschungsstands über die Entwicklungen in der Klimaforschung seit der letzten Konferenz sowie über Strategien und Lösungen für die Klimaprobleme der Zukunft. Sie kamen unter anderem zu dem Ergebnis, dass es zwar große wissenschaftliche Fortschritte im Verständnis des Klimageschehens in den letzten 30 Jahren gegeben habe, insbesondere durch das Weltklimaprogramm (*World Climate Program*, WCP). Dennoch müsse die Zusammenarbeit zwischen Anbietern und Nutzern von Klimadiensten enger werden und die Anstrengungen in Bezug auf Klimavorhersagen, Forschungs- und Modellinitiativen verstärkt und die Verfügbarkeit und Qualität der Klimadaten verbessert werden.

Wichtigstes Ergebnis der Konferenz war die Einrichtung eines „Globalen Rahmenwerks für Klimadienstleistungen" (Global Framework for Climate Services; GFCS). Die Teilnehmer betonten, dass es an der Zeit sei, die Fortschritte, die es im Bereich der Klimamodellierung sowohl auf globaler, regionaler als auch nationaler Ebene gegeben habe, in operationelle Anwendungen zu integrieren, so der Vizepräsident des Deutschen Wetterdienstes (DWD), Paul Becker. Dazu wurde die WMO aufgefordert, umgehend einen internationalen Workshop einzuberufen, auf dem die Strukturen für das Rahmenwerk ausgearbeitet werden sollten; eine *„task force"* von Experten sollte dazu dem Generalsekretariat der WMO Vorschläge vorlegen; darüber hinaus Empfehlungen für ihre Umsetzung. Auf dem geplanten WMO-Kongress im Jahr 2011 sollten dann die Empfehlungen zur Abstimmung vorgelegt werden.

Die Zurverfügungstellung von Klimadienstleistungen erfordert eine umfangreiche, belastbare wissenschaftliche

Basis und sie müssen für ihre Nutzer in verlässlicher Form vorliegen. Dazu zählen zum einen die weltweiten Wetter-/Klimaarchiven und zum anderen sind dafür weitergehende Forschungen zur Klimamodellierung unverzichtbar. Klimavorhersagen bzw. -projektionen erweitern den Blick und liefern Informationen über zukünftig zu erwartende Entwicklungen. Damit Klimadienstleistungen die Nutzeranforderungen immer besser erfüllen können, bedarf es einer gut funktionierenden und systematisch vorgehenden Kommunikation zwischen den Nutzern und den Erzeugern der Klimadienstleistungen. Zur Verbreitung an die Nutzer soll ein eigenes „Informationssystem für Klimadienstleitungen" (Climate Services Information System; CSIS) eingerichtet werden. Dabei umfasst das GFCS vier Säulen: „Klimabeobachtungen", „Forschung, Modellierung und Vorhersagen", „Informationssystem für Klimadienstleistungen" sowie die „Plattform für Nutzerschnittstellen". Die Konferenz plädierte ferner dafür, zur besseren Umsetzung des Rahmenwerkes in den Entwicklungsländern dort einen gezielten Technologietransfer vorzusehen.

9. Vertragsstaatenkonferenz der Unterzeichner des Übereinkommens zur Bekämpfung der Desertifikation der Vereinten Nationen (UNCCD-COP 9), Buenos Aires

In der Zeit vom 21.09. bis 02.10.2009 fand in Buenos Aires die 9. Vertragsstaatenkonferenz der Unterzeichner des „Übereinkommens zur Bekämpfung der Desertifikation" der Vereinten Nationen (United Nations Convention to Combat Desertification; „UNCCD-COP 9") statt. An ihr hatten mehr als 700 Vertreter aus 154 Ländern teilgenommen. Ebenso hatten alle namhaften UN-Organisationen Vertreter entsandt; unter anderem ECLAC, ECOSOC, FAO, IFAD, UNCBD, UNDP, UNDESA, UNEP, UNESCO, UNFCCC, UNFF, UNIC, WMO und die Weltbank. 18 Nichtregierungsorganisationen waren beteiligt, ebenso wie Vertreter von 80 zivilgesellschaftlichen Gruppen.

Die Konferenz betonte die grundlegende Bedeutung der 10-Jahresstrategie als Instrument zur Bekämpfung der weltweiten Auswirkungen der Desertifikation. Sie stelle ein einzigartiges Instrument zum Zusammenführen aller UN-Konventionen im Kampf gegen die Armut als Folge der sich immer weiter ausbreitenden Dürreregionen dar. Die Probleme der Desertifikation anzugehen sei eine der zentralen Herausforderungen, dem Klimawandel zu begegnen. Dazu müssten die ökologischen und ökonomischen Zusammenhänge von Boden und Landnutzung erkannt und Synergien in den Zielen der UN-Konventionen besser genutzt werden. Nur auf der Grundlage wissenschaftlich fundierter Erkenntnisse und an den lokalen Bedürfnissen ausgerichteten Lösungsmodellen würde es möglich, in den Regionen eine nachhaltige Entwicklung zu fördern und so eine Minderung der Armut zu erreichen. Alle Organisationseinheiten der Konvention wurden daher aufgerufen, daran konstruktiv mitzuwirken. An alle Einheiten der Konvention ging daher der Auftrag, jeweils einen 3-Jahresplan (2012–2015) aufstellen. Diese Pläne sollten dann von dem Sekretariat zusammengefasst und in Einklang mit der 10-Jahresstrategie gebracht werden. Das Sekretariat wurde ferner aufgefordert, die Konventionsziele noch stärker bei den anderen UN-Organisationen zur Geltung zu bringen.

Der erste Zeitabschnitt der 10-Jahresstrategie (2008–2009) war geprägt von prozeduralen Fragen zu deren Umsetzung. Dazu gehörte vor allem eine Neuausrichtung des Committee on Science and Technology (CST) sowie das Inkraftsetzen eines effizienten „Berichts- und Monitoringsystems", für das die Joint Inspection Unit der UN einen Katalog an Empfehlungen vorgelegt hatte. Damit war die Grundlage für eine international standardisierte Bewertung des Implementierungsstands gelegt worden (Committee for the Review of the Implementation of the Convention; CRIC). Auf der Grundlage von national und international vergleichbaren Parametern sollten in Zukunft die globalen Auswirkungen der Konventionsstrategie festgestellt werden. Ferner wurden die Mitgliedsländer aufgefordert, die Ziele der „Wüstenkonvention" prioritär in den nationalen Entwicklungsplänen (NAPs) zu verankern sowie „hochrangige Offizielle" für die UNCCD-Konvention zu benennen. Die Konferenz ihrerseits wurde aufgefordert, das Sekretariat mit einem robusten Mandat auszustatten, das es ihm ermöglicht, die Umsetzung der Empfehlungen auch überwachen zu können.

Wie auf der 8. Konferenz gefordert, legte das Sekretariat eine Evaluierung des „Globalen Mechanismus" (GM) vor. Um dessen Steuerungsfunktion effizienter zu gestalten, schlug der Bericht eine Reihe verschiedener Lösungsmodelle vor, von denen sich die Konferenz für ein Zusammenlegen des GM mit den Aufgaben des Sekretariats am Standort Bonn entschied. Nach Konsultation mit dem UN-Office for Legal Affairs sei solche eine Mandatsübertragung mit den Regeln der UN vereinbar.

Wie anlässlich der UNCCD-COP 7 zur Verbesserung der Effizienz des Expertennetzes beschlossen, legte die CST-Gruppe eine Überarbeitung der Expertenliste und der nationalen *focal points* vor, die von ihren Ländern als Ansprechpartner benannt worden waren; inklusive einer Liste unabhängiger Interessenten. Die Liste beruht auf den von den Mitgliedsländern benannten Experten. Sie zeichnet sich aus durch eine breite fachliche Streuung auf alle Sektoren der Desertifikationsbekämpfung, durch eine Berücksichtigung der genderspezifischen Vorgaben der Konvention sowie durch eine gleiche Repräsentanz aller geographischen Regionen.

- 2010

16. Vertragsstaatenkonferenz der Unterzeichner der Klimarahmenkonvention der Vereinten Nationen (UNFCCC-COP 16), Cancún und 6. Vertragsstaatenkonferenz der Unterzeichner des Kyoto-Protokolls (CMP 6)

Vom 29.11. bis 11.12.2010 fand in Cancún die 16. Vertragsstaatenkonferenz der Unterzeichner der Klimarahmenkonvention der Vereinten Nationen (United Nations Framework

Convention on Climate Change; UNFCCC-COP 16) statt; wieder zeitgleich mit der 6. Vertragsstaatenkonferenz der Unterzeichner des Kyoto-Protokolls (Kyoto Protocol to the United Nations Framework Convention on Climate Change, CMP 6). Dazu waren 12.000 Vertreter aus allen bei der UN akkreditierten Staaten gekommen, unter ihnen 5200 der Regierungen der Mitgliedsländer; mehr als 5000 Vertreter aus den UN-Organisationen, von Nichtregierungsorganisationen und anderen internationalen Organisationen. Das große Interesse an dieser Konferenz war an der großen Zahl von 1200 Medienvertretern abzulesen.

Wiedermal war es das wichtigste Ziel der Konferenz, das inzwischen schon mehrfach behandelte Thema des Kyoto-Nachfolgeabkommen endlich in einem verbindlichen Abkommen festzuschreiben. Auf der letzten „Klimakonferenz" in Kopenhagen (UNFCCC-COP 15) waren die Verhandlungen hierzu gescheitert. Damals hatten die Teilnehmer diesen Verhandlungspunkt in der „Kopenhagener Erklärung" lediglich zur Kenntnis genommen. Deshalb hatte sich die Konferenz diesmal vorgenommen, ein Zeichen der Hoffnung zu setzen: *„a beacon of hope"*, wie es die ehemalige Exekutivsekretärin der UNFCCC Christiana Figueres ausdrückte. Connie Hedegaard (EU-Klimakommissarin) hatte damals daraufhin gewiesen, dass es zu dem UN-Prozess keine Alternative gäbe. Sie betonte: „Die Zeit läuft ab", und fügte hinzu, dass der „Klimaschutz in eine sehr ernste Lage kommen werde, wenn man sich in Cancún nicht auf weiterführende Ergebnisse einigen könnte. Denn sonst riskiere man, dass der UN-Prozess zwar formell weitergeht, die Staaten sich in der Realität jedoch von ihm abkehren".

Schon in den Vorgesprächen von Cancún war darüber gesprochen worden, dass die Verhandlungen in Mexiko die Grundlage dafür legen sollten, dass zur 17. Vertragsstaatenkonferenz (UNFCCC-COP 17) in Südafrika (2011) der Text für ein Abkommen vorliegen sollte, um zu vermeiden, dass nach dem im Jahre 2012 auslaufenden Kyoto-Protokoll ein klimapolitisches Vakuum ohne Klimaschutzziele und Mechanismen entstünde.

Von den beiden großen CO_2-Emittenten USA und China wurden im Vorfeld keine großen Impulse erwartet. So hatten in den USA die Demokraten im Kongress die Mehrheit verloren und damit hatten sich die Aussichten auf eine Ratifizierung des Kyoto-Protokolls durch das US-Parlament zerschlagen. China hatte zuvor erstmals offiziell eingeräumt, der weltgrößte CO_2-Emittent zu sein und zugegeben, dass schon jetzt deutliche Folgen des Klimawandels (Unwetter, Dürren, Ausbreitung der Wüstengebiete im Norden des Landes) zu verzeichnen seien. Das Land habe sich daher ein ambitioniertes Klimaziel gesetzt, nämlich eine Absenkung der Emissionen um bis 45 %. Dabei musste allerdings berücksichtigt werden, dass sich der chinesische CO_2-Ausstoß als Folge des Wirtschaftsbooms in der 2000er-Dekade mehr als verdoppelt hatte. Getrübt wurde diese Ankündigung von der Äußerung der chinesischen Regierung, dass man eine Kontrolle der eigenen Klimamaßnahmen durch internationale Gremien nicht akzeptieren werde.

Zwangsläufig standen die Erwartungen an diesen Gipfel noch ganz unter dem Einfluss des Scheiterns der Konferenz von Kopenhagen und ließen daher eigentlich den „großen Schritt nach vorn" im globalen Klimaschutz nicht erwarten. Am Ende waren sich die Teilnehmer einig, dass sich bei verschiedenen Themen die Standpunkte aufeinander zubewegt hatten und dass man mit dem „Cancún Agreement" dem Ziel, ein Nachfolgeabkommen für das 2017 auslaufende Kyoto-Protokoll zu erreichen, näher gekommen sei.

Die Europäische Union wurde aufgefordert, „endlich wieder ihre frühere Vorreiterrolle einnehmen" und sich dafür einsetzen, dass ihre CO_2-Emissionen bis 2020 um mindestens 30 % gemindert würden. Denn nur wenn sich die Industriestaaten zu einer „ernsthaften" Klimaschutzpolitik durchringen, werden sich auch Schwellen- und Entwicklungsländer, unter ihnen Indien, Mexiko, Brasilien und Südafrika, in diesen Prozess einbinden lassen.

Ein wesentliches Ergebnis der Konferenz war die formelle Einrichtung des Green Climate Fund (GCF), wie er schon in Artikel 11 der Klimarahmenkonvention festgeschrieben und noch einmal im „Copenhagen Accord" bekräftigt worden war. Mit dem GCF wurde ein Instrument geschaffen, mit dem Entwicklungsländern finanzielle Hilfe zur Implementierung von Klimaschutzmaßnahmen bereitgestellt werden kann. Finanziert soll damit vor allem ein Transfer von Know-how und Umwelttechnologien werden. Der Fonds soll durch das *Governing Board* der Konvention beaufsichtigt werden, dem 24 Mitglieder (12 aus Entwicklungsländern; 12 aus Industrieländern) angehören. Bis zur endgültigen Funktionsfähigkeit des GCF soll die Weltbank als *„interim trustee"* den Fonds verwalten. Auch wurde ein vorläufiges „Transitional Committee" eingerichtet. Ihm sollen 15 Vertreter der Entwicklungsländer und 25 von den Industrieländern angehören. Das Komitee wurde mandatiert, die für den GCF notwendigen legalen und administrativen Voraussetzungen zu schaffen; aber auch das Einwerben der Finanzmittel zu verantworten. Ferner obliegt es ihm, deinen Reviewprozess einzurichten, mit dem ein unabhängiges Monitoring des Standes der Umsetzung gewährleistet werden kann.

Das erste der beiden Abschlusspapiere behandelte die Fortführung des Kyoto-Protokolls nach 2012. In ihm wurden die Industriestaaten aufgefordert, ihre Treibhausgasemissionen bis 2020 um 25–40 % zu vermindern. Die freiwilligen Reduktionszusagen vieler Länder, darunter der USA, wurden in dem Abschlusstext zur Kenntnis genommen; waren also erstmals in einer UN-Vereinbarung schriftlich erwähnt. Die Industrieländer wurden darüber hinaus aufgefordert, ihre Maßnahmen zur Einschränkung der klimaschädlichen Emissionen deutlich auszuweiten; die Entwicklungsländer, ihrerseits Maßnahmen zu ergreifen, um Treibhausgasemissionen signifikant zu verringern. Das zweite Dokument mit dem Titel *Long-term Cooperative Action* (LCA), bezog sich auf das vom IPCC angeregte Ziel, die globale Erwärmung bis 2050 auf höchstens 2 °C im Vergleich zur vorindustriellen Zeit zu begrenzen. Darüber hinaus sollte nach dem Willen der Kleinen Inselstaaten zudem bis 2015 geprüft werden, ob nicht eine Begrenzung auf 1,5 °C erforderlich ist.

Die „Cancún Agreements" genannten Abschlussdokumente umfassten die folgenden Hauptpunkte:
— Die in Kopenhagen („Copenhagen Accord") ausgehandelten freiwilligen Ziele zur CO_2-Einsparung wurden in die Konvention aufgenommen.
— Der weltweite Treibhausgasausstoß soll bis 2050 verringert werden. Von 2013 bis 2015 soll eine Revision der bisherigen Ziele erfolgen, mit der eindeutigen Option, sich dann auf eine Begrenzung der Erderwärmung um 1,5 °C zu einigen.
— Schwellen- und Entwicklungsländer sollen freiwillig nationale Beiträge zur Emissionsminderung leisten und das UN-Klimasekretariat darüber informieren.
— Die Industrieländer verpflichten sich, die Entwicklungsländer finanziell zu unterstützen. Dazu sollen ab 2020 jährlich 100 Mrd. US$ in den Green Climate Fund eingezahlt werden.
— Eine neu geschaffene Institution, das Cancún Adaptation Framework, soll Entwicklungsländern dabei helfen, die Auswirkungen des Klimawandels zu verringern. Konkrete Maßnahmen sollen aber auf nationaler bzw. lokaler Ebene durchgeführt werden.
— Die Verhandlungen über ein Nachfolgeabkommen des Kyoto-Protokolls werden fortgeführt. Dies soll möglichst mit einem direkten Übergang in ein neues Abkommen nach dem Ende des bisherigen Protokolls 2012 erfolgen.
— Die Erkenntnisse des Weltklimarates (IPCC), dass die Treibhausgasemissionen bis 2050 um 25–40 % im Vergleich zu 1990 gesenkt werden müssen, wurde anerkannt.

Nach zwei Wochen intensiver Verhandlungen herrschte am Ende bei fast allen Beteiligten große Erleichterung, denn in Cancún war (trotz allem) ein wichtiger Schritt auf dem Weg zu einem neuen Klimaabkommen gelungen. Damit endete diese Klimakonferenz mit viel konkreteren Ergebnissen als zunächst gedacht. Etwas (zu) euphorisch verkündete denn auch die mexikanische Außenministerin Patricia Espinosa: „Dies ist eine neue Ära der internationalen Zusammenarbeit gegen den Klimawandel." Bis auf Bolivien stimmten am Ende alle Länder den Abschlusstexten zu. Das in Cancún verabschiedete Gesamtpaket stellte immer noch kein völkerrechtlich bindendes Abkommen dar. Da es aber von allen Teilnehmerstaaten unterzeichnet wurde, machte es damit Staaten unmöglich, Themen, die ihnen nicht zusagten, in Zukunft einfach zu ignorieren. In den beiden Abschlusspapieren wurden die beiden 2007 auf Bali festgelegten Verhandlungspfade noch einmal verlängert: Fortsetzung der Verhandlungen zum Kyoto-Protokoll sowie die Verhandlungen über langfristige Zusammenarbeit zum Waldschutz, zu Förderung von Klimaschutztechniken, zu Fragen der Emissionsminderung sowie dem als vorrangig angesehenen Problem der Finanzierung von Klimaschutzprojekten. Die Exekutivsekretärin des UNFCCC-Sekretariats Christina Figueres wertete das Ergebnis der Konferenz entsprechend: „Cancún hat seine Aufgaben erfüllt. Die Staaten hätten bewiesen, dass sie unter einem gemeinsamen Dach zusammenarbeiten und willens sind einen Konsens in der Sache ‚globaler Klimaschutz' zu erreichen. Sie haben gezeigt, dass ein Konsens in einem transparenten und alle einbeziehenden Prozess mehr Klimaschutz schaffen kann." Auch die EU-Klimakommissarin Connie Hedegaard zeigte sich nach dem Gipfelbeschluss erleichtert: „Wir sind glücklich, dass der UNO-Prozess gerettet wurde, sollten aber nicht außer Acht lassen, noch ein weiter Weg vor uns liegt."

Kritische Stimmen zum Konferenzergebnis kamen naturgemäß von den Nichtregierungsorganisationen. So äußerte der Bund für Umwelt und Naturschutz Deutschland (BUND) seine Enttäuschung darüber, dass die Ergebnisse deutlich hinter den Erwartungen zurückgeblieben seien. Zwar ermöglichen die Beschlüsse von Cancún die Fortsetzung der Bemühungen zum Klimaschutz unter dem Dach der Vereinten Nationen, lieferten aber noch keinen akzeptablen Beitrag zur Minderung der Treibhausgase. Positiv bewertete der BUND die Fortführung des Kyoto-Prozesses und die Einrichtung eines GCF. Am Ende stimmten die Nichtregierungsorganisation darin überein, dass das Ergebnis am besten zu beschreiben sei mit: „Man ist auf dem richtigen Weg".

∎∎ 10. Vertragsstaatenkonferenz der Biodiversitätskonvention der Vereinten Nationen (UNCBD-COP 10), Nagoya und 5. Vertragsstaatenkonferenz der Unterzeichner des Cartagena-Protokolls (MOP 5)

Vom 18.10. bis 29.10.2010 fand in Nagoya die 10. Vertragsstaatenkonferenz der Biodiversitätskonvention der Vereinten Nationen (United Nations Convention on Biological Diversity; UNCBD-COP 10) statt. Vor der Konferenz wurde vom 11.10. bis 15.10.2010 ebenfalls in Nagoya die 5. Vertragsstaatenkonferenz der Unterzeichner des Cartagena-Protokolls (Cartagena Protocol on Biosafety, MOP 5) abgehalten. Mehr als 18.000 Vertreter von 193 Staaten, 30 UN-Organisationen und mehrere Tausend Vertreter von Nichtregierungsorganisationen, von Wissenschaft, Industrie und den Medien hatten daran teilgenommen.

Bei der Konferenz konnte erstmals eine Vereinbarung erzielt werden, mit der sich die Chancen, den fortschreitenden Raubbau an der biologischen Vielfalt einzudämmen, deutlich verbessert hatten. So wurde ein neues globales Biodiversitätsziel verabschiedet und eine Strategie für den globalen Schutz der biologischen Vielfalt für den Zeitraum von 2011 bis 2020. Nach 20 Jahren intensiver Diskussionen war es ferner gelungen, sich auf ein drittes Ziel der Biodiversitätskonvention, nämlich einen gerechten

Vorteilsausgleich bei der Nutzung genetischer Ressourcen, zu verständigen. Mit der Verabschiedung der neuen Strategie hatte die internationale Staatengemeinschaft unter Beweis gestellt, dass sie den Willen und die Kapazitäten hatte, den weltweiten Verlust an biologischer Vielfalt zu stoppen.

Das fünfte Treffen der Unterzeichnerstaaten des Cartagena-Protokolls stellte eine Zäsur in den Konferenzen dar. Waren die Jahre zuvor gekennzeichnet von der Verankerung des Protokolls in den Vertragsstaaten sowie durch die Erstellung eines verbindlichen Regelwerks und der prozeduralen Abläufe, so betrat mit der MOP 5 das Protokoll das Feld der Umsetzung. Das Protokoll bekam danach eine klarere Struktur und wurde stärker an dem „Strategic Plan of the Cartagena Protocol on Biosafety" ausgerichtet. Zu den thematischen Schwerpunkten der Konferenz in Nagoya gehörte die Verabschiedung des „Protokoll zum Zugang zu genetischen Ressourcen und einem gerechten Vorteilsausgleich" (Nagoya Protocol on Access to Genetic Resources and the Fair and Equitable Sharing of Benefits Arising from their Utilization to the Convention on Biological Diversity), auch „Nagoya Protocol on Access and Benefit Sharing" (ABS) genannt. Das Instrument war schon 1992 in der UNCED-Konferenz als Mechanismus angesprochen worden und war auch eines der Hauptthemen der UNCCC-COP-4-Konferenz im Jahr 2000 in Bonn gewesen. In Nagoya konnte dieses Instrument nunmehr beschlossen werden und trat am 12. Oktober 2014 in Kraft. Das Protokoll wurde damit ein völkerrechtlich verbindliches Zusatzabkommen zu der Biodiversitätskonvention. Es regelt die gerechte Aufteilung der sich aus der Nutzung der genetischen Ressourcen ergebenden Vorteile, insbesondere durch einen allgemeinen und angemessenen Zugang zu den genetischen Ressourcen sowie eine angemessene Weitergabe der einschlägigen Technologien unter Berücksichtigung aller Rechte an diesen Ressourcen und Technologien. Mit ihm war ein völkerrechtlicher Rahmen für einen Interessensausgleich (*„living in harmony"*) zwischen den Ursprungsländern genetischer Ressourcen und denjenigen Länder geschaffen worden, in denen die genetischen Ressourcen genutzt werden. Vor allem die von Entwicklungsländern angeprangerte „Biopiraterie" sollte so eingedämmt werden. Das Protokoll verpflichtet die Parteien, nationale Regelwerke in Kraft zu setzen, die sicherstellen, dass Vorteile, die sich aus der Nutzung der genetischen Ressourcen ergeben, den Gesellschaften, insbesondere den indigenen Völkern uneingeschränkt zugute kommen. Eine Folge des Artikels 15 des Cartagena-Protokolls war die Verabschiedung einer Richtlinie zur Bewertung des Risikos und zum Risikomanagement im Umgang mit „genetisch veränderten Organismen" (*living modified organisms*; LMOs). Die Richtlinie (*Guidance on Risk Assessment of Living Modified Organisms*) hat das Ziel, den Vertragsstaaten Handlungsempfehlungen zu geben, wie am besten ein angemessenes Niveau an Sicherheit im Umgang und beim grenzüberschreitenden Transport *(movements)*

solcher Arten gewährleistet werden könnte. Auch konnte Einvernehmen erzielt werden über die Frage, wie die Haftung für Schäden aus dem grenzüberschreitenden Transport von LMOs geregelt werden sollte. Dazu wurde eine Expertengruppe eingesetzt, die die bis damals vorgelegten Entwürfe in einem Zusatzprotokoll (Supplementary Protocol on Liability and Redress to the Cartagena Protocol on Biosafety) zum Cartagena-Protokoll zusammenfassen sollte. Das Zusatzprotokoll wurde auch deshalb als notwendig empfunden, da immer noch unterschiedliche Auffassungen bestanden, was unter „gentechnisch veränderten Arten" bzw. daraus produzierten Stoffen (*processed materials of living modified organisms*) zu verstehen sei.

Eine der Aufgaben für die 10. Vertragsstaatenkonferenz war die Neufassung des „strategischen Plans zur Umsetzung der Biodiversitätskonvention" (Strategic Plan for the Convention on Biological Diversity for the post-2010 period). In dem Plan wurden konkrete mittel- bis langfristige Ziele und Prioritäten für den internationalen Biodiversitätsschutz festgelegt. Der strategische Plan bis zum Jahr 2010 hatte das Ziel, die gegenwärtig hohen Raten des Biodiversitätsverlustes deutlich zu reduzieren. Dieses Ziel, so war auf der UNCCD-COP 9 festgestellt worden, werde nicht erreicht werden. Eine Neuausrichtung war daher unumgänglich. Die Konferenz verabschiedete eine langfristige Vision bis zum Jahr 2050 sowie eine mittelfristige bis 2020, sowie insgesamt 20 Unterziele, die sogenannten „Aichi-Ziele". Für die Zukunft sollte ein stärkerer Fokus auf die Integration der Konventionsziele in globale und regionale Umweltschutzregime und Prozesse gelegt werden. So soll zudem eine engere Verbindung zu den Sektoren mit großem sozioökonomischem Entwicklungspotenzial hergestellt werden, wie vor allem zur Landwirtschaft, Fischerei, Forstwirtschaft und dem internationalen Ressourcenhandel. Des Weiteren konnte das Sekretariat die dritte Auflage des *Global Biodiversity Outlook* vorstellen. Dieser Bericht hätte ohne Beiträge des World Conservation Monitoring Centre of the United Nations Environment Programme (UNEP-WCMC), der Partners of the 2010 Biodiversity Indicators Partnership, Diversitas und vieler Fachleute und Interessenten nicht herausgegeben werden können.

Zu dem Themenfeld „*Global Taxonomy Initiative*" (GTI) wurde von der Konferenz festgestellt, dass die Probleme hierbei vor allem darauf zurückzuführen sind, dass in vielen Ländern die Kapazitäten zur Taxonomie und das Verständnis zur Biodiversität im Allgemeinen unzureichend sind. Daraus resultieren zum Teil wissenschaftlich nicht haltbare Artenbeschreibungen und das mache einen fundierten Vergleich der bedrohten Arten unmöglich. Die Vertragsparteien wurden daher eindringlich aufgefordert, ihre Anstrengungen zu verstärken. Insbesondere sollten dabei die Länder das gesamte fachliche Spektrum der Taxonomie auf Schwachstellen hin abprüfen.

Im Themenfeld „Ökologie der Binnengewässer" wurde auf der Konferenz die Rolle der Ökosysteme und der Landnutzung in Bezug auf die globale Wasserverfügbarkeit – hier vor allem die Rolle der Wälder – als noch nicht ausreichend verstanden herausgestellt. Die Konferenz beauftragte daher das Sekretariat, eine Expertengruppe einzurichten, die zusammen mit der Ramsar Convention on Wetlands bis zur nächsten Konferenz einen Bericht erstellen sollte, mit Empfehlungen, wie diese Aspekte nachhaltig in den nationalen Artenschutzstrategien eingebracht werden könnten.

Zum Thema „Waldökologie" stellte die Konferenz fest, dass die Aktivitäten zur Erfassung der globalen Waldökologie und zur Waldtypisierung plangemäß durchgeführt wurden. Zusammen mit der Collaborative Partnership on Forests (CPF) war eine Reihe von regionalen Workshops durchgeführt worden, um Kenntnisse zur Minderung von CO_2-Emissionen aus der Waldrodung zu verbreiten. Die Konferenz nahm zustimmend eine Zusammenstellung von „best practice"-Beispielen zum Kenntnisstand über ein nachhaltiges Management der „Trockengebiete und Savannen" an. Darin waren vor allem Erkenntnisse aus traditionellem indigenem Wissen zur nachhaltigen Landnutzung und welche Empfehlungen sich daraus ableiten lassen, herausgestellt worden. Die Konferenz begrüßte ferner das vom Sekretariat vorgelegte „Toolkit", mit dem indigene Völker zu Fragen der Bodenerosion, der Bewertung ihrer natürlichen Ressourcen und zum Wassergebietsmanagement beraten werden konnten.

Das Thema „Meere und Küstengebiete" wurde ebenfalls eingehend beraten. Die Konferenz begrüßte die erzielten Fortschritte, stellte jedoch mit Bestürzung fest, dass das angestrebte 2010-Ziel, nämlich, den Verlust der Artenvielfalt signifikant zu verringern, nicht erreicht werden wird. Immer noch seien nur 1 % der Meeresgebiete unter Schutz gestellt, im Vergleich zu ca. 15 % der Landflächen, und das, obwohl die Weltmeere geschätzt bis zu 10 Mio. Arten umfassen können. Die Konferenz rief daher alle Vertragspartner auf, die Initiativen des Census of Marine Life (CoML) im Ocean Biogeographic Information System (OBIS) nachdrücklich zu unterstützen. Besonders die Auswirkungen der Salzwiesen, Mangroven und Seegraswiesen auf die lokalen Ökologien müssten besser als bisher verstanden werden. Das Sekretariat wurde daher aufgefordert, zusammen mit der UNFCCC einen Expertenworkshop zu initiieren, der sich mit dem Zusammenhang Meeresbiodiversität und Klimawandel auseinandersetzen sollte. Zur Frage der invasiven bzw. fremden Arten (invasive alien species) legte das Sekretariat einen Bericht vor, der die Gefährdung durch den grenzüberschreitenden Handel mit solchen Arten (Haustiere, Aquariumsfische, Terrarien) dargelegt hatte. Die Konferenz setzte eine Expertenkommission ein (Ad-hoc Technical Expert Group; AHTEG), um Handlungsoptionen für den Umgang mit diesen Spezies auszuarbeiten. Damit sollten durch einheitliche Standards Gefährdungen aus dem internationalen Tierhandel verhindert werden. Das Sekretariat rief alle Parteien auf, sich intensiv in die Arbeiten einzubringen.

Die Einrichtung eines weltweiten Schutzgebietsnetzes an Land und auf dem Meer ist zentrales Element der Biodiversitätskonvention. In Nagoya wurde dieses Themenfeld einer kritischen Überprüfung unterzogen. Verabschiedet wurden Punkte, denen in Zukunft verstärkte Aufmerksamkeit gewidmet werden sollte. Darunter die Ausweisung mariner Schutzgebiete, auch in Gebieten der hohen See, die Forderung nach einer nachhaltigen Finanzierung von Schutzgebieten, die Klärung, wie mit den Auswirkungen des Klimawandels auf Schutzgebiete umgegangen werden sollte, wie eine flächendeckende Verbesserung der Managementeffektivität erreicht werden könnte, sowie verstärkte Durchführungen von Schutzgebietsevaluierungen, Renaturierung von Ökosystemen und die Würdigung der Ökosystemdienstleistungen.

In Bezug auf eine mögliche Mitwirkung der Konvention an der Ausgestaltung von „Leitlinien zu Biodiversität" („safeguards") im Rahmen des sogenannten REDD-Mechanismus („reducing emissions from deforestation and degradation") forderten einige Länder eine strikte Trennung von der Konvention von den UNFCCC-Aktivitäten. Es bestand die Befürchtung einer Vorwegnahme der Verhandlungen zum REDD-Mechanismus unter der Klimarahmenkonvention. Der der Konferenz vorgelegte Textentwurf erst hatte eine Mitwirkung möglich gemacht, unter der Maßgabe, dass dieser Entwurf 2012 auf folgenden Konferenz verabschiedet werden würde.

Auf der Konferenz wurde ferner der Auftrag vergeben, Empfehlungen zum Thema „Biodiversität und Biokraftstoffe" auszuarbeiten, zum Beispiel zu der Nachhaltigkeit der Biokraftstoffe oder Leitlinien für die Produktion. Mit dem in Nagoya verabschiedeten Beschluss seien jetzt positive Auswirkungen auf die Nutzung von Biokraftstoffen möglich. Auch beschrieb die Entscheidung die möglichen Auswirkungen der Nutzung auf die sozioökonomischen Bedingungen, wie Landbesitzrechte, Ernährungssicherheit sowie Zugang zu Wasser. Die Konferenz verabschiedete dazu die Einrichtung eines internationalen Wissenschaftlergremiums für Biodiversität, auch „Weltbiodiversitätsrat" genannt (Intergovernmental Science-Policy Platform on Biodiversity and Ecosystem Services; IPBES), als zwischenstaatliches Gremium zur wissenschaftlichen Politikberatung zur Biodiversität. IPBES war eine Initiative der UNEP, um durch Kooperation mit dem wissenschaftlich-technischen Ausschuss SBSTTA Doppelarbeit zu vermeiden.

▪▪ 17. Konferenz der Kommission für Nachhaltige Entwicklung der Vereinten Nationen (UNCSD-COP 17), New York

In der Zeit vom 23.02. bis 27.02.2009 fand in New York die 17. Konferenz der Kommission für Nachhaltige Entwicklung der Vereinten Nationen (Commission on Sustaiable Development; UNCSD-COP 17) statt. Zu der Konferenz hatten 48 Mitgliedsstaaten insgesamt 258 Vertreter entsandt; 60 Länder waren mit mehr als 400 Beobachtern vertreten; unter ihnen der Vatikan. Das UN-System, zwischenstaatliche Organisationen und Nichtregierungsorganisationen waren unter anderem vertreten durch: EU,

Gulf Cooperation Council, FAO, IFAD, IFRCRCS, ILO, IOM, OECD, OIC, UNCCD, UNIDO, SADC, WMO und die WTO.

Für den Arbeitszeitraum 2010–2011 hatte die Kommission in den Jahren zuvor die Themenfelder „Transport", „Chemikalien", „Abfallmanagement" und „Bergbau" festgelegt.

Zunächst nahm die Konferenz Kenntnis vom Stand der Umsetzung der „Mauritius Strategie" zur nachhaltigen Entwicklung der Kleinen Inselstaaten seit ihrer Unterzeichnung vor 5 Jahren. Es wurde nochmals betont, wie sehr die Inselstaaten in ihrer sozialen und ökonomischen Entwicklung durch den Klimawandel in ihrer schon eingeschränkten Entwicklung noch vulnerabler geworden seien. Da immer mehr Bewohner ihre Heimat verlassen, blieben die zurück, für die man in Australien und Asien keine Verwendung habe. Die unkontrollierte Abfallentsorgung gefährde die schützenden Korallenriffe mit erheblichen Auswirkungen auf den Tourismus und den Fischfang. Auch sei der Abbau der Korallenriffe als Baumaterial ein Faktor, der die physische Existenz der Inselstaaten zusätzlich gefährde.

Der Konferenzvorsitzende nahm seine Eröffnungsrede zum Anlass, den hohen Vernetzungsgrad der in den aktuellen Themenfeldern zusammengefassten Sektoren herauszustellen. In Bezug auf den Sektor „Bergbau" betonte er, dass der Sektor eine große Herausforderung darstelle. Einerseits sei mit „Bergbau" die Nutzung natürlicher Ressourcen verbunden, andererseits resultieren aus dem Abbau *(extractive mining)* in der Regel (lokal) große Umweltverschmutzungen. Der Widerspruch, den es zu lösen gelte, sei, dass er einerseits für den Aufbau der Infrastruktur benötigte Materialien stelle, er oftmals die einzige Quelle für Exporterlöse eines Landes biete, er Arbeit und Einkommen schaffe und, dass er zum Teil ausländische Investitionen in Milliardenhöhe in den Ländern generiere. Im Gegenzug dazu sei er aber immer mit zum Teil erheblichen Eingriffen in die Natur verbunden, beschäftige oftmals ein Heer an schlecht bezahlten Arbeitern; mitunter unterschiedlicher Ethnien, was zu Konflikten führe. Die Abfälle aus dem Bergbau würden unkontrolliert auf Halden abgelagert, Abwässer ohne Rücksicht auf die Umwelt entsorgt. Bei einer Reihe sehr wertvoller Mineralen wie Gold, Diamanten, Wolfram und Tantal („Coltan") sei es in der Vergangenheit zu kriegerischen Auseinandersetzungen in grenznahen Regionen gekommen; ganze innerstaatliche Konflikte seien durch den Export dieser Minerale finanziert worden.

Zum Sektor „Transport" stellte die Konferenz fest, dass von ihm klare positive Impulse ausgehen, er aber auch erhebliche negative Auswirkungen nach sich ziehe. Der Transportsektor schaffe die notwendige Mobilität, die eine Gesellschaft brauche, um sich entwickeln zu können: Menschen und Güter zu transportieren, zu kommunizieren und Handel zu treiben. Man war sich einig, dass die in den MGDs vereinbarten Entwicklungsziele ohne einen funktionierenden Transportsektor nicht erreicht werden.

Daher müsse ein Staat alle Möglichkeiten zum Ausbau des Transportsektors nutzen: Straße, Schiene, Wasserwege sowie den Luftverkehr. Nur wenn Menschen auch von entlegenen Gebieten ungehindert kommunizieren und Güter schnell vom Land in die Wirtschaftszentren gebracht werden können, werden sich Handel und Dienstleistungen entwickeln und soziale und ökonomische Entwicklung sich verstetigen. Seehäfen und Flughäfen stellten die Tore zu den Exportmärkten dar und erleichtern die Einfuhr dringend benötigter Güter. Die Konferenz betonte aber im Gegenzug, dass solche Infrastruktureinrichtungen in den meisten Entwicklungsländern nur unzureichend vorhanden seien. Der Transport funktioniere zwischen den städtischen Zentren und vernachlässige aber zumeist die Bevölkerungen in den abgelegenen Regionen. Man schätze, dass ca. 1 Mrd. Menschen mehr als 2 km von der nächsten befestigten Straßenverbindung entfernt leben, diese also kaum die Möglichkeit haben, sich zu vernetzen. Die Marginalisierung schaffe Armut, wenn sie ihre Produkte nicht auf den regionalen Märkten anbieten könnten. Die großen Metropolen dagegen ersticken in dem oftmals chaotischen Verkehr. Die Verkehrsverbindungen wären nicht ausgelegt, die Menge an Kraftfahrzeugen überhaupt aufzunehmen. Die Straßennetze stammen zum großen Teil noch aus dem vorherigen Jahrhundert und eine vorsorgende Verkehrsplanung fehle meistens. Dies sei zum Teil auf mangelnde Planungskapazitäten und -kompetenzen zurückzuführen, und wenn umsetzungsfähige Pläne vorlägen, würden diese wegen fehlender Finanzmittel nicht ausgeführt. Die Folge sei, dass Kraftfahrzeuge oft Stunden in Staus verbrächten, ein schneller Transport von Gütern und Menschen verhindert und so erhebliche Mehrkosten verursacht würden. Gefordert wurde daher, dass für die großen Millionenstädte konsistente Stadt-/Straßenentwicklungskonzepte erstellt werden. Für die ländliche Entwicklung sei es erforderlich, Verkehrskonzepte zu entwickeln, um mehr Menschen miteinander zu vernetzen. Die Straßen müssten auch in der Regenzeit befahrbar sein. Technische Standards müssten erlassen und deren Einhaltung überwacht werden, die Fahrzeugsicherheit müsste verbessert werden, ebenso wie das Verkehrsverhalten aller (!) Teilnehmer. Der Transportsektor sollte – so die Kommission – im privaten Sektor verbleiben, aber der Staat müsse seine Regelungsfunktionen (Gesetze, Verkehrskontrolle) sichtbarer wahrnehmen.

Auch der Sektor „Chemikalien" sei gekennzeichnet durch komplexe Wechselbeziehung positiver Einsatzmöglichkeiten und negativer Auswirkungen. Auf Chemikalien könne in der Landwirtschaft und in der industriellen Produktion nicht verzichtet werden. Auch komme der Gesundheitssektor (Medizin) nicht ohne sie aus. Aber wegen der vielen bekannten und vermuteten Nebenwirkungen auf den Menschen und die Umwelt stelle die Verwendung von Chemikalien eine große Herausforderung für alle (!) Staaten dar. Dabei sei der gesamte Lebenszyklus einer Chemikalie von diesem Widerspruch begleitet. Bislang verfahren

Staaten wie auch private Investoren nach dem Motto, erst einmal „kostengünstige" Chemikalien einzusetzen, statt auf besser verträgliche Alternativen zurückzugreifen. Das mag auch daran liegen, dass Kenntnisse über die gesundheitlichen Gefahren, insbesondere über die Langzeitwirkungen, oftmals nicht oder nur eingeschränkt bekannt seien oder bekannt sein sollen. Die Staaten selbst ignorieren oftmals aus ökonomischen Gründen eine Umsetzung der vielen Abkommen und Regelwerke, denen sie beigetreten sind (Basler Konvention, Montrealer Protokoll, Strategischer Ansatz zum Internationalen Chemikalienmanagement). In vielen Entwicklungsländern ist das Verständnis über die Langzeitfolgen und die Kosten für die Behebung von Schäden so gut wie nicht vorhanden. Dazu müsste ein besserer Austausch an Kenntnissen und Erfahrungen zur sicheren Nutzung dieser – an sich notwendigen – Materialien durch einen gezielten Technologietransfer zwischen dem Norden (wo meist die Chemikalien produzierten werden) und dem Süden (wo sie massenhaft eingesetzt werden) verbessert werden. Dieser Erfahrungsaustausch müsse unbedingt auch Konzepte für eine sichere Endlagerung der Chemikalienrückstände bzw. zu deren Vernichtung mit einbeziehen.

Die steigenden Bevölkerungszahlen in den Entwicklungsländern haben zur Konsequenz, dass vor allem in den Städten nicht mehr zu kontrollierende Mengen an Abfällen anwachsen. Die von ihnen ausgehenden Umweltverschmutzungen haben schon zu erheblichen Gesundheitsproblemen (Luft, Wasser, Ratten) geführt. Auch die die Deponien umgebenden Ökosysteme seien schon stark in Mitleidenschaft gezogen. Die Länder hätten gravierende Probleme, ein effektives Abfallmanagement zu etablieren. Als zentrales Problem stellte die Konferenz heraus, dass für jede Stadt eine umfassende Entsorgungsstrategie aufzustellen sei. Diese müssten in erster Linie fachgerecht angelegte Deponien umfassen und nicht mehr jede morphologische Delle mit Abfall auffüllen. Auch müsse die Abfallentsorgung in den Städten technisch und hygienisch unbedenklich erfolgen. Ferner müsste auf die Bevölkerungen eingewirkt werden, die Abfallmengen insgesamt zu verringern. Viele Stadtverwaltungen hielten sich aber zurück, vor allem wegen der hohen Kosten. Recycling sei in den Entwicklungsländern immer noch kein Thema. Die Konferenz schlug vor, im Verbund mit externen Fachkräften „best practice"-Beispiele vorzustellen, die spezifische Konzepte anbieten sollten, wie Müll am besten zu lagern sei, wie das Einsammeln des Mülls ökonomisch vertretbar und das Müllaufkommen insgesamt verringert werden könnte.

Mineralische Rohstoffe sind wesentlicher Teil der wirtschaftlichen Entwicklung in den Industriestaaten sowie in den Entwicklungsländern. Rohstoffe sind weltweit maßgeblich an den nationalen Wertschöpfungsketten beteiligt. Viele Entwicklungsländer leben fast ausschließlich von der Vermarktung ihrer mineralischen Rohstoffe. Die Erze werden weltweit in die Industrie- und Schwellenländer exportiert und dort in der Regel weiterverarbeitet. Der Abbau und erste Aufbereitungsstufen werden zwar zumeist schon direkt auf dem Minengelände vorgenommen, ohne aber damit den Wert wesentlich zu steigern. Einen großen Anteil an der lokalen sozialen Entwicklung habe der artisanale Bergbau. Er biete vielen Tausend Menschen Arbeit und gründe sich auf dem indigenen Wissen der lokalen Bevölkerungen und dem Einsatz ihrer Arbeitskraft. Damit der Bergbau weiterhin einer der „Motoren" für Entwicklung sein könne, müssten die Regierungen die wirtschaftspolitischen Rahmenbedingungen derart gestalten, dass ausländische Investitionen marktüblich verzinst werden und den lokalen Bevölkerungen eine angemessene Existenz gesichert wird. Die Herausforderung bestehe also darin, in den Ländern Bergbau zu fördern und gleichzeitig einen ethisch vertretbaren Bergbau zu gewährleisten. Grundlage hierfür stellen die vielen internationalen Abkommen dar (International Council on Mining and Metals, International Forum on Mining Minerals, Metals and Sustainable Development, Extractive Industries Transparency Initiative [Initiative für Transparenz im rohstoffgewinnenden Sektor, EITI], EU-Richtlinie zu Konfliktmineralen). Der Abbau mineralischer Rohstoffe in den Entwicklungsländern müsste als langfristiger Faktor für eine soziale Entwicklung des Landes verstanden werden und nicht unter kurzfristigen Renditeüberlegungen. Bergbau müsste – wo immer möglich – vor Ort weiter diversifiziert und in den Ländern müssten Kapazitäten geschaffen werden, die Rohprodukte selber weiter zu verarbeiten (*„added value"*). Auch müssten die lokalen Bevölkerungen mit in die regionalen Entwicklungsstrategien einbezogen werden. Es gibt eine Reihe von Fällen, in denen die lokalen Bevölkerungen durch massive Proteste den Betrieb einer Mine haben verhindern können. Es gelte, einen Ausgleich zu finden zwischen den wirtschaftlichen Interessen des Investors, dem Wunsch der lokalen Bevölkerung nach Arbeit und Einkommen als auch den Anforderungen an den Schutz der Ressource. Die internationalen Abkommen legen dabei den Fokus eindeutig darauf, den Bergbau umweltverträglich zu gestalten. Diese verlangen eine Rehabilitation ehemaliger Bergbaubetriebe und deren oftmals nicht fachgerecht angelegten Bergeteichen und Abraumhalden. Der artisanale Bergbau müsste durch gesetzliche Regelwerke gezielt gefördert werden, denn, auch wenn er nicht übermäßig zum Bruttoinlandsprodukt beiträgt, er doch vielen Tausende Familien Einkommen verschafft. Durch staatlich abgesicherte Kooperativen könnten ihre Abbaurechte besser gesichert, ihr Zugang zu Abbauflächen geregelt sowie ein Minimum an Sicherheitsstandards gewährleistet werden. Staatlich autorisierte Aufkäufer könnten verlässlichere Einnahmen garantieren und der Schmuggel wertvoller nationaler Ressourcen wenigstens lokal eingedämmt werden.

- 2011
- **17. Vertragsstaatenkonferenz der Unterzeichner der UN-Klimarahmenkonvention (COP 17), Durban und 7. Konferenz der Unterzeichnerstaaten des Kyoto-Protokolls (CMP 7)**

Vom 28.11. bis 11.12.2011 trafen sich in Durban Vertreter aller 194 UN-Staaten zur 17. Vertragsstaatenkonferenz der Unterzeichner der Klimarahmenkonvention (United Nations Framework Convention on Climate Change; UNFCCC-COP 17). In der gleichen Zeit wurde die 7. Vertragsstaatenkonferenz der Unterzeichner des Kyoto-Protokolls (Kyoto Protocol to the United Nations Framework Convention on Climate Change, CMP 17) abgehalten.

Eines der wichtigsten Ziele – auch dieser Konferenz – war es, auf dem Weg zu einer Verständigung über das 2012 auslaufende Kyoto-Protokoll substanzielle Fortschritte zu erzielen. Doch darüber, wie dieses Ziel zu erreichen sei, war es im Vorfeld der Konferenz zu vielen kontroversen Meinungsäußerungen in verschiedenen Staaten gekommen. Es war deshalb zu Beginn der Konferenz fraglich, ob ein Durchbruch oder gar ein Vertragsabschluss, der alle strittigen Fragen löst, erreicht werden könnte. Viele Industrieländer, die sich schon immer als Vorreiter für den Klimaschutz verstanden (wie zum Beispiel Deutschland und die EU) sprachen sich daher für einen mehrstufigen Ansatz aus, mit dem die Voraussetzungen dafür geschaffen werden sollten: Dieser sah im Prinzip drei Punkte vor: entschlossenes Handeln auf nationaler und europäischer Ebene, schrittweiser Ausbau der internationalen Instrumente und Institutionen sowie (dann später) das Aushandeln eines neuen, umfassenden Klimaschutzabkommens.

Von vielen Staaten bedauert aber absehbar war, dass Kanada während der Sitzung seinen Austritt aus dem Klimaprotokoll bekannt gab. Kanada wollte damit einer Strafzahlung in Höhe von 10 Mrd. US$ zuvorkommen, die die Kommission angedroht hatte, weil das Land schon seit Jahren mit seinen Treibhausgasemissionen über dem vereinbarten Verpflichtungswert lag.

Als am 11. Dezember mit eineinhalbtägiger Verspätung die längste der bis dahin durchgeführten Klimakonferenzen zu Ende ging, war es mit der „Durban Platform for Enhanced Action" (ADP) wenigstens gelungen, den Beschluss zu fassen, mit Verhandlungen zu einem alle Staaten einschließenden rechtsverbindlichen Klimaschutzabkommen zu beginnen, damit bis zum Jahr 2015 ein neues Klimaschutzabkommen geschlossen werden könne. Zudem konnte man sich auf eine Verlängerung der Verpflichtungsperiode für das Kyoto-Protokoll verständigen, auch wenn die Modalitäten erst bis zur kommenden Sitzung in Katar (2012) ausgearbeitet werden sollten. Auch konnte man sich einigen, einen Mechanismus einzurichten, der erstmals alle Staaten der Welt verpflichtet, dem Klimasekretariat ihre Reduktionsziele zu melden. Dieser Mechanismus sollte auf der nächsten Klimakonferenz 2012 rechtsverbindlich beschlossen werden. Des Weiteren umfasste das „Durban-Paket" die Einrichtung eines Ausschusses zur Unterstützung der Schwellen- und Entwicklungsländer bei Anpassungsmaßnahmen an den Klimawandel, flankiert durch ein fachspezifisches Netzwerk für eine bessere Verbreitung von klimafreundlichen Technologien. Auf der Konferenz wurde festgehalten, dass die von den Industrie-, Schwellen- und Entwicklungsländern angebotenen Reduktionsziele nicht einmal ausreichen werden, um das 2-°C-Ziel einzuhalten. Daher bestand Einvernehmen, die nationalen Anstrengungen signifikant zu steigern. Dazu solle ein gesondertes Aktionsprogramm erarbeitet werden. Der Weltklimarat (IPCC) solle dafür die grundlegenden Klimadaten liefern, damit der beim letzten Klimagipfel in Cancún beschlossene Überprüfungsprozess (endlich) umgesetzt werden kann. Die Konferenz beschloss weiterhin, klarere Vorgaben für eine erhöhte Nachvollziehbarkeit der jeweiligen nationalen Minderungsaktivitäten zu machen. Eine vorgegebene Struktur für die nationale Berichterstattung sollte helfen, die Klimaschutzaktivitäten besser zu verstehen und am Ende besser beurteilen zu können, ob diese Aktivitäten ausreichen, um dem Klimawandel gezielter begegnen zu können.

Nach Ansicht der südafrikanischen Präsidentschaft wurde in Durban „Geschichte geschrieben". Diese Auffassung wurde von vielen namhaften Regierungsvertretern geteilt, so von der EU-Klimakommissarin Connie Hedegard. Auch die deutsche Delegation sprach von einem „wegweisenden Erfolg für den globalen Klimaschutz". UN-Klimachefin Christiana Figueres nannte die Beschlüsse „historisch" und verwies darauf, dass das „Durban-Paket" ein „qualitativer Sprung nach vorne" sei. Mit ihm sei das Fundament für ein internationales Klimaschutzabkommen gelegt. Sie betonte, dass dieses Ergebnis so vor dem Gipfel nicht abzusehen war. Sie hob damit vor allem darauf ab, dass sich in dem Konferenzbeschluss alle Staaten nachdrücklich zu einem rechtsverbindlichen, internationalen Abkommen zum Klimaschutz bekannt hatten. Sogar die USA, China und Indien, die entweder das Kyoto-Protokoll nicht unterzeichnet haben oder als Nichtindustriestaaten zu keinen Reduktionen verpflichtet sind, bewerteten die Konferenz als entscheidenden Fortschritt. Auf der Durban-Konferenz sei die Klimapolitik zwar nicht inhaltlich, aber strukturell vorangekommen, meinten viele Beobachter, unter ihnen Klaus Töpfer, der ehemalige Exekutivdirektor der UNEP. Nun liege es an den Industrieländern, zu demonstrieren, dass Energiewende und Klimaschutz wirtschaftlich und technisch machbar seien. Der Schlüssel dazu sei der Ausbau der erneuerbaren Energien

Die rechtliche Verbindlichkeit der Beschlüsse von Durban wurde unter den Teilnehmern kontrovers diskutiert. Die letztlich gefundene Kompromissformel: eine „Vereinbarung mit Rechtskraft" (*„outcome with legal force"*), machte die Zustimmung auch der Klimabremser möglich. Die Vertreter der Umwelt- und Entwicklungsorganisationen führten dazu an, dass dieser Ausdruck in der internationalen Rechtsprechung nicht üblich sei. Die EU hatte unmissverständlich klar gemacht, dass sie eine „freiwillige" Verpflichtung nicht akzeptieren würde. Indien dagegen hatte auf die historische Schuld der Industriestaaten am Klimawandel verwiesen und ein sich daraus resultierendes Recht zur nachholenden Entwicklung angeleitet. Die mühsam ausgehandelte Kompromissformel erlaubt nun verschiedene Grade der Rechtsverbindlichkeit. Dieser Formelkompromiss wurde als die große Enttäuschung der Konferenz bezeichnet.

Dennoch war es auf der Basis der Konferenzergebnisse möglich geworden, sich auch auf eine zweite Verpflichtungsperiode zu verständigen. Außerdem sollte es einen Aktionsplan für mehr Klimaschutz geben, um bis zum Abschluss eines rechtsverbindlichen Abkommens die Minderungsmaßnahmen der Staaten zu erhöhen. Auch die Arbeitsfähigkeit des internationalen Klimafonds zur Finanzierung von Klimaschutz- und Anpassungsmaßnahmen in Entwicklungsländern wurde in Durban beschlossen. Erstmals hatten die Entwicklungsländer ihre bisherige Ablehnung gegen des Abkommen aufgegeben und „an der Seite" der EU-Staaten für ein Weiterführung der im Kyoto-Protokoll vereinbarten Klimaziele gekämpft. Dennoch war damals allen Beteiligten bewusst, dass es noch ein langer Weg sein wird, um zu einem Folgeabkommen für das Kyoto-Protokoll zu kommen.

Die Konferenzbeschlüsse umfassten vor allem die Einigung, bis zur nächsten UN-Klimakonferenz in Katar verbindlich zu regeln, wie mit den den Vertragsstaaten zustehenden nationalen überschüssigen Emissionsrechten aus der ersten Periode umzugehen sei. Da immer deutlicher wird, dass die bislang angestrebten Treibhausgasminderungen nicht ausreichen werden, um das 2-°C-Ziel oder sogar die 1,5-°C-Obergrenze einzuhalten, wurden die Staaten aufgerufen, verstärkte Anstrengungen für eine nachhaltige Reduktion der globalen CO_2-Emissionen zu unternehmen, sowie eine erhöhte Transparenz über die getroffenen Minderungsaktivitäten von Industrie-, Schwellen- und Entwicklungsländern sicherzustellen. Eine gezieltere Überprüfung dieser Aktivitäten sollte helfen zu verstehen, ob diese Aktivitäten ausreichen, um einen gefährlichen Klimawandel zu vermeiden.

Ein Fortschritt wurde auch bei dem „Grünen Klimafonds" (Geen Climate Fund) erzielt, der ja schon 2010 in Cancún beschlossen war. In Durban wurde vereinbart, eine entsprechende Arbeitsstruktur einzurichten, die bis zur Konferenz 2012 in Katar funktionsfähig sein sollte. Geplant war 2010, dass die Industrieländer bis zum Jahr 2020 jährlich 100 Mrd. US$ aus öffentlichen und privaten Quellen in diesen Fonds einzahlen sollen, um den ärmsten und am meisten vom Klimawandel betroffenen Ländern bei Maßnahmen zur Abwehr des Klimawandels zu unterstützen. Wobei nicht geklärt wurde, wie das Geld für den Fonds mobilisiert werden soll. Einvernehmen bestand darin, dass der Fonds ein Teil der internationalen Klimaschutzfinanzierung sein soll.

Bezug nehmend auf die „Bali Roadmap" und die Vereinbarungen der 16. Konferenz in Cancún bekräftigten die Teilnehmer ihre festen Willen, den Temperaturanstieg gegenüber vorindustriellen Verhältnissen auf 2 °C, am besten sogar auf 1,5 °C, zu begrenzen. Sie betonten, dass es dazu zwingend notwendig sei, bis zum Jahr 2050 die weltweite Emission von Treibhausgasen signifikant zu reduzieren. Ebenso müsste ein Zeitpunkt („peak emission") festgelegt werden, ab dem die Emissionen sinken sollten. Sowohl über die Emissionsbegrenzungen als auch über den Zeitrahmen sollten auf der Konferenz in Katar im Jahr 2012 beraten werden. Bedauert wurde, dass Länder wie Japan und Kanada bei der neuen Verpflichtungsperiode nicht mehr mitmachen werden. Diese Entscheidung führe dazu, dass nur noch 15 % der gegenwärtigen weltweiten Emissionen mit Reduktionspflichten belegt sein. Diese 15 % würden somit die Treibhausgasemissionen nur noch in etwa um denselben Prozentsatz reduzieren, um den der Ausstoß Chinas im gleichen Zeitraum zunähme.

Dennoch blieben auch in Durban einige Punkte ungeklärt, die schon zuvor als „Kyoto-Schlupflöcher" bezeichnet wurden. So konnte sich Russland durchsetzen, auch weiterhin aus seiner seit Jahrzehnten zunehmenden Waldfläche Überschussrechte abzuleiten. Der Waldzuwachs war ursprünglich auf einen Wert von 3,5 % begrenzt worden. Russland bestand allerdings darauf, auch seine darüber hinausgehende Waldfläche für den Verkauf von Emissionszertifikaten angerechnet zu bekommen. Wenn neben Kanada, Japan, Russland auch noch Neuseeland die zweite Verpflichtungsperiode nicht mittragen wollen, würde dies bedeuten, dass sich die weltweiten THG-Emissionen in der Summe nicht verringern würden, da die mit Emissionspflichten belegten Industrieländer (ohne Kanada und Japan) dann nur noch 15 % der weltweiten Emissionen ausmachen. Wenn wie vorgesehen deren Emissionen um 20–30 % gemindert würden, würde das global gesehen nur eine Minderung von 2,2–3,2 % ausmachen – gerademal soviel, wie China in der Zwischenzeit zusätzlich emittieren würde. Weiterhin ungeklärt blieb die Finanzierung des „Grünen Klimafonds". So wurde angeregt, diesen Fonds durch eine internationale Steuer auf den Transportsektor, zum Beispiel durch eine Besteuerung von Schiffsdiesel oder dem internationalen Flugverkehr („Zusatzabgabe von Starts und Landungen") innerhalb der nationalen Hoheit aufzufüllen. Dies könnte auch durch einen Aufschlag auf die Flugtickets erfolgen. Eine Forderung, die von den USA mit der Bemerkung, die UNO solle nicht zu einer Weltregierung werden, strikt abgelehnt wurde. Das UN-Programm „Reducing Emissions from Deforestation and Forest Degradation" (REDD/REDD+), welches noch im letzten Jahr auf der Konferenz in Canún mit großer Zustimmung erarbeitet worden war, konnte indes nicht weiter vorangetrieben werden. In den Finanzierungsplan des Umweltprogramms konnten dafür keine Gelder eingestellt werden.

■■ 10. Vertragsstaatenkonferenz der Unterzeichner des Übereinkommens zur Bekämpfung der Desertifikation der Vereinten Nationen (UNCCD-COP 10), Changwon

Die 10. Vertragsstaatenkonferenz der Unterzeichner des Übereinkommens zur Bekämpfung der Desertifikation der Vereinten Nationen („United Nations Convention to Combat Desertification; UNCCD-COP 1") fand vom 10.10. bis 21.10.2011 in Changwon statt. Mehr als 6300 Vertreter aus 156 Unterzeichnerstaaten, aus Wissenschaft und Wirtschaft und Nichtregierungsorganisationen hatten daran teilgenommen; unter ihnen auch Repräsentanten der folgenden UN-Organisationen: UNCBD, FAO, IFAD, UNDP, UNEP, UNHCR, UNISDR, UNFF, UNIDO, UNESCO, UN-Habitat, der WMO und der Weltbank.

Die Konferenz nahm Bezug zu der UNCCD-COP 8 in Madrid, auf der der 10-Jahresplan (*The Strategy 2008–2018*) verabschiedet worden war, und stellte noch einmal fest, dass sie für das Erreichen der Konventionsziele von grundlegender Bedeutung sei. Nur durch ein koordiniertes Zusammenwirken des Sekretariats mit dem „Globalen Mechanismus" (GM) und den Expertengremien (Science & Technology Committee; CST) würde dies möglich werden. Um ein Nachverfolgen der Aktivitäten auf nationaler Ebene zu verbessern, sollten die Fortschritte alle 2 Jahre durch das Reviewkomitee (Committee for the Review of the Implementation of the Convention; CRIC) auf der Basis zuvor noch zu beschließender „Performanceindikatoren" vorgenommen werden. Weiter wurde der globale Umsetzungsmechanismus (GM) aufgerufen, die regionalen Koordinationseinheiten (Regional Coordination Units) als Informationsdrehscheiben auszubauen.

Die Konferenz hatte sich zu einer Neuaufstellung des „Globalen Mechanismus" (GM) entschlossen, da es in der Vergangenheit bei der Mobilisierung von Finanzmitteln und beim Technologietransfer nicht immer zu reibungslosen Verfahrensabläufen gekommen war. Die Konferenz entschied daher, das *„memorandum of understanding"* (MoU) mit dem Internationalen Fonds für landwirtschaftliche Entwicklung (International Fund for Agricultural Development, IFAD), als der den GM führenden Managementorganisation, aufzukündigen und diese Aufgabe dem Konventionssekretariat zu übertragen. So sollten durch eine Konzentration der Verantwortlichkeiten effektivere interne Abläufe geschaffen werden, um die Arbeitspläne schneller und transparenter umsetzen zu können und so dem GM, als oberstes Entscheidungsgremium der Konvention, mehr Durchsetzungskraft zu verleihen.

Die Konferenz begrüßte die stete Unterstützung der Konvention durch die GEF und rief sie auf, auch weiterhin ihre Aktivitäten zu fördern, insbesondere die nationalen Aktionsprogramme, wie sie in dem 10-Jahresplan (2008–2018) festgeschrieben waren. Sie rief die GEF ferner auf, ihre Vergaberichtlinien einfacher zu gestalten, damit über die Finanzierung der Aktivitäten schneller entschieden wird. Darüber hinaus wurde das Sekretariat aufgefordert, weitere finanzielle Unterstützungen bei den Partnerregierungen und anderen Quellen zu suchen.

Zur Rolle der Verantwortung der Expertengruppen (Science and Technology Committee; CST) entschied die Konferenz, dass die Effizienz des Komitees, so wie schon auf der 7. und der 9. Konferenz gefordert, durch eine Neufassung ihrer Mandate klarer definiert werden müssten. Die Konferenz entschied dazu ferner, dass die CSTs die nationalen *„focal points"* zu unterstützen habe, insbesondere sowohl durch direkten Wissenstransfer als auch durch regionale und internationale Wissenschaftsnetzwerke. Ein gesondertes Bewertungsverfahren sollte eingeführt werden, mit dem es möglich würde, die Fortschritte im Rahmen der Beratungen festzustellen. Auch wurde durch die Konferenz noch einmal der hohe Stellenwert des Expertennetzes (*„roster"*) als unabhängiges Beratergremium für die Mitgliedsstaaten bei der Umsetzung der „Strategie" bestätigt. Alle Parteien wurden aufgerufen, das Expertennetz um weitere Experten zu ergänzen, um so alle Themenfelder gleichrangig und regional sowie genderspezifisch ausgeglichen besetzen zu können. Bis zur UNCCD-COP 11 sollte das Sekretariat hierfür eine Liste vorlegen.

Eine Reihe von Konferenzteilnehmern rief die Konferenz auf, die Einrichtung eines gesonderten zwischenstaatlichen Expertengremiums zur wissenschaftlichen Analyse von Dürren, Bodendegradation und Wüstenbildung zu unterstützen, wie es schon in der „Rio + 20"-Erklärung gefordert worden war. Ferner wurde die GEF aufgefordert, das Programm zum „Performance Review & Assessment of Implementation System" (PRAIS) auch weiter zu finanzieren, um so dazu beizutragen, dass PRAIS die Berichterstattungen der Länder entlastet.

■■ 19. Konferenz der Kommission für Nachhaltige Entwicklung der Vereinten Nationen (UNCSD-COP 19), New York

In der Zeit vom 02.05. bis 13.05.2011 wurde in New York am Hauptquartier der Vereinten Nationen die 19. Konferenz der Kommission für Nachhaltige Entwicklung der Vereinten Nationen (Commission on Sustainable Development; UNCSD-COP 19) abgehalten. Zu der Konferenz hatten alle 53 Mitgliedsstaaten insgesamt 486 Vertreter entsandt. 96 Nichtmitgliedsländer waren durch mehr als 600 Teilnehmer vertreten. Das UN-System und viele andere zwischenstaatliche Organisationen waren vertreten durch ECLAC, ESCAP, EU, IAEA, ILO, IOF, IUCN, OIC, UNCCD, UNDP, UNEP, UNFCCC, UNIDO, UNWTO, WHO, WIPO und die WMO.

Die Konferenz verabschiedete das Arbeitsprogramm für den Zeitraum 2013–2014 mit den Themen: „Forstwirtschaft", „biologische Vielfalt", „Biotechnologie", „Tourismus", „Hochgebirge".

In seiner Eröffnungsrede stellte der Vorsitzende die zum Themenfeld des Arbeitszeitraums 2011–2012 gehörenden Sektoren „Transport", „Chemikalien", „Abfallwirtschaft", „Bergbau" erreichten Ergebnisse vor.

Dabei stellte es fest, dass in den beiden Sektoren „Transport" und „Bergbau" die Kommission zu einem übereinstimmenden Votum in Bezug auf deren Bedeutung zum Erreichen der MDGs gekommen sei. Bei den Sektoren „Chemikalien" und „Abfallwirtschaft" dagegen konnte keine Übereinstimmung erzielt werden. Im Prinzip betraf die Kontroverse die Umsetzung des Prinzips 7 der Rio-Deklaration, der „gemeinsamen aber unterschiedlichen Verantwortung von Industrieländern und Entwicklungsländern". Es wurde von vielen Seiten eingewandt, dass die hoch komplexe wirtschaftliche Verknüpfung von Chemikalienproduktion, deren Weiterverarbeitung in einem anderen Land, der Vielzahl an Anwendungsgebieten zum Beispiel in einem Entwicklungsland (Landwirtschaft, chemische Industrie u. v. a.) und dem anschließenden Export oftmals zurück in die Produzentenländer, eine Zuschreibung von Verantwortlichkeiten für etwaige Umweltschäden nicht zulasse. Damit könne das Verursacherprinzip *(polluter pay principle)* kaum zur Anwendung gebracht werden. In Bezug auf das „Abfallmanagement" müsse festgestellt werden, dass kein Konsens erzielt werden konnte über die Finanzierung von längerfristigen Programmen und auch nicht, wer in welchem Land Entwicklungspartnerschaften eingehen solle. Die Kontroverse entzündete sich vor allem an der praktischen Ausgestaltung des Begriffs „Technologietransfer".

Zum Sektor „Transport" stellte die Kommission fest, dass, wie schon auf der UNCSD-COP 18 dargestellt, der Sektor von fundamentaler Bedeutung für das Erreichen der MDG-Ziele sei. Mobilität schaffe die Grundlage für den Austausch von Menschen und Gütern und habe daher unverzichtbare ökonomische und soziale Funktionen. Voraussetzung sei eine Verkehrsinfrastruktur, die eine verlässliche Verbindung zwischen den ländlichen Gebieten und den Verbrauchermärkten herstellten. Das könnten Straßen, aber auch Wasserwege und ein Eisenbahnnetz sein. Die Verbindungen müssten an das Transportvolumen und Passagieraufkommen angepasst werden und müssten regelmäßig, sicher und auch für ärmere Bevölkerungsgruppen bezahlbar sein. Vor allem die Wasserwege müssten auf den Transport von Massengütern über weite Strecken und das Eisenbahnnetz auf hohe Passagierzahlen in den Millionenstädten ausgelegt werden. Nur wenn die Güter rechtzeitig auf den Märkten ankommen, lässt sich die Versorgung der Bevölkerung gewährleisten, und wenn die Menschen zur Arbeit in den Städten kommen können, lassen sich Einkommen absichern. Mit einer guten Verbindung von Land und Stadt lässt sich die Landflucht verringern und die Einkommensgenerierung in den ländlichen Gebieten verbessern. Um diesen Paradigmenwechsel wirksam anzugehen, rief die Kommission die Industrienationen auf, im Rahmen langfristig angelegter Demonstrationsprogramme Verkehrsinfrastrukturentwicklung vorzustellen. Diese Bestrebungen müssten durch eine nationale Verkehrspolitik flankiert werden, die den Bedürfnissen der ländlichen Gebiete ebenso Rechnung trägt, wie den der Menschen in den Städten. Und die die dafür notwendigen Finanzmittel müssten zur Verfügung gestellt werden. Viele Entwicklungsländer aber wandten ein, dass es ihnen gerade hieran am Meisten mangele. Die Konferenz rief daher die internationalen Geber auf, einen angepassten Know-how-Transfer, am besten im Rahmen klar definierter Programme, zu gewährleisten und den Ländern durch die GEF mehr Finanzmittel zur Verfügung zu stellen.

Der positive Einfluss mineralischer Rohstoffe für die industrielle Entwicklung sowie für die Landwirtschaft und die Bauindustrie sei, so die UNCSD, unbestritten, sowohl für Industrienationen als auch für die Entwicklungsländer. Dort stelle er zum Teil die einzige Quelle für Exporterlöse dar. Die überall auf der Welt festzustellende übermäßige Nutzung der Rohstoffe lasse aber die Einkommensquellen oftmals zu schnell versiegen. Damit die Ressourcen auch auf Dauer für die Generierung von Exporterlösen zur Verfügung stehen, müsste der Abbau geregelter als bisher erfolgen. Auch wenn Abbaustrategien dem privaten Sektor unterliegen, so könne ein Staat immer einen (gewissen) Einfluss auf die langfristigen Planungen nehmen. Naturgemäß ist der Abbau von Mineralen mit Eingriffen in die Natur verbunden *(extractive mining)*, die zum Teil außerordentlich groß ausfallen können. Bei Abbau und bei den ersten Aufbereitungsstufen fallen zum Teil erhebliche Abraummengen an, die dann oftmals nicht fachgerecht auf Halden gelagert werden. Oftmals werden hochtoxische Chemikalien – vor allem Cyanide – zum Herauslösen der Wertminerale (Gold) eingesetzt, die, wenn nicht sachgemäß verarbeitet, das Grundwasser kontaminieren können. Die Halden unterliegen der Witterung und können dadurch instabil werden. Zwar sei eine die ökonomische und soziale Entwicklung dienende Nutzung nationaler Rohstoffpotenziale bei gleichzeitig größtmöglichem Schutz der Umwelt in vielen Abkommen und Konvention festgeschrieben und von fast allen Ländern der Erde ratifiziert worden, doch nur selten auch wirklich umgesetzt. Die Entwicklungsländer wurden aufgerufen, nationale Bergbaupolitiken in Kraft zu setzen, um ihre Rohstoffe souverän nutzen und einen Beitrag zum Schutz der Umwelt, der biologischen Vielfalt und der Atmosphäre leisten zu können, wie es in der Rio-Deklaration und in der Johannesburg-Erklärung international vereinbart worden sei. Der für die nationale Entwicklung in vielen Entwicklungsländern unverzichtbare artisanale Kleinbergbau sollte in der Bergbaugesetzgebung klar positioniert werden. Die Bergbau betreibenden benötigten dringend eine bessere rechtliche Absicherung ihre oftmals illegalen Tätigkeiten.

Der Sektor „Chemikalien" sei dagegen mit ganz anderen Problemen behaftet. Er sei für die industrielle wie die landwirtschaftliche Entwicklung unverzichtbar und stelle einen zentralen Pfeiler im Gesundheitssystem dar. Er schaffe Arbeit und geniere Einkommen. Der Sektor stelle aber wegen seiner Struktur erhebliche Gefahren für die Gesundheit von Mensch und Tier dar und zeige ebenfalls erhebliche negative Wirkungen auf die Ökosysteme. Die internationalen Abkommen, wie die Baseler Konvention, das Montrealer Abkommen, der Strategic Approach to International Chemicals Management und andere, haben Wege aufgezeichnet, die einerseits die Verwendung der Chemie fördern, ohne dabei die Menschen und Ökosysteme (übermäßig) zu gefährden. Die Konferenz rief alle Staaten auf, Managementinstrument zu schaffen, die die Herstellung, die Anwendung und die Auswirkungen von Chemikalien über deren gesamten Lebenszyklus hin begleiten. Es müssten in den nationalen Regelwerken die Verbindungen hin zu den Sektoren „Umweltschutz" und „Ernährung/Gesundheit" klar festgeschrieben werden. Risikobewertungen müssten Leitlinien für den Einsatz von Chemikalien werden. So müsse der Einsatz solcher Stoffe landesweit erfasst und den zivilgesellschaftlichen Gruppen uneingeschränkt zur Verfügung gestellt werden. Forschungsergebnisse der Industrieländer müssten in den Entwicklungsländern – wo immer möglich – umgesetzt werden.

Die Auffassungen, ob Abfall für eine nachhaltige Entwicklung abträglich sei, wurde von den Konferenzteilnehmern im Prinzip geteilt, und dass er für alle Länder eine große Herausforderung darstelle. Wie aber mit Abfall umzugehen sei, darüber konnte nicht in allen Punkten Einigkeit erzielt werden. Für die Entwicklungsländer könne diese Herausforderung allerdings mit gravierenden Folgen verbunden sein, wie die vielen Beispiele von abgerutschten Halden, der Plastikmüll in den Ozeanen und verseuchten Grundwässern belegen. Die extreme Zunahme der Abfallmengen, und hier vor allem die Zunahme an Elektronikschrott („Computerplatinen") in den Millionenstädten, mache eine Lösung dieses Problems noch dringlicher, so die Konferenz. Unterschiedliche Auffassungen gab es auch darüber, ob Abfall nicht besser als „Rohstoff" verstanden werden müsse. In vielen Industriestaaten habe sich eine leistungsfähige Industrie entwickelt, die Abfall wieder aufbereitet und in den industriellen Kreislauf wieder einspeise. Viele Entwicklungsländer aber scheuen die Kosten für das „Recycling" und lagern stattdessen Abfälle auf Plätzen, die schon wegen ihrer Lage als ökologisch problematisch gelten. In anderen Ländern, zum Beispiel Indien, hat sich eine Kleinindustrie entwickelt, die vorrangig Elektronikschrott recycelt, ohne aber die geringsten Vorkehrungen zum Schutz der Arbeiter und der Umwelt zu treffen. Die Konferenz einigte sich darauf, dass es vorrangig in der Souveränität eines jeden Staates liege, entsprechende Gesetze zu erlassen, um den Sektor umweltverträglicher zu gestalten. Dabei müssten die Regeln in den Städten sowie in den Industriebetrieben von neutralen Experten („Öko-/Sozialaudit") auf Einhaltung kontrolliert werden. Die Industrienationen wurden aufgefordert, die Entwicklungsländer dabei durch Gestellung von Know-how und Finanzmitteln zu unterstützen.

- **2012**
- - **3. Weltgipfel für nachhaltige Entwicklung („Rio + 20"), Rio de Janeiro**

Vom 20.06. bis 22.06.2012 fand, wieder in Rio de Janeiro, die 3. Nachfolgekonferenz der UNCED-Konferenz (auch Rio + 20 genannt) der Konferenz aus dem Jahr 2002, die unter dem Begriff „Weltgipfel für nachhaltige Entwicklung" bekannt geworden war statt. Zum 20. Jahrestag dieser als historisch eingeordneten Konferenz versammelten sich 115 Staats- und Regierungschefs sowie zahlreiche Minister aus insgesamt mehr als 190 Staaten sowie Vertreter aller Nichtregierungsorganisationen und zivilgesellschaftlicher Gruppen, unter ihnen namhafte Klimaforscher und Vertreter der Medien, um im Rahmen dieser Diskussionsplattform noch einmal eindringlich auf die Bedeutung des Schutzes der natürlichen Ressourcen und den Kampf gegen die Armut hinzuweisen. Durch verbindliche Vereinbarungen sollten der internationalen Umwelt- und Entwicklungspolitik neue Impulse gegeben und die dazu erforderlichen internationalen Regime ausgebaut werden.

Seit der UNCED-Konferenz in Rio de Janeiro waren 20 Jahre vergangen. Doch immer noch beruhte die Weltwirtschaft vor allem auf der Nutzung fossiler Energieressourcen (Kohle, Erdöl, Erdgas). Des Weiteren hatte es der Süden seitdem immer abgelehnt, sich von einem globalen Umweltregime seine nationalen Entwicklungsziele vorschreiben zu lassen. Hinzu kam, dass sich seit 1992 die Struktur der Weltwirtschaft drastisch zugunsten der Schwellenländer verändert hatte. Damals war China kaum in Erscheinung getreten, 2012 war es die größte Exportnation der Welt. Ferner waren politisch zwei große Unterschiede zu erkennen. Zum einen war 2012 die „Ernüchterung größer, weil klar geworden ist, dass ökologische Probleme sich nicht auf einer Konferenz lösen lassen" (Barbara Unmüßig, Heinrich-Böll-Stiftung). Zum anderen hatte sich immer mehr die Erkenntnis aus dem Stern-Report (2007) durchgesetzt, dass es durchaus möglich sei, die „Energiewende" zu schaffen, weil sich der Einsatz „erneuerbarer Energien" sehr wohl „rechne". Viele Schwellenländer, darunter China, Indien, Mexiko, hatten schon sehr ehrgeizige Pläne zur Nutzung „erneuerbarer Energien" und klimaneutrale Investitionsprogramme aufgelegt, die, wenn auch erst langfristig, zu einer Verbesserung des Weltklimas beitragen werden. Leider wurden viele Errungenschaften zur Verbesserung der Umweltsituation in den letzten 20 Jahren wieder zunichte gemacht, da sich inzwischen viele Schwellenländer wirtschaftlich entwickelt hatten. Der weltweite Ausstoß von CO_2 habe daher seit 1992 nicht ab, sondern sogar um 40 % zugenommen.

Die Vorbereitungen für die Konferenz fanden auf verschiedenen Ebenen statt und begannen schon zwei Jahre früher mit drei Treffen des „Preparatory Committees" („PrepCom"). Zwei davon fanden im Mai 2010 sowie im März 2011 statt, während das dritte Treffen kurz vor dem Weltgipfel im Mai 2012 in Rio de Janeiro durchgeführt wurde. Auch aufseiten der UN wurden drei Vorbereitungstreffen durch das UN-Sekretariat abgehalten. Weitere Treffen fanden auf regionaler Basis statt. Zudem gab es Vorbereitungen in den einzelnen Mitgliedsländern sowie regionale Treffen von Interessengruppen. Auch in der UN selbst wurde die Tagesordnung des Weltgipfels anlässlich verschiedener Treffen thematisiert, so z. B. auch auf Sitzungen der UN-Generalversammlung. In Deutschland fanden einige Vorbereitungstreffen unter der Federführung des Bundesumweltamtes statt, so die im September 2011 abgehaltene internationale Konferenz zum Thema „Green Markets – A World of Sustainable Products". Im Rahmen dieser Konferenz wurden „Perspektiven und strategische Ansätze der Umweltpolitik" im Hinblick auf nachhaltige, grüne Märkte erarbeitet.

Alle auf diesen Vorbereitungstreffen gemachten Textentwürfe wurden vor Beginn der Konferenz in einem Entwurf des Abschlussdokuments zusammengefasst, der als *Zero Draft* mit dem Titel *The Future We Want* veröffentlicht wurde. Der Entwurf umfasste auf 50 Seiten 199 Paragraphen, über welche die Staats-/Regierungschefs dann abstimmen sollten. Zentrales Anliegen war, darzustellen, wie die Staatengemeinschaft mit der Herausforderung, wirtschaftlichen Wohlstand und gleichzeitig soziale Gerechtigkeit für alle zu ermöglichen, umgehen könnte, und dies dann auch noch auf ökologisch verträgliche Weise. Das dahinterstehende Konzept wurde als „Grüne Ökonomie im Kontext nachhaltiger Entwicklung und Armutsbekämpfung" beschrieben. Das Papier ging damit über die Forderungen, wie sie 1992 auf der Rio-UNCED-Konferenz erhoben wurden, („Prinzip der nachhaltigen Entwicklung") hinaus. Der Versuch, „Umweltschutz" und „soziale Gerechtigkeit" in allen Wirtschafts- und Gesellschaftsformen zu verankern, war bereits erfolglos auf dem Weltgipfel in Johannesburg 2002 (WSSD) unternommen wurde. Mit „Rio + 20" sollten konkrete Instrumente dargelegt werden, wie saubere Produktionstechnologien und ein Abbau von umweltschädigenden Subventionen dennoch zu einer wirtschaftlichen Nutzen der natürlichen Ressourcen führen könnten.

Eines der konkreten Instrumente, um das angestrebte Ziel (nun endlich) umsetzen zu können, war die Forderung, die Durchsetzungsfähigkeit der UN auf dem Sektor „Umwelt und sozialer Entwicklung" signifikant zu stärken. Dazu sollte das UN-System grundlegend reformiert werden. Es wurde vorgeschlagen, eine neue „UN-Umweltorganisation" und einen „Rat für Nachhaltige Entwicklung" einzurichten und diese beiden Organisationen mit klaren und umfassenden Mandaten auszustatten. Mit dieser Forderung konnte man sich letztendlich nicht durchsetzen. In dem Textentwurf war dann auch nur erwähnt, dass sowohl das Umweltprogramm der Vereinten Nationen (UNEP) als auch die Nachhaltigkeitskommission in der UN partiell aufgewertet werden sollten, ohne aber damit ihren institutionellen Status zu verändern. Insbesondere die Vertreter einiger namhafter Entwicklungs- und Schwellenländer fürchteten, dass dies zur Einrichtung von „Aufsichtsbehörden" führen würde, die sie in ihrer Entwicklung einschränken könnten. Sie befürchteten wirtschaftliche Nachteile und warfen den Industrienationen vor, „damit ihre Märkte künftig durch höhere Umweltstandards abschotten und dies mit Nachhaltigkeitszielen begründen zu können" (eine Befürchtung, die seither unter dem Begriff „grüne Konditionalität" firmiert). Die Industrieländer ihrerseits befürchteten, dass sie „gezwungen" werden könnten, noch mehr für die Aufgaben der UN zu zahlen. Zivilgesellschaftliche Gruppen kritisierten, dass dieses Konzept die Nutzung der natürlichen Ressourcen immer noch weiter ökonomisiere, und legten einen Entwurf vor, in dem die „Grüne Ökonomie" als ein wichtiges Mittel zur Umsetzung (!) nachhaltiger Entwicklung aufgefasst werden sollte.

Auf der Konferenz konnten aber insgesamt dennoch grundlegende Weichenstellungen für die globale Umsetzung der Nachhaltigkeitsagenda vereinbart werden. Mit ihrem Bekenntnis zu „Green Economy" und den MDGs hat die Staatengemeinschaft in Rio erstmals in einem UN-Dokument offiziell anerkannt, dass „Green Economy" ein wichtiges Mittel zur Erreichung nachhaltiger Entwicklung ist. Mit diesem Paradigmenwechsel wird die Transformation hin zu einer nachhaltigeren Wirtschaftsweise weltweit erleichtert. Darüber hinaus konnten sich die Entwicklungsländer mit ihrer Forderung durchsetzen, das UN-System aufzufordern, künftig länderspezifische Unterstützungsleistungen zu koordinieren.

Ein weiterer Meilenstein der Konferenz war der Beschluss, bis 2014 universell gültige Nachhaltigkeitsziele („*Sustainable Development Goals*", SDGs) ausarbeiten zu lassen, über deren praktische Umsetzung die Staaten mittels spezieller Indikatoren Rechnung ablegen sollen. Die SDGs sollen das Spektrum der im Abschlussdokument enthaltenen Themen, vor allem die Sektoren „Energie", „Wasser", „Ressourceneffizienz", „nachhaltige Landnutzung", „Biodiversität" sowie den „Schutz der Meere" abdecken.

Ferner wurden in Rio institutionelle Reformen im UN-Nachhaltigkeitsbereich beschlossen. So sollte UNEP durch Einführung der universellen Mitgliedschaft und verbesserte Finanzierung gestärkt werden und die als nicht effizient arbeitend angesehene Nachhaltigkeitskommission (Commission on Sustainable Development, UNCSD) durch ein höherrangiges UN-Nachhaltigkeitsforum ersetzt werden.

Im Abschlussdokument wurde der UN-Generalsekretär aufgefordert, zum Thema der Bedürfnisse künftiger Generationen einen Bericht auszuarbeiten.

Weitere positive Festlegungen im Rio-Abschlussdokument waren:
— die Annahme eines 10-Jahresrahmens für nachhaltige Konsum- und Produktionsmuster (Artikel 19),
— die Betonung der Bedeutung des Wissensaustausches u. a. zu „grünen" Arbeitsplätzen *(Green Jobs Initiative)*.

Des Weiteren wurden die Vertragsstaaten verpflichtet,

angemessene Arbeitsplätze *(decent jobs)* in diesem Sektor zu schaffen,
- die erstmalige Bestätigung des Rechts auf sicheres Trinkwasser und Sanitärversorgung auf UN-Ebene und mit ihr die Verpflichtung des Zugangs zur sicherem Trinkwasser und Sanitärversorgung für alle Menschen,
- die Betonung der Notwendigkeit, Maßnahmen zur deutlichen Verbesserung der Wasserqualität, der Abwasserbehandlung und der Wassereffizienz sowie zur Reduzierung von Wasserverlusten zu ergreifen,
- die Biodiversität umfassend in Politiken und Programme der UNO zu integrieren.

Dazu wurde die Bedeutung der Umsetzung des Übereinkommens über die biologische Vielfalt (UNCBD) hervorgehoben sowie die Bedeutung des Schutzes der Wälder wie auch des Wiederaufbaus *(restoration)* von Waldressourcen als wichtige Bestandteile einer nachhaltigen Entwicklung. Für die Ausweisung von Schutzgebieten zur „Biodiversität auf hoher See" sollte eine Entscheidung des Internationalen Seegerichtshofes (International Tribunal for the Law of the Sea, ITLOS) in Hamburg herbeigeführt werden. Ferner sollten durch ein spezielles „internationales Instrument" die Staaten verpflichtet werden, alle Fischbestände – wie schon im „Johannesburg Plan of Action" gefordert – schnellstmöglich wieder auf ein nachhaltiges Niveau zu bringen.

Der Privatsektor, als ein wesentlicher Akteur für nachhaltige Entwicklung, wurde in dem Abschlussdokument zu einer verantwortungsvollen Unternehmenspraxis und zur Aufnahme von Nachhaltigkeitskriterien in die betriebliche Berichterstattung aufgefordert. Auch sollte der Indikator „Bruttosozialprodukt" durch eine breitere Palette von Erhebungen ergänzt werden, um zu belastbareren Informationen über die Wohlfahrtsfortschritte einer Gesellschaft zu gelangen. Die UN Statistikkommission wurde beauftragt, ein entsprechendes Arbeitsprogramm aufzulegen.

Die Ergebnisse dieses in der Summe trotz allem wichtigen Gipfels wurden allerdings sehr unterschiedlich aufgenommen. Insgesamt seien die „Rio-Ergebnisse weit hinter dem zurückgeblieben, was angesichts der Ausgangslage notwendig gewesen wäre", sagte die deutsche Bundeskanzlerin Angela Merkel, merkte aber an, dass es trotzdem Schritte in die richtige Richtung gegeben habe, etwa beim Thema „Green Economy oder bei der Stärkung des UN-Umweltprogramms". Das Konzept der „Green Economy" stelle einen wesentlichen Schlüssel zu mehr globaler Nachhaltigkeit dar, denn es habe sich gezeigt, dass „unsere Wirtschaftsweise nicht mehr zukunftsfähig ist" und forderte explizit, ein allgemein anerkanntes Verständnis von einem „qualitativen" Wachstum zu entwickeln. Die internationalen Umweltorganisationen dagegen sahen die Ergebnisse als eher enttäuschend an, da kaum konkrete Regelungen geschaffen wurden, dem ungebremsten Klimawandel und einer Milliarde hungernder Menschen zu begegnen.

▪▪ 18. Vertragsstaatenkonferenz der Unterzeichner der UN-Klimarahmenkonvention (FCCC-COP 18), Doha und 8. Konferenz der Unterzeichner des Kyoto-Protokolls (CMP 8)

Vom 26.11. bis 07.12.2012 fand in Doha zeitgleich mit der 8. Konferenz der Unterzeichner des Kyoto-Protokolls (Kyoto Protocol to the United Nations Framework Convention on Climate Change, CMP 8) die 18. Vertragsstaatenkonferenz der Klimarahmenkonvention der Vereinten Nationen (United Nations Framework Convention on Climate Change; UNFCCC-COP 18) statt. Diese erste Klimakonferenz im arabischen Raum war von mehr als 9000 Teilnehmern besucht worden; darunter waren fast alle Staaten vertreten, das UN-System, zwischenstaatliche Organisationen, namhafte Wissenschaftler, viele Nichtregierungsorganisationen, Vertreter des privaten Sektors sowie der Medien.

Zentrales Anliegen der Konferenz war, eine Brücke zu schlagen hin zu einem neuen Klimaabkommen. Diese hohe Erwartung wurden am Ende mit einem (wenn auch nur mageren) Kompromiss erreicht, in dem ein Zusammenführen der beiden Verhandlungsstränge zum Kyoto-Protokoll und zum „Bali Action Plan" abgeschlossen werden konnte. Damit hatten die Teilnehmerstaaten die Tür für die Zeit nach Kyoto ab dem Jahr 2015 aufgestoßen. Mit den erzielten Beschlüssen wurde am Ende ein Gesamtpaket bestehend aus mehr als 25 Einzelentscheidungen unter der Klimarahmenkonvention sowie 13 Entscheidungen unter dem Kyoto-Protokoll, das sogenannte „Doha Climate Gateway", verabschiedet. Das „Verhandlungsergebnis" wurde am Ende von dem Konferenzpräsident Abdullah bin Hamad Al-Attiya, dem Vizepremier Katars, in einer „Haurruck-Rede" als beschlossen verkündet. In nicht einmal 5 Minuten verkündete er den Vertragsentwurf mit den Worten „so habe ich entschieden" – statt die an dieser Stelle übliche Formulierung „so ist es entschieden" zu wählen, die erst ein Verhandlungsergebnis völkerrechtlich bindend macht. Möglich wurde dies nur, weil er bei der Verkündung nicht von seinem Blatt aufschaute und einen Einspruch Russlands einfach „übersah". Doch am Ende verzichtete sogar Russland auf einen offiziellen Einspruch und gab seine Bedenken einfach zu Protokoll. Mit dem „Doha Gateway" konnte ein politisch formulierter Beschluss vorgelegt werden, der ein Scheitern der Konferenz noch verhinderte. Vor allem die USA und China, aber diesmal auch die EU, ließen es an dem Willen mangeln, durch Zugeständnisse einen substanziellen Schritt zur Bewältigung der Klimakrise zu unternehmen. Alle drei sahen in den angestrebten Schritten eine Gefährdung ihrer traditionellen Energiegewinnung aus Kohle, Teersand oder Schiefergas.

Die zentralen Beschlüsse der Konferenz betrafen vor allem die Bereitschaft aller Staaten *(„shared vision")*, den globalen Temperaturanstieg auf unter (!) 2 °C zu begrenzen und dieses Ziel im Rahmen der „gemeinsamen aber unterschiedlichen Verantwortung" zu erreichen.

Dazu hatten sich die Annex-I-Staaten verpflichtet, ihre Emissionen um mindestens 18 % unter das Niveau von 1990 zu verringern; im Zeitraum von 2013 bis 2030. Zusätzlich wollen sie im April 2014 ihre Emissionen auf den Prüfstand stellen und, wo immer möglich, ihre Reduktionsziele darüber hinaus noch verringern. Solche Annex-I-Staaten, die den Reduktionszielen der zweiten Verpflichtungsperiode nicht beitreten wollen, werden dafür von den CDM und dem JI-Mechanismus ausgeschlossen. Des Weiteren hatten sich die Industrieländer bereit erklärt, auch weiterhin bis 2015 jährlich mehr als 30 Mrd. US$ zur Verfügung zu stellen; dazu sollte auch der GEF durch das Finanzinstrument des Least Developed Countries Fund (LDCF) beitragen.

Ein weiteres Hauptelement des „Gateways" war die Verabschiedung der Eckpunkte für die Verhandlungen des neuen Klimaabkommens bis zum Jahr 2015. Bereits im Jahr 2014 soll ein von allen Seiten akzeptierter Textentwurf vorliegen, der die Basis für das Kyoto-Folgeabkommen darstellen soll. Bis dahin bleibt das Kyoto-Protokoll unverändert in Kraft. Die Konferenz bekräftigte, dass dieser Textentwurf sich besonders auf die Fragen zur Verantwortungs- und Pflichtenverteilung zwischen den Entwicklungsländern, den Schwellen- und den Industrieländern konzentrieren soll. Zum anderen wurde in Doha der Abschlussbericht der 2007 in Bali eingesetzten Arbeitsgruppe (AWG-LCA) angenommen, mit dem eine vertragsgetreue Umsetzung der Klimakonvention unterstützt werden sollte. In den Vereinbarungen von Doha wurde noch einmal die Notwendigkeit für mehr und direktere Klimaschutzaktivitäten betont, ohne die das 2-°C-Ziel nicht zu erreichen sei. Dazu wurden von einer Reihe an Vertragsstaaten konkrete Initiativen, so zum Beispiel zur Eindämmung der HFC-Emissionen, zur Verminderung von Rußpartikeln bei Verbrennung fossiler Kohlenstoffe oder zur Erhöhung des Anteils an erneuerbaren Energie bei der Energiegewinnung, vorgestellt.

Eindeutig positioniert hat sich die Konferenz beim Thema der Teilnahme von Ländern am Zertifikatshandel, die sich nicht an der zweiten Verhandlungsperiode beteiligen wollen, wie zum Beispiel Japan und Russland. Es wurde einhellig beschlossen, dass nur Staaten, die ein Reduktionsziel für die 2. Periode im Annex B angemeldet haben, sich am Zertifikatshandel beteiligen dürfen. Ein Einspruch Russlands dazu blockierte lange den Fortgang der Verhandlungen und konnte erst in letzter Minute durch einen Formelkompromiss gelöst werden. Zu dem Therma „capacity building" musste festgestellt werden, dass eine deutliche Diskrepanz besteht, ob das Instrument weiterhin unter der Überschrift „Informationsaustauch" firmieren soll, oder nicht besser als Teil der Umsetzung. Ein Fokus auf Umsetzung würde nach Auffassung der Industrieländer für sie mit erheblichen Mehrkosten verbunden sein. Von 37 Staaten, die zusammen etwa 14 % der weltweiten Treibhausgase ausstoßen (EU, Australien, Weißrussland, Kroatien, Island, Kasachstan, Norwegen, Schweiz, Ukraine) wurden eigene Reduktionsziele erklärt. Obwohl schon länger diskutiert wurde, den Klimaschutz in den Entwicklungsländern jährlich mit 100 Mrd. US$ von den Industrieländern zu unterstützen, konnte man in Doha darüber keine Einigung erzielen, auch wenn einige Industrieländer, darunter Deutschland, konkrete Zusagen für das nächste Jahr und teilweise darüber hinausgehend gemacht hatten (8 Mrd. US$ im Jahr 2013). Daher blieb auf der Konferenz ungeklärt, wie die schon im Jahr 2009 gegebene Zusicherung realisiert werden könnte. Das Thema wurde vertagt und beim nächsten Klimagipfel in Polen (UNFCCC-COP 19) soll sich ein spezieller „runder Tisch der Minister" mit diesem Thema befassen.

Auch wenn einige Vertragsstaaten wie auch die Europäische Union ihre Klimaziele (Reduzierung um 20 % bis zum Jahr 2020) bereits als erfüllt ansehen und daher keinen Handlungsbedarf für eine weitere Reduzierung auf 30 % bis 2020 sehen, so war die EU trotzdem eine der treibenden Kräfte für eine Verlängerung des Kyoto-Protokolls. Schon auf der Konferenz in Durban (2011) hatte sich die EU zusammen mit der Allianz der Kleinen Inselstaaten (AOSIS) eine Begrenzung der Erderwärmung auf 1,5 °C gefordert. In der Frage eines globalen Scheitelpunkts der Emissionen (*„peak year"*) dagegen gab es keine Fortschritte, ebenso wenig beim langfristigen globalen Reduktionsziel. Ebenso enttäuschend war, dass keine Einigung in der Einbeziehung des internationalen Schiffs- und Flugverkehrs in das Kyoto-Abkommen erzielt werden konnte.

Ein Verhandlungspunkt wurde in allerletzter Minute in die Agenda eingebracht: Das Thema *„loss and damage"*, bei dem es vor allem darum geht, Klimaschäden, die sich auch durch Anpassung und Emissionsminderung nicht mehr vermeiden lassen, wie zum Beispiel durch den Meeresspiegelanstieg oder durch Extremereignisse, die vor allem die Kleinen Inselstaaten und die tief liegenden Küstenstaaten bedrohen, durch die Einrichtung eines internationalen Finanzierungsinstrumentes abzumildern. Zu diesem Thema wurde vereinbart, die genauere Ausgestaltung des Instruments auf die Agenda des nächsten Gipfels im Jahr 2013 zu setzen.

Auch wenn die Ergebnisse von Doha nicht den erhofften Durchbruch im globalen Klimaschutz darstellten, so wurde doch noch einmal die Notwendigkeit eines Nachfolgeabkommens für das Kyoto-Protokoll herausgestellt und damit das 2-°C-Ziel auch weiter als die Zielmarke bekräftigt.

■■ 11. Vertragsstaatenkonferenz der Biodiversitätskonvention (UNCBD-COP 11), Hyderabad, und 6. Vertragsstaatenkonferenz der Unterzeichner des Cartagena-Protokolls (MOP 6)

Die 11. Vertragsstaatenkonferenz der Biodiversitätskonvention der Vereinten Nationen (United Nations Convention on Biological Diversity; UNCBD-COP 11) fand vom 08.10. bis 19.10 2012 in Hyderabad statt. In dem Zeitraum vom 01.10. bis 05.10.2012 war zudem die 6. Vertragsstaatenkonferenz der Unterzeichner des Cartagena-Protokolls (MOP 6) durchgeführt worden. Zu den beiden Konferenzen hatten alle 190 Vertragsstaaten hochrangige Vertreter entsandt.

Im Mittelpunkt der Konferenz standen die Verhandlungen zur Finanzierung für die Umsetzung des „Strategic Plans" und der „Aichi-Ziele", wie sie auf der UNCD-COP-10-Konferenz im japanischen Nagoya beschlossen worden war. Nach langen Verhandlungen konnten hierfür konkrete Finanzierungszusagen erreicht werden. Beschlossen wurde, dass die von den Industriestaaten bis zum Jahr 2015 aufzubringende finanzielle Unterstützung für den Biodiversitätsschutz auf 8 Mrd. US$ verdoppelt werden und bis 2020 mindestens auf diesem Niveau gehalten werden soll. Allgemein bestand bei den Vertragsparteien der Konsens, dass nunmehr der Fokus auf die Umsetzung der bestehenden Beschlüsse gelegt werden müsse.

Die MOP-6-Konferenz zum Cartagena-Protokoll behandelte die bislang erreichten Ziele im Sektor „*capacity building*". Dabei gaben 80 % der Vertragsstaaten zu Protokoll, dass die angestrebte Umsetzung des Protokolls immer noch durch bestehende Kenntnisdefizite behindert wurde. Die Parteien forderten daher mehr Aus-/Fortbildung auf den Sektoren „Schutz der Biodiversität" sowie zum „Risikomanagement", der „Erfassung der *living modified organisms* (LMO)", zur „Integration der Betroffenen" und insbesondere zur „Unterbindung des illegalen Artenhandels". Hier fehle es vor allem an Fachwissen sowie einem ordnungspolitischen Rahmen; alleine um die Vielzahl an Ausfuhrgenehmigungen überhaupt bearbeiten zu können. Viele Staaten beklagten, dass ihnen nicht erfüllbare Auflagen „übergestülpt" worden seien, ohne dass sie maßgeblich in die Entscheidungen eingebunden worden seien. Das Sekretariat wies dies als nicht zutreffend zurück und stellte fest, dass alle Entscheidungen im Plenum gefällt worden sind. Es verwies aber darauf, dass eine Liste mit Ansprechpartnern und detaillierten Aufgabenbeschreibungen erstellt worden sei, um die angesprochenen Defizite abzubauen. Das Sekretariat legte eine umfassende Zusammenstellung von Standards, Regulierungen und gesetzlichen Bestimmungen für den Umgang, den Transport, den Handel mit LMOs vor. Die Liste beruhte vor allem auf Angaben vieler internationaler Organisationen, wie der Codex Alimentarius Commission, der International Plant Protection Convention, der World Organisation for Animal Health, der United Nations Recommendations on the Transport of Dangerous Goods, der United Nations Commission on International Trade Law, der OECD und der World Customs Organization.

Die Konferenz begrüßte die Vorlage einer Indikatorenliste für die Erfassung der Umsetzung des Strategieplans 2010–2020 und der sogenannten „Aichi-Ziele", die von der „Ad Hoc Technical Expert Group" (AHTG) vorgelegt worden waren. Mithilfe dieser Indikatoren sei es nunmehr möglich, den Stand der Umsetzung international vergleichbar erheben zu können. Im Themenfeld „Verlust an Arten" stellte die Konferenz fest, dass diese auf den Inseln bereits alarmierende Ausmaße angenommen habe. 80 % der bekannten Verluste seien auf den Inseln festzustellen, trotz der vielen Erfolge, die durch die Konvention erzielt werden konnten. Verstärkte Anstrengungen seien nötig, um die Existenz insbesondere der Kleinen Inselstaaten und der Entwicklungsländer mit Inselgruppen zu sichern. Der Klimawandel, die negativen Auswirkungen des „*movement of alien species*" und eine nicht nachhaltige Ressourcenbewirtschaftung seien die Gründe für das Artensterben. Die Konferenz rief alle Beteiligten zu verstärkten Anstrengungen auf. Denn nur durch ein angepasstes Management der marinen Gebiete, der Küstenregionen und der Süßwasserressourcen wird es möglich, Leben dort aufrechterhalten zu können, so wie es im Nagoya-Protokoll festgelegt worden ist. In Bezug auf die biologische Vielfalt der Meeres- und Küstengebiete begrüßte die Konferenz die vorgelegte Evaluierung über wissenschaftliche und technische Kriterien zur Bewertung des Datenaustausches der Mitgliedstaaten. Sie regte an, die Erkenntnisse aus dem mediterranen Raum zur Ausweisung von Meeresschutzgebieten auch auf andere zu schützende Gebiete zu übertragen. Die Ausweisung Meeresschutzgebieten läge natürlich in der Verantwortung jedes Staates, wobei aber die Internationale Seerechtskonvention (United Nations Convention on the Law of the Sea) immer berücksichtigt werden müsse.

Das Sekretariat wurde aufgefordert, den Bericht auch an die UN-Generalversammlung und hier an die „Informal Working Group to Study Issues Relating to the Conservation and Sustainable Use of Marine Biological Diversity Beyond Areas of National Jurisdiction" weiterzuleiten. Die Konferenz nahm die Studie zu *Geoengineering Measures* und deren mögliche Auswirkungen auf das Klima und die Biodiversität zur Kenntnis. Die Studie war schon auf der 9. und der 10. UNCBD-Konferenz angeregt worden. Sie sollte den Stand der Kenntnisse auf diesem Sektor darstellen, zum Beispiel auf dem Sektor der Ozeandüngung (*ocean fertilization*), um daraus Handlungsempfehlungen zur internationalen Regulierung dieses Sektors abzuleiten (Artikel 14 der Konvention). Die zentrale Aussage der Studie lautete, dass die Bekämpfung des Klimawandels ausschließlich durch eine Verminderung der Treibhausgasemissionen sowie durch eine Vermehrung „*carbon sinks*" erreicht werden müsse. Jede technische Lösung zur Verringerung der Solarstrahlung oder eine „*carbon sequestration*" aus der Atmosphäre sei abzulehnen. Dabei wurde anerkannt, dass das bestehende Verständnis immer noch unzureichend sei, um daraus schon (damals) präjudizierende Regeln ableiten zu können. In Bezug auf die Ausweisung von Naturschutzgebieten betonte die Konferenz, dass ein Nachholbedarf bestehe, nationale Schutzgebietsprogramme, insbesondere im Sektor der Meeresschutzgebiete, stärker und vermehrt in den nationalen Umweltschutzprogrammen zu verankern, und überall, wo möglich auch noch neue marine Schutzgebiete auszuweisen. Dabei sollten generell alle Arten von Schutzgebieten – auch die terrestrischen – nach dem Kriterium der Repräsentativität für den Schutz aller Arten, dem Stand des Schutzgebietsmanagements und der Integration der Gebiete mit den angrenzenden Landnutzungsgebieten ausgewählt werden.

Ein großer Erfolg der Konferenz war die Zusicherung aller 190 Staaten, weitere Schritte zum Schutz der Meere vorzunehmen. Sie vereinbarten, bis 2020 10 % der Meere unter Schutz zu stellen und darüber hinaus auch Gebiete außerhalb der nationalen Hoheitsgebiete *(areas beyond national jurisdiction)* zu identifizieren. Die lokalen Bestrebungen im Management der Schutzgebiete sollten durch staatliche Maßnahmen unterstützt werden. Regionale Informationsnetzwerke und *„focal points"* könnten als Multiplikatoren dienen. Auch könnten die lokalen Anstrengungen durch eine Zusammenarbeit mit der „Ramsar Convention on Wetlands", dem Programm „Man and the Biosphere" der UNESCO und der Convention Concerning the Protection of the World Cultural and Natural Heritage (auch: World Heritage Convention, WHC) profitieren sowie von einer Finanzierung durch die GEF.

In Bezug auf das Themenfeld „Biodiversität der Binnengewässer" bekräftigte die Konferenz darüber hinaus die wichtige Funktion des Wassers als ein Kernelement der nachhaltigen Entwicklung und seine zentrale Rolle für die Ökosysteme. Ausreichende Mengen an sauberem Wasser seien Voraussetzung für die Sicherung der Lebensgrundlage und zur Armutsbekämpfung. Nötig seien dazu umfassende Regelwerke zur Erfassung, dem Ressourcenerhalt und zur Wiederaufbereitung, und zwar auf allen sozioökonomischen und kulturellen Ebenen der Gesellschaften. Dabei wurde betont, dass der Begriff „Feuchtgebiete" *(wetlands)* den Parteien ausreichenden Raum lasse, ihre spezifischen Situationen angemessen zu berücksichtigen, insbesondere wenn es darum geht, den Übergang von Meeresgebiet, der Küstenregion und dem Inland zu definieren.

Die Konferenz begrüßte die Ergebnisse der Arbeiten zur „Ökonomie der Meeres- und Feuchtgebiete" (The Economics of Ecosystems and Biodiversity, TEEB). Da Wasser so entscheidend für das Leben sei, wurde das Sekretariat aufgefordert, den Wert des Wassers – inklusiver seiner Grundwasserkomponente – als Querschnittsthema in die 2011–2020-Ziele aufzunehmen. Die Ramsar-Konvention wurde gebeten, zusammen mit der UNCBD-Konvention das Thema „Wasser" noch stärker in das Bewusstsein der Betroffenen und der Wasserlieferanten einzubringen. Die Konferenz nahm ferner den Bericht über die Nutzung von Biokraftstoffen auf die Biodiversität zur Kenntnis. Sie begrüßte die gemachten Erfahrungen, stellte aber fest, dass bestehende Kenntnislücken eine abschließende Bewertung, ob diese Kraftstoffe einen positiven Einfluss im Kampf gegen den Klimawandel haben, oder sich durch ihre intensive Landnutzung und ihren großen Bedarf an Biomasse letztendlich nicht doch negativ auswirken werden, noch ausstehe. Doch nicht alle Teilnehmer wollten Biokraftstoffe mit dem Thema „Klimaschutz" verbunden sehen. So scheiterte Brasilien mit seinem Versuch, die Belange der biologischen Vielfalt aus der Klimapolitik herauszuhalten. Es wurde beschlossen, dass künftig Naturschutzaspekte zu berücksichtigen seien, wenn es um Biokraftstoffe geht. Die Konferenz betonte, dass das Ziel der „Global Strategy for Plant Conservation" nur im Zusammenwirken mit der Konvention, also vor allem mit dem Nagoya-Protokoll *(access to genetic resources; fair & equitable sharing of benefits arising*/CHM) und den „Aichi-Biodiversitätszielen" zu erreichen sein werden. Sie rief daher alle Parteien auf, nationale Ziele aufzustellen und diese in ihren Biodiversitätsstrategien zu verankern. Das von der „Global Strategy for Plant Conservation" angebotene Toolkit sollte eingesetzt werden, um die Implementierung der Strategie (2011–2020) zu dokumentieren. Über die dabei gemachten Erfahrungen sollten die Vertragsstaaten regelmäßig Bericht erstatten.

Die Konferenz dankte der „Ad Hoc Technical Expert Group" (AHTEG) zu ihrem Bericht im Themenfeld *„alien species as pets, aquarium and terrarium Species, and as live bait and live food",* der aus ihrer Sicht anwendbare Richtlinien vorgelegt hatte über das Risiko, das vom grenzüberschreitenden Handel von nicht einheimischen Tier- und Pflanzenarten ausgehe. Um daraus Handlungsoptionen ableiten zu können, wurde das Sekretariat aufgefordert, *„best practice"*-Beispiele zusammenzustellen, die Wege aufzeigen können, wie die bekannten Gefahren besser eingedämmt werden könnten. Auf den nationalen Ebenen sollten *„focal points"* identifiziert werden, vor allem in Zusammenarbeit mit der Convention on Biological Diversity and International Plant Protection Convention des IPPC, der World Organisation for Animal Health (OIE), der Convention on International Trade in Endangered Species of Wild Fauna and Flora (CITES) und der FAO. Anhand der Beispiele sollten verbesserte Richtlinie und Handlungsanweisungen zur Durchsetzung bestehender Gesetze ausgearbeitet werden. Dies umso mehr, als der weltweite Handel mit fremden Arten nicht mehr kontrollierbar geworden sei.

Die Konferenz begrüßte die überarbeitete Version der „Capacity-Building Strategy for the Global Taxonomy Initiative" als integralen Beitrag zum Erreichen der Konventionsziele für den Zeitraum 2011–2020 und forderte die Vertragsstaaten auf, dieses Konzept in ihre nationalen Biodiversitätsstrategien aufzunehmen. Die Konferenz stellte noch einmal die herausragende Bedeutung von Aus- und Fortbildung im Feld der Taxonomie der Arten heraus und rief alle wissenschaftlichen Organisationen in den Mitgliedsländern auf, ihre diesbezüglichen Ausbildungsanstrengungen zu verstärken.

2013

19. Vertragsstaatenkonferenz der Unterzeichner der Klimarahmenkonvention der Vereinten Nationen (UNFCCC-COP 19), Warschau und 9. Vertragsstaatenkonferenz der Unterzeichner des Kyoto-Protokolls (CMP 9)

Die 19. Vertragsstaatenkonferenz der Unterzeichner der Klimarahmenkonvention der Vereinten Nationen (United Nations Framework Convention on Climate Change; UNFCCC-COP 19) fand vom 11.11. bis 22.11.2013 in Warschau statt. 10.000 Teilnehmer aus mehr als 190 Staaten waren dazu unter dem Vorsitz der polnischen Regierung in Warschau zusammengekommen. Zeitgleich mit der Konferenz fand die 9. Vertragsstaatenkonferenz der Unterzeichner des Kyoto Protokolls (Kyoto Protocol to the United Nations Framework Convention on Climate Change, CMP 9) statt. Wichtige UN-Organisationen, zwischenstaatliche Organisationen und Umweltkonventionen waren vertreten, unter ihnen UNCBD, ECOSOC, FAO, GEF, Global Compact, IMO, IPCC, UNECSO, UNCDF, UNICEF, UNDP, UNECA, UNECE, UNEP, UNHCR, UN-Habtitat, UNITAR, UNISDR, UNPF, WFP, WHO, WTO, WMO, die Weltbank und der IWF sowie Vertreter aller führenden Nichtregierungsorganisationen, aus Wissenschaft und Forschung. Zusätzlich fand in der Zeit vom 19.11. bis 22.11.2013 noch der „Internationale Kohle- und Klimagipfel" statt, zu dem der polnische Wirtschaftsminister eingeladen hatte. Das Motto dieses „Kohlegipfels" war, neue Technologien vorzustellen, mit denen die fossilen Brennstoffe zu klimaverträglichen, ökonomischen und damit zukunftsfähigen Energieträger werden können.

Im Vorfeld der Konferenz hatte der Konferenzvorsitzende einiges Aufsehen erregt, als er die Auffassung vertrat, dass weitere Emissionsreduktionen sowohl für Polen als auch für die EU eine zu große Belastung werden würden, solange die USA und China keine signifikanten Emissionsreduktionen vornehmen würden. Auch boykottierte die neu gewählte Regierung von Australien die Konferenz. Des Weiteren gab die Regierung bekannt, sich nicht länger an der internationalen Klimafinanzierung zu beteiligen sowie die nationalen Institutionen zur Förderung von Klimaschutze und erneuerbaren Energien nicht weiter zu finanzieren.

Konkret hätte die Konferenz einen weiteren Meilenstein im Kampf gegen den Klimawandel erreichen können. Trotz oftmals sehr zäher Verhandlungen und des schleppenden Fortgangs musste der Konferenzablauf um einen Tag verlängert werden; einige Umweltverbände hatten zwischenzeitlich die Konferenz unter Protest verlassen, schließlich konnten sich die Teilnehmer auf einen, wenn auch nur sehr generellen, Fahrplan für ein Folgeabkommen des Kyoto-Protokolls sowie auf einige grundlegende Vereinbarungen zur Finanzierung weltweiter Klimaschutzmaßnahmen einigen. Dennoch musste festgestellt werden, dass eine klare Roadmap für die Nachfolge des Kyoto-Abkommens (ab 2015) eindeutig verfehlt wurde. Das zukünftige Klimaabkommen müsste daher in den kommenden zwei Jahren inhaltlich konkretisiert werden. Des Weiteren wurden die Vertragsstaaten aufgerufen, ihre nationalen Bestrebungen zur Eindämmung der Emissionen erheblich zu verstärken und bis zur UNFCCC-COP 21 mit konkreten Reduktionszielen zu versehen. Um die am stärksten vom Klimawandel bedrohten Gesellschaften besser schützen zu können, hat die Konferenz ein Bündel an Maßnahmen beschlossen, mit dem sie vor den Auswirkungen extremer Klimakatastrophen oder des sehr langsam fortschreitenden Meeresspiegelanstiegs nachhaltiger geschützt werden können. So zum Beispiel wurden weitreichende Beschlüsse gefasst, mit denen die Treibhausgasemissionen durch Entwaldungen drastisch eingeschränkt werden sollen.

In Bezug auf das Kyoto-Protokoll begrüßte die Konferenz den Bericht des *Executive Board* über den Stand des Umsetzung im *Clean Development Mechanism* (CDM). Mit ihm konnten bis 2013 mehr 215 Mrd. US$ in über 7300 Projekten in mehr als 90 Ländern mit mehr als 1,4 Mrd. zertifizierten Emissionsminderungen finanziert werden. Die Einnahmen aus dem Fonds beliefen sich im Berichtsjahr auf etwa 320 Mio. US$, von denen 190 Mio. US$ aus dem Emissionshandel und dem CDM erlöst worden waren. Das „Adaption Fund Board" äußerte seine Bedenken über das aktuell (niedrige) Marktpreisniveau für die Emissionszertifikate, dennoch werde an dem Ziel, aus dem „Adapation Fund" weitere Klimaanpassungsmaßnahmen in den Entwicklungsländern zu finanzieren, festgehalten. Für den Fonds haben die Industrienationen ihre Bereitschaft erklärt, jährlich bis zu 100 Mio. US$ zur Verfügung zu stellen.

Eigentlich war vorgesehen, alle Bestimmungen des CDM-Mechanismus einer kritischen Prüfung zu unterziehen. Es wäre das erste Mal seit seiner Einrichtung gewesen, um beispielsweise Haftungsfragen der Gutachter für die Projekte verbindlich zu regeln. Auch sollten die Projekte künftig gebündelt und zeitlich flexibler gestaltet werden können. Zu beiden Punkten konnten aber keine konkreten Beschlüsse gefasst werden. Ein weiterer Tagesordnungspunkt betraf die Ausgleichszahlungen für Maßnahmen zur Reduzierung von HFC-Gasemissionen. Verbessern wollte man die Kriterien dafür, ob Projekte tatsächlich zu einer zusätzlichen (!) Reduzierung der THG-Emissionen führen, oder diese nur auf dem Papier vorliegen. Da man sich hierüber nicht einigen konnte, wurde beschlossen, die HFC-Projekte künftig nicht mehr über CDM zu fördern. Die Konferenz beauftragte daher das *Executive Board,* die Evaluierung des Instruments voranzutreiben und darüber auf der 10. Konferenz zu berichten. Ferner solle das Board Richtlinien entwickeln, um die Partnerländer – auf Antrag – bei dem Monitoring ihrer Aktivitäten zur nachhaltigen Entwicklung aus dem „CDM" zu unterstützen. Mithilfe dann einfacherer Durchführungsbestimmungen zur Erfassung und Bewertung der Klimaanpassungsmaßnahmen sollten vor allem die

Transaktionskosten gesenkt werden, insbesondere in solchen Regionen, in denen der CDM unterrepräsentiert ist. Die überarbeiteten Bestimmungen sowie die erzielten Ergebnisse sollten auf der Homepage eingestellt werden, um so allen Partnern weltweit und den lokalen Gruppen die Möglichkeit zu geben, sich zu informieren.

Die Konferenz beschloss das schon auf den Konferenzen 15 und 16 als Kooperationsprogramm mit UNDP und UNEP verabredete „International Instrument for Loss and Damages", das sogenannte „Warsaw Framework for REDD+" zum Ausgleich klimawandelbedingter Verluste und Schäden, verbindlich einzurichten. Mit dem Framework soll eine Finanzierung von Messung, Berichterstattung und Verifikation der Treibhausgasemissionen bzw. deren „removal" im Rahmen des „REDD+"-Prozesses eng an die erzielten Emissionsminderungen gekoppelt werden. Die jeweils erzielten Emissionsminderungen in den Entwicklungsländern sollen unabhängig überprüft werden. Außerdem wurde festgelegt, auf welcher Basis die Berechnung der Emissionsminderungen erfolgen soll. Damit kann das Waldschutzprogramm „REDD+" endlich national umgesetzt werden. Der Grüne Klimafonds (GCF) wird für die Finanzierung der Maßnahmen eine bedeutende Rolle spielen. Diese auf der Konferenz zunächst nur allgemein verabredeten Ziele sollten im nächsten Jahr weiter ausformuliert werden. Eine Reihe von Industrieländern hatte sich bereit erklärt, dafür Finanzmittel in Höhe bis zu 280 Mio. US$ zu stellen. Des Weiteren konnte auf der Konferenz festgestellt werden, dass nach 4 Jahren Vorbereitungszeit das Green Climate Fund Board (endlich) seine Arbeiten aufgenommen habe. Mit dem Fonds sollen Finanzmittel von staatlichen, zwischenstaatlichen und privaten Gebern bereitgestellt werden, um durch eine Reduzierung der Treibhausgasemissionen den Entwicklungsländern bessere Entwicklungschancen zu eröffnen. Die Konferenz erklärte dazu, dass nunmehr die ersten Gelder bereitstünden, und sie forderte die Länder auf, rechtzeitig bis zur 20. Konferenz Anträge zu stellen.

Beschlossen wurde ferner ein längerfristiges Programm zur Finanzierung weltweiter Klimaschutzmaßnahmen in den Entwicklungsländern („Work Programme on Long-term Finance"). Darin bekennen sich die Industrieländer nochmals zu ihren schon in Cancún (2010) gemachten Verpflichtungen, hierfür ab 2020 jährlich 100 Mrd. US$ bereitzustellen. Dabei wurden in Warschau aber keine Angaben gemacht, wer, wann, welche Summen aufbringen soll. Der einzige greifbare Erfolg, der erzielt werden konnte, betraf die verbindlichen Zusagen, den notleidenden „Anpassungsfonds" von 100 Mio. US$ aufzufüllen; Deutschland sagte dafür 30 Mio. US$ zu.

Die Konferenz stellte fest, dass der Aufbau eines globalen Waldmonitoringsystems eine wesentliche Voraussetzung darstelle, um die nationalen forstbezogenen Treibhausgasemissionen (Senken und Quellen) belastbar abschätzen zu können. Dazu seien nationalen Kapazitäten aufzubauen, die regelmäßig, transparent und nachvollziehbar diese Emissionsmengen erfassen. Die Systeme sollten auf jeweilig vorhandenen Strukturen aufbauen und sich vor allem an den vom IPCC vorgegebenen Richtlinien orientieren. Die Daten sollten durch die nationalen „focal points" international kommuniziert werden. Der Subsidary Body for Implementation (SBI) und das Expertengremium (SBSTA) sollten die Informationen aufbereiten und bis zum Jahr 2017 darüber Bericht erstatten. Auf der Konferenz verpflichteten sich die Industriestaaten darüber hinaus, weltweit Aufforstungsprojekte zu finanzieren und wissenschaftliche Forschungsarbeiten durchzuführen, um genauere Kenntnisse zu gewinnen, in welchem Maße Baumanpflanzungen dem Klima nutzen.

▪▪ 20. Konferenz der Kommission für Nachhaltige Entwicklung der Vereinten Nationen (UNCSD-COP 20), New York

Am 20.September 2013 hielt die „Kommission für Nachhaltige Entwicklung" der Vereinten Nationen ihre 20. Konferenz ab. 15 Länder hatten zu der Konferenz 58 offizielle Vertreter entsandt. 20 Länder waren durch 53 Beobachter vertreten. Anwesend waren des Weiteren namhafte Vertreter des UN-Systems, unter ihnen: FAO, ESCAP, ESCWA, IAEA, ILO, ITU, IUCN, UNCBD, UNEP, UNESCO, UNHCR, WFP, WHO, WIPO, sowie die EU.

Auf der Konferenz wurden die Teilnehmer über die Entscheidung des „Economic and Social Council" der UN (ECOSOC) informiert, dass mit der 20. Konferenz, also mit Datum des 20. September 2013, die Kommission ihre Arbeit beendet und die Kommission offiziell aufgelöst wird.

Die Kommission beendete die Konferenz mit einem (sehr kurzen) Statement (sinngemäß in deutscher Übersetzung):

> Die Kommission hatte eine Laufzeit von 2 Dekaden. In der Zeit hat sie eine führende Rolle gehabt in der Aufstellung einer Agenda, in der Förderung internationaler Dialogprozesse sowie zur Entwicklung von Strategien zur Implementierung von Nachhaltigkeit in den Gesellschaften.
> Die Kommission konnte hierfür eine anerkannte Plattform geben, um Erfahrungen bei der Umsetzung von Nachhaltigkeit austauschen zu können. Sie hat in dieser Zeit einen Beitrag leisten können, nachhaltige Entwicklung auf den regionalen und nationalen Ebenen anzuregen. Dazu hat sie eine Vielzahl an regionalen und internationalen Konferenzen, Vorbereitungskonferenzen und Expertengesprächen abgehalten und Nachhaltigkeitsstrategien entwickelt. In der Zeit ihres Bestehens konnte sie sich einer umfassenden Beteiligung aller ihrer 53 Mitgliedländer erfreuen sowie fast aller anderen Länder, die als Beobachter teilgenommen haben, ebenso wie Vertreter aller namhaften UN-Organisationen und Konventionen sowie von Nichtregierungsorganisationen. In der Zeit hat die Kommission eine Vielzahl an Initiativen auf den Weg gebracht sowie Entwicklungspartnerschaften zur Nachhaltigkeit initiieren können.

Die Kommission konnte viele Herausforderungen bestehen, musste aber insbesondere in der letzten Dekade die Grenzen ihres Mandats und ihrer Kapazität anerkennen, die vor allem ihr Bemühen, die drei Säulen der Nachhaltigkeit in ihr Mandat aufzunehmen sowie diese in das UN-System einzuspeisen, einschränkte. Das Mandat verhinderte eine tiefer gehende Begleitung der Umsetzungsprozesse in den Mitgliedsländern sowie eine Bewertung des Umsetzungsstands. Grund war vor allem die geringe Ausstattung mit Finanzmitteln für den Technologietransfer und zum *„capacity building"*. Die starren Regeln der Kommissionsagenda gestatten es nicht, sich flexibel auf neue Themenfelder einzustellen.

- **2014**
- **20. Vertragsstaatenkonferenz der Klimarahmenkonvention der Vereinten Nationen (UNFCCC-COP 20), Lima und 10. Vertragsstaatenkonferenz des Kyoto-Protokolls (CMP 10)**

Die 20. Vertragsstaatenkonferenz der Klimarahmenkonvention der Vereinten Nationen (United Nations Framework Convention on Climate Change, UNFCCC-COP 20) fand vom 01.12. bis zum 13.12.2014 (2 Tage länger als geplant) in Lima, Peru, statt, in der gleichen Zeit auch die 10. Vertragsstaatenkonferenz der Unterzeichner des Kyoto-Protokolls (Kyoto Protocol to the United Nations Framework Convention on Climate Change, CMP 10). Die damalige UNFCCC-Generalsekretärin Christina Figueres sowie der peruanische Umweltminister Manuel Pulgar-Vidal hatten den Vorsitz.

Ein Jahr vor dem Schlüsseltreffen von Paris, bei dem das Nachfolgeabkommen des Kyoto-Protokolls verabschiedet werden soll, war das Thema Klimaschutz wieder ganz oben auf die internationale Agenda gekommen. So konnten auf dem Klimagipfel in Peru (COP 19) schon einige wesentliche Schritte hin zu „Kyoto II" unternommen werden, und diesen Entwicklungsprozess galt es in Lima konstruktiv fortzusetzen, meinte UN-Klima-Chefin Christiana Figueres. Sie forderte daher von den Regierungen, konkrete Fortschritte bei der Ausarbeitung dieses Klimaabkommens zu machen.

Bereits im September 2014 hatte auch der UN-Generalsekretär Ban Ki Moon dem Thema eine hohe Priorität eingeräumt. Ein von der UN veranstaltetes Klimatreffen wurde in vielen Teilen der Welt von Protestmärschen begleitet. Und in der Folge hatten die beiden größten CO_2-Emittenten, China und USA, anlässlich eines Meetings der Asiatisch-Pazifischen Wirtschaftsgemeinschaf (Asia-Pacific Economic Cooperation, APEC) in Peking ihren Willen signalisiert, sich ebenfalls auf Maßnahmen im Kampf gegen den Klimawandel festzulegen. China hatte sich dabei das Ziel gesetzt, bis spätestens zum Jahr 2030 den Anteil erneuerbarer Energien an seiner Energieerzeugung auf etwa 20 % zu steigern. Die USA hingegen planten ihre Emissionen spätestens bis 2025 um 26–28 % unter das Niveau von 2005 (!) zu senken. Auch wenn diese Ziele eher als „bescheiden" gewertet wurden, so war doch jedem der Teilnehmer bewusst, dass es ohne die beiden „Großen" kein Kyoto-Nachfolgeabkommen geben würde. Dabei hatten es sich beide Staaten mit ihrer Selbstverpflichtung einfach gemacht. In China wurde der Höhepunkt der CO_2-Emissionen sowieso für das Jahr 2030 angenommen und die USA hatte im Zuge ihrer Schiefergasexploration viele Kohlemeiler mit geringerer Auslastung gefahren.

Die jüngsten wissenschaftlichen Erkenntnisse des Weltklimarates (IPCC-AR5, vgl. ▶ Kap. 3) ließen keinen Zweifel an der Notwendigkeit eines schnellen Handelns. Nur wenn es gelingt, den globalen Temperaturanstieg auf maximal 2 °C zu begrenzen, würde es möglich, den Klimawandel noch beherrschbar zu gestalten. Nach der letzten Studie des Rates müssten die Emissionen dafür weltweit um 40–70 % bis zum Jahr 2050 reduziert werden, und dann noch einmal auf nahe null bis Ende des Jahrhunderts. Ottmar Edenhofer vom Potsdam-Institut für Klimafolgenforschung (PIK) vertrat daher die Auffassung, der Weltgemeinschaft blieben nur noch zwanzig oder dreißig Jahre, um das Emissionsproblem zu lösen. Er betonte, die dafür notwendigen Technologien stünden mit den erneuerbaren Energien bereits zur Verfügung. Dabei erlebten gerade die fossilen Brennstoffe eine Renaissance. Aus diesem Grund müsse man für die Nutzung von Kohlenstoff zur Energiegewinnung einen Marktpreis erheben, der „so teuer sein müsste, dass sich eine weitere Verschmutzung der Atmosphäre durch CO_2 schlicht nicht mehr lohne". Dem stimmte die UN-Klimachefin Christina Figueres zu, wenn sie betonte, dass Strafgeldern eine wichtige Lenkungsfunktion für Emissionsminderungen zukomme.

Auf der Konferenz sollte die auf der Klimakonferenz in Durban eingesetzte Arbeitsgruppe („Ad Hoc Working Group on the Durban Platform for Enhanced Action"; ADP), einen Verhandlungstext für das Nachfolgeprotokoll präsentieren, der dann im Plenum diskutiert werden sollte. Ebenso wurde der Green Climate Fund (GCF) zur Unterstützung der Entwicklungsländer bei Klimaschutzprojekten im Vorfeld als entscheidend für das Gelingen der Verhandlungen in Lima eingestuft. Mit ihm sollten ab dem Jahr 2020 jährlich 100 Mrd. US$ zur Verfügung gestellt werden. Dazu hatte sich die UN das Ziel gesetzt, bis zur Konferenz wenigstens schon einmal 10 Mrd. US$ einzuwerben; am Ende kamen gerade mal 9,7 Mrd. US$ zusammen. Dass auch ärmere Staaten wie zum Beispiel Mexiko, Indonesien und Peru einen Beitrag leisten wollten, belegt, wie wichtig ihnen das Zustandekommen des Nachfolgeabkommens war.

Nachdem die Konferenz 2 Tage länger als geplant gedauert hatte, konnte am Ende Perus Umweltminister Manuel Pulgar Vida die Beschlüsse vorstellen. Das 37-seitige Schlussdokument enthielt die ersten Grundzüge eines neuen Klimaschutzabkommens, das vor allem nun erstmals alle Staaten umfasste, und hatte so die Grundlage für die Verhandlungen über den neuen weltweiten Klimavertrag in Paris 2015 gelegt. Um das Schlussdokument 2015 in Paris beschließen zu können, sollte bis

Mai 2015 ein vollständiger Textentwurf vorgelegt werden. Da in dem Dokument die Kriterien zur Festlegung der CO_2-Minderungsziele nur sehr vage definiert wurden, hatten viele Skeptiker dieses Ergebnis als einen Minimalkonsens bezeichnet.

Ein wesentliches Ergebnis der Konferenz war die Festlegung auf eine verbindliche Abgabefrist über die Klimaziele der Vertragsstaaten auf den 31. März 2015. In dem Zusammenhang wurden die Staaten aufgerufen, ihre Minderungsanstrengungen noch einmal deutlich zu verstärken, da es sich herausgestellt hatte, dass die bereits verkündeten Reduktionsziele nicht ausreichen würden, die Erderwärmung auf das als maximale Obergrenze angesehene 2-°C-Ziel zu begrenzen. Einige Schwellenländer, unter ihnen Malaysia, protestierten heftig gegen den Textentwurf, da dieser die Frage einer ökonomischen Bewertung der Verluste und Schäden durch den Klimawandel nicht beantworte: so seien die Kleinen Inselstaaten, obwohl sie überhaupt kein CO_2 emittieren, am ehesten von dem Meeresspiegelanstieg in ihrer Existenz bedroht.

Ein weiterer Punkt im Schlussdokument war die Festlegung, dass alle Staaten Rechenschaft über ihre Klimaschutzbeiträge machen sollten, und zwar sollte dies auf der Basis vergleichbarer, transparenter und überprüfbarer Kriterien geschehen. Die Staaten, die dazu in der Lage seien, könnten auch zusätzlich freiwillige Angaben über Maßnahmen zur Anpassung an den Klimawandel zu Protokoll geben.

In der „Lima Ministerial Declaration on Education and Awareness-raising" betonten die Vertragsstaaten noch einmal den hohen Stellenwert von Aus- und Fortbildung und des Transfers von Technologie, wie er in den vielen vorangegangenen UN-Konferenzen und Konventionen und im „Doha Work Programme" (Artikel 6) immer wieder herausgestellt worden war; zuletzt noch einmal auf der UNESCO-Konferenz in Aichi-Nagoya (2014). Diese Konferenz hatte zu umgehenden und erhöhten Anstrengungen aufgefordert, um in den Partnerstaaten klimaresiliente Gesellschaften aufzubauen. Ein besserer Kenntnisstand müsse einhergehen mit Bewusstseinsbildungskampagnen für die am stärksten betroffenen Bevölkerungen. Die Länder wurden aufgefordert, nationale Strategien zu entwickeln und (auch!) umzusetzen, um die Kenntnisse in der Fläche nachhaltig verbreiten zu können. Die Industrieländer wurden aufgefordert, die Entwicklungsländer bei diesen Bestrebungen wirksam zu unterstützen.

Einen Erfolg konnte die Konferenz aber vor allem in der Frage der Klimafinanzierung erzielen. Die Staaten waren Zahlungsverpflichtungen in Höhe von fast 10 Mrd. US$ eingegangen und hatten so dem Fonds eine gute finanzielle Basis geschaffen. Deutschland hatte bereits im Sommer 2014 als erstes Land 750 Mio. EUR für den Fonds zugesagt. Auch Entwicklungsländer wie Peru, Kolumbien oder Indonesien hatten in den Grünen Klimafonds eingezahlt. Sie betonten damit, dass Klimaschutz nur gemeinsam gelingen werde. Kein Konsens konnte jedoch darüber erzielt werden, nach welchem Verteilungsschlüssel sich die Staaten zukünftig am Klimaschutz beteiligen sollten. Im Kyoto-Protokoll wurde lediglich zwischen Entwicklungs- und Industrieländern unterschieden. In Lima bestand zu diesem Punkte allerdings Einigkeit, dass die bisherige starre Trennung zwischen Industrie- und Entwicklungsländern nicht länger zeitgemäß sei. Die EU setzte sich wie viele andere Industriestaaten hingegen dafür ein, dass die Staaten ihr Engagement künftig stärker nach ihren individuellen wirtschaftlichen Möglichkeiten ausrichten dürften.

In einem Beitrag präsentierten die Vereinten Nationen eine Erhebung (*Adaptation Gap Report*), nach der die Kosten für die Anpassung an den Klimawandel, insbesondere für Entwicklungsländer, voraussichtlich um das zwei bis dreifache höher sein könnten als bisher angenommen. Den damaligen Berechnungen zufolge seien für den Zeitraum 2025–2030 jährliche Kosten von 150 Mrd. US$ zu erwarten, für das Jahr 2050 sogar Kosten von 250–500 Mrd. US$.

Nicht geklärt werden konnte die Frage, welche Rechtsform das neue Kyoto-Nachfolgeprotokoll haben sollte.

Kritik an den Ergebnissen von Lima kam von vielen Seiten, auch wenn vor dem Klimagipfel insbesondere die Zusagen der EU, der USA und Chinas, eigene Anstrengungen im Klimaschutz vorzunehmen, und die internationalen Zusagen über eine Aufstockung des „Klimafonds" die politische Ausgangslage durchaus positiv beeinflussten. Aber Lima hat gezeigt, dass die Staaten noch mehr Zeit brauchen würden, um sich auf einen tragfähigen internationalen Rahmen für die Klimapolitik zu verständigen. Einig war man sich darin, dass das Pariser Abkommen nicht der Endpunkt der internationalen Bemühungen sein dürfe. Umweltaktivisten äußerten ihr Unbehagen darüber, dass die vereinbarten Klimaziele nicht präzise genug formuliert worden seien. Besonders bemängelten sie, dass kein wirksamer Prozess verabredet wurde, damit alle Länder auch wirklich mehr Klimaschutz betreiben. Sie wiesen darauf hin, dass bei der Konferenz keine entsprechende Aufforderung an die Länder ergangen sei und, dass keine verbindliche Vereinbarung beschlossen wurde, mit denen weltweit Investitionen in fossile Energien gestoppt werden könnten.

▪▪ 12. Vertragsstaatenkonferenz der Biodiversitätskonvention der Vereinten Nationen (UNCBD-COP 12), Pyeongchang, und 7. Vertragsstaatenkonferenz der Unterzeichner des Cartagena-Protokolls (MOP 7) vom 29. 09. bis 03.10. 2014, und 1. Vertragsstaatenkonferenz der Unterzeichner des Nagoya-Protokolls (MOP 1)

Die 12. Vertragsstaatenkonferenz der Biodiversitätskonvention der Vereinten Nationen (United Nations Convention on Biological Diversity; UNCBD-COP 12) fand vom 06.10. bis 17.10.2014 in Pyeongchang statt. In Verbindung mit der Konferenz wurden vom 29.09. bis

03.10.2014 die 7. Vertragsstaatenkonferenz der Unterzeichner des Cartagena-Protokolls (MOP 7) sowie die 1. Vertragsstaatenkonferenz der Unterzeichner des Nagoya-Protokolls (MOP 1) abgehalten. An den drei Konferenzen nahmen die Vertreter aller 190 Mitgliedsländer teil sowie mehr als 10.000 Vertreter von Nichtregierungsorganisationen, den Zivilgesellschaften, der Wissenschaft, Industrie und der Medien.

Die UNCBD-COP 12 stand unter dem Motto „Biodiversität für eine nachhaltige Entwicklung" („Biodiversity for Sustainable Development"). Die Konferenz verabredete eine Vielzahl an Maßnahmen zur Umsetzung der Biodiversitätsstrategie („Strategic Plan for Biodiversity 2011–2020") und den mit ihr verbundenen „Aichi-Zielen" („Aichi Biodiversity Targets").

Die MOP-7-Konferenz verabschiedete 14 Entscheidungen, vor allem zu Fragen der Vertragserfüllung *(compliance)*, dem *Clearing House Mechanism,* der Finanzierung und internationalen Kooperationen sowie auf mehr fachspezifischer Ebene zum Umgang, Transport und Handel gentechnisch veränderter Organismen *(living modified organisms,* LMOs) sowie zum „Nagoya – Kuala Lumpur Supplementary Protocol on Liability and Redress". Auch wenn die Beschlüsse allseits begrüßt wurden, so wurde dennoch angemerkt, dass die Ausarbeitung von Richtlinien zur besseren Risikobewertung und zum „nichtintendierten Grenzüberschritt von LMOs" nicht genügend Aufmerksamkeit geschenkt worden sei. Von einigen Parteien wurden Bedenken vorgetragen, dass das gleichzeitige Abhalten der Konferenzen zur Biodiversitätskonvention und der beiden Protokolle nicht hilfreich sei, um die 2020-Ziele der Biodiversitätskonvention zu erreichen; auch wenn anerkannt wurde, dass sich in der Vergangenheit viele Synergien ergeben hätten.

Bei der MOP-1-Konferenz konnte das Inkrafttreten des Nagoya-Protokolls verkündet werden, mit dem der Rechtsrahmen für den Zugang zu den genetischen Ressourcen und einem fairen Ausgleich aus der Nutzung dieser Ressourcen verbindlich wurde.

Eines der zentralen Ergebnisse der 12. UNCBD-Konferenz war die Vorstellung des 4. *Global Biodiversity Outlook* (GBO-4), der eine umfassende Bewertung des Zielerreichungsgrads des „Strategic Plan for Biodiversity" und der „Aichi Targets" und den sich daraus ergebenden Aufgaben darstellte. In diesem *mid-term review* wurde angemerkt, dass trotz guter Fortschritte das Konventionsziel für 2012 nur erreicht werden könne, wenn der Transfer von Technologie und Wissen deutlich verstärkt würde. Nötig wäre eine noch tiefere Verankerung der Konventionsziele in den nationalen Umweltschutzpolitiken sowie eine stärkere Unterstützung der Konvention durch die Nationalstaaten.

Trotz sichtbarer Fortschritte bei der Umsetzung der „Globalen Strategie zur Erhaltung der Pflanzen" (GSPC) wurde angemerkt, dass die nationalen Berichterstattungen kein vollständiges Bild über den Stand erlauben. Immer noch fehlte es an einer nachvollziehbaren Bewertung der technischen Kapazitäten zur Erfassung der Pflanzenarten. Das Sekretariat wurde aufgefordert, die nationalen Berichte dazu kritisch zu überprüfen.

Zur Unterstützung der Klimarahmenkonvention betonte die Konferenz, dass insbesondere der „REDD-Mechanismus" eine gute Möglichkeit darstelle, die Senkenkapazität der Wälder durch die Risikostandards der Biodiversitätskonvention unterstützen zu können.

Die Konferenz nahm zur Kenntnis, dass Aktivitäten auf dem Sektor „Biokraftstoffe" weiterhin oben auf der Agenda der Mitgliedsländer standen. Dennoch waren alle Parteien sich einig, dass dieses Thema als den Themenfeldern „Ernährungssicherung" und „ländliche Entwicklung" untergeordnet anzusehen sei. Im Umgang mit *biofuels* wurden Lösungsmodelle diskutiert, die von einem strikten Verbot bis zu einer, von der Mehrheit favorisierten, Integration in den Gesamtkontext der erneuerbaren Energien reichten. Das Beispiel Brasilien zeige, dass, wenn *biofuels* als strategischer Teil der erneuerbaren Energien aufgefasst würden, eine Konkurrenzsituation mit der „Landnutzung" und der „Agrarwirtschaft" vermieden werden könne.

Zum Themenfeld „*liability and redress*" begrüßte die Konferenz die erreichten Fortschritte, insbesondere in der Frage, mit welchem Indikatorenschlüssel am besten die Schäden an den Ökosystemen, lokale Rehabilitierungskonzepte sowie die Ökosystemleistungen der Biodiversität am besten bewertet werden könnten, und wie diese Erkenntnisse in die nationalen Gesetzgebungen eingebaut werden können. Die Konferenz legte fest, dieses Themenfeld bis zur 14. Konferenz einer eingehenden Bewertung durch das Sekretariat unterziehen zu lassen. Zum Thema „*marine and coastal biodiversity*" begrüßte die Konferenz die Aufnahme von weiteren 150 ökologisch schützenswerten Meeresgebieten („*ecological and biological significant marines areas*"; EBSAs), womit nunmehr mehr als 60 % der Weltmeere erfasst worden sein. Dennoch wurde das Sekretariat aufgefordert, auch die anthropogenen Einflüsse auf diese Gebiete in die Bewertungen mit aufzunehmen. Die Konferenz rief alle Parteien auf, alle möglichen Anstrengungen zu unternehmen, um eine signifikante Verminderung des Unterwasserlärms *(underwater noise)* zu erreichen. Dazu seien vor allem Schutzzonen auszuweisen, Technologie mit verminderter Schallemission zu entwickeln sowie die Integration solcher Emissionen in die Umweltverträglichkeitsprüfungen vorzunehmen. Der Konferenz wurden Leitlinien zum Management der „*alien invasive species*" vorgelegt, die nach Ansicht der Konferenz den Handel mit Wildtieren und fremden Pflanzen besser regulieren helfen. Die Mitgliedsstaaten wurden aufgerufen, diese Leitlinien zur Risikobewertung in ihre nationalen Biodiversitätsschutzregeln aufzunehmen. Um den erreichten Stand auf dem Wege zu den angestrebten Konventionszielen klarer bestimmen zu können, wurde eine Expertengruppe ins Leben gerufen (Subsidary Body on Implementation, SBI).

Diese soll die Probleme bei der Umsetzung früher identifizieren und Vorschläge erarbeiten, mit denen die Konventionsziele effektiver erreicht werden könnten.

- **2015**
  - **21. Vertragsstaatenkonferenz der Unterzeichner der UN-Klimarahmenkonvention der Vereinten Nationen (UNFCCC-COP 21); Paris und 11. Vertragsstaatenkonferenz der Unterzeichner des Kyoto-Prokolls (CMP 11)**

In der Zeit vom 29.11. bis 12.12.2015 trafen sich in Paris Delegationen von 186 Vertragsstaaten zur 21. Vertragsstaatenkonferenz der Klimarahmenkonvention (United Nations Framework Convention on Climate Change; UNFCCC-COP 21) und zur 11. Vertragsstaatenkonferenz der Unterzeichner des Kyoto-Protokolls (Kyoto Protocol to the United Nations Framework Convention on Climate Change, CMP 11) vom 30.11. bis 13.12.2015. Mit geschätzt mehr als 25.000 Teilnehmern, unter ihnen 2179 Repräsentanten der Staaten (allein 150 Staats- und Regierungschefs), etwa 15.000 Vertretern des UN-Systems, zwischenstaatlichen Organisationen, zivilgesellschaftlichen Gruppen (363 mit 1500 Teilnehmern) sowie Vertretern von Wissenschaft und Industrie und etwa 3000 Medienvertretern war dies eine der größten internationalen Konferenzen aller Zeiten.

Nach den vielen zum Teil enttäuschenden Klimarahmenkonferenzen konnten sich in Paris die Vertragsstaaten zum ersten Mal in der Geschichte der Klimakonferenzen zu einem Abkommen durchringen, dass allgemein als „historisch" bewertet wurde. Dieser Erfolg wurde vor allem der konsensorientierten Konferenzdiplomatie der französischen Gastgeber zugeschrieben. Das Ergebnis dieser 21. Konferenz hat ein ehrgeizigeres Ziel für den Klimaschutz definiert, als je zuvor. Der französische Konferenzpräsident Lauren Fabius forderte denn auch zum Ende alle Vertragsstaaten auf, dem Konferenzmarathon Taten folgen lassen und in ihren Ländern dafür zu sorgen, dass tatsächlich weniger Treibhausgase ausgestoßen werden. „Heute wurde Geschichte geschrieben", wurde die Bundesumweltministerin Barbara Hendricks zitiert, denn es sei gelungen, die Zweiteilung der Welt in Entwicklungsländer und Industriestaaten aufzubrechen. Erstmals in der Geschichte hatten sich auch die Entwicklungsländer bereit erklärt, ihre Verantwortung für den globalen Klimaschutz zu übernehmen. Das Abkommen sollte den Weg freimachen für den Ausstieg aus den fossilen Energien. Dennoch war klar, dass die nationalen Klimapläne noch nicht ausreichen würden, um die Ziele der Klimarahmenkonvention zu erreichen. Dennoch, so wurde einvernehmlich betont, sei ein Wendepunkt geschafft.

Auf der Konferenz einigte sich die Staatengemeinschaft erstmals völkerrechtlich verbindlich (!) darauf, die Erderwärmung auf deutlich unter 2 °C gegenüber dem vorindustriellen Niveau zu begrenzen. Darüber hinaus sollen sich die Staaten anstrengen, den Temperaturanstieg unter 1,5 °C zu halten, um in der zweiten Hälfte des Jahrhunderts die Welt „treibhausgasneutral" zu werden. Anders als in dem 2020 auslaufenden Kyoto-Protokoll wurden auf der Konferenz keine verbindlichen CO_2-Minderungsziele für einzelne Staaten festgeschrieben. Stattdessen haben die 186 Länder freiwillige Selbstverpflichtungen zum Klimaschutz vorgelegt; alle anderen Länder wurden dazu „ermutigt".

Das Abkommen wurde daher auch nicht als das Ende, sondern als der Beginn für nunmehr wirklich globale Bemühungen zur Rettung des Klimas angesehen. Es stellte den internationalen Klimaschutz ab dem Jahr 2020, wenn das Kyoto-Protokoll seine Gültigkeit verliert, auf eine neue, völkerrechtlich umfassendere Grundlage. Das Abkommen verband das „unter-2-°C-Ziel" mit der konkreten Forderung an alle Staaten, die globalen Treibhausgasemissionen in der zweiten Hälfte des Jahrhunderts neutral zu gestalten. Was nichts anderes heißt, als dass bis dahin die Emissionsbelastungen der Atmosphäre „auf Null" sinken müssen. Um die Erderwärmung auf einen Wert unter 2 °C zu drücken, verpflichteten sich die Parteien, ab dem Jahr 2023 alle fünf Jahre ihre nationalen Klimaschutzpläne zu überprüfen und regelmäßig ambitionierter anzupassen. Ab dem Jahr 2050 sollte ein Gleichgewicht zwischen den weltweit emittierten Treibhausgasen und deren Absorption erreicht werden.

Auch wenn die Vereinbarung von Paris alle Staaten gleichermaßen mit einbezieht, so bekennen sich doch die Industrieländer zu ihrer besonderen Verpflichtung, die Entwicklungsländer beim Klimaschutz und der Anpassung an den Klimawandel zu unterstützen. Die Staatengemeinschaft soll den ärmsten und verwundbarsten Ländern dabei helfen, Schäden und Verluste durch den Klimawandel zu bewältigen. Das Abkommen sollte 30 Tage nach der Ratifizierung durch mindestens 55 Staaten, die mindestens 55 % der globalen Treibhausgasemissionen ausmachen, in Kraft treten. Das Abkommen war dann am 04.11.2016 formell in Kraft getreten, als 85 Staaten es durch ihre Parlamente hatten bestätigen lassen (ratifiziert). Zuvor hatten schon alle 197 Vertragsstaaten, darunter auch die USA und China, sowie die EU das Abkommen unterzeichnet. Dass dies so schnell ging, war der Klausel zu verdanken, die nur solchen Ländern ein Mitspracherecht bei der Aufstellung der Regeln des Kyoto-II-Klimavertrags auf der nächsten UN-Klimakonferenz im November zubilligt, die bis zum 07.10.2016 das Dokument ratifiziert hätten. Danach hätten diese Länder nur noch einen „Beobachterstatus" bekommen. Daher war das Abkommen schneller als bei jedem vorigen schon vor dem Termin von 60 Staaten in nationales Recht umgesetzt worden.

Zur Vorbereitung der Konferenz hatten – wie es bei der UNFCC-COP-20-Konferenz in Lima vereinbart war – 186 Staaten einen Bericht abgegeben, wie in ihren Ländern die vereinbarten Reduktionsziele eingehalten wurden. Diese Berichte umfassten (zwar nur) die zehn größten CO_2-Emittenten der Welt, unter ihnen China und die

USA, deckten aber doch mehr als 97 % aller Treibhausgasemissionen der Welt ab. Diese umfassendste Berichterstattung aller Zeiten wurde auf der Konferenz als eines der stärksten politischen Signale gewertet, hatten doch bei den Konferenzen in Kopenhagen oder Cancún jeweils nur 60 Staaten solche Berichte abgegeben. Die eingereichten nationalen Beiträge zu Treibhausgasemissionen stellten die Basis für die Verhandlungen dar.

Im Rahmen der 11. Konferenz zum Kyoto-Protokoll (CMP 11) wurden im Wesentlichen folgende Punkte erörtert. Die Konferenz nahm erfreut zur Kenntnis, dass große Fortschritte in der Umsetzung des *„Clean Development Mechanism"* (CDM) erreicht worden seien. So waren mehr als 7600 Einzelvorhaben in 95 Ländern angemeldet und mehr als 1,6 Mio. Emissionszertifikate vergeben worden, mit einem Wert um 300 Mrd. US$. Mehr als 190 Mio. US$ wurden aus Zertifikatsverkäufen erlöst. Um diesen Trend noch weiter zu fördern, wurde das Sekretariat aufgerufen, den Zugang zum Emissionshandel noch weiter zu vereinfachen und nach weiteren Umsetzungsmöglichkeiten zu suchen. Auch sollte das Monitoringkonzept vereinfacht werden, unter anderem durch die Einführung eines E-Monitoring und der Möglichkeit, Anträge für ein grundlegendes Monitoring *(baseline monitoring)* zu stellen, auch wenn zuvor noch kein Projektkonzept ausgearbeitet worden sei. Die Konferenz begrüßte die Vorschläge des „Joint Implementation Supervisory Committee", wie die *implementation guidelines* einfacher ausgestaltet werden könnten, damit es unter anderem akkreditierten Akteuren gestattet sei, mit einem Projekt schon früher beginnen zu können, wenn es sich den Vorgaben des Umwelt- und Klimaschutz verpflichtet. Ferner sollte das Komitee einen Bericht über den Stand des Wissens- und Technologietransfers erstellen und darauf Vorschläge erarbeiten, wie ein solcher Prozess effektiver gestaltet werden könne.

Es wurde ferner vereinbart, ab 2020 alle fünf Jahre auf der Basis der erzielten Minderungsniveaus weitergehende Klimaschutzpläne vorzulegen und deren Einhaltung regelmäßig zu überprüfen. Zu diesem Zweck wird ein System einheitlicher Berichtspflichten aufgebaut. Bereits im Jahr 2018 soll eine erste Bilanz im Hinblick auf die Einhaltung des 2-°C-Ziels gezogen werden. Damit wurden vor allem die Industrieländer erneut in die Pflicht genommen, die Führungsrolle auf dem Weg zu einer globalen „Dekarbonisierung" zu übernehmen. Möglich würde dies nach Auffassung aller Teilnehmerstaaten nur durch einen fundamentalen Wechsel im Konsumverhalten, hin zu einer signifikanten Steigerung des Anteils an erneuerbaren Rohstoffen vor allem bei der Energiegewinnung. Weiterhin sollen ab 2020 den ärmsten Entwicklungsländern jährlich 100 Mrd. US$ zur Verfügung gestellt werden, um sie in der Anpassung an die Folgen des Klimawandels sowie in eigenen Klimaschutzbemühungen zu unterstützen.

In vielen Ländern Westeuropas wurden die Beschlüsse von Paris zum Anlass, über einen gezielteren Ausstieg aus den fossilen Energien nachzudenken. Am Tag nach der Einigung von Paris haben namhafte deutsche Industrie- und Handelskonzerne angekündigt, ihre Produktionen entsprechend anzupassen. Auch haben viele Banken und große Investitionsfirmen, wie zum Beispiel der Allianz-Versicherungskonzern angekündigt, ihre Portfolios nicht mehr im Sektor fossile Energie zu platzieren. Wenn die Beschlüsse von Paris so umgesetzt werden würden wie vereinbart, dürfte zum Beispiel Deutschland spätestens ab dem Jahr 2050 kein CO_2 mehr emittieren („Null-Emission"). Das würde das Ende für die Kohleverstromung ab dem Jahr 2035 bedeuten. Die Industrie wies aber sofort darauf hin, dass es nun an der Politik sei, im europäischen aber auch im internationalen Kontext entsprechende ordnungspolitische Rahmenbedingungen zu erlassen, um Wettbewerbsverzerrungen zu verhindern.

Dennoch konnte in dem Abkommen immer noch nicht verbindlich geregelt werden, wie dieses Ziel denn erreicht werden soll und vor allem, mittels welcher Mechanismen seine Einhaltung in den Vertragsstaaten objektiv und transparent erfasst werden könnte. Um sicherzustellen, dass die Länder auch ihre Zusagen einhalten, sieht das Abkommen international vergleichbare Messungen und Aufzeichnungen vor. Auch wenn die Kontrollmechanismen im Detail noch abzustimmen sind, soll so gewährleistet werden, dass sich alle an ihre Verpflichtungen halten.

Auch wenn die vereinbarten nationalen Reduktionsziele und die von den Mitgliedsstaaten angebotenen finanziellen Zusagen nicht rechtsverbindlich sind, so ist das Abkommen insgesamt dennoch ein Vertrag nach internationalem Recht. Diese etwas komplizierte Vertragsstruktur ermögliche es den USA, dem Abkommen letztlich zustimmen zu können.

Es wurde ferner auf der Konferenz offen diskutiert, dass mit den derzeit diskutierten Maßnahmen alleine das anvisierte Ziel nicht erreicht werden wird. Einvernehmen besteht aber unter den Klimaforschern, dass in Paris ein echter Fortschritt im Kampf um den Klimawandel erreicht wurde, hat doch das Abkommen im Prinzip nichts anderes als den Ausstieg aus der fossilen Energiegewinnung eingeleitet.

▪ Das Übereinkommen von Paris

Aufbauend auf den Artikeln 2, 3 und 4 der Klimarahmenkonvention und den Vereinbarungen von Bali, Cancún und vor allem der „Durban Platform", wurde im „Paris-Übereinkommen" („Paris Agreement") in 29 Artikeln ausführlich dargestellt, welche Initiativen die Vertragsstaaten unternehmen wollen, um die Probleme des Klimawandels abzumildern und in welchem Handlungs- und ordnungspolitischen Rahmen dieses erfolgen soll. Hierbei wurde herausgestellt, dass insbesondere solche Aktivitäten, die auf eine Verbesserung der Menschenrechtssituation in vielen Ländern zielen und des Recht auf eine eigene nachhaltige Entwicklung unter dem Eindruck der negativen Auswirkungen des Klimawandels mehr denn je alternativlos seien. Das Übereinkommen strebt an, durch weltweit koordinierte Aktivitäten den Temperaturanstieg (am besten) auf 1,5 °C über dem Niveau der vorindustriellen Zeit zu begrenzen.

Die wichtigsten Artikel sollen hier kurz wiedergegeben werden.

- **Artikel 2**

Der Anstieg der globalen Oberflächentemperatur soll bei weniger als 2 °C über dem vorindustriellen Niveau gehalten werden. Es sollen alle Anstrengungen unternommen werden, das Temperaturniveau sogar auf 1,5 °C zu begrenzen.

- **Artikel 3**

Die Vertragsstaaten werden aufgefordert, alle erdenklichen Anstrengungen zu unternehmen, das 2-°C-Ziel im Rahmen national festzulegender Emissionsminderungen vorzunehmen.

- **Artikel 4**

Alle Vertragsstaaten werden aufgefordert, so bald als möglich den weltweiten Scheitelpunkt der Treibhausgasemissionen zu erreichen. Dabei sollen die entwickelten Länder die technische, finanzielle und operationale Führungsrolle übernehmen. Aber auch die Entwicklungsländer werden verpflichtet, ihre Minderungsanstrengungen erheblich zu verstärken. Alle Parteien sollen alle 5 Jahre über ihre nationalen Beiträge berichten.

- **Artikel 5**

Alle Vertragsstaaten sollen alle möglichen Maßnahmen zur Erhaltung und Verbesserung von Senken und Speichern von Treibhausgasen, hier vor allem der Wälder, ergreifen.

- **Artikel 6**

Freiwillige nationale, supranationale und private Beteiligungen an der Umsetzung nationaler Minderungsaktivitäten in den Entwicklungsländern werden ausdrücklich begrüßt. Die Minderung der Emissionen soll unter der Aufsicht eines extra eingerichteten Mechanismus stattfinden, der die nationalen Bestrebungen koordinieren und harmonisieren soll, um so ausgewogene und nicht marktbasierte Anreize zur Verfügung stellen zu können. Mittels sektorspezifischer Anpassungsinstrumente und eines gezielten Technologietransfers und einem an dem jeweiligen Bedarf orientierten *„capacity building"*, sollen die Entwicklungsländer in die Lage versetzt werden, auf Dauer ihre Treibhausgasemissionen nachhaltig zu senken. Dazu ist eine Einbeziehung des öffentlichen, wie des privaten Sektors unverzichtbar.

- **Artikel 7**

Die Vertragsstaaten wollen – wie auch schon in Cancún vereinbart – ihre Zusammenarbeit erheblich verstärken: durch den Austausch von Informationen sowohl in Bezug auf Klimaforschung als auch hinsichtlich der Umsetzung auf den politischen Entscheidungsebenen.

- **Artikel 8**

Zielt ab auf eine Verringerung von Schäden und Verlusten durch den Klimawandel, wie es auch schon in dem Warschauer Abkommen skizziert wurde. Dazu wurden Kooperationen vereinbart, die vor allem auf den Sektoren „Frühwarnung", „Notfallvorsorge", „Risikomanagement", „Risikotransfer", „Resilienz der Gesellschaft" angesiedelt werden sollten.

- **Artikel 9**

Die entwickelten Länder werden verpflichtet, ausreichend Finanzmittel zur Verfügung zu stellen, um die Entwicklungsländer bei der Minderung der Klimarisiken zu unterstützen, und über diese Aktivitäten alle 2 Jahre zu berichten.

- **Artikel 10**

Das Übereinkommen verpflichtet die entwickelten Staaten, einen Technologierahmen zur uneingeschränkten und verstärkten Weitergabe des Kenntnisstands und von Technologien an die Entwicklungsländer zu schaffen, insbesondere in der Frühphase des Technologiezyklus.

- **Artikel 11**

Der Technologietransfer soll vor allem den am wenigsten entwickelten Ländern sowie den am stärksten gefährdeten Ländern zugutekommen und dabei jeweils die nationalen Bedürfnisse reflektieren.

- **Artikel 13**

Die entwickelten Staaten sollen über ihre Minderungsmaßnahmen offen und transparent berichten, da eine solche Berichterstattung einen wesentlichen Beitrag zur Vertrauensbildung darstellt.

- **Artikel 14**

Die Vertragsstaatenkonferenz soll die Umsetzungsaktivitäten in den Ländern zentral im Sinne einer weltweiten Bestandsaufnahme erfassen.

- **Artikel 22**

Das Übereinkommen tritt am 30. Tag, nachdem 55 Vertragsparteien, auf die 55 % der weltweiten CO_2-Emissionen entfallen, ihre Urkunde hinterlegt haben, in Kraft.

Ausblick

Literatur – 310

„Dürfen Menschen alles, was sie tun können"? Diese Frage stellt der WBGU (WBGU 1999) und möchte moralische und ethische Fragen zu Handlungen einer Gesellschaft im Zusammenhang mit neuen Technologien auf den Punkt bringen: Auch Eingriffe des Menschen in die Natur müssten sich dieser Frage stellen.

Die Antwort betrifft nicht nur technische, operative Aspekte, sondern ist stark geprägt von der Frage der „Ethik" und „Moral". „Ethik" ist, so die Definition, die Lehre von der „Begründung normativer Aussagen" während, „Moral" das „System handlungsleitender Anweisungen" beschreibt. Mit der Frage: „Ist das noch erlaubt?" kommen automatisch rechtliche Normen ins Spiel, deren Übertretung in der Regel durch „Sanktionierung" geahndet wird. Dabei stellt das „Recht" eine Kategorie der Nachsorge dar; „Ethik" und „Moral" dagegen beziehen sich vor allem auf den Aspekt der Vorsorge, Prävention und Gefahrenabwehr. Während rechtliche Wertungen immer nur dann greifen, wenn „etwas passiert" ist, haben „Ethik und Moral" das Ziel, zu verhindern, dass etwas „passiert". Beide Begriffe betreffen, wie Thomé (2004) schreibt, vor allem die „Haltung" eines Einzelnen oder einer Gruppe und beschreiben ein „individuell und kollektiv sinnvolles, nützliches und (allseits) akzeptables Verhalten".

Doch es gibt auch noch eine andere Perspektive für diese Problematik: die „Schuld der Unterlassung". Nach StGB § 13 haftet derjenige, „der [...] dafür verantwortlich ist, dass der Erfolg nicht eintritt, und wenn das Unterlassen der Verwirklichung des gesetzlichen Tatbestandes durch ein Tun entspricht." Dieses Rechtsprinzip ist grundsätzlich in Verbindung zu bringen mit dem Artikel 20a des GG, wonach „der Staat auch in Verantwortung für die künftigen Generationen die natürlichen Lebensgrundlagen und die Tiere im Rahmen der verfassungsmäßigen Ordnung (schützt)". Durch diese Staatsschutzzielbestimmung ist bei der „Abwägung mit anderen gesellschaftlichen Interessen eine verstärkte Berücksichtigung des Umwelt- und Nachweltschutzes geboten" (UBA: „Deutsches Umweltverfassungsrecht; Internet: 23.11.2015"). Heute wird darunter auch das Postulat der „intergenerativen Gerechtigkeit" (Wirtschaftslexikon24.com. Internet: 12.12.2016) verstanden, was verallgemeinert besagt, dass die „Wohlfahrt der gegenwärtigen Generation nur gesteigert werden darf, wenn die Wohlfahrt zukünftiger Generationen sich hierdurch nicht verringert". Das heißt aber nicht, dass damit jegliche Nutzung der Ressourcen untersagt wird, sondern besagt, dass ausreichende Ressourcen erhalten bleiben müssen, damit die zukünftigen Generationen ihr Leben selbstbestimmt gestalten können. Mit der Staatsschutzziel-Bestimmung (dieses Ziel wurde inzwischen in fast allen Verfassungen der Welt als nationales Staatsschutzziel verankert) wurde „Schutz der Umwelt" mit dem der „natürlichen Lebensgrundlagen" gleichgesetzt; „die ökologische Ethik ist damit verfassungsrechtlich implementiert worden". Dieses auf die Gefahrenabwehr ausgerichtete Ziel wird durch das „Vorsorgeprinzip" um eine Dimension erweitert. Danach besteht das Gebot, zu verhindern, dass Gefahren für die Umwelt überhaupt erst entstehen. „Das Vorsorgeprinzip leitet also dazu an, frühzeitig und vorausschauend zu handeln, um Belastungen der Umwelt zu vermeiden" (UBA Vorsorgeprinzip; Internet: 23.11.2015).

In Bezug auf den Klimawandel stellt sich hier die Frage nach der besonderen Verantwortung des Menschen. Dabei ist unbestritten, dass ein Klimawandel für die Erde ein „ganz normaler" Vorgang ist. Seit Beginn der Erdgeschichte hat sich das Klima ohne Zutun des Menschen immer wieder verändert. Die Fragen, die uns zurzeit gestellt werden, sind aber: Wie sehr hat der Mensch mit seinen Aktivitäten zu dem Klimawandel beigetragen, wie er sich uns heute darstellt? Was wird er in Zukunft beitragen? Und werden die Ökosysteme in der Lage sein, sich auf diese Einwirkungen einstellen zu können (DFG 2010)? Der WBGU (1999) sieht Klärungsbedarf bei Handlungen, bei denen positive und negative Folgen auftreten können, ob mit „guter Absicht" oder unbewusst. Dabei ist unbestritten, dass, wer Normen verletzt, mit Bestrafung zu rechnen hat. Nun gibt es aber Fälle, in denen ein Verursacher bewusst und mit „guter Absicht" in ein System eingreift, diese in dem Moment zu Lasten des Einzelnen „verändert", aber auf Dauer positive „Änderung der Umwelt" bewirkt. Beide genannten Problemfelder treten im „Umwelt-/Ressourcen- und Klimaschutz" immer stärker in den Vordergrund. Dies macht eine Übertragung der Prinzipien von „Ethik" und „Moral" auf die Nutzung von Natur und Umwelt erforderlich. Dabei stellt der WBGU die Frage: „Gilt das Grundpostulat des Lebenserhalts nur für Menschen oder auch für alle anderen Lebewesen?" Der Autor möchte diesen Gedanken erweitern und die Fragen anschließen: „Wie verhält es sich mit dem Schutz des Menschen vor den Auswirkungen von Umweltkatastrophen und dem Klimawandel?" Hierbei gibt das Grundgesetz der Bundesrepublik Deutschland vor, beide Aspekte gleichrangig zu behandeln.

Das Grundproblem des Klimaschutzes besteht darin, dass „Emissionsminderungen den Charakter eines öffentlichen Gutes" haben. Diese müssen sowohl von den nationalen Regierungen, der Industrie, der Gesellschaft und dem Einzelnen getragen werden. Dabei zeigen Emissionsminderungen im Erfolgsfall aber auch positive Auswirkungen, z. B. grenzüberschreitend auch bei solchen Staaten, die nichts beigetragen haben (Hardin 1968; Ostrom et al. 1994). Das heißt, die Kosten werden von wenigen getragen, während die Vorzüge aber der gesamten Staatengemeinschaft zugutekommen. Dies kann dazu führen, dass eine Ausweitung der eigenen Vermeidungsanstrengungen dazu führt, dass andere Länder ihre Vermeidungsanstrengungen verringern. Dieses Problem kann im Prinzip nur durch ein internationales Abkommen behoben werden, in dem sich alle Staaten zu gemeinsamen Vermeidungsanstrengungen verpflichten (SRW 2012). Schon früh wurde klar, dass wegen des grenzüberschreitenden Charakters von Umweltveränderungen Anstrengungen eines einzelnen Landes oftmals obsolet werden, dass sich also das Ziel nur im Verbund erreichen lassen wird. Auch die Globalisierung von Handel und Technologie machen einen internationalen Politikansatz unverzichtbar. Die Handelsketten machen es unmöglich, die Umweltauswirkungen jeweils einzelnen Verursachern zuzuordnen. Noch ein weiteres Problem kommt hinzu. Wenn ein Land z. B. einen Deich zum Schutz vor Hochwasser errichtet, wird an dieser Stelle eher kein Hochwasser mehr auftreten. Weitere Investitionen in Hochwasserschutz werden dann politisch kaum mehr durchsetzbar, nach dem Motto „Warum in Hochwasserschutz investieren, wenn doch alles sicher ist?" Diese als „Präventionsdilemma" (Ranke 2016) bezeichnete Situation erschwert viele weitere Investitionen in Umwelt-/Klimaschutz.

Mit der Umweltkonferenz von Stockholm im Jahr 1972 wurde erstmals international anerkannt, dass eine Lösung der Umweltprobleme (damals war vom Klimawandel noch nicht die Rede) nur durch eine Internationalisierung der Schutzanstrengungen erreicht werden kann. Es entstand die Idee, dass „Umweltschutz/Klimaschutz" nicht nur ein „neues Feld" der internationalen Politik sein wird, sondern, dass dieses auch nur „international koordiniert" bewältigt werden kann (Breitmeier et al. 1993). 1985 waren anlässlich der „1. Klimakonferenz der Weltorganisation für Meteorologie" im österreichischen Villach Wissenschaftler aus der ganzen Welt zu der damals dramatischen Einschätzung gekommen, dass „[…] erstmals in der Geschichte der Mensch dabei ist, das Weltklima zu ändern". Aus dieser Tatsache und der Erkenntnis, dass es sich bei den Umweltproblemen (und heute auch dem Klimawandel) um globale Phänomene handelt, wurde mit dem „Wiener Übereinkommen zum Schutz der Ozonschicht" (1985) der Schutz der bedrohten Ozonschicht ausdrücklich als eine internationale Aufgabe herausgestellt. Ferner wurde betont, dass die Zerstörung der Ozonschicht eine Folge menschlicher Tätigkeiten ist. Auch wenn im Vertragstext noch die Formulierung von einer „möglicherweise" schädlichen Einwirkungen einer veränderten Ozonschicht auf die menschliche Gesundheit und die Umwelt verwendet wurde, wurde bereits dort erstmals international verbindlich definiert, dass: „Änderungen der belebten oder unbelebten Umwelt, die erhebliche abträgliche Wirkungen auf die menschliche Gesundheit oder auf die Zusammensetzung, Widerstandsfähigkeit und Produktivität naturbelassener und vom Menschen beeinflusster Ökosysteme oder auf Materialien haben", für die Umwelt „schädlich" sind. Dennoch unterstrich das Übereinkommen den in der „Erklärung der Konferenz der Vereinten Nationen über die Umwelt des Menschen" erklärten Grundsatz: „Die Staaten haben nach der Satzung der Vereinten Nationen und den Grundsätzen des Völkerrechts das souveräne Recht, ihre eigenen Naturschätze gemäß ihrer eigenen Umweltpolitik zu nutzen, sowie die Pflicht, dafür zu sorgen, dass durch Tätigkeiten, die innerhalb ihres Hoheitsbereichs oder unter ihrer Kontrolle ausgeübt werden, der Umwelt in anderen Staaten oder in Gebieten außerhalb der nationalen Hoheitsbereiche kein Schaden zugefügt wird."

Das Übereinkommen von Wien wies aber noch einen weiteren Lösungspfad auf. Der Schutz von Umwelt und Klima sei nur durch international abgestimmtes Handeln möglich und dieses Handeln habe ausschließlich auf der Basis wissenschaftlicher und technischer Erkenntnissen zu erfolgen. Auf der UNCED-Konferenz von Rio de Janeiro (1999) wurde mit großer Einmütigkeit festgestellt, dass die nationalen wie internationalen Politikansätze neu ausgerichtet werden müssen. Es wurde ein Paradigmenwechsel gefordert, in dem Ökonomie und Ökologie keine Gegensätze mehr sein dürfen. Dieser Konsens müsste sowohl die landwirtschaftliche und industrielle Produktion von Gütern als auch die Nutzung alternativer und regenerativer Energie betreffen, um die Abhängigkeit von den fossilen Energieträgern soweit wie möglich zu vermindern sowie eine drastische Reduzierung der Schadstoffemissionen im Verkehr- und Transportsektor umfassen.

Der Gedanke, „Ökologie", „Ökonomie" und „soziale Gerechtigkeit" als Einheit zu verstehen war schon zuvor vom Club of Rome (1972) und in dem „Brundtland-Bericht" von 1987 formuliert worden und wurde durch die „Agenda 21" erstmals in einem internationalen Diskurs zusammengeführt. Dies führte zu dem Verständnis, dass der Ausgleich nur dann zu erreichen sei, wenn er mit den Fragen der „Armutsminderung", „Bevölkerungspolitik", „nachhaltigen Konsum- und Produktionsweisen" und der „Partizipation der Zivilgesellschaften an den politischen Entscheidungsprozessen" verknüpft wird.

Des Weiteren wurde in den Diskussionen der frühen 1990er-Jahre klar, dass nur durch abgestimmtes politisches Handeln, auf der Basis international verbindlicher Regelwerke sowie durch technologischen Fortschritt und eine ausreichende Finanzausstattung der Weg zu einer nachhaltigen Entwicklung beschritten werden kann. Es wurde ferner betont, dass, um Nachhaltigkeit zu erreichen, es nicht reiche, Appelle an die Verursacher zu richten, sondern, dass dazu zu allererst ein gemeinsames Verständnis über die Ursachen-Wirkung-Zusammenhänge der sich abzeichnenden Umweltveränderungen erforderlich ist.

Dieses „neue Verständnis" löste in den folgenden Jahren einen regen Verhandlungsprozess in den Vereinten Nationen aus. Das Endziel war die Formulierung allgemeingültiger und umfassender Rechtsinstrumente zur Stabilisierung der Treibhausgaskonzentrationen in der Atmosphäre auf einem Niveau, mit dem eine „gefährliche anthropogene Störung des Klimasystems" verhindert werden kann. Ein solches Niveau sollte innerhalb eines Zeitraums erreicht werden, der ausreicht, damit sich die Ökosysteme auf natürliche Weise den Klimaänderungen anpassen können, ohne dass die Welternährung gefährdet wird, und die wirtschaftliche Entwicklung auf nachhaltige Weise fortgeführt werden kann. Man konnte sich damals darauf verständigen, dass der Schutz von Umwelt und Klima nach dem Prinzip der „gemeinsamen, aber unterschiedlichen Verantwortlichkeiten aller Vertragsstaaten auszugestalten sei". Daraus ergibt sich für die entwickelten Länder die Verpflichtung, bei der Bekämpfung von Umweltverschmutzungen und Klimawandel die Führung zu übernehmen. Dieser „Kampf" sei aber nur dann zu gewinnen, wenn alle Staaten „ihre" Treibhausgasemissionsminderungen auch wirklich erreichen, und unter der Voraussetzung, dass diese auch ausreichen, damit die Ökosysteme sich auf natürliche Weise den Klimaänderungen anpassen können.

In Rio de Janeiro war auch das Konsumverhalten der Industrieländer als großes Thema hinzugekommen. Die Konferenz hatte festgestellt, dass, um Nachhaltigkeit zu erreichen, es auch erforderlich sei, das Konsumverhalten in den entwickelten Ländern grundlegend zu ändern; ein Themenfeld, dass sich am ehesten unter der Überschrift „Dekarbonisierung" subsumieren lässt. Hierbei läge die Verantwortung aber nicht nur bei den einzelnen Haushalten, sondern betreffe vielmehr die gesamten industriellen und landwirtschaftlichen Produktketten. Ein Umsteuern sei am ehesten zu erreichen, wenn in der Preisgestaltung alle Kostenfaktoren eingerechnet („internalisiert") würden; also auch die mit dem Produkt in Verbindung stehenden Kosten, wie die Boden-/Luftkontaminationen, Abfallentsorgung, Recycling usw.

Die Lösung aller dieser Probleme ist seitdem eine Aufgabe der internationalen Politik. Den ersten realen Schritt in diese Richtung auf eine verbindliche internationale Regelung zum Klimaschutz hat die Staatengemeinschaft mit der Unterzeichnung der „Klimarahmenkonvention" der Vereinten Nationen unternommen. Aus dieser Konvention wurden dann konkrete Emissionsziele im Rahmen des Zusatzprotokolls zur Klimarahmenkonvention, dem sogenannten Kyoto-Protokoll, festgelegt. Hierin verpflichten sich die Vertragsstaaten, ihre Gesamtemissionen von Treibhausgasen im Zeitraum der Jahre 2008 bis 2012 um mindestens 5,2 % unter das Niveau des Jahres 1990 zu senken. In der Folge setzte ein „zähes" Ringen um das 2012 auslaufende Kyoto-Protokoll ein, das mit der Konferenz Paris 2015 zu einem glücklichen Ende gebracht werden konnte.

Leider ist dabei eine so große Anzahl an internationalen Organisationen und Institutionen entstanden, dass sie für den Außenstehenden kaum mehr zu überschauen ist. Aber durch sie ist es in den mehr als 40 Jahren ihres Bestehens zu einem immer stärken Verständnis gekommen, mittels welcher Regeln, Normen und Bestimmungen ein gerechter Ausgleich zwischen den Anforderungen an die Umwelt und dem für ihren Schutz notwendigen Aufwendungen zu erreichen ist. Waren es anfangs mehr wissenschaftliche und technische Fragen, die auf den Konferenzen und Meetings behandelt wurden, so haben sich die Themenfelder heute mehr auf die politische und ökonomische Umsetzung verschoben. Das heißt, wir wissen heute – wenn auch sicher nicht in jedem Detail – wie es zu dem Klimawandel gekommen ist; aber wir haben immer noch nicht alle Beteiligten zur Lösung ins Boot bekommen. Grundlage für die internationale Umwelt- und Klimapolitik stellen heute Abkommen, also Verträge dar, die in der Regel eher den Charakter von Prinzipien, Normen und Verpflichtungen darstellen, mit ihren dazugehörigen Entscheidungsprozeduren. Und gerade diese Prozeduren, Absprachen, Diskussionsforen zum Interessensausgleich sind es, die diese Regeln von völkerrechtlichen Verträgen unterscheidet: Sie werden daher auch als „Regime" bezeichnet (vgl. ▶ Abschn. 3.5.2). „Regime" stellen also keine völkerrechtlich verbindlichen Abkommen und Verträge dar, die im Falle der Nichteinhaltung mit Sanktionen geahndet werden können, sondern stellen ein Instrument, mit dem der Umgang von Staaten harmonisiert werden soll, wie es durch das „Montrealer Protokoll" und die „Baseler Konvention" so erfolgreich gelungen ist. Die vielen internationale „Regime" setzen durch ihre Umsetzungsbestimmungen formale Kriterien für die Entscheidungsprozeduren. Die Überwachung der Einhaltung der Regeln wird meist spezialisierten Organisationen übertragen.

Dennoch sind die vielen UN-Konventionen, Konferenzen, Abkommen und „Regime" für den Ausstehenden zu einem kaum mehr zu überschauenden Konglomerat geworden. Viele von ihnen tagten jährlich (vgl. ◘ Tab. 4.1). Oftmals traf man sich zu den verschiedenen Konferenzen bis zu 5-mal im Jahr; immer mit mehreren Tausend Teilnehmern, was den Klimaschutz zu einem „Konferenz-Marathon" werden ließ. Zum Teil hatten einzelne Staaten bis zu 100 Repräsentanten entsandt; immer waren mehrere Hundert Nichtregierungsorganisationen mit vielen Tausend Vertretern anwesend. Wenn man die mit den Konferenzen verbundenen vorbereitenden Konferenzen, Tagungen und Meetings miteinbezieht, handelt es sich sicher um 200–300 solcher Zusammenkünfte. Allein die Dokumentation der „Klimarahmenkonferenz" von Paris 2015 hatte einen Umfang von geschätzt mehr als 20.000 Seiten.

Erste Ansätze, dieses Konglomerat zu ordnen, wurden von der „Klimarahmenkonvention" beschritten, die ihre jährlichen Konferenzen immer mit denen zum Kyoto-Protokoll abhielt, oder die der Biodiversitätskonventionen, deren Konferenzen immer zeitgleich mit denen zum Cartagena-Protokoll und zum Nagoya-Protokoll stattfanden. Dennoch war man sich einig, dass das UN-System grundlegend reformiert werden müsse. Auf der „UNCED+20"-Konferenz (wieder) in Rio de Janeiro wurde vorgeschlagen, eine neue „UN-Umweltorganisation" und einen „Rat für Nachhaltige Entwicklung" einzurichten und diese beiden Organisationen mit klaren und umfassenden Mandaten auszustatten. Mit dieser Forderung konnte man sich letztendlich nicht durchsetzen. In dem Textentwurf war dann auch nur erwähnt, dass sowohl das „Umweltprogramm der Vereinten Nationen" als auch die „Nachhaltigkeitskommission" in der UN partiell aufgewertet werden solle, ohne aber damit ihren institutionellen Status zu verändern.

Auch wenn seit Stockholm 1972 – wo einige Entwicklungsländer mit dem Argument auftraten: „Eure Probleme möchten wir gerne haben" – mehrere Hundert Konferenzen stattgefunden haben, die oft am Ende mit Kommentaren belegt wurden: „Viel Lärm um Nichts", „Wieder kein Durchbruch", „Alles nur heiße Luft", so kann bei ernsthafter Betrachtung festgestellt werden, dass sich doch viel bewegt (hat). Eingestanden werden muss allerdings, dass man die Dauer der internationalen Aushandlungsprozesse unterschätzt hat und diese sich viel komplexer gestalten als vermutet. Erfreulich ist zudem die Tatsache, dass die in den Jahren zuvor immer wieder erhobene Forderungen nach „mehr Geld", damit sich die Probleme lösen, heute so nicht mehr gestellt werden, und alle Industrieländer wie Entwicklungsländer ihre Verantwortung erkannt und anerkannt haben. Gerade die 21. Klimarahmenkonferenz von Paris hat dieses eindrucksvoll bestätigt. Die Teilnehmer beschrieben denn auch das Konferenzergebnis als herausragend. „Mit dem Pariser

Abkommen vom 12. Dezember 2015 wurde Geschichte geschrieben", so das BMU (2016) auf seiner Internetseite. Denn auf der 21. Vertragsstaatenkonferenz der Klimarahmenkonvention wurde nichts weiter beschlossen, als die „Weltwirtschaft auf klimafreundliche Weise zu verändern". Dieser historische Schritt betrifft alle Staaten, denn nunmehr sind nicht mehr nur die Industrieländer völkerrechtlich verpflichtet, Maßnahmen zur Erreichung der Klimaschutz-Ziele zu ergreifen: eine Einigung, die im Vorfeld der Konferenz eigentlich als nicht erreichbar angesehen wurde. Ein weiterer wichtiger Teil des Abkommens: Die Entwicklungsländer werden dabei finanziell sowie durch Wissens- und Technologietransfer unterstützt, ihre Maßnahmen zum Klimaschutz umzusetzen. In Zukunft werden alle Staaten regelmäßig Bericht erstatten, welche Fortschritte erzielt werden konnten, auf deren Basis dann alle fünf Jahre weiterführende Minderungsziele vorzulegen sind.

Mit Paris wurde der Welt unmissverständlich vor Augen geführt, dass der Klimawandel bereits eingetreten ist und, dass der Schutz des Klimas zu einer nicht mehr verhandelbaren Grundlage für das Weiterbestehen der Weltgemeinschaft geworden ist. Der anthropogen verursachte Klimawandel steht erst am Anfang seiner Entfaltung und seine Auswirkungen werden in den kommenden Jahrzehnten die Existenzgrundlage vieler Menschen insbesondere in den Entwicklungsländern gefährden, ihre Anfälligkeit für Armut und soziale Verelendung erhöhen und damit nicht zuletzt die menschliche Sicherheit bedrohen. Dem Kampf gegen den Klimawandel muss daher international höchste Priorität eingeräumt werden, als Voraussetzung für nachhaltige Entwicklung.

Aus der klimapolitischen Diskussion ergibt sich eine Vielzahl an politischen Forderungen und Empfehlungen an die Staatengemeinschaft, an Industrie und Wissenschaft, aber auch an den Einzelnen, sich den eingegangenen Verpflichtungen zu stellen. Gefordert wird:
— die natürlichen Lebensgrundlagen zu sichern,
— den Energie- und Ressourcenverbrauch zu senken,
— die Treibhausgasemissionen zu reduzieren,
— Land- und Forstwirtschaft zu ökologisieren,
— Meeresschutz national und international voranzutreiben,
— die Biodiversität zu erhalten und die Arten zu schützen.

Doch mit Paris hat die Umwelt- und Klimaschutzdiskussion noch lange nicht ihr Ende gefunden. Sie zeigte vielmehr, in welche Richtung die internationalen Verhandlungen führen müssen. Aus meiner Sicht sind für eine erfolgreiche Umsetzung der Umweltziele von Rio de Janeiro folgende Themenfelder noch stärker als bisher in den Mittelpunkt der internationalen Umwelt- und Klimaagenda zu stellen.

■ **Globale Klimapolitik**

Der Klimawandel stellt unbestreitbar eine der zentralen Sicherheitsbedrohungen des 21. Jahrhunderts. Die physischen Auswirkungen des anthropogenen Klimawandels sind bereits heute spürbar und werden, wenn die Staatengemeinschaft nicht entschieden gegensteuert, bereits in den kommenden Jahrzehnten die Anpassungsfähigkeit vieler Gesellschaften überfordern. Das Risiko ist dort am größten, wo Staaten und Gesellschaften nicht in der Lage sind, die Stressfaktoren der globalen Klimaveränderungen abzufedern und auf friedliche Weise zu bewältigen: Klimawandel wird so zu einem echten „Risikomultiplikator", der die Stabilität nicht nur der sogenannten „fragilen Staaten" erhöht. Daraus können Gewalt und Destabilisierung erwachsen, die in der Folge auch die Sicherheit von solchen Staaten gefährden, die gar nicht unmittelbar mit dem „Konflikt" in Verbindung stehen (Stichwort „Klimaflüchtling"). Der WBGU stellt in seinem Jahresgutachten 2007 die These auf, dass die Internationalität der Umwelt- und Klimakonflikte auch als Chance aufgefasst werden könnte (müsste), den Klimawandel als Ausgangspunkt für eine internationale Initiative zu nehmen, in die alle „Konflikt"-Parteien eingebunden werden sollten (müssten) (WBGU 2007, Abschn. 10.3). Dazu wäre es erforderlich, den „Klimawandel als eine Menschheitsbedrohung" zu verstehen und damit herauszuarbeiten, wie sehr Ursachen und Wirkungen nicht mehr zwischen den Ländern des Nordens und denen des Südens beschränkt bleiben (vgl. Scheffran et al. 2012). Die Konfliktlinien verwischen immer mehr. Sie verlaufen heute nicht mehr entlang der traditionellen Grenze „Entwicklungsland vs. Industrieland", sondern innerhalb der Staaten, ganz gleich, ob Entwicklungsland oder Industrieland. Sie verlaufen heute zwischen den Gesellschaftsgruppen, die „sozial gesichert" sind und denen, die an den Rand der Gesellschaft abgedrängt werden. Damit gehen die Konflikte nicht mehr nur den „Süden" an, sondern der Klimawandel ist zu einem Problem der internationalen Staatengemeinschaft geworden (Stichwort: *„human security"*).

Diese Initiativen stellen eine Fortsetzung einer Reihe von Vorläufern dar, wie zum Beispiel dem sogenannten „Den-Haag-Prozess", dessen Anliegen es ist, die Rechte von Flüchtlingen und Migranten in den „allgemeinen Menschenrechten" zu verankern. Es müsse das Ziel sein, den Schutz grenzüberschreitender Migrationen in der internationalen Politik zu verwirklichen. Ein Argument wird darin gesehen, dass die Erfahrungen zeigen, dass Klima-/Wirtschafts- und andere Migranten zur wirtschaftlichen und sozialen Entwicklung, sowie zum kulturellen Reichtum in den Aufnahmeländer beitragen (Den-Haag-Deklaration zur Zukunft der Flüchtlinge und Migrationspolitiken). Erforderlich sei es, Migrationsbarrieren zu verringern, indem:
— Gesetzeslücken, die Menschenhandel geschehen lassen, geschlossen werden,
— der Schutz für Flüchtlinge und Migranten verbessert wird,
— Flüchtlingen und Migranten ein verbesserter Zugang zu angemessenen Unterkünften, Ausbildung, Krankenversicherung und Arbeitsmöglichkeiten eröffnet wird.

Die Den-Haag-Deklaration weist darauf hin, dass dadurch das Risiko von sozialen Unruhen deutlich reduziert, die Ausbreitung von Armut verringert und die soziale und wirtschaftliche Entwicklung der von der Migration beeinflussten Gesellschaften verbessert werden können.

Schon im Jahr 2014 wurde durch die G7-Staaten ein Gutachten zu „Klimawandel und Fragilität" in Auftrag gegeben, das sieben Klima- und Fragilitätsrisiken identifizieren konnte, die eine ernst zu nehmende Bedrohung für die Stabilität von Staaten und Gesellschaften darstellen. Nach eingehender Analyse bestehender Politikansätze in den Bereichen Klimaanpassung, Entwicklungszusammenarbeit, humanitärer Hilfe und Friedensentwicklung, empfiehlt der Bericht den G7-Staaten konkrete Maßnahmen zur Bekämpfung von Klima- und Fragilitätsrisiken und zur Erhöhung der Resilienz von Staaten und Gesellschaften gegenüber diesen Risiken.

Mit dem Beschluss des Paris-Abkommens der UNFCCC-COP 21 begann auch auf dem Feld der internationalen Klima- und Sicherheitspolitik ein neues Kapitel; ein Bestreben mit dem Motto: „Wenn sich die Probleme globalisieren, muss sich auch die Politik globalisieren" (Stockmann et al. 2010). Angeregt wurde die Einrichtung einer Wissensaustauschplattform, bei der neue Ideen, Forschungsergebnisse und praktische Erfahrungen zu Klimawandel und Fragilität gebündelt und kommuniziert werden sollen. Dazu wurden in vier Diskussionsrunden Fragen der „Zukunft der Dekarbonisierung innerhalb der EU", der „Auswirkungen (des Paris Abkommen) für die Klimadiplomatie und die Klimaziele, auf die ‚internationalen Klimaverhandlungen' sowie auf die Schnittstelle zwischen Klimawissenschaft und -politik" mit Vertretern aus Wissenschaft und Politik erörtert. Des Weiteren bietet die Plattform politischen Entscheidungsträgern, Experten und Praktikern aus den Bereichen Außenpolitik, Friedensentwicklung, Entwicklungspolitik und humanitäre Hilfe ein Diskussionsforum zu den Zusammenhängen zwischen Klimawandel, Fragilität und Konflikt.

Den auf den vielen Konferenzen immer wieder gemachten Zusagen, 100 Mrd. US$ jährlich (!) für den Schutz des Klimas und der Umwelt in den Entwicklungsländern bereitzustellen, müssten endlich auch Taten folgen. Alleine Zusagen für „Verpflichtungsermächtigungen" reichen nicht. Es müssten einzelne „Fördertöpfe" eingerichtet werden, aus denen dann Maßnahmen nach Entscheidung paritätisch besetzter Gremien unter der Aufsicht der Konvention finanziert werden.

Alle diese Initiativen sind Schritte hin auf eine Intensivierung der internationalen Sicherheitspolitik. Es zeichnet sich seitdem immer deutlicher ab, dass die Aspekte von Klimawandel und Sicherheit nicht mehr einzelnen Staaten allein überlassen werden dürfen. Internationale Klimapolitik muss daher darauf ausgerichtet sein, die Staatengemeinschaft zusammenzuführen, denn nur so können die Weichen für die Vermeidung eines gefährlichen anthropogenen Klimawandels gestellt werden. Sollte dies nicht gelingen, ist damit zu rechnen, dass in Zukunft der Klimawandel vermehrt zu Konflikten zwischen Ländern führen wird. Konsequenterweise wurde auf der Münchener Sicherheitskonferenz 2018 von Janani Vivekananda (adelphi consult) noch einmal betont, dass Klimaschutzmaßnahmen eine höhere Priorität auf der globalen Sicherheitsagenda haben müssen (MSR 2018).

- **Weltumweltorganisation**

Die Vereinten Nationen wurden 1945 als Reaktion auf den 2. Weltkrieg gegründet. Gemäß der Charta haben sie sich die Ziele gesetzt, den internationalen Frieden und die Sicherheit zu erhalten, freundschaftliche Beziehungen zwischen den Staaten zu entwickeln, zur internationalen Problemlösung und zur Förderung der Achtung der Menschenrechte beizutragen sowie den Mittelpunkt zur Harmonisierung des Staatenhandelns zu bilden. Dazu sind die Vereinten Nationen in sechs Hauptorganisationen, 21 Nebenorganisationen und 17 Sonderorganisationen untergliedert, von denen der UN-Sicherheitsrat und der UN Wirtschafts- und Sozialrat die bekanntesten sind; in der letzten Zeit fand auch der Internationale Gerichtshof in der Öffentlichkeit starke Beachtung. Alle diese Organisationen haben ihre inhaltlichen Ausrichtungen, ihre speziellen Mandate und Lösungsinstrumente. Die Vielzahl der Organisationen und die sich zum Teil überschneidenden Zuständigkeiten haben dazu geführt, dass sie operativ als zu schwerfällig wahrgenommen werden. Im Laufe der Jahre ist es unter dem Dach der UN zu einer „Explosion von umweltvölkerrechtlichen Verträgen" (Benedick 1998) gekommen, deren Rechtswirksamkeit in vielen Fällen nicht gegeben oder nicht überprüft war. Um dieses Konvolut an Verträgen, Abkommen und Regelwerken effizienter umzusetzen, haben sich die Vereinten Nationen bemüht, ihre Verfahrensabläufe zu beschleunigen.

Die in der Folge der Globalisierung aufkommende und (oft) mit ihr in Beziehung stehende Umwelt- und Klimaproblematik hat gezeigt, dass eine Vielzahl an Problemen auf der internationalen Agenda steht, die als Querschnittsaufgaben im Rahmen des bestehenden UN-Netzwerks nicht mehr gelöst werden können. Daher wird seit Jahren, aber insbesondere seit der „Rio + 20"-Konferenz (wieder in Rio de Janeiro), die Gründung einer „Weltorganisation für Umwelt und Entwicklung" (World Environment and Development Organization) in die politische Diskussion eingebracht. Biermann und Simonis (1998) haben hierzu eine kurze aber sehr prägnante Veröffentlichung vorgelegt, die die Vorzüge einer solchen neuen UN-Organisation aufzählt. Der Autor möchte sich diesen Anregungen mit Nachdruck anschließen und möchte daher die von Biermann und Simonis gemachten Gedanken kurz referieren und eigene Anregungen dazu vorstellen. Mit der „Weltorganisation" solle im Prinzip keine neue UN-Organisation geschaffen werden, sondern bestehende Organisationen, Konventionen und Programme sollte in einer „Behörde" zusammengefasst werden. Mit den Bezeichnungen „Entwicklung" und „Umwelt" im Namen der Organisation werden die beiden Ziele untrennbar miteinander verbunden, so wird klar herausgestellt, dass „Entwicklung" ohne den „Schutz der Umwelt" und der „Schutz der Umwelt" nicht

ohne „Entwicklung" möglich sein wird. Es wird vorgeschlagen, die:
- Organisationen:
  - UNDP,
  - UNEP,
  - UNHCR,
- Konventionen:
  - Klimarahmenkonvention,
  - Biodiversitätskonvention,
  - Wüstenkonvention,
  - Baseler Konvention,
- Programme/Protokolle:
  - CITES,
  - GEF,
  - Kyoto-Protokoll,
  - Montrealer Protokoll,
  - Ramsar,

um nur die Wichtigsten zu nennen, in einer zu bündeln.

Einige davon treffen sich 1-mal im Jahr; manche nur noch alle 2 Jahre. Die „Nachhaltigkeitskonvention" (CSD) hat sich inzwischen selbst aufgelöst, mit der Begründung einer den veränderten Anforderungen nicht mehr angemessenen Satzung. Alle halten sie große Administrationen vor und „binden" eine Vielzahl an wissenschaftlichen und technischen Experten. Auch in den Mitgliedsländern ist der Personal- und Zeitaufwand für die einzelnen Konventionen enorm. Dabei eint sie alle das gleiche Ziel: eine nachhaltige Entwicklung. Was liegt da näher als all die (notwendigen und sinnvollen) Initiativen organisatorisch zu bündeln und die sich aus der Summe der Expertisen ergebenden Synergien zu nutzen?

Die Protagonisten verweisen darauf, dass mit einer solchen Sonderorganisation der „Weltumwelt- und Weltentwicklungspolitik ein höherer Stellenwert verschafft wird, das institutionelle Umfeld für die Aushandlung neuer Konventionen und Aktionsprogramme wie für die Umsetzung und Koordination verbessert und zudem die Handlungskapazität insbesondere der Entwicklungsländer gestärkt werden könnte" (Biermann und Simonis 1998). Eine global vernetzte Umweltorganisation würde direkter auf die Mitgliedsländer einwirken, eine Reform des globalen „Umweltgovernance-Systems" mitgestalten. Des Weiteren könnte sie das institutionelle Umfeld für die Aushandlung neuer „Umweltregime" sowie die Umsetzung und Koordination bestehender Konventionen verbessern helfen. Die internationale Zusammenarbeit würde gestärkt, der Ausbau einer internationalen Wirtschaftsordnung zum Beispiel durch eine Neuregelung des internationalen Haftungsrechts, durch Operationalisierung des Begriffs „Öko-Dumping", durch internationale Zertifikate-Modelle könnte so gefördert werden. Auf nationaler Ebene (WBGU 1996) würde sich eine Weltumweltorganisation auch in einer wirksameren Umsetzung der Vereinbarungen in den Ländern niederschlagen. Lokal könnten die eingeführten Instrumente der Umweltpolitik (Ordnungsrecht, Öko-Abgaben, Haftungsrecht u. v. a) wie bisher zum Einsatz kommen. Erste Umrisse für seine solche „Weltumweltpolitik" unter dem Dach der UN sind bereits sichtbar. Eine Organisationsstruktur, wie sie in dem Montrealer Protokoll, in dem Gründungserlass der ILO und den anderen UN-Regimen bereits erprobt ist, könnte die Akzeptanz der neuen Organisation erhöhen. Natürlich müsste die Organisation auf einem robusten Mandat der Vereinten Nationen beruhen, in dem Mandat, Budget, Finanzierungsschlüssel und andere Verfahrensfragen klar vereinbart sind.

Biermann und Simonis (1998) weisen nachdrücklich darauf hin, dass die sozioökonomischen und ökologischen Zukunftsszenarien die „Dringlichkeit des Handelns aufzeigen und die Gefahren verdeutlichen, die durch Nicht-Handeln oder verspätetes Handeln" eintreten können. „Ohne einen ökologischen Umbau der Wirtschaft der Industrieländer und ohne eine ressourcen- und energiesparende Gestaltung der nachholenden Entwicklung in den Transformations- und Entwicklungsländern driftet die Welt in eine ökologische Sackgasse".

■ Internationaler Umweltgerichtshof

Von vielen Beobachtern wird seit Langem eine Erweiterung der Vereinten Nationen um einen gesonderten „Internationalen Umweltgerichtshof" gefordert, der, analog zum „Internationalen Gerichtshof" in Den Haag, die Einhaltung der in den Umwelt-/Klimaschutzregimen eingegangen Verpflichtungen „überwacht".

Die Forderung wird damit begründet, dass in den letzten Jahrzehnten die (schon immer bestehenden) Konflikte und Auseinandersetzungen um natürlichen Ressourcen (Wasser, Bodenschätze, Ackerland) sich erheblich ausgeweitet und in ihrem Konfliktpotenzial dramatisch zugenommen haben. Dies ist zum einen dem Bevölkerungswachstum in vielen Entwicklungsländern zuzuschreiben. Aber man bekommt eine andere Perspektive, wenn man den Klimawandel als Ursache der Konfliktentstehung mit einrechnet. In den vergangenen Jahrzehnten hat man vor allem ideologische und ethnische Faktoren als Ursachen ausgemacht. Der Klimawandel hat diese Ursachenlage grundlegend verschoben. Damit rücken vor allem Afrika, Asien und Südamerika in den Fokus. Der Klimawandel führt zu einer Potenzierung dieser Probleme und wird die vorhandenen Ungleichheiten und Konfliktlagen noch weiter vertiefen (Welzer 2010, S. 321). Zwei grundlegende Szenarien zeichnen sich ab: erstens eine Ausweitung vieler seit Jahrzehnten bestehender lokaler Konflikte um Ressourcen (Stichwort: „Südsudan"). Zum Zweiten und oftmals als Folge des ersten kommt es zu ausgedehnter Binnenmigration und auch zu erheblichen Migrationsströmungen in die Industrieländer (Stichwort: „Mittelmeer-Flüchtlinge") und zu Konflikten in den Transitländern. Dies wiederum belastet in den Zielländern die sozialen Sicherungssysteme und führt zu erheblichen Auseinandersetzungen in den Gesellschaften des Nordens. Dabei steht außer Frage, dass sich diese Konflikte in der Zukunft eher noch verstärken; die Vereinten Nationen rechnen mit einer Verzehnfachung der Migrantenströme.

Um diese Konflikte institutionell und völkerrechtlich wirksam lösen können, wird ein Umweltgerichtshof gefordert. Dazu müsste man das Völkerstrafrecht um den Tatbestand des „Umweltverbrechens" erweitern und die Fragen von Asyl für ganze Völker (Stichwort: „Kleine Inselstaaten") klären. Ansätze, wie internationale und transnationale Umwelt-/Ressourcenkonflikte unabhängig gelöst werden können, gibt es im Rahmen der Vereinten Nationen. So zum Beispiel die internationalen Flussgebietsvereinbarungen zum Ganges und zum Nil. Aber auch „Regime" wie GATT/WTO, das Montrealer Protokoll und die Klimarahmenkonvention zeigen Lösungswege auf, „Streitigkeiten" international und objektiv zu lösen. Aber all das hängt von den Nationalstaaten ab, ob sie solche internationalen Gremien anerkennen oder nicht.

■ **Vergleichbarkeit der Leistungsfähigkeit von Staaten**

Die Bedeutung statistischer Indikatoren für die Beurteilung der Entwicklung der Gesellschaft nimmt immer mehr zu. Zu solchen Indikatoren gehören zum Beispiel der „Human Development Index" (HDI/SDI), Daten zur statischen Lebenserwartung, zur Kindersterblichkeit u. v. a. Vor allem haben Angaben zum „Bruttoinlandsprodukt" (BIP) und zur Inflationsrate bis heute die Bewertung des Entwicklungsstandes eines Landes wesentlich bestimmt. Seit Langem hatte sich aber die Frage gestellt, ob auf der Basis einiger ausgewählter Daten zur „Ökonomie" der Entwicklungsstand eines Landes überhaupt realistisch abgebildet werden kann. Kritisiert wird, dass im „BIP" informelle Tätigkeit und die Einkommensverteilung („GINI-Koeffizent") nicht enthalten sind. Vor allem aber entzündet sich die Kritik an der Tatsache, dass Aspekte wie „Nachhaltigkeit" und der „Wohlfahrt" nicht nur von der Menge der produzierten Waren abgelesen werden können. Ist China ein „reiches Land mit vielen Armen" oder ein „armes Land mit vielen Reichen"?

Seit einigen Jahren werden in den internationalen Gremien Vorschläge erarbeitet, wie die Situation einer Gesellschaft realistischer abgebildet werden kann. Stiglitz et al. (2009) haben dazu Empfehlungen abgegeben, welche sich auf die Themenbereiche „Wirtschaft", „Lebensqualität" und „Nachhaltigkeit/Umwelt" beziehen. Sie lehnen einen umfassenden Gesamtindikator (composite indicator) ab. Stattdessen sollen 25 Indikatoren in 3 Hauptbereichen: „Wirtschaftsleistung", „Lebensqualität" und „Nachhaltigkeit" (ökonomische und ökologische) erfasst werden. In Bezug auf die „Nachhaltigkeit" schlagen die Autoren vor, eine Bewertung des Natur- und Humankapitals sowie der Gefährdung der natürlichen Ressourcen mit aufzunehmen. Mit dem Vorschlag werden erstmals Aspekte zur Bewertung herangezogen, die außerhalb der (reinen) Ökonomie liegen, so zum Beispiel die der „Umwelt" über die Erfassung der THG-Emissionen, der Rohstoffproduktivität, dem Rohstoffverbrauch pro Kopf und der Biodiversität sowie die Höhe der Forschungs- und Entwicklungsausgaben im Vergleich zum BIP.

Im Rahmen der EU wurden diese Anregungen aufgenommen und heute erfasst Eurostat die Dimensionen von Lebensqualität anhand von Indikatoren für:
- Materielle Lebensbedingungen
- Produktive oder hauptsächliche Aktivität
- Gesundheit
- Bildung
- Freizeit und soziale Interaktionen
- Wirtschaftliche und persönliche Sicherheit
- Öffentliche Institutionen und Grundrechte
- Natürliche Umgebung
- Subjektive Wahrnehmung des eigenen Lebens

■ **CO_2-Minderungsziel**

Die Politik der Staatengemeinschaft und hier vor allem die der Industrieländer muss auf das Erreichen des 1,5-°C-Minderungsziel ausgerichtet sein. Alle anderen wirtschaftspolitischen und sozialpolitischen Entwicklungsentscheidungen müssen diesem Ziel untergeordnet werden. Es muss das erfolgen, was der WBGU (2011, Abschn. 1.3) als eine „Transformation" hin zu einer klimaverträglichen, nachhaltigen Gesellschaft bezeichnet. Verbunden mit dieser Transformation ist das Setzen eines ordnungspolitischen Handlungsrahmens für die sozialen Entwicklungsentscheidungen, für Industrie und Wissenschaft, um deren Aktivitäten auf den nachhaltigen Klimaschutz auszurichten.

Klärungsbedarf besteht hinsichtlich der Rechtsverbindlichkeit des 2-°C-Ziels. Wesentlicher Bestandteil des *Paris Agreements* ist der Beschluss, die Erderwärmung auf unter 2 °C und möglichst auf 1,5 °C (nach Artikel 2) zu begrenzen. Hierzu wäre eine Reduktion der CO_2-Emssionen bis Ende des Jahres 2040 auf „Null" erforderlich. Danach darf kein fossiles Erdgas, kein Erdöl und keine Kohle mehr zur Energieerzeugung eingesetzt oder die emittierten CO_2-Mengen müssten der Atmosphäre wieder entzogen werden. Die Energieversorgung müsste folglich bis dahin vollständig durch „erneuerbare Energien" gedeckt werden. Schon an dem 2-°C- bzw. dem 1,5-°C-Ziel entzündet sich viel Kritik. Gefragt wird, wie rechtsverbindlich das Ziel sein kann, die globale Erwärmung „deutlich unter 2 °C über dem vorindustriellen Niveau" (Artikel 2) zu reduzieren (Ekardt 2018). Gleichzeitig heißt es nämlich in Art. 4 Abs. 1 sinngemäß, dass dazu „in der zweiten Hälfte dieses Jahrhunderts ein Gleichgewicht zwischen den anthropogenen Emissionen und dem Abbau durch Senken" herzustellen ist. Aus diesen beiden „rechtsverbindlichen Zielnormen" ergeben sich unterschiedliche Zeithorizonte. Mit Annahme des Paris-Abkommens verpflichten sich (eigentlich) die Staaten, ihre Emissionsreduktion sogar auf eine „Einhaltung des 1,5-°C-Ziels" auszurichten; also deutlich unter 2 °C, und „erst recht nicht auf 2 °C".

- **Stärkung der Leistungsfähigkeit von Staaten (Entwicklungsländer)**

Es ist eine Tatsache, dass nur solche Staaten, die über leistungsfähige politische und administrative Strukturen verfügen, in der Lage sind, die mit den Konventionen eingegangenen Verpflichtungen auch umzusetzen. Dabei sind es ja gerade die fehlenden Strukturen, die dazu geführt haben, dass diese Länder so „extrem" z. B. dem Klimawandel ausgesetzt sind.

So wird zum Beispiel im Themenfeld „*Global Taxonomy Initiative*" (GTI) der Biodiversitätskonvention seit Jahren immer wieder festgehalten, dass das Problem, den Artenverlust auf der Basis einer weltweit gültigen „Taxonomie" zu vergleichen, vor allem daran scheitert, dass es in den meisten Entwicklungsländern an der wissenschaftlichen Expertise zur Taxonomie und zum Verständnis der Biodiversität im Allgemeinen fehlt. Daraus resultieren zum Teil wissenschaftlich nicht haltbare Artenbeschreibungen und das mache einen fundierten Vergleich der bedrohten Arten unmöglich. Die Vertragsparteien wurden daher regelmäßig aufgefordert, ihre Anstrengungen zu verstärken. Insbesondere sollten dabei die Länder das gesamte fachliche Spektrum der Taxonomie auf Schwachstellen hin abprüfen.

Dabei ist die Kapazitätsentwicklung *(„human development", „capacity building")* integraler Bestandteil aller Konventionen. Der Begriff kommt so oft vor, dass ihm schon mehr eine „Alibi-Funktion" zukommt; weil er in der Regel nicht durch Inhalte unterfüttert wird. Um einerseits eine weltweite Kompatibilität der Nachhaltigkeit zu erreichen und andererseits die mit den Konventionen eingegangenen Verpflichtungen zur „A/F" zu gewährleisten, müsste diesem Sektor eine viel höhere Priorität eingeräumt werden. Dabei wird anerkannt, dass die vielen „Entwicklungshelfer" mit großen Ambitionen und viel Elan an ihre Aufgaben gehen. Nur werden ihnen zumeist von ihren Heimatorganisationen viel zu hohe Ziele vorgegeben; Ziele, die mehr ihre eigene Leistungsfähigkeit widerspiegeln, als die der Partnerorganisation. Mit realistischeren Zielvorgaben – und wenn es auch nur wenige Schritte vorwärts geht – wäre vielen Ländern mehr gedient. Neben der Stärkung der wissenschaftlichen Expertise – viele der Probleme sind seit vielen Jahren hinreichend beschrieben – wäre es zielführender, in lokale Umsetzungskapazitäten zu investieren. Gebraucht werden Übersetzer, die in der Lage sind, zwischen den „Experten" und der lokalen Bevölkerung zu vermitteln. Es reicht nicht immer, neue „*Best Practice*"-Kataloge aufzustellen und in die akademischen Eliten der Partnerländer zu investieren Es müssen weltweit, vor allem aber in den Entwicklungsländern, verstärkt umfassende Anstrengungen unternommen werden, um den Menschen auf allen gesellschaftlichen Ebenen Kenntnisse über Ursache und Wirkungen des anthropogenen Klimawandels zu vermitteln, insbesondere über die Zusammenhänge von Klimawandel, Bodendegradation sowie über lokal umsetzbare Maßnahmen zur Erosionsminderung.

Es müssen weltweit, vor allem aber in den Entwicklungsländern, verstärkt umfassende Anstrengungen unternommen werden, um den Menschen auf allen gesellschaftlichen Ebenen Kenntnisse über Ursache und Wirkungen des anthropogenen Klimawandels zu vermitteln, insbesondere über die Zusammenhänge von Klimawandel, Bodendegradation sowie über lokal umsetzbare Maßnahmen zur Erosionsminderung.

Nötig wären auch verstärkte Anstrengungen an der Schnittstelle „Wissenschaft" und „Politik", z. B. um zu klären: „Was ist ein Wald?" und „Was ist unter Aufforstung zu verstehen?". Solche Definitionen können am Ende nicht mehr von der Wissenschaft vorgenommen werden, sondern müssen Gegenstand einer politischen Entscheidung werden. So wie es in Johannesburg gelungen war, erstmalig das Prinzip der „ökologischen und sozialen Verantwortlichkeit von Unternehmen" *(„corporate accountability")* in einer Agenda der Vereinten Nationen zu verankern.

- **Energiewende**

Die politischen Zielvorgaben zur Reduktion der Treibhausgasemissionen (2-°C-Ziel) in den meisten Industrieländern basierten noch auf den Vorgaben, wie sie vor der Paris-Konferenz Gültigkeit hatten. Für das schärfere Reduktionsziel von 1,5 °C müssten die technischen Umsetzungen, die im Allgemeinen unter der Überschrift „Dekarbonisierung" zusammengefasst werden, vorangetrieben werden. Mit solchen Anpassungen müsste deshalb sofort begonnen werden, da durch die hohe Verweildauer von CO_2 in der Atmosphäre diese Substanz im Vergleich zu kurzlebigen Treibhausgasen und Aerosolen immer dominanter wird.

Für einen erfolgreichen Klimaschutz müssten die Sektoren „Energieerzeugung" und „Verkehr" bis zum Jahr 2040 vollständig „dekarbonisiert" werden. Dazu ist es erforderlich, den Energieverbrauch und die Treibhausgasemissionen durch spezielle gesetzliche Vorgaben in allen Industriestaaten und Schwellenländern, wie in Deutschland mit dem „Erneuerbare Energien-Gesetz" (EEG), deutlich stärker als bisher zu senken. In dem „Gesetz" müsste der Kohleausstieg verbindlich verankert sein und der Atomausstieg beschleunigt werden. Nationale Energieeinsparziele müssten erlassen werden und die immer noch die Energiewende behindernden Subventionen der Strommärkte, insbesondere bei energieintensiven Industrien und Energieversorgern, müssten drastisch eingeschränkt werden. Der Anteil der „erneuerbaren Energien" an der Energieerzeugung müsste um den Faktor vier bis fünf gesteigert werden (Ziel: 80-%-Anteil an der Energieerzeugung). Da in den Industrie- und Schwellenländern in der Regel nicht immer alle Energieträger in gleichem Umfang zur Verfügung stehen, wird die Energiewende nur möglich, wenn alle verfügbaren Energieressourcen bedarfsgerecht „zusammengespannt" werden.

Im Verkehrsbereich müssten staatliche Vorgaben den CO_2-Ausstoß deutlich begrenzen, indem eine ökologisch orientierte Kfz-Steuer und ein Zulassungsstopp für Verbrennungsmotoren ab 2025 sowie eine Geschwindigkeitsbegrenzung eingeführt werden. In den Städten müsste dem öffentlichen Nahverkehr und dem Fahrrad Vorrang eingeräumt werden. Der Anteil erneuerbarer Energien im Verkehrssektor stagniert seit Jahren auf niedrigem Niveau. Die Sektorenkopplung, also der Einsatz technische Verfahren zur Nutzung von Strom im Verkehr, eröffnet neue Möglichkeiten zur Substitution fossiler Energieträger. Dafür braucht es jedoch geeignete rechtliche Rahmenbedingungen. Ferner sind zur Erhöhung des Anteils der „Erneuerbaren" im Verkehrssektor Maßnahmen zur Effizienzsteigerung unverzichtbar.

Mit der „Energiewende" geht weltweit ein Ausstieg aus der Atomenergie einher. Dessen Risiken sind sowohl technisch als auch ökonomisch völlig ungeklärt. Unbestreitbar aber ist, dass dazu die Atomkraftwerke abgeschaltet und die anfallenden kontaminierten Materialen für Tausende von Jahren sicher „end"-gelagert werden müssen. Ob dafür allerdings ein Zeithorizont von 1 Mio. Jahren und mehr anvisiert werden muss, darf bezweifelt werden. Wenn man bedenkt, welche technischen Fortschritte seit etwa Mitte der 1850er-Jahre erreicht werden konnte, so könnte die Menschheit in 1000 bis 2000 Jahren über technische Instrumente verfügen, die heute noch gar nicht vorstellbar sind. Das Argument „kein Endlager, das nicht auf Ewigkeit sicher ist", macht den Eindruck eines „Totschlagarguments", mit dem eine sachdienliche Debatte um die „Endlagerfrage" von vornherein verhindert werden soll. Richtig ist ferner, dass ein frühzeitiger Ausstieg aus der Atomenergie mit Klagen in Milliardenhöhe der Kraftwerksbetreiber verbunden sein wird.

Es ist die Aufgabe der Politik, beim „Ausstieg aus der Kernenergie" einen fairen Ausgleich zwischen den (berechtigten) Interessen der Betreiber und den eingegangenen Verpflichtungen aus den Klimaschutzabkommen zu finden. Die „Dekarbonisierung" der Energie- und Wirtschaftssysteme wird traditionelle Wertschöpfungsketten und Produktionsbedingungen infrage stellen und wird daher immer deutlicher zu einer gesamtgesellschaftlichen Aufgabe. Eine Aufgabe, die in der globalisierten Welt auf Dauer aber nicht von einem Staat allein mehr geleistet werden kann. Grenzüberschreitende und internationale Aushandlungsprozesse sind hier erforderlich; nationale Alleingänge würden nur schaden.

- **Emissionshandel „Kohlenstoffmarktplattform"**

Der Handel mit Emissionszertifikaten hat sich seit dem Kyoto-Protokoll weltweit als feste Größe in der Klimapolitik etabliert. Ein marktgerechtes Instrument zur Bepreisung von Treibhausgasemissionen ist damit in die Rohstoffmärkte eingezogen. Doch läuft der Handel mit den Zertifikaten in verschiedenen Ländern oftmals nicht regelkonform ab. Immer noch gibt es Länder, in denen THG-Emittenten nicht zur Deckung der verursachten „Schäden" herangezogen werden. Auch hat die mit den Handelssystemen angestrebte Verlagerung von Investitionen in klimafreundliche, nachhaltige Produkte und Dienstleistungen selbst in vielen OECD-Ländern nicht den gewünschten Erfolg gebracht.

Die Bundesrepublik Deutschland hat anlässlich der UN-Klimakonferenz in Paris die Einrichtung einer sogenannten „Kohlenstoffmarktplattform" *(Carbon Market Plattform)* vorgeschlagen. Mit ihr soll ein offener Politikdialog mit dem Ziel der verstärkten Nutzung marktorientierter Klimaschutzinstrumente und einer Stärkung der internationalen Marktkooperation ermöglicht werden. Im Prinzip geht es darum, die einzelnen Emissionshandelssysteme (z. B. der EU, China u. a.) so miteinander zu vernetzen, dass sie zu einem globalen Kohlenstoffmarkt zusammenwachsen. Damit in Verbindung steht auch die konkrete Umsetzung verschiedener klimapolitischer Maßnahmen, wie zum Beispiel der Abbau von Subventionen für fossile Brennstoffe, um so dem Kohlendioxid „einen Preis zu geben". Ein global organisierter Kohlenstoffmarkt gilt dabei als Schlüsselinstrument.

In der Folge der Initiative haben sich die G7-Staaten mit Vertretern aus Chile, Indonesien, Neuseeland, Senegal, der Schweiz und Vietnam über die Nutzung internationaler Kohlenstoffmärkte und die Entwicklung nationaler CO_2-Preisinstrumente ausgetauscht. Der Dialogprozess im Rahmen der „Plattform" konnte konkrete Wege aufzeigen, auf denen die Kohlenstoffmarktplattform zu diesem Prozess beitragen kann; vor allem durch eine engere Koordinierung von Standards und Preiskorridoren. Die Weltbank hat dazu 2015 die sogenannte „Carbon Pricing Leadership Coalition" (CPLC) ins Leben gerufen, um die Kohlenstoffmarktplattform-Initiative weiter voranzutreiben. Der CPLC sind bereits über 25 Regierungen, mehr als 150 Unternehmen und über 30 strategische Partner (Universitäten, Nichtregierungsorganisationen) beigetreten. Seitdem wird die Koalition international als wichtige Dialogplattform in Fragen der Bepreisung von Treibhausgasen wahrgenommen. Im vergangenen Jahr konnte eine Studie die für eine „Dekarbonisierung" erforderlichen CO_2-Preiskorridore identifizieren. In den kommenden Jahren möchte die CPLC ihre Aktivitäten in Bezug auf die Einführung von CO_2-Preismaßnahmen weiter intensivieren, um die erfolgreiche Umsetzung des Pariser Abkommens sicherzustellen. Auch möchte das Bündnis verstärkt mit jenen Wirtschaftssektoren wie dem Schiffverkehr zusammenarbeiten, in denen CO_2-Minderungen schwer zu erzielen sind. Des Weiteren werden Pilotkonzepte in Ländern, Regionen und Sektoren entwickelt, die eine Vorreiterrolle bei der Einführung für Preise auf Kohlenstoff spielen könnten.

- **Kohlendioxid-Sequestierung**

Auch wenn bereits viel Forschungs- und Entwicklungsarbeit auf diesem Sektor geleistet wurde, so ist die ganze Bandbreite der Optionen und ihrer Konsequenzen noch nicht absehbar. Zu empfehlen ist daher, eine Übertragung der Expertisen aus der Erdölindustrie (Sleijpner Ölfeld) und der Schwerindustrie, wie solche Anwendungen wirtschaftlich gestaltet werden können. Auch müsste begonnen werden, die zentrale Frage zu beantworten, wie lange sich voraussichtlich das abgetrennte CO_2 in der Erde (wirklich) gefahrlos speichern lässt. Dazu müssten die

Regierungen der Industriestaaten grenz- und sektorübergreifende Forschungs- und Entwicklungsprogramme auflegen, mit denen die „Sequestierung" und Speicherung in Pilotanlagen getestet wird. Die Regierungen müssten den ordnungspolitischen Rahmen setzen sowie das Risikokapital zur Verfügung stellen. Sicher wären auch die GEF und die „IFIs" geeignete Finanziers. Wissenschaft und Industrie obläge es, die technisch Ausgestaltung und die ökonomischen und ökologischen Fragen zu lösen.

- **Partizipation**

Eine Teilhabe des Einzelnen oder zivilgesellschaftlicher Gruppen an den umweltorientierten Entwicklungsentscheidungen muss umfassender gestaltet werden. Der Einzelne oder einzelne Gruppen müssen frühzeitig, umfassend und mandatiert eingebunden werden. Erst durch einen gesamtgesellschaftlichen Teilhabeprozess können am Ende Lösungsmodelle entstehen, die Bedürfnissen der „Betroffenen" am ehesten gerecht werden (Motto: „macht die Betroffenen zu den Beteiligten"). Karl Popper betonte schon 1974, dass der „Mensch erst in einer Situation der Knappheit entscheidet, wie er seine Bedürfnisse im Lichte verschiedener Einschränkungen materiell und ideell befriedigen" kann. Für ihn stellt das Modell mit dem größten Wohlfahrtsgewinn die effizienteste Lösung dar. So kann es zum Beispiel für eine Gesellschaft langfristig vorteilhafter sein, das Gefahrenbewusstsein der Bevölkerung vor potenziellen Hochwasserschäden zu stärken, statt in den Bau von Deichen zu investieren. Die damit freiwerdenden Ressourcen könnten dann für andere dringend erforderliche Maßnahmen (Bau einer Kindertagesstätte) alloziert werden, statt auf ein aus der Statistik abgeleitetes mögliches Hochwasserrisiko zu reagieren.

Das Einbringen von lokalem, traditionellem sowie kulturellem („indigenem") Wissen setzt aber institutionelle und organisatorische Strukturen voraus, die „Partizipation" gewährleisten, wie sie auch in der „EUWRRL" (2000/60/EG) eingefordert wird. Dabei umfasst Partizipation mehr als die Beteiligung der Öffentlichkeit („Bürgerinitiative") an Planungsprozessen. Sie erfordert die Involvierung aller beteiligten Akteure (Entscheidungsträger, Betroffene, Fachleuten aller Disziplinen) bei Erfassung, Bewertung und Umsetzung, sowie den Zugang zu Informationen und gegebenenfalls den „Gang zum Gericht".

In der UN-Aarhus-Konvention (▶ www.aarhus-konvention.de) und den Richtlinien der EU (2003/35/ED; 2003/4/EG) wird diese Beteiligung als unverzichtbare Voraussetzung für den Erfolg der Transformation gefordert. Auch Bildung in ihren unterschiedlichen Ausprägungen schafft einer Gesellschaft die erforderlichen Kompetenzen für die aktive Beteiligung an den Entscheidungsprozessen. „Partizipation" ist eine „Kultur der Teilhabe" (WBGU 2007), die zu einem besseren Verständnis führt und damit zu einer höheren Akzeptanz oftmals als „Einschränkung" empfundener Beschlüsse.

- **Änderung des Konsumverhaltens**

Die Versorgung der Weltbevölkerung ist trotz unbeschrittener Erfolge in den letzten 20 Jahren immer noch geprägt von einem „Überangebot" im Norden und regional erheblicher „Unterversorgung" in Afrika, Lateinamerika und Asien. Die FAO (2017) schätzt, dass heute noch ca. 800 Mio. Menschen auf der Erde Hunger leiden. Und wenn, wie abzusehen, die Weltbevölkerung bis zum Jahr 2050 auf 10 Mrd. Menschen anwächst, wird diese „Ungleichheit" noch weiter zunehmen. Damit wird der Druck auf die natürlichen Ressourcen steigen, wodurch sich Nutzungskonflikte abermals verstärken; Hunger und Unterernährung münden dann oftmals in gewaltsamen Auseinandersetzungen. Verstärkt werden die Konflikte (vgl. IPCC-AR5 2007) noch durch den Klimawandel und im Zuge damit durch eine Zunahme an Naturkatastrophen (Stichwörter: „Dürren", „Überschwemmungen").

Des Weiteren wird das in den letzten 20 Jahren zu beobachtende Konsumverhalten, nicht nur in den Industrieländern, sondern auf der ganzen Welt, die Ressourcenkonflikte zusätzlich noch verschärfen. Ein Treiber für dieses Ungleichgewicht sind die Länder der OECD, die zwar nur 20 % der Weltbevölkerung stellen, aber 80 % des weltweiten Ressourcenverbrauchs zu verantworten haben. Auf der anderen Seite ist zu beobachten, dass insbesondere in Asien weite Teile der Mittelschicht von einer vormals pflanzlichen Ernährung (Reis) immer mehr auf tierische Nahrungsmittel umsteigen. Der Umstieg ist (auch) eine Folge Urbanisierung und dem reichhaltigen Angebot an industriell gefertigten Lebensmitteln; aber vor allem ist er Ausdruck der Einkommenszuwächse der „Mittelschicht"; und dem Anspruch an einen höheren („westlichen") Lebensstil. Bis zum Jahr 2030 wird diese Gesellschaftsschicht weltweit von 1,8 auf 4,9 Mrd. Menschen anwachsen; wobei 85 % dieses Wachstums auf Asien entfallen und die Nachfrage dort von 21 Mrd. US$ auf 56 US$ Mrd. pro Jahr ansteigen wird.

Parallel mit der prozentualen Abnahme des Hungers auf der Welt hat in gleichem Ausmaß der Anteil an „Übergewichtigen" (40 % der über 18-Jährigen) nach Angaben der WHO (2015) zugenommen. Damit sind heute mehr Menschen übergewichtig als unterernährt. In der Folge werden weltweit Diabetes, Krebs und Herzkreislauferkrankungen zunehmen. Man geht davon aus, dass die heute 15–20-Jährigen eine geringere Lebenserwartung haben werden als ihre Eltern. Die FAO schätzt die ökonomischen Belastungen durch Überernährung auf mehrere Milliarden US$ jährlich, bedingt durch Produktivitätsverluste und gestiegene Gesundheitskosten. Sie plädiert daher, in den Ländern Aufklärungskampagnen zu starten, die vor allem eine Änderung im Sozialverhalten schon bei den „Jüngsten" zum Inhalt haben müssen. Sie sieht das Thema „Konsum" damit in einem unmittelbaren Bezug zum Thema „Bildung".

Aber nicht nur der Einzelne ist gefordert, sein Konsumverhalten ökologisch auszurichten. Er hat mit seiner

Kaufentscheidung großen Einfluss auf die Produkte, die die Wirtschaft anbietet. Sie selber muss aber auch ihrer Verantwortung gerecht werden und ihre Güter nachhaltig produzieren. Eine weitere Voraussetzung zur Ausgestaltung des „Umsteigens" sind wirtschaftspolitische Rahmenbedingungen für einen nachhaltigen Konsum; auch wenn damit Zielkonflikte mit der Agrarwirtschaft und den Lebensmittelproduzenten vorprogrammiert sind. Die Europäische Union verfolgt zum Beispiel mit ihrem Programm zur Förderung nachhaltiger Produktions- und Konsummuster das Ziel, den Energieverbrauch von Produkten durch verschiedene Vorgaben drastisch zu reduzieren.

In vielen Industrieländern setzt sich auch bei den Verbrauchern die Einsicht durch, mit „gutem Beispiel voran[zu]gehen und den Ressourcenverbrauch drastisch zu senken", so das Ergebnis einer repräsentativen Umfrage des Umweltbundesamts (UBA 2008). Die Leitidee des nachhaltigen Konsums beeinflusst damit in vielen Ländern auch andere Sektoren wie die Industrie-, Verkehrs- und Umweltpolitik, auch wenn nur etwa 15% der Verbraucher in Deutschland der Zielgruppe der sogenannten „LOHAS" („Lifestyles of Health and Sustainability") angehören sollen (BPB 2009). In Deutschland verbraucht der Einzelnen durchschnittlich 500 kg Lebensmittel im Jahr und trägt damit zur Emission von etwa 2,1 t Treibhausgase bei; ein Wert der etwa dem der Emissionen im Verkehrssektor entspricht (BMUB 2017). Etwa 45 % der Treibhausgase entstehen bei der Erzeugung der Lebensmittel (Acker, Kuhstall, Verarbeitung, Transport). Sie führt zudem auch noch zu begleitenden Umweltproblemen, wie zum Beispiel die Überdüngung und Versauerung der Böden. Für 1 kg Rindfleisch werden in Deutschland mehr als 15.000 l Wasser verwendet. Geht man von einer mittleren Lebensdauer eines Rindes von 3 Jahren aus, so hat es in dieser Zeit 24 km^3 Wasser genutzt. Da die Tiere auch mehr als 1000 kg Getreide und 7000 kg Heu oder Silage zu sich nehmen, kommen noch weitere 15.000 l Wasser dazu. Der Wasser- und Energiebedarf für pflanzliche Lebensmittel ist dagegen um das bis zu 7-Fache geringer und verursacht zudem erheblich weniger an schädlichen Klimagasen.

Eine Fortführung der gegenwärtigen Konsum- und Produktionsmuster würde schon bald die Fläche einer „zweiten Erde" benötigen (*„country overshoot day"*, vgl. ▶ Abschn. 3.3.2). Das Ziel, allein durch effizientere Produkte den Konsum nachhaltiger zu gestalten, konnte trotz aller politischen Vorgaben bislang nicht in dem angestrebten Ausmaß erreicht werden, vor allem weil die gesetzten Effizienzziele nicht ambitioniert genug und die Einsparzeiträume zu lang ausgelegt waren. Ferner werden die Effizienzgewinne oftmals überkompensiert („weniger Kraftstoffverbrauch führt zu höherer Fahrleistung").

In Anlehnung an die klassische Nachhaltigkeitsdefinition der Brundtland-Kommission weist auch die Bundesregierung („Deutsche Nachhaltigkeitsstrategie") dem Verbraucher eine besondere Rolle zu. Er „trägt die Verantwortung für die Auswahl des Produkts und dessen sozial und ökologisch verträgliche Nutzung" (BMU 2008). Dabei soll er kein „egoistischer Nutzenoptimierer sein, sondern ein ökologisch und sozial verantwortlicher Bürger, der die Folgen seines Handelns auch und gerade im Konsum bedenkt". Mit diesem normativen Leitbild soll thematisiert werden, wie der Verbraucher dazu angeleitet werden kann, „nachhaltig" zu kaufen, und was Staat und Industrie tun können, damit „nachhaltige Produkte und Dienstleistungen verstärkt nachgefragt werden".

Die Nachhaltigkeit von Produkten entnimmt der Verbraucher in der Regel den sogenannten Produktinformationen. Hierbei handelt es sich um Angaben, die von dem Verbraucher im Wesentlichen „geglaubt" werden müssen. Die Glaubwürdigkeit wiederum hängt von der Vertrauenswürdigkeit der Information ab. Dazu hat jede Branche spezifische „Produktlabels" entwickelt. Auch lassen alle namhaften Produzenten – gemäß den Vorschriften – Herstellung und Vertrieb entlang des gesamten Produktionsablaufs jährlich durch unabhängige Gutachter überprüfen und bei Einhaltung der Vorschriften das Produkt entsprechend „zertifizieren". Allerdings erschwert die Vielzahl an „Labels" den Überblick. Von den Verbraucherschutzverbänden wird daher seit Langem ein umfassendes, einheitliches Nachhaltigkeitslabel gefordert. Über die sozialen und ökologischen Faktoren der Produkte und Waren berichtet seit Jahren eine Reihe unabhängiger Organisationen. Mit deren Informationsangebot hat sich die Produktqualität nachweislich deutlich erhöht (Stichwort: „Stiftung Warentest").

Literatur

Benedick RE (1998) Ozone diplomacy. Harvard University Press, ▶ www.hup.harvard.edu/catalog.php?isbn=9780674650039

Biermann F, Simonis UE (1998) Plädoyer für eine Weltorganisation für Umwelt und Entwicklung, WZB Discussion Paper, No. FS II 98–406, Wissenschaftszentrum Berlin für Sozialforschung (WZB), Berlin

BMU (2008) Deutsche Anpassungsstrategie an den Klimawandel (DAS). – Beschluss des Bundeskabinetts vom 17. Dezember 2008, Bundesministeriums für Umwelt, Naturschutz und Reaktorsicherheit (BMUB), Berlin. ▶ www.bmub.bund.de

BMU (2016) Das Klimaschutzabkommen von Paris.- Internetzugriff 13.07.2016. ▶ https://www.bmu.de/themen/klima-energie/klimaschutz/.../pariser-abkommen/

BMUB (2017) Nationale Programm Nationales Programm für nachhaltigen Konsum – Gesellschaftlicher Wandel durch einen nachhaltigen Lebensstil.- Broschüre 2251, Bundesministerium für Umwelt, Naturschutz, Bau und Reaktorsicherheit (BMUB), Berlin

Breitmeier H, Gehring Th, List M, Zürn M (1993) Internationale Umweltregime, S 163–165. ▶ https://doi.org/10.20378/irbo-51900

BPB (2009) Die neue Verantwortung der Konsumenten.- Bundeszentrale für politische Bildung (bpb), Aus Politik und Zeitgeschichte (APUZ), Bonn, S 32–33. ▶ https://www.bpb.de/apuz/31813/die-neue-verantwortung-der-konsumenten?

DFG (2010) Dynamische Erde – Zukunftsaufgaben der Geowissenschaften – Strategieschrift.- Deutsche Forschungsgemeinschaft (DFG), Geokommission

Ekardt F (2018) Wer den Schaden hat..." Vom Klimawandel ungerechtfertigt betroffen".- Deutsche Gesellschaft für Internationale Zusammenarbeit (GIZ), Dialog am Abend, Campus Kottenforst, Bonn-Röttgen

Eurostat/INSEE. ▶ https://www.insee.fr/en/metadonnees/definition/c1292

Literatur

FAO (2017) The state of food security and nutrition in the world 2017. ► www.fao.org/state-of-food-security-nutrition

Hardin G (1968) The tragedy of the commons. Science. 162(3859): 1243–1248. ► https://doi.org/10.1126/science.162.3859.1243

IPCC (2007) Assessment report of the intergovernmental panel on climate change (IPCC-AR5). Field CB, Barros VR, Dokken DJ, Mach KJ, Mastrandrea MD, Bilir TE, Chatterjee M, Ebi KL, Estrada YO, Genova RC, Girma B, Kissel ES, Levy AN, MacCracken S, Mastrandrea PR, White LL (Hrsg). Cambridge University Press, Cambridge

MSR (2018) Munich Security Report. ► https://www.securityconference.de/de/debatte/munich-security-report/

Ostrom E, Gardner R, Walker J (1994) Rules, games and common pool resources. University of Michigan Press, Ann Arbor

Popper K (1974) Objektive Erkenntnis. 2 Aufl, Kap 2. Campo Paperback, Hamburg

Ranke U (2016) Natural disaster risk management – Geosciences and social responsibility. Springer, Heidelberg

Scheffran J, Broszka M, Brauch HG, Link PM, Schilling J (Hrsg) (2012) Climate change, human security and violent conflict: challenges for societal stability, Hexagon Series Bd 8. Springer, Berlin, S 868

SRW (2012) Klimapolitik der Europäischen Gemeinschaft, Kap III/ 1. Grundlagen. In Energiepolitik: Erfolgreiche Energiewende nur im europäischen Kontext, Sachverständigenrat-Wirtschaft, Jahresgutachten 2011/12: Internetzugriff 16.07.2017. ► https://www.sachverstaendigenrat-wirtschaft.de/fileadmin/…/ziffer/z403_z430j11.pdf

Stiglitz AS, Fitoussi JP (2009) Report by the commission on the measurement of economic performance and social progress. ► ec.europa.eu/eurostat/documents/118025/118123/Fitoussi+Commission+report

Stockmann R, Menzel U, Nuscheler F (2010) Entwicklungspolitik-Theorien – Probleme -Strategien. Oldenbourg, München, S 186

Thomé M (2004) Normen, Werte, Orientierung. In: Neue Entwicklungen in der Unternehmensethik. ZFWU 1(5):51–54. (Rainer Hampp, Tübingen)

UBA (2008) Umweltbewusstsein in Deutschland 2008 – Ergebnisse einer repräsentativen Bevölkerungsumfrage.- Repräsentativumfrage zu Umweltbewusstsein u nd Umweltverhalten im Jahr 2008, Forschungsprojekt 3707 17 101, Bundesministerium für Umwelt, Naturschutz und Reaktorsicherheit (BMU), Berlin

WBGU (1996) Welt im Wandel – Herausforderung für die deutsche Wissenschaft. Wissenschaftlicher Beirat der Bundesregierung Globale Umweltveränderungen (WBGU), Jahresgutachten 1996. Springer, Berlin

WBGU (1999) Umwelt und Ethik- Wissenschaftliche Beirat der Bundesregierung Globale Umweltveränderungen (WBGU), Sondergutachten. Springer, Berlin

WBGU (2007) Welt im Wandel – Sicherheitsrisiko Klimawandel. - Wissenschaftlicher Beirat der Bundesregierung Globale Umweltveränderungen (WBGU), Hauptgutachten 2007, Kap 10.1. Springer, Berlin

WBGU (2011) Welt im Wandel_ Gesellschaftsvertrag für eine Große Transformation.- Wissenschaftlicher Beirat der Bundesregierung Globale Umweltveränderungen (WBGU), Hauptgutachten 2011. Springer, Berlin

WHO (2015) Welt-Adipositas Tag.- ► www.euro.who.int.world adipositas day understanding the social consequences of adipositas

Welzer H (2010) Klimakriege, Wofür im 21. Jahrhundert getötet wird.- Beck Shop. ISBN: ► https://doi.org/978-3-596-17863-6

 Springer springer.com

Willkommen zu den Springer Alerts

Jetzt anmelden!

- Unser Neuerscheinungs-Service für Sie:
  aktuell *** kostenlos *** passgenau *** flexibel

Springer veröffentlicht mehr als 5.500 wissenschaftliche Bücher jährlich in gedruckter Form. Mehr als 2.200 englischsprachige Zeitschriften und mehr als 120.000 eBooks und Referenzwerke sind auf unserer Online Plattform SpringerLink verfügbar. Seit seiner Gründung 1842 arbeitet Springer weltweit mit den hervorragendsten und anerkanntesten Wissenschaftlern zusammen, eine Partnerschaft, die auf Offenheit und gegenseitigem Vertrauen beruht.

Die SpringerAlerts sind der beste Weg, um über Neuentwicklungen im eigenen Fachgebiet auf dem Laufenden zu sein. Sie sind der/die Erste, der/die über neu erschienene Bücher informiert ist oder das Inhaltsverzeichnis des neuesten Zeitschriftenheftes erhält. Unser Service ist kostenlos, schnell und vor allem flexibel. Passen Sie die SpringerAlerts genau an Ihre Interessen und Ihren Bedarf an, um nur diejenigen Information zu erhalten, die Sie wirklich benötigen.

Mehr Infos unter: springer.com/alert